数智融合·筑梦未来

——2024 年全国建筑院系建筑数字技术教学与研究学术研讨会论文集

全国高等学校建筑类专业教学指导委员会建筑学专业教学
指导分委员会建筑数字技术教学工作委员会　◎主编
昆明理工大学建筑与城市规划学院

中国建筑工业出版社

图书在版编目（CIP）数据

数智融合·筑梦未来：2024 年全国建筑院系建筑数字技术教学与研究学术研讨会论文集 / 全国高等学校建筑类专业教学指导委员会建筑学专业教学指导分委员会建筑数字技术教学工作委员会，昆明理工大学建筑与城市规划学院主编. -- 北京：中国建筑工业出版社，2025. 6.
ISBN 978-7-112-31267-2

Ⅰ. TU201. 4-53

中国国家版本馆 CIP 数据核字第 20251EX205 号

责任编辑：张幼平　张伯熙
责任校对：李美娜

数智融合·筑梦未来
——2024 年全国建筑院系建筑数字技术教学与研究学术研讨会论文集
全国高等学校建筑类专业教学指导委员会建筑学专业教学指导分委员会建筑数字技术教学工作委员会
昆明理工大学建筑与城市规划学院　主编
*
中国建筑工业出版社出版、发行（北京海淀三里河路 9 号）
各地新华书店、建筑书店经销
北京光大印艺文化发展有限公司制版
建工社（河北）印刷有限公司印刷
*
开本：787 毫米×1092 毫米　1/16　印张：33¾　字数：739 千字
2025 年 6 月第一版　2025 年 6 月第一次印刷
定价：**160. 00** 元
ISBN 978-7-112-31267-2
(45241)

前言

PREFACE

近年来，科技的迅速发展带来了各个行业的巨大变革，其中建筑行业也不例外。数字技术正成为实现创新与高效的重要驱动力，也是建筑行业转型升级的重要方向之一。因此，高校如何为建筑业发展输送掌握建筑数字技术人才成为高校亟待解决的问题。

全国高等学校建筑类专业教学指导委员会建筑学专业教学指导分委员会建筑数字技术教学工作委员会（简称数工委），于 2005 年成立，2006 年召开第一次年会。数工委作为负责我国建筑数字技术教学指导的工作机构，每年举办一次学术研讨会，旨在推动建筑数字技术在教学、科研上的发展，以及相关高校、企业间的学术交流。2024 年在昆明理工大学举办的全国建筑院系建筑数字技术教学与研究学术研讨会以“数智融合・筑梦未来”为主题，来自国内外的 200 余名专家学者与业内人士，共同探讨数智化在建筑领域的应用，以及如何以数智化引领未来建筑的发展。

本次论文征集得到了全国 50 余所高校的响应，共收到投稿论文 161 篇，经过专家评审，最终录用 68 篇，涵盖 5 个议题，即建筑环境技术研究与应用、数字建筑设计理论与实践、智慧城市规划设计与研究、智能建造与数字建筑遗产、数字建筑教育理论与探索。

昆明理工大学建筑与城市规划学院、中国建筑工业出版社对本书的出版给予了大力支持，在此表示衷心的感谢!

由于时间仓促加上编者水平有限，本书不当之处在所难免，敬请读者批评指正!

本书编委会

2024. 12

CONTENTS

一、建筑环境技术研究与应用

二、数字建筑设计理论与实践

三、智慧城市规划设计与研究

四、智能建造与数字建筑遗产

五、数字建筑教育理论与探索

一、建筑环境技术研究与应用

不同通风工况下岭南夯土建筑墙体构造及增效措施效益研究

Study on the Wall Structure and Benefits of Efficiency Enhancement Measures for Lingnan Rammed Earth Buildings under Different Ventilation Conditions

林一峰[1]　吕　瑶[1,2]

1. 华南理工大学建筑学院
2. 亚热带建筑科学国家重点实验室

摘　要：岭南地区夏热冬暖、高温高湿，而夯土作为造价低、能耗低、蓄热吸湿性能好的可持续建筑材料，从古至今广泛应用于该地区。然而，现代建筑自然和机械通风交替作用导致室内温湿度在全年变化较大，在此复杂情况下尚未对夯土墙湿热性能进行深入研究。本研究使用 WUFI Plus 建筑热湿模拟软件，模拟一年内夯土、内保温夯土墙和砖砌体结构建筑在不同通风情况的热湿表现，分析夯土建筑在现代环境下对建筑室内热湿环境和能耗的影响，同时监测墙体状态。结果表明，与砖砌体结构相比，夯土墙调节室内热湿环境和节能的效果更好，但是夯土墙在现代通风环境中存在水汽凝结的风险。本研究为岭南地区夯土建筑风貌保护和再利用提供了研究基础和数据依据。

关键词：夯土墙体；墙体热湿性能；热湿模拟

1　研究背景及现状

我国地域辽阔、气候多样，岭南地区大致包括福建南部、广东、海南和广西桂林以东大部分地区。根据建筑气候区划，岭南地区处于第Ⅳ建筑气候区[1]，该区长夏无冬，温高湿重，气温年较差和日较差均小[2]，太阳辐射强烈，降雨量较大。

生土房屋调研数据显示，岭南地区的广东省生土建筑数量较多，占农村房屋的14.5%，而危房率仅有14%[3]。这表明广东作为岭南地区的代表，在生土建筑方面有较大的存量和良好的保护情况。而生土房屋主要分为夯土结构、土坯结构和掩土结构等[4]。岭南潮汕地区存在大量夯土民居建筑，并且保存状况良好[5]，故本文选取夯土建筑作为研究对象。

现代通风状况复杂，机械通风会对墙体的含水量、相对湿度等产生影响，增加墙体劣化甚至损坏的风险[6]。在这种情况下，夯土建筑对室内湿热环境和建筑能耗的影响程度，以及墙体损坏的风险还未得到充分的研究和验证。

因此，本文选用热湿传递计算软件 WUFI，在专业建筑热湿传递能耗分析软件 WUFI Plus 中构建不同通风工况下岭南夯土建筑墙体构造与增效措施效益的模拟研究，力求为研究夯土建筑在现代通风环境

广东省自然科学基金面上项目（2022A1515011539）；国家自然科学基金面上项目（编号 52378017）。

下对室内热湿环境和能耗的影响，以及墙体构造增益措施对墙体性能的影响提供科学依据。这有助于为生土建筑的保护和生土材料的活化再利用提供理论支撑，促进我国传统乡土建筑文化的传承和多样性发展，为我国建筑的可持续发展作出一定贡献。

2 研究方法

2.1 模拟软件

WUFI 是一系列由弗劳恩霍夫建筑理研究所（The Fraunhofer Institute for Building Physics）开发的建筑模拟软件，可以真实计算暴露在自然天气下的墙体和其他多层建筑组件中瞬态耦合的一维、二维热量和水分传输。WUFI 软件采用了有关建筑材料中蒸汽扩散和水分传输的最新研究成果。该软件已通过与实验室和 IBP 户外测试场获得的测量结果进行详细比较而得到验证。

WUFI Plus 是 WUFI 软件系列中最完整的热湿模拟工具。除了模拟建筑组件中的湿热条件外，WUFI Plus 还模拟室内环境，因此适用于解决建筑的舒适度和能耗问题。由于模拟基于用户指定的气候以及用户定义的通风、暖通空调和内部负荷，因此模拟可以准确地表示当前的情况。通过模拟建筑使用和系统技术之间的相互作用，可以对室内气候、卫生条件、热舒适度、室内空气质量以及组件损坏进行综合评估。使用 WUFI Plus 对岭南地区的夯土建筑进行热湿模拟，可以得出夯土建筑在不同通风环境下的室内温湿度变化、能耗差异以及墙体含水量等的数据，以评估在不同通风情况下夯土建筑对室内环境的影响以及墙体增益措施的效益。

2.2 模拟过程

2.2.1 气象数据导入

由于广东省潮汕地区夯土建筑分布较为广泛，故选用广东省汕头市的气象数据。本文的气象数据来自 Energy Plus 提供的免费气象文件，并直接导入 WUFI Plus 软件。汕头地区的全年温湿度变化如图 1 所示。

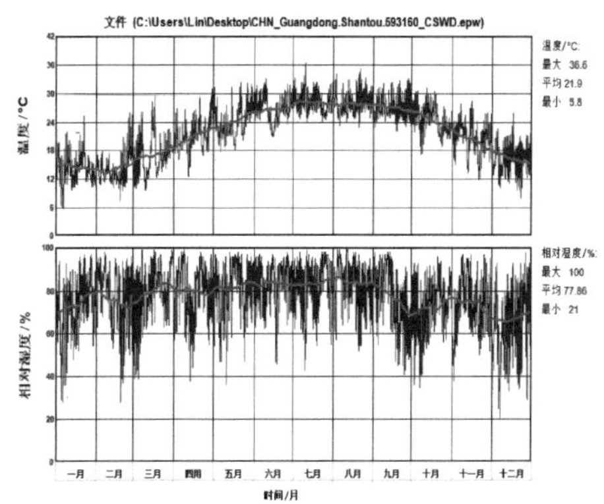

图 1　汕头市全年温湿度

2.2.2 房屋模型建立

使用 WUFI Plus 自带软件建模，根据潮汕夯土民居“四点金”样式中的厅堂形制建立标准夯土民居房屋模型，开间为 9m，进深为 5m，如图 2 所示。

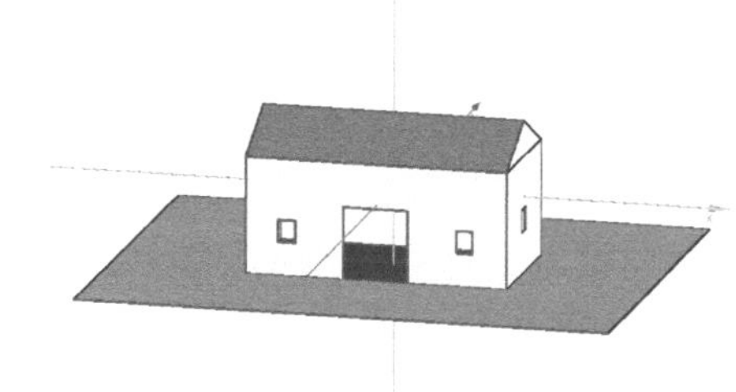

图 2　夯土建筑模型

建立模型需要选用合适的墙体材料。WUFI Plus 软件的材料数据库中包含大量有文献支撑的各类材料参数，但是不同地区的夯土建筑墙体材料的表观密度、孔隙率、含水量、水蒸气扩散阻力因子、导热系数等基本物理特性参数以及热湿性能参

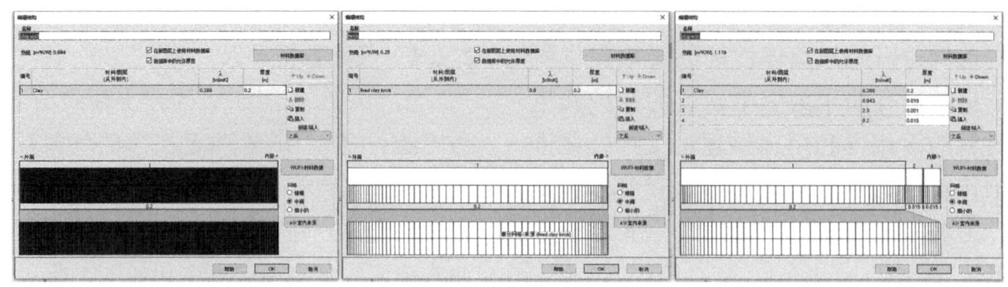

(a) 夯土墙体构造　　(b) 砖墙构造　　(c) 保温增效夯土墙体构造

图 3　墙体构造

数差别较大。因此本文选用 WUFI Plus 软件材料库中的 Clay 作为模型墙体材料，并根据岭南地区夯土建筑在热湿方面的相关文献调整其参数[7]。另外，在相同建筑形制的基础上构建砖墙模型，作为实验的对照组；材料选用为 WUFI Plus 软件材料库中的 Fired Clay Brick。随后，基于夯土墙典型构造做法，建立夯土墙体增益构造：生土砌筑墙体—保温层—隔汽层—饰面层墙体，保温层材料选用 WUFI Plus 软件材料库中的 Low Density Glass Fiber Batt Insulation，墙体构造如图 3 所示。三种墙体构造都选择中等细分级别计算网格。

2.2.3　通风条件设置

建筑室内人员个体的活动、数量等因素会影响室内温湿度，进而影响室内环境和能耗，因此需要设定房间人员在室内活动的时间情况，这里选用 WUFI Plus 软件数据库中的 Single Household-Living Room 作为厅堂空间的室内人员负荷情况，具体情况如图 4 所示。

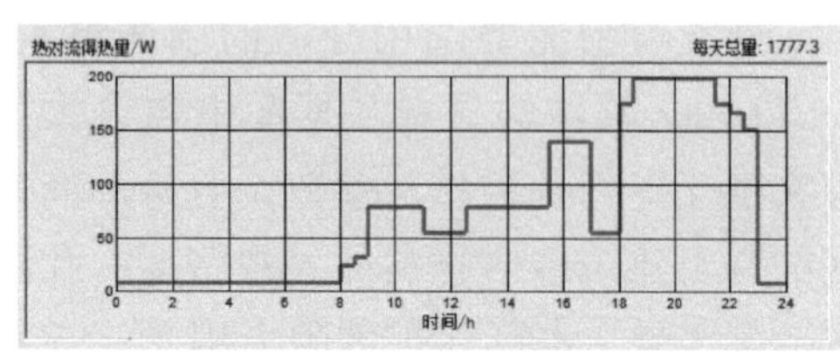

图 4　室内负荷情况

根据人员活动情况、室内环境舒适度等情况，分别制定合理的自然通风和机械通风模式，争取保证室内热舒适的前提下尽可能降低建筑能源消耗[8]。实际情况下，室内人员通风习惯差异较大，自然通风和机械通风混合的情况过于复杂，故将两种情况分开并独立进行分析，具体通风情况如图 5 所示。

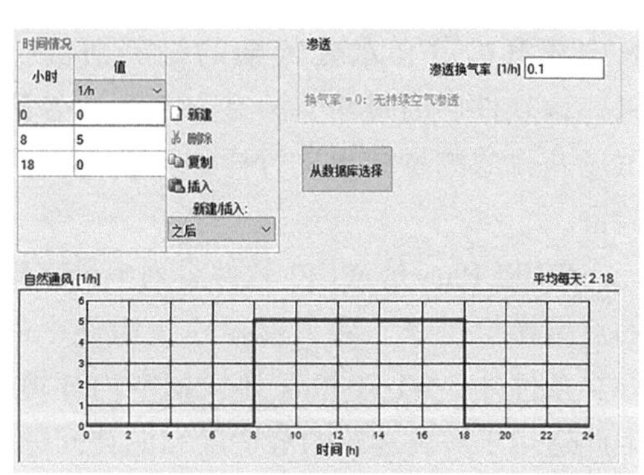

(a) 自然通风工况

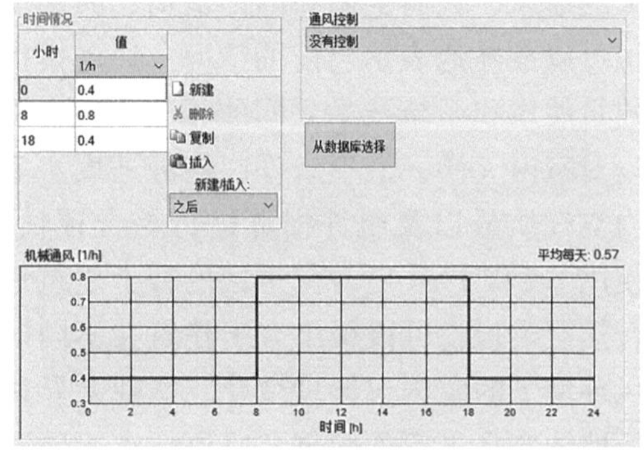

(b) 机械通风工况

图 5　通风工况

3　模拟结果及分析

在构建房屋模型、设定气象数据的基础上，对3种类型的房屋进行时间周期为1年的模拟，时间为2024年1月1日至2025年1月1日，最后得出室内温湿度变化、能耗变化、墙体含水量变化等数据。

3.1　室内环境变化

对比3种房屋的室内环境，以分析夯土墙的热湿性能。

首先对比3种房屋室内温湿度变化，如图6、图7和表1所示。温湿度呈周期性变化，夯土建筑的内部温度和砖墙建筑内部温湿度变化趋势基本一致，但是在自然通风情况下，夯土建筑的温度波动较小，最低温度比砖墙建筑高2.3℃，最高温度比砖墙建筑低2.4℃，室内平均温度低0.1℃；机械通风情况下，最低温度比砖墙建筑高2.6℃，最高温度比砖墙建筑低3.1℃，室内平均温度低0.2℃；这说明夯土墙体对于室内温度波动的调控能力更好。夯土建筑和砖墙建筑的室内湿度变化情况相似，但在自然通风和机械通风情况下，夯土建筑的室内平均湿度比砖墙建筑分别高2.3%和低2%，平均湿度低1.4%，说明夯土建筑对于室内湿度的调控能力较砖墙建筑更强。

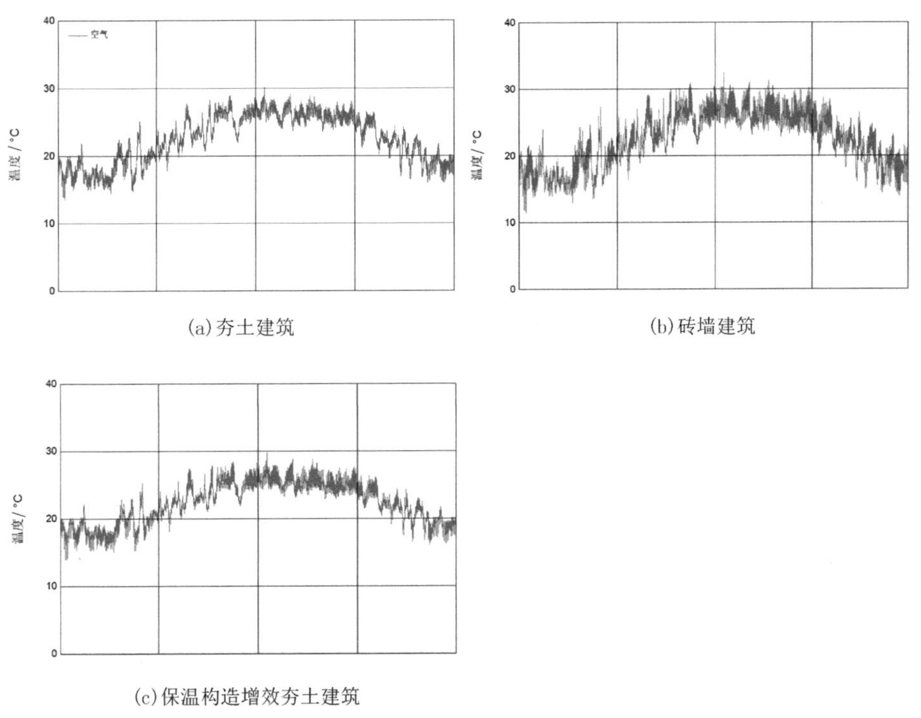

(a)夯土建筑　(b)砖墙建筑

(c)保温构造增效夯土建筑

图6　自然通风工况下室内温度变化

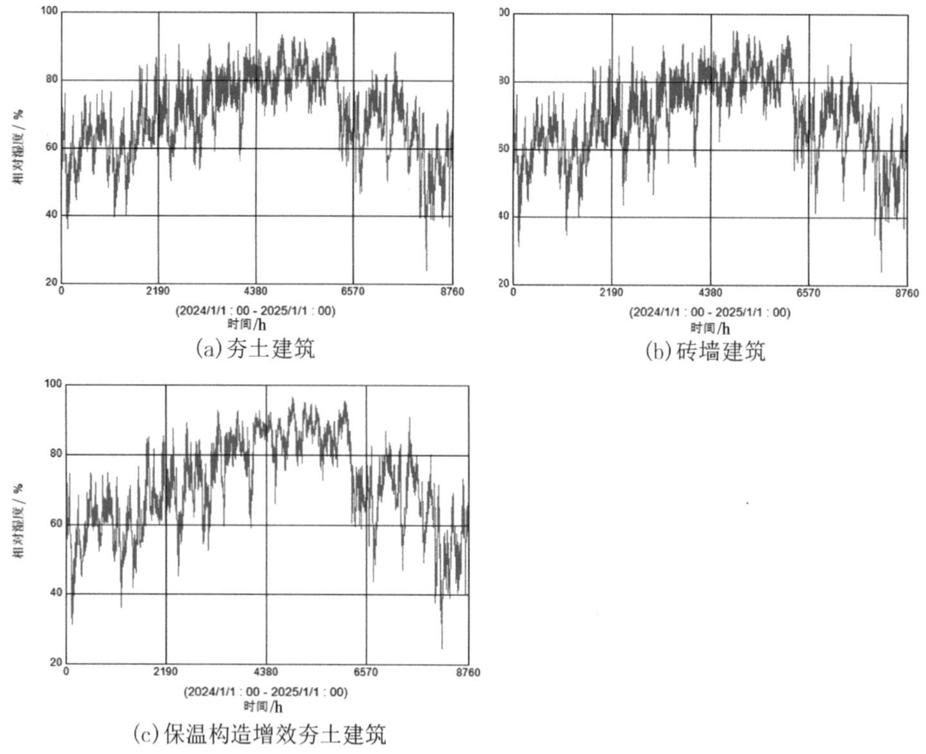

(a)夯土建筑 (b)砖墙建筑

(c)保温构造增效夯土建筑

图 7 自然通风工况下室内湿度变化

表 1 自然通风工况室内温度变化表

名称	夯土建筑	砖墙建筑	保温构造夯土建筑
最高温/℃	30.1	32.5	29.5
最低温/℃	13.8	11.5	14
平均温度/℃	22.5	22.6	22.4
最低湿度/%	24.2	21.9	24.8
最高湿度/%	93	95	96.6
平均湿度/%	67.8	69.2	70.9

在自然通风和机械通风的情况下，对比既有夯土建筑和增加了保温构造的夯土墙建筑可以看出保温构造的增加显著稳定了室内温度，降低了室内温度的波动，有效稳定了室内热环境。

3.2 能耗变化

在机械通风的情况下，房间逐月供热和制冷能耗情况如图 8 所示。可以得出夯土建筑的能耗相比于砖墙建筑低很多，全年供暖和制冷能耗需求分别可以节省 653kWh 和 758kWh，这说明夯土墙的节能效果大于砖墙。另外，保温结构的增加进一步降低了夯土建筑供暖制冷能耗，说明保温结构在节能方面对夯土建筑也有增效作用。

3.3 墙体损耗分析

为统一实验标准，此处 2 种工况和 3 种墙体均选用南墙作为观察对象。图 9～图 11 为 3 种房屋的墙体内部材料全年湿度变化图。

夯土建筑在自然通风和机械通风情况下的墙体相对湿度分别为 70.6%～79% 和 70%～80.5%，总含水量为 27.3～28.4kg/m^3 和 27.2～28.6kg/m^3，墙体内部湿度的最大最小值差距不大，但是由图可见在机械通风工况下，夯土墙体在一年内的湿度和总含水量变化的幅度较大，呈现出更大的季节性波动，说明在这种通风情况下夯土墙体更容易受到环境影响，从而增大开裂、侵蚀等破坏风险。

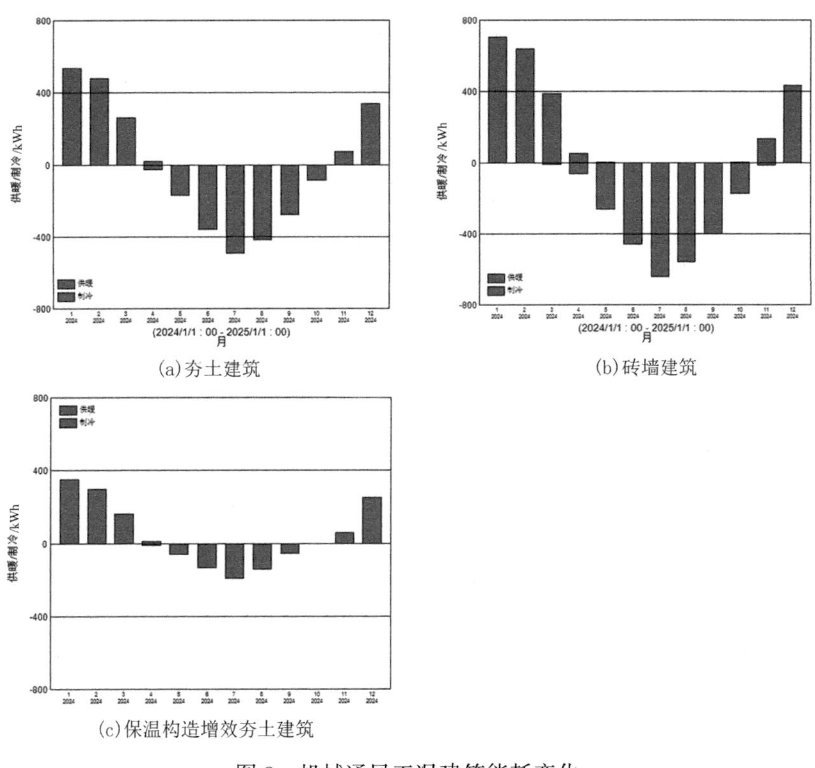

(a)夯土建筑

(b)砖墙建筑

(c)保温构造增效夯土建筑

图 8　机械通风工况建筑能耗变化

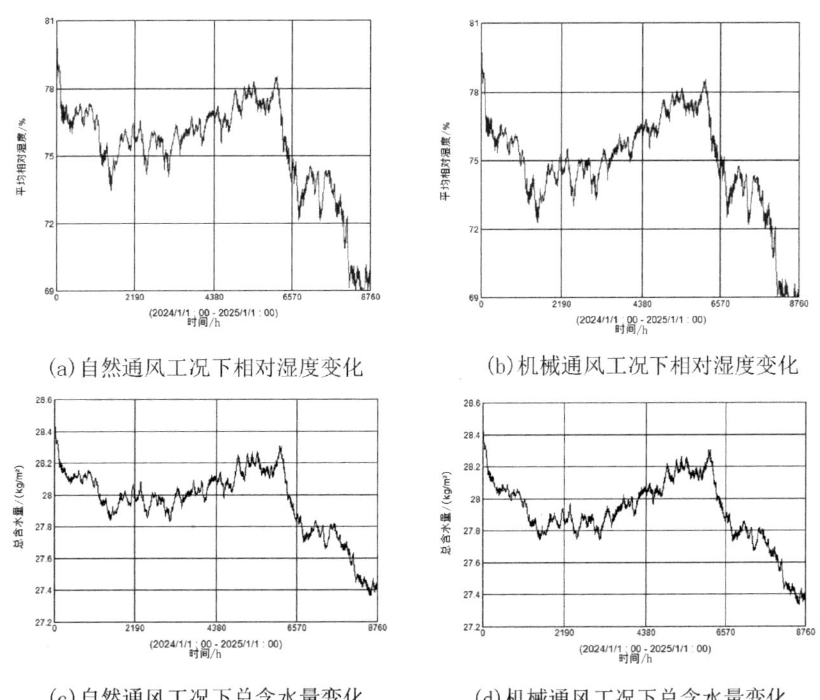

(a)自然通风工况下相对湿度变化

(b)机械通风工况下相对湿度变化

(c)自然通风工况下总含水量变化

(d)机械通风工况下总含水量变化

图 9　两种工况下夯土墙体内部湿度变化

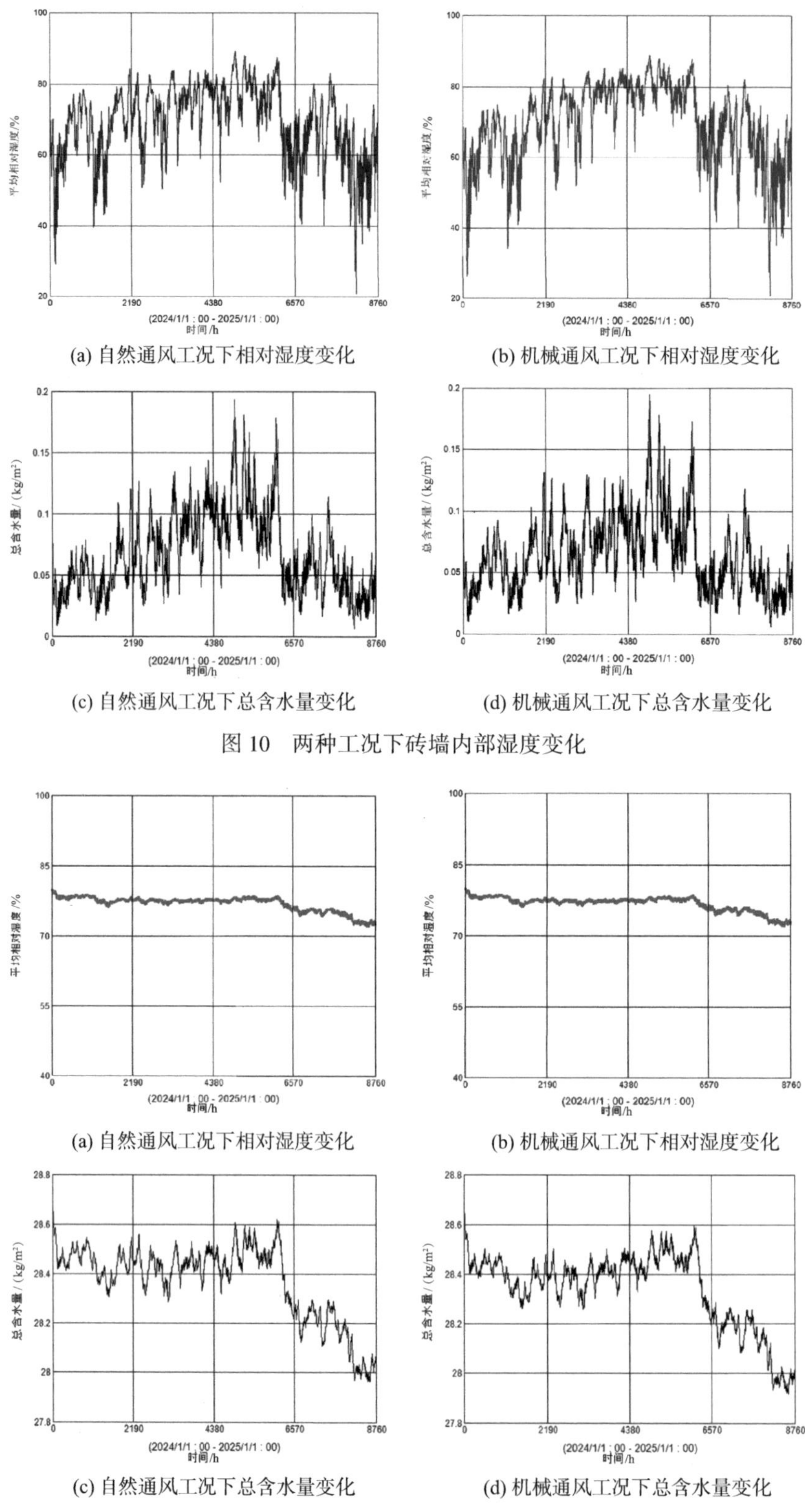

(a) 自然通风工况下相对湿度变化

(b) 机械通风工况下相对湿度变化

(c) 自然通风工况下总含水量变化

(d) 机械通风工况下总含水量变化

图 10　两种工况下砖墙内部湿度变化

(a) 自然通风工况下相对湿度变化

(b) 机械通风工况下相对湿度变化

(c) 自然通风工况下总含水量变化

(d) 机械通风工况下总含水量变化

图 11　两种工况下保温增效夯土墙体内部相对湿度变化

而作为对比，砖墙建筑在自然通风和机械通风情况下内部相对湿度大致都在20%～80%，但总含水量都在0.2kg/m^3以下，并且二者随季节变化的幅度也较小，说明砖墙材料在现代通风环境下的受损风险较夯土材料较低。

图10为增加保温构造的夯土墙体结构的内部湿度变化，可以看出在自然通风和机械通风的情况下，墙体内夯土部分在全年都基本保持在80%左右，而总含水量提高到27.9～28.7kg/m^3，这个值超过了间隙凝结的阈值，这表示在夯土墙内部或夯土墙和保温层的间隙处有冷凝的风险[9]。

4 结论

本文采用热湿模拟软件WUFI Plus，基于岭南地区的气候条件，在自然通风和机械通风工况下对既有夯土建筑、砖墙建筑和保温构造增益的夯土建筑进行了热湿模拟研究。分析模拟结果，得出以下结论：

（1）夯土建筑相比于砖墙建筑，对于室内热湿环境的舒适性和稳定性都有着正面影响；

（2）夯土建筑在现代机械通风工况下，相比于砖墙建筑，在达到相同设计条件的情况下可以较大程度节约能耗；

（3）夯土建筑墙体在现代复杂通风条件下有一定受损风险，而增设保温层虽然可以进一步稳定室内热环境，但是也在一定程度上使得夯土墙体有水分冷凝的风险，容易造成夯土墙体的损坏。应考虑在增设保温层的同时采取其他保护墙体的措施。

这些结论一方面表明WUFI Plus在岭南地区夯土建筑墙体热湿模拟和增效措施的评估方面具有一定效用，另一方面表明夯土建筑在改善室内热湿环境和可持续利用方面有较大的潜力和价值，并为夯土建筑在构造上的增效措施提供了一定的理论依据，为我国岭南地区夯土建筑的保护和活化利用提供了科学支撑。

参考文献

[1] 陈杰，梁耀昌，黄国庆．岭南建筑与绿色建筑：基于气候适应性的岭南建筑生态绿色本质［J］．南方建筑，2013（3）：22-25.

[2] 中国建筑科学研究院．建筑气候区划标准：GB 50178—93［S］．北京：中国计划出版社，1993.

[3] 周铁钢，徐向凯，穆钧．中国农村生土结构农房安全现状调查［J］．工业建筑，2013，43（S1）：1-4，86.

[4] 王毅红，梁楗，张项英．我国生土结构研究综述［J］．土木工程学报，2015，48（5）：98-107.

[5] 王传林．传统潮汕民居发展演变及其结构形式研究［J］．古建园林技术，2020（6）：72-74.

[6] Paul T，Sree D，Aglan H. Effect of mechanically induced ventilation on the indoor air quality of building envelopes［J］．Energy and Buildings，2010，42（3）：326-332.

[7] Zhang L，Yang L，Jelle B P，et al. Hygrothermal properties of compressed earthen bricks［J］．Construction and Building Materials，2018（162）：576-583.

[8] 田一辛，黄琼，王韬．窗面积影响室内热舒适的实测与模拟对比研究［J］．建筑科学，2022，38（10）：84-91.

[9] Chae Y，Kim S H. Interstitial hygrothermal analysis for retrofitting exterior concrete wall of modern heritage building in Korea［J］．Case Studies in Construction Materials，2022（16）：e00797.

CFD 风环境仿真模拟在建筑更新方案推演中的应用研究

Research on the Application of CFD Wind Environment Simulation in the Deduction of Building Renewal Schemes

喻财臻[1]　罗　米[1]

1. 湖南科技大学建筑与艺术设计学院

摘　要：建筑风环境是重要的绿色考量要素，自然通风能够改善建筑室内外的空气质量，提高环境舒适度以及降低建筑能耗。本研究以湘潭市湖南科技大学雨湖校区大学生活动中心更新设计为例，在方案推演阶段引入 CFD 风环境仿真模拟技术，对建筑进行室内通风效果模拟，根据分析结果对模型进行分析和优化，最终得到较优的空间形式与布局并提出改造优化方法；通过转角切角、拓宽走道宽度及开辟通风廊道等方式，改变建筑局部的风场分布；分析不同区域的空气流速，可以判断是否存在通风死角或通风不畅的区域。由此可见，CFD 风环境模拟在建筑更新方案推演过程中可以为优化布局方案提供有效依据，为我国同类型建筑设计和绿色节能提供更为全面和科学的参考。

关键词：CFD 模拟；Fluent；室内风环境；方案推演

1　引言

随着城市化进程的加速和建筑密度的不断提高，大气污染、热岛效应等问题的逐渐严峻对室内风环境提出了更高要求。而 2022 年《“十四五”建筑节能与绿色建筑发展规划》的发布，强调了低能耗建筑的重要性。建筑通风不仅能提升室内空气质量，保障居住者的健康，也能有效调节室内温度，减少夏季的闷热感和冬季的寒冷感，提高居住舒适度。传统的建筑设计在概念设计阶段对于风环境的考量设计往往建立在建筑师的理论经验基础上，缺乏定量或定性的判断依据及标准[1]。目前，国内多数建筑的风环境问题往往是在建筑竣工并投入使用后才逐渐显现，此时再进行风环境的优化将受到很大程度上的限制。因此，数值模拟技术在建筑更新设计与方案推演过程中对改善室内外风环境、优化建筑热舒适性具有至关重要的现实意义。

2　研究方法

风环境研究常用的方法有三种：数值模拟法、现场实测法、风洞试验。计算机数值模拟法相对于现场实测法和风洞试验更加便捷高效，能够节省更多的时间来对风环境在建筑中的实验结果进行分析[2]。数值模拟技术主要依托 CFD（Computational Fluid Dynamics，即计算流体动力学）——这一流体力学与计算机科学深度融合的新兴交叉领域，其核心原理是通过数值方法求解一系列描述流体在各种条件下动态行为的微分方程，以此精确模拟并预测流体的流动特性与规律。通过将流体领域划分为离散的网格单元，并在每个网格单元上进行数值计算，CFD 能够模拟出流体在连续区域内的流动行为，如流速、压力分布、温度分布等。在建筑可持续的背景下，通过 CFD 风环境分析，可以优化建筑的通风系统设计，提高自然通风效率，减少空调等设备的能耗等。在城市规划中，CFD 技术也可以用于模拟和分析城市热岛效应、污染物扩散等环境问题。

本研究采用的流体模拟软件为 Fluent，是一款广泛使用的商用 CFD 软件包，于 2006 年被 ANSYS 公司收购。Fluent 提供了丰富的物理模型，包括湍流模型（如 Spalart-Allmaras 模型、$k-\omega$ 模型组、$k-\varepsilon$ 模型组等），单相流和多相流、燃烧、电池模型以及流固耦合等，丰富的物理模型、高效的数值方法、友好的用户界面以及强大的前后处理功能使得 Fluent 在国内外工程仿真领域具有广泛的应用基础和重要的市场地位。

3　模拟过程

3.1　项目概述

项目为一个大学生活动中心，位于湖南省湘潭市湖南科技大学雨湖校区西北角，建筑北侧为一栋拟拆建筑，南侧和东侧为教学楼，西侧为学生公寓；建筑结构形式为大跨结构，长约 48m，宽约 20m，总建筑高度 12.3m，建筑面积约 984m^2。

湘潭市地处华中地区，位于湖南省中部偏东，属于亚热带季风性气候，气候表现为夏季高温，冬季温和，根据中国气象局发布的数据可得湘潭市全年气候主导风向为 NNW（北北西），该风向室外平均风速为 2.9m/s。因此，研究主要以建筑受来自 NNW（北北西）的风向为例进行模拟。

3.2　模型构建

3.2.1　方案生成

在前期的方案生成阶段，根据任务书的设计要求，结合功能布局、流线设计、设计规范等要素，生成三个不同的初期方案（表 1）。

表 1　初期方案模型

方案 1	方案 2	方案 3

3.2.2　SOLIDWORKS 模型构建

SOLIDWORKS 的界面简单直观，操作逻辑清晰，具有高精度建模能力，可以创建精细的几何形状且具有良好的兼容性，因此选择用来搭建物理模型。由于活动中心室内环境复杂，若完全按照实际情况进行建模在模拟分析阶段对计算机配置要求较高，因此在进行物理建模时，对室内的构筑物、家具、行人等不进行考虑，将复杂的室内环境进行简化；窗户的进风口大小设置为窗户面积的二分之一，门洞的进风口大小与门洞大小一致。

3.2.3　Fluent Meshing 网格划分

将搭建的 SOLIDWORKS 模型导入 Fluent Meshing 中，良好的网格系统可以提高后续阶段模拟结构的精度。网格的主要类型有结构化网格、非结构化网格、混合类型网格、分区块网格以及多种其他形式网格。结构化网格由四边形单元（在二维空间中）或六面体单元（在三维空间中）构成，其拓扑结构呈现出高度规则且有序的排列模式。其规则的拓扑结构和良好的正交性，使得网格具有良好计算精度和效率、网格生成速度较快等优点，能够在壁面附近生成高质量的网格以捕捉黏性效应，因此适用于黏性流动问题的模拟。而非结构化网格主要由三角形单元（在二维空间中）和四面体（在三维空间中）单元组成，更适用于复杂几何形状和不规则边界的问题，具有灵活性高、网格生成速度快的特点。同时，由于网格节点的分布是随意的，可以方便地控制网格大小和节点密度，具有更高的适应性。本研究选择非结构化网格进行划分，采用补丁适形算法。若采用较小的网格单元尺寸进行划分，虽然能提高模拟精度，但是对计算机的配置要求较高，而且会增加计算时间。综合考虑，采用 0.25m 的单元网格尺寸进行划分，网格总数均为 300 万左右。

3.3 参数设置

3.3.1 数学模型

CFD 软件的重要构成部分是湍流模型，通用 CFD 软件全部配备各层次的湍流模型，一般包含代数模型、一方程模型、二方程模型、湍应力模型、大涡模拟等[3]。常见的二方程模型有 $k-\varepsilon$ 模型和 $k-\omega$ 模型，本研究采用 $k-\varepsilon$ 模型，在对壁面附近流动和湍流特性要求不高的情况下，$k-\varepsilon$ 湍流模型是保证精度的条件下相对经济的选择，广泛应用于低速湍流场景。

3.3.2 边界参数

确定数学计算模型后，接着确定边界的各项参数。计算流域进风口处选择速度—入口边界条件（Velocity—Inlet），本研究中的空气为不可压缩流，采用 Velocity—Inlet 边界时需要对流动速度 V、湍流强度 I 和湍流黏度比 $\mu t/\mu$ 进行设定。在垂直进风口方向拟定流动速度 V 为 2.9m/s，湍流强度 I 设置为 0.5（%），低速湍流的湍流黏度比通常设置为 1，在出风口处定义为流出边界条件（Outflow）。出风口和进风口除外的室内壁面则定义为无滑移条件（Wall），在 Fluent 中，“Wall” 边界条件用于表示流体与固体壁面之间的边界。在探讨黏性流体的流动特性时，应用黏附性原理，该原理假定流体与壁面接触处的速度严格匹配壁面的运动速度，即不存在相对滑移现象。特别地，当壁面保持静止状态（即壁面速度为零）时，依据此原理，紧邻该壁面的流体层速度亦将减至零，确保流体与壁面间速度的连续性。

3.4 模拟结果及分析

3.4.1 风环境评估标准

室内空气流速是评估室内风环境的重要标准之一，但是在国内，室内风环境标准体系尚处于逐步完善的过程中，相较于其他建筑环境领域，如建筑节能、室内空气质量等，针对风环境的专项规范与指导文件显得较为有限。根据 Soligo 和朱唯等学者的研究，对室内风速的大小作出初步的标准规定，以四个风速区间：小于 0.25m/s、0.25m/s 至 0.5m/s、0.5m/s 至 1m/s、1m/s 至 1.5m/s、大于 1.5m/s 为主要的分类标准[4]，如表 2 所示。

表 2 不同室内风速对人体的感受

室内风速 V/(m/s)	人体感受
$0<V<0.25$	不易察觉
$0.25<V<0.5$	舒适
$0.5<V<1.0$	比较舒适，但要防止纸张被吹走
$1<V<1.5$	略微不适
$1.5<V$	不适

3.4.2 模拟结果

在模型建立、网格划分、数学模型选择以及边界参数定义之后，利用 Fluent 对初期方案进行室内仿真模拟分析。截取室内高度为 1.5m 的数据作为分析的参考，三种方案的模拟结果如图 1～图 3 所示。

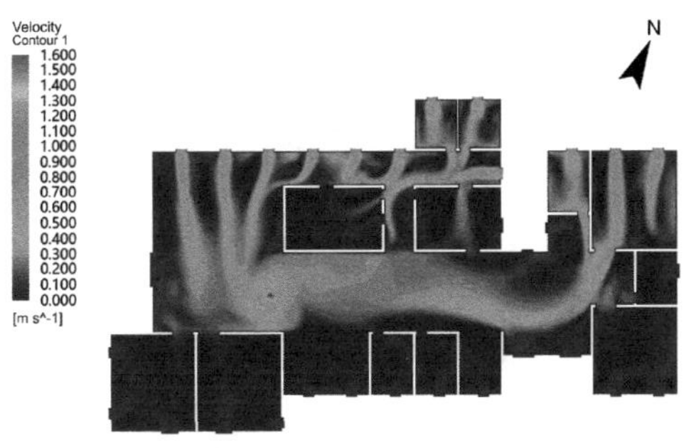

图 1　方案 1 室内速度场模拟结果

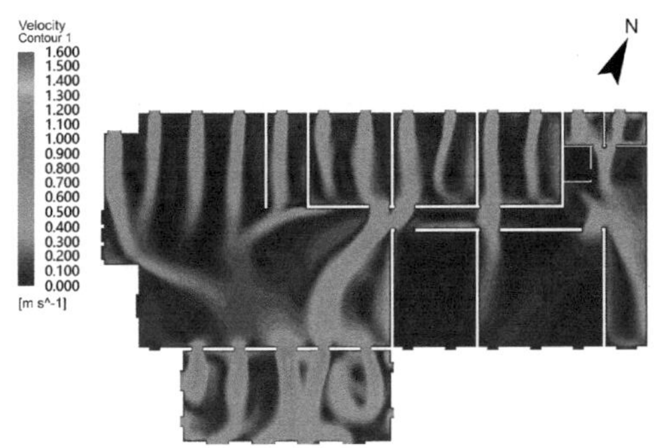

图 2　方案 2 室内速度场模拟结果

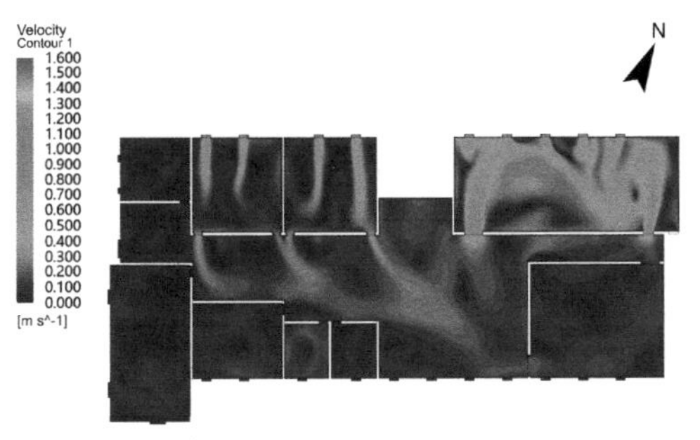

图 3　方案 3 室内速度场模拟结果

根据图 1～图 3 可知，方案 1 在建筑门窗全部打开的情况下内部东西向的大厅通风条件较好，建筑室内整体空气流通比较顺畅，但是在大厅处形成局部涡流现象，从而导致南侧房间内的通风被隔断，房间内风速基本为 0～0.1m/s，且靠近北侧的广播室和工作室对来自室外的风流有一定的阻挡作用。而方案 2 在门窗全部打开的情况下，室内的公共空间整体通风效果较好，基本在 0.3m/s 以上；在入口大厅处通风流畅，但是在南侧的个别房间通风效果较差；方案 3 在门窗全部打开的情况下，由于北侧的进风口多被大房间隔断，导致房间内通风效果较好，但是建筑内部的公共空间通风效果较差，基本在 0.3m/s 以下，同时建筑西侧的房间布置几乎导致建筑局部不进风，使西侧和南侧的房间通风效果很差。

综上所述，通过对初期的三个方案进行室内风环境模拟和分析，可以发现方案 2 更加具有室内通风潜力，因此选择方案 2 解决目前的室内风环境问题并进行优化。

4　优化及再析

4.1　优化方法

通过传统设计方法对湖南科技大学雨湖校区大学生活动中心进行旧建筑更新，得到初步改造设计方案，通过 Fluent 进行室内仿真模拟测验，方案 2 还存在如下问题：(1) 局部房间的边角会阻碍正常的通风路径，形成转角效应（图 4）；(2) 在活动中心改造方案中，在建筑内部西侧的走廊附近，东西向通风并不明显，东西向空气流通不如方案 1 连贯；(3) 房间位置对室内通风有显著影响，在方案 2 中，如图 5 所示，南侧的两个房间的布置导致走廊东西向增长，增加了气流流动的阻力，在南北方向上，对气流流通起到了一定的隔断作用。基于模拟结果及实际情况对方案进行调整，从室内房间形体、室内走廊宽度和房间位置三个方面进行利于自然通风的优化设计。

图 4　转角效应示意图、解决方案示意图

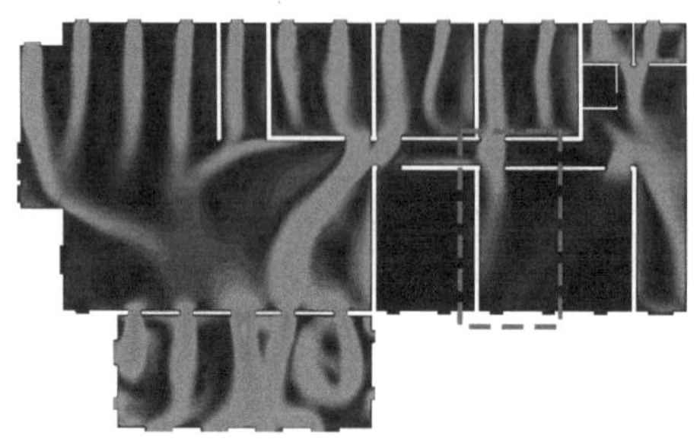

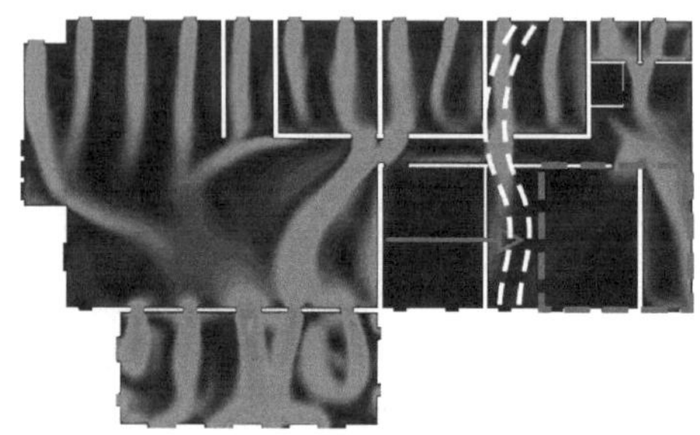

图 5　转角效应示意图、解决方案示意图

4.1.1　转角切角

在房间的拐角区域，当气流从迎风面（正压域）流向背风面（负压域）时，由于空间几何的收缩，气流受到压缩而加速流动，形成强烈的气流紊乱，降低人体舒适感。在建筑设计时，对转角处的房间实施切角或转角抹弧处理，这一策略能够显著降低拐角区域的风速，减少因直角阻挡而产生的风切变现象，使得气流更为顺畅地过渡。同时，这种处理方式还能有效应对背风面因气流受阻而形成的涡流，通过平滑的曲线或斜切设计，引导气流绕过转角，避免涡流积聚，从而改善室内空气的流通性和稳定性。

4.1.2　拓宽走廊

将走廊进行拓宽，使其横截面积增大，直接增加空气流通的通道面积。在建筑物内，走廊作为连接各个房间的通道，其通风性能对整体室内空气质量有重要影响。当走廊宽度增加时，更多的空气可以通过走廊流动，有利于改善室内通风状况。同时拓宽走廊可以降低气流流动的阻力，使空气更加顺畅地流动。这对改善室内通风条件、提高居住舒适度具有重要意义。

4.1.3　开辟通风廊道

将图 3 所示房间往东侧偏移，在两房间之间开辟一条通风廊道，可兼作建筑入口，使南北向通风更加连贯，增大通风效益。

4.2　优化前后风环境对比

基于以上方法，在初版改造方案的基础上进行优化设计，并运用相同的条件再次进行模拟，得到如下结果（图 6）：通过对房间切角，有效解决转角效应，门厅局部风速虽然有所减小，但是整体风速有所提升，有效解决了南侧大房间内涡流问题；通过拓宽走廊、调整房间位置，使得建筑内部东西向气流流速由 0.1m/s 提升到 0.4m/s 左右，同时使房间内的气流流速从 0.1m/s 以下提高到 0.4m/s 左右，局部风速有所降低，但各房间内气流流速均有提高，建筑整体通风效益提高。

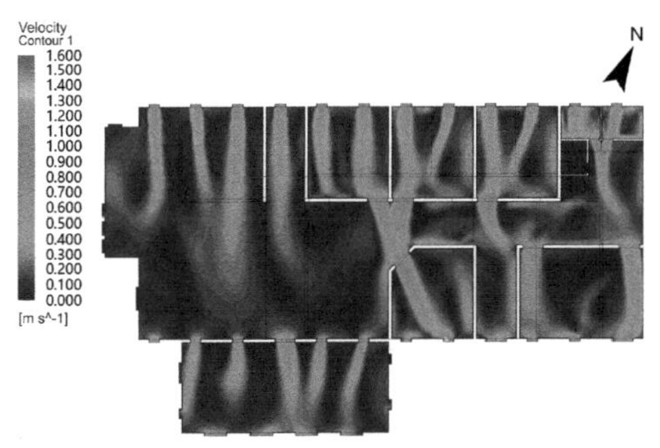

图 6 优化后方案模拟结果

5 结语

本文主要使用 CFD 风环境模拟技术对大学生活动中心改造初期方案及优化后的方案进行定量模拟分析，探索仿真模拟技术在方案推演中的应用方法并提出改善室内风环境的优化方法：（1）优化室内房间的形体，顺应气流路径，防止空间突变造成气流紊乱，降低拐角处的风速，防止产生室内涡流；（2）拓宽通风走廊，增大空气流通面积，增强内部的空气循环；（3）优化房间位置，改善进、出风口区域，增加空气对流。在方案推演阶段引入风环境数值模拟软件，可有效避免产生涡流与通风死角，提高设计效率，同时也为设计者提供科学的决策依据。

但是研究本身也存在一定的局限。在实际的评估中，室内风环境可能会受到家具、门窗的开关程度等影响，而本文用 Fluent 进行室内风环境模拟时默认室内门窗全部处于开启状态，且只能根据气象数据进行定量分析。而在实际情况中，影响风环境的因素还有地形、周边建筑等，因此模拟值与实际值之间的差距有可能更大，这些都将对方案的风环境评估造成一定的困难。

参考文献

[1] 苑蕾. 概念设计阶段基于风环境模拟的建筑优化设计研究［D］. 青岛理工大学，2013.

[2] 侯宇，程然，闫会敏，等. 历史街区中既有建筑风环境模拟及优化设计：以青岛小扬州宾馆为例［J］. 城市建筑，2023，20（2）：125-128. DOI：10.19892/j.cnki.csjz.2023.02.35.

[3] 钱锋，杨丽. 体育馆建筑的风环境模拟研究［J］. 建筑科学，2017，33（10）：202-207. DOI：10.13614/j.cnki.11-1962/tu.2017.10.31.

[4] 周沁媛. 徐州市老旧住宅室内风环境优化策略研究［D］. 中国矿业大学，2023. DOI：10.27623/d.cnki.gzkyu.2023.002369.

低碳住宅厨房通风的评估方法与优化设计

An Evaluation Method and Optimization Design for Kitchen Ventilation in Low-Carbon Residential Buildings

钟小敏[1]　王文馨[1]　张文炜[1]　陈　忱[1,2,3,4]　石　峰[1,2,3,4]

1. 厦门大学建筑与土木工程学院
2. 厦门大学建筑与土木工程学院，智慧低碳建筑技术福建省高校重点实验室
3. 厦门市建筑遗产保护智能技术集成应用重点实验室（厦门大学）
4. 福建省滨海土木工程数字仿真重点实验室

摘　要：随着人们对健康室内空气环境的需求日益增强，作为我国住宅室内空气污染重要来源的烹饪污染亟需控制。厨房通风量既是衡量烹饪污染排出效果的主要因素，也是影响住宅供暖空调能耗的关键参数，其评估方法尤为重要。但目前国内外主要用于测试房间通风量的示踪气体衰减法和风管法均有测试难度大的缺点，无法满足评估需求，亟待解决。本研究提出了一种适用于使用场景的厨房通风评估方法，基于厨房建成环境中常有的人员、灶台两类二氧化碳释放源，结合二氧化碳释放速率、厨房容积、室内外二氧化碳浓度，通过仿真分析与实测分析的对比，拟合二氧化碳曲线分析得出厨房通风量。本研究将为厨房通风的优化设计提供科学依据，为我国低碳、绿色住宅设计提供参考。

关键词：低碳住宅；健康；厨房通风量；通风评估；优化设计

1　引言

1.1　研究背景

随着我国双碳目标的不断推进，绿色建筑与绿色发展理念的不断深入，住宅对实现低碳目标的需求也日益增加。提高建筑气密性是降低建筑能耗的有效方法，但这也容易导致建成环境中新风量不足，产生二氧化碳（CO_2）浓度高、空气质量差等危害人体健康的问题。尤其对于我国厨房这一建成环境，中式烹饪产生的空气污染浓度远高于西式烹饪[1]，是我国住宅室内空气污染的一大重要污染源，厨房空间亟需足够大的通风量以减少污染物对人员的健康危害，但过大的通风量不仅使得抽油烟机能耗较高，其他相邻空间的供暖空调能耗也会随之升高。低碳和健康均是绿色建成环境营造需达成的重要目标，合理的通风量是优化建成环境设计的重要基础，因此对厨房通风的评估方法也尤为重要。

国家自然科学基金（52308120）；厦门市自然科学基金（3502Z202371013）；国家自然科学基金（52078443）；中央高校基本科研业务费专项资金（20720230032）。

1.2 国内外对房间通风量的测试方法

换气次数（Air Exchange Rate，AER）是估算房间通风量的依据，是房间送风量与房间体积的比值，单位是次/h，常作为衡量污染排出效果和影响住宅供暖空调能耗的关键参数[2]。我国民用建筑供暖通风与空气调节设计规范（GB 50736—2012）依据居住建筑人均面积的划分规定了居住建筑设计的最小换气次数[3]。

目前，国内外对房间的 AER 测试方法主要有两种。一种是示踪气体衰减法，其原理是：向被测房间内通入一定量的示踪气体，常用的示踪气体有 CO_2 和六氟化硫（SF_6）；在待测室内通入适量示踪气体，由于室内、外空气交换，示踪气体的浓度呈指数级衰减，根据浓度随时间的变化趋势，计算出目标空间的换气次数[4]，但其衰减过程的测定需满足室内空气混合均匀的限制，且较大的厨房 AER 使得室内示踪气体浓度衰减极快，测试难度大。另一种是风管法，测量通风管道送风面的面积与风速[5]，但操作繁琐，且会对厨房排风管道造成不可逆的破坏。测试方法的限制使得目前厨房 AER 实测数据较少，亟待解决。

基于目前常用测试方法的缺点，许多学者作出了新的探索。一些学者将人体代谢的 CO_2 作为示踪气体的稳定散发源，对不同国家或地区的住宅、学校和办公室的单个房间进行 AER 测量[6]。Hou 等人通过在我国 266 个住宅内的主要使用房间内设置便携式 CO_2 监测仪连续 24h 测定 CO_2 浓度，开发了单区模型和多区模型来计算 AER[7]。Zhang 等人实测了我国某高校 9 个宿舍和 7 个办公室在冬季和夏季的 CO_2 浓度变化，测算 AER，并确定影响 AER 的因素[8]。Zhuang 等人通过实测比较了三个将人体呼出的 CO_2 作为示踪气体的模型（ASHRAE 模型——ASHRAE 我国特定的修改模型，BMR 模型）下估算的 AER 与使用 SF_6 作为示踪气体现场测出量的 AER，结果表明，ASHRAE 我国修正模型在我国单房间中具有最佳的性能，在多个测量点、稳定的人员活动和适当的参数设置下，平均偏差为 6.67%，最大偏差为 14.6%[9]。虽然这些测试方法在住宅与高校中有着成功的测试，但对于本研究中使用场景下的厨房来说，人员活动量、通风量与 CO_2 散发源的明显差异使得这些测试方法不再适用。抽油烟机的使用使得厨房通风量较大，采用上述方法会面临房间内 CO_2 浓度迅速下降、无法长时间监测的难题，且厨房烹饪时的人员活动量是远高于睡眠状态下的，两者间的 CO_2 散发速率有着明显差异，同时使用场景下的厨房中 CO_2 散发源不仅有人员还有燃气灶。

还有一些学者提出了一种通过去除室内细颗粒物（$PM_{2.5}$）计算 AER 的模型，Ni 等人在我国三个城市的 10 个自然通风房间对 AER 进行实测，对影响 AER 的一些因素进行了定性分析，并给出了可能的误差表达式，且比较了利用 $PM_{2.5}$ 去除方法和 CO_2 衰减法的数据，对模型进行了验证，两种方法测定结果的相对误差小于 10%[10]。但是在厨房无烹饪时，室内外 $PM_{2.5}$ 浓度是十分相近的，无法通过室内外 $PM_{2.5}$ 浓度差异计算 AER，烹饪时厨房的大风量也使得室内 $PM_{2.5}$ 浓度衰减极快，测试难度大。

总的来说，由于厨房大通风量的特殊性，现有的许多 AER 测试方法都不适用，同时我国住宅厨房面临着空气污染物高散发和逸散至邻室空间的问题，厨房烹饪散发源是需要大风量控制的，但过大的通风量会增加抽烟机和其他相邻空间的供暖空调能耗，因此我们亟需一种对使用场景下厨房 AER 的评估方法。

1.3 研究目标

本探究旨在提出一种适用于使用场景的厨房 AER 的评估方法，基于该建成环境常有的人员、灶台两类 CO_2 释放源，结合厨房容积、室内外 CO_2 浓度，通过仿真分析与实测分析的对比，拟合 CO_2 曲线分析得出厨房 AER 与 CO_2 释放速率。基于此评估方法，可快速便捷分析多种优化设计下的通风量改进效果。本研究可简化测量流程、降低测量成本，为我国低碳、绿色住宅设计提供参考。

2 研究方法

2.1 建立理论模型

在住宅中，厨房不仅存在与室外的气体交换，还存在与室内邻室房间的气体交换，厨房的门窗状态是影响其气体交换的重要因素。当厨房门关闭时，厨房与客厅间的气体交换忽略不计，此时仅有厨房与室外的气体交换；厨房门打开时，存在厨房与室内邻室房间的气体交换和厨房与室外的气体交换。基于此建立下列理论模型用于换气次数的测试。

厨房内的 CO_2 质量平衡可表示为如下形式：

$$V\frac{\mathrm{d}C_{\text{in}}(t)}{\mathrm{d}t} = [Q_1 \times C_l(t) + Q_2 \times C_{\text{out}} - (Q_1 + Q_2)C_{\text{in}}(t)] + E_1 + E_2$$

其中，V 是厨房体积，$C_{\text{in}}(t)$ 是 t 时刻室内 CO_2 浓度值，t 是时间，Q_1 是客厅进入厨房的风量，Q_2 是室外进入厨房的新风量，$C_l(t)$ 是 t 时刻客厅 CO_2 浓度值，C_{out} 是室外 CO_2 浓度值，E_1 为灶台散发 CO_2 的速率，E_2 为人员散发 CO_2 的速率。

进一步地，

$$a_1 = \frac{Q_1}{V}$$

$$a_2 = \frac{Q_2}{V}$$

其中，a_1 为客厅进入厨房风量对应的等效换气次数，a_2 为室外进入厨房新风量对应的换气次数。

通过实测 V、$C_{\text{in}}(t)$、C_{out}、$C_l(t)$，拟合 E_1、E_2 以及 a_1、a_2，使得拟合优度 R^2 最大。

$$R^2 = 1 - \frac{\sum_i [\hat{C}_{\text{in}}(t) - C_{\text{in}}(t)]^2}{\sum_i [C_{\text{in}}(t) - \overline{C_{\text{in}}}(t)]^2}$$

其中，i 为室内 CO_2 浓度测试的序号，$\hat{C}_{\text{in}}(t)$ 为 t 时刻室内 CO_2 浓度的实测值，$\overline{C_{\text{in}}}(t)$ 为室内 CO_2 浓度实测值的平均值。

具体地，当厨房门关闭时，假设 $a_1 = 0$，基于上述模型仅拟合其他参数。

2.2 实验测试

2.2.1 测试对象与设备

作者于厦门市某住宅进行了厨房使用场景下测量 *AER* 的实验。该住宅如图 1 所示，户型为两室两厅，住宅室内总面积为 63.5m^2，厨房面积为 3.96m^2，厨房体积为 9.1m^3，实验期间入户门、主卧门、阳台门、卫生间门均保持关闭状态，次卧门

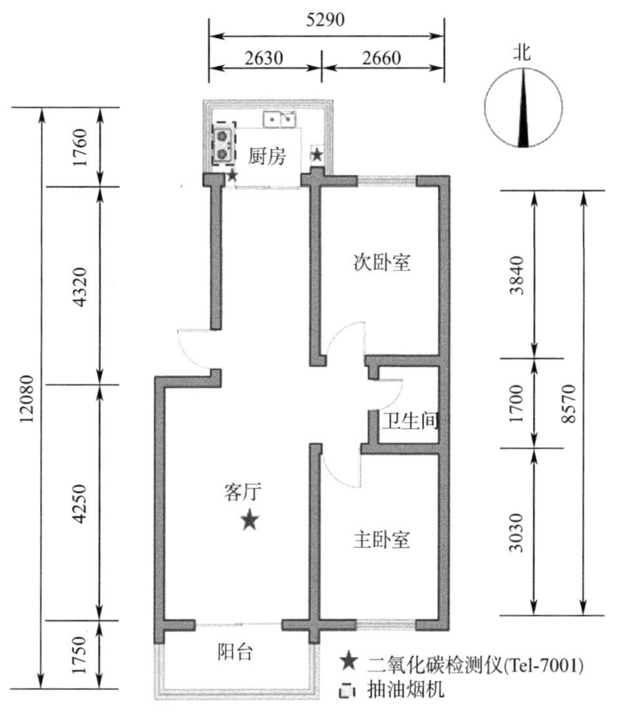

(a) 住宅平面图

(b) 厨房消毒柜侧内景图

(c) 厨房灶台侧内景图

图 1　实验住宅图

保持开启状态，主卧窗、次卧窗均保持关闭状态，厨房窗保持开启状态，厨房门状态随烹饪阶段不同而改变，卫生间无窗、无排风设施，厨房内有灶台与抽油烟机等烹饪家电，灶台所用燃料为天然气。

本文选取了该住宅的厨房、客厅作为测试点，共设置 3 个采样点。采样点 1 位于厨房灶台边；采样点 2 位于厨房消毒柜上，采样点高度均为 1.5m，厨房内两采样点直线距离约为 2m；采样点 3 位于客厅居中位置，高度约为 0.6m。

实验所用仪器为便携式 CO_2 检测仪（Tel-7001）配备 HOBO 数据记录仪，设备相关信息如表 1，CO_2 检测仪记录间隔设置为 10s。

表 1　设备参数明细表

（来源：Tel-7001 CO_2 检测仪说明书）

测量参数	仪器名称	测量范围	记录间隔
CO_2 浓度	Tel-7001CO_2 检测仪	0～10000ppm	10s（自设）
	Tel-7001HOBO 数据记录仪	0～2500ppm	

2.2.2　实验设计

作者与团队在 2024 年 3 月 10 日进行了烹饪实验。在烹饪操作方面：烹饪时，厨房门设定为关闭状态，烹饪后厨房门开启；厨房窗户在烹饪时与烹饪后均设定为开启状态；抽油烟机在烹饪期间始终保持高挡开启状态，在烹饪后继续保持高挡开启状态，2min 后关闭，这些均是符合我国居民日常烹饪习惯的操作。如表 2，烹饪前进行 20min 的通风防止实验测试之间的互相影响，20min 的静置使得室内 CO_2 浓度稳定，烹饪时选择时长为 7min 的中式经典炒菜，烹饪后等待 30min 测量 CO_2 浓度衰减曲线，烹饪前、烹饪时、烹饪后全过程中对客厅、厨房灶台及消毒柜的室内 CO_2 浓度进行实时监测，室外 CO_2 浓度相对较稳定，因此仅在实验前、后进行测量。

表 2　烹饪实验流程

实验阶段	实验时长/min	实验步骤	通风状态			人员数量
			厨房门	厨房窗	抽油烟机	
烹饪前	20	通风	开启	开启	开启	0
	20	等待 CO_2 浓度稳定	开启	开启	关闭	0
烹饪时	7	开启燃气灶，测量 CO_2 逐时浓度	关闭	开启	开启最高挡	1
烹饪后	30	关闭燃气灶，测量 CO_2 浓度衰减曲线	开启	开启	保持开启最高挡 2min 后关闭	1

2.3　数据处理

将厨房内两个测点的浓度平均值作为 $C_{in}(t)$，应用 Python3.12，基于烹饪时 7min 内厨房门关闭、厨房窗开启、抽油烟机开启最高挡、燃气灶及人员同时散发 CO_2 的情况，测量 $C_{in}(t)$、C_{out}、$C_l(t)$ 共计 32 组数据，拟合得出 E_1+E_2 以及 $a_{2,\text{during cooking}}$，并基于烹饪后 2min 内厨房门开启、厨房窗开启、抽油烟机开启最高挡、仅人员散发 CO_2 的情况，测量 $C_{in}(t)$、C_{out}、$C_l(t)$ 共计 11 组数据，拟合得出 E_2 以及 a_1、$a_{2,\text{after cooking}}$。

3　研究结果

厨房内两个测点、客厅、室外的 CO_2 浓度变化如图 2 所示，在烹饪期间，厨房位于灶台的测点 CO_2 浓度范围为 723～836ppm，平均为 772ppm；厨房位于消毒柜的测点 CO_2 浓度范围为 540～584ppm，平均为 556ppm；客厅 CO_2 浓度范围 627～644ppm，平均为 637ppm；室外 CO_2 浓度平均为 463ppm。

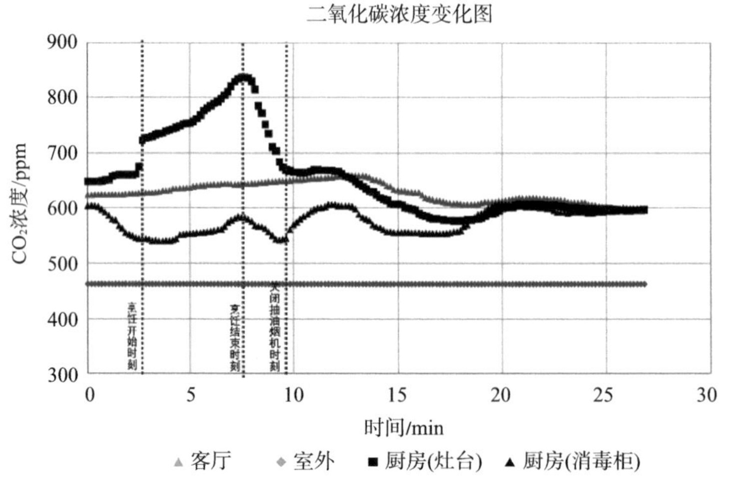

图 2　CO_2 浓度变化图

拟合结果如图3、图4所示，烹饪时，室外进入厨房的新风换气次数为2.44次/h，灶台及人员散发 CO_2 的速率为0.011m³/h，其拟合优度值达到0.88；烹饪后，客厅进入厨房通风量对应的等效换气次数为1.57次/h，室外进入厨房的新风换气次数为21.58次/h，人员散发 CO_2 的速率为0.003m³/h，其拟合优度值达到0.99。烹饪后新风换气次数的增大主要是由于厨房门的开启改善了通风条件，人员散发 CO_2 的速率与既往研究接近[6]。

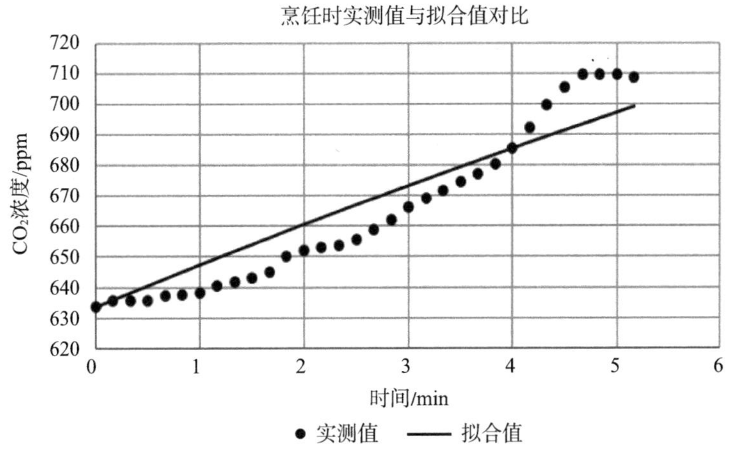

图3　烹饪时实测值与拟合值对比

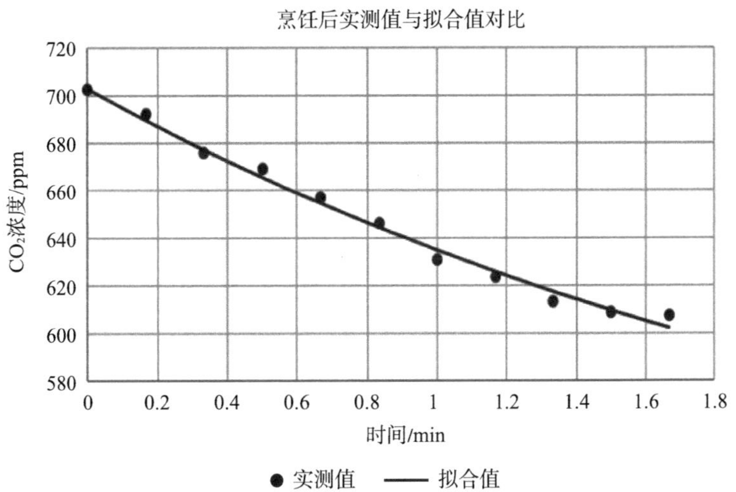

图4　烹饪后实测值与拟合值对比

4 结论

本研究提出了一种基于该建成环境常有的人员、灶台两类 CO_2 释放源，结合其 CO_2 释放速率、厨房容积、室内外 CO_2 浓度，通过仿真分析与实测分析的对比，拟合出 CO_2 曲线，分析得出厨房换气次数的厨房通风量评估方法，并通过实验验证了此方法的可行性。通过实测和模拟发现，烹饪时，新风换气次数为 2.44 次/h，烹饪后，新风换气次数为 21.58 次/h，客厅进入厨房通风量对应的等效换气次数为 1.57 次/h，人员散发 CO_2 的速率为 $0.003m^3/h$，灶台散发 CO_2 的速率为 $0.008m^3/h$，模型拟合优度分别达到 0.88、0.99。

此方法可以快速便捷分析多种优化设计下的通风量改进效果，简化测量流程，降低测量成本，具有更好的适应性，它以厨房通风的优化设计为切入点，为我国低碳、绿色住宅设计提供了参考。

参考文献

[1] Chen C, Zhao Y, Zhao B. Emission rates of multiple air pollutants generated from Chinese residential cooking [J]. Environmental Science & Technology, 2018, 52 (3): 1081-1087.

[2] 朱颖心. 建筑环境学 [M]. 北京：中国建筑工业出版社，2010.

[3] 徐伟，邹瑜，徐宏庆，等. 民用建筑供暖通风与空气调节设计规范：GB 50736—2012 [J]. 建设科技（建设部），2015 (10).

[4] 李晓锋，朱颖心. 示踪气体浓度衰减法在民用建筑自然通风研究中的应用 [J]. 暖通空调，1997，27 (4): 7-10.

[5] Etheridge D W, Sandberg M. Building ventilation: theory and measurement [J]. Chichester New York Wiley I c, 1996.

[6] Qi M, Li X, Weschler L, et al. CO_2 generation rate in Chinese people [J]. Indoor Air, 2014, 24 (6): 559-66.

[7] Hou J, Sun Y, Kong X, et al. Single and multiple zone methods to calculate air change rate in apartments [J]. Procedia Engineering, 2015, 121: 567-572.

[8] Zhang W, Wang L, Ji Z, et al. Test on ventilation rates of dormitories and offices in university by the CO_2 tracer gas method [J]. Procedia Engineering, 2015, 121: 662-666.

[9] Zhuang H, Zou Z, Wang L, et al. Investigation of air change rate in a single room using multiple Carbon Dioxide breathing models in China: verification by field measurement [J]. Buildings, 2023, 13 (2).

[10] Ni P Y, Jin H C, Wang X L, et al. A new method for measurement of air change rate based on indoor $PM_{2.5}$ removal [J]. International Journal of Environmental Science and Technology, 2017, 15 (12): 2561-2568.

低碳目标下的绿色、健康、智慧住宅——基于深度强化学习的室内 $PM_{2.5}$ 智能控制设计研究

Indoor $PM_{2.5}$ Control System Design Based on Deep Reinforcement Learning for a Green, Healthy, and Smart Residence Under Low-Carbon Goals

王文馨[1]　钟小敏[1]　张文炜[1]　陈　忱[1,2,3,4]　石　峰[1,2,3,4]

1. 厦门大学建筑与土木工程学院
2. 厦门大学建筑与土木工程学院，智慧低碳建筑技术福建省高校重点实验室
3. 厦门市建筑遗产保护智能技术集成应用重点实验室（厦门大学）
4. 福建省滨海土木工程数字仿真重点实验室

摘　要：细颗粒物（$PM_{2.5}$）污染危害人体健康，相比于西方国家，我国住宅污染尤其严重，亟需对其进行高效控制。现有智能设备参数设定的专业门槛过高，另有研究基于深度强化学习，针对单个空间，开发室内 $PM_{2.5}$ 污染智能控制系统，但仍需考虑住宅多区域控制的复杂需求，并需在调控建筑表皮时，同步调控抽油烟机等通风设备。本研究基于问卷调研得出我国住宅典型的烹饪、通风等行为习惯，将实验测试与计算机模拟相结合，发现相比于最普遍行为模式下的基准工况，选用净化器及抽油烟机现有的自动挡位，$PM_{2.5}$ 浓度仅下降 42%、能耗上升 0.02kWh/道菜肴，进而基于深度强化学习算法建立智能控制系统，可使得 $PM_{2.5}$ 浓度下降 80%、能耗上升 0.03kWh/道菜肴。本研究将为绿色、健康、智慧住宅设计提供坚实的基础。

关键词：低碳目标；绿色、健康、智慧住宅；室内空气质量；深度强化学习

1　研究背景

为推动绿色建筑高质量发展，“十四五”规划以提高住宅健康性能为重点任务之一，建设更加绿色健康舒适的人居环境。细颗粒物（$PM_{2.5}$）是衡量空气污染的主要指标之一，$PM_{2.5}$ 的暴露将增大呼吸道疾病、心血管疾病、癌症等健康风险[1]，人员在住宅度过 60%～70% 的时间，因此亟需有效控制住宅室内 $PM_{2.5}$ 污染。相比于西方发达国家，我国室外较高的 $PM_{2.5}$ 污染水平[2]，中式烹饪方式导致较高的 $PM_{2.5}$ 散发，散发源强是西式烹饪的 3～6 倍[3,4]，这些使得我国住宅 $PM_{2.5}$ 污染面临“内忧外患”。

市面上涌现出的相关智能家居产品，可以实现场景化自动控制 $PM_{2.5}$ 污染，但

国家自然科学基金（52308120）；厦门市自然科学基金（3502Z202371013）；国家自然科学基金（52078443）；中央高校基本科研业务费专项资金（20720230032）。

用户难以准确认知、设定控制目标等一系列现实问题易造成设备闲置。Jovan Pantelic 等在美国某公寓设立四个传感器和监控器，根据不同位置传感器浓度限制及炉灶启停状态，实测对比七种场景下对应的空气污染控制算法控制效果，降低81%～94%的 $PM_{2.5}$ 浓度，全年能耗在39.4～265度电（kWh）的较大范围[5]，可见智能设备参数设定所需的专业门槛较高。

目前已有研究在借助深度强化学习让智能代理人和环境互动，从中尝试错误进行学习，最终实现建筑室内环境的智能化、低碳化控制。香港中文大学陈淳等团队基于深度强化学习算法，将模拟与实测结合，对窗户、空气净化器、空调进行调节，发现与原有行为模式相比，窗户的智能调控可降低7.40%的室内 $PM_{2.5}$ 浓度[6]；窗户和空气净化器的智能控制，可通过降低疾病负担获得健康收益，最终减少2.4%～43.7%的总经济损失[7]；窗户、净化器、空调的智能控制可使得 $PM_{2.5}$ 达标时长和热舒适时长分别增加21%和16%，能耗降低23%[8]。然而，目前研究大多数只针对单个房间，未能满足住宅建筑需兼顾多个房间控制的复杂需求，研究也没有将抽油烟机这一厨房通风设备与建筑表皮的调控相配合。

本研究旨在优化控制策略，结合问卷调研确定我国住宅居民典型的烹饪、通风习惯，采用实验测试与计算机模拟相结合的研究方法，基于深度强化学习，建立智能控制系统，并将其 $PM_{2.5}$ 浓度智能控制效果、能耗水平与原有行为模式下的基准工况，通风净化设备现有自动挡位下的自动控制工况进行对比分析。

2 研究方法

2.1 典型烹饪习惯下的住宅场景设计

课题组前期524份调研结果表明，天然气灶是66.7%住宅选用的烹饪炉具，炒是我国家庭最常选用的烹饪方式（84.6%）且散发源强度最高，猪肉是我国家庭最常用的肉类（78.5%），花生油是我国家庭使用最多的食用油种类（43.6%），三口之家是我国家庭最普遍的规模（48.9%），结合专业厨师估算的人均120g食物分量和素菜选用习惯，最终确定典型菜肴为用天然气灶、花生油烹制的360g猪肉炒蒜苔。在烹饪时，56.8%的家庭习惯关闭厨房门，在烹饪后，81.5%的家庭习惯开启厨房门，因此烹饪时、烹饪后设定厨房门的状态分别为关闭和开启[9]。

2.2 控制策略设计

实验设计涵盖三种控制模式，分别为基准工况、自控工况、智控工况。基准工况代表目前我国大部分家庭通风、净化习惯下的室内空气污染控制情况，自控工况代表启用市面上现有产品自动模式下的控制效果，智控工况代表本研究中深度强化学习技术对应的控制效果。本研究共三种控制工况，对基准工况和自控工况的 $PM_{2.5}$ 污染水平进行实验测试，结合实验测试数据，对智控工况的 $PM_{2.5}$ 污染水平采用计算机模拟（表1）。

基准工况：根据课题组前期调研结果，在通风方面，我国83.4%的家庭在烹饪时和烹饪后都开启厨房窗户，结合本研究中住宅的实际情况，将厨房窗户开启对应的开度均设为7cm；大部分家庭在炒菜时习惯开启抽油烟机高挡，并且在使用过程中保持挡位选择、不再调节；在烹饪结束后，居民习惯继续开启抽油烟机的平均时长为2min。在净化器使用方面，43%的家庭没有空气净化设备，且在拥有空气净化设备的家庭中，高达56.90%的家庭不考虑室内散发因素的影响，即大多数家庭不会在日常烹饪过程中开启空气净化设备。

自控工况：在基准工况的基础上，在炒的过程中，开启抽油烟机的爆炒模式；延时吸烟时长仍然按照大部分家庭的操作行为习惯为2min。在测试的全过程中，启用空气净化器的自动挡位。

智控工况：基于深度强化学习技术，实时权衡室内空气污染控制和能耗，由人工智能同时控制抽油烟机、窗户、空气净化器，实现多设备的配合，实时调节设备状态，其算法设计详见2.4.1。

表1　工况设置

控制对象＼工况		基准工况（实测）	自控工况（实测）	智控工况（模拟）
抽油烟机	烹饪时的挡位	全过程：高挡	烹饪期间：爆炒模式 其他期间：高挡	实时调节：关闭或高挡
	烹饪后继续开启的时长	2min	2min	实时调节时长
净化器		关闭	开启自动净化挡位	实时调节：关闭或高挡
窗		开启		实时调节：关闭或开启
门		烹饪时关闭		

2.3　基准工况及自控工况：实验测试

作者于厦门某住宅在2024年3月9日至4月1日期间，针对基准工况和自控工况进行实验测试，该时间段属于过渡季，空调未启用。

该住宅如图1所示，户型为两室两厅，次卧门保持开启状态，次卧窗保持关闭状态，入户门、主卧门窗、阳台门保持关闭状态，卫生间无窗、无排风设施，卫生间门保持常闭状态。烹饪时间段厨房门关闭，厨房体积为9.1m^3，厨房总比表面积为21.58m^2，此时客厅与次卧的总体积为117.30m^3，客厅和次卧的总比表面积为204.18m^2。

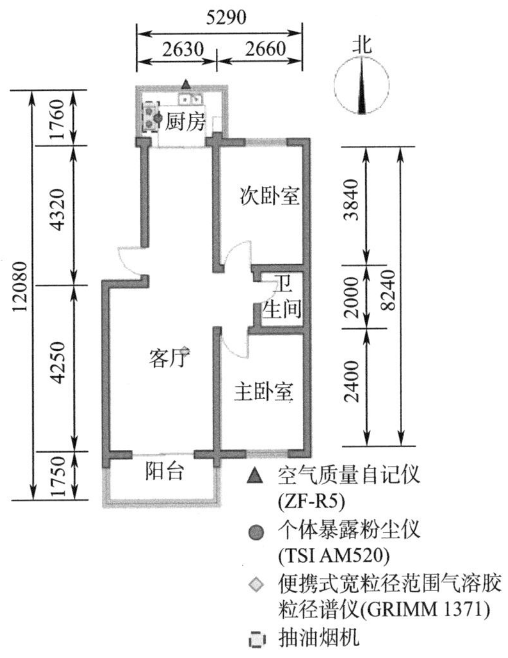

图1　住宅平面图

采用便携式宽粒径范围气溶胶粒径谱仪（GRIMM 1371）、个体暴露粉尘仪（TSI AM520）、空气质量自记仪分别在客厅、厨房、室外测量 $PM_{2.5}$ 实时浓度，具体位置如表2所示。预实验结果表明，次卧与客厅的 $PM_{2.5}$ 浓度较为接近，因此不在次卧设置采样点。

表 2　采样位置及仪器型号

采样区域	采样位置	仪器型号
客厅	客厅正中，距地面 0.5m 高	便携式宽粒径范围气溶胶粒径谱仪（GRIMM 1371）
厨房	灶台正上方，距地面 1.5m 高	个体暴露粉尘仪（TSI AM520）
室外	厨房窗外，距地面 0.8m 高	空气质量自记仪（ZF-R5）

在实验过程涉及的全部烹饪流程均由专业厨师按家常菜特点设计并确定，该专业厨师按固定流程完成食材称重、食材准备、开火烹饪、锅具清洗等一系列流程。烹饪前进行 20min 的通风以及 20min $PM_{2.5}$ 浓度稳定，防止实验测试之间的互相影响（表 3）。

表 3　实验流程

烹饪阶段	时长/min	实验步骤	通风状态			人员状态
			厨房窗	厨房门	抽油烟机	
烹饪前	20	通风	开启	开启	开启	无人
	20	等待 $PM_{2.5}$ 浓度稳定	开启	开启	关闭	
烹饪时	7	测量 $PM_{2.5}$ 逐时浓度	开启	关闭	开启对应挡位	厨师一人
烹饪后	30	测量 $PM_{2.5}$ 浓度衰减曲线	开启	开启	开启对应延长时间	

2.4　智控工况：计算机模拟

2.4.1　算法设计：基于深度强化学习的室内 $PM_{2.5}$ 控制系统

研究采用深度强化学习智能代理，该代理不断地试验各种动作策略，与环境交互并产生反馈。在整个迭代过程中，主要组成部分包括输入状态（$State_t$、$State_{t+1}$）、输出行为（$Action_t$）、奖励或目标（$Reward_t$）。其中，$State_t$ 代表时间 t 的状态，$Action_t$ 是从动作空间采取的行动策略，$State_{t+1}$ 是对 $State_t$ 应用 $Action_t$ 后的后续状态，环境基于 $State_{t+1}$ 提供奖励 $Reward_t$。智能体识别导致最优结果的行动，逐渐改进其策略以最大化累积回报或实现特定目标。

在本研究中，利用深度强化学习代理实现室内空气质量与能耗之间的权衡，通过神经网络控制窗户、抽油烟机、空气净化器三个设备，降低厨房和客厅 $PM_{2.5}$ 浓度。

（1）输入状态（State）

State 状态数为 3，分别是室外 $PM_{2.5}$ 浓度、厨房 $PM_{2.5}$ 浓度、客厅 $PM_{2.5}$ 浓度。

（2）输出行为（Action）

Action 状态数为 8，是启停窗户、抽油烟机、空气净化器三个设备的行为组合状态，每个设备用关闭（0）和开启（1）两种状态，则共 $2^3=8$ 种。

（3）奖励或目标（Reward）

控制目标包括室内 $PM_{2.5}$ 浓度、能耗、耗材花费三方面，通过算法进行权衡。

①$PM_{2.5}$ 浓度：全球疾病负担研究组指出理论最低风险暴露水平为 2.4～5.9μg/m³[10]，本研究设定低于 4.15μg/m³ 时，可认为没有健康风险。此外，厨房 $PM_{2.5}$ 污染主要受到厨房窗和抽油烟机的影响，新风进入室内的过程带来室外污染的负面影响，因此将室内浓度与室外浓度的差值作为收益；客厅 $PM_{2.5}$ 污染主要受到净化器的影响，新风量较小，故不再考虑室内浓度与室外浓度的差值。上述风险和收益用于回报函数分子的定义。

②能耗及耗材：考虑开窗器、抽油烟机、空气净化器三类设备的电耗，根据厦门民用电电费标准，得出其费用。假设设

备使用年限为 10 年，将其初投资均摊至使用年限，根据使用时长得出对应费用。考虑空气净化器滤芯更替所需费用。上述电费、投资成本、耗材成本用于回报函数分母的定义。

③回报函数具体如下：

$$Reward = -(R_k + R_l)$$

其中

$$R_k = \begin{cases} \dfrac{(C_{in}(t+1) - C_{in}(t) + (C_{in}(t+1) - C_{out}))}{(p_e \times (P_w + P_h) \times T + p_i \times T)} & C_{in}(t+1) > 4.15 \\ \dfrac{(\max(0, C_{in}(t+1) - C_{in}(t)) - C_{out})}{(p_e \times (P_w + P_h) \times T + p_i \times T)} & C_{in}(t+1) \leqslant 4.15 \end{cases}$$

$$R_l = \begin{cases} \dfrac{(C_{in}(t+1) - C_{in}(t) + (C_{in}(t+1) - C_{out}))}{(p_e \times P_a \times T + p_i \times T)} & C_{in}(t+1) > 4.15 \\ \dfrac{[\max(0, C_{in}(t+1) - C_{in}(t)) - C_{out}]}{(p_e \times P_a \times T + p_f + p_{uf} \times T)} & C_{in}(t+1) \leqslant 4.15 \end{cases}$$

其中 $p_f = C_{in}(t) \times CCM \times p_{uf} \times T$

$p_i = p_{uf} \times T/10$ 年

其中，R_k、R_l 分别代表厨房和客厅归一化后的回报值。$C_{in}(t+1)$、$C_{in}(t)$ 分别为下一个时刻和当前时刻的室内浓度，C_{out} 为室外浓度，单位均为 μg/m³；p_e 是电费，单位为元/kWh；P 是设备功率，w、h、a 分别代表开窗器、抽油烟机、净化器，单位为 W；T 为运行时长，即模拟所用时间间隔，1min；p_f 是空气净化器滤芯成本，CCM 是该滤芯的累计净化量，p_{uf} 是滤芯单价，p_i 是假设设备 10 年寿命下的单位使用时间初投资。

2.4.2 $PM_{2.5}$ 浓度模拟

基于“2.1. 典型烹饪习惯下的住宅场景设计”的居民行为习惯，以及“2.3. 基准工况及自控工况：实验测试”的住宅信息，基于气溶胶动力学模型公式（2-6）以及行为状态进行虚拟住宅 $PM_{2.5}$ 浓度模拟。单位时间内室内浓度的增加值是由室外浓度与室外浓度交换值、室内浓度的系统清洁效率、室内污染沉降、室内散发浓度这四部分组成。

$$\frac{dC_{in}(t)}{dt} = aPC_{out}(t) - aC_{in}(t) - \frac{CADR}{V}C_{in}(t) - \frac{A}{V}v_d C_{in}(t) + \frac{S(t)}{V}$$

其中，$C_{in}(t)$ 是室内浓度值；a 是换气次数采用随机数[11]；P 是渗透系数，关窗时是 0.8，开窗时取值为 1[12]；$C_{out}(t)$ 是室外浓度；$CADR$ 是系统清洁效率；V 是空间体积；A 是表面积；v_d 是颗粒物速度[13]；$S(t)$ 是源强。具体操作是先在虚拟环境中离线训练出合适的深度强化学习模型，再将模型设置为评估模式，将自动控制工况实测室外浓度输入模型中作为室外浓度数据，利用虚拟房间根据烹饪流程模拟整个过程中的散发，输出相关状态和智控系统模型采取的动作。

3 研究结果

如图 2 所示，将室内外三个 $PM_{2.5}$ 浓度数据制作成散点图，可以发现基准工况的室内浓度最高，只有智控系统控制能够将浓度室内浓度降低到 4.15μg/m³，自动控制工况对厨房的污染控制不佳，且易受到室外污染的影响。

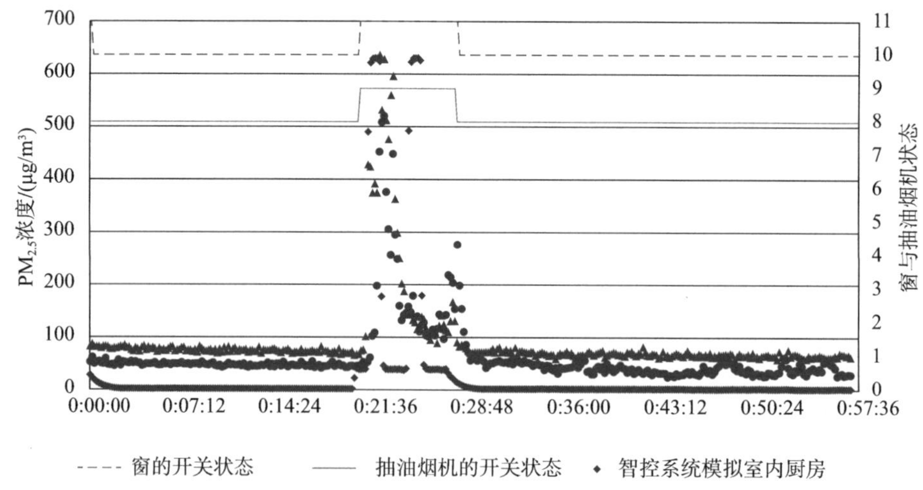

图 2　三种控制工况下的室内厨房 $PM_{2.5}$ 浓度散点图

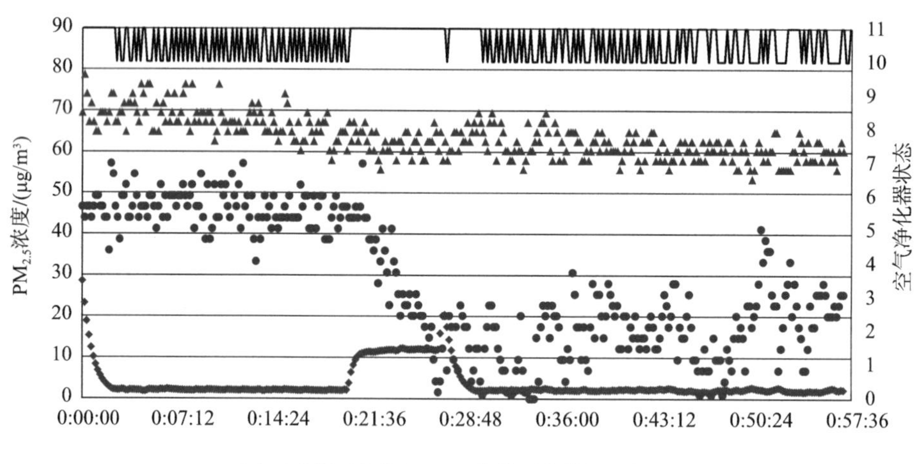

图 3　三种控制工况下的室内客厅 $PM_{2.5}$ 浓度散点图

经过数据处理分析发现，如表 4 所示，以基准工况为基础，自动工况系统浓度清洁效率为 42%，智控工况系统浓度清洁效率为 80%，同时，自动工况能耗增加 0.02kWh，智控工况能耗增加 0.03kWh。此外，每度电的能耗效率自动工况仅 79%，而智控工况接近 100%，增加了 21%。

表 4　实验结果

工况	基准工况	自动工况	智控工况
厨房浓度平均值/(μg/m³)	93.20	63.26	28.06
客厅浓度平均值/(μg/m³)	63.63	28.38	3.91

续表

工况	基准工况	自动工况	智控工况
系统浓度清洁效率	—	42%	80%
总耗电/kWh	0.03	0.05	0.06
耗电差/kWh	—	0.02	0.03
能耗效率	—	79%	100%

4 结论

通过实测和模拟发现，现有的基准工况和自动工况无法满足污染物去除要求，系统效率低且能耗高。研究建立了基于深度强化学习的人工智能控制方法，对比基准工况和自控工况，污染控制分别降低80%、65%，能耗分别增加79%、13%，能耗效率分别为1.01和5，实现了控制室内浓度的同时提升能耗效率的目标。

致谢

衷心感谢香港中文大学副教授陈淳老师、博士生邓程钟在深度强化学习模型方面的指导与帮助！

参考文献

[1] Apte J S, et al. Addressing global mortality from ambient $PM_{2.5}$ [J]. Environmental Science & Technology, 2015, 49 (13): 8057-8066.

[2] Markku K. Atmospheric chemistry: China's choking cocktail [J]. Nature, 2015, 526 (7574): 497-499.

[3] Zhao Y J, B Zhao. Emissions of air pollutants from Chinese cooking: a literature review [J]. Building Simulation, 2018, 11 (5): 977-995.

[4] Neghab M, et al. Exposure to cooking fumes and acute reversible decrement in lung functional capacity [J]. The International Journal of Occupational and Environmental Medicine, 2017: 207-216.

[5] Pantelic J, et al. Cooking emission control with IoT sensors and connected air quality interventions for smart and healthy homes: evaluation of effectiveness and energy consumption [J]. Energy and Buildings, 2023, 286.

[6] An Y, et al. A reinforcement learning approach for control of window behavior to reduce indoor $PM_{2.5}$ concentrations in naturally ventilated buildings [J]. Building and Environment, 2021, 200: 107978.

[7] An Y T, Z L Niu, C Chen. Smart control of window and air cleaner for mitigating indoor $PM_{2.5}$ with reduced energy consumption based on deep reinforcement learning [J]. Building and Environment, 2022: 224.

[8] An Y T, C Chen. Energy-efficient control of indoor $PM_{2.5}$ and thermal comfort in a real room using deep reinforcement learning [J]. Energy and Buildings, 2023: 295.

[9] Chen C, Y J Zhao, B Zhao. Emission rates of multiple air pollutants generated from Chinese residential cooking [J]. Environmental Science & Technology, 2018, 52 (3): 1081-1087.

[10] Global burden and strength of evidence for 88 risk factors in 204 countries and 811 subnational locations, 1990-2021: a systematic analysis for the global burden of disease study 2021 [J]. Lancet, 2024. 403 (10440): 2162-2203.

[11] Yao M, B Zhao. Distribution of air change rates in residential buildings in Beijing, China [D]//Proceedings of the 11th International Symposium on Heating, Ventilation and Air Conditioning (ISHVAC 2019): Volume I: Indoor and Outdoor Environment. Singapore: Springer Singapore, 2020: 1149-1156.

[12] Chen C, B Zhao. Review of relationship between indoor and outdoor particles: I/O ratio, infiltration factor and penetration factor [J]. Atmospheric Environment, 2011, 45 (2): 275-288.

[13] Liu C, et al. Influence of natural ventilation rate on indoor $PM_{2.5}$ deposition [J]. Building and Environment, 2018, 144: 357-364.

低碳导向下寒冷地区产业园光伏系统优化配置研究——以青岛市某科技产业园为例

Research on Optimal Configuration of Photovoltaic System in Industrial Park of Cold Regions under Low Carbon Orientation: Taking a Science and Technology Industrial Park in Qingdao as an Example

郑　斐[1]　高　翔[1]　晏广阔[1]　王月涛[1]

1. 山东建筑大学

摘　要：随着国家碳达峰、碳中和目标的提出，经济增长与环境保护的双重压力愈发凸显。我国建筑行业碳排放占全国能源相关碳排放的比重约四成，随着时代发展和技术进步，日益增多的产业园建筑成为碳排放的重要组成部分，其光伏系统的配置与优化是碳减排的关键环节。本研究以青岛市某产业园办公楼为研究对象，在 Rhino 参数化平台，基于建筑太阳能利用潜力，通过调整建筑屋顶与立面光伏面板安装的间距与角度，对建筑室内热舒适、建筑能耗与光伏发电量进行综合寻优，形成非支配解集，再通过熵权-TOPSIS 法进行方案评价。相较初始方案，最高得分方案每年可减少碳排放 167.79t，提高 15.13%的热舒适度和降低 5.48kWh/m^2 的用能强度。基于最高得分方案设计参数，三维重构最终光伏系统设计方案。

关键词：低碳导向；产业园；光伏配置；数字化流程

1　引言

自工业化开始，化石燃料的大量燃烧导致空气中二氧化碳等温室气体显著增加，引发了包括海平面上升和极端天气多发等一系列环境问题。20 世纪 70 年代，能源危机和随之而来的经济危机导致了工业衰退和经济停滞，可持续发展的理念逐渐深入人心。2020 年 9 月，我国在第七十五届联合国大会一般性辩论上提出了“双碳”目标，力争到 2030 年前将二氧化碳排放达到峰值，并争取在 2060 年前实现碳中和。在经济增长和环境保护的双重压力下，中国碳减排面临着严峻的形势。

建筑光伏系统建设对减碳具有重要意义，是实现可持续发展和低碳的重要举措。建筑光伏可以增强建筑对能量的转化与利用能力[1]，调整建筑用能结构，减少使用传统能源引起的碳排放。其次，在建筑物上安装光伏，是对建筑物闲置空间资源的有效利用。量大面广的产业

住房和城乡建设部科学技术项目（2022-K-184）；山东建筑大学博士科研基金项目（X22055Z）；山东省自然科学基金面上项目（ZR2020ME213）。

园区建筑存在大量可安装光伏的空间，太阳能利用潜力巨大，在实施碳减排措施和实现碳中和目标中扮演着关键角色。

基于此，本文以青岛市某科技产业园为例，使用智能优化算法对其光伏系统进行配置优化，并使用熵权-TOPSIS 评价方法进行光伏配置方案选择。

2 文献综述

目前在建筑领域常见的节能减碳措施大致可以归纳为两种：一是通过提升建筑外围护结构热工性能[2]、优化供热管网设计[3]、使用高效节能设备等节流的方式[4]，二是通过利用可再生能源[5]等开源的方式达到减碳的目的，能源系统减碳逐渐成为建筑减碳的趋势与关键。Krithika Panicker 等人[6] 研究探讨了一体化并网屋顶和立面建筑一体化光伏（BIPV）在满足建筑能源需求方面的可行性，通过设计面积、能源需求分类和性能指标变化，实现了净零能耗建筑的目标。王江华[7] 建立了一套街区尺度的太阳能光伏利用评估潜力体系和方法，得出街区光伏利用的分布特征与规律。刘明浩等[8] 基于双层随机优化的能源系统规划设计方法，结合粒子群算法和混合整数线性规划求解，得到了 Pareto 解集，方案可降低成本 79.7%，风、光消纳率达88.62%。

现有研究对建筑光伏潜力测算与配置优化已经有了较多研究，然而，在高质量发展背景下，针对产业园建筑这一大量存在并且仍在大量建设的建筑光伏系统配置优化研究还较少。同时，在使用遗传算法、粒子群算法这类智能优化算法时，方案的评价过程往往相对主观，欠缺更为科学理性的评价方法。

3 研究对象与研究方法

3.1 实验框架

该研究框架由三个主要部分组成：模型构建与模拟、多目标优化、方案选择。在第一部分中，首先在 Rhino 平台构建三维建筑能源分析模型并定义变量范围，同时设定相应的建筑性能目标包括光伏发电量、建筑用能强度、室内热舒适度 3 种；第二部分采用在智能进化算法中流行的 NSGA-Ⅱ优化算法来迭代计算个体适应度值，形成用于方案决策的非支配解集；第三部分，导出非支配解集，在 MATLAB 平台调用熵权-TOPSIS 评价方法计算指标权重并选出最优方案；最后将最优方案进行三维重构，得到相对理想的光伏系统配置方案（图 1）。

3.2 研究对象

产业园中有生产、办公等不同建筑类型，不同类型建筑的人员逐时使用率不同，导致其用能强度天然存在差异；与此同时，园区中不同位置建筑接受太阳辐射的能力也各有不同，所以光伏系统的配置需要针对每栋建筑进行单独优化，分析其对每栋建筑的减碳效果。因此，本研究以山东青岛某科技产业园中办公楼为例，展示光伏系统整体的优化流程与优化结果。办公楼朝向呈正南北，考虑在建筑屋顶及立面进行光伏系统的改造安装与配置优化（表 1，图 2）。

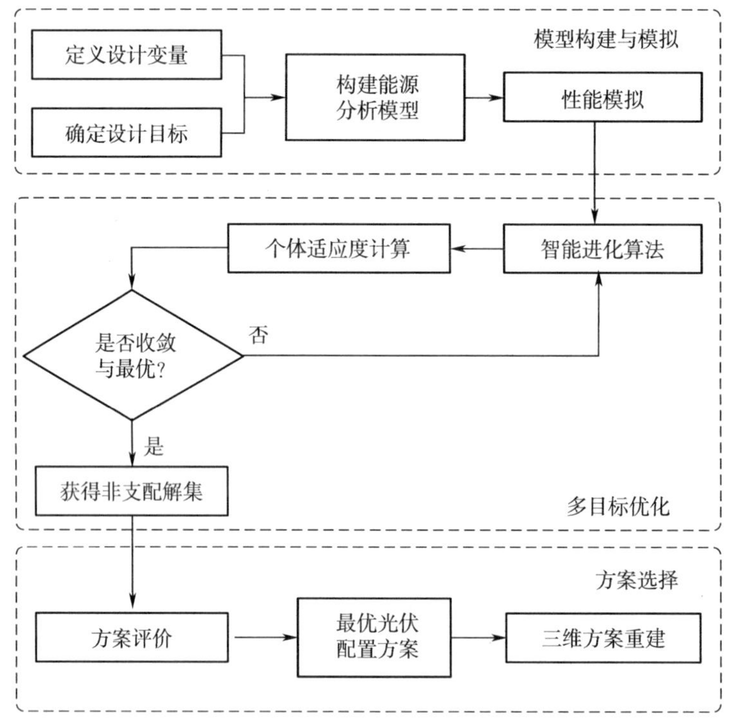

图1　实验框架

表1　建筑外围护结构参数

位置	构造做法
外墙	100mm 岩棉保温装饰一体板+220mmXPS+100mm 预制板
屋面	100mm 预制板+板下保温 200mmXPS
外窗	断桥铝窗 5Low-E+15A+5 白玻

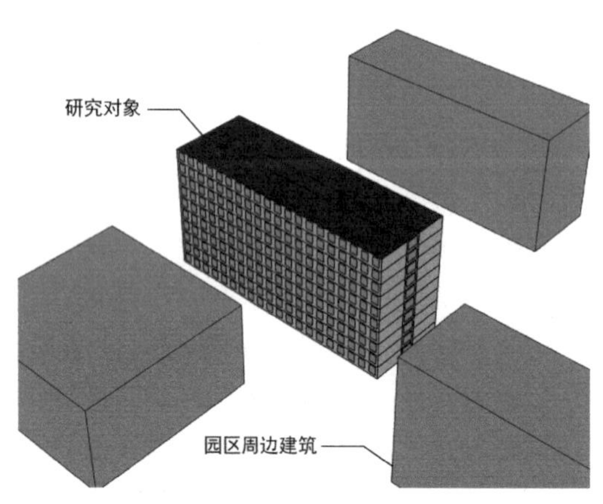

图2　研究对象与周边建筑

3.3　光伏发电量计算

本研究使用基于 Grasshopper 参数化设计平台的 Radiance 计算引擎进行建筑太阳能利用潜力分析和建筑安装光伏发电量测算。考虑到园区建筑间存在相互遮挡，建筑表面不同区域接受太阳辐射的能力并不一致，也就导致不同区域的光伏发电潜力不同，进行光伏发电潜力分析有助于选择适合安装光伏的区域。

发电量计算公式如下：

$$P=\eta_1\cdot A\cdot G_T\cdot\eta_2$$

其中，η_1 为光伏面板效率（%）；A 为面板面积（m^2）；G_T 为面板表面的年辐射（kWh/m^2）；η_2 为系统综合效率。

光伏面板采用市场上广泛应用的单晶硅材质，具有较高的太阳能转化效率。在整个光伏系统中，存在诸如辐射损失、阵列直流侧损失、交流并网损失等系统损失，在本项目中综合损失按照18.65%取值，系统综合效率为81.35%，光伏关键参数如表2所示。屋顶的光伏采用固定式的安装方式；立面则将光伏与建筑外遮阳一体化设计，分层安装在外窗上缘。

表2 光伏关键参数

材料		单晶硅	
峰值功率/Wp	605	面板面积/m^2	2.56
尺寸/mm	2380×1134	有效面积比/%	95
光伏面板效率/%	20.7	系统效率/%	81.35

3.4 舒适度计算

建筑室内舒适度采用LadybugTools中组件PMV Comfort Map进行计算，PMV计算详细参数设定见表3。PMV舒适度指数通常用于评估建筑物室内环境的舒适度，它是通过计算环境条件和人们感知到的舒适度之间的关系来确定环境的舒适水平，包括温度、湿度、空气流动等影响因素。本研究中，PMV值目标设定为在-0.5到0.5的时间占比最高，即环境中90%的人觉得处于热中性，环境较为舒适。舒适度计算时间设定为7月20日至7月26日，使用夏季具有代表性的典型炎热周气象统计数据。

表3 PMV计算参数设置

设置项目	参数	设置项目	参数
PMV目标	-0.5～0.5	人员活动度	1.1
衣着程度	0.5	室内风速/(m/s)	0.15

3.5 能耗计算

建筑能耗计算采用的引擎为EnergyPlus，除去建筑围护结构的影响外，建筑暖通空调系统的效率与设定运行温度，也会很大程度上影响建筑整体的能耗，空调夏季设定温度为26℃，暖通空调系统*COP*设定为3.7，建筑人员逐时使用率如图3所示。

3.6 优化设置

将研究中的优化参数设定为屋顶光伏组件间距（*d*）和光伏组件光伏安装角度（*z*），变量初始值、取值范围和步长详见表4。光伏间距过近会导致光伏组件间出现相互遮挡关系，进而影响到每块光伏组

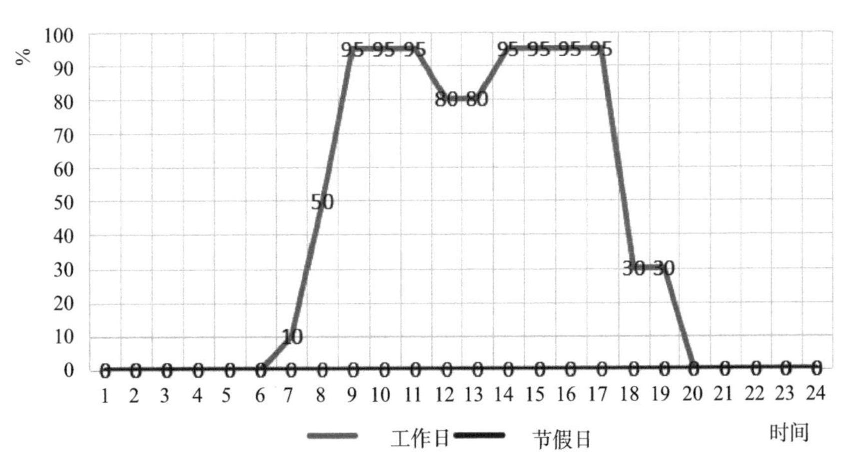

图3 建筑人员逐时使用率

件的辐射吸收量与发电量，同时，过大的间距会影响屋顶总体面板的安装数量；光伏组件水平旋转角度影响全年面板吸收太阳辐射量的潜力。

表4 光伏组件变量设置

变量名称	初始值	取值范围	步长
光伏组件间距/m	1.2	[1.2, 2.3]	0.01
光伏安装角度/(°)	0	[0, 90]	0.1

采用遗传算法NSGA-Ⅱ作为优化算法，基因交叉率设置为0.9，基因突变概率设定为0.1，种群数量设置为每代20个，代数为50代，共计生成1000个个体。

3.7 熵权-TOPSIS方案评价

研究在MATLAB平台调用熵权-TOPSIS评价算法对通过智能优化算法迭代生成的非支配解集进行百分制打分，分数越高方案相对越优。熵权法是一种确定指标权重的方法，与层次分析法通过主观对比赋予权重不同的是，对样本指标进行正向化和标准化处理后，熵权法能够根据数据本身的属性来进行赋权。逼近理想解排序法（TOPSIS）是一种通过比较样本值与理想值的距离实现综合评价的方法，与最优点越近或与最劣点最远，代表样本综合最优。TOPSIS采用指标均匀权重进行评价，与熵权法结合使用，它先通过熵权法确定指标权重，再对样本进行更精准的评价。

4 结果与讨论

4.1 太阳能利用潜力评估

考虑周边建筑遮挡关系对目标办公楼进行太阳能潜力分析可视化结果如图4所示。可以看出，虽然办公楼立面受到产业园周边建筑的遮挡，低层立面接受太阳辐射的能力不佳，但屋顶面受园区周边建筑影响小，太阳辐射均匀，是最适合安装太阳能光伏面板的位置，立面7～11层也具有较好的太阳能利用潜力。

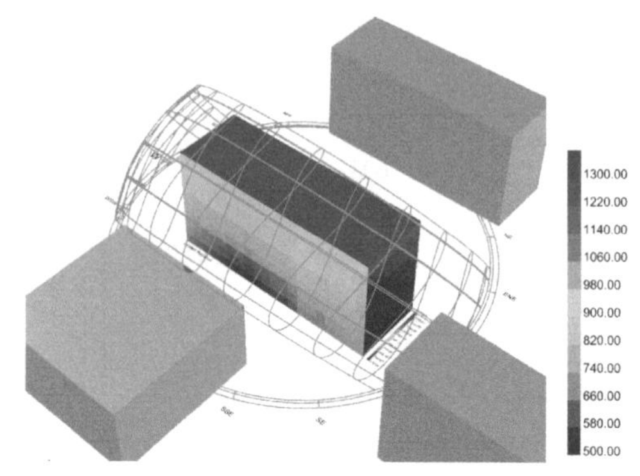

图4 太阳能利用潜力分析

具体来说，屋顶面可接受到的太阳辐射量为1219kWh/m^2·a；南立面由于南侧建筑的遮挡，辐射量分布不均，辐射量从低到高为408～831kWh/m^2·a，7层以下安装太阳能光伏面板的可行性较差，7层及以上安装光伏面板将具有较好的发电能力；东立面由于东南侧建筑的遮挡，整体接受太阳辐射的能力都较差，仅为275～576kWh/(m^2·a)，不适宜安装光伏面板，实用意义较差；西立面可接受到的太阳辐射量为765kWh/(m^2·a)，建筑西侧无遮挡物，太阳能发电潜力优秀；北立面可接受到的太阳辐射量为223kWh/(m^2·a)，不考虑安装太阳能光伏面板。

基于以上分析，安装光伏面板的位置确定为建筑屋顶面、建筑南侧7～11层与建筑西立面，共计安装光伏面板337块，总装机容量0.204MWp。

4.2 多目标优化结果

建筑未安装光伏组件时，夏季建筑室内满足PMV绝对值小于0.5的舒适时间占

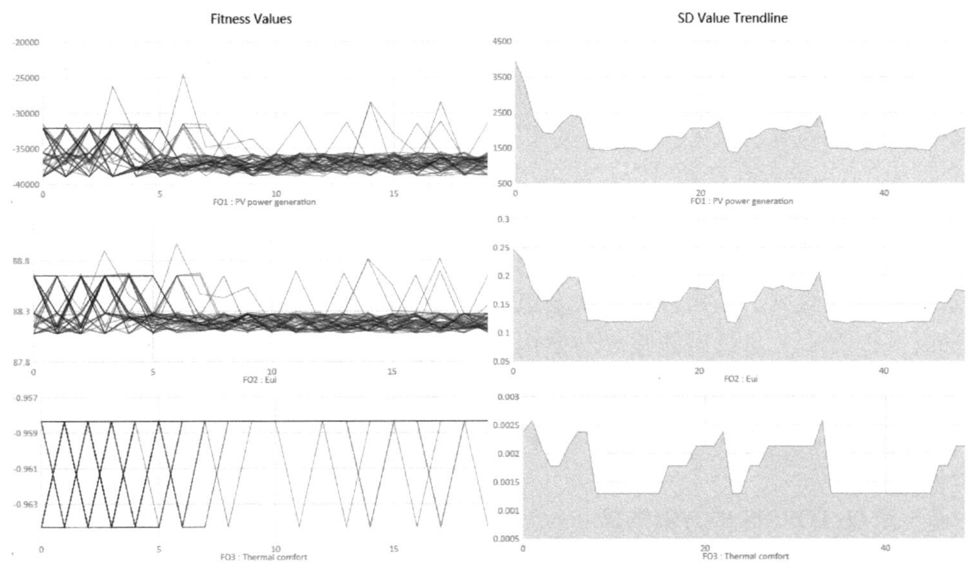

图 5　智能进化算法方案迭代过程

比为 80.7%，用能强度为 93.76kWh/m^2；所有光伏组件水平安装、屋顶面光伏安装间距 1.2m 时的发电量为 149100kWh/a。

图 5 为采用 NSGA-Ⅱ智能优化算法的种群适应度值迭代曲线和各代适应度值的标准差变化趋势图。从左侧适应度值迭代曲线可以看出，从约第 10 代个体开始，样本逐渐收敛，开始频繁出现非支配解，说明优化取得了进展，向设定的目标逐渐靠近；从右侧适应度值的标准差变化趋势可以看出，样本的适应度值从最开始随机采样时较为离散的状态，通过迭代逐渐向相对优解靠近，并在突变机制的影响下标准差值存在一定的起伏波动，但总体而言，样本适应度值逐渐稳定收敛。

在计算完全部 50 代、每代 20 个个体、共计 1000 个样本的适应度数值后，取出较为典型的第 50 代结果为例，在三维坐标系内进行无监督的 K-Means 聚类分析。通过 K-Means 聚类分析可以揭示每代个体的三项适应度值的分布情况，如图 6 所示。经过无监督的机器学习，第 50 代个体共被分为三类，通过观察可以发现，这些个体的三项目标值各有侧重，有的个体更关注光伏发电量，有的在建筑用能强度上表现更好，少部分个体在室内舒适度时间占比上表现更好。通过导出非支配解集列表，发现第 50 代个体的 1 号、6 号、9 号、14 号、16 号、18 号个体在其中三项适应度指标的至少某一项上表现最优。

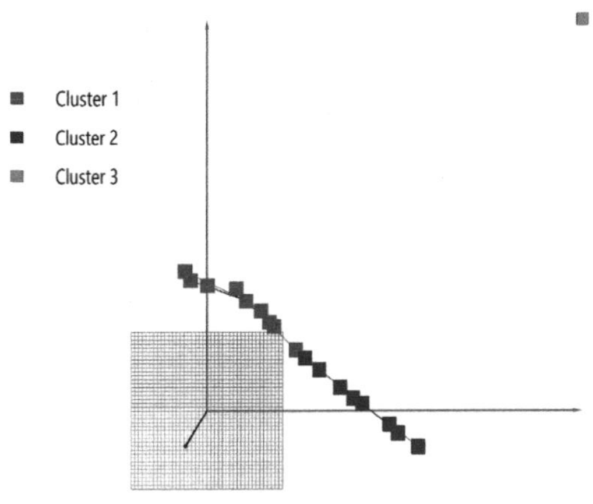

图 6　第 50 代个体 K-Means 聚类结果

通过抽取全体样本中共计157个非支配解进行分析，光伏发电量变化范围为102900～163573.2kWh/a，最优光伏组件安装角度为30.7°，光伏组件水平间距为2.29m；室内舒适时间占比最大值为96.43%；建筑用能强度最低为88.07kWh/m^2。立面和屋顶面不同安装角度和水平间距的光伏组件影响了建筑的得热与通风，影响自身光伏发电量的同时，也影响了建筑用能强度与室内舒适度，三个目标之间存在耦合关系，无法同时取到最优。基于此，进行熵权-TOPSIS方案评价。

4.3 基于熵权-TOPSIS的方案选择

在MATLAB平台对157个非支配解进行百分制的评价，也即得分最高的样本为100分，其余样本得分按照比例折算。方案评价得分如图7所示，分数分布为77.4分到100分。

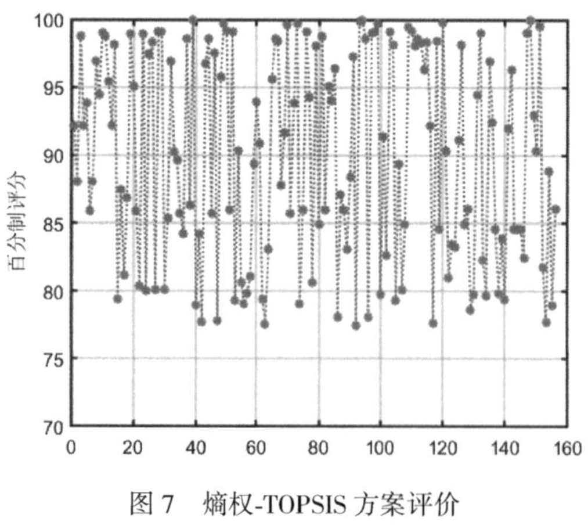

图7 熵权-TOPSIS方案评价

最高得分方案为第47代的第17号个体，光伏发电量为163323kWh/a，光伏组件安装角度为26.9°，水平间距为2.29m；室内舒适时间占比为95.83%，提高了15.13%；建筑用能强度为88.28kWh/m^2，下降了5.48kWh/m^2。按照2021年华北地区电力平均二氧化碳排放因子0.7120kg CO_2/kWh换算，全年减碳量为167.79t，相当于12.71kg/m^2（图8）。

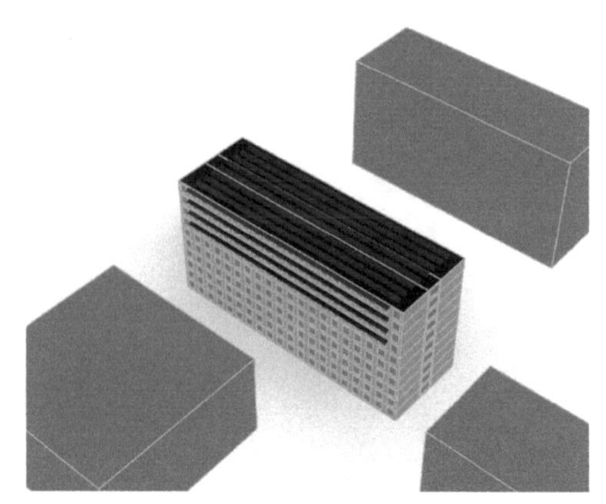

图8 最高得分方案三维重建

5 结论

本文通过在Rhino平台建立能源分析模型，结合智能优化算法进行建筑光伏系统的方案配置优化，最后结合熵权-TOPSIS方法对方案进行评价并三维重构了模型。研究流程在山东青岛某科技产业园办公楼改造中进行了展示，增强了光伏系统配置的科学性与方案选择的合理性。

参考文献

[1] 郑斐，王鑫，王宇清，等．基于能流网络优化的绿色建筑设计策略研究［J］．建筑学报，2024（2）：43-49.

[2] 方振雷，张晗，孙勇．架空隔热屋面的研究进展及发展趋势［J］．太阳能学报，2024，45（5）：441-449.

[3] 魏存，李若冰，王健，等．碳中和背景下城市供热碳排放预测与分析［J］．建筑科学，2023，39（12）：10-19，60.

[4] Sun H，Wu Y，Lin B，et al. Experimental investigation on the thermal performance of a novel radiant heating

and cooling terminal integrated with a flat heat pipe [J]. Energy and Buildings, 2020, 208: 109646.

[5] Abbasabadi N, Ashayeri M. Urban energy use modeling methods and tools: a review and an outlook [J]. Building and Environment, 2019, 161: 106270.

[6] Panicker K, Anand P, George A. Assessment of building energy performance integrated with solar PV: Towards a net zero energy residential campus in India [J]. Energy and Buildings, 2023, 281: 112736.

[7] 王江华. 城市街区尺度太阳能光伏利用潜力分布与评估研究 [D]. 华中科技大学, 2018.

[8] 刘明浩, 霍红阳, 韩中合, 等. 基于双层随机优化的农村能源系统规划设计方法 [J]. 可再生能源, 2023, 41 (12): 1675-1684.

揭示数据驱动城市建筑能源建模的归因偏差

Revealing Attribution Bias in Data-Driven Urban Building Energy Consumption Modeling

王彦青[1]　范佳抱[1]　信蔚林[2]　张蓝铭[1]　胡晓晗[1]　邓秦珞[1]
简一心[1]　黄辰宇[1]　姚佳伟[1]
1. 同济大学建筑与城市规划学院
2. 新加坡国立大学设计与工程学院

摘　要：建成环境对建筑能源使用与温室气体排放具有显著影响。已有研究采用统计学或机器学习方法无法解决变量的内生性问题，导致建筑能源相关的优化决策与反事实推理产生偏差。本研究旨在对比机器学习与因果推断算法，揭示数据驱动的城市能源建模过程中的归因偏差。以西雅图官方公开的建筑能耗数据集为例，提取了建筑信息、气候环境、建成环境与社会经济四类特征作为处理变量，使用建筑能源使用强度（EUI）与温室气体排放（GHGE）为结果变量。对比基于 SHAP 的可解释机器学习揭示的特征贡献与 DoWhy 因果推断工具估计的变量平均因果效应之间的差异。结果显示，对于 EUI（GHGE），机器学习方法平均高估变量贡献约 39.7%（21.3%），低估变量贡献变异性约 50%（43%）。研究强调了在数据驱动的城市建筑能源建模领域应用因果推断能够减少推理偏差，提高建筑能源优化与减排政策实施的可靠性。

关键词：城市建筑能源建模；建成环境；可解释性机器学习；因果推断；归因偏差

1　研究背景

建筑物在其全生命周期中消耗大量能源，产生大量温室气体。研究建筑能耗与碳排放的影响机制有助于准确识别高影响要素，为能耗决策与建模预测提供参考。

研究表明，建筑特征[1]、周边环境[2]和社会经济状况[3] 对建筑能耗具有显著影响。已有研究采用统计学或机器学习方法揭示建筑能耗的驱动因素。当前集成学习（如随机森林、LightBGM 与 XGBoost）与可解释机器学习方法已经被广泛应用于城市能耗建模领域[4]。相比传统算法，该方法不仅可以更好捕捉复杂变量之间的非线性动力学，也可以输出稳健的特征重要性估计。

然而，基于机器学习的方法无法解决变量的内生性问题，包括遗漏变量偏差与反向因果关系。对变量作用的隐藏顺序与因果关系的理解差距可能导致优化决策产生偏差。因果关系指一个变量（原因）对另一个变

国家自然科学基金面上项目：环境性能化城市空间形态自主智能设计方法研究（52278041）；国家自然科学基金重点项目：广义建筑热工设计原理与方法研究（52338004）。

量（结果）的直接影响。因果推断是统计学和机器学习领域的一个重要分支，旨在确定变量之间的因果关系并回答“如果……那么……”的反事实问题，而不仅仅发现相关关系。因果推断涉及一系列方法和技术，用于识别、估计和验证因果效应。在医疗与公共卫生领域，因果推断被用于制定个性化治疗方案和预测治疗效果[5]；在经济学领域，因果推断被用于政策评估和市场分析[6]。在节能建筑领域，引入因果推断有利于提升设计决策的可靠性，减少反事实推理偏差，理解各类建筑与环境复杂特征对于建筑能耗的影响路径与机制[7,8]。

为了检查机器学习对特征贡献的估计偏差，本文引入因果推断算法来理解数据之间的因果依赖关系。基于真实城市建筑能耗数据集，对比 XGBoost+SHAP 可解释性机器学习算法与 DoWhy 因果推断算法计算的变量贡献差异，发现建筑自身、气候环境、建成环境、社会经济等特征与建筑能耗因果结构，支撑建筑能源优化。

2 研究方法

2.1 数据来源

西雅图位于美国西北部，具有典型温带海洋性气候特征，研究西雅图的建筑能耗有助于理解和优化类似气候区域的建筑能耗模式。

本文使用西雅图官方发布的 2015 年真实建筑数据，包含 3105 栋建筑的信息，使用包括源能源使用强度（EUI）和温室气体排放量（GHGEmissions）数据来表征建筑能源使用情况（图 1a），图 1b 显示了两个变量的分布情况。

2.2 变量选择

本文选择建筑自身、气候环境、建成环境、社会经济四类特征作为归因变量（图 2），其中建筑自身特征从原始能耗数据集中提取，并使用香农指数定义建筑功能混合度，结合高程数据计算建筑的体形系数，后三类特征在建筑中心点向外的 100m

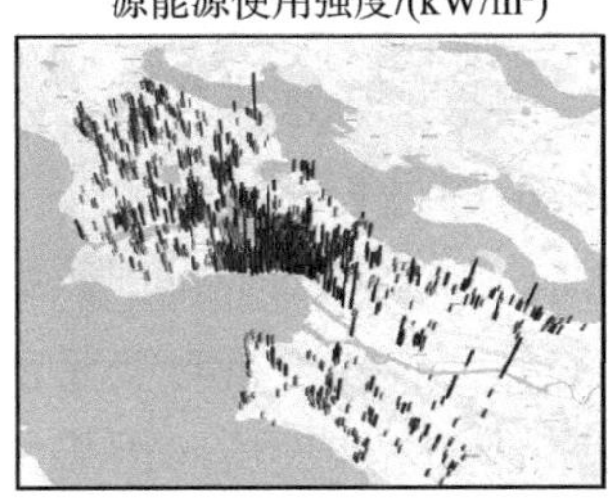

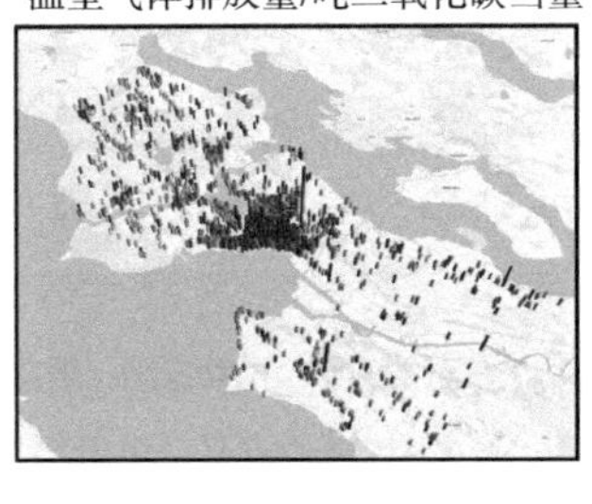

(a)

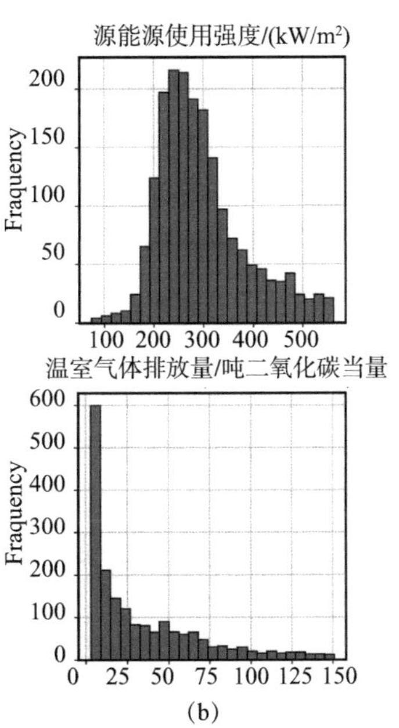

(b)

图 1 研究区域与建筑能耗表征数据

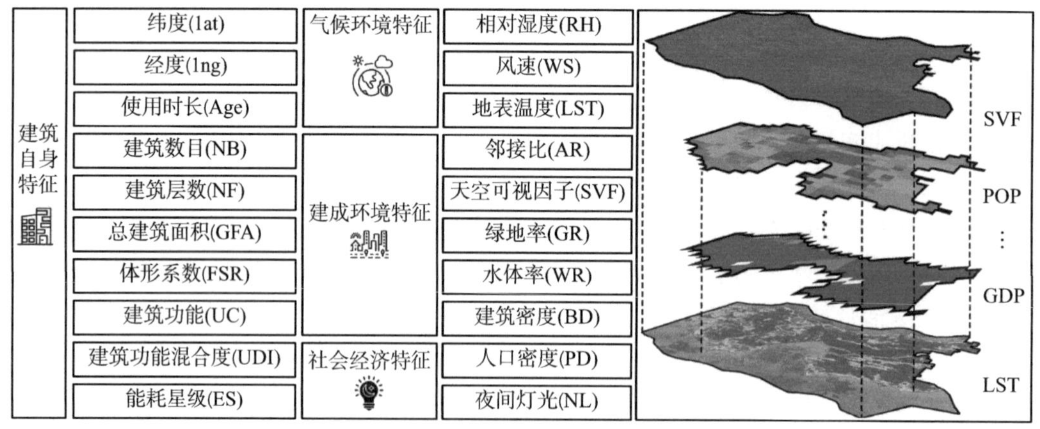

图 2　变量选择与归类

缓冲区范围内进行空间计算。建成环境特征中，建筑足迹数据收集自 Microsoft Building Footprints，参考建筑高度来自微软和 GIS 政府门户网站，邻接比表征周围建筑聚集程度，天空可视因子表征 3D 空间开放程度[9]，水体率通过 OSM 地图获取城市水体数据集[10]；气候环境基于 GEE 平台调取数据，使用 ERAS 数据库提供的露点温度数据和分向风速数据计算平均湿度和风速，使用高精度 Landsat 8 卫星数据反演的 LST 栅格图像数据（30m×30m）；社会经济特征通过人口统计和经济活动数据获取，人口密度使用栅格图像数据（10km×10km）。

对不同数据源的数据空间匹配和时间对齐，去除缺失值和异常值，确保数据的准确性和完整性，构建的数据集用于后续统计分析和因果推断。

2.3　机器学习建模

对数据集采用皮尔森相关性检验方法来计算各变量之间的相关关系，通过计算方差膨胀因子（VIF）来剔除高共线性的变量，减少冗余。

数据预处理后训练并优化 8 种集成机器学习模型（极端随机树、随机森林、梯度提升、XGBoost、岭回归、Lasso、弹性网络和自适应提升）以预测建筑物的源能源使用强度和温室气体排放量，使用 80/20 划分的留出法验证模型并对最佳模型进行参数优化，进一步提高预测性能。

SHAP（Shapley Additive exPlanations）是一种基于博弈论的解释方法，通过计算每个特征对预测结果的贡献，提供特征重要性的分配方式，通过与平均因果效应对比可以了解两种算法对模型个体预测和全局行为的不同解释效果。

2.4　因果模型构建

因果推断是一种基于效果发生条件得出结论的过程。相关性与因果性常常发生混淆，前者提供了对于数据观察得到的统计解释，后者分析自变量和因变量之间不对称的变化和反应。因果推理可以在设计过程中提供信息性和顺序性的决策支持。因果研究主要关注两个目标：发现因果关系与推断因果效应。因果关系指变量间的影响结构与影响方向。因果效应的分析涉及两个主要的、逻辑上等价的理论框架：结构因果模型（SCM）和潜在结果框架。结构因果模型使用因果图或有向无环图（DAGs）来表示变量之间的因果关系。DAGs 是 SCM 的核心工具，用于表示变量之间的因果关系。在 DAG 中，节点表示变量，有向边表示因果关系。例如，箭头从变量 A 指向变量 B 表示 A 是 B 的原因。“无环”的特性确保了图中不存在循环路径，即变量不会自我影响。潜在结果框架也被称为 Rubin 因果模型（RCM）。在这个框架中，每个个体对于每种可能的处理（干预）都有一个潜在的结果，实际观察到的结果是个体在特定处理下的潜在结果。

本研究采用 DoWhy 库，旨在自动化发现因果结构与估计因果效应。DoWhy 库结合了上述两种因果推断框架，提供了统一的接口和工具，方便用户进行因果推断。它的输入包括待分析的观测数据集、处理变量和结果变量（受处理变量影响的变量），通过集成多种因果推断方法（如回归分析、倾向评分匹配等），提供了一个系统化的工具来进行因果分析。此外，DoWhy 通过反驳测试（如添加噪声变量、伪处理变量等）确保因果推断结果不受数据偶然性或未控制变量的干扰，来检验因果推断结果的稳健性和可靠性。在构建因果图时需要领域知识的修剪来正确描述变量之间的因果关系。

使用 DoWhy 内置的 LiNGAM 算法自动发现西雅图能耗数据集中变量的因果结构并推断因果效应。该算法通过假设数据具有线性关系且存在非高斯噪声，来进行因果方向的推断。使用 DAG 可视化和理解复因果关系网络，识别混淆变量和变量间的因果路径。采用平均因果效应（ATE）评估各处理变量对建筑能耗的因果影响程度。

3 结果分析

3.1 模型训练结果

图 3a 显示了相关性分析结果，同时通过计算 VIF 排除了人口密度和容积率特征。图 3b 显示了机器学习模型在测试集上的性能（R^2 分数），结果显示 XGBoost 具有最佳预测性能。对最佳模型进行超参数优化，模型预测两个结果变量的性能见图 3c。对于 XGBoost 的预测结果，引入 SHAP 算法计算每个特征对预测结果的贡献，帮助理解模型如何作出决策。

结果验证了 XGBoost 模型在解析城市建筑能耗的驱动因素与非线性动态的有效性。然而机器学习将全部变量视为直接作

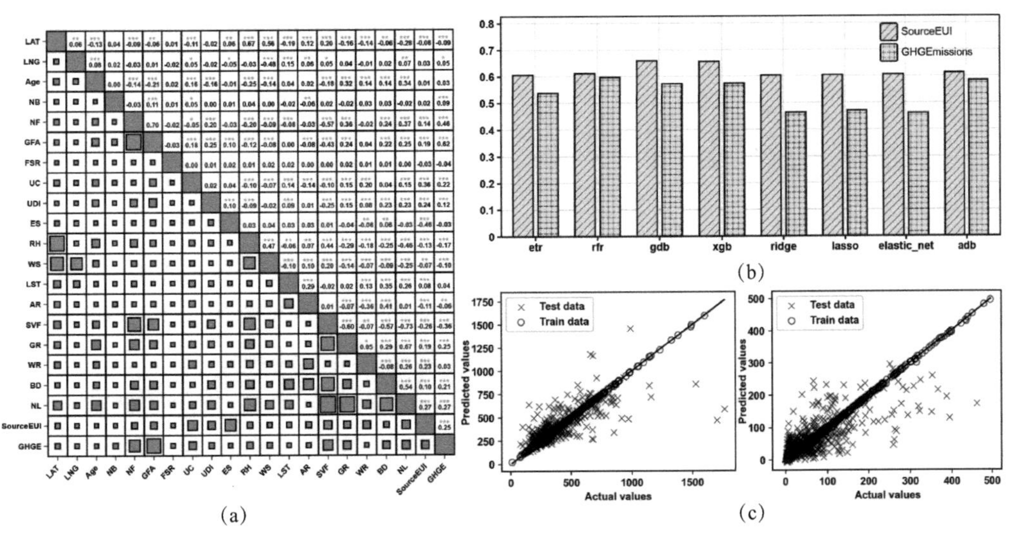

图 3　相关性分析与模型训练结果

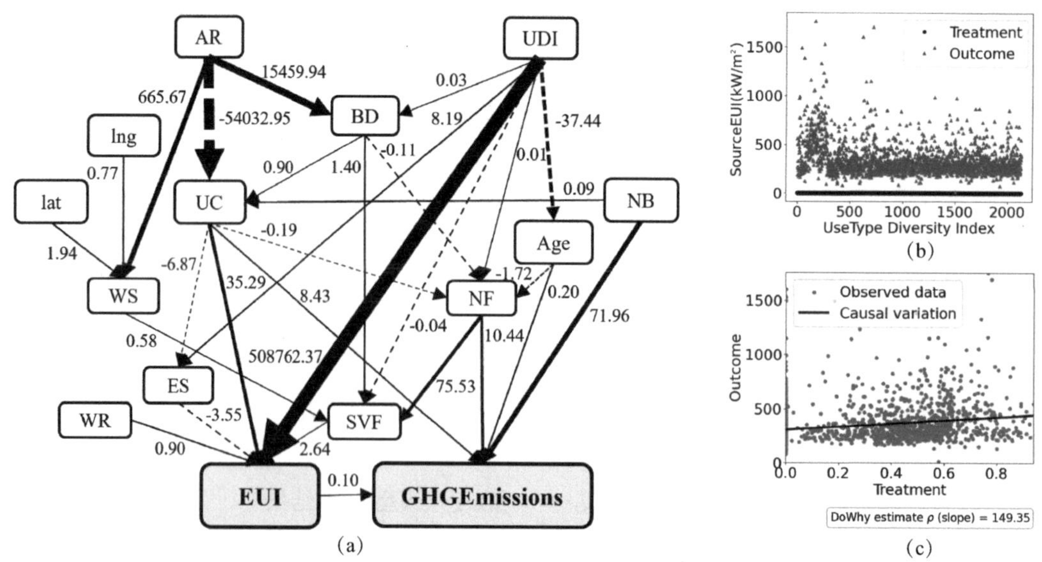

图 4　因果结构图和 UDI 与 EUI 因果效应图示例

用，忽略了变量间的因果结构（包括变量的影响方向与层次），可能会高估间接变量的影响，导致反事实推理失真。因此本文将对比机器学习和因果推断两种方法得到的特征贡献差异，将基于 SHAP 计算的特征贡献与因果模型输出的变量的平均因果效应进行对比。

3.2　因果机器学习结果

对 DoWhy 输出的因果结构图进行基于领域知识的剪枝，结果见图 4a。可见 UDI 是对 EUI 最重要的驱动力，AR 通过间接地影响 UC 和 BD 来影响 EUI；GHGEmissions 受到 NB 和 EUI 的直接作用。通过因果机器学习揭示了变量间的因果方向与影响层次。

图 4b 和 4c 显示了 UDI 对 EUI 的单一变量因果作用，其中图 4b 展示了处理变量（UDI）与结果变量（EUI）的分布和潜在相关性，图 4c 显示了因果效应的估计结果，说明处理变量对结果变量的影响强度和方向。

3.3　SHAP 特征重要性与因果效应比较分析

对比基于 SHAP 算法的特征贡献与基于因果推断输出的处理变量对结果变量平均处理效应，结果见图 5。对 SHAP value 与平均因果效应进行对数变换，以压缩数据范围并消除异方差性。

结果显示 SHAP 计算的各变量对 EUI 的平均贡献约为 2.47（均值）±0.79（标准差），因果推断的结果显示各变量对 EUI 的平均因果效应为 1.49±1.58。即机器学习方法平均高估变量贡献约 39.7%，低估贡献变异性约 50%。对于温室气体排放量，机器学习方法高估变量贡献约 21.3%，低估变异性约 43%。按建筑自身、气候环境、建成环境、社会经济四类特征统计，机器学习方法高估了建筑自身特征的贡献，低估了建成环境的贡献。对于 EUI，两种方法估计的特征贡献差异约为-27.8%～19.0%；对于温室气体排放量，两种方法估计的特征贡献差异约为-26.4%～38.0%。

综上，高 SHAP 值的变量不一定具有强因果效应，而低 SHAP 值的变量可能在因果链中起关键作用。原因是高 SHAP 值可能源于变量间的交互效应，而非直接因果

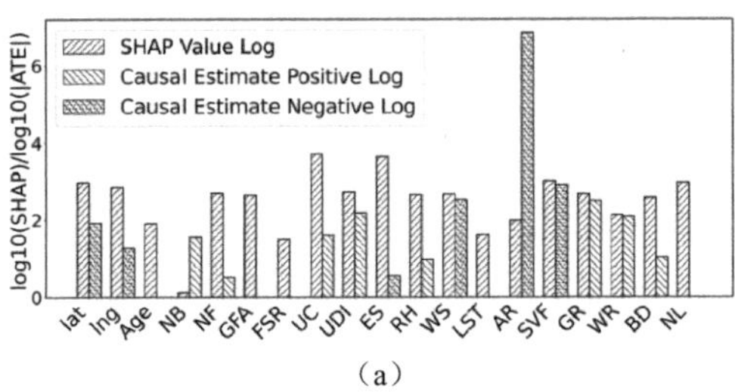

（a）

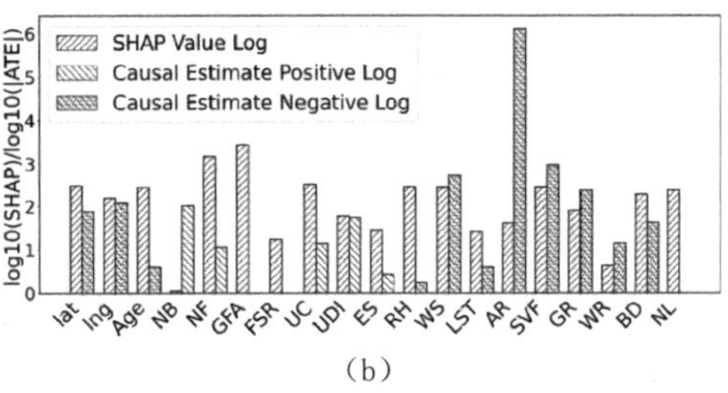

（b）

图5 各变量对EUI（a）和GHGEmissions（b）的SHAP特征重要性与因果效应对比

效应。低SHAP值的变量在交互效应中可能很重要，但单独看时贡献不明显。当“相关而非因果”时，机器学习的推断结果将与因果效应产生偏差，将导致无法应用于反事实推理。研究表明，通过因果推断方法可以更准确地识别和验证因果关系，从而更可靠地评估城市建筑能耗的因果效应。

4 结论与讨论

本研究在多源数据融合的西雅图建筑能耗数据集上检查了建筑自身、气候环境等四类变量对EUI与温室气体排放的影响。对比了基于可解释机器学习的特征重要性与基于因果推断的变量平均处理效应。结果显示机器学习算法将显著高估变量贡献，低估变量贡献的变异性，证明了使用因果推断能有效排除内生性问题进行可靠推断。研究局限性包括数据选择性偏差无法排除，模型假设的有效性以及输出的稳健性有待进一步检验。

参考文献

[1] Ishii S, Tabushi S, Aramaki T, et al. Impact of future urban form on the potential to reduce greenhouse gas emissions from residential, commercial and public buildings in Utsunomiya, Japan [J]. Energy policy, 2010, 38 (9): 4888-96.

[2] Leng H, Chen X, Ma Y, et al. Urban morphology and building heating energy consumption: evidence from Harbin, a severe cold region city [J]. Energy and Buildings, 2020, 224: 110143.

[3] Wong N H, Jusuf S K, Syafii N I, et al. Evaluation of the impact of the surrounding urban morphology on building energy consumption [J]. Solar energy, 2011, 85 (1): 57-71.

[4] Zhang Y, Teoh B K, Wu M, et al. Data-driven estimation of building energy consumption and GHG emissions using explainable artificial intelligence [J]. Energy, 2023, 262: 125468.

[5] Feuerriegel S, Frauen D, Melnychuk V, et al. Causal machine learning for predicting treatment outcomes [J]. Nature Medicine, 2024, 30 (4): 958-968.

[6] Liu J, Li H, Hai M, et al. A study of factors influencing financial stock prices based on causal inference [J]. Procedia Computer Science, 2023, 221: 861-869.

[7] Chen X, Abualdenien J, Singh M M, et al. Introducing causal inference in the energy-efficient building design process [J] . Energy and Buildings, 277, 112583.

[8] Huang C, Wang J, Yao J, et al. Data-driven structural equation modelling reveals pathways of urban morphology impacting urban building energy use [C] //Building Simulation 2023. IBPSA, 2023, 18: 2954-2961.

[9] Wu Z, Qiao R, Zhao S, et al. Nonlinear forces in urban thermal environment using Bayesian optimization-based ensemble learning [J]. Science of the Total Environment, 2022, 838: 156348.

[10] Cao B, Chen Q, Du M, et al. Simulation analysis of the cooling effect of urban water bodies on the local thermal environment [J]. Water, 2022, 14 (19): 3091.

基于日照条件的高层建筑生成研究

Research on the Generation of High-Rise Buildings Based on Solar Conditions

程世纪[1] 李 飚[1]
1. 东南大学建筑学院

摘 要：随着城市化进程的深入，我国的城市发展从关注增量建设转为关注存量提质，而城市更新往往面临周边复杂的场地环境。本文针对南京地区住宅建筑日照标准，提出了一种基于三维体素化网络和粒子群优化算法的高层建筑设计方法，通过对建筑场地的体素化处理和周边居住建筑采光情况的分析，计算并筛选体素的遮挡系数，以减法的方式生成建筑形体，确保减小高层建筑对周边住宅采光的负面影响。此外，粒子群优化算法被用于对塔楼位置的选择，以使建筑形态更适应周边的城市环境。研究表明，该方法能生成满足日照要求且形态合理的建筑设计方案，为复杂城市环境中的建筑设计提供新思路。

关键词：生成设计；高层建筑；日照模拟；PSO 算法

1 引言

随着城市化进程的加快，城市土地资源的稀缺性日益突出，高层建筑在城市中扮演着越来越重要的角色。然而，随着高层建筑数量的增加，如何在复杂的城市环境中合理规划和设计这些建筑，确保其既满足功能需求，又与周边环境和谐共存，是目前亟待解决的重要课题。高层建筑的增加往往会影响其北侧住宅的日照权，例如南京紫峰大厦建成后，市民就曾因日照权受侵害而提起诉讼。这提醒建筑师在设计高层建筑时需要充分考虑周围住宅的采光问题。

传统城市规划中，太阳包络（SE）是由 Ralph Knowles 在 1981 年提出的一种建筑形体设计方法。该方法通过计算建筑采光，确定建筑物的最大体积，以避免在特定时间内对周边建筑的采光产生影响[2]。Knowles 基于这一方法进行了大量研究和实践[2]。然而，这种方法更适用于低密度区域。对于高层建筑而言，完全不影响周边建筑采光几乎是不可能的。因此，更实际的做法是尽量减少对周边住宅的采光影响，并保证住宅的日照时长符合当地规范。Francesco De Luca 基于爱沙尼亚的法规，提出了反向太阳包络（RSE）方法，设计了一种满足当地采光标准的建筑生成流程[1]。在国内，也有不少关于高层建筑布局的研究，例如南京大学的高菲提出了一种在特定场地内生成高层住宅建筑群的方法，使用遗传算法对高层住宅区进行生成设计[3]。

针对南京地区对于住宅建筑的日照要求，即居住建筑应满足大寒日不低于 2h 的日照标准，本文希望通过对复杂城市环境中的单塔楼和多塔楼建筑进行形体设计研

国家自然科学基金面上项目：基于形态分析与类型组合的建筑空间生成设计方法研究（52378008）。

究，提出一种高层建筑生成设计方法。

2　形态生成规则

以塔楼裙楼建筑形式为设计蓝本，本研究开展了建筑形态生成的实验性探索。此类建筑形态广泛应用于商业综合体、办公建筑等多种功能领域，是当代中国城市风貌的重要组成部分。建筑形态的具体生成包括以下步骤，每一步按顺序执行特定的功能：场地处理、太阳光线生成、太阳光线选择、命中分析、形态塑造。整个算法与图形处理流程采用 Java 语言编写，并借助 Processing 工具实现可视化。

2.1　场地处理

形态生成的第一步是对建筑场地进行处理，如图 1 所示。根据建筑红线和建筑限高（buildingH），确定可建造的最大体量。按照三维坐标系，将最大体量细分为体素。

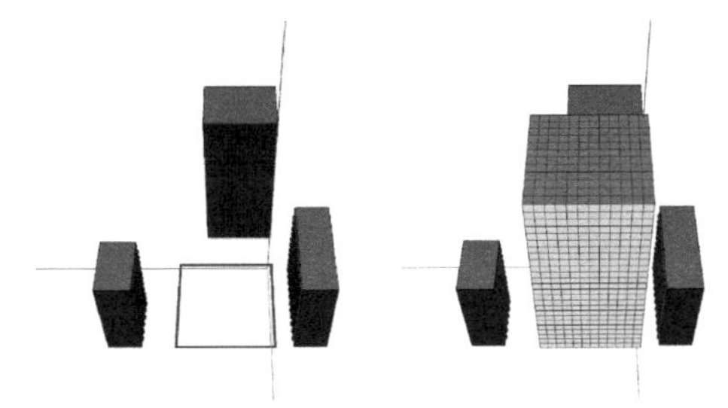

图 1　场地处理

在具体实验中，设定正西方向为 x 轴正方向，正南为 y 轴正方向，上方为 z 轴正方向，建立坐标系，每个体素设置其边长（unit$X$，unit$Y$，unit$Z$）和相对位置（x，y，z），得到 V_{xyz}。场地红线和限高等信息以函数限制的形式定义为几何范围 P：

$$P=\{(x,y,z)\mid f_1(x,y,z)>0\ f_2(x,y,z)>0,\cdots,f_n(x,y,z)>0\}$$

对于任意体素 V_{xyz} 有 $V_{xyz}\in P$，这些离散的体素将在后续的采光模拟中分别进行计算和筛选，作为形体生成的操作要素。

场地处理还包括对于周边受到采光影响的住宅建筑进行建模，并根据建筑的采光面，确定各采光窗口的位置，表示为点集 W：

$$W=\{(x_i,y_i,z_i)\mid i=1,2,\cdots,n\}$$

此外，场地周边可能对采光窗口产生影响的原有建筑，也需要进行建模，作为预设遮挡物。遮挡物被拆分为矩形，表示为矩形的集合 Q：

$$Q=\{\{(x_{i1},y_{i1},z_{i1}),(x_{i2},y_{i2},z_{i2}),(x_{i3},y_{i3},z_{i3}),(x_{i4},y_{i4},z_{i4})\}\mid i=1,2,\cdots,m\}$$

2.2　太阳位置生成

采光分析需要使用南京地区大寒日全天的太阳位置数据。为了灵活取用大寒日各时间点的太阳位置，该部分通过地理数据计算得到时间与太阳位置的映射关系。具体来说，使用南京地区的纬度和大寒日的赤纬角，通过公式计算得到高度角 h 和方位角 A，从而确定大寒日任意时间的太阳位置：

$$h=\arcsin(\sin d\cdot\sin\phi+\cos d\cdot\cos\phi\cdot\cos H)$$

$$A=\operatorname{arctan2}(-\sin H,\tan d\cdot\cos\phi-\sin\phi\cdot\cos H)$$

其中，d 表示赤纬角，ϕ 表示纬度，H 表示时角。

在采光有效时间为 8～16h 内，每隔 5min 取一次太阳位置，得到 97 个太阳位置。从采光窗口向太阳位置发射的射线，将每一条射线的被遮挡情况视为每 5min 的太阳直射情况，通过这些射线就可以得到该窗口全天的采光情况。

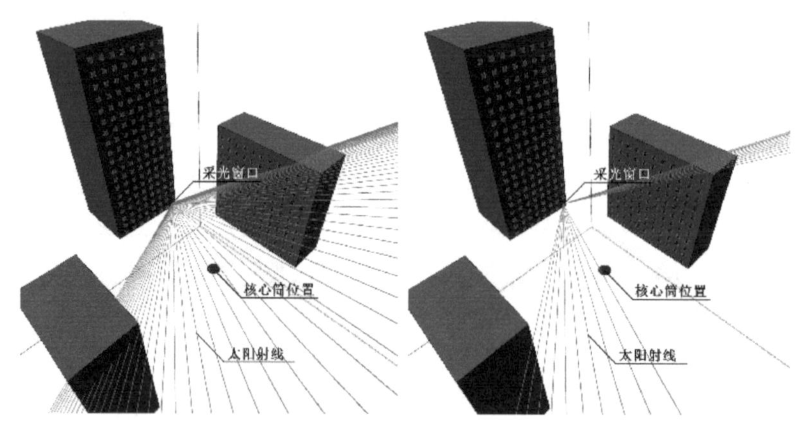

图2　太阳光线选择

2.3　太阳光线选择

在南京地区，住宅建筑的采光要求是大寒日日照时间需大于2h。因此，对于每个采光窗口，如果有至少24个太阳位置可以得到直射阳光，就可以认为该窗口符合采光要求。

随后需要确定这24个满足条件的太阳位置。这些位置需要满足两个条件：太阳射线不被任何障碍物遮挡，且对新建高层建筑的影响尽量小。为此，需考虑高层建筑核心筒的位置，太阳射线应尽可能远离核心筒，以避免破坏建筑结构。因此这里对所有太阳位置 r_n 的集合 R 进行排序，按照太阳方位角 θ_i 与核心筒相对于窗口的方位角 θ_0 的偏差由大到小进行排列，得到集合 R_{sorted}：

$$R_{\text{sorted}} = \{r_1, r_2, \cdots, r_n\} \text{ where } s_1 \geqslant s_2 \geqslant \cdots \geqslant s_n$$

$$s_i = | \theta_i - \theta_0 | \text{ for } i = 1, 2, \cdots, n$$

接下来按照 R_{sorted} 的顺序，对所有的太阳射线进行一一筛选，选择不与障碍物相交的前24条射线，如图2所示。

2.4　遮挡系数统计

上述满足最小日照时长的射线确定后，判断射线是否与体素相交，定义遮挡系数（O）为穿过体素的太阳射线的个数之和，即与体素 V_{xyz} 相交的太阳光线［x_1，x_2，…x_n］有：

$$O_{xyz} = \sum_{i=1}^{n} x_i$$

2.5　体素筛选与形体生成

对于遮挡系数 O 进行筛选，遮挡系数越小，代表着该体素对于周边建筑的采光影响越小。设置遮挡系数的阈值 O_0，若某个体素 V_{xyz} 的遮挡系数 $O_{xyz} > O_0$ 则剔除该体素。在 $O_0 = 0$ 的情况下，剩余的体素构成的建筑形体将不会影响周围建筑的采光。

接着，对建筑形式进行处理。首先设置裙楼体量，将低于裙楼高度 podiumH 的体素定义为裙楼体量。然后，设置塔楼体量，添加核心筒体量，并设定核心筒的服务半径 serviceR。在此基础上，去除服务半径之外的体量，从而生成符合裙楼塔楼形式的建筑体量。

图3提供了塔楼位置设置为场地中央的遮挡系数计算结果，颜色越深代表遮挡系数越高。通过对阈值的调整，可以得到不同的建筑形体。

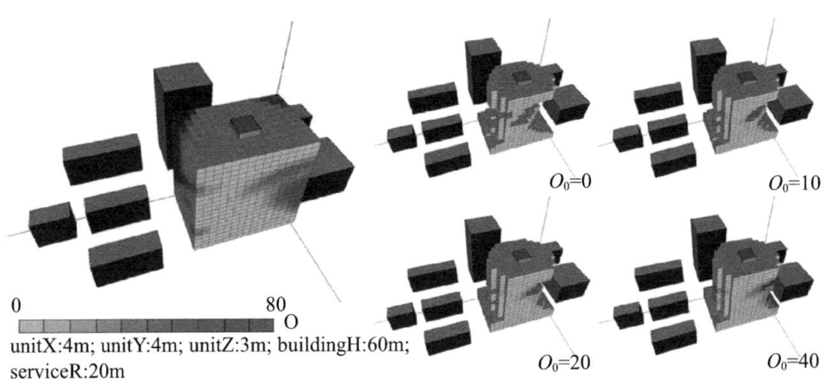

图 3　体素的遮挡系数与不同阈值的筛选结果

3　粒子群优化算法

3.1　优化目标

在上述方法中，需要预先给定塔楼的位置，才能进行后续的计算。然而，由于塔楼的位置对其北侧的日照影响较大，最终的建筑形态与塔楼位置密切相关。因此，如何在特定城市环境下确定高层塔楼的位置也成为本研究的重要关注点。如果采用遍历的方式确定最佳的塔楼位置，计算量巨大且耗时较长，因此这里采用粒子群优化算法（Particle Swarm Optimization，PSO）来确定塔楼的位置。

3.2　模型构建

构建 PSO 算法模型分为如下步骤。

首先，使用粒子代表一个塔楼的位置坐标。在二维空间中，每个粒子的位置可以表示为（x，y）。然后对粒子进行初始化，即随机生成初始粒子群，包括粒子的位置和速度。设定种群大小，并在搜索空间内随机分布这些粒子。

将上一部分中所使用的算法构建为适应度函数，用于评估每个粒子的位置。适应度函数目标是最大化塔楼部分的体素数量 N_h，即塔楼在该处保留的体素越多，代表该位置放置塔楼与城市环境的适配度更好。由于 PSO 算法默认求解最小值，因此将优化目标设置为 min-N_h。

使用以下公式更新粒子的速度：

$$v_i^{k+1} = w \cdot v_i^k + c_1 \cdot r_1 \cdot (p_i - x_i^k) + c_2 \cdot r_2 \cdot (g - x_i^k)$$

若局部最佳位置和邻域最佳位置相同，则更新公式为：

$$v_i^{k+1} = w \cdot v_i^k + c_1 \cdot r_1 \cdot (p_i - x_i^k)$$

其中，v_i^k 表示第 i 个粒子在第 k 次迭代时的速度，w 表示惯性权重，c_1 和 c_2 为加速常数，r_1 和 r_2 为［0，1］之间的随机数，p_i 为第 i 个粒子的历史最佳位置，g 为全局最佳位置，x_i^k 为第 i 个粒子在第 k 次迭代时的位置。

根据粒子速度更新粒子的位置：

$$x_i^{k+1} = x_i^k + v_i^{k+1}$$

重复进行适应度函数判断和粒子速度与位置的更新，直到达到最大迭代次数。

3.3　实验结果

为了确定合理的参数范围，在测试场地进行实验。在该场地中，共有 150 个核心筒选点。分别使用遍历算法和 PSO 算法寻找最优解。图 4 展示了 8 组实验对于体素数量的优化过程。在种群大小设置为 5 的条件下，在迭代次数为 4 时，已有 87.5% 的实验组所得结果与遍历得到的最优解差距在 5%

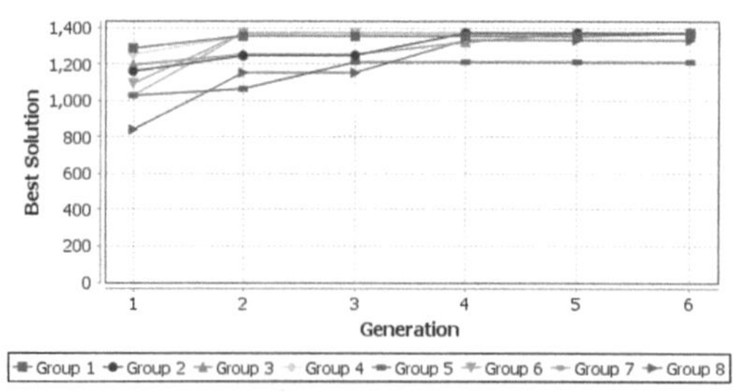

图 4　粒子群优化算法实验

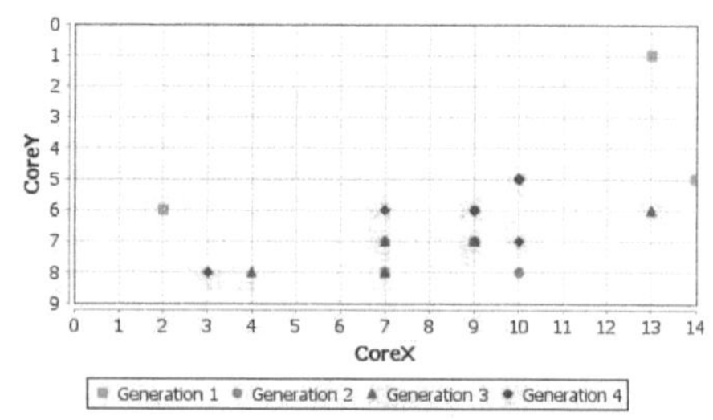

图 5　单次粒子群优化算法中解的分布

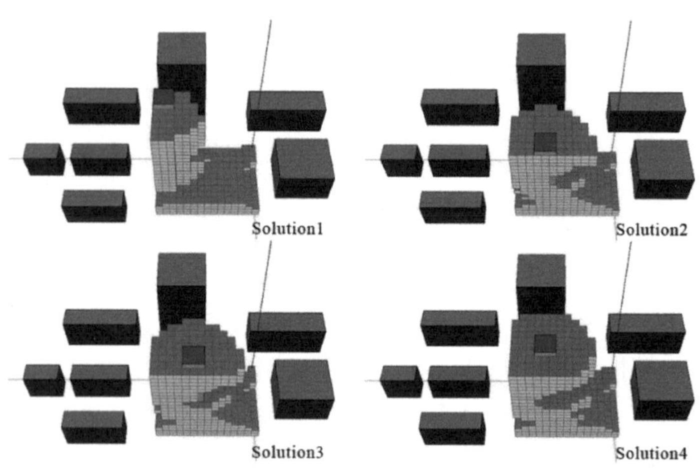

图 6　单次粒子群优化算法中解的优化过程

以内，此时计算次数为 20 次，运算量仅为遍历算法的 13.3%。

图 5 展示了一次典型的 PSO 算法得到的所有塔楼位置的解，可以看到随着迭代次数的增加，得到的解逐渐集中，最终在（10，5）处取得最大值。图 6 展示了该次实验中 1～4 代中解的优化过程。

最终得到的建筑形体如图 7 所示，其在裙楼部分和塔楼的低层呈现出退台的特征，而在塔楼的高层则表现出逐层出挑的形态特征，整体结构较为合理。

具体数据如下，塔楼部分的室内建筑面积为 21600m^2，相比于完整的塔楼体量，存在 13.9% 的空体量。这些空的部分可以灵活利用，配合室内功能，作为建筑的室外公共活动空间或商业空间。这种设计不

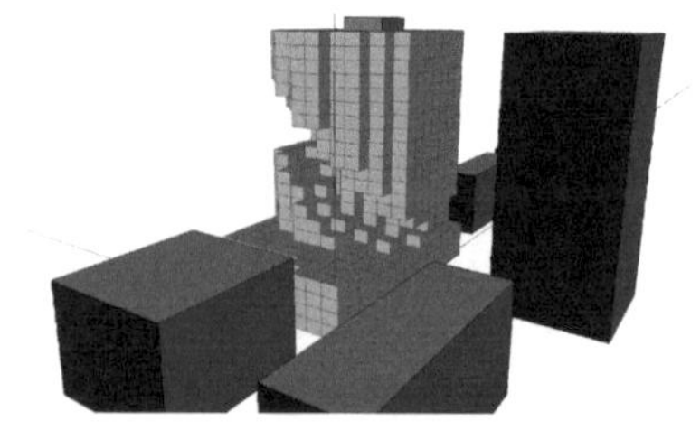

图 7　粒子群优化算法得到的建筑形体

仅增强了建筑形体的灵动性，也使得建筑空间和使用体验更加丰富。此外，通过该算法生成的建筑形态，能够更好地适应周边环境，减少对周围建筑采光的影响，实现与周边建筑的和谐共存，展示了这一算法在复杂城市环境中的应用潜力。

3.4　拓展实验

上述实验均在矩形场地和单塔楼的条件下进行。为了验证该方法的普适性，本研究还在

异形场地和更大范围的场地上进行了实验。

在多塔楼的情况下，实验对太阳光线选择的部分进行了改进。实验修改了排序的计算方式，按照太阳方位角 θ_i 与核心筒相对于窗口的方位角偏差的倒数和，对太阳位置进行排序。具体公式如下：

$$R_{\text{sorted}} = \{r_1, r_2, \cdots, r_n\} \text{ where } s_1 \geqslant s_2 \geqslant \cdots \geqslant s_n$$

$$s_i = -\sum_{j=1}^{m} \frac{1}{|\theta_i - \theta_{0j}|}$$

其中，θ_{0j} 为第 j 个塔楼核心筒位置相对于采光窗口的方位角度。

为了确保塔楼之间的合理间距，在 PSO 算法中添加两塔楼之间的距离不低于 20m 的限制条件。对两个大范围场地使用 PSO 算法优化得到的双塔楼与三塔楼形体结果如图 8、图 9 所示。

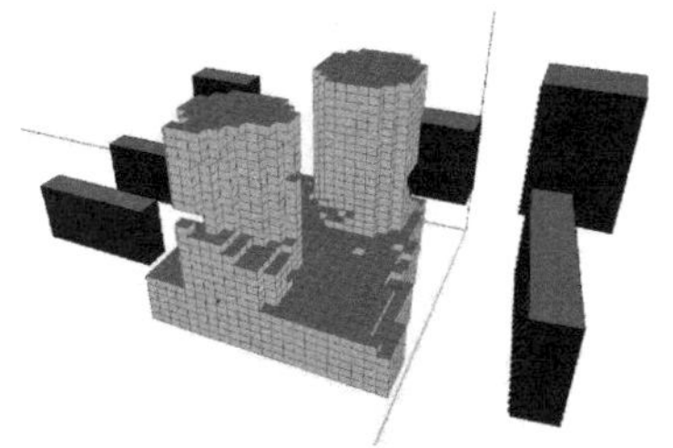

图 8　双塔楼形体实验

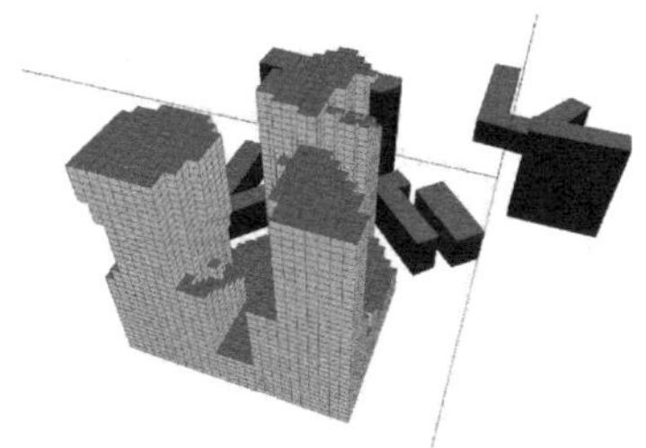

图 9　三塔楼形体实验

4　总结与展望

本研究提出了一种针对复杂城市环境的高层建筑生成设计方法，特别关注周边居住建筑的采光时间，并通过粒子群优化算法对塔楼位置进行优化。这种方法能够生成形态独特的建筑设计，为城市和建筑设计提供了有价值的参考。

当前研究也存在一些局限性。所提出的方法主要适用于与居住环境密切相关的城市环境，不适用于建筑密度较低的区域。在多塔楼和复杂场地条件下，粒子群优化算法的计算过程较为缓慢，获取最优解所需时间较长。代码实验所生成的建筑体量深度与实际建筑有一定差距，仍有较大优化空间。在未来的研究中，将进一步考虑建筑内部的更多因素，提高设计的实际应用性和优化效率。

目前，人工智能已经渗透入各行各业，建筑师应利用数字化工具，探索建筑设计的新的可能性。通过将先进的计算方法与建筑设计相结合，可以更好地应对复杂的城市环境，推动建筑设计向更加创新的方向发展。

参考文献

[1] Knowles R L. Sun rhythm form [M]. Cambridge: MIT Press, 1981.

[2] Francesco De Luca, Timur Dogan, Abel Sepúlveda. Reverse solar envelope method: a new building form-finding method that can take regulatory frameworks into account [J]. Automation in Construction, 2021, 123: 103518.

[3] 高菲．基于日照影响的高层住宅自动布局 [D]. 南京：南京大学，2013.

[4] 李京津．基于“日照适应性”的城市设计理论和方法 [D]. 南京：东南大学，2018.

[5] 章雪璐，黄瑞克，李飚．超图链接：基于整数规划的建筑空间布局及构型 [C] //全国高等学校建筑类专业教学指导委员会，建筑学专业教学指导分委员会，建筑数字技术教学工作委员会．数智赋能：2022 全国建筑院系建筑数字技术教学与研究学术研讨会论文集．东南大学建筑学院，2022：6.

[6] Ludger Hovestadt. 超越网格：建筑和信息技术、建筑学数字化应用 [M]. 南京：东南大学出版社，2015：74-79.

基于室外热舒适和太阳能获取的陕北榆林高层住区布局形态多目标优化研究

Multi-objective Optimization Research on the Layout Form of High-rise Residential Areas in Yulin, Northern Shaanxi Based on Outdoor Thermal Comfort and Solar Energy Acquisition

柴澳豪[1] 任 娟[1]
1. 长安大学建筑学院

摘 要：随着城镇化的加速与人口密度提高，高层建筑成为城市住宅的发展方向，其空间形态对室外热舒适有显著影响，并在太阳能利用方面展现出广阔前景。榆林位于陕北寒冷地区，太阳能资源丰富。本文以综合提升榆林地区高层住区室外热舒适度和提高太阳能获取潜力为目标，对不同的住区平面布局形态的排列方式和建筑密度进行参数化模型建构，结合多目标优化算法，探寻榆林夏季室外热舒适度和太阳能获取潜力最优的住区平面布局形态模型，总结高层住区形态优化设计策略，为类似气候区高层住区正向设计提供指导意见。

关键词：高层住区；多目标优化；室外热舒适度；太阳能获取；空间布局形态

1 引言

随着生活水平的提升，居民对室外环境的关注日益增加，城市环境质量亦越来越受重视。在城市微气候中，室外热舒适性扮演着关键角色，直接关系到居民的身心健康。榆林位于陕北，该地区太阳能资源丰富，为建筑领域的太阳能利用提供了巨大的开发潜力。因此，在评价住宅区品质时，室外热舒适性与太阳能利用应并重考虑，以降低住区的能耗。建筑的空间形态布局对室外热环境具有显著影响，这些形态布局参数与城市微气候及太阳能获取能力紧密相关。精心优化住区建筑空间形态，可以改善室外热舒适度，增强太阳能获取潜力，降低住区的能耗。

传统微气候研究通常首先通过现场仪器获取微气候数据，然后通过比较不同空间形态的数据，推测微气候与城市空间的关联性。Rajan 分析了印度钦奈颁布的规范中相关的建筑几何形态参数对微气候的潜在影响。实测研究是室外热环境理论研究与数值模拟研究的基础[1]。在建筑空间形态与太阳辐射利用潜力的研究中，Ramkumar 等人通过对新加坡的现有和改造社区进行模拟分析，研究了城市住区不同物理形态对建筑表面太阳能发电潜力的影响，为规划设计提供了基于数据的量化指导[2]。

随着计算机技术的发展，城市微气候的计算机模拟变得可行，并因其成本效益而广泛应用于室外热环境研究中。多目标

陕西国际科技合作计划重点项目（项目编号：2024GH-ZDXM-03）。

优化算法的广泛应用使得研究人员能够处理多个相互冲突的目标。Ascione 和 Bianco 运用多目标遗传算法和结合 Matlab 与 EnergyPlus 的计算过程，对现有建筑进行节能改造，取得了以能耗、室内热舒适和成本为目标的一系列最优解[3]。这些技术的融合推动了城市微气候研究的深入，实现了多因素交互和多目标优化。

本研究以榆林地区高层住区的形态布局为研究对象，采用 Rhino-Grasshopper 热舒适模拟软件和 Octopus 多目标优化工具进行分析，旨在改善榆林高层住区夏季的室外热舒适性并增强太阳能获取潜力。通过优化建筑间距、高度和角度，寻找最佳解决方案，不仅可以为设计师提供性能更优的设计方案，还可以通过优化过程中产生的数据，精确分析和推导出空间形态与微气候、太阳能获取之间的关系。本研究的成果希望能为榆林地区住区设计提供实用的指导和研究思路。

2 优化目标的选择

2.1 夏季室外热舒适改善

热舒适是人体既不感觉冷也不感觉热的中性状态。在美国采暖制冷与空调工程师学会 ASHRAE Standard 55-92 标准中[4]，热舒适被定义为“人体对热环境感到满意的一种心理状态”。根据热舒适的发展阶段和科学基础，可将评价标准分为经验性评价指数与机理性评价指数，共有 100 多种评价指数，其中生理等效温度（PET）、标准有效温度（SET）、预计热舒适指数（PMV）、通用热气候指数（UTCI）为常用的几种热舒适评价标准。Xu 等曾于西安地区进行热舒适实验，认为通用热气候指数（UTCI）是评估陕西西安地区户外人体热舒适度的最佳指标[5]。

因此在夏季室外热舒适优化研究中，尽量降低夏季 UTCI，夏季 UTCI 数值越接近 26℃，室外热舒适越高。

2.2 太阳能获取潜力

太阳能获取潜力是表征太阳能利用潜力的明显指标之一。通过在建筑的屋面以及东、南、西三个朝向的外立面铺设不同比例的光伏发电组件，可以最大化利用太阳辐射。这种布局不仅可增加居住组团的电能供应，而且可有效降低建筑的综合能耗，进而达到绿色低碳的目标。因此，在太阳能利用的优化研究中，建筑外立面接收太阳辐射的时间越长，其太阳能利用的潜力也越大。

3 模型构建和参数选择

3.1 性能模拟软件选择

模拟选取 Rhino+Grasshopper 作为参数化建模与性能模拟平台。Rhino+Grasshopper 参数化设计平台是一个强大且灵活的工具，能够帮助建筑设计师实现复杂的设计理念和创意。设计师可以利用该平台的各种插件进行建筑力学仿真、曲面网格优化、性能模拟、遗传和进化算法等工作，以满足不同的设计需求。

现实利用风洞试验模拟场地成本过高，故利用 Ladybug、Butterfly 插件进行室外舒适度的耦合计算和太阳辐射计算。Ladybug Tools 插件包含了 Ladybug、Honeybee、Butterfly 和 Dragonfly 四个插件，各个插件之间的数据可以相互传输。本研究的室外热舒适模拟分析主要使用 Ladybug、Butterfly 两个插件。最后依托 Octopus 插件对夏季 UTCI 改善和日照时长增加进行多目标优化计算。

3.2 模型的构建

在本研究中，通过对榆林地区高层住宅区的细致调研，统计并提取出关键的空间参数，并使用 Rhino-Grasshopper 软件来建立高层住宅区的典型模型。首先，设定了一个 350m×250m 的基底平面作为住宅建筑场地。在此场地内，按照 4 横 4 纵的布局安排了 16 个格点，每个格点定为一个建筑的中心点。每栋建筑设计为 60m×17m×54m（长×宽×高）的板式结构。为了在大寒日满足遮挡建筑的最低采光标准，建筑南北向间距最低设置为 36m，东西向间距最低为 20m。同时，住区与场地周边保留了 15m 的退让空间，这也成为确定建筑东西向和南北向间隔的基准。此外，每个建筑模型赋予了从−15°到 15°、间隔 5°的角度变量，以确定住区的平面空间布局（图 1）。最终，通过 Gene pool 电池控制每栋建筑的容积率在 2～2.9 范围内，进行竖向空间形态即建筑高度的变量控制（图 2）。

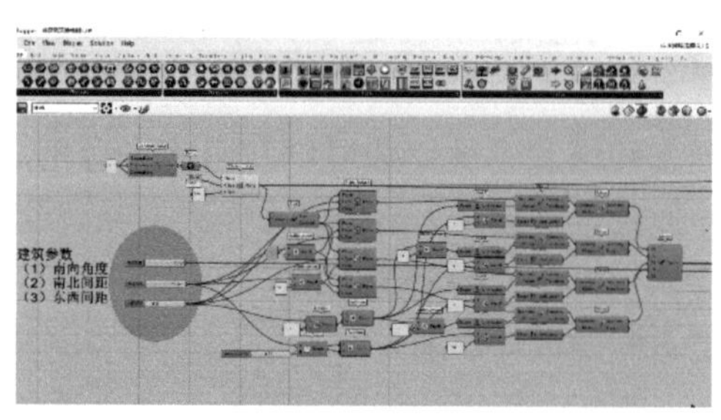

图 1　建筑间距和建筑角度的参数电池组

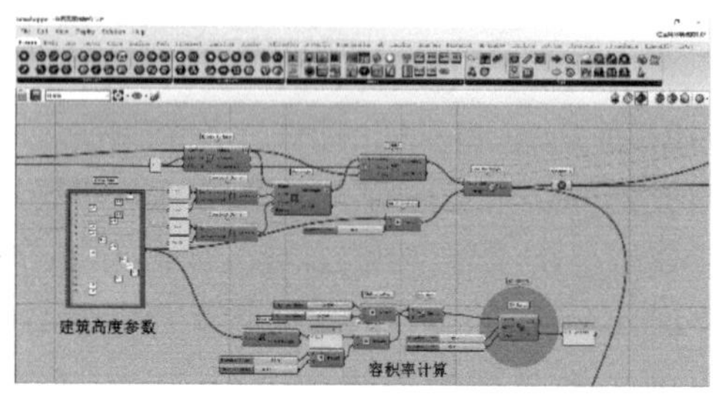

图 2　建筑高度参数电池组

4　模拟结果分析

4.1 优化分析

为了评估高层住区的太阳能获取潜力和室外热舒适度，模型加载了榆林地区的气象数据，并针对夏至日进行全天的建筑表面日照时间平均值模拟。室外热舒适度模拟采取了夏至日从 9：00 到 18：00 室外热舒适度占比的平均值作为优化的基准。使用 Octopus 软件进行日照模拟和热舒适度模拟的多目标优化。在优化过程中，种群数量设定为 20，最大代数设定为 10。进行了 10 代计算，总计 200 个方案，其余参数维持不变。10 代计算后，模拟结果被用来分析住区形态参数与微气候之间的相关性。在结果显示中，黑色代表最后一代的最优解，而浅灰色表示先前代数的精英解，颜色越浅代表代数越早。这一过程最终得出了建筑设计的优化策略（图 3）。

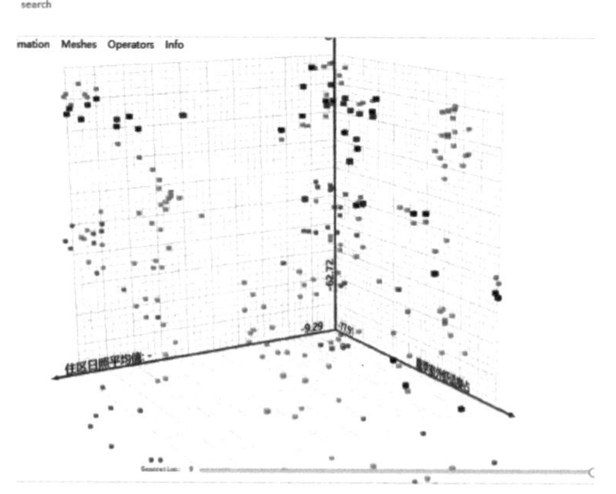

图 3　Octopus 运算结果

4.2 多目标最优解分析

在多目标最优解分析中，通过比较最优解和最差解（最差解是优化过程中，出现的室外热舒适最不佳的形态，并不一定是所有可能的布局中最差的）可以得出以下结论（表 1）：

（1）朝向角度的优化：每一组的最优数据显示，建筑朝向南偏转 15°时，日照效果最优。相对地，在最差解中，每组数据的偏转角度较小。因此，规定南向偏转参数最大时（即偏转 15°），可以获得最佳日照。

（2）建筑间距的影响：当建筑间距较大时，室外热舒适度和日照条件都较优。较大的间距减少了前面建筑对后面建筑的遮挡，增强了建筑遮挡形成的阴影效果的利用。

（3）建筑高度的策略：建筑高度平均越高，室外热舒适度越高，但日照效率越低。在最优解中，较高层建筑多分布在场地的北侧和西侧。例如，在最优解第五组数据中，日照时长平均为 9.06h，而从 9：00 到 18：00 的室外热舒适度占比达到了 76.7%。这是由于前面建筑对后面建筑的遮挡所致。因此，较高的建筑排列出现以下两种情况：①南侧：最差解中如第一、二组，较高层建筑频繁出现在场地南侧，明显遮挡了后方，日照平均时长分别为 8.5h 和 8.56h。②东西两侧：这种排列对场地的影响较小。最差解中第五组数据显示，较高层分布在东南侧，日照平均时长较差，为 8.29h。而最优解的第一组参数显示，虽然东侧建筑高度较高，但中部建筑高度较低，遮挡面积不多且排布较分散。

（4）错列排布的效果：最优解中，建筑多采用错列式排布，较高层中间不连续排布。相比之下，最差解中较高层建筑多采用行列式或纵列式排布，并且在南北方向连续排布，如第三、四组，日照平均时长分别为 8.4h 和 8.41h。

以上分析结果表明在高层住区规划中，应考虑建筑的朝向、间距和高度配置，以优化日照接收和室外热舒适度。

表 1　最优模型与最差模型对比

	参数	最优解模型	计算结果
第一组	南向角度 15° 东西间隔 21m 南北间隔 45m		建筑受日照平均时长：8.92h 舒适度占比：76.06%
	南向角度 0° 东西间隔 21m 南北间隔 42m		建筑受日照平均时长：8.50h 舒适度占比：72.6%
第二组	南向角度 15° 东西间隔 22m 南北间隔 43m		建筑受日照平均时长：9.01h 舒适度占比：76.22%
	南向角度 0° 东西间隔 24m 南北间隔 44m		建筑受日照平均时长：8.56h 舒适度占比：73.01%

续表

	参数	最优解模型	计算结果
第三组	南向角度 15° 东西间隔 24m 南北间隔 44m		建筑受日照平均时长：9.06h 舒适度占比：76.34%
	南向角度-5° 东西间隔 21m 南北间隔 43m		建筑受日照平均时长：8.41h 舒适度占比：74.4%
第四组	南向角度 15° 东西间隔 23m 南北间隔 43m		建筑受日照平均时长：9.01h 舒适度占比：76.25%
	南向角度 0° 东西间隔 24m 南北间隔 43m		建筑受日照平均时长：8.4h 舒适度占比：74.62%
第五组	南向角度 15° 东西间隔 26m 南北间隔 46m		建筑受日照平均时长：9.06h 舒适度占比：76.7%
	南向角度 10° 东西间隔 20m 南北间隔 39m		建筑受日照平均时长：8.29h 舒适度占比：74.5%
第六组	南向角度 15° 东西间隔 26m 南北间隔 39m		建筑受日照平均时长：8.97h 舒适度占比：76.9%
	南向角度 0° 东西间隔 23m 南北间隔 45m		建筑受日照平均时长：8.52h 舒适度占比：73.4%

5 结论

本研究以综合提升榆林高层住宅区的室外热舒适度和太阳能获取潜力为目标，通过选取四种不同的建筑参数对夏季 UTCI 和日照时长模拟优化，通过进行最优解集和最差解集进行分析得出榆林高层住区优化策略。主要结论如下：

（1）建筑高度与高层比例的影响：不同高度的建筑比例对室外热舒适度和日照效率有显著影响。具体而言，较高层的建筑比例增多时，场地的夏季室外热舒适度提升，但建筑表面的热效率降低；层数较低建筑比例增多则导致场地夏季室外热舒适度降低，建筑表面的热效率提高。

（2）南向偏转的效果：建筑的南向偏转能提高得热效率，但可能会降低室外热舒适度。

（3）空间布局优化：最佳的住区空间形态是在场地北侧成排布置，西侧一列连续或间隔布置，而其余住宅在东南侧分散布置。这种布局不仅能优化夏季的室外热舒适度，也能提升夏季日照效率。对于不同高度的住宅，较低的住宅建议布置在场地的南侧与东侧，而较高的住宅则更适宜布置在北侧与西侧。

（4）建筑间距的调整：建筑南北间距增大，可提升日照效率；建筑东西间距增大，则有助于提高室外热舒适度。

参考文献

[1] Salal Rajan, Ebin Horrison, Amirtham, Lilly Rose. Impact of building regulations on the perceivedoutdoor thermal comfort in the mixed-useneighbourhood of Chennai [J]. Frontiers of Architectural Research, 2021, 10 (1).

[2] Ramkumar T, Gamage H, Xiao E W, et al. Analysis of solar PV potential for roofs and façades in high dense residential urban scenario of Singapore [J]. Journal of Physics Conference Series, 2019, 1343 (1): 12050.

[3] Ascione F, Bianco N, De Stasio C, et al. A new methodology for cost-optimal analysis by means of the multi-objective optimization of building energy performance [J]. Energy and Buildings, 2015 (88): 78-90.

[4] Olesen B W, Brager G S. A better way to predict comfort: the new ASHRAE standard 55-2004 [J]. Center for the Built Environment, 2004.

[5] Xu Min, Hong B, Mi J, et al. Outdoor thermal comfortin an urban park during winter in cold regions of China [J]. Sustainable Cities & Society, 2018 (43): 208-220.

[6] Shanmugavalli K R, Vedamuthu R. Solar energy and its estimated contribution to the energy demand of residential apartments in India through their envelopes: a technical and commercial approach [J]. Energy sources Part A, Recovery, utilization, and environmental effects, 2021: 1-16.

[7] 李天豪. 基于室外热舒适的高层住区空间形态优化设计研究 [D]. 天津大学, 2021. DOI: 10. 27356/d. cnki. gtjdu. 2021. 001522.

[8] 冯维佳. 杭州地区高层居住组团空间形态多目标优化研究 [D]. 浙江大学, 2023. DOI: 10. 27461/d. cnki. gzjdx. 2023. 000947.

[9] 杜英顼. 微气候性能驱动下天津市居住型小街区空间形态优化研究 [D]. 河北工业大学, 2022. DOI: 10. 27105/d. cnki. ghbgu. 2022. 000829.

[10] 杜田恬, 刘建军. 陕西红河谷森林公园夏季整体环境舒适度研究 [J]. 西南林业大学学报（自然科学）, 2020, 40 (1): 77-89.

基于室内光热环境优化的住宅可变柔性遮阳系统研究

Research on Residential Variable Flexible Shading System Based on Indoor Light and Heat Environment Optimization

蒋正达[1]　刘一歌[2]　唐　芃[1]
1. 东南大学建筑学院
2. 同济大学建筑与城市规划学院

摘　要：本文基于 Rhino/Grasshopper 平台建立可变柔性遮阳系统光热性能分析的参数化模型，使用 Ladybug Tools 性能分析工具，控制参数批量模拟评估模型的有效日光照度（UDI）、日光眩光概率（DGP）等光环境指标和平均热感觉指数（PMV）、全年平均太阳辐射量（MSR）等热环境指标，采用皮尔森相关性、正交试验极差方差等分析方法，探究柔性可变遮阳系统各设计参数对室内光、热环境指标的影响程度及显著性，以全年最冷最热周为分析时段，综合考虑光热舒适平衡，筛选出最优控制策略。

关键词：可变柔性遮阳；光热环境；相关性分析；多目标优化

《"健康中国2030"规划纲要》对人民居住舒适健康提出了更高的要求。住宅作为人们长时间居住使用的空间，室内光热环境极大地影响着身心健康。建筑遮阳辅助和调控建筑与外界进行能量交换，可有效降低建筑能耗，改善建筑室内舒适度[1]。柔性遮阳由于其材料经济可选、形式可变可调控，提供了一种经济有效的住宅遮阳手段。

随着计算机辅助设计的发展，可变结构在气候适应上的潜力得到诸多学者验证。厦门大学石峰基于 Ladybug Tools 对建筑可变表皮光热能耗性能进行评估及优化[2]。哈尔滨工业大学韩昀松等基于光热多目标优化讨论自适应表皮形态[3]，探究人工智能语境下建筑表皮动态找形及高效控制方面的问题[4]。孙澄团队基于遗传算法探究日照导向下的建筑表皮多目标优化设计[5]。

本文以满足建筑光热环境舒适度为目标，分析可变柔性遮阳系统各设计要素对于室内光热舒适的影响程度，并针对其控制策略进行优化，实现建筑光热舒适的平衡统一。

1　可变柔性遮阳系统

柔性建筑遮阳即采用柔性材料的遮阳形式。柔性遮阳材料极为多样（图 1），其图案颜色、编织密度、材质成分配比不

江苏省碳达峰碳中和科技创新专项资金（重大科技示范）项目：低碳未来建筑关键技术研究与工程示范（BE2022606）。

同将导致其力学特性和热工性能迥异，遮阳效果差别也不小[6]。由于其轻质、可折叠、可伸缩的柔性特征，易于加工成精致美观、形态丰富且可调可控的遮阳构件，例如各种遮阳帘、遮阳篷以及遮阳布幔等[7]。在柔性遮阳中，曲臂遮阳篷由于构造简单、材料普遍、价格适宜、实用性强而在我国的住宅建筑中应用十分广泛，其主要形式有平推式、斜伸式和摆转式（图2）。多数曲臂遮阳篷是活动式，可根据不同的气候条件进行调节，从而实现动态的气候适应。

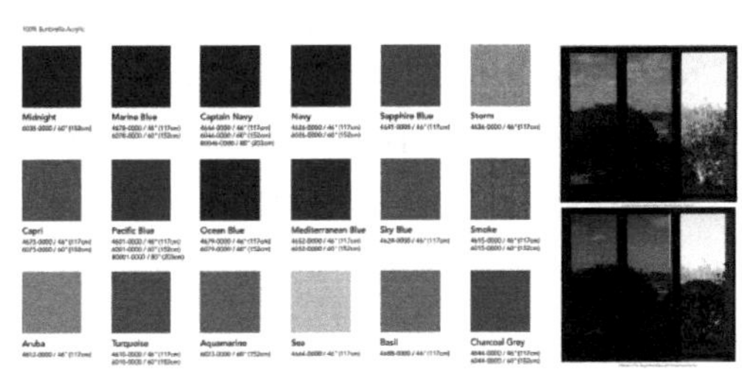

图1　柔性遮阳材质

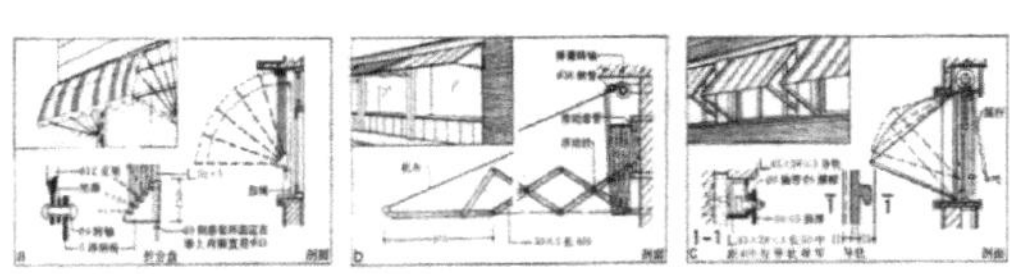

图2　常见遮阳篷外观和构造形式

图片来源：建筑设计资料集10：第二版［M］.北京：中国建筑工业出版社.

2　研究内容

2.1　技术路径

如图3所示，本文首先梳理了可变柔性遮阳系统并选取曲臂可变柔性遮阳作为研究对象，提取其设计要素，构建光热性能模型；其次使用Ladybug Tools性能分析工具，分别对有效日光照度（UDI100-2000lx）、日光眩光概率（DGP）、平均热感觉指数（PMV）和全年平均太阳辐射量（MSR）等光热环境指标进行500例批量模拟。再次采用皮尔森相关性、正交试验极差方差等分析方法，对影响室内光热环境性能的可变柔性遮阳系统设计参数的重要程度进行评估。最后以全年最冷最热周为分析时段，综合考虑光热舒适平衡，筛选出其最优控制策略并与初始条件下的室内光热环境性能作对比分析。

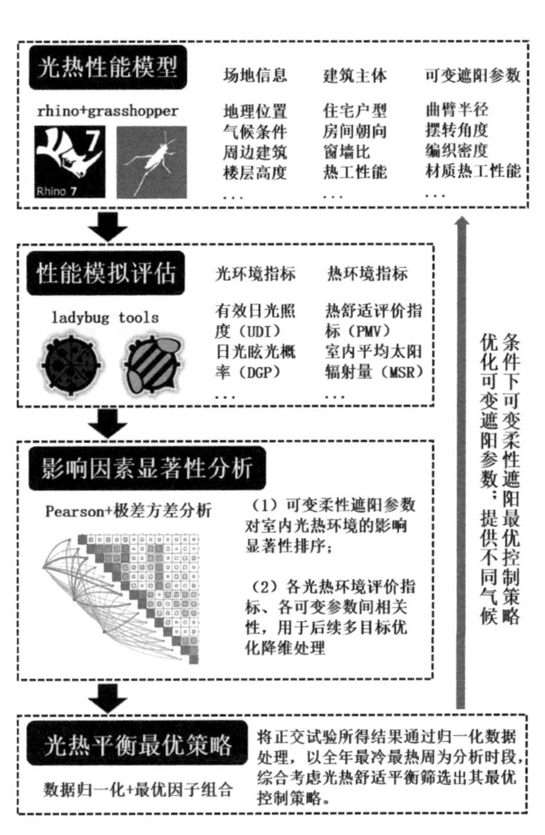

图3　技术路径

2.2　室内光热环境评价指标选取

基于LEED、ASHRAE90.1-2019和《绿色建筑评价标准》GB/T 50378-2019，本文最终选取全自然采光百分比（DA）、有效日光照度（UDI）和日光眩光概率（DGP）、60%（300lx）等光环境指标，平均热感觉指数（PMV）和全年平均太阳辐射量（MSR）等热环境指标。其中60%（300lx）指标表示住宅建筑室内主要功能空间至少60%面积比例区域，其采光照度值不低于300lx的平均小时数[8]。

2.3 光热性能分析模型构建

基于Rhino/Grasshopper平台建立模型，以夏热冬冷地区的南京市为例，运用CWSD数据库模拟分析。为减少其他因素对试验结果的影响，建筑主体模型选取单个房间，初始条件设置为开间5m，进深4m，层高3m，单侧开窗高1.5m，窗台高0.9m，窗墙比0.35，记为住宅标准房间模型（图4）。为探究房间基本信息与光热指标的关系，批量模拟时设定取值范围：开间3～5m，进深3～5m，层高3～5m，窗墙比0.25～0.35。

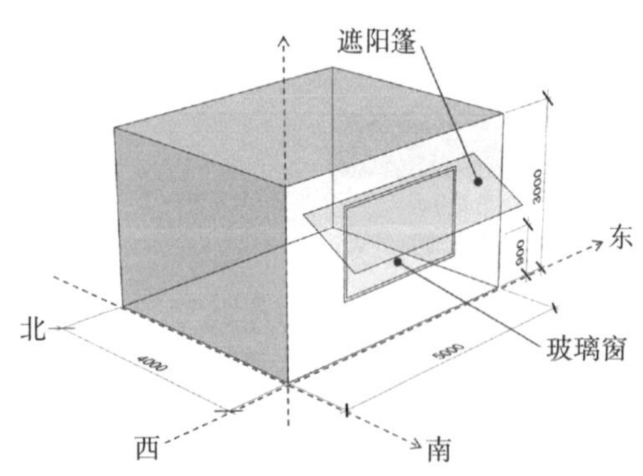

图4 住宅标准房间模型

住宅建筑的窗洞口及伸展空间狭小的场合宜选用摆转式曲臂遮阳篷，根据其设计特点建立建筑遮阳模型（图5）。可变参数为曲臂半径 r，摆转角度 θ。设置取值范围：曲臂半径0.6～1.4m，摆转角度0～90°。

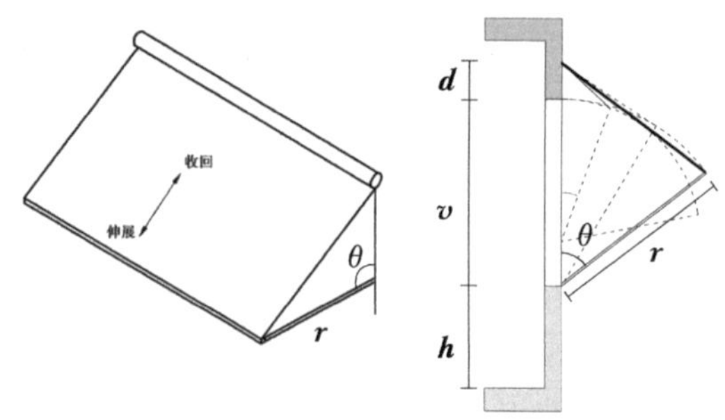

图5 摆转式曲臂遮阳参数化模型

注：r 为曲臂半径；θ 为摆转角度；d 为遮阳顶部与窗户垂直距离；v 为窗户垂直高度；h 为窗台高度。

2.4 光热性能模拟评估

2.4.1 初始房间光热环境性能分析

使用Ladybug Tools对建筑进行室内光热环境指标UDI100-2000和PMV模拟运算。UDI100-2000lx值为：北向>东向>西向>南向。南向和西向百分比较低的原因是南、西两方向接收更多日照，处于100～2000lx有效范围内的比例相对较低。设置外窗时的夏季（夏至-秋分时段）PMV绝对值平均值为：南向>西向>东向>北向，夏季南向更具有遮阳需求。故在本研究的优化试验中，将以南向开窗时的动态柔性遮阳为研究优化对象。

2.4.2 可变柔性遮阳系统批量模拟

本研究选取Wallacei插件，联合Ladybug Tools进行光热性能的批量模拟，以房间开间、进深、层高、窗墙比、柔性遮阳摆转角度、曲臂半径作为设计参数，即自变量Gene。以采光性能指标UDI100-2000、DGP、DA、60%（300lx），热舒适性指标PMV、MSR作为优化目标，即因变量Objective。总计模拟500例，批量模拟部分样本如表1所示。

表 1　批量模拟部分样本

序号	开间	进深	层高	窗墙比	曲臂半径	摆转角度	UDI	DGP	DA	60% (300lx)	PMV	MSR
0	3.2	4.3	3	0.25	0.8	87	78.2	0.18	60.9	6.09	-1.54	32.8
1	4.4	4.3	3.3	0.32	1.0	89	81.9	0.25	73.6	7.02	-1.55	63.6
2	4.9	3.2	3.2	0.32	1.2	72	80.9	0.22	69.7	6.68	-1.57	32.3
3	5	4.3	3.9	0.32	1.6	49	81.5	0.30	78.3	7.33	-1.55	89.6
4	3.2	4.5	3	0.25	0.8	87	77.6	0.18	59.3	6.04	-1.54	29.5

2.5　室内光热环境影响因素分析

2.5.1　皮尔森（Pearson）相关性分析

皮尔森相关性系数是介于±1 之间的实数。当相关性系数为-1～0 时，表明变量之间存在负相关关系；当相关性系数为 0～1 时，表明变量之间存在正相关关系；绝对值越大表示其相关性越强。按颜色绘制皮尔森相关系数矩阵如图 6 所示。

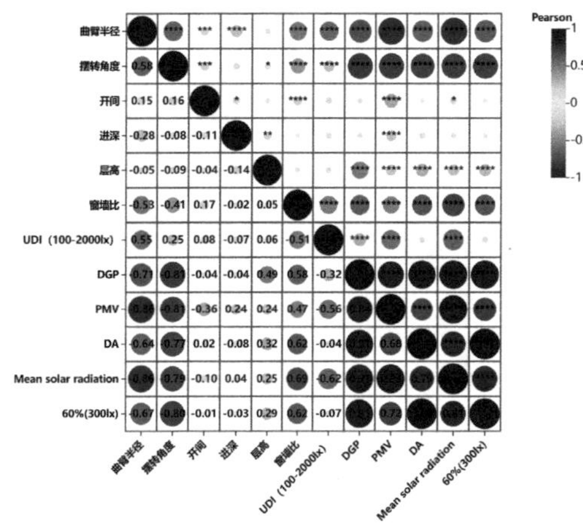

图 6　皮尔森相关性系数矩阵

从图 6 可知曲臂半径与 DGP、DA、60%（300lx）的相关系数分别为-0.71、-0.64、-0.67；摆转角度与 DGP、DA、60%（300lx）的相关系数分别为-0.81、-0.77、-0.80。曲臂半径与 PMV、MSR 的相关系数分别为-0.87、-0.86；摆转角度与 PMV、MSR 的相关系数分别为-0.81、-0.79。均呈现强负相关性，此两项柔性遮阳设计参数对室内光热环境指标起到主导性影响。建筑主体信息参数方面，房间层高与光热环境呈现一定正相关性，窗墙比与光热环境呈现强相关性。综合而言，摆转角度、曲臂半径、窗墙比、房间层高相对其他设计参数对室内光热环境的指标具有更大影响。

从相关性图表中也可得出光热环境指标间的关联程度，即各优化方向呈现的相关关系，例如 DGP 与 PMV 相关系数为 0.84，与 MSR 相关系数为 0.91，均呈强正相关，而 UDI 与 PMV 相关系数为-0.56，与 MSR 相关系数为-0.62，均呈强负相关。说明仅考虑室内得热而充分接收日照会导致室内眩光、采光质量下降等问题，在设计建筑遮阳时需要综合考虑室内光热环境，兼顾光热舒适。60%(300lx) 指标由 DA 筛选计算得出，两指标间呈现强正相关性，在后续的多目标最优策略筛选时可仅取 60%（300lx）指标作为代理，以降低优化目标维度，减轻决策负担。

2.5.2　正交试验极差方差分析

正交试验法是利用正交表来安排与分析多因子试验的一种方法，具有均匀分散，齐整可比的特点。通过合理设计试验矩阵，可实现在最少试验次数内获取充分信息，保证因素水平均匀分散且相互独立，提高试验效率，降低成本。表 2 为可变柔性遮阳系统的因子和水平选取情况。

表 2　因子水平表

水平	A-曲臂半径	B-摆转角度	C-开间	D-进深	E-层高
1	0.6	0	3	3	3
2	0.8	30	3.5	3.5	3.5
3	1	45	4	4	4
4	1.2	60	4.5	4.5	4.5
5	1.4	90	5	5	5

本研究设置 6 因素 5 水平的试验，共采取 25 次试验，精准有效地提高了试验的效率。6 因素 5 水平试验的 L_{25}（5^6）正交表，其中第六列设置为空白列，用于误差分析和影响因素的显著性检验。各因子水平与对应的指标取值部分数据如表 3 所示。

在正交试验结果分析中，极差方差分析法是常用的方法。极差为试验表中每列各因素平均值最大值和最小值的差值，极差值 R 越大，表明该因子对试验指标就越重要。方差分析法是用来区分由因素水平不同或试验误差所引起结果差异的数学方法，与极差法形成互补。

各光热环境指标极差分析如表 4 所示，得出可变柔性遮阳建筑室内光环境 UDI100-2000 指标影响因素排序为 B>D>E>A>C；DGP 指标为 E>B>D>C>A；60%（300lx）指标为 B>E>D>A>C。室内热环境全年平均 PMV 指标影响因素排序为 B>E>A>C>D；MSR 指标为 B>E>A>D>C。通过表 5 对各光热环境指标方差的分析，发现各因素显著性与极差分析的结果相同。

表 3　正交试验表及试验对应各项指标

序号	A	B	C	D	E	空白列	PMV	MSR	UDI	DGP	DA	60%（300lx）
1	1	1	1	1	1	1	-1.49	265.05	64.25	0.31	85.32	7.68
2	1	2	3	4	5	2	-1.49	212.20	68.42	0.37	84.66	7.62
3	1	3	5	2	4	3	-1.51	232.29	62.73	0.40	86.03	7.74
4	1	4	2	5	3	4	-1.52	132.83	79.05	0.30	78.80	7.09
5	1	5	4	3	2	5	-1.54	113.81	79.56	0.29	78.41	7.06

表 4　各光热环境指标极差汇总表

指标	因子 A	因子 B	因子 C	因子 D	因子 E	空白列
UDI100-2000lx	6.37	16.18	3.53	7.53	6.81	3.88
DGP	0.03	0.09	0.04	0.05	0.11	0.02
60%（300lx）	0.51	1.08	0.22	0.61	0.79	0.13
PMV	0.02	0.06	0.02	0.01	0.03	0.00
MSR	75.87	176.63	18.73	62.57	84.25	20.92

表 5　各光热环境指标方差显著性汇总表

指标	因子 A	因子 B	因子 C	因子 D	因子 E	空白列
UDI100-2000lx	0.19	0.01	0.55	0.14	0.15	-
DGP	0.110	0.005	0.097	0.028	0.002	-
60%（300lx）	0.008	0.001	0.142	0.004	0.002	-
PMV	0.00035	0.00001	0.00068	0.01307	0.00014	-
MSR	0.010	0.001	0.514	0.023	0.009	-

综合而言，可变柔性遮阳住宅室内光环境显著影响因素有曲臂半径、摆转角度和房间进深，室内热环境的显著影响因素有曲臂半径、摆转角度、室内层高。

2.6　最优组合筛选与光热性能对比

不同的柔性遮阳设计控制策略对于采光和热舒适性能影响效果不同，且各种指标存在负相关的情况。仅追求提升室内的热舒适性能，可能会导致自然采光性能降低，反之亦然。

选取天气概况 stat 格式文件导出的全年最冷周、最热周作为分析时段，综合考虑建筑室内光热环境性能指标，选择出最适合南京地区的柔性遮阳控制策略。采用 min-max 归一化对原始数据进行处理，使多目标的量纲和数量级指标统一维度。处理后的数据越小表示该项性能越好，各项光热性能指标指数如表 6、表 7 所示，按照同等比例衡量得到综合性能指数，筛选出其指数最小值即为该因子的最优水平。由表中数据可知，在全年最冷周时段的最优控制策略为 A2B3，即曲臂半径取 1m、摆转角度 45°时最优；在全年最热周时段的最优控制策略为 A5B4，即曲臂半径取 1.4m、摆转角度 90°时最优。

表 6　AB 因子各水平标准化处理指数表（最冷周）

水平	PMV	MSR	UDI	DGP	60%（300lx）	综合
A1	0.000	0.000	1.000	1.000	0.000	0.400
A2	0.203	0.285	0.224	0.922	0.206	0.368
A3	0.645	0.842	0.862	0.634	0.668	0.730
A4	0.653	0.998	0.000	0.000	0.441	0.418
A5	1.000	1.000	0.653	0.580	1.000	0.847
B1	0.000	0.000	1.000	1.000	0.000	0.400
B2	0.337	0.557	0.752	0.752	0.170	0.514
B3	0.473	0.711	0.000	0.000	0.361	0.309
B4	0.740	0.832	0.303	0.528	0.494	0.580
B5	1.000	1.000	0.528	0.303	1.000	0.766

表 7　AB 因子各水平标准化处理指数表（最热周）

水平	PMV	MSR	UDI	DGP	60%（300lx）	综合
A1	1.000	1.000	1.000	0.342	0.000	0.668
A2	0.812	0.751	0.634	0.000	0.107	0.461
A3	0.469	0.445	0.737	1.000	0.784	0.687
A4	0.476	0.141	0.000	0.815	0.553	0.397
A5	0.000	0.000	0.129	0.768	1.000	0.379
B1	1.000	1.000	1.000	0.534	0.000	0.707
B2	0.553	0.549	0.468	1.000	0.204	0.555
B3	0.454	0.412	0.386	0.949	0.378	0.516
B4	0.323	0.204	0.075	0.000	0.556	0.232
B5	0.000	0.000	0.000	0.365	1.000	0.273

本研究采取初始房间模型的建筑主体参数，根据筛选出的最冷、最热周最优组合策略进行房间室内的光热性能分析，所得各指标数据结果用于与初始房间光热性能对比，室内光热环境分布及指标数据如图7、图8所示。

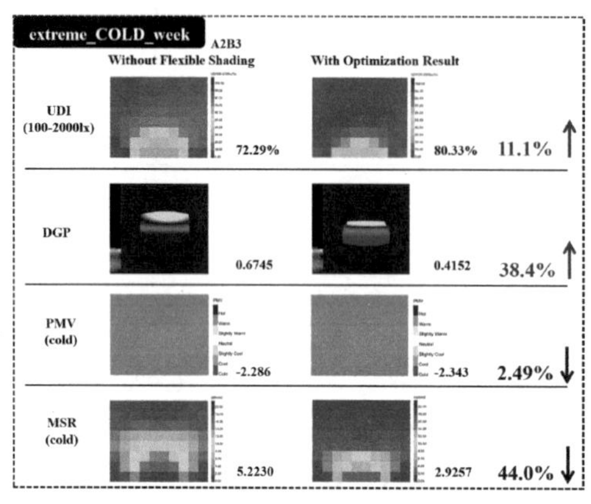

图7　全年最冷周光热环境性能对比

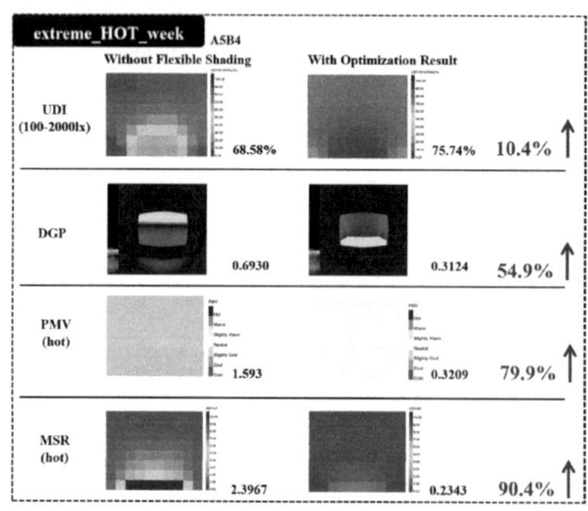

图8　全年最热周光热环境性能对比

3　研究结论与展望

（1）南京地区住宅在综合考虑室内光热环境时南向开窗房间优化潜力最大，有更大的遮阳调控需求，其次为西向和东向，北向一般无明显遮阳需求。

（2）皮尔森相关性分析得出：曲臂半径、摆转角度和房间层高对于光热环境影响程度较大。正交试验极差方差分析得出：热环境显著影响因素有曲臂半径、摆转角度、房间层高；光环境显著影响因素有曲臂半径、摆转角度和房间进深。两种分析方法所得结论基本一致。室内光热环境指标间存在负相关性，在多目标优化的过程中需综合考虑光热性能平衡，根据实际需求赋予各项指标权重选择最优控制策略。

（3）以南京地区为例，在各项指标权重相同条件下，全年最冷周南向房间可变柔性遮阳（摆转式）在曲臂半径1m、摆转角度45°的状态时光热性能综合最优，其中DGP提升38.4%，UDI提升11.1%；全年最热周南向房间可变柔性遮阳（摆转式）在曲臂半径1.4m、摆转角度90°的状态时光热性能综合最优，其中PMV提升79.9%，DGP提升54.9%，UDI提升10.4%。

本研究以满足建筑光热环境舒适度为目标，构建可变柔性遮阳系统光热性能分析的参数化模型，客观评估柔性可变遮阳系统各设计要素对于室内光热舒适的影响程度，便于住户根据具体房间信息对可变柔性遮阳设计要素作出有效选择；同时针对可变柔性遮阳控制策略进行优化，以光热舒适平衡为导向为住户对柔性遮阳作出高效控制提供科学指导。

参考文献

[1] 张扬. 建筑遮阳设计研究［D］. 上海：同济大学，2006.

[2] 石峰，周晓琳. 基于Ladybug Tools的可变建筑表皮参数化设计方法研究［J］. 新建筑，2020（3）：70-75.

[3] 孙澄，韩昀松，王加彪. 建筑自适应表皮形态计算性设计研究与实践［J］. 建筑学报，2022

（2）：1-8.

［4］韩昀松，王加彪．人工智能语境下的寒地建筑表皮智能化演进［J］．西部人居环境学刊，2020，35（2）：7-14.

［5］袁栋，孙澄．多目标优化在建筑表皮设计中的应用［J］．城市建筑，2018（17）：11-13.

［6］何俊俊．柔性纺织材料的性能及在建筑上的应用研究［D］．西安：西安工程大学，2020.

［7］崔泽锋．建筑遮阳方式研究［D］．哈尔滨：哈尔滨工业大学，2012.

［8］权公恕．夏热冬冷地区建筑外遮阳与建筑整合设计研究［D］．杭州：浙江大学，2008.

基于热舒适均衡的湿热地区教育建筑半室外空间形态优化研究

Optimization Study of Semi-Outdoor Spatial Morphology in Educational Buildings in Hot and Humid Regions Based on Thermal Comfort Equilibrium

肖毅强[1]　鞠　力[1]　吕　瑶[1]
1. 华南理工大学建筑学院

摘　要：湿热地区气候具有高温高湿的特征，室外热舒适备受关注，空间形态对室外热舒适的影响成为研究热点。对于半室外空间使用频率较高的中小学建筑而言，极端气候带来的低舒适性不利于儿童户外活动。因此，提高教育建筑半室外空间的全年热舒适均衡具有较大的价值。基于此，本文以深圳市福田区新洲小学为例，对教育建筑半室外空间形态指标进行热舒适均衡的多目标寻优计算，探讨具有较好气候适应性的设计策略及建议。研究证明半室外空间形态对热舒适均衡有一定的影响，提出了热舒适均衡达到最优效果的空间形态范围，对设计舒适的校园半室外空间具有参考价值。

关键词：湿热地区；热舒适均衡；半室外空间；形态优化

1　引言

随着城市化进程的加速，城市人口密度快速增长，建筑密度也越来越高，极端气候事件日益频繁。以深圳市为例，2023年深圳气候呈现暴雨频发、台风偏多、高温集中出现的特点，暴雨发生频率、多时间段最大降雨量、极端高温和年平均气温皆创历史新高[1]。在此背景下，建筑全年的热环境均衡问题逐渐引起建筑学界关注，尤其是建筑微气候的舒适性与空间形态的关系成为研究的热点。然而，传统的室外热舒适与空间形态的研究多集中在城市公园和街道空间中，对于与人关系更密切的建筑空间的研究较少，关于半室外空间的研究近年来成为研究热点。

在湿热地区，由于多雨、强太阳辐射的气候特征，半室外空间成为户外活动的首选场所。对于半室外空间使用频率较高的中小学建筑而言，研究湿热地区的教育建筑的半室外空间热舒适均衡可以为儿童活动提供更加舒适的空间，具有重要的设计意义。

对于半室外空间（Semi-outdoor space，SOS），Chun 和 Kwok 等人[2] 将其定义为介于室内和室外之间的过渡空间，这些空间既受到当时的天气条件影响，也受到建筑的限制，拥有和室内空间截然不同的微气候特征。新加坡 Juan[3] 等人将半室外空间分为五种类型：周界缓冲层、架空层、水平廊道、边庭和中庭连接空间（图 1），不同类型在热舒适、环境参数和建筑形态属性等方面表现不同。然而现有的规范和标准并未对半室外空间的热舒适提供指导。

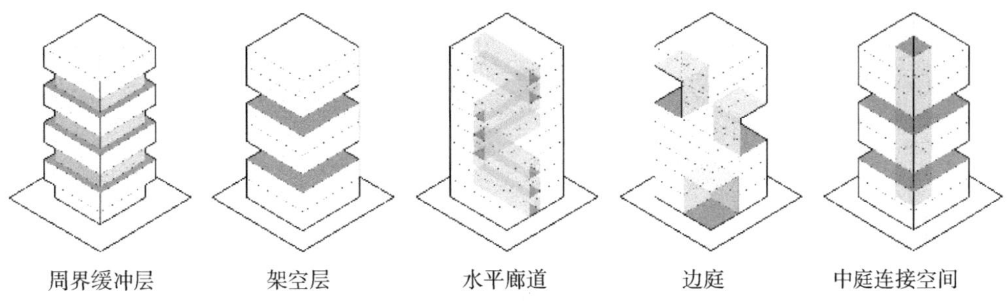

图 1　半室外空间的五种空间类型

研究半室外空间的形态属性通常从高深比、开放空间比和绿化容积率等方面入手。这些指标可以较好地描述影响半室外空间小气候水平的三个潜在因素：体积孔隙度（VP）、周长开放度（PO）、天空暴露度（ES）[6]。过往研究表明，建筑形态属性如开放空间比（open space ratio，OSR）和高深比（high-to-depth ratio，HDR）对热舒适和影响热舒适的环境因素有显著影响[4]。

本研究以全年热舒适均衡为研究目标，探究半室外空间的热舒适和空间形态的关系。使用热舒适离散度描述全年热舒适的离散程度，使用全年舒适时长占比描述热舒适的集中趋势，使用最冷周和最热周 PET 描述热舒适极值。研究通过 GH 平台 Ladybug Tools 进行热舒适指标模拟计算，利用 Octopus 插件，以半室外空间形态参数为自变量，全年热舒适均衡的四项指标为优化目标，对不同朝向的半室外空间理想模型进行寻优计算。本文研究框架如图 2 所示。

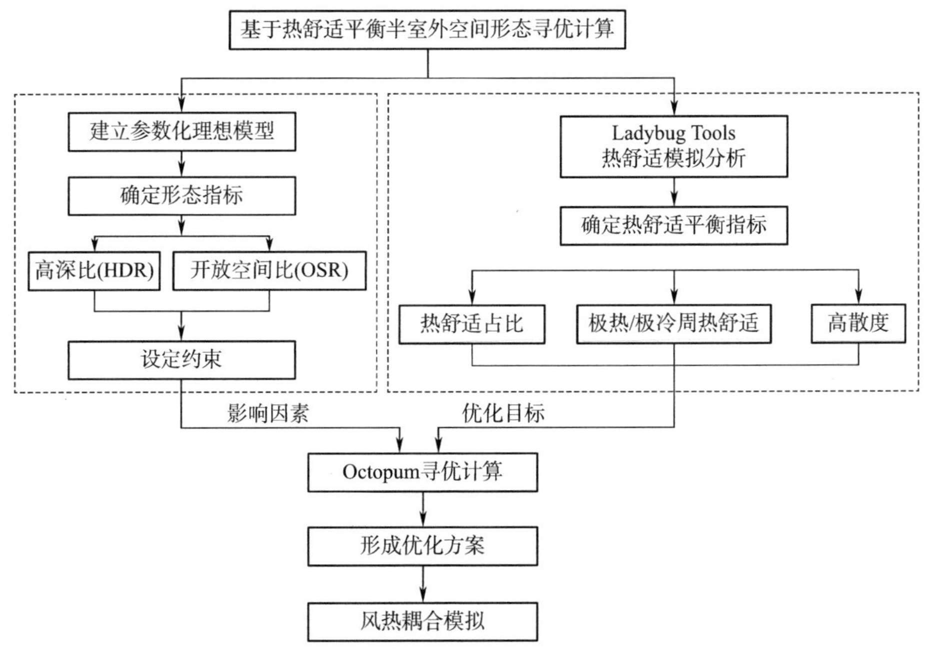

图 2　本文研究框架

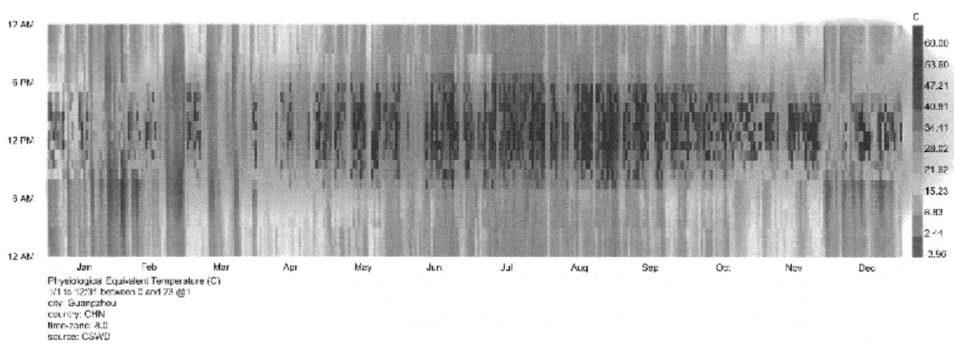

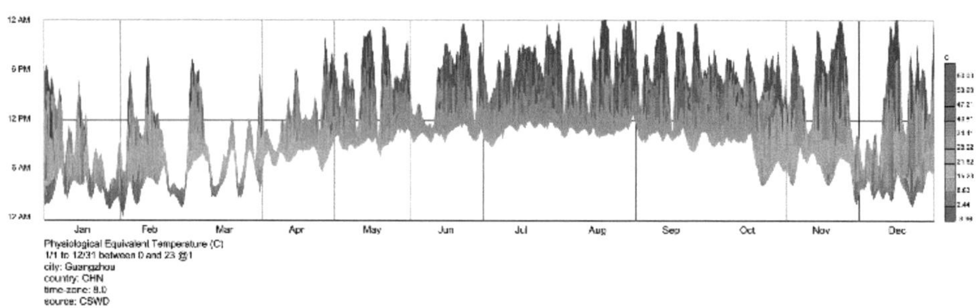

图 3　PET 热舒适指标全年逐日评价图

2　研究方法

2.1　研究对象

深圳市具有非常典型的湿热地区气候特征，全年高温高湿，冬夏季节室外舒适程度较低。基于深圳气象站实测数据，深圳市 2023 年全年平均气温 23.9℃，较往年偏高 0.6℃，年极端高温 36.4℃[1]。基于 GH Ladybug 计算的深圳市 PET 热舒适指标全年逐日评价图（图 3）表明，在典型着装和站立姿态的条件下，全年的热舒适区间占比仅为 16.89%，夏季存在长时间过热、冬季存在过冷情况，全年热舒适水平波动较大。因此，提高全年热舒适均衡程度有助于获得更高的热舒适时长占比，为小学儿童室外活动的舒适性提供更好的条件。

深圳市福田区新洲小学总建设面积 1.06 万 m^2，建筑面积 3.8 万 m^2，容积率 2.7[5]。新建校园维持了原有建筑的基本格局，使用连廊分出东西两个开合有致的庭院，周边教室的走廊围绕中庭进行气候缓冲，不同层的庭院进行立体化的绿化平台处理，整体体量如图 4 所示。多层次的校园布局回应了亚热带的气候特征。作为城市高密度小学校园，儿童活动所需的空间被垂直整合到不同高度的建筑层中，创造了丰富的架空层、边庭、水平廊道等类型的半室外活动空间。本文以新洲小学为例进行半室外空间热舒适研究，选择四层的两个不同朝向的半室外空间作为理想模型（图 5）。因篇幅有限，本文仅选择校园内较为常见的边庭空间类型进行模拟与优化。

2.2　指标选择

2.2.1　空间变量选择

本研究选择高深比（HDR）和开放空

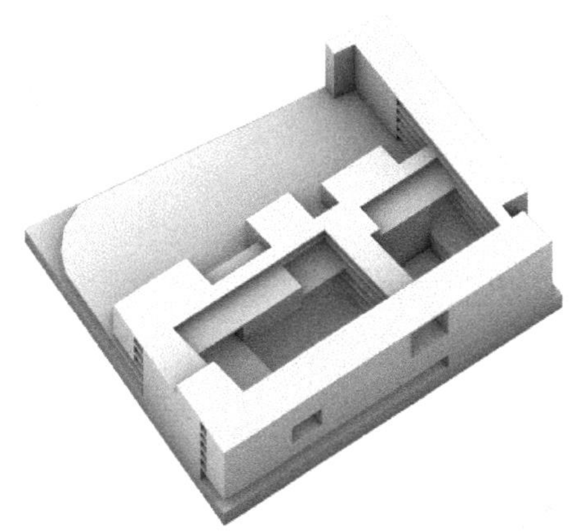

图 4　新洲小学体量模型

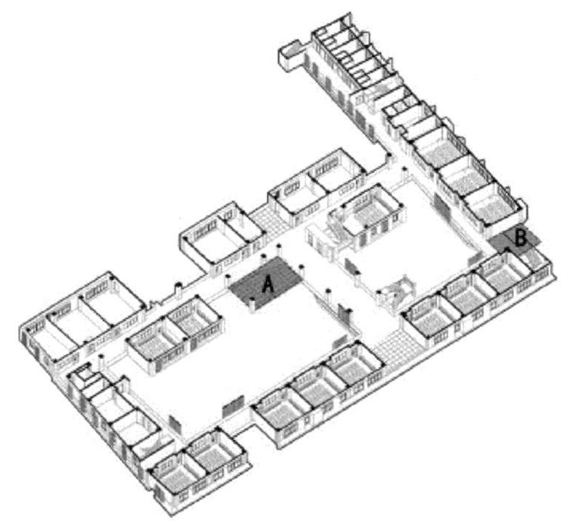

图 5　所选半室外空间

间比（OSR）表征半室外空间的形态属性，二者在一定程度上可以整体反映半室外空间的高度、深度、开放水平、体积等单独指标。高深比为半室外空间高度和进深之比，开放空间比为空间平面与外部环境相邻的周长与空间平面总周长之比，相关指标的计算方法如图 6 所示。已有定性研究表明，半室外空间较高的高深比通过提高风速带来较好的热舒适水平；而较高的开放空间比在引起较高风速的同时，增加了平均辐射温度，进而影响热舒适水平[4,7]。

2.2.2　优化目标选择

研究选择生理等效温度（PET）来表征半室外空间的热舒适程度。生理等效温度是基于慕尼黑个体能量平衡模型（MEMI），由 Mayer 和 Höppe 在 1987 年提出的。其定义为在典型的等温室内环境中，一个人着装 0.9clo（件衣服）从事轻度活动，其核心温度和皮肤温度与在实际环境相同，且保持相同的热平衡状态时，该等温环境的空气温度就是 PET[8]。PET 可以将对复杂的室外气候环境的评估转化为简单的室内场景评估，因此适用于室外热舒适分析。当 PET 温度在 26～30℃时为“中性”，人体感觉到舒适，低于或高于此区间，会感觉过冷或过热。

描述数据的分布特征可以从离散程度、集中趋势和分布形态三个方面进行。为研究全年热舒适均衡程度，本文使用热舒适离散度描述全年热舒适的离散程度：

$$V_{\sigma} = \frac{\sigma}{\mu}$$

σ 为全年热舒适值的标准差，μ 为全年热舒适值的平均值），数值越小表示离散程度越小，热舒适水平较为均衡。使用全年舒适时长占比描述热舒适的集中趋势，舒适时长越长表示热舒适水平越好。使用最冷周和最热周 PET 值描述热舒适的分布极值。

因此在使用 GH Octopus 进行多目标优化时，本研究以热舒适离散度、全年舒适区间占比、最冷周和最热周的 PET 值等四项为优化目标。

2.3　研究方法

研究使用 Ladybug 提供的深圳市气象站全年实测数据，基于 Rhino 和 Grasshopper 平台进行室外热舒适模拟，基于 Octopus 插件进行多目标寻优计算，综合研究全年热舒适均衡程度和半室外空间形态的相关关系。

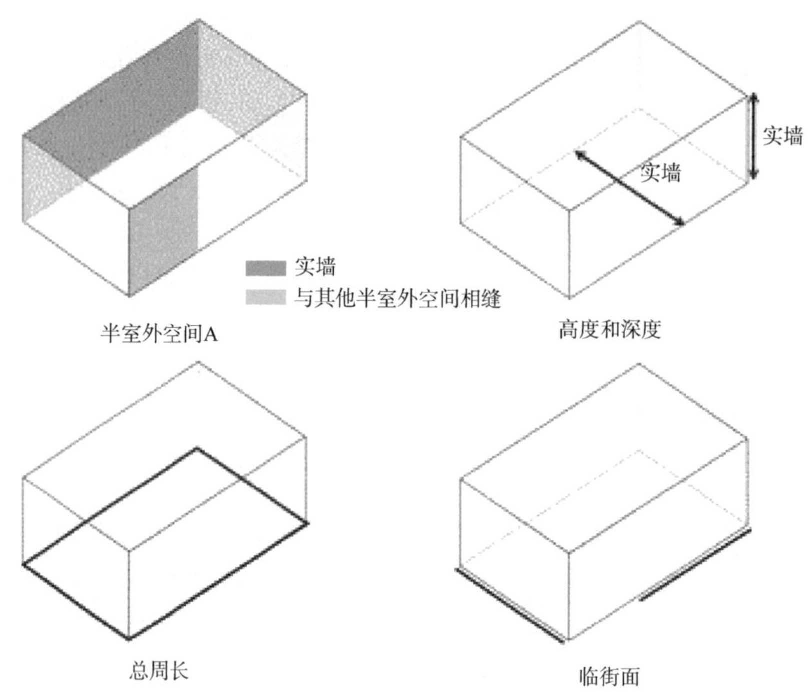

图6　建筑形态指标计算方法（以A空间为例）

2.3.1　基于Ladybug Tools的热舒适模拟

根据Ladybug气象分析可知，深圳市气候最热周（7月15日~7月21日）平均干球温度为30.60℃，平均风速为1.96m/s，最冷周（1月22~28日）的平均干球温度为12.04℃，平均风速为2.76m/s，全年舒适占比仅为16.89%，最热周PET达到36.5℃，最冷周PET为8.6℃。在GH平台输入模拟的半室外空间及周边环境，在建筑平面中心放置测点，模拟此空间内的干球温度、风速、平均辐射温度等，并进行热舒适计算。

2.3.2　基于GH Octopus的多目标寻优计算模拟

本研究选取新洲小学四层与走廊相连的半室外空间A、B作为理想模型，通过Octopus插件进行空间形态指标的寻优计算，具体计算过程如图7所示。

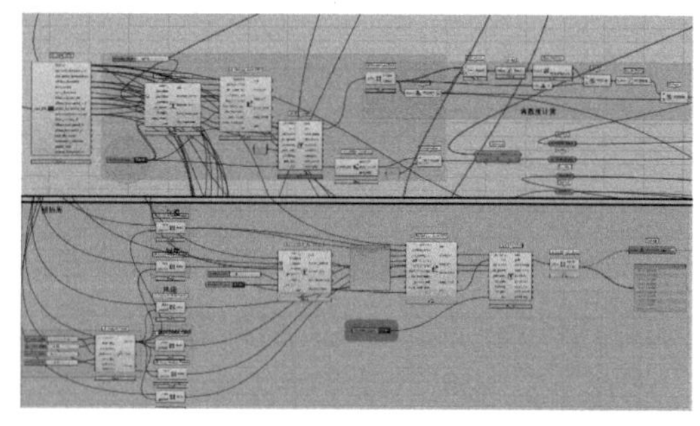

图7　GH热舒适和多目标优化电池组

考虑到中小学教育建筑现行规范及空间尺度经验数值，本次研究对A、B空间的高深比和开放空间比进行限制：A空间深度为定值7.5m，高度范围控制在2.7m到9m，HDR范围控制在0.35~1.20；所选A空间边界有一面紧邻交通空间，因此OSR控制在0~0.7。B空间深度定值为7.7m，高度控制在2.7~9m，HDR控制在0.35~1.15m；B空间南北向紧邻实墙，因此 OSR 控制在 0.33～1.00。

使用 Octopus 电池组，以热舒适离散度、全年舒适区间占比、最冷周和最热周的 PET 值等四项为优化目标求解最小值，其中最冷周 PET 目标值为最大值，因此在求解时取相反数以适应 Octopus 电池运行规则。

3 结果分析

3.1 HDR、OSR 与热舒适均衡指标的关系

Octopus 多目标优化最终迭代 100 余次，种群状态趋于稳定，将前 100 代数据进行整理导出，剔除重复数据后，对其进行皮尔森相关性分析，高深比和开放空间比与热舒适均衡指标的相关性如表 1 所示，二者与半室外空间的热舒适均衡水平都呈现 0.01 级别的显著相关。热舒适均衡的单个指标与 HDR/OSR 的三维散点图如图 8 所示，结果显示，高深比与热舒适均衡各指标呈现中等强度的相关性，开放空间比与热舒适均衡各指标均呈现强相关性。因此，选择适合的开放空间比对于实现热舒适均衡的效果更为有利。此外，离散度、最冷周和最热周的 PET 与舒适区间存在显著负相关。这表明热舒适均衡水平越高，空间的热舒适区间时长更长。

表 1　空间形态指标与热舒适均衡指标相关性分析

	HDR	OSR	离散度	舒适区间	极冷周 PET	极热周 PET
HDR	1					
OSR	0.041	1				
离散度	0.506**	0.831**	1			
舒适区间	−0.457**	−0.813**	−0.945**	1		
最冷周 PET	0.486**	0.844**	0.998**	−0.951**	1	
最热周 PET	0.485**	0.845**	0.998**	−0.951**	1.000**	1

注：**. 在 0.01 级别（双尾），相关性显著。

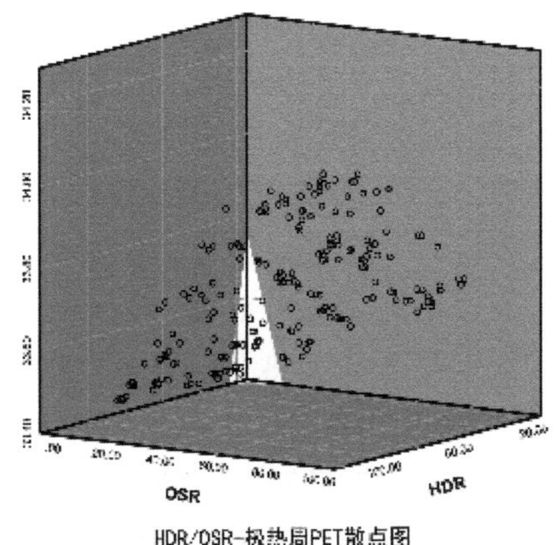

HDR/OSR-极热周PET散点图

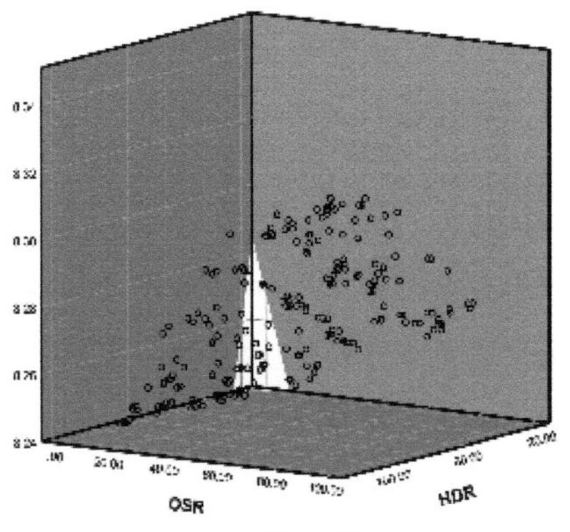

HDR/OSR-极冷周PET散点图

图 8　单指标散点图

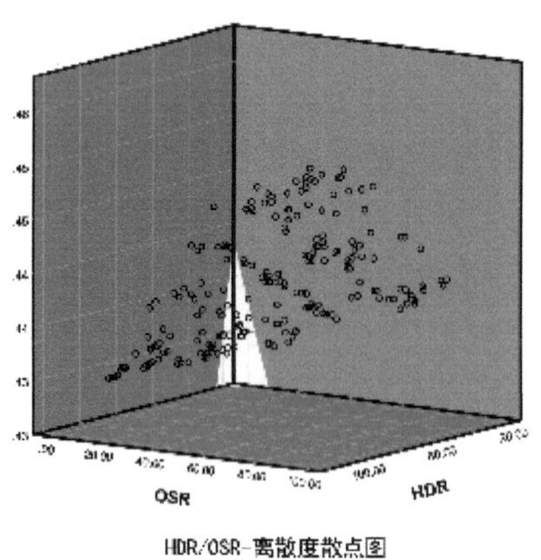

HDR/OSR-离散度散点图

OSR
HDR

HDR/OSR-舒适区间散点图

图8 单指标散点图（续）

3.2 HDR、OSR 的多目标优化最优范围

基于 Octopus 的优化结果进行分析，当空间为南北朝向时，高深比在 0.46～0.56 或 0.80～1.02、开放空间比在 0.40～0.60 时，全年热舒适均衡水平达到最优。当 HDR 为 0.6、OSR 为 0.58 时，模拟显示离散程度最小，为 0.44，相对应最不舒适情况，舒适区间占比提升 2.4%，最冷周 PET 上升 0.3℃，最热周 PET 下降 2.6℃。

当空间为东西朝向时，高深比在 0.40～0.55 或 0.80～1.02、开放空间比在 0.40～0.55 或 0.70～0.85 时，全年热舒适均衡水平同样达到最优。当 HDR 为 0.44、OSR 为 0.83 时，离散程度最小，为 0.43，舒适区间占比提升 2.5%，最冷周 PET 上升 0.3℃，最热周 PET 下降 2.5℃。

综合来看，在半室外空间理想模型中，随着高深比的增加，PET 增高，全年舒适时长减少；随着开放空间比的增加，平均辐射温度增高，PET 增加，全年舒适时长减少。高深比范围为 0.46～0.56 或 0.8～1.02，开放空间比范围为 0.40～0.55 或 0.70～0.85 时，热舒适均衡水平较高。二者都取中间值时，反而会导致热舒适均衡水平较差。

根据两个理想模型的对比模拟结果可以看出，朝向不同，所获得的高深比和开放空间比范围略有差异。当空间为东西朝向时，即使建筑高度较低，也能够达到较好的热舒适水平。这可能是因为南向为主要采光方向，全天接受更多的太阳辐射，使得高深比和开放空间比的变化更显著地影响南北向空间的热舒适均衡水平。

4 总结

本文以新洲小学为例，探讨了半室外空间形态与热舒适均衡的关系。运用多目标优化工具 Octopus 和热舒适模拟工具 Ladybug 分析得到的空间形态指标范围，能够协同优化现有空间的热舒适水平。本研究为应对日益频发的极端天气提供了建筑空间设计与优化策略。

研究结果明确指出，设计中小学教育建筑的半室外空间形态时，关注高深比和开放空间比的有效参考范围尤为重要，这些范围能够显著改善热舒适均衡，从而提升儿童室外活动的舒适度。

本研究仅就所选案例边庭类型的半室外空间展开研究，其他类型案例的高深比和开放空间比范围仍需进一步确定。考虑到半室外空间的形态特征指标多样，仅靠高深比和开放空间比可能无法全面覆盖形态设计的复杂范围。为此，未来的研究可以考虑引入绿地率、天空景观因子等更多指标，进行多目标优化模拟，为中小学教育建筑的半室外空间形态设计与优化提供更为全面和深入的指导策略与技术路径。

参考文献

[1] 2023年深圳市气候公报-年度气候公报-深圳市气象局（台）[EB/OL].[2024-06-23]. https://weather.sz.gov.cn/qixiangfuwu/qihoufuwu/qihouguanceyupinggu/nianduqihougongbao/content/post_11121693.html.

[2] Chun C, Kwok A, Tamura A. Thermal comfort in transitional spaces-basic concepts: literature review and trial measurement [J/OL]. Building and Environment, 2004, 39 (10): 1187-1192. DOI: 10.1016/j.buildenv.2004.02.003.

[3] Gamero-salinas J, Kishnani N, Monge-barrio A, et al. Evaluation of thermal comfort and building form attributes in different semi-outdoor environments in a high-density tropical setting [J/OL]. Building and Environment, 2021, 205: 108255. DOI: 10.1016/j.buildenv.2021.108255.

[4] Gamero-salinas J, Kishnani N, Monge-barrio A, et al. The influence of building form variables on the environmental performance of semi-outdoor spaces: a study in mid-rise and high-rise buildings of Singapore [J/OL]. Energy and Buildings, 2021, 230: 110544. DOI: 10.1016/j.enbuild.2020.110544.

[5] 林健成. 湿热地区小学建筑气候空间的节能潜力评估方法研究 [D/OL]. 华南理工大学, 2023 [2024-07-13].

[6] Gamero-salinas J, Kishnani N, Sanchez-ostiz A, et al. Porosity, openness, and exposure: identification of underlying factors associated with semi-outdoor spaces? thermal performance and clustering in tropical high-density Singapore [J/OL]. Energy and Buildings, 2022, 272: 112339. DOI: 10.1016/j.enbuild.2022.112339.

[7] An investigation of semi-outdoor learning spaces in the tropics: Spatial settings, thermal environments and user perceptions-Web of Science 核心合集 [EB/OL]. [2023-09-27].

[8] Chen L, Ng E. Outdoor thermal comfort and outdoor activities: a review of research in the past decade [J/OL]. Cities, 2012, 29 (2): 118-125. DOI: 10.1016/j.cities.2011.08.006.

二、数字建筑设计理论与实践

AI 影响下的新设计师——生成式人工智能在多种设计领域中的实践探索

The New Designer under AI Influence: Exploring Generative AI Applications Across Various Design Disciplines

王佳钺[1] 唐 芃[1]
1. 东南大学建筑学院

摘 要：生成式人工智能（AIGC）在近年间改变了设计行业生态，2D 图像生成技术已被大量商品化包装并投入使用。AI 产业方兴未艾，如何科学地看待并利用 AIGC 技术成为新时代设计师的重要问题。本研究使用 Midjourney 和 Stable Diffusion 等 AIGC 工具，对景观塔、雕塑、图书馆、平面海报等不同设计领域进行 AIGC 应用探索。根据各项目实际需求和特殊性，分别建立了完整的 AIGC 辅助设计流程，展现出高效的 Prompt 选择、参数调教和人机交互方式。研究结合各项目实践经验和 AIGC 工作原理，总结出 AIGC 融入传统设计工作流的优化策略，旨在为新时代设计师提供跨越专业壁垒、灵活应对多种设计情景的范式和方法论，并为相关产业提供产品优化思路，助力设计行业以更前瞻的视角迎接 AIGC-3D 时代的到来。

关键词：生成式人工智能；人工智能辅助设计；设计工作流；应用研究；工程实践

当下，基于大模型的生成式人工智能（Artificial Intelligence Generated Content，AIGC）正极大程度改变着设计行业生态。其智能化、自动化与交互便捷化的特点颠覆了设计行业传统的工作内容、组织形式与工作强度[1]，引发了新一轮的技术革命并将人机交互关系推进到新的维度。设计行业的发展历程中，设计与创造的本质目的始终如一，而工具却在不断进化。[2] AIGC 可提升设计效率、减轻工作量，作为设计师的“助手”可解放其操作时间、打破专业壁垒。设计师得以充分发挥创造力与想象力，专注于设计思考和创作行为本身——这标志着技术与人之间关系的革命性调整[3]，设计师的角色和设计过程被重新定义，单一专业的设计师成为适应于各类设计情景中的“全能型人才”。本研究结合不同领域设计项目中的 AIGC 实践经验，探讨新时代语境下 AI 辅助设计的应用路径，旨在为工业 4.0 时代的设计行业提供工作流优化指引，助力行业结构优化和产业模式调整，为即将到来的 AIGC 三维时代作好准备。

1 AIGC 技术原理及应用现状

1.1 AIGC 技术原理

AIGC 广义上是指像人类一样具有生成与创造能力的人工智能技术。其利用深度学习和神经网络等算法原理，学习并理解

国家自然科学基金面上项目：数据驱动的历史地段多尺度层级保护与更新方法（52178008）。

输入数据集的规律和特征，再根据特定条件或指令，以强大的泛化能力自动生成符合用户需求与偏好、和训练数据相似但更具新颖性的内容——这是学习既有数据后的“创造”，而不是简单的分类或预测[1]。用户可以通过输入 Prompt（提示词，即可以引导模型生成特定输出效果的关键词、语句、参数或其他样本）引导 AIGC 自主生成文本、图像、音乐、视频等多种形式的内容，实现创作的高度自主化，增强作品的创新性和独特性。

现阶段，如 Midjourney、Stable Diffusion（下文简称 SD）、DALL · E3、Vega AI 等二维图像生成平台已被大量商品化包装并在各类设计领域投入使用。不同产品具备不同的工作原理、性能表现和使用方式（表 1），但均通过 Prompt 指令读取用户需求，使其轻松获得高质量二维图像输出。本研究主要使用 SD 和 Midjourney，其使用流程和方式存在一定区别，但均具备相当的成熟度[4]。SD 基于噪声的迭代、添加或去除生成高质量的图像，Midjourney 则通过深度学习算法解析用户输入的描述性语言再进行生成。二者均使用三类 Prompt 作为与 AI “对话”的媒介：用于形态或风格参考的“图片提示词”（Image Prompts），描述图像内容、材质、风格、环境、氛围等信息的“文字提示词”（Text Prompts），用于调控特定参数或配置的“参数提示词”（Parameters）。

表 1　常见 AIGC 平台的性能与特点比较分析

AIGC 工具	Midjourney	Stable Diffusion	DALL · E3	Vega AI
图像质量	极好	较好，通过简单提示词生成的图像下限较低	好	较好
操作难度	中等，仅需一定的 Prompt 描述技巧和特定交互命令即可生成高质量图像	高，参数较多，需具备一定的 SD 技巧才可生成符合要求的图像	低，直接使用自然语言即可进行描述生成	较低，本质为封装并优化完成的 Stable Diffusion
可编辑性	较强，虽可调控参数少但通过提示词的详细描述可以进行精确调控；具备一定程度的局部重绘功能	强，支持局部重绘，可安装 LoRA 模型，可借助 ControlNet、inpaint 等插件实现精准控制，个性化程度高、灵活性强	弱，无法进行参数调整，可进行局部重绘	较强，UI 与界面较为精简，保留 Stable Diffusion 基本功能和可调节参数，可自定义模型并训练模型
生图方式	强大的文生图功能，图生图功能较弱	强大的文生图与图生图功能，支持 ControlNet	强大的文生图功能，图生图功能较弱	较强的文生图功能和图生图功能
使用方式	Discord	本地部署，对硬件性能要求高	CPT	网络平台
是否收费	收费	免费	收费	免费
其他	部分中国文化相关元素无法精准生成	支持通过个性化 LoRA 模型训练实现国风元素精准生成	部分中国文化相关元素无法精准生成	自运营社区社群，主要面向国内用户

1.2 AIGC 应用现状

现有研究中，已有多位研究者借助不同 AIGC 技术探索设计项目中的 AI 辅助作用：张呈宇、史震宇等人借助 SD 和 Vega AI 提出了 AIGC 辅助下的室内设计优化工作流[4]；张仁伟将深度学习结合 SD 对京西传统村落的建筑立面进行学习与更新[5]；陈雷、张伶伶等人探索了“人-机-人”交互模式下的青年旅社设计工作流，并将 SD 融入设计教学的全过程[6]……然而，现有研究多集中于单一设计领域，缺乏对多种设计领域系统性的泛化应用研究，尚不足以提出成为新时代全能型复合人才的设计范式和方法论。因此，本研究使用不同 AIGC 工具对多种设计对象的 AIGC 辅助和项目实践应用进行系统探索。研究对象包括景观塔设计、雕塑设计、图书馆设计以及平面海报设计。根据项目实际需求和特殊性，各项目构建了完整的 AIGC 辅助设计流程，探索高效的 Prompts 选择、参数调教和人机交互方式。

2 AIGC 项目实践

2.1 景观塔设计

第一个项目实践案例为工业文化园区的景观塔设计。该园区为安徽省合肥市庐江县的明矾矿工业区旧址，曾用于采石炼矾等生产活动，现计划开发为工业文化旅游区。项目要求在主游览区背后的山丘上建设一座具备赏玩功能的“精神堡垒”，设计流程如图 1 所示。园方希望该精神堡垒具有标志性和特异性，并作为制高点在文化和内涵层面统领整个场地。由于项目时间紧迫，需要快速预览设计效果并进行多方案比较，因此引入 AIGC 工具进行辅助。笔者首先使用 DALL · E3 的文生图功能，输入表征对象、材质、尺度、氛围的 Text Prompt：“一座代表矾矿文化的观景台或展厅、形态参考矾矿晶体、主要材质为金属和玻璃、尺度较小”，不断微调完善并多次与 ChatGPT 对话，快速生成了多张完成度较高的意向效果图。经比较，选定发展潜力较大的“晶体树”为设计意象，以竖向晶体柱为核心筒，横向晶体盒为观景平台。晶体盒朝向各异，纵向穿插生长于晶体柱之上，使游客在不同标高将园区风貌尽收眼底。

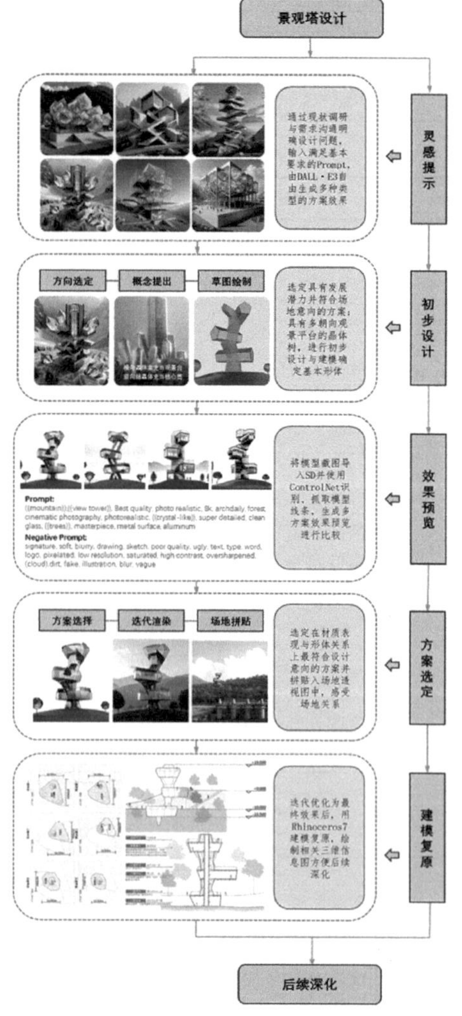

图 1　景观塔设计 SD 工作流

为使形体关系拟合设计意向，使用Rhinocero7 搭建晶体树的大致形态，后将模型主视角截图导入 SD 和 ControlNet。ControlNet 是辅助 SD 实现精准稳定控制图像的开源插件，通过结构化约束处理线条和景深等底层信息。本研究使用其自带的 Canny 边缘检测模型（Canny edge detection）以精准识别底图中控制形体关系的线条，并使用“sd_ xl_ base_ 1. 0. safetensors”模型图生图。该模型是 SD 官方发布的底层大模型，相较于之前的 sd_ 2. 0 系列有更为强大的生图能力。借助网络下载的“现代建筑”“建筑摄影”等 LoRA（Low-Rank Adaptation，低秩适配模型，可提供风格化调试[7]）提升画面的视觉真实感和细腻度，输入适当的 Prompt（见图 1）并调整重绘幅度（Denoising）和提示词相关性（CFG scale），获得材质表现与形态结构最符合意向的方案。

最终，将精细渲染的透视图拼贴入场景透视，并与园方进行需求沟通和信息更新，不断微调优化，完成设计方案并绘制相关图纸。该项目构建了完整 AIGC 工作流，展示了 AIGC 工具如何快速高效地介入异形方案设计和可视化效果生成，辅助设计师进行创造性思考。

2. 2 雕塑设计

第二个项目实践案例是江苏省宜兴市丁蜀镇矿源展示馆的陶艺雕塑设计。丁蜀镇拥有 7000 余年制陶文化，其紫砂和陶均享誉全球，青龙山和黄龙山的矿源是其物质基础。展馆展示了两山地质风貌和陶文化起源，雕塑放置于陶土资源样本展厅的中央。馆方希望雕塑高度控制在 2～2. 5m 之间，结合展馆主题和现代艺术形式，诠释丁蜀陶文化内涵并探索陶瓷艺术现代化表达的可能性。

由于陶艺的高度专业性且该雕塑体量巨大，其制作工艺和制成效果远超传统建筑设计师的认知范畴，因此选择 AIGC 辅助跨专业创造。雕塑属于非建筑类工艺品，其效果图需对釉面色彩、光泽程度和形体关系精准表达，且馆方希望雕塑形体简洁并参考现代雕塑艺术家作品。故选择以高质量闭源大模型为基础的 Midjourney，其词条涵盖全面，能直接迁移艺术家风格生成大部分日常物体的写实图像。笔者参考雕塑大师野口勇（Noguchi Isamu）的作品，将其与表征对象、材质、尺度、环境、视角等内容的 Prompts 共同输入 Midjourney 中：“一座代表矿源和制陶文化的大型陶艺雕塑，具有陶瓷釉面的色彩质感，抽象艺术风格、野口勇雕塑风格，富有激情和力量，形似两条中国巨龙盘旋飞升，放置在日间的室内展示馆中、产品展示视角”。使用 chaos 50 参数生成差异较大的四张图像，经过数次迭代获得多种类型的方案并进行概念化归类。针对不同类别分别调控 Prompts，生成形式各异的四类方案，结果如表 2 所示。

四类方案各有侧重，如“窑炉龙焰”更强调火焰之形，“双龙涌动”则强调龙的盘根错节。馆方最终选择“窑炉龙焰”，将其拼贴进室内场景的效果如图 2。“窑炉龙焰”形体简洁利落，既代表“双龙”同根相生、扶摇直上，又表征火焰是陶土淬炼的媒介，是艺术孵化的温床。雕塑表面由不同釉彩自由弥散，色彩斑斓、鲜艳夺目，寓意两山为丁蜀创造的无尽闪耀和辉煌。

表 2　雕塑设计方案及分类情况

方案名称	“窑炉龙焰”	“双龙涌动”	“龙脉同源”	“碎瓷新生”
方案介绍	双龙扭曲飞跃，与窑炉中的火焰形态同源而生，轻盈向上；本体经釉水烧制色彩斑斓，寓意两山将创造无尽辉煌。	以双龙盘旋飞升为概念，寓意文化传承和经济腾飞；利用陶土本身颜色和釉色交错呈现色彩变化，创造悦目形象	形态取自中国书法龘字草书，寓意两山从地理上形态上以及内涵上都相互关联，同根相生、相得益彰。	具有各式颜色与釉面的碎瓷片拼接成中国古典瓷制品形状，借助灯光与拉锁呈现丰富视觉效果的艺术装置
Prompts	**Text Prompts:** Indoor museum background, a modernist abstract sculpture that curves and flows like two dragons, a double helix structure which shapes the outline of flames, made of multi-colored ceramic pieces with intertwined lines, in the style of Isamu Noguchi, product view **Image Prompts:** None. **Parameters:** --s 750 --v 6.0	**Text Prompts:** Indoor empty museum background, Large modernist abstract sculpture that flows like two dragons soaring into the sky, made of multi-colored ceramic pieces with intertwined lines, in the style of Isamu Noguchi, curve outlines, product view **Image Prompts:** None. **Parameters:** --s 250 --v 6.0	**Text Prompts:** Indoor empty museum background, Large modernist abstract sculpture that flows like two dragons, multi-colored ceramic pieces with intertwined lines, in the style of Isamu Noguchi, product view **Image Prompts:** (URL) **Parameters:** --s 250 --v 6.0 --iw 1.25	**Text Prompts:** Indoor huge and empty museum background. An art installation made of broken ceramic pieces suspended by numerous vertical ropes. The pieces are small and scattered with different colors and textures. **Image Prompts:** None. **Parameters:** --s 250 --v 6.0
方案展示				

经工艺调研，确定其生产流程为：设计方将二维效果图转化为三维模型，陶艺厂根据三维打印的样本进行模具成型。建模平台使用 Rhinoceros7（图 3），雕塑高度定为 2.4m。翻模阶段现正在进行中（图 4）。

该项目语境中，设计师难以在仅有形态控制的情况下全面感知光影、材质和色彩效果，且设计者直接绘制的曲面异形体可能导致基础形态的匮乏，其自主选取的参照案例也难以直接综合。Midjourney 实现了效果预览的绝对高效，通过从既有样本中获取参照并进行综合创新，催生了更多独特且合理的设计可能性。

2.3　图书馆设计

第三个项目实践案例为某海洋大学的图书馆设计。校园整体立面风格朴素，图书馆作为地标建筑应具备独特性和显著性。校方希望征集多种设计方案并筛选合适成果交由深化团队，故本项目设计成果为多方案效果图，是整个项目的“灵感提示”。AIGC 工具也因此介入。

作为建筑效果图的预览，AIGC 工具需在完成度、真实性、形体关系和材料表达等层面实现准确调控。SD 和 Midjourney 在这几方面性能相似，但后者无需更换模型，

图 2　方案拼贴进室内场景中的空间效果

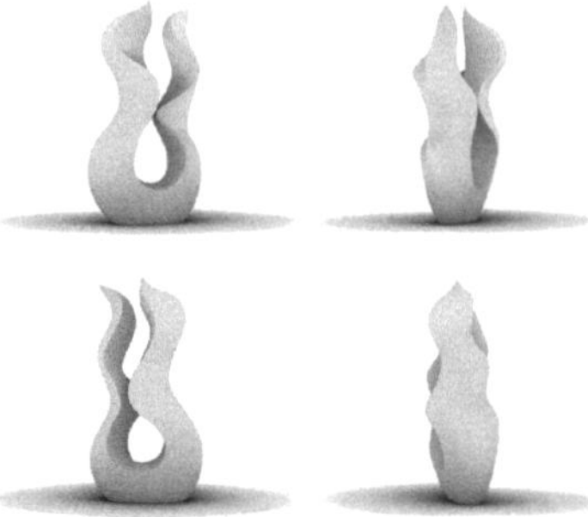

图 3　方案三维建模效果

图 4　方案现阶段翻模进度

表 3　海洋大学图书馆设计方案及分类情况

方案名称	“海洋魔方”	“层叠浪涌”	“水族幻境”	“碧海琼石”
方案介绍	使用具备一定纹理、图案或形状的表皮系统包覆住规整方体，表皮系统为具有海洋元素图案或形状的穿孔铝板，内部方体气候边界为玻璃幕墙。	楼板外沿挤出一定体积，弱化层间关系并象征层层叠叠的波浪，悬挑部分用做室外走廊，用穿孔铝板加强材质纹理，层间以玻璃封闭气候边界。	分散式体量，将表面印有水族图案的彩釉玻璃盒子（水族箱）层叠堆放，不同盒子承载不同功能，寓意海洋中每一部分的知识碎片在此处汇聚交叠。	底层架空，上层包覆石材贴面，以浮雕或镂空展现海洋元素图案，整体表达出永恒和厚重之感——海洋的永恒深处，石头诉说着知识的沉静。
Prompts	**Text Prompts:** A massive and multi-story library with fish and ocean waves on its facade. It stands alone in the center of a square. The ground floor is elevated, the upper part is a transparent glass box wrapped in perforated aluminum sheet with ocean element patterns (e.g. fish, waves). It only shows the effect of the front facade. Long Shot(LS). **Image Prompts:** None. **Parameters:** --s 750 --v 6.0	**Text Prompts:** A large-scale and multi-story library. The overall shape resembles layered waves. The ground floor is elevated, the upper structure curves and coils to create the wave-like effect. The weather was nice and there was a lot of activity on the ground. It only needs to show the effect of the front facade. Long Shot(LS). Elevation perspective. **Image Prompts:** None. **Parameters:** --s 250 --v 6.0	**Text Prompts:** A massive and multi-story library with fish and ocean waves on its facade. It stands alone in the center of a square. The ground floor is elevated, and the upper part is like several transparent boxes stacked and interspersed. The weather was nice and there was a lot of activity on the ground. Long Shot(LS). Front. Elevation perspective. **Image Prompts:** None. **Parameters:** --s 750 --v 6.0	**Text Prompts:** A massive and multi-story library with fish and ocean waves on its facade. It stands alone in the center of a square. The ground floor is elevated, and the upper part is wrapped in stone veneer, with only strip-shaped window openings. The stone facade features cut-out patterns of ocean waves and schools of fish. Long Shot(LS). Front. **Image Prompts:** None. **Parameters:** --s 250 --v 6.0
生成结果	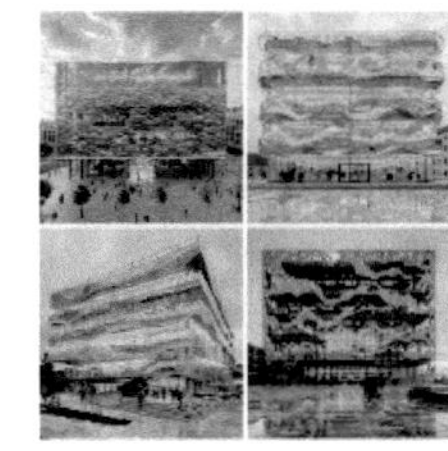	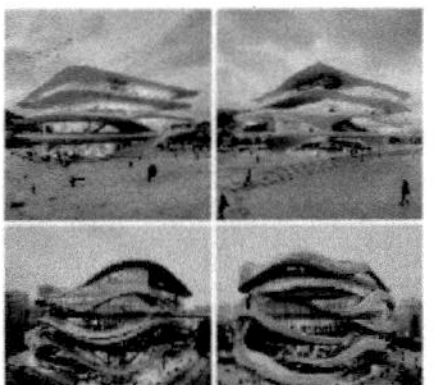		

泛用性和便捷性更强。项目基本设计诉求为：层数为 4～6 层，体量巨大，坐落于校园主轴线并与校园大门形成直接的视线对景；图书馆背后为景观湖，故立面需具备一定通透性以实现对外部景观的回应；立面和体量需在结合海洋元素的同时展现磅礴恢弘的姿态。这些内容也作为 Text Prompts 输入 Midjourney 中。

本项目 AIGC 工作流与雕塑设计类似，通过前期输入 Text Prompts 和 chaos 参数生成差异化结果，不断微调和迭代渲染获得大量图像并进行概念化分类。再依据合理分类方式针对性调整 Text Prompts，使用随机种子或样本图像作为 Image Prompts，结合 Vary（Subtle）和 Vary（Strong）等交互命令，获得同类别的差异化扩展结果。各组别生成结果和分类情况如表 3 所示。扩展生成时选用的 Vary（Strong）参数使同一类别方案之间存在差异，如“海洋魔方”类别中的表皮系统表现出完整包覆、分层悬挂和曲面包覆等样式，大大提升了方案多样性和可能性。

本项目的实践表明，传统的“草图构思-建模推敲-渲染表现”工作流更具理性且可控性强，但在面对大量出图需求或灵感匮乏时不具优势。且经验不足的建筑师难以在初期综合预判建成效果，可能阻碍形式和材料的创新。AIGC 工具能创造性地自主匹配材料、空间、虚实或结构，保留合理性的同时降低技术操作时间，使设计师专注于创作和思考本身。

2.4　平面设计

第四个项目实践案例为两组平面设计。第一组是以某建筑设计院的文化元素为题，结合中国传统节气和节日创作的文化海报；第二组是以四川省成都市的文化元素为题创作的宣传插画。平面设计常运用艺术化加工或风格化手法将所有信息集中在同一张图，对设计软件的操作要求较高。本项目将 AIGC 工具介入平面设计全流程，降低了专业壁垒和技术难度并建构了完整工作流。

海报和插画对于画面创意和视觉冲击力要求较高，基础构图将直接影响最终效果。AIGC 工具通常用于快速生成高完成度

表 4　平面设计成果及其对应 Prompts

方案名称	春节海报	元宵海报	夏至海报	霜降海报	宣传插画
设计介绍	[illegible]	[illegible]	[illegible]	[illegible]	[illegible]
Prompts	**Text Prompts**: An exalted view of a tabletop with a plate of Chinese dumplings, a plate of vinegar, two red envelopes, a Chinese knot and some ears of wheat and garlic cloves. The atmosphere is very much like the Chinese New Year, positive, lively and warm. Photography. Illustration style. **Image Prompts**: None. **Parameters**: --s 250 --v 6.0 --ar 2:3	**Text Prompts**: A top view of a table, with a bowl of Chinese tangyuan placed in the middle of the table, and a set of teapots and flower petals next to it. The whole picture is warm, elegant and poetic, and the color is relatively light. **Image Prompts**: None **Parameters**: --s 250 --v 6.0 --ar 2:3	**Text Prompts**: Illustration style. A low-angle side view and a close-up view of a lotus leaf close to the water, covered with dew. There are white lotus next to the lotus leaf, surrounded by a pond. The whole atmosphere is full of vitality, making people feel that summer is coming. **Image Prompts**: None **Parameters**: --s 750 --v 6.0 --ar 2:3	**Text Prompts**: A low angle view looking almost from the ground. The close-up is grass with huge tall leaves covering edge of the picture. Leaves and grass seem to be covered with a thin layer of ice and frost. Large rocks in the middle of the picture. Ladybugs and butterflies in the grass. Warm and poetic. **Image Prompts**: None **Parameters**: --s 250 --v 6.0 --ar 2:3	**Text Prompts 1**: An artistic collage. All elements are arranged in a layered order, with pandas on top and hot pot in the middle. Sichuan opera in the back. [illegible] **Text Prompts 2**: A low-angle front view with a panda in the foreground on the right. A pond in the middle, surrounded by bamboos, pandas and flowers. People watching Sichuan opera in the back. Snow-capped mountains in the distance. Life and vitality, less buildings and more natural elements. **Image Prompts**: None **Parameters**: --s 750 --v 6.0 --ar 3:1
拼贴素材					None
生成结果					

图像，草图生成效率较低。因此笔者选择与 Chat-GPT 对话获得灵感提示，再自行构思草图。以“春节”海报为例，笔者提出问题：“说到中国春节，大多数人会第一时间想到什么?”经筛选和构思，其设计以包含“红包”“麦穗”“饺子”等元素的写实风格俯瞰图为底，将设计院的文化元素图案拼贴点缀其中。输入以上 Prompts 后，优化调整参数并获得了符合构图预期的底图。将底图导入 Adobe Photoshop，调整拼贴素材的形状、透视、光效和透明度，完成效果如表 4 所示。四张海报工作流程类似，区别在于“夏至”“霜降”海报需将建成项目照片与场景底图自然融合。插画设计艺术风格较强，更依赖于草图构思后使用 Prompts 直接描述各元素的位置、层次关系以及整体风格，在参数和 Prompts 调整上耗时较多。生成结果完成度较高，使用 Upscale（Creative）交互命令后可直接使用。

AIGC 工具能最大程度复现设计师的想法和思维，对创造能力要求高、操作能力要求低。传统工作流需逐个调整元素大小以进行拼贴置入，再统一调整滤镜、色阶、饱和度等参数以获得合适的视觉效果。而 Midjourney 通过文字描述将所有元素自主匹配组织，最大限度提升底图完善度，减少人为工作量。

3　结论与展望

本研究中，各实践项目均建立了完整 AIGC 辅助设计工作流（图 5），但彼此之间存在差异。例如，景观塔设计和平面设计首先通过 AIGC 获得灵感提示，由设计师处理复杂需求并进行初步设计后，再由 AIGC 辅助效果预览；雕塑设计碍于专业知识受限而更多依靠 AI 直接生成，再依此进行筛选、归类和优化。AIGC 的应用显著降低了设计工作中的技术复杂性，使设计者得以跨越专业壁垒，成为适应各种场景和设计领域的“全能设计师”。

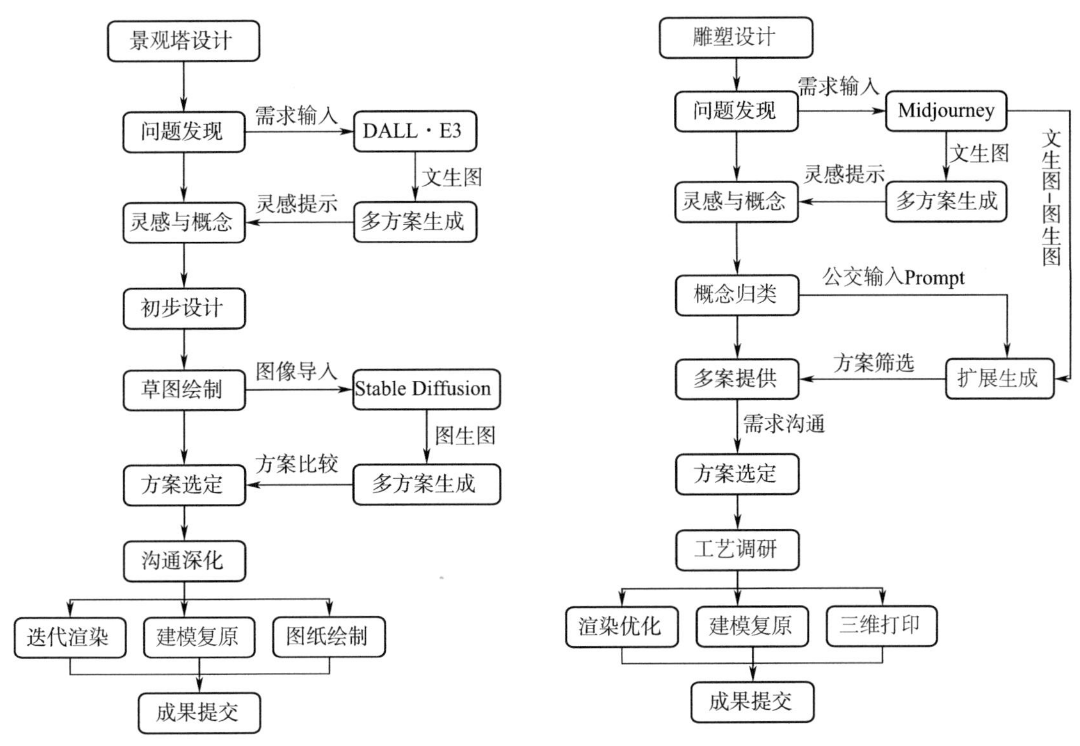

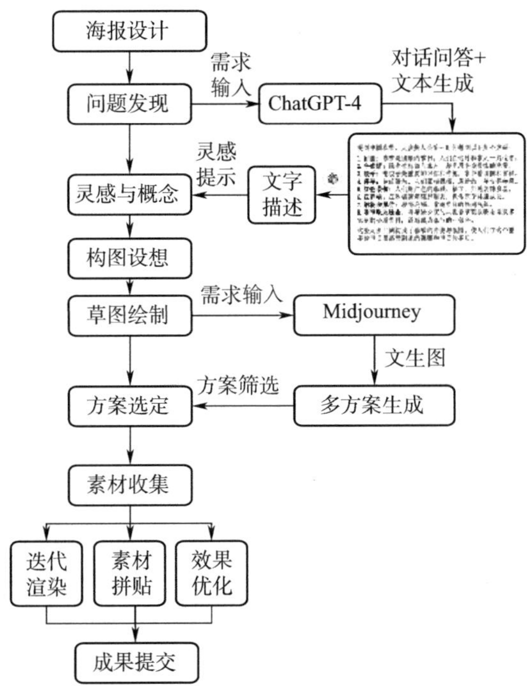

图 5　各项目 AIGC 辅助设计工作流对比

本研究也总结出 AIGC 技术融入传统设计工作流后的优化方法（图 6），其在初期灵感提示和中期效果预览阶段能快速获得高完成度的视觉表现，使设计过程高效而灵动。未来，AIGC 有望覆盖后期图纸绘制阶段，使设计师将更多精力投入创作，自由探索和升华设计概念。这对设计师提出了更高要求，需注重培养创造力和联想力，不应因思维局限限制设计可能性[8]。同时，需警惕 AIGC 强大性能导致的设计师自主思考减少，陷入“AI 作设计”而非“AI 辅助设计”的误区。

近年来，AIGC 产业关注度逐渐提升，相关企业加大对 AIGC 研究和应用的投入，丰富了设计领域的技术生态[9]。现阶段的 AIGC 产品普遍缺乏对中国传统文化元素的精准识别和认知，文化差异带来的市场缺口或为中国相关产业提供机遇。同时，现有设计流程仍需设计师具备强大的三维建模能力以做到对二维图像的精准还原。相信在不久的将来，AIGC 三维时代的开启将再次在设计界掀起变革浪潮。设计师应把握人工智能时代的趋势，合理利用 AIGC 技术，在丰富自身素养的同时拓展更多设计可能性。

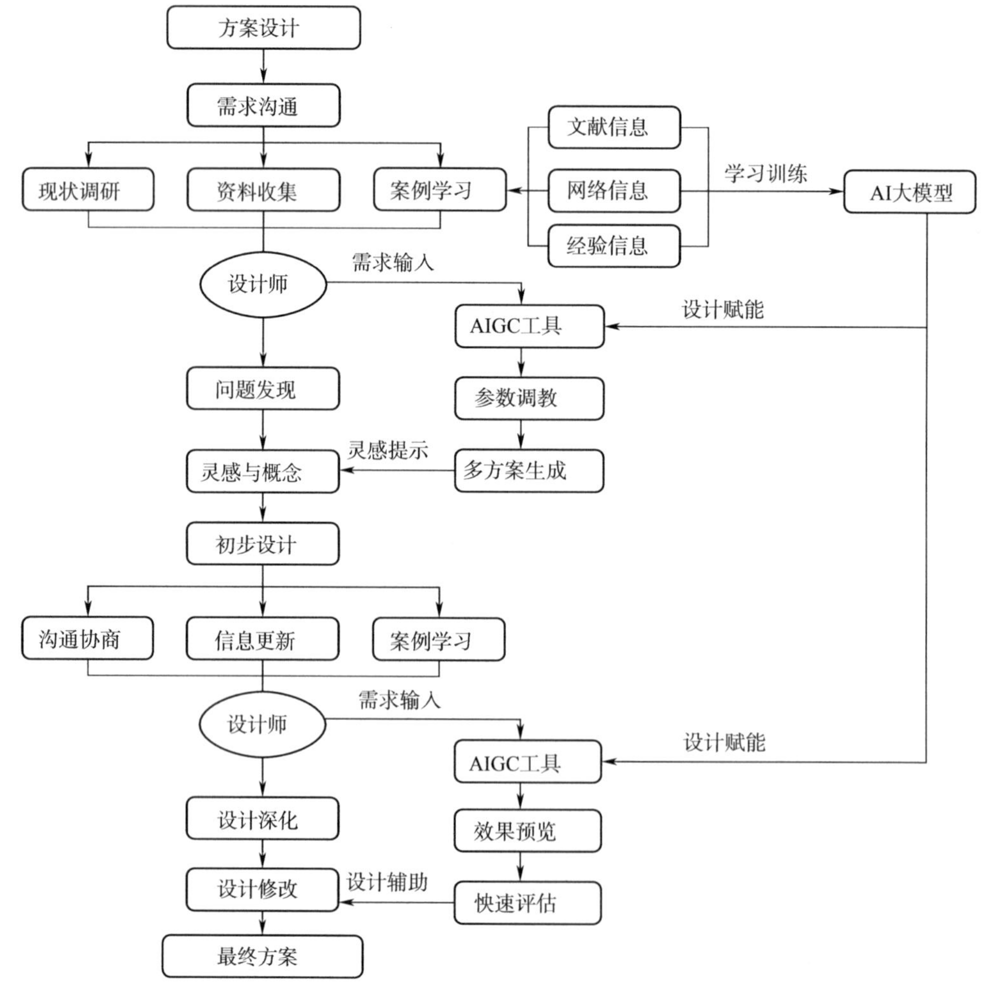

图 6　AIGC 对传统设计工作流的优化

参考文献

[1] 李果，张天度，邢致维．技术革命前夜：生成式AI工具浪潮下的建筑与场景设计革新［J］．中外建筑，2023（9）：24-28.

[2] 娄永琪．AIGC时代，创意何去何从［J］．艺术设计研究，2023（6）：5-12.

[3] 李白杨，白云，詹希旎，李纲．人工智能生成内容（AIGC）的技术特征与形态演进［J］．图书情报知识，2023，40（1）：66-74.

[4] 张呈宇，史震宇，张鑫．AIGC技术优化室内设计工作流方法研究：以Stable Diffusion与Vega AI为例［J］．江苏第二师范学院学报，2024，40（2）：19-29.

[5] 张仁伟．基于深度学习的京西传统村落建筑立面更新设计研究［D］．北方工业大学，2024（6）.

[6] 陈雷，张伶伶，陈子墨，等．基于图像生成式人工智能的“人-机-人”建筑设计教学模式研究［J/OL］．建筑师.

[7] Edward Hu，Yelong Shen，Phillip Wallis，et al. LoRA：low-rank adaptation of large language models［J］. arXiv，2021-10-16. https：//arxiv. org/abs/2106. 09685.

[8] 周子柔．以Midjourney为例探索人工智能（AI）设计应用在设计思维过程中的意义［J］．珠江水运，2023（15）：109-111.

[9] 袁潮，郑豪．生成式人工智能影响下的建筑设计新模式［J］．建筑学报，2023（10）：29-35.

场地文脉导向的建筑群布局的遗传算法生成研究

Research on Genetic Algorithm Generation of Context-Focused Building Complex Layouts

曾令通[1]　李　飚[1]
1. 东南大学建筑学院

摘　要：本研究旨在结合场地文脉构建一种普适性的建筑群布局的设计模型，从建筑群的布局肌理和景观视线两方面来回应场地文脉。一方面在场地要素限定下对场地进行适应景观形态的四边形格网剖分，在该格网中生成给定技术经济指标下的建筑群布局；另一方面对建筑群布局进行景观视线的计算，作为方案评价的量化指标。将场地建筑群布局问题转化为数学问题，利用遗传算法求得多条件限制下的景观视线最大化的多种布局方案以供选择。

关键词：场地文脉；建筑群布局；景观视线；遗传算法

1　引言

1.1　研究背景

城市设计中建筑物的建设与重要城市文脉的相互关系是城市发展中的重要问题。一方面建筑群布局的肌理形态应对场地文脉回应，另一方面体量布局和高度也影响了城市整体形态，并对城市空间中的景观造成了视线遮挡。在建筑群布局问题中，建筑物之间的景观视线会互相干扰，从而产生不利于景观朝向的房间布局。在城市文脉主导的建筑群设计中，景观面的设计作为建筑对环境和文化的回应起着至关重要的作用。

通常，设计师可以根据实践经验通过建筑形体的操作回应场地景观要素，并进行错位布局以使部分建筑空间获得较好的视野朝向来削减建筑物之间的遮挡造成的视线影响。但城市尺度下建筑群的布局受到的指标限制较多，且各建筑之间又存在相互影响的关系。随着建成环境日益复杂化，建筑群布局的优化涉及视线分析、日照计算、通风评估等多项复杂数据的重复计算，传统人工设计方法需耗费更多的时间成本。

城市建筑群布局设计过程中的文脉回应问题可拆解为两部分进行编码：一是布局肌理的生成，二是景观视线的计算。将建筑环境和视线简化为几何物体，对几何物体进行编码计算，利用遗传算法来迭代优化回应肌理布局的同时，计算最优景观视线方案，便可在设计初期生成多方案群体布局，然后进行方案间的评估和比选，

国家自然科学基金面上项目：基于形态分析与类型组合的建筑空间生成设计方法研究（52378008）。

从而提高建筑群布局设计的效率。

1.2 既有研究与问题导向

对于布局肌理问题，张琪岩基于规则限定和张量场，利用多种要素控制张量场的形态，进一步生成了南京城市不同层级的街区肌理划分，实现了对任意场地轮廓的道路生成和地块划分（图1a）[1]。Peng 等对非正交四边格网剖分的建筑平面进行拼贴模板的组合以生成建筑布局（图1b）[2]。

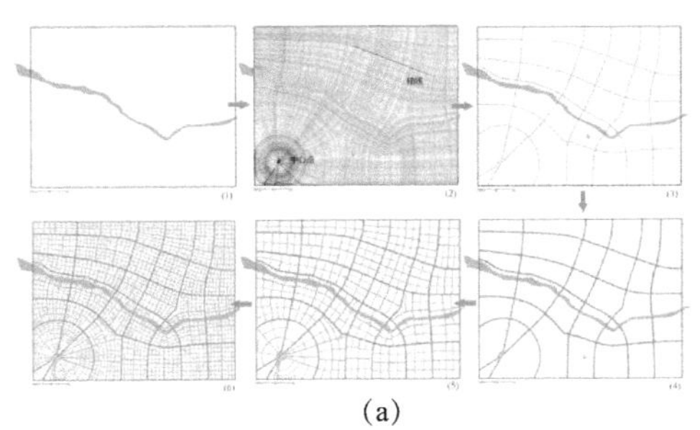

(a)

图片来源：张琪岩.基于规则和张量场的街区肌理与空间布局生成方法探索[D].东南大学，2021.

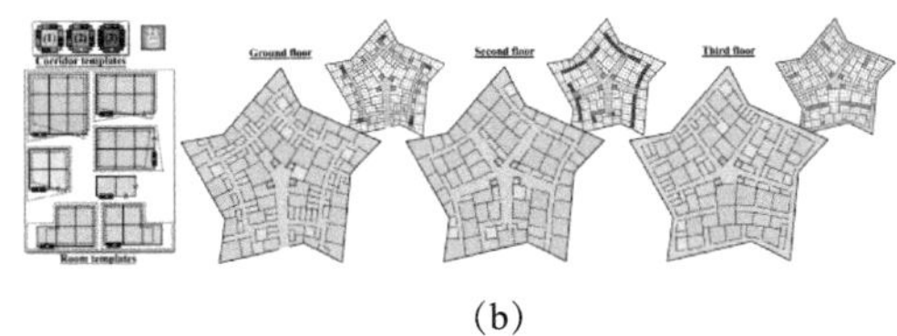

(b)

图1 平面肌理与格网剖分

图片来源：Peng C—H，Yang Y L，Wonka P. Computing layouts with deformable templates［J］. ACM Transactions on Graphics，2014，33（4）：1-1.

目前景观视线问题多集中在城市环境中的建筑物高度控制分析、城市天际线分析中，且基本聚焦在二维的平面或立面层次，利用视线指导建筑生成设计方面较少。陈以乐等借助 Grasshopper 平台二次开发了城市三维空间中的纺锤形视线观察方法以分析澳门户外空间的可视域以及重要建筑的周边城市片区在视线控制下的建筑高度形态[3]。

本文一方面通过对场地进行四边形格网的剖分，使得建筑群布局可以顺应场地景观要素（水文、景观绿化带等）；另一方面对三维空间中的景观视线进行计算，以此作为建筑群整体布局对场地景观回应程度的评价指标。

2 场地剖分与布局生成

2.1 场地四边形格网剖分

对于任意形状的场地轮廓 Polygon，利用 Rhino 的 QuadRemesh 命令生成受景观干扰线（如河流）影响的四边形格网，使格网单元沿干扰线流动变化，同时控制尽可能多的单元格边长相等。将生成的网格单元列表 cells、场地轮廓 shell 及干扰线 curve 输入 Java 平台进行后续平面和布局肌理的生成。

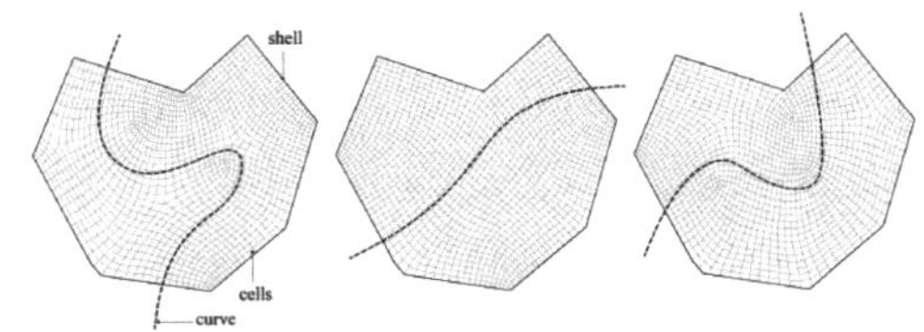

图2 不同干扰线情况下的四边形格网划分效果

2.2 建筑单体平面类型的规则限定

二维数组 cells$[j][i]$$(0 \leqslant j < n_{rows}, 0 \leqslant i < n_{cols}, j, j \in \boldsymbol{N})$ 常用来检索正交格网单元格（其中 n_{rows}、n_{cols} 分别表示格网的列数和行数）。如图3a 中 cells［2，1］表示第3列第2行的单元格。由于01-线性规划方法可解决移动对称问题，因此正交格网系统中建筑群的布局肌理问题可以据此来解决[4]。不规则的四边格网仅能通过一维索引来锁定该单元格的位置（图3b）。为了能够从不规则四边形格网中获取具有 $m \times n$ 个正交网格拓扑关系的网格矩阵（如图3中 $m=2$、$n=4$ 时所示的局部灰色平面），本文利用输入的 cells 列表生成半边网格（Mesh）。

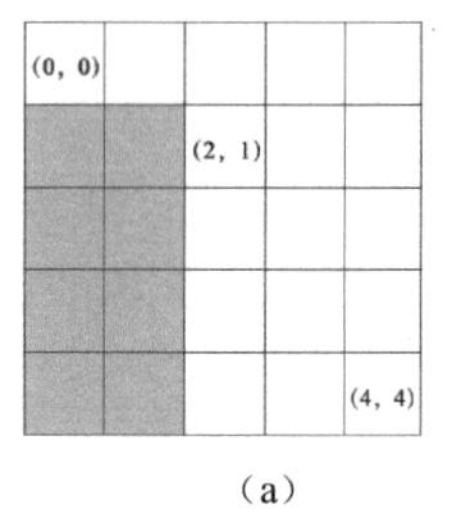

(a)

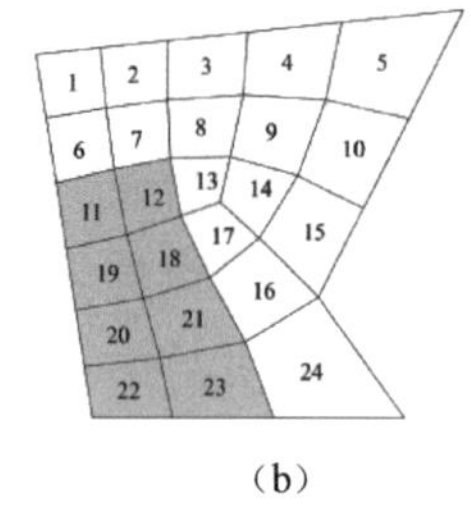

(b)

图 3　正交与非正交格网的索引方式

如图 4a 所示，半边$\overrightarrow{AB}$和半边$\overrightarrow{BA}$分别属于 Face_1 和 Face_2，根据 Face_1 中的半边$\overrightarrow{AB}$即可获取共边 AB 的 Face_2。由于对场地剖分时所有单元格为四边形单元格，因此，输入一个起始的 Face，并对其定义一个相对的上下左右方向，从与它相邻的所有单元格列表 neighbors_0 中找寻该 Face 的相对右相邻单元格 rightFace_0，则其他方向的相邻单元可由 rightFace_0 在 neighbors_0 中的索引推导得出。然后获取 rightFace_0 的相邻单元格列表 neighbors_1。由于格网的非正交性，Face 的第二个右相邻单元 rightFace_1 需利用二者在 neighbors_1 列表中的索引关系获得（如图 4b 所示），不断递归以获得后面的右相邻单元。对于不满足正交网格中 $m\times n$ 平面拓扑关系的情况，说明某个或某些单元格顶点出现奇点（如图 4c 所示，奇数条边共同一顶点），只需对生成的 $m\times n$ 平面计算所有单元格的不重复顶点数量，若满足（$m+1$）（$n+1$）即符合要求。根据前面的非正交格网系统中的二维数组平面获取方法，可以得到图 5（$m=5$，$n=8$）所示的不同类型平面，并根据与景观带的朝向生成庭院（颜色更深部分）。

2.3　建筑群布局的规则限定

在体量生成时，我们采取图 6 所示的体量生成规则，底层局部架空，层高为 h_1；二层平面保持类型轮廓，层高为 h_2；三层往上，对类型平面进一步划分成图 6 中 H 型平面的 7 个塔楼备选平面轮廓，从中选择两个满足间距 $d>d_0$（d_0 取 6 或 9 或 13，根据塔楼是否是高层情况而定）的轮廓按层数 F_{i_1}、F_{i_2} 和层高 h_3 生成体量。设用地面积为 S_0，建筑数量为 x，第 i 栋建筑基底面积为 p_i，二层面积为 q_i，两塔楼每层面

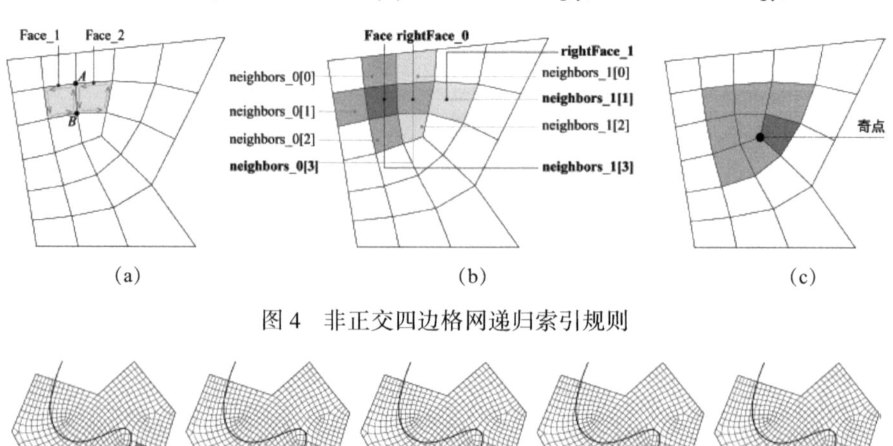

(a)　(b)　(c)

图 4　非正交四边格网递归索引规则

(a) I型　(b) U型　(c) H型　(d) L型　(e) 回型

图 5　带院落布局的平面类型示例
图片来源：作者程序生成。

积分别为 s_{i_1}、s_{i_2}，则建筑密度 α 和容积率 β 符合以下两式：

$$S_0\alpha = \sum_{i}^{x} p_i$$

$$S_0\beta = \sum_{i=1}^{x} \left(p_i + q_i + \sum_{j=1}^{2} (F_{i_j} - 2) s_{i_j}\right)$$

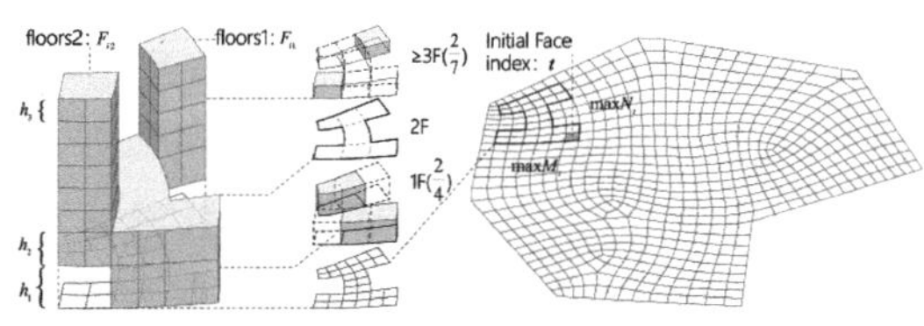

图 6　建筑群布局生成规则

2.4　建筑群布局的遗传算法生成

对于场地剖分的四边面网格，对每一个面进行是否可以放置一个 $m \times n$ 网格矩阵的判定，判定规则为：输入的 m 和 n 与实际生成的值相等，且顶点数量符合（$m+1$）（$n+1$）；与用地红线形成一定退让，不经过给定干扰线，符合要求的网格面在网格中的索引集合为 $T=\{t_0, t_1, \cdots, t_{k-1}\}$。索引 t 对应的网格面可以放置的最大平面格子数为 $\max M_i \times \max N_i$，第 i 栋建筑的变量集合包括：初始 Face 的索引集合 V；矩阵网格平面参数集合 M、N；塔楼层数集合 F。具体变量设置如下：

$$\begin{cases} V = \{v_1, v_2, \cdots, v_x, \\ \quad 0 \leqslant v_i \leqslant k-1, v_i \in \mathbf{N}\} \\ M = \{m_1, m_2, \cdots, m_x, \\ \quad 5 \leqslant m_i \leqslant \max M_i, m_i \in \mathbf{N}\} \\ N = \{n_1, n_2, \cdots, n_x, \\ \quad 5 \leqslant n_i \leqslant \max N_i, n_i \in \mathbf{N}\} \\ F = \{F_{1_1}, F_{1_2}, F_{2_1}, F_{2_2}, \cdots, F_{x_1}, F_{x_2}, \\ \quad 4 \leqslant F_{i_1}, F_{i_2} \leqslant 11, F_{i_1}, F_{i_2} \in \mathbf{N}\} \end{cases}$$

问题目标为不同平面之间重合的格子数量 $f_1=0$，问题的约束设置为容积率差值约束 $L_1=0.1\beta-|\Delta\beta| \geqslant 0$，建筑轮廓最小距离约束 $L_2=d_{\min}-6 \geqslant 0$ 以及建筑密度最大值约束 $L_3=0.3-\alpha \geqslant 0$。如图 7 是当 $x=5$、$x=6$ 时，给定容积率 0.75（考虑一般建筑面积上下浮动 10%）情况下遗传算法求解的布局方案（迭代 50000 次，$x=5$ 时耗时 765117ms，得到 307 个严格符合限制的解，$x=6$ 时耗时约 838536 ms，得到 124 个解）。

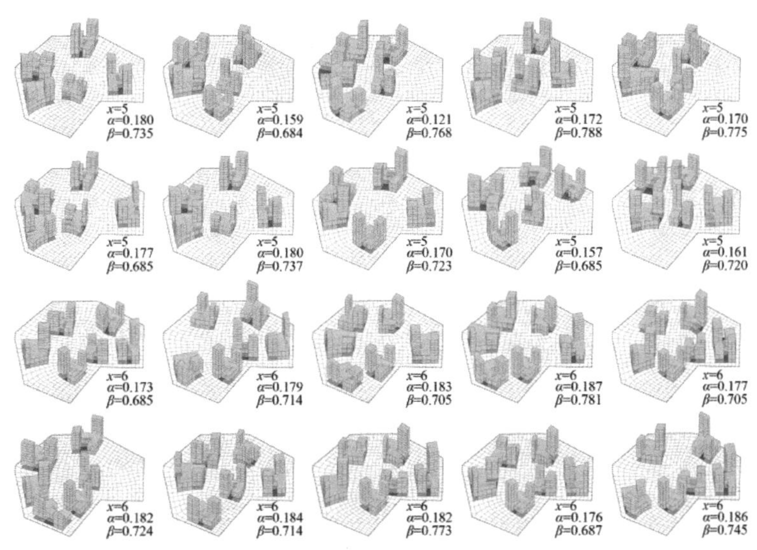

图 7　建筑群布局生成实验结果

图片来源：作者程序生成。

3 视线计算

3.1 视点与被看点的确定规则

视点集合 sources 位于室内房间的 Mesh 网格内。对网格面列表按各面的中心点的 z 坐标排序，选取列表第一个网格面即底面，对该面进行 Voronoi 剖分。剖分的单元数量 $N=kS$，其中 k 为计算系数，由自己定义；S 为底面面积（单位：m^2）。则采样视点即将各剖分单元中心点竖直向上移动视点高度 viewHeight 单位长度得到（如图 8a 所示），并将 Voronoi 单元挤出房间高度得到的棱柱作为对应视点的可视率值的可视化单元。

被看点集合 targets 可考虑用不同的被看几何图元类型来选取。如对于曲线，被看点可以为曲线的 n 等分点；对于任意网格，都可以转化为三角面网格，以三角面中心点作为采样被看点表示该网格面的可视情况。继续取三角面三条边中点剖分，每细分一次，网格面数量为原先的 4 倍，通过细分递归次数控制被看点在网格表面的覆盖精度（如图 8b 所示）。

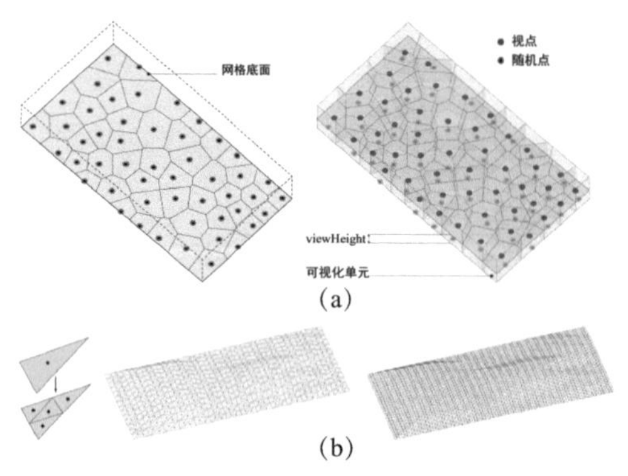

图 8 视点与被看点采样规则
图片来源：作者程序生成。

3.2 视线计算规则

已知视点 $\boldsymbol{s}$ 与被看目标点 $\boldsymbol{e}$ 可得视线的方向向量 $\boldsymbol{m}$ 和视线方程 $\boldsymbol{r}(t)=\boldsymbol{s}+t\boldsymbol{m}$；设一个网格面其中一个顶点为 $\boldsymbol{p}$，所在平面法向量为 $\boldsymbol{n}$，则平面上的点 $\boldsymbol{o}$ 满足方程 $(o-\boldsymbol{p})\boldsymbol{n}=0$，联立射线与平面方程可求得交点 T 在射线表达式中的 t 值，再检验该点是否在网格面内，若在网格面内则说明视线被该面遮挡。

若连线与所有障碍物网格面均无交点，则将此连线加入该视点对应的可视线列表中，最后计算每个视点的可视线数量 μ 与该视点的总连线数量 λ 的比值 r，作为该视点的可视率，则房间或建筑群中的平均可视率 $\bar{r}$ 为：

$$\bar{r}=\frac{\sum\mu_i}{\sum\lambda_i}$$

3.3 BVH 树算法优化

为了测试视线计算的代码效率，本研究进行了如图 9 所示的两个视线测试实验，颜色越深表示该位置可视率越低。图 9a 展示了单一房间（图 a 右侧）与地形网格（图 a 左侧）的可视化结果，图 9b 展示了建筑群整体房间对图 5 中曲线代表的河流景观的视线可视化结果。

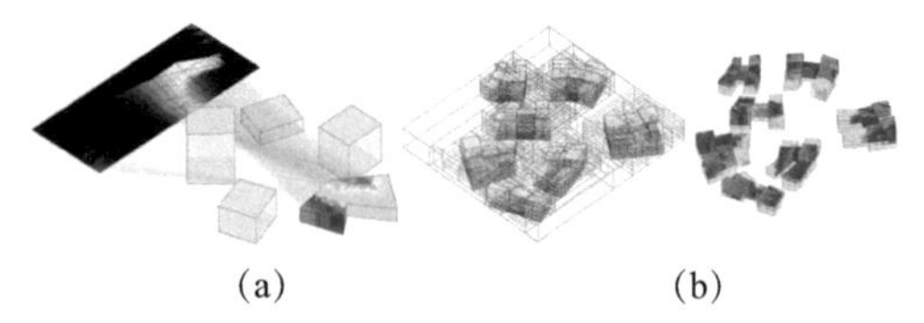

图 9 视线测试实验
图片来源：作者程序生成。

BVH（Bounding Volume Hierarchy）——包围层次盒（如图 10a）是一种空间数据结构算法（BVH 树的结构如图 10b 所示），本研究采用轴对齐包围盒 AABB（Axis-Aligned Bounding Box）对几何物体进行空间划分来构建 BVH 树（如图 10b 所示）[5]。BVH 树通过各坐标的最大差值 $\max(\Delta x_{\max}$、

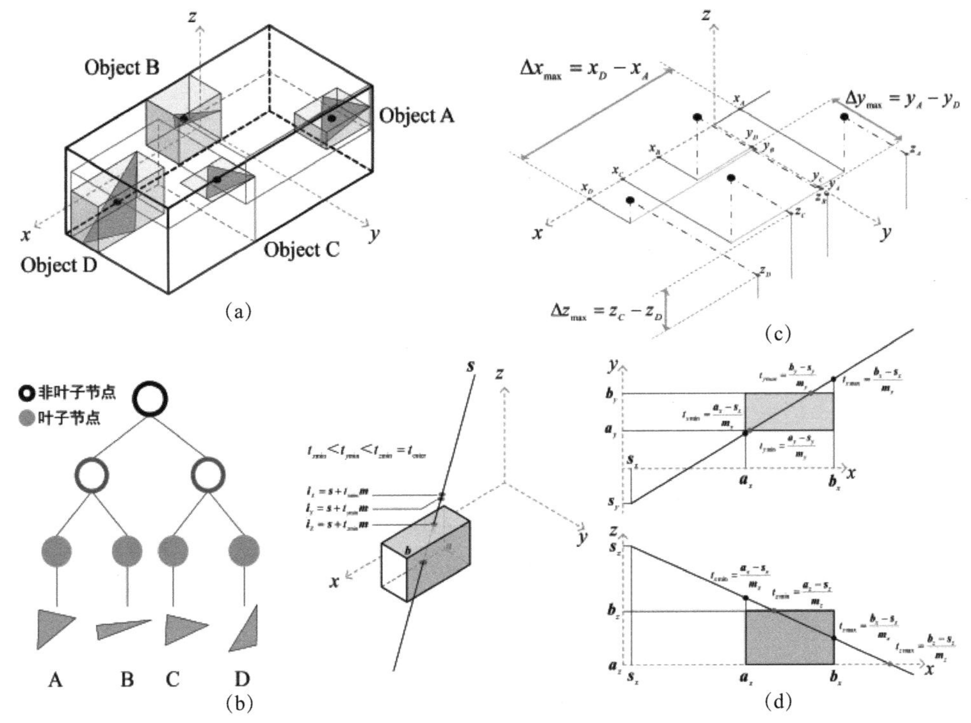

图 10　BVH 树构建原理

Δy_{max}、Δz_{max}）来选择物体在 x、y、z 方向中分散最大的坐标轴划分（如图 10c），划分同时采取表面积启发式算法（SAH）来最小化子节点的表面积和，提高 BVH 树的构建效率和查询性能。设 C 为父节点，左右子节点分别为 A、B，令 S_A 表示 A 节点的 $AABB$ 表面积，以 S_A、S_C 来估计射线与 C 相交的前提下与节点 A 相交的概率：$P_A=P(A \mid C)=S_A/S_C$，则对于有 N_A 和 N_B 个物体的节点 A、B 的划分代价函数为：

$$C(A,B)=P_A N_A+P_B N_B$$

对于 3.2 中给定的射线方程与 $AABB$ 求交点，可简化为图 10d 中的两个二维平面分别计算以快速求解。表 1 对比了两个视线测试实验运用不同方法计算可视率所需时间，可以看出通过 BVH 树的划分可有效加快视线的计算过程，从而提高遗传算法对可视率计算的迭代效率。

表 1　视线实验测试结果

（来源：作者程序记录）

	测试 1	测试 2	测试 3	测试 4
视线实验 1	603ms	888ms	26s	1min 31s
视线实验 2	33s	8min 31s	17min 6s	63min 34s

3.4　视线最大化的遗传算法求解

除了 2.3 建筑布局生成设置的变量外，h_1、h_2、h_3 同样会影响视线的遮挡。为了使 2.3 中规则生成的建筑群的景观视线最大化，第一种方法，我们可以直接在 2.3 的变量设置中添加高度变量，设置第二个目标 $f_2=-\bar{r}$；另一方法是考虑先计算求出 2.3 中若干个可视率 $\bar{r}$ 较大的布局方案，然后对这若干方案分别只设置层高和层数变量，设单一目标 $f=-\bar{r}$ 求其最小值并设置容积率约束 $L=0.1\beta-\mid\Delta\beta\mid\geqslant 0$。

对于方法一，视线计算时间较慢导致遗传算法中迭代时间较长，并且在考虑建

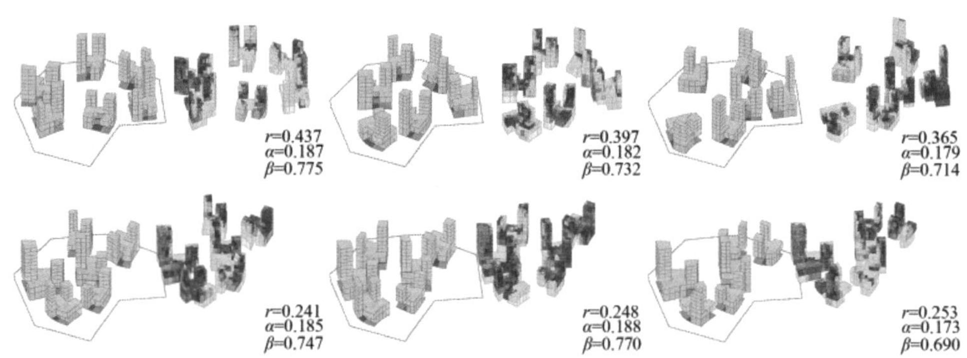

图 11 生成方案可视率的可视化结果
图片来源：作者程序生成。

筑平面位置与高度变化的同时还要考虑视线的尽可能最优，难以迭代出既符合给定限制条件又能使视线结果较优的多种解。

方法二下的实验中，令 $x=6$ 时的建筑群布局方案中层高 $h_1=5.7$，$h_2=4.5$，$h_3=3.3$，求出可视率，如图 11 所示是可视率最大和最小的 3 个方案，可以看出视线较优的方案布局较为分散均匀，视线较差的方案平面布局较为集中。选取可视率最大的方案通过改变建筑群中各个建筑高度来优化迭代，层高变量设为 $h_1=\{5.4, 5.7, 6.0\}$，$h_2=\{3.9, 4.5, 5.1\}$，$h_3=\{2.7, 3.3, 3.9\}$。如图 12 是选取图 11 中可视率为 0.437 的方案以可视率作为单目标迭代 700 次的结果绘制的折线图（$\text{Fitness}=-100\bar{r}$），此时可视率已达到 0.468，优于初始方案可视率。

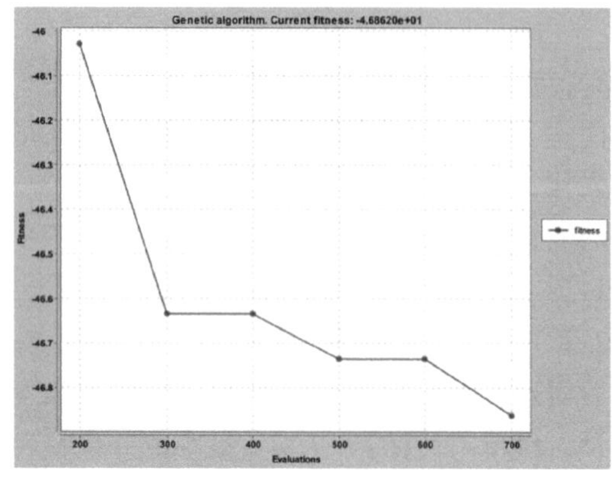

图 12 视线单目标优化 700 次结果
图片来源：作者程序生成。

4 总结与展望

本研究在适应场地文脉要素的建筑群布局肌理和景观视线最优的遗传算法生成方面进行了初步尝试。但仍有一些方面尚未充分考虑：

（1）本文中设定生成 $m \times n$ 的平面类型时，剔除掉了一些可供选择的初始网格面，因此可以考虑优化平面检索规则以提供更多可能性；

（2）在对视线量化以进行优化迭代时，只选取了可穿透的视线数量占总的视线数量比值作为评价指标，但实际人的视觉距离有一定限制，视觉质量在超过一定范围后会削弱，因此可以考虑对被看点与视点的相对距离赋予加权的方式进行优化；

（3）目前研究局限于群体体量布局层面，还可以继续考虑内部空间进一步生成产生了墙体等阻碍视线穿透的障碍物之后的视线情况，并考虑结合场地日照条件、室外风环境等因素共同影响建筑群布局的生成。

参考文献

[1] 张琪岩．基于规则和张量场的街区肌理与空间布局生成方法探索［D］．东南大学，2021.

[2] Peng C H，Yang Y L，Wonka P. Computing layouts with deformable templates［J］．ACM Transactions on Graphics，2014，33（4）：1-11.

[3] 陈以乐，郑亮，郑剑艺．参数化景观视线分析方法及应用研究：以澳门为例［J］．南方建筑，2023（1）：97-106.

[4] 华好，李飚．空间运筹：运筹学的建筑应用［J］．世界建筑，2024（2）：77-83.

[5] 向未来．基于遍历路径优化的光线追踪加速方法研究［D］．华中科技大学，2023.

基于参数化的医院生成设计与性能优化流程研究

Research on Generative Design and Performance Optimisation of Hospital Buildings Based on Parametric Algorithms

程淑婷[1]　郑　斐[1]　王月涛[1]　任　莹[2]

1. 山东建筑大学

2. 山东省建筑设计研究院有限公司

摘　要：面对日益严峻的资源短缺与环境压力，医院建筑的可持续发展与能源利用显得尤为重要，性能的优化在医院设计中越来越受到重视。在早期设计阶段采用适当的绿色设计方法，可以在不增加建筑成本的情况下，通过设计和优化建筑外形、空间布局等大幅提高节能效果。研究旨在提出基于性能导向的医院建筑设计方案参数化生成设计流程。通过对建筑师工作流程的总结，基于技术路线的流程如下：(1) 从我国北方地区常规医院设计方案资料集中提取医院设计特点，总结出医院设计的特点；(2) 新设计方案的自动生成和能量模拟；(3) 对生成的方案进行评估和筛选。医院的参数化生成设计能够在早期设计阶段促进被动绿色设计，并在不增加建筑成本的情况下提高能源效率。

关键词：参数化；医院建筑；生成设计；性能优化

1　引言

在全球环境和气候问题日趋严重的今天，节能减排已成为现代人类文明存续的重要课题。2001 年至 2018 年，我国的建筑能源消耗和用电量均显著增长[1]。医院建筑作为一种特殊的公共建筑，其功能复杂且能耗种类繁多，已成为公共建筑中的能耗大户[2]。英国医疗卫生机构在过去 20 年中二氧化碳排放量增加了 40%；美国的医药行业占全部工业部门温室气体排放总量的 8%。相关文献资料表明，我国医院建筑的能耗比普通公共建筑高 1.6～2 倍[3]，其中照明、通风和设备运行费用约占总费用的 10% 以上。在未来一段时期内，我国医院的能源消耗预计将继续上升。因此，对医院建筑的节能进行研究已属当务之急。

建筑能耗是一种复杂的多因素耦合模型，受日照、位置、气候、空间布局和围护结构等多重因素影响，涉及客观物理环境系统和人类行为活动。如今，在数字技术飞速发展的今天，计算机已成为解决复杂问题的有力工具，提高了设计师对建筑绿色性能的控制能力。在计算机辅助技术的帮助下，以性能设计要素为优先次序、分析和改善建筑性能的设计过程可统称为“基于性能的建筑设计”[4]。从广义上讲，基于性能的建筑设计包括建筑方案设计中的空间布局和体量设计，以及建筑围护结构设计中的空调系统设计和保温材料选择[5,6]。在建筑设计过程中，设计师可以根据模拟结果不断修改和优化建筑设计。近年来，这一领域的研究有了长足发展。例如，已经有研究提出了优化建筑设计方案目标的算法，将总能耗作为评估因素[7]。还有人研究提取与建筑形态相关的指标，并使用遗传算法求解能耗最低的建筑形态[8]。

在人工智能技术取得突破性进展的今天，利用数字化技术实现建筑方案的自动化设计已成为建筑业极具发展潜力的发展趋势。生成式设计（Generative Design）是一种基于计算机的智能化设计流程，它允许设计者“不直接参与物料与产品的互动中”[9]，而是通过迭代算法，在满足用户自定义规范和约束条件的前提下，实现海量设计的自动生成。该系统通过计算机进行设计，使设计人员能够在一定程度上实现设计工作的自动化[10]。以人工智能（AI）为基础的生成式设计是科技变革在建筑设计中的整合应用，它将对传统建筑设计方法产生深刻影响。目前，对建筑物的智能化生成设计的研究还处于比较初级的阶段。相关研究以BIM为基础，将室内设计规则用计算机可阅读的形式表达出来，从而达到自动构建室内设计模型的目的[11]。有的研究利用Rhino软件进行参数化建模，以高层建筑外轮廓为基础生成核心筒形式[12]。有的研究以复杂系统模型为基础生成建筑物的平面图[13]。但从节能角度出发，以医院为对象进行生成式设计的研究还很少。

2 医院建筑节能设计生成算法的建立

随着数字化计算机技术的快速发展，以及在建筑方案设计过程中不断引入人工智能、参数化设计和性能模拟等技术，建筑节能设计面临着理论和流程上的创新（图1）。传统的建筑设计程序是由建筑师直接控制的，从分析设计条件到实施设计措施，直至形成设计方案。基于性能的建筑智能化节能设计打破了传统设计流程，与常规设计过程相反，即通过参数化算法替代建筑师完成方案设计的过程，以生成规则和约束条件来控制设计进程，并通过对计算机算法的控制自动生成建筑方案，建筑师无需直接参与方案设计。该方法可以有效弥补传统“以经验为基础”导致的设计结果偏差，从本质上克服传统设计方法反馈效果缓慢的问题。

基于性能导向的医院智能生成设计方法，需要构建一套完整的设计流程，并以此为指导进行智能设计（图2）。文章对医院智能生成设计方法进行了研究，主要探

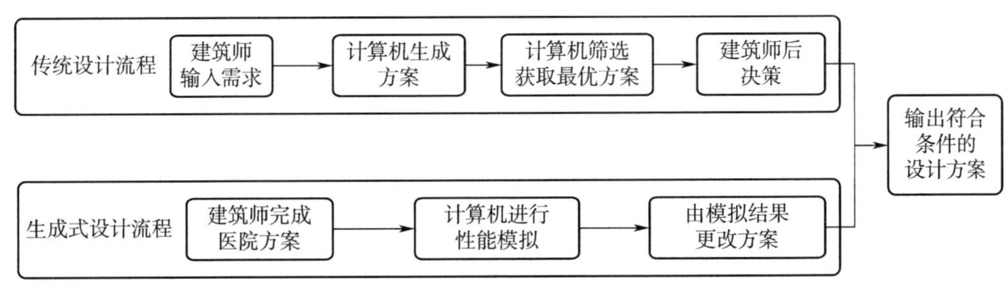

图1 传统设计流程与生成式设计流程

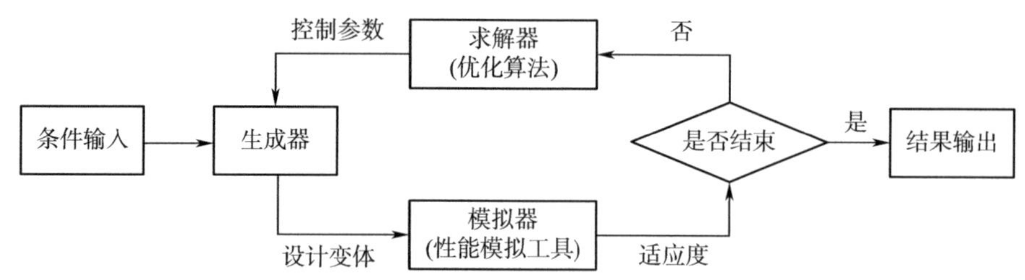

图 2　基于参数化模型的基本设计优化运行流程框架示意

图片来源：王力凯．基于性能的建筑体量设计生成及优化系统［D］．南京大学，2020.

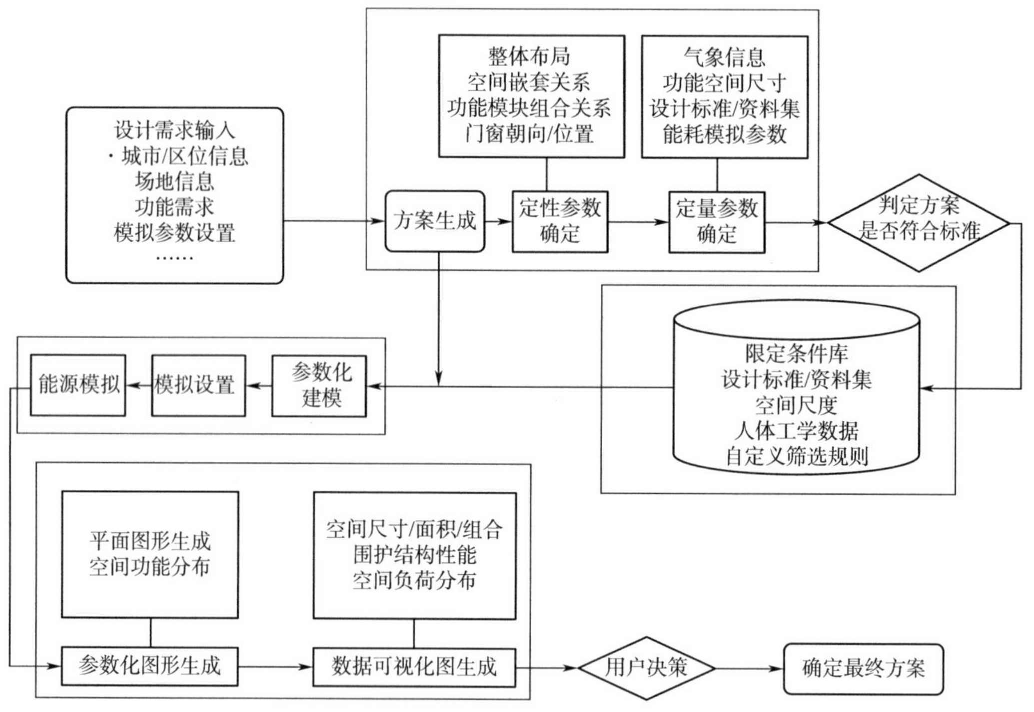

图 3　医院生成式设计算法流程图

讨了设计方法流程体系的内容。研究提出了一种参数化设计方法，其过程如下：首先，用户输入所需医院建筑方案的基本信息（如建筑面积、功能、布局类型、朝向等）。接下来，会自动生成一些与中国典型城市医院建筑相关的设计方案。在此基础上，对建筑能耗进行模拟和优化，以确定最佳设计方案。最后，自动绘制出最终布局的平面图和三维模型。图 3 显示了该算法的流程图，其中包括四个主要部分：自动生成布局、评估和筛选、能耗模拟和可视化。

2.1　医院参数生成原则

2.1.1　参数提取

参数提取是对医院设计中主要特征要素的总结。通过对医院设计全过程的分析，提取出医院建筑设计中应考虑的主要参数，如功能空间、交通空间、房间尺寸、朝向、围护结构以及典型平面布局等。这些参数是影响医院建筑设计的因素，可分为两类。

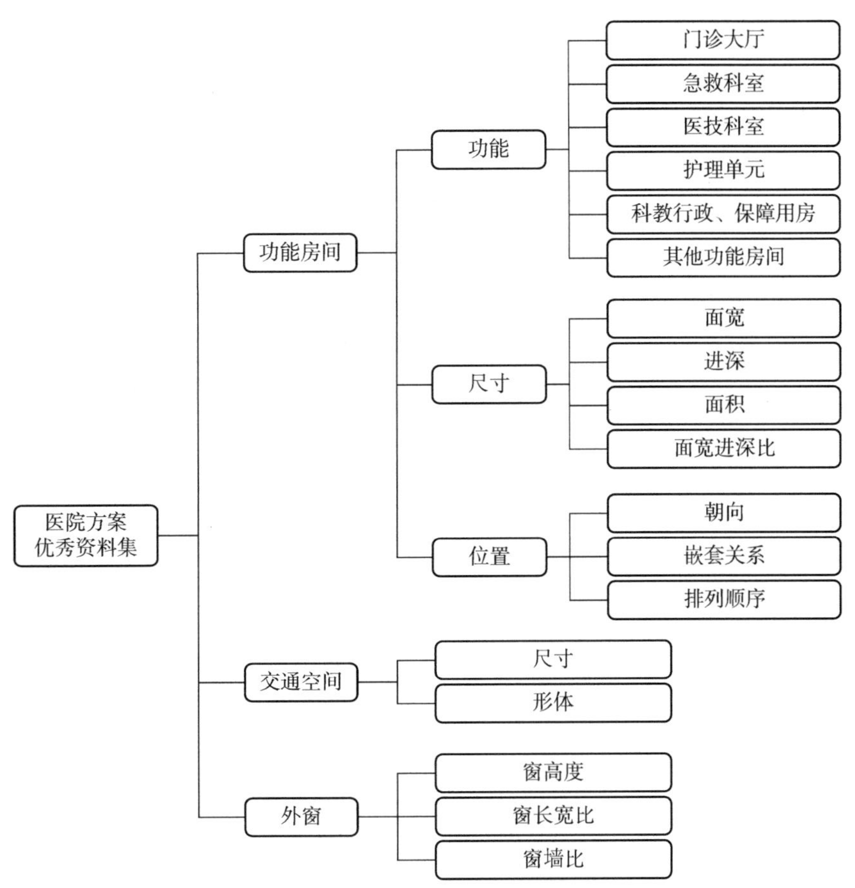

图 4　医院空间特征参数架构

第一种为可量化的参数，如面宽、进深、门窗尺寸、窗墙比、房间大小、体形系数、外表皮传热系数等。

第二类参数是无法量化的要素，如建筑朝向、空间组合形式、门窗洞口位置等，需要转化为算法可以识别的参数。因此，设计参数分为两类：可以用数字描述的定量参数和无法用数字表示的定性参数。图 4 大致给出文章总结的设计参数。

2.1.2　单体空间形态特征

交通空间是联系建筑内部空间的关键要素，其内在的交通空间则在一定程度上影响着整个建筑的形态。因此对资料集中的内部交通空间进行了形态特征分析，并对其进行了分类；然后围绕交通空间布置各个功能空间，功能空间的分布包括朝向、功能和房间关系。最后，归纳出功能空间的组合规律，提取标准平面布局特征。量化参数值的取值范围依据规范、资料集及经验资料确定，而缺失数据则根据功能需求及实际案例以经验估计法获取。

在确定了室内交通空间的形式后，就可以考虑房间的空间布置了。房间由室内交通空间连接，以保证室内功能的正常运行，每个功能空间都围绕交通空间布置。此外，房间的布置受空间功能的朝向、使用要求和相互关系的影响，有些房间具有包容性关系，例如病房和卫生间等，都可以进行包容性布置，如图 5 所示。

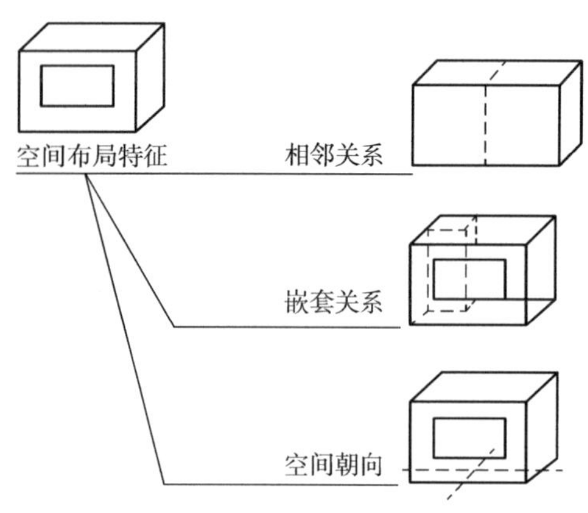

图5 空间布局特征

2.1.3 典型平面图的空间形态特征

医院建筑常规布局通常由多个单元构成，为了总结典型布局中不同功能的组合规则，首先可以根据医院资料集中的建筑方案将医院整体布局分为三类：集中式、半集中式和分散式（图6）。在集中式的布局中，病房与普通门诊密切联系；在半集中式布局中，住院部和普通门诊部之间有一定的距离；在分散式布局中，住院部、门诊部、医务处是分开的，彼此间没有太大的联系。以诊疗为核心的综合门诊，由门诊、医技科室、公共空间三部分构成。综合门诊平面布置形式有集中式、多翼线性布置、庭院线性布置、网格庭院、混合布置（图7）[14]。其中，集中式和混合布局是综合门诊布局的两种主要形式。

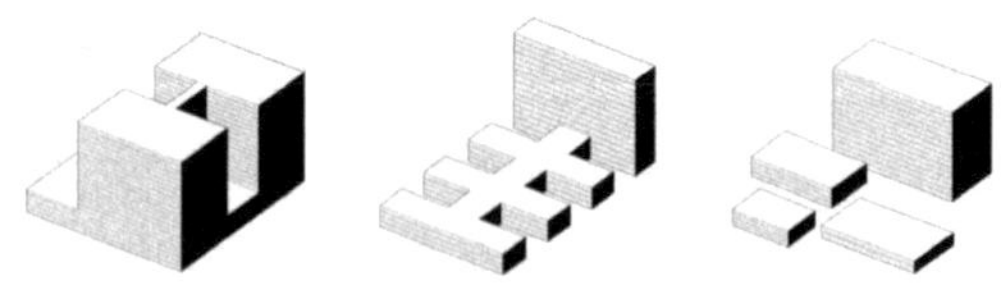

图6 医院总体布局示意图

医院门诊部的布局具有较高的重复性，可分为四种类型：平行组合式、翼支式、庭院式和群翼式（图8），这四种布局形式的数量相对均衡。医院医技科室是以专门的诊疗技术诊治疾病的部分。如图9所示，医技科室的平面布局形式有两种：板式和翼支式布局（图10），板式医疗技术部门通常由一个或多个医疗技术部门组成。有些医疗技术部门有特殊的环境需求，往往将类似的功能集中在相邻的区域，以便更好地进行环境管理。医院资料集数据显示，板块型和翼分支型占总布局类型的很大一部分。

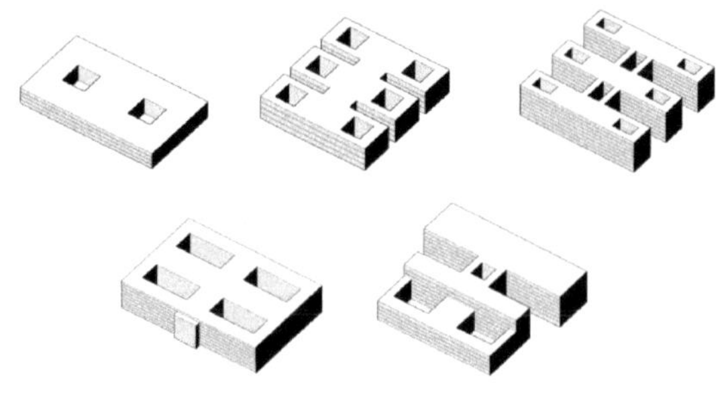

图7 综合门诊布局形式

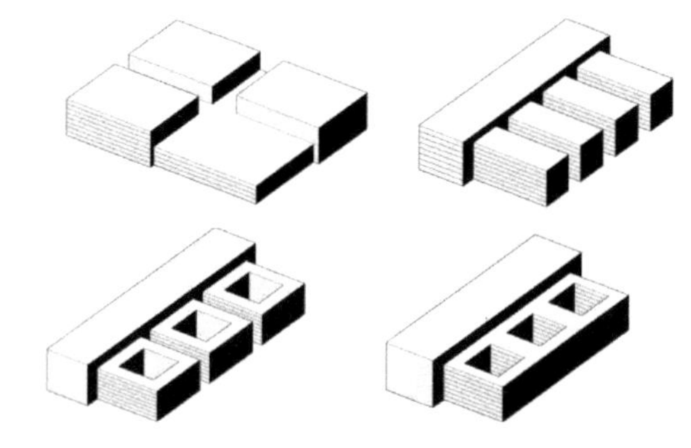

图8 医院门诊部布局形式

图9 板式

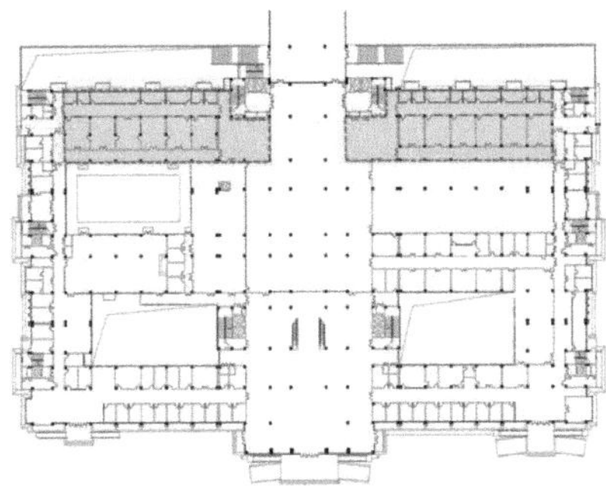

图 10 翼支式

住院部的布局形式主要有“Ⅰ”字型、“Ⅱ”字型、“工”字型和“L”字型，并在这些基础上进行变形设计。其中，“Ⅱ”字型可以视为“工”字型结构的变体，而“工”字型结构多用于半集中式的医院布局。多数医院采用“I”字型病房，少数医院采用“工”字型病房，其他医院则采用“L”字型病房。整体上，住院部以“I”字型和“Ⅱ”字型平面为主，确保大部分病房在冬至日能够获得两个小时以上的日照，以符合国家规定的标准。

3 医院设计方案生成算法的建立

在总结参数生成规则的基础上，通过参数生成和约束条件选择的技术路线，构建典型的医院布局生成算法。算法使用 Rhino/Grasshopper 和 Python 实现医院平面方案的自动生成（图 11）。计算时间与输入条件有关，条件越严格，计算时间越长。此外，还设置了最长计算时间，如果达到最长计算时间仍未找到满足条件的解决方案，则会显示错误信息，告知用户输入的设计条件或限制可能存在问题。

3.1 单元生成算法

方案生成过程如下：首先，确定空间布局，其中包含房间的功能定位与布局；

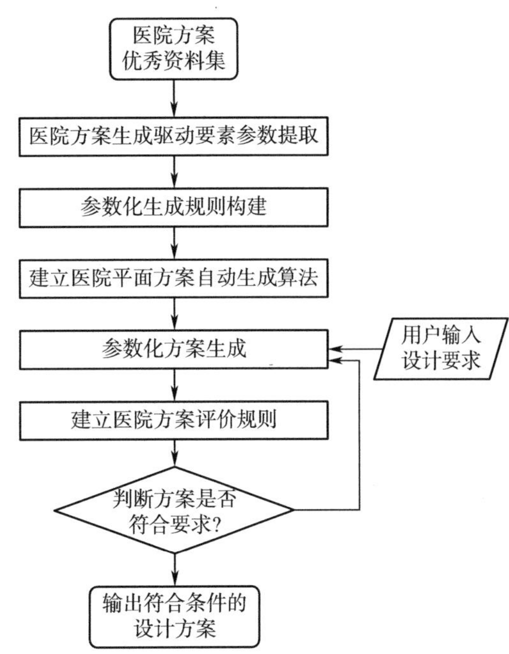

图 11 医院方案智能生成算法流程

然后，根据每个房间的功能优先级，在合理范围内随机生成房间尺寸参数。根据交通空间绘制每个房间的布局图，以获得各个单元的初步布局。根据窗墙比和用户定义的窗长宽比参数生成窗户尺寸。如果外墙尺寸无法满足默认的窗户长宽比值，算法会根据外墙尺寸调整数值，以确保实际尺寸。最后，确定房间与室内交通空间的相对位置，确定门的位置和开启方向。

3.2 典型平面图的生成算法

在前面研究基础上，结合已有的典型平面图的空间形式特点，构建医院建筑典型平面图生成算法。其主要步骤如下：首先，将前一步骤产生的单元模块类型进行辨识，并依据单元的种类，决定平面图的原型；然后利用算法对各部分布局进行合并，得到建筑楼层的轮廓；最后，绘制最终的设计方案平面及三维模型。

3.3 医院设计方案约束条件综述

建筑设计是一项需要考虑多种设计要

素的复杂流程，因此，算法需要对生成的设计方案进行验证，以确保其符合设计者的要求，从而在设计流程中扮演更加重要的角色。为此，在进行参数化设计时，必须对生成的设计方案进行评估，并施加约束条件，以验证其合理性。约束条件主要包括功能空间的尺寸、设计标准以及设计者定义的其他限制条件。

4 参数化能量模拟模块的建立

生成设计方法的一个显著优势是提供了大量自动生成的设计方案供选择，从而能够找到最优的能效指标方案。这依赖于采用参数化算法对能量进行自动化模拟，从而获得足够多的模拟结果，用于对各种设计方案进行对比和优选。现在已有基于Rhino/Grasshopper的插件，可以用于通风、照明、能源等参数的模拟，这些插件包括基于EnergyPlus模拟核心的Ladybug和Honeybee。

由于研究中使用的模拟方法多是在前期的设计阶段进行的，所以可以通过简化模拟设定来加快优化的速度。在此基础上，将建筑简化成一层结构，将楼板、隔墙假设为隔热，将各功能房间作为一个独立的热区，通过计算每平方米的冷热负荷，来反映空间布局对建筑典型楼层能耗的影响。默认模拟设置采用理想的空气负荷系统。

5 结论

研究提出的参数化生成设计方法是通过一系列算法开发的医院自动设计过程。其优点主要是可以通过算法获得大量设计方案，快速生成和修改设计方案，通过数据驱动的设计提高设计过程的合理性和准确性。算法的主要过程如下：从中国医院设计方案数据库中提取医院设计特征，包括医院空间形态特征和建筑典型平面图，并总结这些特征。通过确定提取特征的参数创建模型，从而自动生成医院设计方案。在评估模块中，设置设计标准、数据集和功能要求等约束条件，以评估生成方案的合理性。生成算法产生的设计方案可作为建筑师的参考，帮助分析设计方案的空间布局和性能。

参考文献

[1] 清华大学建筑节能研究中心．中国建筑节能年度发展研究报告（2020）[M]. 北京：中国建筑工业出版社，2020.

[2] 刁淑鑫．浅谈绿色医院建筑的设计要点 [J]. 建筑知识，2016（8）：26-30.

[3] 朱永松，罗蒙，甘宁，等．大型综合性医院节能管理的分析与对策 [J]. 中国医院，2011（2）：73-75.

[4] Oxman R. Performance-based design：current practices and research issues Int [J]. Archit Comput, 2008：61-17.

[5] Shi X. Performance-based and performance-driven architectural design and optimization Front. Archit, Civ. Eng. China, 2010：4512-4518.

[6] 谢晓欢，贾倍思．建筑性能模拟软件在绿色建筑设计不同阶段的应用效果比较 [J]. 建筑师，2018.

[7] 林波荣，李紫微．面向设计初期的建筑节能优化方法 [J]. 科学通报，2016（1）：113-121.

[8] J Jeong-Tak, Jeong Jae-Weon. Optimization of a free-form building shape to minimize external thermal load using genetic algorithm [J]. Energy & Buildings, 2014（85）：473-482.

[9] Fischer Thomas, Herr Christiane. Teaching generative design [C] // Proceedings of the 4th International Conference on Generative Art, Milan, 2001.

[10] Singh Vishal, Gu Ning. Towards an integrated generative design framework [J]. Design Studies, 2012,

33 (2): 185-207.

[11] Sydora Christoph, Stroulia Eleni. Rule-based compliance checking and generative design for building interiors using BIM [J]. Automation in Construction, 2020 (120).

[12] Bernal Marcelo, Eastman Charles. Top-down approach to embed design expertise in Parametric objects for the automatic generation of a building service core [C]. CAAD Futures 2011: Designing Together, 2011: 149-164.

[13] 李飚，韩冬青．建筑生成设计的技术理解及其前景［J］．建筑学报，2011 (6): 91-100.

[14] Zhang S, Wang J, & Hong S. Exploration and thinking on the general graphic design of large hospital buildings [J]. Chinese Hospital Architecture and Equipment, 2015, 3 (5), 33-40.

基于形状语法的鼓浪屿近代洋楼立面数字生形方法研究

Digital Generative Approach Research on the Facade of Kulangsu Western-style Modern Architecture based on Shape Grammar

张可寒[1] 刘 阳[1] 杨华刚[2] 杨佳麟[3] 王绍森[1]

1. 厦门大学建筑与土木工程学院
2. 昆明理工大学建筑与城市规划学院
3. 厦门理工学院土木工程与建筑学院

摘　要：鼓浪屿近代洋楼是近代中国在外来文化影响下文化交融的代表，包含了凹凸型、平齐型以及组合型三个大的类别。形状语法作为一种利用图解方式分析图形生成与组合规律的研究方法，对鼓浪屿近代洋楼的形态构成分析与立面算法生成有着辅助作用。本文以形状语法作为研究方法，以鼓浪屿近代洋楼为研究对象，对其立面构成进行形状语法分析与转译，发掘立面形状原型，总结形状生成方法。同时借助 Grasshopper 软件设计一种立面数字生形方法，并将其与 Stable Diffusion 为工具的 AIGC 图像生成工具相结合，形成一种自动化生成具有鼓浪屿风格洋楼立面图像的方法。利用该算法，设计师可以快速生成具有鼓浪屿近代建筑立面构成特征的数字建筑群体及图像，为计算机辅助设计提供帮助。

关键词：鼓浪屿；近代洋楼；建筑立面；形状语法；数字生形

1　前言

建筑遗产的形式与空间是建筑学研究的主题之一。建筑遗产的形式受到时间、空间的双重影响。时间维度上，形式决定于时代的文化趋势，是本土历史文化与内涵的具象表达，反映着特定时期的建筑文化潮流。空间维度上，形式受到地域环境的影响，是建筑回应客观条件的表现，展现着建筑遗产在特定环境中的适应性。总结建筑遗产的外在形式特征，挖掘形式原型，可以为建筑遗产的存量保护与增量设计提供有力参考。

“鼓浪屿：历史国际社区”（简称“鼓浪屿”）于2017年成功入选世界文化遗产名录。其遗产区域内拥有大量近代所建的具有中外多元文化融合的建筑以及相对于当时较为成熟的社区生活环境。针对鼓浪屿建筑遗产外在形式的研究，有利于厘清多元文化与本土文化在建筑遗产领域的融合模式，对世界其他在多元文化影响下的历史城区保护研究也有着重要的示范意义。

形状语法（Shape Grammar）作为一种以建筑构成规律为基础研究内容的形式生

国家自然科学基金重点项目：基于复杂系统论的现代闽台地域建筑设计方法提升研究（51878581）。

成系统，可以打通建筑设计逻辑与计算机运行逻辑中间的壁垒。基于以上背景，本文以形状语法逻辑作为基础，总结鼓浪屿典型近代洋楼的立面形式特点，利用数字工具 Grasshopper 设计一种鼓浪屿近代洋楼布局数字生形方法，并将之与 stable diffusion 为工具的 AIGC 图像生成工具相结合，形成一种自动化生成具有鼓浪屿风格建筑立面图像的方法。

2 形状语法立面生成规则

形状语法在 1971 年被 Stiny 与 Gips 提出后[1]，不断得到充实和发展，延伸到了各个相关学科。其主要的应用集中在形状分析与形状生成上。形状语法的基础是数据库与规则，包含库数据、语法体系、参数与输出量等内容，它将抽象的形态转化成简单逻辑，并用规则重组。其核心之一是将具象形态向抽象形态的逻辑推理转化的过程，与计算机程序编写逻辑十分相似。[2] 相关研究包括城市、建筑与景观等多个尺度。城市研究关注城市的地块、道路、界面等内容，如城市地块的距离、宽度、角度等参数，最后形成指导城市设计的软件或工具[3-4]。形状语法在建筑领域的分析逻辑与传统的建筑学图解与语义分析类似，是一种抽象图解的方法。这种方法与建筑学传统图解与语义分析思想类似，但更强调过程简化与本体图解规律的挖掘。过往大部分研究关注于对平面以及功能的生成排布分析。如 2020 年 Mamoli 从建筑功能角度出发，对古希腊和罗马图书馆所作出的平面布局特征分析等[5]。这些案例展现了形状语法在空间联系与空间组合上面的分析优势。国内学者在建筑空间布局与城市生成模型上同样作出了探索[6,7]，2023 年笔者也对鼓浪屿近代洋楼的平面空间布局进行了形状语法分析[8]。

形状语法从分析过程上来看主要分为三个分析步骤：确定初始形状、创建形状规则以及形状重组与推导。学者们将其归纳为以下表达式：

$$SG=(S,L,R,I)$$

其中，S（Shape）为形状集合，L（Lable）为符号/标签集合，R（Rule）为形状规则集合，I（Initial）为初始形状。其中，S 与 L 两个部分为某种特定形状数据集合，在 S 中，各类形状为比较自由的形状，这些形状在后续的变换中，将取 L 集合当中的一种标记方法作为参考，进行下一步的变换。I 为一种初始条件，表示了形状的一个起始状态，通常为一处典型立面形态中心。R 集合包含了从形状 $\alpha\rightarrow\beta$ 的转换过程，在形状语法中被称为 LHS（Left-Hand Site）到 RHS（Right-Hand Site）的过程，通常被表达为 IF-THEN 这样的形式。这个过程的实质是以某个形状作为基础，定义 LHS 部分的形态变化规则，如旋转、平移、延伸等，形成新的形状，被称为 RHS 形态。简而言之，形状语法的过程就是先建立一个形状集合，并相应设置标签，以初始条件为起始，根据规则让形状进行演化。

本研究的研究主体是鼓浪屿近代洋楼的立面。结合形状语法的形式化表达，对形状语法的 SLRI 集合进行合理定义，并对各个部分的参数进行合理转译：①形状（S），以鼓浪屿近代洋楼的核心立面要素的分类作为基础；②规则（R），基于鼓浪屿近代洋楼现有主立面形式变化规则进行归类；③标签（L），与形状结合紧密，用于锚定立面元素的位置；④初始状态（I），为鼓浪屿近代洋楼中最为普遍的主入口位置。

在以上规则的建立下，本文以既有对鼓浪屿近代洋楼的立面研究为基础，进行数字生成的探索。

3 鼓浪屿近代洋楼立面形状语法转译模式

鼓浪屿的建筑群受到福建本土文化与外来文化的影响，立面形式呈现类型多样、多元交融、变化丰富、本土呼应、局部突破等主要特点。尽管立面形态种类与细节较多，但因多数建筑出现在相近的时期，受到同样的建筑流行文化以及相似工匠技艺的影响，呈现出多元但规律的特性[9]。过往学者常将其立面风格分为西洋式、殖民地外廊式、中西折衷式、闽南传统式四种[10-12]，并与闽南建筑的本土地域特征联系紧密。闽南地区洋楼式建筑通常包含“五脚基式”“出规式”“塌岫式”“组合式”等多种组合形态[13]，鼓浪屿近代洋楼常常以这几种形式作为基底，增加部分西洋式的形式组合要素，形成鼓浪屿独特的建筑风貌。在立面形态的细部元素上同样具有较多的组合变化，包含柱式、门、窗、屋顶、栏杆等元素构件。综合此类研究与实地调研，鼓浪屿近代洋楼的立面形式元素表达可以分为基础元素与装饰元素两种。前者包含了诸如翼楼、屋面、外廊、栏杆等常规建筑元素，后者则包含门窗、山花、腰檐等装饰性元素。以此为基础可以建立鼓浪屿近代洋楼立面形状语法转译模式(图1)。

鼓浪屿近代洋楼主入口所在立面的不同形态，将鼓浪屿近代洋楼分为了不同的基础类别。从形状语法的语法规则来看，主入口的立面位置最适合作为一个初始形状来进行立面生成。通过简化抽象，主入口通常位于建筑的地面首层或者带防潮层的首层，其可以被定义为形状语法中的I集合，作为立面生成系统的起点元素。其参数设定以长（$I_{R1\text{-}width}$）、高（$I_{R1\text{-}hight}$）进行表达。通常来说建筑为2层到3层的低层建筑，且墙体上下相连贯通。上层的初始形状可被定义为I_{R2}、I_{R3}等，并与I_{R1}共用相同的长与高的参数。若出现形态变化，则引入一个额外变量I_{ra}作为辅助，这样基本可以覆盖大部分的鼓浪屿近代洋楼主立面的初始生形状态。

以其中的屋顶为例，鼓浪屿近代洋楼的屋面通常有平屋面和坡屋面两种典型形式，并且经常出现组合的现象。在平屋面中，其屋面立面通常围绕一圈栏杆或女儿墙。其基本形状可被设置为S_{pw}类别。平屋面的形状与主立面宽度相同，需要定义的参数仅为高度，即$S_{pw\text{-}hight}$。同时，设置一处标签L_{pw}，以确定屋面与二层初始形状

图1 形状语法转译示例：双面凸式及组合式（单边凸+出规）
图片来源：鼓浪屿世界文化遗产监测中心提供。

I_{R2} 相连。有了以上内容，就可以定义出从初始形状到平屋面立面生成的基本变换规则 R_{pw}。假设建筑为 2 层，则这个变换规则表达为 $\alpha \to \beta$ 的模式，即：

$$R_{pw}: LHS = I_{R2} \to RHS = I_{R2} + S_{pw}$$

其中，R_{pw} 为增加平屋面的形状变换规则，LHS 为初始形状，即主立面 2 层（I_{R2}），RHS 为变换过的形状，即主立面 2 层（I_{R2}）与屋顶的衍生形状（S_{pw}）的组合。将参数引入后，可进一步被表达为：

$$R_{pw}: LHS = I_{R2} \to RHS = I_{R2} + (I_{R2}, t(S_{pw-hight}), L_{pw})$$

其中包含三个主要输入参数，即初始形状 I_{R2}、屋面高度参数 t，参量 $S_{pw-hight}$，以及用于确认屋顶连接部位的标签 L_{pw}。基于这样的变换，就建立了从二层建筑的初始形状生成平屋面的规则 $R0$，其可被包含于规则集合 R 中。以上即是一个最为基础的形状变化案例。

从鼓浪屿近代洋楼的现状来看，将大部分的装饰性构件去除，其立面的原型形态是比较清晰的，这也使得建立基于类别的变换规则成为可能。鼓浪屿近代洋楼的基础形态类别主要差别在中间或两侧形态是否凸出凹进以及柱廊的形态上。鼓浪屿近代洋楼的立面形式常常会出现组合变化的状态，即以其中一种闽南洋楼主立面形态为基础，或是变成单面外廊式，或是叠加另一种类别的元素，形成鼓浪屿比较丰富的主立面形态。郑源禹曾较为系统地归纳了鼓浪屿“折衷式”建筑的立面特征，在闽南地区洋楼的基础上进行了进一步归纳，形成平齐式、凹凸型和组合型三个大类，基本反映了鼓浪屿近代洋楼的主立面形态分类[13]。以此作为基础，可以建立较为复杂的立面形状语法规则。

其中比较典型的例子为凹凸型当中的“出规式”与双面或单面凸（类塌岫式）两种。若建筑的主入口向外突出设置一处宽门廊，则为“出规式”，建筑的单侧或两侧设置翼楼类的建筑形态，则为“双面或单面凸式”。以层次分类基础，可以基于初始形状加屋顶的 R_{pw} 规则进一步设置下一步的形状变换规则，即 R_{cg}（出规）、R_{dmt}、R_{smt}（双面或单面凸）。此类规则重点在于对既有形体进行添加或分割，其步骤与添加屋顶的规则 R_{pw} 类似。以双面凸或单面凸模式为例，分为 3 个步骤。首先将既有的去除屋顶的主立面形状（I_R+I_{R2}）重新看作是一个 S 的组合，称作 S_a。根据变换的需要，确定其两侧或单侧添加翼楼作为凸出的形体，定义翼楼形状 S_{yl}。此时只需要设定翼楼的宽度、高度并根据连接方向设定标签，即可实现单独的变换。最后，如上文所示利用 R_{pw} 规则添加屋顶形状 S_{pw}，宽度参数设置为主体形状与翼楼宽度的叠加，即可实现屋顶的添加。综合以上步骤，就可以创建添加翼楼的规则 R_{yl}，加入 R 规则集合。除了以上基本组合外，还需建立包括基座（S_{jz}）、坡屋面（S_{pwm}）等。这些元素均包含具体的形状与规则。这些基础的形状与规则将鼓浪屿近代洋楼进行了基本形式结构的区分，可归纳为单面凸、双面凸、平齐式、组合式四种主要类别。这些基本的形状与规则可以称为形状集合（$S1$）一级规则集合。

除了上述一级规则外，鼓浪屿近代洋楼在建筑立面细部上有着诸多的元素组合，尽管这些形状并不影响基本形式结构归类，但是极大影响着建筑立面的形式表现。这些元素包括门、窗、柱、栏杆四种主要元素。这四种元素基本在所有的建筑上均有出现。其中，门 S_m 与窗 S_c 的定义较为接近。以门为例，其需要设定自身形状的宽

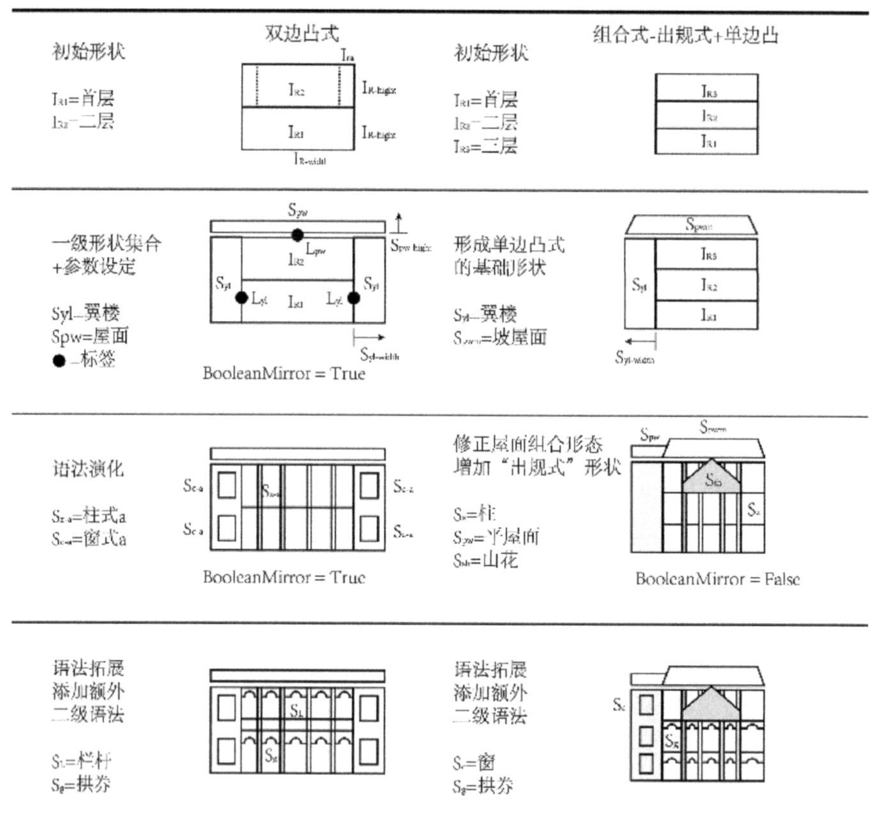

图 2　形状语法转译示例：双面凸式及组合式（单边凸+出规）

度与高度（$S_{m\text{-}length}$、$S_{m\text{-}width}$）以及一个定位标签 L_m。L_m 包含一对相对于建筑主体中心的位置 $L_{m\text{-}a}$ 和参数 $L_{m\text{-}b}$。柱的形状 S_z 包含柱宽、柱高及柱的定位标签三个参数，在此不赘述。S_L 栏杆设置栏杆高与栏杆定位标签以确定栏杆的位置和形态。这四种形状根据形状变化规律分别对应四种规则，可以称为二级规则。除此之外，鼓浪屿近代洋楼中还存在一些特定的装饰性构件元素存在于特定的建筑中，包括山花（S_{sh}）、拱（S_g）、入口台阶（S_{tj}）、壁柱（S_{bz}）、腰檐（S_{yy}）等。这些构件元素会对建筑立面产生较为明显的影响，通常与其连接形状紧密相关。比如山花与入口台阶及主入口位置相关、腰檐位于各层之间、壁柱位于主体形状边界等，均可以使用相应的参数和标签固定其形态。这些元素形状同样也被归纳入二级规则当中。需要说明的是，形状语法的分析转译并不是为了将一个建筑立面事无巨细地进行表达，而是分析主要元素的形状关系，寻找建筑本身的形式原型。所以更为细部的装饰构件诸如窗套、门套、栏杆、宝瓶并不在本文的研究范围内。图 2 为两种立面组合形状语法转译的示例。

综合以上的形状语法转译分析，可以基本归纳鼓浪屿近代洋楼的凹凸式和平齐式两种主要形态集合。语法集合可以被表达为：

$$I = (I_{R1}, I_{R2}, I_{R3})$$
$$S_1 = (S_{pw}, S_{pwm}, S_{y1}, S_{jz})$$
$$R_1 = (R_{pw}, R_{pwm}, R_{y1}, R_{jz})$$

$$S_2 = (S_m, S_c, S_z, S_{sh}, S_g, S_{tj}, S_{bz}, S_{yy})$$
$$R_2 = (R_m, R_c, R_z, R, R_g, R_{tj}, R_{bz}, R_{yy})$$

整体的变换过程则遵循多层级的 $\alpha \rightarrow \beta$ 的规则叠加。最后的立面结果可以被语法归纳为

$$S' = I+R+S$$

S'为最终的形状结果，I、R、S 取各自集合中的内容做叠加，L 标签则包含于规则 R 变换当中。除了常规的平齐式与凹凸式立面，鼓浪屿近代洋楼还大量出现组合式的洋楼。例如中间为平齐式的入口，两侧添加翼楼，或者是在凹凸式中添加“出规式”的入口。其形状语法转译逻辑可在单一的形状基础上并入其他的组合形式。例如出规式+单面凸式的组合可以被简化表达为：

$$S_{zh1} = S_{zh1} + R_{dmt}$$

从整体步骤可以看出，其与计算机建模的步骤与思路基本一致，这也是形状语法可以被转换为数字化生成的基础。

4 鼓浪屿近代洋楼立面形状语法数字实践

随着数字技术的发展，形状语法利用了多种数字工具。本文使用的数字实践工具为 Grasshopper（后文简称 GH），对鼓浪屿近代洋楼立面形状语法数字生成。

基于前文所述的三种主要的立面形式与形态语法的表达式，可以建立 GH 的数字生形规则。形状语法从初始形状 I 集合开始，在 GH 当中同样先确定主入口主体 I_{R1}、二层 I_{R2} 或三层 I_{R3}。三种初始形状均是以方形为主，并不能完全对应变换规则，但都包含宽度、高度等主要参数。在这个基础上，增加建筑的基座与屋面的形状变换，其间主要利用 GH 的各类变换工具，包含几类：（1）尺寸类，用以确定各类形状的形态方式，如宽度、高度等；（2）数量类，如柱子的数量、门窗的数量等；（3）定位类，通常与定位标签相关，以与主入口原点坐标的相对位置为参考；（4）变换类，如对称规则、旋转规则、移动规则等。

语法转译设计的规则变化非常复杂，经常出现大规则当中包含小规则的情况。所以如笔者在之前进行鼓浪屿近代洋楼平面探索的研究当中采用为各个规则与基础形状建立相应的 GH 功能包的方法，这些功能包当中预留一系列的参数接口，以实现立面的生成。这样的方法尤其适合用于组合式的立面生成。通过连接单独的功能包，可以加入诸如额外的壁柱、山花等构件，实现各种立面情况的复杂情况叠加，来表达鼓浪屿主流的立面变体。这里亦相应采用此方法。

如前所提及，形状语法是一种对原建筑形式的语法简化，更偏向于建立一个基本的原型。利用 GH 的生成模型可以较为快速地生成此类具有原建筑基本特征的“原型模型”，或者称为“简模”。更为复杂的生成则可以借助 AIGC 图像生成工具来完成。本研究借助 Stable Diffusion 图片生成软件进行了一定的探索。AI 模型采用来源于互联网的近代中国建筑大模型，借助其中 ControlNet 插件，可以对生成的“简模”图片作为控制基础来给“简模”赋予更多的建筑细节。输入的图片包括一个“鼓浪屿近代洋楼立面简模”与鼓浪屿建筑参考图，其生成结果如图 3～图 5。可以发现，其建筑的基本结构和简模较为相似，基本达到了预想的生成仿鼓浪屿近代洋楼立面图片的目标，但细部表达以及与形体的契合度仍有待提升。

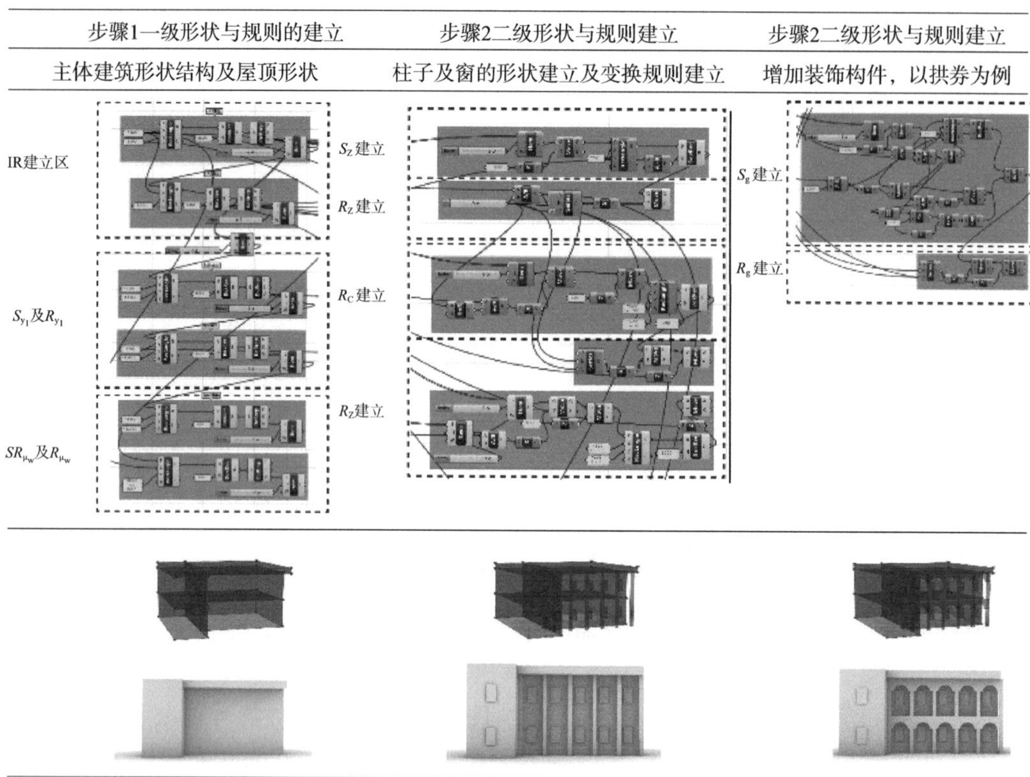

图 3　数字生成基础步骤示意：单边凸式

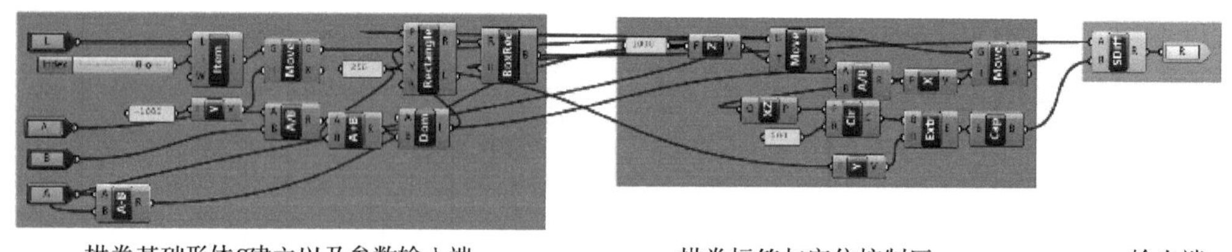

图 4　拱券生成功能包示意

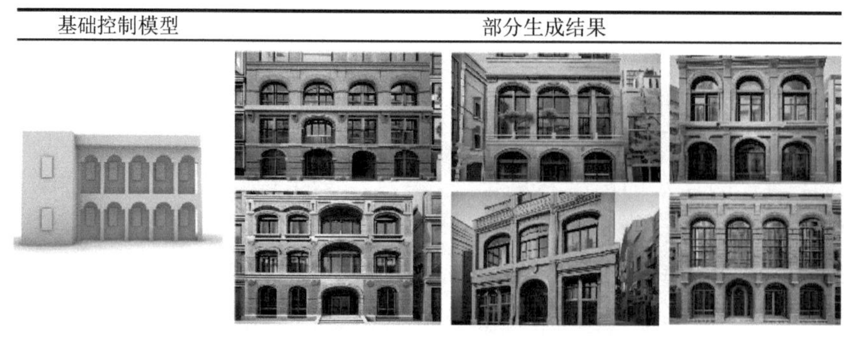

图 5　仿鼓浪屿近代洋楼立面 AI 生成初探结果

5 结论与展望

鼓浪屿作为历史城区中的建筑遗产，是一种十分复杂的遗产类型。鼓浪屿如今正面临着风貌保护的快速发展期，其中大量空地、建筑单体的修缮被提上日程。从管理者视角来看，希望能够从文化的角度出发制定鼓浪屿的风貌保护方法，一方面借助数字化归档提升遗产地资料的丰富度，另一方面利用数字化技术宣传鼓浪屿风貌，进行鼓浪屿建筑修缮，使得修缮、复建、新建的建筑能够融入鼓浪屿整体的建筑遗产风貌当中。

形状语法作为一种典型的使用类型学对建筑遗产群体进行分析的方法，是将量化与图解思维引入类型学中的良好方式，强调建筑形式中包含的关于立面元素的组合模式的表达与立面原型的挖掘。本文试图将规则推理、数据变化等纳入鼓浪屿建筑遗产数字化的范畴，将形状语法与数字化生形技术相结合，以理性主导文化挖掘，建立一种立面生成模式的可能性。另外也希望为鼓浪屿近代洋楼的立面类型作出不同角度的总结与量化。以空间组合的形状语法成果作为基础进行的建筑遗产的数字形态生成，可以将抽象的立面组合特征进一步转化为具象的立面模型或者是图像，更有利于鼓浪屿建筑遗产的文化属性表达。在未来的研究中，将从变体的丰富度、三维模型的建立与近代洋楼细部设计几个方面进行额外的形状语法研究拓展。

参考文献

[1] Stiny George, James Gips. Shape grammars and the generative specification of painting and sculpture [J] IFIP Congress, 1971 (2): 125-135.

[2] 谢晓晔，丁沃沃．从形状语法逻辑到建筑空间生成设计［J］．建筑学报，2021（2）：42-49.

[3] Duarte J P, J M Rocha, and G D Soares. Unveiling the structure of the marrakech medina: a shape grammar and an interpreter for generating urban form [J]. Ai Edam-Artificial Intelligence for Engineering Design Analysis and Manufacturing, 2007 (21): 317-349.

[4] Vaz C E V, M G C Celani, and J M P Duarte. An ontology representing roberto burle marx's landscape design solutions [C] //Proceedings of the 16th International Conference on Computer-Aided Architectural Design Research in Asia (Caadria 2011): Circuit Bending, Breaking and Mending, 2001: 389-398.

[5] Mamoli M. A shape grammar for the building-type definition of the ancient Greek and Roman library and the evaluation of library plans [J]. Ai Edam-Artificial Intelligence for Engineering Design Analysis and Manufacturing, 2020 (34): 191-206.

[6] 侯丹．建筑空间形态的语法化生成研究［D］．天津：天津大学，2019.

[7] 熊璐，张红霞，冷天翔．形状语法参数化城市设计模型初探：以江南水乡滨水空间生成为例［J］．新建筑，2018（4）：24-27.

[8] Zhang Kehan, Na Zhang, Fengmei Quan, et al. Digital form generation of heritages in historical district based on plan typology and shape grammar: case study on Kulangsu Islet Buildings [D] 2023, 13 (1): 229.

[9] 钱毅，魏青．近代化与本土化：鼓浪屿建筑的发展［J］．建筑史，2017（1）：151-161.

[10] 梅青．鼓浪屿的世界文化遗产价值研究［M］．上海：同济大学出版社，2018.

[11] 钱毅．从殖民地外廊式到“厦门装饰风格”鼓浪屿近代外廊建筑的演变［J］．建筑学报，2011（S1）：108-111.

[12] 王唯山．鼓浪屿历史风貌建筑保护规划［J］．城市规划.

[13] 郑源禹．鼓浪屿近代“厦门折衷式”建筑立面研究［D］．华侨大学，2023.

基于生成式AI辅助的建筑设计研究——以Stable Diffusion为例

Research Based on Architectural Design Assisted by Generative AI Take the Stable Diffusion as an Example

郑　斐[1]　晏广阔[1]　高辰德[1]　仝　晖[1]
1. 山东建筑大学

摘　要：本文将生成式人工智能Stable Diffusion融入建筑设计过程中，通过LoRA模型训练和参数调整实现建筑形态生成、建筑效果图的控制性表达，辅助建筑师方案设计并提高设计效率。首先介绍了Stable Diffusion软件以及该软件介入建筑设计的流程；其次，建立了从信息收集到信息筛选、信息转化的Stable Diffusion介入建筑设计的应用流程；最后，将Stable Diffusion软件应用到实际设计项目中，通过快速生成多个建筑形态方案以及效果图，减少方案反复修改的过程，提升工作效率。通过研究，希望为AI辅助建筑设计实践和研究提供方法指导。

关键词：人工智能；Stable Diffusion；建筑设计

1　引言

在传统的建筑设计过程中，设计师与委托方主要借助草图、草模等媒介进行交流，委托方将自己的建造需求通过语言描述、意向图等形式传递给设计师，设计师根据委托方提供的信息结合自己的设计经验与专业知识进行设计，将初步设计反馈到图纸上后与委托方进行交流。在这个过程中，由于传递的信息较为抽象且复杂，往往会导致重复性的设计工作，进而拉长设计周期、降低工作效率等。

在建筑行业发展过程中，为了提升建筑师的工作效率，一些计算机辅助设计的专业绘图软件和参数化辅助设计软件应运而生[1]，建筑师经历了从“抱图板”到电脑绘图的工具升级[2]。随着人工智能技术的不断发展，研究者们开始尝试将其应用到建筑设计中，从早期威廉·米切尔用形式语法来描述建筑方法的尝试[3]，到爱德华·费根鲍姆开发的专家系统辅助建筑师基于案例推理建筑设计[4]，再到以深度神经网络和卷积神经网络为基础的人工智能系统以协同的方式与建筑师共同参与建筑设计[5]，越来越多的人工智能系统以及软件被不断开发出来，为建筑师提供了更多样的工具选择。当前，以Stable Diffusion软件为代表的生成式人工智能工具，将扩散模型与提示词工程相结合，能够通过输入描述性文字或参考图片方式快速生成建筑方案图像[6]。Stable Diffusion以强大的模型算法、简洁的操作界面、较快的

住房和城乡建设部科学技术项目（2022-K-184）；山东建筑大学博士科研基金项目（X22055Z）；山东省自然科学基金面上项目（ZR2020ME213）。

生成速度等优势而广泛应用于数学、建筑学、美术摄影等领域，为人工智能辅助建筑设计提供了有利条件。

2 Stable Diffusion 辅助建筑设计

2.1 Stable Diffusion 介绍

Stable Diffusion 是一种深度学习文本到图像的生成模型，于 2022 年由 Stability AI 公司以及一些学术团体联合发布，主要应用场景是根据文本描述生成详细的图像[7]。Stable Diffusion WebUI 是一个为 Stable Diffusion 模型设计的用户界面，它让用户能够通过网页界面来交互地生成图像。这个界面通常包括图生图、文生图等基本功能。此界面的设计目的是让用户在不需要深入了解技术细节的情况下可以便捷地使用 Stable Diffusion 模型，这为建筑师使用 Stable Diffusion 辅助建筑设计提供了技术支持。

2.2 Stable Diffusion 介入建筑设计

在一般的建筑设计过程中，委托方会将自身的设计需求以语言、文字、图片等形式传递给建筑设计师，建筑师将收集的信息进行整合并根据设计经验进行初步设计，在这个过程中会不断进行内反馈（即建筑师内部的反复推敲方案的过程），最终以草图纸、模型及语言描述的方式与委托方进行交流。由于传递的信息较为抽象或表达不准确等，往往会在得到委托方的反馈意见后进行外反馈（即从委托方获得信息，建筑师设计并通过图纸等形式传递给委托方的反复过程），这会导致重复性的设计工作（图 1）。

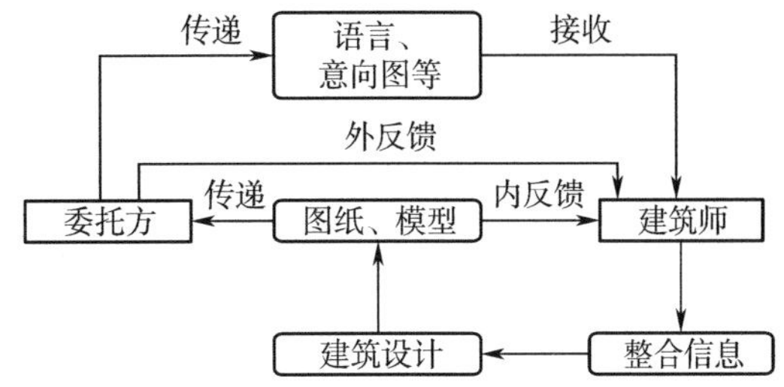

图 1　一般建筑设计过程

当前，在建筑设计领域，人工智能的发展还未达到完全主导建筑设计的阶段[8]，Stable Diffusion 作为一种基于人机交互的人工智能软件同样需要建筑师进行一定的操作，因此，Stable Diffusion 介入建筑设计主要是在建筑师收集信息到输出图纸的阶段（内反馈，图 2）。利用 Stable Diffusion 工具可以缩短内反馈过程，快速输出高质量的图纸，缩短外反馈过程，减少重复性的设计工作，提升建筑师的工作效率。

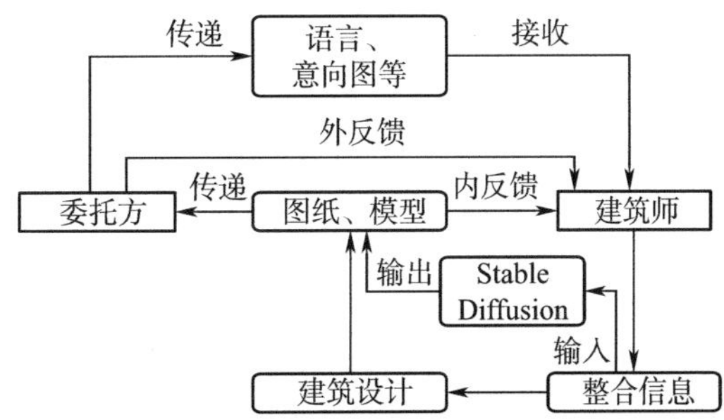

图 2　Stable Diffusin 介入建筑设计的过程

2.3 Stable Diffusion 辅助建筑设计应用流程

Stable Diffusion 辅助建筑设计主要是将设计过程中所收集的相关信息转化成能读取的格式，并通过算法将输入的信息以图片的形式表达出来（建筑形态或效果图），主要包括四个过程：信息收集、信息筛选、信息转化、方案生成（图 3）。

2.3.1 信息收集

建筑师与委托方在前期沟通过程中的信息收集是整个建筑项目能否成功的关键步骤[9]。在前期与委托方沟通阶段，为提高效率，建筑师可以采用录音方式将对话

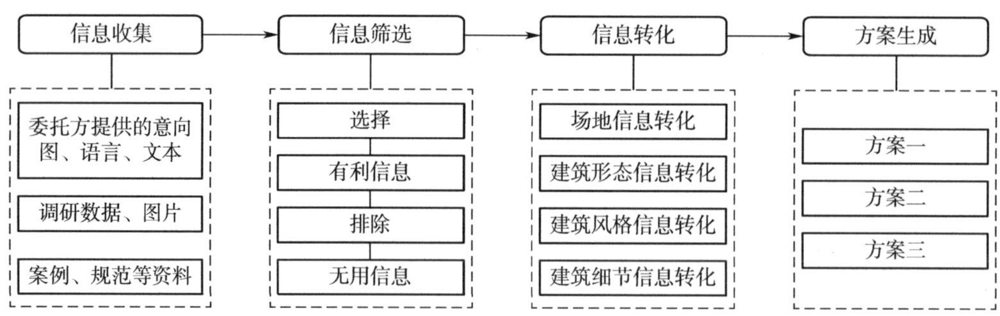

图 3　Stable Diffusion 辅助建筑设计应用流程

内容转为文本形式，设计师借此快速概括设计需求和提取核心关键词。除与委托方沟通交流获得信息外，建筑师需要通过现场调研、目标建筑类型资料收集等方法来获取场地环境资料，以拍照或文本记录方式提取关键数据为后续工作奠定基础。

2.3.2　信息筛选

在前期信息收集完成后，建筑师需要将委托方提供的语言、意向图等信息以及通过调研得到的资料综合起来，分类筛选，确保信息精准度，减少信息传递中的误差。

2.3.3　信息转化

信息转化阶段是确保 Stable Diffusion 技术能对接收到的信息进行有效学习和生成的关键一步。此阶段的目标是将建筑师通过详细调研和筛选获得的信息，转换为能够为 Stable Diffusion 算法所理解和处理的格式，主要包含场地信息转化、建筑形态信息转化、建筑风格信息转化、其他细节信息转化四部分（图 4）。

（1）场地信息转化

场地信息转化是将会对建筑设计产生影响的场地信息转化为 Stable Diffusion 能够理解的参数或者图像，为 Stable Diffusion 提供精准、完整的数据输入。通过转换，Stable Diffusion 不仅能考虑地形的实际高差和地形特征，还能适应不同气候条件下所需的空间设计参数，确保方案的合理性。

（2）建筑形态信息转化

设计师根据委托方提供的意向图、语言描述等信息以及自己的理解和思考，提取关键的形态设计要素。这些要素可以包括建筑的体量、界面、开口等基本形态特征，如建筑面积、层数、空间组织等可转

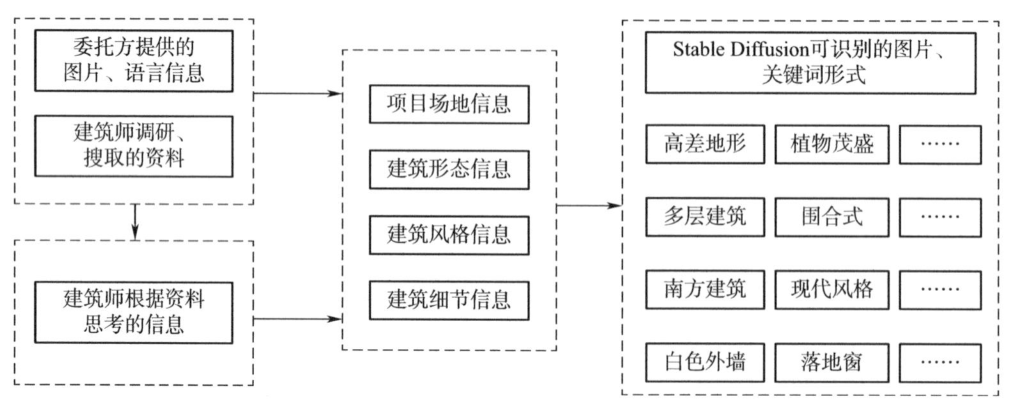

图 4　信息转化

化为形容词和名词的组合关键词，以便与 Stable Diffusion 的文本到图像的生成能力相匹配。

（3）建筑风格信息转化

委托方的建筑风格偏好是设计中必不可少的部分。设计师要根据委托方提供的意向图、语言描述等信息以及自己的理解和思考，提取关键的建筑风格设计要素，并将这些要素转化为 Stable Diffusion 能够关联的图像数据库中的关键词或风格标签，以便生成具有相应风格特征的建筑图像。

（4）其他细节信息转化

最后，还需要设计师根据委托方提供的意向图、语言描述等信息以及自己的理解和思考，对建筑材料、颜色、纹理、局部空间等建筑设计要素进行转换，以支持 Stable Diffusion 进行更为精细和具体的设计图像生成。

2.3.4 方案生成

在方案生成阶段，首先需要对 Stable Diffusion 模型进行参数训练，确保生成的结果最大限度地符合设计意图。其次，需要将经过转化的场地信息、风格关键词、建筑形态特征描述信息等输入 Stable Diffusion 模型，快速生成多个设计方案。最后，建筑师需要对输出的方案进行筛选与迭代，从中选择最符合目标的方案并进一步迭代和细化。同时，建筑师可以将委托方的意见与自己的专业知识结合起来，对输出方案进行改进，重复上述步骤以生成最终的设计方案（图 5）。

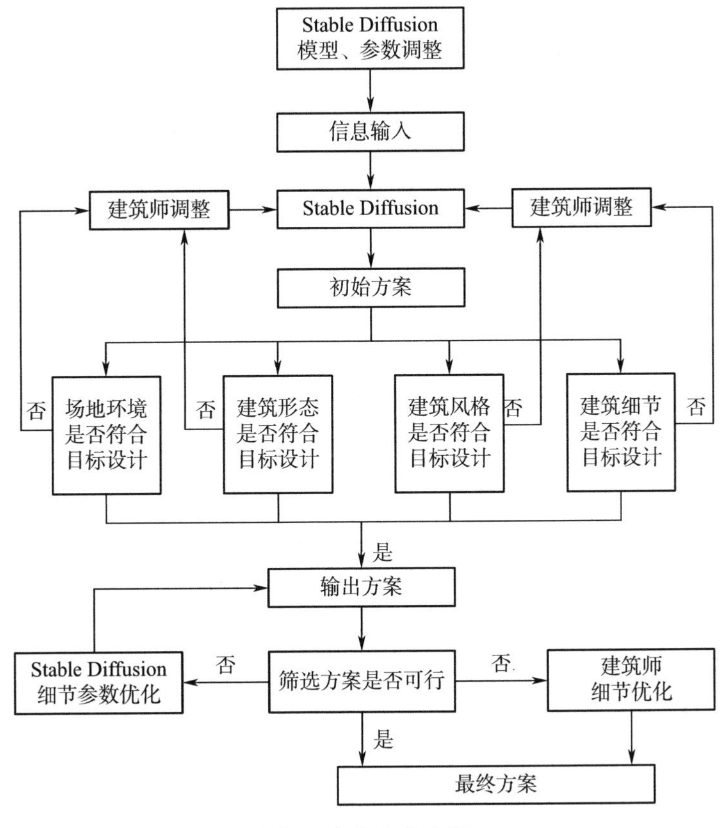

图 5 方案生成流程

3 基于 Stable Diffusion 辅助的建筑设计

3.1 项目概况

项目位于山东省菏泽市某处，总用地面积约 4 万 m^2，东边紧邻高速出入口，北边为道路，南边与西边为田地，视野开阔，地势平坦、交通便利，在此拟建一个兼融中国传统元素与现代智能科技的汉服展览馆。

3.2 信息收集与筛选

在信息收集阶段，团队首先采取录音方式详细记录委托方的要求，获得委托方的建筑意向图和项目用地相关资料。其次，确定了项目的基本方向和范围，并从场地和文化两个方面进行数据调研。在对项目用地调研中采取拍照、手绘草图和现场测量等方式获取场地地理位置、交通连通性、周边环境，以及地方文化特征等基础信息；在文化调研中，通过参观学习、拍照记录的方式梳理当地汉服文化的历史脉络和当代发展，获取当地汉服文化的确切信息。除此之外，团队还通过网络对汉服文化以及展览类建筑进行资料补充。最后，通过多轮内部讨论将收集的信息进行筛选和整理（图 6），确保数据的精确性和相关性。

3.3 信息转化

在完成项目要求和场地条件等信息收集并经过审慎筛选之后，下一步是将这些信息转换成 Stable Diffusion 模型能够处理的关键词或图片。首先是根据之前筛选的信息，结合设计意向，团队内部讨论得出

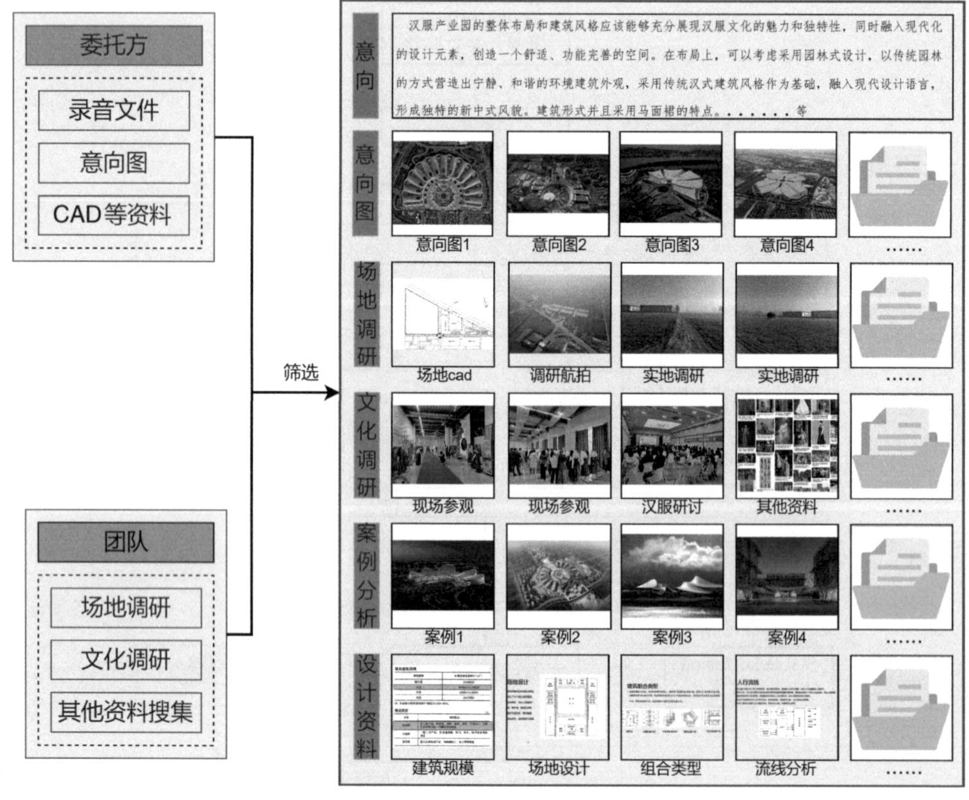

图 6 信息收集与筛选

四类控制方案生成的提示词（图 7）。考虑到人和人工智能识别的差异性，为减少误差，采取了 Stable Diffusion WD1. 4TAG 功能进行提示词补充，该功能能够将前期整理的图片资料批量处理，快速识别图片中的内容并反推出提示词。在这个过程中需要人工筛选提示词，将合理的提示词分类整理到之前的四类提示词当中，从而形成初始的建筑方案生成提示词库（图 8）。

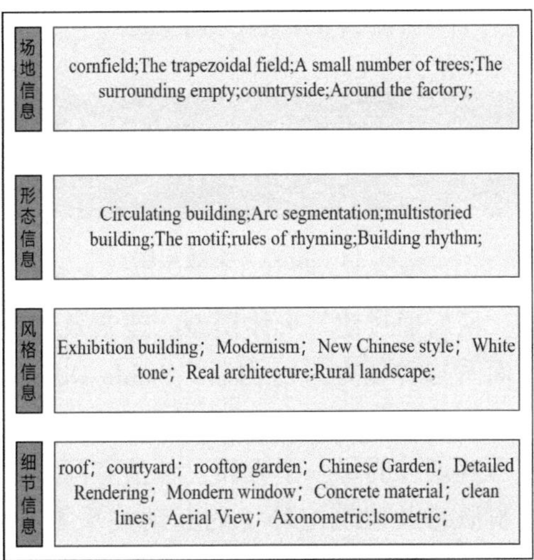

图 7　初始提示词库

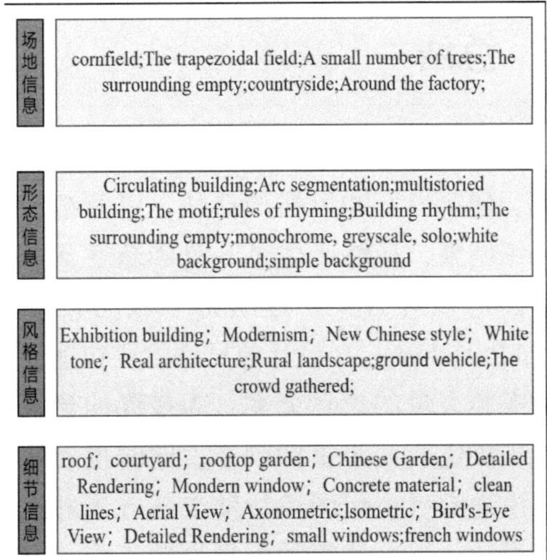

图 8　最终提示词库

3.4　方案生成

3.4.1　确定设计方向

首先，根据收集到的信息，团队内部进行讨论，采取弧形围合式的建筑布局来回应不规则的场地，建筑顺应场地布局的同时使南侧拥有连续的沿街界面。其次，根据委托方提供的意见意向图以及对汉服文化表达的考虑，建筑体量作化整为零处理，扇形的建筑体量既是对汉服马面裙的转译，也使连续的界面形成节奏韵律的变化。最后，确定设计方向并绘制草图作为参考（图 9）。

图 9　部分设计草图

3.4.2　形体生成

团队应用 Stable Diffusion 辅助建筑形体生成，提供多样的设计选择空间。首先对 Stable Diffusion 模型、迭代次数等参数进行设置，并用自训的建筑形体 LoRA 模型进行控制。随后，将前期转化的控制场地和建筑形态的关键词输入 Stable Diffusion 模型，使用文生图功能生成 200 多个建筑形态初步方案（图 10）。接着团队对第一轮生成的方案进行分析和评估，选择最符合设计方向的建筑形体方案，并调整 LoRA 模型、关键词、控制参数，使用图生图功能参考选择出的建筑形态进行第二轮迭代优化，生成三组更加注重细节和建筑语言表达、更为精细化的建筑形态方案（图 11）。

图 10　第一轮部分生成方案

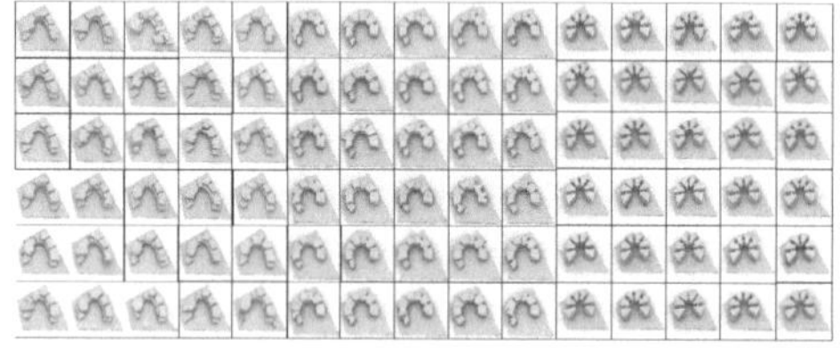

图 11　第二轮方案迭代优化

3.4.3　手工细化

由于 Stable Diffusion 模型本身具有对训练数据的依赖性、生成结果的不确定性和创意表达的限制，经过团队内部讨论，在三组细化的建筑形态方案中选择最符合设计目标的形态方案进行手工细化，包括对建筑体量、比例与场地关系等进行精确调整，得到三个最终方案建筑形态（图 12）。并依据规范和人流组织、动静分离等原则合理布置功能分区，绘制初步建筑平面图，同时对场地进行初步的布置考虑。

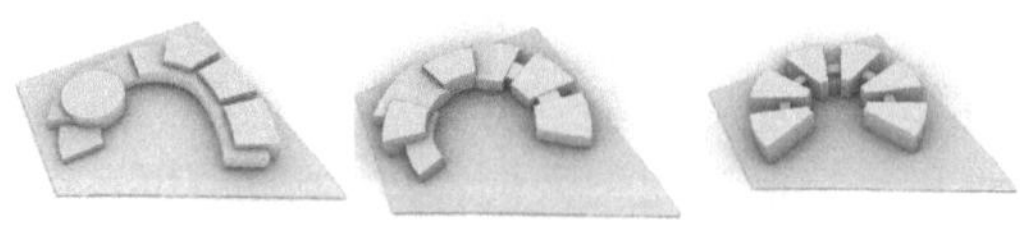

图 12　最终方案建筑形态

3.4.4　效果图生成

将三个最终建筑形态导入 Stable Diffusion 模型，使用 ControlNet 功能固定建筑形态和轮廓，并调整参数，输入风格关键词进行建筑效果图快速生成（图 13），从三组建筑效果图中选取最符合设计理念的三张作为最终方案，并再次导入 Stable Diffusion 模型，调整参数进行细化与迭代生成，对建筑的细节如门窗、立面材料等进行精细调整，以增强建筑的整体质感和实用性，得到最后的建筑方案效果图（图 14）。

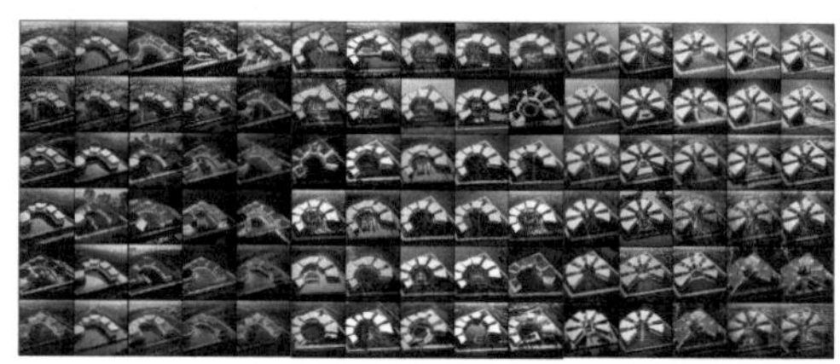

图 13　建筑效果图生成

图 14　最终方案效果图

最后通过建筑形体模型、建筑效果图、平面图与委托方进行沟通，Stable Diffusion 输出高质量的效果图可以帮助委托方更好地理解设计的每一个方面，包括空间效果、材料质感及建筑与环境的互动关系等，最终沟通确定了方案三，并进行后续的手工细节优化。

4　总结

通过利用 Stable Diffusion 进行参数优化、建筑形态和风格的迭代，以及细节的精细调整，最终产生了既具创新性又具实用性的设计方案。建筑师不仅可以利用 Stable Diffusion 在设计的早期阶段快速探索和实验大量的设计方案，为最终的建筑设计提供优质而丰富的创意，同时也能输出高质量的可视化图像帮助委托方更好地理解设计，减少建筑师重复性的工作，缩短设计周期。与此同时，Stable Diffusion 的应用也带来了一些挑战，包括模型训练的数据依赖性、生成结果的不确定性和创意表达的限制等。Stable Diffusion 在建筑设计领域的应用展现了人工智能技术的巨大潜力，它为建筑师提供了一个强大的工具，以探索未来建筑的无限可能。

参考文献

[1] Chaillou Stanislas. Artificial intelligence and architecture: from research to practice [M]. Berlin: Walter de Gruyter GmbH, 2022.

[2] 李茜茜，薛滨夏，李罕哲，等．数字技术背景下建筑设计范式演进 [J]. 新建筑，2022 (6): 92-97.

[3] 谢晓晔，丁沃沃．从形状语法逻辑到建筑空间生成设计 [J]. 建筑学报，2021 (2): 42-49. DOI: 10. 19819/j. cnki. ISSN0529-1399. 202102007.

[4] Yu Q, Malaeb J, Ma W. Architectural facade recognition and generation through generative adversarial networks [C] //2020 International Conference on Big Data & Artificial Intelligence & Software Engineering (ICBASE). IEEE, 2020: 310-316.

[5] 孙澄，曲大刚，黄茜．人工智能与建筑师的协同方案创作模式研究：以建筑形态的智能化设计为例 [J]. 建筑学报，2020 (2): 74-78. DOI: 10. 19819/j. cnki. ISSN0529-1399. 202002012.

[6] 李嘉颖，赵虹云，吴佳昱，等．基于 AI 辅助建筑设计技术的乡村小型建筑设计的讨论与探索：以 Stable Diffusion 为例 [C] //全国高等学校建筑类专业教学指导委员会，建筑学专业教学指导分委员会，建筑数字技术教学工作委员会．兴数育人 引智筑建：2023 全国建筑院系建筑数字技术教学与研究学术研讨会论文集．湖南大学建筑与规划学院，2023: 4. DOI: 10. 26914/c. cnkihy. 2023. 091754.

[7] 深入浅出完整解析 Stable Diffusion (SD) 核心基础知识 [EB/OL]. https: //zhuanlan. zhihu. com/p/632809634.

[8] 郑斐，张象龙，王月涛．人工智能介入建筑设计的应用模式研究 [C] //全国高等学校建筑类专业教学指导委员会，建筑学专业教学指导分委员会，建筑数字技术教学工作委员会．兴数育人 引智筑建：2023 全国建筑院系建筑数字技术教学与研究学术研讨会论文集．山东建筑大学，2023: 5. DOI: 10. 26914/c. cnkihy. 2023. 091742.

[9] 张昱宇，史震宇，张鑫．AIGC 技术优化室内设计工作流方法研究：以 Stable Diffusion 与 Vega AI 为例 [J]. 江苏第二师范学院学报，2024, 40 (2): 19-29.

基于数据驱动算法的居住空间单人用能行为数据研究

Pilot-study on Single-person Energy Use Behavior Date in Residential Spaces Based on Data-driven Algorithms

罗思阳[1] 肖毅强[1,2] 林瀚坤[3]

1. 华南理工大学建筑学院
2. 亚热带建筑与城市科学全国重点实验室
3. 广东工业大学建筑与城市规划学

摘　要：准确的建筑能耗预测和居住者行为对建筑节能都有重要影响，受到越来越多的关注。本研究通过单人生活实验室收集每小时的环境数据、居住者占用状态、用电设备使用时长以及建筑各分项能耗四种数据，通过相关性分析提取变量，基于四种数据驱动算法构建单人能耗预测模型。通过实验分析，发现实验期间空调能耗占比最高。提取了与建筑总能耗强相关的5个变量，有三种算法的能源预测模型准确度均达0.8以上，其中以随机森林算法的准确度最高；当提取13个相关变量时，所有算法的预测准确度提升，其中随机森林算法的准确度达到0.949。实验结果进一步反映了居住者与建筑设备交互特征，为之后的建筑能耗预测提供框架及输入变量等方面的参考。

关键词：数据驱动算法；建筑能耗预测；生活实验房；用能数据；单人能耗

1　引言

居住者行为被列为影响建筑能耗的六大原因之一，同时它也是预测能源消耗和实际能源消耗之间差异存在的重要原因[1]。由于居住者行为具有复杂性、随机性和多样性，不同居住者之间由于生活方式、热感觉等的不同，产生的用能行为也不一样，进而带来不同的建筑能耗，因此将居住者行为与建筑能耗进行并行研究是必要的。随着用能行为研究的逐渐深入，越来越多的学者开始关注建筑中的多种用能行为之间的联系及其对用电量的影响。根据国内外文献研究得出，目前主要研究的居住建筑用能行为包括采暖/制冷行为、窗户行为、照明行为、设备行为、热水行为、烹饪行为、清洁行为七种。居住者行为数据获取方法有原位测量、实验室测量以及调查测量三种，其中实验室研究通常是指在控制良好的室内环境中，如多种数据收集技术集成的生活实验室，不仅控制居住环境变量，还能收集更全面的信息[2]。生活实验室研究将会更有利于多种用能行为数据与建筑分项能耗的观察。

本次针对能耗预测采用的是数据驱动模型，它是通过统计分析相关数据和机器学习算法来评估和预测建筑能耗。常见的

国家自然科学基金项目：湿热地区建筑气候空间系统的多要素协同作用模式研究（52078214）。

数据驱动算法有多元线性回归（MLR）、支持向量机（SVM）、决策树、K最近邻（KNN）、人工神经网络（ANN）、随机森林（RF）等。基于数据驱动的能耗预测克服了基于物理模型能耗预测的局限性，可依靠实测数据或历史数据进行预测，提高能耗预测所需变量的精度，在能耗预测方面应用越来越多[3,4]。

此次研究搭建了单人生活实验房能源监控系统，并对收集的数据进行分析。将居住者占用状态、环境信息、建筑能耗数据等参数作为模型的输入变量，对输入变量与建筑每小时总能耗进行相关性分析以来选择相关变量。并通过MLR、SVM、RF和bp神经网络构建预测模型（图1）。

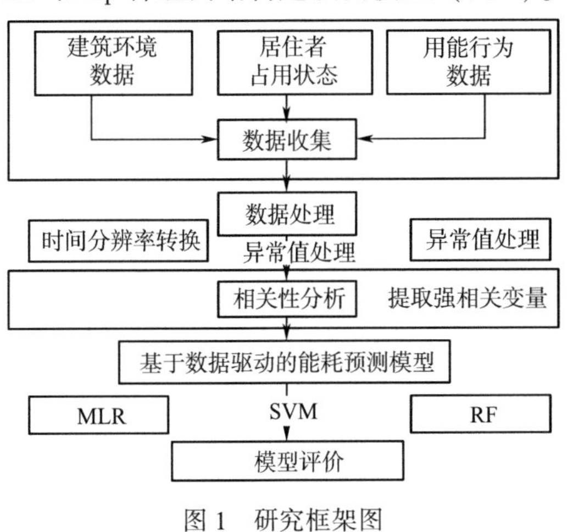

图1　研究框架图

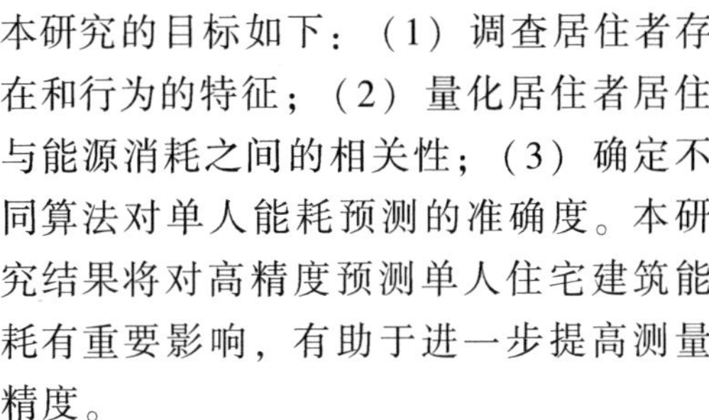

本研究的目标如下：（1）调查居住者存在和行为的特征；（2）量化居住者居住与能源消耗之间的相关性；（3）确定不同算法对单人能耗预测的准确度。本研究结果将对高精度预测单人住宅建筑能耗有重要影响，有助于进一步提高测量精度。

2　方法与材料

2.1　实验设置与数据收集

本次实验在华南某大学的屋顶生活实验平台中进行。如图2所示，该平台由2.75m×3m的起居空间和1.2m×3m的洗浴空间组成，实验室内包括室内环境控制设备（空调、新风系统、风扇）和照明系统，以及各种电器家具，旨在提供典型的单人居住环境。

如图3所示，监测的环境数据包括室内外温湿度、室内CO_2浓度、室内$PM_{2.5}$浓度以及室内外照度共六种；用能行为包括空调行为、门窗行为、烹饪行为、生活热水行为、设备行为、清洁行为，其中除门窗行为数据采用门窗传感器获得、空调能耗采用实验房自带的精密空调系统获取外，其余行为均采用智能插座进行监测。

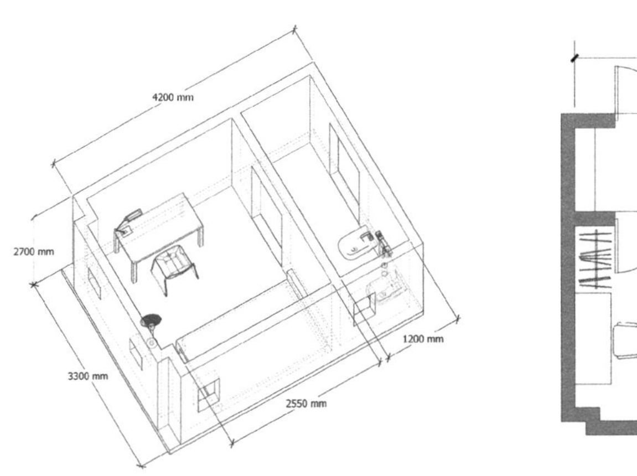

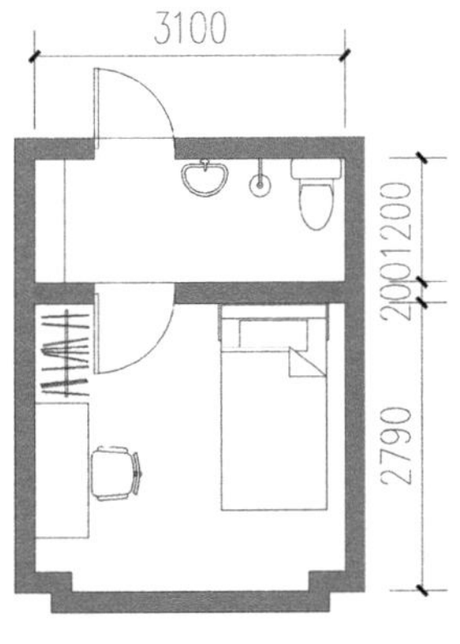

图2　生活实验房简图

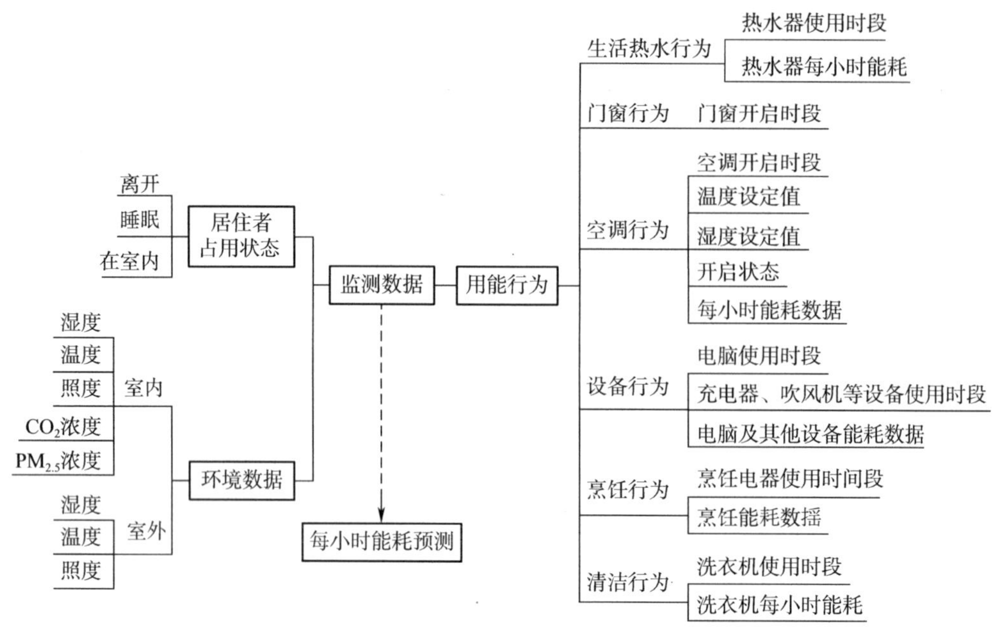

图 3　监测数据示意图

用能行为数据有两种：一种是智能插座每小时收集的能耗数据，另一种是使用智能插座时根据电流功率的变化来获取用电设备每小时使用的时间段。居住者占用状态有三种，分别为离开、在室内和睡眠，通过每天填写一次的活动数据表、门感应器数据以及智能手环监测数据综合获得。

实验在广州过渡季 4 月份进行，实验对象共 2 人，实验时间段为 2024 年 4 月 19 日到 4 月 30 日，人均实验时长为 5 天。在实验期间中要求受试者在实验房中继续进行最近的学习工作任务，可以自由进出生活实验平台，根据个人喜好控制室内环境调控设备和电器，要求一定在生活实验室内进行的只有一餐的进食行为和睡觉。本次实验为预实验，是为后续研究工作开展进行基本测试（表 1）。

2.2　数据预处理

本次实验结果的预处理方法有三种：（1）数据时间分辨率转换：本次研究需将收集的 1min 时间分辨率的数据通过求取平均值转换成 1h 时间分辨率的数据，例如环

表 1　生活实验室环境与能源数据检测传感器

参数	传感器	范围	准确性	采集频率
电力消耗	S1 智能 WIFI 计量插座	0～99999kWh	±1%	1min
门窗开启	WIFI 门磁 CB3S	50m	≤15mm	1min
$PM_{2.5}$ 浓度	室内空气质量变送器	0～1000ug/m^3	±3% FS	1min
CO_2 浓度		0～5000ppm	±（50pm+3% F · S）	
空调能耗	精密空调系统	—	—	1min
温度湿度照度	RS485 光照温湿度计	0～200000lx	±4%	1min

境数据、占用状态等。（2）异常值处理：检测异常值后进行置空或填补为其他有效值。（3）数据集拆分：数据分析之前，先将数据按 7 : 3 分成训练集和测试集。训练集用于训练模型的数据集；测试集用于评估最终模型的数据集。

2.3 数据驱动算法

多元线性回归（MLR）、支持向量机（SVM），随机森林（RF）算法和 bp 神经网络是数据驱动模型算法中的典型算法，广泛用于预测建筑物的能耗[5,6]。多元线性回归（MLR）是建立因变量与多个自变量之间关系模型的回归分析算法。由于其易用性，MLR 模型一直用于预测建筑物的能源负荷[7]。SVM 是一种二类分类模型，它的基本模型是在特征空间上的间隔最大的线性分类器，其学习策略是间隔最大化，在机器学习、数据分类和预测等方面都很流行[8]，适合多维度的小样本，特别是具有非线性性质的数据。随机森林 RF 是一种集成预测模型，由一组不同的回归树（CART）组成。RF 通过使用一组树而不是单个树进行预测，而且使用训练数据集随机化和输入变量集随机化来增强树的多样性，缓解每棵树的不稳定性问题。bp 神经网络是一种多层的前馈神经网络，其主要特点是：信号前向传播，而误差反向传播，是目前应用最广泛的神经网络模型之一[9]。本次实验通过数据监测获得环境数据、居住者占用状态、用能行为数据，采用数据驱动算法来对每小时能耗进行预测。

3 结果

3.1 识别居住者用能数据与环境数据

实验期间室外平均温度为 25.6℃，平均湿度为 88%，天气状况为阴天有雨，室内平均温度为 25.2℃，平均湿度为 52%。通过实验前后对受试者的采访以及活动记录表得到，两位受试者在实验期间主要进行的是与电脑相关的学习工作，每天至少进行一次室内烹饪活动，因为环境限制，会尽量减少洗澡时长。受试者表示在实验房中因天气原因，长期使用空调，并考虑隐私，窗户大部分时间处于关闭状态，只能通过开启空调系统的制冷系统、除湿系统和新风系统来调节室内环境。

如图 4 所示，居住者占用状态比例为：在室内 : 睡眠 : 外出 = 2 : 2 : 1。从能源总组成来看，空调制冷能耗占比最大，达 85% 以上，其次是照明能耗和电脑能耗。两位受试者的空调设定温度差别不大，为 25～26℃，湿度设定值范围为 40%～60%，平均湿度设定值为 52%。如图 5 所示，空调能耗的变化是空调系统中除湿模式的开启以及湿度的设定值导致的。

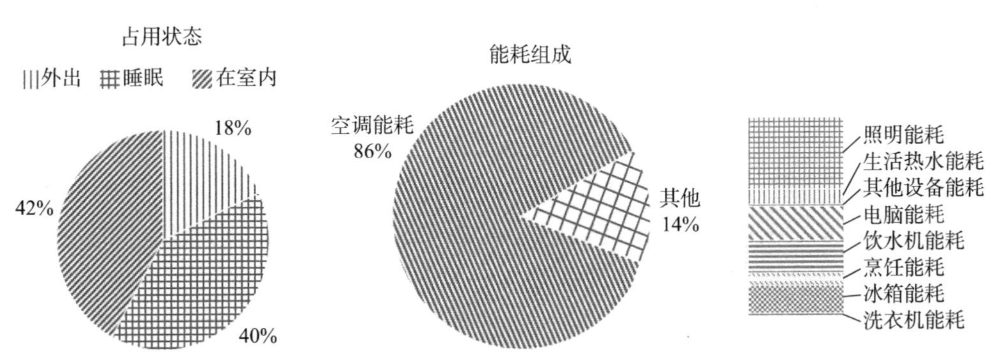

图 4 实验期间占用状态及能耗总组成图

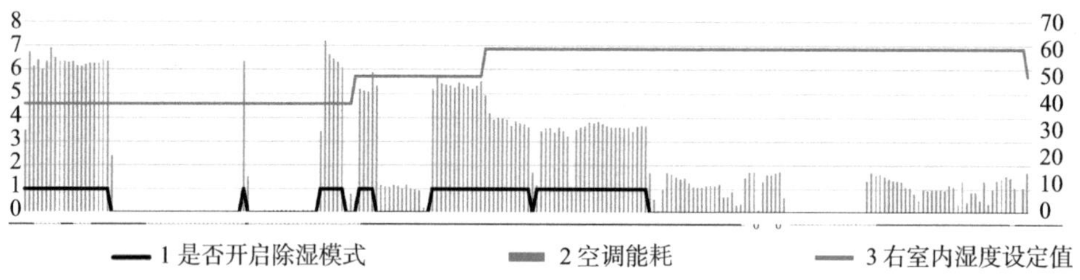

图 5　空调能耗与湿度设定值，是否开启除湿模式组合图

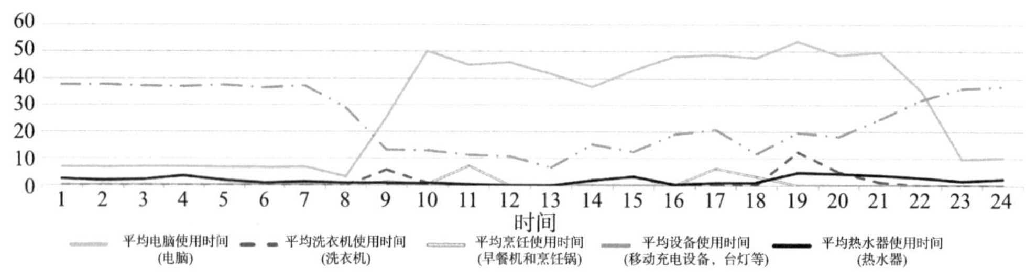

图 6　用电设备每小时平均使用时长

由于饮水机能耗和冰箱能耗情况在时间上呈现一定规律性，整体受居住者控制较小，因此只选择居住者互动性较高的用电设备作为使用时间的输入，包括电脑使用时间、设备使用时间、生活热水使用时间、烹饪使用时间和洗衣机使用时间五项。如图 6 所示，电脑从上午 9 点开始到晚上 10 点处于长时间使用状态，受试者表示在休息状态时会始终让电脑持续待机。设备使用，晚上使用时长更长，是因为晚上睡觉时会开启一个小夜灯或进行设备充电。烹饪使用主要集中在 11 点和 17 点左右，洗衣机使用主要在 19 点左右。

3.2　变量选择

本研究进行了 Spearman 相关性分析，以选择建筑能耗模型的输入变量。相关系数提供有关线性关系的强度和方向的信息。介于－0.4 和 0.4 之间的相关系数值显示弱相关性。此外，P 值用于评估这种关系是否具有统计显著性。

其中输入变量的定义如以下所示：

（1）环境变量：室内外温湿度，室内外照度，室内 CO_2 浓度，室内 $PM_{2.5}$ 浓度，以每小时平均值作为输入量；

（2）建筑能耗数据：空调温湿度设定值，除湿模式开启状态，室内新风量，设备每小时使用时长，窗户以及门的开启时长以及各个设备的每小时分项能耗数据；

（3）使用者状态：设定为睡眠 0.5，在室内 1，外出 0；每小时使用者状态输入数值 $=(0.5\times X+1\times Y+0\times Z)\div 60$。

通过相关性分析，对每小时建筑总能耗与环境变量、建筑能耗数据、占用状态三种输入变量进行分析。如表 5 所示，发现建筑总能耗与室外温湿度、室内温湿度、室内 CO_2 浓度、室内 $PM_{2.5}$ 浓度、室内照度、占用状态、是否开启除湿模式、空调能耗、照明能耗、电脑能耗等共计 18 个相关变量呈现一定相关性。其中相关系数大于 0.4 的有 6 个变量，在表 5 中以浅灰底色显示，分别是空调能耗（$r=0.98$）、是否开启除湿模式（$r=0.81$）、室内湿度

表 2　建筑总能耗 spearman 相关性分析

类别	一天的时间点	室外温度	室外照度	室外湿度	室内温度	室内湿度	室内 CO_2 浓度	湿度设定值	室内 $PM_{2.5}$	室内照度
相关系数	0. 142	0. 459	0. 025	−0. 305	−0. 46	−0. 584	0. 233	0. 089	0. 214	0. 283
P 值	0. 031 *	0. 000 **	0. 706	0. 000 **	0. 000 **	0. 000 **	0. 000 **	0. 176	0. 001 **	0. 000 **
类别	占用状态	开门时长	开窗时长	空调设定温度	新风量测量值	是否开启除湿模式	空调能耗	照明能耗	生活热水能耗	设备能耗
相关系数	0. 513	0. 082	−0. 051	0. 112	0. 161	0. 806	0. 986	0. 201	0. 029	0. 054
P 值	0. 000 **	0. 216	0. 442	0. 089	0. 014 *	0. 000 **	0. 000 **	0. 002 **	0. 663	0. 409
类别	电脑能耗	饮水机能耗	烹饪能耗	冰箱能耗	洗衣机能耗	生活热水使用时间	设备使用时间	电脑使用时间	洗衣机使用时间	烹饪使用时间
相关系数	0. 29	0. 068	0. 071	0. 015	0. 104	0. 166	0. 121	0. 365	0. 059	0. 007
P 值	0. 000 **	0. 301	0. 28	0. 818	0. 115	0. 012 *	0. 067	0. 000 **	0. 374	0. 917

注：** 、* 分别代表 1%、5% 的显著性水平

（r=0. 58）、占用状态（r=0. 51）、室内温度（r=0. 46）、室外温度（r=0. 46）。

如表 2 所示，用电设备使用时长与建筑总能耗的相关性和显著性水平都要优于建筑分项能耗数据，因此用电设备使用时间更能准确地描述建筑总能耗。如电脑能耗与建筑总能耗的相关性为 0. 29，但电脑使用时间的相关性则为0. 365。

3. 3　预测模型性能评估

为了评估模型性能，通过 5 个与建筑总能耗强相关的变量［是否开启除湿模式（r=0. 81）、室内湿度（r=0. 58）、占用状态（r=0. 51）、室内温度（r=0. 46）、室外温度（r=0. 46）］以及 13 个与建筑总能耗的相关变量共两种数据集，进行了四种不同机器学习回归算法，实现了不同算法的建筑能耗预测模型评估。预测评价指标包含训练集和测试集两种，通过量化指标来衡量支持向量回归的预测效果。模型评估指标分别是：*MSE*（均方误差），预测值与实际值之差平方的期望值；*MAE*（平均绝对误差），绝对误差的平均值，能反映预测值误差的实际情况；以上两种指标的取值越小，模型准确度越高。R^2：将预测值跟只使用均值的情况下相比，结果越靠近 1，模型准确度越高。

如表 3 所示，当考虑选择 5 个相关变量时，可以看到随机森林算法的预测准确度最高，准确率高达 0. 916，其次是 bp 神经网络和多元线性回归。如表 4 所示，当考虑选择 13 个相关变量时，算法的精确度都有所上升。在两种不同的输入变量组合下，只有支持向量机算法准确度较差，其余算法的准确度达 0. 8 以上。13 种输入变量下随机森林的数据测试图如图 7 所示，其中算法结果显示是否开启除湿模式以及室内湿度的特征重要性最高，但在多元线性回归算法下，占用状态和是否开启除湿模式的特征重要性最高，如图 8 所示，但输入所有变量时，所有算法的预测模型均会显著下降。

表 3　13 种输入变量下不同机器学习回归算法模型评估结果

机器回归算法	模型评估结果	*MSE*	*MAE*	R^2
随机森林	训练集	0.065	0.13	0.987
	测试集	0.381	0.357	0.916
bp 神经网络	训练集	0.603	0.635	0.882
	测试集	0.687	0.635	0.843
支持向量机	训练集	2.703	1.196	0.421
	测试集	2.886	1.074	0.477
多元线性回归	训练集	0.534	0.552	0.89
	测试集	0.878	0.716	0.826

表 4　13 种输入变量下机器学习回归算法模型评估结果

机器回归算法	模型评估结果	*MSE*	*MAE*	R^2
随机森林	训练集	0.08	0.153	0.984
	测试集	0.245	0.291	0.949
bp 神经网络	训练集	0.562	0.589	0.885
	测试集	0.538	0.624	0.893
支持向量机	训练集	2.3	1.16	0.529
	测试集	2.24	1.2	0.55
多元线性回归	训练集	0.458	0.526	0.906
	测试集	0.633	0.61	0.876

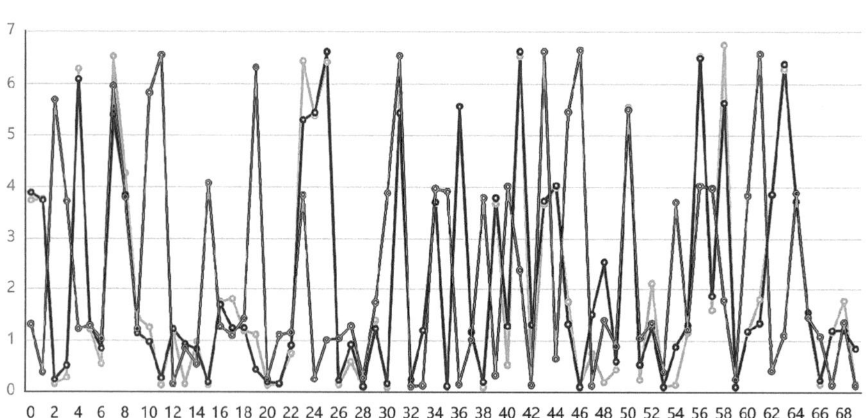

图 7　随机森林测试数据预测图

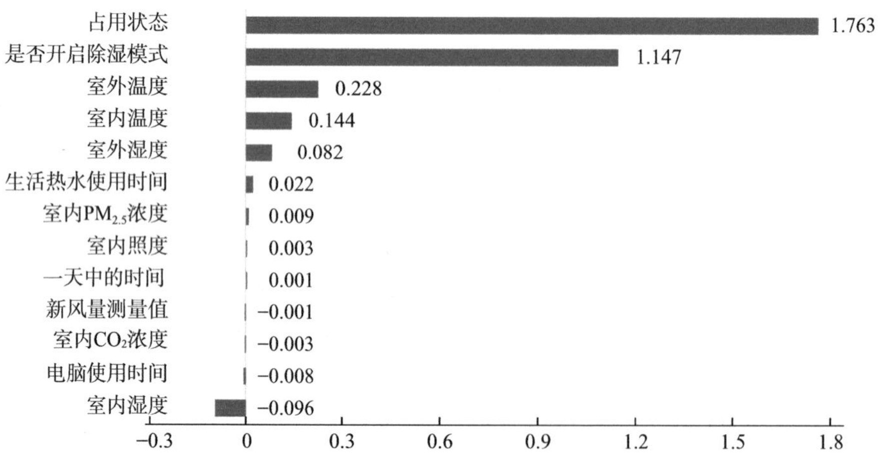

图 8　13 种输入变量下的多元线性回归（MLR）重要特征性变量图

4 结论

本研究基于居住者占用信息、用能数据和环境信息在生活实验室中对每小时居住能耗进行预测。本研究的主要发现在于：（1）通过实验测试居住者用能数据与环境数据发现空调行为用能最多，能耗占比达86%。影响空调能耗的主要变量为是否开启除湿模式、室内外温度、室内湿度、占用状态。（2）影响单人居住能耗的主要变量为空调能耗（$r=0.98$）、是否开启除湿模式（$r=0.81$）、室内湿度（$r=0.58$）、占用状态（$r=0.51$）、室内温度（$r=0.46$）、室外温度（$r=0.46$）。（3）以上五种输入变量组合可以使三种算法预测的 R^2 高达0.8，其中RF的表现性能最佳，当输入变量变多时，算法的预测精确度均有所提升。

本研究的意义在于细分居住者的用能行为模式，在与真实居住环境相似的条件下识别居住者用能数据，并根据居住者的实际行为进行能耗预测，比较四种机器学习算法的准确度。结果反映了居住者行为的多样性，为之后的建筑能耗预测提供框架及输入变量等方面的参考。后续实验将进一步细分基础用能行为模式和空调用能行为模式，以得出更加细节的结论。

生活实验房的设置将会使建筑能耗的测量更加精确，但居住者需要时间进行适应，并表示活动在实验房中受到设备或者时长的限制，如看电视、淋浴、锻炼等。之后的研究可考虑进一步扩充实验房面积，优化实验房设备。同时还要考虑不同地点、季节变化、设备数量及功率、居住者特征的变化对建筑能耗的影响。此外，本研究还在算法类型和数据收集周期上存在局限性，可以拓展实验时长，通过更多算法的比较来提升能耗预测的精确度。

参考文献

［1］ Yoshino H, Hong T, Nord N. IEA EBC annex 53: total energy use in buildings—analysis and evaluation methods ［J］. Energy & Build, 2017, 152124-152136.

［2］ Yan D , Hong T , Dong B , et al. IEA EBC Annex 66: definition and simulation of occupant behavior in buildings ［J］. Energy & Buildings, 2017, 156258-156270.

［3］ Ying S, Fariborz H. A Review of the-State-of-the-art in data-driven approaches for building energy Prediction ［J］. Energy & Buildings, 2020, 221 (prepublish).

［4］ Ran Y Y, Rin Y L, Ho S K, et al. A non-intrusive data-driven model for detailed occupants' activities classification in residential buildings using environmental and energy usage data ［J］. Energy & Buildings, 2022, 256.

［5］ Candanedo M L, Feldheim V, Deramaix D. Data driven prediction models of energy use of appliances in a low-energy house ［J］. Energy & Buildings, 2017, 14081-14097.

［6］ Kim H S, Moon J H. A detailed occupant activity classification model in a residential environment using building monitoring data: Considering occupant characteristics ［J］. Energy & Buildings, 2024, 305113-305867.

［7］ Jiwon K, Younghoon K, Sun-Hye M, et al. Electric energy consumption predictions for residential buildings: impact of data-driven model and temporal resolution on prediction accuracy ［J］. Journal of Building Engineering, 2022, 62.

［8］ Ma Z, Ye C, Ma W. Support vector regression for predicting building energy consumption in southern China ［J］. Energy Procedia, 2019, 1583433-1583438.

［9］ 王曦，甘灵丽，王亮，等．基于LM-BP神经网络的办公建筑逐时空调能耗预测［J］．建筑节能（中英文），2024，52（1）：58-66.

基于人工智能的建筑方案生成设计应用综述

The Application Review of AI-based Architectural Design Generation

刘朝娣[1]　董星瑶[2,3]　任志翔[2,3]

1. 山西晋城煤业集团勘察设计院有限公司
2. 湖北工业大学土木建筑与环境学院
3. 湖北工业大学 BIM 工程研究中心

摘　要：本文综述了人工智能在建筑方案生成设计中的应用，重点探讨生成式 AI 在建筑布局、形体和风格设计中的应用。生成式 AI 通过深度学习和生成对抗网络（GANs）提升设计效率和创意多样性。文章总结了 AI 技术在建筑设计中的发展，分析了国内外研究现状及应用领域。在建筑布局设计中，生成式 AI 通过优化算法简化房间边界和连通关系；在建筑形体设计中，生成式 AI 生成创新的二维和三维建筑形态；在建筑风格设计中，生成式 AI 利用图像生成和风格迁移技术实现多样化的设计。尽管生成式 AI 展现巨大潜力，但仍面临挑战。未来需进一步研究以推动其在建筑设计中的广泛应用。

关键词：生成式 AI；建筑设计；深度学习；布局设计；风格迁移

1　引言

近年来，人工智能（Artificial Intelligence，AI）的迅猛发展为各行业的数字化转型提供了坚实的技术支持。作为一种新兴的人工智能算法，生成式 AI 自其出现以来便迅速在开发者中传播，各行各业都在积极探索其在实际应用中的潜力。

生成式 AI 在图像处理方面表现出色，显著影响了设计工作，尤其在建筑设计领域。传统的建筑设计高度依赖设计师的经验，且耗费大量精力，存在设计创意和质量的局限性。随着建筑行业数字化和智能化水平的提高，建筑设计过程得到了不断优化。目前，结合 AI 算法的开发和应用层出不穷，例如利用粒子群算法和遗传算法进行设计优化，或采用分形设计和元胞自动机等技术辅助建筑设计。

生成式 AI 的独特性在于其输入为隐含变量，输出为观察变量的概率分布。这种具有创造性的深度学习网络为方案制定和决策提供了强大的支持。为了全面了解生成式 AI 在建筑设计中的应用现状，本文检索并综述了近几年的相关研究。通过对相关文献的统计分析可以看出，生成式 AI 在业内的研究逐年增加，呈现出加速发展的趋势，表明该领域已经成为当前的研究热点。

本文旨在系统综述人工智能在建筑方案生成设计中的研究与应用现状，重点分析人工智能在建筑布局设计、建筑形体设计和建筑风格设计中的应用。通过对当前研究中的问题和挑战进行总结，展望未来的发展方向和潜力，本文希望为相关研究人员和从业者提供有价值的参考，推动人工智能在建筑设计领域的进一步应用和创新。

2 人工智能在建筑设计中的研究与应用现状

2.1 人工智能技术概述

人工智能技术的起源可以追溯到20世纪50年代。1956年，在达特茅斯会议上，John McCarthy首次提出了“人工智能”这一概念，标志着人工智能研究的正式开始[1]。早期的人工智能研究主要集中在逻辑推理和问题求解等领域，试图通过符号计算和规则系统来模拟人类的思维过程。

随着计算能力和数据处理技术的进步，人工智能研究进入了机器学习时代。1959年，Arthur Samuel提出了“机器学习”这一术语，强调通过经验自动改进性能的方法[2]。机器学习的核心在于构建数学模型，通过分析和学习大量数据来进行预测或决策。20世纪80年代，Geoffrey Hinton、Yann LeCun和Yoshua Bengio等学者的研究推动了神经网络的复兴，为深度学习的兴起奠定了基础[3]。

进入21世纪，深度学习成为人工智能领域的研究热点。深度学习通过多层神经网络实现数据的非线性转换和特征提取，显著提升了计算机视觉、语音识别和自然语言处理等领域的性能。2006年，Hinton等人提出了深度信念网络（Deep Belief Networks，DBN），标志着深度学习研究的突破[4]。2012年，Alex Krizhevsky在ImageNet大赛中取得了重大成功，深度卷积神经网络（Convolutional Neural Networks，CNNs）在图像分类任务中的优异表现使得深度学习广泛受到关注[5]。

生成对抗网络（Generative Adversarial Networks，GANs）是近年来人工智能研究的重要进展之一。2014年，Ian Goodfellow及其同事提出了GANs，通过对抗训练的方式，使生成网络和判别网络互相提升能力，实现了高质量数据生成。GANs在图像生成、文本生成和音乐创作等领域表现出色，为生成式AI的发展开辟了新路径[6]。

人工智能技术的快速发展，极大拓展了其在各个领域的应用范围。特别是在建筑设计领域，人工智能技术已经开始显现出巨大的潜力。通过结合机器学习和深度学习算法，建筑设计过程中的形式生成、功能布局和结构优化等方面得到了显著提升。AI技术不仅提高了设计效率，还为设计师提供了更多的创意支持和决策辅助。

2.2 人工智能在建筑设计中的研究现状

近年来，人工智能在建筑设计中的应用研究取得了显著进展。通过在中国知网和Web of Science数据库中对2014～2024年间与人工智能和建筑设计相关的文献进行统计分析，得到了如图1所示结果。需要说明的是，综述类型的文章受关键词及检索源的影响较大，且不同机构购买的数据库有所不同，可能导致网络查询数据出现微小差异。本研究基于湖北工业大学图书馆的数据库进行分析，时间截至2024年7月23日。

从图1的结果可知，在2014年至2018年间，与建筑设计相关的人工智能研究尚未成熟，刊物数量呈现微小波动趋势；2018～2024年间，随着相关技术的成熟发展，与建筑设计相关的人工智能研究领域虽偶有下降，但整体呈现上升趋势。

在对出版物的来源进行分析时，排名靠前的国外期刊包括Buildings、IEEE Access和Sensors；国内收录较多的期刊则为《建筑学报》《城市建筑》和《智能建筑与智慧城市》。此外，研究表明，国内外有近60个主要的国家或地区从事与建筑设计相关的人工智能领域研究，其中美国是出版物数量最多的国家，首次发文时间为2007年，其次是中国和意大利等国家。

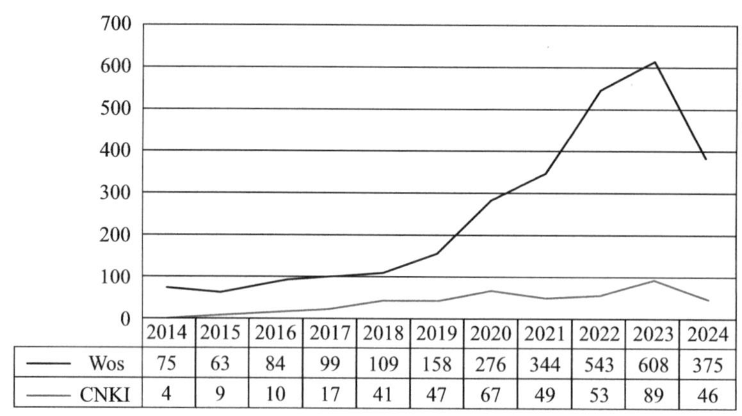

	2014	2015	2016	2017	2018	2019	2020	2021	2022	2023	2024
Wos	75	63	84	99	109	158	276	344	543	608	375
CNKI	4	9	10	17	41	47	67	49	53	89	46

图 1　Wos、CNKI 数据库中文献数量

从文献来源机构分析，排名较为靠前的国外机构包括埃及知识库（Egyptian Knowledge Bank，EKB）和南洋理工大学（Nanyang Technological University）；国内机构则主要为哈尔滨工业大学和同济大学等。这些机构在人工智能与建筑设计结合的研究中发挥了重要作用，推动了该领域的快速发展。

3　人工智能建筑方案生成设计

3.1　建筑布局设计

建筑布局设计在建筑设计过程中是一个至关重要的环节，涉及对建筑内部各功能空间的规划和分布。传统的建筑布局设计方法通常依赖于设计师的专业知识和经验，通过气泡图、流程图等工具进行设计。这一过程不仅耗时且繁琐，还需要频繁的沟通和反复的方案调整。此外，设计师的创造力和灵感也受限于个人经验和能力，聘请高水平设计师的费用相对较高。因此，以提高设计效率和优化方案质量为目的的生成式 AI 算法在建筑布局设计中的应用应运而生。

生成式 AI 算法能够有效简化建筑布局设计中的复杂问题。在设计过程中，房间的边界和联通关系通常较为复杂，而生成式 AI 通过将房间形状简化为水平或垂直的多边形，再通过确定墙角的交点生成房间，有效提高算法的运行效率[7]（图 2）。

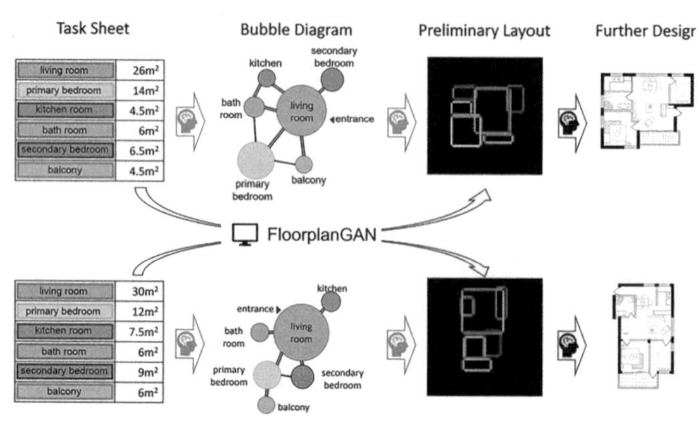

图 2　生成房间布局的方法

图片来源：参考文献［7］。

不同的生成式 AI 模型在输入和输出处理上有所差异。例如，Graph2plan 模型需要提供房间的平面图轮廓作为输入[8]，而 HouseGAN 模型则需要输入房间的数量和类型，生成结果中不包括门的位置[9]。类似地，RPLAN 模型生成的布局方案也需要后续手动添加门的位置[10]。这些模型在生成布局方案的质量和真实感上存在一定的局限性，需要进一步改进和优化。

随着生成式 AI 技术的不断发展，最新的研究成果表明，生成式 AI 不仅能够辅助设计师完成普通住宅的布局设计[11,12]，还可以应用于更复杂的场景，如医院[13,14]、展馆[15] 和校园[16,17] 等大规模或特殊环境的规划设计。这些技术进步使得生成式 AI 能够胜任复杂房间边界的生成任务，甚至可以扩展到整个住宅区域的环境设计[18]和街道建筑的形态设计[19]。此外，生成式 AI 还可以用于房间内部的家具自动布局[20,21]，进一步提升设计的完整性和实用性。

在技术支持方面，研究人员提出了多种计算框架和工具，以便更好地进行生成式设计。例如，Gu 等人提出了一种新的计算框架[22]，Ji、Oh 和 Okhoya 等人则为生成式建筑设计的核心算法提供了快速访问接口和扩展插件[23-25]。这些技术支持为生成式 AI 在建筑布局设计中的应用提供了坚实的基础。最新的研究还显示，生成式 AI 可以用于预测既有建筑布局的采光和通风性能，并开发了节能导向的生成式设计工具。例如，Mostafavi 等人使用 Pix2pixGAN 模型预测建筑的采光和通风性能[26]，张竞予等人开发了以节能为导向的生成式设计工具[27]，这些工具为解决建筑布局设计问题提供了新的视角和方法。

3.2 建筑形体设计

建筑形体设计是建筑设计中最直观的部分，直接影响建筑的美学效果和功能性能。传统的建筑形体设计主要依赖于设计师的创造力和经验，通过二维平面图和三维模型来表达建筑的外观和结构。随着生成式 AI 技术的发展，建筑形体设计的过程变得更加高效和多样化。

生成式 AI 在建筑形体设计中的应用可以从二维和三维两个角度展开。从二维角度来看，生成式 AI 主要关注建筑的外立面设计。建筑的外观设计通过主视图、侧视图和俯视图等多个方向的投影来表达。Danchenko 开发了一种基于 StyleGAN 的 AI 系统，在设计早期阶段生成不同的初步方案，为设计师提供灵感[28]。Huang 等人的研究则利用生成式 AI 生成建筑立面的形状，设计师可以通过尝试不同组合获得设计灵感[29]，如图 3 所示。

从三维角度来看，生成式 AI 可以直接生成建筑的三维形体模型。三维模型日渐成为描述建筑物的重要手段，特别是在表现建筑外观形态时。尽管生成式 AI 在三维模型生成上的发展时间较短，但已有一些研究尝试在三维空间内进行建筑形体设计，例如生成倾斜的屋顶、带窗户的体量块[30]以及简单的家居装饰等[31-33]。然而，要实现整体建筑形态的三维生成，还需要进一步的算法优化和研究。

3.3 建筑风格设计

建筑风格设计涉及建筑物的整体美学表现，包括图案、纹理、色彩和装饰等方面，这些设计元素在很大程度上决定了建筑的视觉效果和文化内涵。传统的建筑风格设计依赖设计师的手工操作和创意，而生成式 AI 技术的发展，为建筑风格设计提供了新的可能性，使设计过程更加高效和多样。

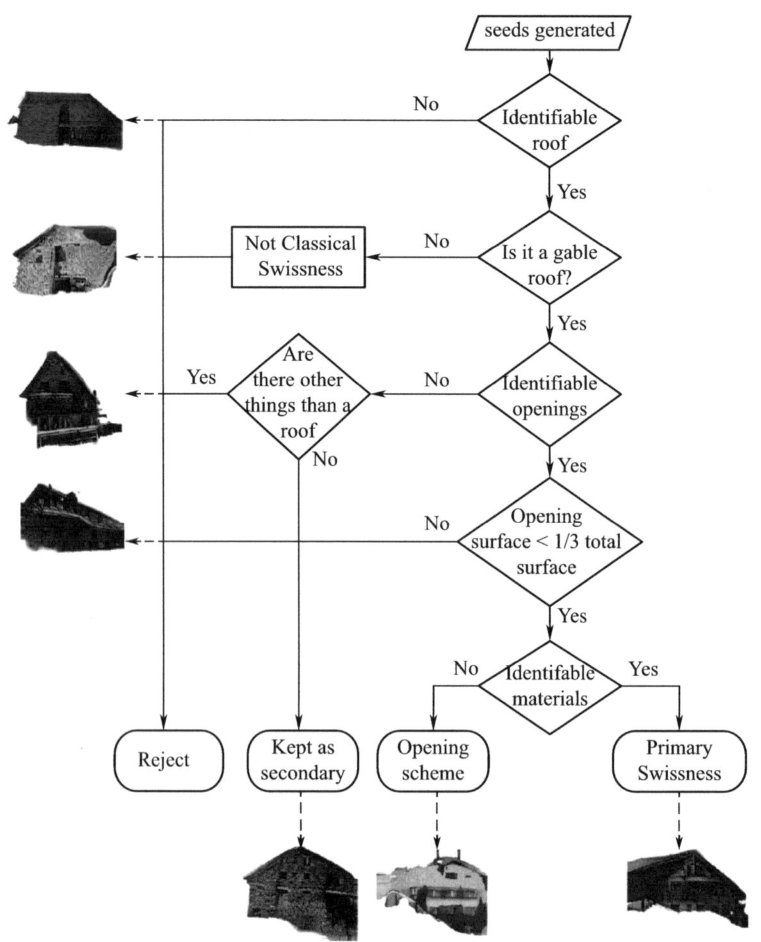

图3 建筑立面外形的自动生成过程

图片来源：参考文献［29］。

生成式AI通过深度学习技术，能够从大量的建筑图像中学习到不同风格的特征，并将这些特征应用到新的设计中去。Zhang等人利用生成对抗网络（GANs）开发了一种可以自动生成多种不同风格设计方案的算法，该算法能够根据输入的基础设计，自动生成具有特定风格的建筑外观，为设计师提供多样化的创意选择[34]。

风格迁移技术是生成式AI在建筑风格设计中的另一重要应用，通过风格迁移，AI可以将一种建筑风格的特征迁移到另一种设计上，生成全新的设计方案。Wang等人的研究中，利用风格迁移技术生成了整个街区的建筑外立面风格，这种方法不仅提高了设计效率，还拓展了设计师的创意边界，使不同文化和历史背景的建筑风格得以融合和创新[35]。Pix2pixGAN、StyleGAN以及CycleGAN等擅长图像迁移的生成式AI算法也都基于现有的建筑外立面数据进行了风格迁移的尝试[36]，如图4所示，这些技术通过学习大量的建筑外立面图像，能够将特定的风格特征迁移到新的设计中，生成具有独特风格的建筑外立面。此外，生成式AI在室内装饰设计方面也展现了强大的应用潜力，通过学习大量室内设计图像，AI 可以生成符合特定风格和功能要求的室内装饰方案，AI 可以自动生成墙面图案、地板纹理和家具布置等设计元素，为室内设计提供完整的解决方案[34]。

图 4　建筑风格生成设计的数据与示例
图片来源：参考文献［36］。

4　结论

本文系统回顾了人工智能在建筑方案生成设计中的研究与应用现状，重点探讨了生成式 AI 在建筑布局设计、建筑形体设计和建筑风格设计中的具体应用。通过深度学习、生成对抗网络（GANs）和其他先进的 AI 技术，使得建筑设计过程得到了显著的提升和优化。

在建筑布局设计方面，生成式 AI 技术简化了复杂的房间边界和联通关系，通过优化算法和强化学习模型实现了更加高效和科学的空间布局方案。在建筑形体设计中，生成式 AI 能够生成复杂且创新的二维和三维建筑形态，为设计师提供丰富的创意工具和灵感支持。此外，在建筑风格设计中，生成式 AI 利用图像生成和风格迁移技术，实现了多样化和个性化的建筑外观和室内装饰设计。

尽管生成式 AI 在建筑设计中展示了巨大潜力，但仍面临一些挑战，如数据的获取与处理、算法的复杂性以及与传统设计方法的融合等问题。未来的研究需要进一步探索这些问题，以提升生成式 AI 的应用效果和实用性。

总体而言，生成式 AI 技术为建筑设计带来了全新的方法和工具，极大提高了设计效率和创新能力。随着技术的不断发展，生成式 AI 在建筑设计中的应用前景将更加广阔，必将推动建筑行业向更加智能化和数字化的方向发展。

参考文献

［1］ Cao L. A new age of AI: features and futures［J］. IEEE Intelligent Systems, 2022, 37（1）: 25-37.

［2］ Zhang W, Gu X, Tang L, et al. Application of machine learning, deep learning and optimization algorithms in geo-engineering and geo-science: comprehensive review and future challenge［J］. Gondwana Research, 2022, 109: 1-17.

［3］ Schmidhuber J. Deep learning in neural networks: an overview［J］. Neural Networks, 2015, 61: 85-117.

［4］ Liu W, Wang Z, Liu X, et al. A survey of deep neural network architectures and their applications［J］. Neurocomputing, 2017, 234: 11-26.

［5］ Chen L, Li S, Bai Q, et al. Review of image classification algorithms based on convolutional neural networks［J］. Remote Sensing, 2021, 13（22）: 4712.

［6］ Wang K, Gou C, Duan Y, et al. Generative adversarial networks: introduction and outlook［J］. IEEE/CAA Journal of Automatica Sinica, 2017, 4（4）: 588-598.

［7］ Ghannad P, Lee Y C. Automated modular housing design using a module configuration algorithm and a coupled generative adversarial network（CoGAN）［J］. Automation in Construction, 2022, 139: 104234.

［8］ Hu R, Huang Z, Tang Y, et al. Graph2plan: learning floorplan generation from layout graphs［J］. ACM Transactions on Graphics（TOG）, 2020, 39（4）: 118. 1-118. 14.

[9] Nauata N, Chang K H, Cheng C Y, et al. House-gan: relational generative adversarial networks for graph-constrained house layout generation [C] //Computer Vision-ECCV 2020: 16th European Conference, Glasgow, UK, August 23-28, Proceedings, Part I 16. Springer International Publishing, 2020: 162-177.

[10] Wu W, Fu X M, Tang R, et al. Data-driven interior plan generation for residential buildings [J]. ACM Transactions on Graphics (TOG), 2019, 38 (6): 1-12.

[11] Zhang W, Zhang Q, Zhang W, et al. From edge to keypoint: an end-to-end framework for indoor layout estimation [J]. IEEE Transactions on Multimedia, 2020, 23: 4483-4490.

[12] Nauata N, Hosseini S, Chang K H, et al. House-gan++: generative adversarial layout refinement network towards intelligent computational agent for professional architects [C] //Proceedings of the IEEE/CVF Conference on Computer Vision and Pattern Recognition, 2021: 13632-13641.

[13] Zhao C W, Yang J, Li J. Generation of hospital emergency department layouts based on generative adversarial networks [J]. Journal of Building Engineering, 2021, 43: 102539.

[14] Zhou Y, Wang Y, Li C, et al. Automatic generative design and optimization of hospital building layouts in consideration of public health emergency [J]. Engineering, Construction and Architectural Management, 2024, 31 (4): 1391-1407.

[15] Chen Z, Lyu D. Procedural generation of virtual pavilions via a deep convolutional generative adversarial network [J]. Computer Animation and Virtual Worlds, 2022, 33 (3-4): 2063.

[16] Karadag I, Güzelci O Z, Alaçam S. EDU-AI: a twofold machine learning model to support classroom layout generation [J]. Construction Innovation, 2023, 23 (4): 898-914.

[17] 邓巧明，林文强，刘宇波，等．基于生成对抗网络的校园总平布局生成式设计探索：以小学校园为例 [J]．世界建筑，2021 (9): 115-119, 136.

[18] Mukkavaara J, Sandberg M. Architectural design exploration using generative design: framework development and case study of a residential block [J]. Buildings, 2020, 10 (11): 201.

[19] 刘德利，王科奇．基于Pix2pix算法的建筑形态及其组合生成式设计研究 [J]．建筑科学，2022, 38 (10): 260-267, 286.

[20] Para W, Guerrero P, Kelly T, et al. Generative layout modeling using constraint graphs [C] //Proceedings of the IEEE/CVF International Conference on Computer Vision, 2021: 6690-6700.

[21] Yang B, Li L, Song C, et al. Automatic furniture layout based on functional area division [C] //2019 International Conference on Cyberworlds (CW). IEEE, 2019: 109-116.

[22] Gu N, Singh V, Merrick K. A framework to integrate generative design techniques for enhancing design automation [C] //Proc. of CAADRIA' 10, 15th International Computer Aided Architectural Design Research Conference. Association for Computer-Aided Architectural Design Research in Asia, 2010: 127-136.

[23] Ji S Y, Jun H J. Generative design system based on environment analysis [J]. Korean Journal of Computational Design and Engineering, 2010, 15 (6): 403-410.

[24] Oh S, Jung Y, Kim S, et al. Deep generative design: integration of topology optimization and generative models [J]. Journal of Mechanical Design, 2019, 141 (11): 111405.

[25] Okhoya V W, Bernal M, Economou A, et al. Generative workplace and space planning in architectural practice [J]. International Journal of Architectural Computing, 2022, 20 (3): 645-672.

[26] Mostafavi F, Tahsildoost M, Zomorodian Z S, et al. An interactive assessment framework for residential space layouts using Pix2pix predictive model at the early-stage building design [J]. Smart and Sustainable Built Environment, 2024, 13 (4): 809-827.

[27] 张竞予，刘念雄，王珊珊，等．节能性能导向住宅建筑智能生成设计方法与工具平台 [J]．建筑学报，2022 (2): 22-27.

[28] Danchenko E. The AI-teration method and the role of AI in architectural design [C] //Proceedings of the Future Technologies Conference (FTC) 2020, Volume 1. Springer International Publishing, 2021:

525-538.

[29] Huang J, Johanes M, Kim F C, et al. On GANs, NLP and architecture: combining human and machine intelligences for the generation and evaluation of meaningful designs [J]. Technology | Architecture+ Design, 2021, 5 (2): 207-224.

[30] Navarro-Mateu D, Carrasco O, Cortes Nieves P. Color-patterns to architecture conversion through conditional generative adversarial networks [J]. Biomimetics, 2021, 6 (1): 16.

[31] Gadelha M, Rai A, Maji S, et al. Inferring 3D shapes from image collections using adversarial networks [J]. International Journal of Computer Vision, 2020, 128 (10): 2651-2664.

[32] Li H, Zheng Y, Wu X, et al. 3D model generation and reconstruction using conditional generative adversarial network [J]. International Journal of Computational Intelligence Systems, 2019, 12 (2): 697-705.

[33] Arsalan Soltani A, Huang H, Wu J, et al. Synthesizing 3d shapes via modeling multi-view depth maps and silhouettes with deep generative networks [C] //Proceedings of the IEEE conference on computer vision and pattern recognition, 2017: 1511-1519.

[34] Zhang S, Han Z, Lai Y K, et al. Stylistic scene enhancement GAN: mixed stylistic enhancement generation for 3D indoor scenes [J]. The Visual Computer, 2019, 35: 1157-1169.

[35] Wang N, Zeng X, Xie R, et al. Unsupervised classification of street architectures based on infogan [J]. 2019.

[36] Isola P, Zhu J Y, Zhou T, et al. Image-to-image translation with conditional adversarial networks [C] //Proceedings of the IEEE Conference on Computer Vision and Pattern Recognition, 2017: 1125-1134.

基于虚拟现实（VR）技术的地铁换乘空间绿色植物减压效应研究

Study on the Stress-Relief Effects of Green Plants in Metro Transfer Spaces Based on Virtual Reality (VR) Technology

贾世南[1]　冯朝阳[1]　宣　湟[1]
1. 西南交通大学建筑学院

摘　要：虚拟现实（VR）技术因其沉浸式和交互式特点，在环境设计研究中具有重要应用价值。尽管过往研究已证明VR在恢复性环境研究中的有效性，但在动态和高密度城市空间中的应用尚未得到充分探索。近年城市地下交通空间的密集开发对使用者的心理健康产生了负面影响，绿植作为压力缓解因素，在人流量较大的地下交通空间中的作用尚未得到评估。本研究利用VR技术结合Omni万向跑步机模拟真实空间和行为，探索绿色植物在改善地铁换乘空间环境舒适度方面的潜力。利用Unity3D软件建模并配置不同绿视率（0、20%、40%、60%）作为变量。通过VR设备模拟视觉和听觉环境，结合Omni万向跑步机模拟行走，为实验参与者搭建动态空间的仿真环境，并通过心率和血压等生理数据以及心理量表评估恢复效果。结果显示，增加绿视率能显著降低使用者的压力水平，其中40%绿视率的环境显示出最佳的压力恢复效果。本研究验证了绿色植物在高密度城市环境中的恢复效益，突显了VR技术在建筑和城市设计中的应用价值，强调了数智化技术在未来建筑和城市设计中的科学性和准确性，并为未来城市地下空间的环境优化提供了策略和技术支持。

关键词：地铁换乘空间；压力缓解；虚拟现实技术；环境交互；环境模拟

1　研究背景

随着城市轨道交通的快速发展，地铁已成为城市交通规划和建设的重要焦点。然而，地下空间的扩张和人口密度的增加导致了地下空间的空间体验愈发负面。由于建设限制，地铁空间建成后难以在空间上改造，因此改善换乘中途的心理感受便成为改造的另一途径[1]。近年来，随着各种技术理论的成熟，建筑学引入了新的研究方法。虚拟现实（VR）技术提供了沉浸式虚拟场景和实时交互模拟，已成为研究地铁换乘空间的有效工具。本文将恢复性环境理论引入地铁换乘空间的设计，并利用VR技术进行实验验证，探索自然元素在缓解这些环境中乘客压力中的潜在作用。

2　研究现状

2.1　恢复性环境理论

恢复性环境理论强调自然环境对心理和生理健康的积极影响。瑞秋和斯蒂芬·卡普兰于1989年提出的注意力恢复理论（ART）认为与自然环境的互动可以迅速恢复注意力和心理状态[2]；爱德华·O.威尔逊在1984年提出的亲生物设计指出人类有与自然连接的内在倾向，且对健康至关重要[3]；罗杰·乌尔里希等于1991年提出的减压理论（SRT）认为自然元素可以缓解心理压力并调节情绪[4]。这些理论共同突显了自然环境，如绿色植被，如何增强注意力恢复、情绪健康和整体健康。

2.2 虚拟环境在恢复性环境研究中的应用现状

过往的研究者曾采用了各种实验设计和工具，为绿色景观的效益提供了充分的证据。早期研究集中在小规模室内环境，使用真实植物安装[5]，后来的研究变得更大规模、更复杂[6]。随着技术进步，更多的实验方式如幻灯片和视频等，可以通过心理和生理监测探索植物的恢复效应[7]。这些研究通常比较不同类型和特征的绿色植物，建立有植物和无植物的对照组，以证明绿色植物可有效减少室内环境中的心理焦虑并促进压力恢复。

现代VR技术可以为用户提供更真实的场景，徐磊青团队总结现有研究，认为虚拟自然在沉浸体验上有更好的表现，能有效缓解负向情绪，提升正向情绪[8]。

尽管研究已经验证了VR在构建恢复性环境中的有效性与进步性，然而其应用多集中于城市开放空间和室内空间，在当今日渐增加的动态和高密度封闭交通空间中的应用仍亟需探索。

3 研究方法

我们利用VR虚拟现实、Omni万向跑步机以及可穿戴生物监测传感器，在虚拟地铁换乘环境中创建了四种绿视率（GVI）场景，并使用生理和心理测量方法量化和比较不同绿色环境下的压力恢复效果。

3.1 环境模拟

3.1.1 虚拟现实环境构建

实验采用Unity3D建立虚拟模型，并使用VR模型进行环境搭建。考虑到实验时间，根据现场调研选择成都牛王庙站作为仿真的原型，添加行人、广告、地面铺装、天花板装饰和标识等元素，同时在墙壁和天花板保留绿色植物的空间。GVI通过像素计算：在SketchUp中预处理，通过Enscape导出图像，并使用Photoshop的直方图检查绿色视角指数。建模的换乘通道长93.6m，宽6.3m，高3m，由两个直段组成（图1）。

图1 模型

考虑到地铁换乘空间的视觉动态性和众多空间干扰因素，对较低GVI的差异感知较弱，我们确定了四种GVI：0、20%、40%和60%（图2），在SketchUp和Adobe Photoshop中调整绿化区域以达到设定的GVI数值，然后将模型导入Unity3D进行处理。此外，导入Citizens Pro资产包以随机生成行人，并在People Walk Path脚本中设置相关参数，以创建自动路径行走的随机行人流，完成实验场景的初步创建。

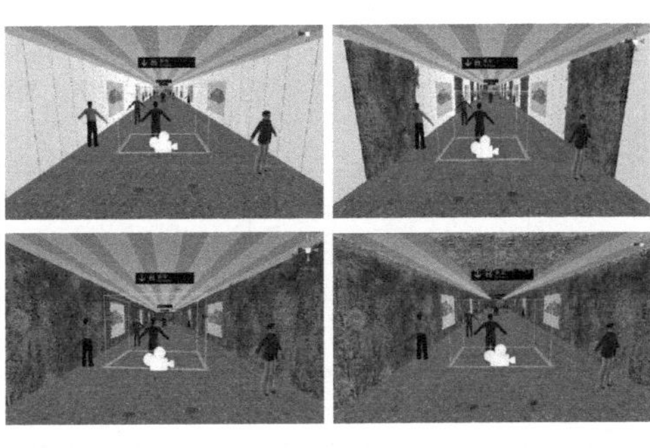

图2 GVI比例0、20%、40%和60%

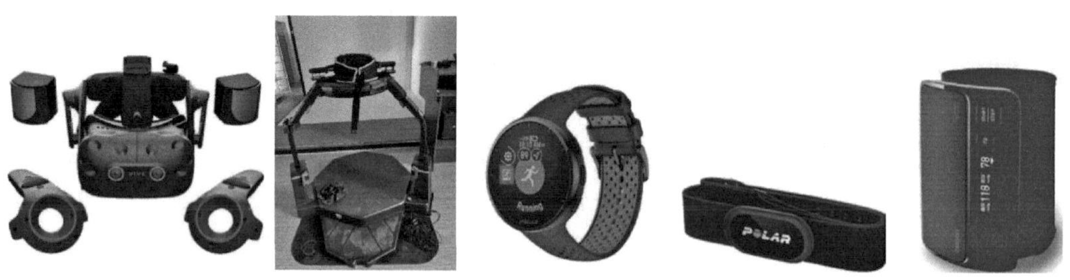

图3 设备：HTC Vive pro/Virtuix Omni/Polar Pacer Pro/Polar H10/OMRON EVOLV

3.1.2 实验设备

本次实验选择了 HTC VIVE PRO 作为主要的 VR 设备。为了提供实时的虚拟场景渲染，Unity3D 内配置了 SteamVR 插件，以确保包括运动、视觉和听觉感知在内的全面感官体验。同时使用 Virtuix Omni 万向跑步机模拟真实步行动作。参与者穿戴专用跑鞋和位置跟踪器，捕捉他们的移动方向和速度，实现在地铁换乘走廊中步行的仿真模拟（图3）。

3.2 生理数据与心理数据收集

我们使用心率变异性（HRV）、心率（HR）和血压（BP）评估参与者的生理反应。HRV 是心理健康和应激的关键指标，使用 Polar Pacer Pro 心率监测器、Polar H10 心率带和 OMRON EVOLV 电子血压监测器进行连续测量（图3），并通过时域和频域方法进行分析（表1）。

心理指标利用状态-特质焦虑量表（STAI）和感知恢复性量表（PRS）评估压力、焦虑和环境满意度。STAI 是一种有效可靠的工具，用于跨越各个学科测量焦虑。PRS-11 是 PRS 的较短版本，包括四个维度的 11 个项目：魅力性、远离性、一致性和范围性（表1）。

3.3 实验设计

实验包括三个阶段：基线阶段、压力阶段和恢复阶段。在开始实验前，向参与者介绍流程，随后佩戴生理检测设备。持续 5min。基线阶段，参与者休息 5min 以达到平静状态，然后记录基线生理数据。压力阶段，参与者在 Virtuix Omni 跑步机

表1 测量变量总结

类别	变量		定义
生理反应	HR		每分钟心跳数；可评估生理状态，如紧张、刺激、放松和恢复
	HRV	RMSSD	连续两个 RR 间期方根差的平方根，反映副交感神经活动，与受到压力水平呈负相关
		MeanRR	RR 间隔的平均值，与压力水平呈负相关
	BP		指循环血液施加的力，反映压力水平
心理反应	STAI		反映特定时刻的恐惧和紧张感
	PRS		根据 ART 测量环境的恢复特性

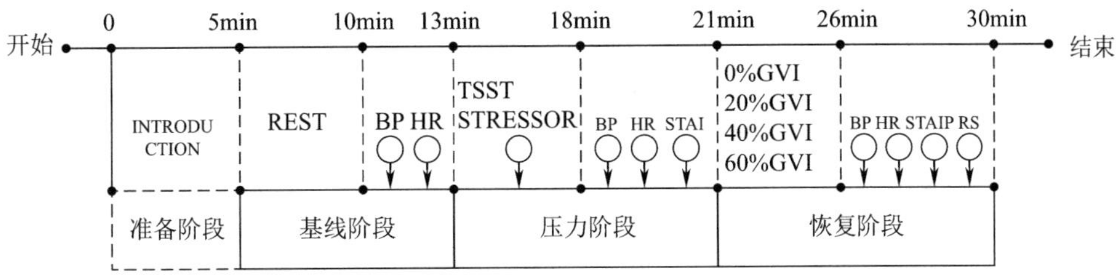

图 4 实验流程

上行走，进行 5min 的“特里尔社交应激测试”（TSST）简化版[9] 算术任务。任务后，参与者填写压力阶段前 STAI 量表并测量心率和血压。恢复阶段，参与者被随机分配到指定 GVI 空间，持续约 5min，期间监测其行为以预防摔倒。随后测量心率和血压，并由参与者完成恢复后的 STAI 和感知恢复性量表（PRS）。实验在移除设备后结束，总共耗时约 30min（图 4）。

4 实验结果

4.1 基线压力水平与压力源有效性检验

对具有不同绿色视野率的四组基线水平的生理参数进行了单因素方差分析（ANOVA）。结果显示，收缩压（$P=0.411>0.05$）、舒张压（$P=0.573>0.05$）、心率（$P=0.396>0.05$）、SDNN（$P=0.512>0.05$）、RMSSD（$P=0.216>0.05$）和 LF/HF（$P=0.112>0.05$）的方差齐行检验值 P 值均大于 0.05，符合方差分析的正态分布要求。具体来说，在方差分析中，收缩压（$F=1.358$，$P=0.267>0.05$）、舒张压（$F=0.730$，$P=0.539>0.05$）、心率（$F=2.214$，$P=0.099>0.05$）、SDNN（$F=0.582$，$P=0.630>0.05$）、RMSSD（$F=2.435$，$P=0.077>0.05$）和 LF/HF（$F=1.022$，$P=0.392>0.05$）表明不同 GVI 的四组，基线水平上没有显著差异。压力有效性的验证通过配对样本 t 检验和 Wilcoxon 符号秩检验进行（表 2）。结果表明，在压力诱导后，参与者的生理数据显示显著差异，证实了统计学上的显著性，验证了压力诱导的有效性。

表 2 压力诱导前后生理指标的比较（$N=200$）

指标	单位	基线值 M(SD)	应激值 M(SD)	t	p
SBP	mmHg	112.74（8.97）	117.64（10.62）	−5.952	.000 **
DBP	mmHg	71.36（8.62）	76.09（9.93）	−4.147	.000 **
MeanRR	ms	598.12（91.43）	582.44（91.43）	2.419	.019 *
HR	beats/min	102.52（14.85）	104.96（15.37）	−1.569	.119
RMSSD	ms	22.18（14.09）	18.57（11.35）	3.684	.001 **

表3 在不同绿色视野指数空间中，恢复阶段前后血压的平均值和标准差

GVI	SBP				DBP			
	压力 *M*(SD)	恢复 *M*(SD)	Sig	Cohen' s d	压力 *M*(SD)	恢复 *M*(SD)	Sig	Cohen' s d
0	116.33(8.794)	112.42(7.937)	0.004	1.037	75.17(7.334)	73.00(9.639)	0.214	0.381
0.2	116.64(9.402)	112.29(8.888)	0.001	1.130	76.07(7.227)	71.00(6.064)	0.002	1.002
0.4	121.31(13.288)	115.08(8.874)	0.025	0.701	80.00(12.543)	72.54(9.288)	0.018	0.763
0.6	116.00(10.817)	114.00(8.450)	0.191	0.423	72.09(11.623)	72.00(10.198)	0.960	0.016

4.2 不同GVI环境对压力缓解的生理影响

4.2.1 非连续性指标差异分析——BP

以收缩压（SBP）和舒张压（DBP）作为因变量，以基线、压力和恢复三个阶段中结束时间节点作为自变量，在三个时间点上进行比较。对比四种不同的绿色视野指数（GVI）环境显示，受试者在绿色植被存在的环境中表现出明显的下降趋势。然而，在60%的GVI环境中观察到了相反的效应。此外，与舒张压相比，收缩压的变化更为显著。详细数据显示显著性值（sig）表明了统计学显著性，总体上，20%的GVI比例被发现对血压恢复效果最显著（表3）。

4.2.2 连续指标差异分析——心率和心率变异性

HR对比显示，压力阶段受试者HR暂时升高，经过恢复阶段HR逐渐降低。从结果上来看，最终心率相对于压力期，在三个有GVI环境中总体HR水平相较基线阶段更低，在20%和40% GVI环境下心率下降最为显著，60% GVI环境中心率下降不显著。

Mean RR对比显示，5min压力阶段受试者经过压力诱导压力暂时升高，Mean RR下降，经过5min恢复阶段，Mean RR逐渐升高，在刚进入恢复阶段Mean RR上升比较明显，恢复阶段中期Mean RR上升逐渐平缓，在后期呈现出下降趋势，在20%和40% GVI环境中Mean RR变化较大，意味着恢复效应更为显著。最终Mean RR相对于压力期恢复量高于压力量，表示实验恢复阶段Mean RR呈现显著上升，在20%和40% GVI环境下心率下降最为显著，在有GVI环境中60% GVI环境中Mean RR上升最低，恢复效果最差。

RMSSD对比显示，5min压力阶段受试者经过压力诱导压力暂时升高，RMSSD下降，在刚进入恢复阶段40% GVI环境中RMSSD上升幅度较大，20%和60% GVI环境上升幅度适中；恢复阶段中期20%、40%、60% GVI环境中RMSSD趋于平缓；在后期40%和60% GVI环境中RMSSD呈现出下降趋势，20% GVI环境在恢复阶段后期则是继续微弱增加。最终20% GVI环境中RMSSD整体变化不明显，40% GVI环境RMSSD变化与60% GVI环境相似，呈现先增后减趋势，40% GVI环境中RMSSD变化都较大，但总体相对于基线阶段明显下降，呈现出较好恢复效果（表4）。

表 4 不同绿色视野指数空间中恢复阶段前后心率（HR）、心率变异性（HRV）的平均值和标准差

GVI	HR				RMSSD				Mean RR			
	压力 M(SD)	恢复 M(SD)	Sig	Cohen's d	压力 M(SD)	恢复 M(SD)	Sig	Cohen's d	压力 M(SD)	恢复 M(SD)	Sig	Cohen's d
0	106.83 (13.35)	97.58 (12.06)	0.003	1.094	106.83 (13.35)	97.58 (12.06)	0.003	1.094	570.50 (75.48)	619.08 (69.46)	0.006	-0.990
0.2	109.71 (11.96)	98.43 (8.89)	0.000	1.706	109.71 (11.96)	98.43 (8.89)	0.000	1.706	552.93 (61.02)	615.14 (61.14)	0.000	-1.615
0.4	97.38 (13.14)	86.31 (10.92)	0.000	1.389	97.38 (13.14)	86.31 (10.92)	0.000	1.389	617.62 (82.47)	705.62 (99.61)	0.001	-1.229
0.6	101.82 (7.68)	94.73 (8.62)	0.005	1.088	101.82 (7.68)	94.73 (8.62)	0.005	1.088	591.45 (46.04)	639.00 (61.11)	0.004	-1.118

4.3 不同 GVI 环境对压力缓解的心理影响

4.3.1 焦虑水平分析

实验前后通过 STAI 获得的焦虑状态值经过 Wilcoxon 符号秩检验（$Z=-4.689$，$p<0.001$）分析，显示恢复期前后焦虑水平有显著差异。对四种不同 GVI 环境组中实验前后的焦虑值进行了 Wilcoxon 符号秩检验。结果显示，恢复后得分最高的环境是 40% GVI 环境，其次是 0% GVI 和 20% GVI 环境，而 60% GVI 环境得分最低。值得注意的是，60% GVI 环境的得分低于无绿色视野环境，但在实验前后得分差异最大的是 60% GVI 环境。随着 GVI 的增加，偏好度降低，40% GVI 环境显示出最低的焦虑水平和最佳的恢复效果（表 5）。

表 5 不同绿色视野比率空间中 STAI-S 得分的比较

GVI	不同 GVI 下的 STAI-S 分数			前后 STAI-S 分数				
	95% 置信区间 下限、上限	Z	P	均值	Standard Deviation	Standard Error	95% 置信区间	
0	-11.231 (0.231)	-2.138	0.033	11.08 (16.58)	10.184 (6.431)	2.94 (1.856)	4.61 (12.5)	17.55 (20.67)
0.2	-15.704 (-3.725)	-2.412	0.016	6.29 (16)	6.933 (8.458)	1.853 (2.261)	2.28 (11.12)	10.29 (20.88)
0.4	-18.638 (-5.055)	-2.692	0.007	6.69 (18.54)	10.641 (9.234)	2.951 (2.561)	0.26 (12.96)	13.12 (24.12)
0.6	-22.710 (-2.744)	-2.271	0.023	0.82 (13.55)	8.909 (11.13)	2.686 (3.356)	-5.17 (6.07)	6.8 (21.02)

表 6 不同绿色视野比率空间中 STAI-S 得分的比较

GVI	迷人性 M(SD)	远离性 M(SD)	一致性 M(SD)	范围 M(SD)	共计 M
0	17.583 (6.815)	18.500 (4.681)	17.000 (6.715)	13.250 (5.446)	66.333
0.2	19.071 (4.066)	20.500 (3.459)	22.929 (2.895)	11.286 (4.062)	73.786
0.4	8.462 (5.370)	21.231 (4.132)	21.929 (3.895)	14.143 (5.161)	73.462
0.6	17.143 (7.850)	21.857 (4.071)	20.857 (5.442)	11.857 (4.119)	71.714

4.3.2 感知恢复水平分析

问卷量表的信度分析显示克隆巴赫（信度）系数为0.751，表明数据具有良好的可靠性。为了比较不同类型自然相关空间的恢复效果，计算了不同 GVI 下恢复后的平均 PRS 得分。结果显示，20% GVI 环境具有最强的恢复效果，其次是 40% GVI 环境，而 60% GVI 环境的效果最低。总体而言，20% 和 40% GVI 环境展示了卓越的恢复效果（表 6）。

5 结论

本研究利用 VR 设备和 Omni 万向跑步机实现了室内动态环境的模拟，配合可穿戴生理传感器分析了参与者的压力水平和焦虑情况。最终结论为，人在有绿视率的环境中表现出更低的压力水平，且在 40% GVI 有最好的压力恢复效果，60% 绿视率环境压力恢复效果最差。研究结果验证了绿色植物在高密度城市环境中的恢复效益，突显了 VR 技术在建筑和城市设计中的应用价值，为地铁环境设计提供了新视角，并强调了数智化技术在未来建筑和城市设计中的潜力，为未来城市地下空间的环境优化提供了策略和技术支持。

参考文献

[1] 王冰冰，肖迎，王珊．基于扎根理论的地铁换乘空间步行通达性影响因子研究［J］．建筑学报，2018（S1）：129-134.

[2] Kaplan R，Kaplan S. The experience of nature：a psychological perspective［M］．Cambridge University Press，1989.

[3] Wilson E O. Biophilia［M］．Harvard University Press，1986.

[4] Ulrich R S，Simons R F，Losito B D，et al. Stress recovery during exposure to natural and urban environments［J］．Journal of Environmental Psychology，1991，11（3）：201-230.

[5] Lohr V I，Pearson-Mims C H. Physical discomfort may be reduced in the presence of interior plants［J］．HortTechnology，2000，10（1）：53-58.

[6] Kim H G，Cheon E J，Bai D S，et al. Stress and heart rate variability：a meta-analysis and review of the literature［J］．Psychiatry Investigation，2018，15（3）：235.

[7] Yin J，Yuan J，Arfaei N，et al. Effects of biophilic indoor environment on stress and anxiety recovery：A between-subjects experiment in virtual reality［J］．Envi-

ronment International, 2020, 136: 105427.

[8] 张珍，徐磊青．虚拟自然的疗愈效益及其应用趋势［J］．南方建筑，2020（4）：34-40.

[9] Kirschbaum C, Pirke K M, Hellhammer D H. The 'Trier Social Stress Test' -a tool for investigating psychobiological stress responses in a laboratory setting [J]. Neuropsychobiology, 1993, 28 (1-2): 76-81.

基于 GauGAN 的办公建筑标准层平面生成设计方法研究

Research on the Design Method for Generating Standard Floor Plans of Office Buildings Based on GauGAN

杜 鹏[1] 陈 平[1]
1. 山东建筑大学建筑城规学院

摘 要：当前建筑设计领域正逐步从传统设计向智能化过渡。本文提出办公建筑标准层平面自动生成设计方法，能针对不同轮廓生成建筑标准层平面功能分布图。首先，通过收集大量办公建筑标准层的平面图，利用编辑工具对平面图进行处理，得到符合要求的数据集；其次，将数据集分为训练集和测试集，利用 GauGAN 程序进行训练；最后，采用图像结构相似性算法（SSIM）及主观评价相结合方法对测试集的生成结果进行生成效果评价。结果表明：此方法能够更快速准确学习建筑功能布局基本规则，生成更合理的功能布局方案，进而识别生成方案图片，进行参数化建模。此方法可以帮建筑师节省大量的时间和精力，同时也能够激发设计更多的可能性。

关键词：办公建筑；标准层；生成对抗网络（GauGAN）；生成设计

1 引言

生成对抗网络（GAN）最早由蒙特利尔大学的人工智能学者 Goodfellow 在 2014 年 6 月提出，目前主要应用于计算机视觉方面，用于图像生成、图像转换、风格迁移、图像修复等。GAN 由生成器（Generator）和判别器（Discriminator）组成，其强大之处在于生成器和判别器之间的零和博弈，二者不断优化，直至判别器无法判断所接收的样本是否为真实样本，由此得到一个较好的生成器。

由于生成对抗网络强大的生成能力，在过去的几年中，不仅在计算机领域掀起研究热潮，建筑领域相关学者利用生成对抗网络在建筑立面、建筑平面、城市规划及城市街景等多方面都进行了探索。例如，在建筑立面上，对不同风格高层住宅的立面生成进行研究[1]；在建筑平面方向，利用不同算法先后对公寓的平面生成进行研究[2,3]；在城市规划尺度，分别对小学校园[5]和大学校园[7]布局的生成进行探索、对北方邻里社区的总体布局形式生成进行研究[4]、对居住区强排布局进行生成研究[6]；在城市街景领域，对街景品质进行评估、对街景色彩进行分析和生成研究等。生成对抗网络在建筑相关领域的应用已进行大量的探索，并且在平面自动生成领域已经成为一种主流的方法[8]。笔者对近年来建筑领域利用生成对抗网络进行布局生成设计的文献进行梳理（表 1），发现

山东省自然科学基金面上项目（ZR2021ME133）。

表 1　相关文献分析

文献序号	时间	算法	研究对象	样本量
[1]	2018 年	Pix2pixHD	公寓平面	小样本 115
[2]	2019 年	Pix2pix	青年公寓户型平面	大样本 2369
[3]	2019 年	GAN	柯布西耶风格楼层平面	小样本 45
[4]	2020 年	Pix2pix	小学校园布局	小样本 222
[5]	2020 年	GauGan	邻里社区总体布局	小样本 167
[6]	2020 年	Pix2pix	住宅户型	小样本 154
[7]	2021 年	Pix2pix	大学校园布局	小样本 120
[8]	2021 年	cGAN	居住区强排布局	大样本 1050
[9]	2022 年	Pix2pixHD	高职院校园布局	小样本 95
[10]	2022 年	GAN	乡村住宅平面	大样本 1550
[11]	2022 年	Pix2pix	城市建筑布局	小样本 320

经过算法及方法迭代，生成对抗网络能解决更复杂的生成设计问题，但是其研究居住、教育类型建筑较多，缺乏其他建筑类型研究。办公建筑作为城市中除居住建筑外另一量大而面广的建筑类型，它具有一定的布局规律，且平面功能更加复杂。

2　办公建筑标准层平面布局解析

建筑的功能布局是建筑设计的核心内容之一，它对于建筑物的合理性、舒适性和使用效率具有重要的影响；办公标准层平面设计是高层、超高层办公建筑设计的核心[8]。办公标准层主要由交通核、交通空间、办公空间及其他休闲娱乐空间组成。平面形式有塔式平面、板式平面、相交型平面；交通核的布局模式包括中心布局模式、偏心布局模式和分散布局三种模式[8]（图 1）。

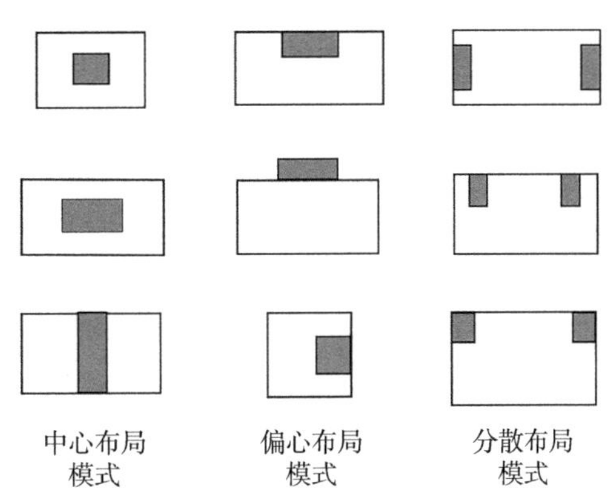

图 1　办公建筑标准层交通核布局模式

塔式平面交通核布局大多采用中心布局，少数采用偏心布局模式；板式平面交通核布局由于其长度大于宽度的两倍，所以交通核布局多采用分散布局模式；相交型平面在平面形式上介于塔式和板式之间，其交通核布局形式中心布局和分散布局都较为常用。在办公建筑设计中交通核设计是标准层乃至整个设计中最重要的部分，好的设计能大大提高标准层的使用率。办公建筑标准层的设计功能相对明确，相较住宅的功能更加复杂，且都有某种特定设计规律存在，所以利用 GauGAN 网络强大生成能力，通过学习高层标准层的布局模式，来生成合理的平面设计方案。可以快速准确地生成大量布局方案供建筑师参考。

3 基于 GauGAN 模型的办公建筑标准层平面生成流程

3.1 算法介绍与生成流程

3.1.1 GauGAN 算法介绍

最初建筑领域利用生成对抗网络进行建筑平面生成研究时，使用的 GAN 模型有许多不足，例如生成过程自由、无法控制生成的效果、生成图像像素低等。2019 年之前的网络是直接将语义布局作为深层网络的输入，然后通过卷积的堆叠、归一化和非线性层进行处理，直到 2019 年英伟达推出了 GauGAN 的 AI 绘画程序，提出了空间自适应归一化层，使得网络能够将简单的语义标签生成逼真的图像。GauGAN 基本继承了 Pix2pix 模型架构，区别在于生成器前加了一个编码器，它用于在真实图像中获取与其分布有关的均值（*mu*）和方差（*var*），用得到的均值、方差和高斯分布产生的向量 x 做反归一化操作，最终得到一个包含真实图像信息的随机向量 z。生成器接收上一步产生的随机向量 z，产生一个图像 c，在生成的过程中会不断地使用语义图去增强语义信息，最后将生成图 c、真实图像及语义图输入给判别器，让其进行辨别，计算出损失函数；在一轮结束后，进行反向传播，优化生成器（Generator）参数，让其生成图像更加逼真，直到生成器生成图像辨别器区分不出生成图像和真实图像（图 2）。GauGAN 与之前使用的 Pix2pix 和 Pix2pixHD 相比，可以实现更清晰和更多样化的输出，也可以更真实地拟合不规则轮廓，效率更高[4]。

3.1.2 平面生成流程

在办公建筑标准层平面生成流程中，需要成对的图像训练 GauGAN 模型，它们分别是平面轮廓和对应建筑平面布局图，分别用 a 和 b 代表（见图 2）。轮廓 a 输入到生成器中输出生成样本 c，可以理解为生成样本 c 是被预测出的假值，然后将 a、b 和 c 三张图都输入到判别器中进行判定真假。判别器会从 a 和 c 的组合（假值）和 a 和 b 的组合（真值）的分类中进

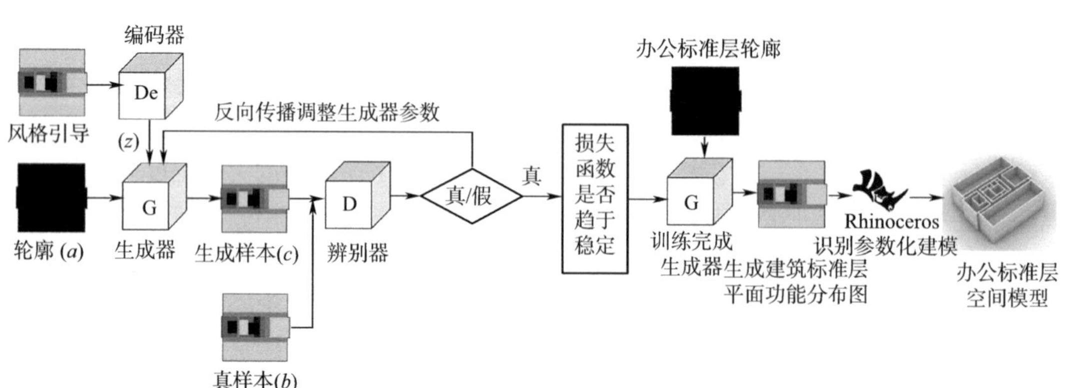

图 2 基于 GauGAN 的办公建筑标准层平面生成设计流程

行学习，并将输出结果反馈给生成器，帮助它生成越来越趋近于真实的图像，以达到欺骗判别器的目的。两者在对抗中共同优化，最终得到一个生成器，它能够捕捉平面轮廓和平面布局之间转换的信息，并在它们之间建立联系，在面对新的平面轮廓时，只需要画出平面轮廓，就可以用该生成器生成新的平面功能布局。

3.2 数据集构建

首先，进行平面图资料收集，从古德、Archdaily 等网站或查阅相关书籍获取资料，收集过程中同时进行筛选，收集三种交通核布局形式平面图。其次，进行数据的标签化处理，将搜集的办公平面利用 Photoshop 进行数据处理，将平面图按比例放进 256×256 像素、分辨率 72 的画布中，平面放置按照上北下南原则，用不同的颜色对平面图中不同的功能进行填充，形成标注图，将建筑轮廓及内部填充黑色，形成的轮廓图如表 2 所示。为了方便机器对颜色的识别，将 RGB 三原色后面的数值三等分，即 RGB 每个都可以取 0、127、255 三个值，3×3×3 共 27 种颜色搭配，进行功能的标注，平面功能与颜色对应如表 2 所示。最后，进行数据集的扩充。通过镜像、旋转、缩放等方法进行数据集的扩充，由于缩放会破坏图片的比例，旋转也会对功能布局产生影响，所以本文只通过镜像的方式进行数据增强，扩充之前数据集共 80 份数据，通过数据的增强一共获得 105 份数据，将数据库中 105 份数据中的 100 份划为训练集，5 份划为测试集，完成数据集构建。

表 2　平面功能与颜色对应表

功能	RGB 值		平面处理
办公空间	127，255，255	原图	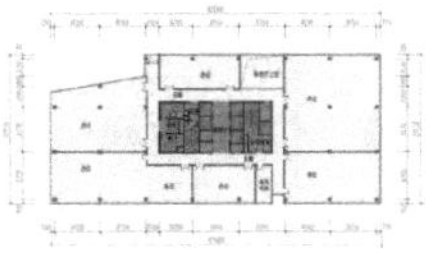
走廊空间	255，127，255		
楼梯间	0，0，127		
电梯间	127，127，255	轮廓	
卫生间	0，0，255		
消防前室	127，0，255		
辅助空间	127，127，127	标注图	
绿化空间	0，255，127		
通高空间	255，255，127		

3.3 训练参数设置

模型参数设置对训练效果起着至关重要的作用，模型的参数设置如表 3 所示，batchsize 为模型训练时抓取的样本数设为 4，通过参考相关文献和实验探究，学习率设为 0.002[5]，迭代次数设为 1000，模型权重参数每 50 代保存一次，数据的格式为 .jpg 格式，其宽度高度都为 256 个像素，与数据样本尺寸统一，采用 Adam 自适应优化算法，其梯度的动量衰减值 beat1、beat2 分别设置为 0.0 和 0.9。

表 3 训练参数设置

参数名	Epochs	Batch_ size	Learning rate	Img_ size (W /H)
参数值	1000	4	0. 002	256

3.4 训练结果

基于深度学习框架 Pytorch，在 pycharm 编译器中运行，电脑配置如下：GPU Nvidia RTX 3080 laptop (16GB)、CPU AMD R9 5900HX，每训练一代约 22～23s，训练 1000 代，耗时约 6. 2h，得到如图 3 所示的模型损失函数图像，从损失函数图像得出大约 200 代到 500 代左右，生成器与判别器损失大致拟合，500 代后生成器与判别器损失趋于稳定，且判别器损失大于生成器损失。从训练迭代过程（表 4）生成的图像看，生成的的图像从最初的模糊不清到最后生成的效果和真实的图像一致，模型训练结果达到预期效果。

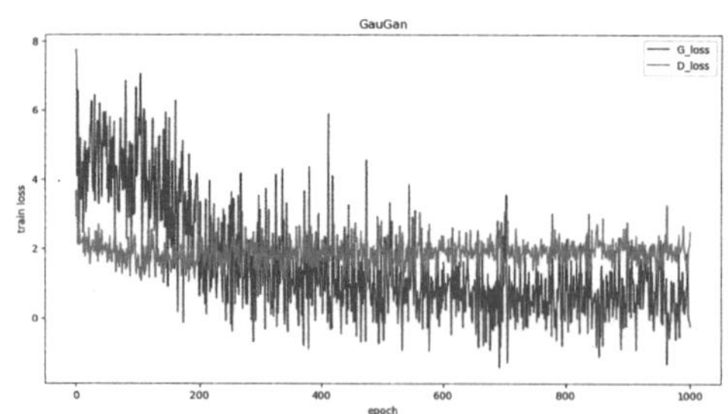

图 3 GauGAN 训练日志可视化图片

表 4 训练效果展示

迭代次数 Generation	训练输入 Input	训练输出 Output
50 代		
100 代		
200 代		
400 代		
800 代		
1000 代		

3.5 实验测试及生成效果评价

迭代 500 代以后损失函数趋于稳定，权衡模型训练效率选择训练到 500 代生成的权重参数来进行测试集的验证，将测试集输入模型生成结果如表 6 所示。为客观评价生成图片效果，本文采用图像结构相似性算法[1]（Structural Similarity Index，SSIM）对生成结果进行评价，如表 5 所示，其 SSIM 值越接近 1 说明生成图像与原图像越一致，SSIM 值越小，则说明生成图像与原图像差异越大。结合表中的计算值与生成效果看，其 SSIM 值并非值越大越好，01 号 SSIM 值最大但其生成图片效果不佳，相反 02 号和 03 号生成效果较好，所以 SSIM 值只作为辅助评价，主要依靠设计师主观进行评价。

从表 6 可看出 01 号和 04 号仅生成走廊和办公空间，核心筒内布局混乱模糊，缺乏指导意义；02、03 和 05 号基本能生成标准层平面布局，办公区与核心筒关系明确，基本达到辅助建筑师设计的要求；06 号到 08 号是笔者随机绘制楼层轮廓将其输入模型中生成的图像，生成效果清晰，起到了辅助设计师的作用；06 和 07 号轮廓长宽比较大，生成了交通核在两端的布局形式，且交通核都在北侧，没有占用南向空间；08 号长宽比较小，生成了中心布局的形式，但核心筒布局并不明确，需要设计师进行再设计。

通过对测试集测试结果及训练集的分析，发现图像的生成效果与数据集中相似平面的数量有关，01 号和 04 号为相似平面形式，由于数据缺乏，导致生成的图像模糊；其他几种形式在训练集中数据较为充足，生成效果较好，但生成效果与真实图像不同，原因是生成图像布局是机器学习特点决定的，它只能将训练集中布局形式相似平面迁移到生成平面中，并不会自己创造新平面形式。本次实验中矩形平面，核心筒中心布局的数据数量较多，所以模型在生成这类平面时能够给出相应的功能布局形式，而对于形式复杂的弧形平面及错动较大的平面等，由于数据集数量不够充分，生成布局效果欠佳。

表 5　图片相似度 SSIM 值计算结果

编号	01	02	03	04	05
SSIM 值	0.93	0.90	0.89	0.89	0.85

表 6　测试效果展示

编号	测试输入 Input	测试输出 Output	真实样本 Ground truth
01			
02		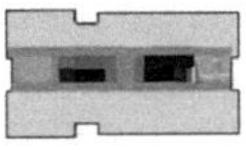	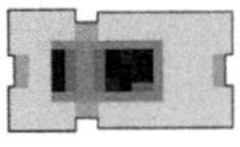
03		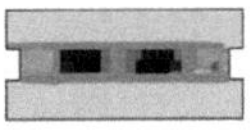	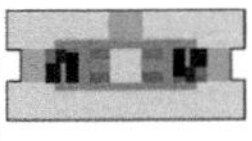

续表

编号	测试输入 Input	测试输出 Output	真实样本 Ground truth
04			
05			
06		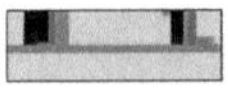	
07		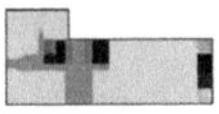	
08		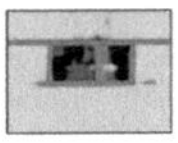	

3.6　实验总结

实验结果表明：基于 GauGAN 的办公建筑标准层平面生成设计方法能够快速准确学习建筑功能布局基本规则，生成合理的功能布局方案，但其需要大量数据训练。限于时间原因，本次实验数据集的数量较少，涵盖的平面类型多样，导致小部分图像生成效果不理想，但能反映大致的布局形式，证明本次实验的可行性。本次实验也为下一步实验优化提供了方向：

（1）丰富数据集的类型，增加各类型数据的数量，调整模型参数，以提高模型的泛化能力，实现更优的生成效果。

（2）根据不同的平面类型单独进行训练，比如分别单独制作核心筒集中或分散布置平面数据集进行训练，减少不同平面类型的相互干扰，提高模型生成质量，获得更佳生成效果。

（3）可以采用分步生成方式来提高生成质量，先由轮廓生成核心筒布局形式，再由轮廓及核心筒布局图生成最后的平面布局。

4 结语与展望

本方法相较于基于规则系统、基于多智能体系统、基于进化算法以及数学规划的现有生成方法，有更强大的学习能力，并且在其学习过程中无需定义复杂的生成规律及特殊算法，能够自动学习数据集中平面布局规律，为设计者提供合理的生成方案；有望基于更贴近实际项目的训练样本得到更优的生成设计结果，并在实际工作过程中，能够与建筑师的设计成果相互印证、相互融合及相互优化，从而推动设计方案继续向前发展，在提升效率的同时没有摒弃建筑师个人思想的主导地位。最后，生成图片可以通过参数化平台识别建模，极大提高设计效率。其不足之处是数据集制作需要手动打标签导致样本数量少，模型泛化能力弱，需要改善样本打标签的方法，多发挥 GauGAN 网络优势，以生成更高质量的图像。后续研究可结合计算机图形识别和语义分割技术来进行数据集处理，提高样本处理效率。

参考文献

[1] 邓志钱. 基于深度学习的高层住宅立面生成设计研究［D］. 北京建筑大学，2021.

[2] Huang W, Hao Z. Architectural drawings recognition and generation through machine learning［C］//Proceedings of the 38th Annual Conference of the Association for Computer Aided Design in Architecture (ACADIA), 2018.

[3] 杨柳. 基于深度学习的青年公寓户型自动生成研究［D］. 华南理工大学，2019.

[4] Pan Y, Qian J, Hu Y. A preliminary study on the formation of the general layouts on the northern neighborhood community based on GauGAN Diversity Output Generator［C］// The International Conference on Computational Design and Robotic Fabrication. Springer, Singapore, 2020.

[5] 邓巧明，林文强，刘宇波等. 基于生成对抗网络的校园总平布局生成式设计探索：以小学校园为例［J］. 世界建筑，2021（9）：115-119，136.

[6] 孙澄，丛欣宇，韩昀松. 基于 CGAN 的居住区强排方案生成设计方法［J］. 哈尔滨工业大学学报，2021，53（2）：111-121.

[7] 陈梦凡，郑豪，吴建. 基于生成对抗网络的复合功能体系计算性设计：以职业技术学院校园平面生成为例［J］. 建筑学报，2022（S1）：103-108.

[8] 高亮，孙澄，斯托夫斯·卢迪. 基于计算性设计思维的超高层办公建筑及其核心筒设计探讨［J］. 建筑学报，2020（10）：116-119.

基于三维与参数化平台下的幕墙设计实践

Curtain Wall Design Practice Based on 3D and Parameterized Platforms

成　功[1]　叶俊良[1]　曾旭东[2]　陈立利[3]　郑　李[1]

1. 重构引力（重庆）工程咨询有限责任公司

2. 重庆大学建筑城规学院

3. 图软亚洲有限公司

摘　要：当前建筑设计领域数字化设计应用广泛，三维数字化平台、参数化工具、仿真分析等技术手段结合在一起，可满足日渐复杂的建筑设计需求。由于建筑表皮的复杂性需求，幕墙作为建筑思想最重要的表达形式，也需不断适应建筑的变化。于是幕墙设计的方法也从二维图形的绘制，逐渐过渡到以三维模型为主、参数化建模为辅的工作方法上。三维数字化平台下的幕墙设计工作先搭建主体的数字化模型，以确定需要设计的区域，再在该范围内组装幕墙构件，以使其满足建筑设计的需求。若遇到更加复杂的曲面幕墙，则使用 Rhino 结合 Grasshopper 插件，对复杂的曲面进行处理，并同时完成幕墙主要构件的生成。在上述过程中，由于使用了可视化的工作平台，完成幕墙设计工作的同时还可以完成与土建的碰撞校对、工程量的及时统计，高效准确地完成设计流程。

本文将以在三维数字化平台下的幕墙设计为例，对幕墙设计方法和过程进行说明分析，并以两个不同的三维工作平台为对比，探讨不同的工作平台对幕墙设计工作的不同作用，以及如何在两个平台下进行数据传递的方法。

关键词：幕墙设计；建筑；结构；数字化；BIM；正向设计；设计一体化

1　研究背景

随着建筑设计的日趋复杂，建筑表皮作为建筑视觉的外在表现，成为较前沿的研究领域[1]，幕墙设计作为建筑设计的下游专业，也随着技术和概念的不断升级，向美观、多样化、丰富性、安全、节能等方向发展。幕墙专业虽然有多学科交叉、产业链供应链融合的特性，但又自带建筑属性，并与建筑设计紧密结合。所以现有幕墙设计作为建筑设计的延伸，其工作方法依旧依托于传统的二维 CAD 绘图。但是幕墙的构件，作为工业产品，需要利用数字三维模型完成高精度加工。所以工作平台的维度差异，导致幕墙行业在技术的运用上处于割裂状态。

本文旨在探索一种工作方法，利用数字化三维工作平台完成幕墙的设计工作，实现二维图形、三维模型的一体化，并能把数字化模型、二维图形、工程数据同时向下游传递，实现相关产业链的高效链接。

2　幕墙设计运用三维数字化工作流

2.1　三维数字化工作流工具简介

随着建筑数字技术的深入发展，数字化的工作方法逐渐嵌入幕墙设计中，并日益广泛地应用（图 1）。三维工作平台的工

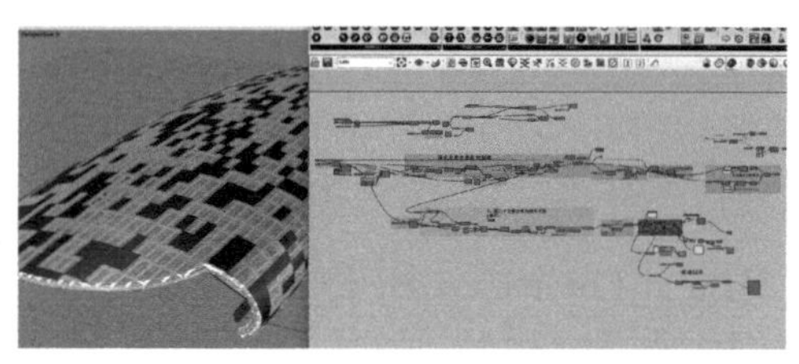

图1 利用 Grasshopper 对双曲面幕墙进行深化设计

作环境有着二维工作平台不可比拟的优势，在可视化、参数化、协同性、数据处理、成果交付、产业链扩展、施工等方面全面超越传统的二维工作模式，既可以准确且高质量地完成具有复杂几何形态的建筑设计，也可以快速低门槛地阅读设计图纸，迅速满足信息传递、数据获取的需求等。

现阶段，主流的数字化三维工作平台为 ArchiCAD、Revit、Bentley。利用这些平台可以完成建筑仿真模型的搭建设计工作，并能提供多专业协同的工作环境和完整的数据接口。

面对复杂几何形体设计，则主要使用 Rhino、Grasshopper、Maya 等软件进行塑形，并实现模型的数字化转化。再利用 OPEN BIM（Open Building Information Modeling）工作流程，把各软件搭建的模型通过开放标准进行整合和共享并实现对外传递。

2.2 幕墙设计运用三维数字化工具的优势

采用三维数字化工作流可以给幕墙设计带来完全不同的工作体验，并能输出高质量的设计成果，主要体现在几个方面。

2.2.1 设计过程可视化

建筑本身作为三维空间的物体和三维工作平台天然契合。幕墙作为建筑的表皮，可以在三维空间下以仿真模型的形式直观地展示出来。设计师和业主借助软件能清晰理解和感受到设计效果，在设计中能及时避免造型不合理和构件碰撞带来的问题（图2），并能及时调整优化。

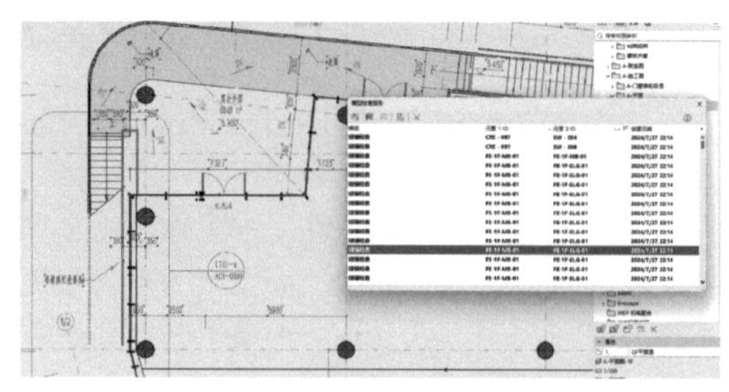

图2 设计过程中的碰撞检查

2.2.2 模型参数化

现今的建筑设计日渐复杂多变，面对多变的空间几何形态，传统的二维绘图工作模式已经无法胜任工作需求。人们逐渐利用参数化软件 Rhino+Grasshopper 对曲面幕墙进行分析、塑形、解构、深化，并把分析出的模型数据直接传递至下游厂家（图3）。数字技术可以对幕墙进行拟态控制、一体化找形，当某个设计条件改变时，也可以随之联动改变[2]，同时能结合结构构件进行定位，有较为准确的落地性。这些工作内容是传统人工绘图永远无法实现的。

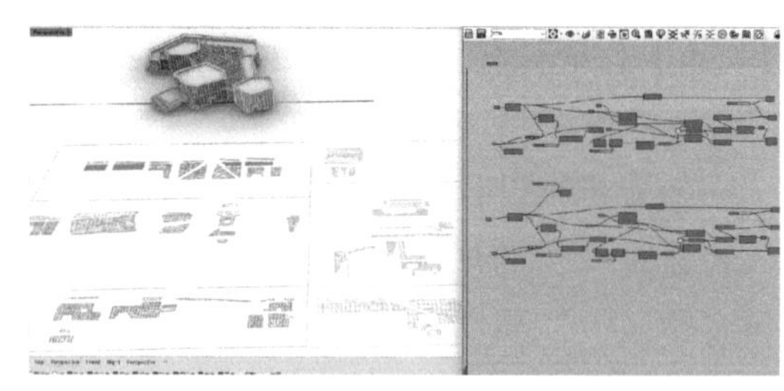

图3 利用 Grasshopper 对幕墙面板解构并展开

在 ArchiCAD 平台下还可以使用 BIMON VisualMind 插件，通过计算的方式搭建模型（图4）。此插件在 ArchiCAD 平台实现了可视化节点编程功能，通过节点之间连线编程的方式，既可以提取现有模型的数据加以利用，也可以通过算法计算创建新的模型。

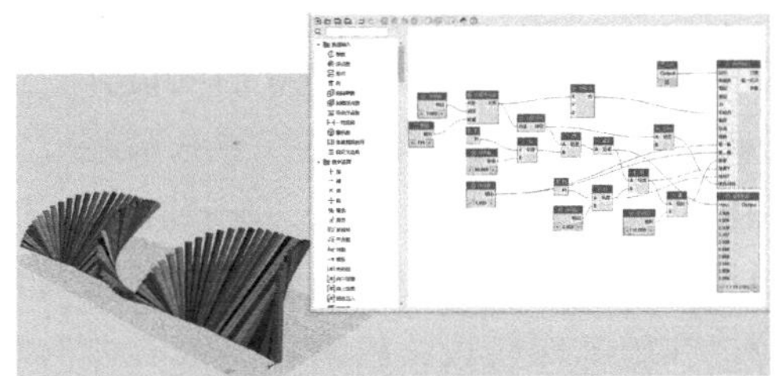

图 4　BIMON VisualMind 节点编程工作界面

2.2.3　嵌入式高效协同设计

ArchiCAD 数字化三维工作平台可以兼容 OPEN BIM 工作流，可以汇总各专业在不同平台的设计成果[3]，并能兼容多专业同时在一个平台下协同工作。幕墙设计作为下游专业，在建筑与结构模型搭建的同时，就可以先期介入工作流程里，建立幕墙的仿真模型，并且完成形态塑造、基础定位、设备管线的交叉配合等工作。三维数字化的融合协同工作，解决了传统二维设计各自独立、工作滞后的痛点，实现了数据、模型、图形之间的交叉互通，既满足了建筑专业外立面出图的需要，又能在设计过程中提前处理碰撞和配合的问题。

2.2.4　工程数据处理与产业链延伸

设计完成的幕墙仿真模型可以直接提取相关的数据，比如表面材料参数、物理性能、几何规格等（图 5）。对主要的材料进行工程量统计，计算出面积、长度、重量等数据，还可以解构幕墙面板，以此比较精准地估算材料费用，用于甲方的成本计算。施工单位可以依据工程量数据编制招标计划、材料的前期准备等工作。

数字化的模型还能延伸到幕墙生产制作领域，通过数据串联建筑工程的上下游链条，把设计完成的几何形体以仿真模型的形式，输出给加工工厂，提高工厂生产构件的精度，减少人工放样的误差。使用数字化模型指导施工，把数字点位利用激光技术进行放线，以提高复杂曲面的成品安装质量（图 6）。

图 5　ArchiCAD 软件里建筑材料的物理信息

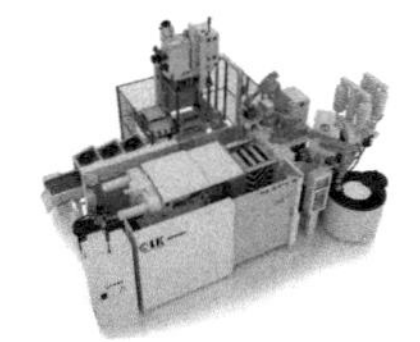

图 6　数字化生产线和激光放线

2.3　小结

三维数字技术有着传统二维技术无法比拟的优势，在设计阶段具备灵活性，让设计结果更具有可控性。在工程应用阶段可以利用设计数据实现广泛、高精度、全方位的产业链覆盖。

3　某商业幕墙深化设计实践

3.1　项目简介

本项目位于东南亚，是某商业的扩建改造，新建 6 层的营业空间，建筑面积为 5300m^2。方案设计在色彩视觉上突出东南亚人民奔放开朗的性格，塑造新商业空间的地标属性（图 7）。

图7　项目效果图

3.2　依托数字化工作流程的设计工作

此项目设计的过程使用以 ArchiCAD 为主导的 BIM 工作体系，其中建筑（含方案深化）、结构、幕墙专业在 ArchiCAD 里完成，机电使用 REVIT，精装修设计使用传统的 CAD+SU 的工作方法（图8）。

利用 OPEN BIM 工作流，在 ArchiCAD 平台下所有专业的模型或图纸实现串联，相互印证设计成果。OPEN BIM 数字化工作流程与二维绘图工作模式有着根本的区别。每个专业的协同工作会在设计初始阶段就介入。但是若采用二维绘图的工作模式，则会在一个阶段完成后，才进入另外专业的具体设计工作。介入时机的不同，深度的不同，导致设计过程中的把控和成果质量有了本质的提升。

3.3　幕墙方案设计

在三维平台下的幕墙设计工作介入时间提前到方案深化和建筑施工图设计阶段。方案设计阶段通过对建筑立面的设计，进一步固定立面的建筑形式，并对幕墙玻璃和横竖龙骨进行位置规划，确定切分尺寸，根据门窗洞口的需要对龙骨进行截断和划分。在施工图阶段，根据各介入专业的需求，设计过程中对交叉影响的部分进行相应的调整。

3.4　幕墙深化设计

3.4.1　与土建模型的定位和碰撞处理

幕墙深化设计是在幕墙方案的基础上开始的。第一阶段是检查和处理幕墙玻璃和龙骨的准确关系。借助 ArchiCAD 的三维工作平台提供的数据整合功能，前期完成设计的模型已经实现对位，并处理好碰撞关系。

为保证幕墙龙骨的精确定位，尽量减少手工操作的失误，我们采用全数字化的方法进行定位校对。使用 ArchiCAD 下的 BIMON VisualMind 插件，通过拾取楼板和边梁的模型并分析出边界，提取楼板边界二维线作为幕墙玻璃和龙骨的定位线，在定位线上根据一定的距离，生成龙骨竖挺的定位基点。通过基点，可以逐层生成相应的竖龙骨，再用同样的方法生成横向龙骨（图9）。此方法不用人工操作，避免手工定位的误差，生成的龙骨还可以和楼板、边梁联动，形成数据关联。

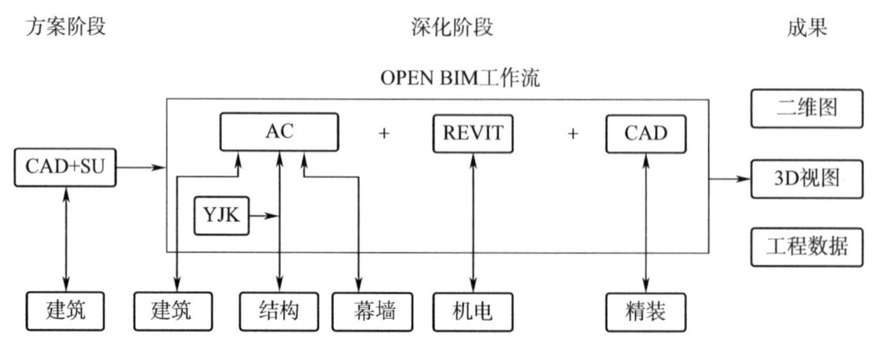

图8　以 OPEN BIM 工作流为核心的工作流程

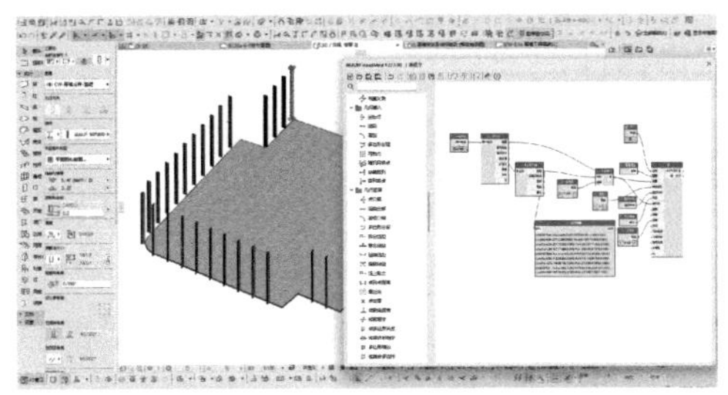

图 9　利用 BIMON VisualMind 直接生成幕墙竖挺

3.4.2　龙骨截面设计

龙骨是幕墙构件主要的定位和受力构件。所以龙骨的截面型号选择尤为重要。利用 ArchiCAD 的结构工具，把幕墙龙骨转化成结构线杆（图 10），利用 SAF 格式导出到 Sap2000 分析软件里进行力学分析。获得的型材截面尺寸数据返回到 ArchiCAD 里，再用截面管理器建立龙骨型材的不同截面，并把这些截面数据分配到相应的龙骨模型上（图 11）。

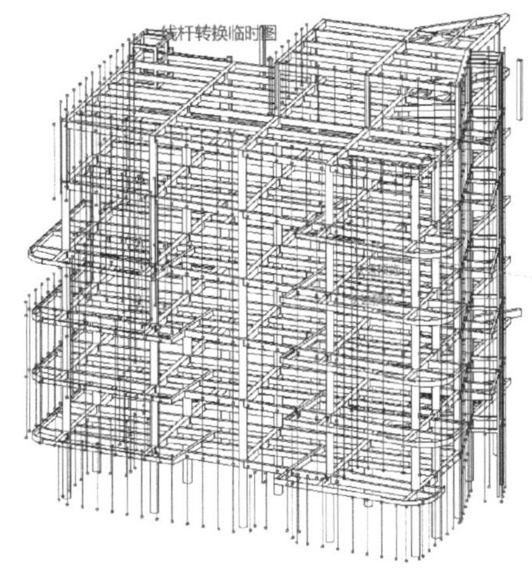

图 10　幕墙龙骨转结构线杆

3.4.3　出图和数据使用

区别于传统二维绘图模式，三维设计在出图阶段可以充分利用三维模型直观清晰地描述设计思路和内容。由于采用了 OPEN BIM 的正向工作流程，先有模型

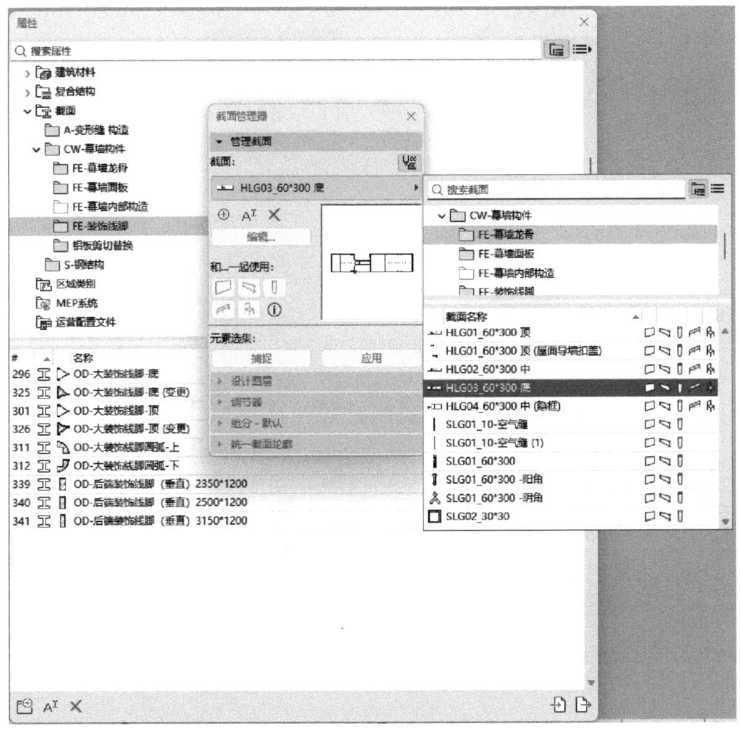

图 11　截面设计

再出图，所以幕墙的设计图和整体模型是有机联动的，通过输出二维的平面、立面、剖面图并结合 3D 视图共同描述设计思路和内容（图 12、图 13）。3D 视图可以降低沟通成本，有效处理复杂节点，快速让业主、施工单位、造价单位等获得准确的信息。

本项目由于有完整的三维模型，施工单位还特意联系设计师，针对复杂的节点出三维剖面图，指导现场施工。

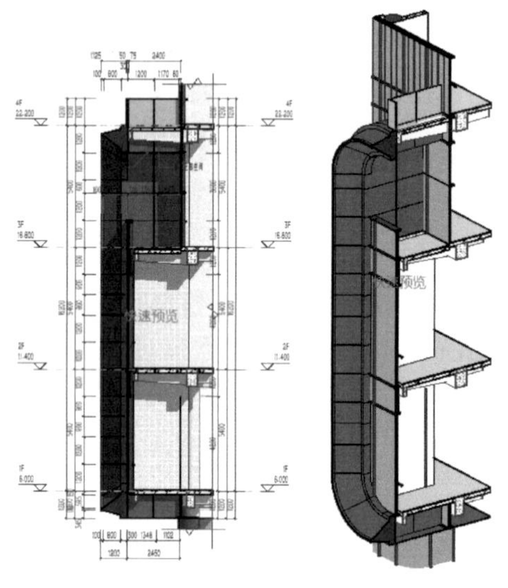

图 12　二维和三维结合出图

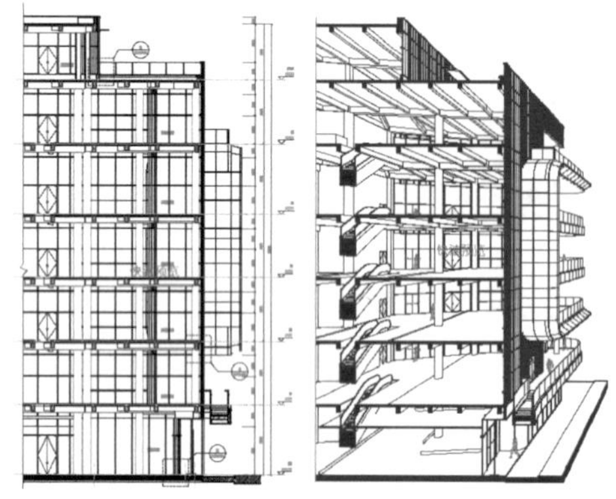

图 13　二维剖面图与三维剖面图相互印证关系

三维数字化模型，可以在设计完成后输出构件的三维几何数据，复杂几何形态的幕墙设计可以直接无缝链接构件生产工厂。在这个项目中，由于幕墙形式相对简单，在设计的后期，只需要针对幕墙材料净用量进行统计，获得材料的数据信息，作为业主成本控制和施工单位提前备料的依据。

4　总结

本次幕墙设计实践在三维数字平台上，借助 OPEN BIM 工作流进行协同工作，生成三维数字化模型并最终完成图纸交付和数据提取。数字化的工作方法给予建筑设计更多的发展方向和目标，实践中结合了工程具体落地应用，为未来工程技术的发展提供了重要的实践经验[4]。

参考文献

[1]　曾旭东，等．参数化视角下国内外建筑表皮研究综述［D］//兴数育人 引智筑建：2023 全国建筑院系建筑数字技术教学与研究学术研讨会论文集，2023.

[2]　徐卫国，徐丰，《城市建筑》编辑部．参数化设计在中国的建筑创作与思考清华大学建筑学院徐卫国教授、徐丰先生访谈［J］．城市建筑，2010（6）.

[3]　刘美霞，卞光华，等．超高层公共建筑智能建造技术体系探索实践．建筑结构，2023（5）.

[4]　王祥，常琦，等．正向 BIM 设计技术在复杂幕墙设计施工中的应用：以青岛万达东方影都大剧院及秀场项目为例．华中建筑，2021（9）.

基于 Unity 多智能体微观行为模拟的地铁站空间密接传播概率分析方法

Close Contact Probability Analysis for Subway Stations via Unity Multi-Agent Micro-Behavior Simulation

姚佳欣[1]　李　特[1]　金衍孜[1]　闫　超[1]

1. 同济大学建筑与城市规划学院

摘　要：轨道交通站点由于人群密集且流线交汇复杂，是呼吸道传染病日常防控的关键节点。针对轨道交通站密接传播风险的评估问题，当前大多数研究都是在宏观尺度下对人流聚集行为进行模拟，鲜有研究关注微观尺度下个体间的行为交汇模式，因此难以对人群交汇时的密接传播概率进行精准计算。针对这一问题，本文探索了一种基于 Unity 多智能体的微观行为模拟技术，并构建出基于微观行为指标的密接传播风险计算方法。文章将从以下三个核心方面展开论述：(1) 利用 NavMesh 算法实现密接模拟技术；(2) 构建基于智能体相对身位和距离的密接判定机制；(3) 在四种典型空间场景下对密接行为计算方法进行初步验证。该方法不仅可以挖掘出更深层次的空间行为规律，还可有效提升密接传播风险评估的精细化程度，对拓展健康建筑的研究具有科学意义。

关键词：空间密接风险；空间评估；多智能体模拟；动态避让；行为计算

1　引言

1.1　地铁站空间的密接传播风险

在当前呼吸道传染病常态化防控的多个环节中，研究普遍指出了佩戴口罩等主动防护措施的局限性[1]，提出人群密集的建筑空间是关键防控节点[2]。公共交通枢纽站点，尤其是地铁站，因空间封闭且人群流动性大，被我国国家卫生健康委员会明确定义为人群交叉传播的重危场所，并且国外大量研究已经验证了地铁站空间与流感爆发的关联性[3]，因此成了健康建筑研究的重要对象。

1.2　研究现状

当前针对地铁站空间的密接传播防控研究，主要集中于环境通风的设计调控，同时由于地铁站绝大部分空间的流动性大且流线交汇复杂，人群运动过程中高频次的交叉密接极易造成更大规模的扩散传播，密接传播同样也成为研究的关键。在这类研究中，呼吸道传染病传播风险取决于人群在空间中汇聚的密集程度。因此，数字化人流模拟技术起到了关键的作用。当前研究主要运用多智能体、粒子群、离散事件决策等人流模拟方法[4,5]，定量模拟地铁站复杂时空行为的分布规律[6]，或解析大规模人群的复杂流动路径[7]。基于这些

中央高校基本科研业务费专项资金资助项目（22120240290）。

宏观人流分析方法，可以针对空间传播风险问题，计算出人群交汇时的密集程度，进而制定相应的引流控制策略[8]。

然而，随着对密接传播规律探索的深入，单纯以宏观密集程度作为风险表征的局限性越来越明显。相关研究指出人群交汇时的身体参数[9]、相对身位[10]等微观行为因素同样是决定传播风险的关键因素。例如，地铁车厢中乘客之间“面对面”“面对侧”“面对背”的不同身位会导致不同程度的传播风险[11]。针对这一问题，本文探索了一种基于Unity多智能体的微观行为模拟技术，并构建出基于微观行为指标的密接传播风险计算方法。本文将从密接模拟技术、密接判定规则、密接行为计算三个方面进行论述。这一方法创新地引入了微观行为计算，可以挖掘出更深层次的空间行为规律，拓展建筑本体的空间认知。同时，该方法可有效提升密接传播风险评估的精细化程度，对拓展健康建筑的研究具有科学意义。

2 密接模拟：基于Navmesh算法的Unity模拟框架构建

作为一种实时3D开发平台，Unity软件被广泛应用于游戏领域。近年来，由于智能体功能的发展，Unity开始被引入建筑学领域，用于空间行为方面的研究，支持空间中的人体运动、决策、交往、学习等细节行为的模拟分析。例如，扎哈·哈迪德事务所（Zaha Hadid Architects）的研究团队在广州无极限总部（Infinitus Headquarter）办公项目中，运用代理人模拟技术对办公空间中的社会互动模式进行模拟，进而优化会议区、社交区等不同功能的空间分布[12]。

Unity中的NavMesh寻路算法是目前使用率最高的开源寻路算法，该算法由Recast算法和Detour算法组成，Recast算法可实现对静态网格的数据格式化处理，Detour算法可在经预处理后的地图网格上实现寻路和避障。

Recast算法通过将3D地图光栅化并简化为连续的可行走区域，生成用于导航的基础多边形网格。随后，它将这些多边形优化为更易于寻路的凸多边形，并通过三角化和细节优化完成导航网格的构建。Detour算法在此网格基础上进行高效路径规划，采用图搜索技术快速找到从起点到终点的路径，并运用多边形跳跃技术提高搜索效率。结合Recast和Detour算法的Unity导航网格系统，不仅能够高效处理复杂的3D地形，还能在多智能体环境中实现精确的路径规划和动态避障。因此，本研究选取Unity平台的NavMesh技术作为人流微观交汇模拟研究的基点。

Unity编辑器中，有三个参数可以调整智能体参数，分别是避让类型（Avoidance Type）、智能体速度（Agent Speed）、智能体半径（Agent Radius）。避让类型中可选择无障碍物避让、低障碍物避让、中等障碍物避让、高障碍物避让、超高障碍物避让五个等级。当设置为无障碍物避让时，智能体将无视其他智能体和障碍物直接选择最短路径穿越，避让等级越高，避障计算的精度将更高。智能体速度指智能体行进时最快可以达到的速度，智能体半径指智能体的回避半径。研究中，将智能体速度设置为2m/s以接近成年人快速步行速度，将智能体半径设置为0.2m以接近于成年人肩宽。

除此之外，还有两个参数可以调整导航网络的配置，分别是每帧进行路径寻找

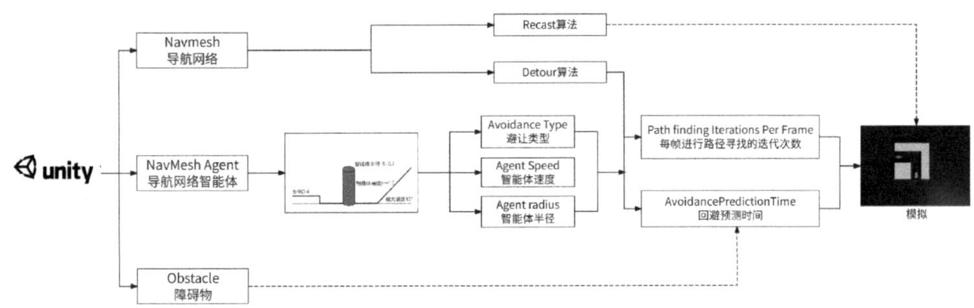

图 1　基于 Navmesh 技术的 Unity 模拟框架构建

的迭代次数（Path Finding Iterations Per Frame）和回避预测时间（Avoidance Prediction Time）。每帧进行路径寻找的迭代次数参数定义了在每一帧中，导航网格系统在异步路径寻找过程中可以处理的最大节点数。节点（Node）是构成导航网格的基本单元，代理（agent）在寻找路径时会从一个节点跳到另一个节点。迭代次数越多，意味着每帧中可以进行的路径计算工作越多，这可以提高路径寻找的精度和效率。回避预测时间指的是导航网格代理在进行路径规划时，预测未来可能发生的碰撞的时间长度，即代理会向前看多远的时间来避免即将发生的碰撞。这个时间设置得越长，代理就能越早地预测到可能的碰撞，并开始进行回避动作（图 1）。

3　密接判定规则

人与人之间的相对身位和距离是影响密接传播概率的关键要素。相关研究表明，当两个感染者彼此接近到 1.5m 以内时，附近的人吸入感染者呼出的飞沫核的暴露量显著增加。当感染者之间的距离超过 2m 时，呼出气流的影响减弱，气流中细小飞沫核的空气浓度降低到房间内平均浓度，因此研究采取 1.5m 作为密接的相对距离判断值。还有相关研究分别测量了男性和女性咳嗽时呼出气体的水平角度，其中男性约为 38°，女性约为 32°[13]，研究中取 35°平均值作为密接角度范围（图 2）。

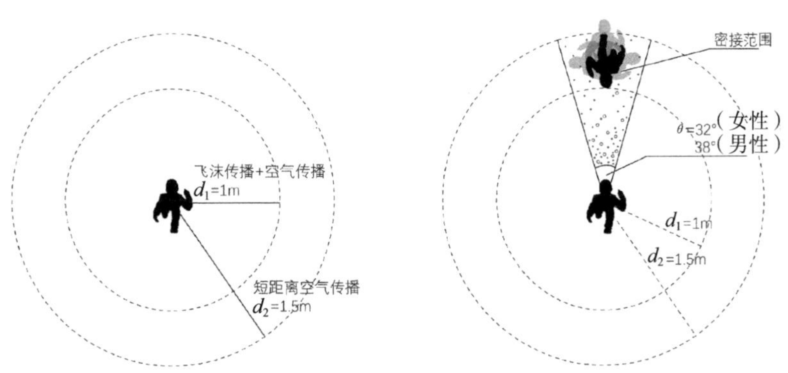

图 2　密接相对距离和角度的判定原则

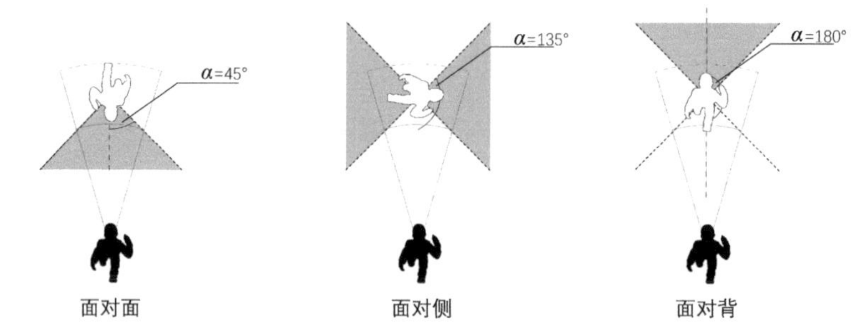

图 3　根据面部朝向的密接事件分类

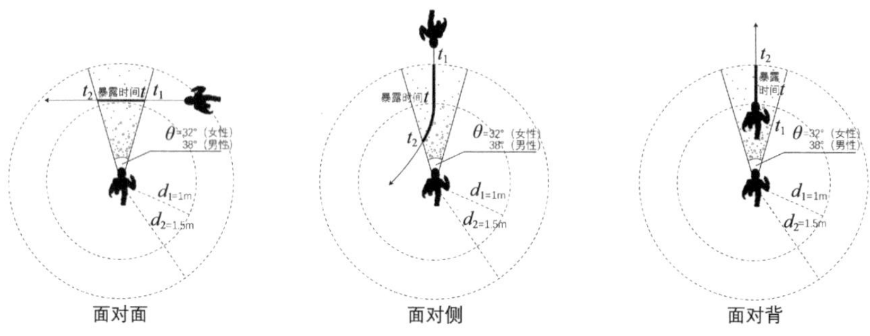

图 4　不同密接事件的暴露时间

对于面部朝向，研究定义了三种类别的密接事件：面对面（Face to Face）、面对侧（Face to Side）、面对背（Face to Back），当目标对象朝向和传播者朝向夹角小于 45°时，属于面对面密接情况；当目标对象朝向和传播者朝向夹角大于 45°、小于 135°时，属于面对侧密接情况；当目标对象朝向和传播者朝向夹角大于 135°、小于 180°时，属于面对背密接情况（图 3）。

基于以上对密接事件的条件界定，能够对人群模拟后结果进行相应的密接概率计算和数据分析，其中包括：各类密接发生的次数、密接暴露总时长（图 5），以及交叉接触广度（每个个体平均密接接触到的其他个体数量），对空间密接风险进行综合评价。受篇幅限制，本文以密接暴露总时长这一指标为例，构建相应的微观行为计算方法，并在典型的高风险空间类型中进行初步验证。

4　密接行为计算

4.1　密接场景模拟设置

为了更好地证明微观行为计算对于深层次理解空间行为关系的重要性，研究分别设置了两种建筑中常见空间作为模拟场景，其一是瓶颈空间，其二是转角空间。在瓶颈空间中，行人前进的路径忽然变窄，迫使部分行人的移动方向发生变化，而且瓶颈两侧往往均有人期望到达对侧，从而产生双向涌现现象。在转角空间中，行人速度方向在水平面发生变化，转角处常常会发生行人聚集。在这两类空间中，行人步行速度由于移动方向的变化会放缓，容易发生拥堵，是典型的密接高风险区域。

根据实际经验和多次模拟尝试，模拟环境将避让预测时间设置为 5s，每帧进行路径寻找的迭代次数设置为 100，尽可能还原真实环境下人的决策和交汇行为。

4.2 瓶颈空间密接计算

4.2.1 一对一场景模拟

在瓶颈空间的一对一模拟场景中，两个智能体在空间狭窄处相遇并避让。其中智能体 A 从左向右行进，用黑色线条表示；智能体 B 从右向左行进，用浅色线条表示，带箭头射线表示该时刻智能体的朝向。根据上述密接判定规则，当智能体 A 为传播者时，统计智能体 B 以不同身位处在对应时刻扇形密接区的帧数，便可以计算出不同类型密接的时长（图 5）。在本研究中，为简化计算，假设三类身位密接的权重相同，其时长之和便为智能体 A 作为传播者时的密接总时长。智能体 A 和智能体 B 分别作为传播者时的密接总时长的平均值，便可以表征该空间在特定人数下的密接风险。通过计算该空间场景下代理的行为模式及其导致的身位密接情况，发现瓶颈空间中如果两个个体相向而行，由于提前的避让行为，将不会产生密接情况（表 1）。

4.2.2 多对多场景模拟

在瓶颈空间的多对多模拟场景中，四个智能体在空间狭窄处相遇并避让。其中智能体 A 和 B 从左向右行进，分别用黑色和浅色线条表示；智能体 C 和 D 从右向左行进，分别用灰色和黑色线条表示，带箭头射线表示该时刻智能体的朝向（图 6）。计算该空间场景下代理的行为模式及其导

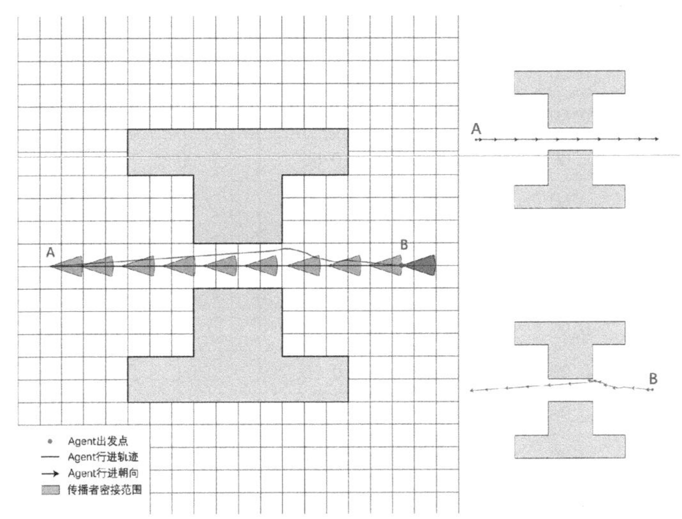

图 5　一对一瓶颈空间交汇模拟（图中 A 是传播者）

表 1　一对一瓶颈空间密接数据统计

		各类密接事件发生的时长/s			密接总时长/s	一对一瓶颈空间平均密接时长/s
		面对面	面对侧	面对背		
A 作为传播者	A-B	0.00	0.00	0.00	0.00	0.00
B 作为传播者	B-A	0.00	0.00	0.00	0.00	

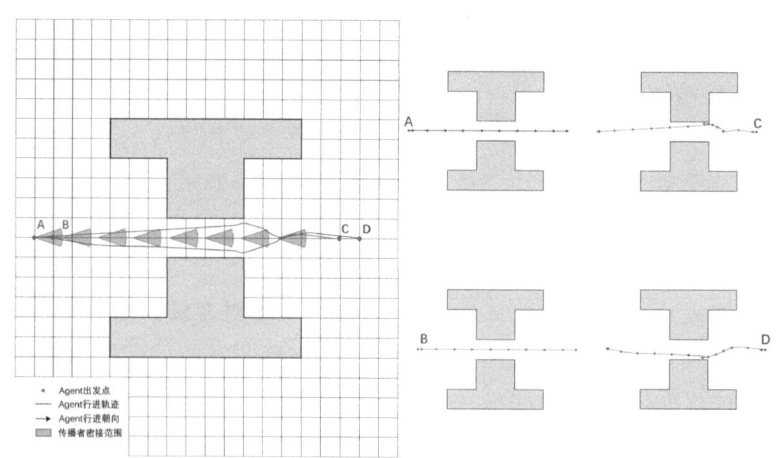

图6　多对多瓶颈空间交汇模拟（图中A是传播者）

表2　多对多瓶颈空间密接数据统计

		各类密接事件发生的时长/s			个体密接总时长/s	所有个体密接总时长/s	多对多瓶颈空间平均密接时长/s
		面对面	面对侧	面对背			
A作为传播者	A-B	0.00	0.00	41.90	41.90	41.90	15.71
	A-C	0.00	0.00	0.00	0.00		
	A-D	0.00	0.00	0.00	0.00		
B作为传播者	B-A	0.00	0.00	0.00	0.00	0.00	
	B-C	0.00	0.00	0.00	0.00		
	B-D	0.00	0.00	0.00	0.00		
C作为传播者	C-A	0.00	0.00	0.00	0.00	0.00	
	C-B	0.00	0.00	0.00	0.00		
	C-D	0.00	0.00	0.00	0.00		
D作为传播者	D-A	0.00	0.00	0.00	0.00	20.92	
	D-B	0.00	0.00	0.00	0.00		
	D-C	0.00	0.00	20.92	20.92		

致的身位密接情况，发现瓶颈空间中如果多个个体相向而行，由于提前的避让行为，密接只会发生在同向行进的近距离个体之间，主要是面对背密接。其中智能体A作为传播者时的面对背密接时长为41.90s，智能体D作为传播者时的面对背密接时长为20.92s，空间总体平均密接时长为15.71s（表2）。

4.3　转角空间密接计算

4.3.1　一对一场景模拟

同理计算转角空间一对一场景下代理的行为模式及其导致的身位密接情况（图7），发现瓶颈空间中如果两个个体相向而行，不论A或B是传播者，都将发生面对面密接，平均时长为0.95s。其中若避让者是传播者，面对面密接的时间更长，为1.12s（表3）。

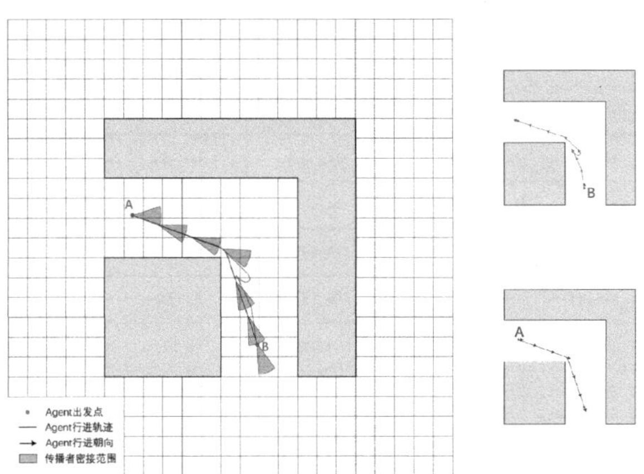

图 7 一对一转角空间交汇模拟（图中 A 是传播者）

表 3 一对一转角空间密接数据统计

		各类密接事件发生的时长/s			密接总时长/s	一对一转角空间平均密接时长/s
		面对面	面对侧	面对背		
A 作为传播者	A-B	0.78	0.00	0.00	0.78	0.95
B 作为传播者	B-A	1.12	0.00	0.00	1.12	

4.3.2 多对多场景模拟

同理计算转角空间多对多场景下代理的行为模式及其导致的身位密接情况（图 8），发现转角空间中如果多个个体相向而行，在传播者不同的情况下，将发生不同情况下的密接，平均时长为 6.07s。除了同向行进的近距离个体之间发生的面对背密接，转角处相向者还易产生面对面密接和面对侧密接，转角处同向者也有可能发生面对侧密接（表 4）。

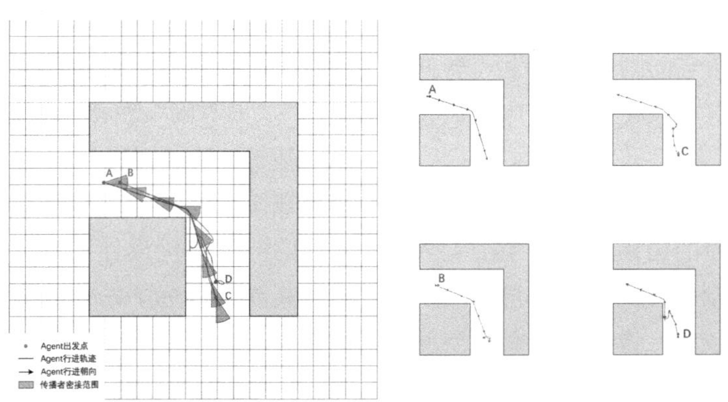

图 8 多对多转角空间交汇模拟（图中 A 是传播者）

表 4　多对多转角空间密接数据统计

		各类密接事件发生的时长/s			个体密接总时长/s	所有个体密接总时长/s	多对多转角空间平均密接时长/s
		面对面	面对侧	面对背			
A 作为传播者	A-B	0.00	0.00	16.47	16.47	16.50	6.07
	A-C	0.00	0.03	0.00	0.03		
	A-D	0.00	0.00	0.00	0.00		
B 作为传播者	B-A	0.00	0.28	0.00	0.28	0.88	
	B-C	0.27	0.33	0.00	0.60		
	B-D	0.00	0.00	0.00	0.00		
C 作为传播者	C-A	0.00	0.00	0.00	0.00	4.77	
	C-B	0.00	0.00	0.00	0.00		
	C-D	0.00	0.00	4.77	4.77		
D 作为传播者	D-A	0.00	0.00	0.00	0.00	2.11	
	D-B	0.30	0.00	0.00	0.30		
	D-C	0.00	0.08	1.73	1.81		

4.4　计算结果分析

从宏观角度对比分析两类高风险空间的模拟计算结果发现，在两类空间的模拟人数一致时，密接时长却有着明显的差异，这在表面上印证了单纯以人群密集程度表征密接风险的局限性。从更加微观的角度对模拟计算进行分析发现，尽管两类空间场景均是高风险空间，但是密接风险的生发机制和计算结果有明显差异。经对模拟过程的分析，瓶颈空间中更易发生“拥堵型”密接，即人群由于行动缓慢而发生的聚集性密接；转角空间则更易发生“转向型”密接，即人群在发生错身转向时而发生的碰撞性密接。

基于这两种生发机制的差异性，首先，我们发现瓶颈空间的密接计算结果随着人数增加而出现急剧的升高，而转角空间的密接结果则变化较缓。这是因为瓶颈空间中，密接时长受到拥堵时间的影响明显，进而与人群数量强相关。

其次，瓶颈空间中无论人数如何变化，几乎不存在“面对面”“面对侧”的密接时长，这是因为模拟显示直线行进避让时并不会发生密接，因此密接总时长完全就是拥堵等候时的“面对背”密接时长。转角空间则由于存在复杂的转身避让现象，因此会较为均匀地发生三类身位的密接。

最后，在多人场景下，瓶颈空间中每个个体的密接传播时长差异明显，而转角空间则分布相对平均。这同样是因为拥堵型密接空间中，个体所处的前后位置决定了“面对背”密接情况的发生，而转角空间中，个体的前后位置则与避让时的“面对面”“面对侧”密接并不相关。

基于这些通过微观行为计算所发展的密接规律，可以针对不同空间类型提出针对性的空间优化设计策略，最终提升空间在公共健康目标下的性能表现。例如，针对瓶颈空间，由于以“面对背”密接为主，因此设置缓冲空间迫使行为提前减速避免集中聚集，比单纯增加避让空间宽度更加有效；针对转角空间，由于存在大量的“面对面”“面对侧”密接，因此增加避让空间的宽度，则可以更有效地减少密接现象。

5 总结展望

本文构建了一种基于微观行为模拟和计算的密接空间分析方法，通过一系列空间模拟实验，初步验证了微观分析对于拓展空间认知的作用。随着挖掘更加细微尺度的密接行为规律，往往可以得到创新的甚至是反直觉（counter-intuitive）的健康空间设计原理。

然而，研究开发的模拟工具的仿真效果还有待优化。未来计划选取真实场所作为实验样本，通过机器视觉技术采集实际人群行为数据，并与模拟数据对比分析，验证和优化模型参数的准确性。除此之外，研究也将开展一系列空间形态连续变化下的模拟实验，通过分析计算数据的变化规律，探索形态变量与密接风险的耦合关系，实现基于模拟的自动化形态寻优，为地铁站等地下交通空间的设计和运维提出实践性的优化工具和方法。

参考文献

[1] Nancy H L Leung, Daniel K W CHU, Eunice Y C SHIU, K et al. Respiratory virus shedding in exhaled breath and efficacy of face masks [J]. Nature Medicine, 2020, 26: 676-680.

[2] 李玉国，程盼，钱华．新型冠状病毒的主要传播途径及其对室内环境设计的影响［J］．科学通报，2021，66（Z1）：417-423.

[3] Lara Gosce, Anders Johansson. Analysing the link between public transport use and airborne transmission: mobility and contagion in the London underground [J]. Environmental Health, 2018 (17): 84.

[4] 邓巧明，李晓峰，刘宇波．基于人流模拟方法的高校疫情防控研究：以华南理工大学为例［J］．建筑技艺，2022，28（9）：30-33.

[5] 宣晓东，黄琪钶，闫梦辉．基于就诊流程差异的门诊优化仿真模拟研究［J］．建筑技艺，2023，29（4）：113-117.

[6] 顾宗超，陆伟，大佛俊泰．基于决策层级理论的地下行人系统时空行为研究［J］．地下空间与工程学报，2022，18（S1）：1-13.

[7] Joo Young Kim, Young Ook Kim. Analysis of pedestrian behaviors in subway station using agent-based model: case of gangnam station, Seoul, Korea [J]. Buildings, 2023, 13 (537): 537.

[8] 梁本部，谢科范，Van Der Wal Natalie，刘嘉．考虑室内呼吸暴露风险的人群引流控制策略研究［J］．中国安全科学学报，2022，32（5）：14-20.

[9] Nan Zhang, Wenzhao Chen, Pak T J, et al. Close contact behavior in indoor environment and transmission of respiratory infection [J]. Indoor Air, 2020, 30 (4): 645-661.

[10] Fan Liu, Zhiwen Luo, Yuguo Li, et al. Revisiting physical distancing threshold in indoor environment using infection-risk-based modeling [J]. Environment international, 2021, 153: 106542.

[11] Xiyue Liu, Zhiyang Dou, Lei Wang, et al. Close contact behavior-based COVID-19 transmission and interventions in a subway system [J]. Journal of Hazardous Materials, 2022, Vol. 436: 129233.

[12] Xuexin Duan. The development of Agent-based parametric semiology' as design research program [C]. Proceedings of the 2020 DigitalFUTURES. CDRF 2020. Springer, 2021: 144-155.

[13] Soon-Bark Kwon, Jaehyung Park, Jaeyoun Jang, et al. Study on the initial velocity distribution of exhaled air from coughing and speaking [J]. Chemosphere, 2012, Vol. 88 (11): 1260-1264.

基于 ArchiCAD 三维环境下的多人员全专业协作模式探索

Exploration of Multi-person Full-professional Collaboration Mode Based on ArchiCAD 3D Environment

叶俊良[1]　成　功[1]　曾旭东[2]　陈利立[3]　赵大勇[4]

1. 重构引力（重庆）工程咨询有限责任公司
2. 重庆大学城规学院
3. 图软亚洲有限公司
4. 吉林省人力资源和社会保障厅

摘　要：随着计算机技术的发展，以及社会对建筑物需求的升级，如今建筑设计的空间及形态越发复杂，传统在二维环境下的建筑设计已经逐渐显露出众多缺陷，建筑设计逐渐从二维平面环境向三维仿真环境过渡，如今已有许多建筑设计团队用三维设计技术完成了众多建筑作品。但由于三维环境下数据量的大幅度增加，用一种工作方式去对这些新增数据加以管理和利用的需求也就出现了，而原有的二维设计的团队协作方式显然不能满足当下的环境及要求。在三维环境下制定一套全专业的协作方式成了一件非常重要的事。本文旨在探索一种基于三维设计环境下的全专业多人员的协同工作方式，此模式将专业及团队进行有效归类，同时利用三维设计软件 ArchiCAD 的原生功能对各专业的工作面板进行拆分，在团队协作的工作流上进行规则制定。利用此工作模式可以让新加入的成员快速融入当前项目，且能高效地与其他专业进行协同工作，有效减少沟通成本，降低项目出现问题的风险。

关键词：团队协同；数字化；建筑设计；团队工作流

1　引言

1.1　研究背景

2022 年，住房和城乡建设部发布了《“十四五”住房和城乡建设科技发展规划》，提出智能建造和新型建筑工业化技术创新的重点任务之一就是发展建筑数字化技术。而建筑数字化技术在建筑设计领域的应用主要就包括参数化设计、算法生成设计、建筑信息模型（BIM）、数值仿真等相关设计理论或方法。随着建筑项目日益复杂，传统的二维设计（CAD 平台）常常面临沟通障碍和数据不一致的问题。而三维设计（BIM 平台）不仅能够更直观地展现建筑物的形态和空间结构，还能更加有效地模拟真实世界中的各种条件[5]。所以建筑行业在近期有逐渐从传统的二维平面设计向 BIM 三维仿真设计过渡的趋势。三维设计中的数据量相比二维设计而言，也是成量级增长，传统二维设计的团队协作方式已经无法满足三维设计的需求，基于三维平台开发和研究一个高效、可靠且具备实施性的协同设计工作流或系统平台[6]

成为迫切需求。

在三维设计平台中，团队协同的方式从二维设计中主流的“外部参照”变为“统一工作”，两者之间差异明显。前者是团队成员在各自工作范围进行作业，然后再通过 CAD“参照”的形式引入需要的图纸文件中，是一种“离散型”的协作方式。而后者则是使专业团队在同一模型上工作，可实时更新和信息共享，协作效率和设计质量更高[3]（图 1）。

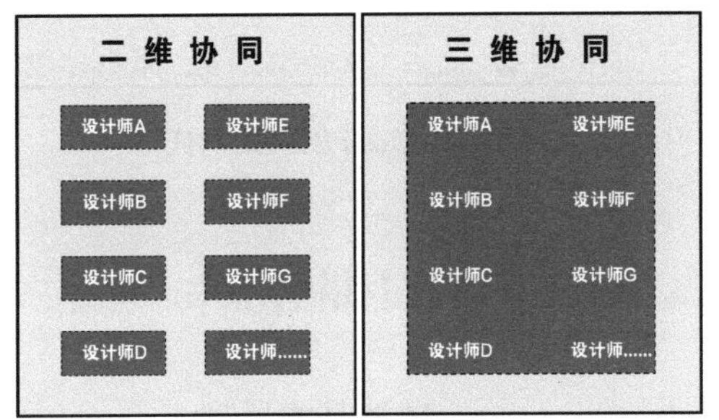

图 1　二维平台协同与三维平台协同的工作原理

1.2　研究目的与意义

本研究旨在探索基于 ArchiCAD 的多专业多成员的团队协作模式。通过分析软件自身的功能与已知的问题，结合实际的工程项目实践，建立一套高效、可靠的三维协作流程，利用这套流程帮助设计团队在三维环境下更好地进行设计工作，从而达到提高工作效率、减少设计错误和返工的目的。同时，也希望这种协作模式的研究和应用为其他需要多专业协作领域提供参考。

2　三维设计的应用

2.1　三维设计的优势

三维设计技术如今早已广泛渗透到建筑行业的各个方面。从早期的三维模型（SU、3DMax 等）制作到现在的 BIM 技术（建筑信息模型），三维设计为建筑项目的可视化、仿真模拟和数据管理都提供了强大的支持。如 BIM 技术不仅可以创建三维模型，还可以整合建筑物的各种信息，如材料、时间进度和成本等[1]，能够让设计或管理者高效、准确地对建筑工程项目进行全流程控制，真正做到了项目的可控。

2.2　ArchiCAD 与 BIM Cloud

ArchiCAD 是一款强大的三维建筑设计软件，它具有多种功能，如三维建模、文档生成和协同设计。它支持开放的 BIM 数据交换标准，能够与其他 BIM 软件无缝衔接。这使得 ArchiCAD 成为多专业团队协作的理想平台。相比其他三维设计软件，ArchiCAD 在易用性、数据管理和轻量化方面都具有独特优势[2]。

ArchiCAD 同时也内置了团队协作的基础模块 BIM-Cloud。该模块是 Graphisoft 公司为其 ArchiCAD 软件开发的一种云协作解决方案。它允许多个用户同时在一个建筑信息模型（BIM）上进行工作。但是它也有一个很明显的局限：在基础版的 BIM-Cloud 中，官方只提供了基于局域网的协同方案，但随着建筑项目复杂性及需求的增加，很多时候，建筑项目的参与人员可能分布多地，此时就需要有一个解决方案能将身处异地的设计师组建到一个局域网中进行协作。

2.3　搭建异地局域网

目前比较易用的组网工具主要是 ZeroTier、Tailscale 等，它们都是基于 WireGuard 的异地组网工具[4]，可以将不同网络环境的设备组成一个虚拟局域网，实现互相访问。这里选择 ZeroTier 进行异地组网工作（图 2、图 3）。

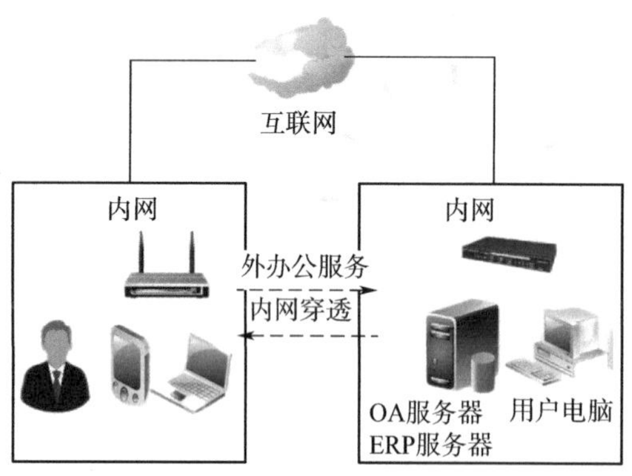

图 2　异地组网原理

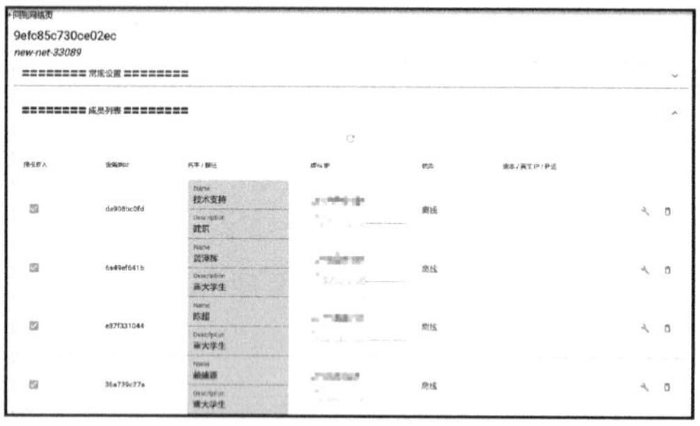

图 3　异地组网-设置面板

3　BIM-Cloud 团队协作

在安装好 BIM-Cloud 主程序以后，就可以进入管理账户中进行相关设置。首先需要创建项目工作目录，然后再将项目文件上传到创建好的目录中。此时，项目已经存在于 BIM-Cloud 上了（图 4）。

图 4　BIM-Cloud 创建项目

接着还需要创建团队成员，依次将团队中的成员按照各自的职位类别进行分类创建，按照人员工作分类进行权限分配（图 5）。

图 5　BIM-Cloud 创建团队成员

4　ArchiCAD 团队协作

4.1　Teamwork 功能基本原理

在 ArchiCAD 内置的 Teamwork 中，最核心的功能是“权限”的释放与保留。每个参与项目的设计师（无论什么专业），都要将自己的工作内容“保留”下来，保留也就意味着有了对其进行编辑的权限。对于不在自己工作范围之内或者不需要的模型元素，设计师则需要进行“释放”，释放意味着放弃该区域的控制权限；释放之后，设计师将不能对此区域的内容再次进行编辑。

Teamwork 中还有一个“发送与接收”（Send & Receive）功能，它主要是用来同步团队成员之间的更改：“发送更改”是用户将自己的更改发送到服务器，以更新项目的主副本；“接收更改”是让用户从服务器获取其他团队成员的最新更改。通过定期发送和接收更改，团队成员可以确保工作始终与项目的最新状态保持一致。

Teamwork 还提供了信息工具来帮助团队成员之间进行沟通：“聊天和消息”让团队成员可以通过内置的聊天功能进行沟通，讨论项目的各个方面。“标记和评论”让用户可以在模型中添加标记和评论，指出特定区域的注意事项或问题（图 6）。

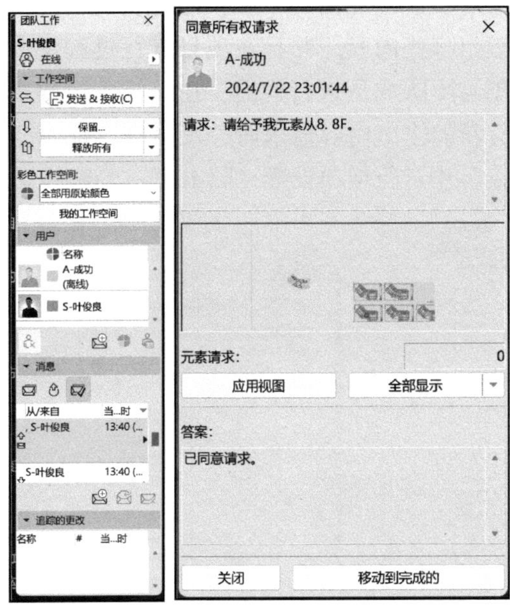

图 6　Teamwork 工作面板

4.2　基于 ArchiCAD 的全专业协作模式的构建

由于整个团队在一个项目文件中进行工作，所以首先需要对团队进行专业分类，包括建筑设计、结构工程、机电工程等。每个专业在 ArchiCAD 中都有特定的工作图层、画笔样式、图形覆盖等不同的设置内容。这些内容的设置权限将分配各专业的专业负责人，而其下属的各专业设计师则只被允许选择使用已经设置好的类别。

4.3　图层设置

为了更好地管理团队工作内容，需要各专业负责人提前制定好各自专业的图层及图层组合。在 ArchiCAD 中，图层和图层组合是管理和组织项目的两个关键工具。它们可以帮助设计师有效控制项目中各个元素的可见性和编辑权限，从而提高工作效率和项目管理的精确度。

值得注意的是，团队的一般设计人员只能选择由各自负责人指定好的图层进行相关工作，若是发现工作中需要增设图层或图层组合，需要第一时间通知专业负责人，由专业负责人协同项目负责人进行图层的增项（图 7）。

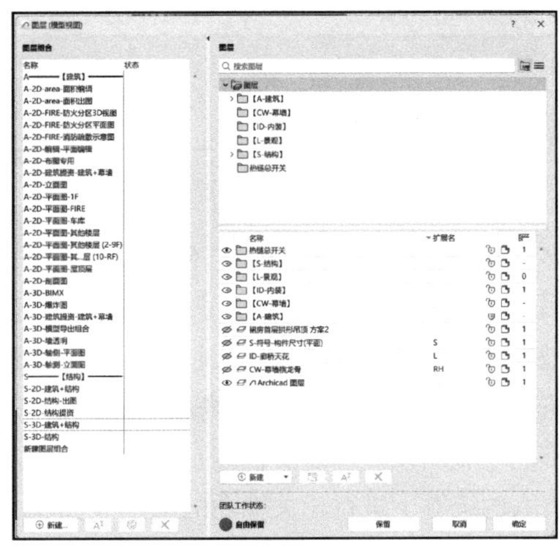

图 7　图层及图层组合

4.4　画笔设置

“笔设 & 颜色”是 ArchiCAD 中用于控制模型和图纸显示效果的关键工具。它们不仅可提高图纸的清晰度和可读性，还提供了标准化和一致性，满足不同设计阶段和图纸类型的需求。此外，自定义的灵活性使得设计师可以根据项目的具体要求调整图纸的显示风格，从而提高工作效率和专业性。不同的专业需要根据自己出图的样式进行相关的画笔设置（图 8）。

4.5　模型视图

“模型视图”在 ArchiCAD 协同设计中的作用十分关键，它帮助设计师管理和控制模型在不同视图中的显示方式。它不仅可提高项目管理的效率和一致性，还提供

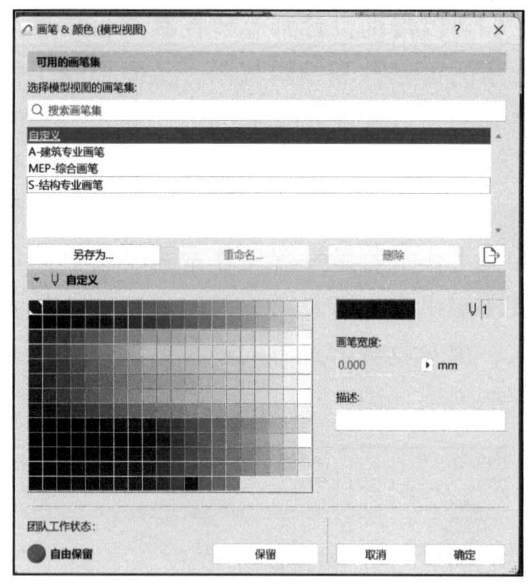

图 8　画笔设置

多样化的显示设置，满足不同设计阶段、图纸类型和展示需求的要求。通过使用模型视图，设计师能够更好地组织和呈现建筑信息，从而实现更加精确和高效的设计，不同专业的设计师需要根据自己的需求在负责人的统筹下进行相关视图的指定（图 9）。

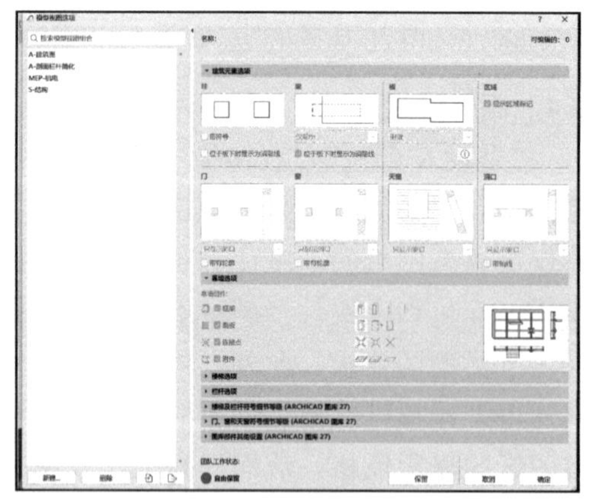

图 9　模型视图的设置

4.6　图形覆盖

“图形覆盖”在 ArchiCAD 中是一个十分核心的工具，它允许设计师以灵活且可控的方式管理模型的显示样式。通过使用图形覆盖，设计师可以更好地展示和传达设计意图，适应不同的展示需求和审查要求，同时保持模型数据的完整性和安全性。这种工具对于提高图纸的专业性和可读性，以及提升工作效率具有重要作用。同时在团队协作中，它也是由专业负责人进行指定。这就需要专业负责人在项目启动之初就对项目有全面的了解，清楚项目中需要输出哪些内容。并且在项目进行过程中时刻与团队成员进行沟通，在得知下属成员有新的输出内容需求时，及时在“图形覆盖”中进行增项设置（图 10）。

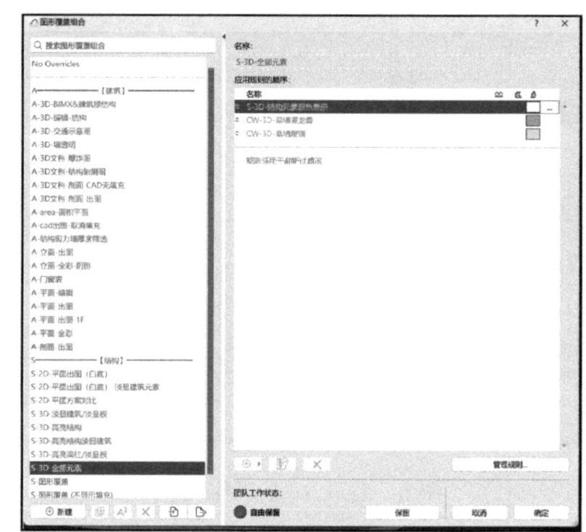

图 10　模型视图的设置

5　总结

5.1　研究总结

建筑设计涵盖多个专业领域，如建筑、结构、给排水、暖通、电气、幕墙、二次装修和景观等。这些专业之间需要大量的配合和协调工作。传统的二维设计方式往往配合效率较低，影响设计的效率和质量。利用 ArchiCAD 进行三维协同设计可改变传统的二维协同和交付模式，重点强调各专业间的实时协作，通过以“流程系统”和“专业并行”为核心，提升并改进传统的设计流程，再结合出图样式的设置，专业负责人提前在布图空间中对图纸的名称、编号、图幅等信息进行编辑和添加，后续设计则可以选取其设置进行一键出图，快速完成图纸的出图工作[7]，直接提高建筑设计工作的质量和效率。

本研究通过对 ArchiCAD 在多专业团队协作中的应用进行深入探讨，充分利用 ArchiCAD 的原生 Teamwork 功能，将其与组网技术及团队协同标准结合，构建了一种全新的三维环境下的可异地进行团队协作的工作流程，提高了团队的协作效率和设计质量。

5.2 实践意义

本文提出的全专业协作模式已经在多个项目中进行应用，具有较强的实践意义。它不仅适用于建筑设计行业，还可以推广到其他需要多专业协作的领域，如城市规划、景观设计等。通过这种“技术+软件+规则”的模式，可以有效减少项目中的沟通成本，降低错误率，提升项目整体的执行效率。

5.3 研究的局限性及未来研究方向

尽管本研究取得了一些有价值的成果，但仍存在一些局限性。例如，研究的案例数量有限，未能覆盖所有可能的应用场景。未来研究可以进一步扩大样本范围，深入探讨不同类型项目中协作模式的应用效果。

参考文献

[1] Smith J, Doe A. BIM in architectural design. Architecture Journal, 2020, 25 (3): 123-145.

[2] Johnson, L. The advantages of ArchiCAD in modern building design [J] . Construction & Design, 2019, 15 (4), 234-250.

[3] Wang Y & Zhang X. Team collaboration in BIM projects: challenges and solutions [J] . Journal of Building Engineering, 2021, 45, 112-130.

[4] 钱立. 一种内网穿透控制智能家居设备的方案 [J]. 现代信息科技, 2020, 4 (18): 169-171. DOI: 10. 19850/j. cnki. 2096-4706. 2020. 18. 047.

[5] 肖鑫, 唐盂, 焦震宇, 等. 从数字化设计到数字化交付: 数字化创新应用如何为工程建设提质增效 [J]. 冶金自动化, 2024, 48 (S1): 65-70.

[6] 刘红勇, 袁世明, 温忠军. 基于数据安全技术的建筑三维协同设计管理平台研究 [J]. 科技管理研究, 2020, 40 (19): 191-196.

[7] 李德贤, 陈洛克, 吴鹏鹏, 等. 施工图 BIM 正向设计实践研究 [J]. 土木建筑工程信息技术, 2023, 15 (1): 112-118.

基于计算几何的地块形态解析与建筑编码方法研究

Research on Plot Morphology Analysis and Building Coding Method Based on Computational Geometry

吴宁珊[1]　蒙婧睿[1]　汪瑜娇[1]　唐　芃[1,2]

1. 东南大学建筑学院

2. 城市与建筑遗产保护教育部重点实验室（东南大学）

摘　要：深度学习方法的发展扩展了城市生成设计研究，实现对大量原始数据的数据预处理是研究的基础。其中，首要步骤是将城市中建筑形态特征的可视信息表征为计算机能够识别的数据，构建适当的信息编码方法表征目标建筑形态。本研究关注以图结构作为城市形态信息存储的方式，为后续基于图的生成网络训练提供数据支持。相比于图像，图结构可在城市中精准描述地块形态与建筑群信息，但其数据处理方法相对复杂。研究依托 Python 编程，基于开源矢量地图 OpenStreetMap 平台等，以其为街区地块与建筑轮廓数据来源，通过计算几何方法解析地块形态，并计算地块内建筑的相对位置、尺寸、高度与形状匹配度，形成数值编码，打通从形态原始数据到设计生成模型的桥梁。依据该编码方法自动化构建地块-建筑物相对应的规范化图数据集，经图注意力网络生成的特征向量可作为基于图结构的生成式模型输入，以期训练更精细的城市形态生成模型。

关键词：计算几何；街区形态编码；图结构

1　引言

建筑形态相关的可视化数据如何抽象表征，并运用于设计分析与决策过程，是数据驱动的设计方法中的重要命题之一[1]。近年来，数字技术逐渐介入城市设计的生成与优化过程，推动城市空间形态信息数据化与规范化，不断超越统计式“分析”，搭建起从形态分析到设计决策辅助的桥梁，推动了数据驱动的城市形态研究方法的变革。鉴于城市形态生成过程的实际设计需求，不同模型方法的数据构建应用了不同的信息编码方法。本研究针对地块和单体建筑两个尺度层级，基于计算几何方法解析地块形态，计算建筑位置、尺寸等信息，并通过形状匹配与占有率指标描述建筑形态，在对空间要素及其属性实现定量转译的前提下，更多地将地块轮廓与内部空间要素关系相结合。之后拓扑图结构可经图注意力网络（GAT）编码为特征向量，输入到以变分自编码器为主的模型生成框架中训练，实现地块层级中复杂的生成设计任务。

自然科学基金面上项目 NSFC：数据驱动的历史地段多尺度层级保护与更新方法（52178008）。

2 建筑信息编码及相关研究

在城市生成设计方法中，形态编码是一种基于几何运算规则的转译策略，主要通过对于城市空间特征的模式化分析，设计统一规则，直接提炼形态信息并生成编码数据。随着数字技术的发展，编码理论的框架体系与内涵不断扩充延伸，但无论使用何种计算性模型，都需要将建筑学形态、功能等显性的问题通过有效的编码方式表示，包括但不限于建筑的空间类型、功能类型、空间组织方式、空间占据状态、材料等[2]。选取科学的方法能准确捕捉空间结构的特征，对于城市与地块尺度形态准确描述有重要影响，必须充分考虑到城市和地块的复杂性和多样性以及对其形态精准描述的意义[3]。

深度学习发展使得编码方法不断创造新的范式。其中卷积为代表的神经网络编码方法能以低成本实现抽象形态样本的搜集与样本形态向量表征，存储建筑形态信息。其在挖掘、提取对象深层特征方面具有优势，但受限于图像样本容纳信息的局限性，生成过程中栅格图像的离散化也会使得信息模糊。

图结构运用于形态编码的研究相对较少。图能以网络状的结构形式表现城市形态中的各要素及相互关系，并精细到建筑的颗粒度，比起传统图像（RGB）模式存储建筑信息方法更具有优势。在城市宏观尺度上，杨俊宴等人运用知识图谱，基于城市空间大数据库对城市形态各维度特征的高度集成，对空间关系进行明确的定义和定量化表达[4]。知识图谱的网格化结构，可将复杂的城市形态降维与精细化转译。从微观角度出发，目前研究基于图神经网络方法构造每个建筑物的图，获取了地图中建筑物形状的深度特征信息并能对矢量建筑物进行分类，如晏雄峰等人基于图卷积自编码网络深度描述建筑物形状[5]，但这类方法并不适用于描述尺度较大的城市。本文结合地块层级与建筑层级共同构建为图结构数据，即将地块形态存储为图的整体特征属性，建筑信息存储为图节点属性，旨在通过图结构探索一种包含地块与建筑群形态详尽信息的编码方式，作为数据驱动的依据。

3 数据来源与编码方法研究

研究方法流程总体分为三个部分（图1）：首先采集地块尺度下的形态数据并简化处理，建立形态案例单元；继而计算案例地块层级三类描述参数作为图特征属性，计算建筑层级单体信息作为图节点属性；最后在目标地块内设计生成实验，生成编码数值。

3.1 数据样本搜集

本研究以开源矢量地图 OpenStreetMap（OSM）平台作为街区地块数据主要来源。运用 Python 的 osmnx 库搜集南京市范围内地块轮廓多边形（Polygon）与地块内部包含建筑群（Polygon list）相应坐标并以 shapely 库的 Polygon 格式存储。OSM 中未对街区地块层级单元进行定义，因此搜集城市路网作为切分地块主要依据，利用 Arcgis 平台进一步提取出实验所需地块数据作为研究的案例单元。

建筑学中的地块表征建筑产权关系，体现建筑单体或建筑群在城市中的空间边界和功能覆盖区域。不同于上述概念，本次研究将地块定义为由道路围合的边界，而界限范围内的建筑皆为编码的对象。地

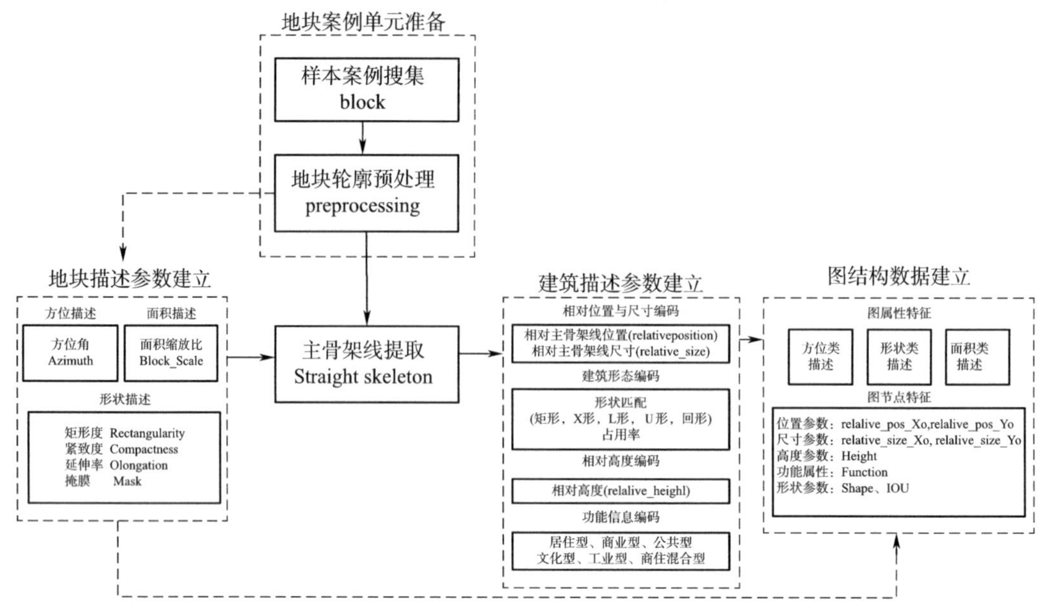

图1 研究方法流程图

块轮廓的原始数据基于城市路网切分得到，部分地块存在对形状影响较小但分布较为密集的顶点，冗余点的分布可能对计算结果产生干扰。因此通过设定简化阈值来移除或合并多边形中的某些顶点或边，经过预处理简化为仍具有几何特征的多边形地块。实验选取南京市秦淮区朝天宫街道秣陵路101村所在地块作为案例单元（图2），通过上述转换生成可用于地块描述与建筑编码的简化地块形态。

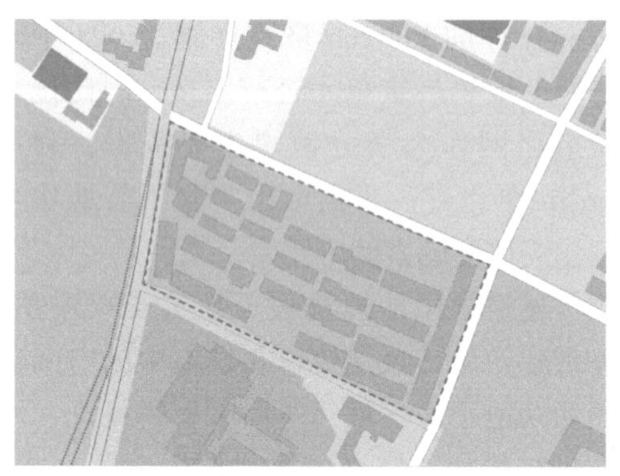

图2 案例单元地块选择

3.2 地块描述指标确立

地块形态对于城市空间存在隐性作用[6]，同时影响内部建筑秩序，是城市空间的重要边界要素。研究将地块形态转化为特征数值，作为图的整体属性表征地块。对于地块尺度的形态量化描述方法较多，指标选取的不同对最终结果可能影响很大。王晓峰等将面积、周长、凸包、包围盒等绝对值整合后得到了特征提取方式[7]；张柏洲等选取凹凸比、实心率、矩形度等8项形状描述符，以表示街区轮廓的几何形状特征[1]。然而目前方法仅运用传统几何描述方法，精确度不足，样本之间难以区分差异。本研究选取地块方位、形状与尺寸三个方面描述形态特征，利用计算机语言将图像与特征向量进行转换，使任意多边形地块的形态描述更加精准与泛用。

（1）方位描述：本文以方位角（Azimuth）判断地块朝向以及朝向关系。由于建筑轮廓大小尺寸不一，选用最小外接旋转矩形计算方位角，以正北方向为0°，顺时针旋转到最小外接旋转矩形长边得到的角度为方位角的数值（图3）。

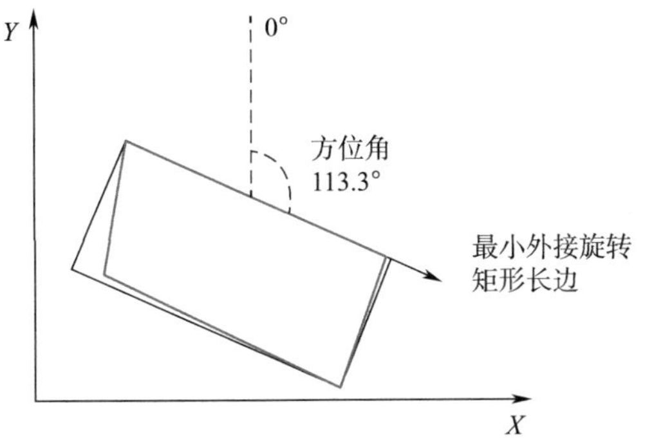

图3　最小外接旋转矩形方位角

（2）形状描述：本文选取四个形状描述参数：矩形度（Rectangularity）、紧致度（Compactness）、延伸率（Olongation）、掩膜（Mask）。其中矩形度与延伸率计算时使用最小外接旋转矩形，这个矩形并不受坐标轴平行的限制，而是可以旋转以更好地适应输入几何体的形状。研究还将掩模纳入形态描述表示方法，通过方位角将地块长边旋转至水平方向，并以长边作为最大维度缩放到64×64像素的正方形中。通过二值化处理，位于多边形内的像素值设置为255，范围外的像素值设置为0，形成可被计算机读取的二维数组矩阵（图4）。

表1　地块形状指标

指标	计算公式	计算说明
矩形度	$Area_{block}/Area_{MRR}$	形状面积与最小外接旋转矩形面积比值
紧致度	$(Perimeter_{block})^2/Area_{block}$	形状周长的平方与形状面积比值
延伸率	$Width_{MRR}/Length_{MRR}$	最小外接旋转矩形短边与长边比值
掩膜		64×64的二值化图像矩阵

（3）面积描述：原始数据为矢量坐标数据，地块多边形各顶点具有明确的经纬度坐标，可直接计算用地面积。由于面积数值通常较大，采用最大维度（max_dim），即旋转后地块的最长边作为面积描述参数。该值是用于确定缩放比例的关键参数，确保多边形坐标归一化后恰好在一个大小为64×64像素的正方形区域内。

3.3　建筑信息编码

3.3.1　骨架线提取

骨架（Skeleton），又称中轴（Medial Axis），由一系列直线段组成连接多边形的顶点或内部点。在几何学中，直骨架可以理解成多边形的边界线以相同速度向内部推进时，边之间的交点经过的轨迹。骨架线表示地块多边形的拓扑特点，其作为内部建筑编码的参考线可一定程度反映建筑与地块之间的关系。

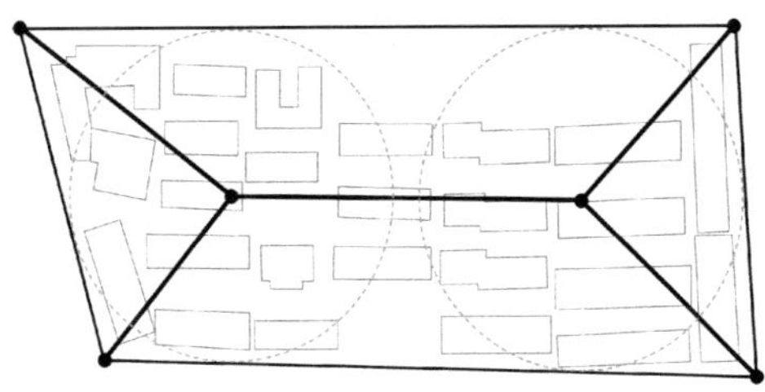

图4　地块骨架线提取

选取的骨架线（图5）无法直接运用到编码中，需找出骨架线最长路径，生成描述地块多边形的最长线段集合。将骨架各顶点（tertex）与边（Edge）转变为图结构的节点与边缘，构建图 $G=(V, E)$ 表示元素对之间的“连接”关系，并对顶点进行两两组合形成顶点对。在寻找最长路径过程中，对每个顶点对进行遍历，采用Dijkstra算法查找每个顶点对的最短路径并存储。若下个顶点对路径长度超过存储路径长度，则对最长路径进行替换。

在获取到最长路径骨架线后，选取骨架中间顶点为轴，舍弃轮廓上的点，向外延伸生成地块轮廓的主骨架线（图6）。在编码信息的生成过程中，主骨架线可以作为计算建筑相对位置与尺寸的参考线。

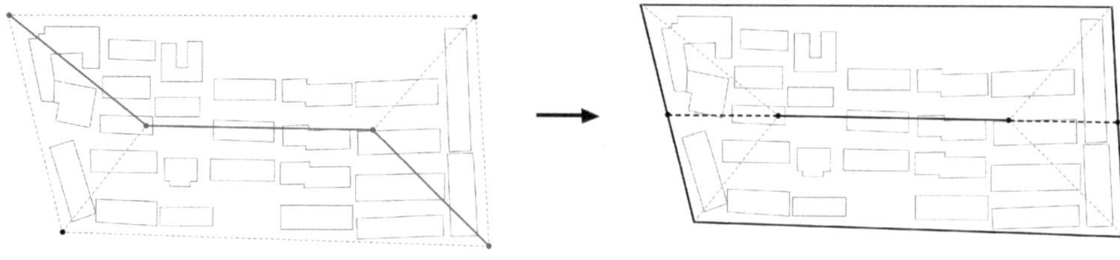

图5　主骨架线生成

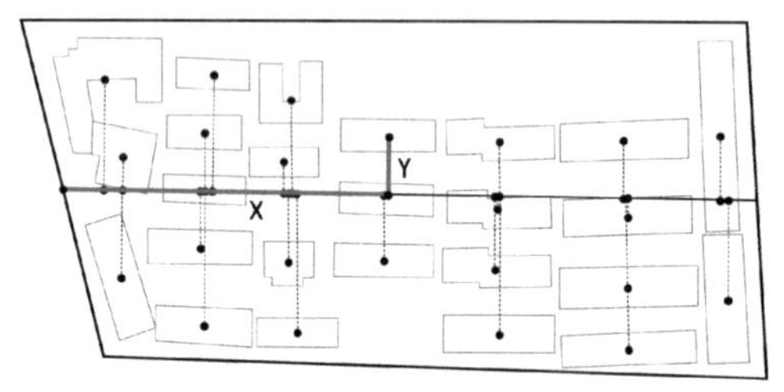

图6　建筑相对位置示意图

3.3.2　位置与尺寸信息编码

（1）相对位置

建筑在地块中的位置可通过建筑中心点相对骨架线的相对位置表示。若建筑中心点的地理坐标为（x_{center}，y_{center}），中心点垂直投影到骨架线交叉点标记为 x，将 x 相对于骨架线的位置标记为 x_0；记 y 为 x_{center} 到 x 的距离，为与 x_0 形成对应关系，将 y 值乘以2与旋转后的地块轮廓最小外接旋转矩宽度的比值记为 y_0。至于 y_0 的正负判断，根据叉积定理，若 y_0 相对于 x 的向量与当前对应的骨架线线段向量的乘积大于0，则判定 y_0 为正，否则 y_0 为负。最后将 x 值区间与 y 值区间共同映射到［-1，1］。

（2）相对尺寸

建筑形态的体量由两个维度构成，其中一个维度是二维平面上建筑单体的尺寸，表现为建筑单体的基底面积和周长。现有数据可直接函数求解各个建筑基底面积大小，但面积无法完全表达建筑的具体形态特征。本文采用相对尺寸编码，以最小外接旋转矩形的长宽作为每个建筑单体的长宽，以最小外接旋转矩长度与主骨架线的比值为相对建筑长度 L_0，以建筑最小外接旋转矩宽度与地块最小旋转外接矩形的宽度为相对建筑宽度 W_0。计算公式如下：

$$L_0 = L_{Long}/L_{Midaxis}$$

$$W_0 = L_{Short}/L_{MRR\_width}$$

其中，$L_{Midaxis}$ 为主骨架线的长度，L_{MRR_width} 为地块最小旋转外接矩形宽度。为与相对位置区间范围一致，增加一步尺寸变换操作（图7）。

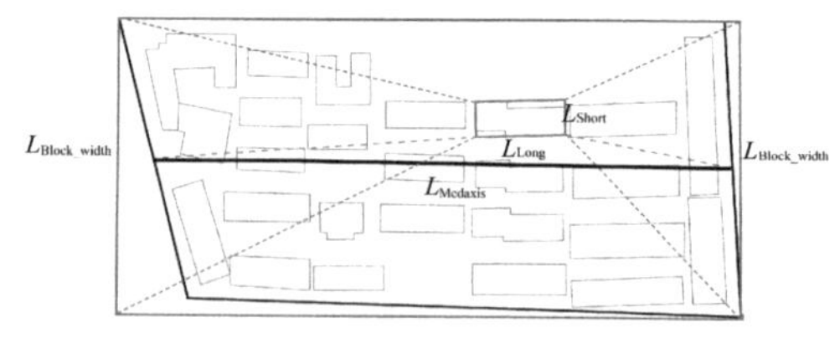

图7　建筑相对尺寸示意图

3.3.3　建筑形态编码

建筑的形态表示是基于原型模板匹配的建筑多边形的化简[8]。在能被计算机存储的前提下需尽可能保留建筑形态信息，进而对于地块尺度层级下建筑物都进行描述。建筑物形状分类多采用模板匹配方法，晏雄峰等通过转角函数描述建筑物要素形状，实现与模板库匹配的民居地建筑物要素生成[9]；雷恩斯福特等按左右转角方向对建筑物形状编码，以字母符号为模板进行形状匹配，实现农村建筑物化简[10]。本文依据建筑形态基本形式构建匹配模板，对于地块内建筑，按形状相似性原则在形状模板库中找到与之相似的模板实现分类。

本文采用五种建筑形状类型（矩形、X 形、L 形、U 形、回形）编码建筑形态信息。处理过程中选用鲍威尔（Powell）算法来确定最合适的建筑形状类型，它是一种基于共轭方向集的算法，通过不断搜索与迭代优化使得占比率（提供的建筑轮廓的面积与五类建筑形状模板面积之间的比值）分别最大，再在五个类型中选择占比率最大的作为形状结果。设定矩形参数为 0.0，X 形为 1.0，L 形为 2.0，U 形为 3.0，回形为 4.0；最后将其形状类型（Shape）与占比率（IOU）编码进图节点（图 8）。

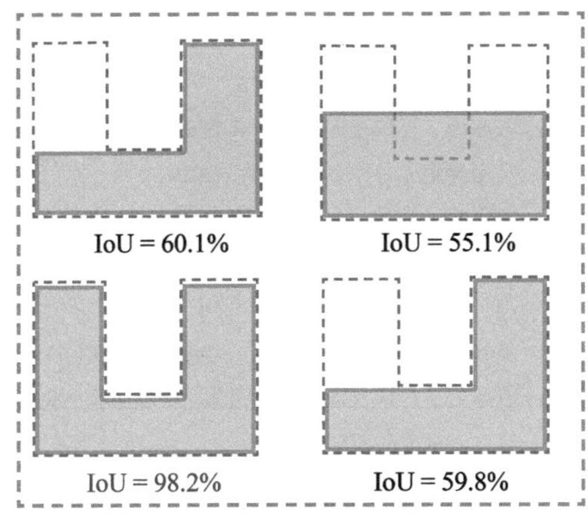

图 8　建筑形状匹配示意图

图片来源：参考文献［11］.

3.3.4　建筑高度与功能编码

（1）相对高度

城市形态中二维平面形态无法完全表征完整的空间特征，对于建筑群高度的编码是必不可少的。利用 arcgis 平台获得地块内建筑单体高度数据，由于高度值区间范围较大，以 10m 为分隔数值，最终映射到［1.0，6.0］整数区间内，即 1.0、2.0、3.0、4.0、5.0、6.0 六个编码数值，若建筑高度高于 60m，则统一归为 6.0。

（2）功能属性

图结构作为信息存储方式使得建筑功能属性也能够编码进入节点中。根据实际调研功能属性的结果，参照传统功能划分将建筑功能划分为居住型建筑、商业型建筑、公共型建筑、文化型建筑、工业型建筑与商住混合型建筑共六种类型，分别对应到（1.0、2.0、3.0、4.0、5.0、6.0）六个编码数值。

4　街区解析实验与分析

选取地块生成结果数值表明，基于地块属性的量化参数方位角度数为 113.3°，矩形度为 0.894，紧致度为 18.458，延伸率为 0.420，掩膜如图 9，最大维度为 397.094。对其统计 24 个建筑轮廓进行编码。表格数据选取部分建筑编码数据进行分析校对（图 10）。从计算结果可看出对其形状理解的客观分析与主观判断相对一致（表 2）。

图 9　64×64 掩膜图（左）

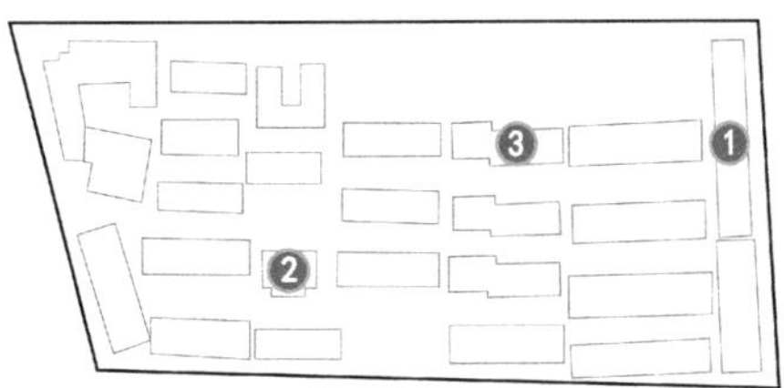

图 10　建筑编码案例举例（右）

表 2　建筑编码案例生成结果

节点属性	相对位置 X (Pos_ x)	相对位置 Y (Pos_ y)	相对尺寸 X (Size_ x)	相对尺寸 Y (Size_ y)	形状 (Shape)	占用率 (IOU)	高度 (Height)	功能 (Function)
节点一	0. 898	0. 381	0. 097	1. 106	0. 0	0. 988	4. 0	6. 0
节点二	-0. 352	-0. 407	0. 141	0. 238	1. 0	0. 919	3. 0	1. 0
节点三	0. 230	-0. 079	0. 296	0. 209	2. 0	0. 789	3. 0	1. 0

5　总结与展望

本文的研究为城市形态信息编码提供了一种可行的技术策略，即以图结构为载体描述城市形态方法。未来的研究将应用该方法于复杂生成任务中，拓扑图结构经图注意力网络被编码为特征向量，输入到以变分自编码器为生成框架的模型中训练，训练好的模型在提供地块形态信息的前提下生成对应的建筑轮廓。

本文的建筑信息编码方法以规则定义表征建筑形态图数据集，实现利用较低的人工成本高效地完成训练数据集的建立，然而在信息编码方法中仍有待完善之处：

（1）地块层级的特征描述方法有待拓宽。形态由多种复杂因素共同决定，本研究选择的三类形态描述虽对于异形地块、朝向等特殊情况相对改善，但顶点数量的缩减以及掩码大小限制等可能会导致地块形状的失真，后续应进一步探索更加精确的特征提取方法。

（2）建筑单体形态应是复杂描述问题，现将其简单化处理可能会导致生成结果不理想。且可识别的建筑形状类型存在较大局限，无法完全涵盖多样建筑形态类型。

参考文献

［1］张柏洲，莫怡晨，李飚．城市形态生成设计的案例推理策略研究：以街区尺度为例［J］．南方建筑，2023（1）：9-18.

［2］蔡陈翼，李飚．深度学习语境下建筑形态的信息编码与模式识别方法探索［C］//高等学校建筑学专业教学指导分委员会建筑数字技术教学工作委员会．数智营造：2020年全国建筑院系建筑数字技术教学与研究学术研讨会论文集．东南大学建筑学院，2020：7.

［3］张博涵．集约型居住混合街区的复杂性结构方法应用探索［D］．东南大学，2020.

［4］杨俊宴，邵典，汪鹏，等．集成·拓扑·转译：一种基于知识图谱的城市形态深度解析方法［J］．城市规划，2023，47（6）：57-67.

［5］晏雄锋，袁拓，杨敏，等．建筑物形状特征分析表达与自适应化简方法［J］．测绘学报，2022，51（2）：269-278.

［6］韩冬青，董亦楠，刘华，等．关于城市地块格局的机理认知与设计实践［J］．时代建筑，2022（4）：30-37.

［7］王晓峰，黄德双，杜吉祥，等．叶片图像特征提取与识别技术的研究［J］．计算机工程与应用，2006（3）：190-193.

［8］刘鹏程，艾廷华，胡晋山，等．基于原型模板形状匹配的建筑多边形化简［J］．武汉大学学报（信息科学版），2010，35（11）：1369-1372.

［9］晏雄锋，艾廷华，杨敏．居民地要素化简的形状识别与模板匹配方法［J］．测绘学报，2016，45

(7): 874-882.

[10] Rainsford D, Mackaness W. Template matchingin support of generalization of rural buildings [M] /Richardson D E, Van Osterom P. Advances in spatial data handling. Berlin: Springer, 2002: 137-151.

[11] Liu He, Daniel Aliaga. Global mapper: arbitrary-shaped urban layout generation. IEEE Conference on Computer Vision (ICCV), 2023.

基于UWB定位系统失智老人在机构养老设施照料单元中的寻路研究

Pathfinding for Dementia Patients in Institutional Elderly Care Facilities Based on UWB Positioning System

石鹏程[1] 谢晓琳[1]

1. 沈阳城市建设学院

摘 要：在我国人口老龄化程度不断加深、范围不断变广的趋势下，失智老人群体规模亦随之扩大。日常生活中失智老人常在熟悉的空间中迷失，这一行为对于失智老人普遍而又危险，在老年人集中的机构养老设施中失智老人的寻路问题被不断放大。本文旨在使用UWB定位系统对机构养老设施照料单元中失智老人的路径进行收集与观察，对比分析失智老人的路径特征，归纳出失智老人在照料单元中行走路径所使用空间的特征，进而对照料单元中各类型空间提出寻路设计的设置等级。本文对改善失智老人居住环境，提高失智老人生活质量具有积极的意义。

关键词：UWB室内定位系统；失智老人；寻路

1 研究背景与研究目的

《第七次全国人口普查公报》显示：中国大陆31个省份中，除西藏外，其他30个省份65岁及以上老年人口比重均超过7%，这表明我国全面进入老龄化社会，其中12个省份65岁及以上老年人口比重超过14%，这表明我国正在逐渐大范围地进入超级老龄化社会。

随着我国人口老龄化程度不断加深，一个特殊的群体——失智老人的规模也随之扩大。预计2030年我国失智老人将达2220万，2050年将达2898万。失智老人人数不断增加，失智老人的照护与护理问题也在不断放大。各界学者的研究也从医学领域扩展到全社会层面。在老年人集中的机构养老设施中，失智老人随着认知症病程的不断加深，表现出越来越重的认知障碍，同时伴随的还有老年人普遍存在的视觉障碍。这些障碍会导致失智老人对居住环境的认知能力逐渐下降，从而迷失在空间中，不知何去何从，陷入迷路的失智老人会表现出狂躁易怒、意志消沉、情感脆弱等情绪[1]。为确保失智老人在照料单元中的活动自由无压力，针对失智老人寻路设计必不可少。

随着物联网、大数据、人工智能等技术的快速发展，超宽带（UWB）定位技术因其高精度、低延迟、抗干扰能力强等特性，在多个领域得到了广泛应用[2]。在养老领域，UWB定位系统可以代替传统观察法更加直观、准确地记录失智老人的路径信息。通过路径分析与设计为失智老人提供个性化的寻路指导，降低迷路风险，提高生活质量。

2 调研概要

养老设施照料单元平面模式分为：点式平面、“一”字型平面、“L”型平面、“回”字型平面[3]。在笔者调研的 31 家机构养老设施中，有 17 家机构照料单元属于“一”字型平面模式。在“一”字型的照料单元中可根据走廊与房间的关系，将照料单元分为单侧布置房间的外廊式和双侧布置房间的内廊式，为了避免“室外走廊”的歧义性理解，本文将外廊式改称为侧廊式。同时活动室、多功能厅等活动空间的位置，决定了居住者的生活内容。根据活动空间的分布状态又可以将照料单元划分为活动空间集中型与活动空间分散型。

结合照料单元功能内容的丰富程度，以及机构养老设施的经营模式，选取某机构养老设施中的一层照料单元作为调研对象（属于走廊内廊式活动空间集中型照料单元）。

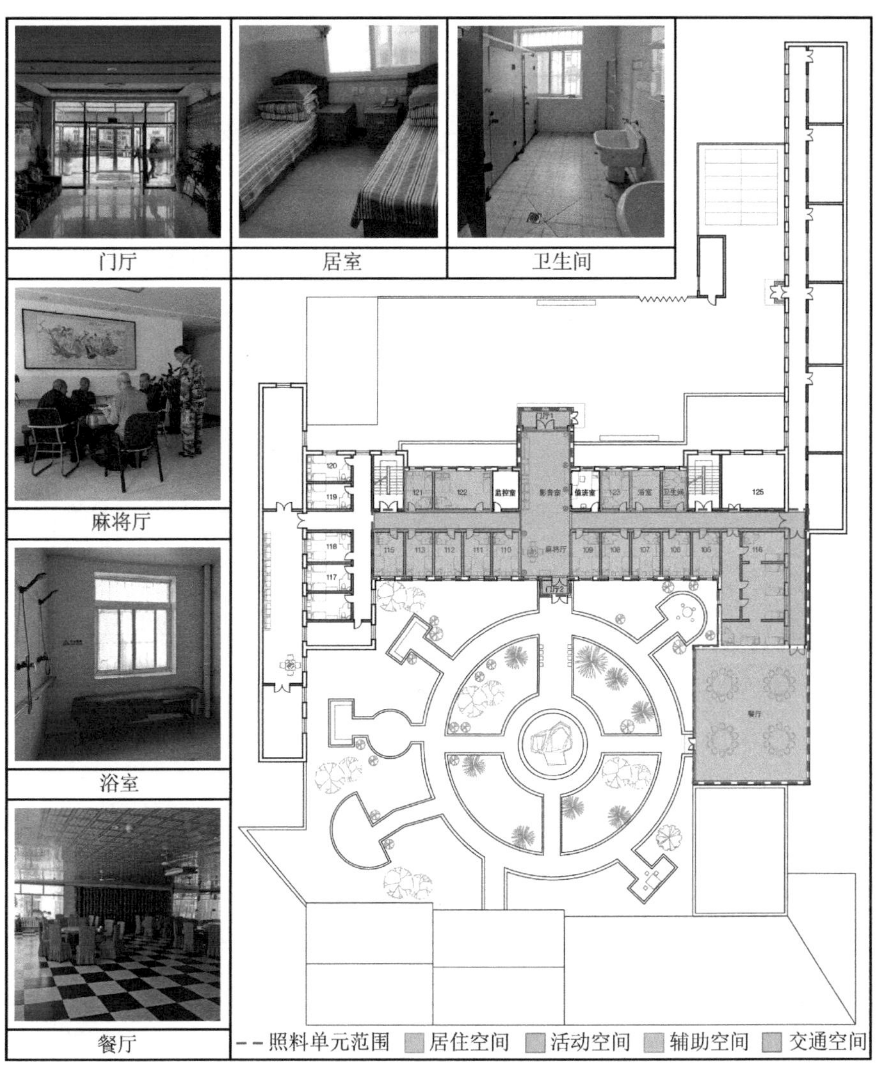

图 1　照料单元平面示意图

2.1 调研照料单元概要

本次调研的照料单元隶属于某市一所民营机构，其可同时接收正常老人与失智老人，是一所混住型机构养老设施。照料单元建筑面积约 757m²，共有 27 床。如图 1 所示照料单元包括：居住空间老人寝室；活动空间影音室与麻将厅；交通空间走廊及门厅；辅助空间餐厅、公共卫生间和浴室。其中活动空间位于单元中部，餐厅位于单元尽端，老人想进入南院或者北院需经过活动空间才能到达。老人就餐多为送餐进屋，只有个别老人于餐厅就餐。

2.2 调研对象概要

调研对象层次划分采用在国内外广泛应用的“简易智力状态检查量表（MMSE）”。笔者在照料单元内随机选择 9 名老人作为调研对象。通过 MMSE 量表测试出 9 位老人包括 3 位正常老人，5 位轻度失智老人，1 位中度失智老人。

2.3 调研内容

使用 UWB 定位系统结合行为观察对失智老人一天（8：00～18：00）时间在公共空间的行走路径进行观测，并每隔 10min 对观察空间进行拍摄，记录失智老人的空间位置。其中 UWB 定位系统数据为客观记录，因此以 UWB 定位系统数据为主要依据，行为观察内容为辅助依据。

3 失智老人行走路径使用空间特征

寻路过程按照空间节点的形式划分为“起点”“路径”“终点”三部分。笔者根据病程结合 UWB 定位系统观测数据整理出各类型老人在照料单元公共空间的行走路径统计及热点（图 2）。

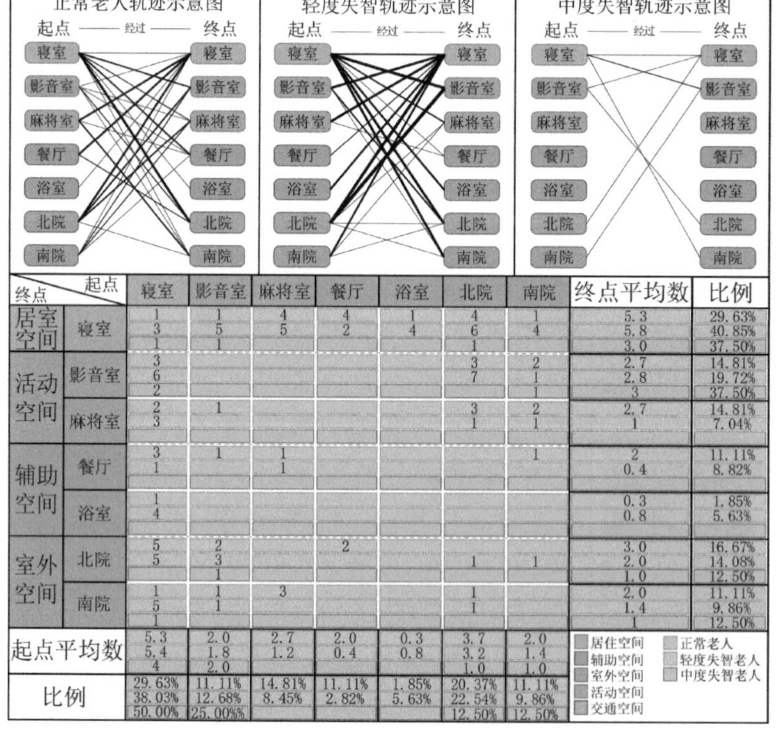

终点＼起点		寝室	影音室	麻将室	餐厅	浴室	北院	南院	终点平均数	比例
居室空间	寝室	1	1	4	4	1	4	1	5.3	29.63%
		3	5	5	2	4	6	4	5.8	40.85%
		1	1				1		3.0	37.50%
活动空间	影音室	3					3	2	2.7	14.81%
		6					7	1	2.8	19.72%
		2						1	3	37.50%
	麻将室	2	1				3	2	2.7	14.81%
		3					1	1	1	7.04%
辅助空间	餐厅	3	1	1				1	2	11.11%
		1		1					0.4	8.82%
	浴室	1							0.3	1.85%
		4							0.8	5.63%
室外空间	北院	5	2		2				3.0	16.67%
		5	3				1	1	2.0	14.08%
			1						1.0	12.50%
	南院	1	1	3			1		2.0	11.11%
		5	1				1		1.4	9.86%
		1							1	12.50%
起点平均数		5.3	2.0	2.7	2.0	0.3	3.7	2.0		
		5.4	1.8	1.2	0.4	0.8	3.2	1.4		
		4	2.0				1.0	1.0		
比例		29.63%	11.11%	14.81%	11.11%	1.85%	20.37%	11.11%		
		38.03%	12.68%	8.45%	2.82%	5.63%	22.54%	9.86%		
		50.00%	25.00%%				12.50%	12.50%		

图 2　失智老人路径统计图

3.1 失智老人行走路径空间节点数量分析

同一阶段老人的认知状态相近，对空间的理解程度亦相近，其产生的路径也会有相似之处。如图 2 所示，随着病程的加深，失智老人产生的路径数量与正常老人相比呈现减少的趋势，其路径经过最多的空间便是走廊，其次为门厅 1、门厅 2、影音室、麻将室。

同时轻度失智老人路径的“起点”“终点”空间数量最多者为寝室空间，再者为北院、影音室、南院、麻将室；中度失智老人路径“起点”空间数量最多者为寝室，再者影音室、南院、北院。

3.2 失智老人行走路径空间节点时长分析

UWB 定位系统生成失智老人空间停留热点图（图 3），通过热点图可以直观观察到，在观测的公共空间中，轻度失智老人在影音室中热点颜色最重、范围最广，说明公共空间中影音室使用率最高，其次是麻将室空间。在走廊空间中，颜色呈从中心区域向两侧逐渐变淡的趋势，说明走廊空间离中心活动空间越近，其使用程度越高。同时门厅 1 与门厅 2 的热点颜色较重，失智老人前往室外均需要从此经过，其空间使用程度也较高。中度失智老人因活动能力下降，其在公共空间中产生热点的范围减小，主要集中于影音室。由此可知，公共空间影音室、麻将室空间使用程度最高；走廊空间中离中心活动空间越近，空间使用程度越高。

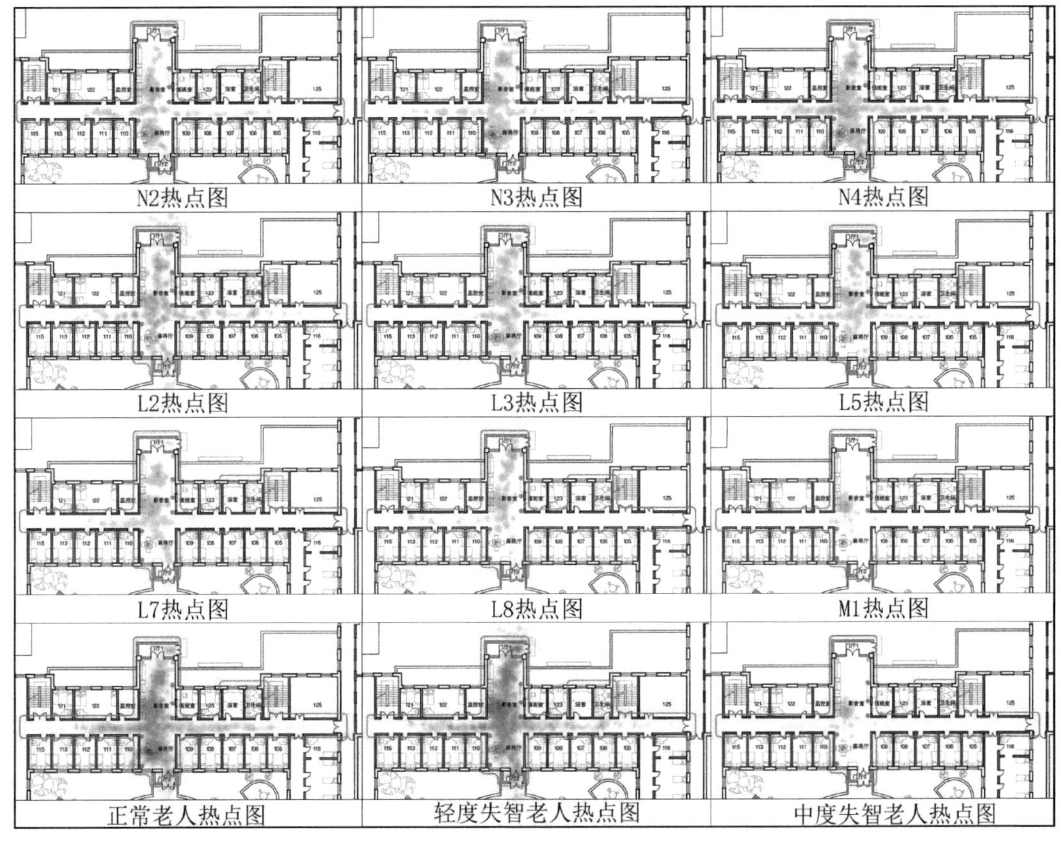

图 3 失智老人路径热点图

3.3 失智老人行走路径使用空间特征

通过对照料单元中失智老人行走路径“起点”“路径”“终点”三个环节使用空间的分析以及路径在公共空间中停留时长的分析，可以总结出失智老人行走路径使用空间特征：

居住空间即寝室在各照料单元中作为“起点”“终点”的数量最多，作为“路径”空间的数量最少；虽然UWB定位系统热点图没有观测到失智老人在寝室中停留时长，但结合行为观察统计出失智老人在寝室停留的时长最长。因此居住空间是失智老人每日行走路径的枢纽，是寻路设计最重要的内容。

活动空间作为“起点”“终点”的数量较多，但具体各类型活动空间作为“起点”“终点”的数量表现不一，其受失智老人对活动内容喜爱程度的影响。活动空间是否作为“路径”空间跟平面布局有关，如是到达其他空间的必经之路则会成为“路径”空间；UWB定位系统热点图也反映出失智老人在休闲类空间（影音室）停留时间较久，其次为需要脑力活动的麻将室。

辅助空间在各照料单元中作为“起点”“终点”的数量高低不一，涉及生活必须行为的空间作为“起点”“终点”的数量较高。辅助空间作为“路径”空间的数量最少；UWB定位系统热点图中也表现出失智老人在生活必须类空间有一定时间的停留。

交通空间作为“起点”“终点”的数量较低，其中具有集散功能的交通厅作为“起点”“终点”空间稍多。走廊是“路径”的主要载体，绝大部分路径均产生于走廊空间中；UWB定位系统热点图中也表现出失智老人在走廊中停留时长较多，在交通厅中稍有停留。

3.4 使用空间寻路设计设置等级

经过对照料单元失智老人行走路径使用空间特征的总结，再根据各类功能房间的使用特征，对各空间提出寻路设计的设置等级。设置标准除了参考失智老人行走路径使用各类空间的使用程度高低，同时也要满足马斯洛需求层次理论、保障失智老人基础的生理需求即衣、食、住、行、医疗等，更需考虑失智老人面对突发应急问题时的应急疏散问题。

结合以上设置标准，笔者根据照料单元中所能涉及的空间功能，对各功能空间提出设置等级即“必须设置”“推荐设置”及“不必设置”三种类别（图4）。其中居住空间是路径使用空间程度最高的空间类型，其对寻路的需求最高，因此设置等级为“必须设置”；其次辅助空间功能多数涉及失智老人的衣、食、住、行、医疗等需求，其对寻路的需求也很高，因此多数空间设置等级为“必须设置”，部分空间设置等级为“推荐设置”；再次为交通空间对寻路的需求较高，部分空间设置等级为“必须设置”，其他空间设置等级为“推荐设置”；最后活动空间中，适合失智老人使用的空间设置等级为“推荐设置”，不适合失智老人使用的空间设置等级为“不必设置”。

图中部分功能空间在各阶段没有出现过使用情况，故无需考虑寻路设计。图中未提到的空间功能可参考既有功能进行设置判断。

空间 / 阶段	居住空间	活动空间				辅助空间					交通空间				
	寝室	影音室	阅览室	麻将室	健身房	餐厅	开水间	储藏间	卫生间	浴室	走廊	交通厅	楼梯间	候餐厅	门厅
起点	●	◑	◑	◑	○	●	●	◑	●	●		◑	●	◑	◑
终点	●	◑	◑	◑	○	●	●	◑	●	●		◑	●	◑	◑
路径											●	◑	●	◑	◑

●必须设置 ◑推荐设置 ○不必设置

图 4　各类空间寻路设计设置等级

4　总结

我国现阶段的机构养老设施建设还未具备专业化和科学化等特点，绝大部分的机构养老设施都未对照护对象加以区分。失智老人是老年人群中不可忽视的一部分，认知症患者病程漫长且无法根治，受困于自身认知性功能退化，失智老人如何成功寻路不走失迷路，困扰着老人及其家属，同样也困扰着家庭与社会。所以希望借此研究为提高失智老年人的生活质量作一点贡献。

参考文献

［1］周燕珉，李佳婧．失智老人护理机构疗愈性空间环境设计研究［J］．建筑学报，2018（2）：67-73.

［2］吴如玥，黄凤华，邹驼玲．基于 UWB 的室内定位系统研究［J］．信息与电脑（理论版），2019（14）：110-112.

［3］李佳婧．失智养老设施的类型体系与空间模式研究［J］．新建筑，2017（1）：76-81.

基于检索增强生成（RAG）的建筑设计知识系统构建研究

Research on the Construction of an Architectural Design Knowledge System Based on Retrieval-Augmented Generation

齐　奕[1,2]　屈永博[1]　张浩然[1]

1. 深圳大学建筑与城市规划学院
2. 亚热带建筑与城市科学全国重点实验室

摘　要：随着人工智能技术的快速发展，建筑设计领域亦开始探索利用人工智能技术来提升设计效率和质量。本研究旨在构建一个基于检索增强生成（RAG）技术的建筑设计知识系统，实现对建筑设计知识的高效管理和智能应用。研究首先介绍了检索增强生成技术的运作机制，包括知识的数字化处理、检索策略的构建以及大语言模型（LLMs）的具体应用；其次，对建筑设计知识深入分析，指出数据的复合特性，并探讨建筑设计知识数据与技术的适配模式；最终，提出一个基于检索增强生成的建筑设计知识系统方案。该方案可降低建筑师检索和理解大量碎片化设计知识的难度，使建筑师能够更便捷地应用设计知识进行方案设计，提升设计工作的效率、品质及决策的科学性。

关键词：人工智能；计算性设计；检索增强生成（RAG）；知识系统；建筑设计知识

在传统建筑设计过程中，建筑师需要投入大量时间进行知识检索、知识理解以及知识融合，这增大了建筑师的设计工作难度，并大大降低了设计效率，甚至可能影响设计质量。随着人工智能技术的快速发展，建筑设计领域亦开始探索利用AI技术来提升设计效率和质量的方法[1]。2022年以来，生成式大模型在知识理解和生成方面实现了重大突破，目前已成为知识问答系统研究领域的一个重要方向，也为探索建筑行业多源知识的高效存储与检索方法提供了新的可能性[2]。

1　建筑知识系统

人类始终致力于追求更高效、更精确的知识获取方式，这是社会生产活动中至关重要的环节。自20世纪60年代计算机科学兴起以来，人工智能技术的飞速发展为知识获取开辟了新的途径。知识获取方式伴随技术的不断革新经历了从早期的专家系统，到互联网时代的联网搜索，直至当前基于生成式大模型的人工智能问答系统的多个阶段。

建筑设计作为依赖于建筑知识的社会

国家自然科学基金面上项目（52378024）；国家重点研发计划子课题（2023YFC3807405-3）；广东省自然科学基金面上项目（2024A1515010839）。

表 1　国外建筑设计知识问答系统应用研究

国内/外	研究时间	研究内容	代表性研究者
国外	20 世纪 70 年代	建筑设计知识的专家系统	Omer Akin[3]
	20 世纪 80 年代	基于设计知识的建筑辅助设计系统	Yehuda Kalay[7]
	20 世纪 90 年代	探索建筑知识的表示方式	Yehuda Kalay[8]
	21 世纪初	建筑知识与设计的融合	Philippe Kruchten[10]
	2010 年后	跨学科多模态的建筑知识研究	Ajla Aksamija[11]
	2022 年后	生成式人工智能技术的融合研究	Nermen M. Matter[14]
国内	20 世纪 80 年代	住宅建筑设计的知识专家系统	薛瑞祺[4]
	20 世纪 90 年代	建筑模式语言与知识设计系统构建	翟贤[9]
	21 世纪初	基于专家系统的建筑设计辅助研究	谭克艰[5]、方立新[6]
	2010 年后	建筑知识系统的应用	芮继东[12]、赵正楠[13]
	2022 年后	基于生成式大模型的建筑知识库	袁锋[15]、袁潮[16]、何宛余[17]、

活动，建筑师早在 20 世纪 70～80 年代专家系统发展时，就开始了对建筑知识系统的研究。建筑设计知识系统是面向建筑师、建筑科研者及其他建筑设计相关人员的建筑设计知识查询问答系统，是建筑设计知识的获取方式、处理方法与知识数据的集合，是辅助建筑师快速获取建筑设计所需知识的模式。

国内外在建筑知识系统的研究上经历了基于专家系统的初探[3-6]、知识提取与表示[7-9]、多模态跨学科知识系统的构建[10,11]、知识组织与结构化的深入研究[12,13]、生成式大模型的建筑知识系统[14-17]等多个阶段（表 1）。尽管取得了一定的进展，但在利用生成式人工智能技术构建建筑知识系统方面的研究仍然相对有限，尤其是基于建筑知识本体探究生成式人工智能建筑知识系统构建方法方面，还存在部分研究空白。因此，本文基于大语言模型、检索增强生成机制，探究生成式人工智能时代下的建筑设计知识系统构建模式。

2　检索增强生成机制（RAG）

检索增强生成最早提出于 2020 年，是一种融合信息检索技术的大语言模型应用技术[18]。检索增强生成技术为大语言模型的“幻觉”、知识更新滞后、推理过程不可溯源等问题提供了一种可靠的解决方案。常见的检索增强生成技术框架主要由检索器和生成器两个部分组成[19]。目前，检索增强生成已成为大语言模型在专业领域应用的主要方法（图 1）。

检索增强技术的检索器主要包含文本嵌入、检索、重排序等技术。文本嵌入是将自然语言的文本通过嵌入模型转化为向量数据，从而使得两个文本在向量

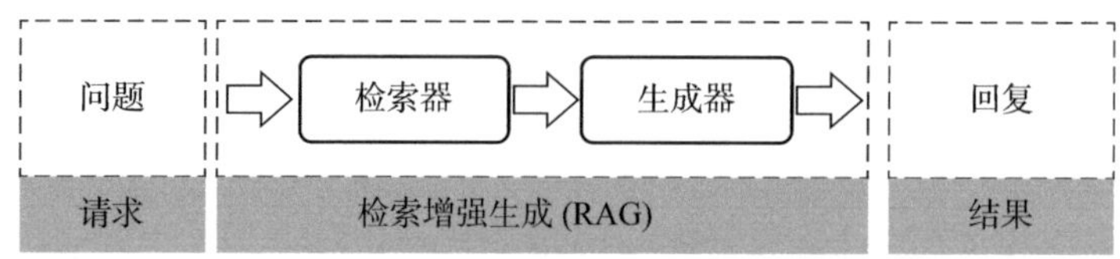

图 1　检索增强生成（RAG）流程

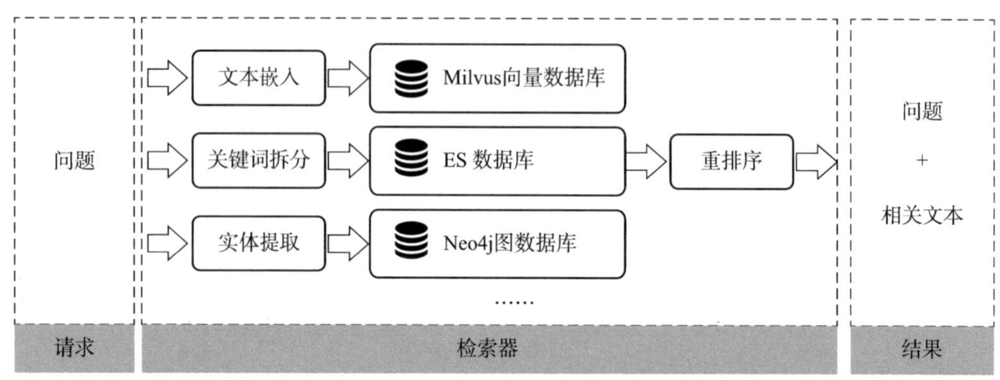

图 2　检索增强生成（RAG）检索器流程

空间中可以计算相似度。检索则包括向量检索、关键词检索、知识图谱检索等多种方式，其目的是找到与用户问题最为相关的文本知识。重排序则是将用户检索得到的文本块，与用户的问题之间进行相似度计算，进而找到与用户问题较为相关的文本块作为检索器的输出（图 2）。

检索增强技术的生成器是大语言模型。生成器通过输入用户的问题以及检索器检索得到的文本，依靠大语言模型自身的知识理解与问题处理能力，从输入的文本中寻找用户问题的答案，并将所找到的内容进行融合形成最后的输出。其中如何选取与任务适配的大语言模型、组织检索器输出的文本、撰写生成器的提示词，并将检索的内容来源与生成内容建立映射关系是生成器的重要部分（图 3）。

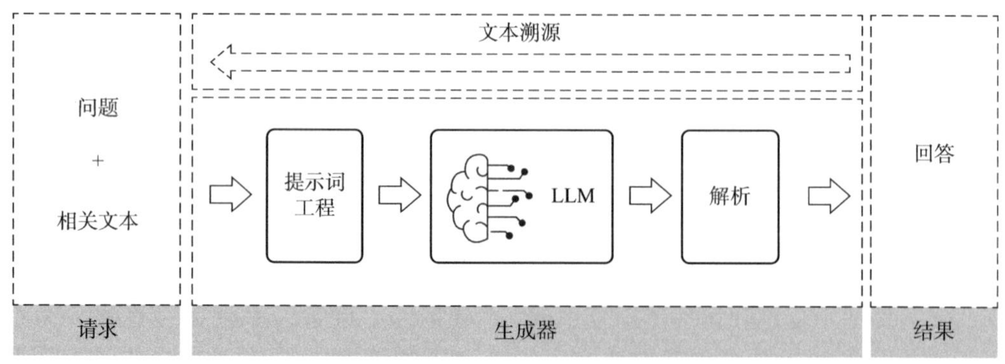

图 3　检索增强生成（RAG）生成器流程

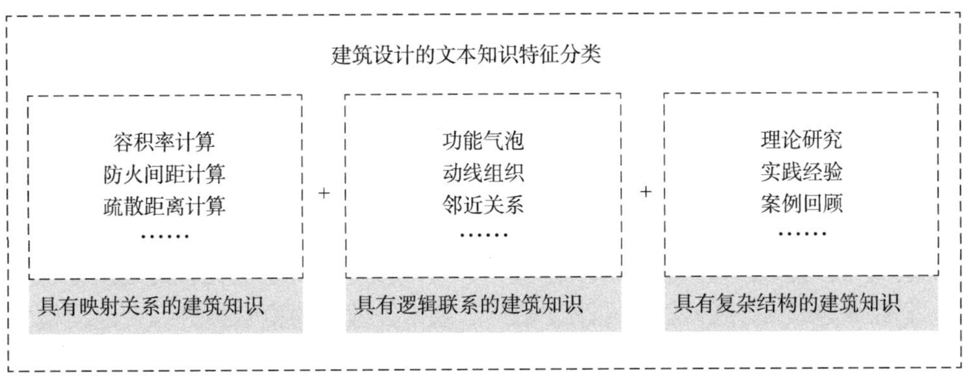

图 4　多类型的建筑设计知识

检索增强生成因其具有较强可解释性，是大语言模型在工业生产中的重要方式。而在建筑设计领域，检索增强生成方法还没有得到很好的应用与推广，其核心在于缺乏建筑设计知识与检索增强机制的有效融合。

3　建筑设计知识特性分类

建筑设计知识是指在建筑设计过程中，辅助建筑师进行建筑创作的合理信息。其主要由文本构成，也涵括了高度凝练文本内容的数学公式、图像、视频及语音信息。在建筑设计知识的处理过程中，数学公式、图像、视频、语音信息亦可通过多模态大模型生成摘要的方式，转化为文本类型的信息进行存储及管理召回，故本研究仅针对建筑的文本知识进行研究。为方便建筑设计文本知识处理，根据知识表示特征以及在建筑设计中的应用方式，笔者将其分为以下三种类型（图 4）。

（1）具有映射关系的建筑知识。建筑设计中一些数据指标具有较强的映射关系，其可通过查表或有明确的公式进行计算。该类知识常存储于建筑设计的规范文件之中，在建筑设计的定量分析阶段尤为重要。例如，建筑设计中的容积率计算、防火间距计算、疏散距离计算等。这一类建筑知识往往伴随着相应的专有名词一同出现，故可通过其专有名词搜索获取建筑设计规范中对应的建筑设计知识。

（2）具有逻辑联系的建筑知识。这类知识以建筑空间布局知识为代表，具有极强的内在逻辑联系。建筑空间布局蕴含着空间与功能及空间组织模式的内在逻辑联系，是建筑设计过程中的重要指引。该类知识常存储于建筑设计规范与设计资料集之中，例如，建筑设计中的功能气泡图、动线组织、邻近关系等。这类建筑知识往往依托于一个主体，知识存储于主体自身及主体之间的逻辑关系之中，故检索过程中可依托主体的名称进行其自身及连接关系信息知识的检索。

（3）具有复杂结构的建筑知识。建筑设计作为人文、艺术、美学与技术的结合，包含了大量复杂的建筑设计知识，这些知识涵盖多个专业领域，包括理论研究、实践经验、案例回顾等多个方面；这一类知识往往依托期刊论文、学位论文、研究报告、专业书籍等多种形式记录与传播，其不遵循统一的结构和写作方式，对这一类复杂结构的建筑知识的掌握与理解往往体现了建筑师设计的水准，也是资深建筑设计师与建筑设计新人的重要差别。这一类建筑知识往往每一段、每一节、每一章会有一个明确的主题，故可依照文本类型的不同，根据文本的语义将其进行合理的切分和存储。

不同类型的建筑设计知识具有不同的数据特征，应有与之适配的知识处理、存储与检索方法，进而保障知识召回的精确性，提高知识的融合生成质量。

4 建筑知识与 RAG 检索模式的匹配

检索增强生成的核心要点在于知识的检索方式，不同的知识结构、知识特征、知识时效对应着不同的知识检索模式。常见的知识检索模式包括基于向量数据库的检索模式、基于关键词的检索模式、基于知识图谱的检索模式以及基于网络的检索模式。根据实验研究，笔者认为其有以下适配关系：

（1）具有映射关系的建筑知识，适配基于关键词的检索模式。关键词检索是将问题拆分为关键词组，通过匹配数据库中含有关键词的词条信息，进行数据的召回。建筑设计规范等数据中，涵括一些房间名称及专有名词，适宜通过该种方式进行精确的检索召回（图 5）。

（2）具有逻辑联系的建筑知识，适配基于知识图谱的检索模式。基于知识图谱的检索是通过查询节点获取到节点和边的关系信息。对于建筑设计知识而言，可采用大语言模型辅助构建知识图谱，节点是房间、设备名称等实体，边则蕴含着房间与房间之间的关系。通过知识图谱的构建，可获取到具有内在逻辑联系的建筑知识信息，对与检索建筑平面功能布局等具备知识内在逻辑联系的问题具有较好效果（图 6）。

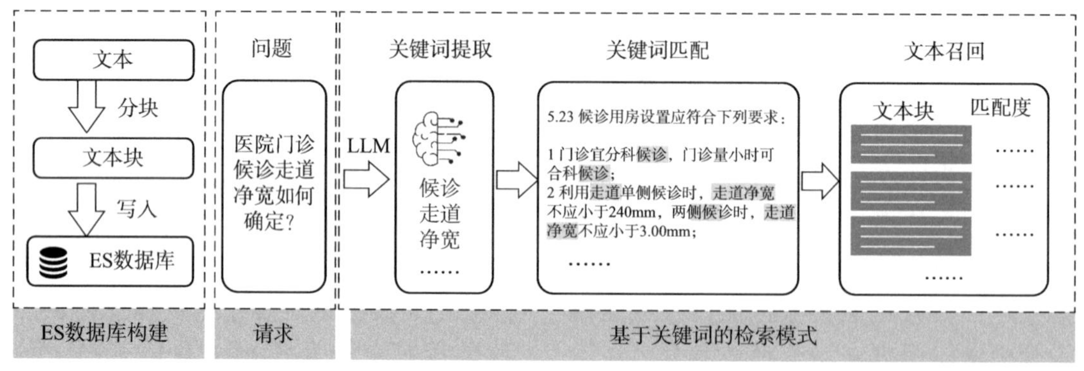

图 5　ES 数据库构建与基于关键词的检索流程

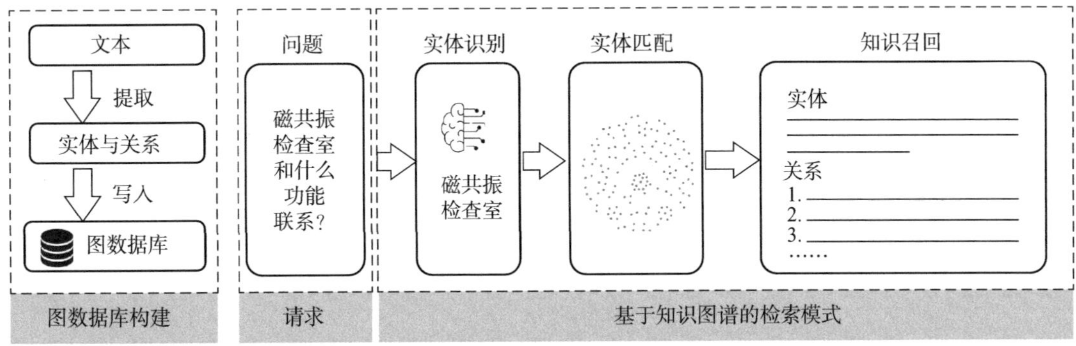

图6　知识图谱构建及检索流程

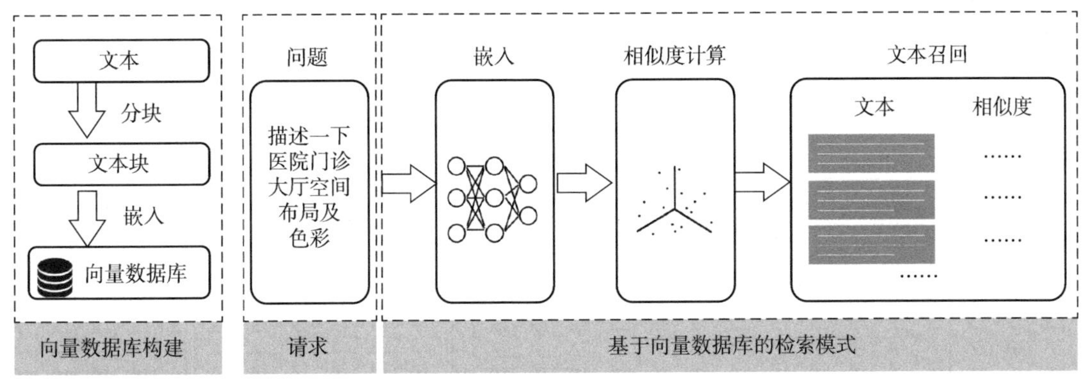

图7　向量数据库构建及检索流程

(3) 具有复杂结构的建筑知识，适配基于向量数据库的检索模式。基于向量数据库的检索模式是将建筑知识利用嵌入模型转化为向量编码，将文本的语义信息映射到向量空间之中。在检索过程中，使用相同的嵌入模型将用户问题进行向量编码，将问题向量与向量数据库中的已有知识向量进行相关性比对，查询出多个较相关的知识，作为知识检索的备选答案(图7)。

(4) 具有时效性及数据库中缺失的建筑知识，适配基于网络搜索的检索模式。建筑设计的不同项目中，项目背景等大量信息需要依赖于网络搜索，并且一些信息的时效性也需要得到保证。为保障网络获取信息与用户问题的相关性，需将网络搜索结果进行解析，并将搜索的数据进行分块向量编码，最后将所分块的向量编码与用户问题的向量编码进行相似度计算，获取分数大于某一阈值的文本块作为检索的输出（图8）。

通过对建筑知识与检索模式进行匹配，可对不同的建筑设计知识采取不同的检索方案；对于综合性的建筑知识需求，亦可混合采用多种检索方案，实现建筑知识与检索增强生成的有机融合。

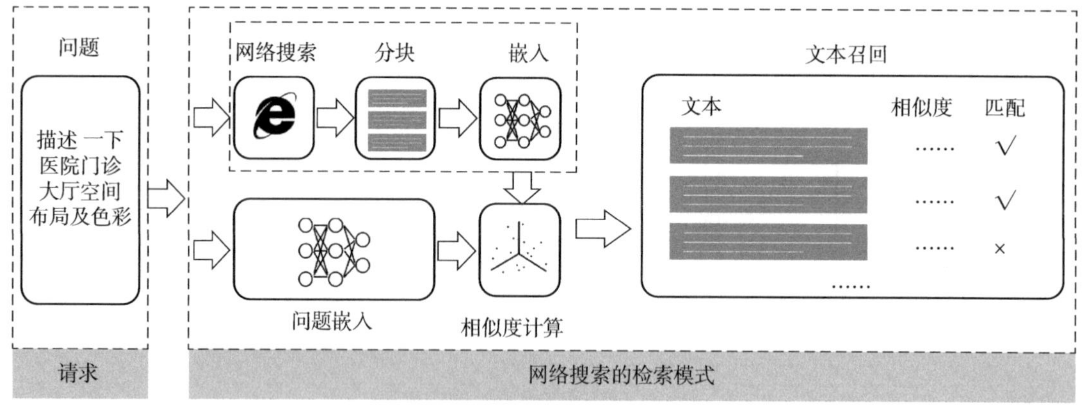

图8　基于网络搜索的检索流程

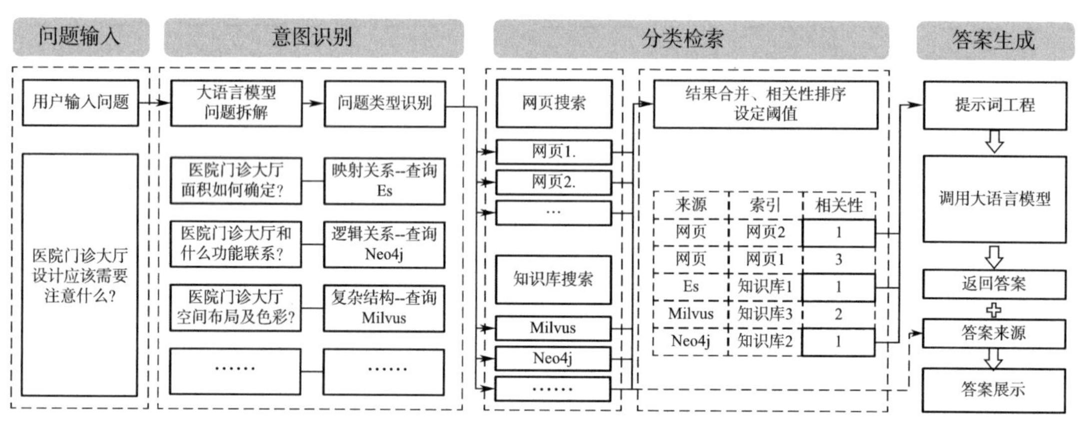

图9　基于检索增强的建筑设计知识系统

5　基于 RAG 的建筑设计知识系统构思

基于检索增强的建筑设计知识系统主要由意图识别、分类检索、答案生成三个阶段构成（图9）。

（1）在意图识别阶段，主要解决用户输入不明确、输入复杂度高的问题。建筑设计作为科学、人文与艺术的结合，建筑师所提出的建筑设计问题往往具有高度复杂性，为降低知识检索难度、提高知识检索准确性，需对建筑师所提出的问题进行深度“解码”与意图识别，使用大语言模型结合适配的提示词工程技术将复杂问题拆解为目标明确的单一子问题。

（2）在分类检索阶段，使用与子问题匹配的检索模式进行多路检索。通过分类检索机制，针对不同的问题形式，匹配相应的知识检索方案，以确保知识检索的全面性与精确性。在检索完成后，应将检索所得到的信息与该信息的来源进行展示，便于用户对知识进行“溯源”，解决用户对大模型的信任度问题。

(3) 在答案生成阶段，融合检索知识，进行精确回答。在大语言模型构建查询提示词过程中，提示词过长可能会造成大语言模型生成不精确、返回耗时长乃至输入超长造成的字符数限制等问题。故对输入大语言模型的知识应该进行精简，找出与用户问题最相关的部分；具体而言，在多路检索后，应对检索得到的信息进行重排序，计算各路检索得到信息与用户原始问题的相关性，选取相关性较强的信息构造查询的提示词，并根据用户所选用的大模型进行输入字符数的控制，以确保用户获得精确且高效的回答。

通过意图识别、分类检索、答案生成三个主要阶段的构建，建筑设计知识系统能够融合生成高效率、高质量、广范围的知识结果，显著提升建筑师的知识查询效率，提高建筑师的知识查询广度，为建筑师查询建筑设计相关知识提供新的方案。

6 综合医院门诊建筑设计知识系统构建

医疗建筑设计因其专业性和复杂性，是建筑设计中最具挑战性的类型之一，也是建筑设计知识最为复杂的类型之一。笔者聚焦于综合医院门诊建筑，收集了相关期刊论文 200 篇、学位论文 134 篇以及相关的规范及资料集，构建了综合医院门诊部文献资料库；依照建筑知识特性进行知识分类，分别存储于 Milvus 向量数据库、ES 数据库和 Neo4j 图数据库之中，并整合网页搜索功能；采用 bge small zh v1.5 作为向量嵌入模型，采用 bge rerank base 作为重排序模型；通过调用 Kimi、文心一言、DeepSeek 等大模型接口，构建综合医院门诊建筑设计知识系统（图 10）。

综合医院门诊建筑设计知识系统能够快速且高效地检索出带有知识来源的相关问题，提高建筑师在设计过程中的知识查询效率与广度；但目前所构建的

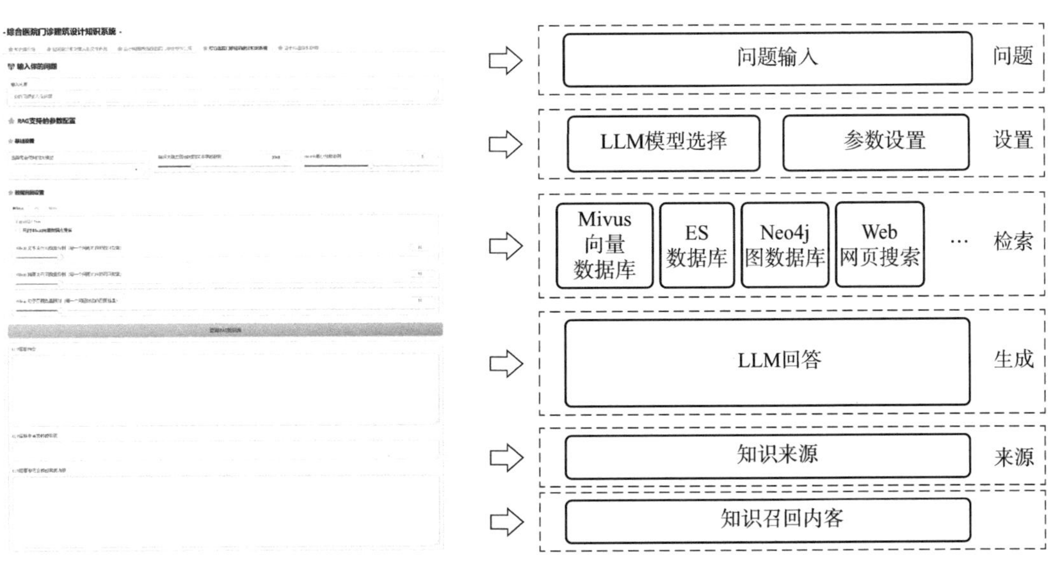

图 10　综合医院门诊建筑设计知识系统交互界面

知识系统中，知识数据均采用自动分块，导致数据清洗阶段仍存在不足；数据抽取过程中，论文的图表等相关信息丢失，造成数据不完善；多路搜索及大模型查询效率较低，在往后工作中需进一步优化。

7 结语

在以大模型为主导的生成式人工智能时代背景下，基于建筑设计的知识特性，综合运用大模型的知识理解、融合、生成能力，进行建筑知识系统构建，探索丰富了建筑知识的理论及应用研究。与传统建筑师知识获取方法相比，本研究提出的系统能够准确识别并处理建筑师提出的复杂问题，整合分散的建筑知识，实现多源数据的高效协同检索，以更易于理解的方式呈现给建筑师，提高建筑师知识获取的效率。

参考文献

[1] 周渐佳，闫超，何宛余，等．新主体性的诞生：人工智能时代的建筑理论［J］．建筑学报，2024（1）：29-36.

[2] 吕军．人工智能大模型在智能建筑领域的应用［J］．智能建筑与智慧城市，2024（7）：6-8.

[3] Akin O. Models of architectural knowledge：an information processing view of architectural design［M］. Carnegie Mellon University，1979.

[4] 薛瑞祺，朱安民．一个面向住宅建筑设计的基于知识的专家系统［J］．同济大学学报，1988（4）：455-464.

[5] 谭克艰，曹晖，毛沂．建筑设计专家决策设计系统模型框架［J］．计算机辅助设计与图形学学报，1998（6）：56-61.

[6] 方立新，王琳琳．建筑设计领域的专家系统知识库研究［C］//中国土木工程学会计算机应用分会，中国建筑学会建筑结构分会计算机应用专业委员会．计算机技术在工程建设中的应用——第十二届全国工程建设计算机应用学术会议论文集．东南大学建筑系，南京理工大学计算机系，2004（4）：56-59.

[7] Kalay Y E. Redefining the role of computers in architecture：from drafting/modelling tools to knowledge-based design assistants［J］. Computer-Aided Design，1985，17（7）：319-328.

[8] Kalay Y，Swerdloff L，Majkowski B. Process and knowledge in design computation［J］. Journal of Architectural Education，1990，43（2）：47-53.

[9] 翟贤，晏敏，胡平．建筑模式语言与基于知识的设计系统［J］．新建筑，1990（4）：51-53.

[10] Kruchten P，Lago P，Van Vliet H. Building up and reasoning about architectural knowledge［C］//International conference on the quality of software architectures. Berlin，Heidelberg：Springer Berlin Heidelberg，2006：43-58.

[11] Aksamija A，Iordanova I. Computational environments with multimodal representations of architectural design knowledge［J］. International Journal of Architectural computing，2010，8（4）：439-460.

[12] 芮继东，杨道仁，杨硕．建筑标准知识库系统设计与实现［J］．土木建筑工程信息技术，2011，3（4）：5-8.

[13] 赵正楠，李一帆，秦承祚，等．建筑设计知识库：以楼梯间详图知识库及给排水系统的自动性能优化知识库为例［J］．智能建筑与智慧城市，2022（9）：87-90.

[14] M Matter N，G Gado N. Artificial intelligence in architecture：integration into architectural design process［J］. Engineering Research Journal，2024，181：1-16.

[15] 袁烽，许心慧，王月阳．走向生成式人工智能增强设计时代［J］．建筑学报，2023（10）：14-20.

[16] 袁潮，郑豪．生成式人工智能影响下的建筑设计新模式［J］．建筑学报，2023（10）：29-35.

[17] 何宛余，杨良崧．生成式人工智能在建筑设计领域的探索：以小库AI云为例［J］．建筑学报，2023（10）：36-41.

[18] Lewis P，Perez E，Piktus A，et al. Retrieval-augmen-

ted generation for knowledge-intensive nlp tasks [J]. Advances in Neural Information Processing Systems, 2020, 33: 9459-9474.

[19] Gao Y, Xiong Y, Gao X, et al. Retrieval-augmented generation for large language models: A survey [J]. arXiv preprint arXiv: 2312.10997, 2023.

景观平面生成设计的数字化方法初探

A Preliminary Study on Digital Generation Design Methods of Landscape Layout Plan

刘雨晴[1] 李 飚[1] 丁广明[2]
1. 东南大学建筑学院
2. 东南大学建筑设计研究院有限公司

摘 要：公共景观空间是建筑外部环境的重要组成部分，是联系人与自然的纽带。数字时代的发展为景观生成设计提供了更加理性的视角。本文尝试探索计算机参与景观平面布局生成的方法，打造布局合理、丰富协调的景观空间。
本研究基于已有的景观设计理论和实践，对常见景观布局模式和相关规范要点进行规则转译，结合场地信息为景观空间制定分区规则。根据不同的组团配植方式，将植物群落抽象为若干景观模块，利用多智能体系统确定其位置，并结合元球算法生成平面轮廓形态，最后手动完善优化布局。本研究将场地布局形式、植物种植特征与算法相结合，探索从整体景观分区到局部植物配置的设计方法，为景观生成式设计提供了新的参考思路。
关键词：景观生成设计；平面布局；景观配植；多智能体

1 引言

1.1 研究背景

景观平面的分区布局与要素组团是景观设计的核心。在传统设计中，设计者需要综合景观绿地设计规范、植物设计方法以及具体项目需求，完成兼具科学、艺术与社会价值的方案。随着景观规模扩大，设计内容增多，无论是地块规划、种植策略还是植物选型，设计很大程度上依赖设计师的专业知识和经验，在设计合理性和工作效率方面存在提升空间。数字技术的发展使得利用程序算法生成设计方案成为一种高效且理性的方法。景观作为介于人工环境与自然环境之间的复杂系统，其生成式设计趋势愈发明显。将景观理论和设计方法从定性向定量转变，将设计规律和实践经验转译为程序语言，利用计算机综合各种影响因素，可以为不同类型的场地生成高质量和多样化的设计方案。因此，构建景观平面布局的生成设计模型具有重要的研究意义。

1.2 生成设计方法

1.2.1 自组织原理与规则控制结合的策略

多智能体系统在建筑和规划平面布局中的应用已有较多探索。这种方法通过赋予系统中多个智能体特定属性，使其在预定规则下实现属性更新和系统动态平衡，形成自下而上的自组织模型。如东南大学李飚等人于2014年提出的“赋值际村”设计[1]，通过多智能体地块优化算法生成村落形态。然而，自下而上的方法可能缺乏整体控制，需要融合自上而下的规则控制策略，

国家自然科学基金面上项目（52378008）。

从总体上把握结构和单元间的关联[2]。

在景观平面设计中，首先应满足环境和功能需求，厘清设计逻辑，确定场地总体布局，对平面进行分区。这一步为规则制定提供了指导，便于设计模式程序化，生成层次清晰的整体景观空间结构。其次是景观元素集群的自组织，其中绿化是影响景观美观度和空间舒适度的关键因素。绿化种植的形式、位置、数量、面积、间距，不仅受硬性规范约束，还需遵循艺术性原则。

在分区的框架下，通过将景观元素抽象为个体，基于预设的规则，自下而上自主推演，从而影响整体的空间营造。自上而下的分区规划结合自下而上的景观元素组合演化，既实现整体宏观控制，又以个体的独立性和动态性打破模式化布局，构建复杂的景观系统。

1.2.2 基于元球算法的形态设计

元球算法常用于3D模型表现软体或隐式曲面。其特点是通过改变原始体的位置关系，混合出非线性形态并限定整体边界（图1）。元球算法的核心在于根据空间中各点与控制点的距离赋予定势值，形成隐形的能量场点集，从而找出所有能量相同的点生成曲线或曲面。东南大学张佳石、郭梓峰等人在“印象太湖石”项目中运用“Gyroid极小曲面”算法解决复杂构筑物塑形问题，并通过元球算法个性化调整元球属性，限定曲面轮廓[3]。

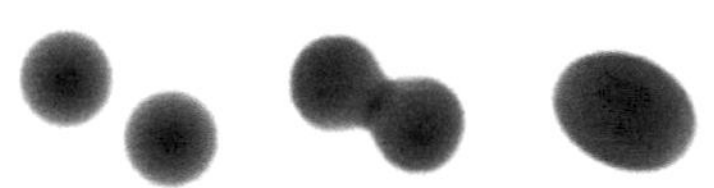

图1 元球融合过程示意

2 生成设计实验

2.1 生成框架与流程说明

景观生成设计主要包括景观地块划分、景观元素布局和地块轮廓优化。本文提炼景观设计的常见原型，结合多智能体模拟、Voronoi剖分和元球算法等程序模块，提出景观前期设计的综合数字化解决方案。本文不考虑场地外部环境，将景观分区结构直接适配场地形状。

整体框架如下：首先，制定景观空间的功能和布局规则，利用Voronoi剖分和多智能体系统优化生成合理的场地基本分区。其次，结合景观设计规范和植物种植设计方法，将植物群落抽象为景观模块，再次利用多智能体系统确定各景观元素的布局。最后，通过元球算法判断各区轮廓边界，灵活把控最终的景观布局形态（图2）。

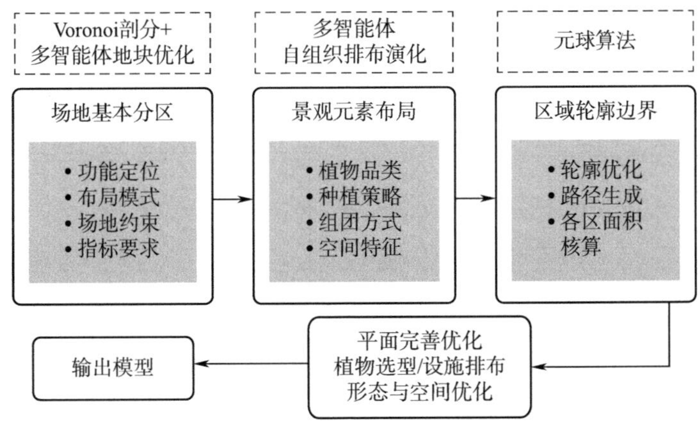

图2 生成框架与流程说明

2.2 景观平面布局模型构建

2.2.1 分区模式与规则转译

景观分区的建立是平面布局生成的关键环节。设计者需确定整体景观结构、分区功能定位和场地空间大小。本文以中央环绕式景观平面为例，通常形成以一个区域为中心，多个周边区域共同组合的格局。

表1列出了设计者预定义的景观布局策略，包括分区功能类型、目标面积比例和分区结构等。这些策略为景观规划提供了指导框架，有助于程序规则编写，实现预设的景观分区布局。

表1 预定义的景观分区布局

分区	功能类型	面积比例	分区结构
Zone_ 0	休闲广场区	0.3	中央环绕型
Zone_ 1	艺术种植区	0.2	
Zone_ 2	阳光草坪区	0.2	
Zone_ 3	景观客厅区	0.12	
Zone_ 4	健身活动区	0.08	

2.2.2 基本布局生成

初步的景观地块划分采用Voronoi剖分方法。Voronoi剖分方法是一种多边形划分的经典原型（图3a）。它通过将平面分割成若干个多边形区域，使得每个区域内的所有点到某个指定点（称为生成点或种子点）的距离比到其他生成点的距离更近，该区域也可解释为指定点所能控制的最大范围。在景观设计中采用Voronoi划分方法，每个分区（cell）代表一个独立单元，可以生成与自由场地分区相契合的多边形网格。

将每个Voronoi生成点抽象为一个智能体（图3b），在平面内随机生成初始位置。随后，利用Mesh网格存储剖分后的分区信息，以便后续整体优化。Mesh网格模型常用于表示复杂的几何形状和拓扑结构，而半边数据结构用于高效管理和操作网格模型的拓扑关系，包括顶点、边和面的邻接关系。在此模型中，将Voronoi生成点智能体所在的多边形与网格模型中的面f建立对应关系，每个面对应于景观平面中的一个分区（图3c）。

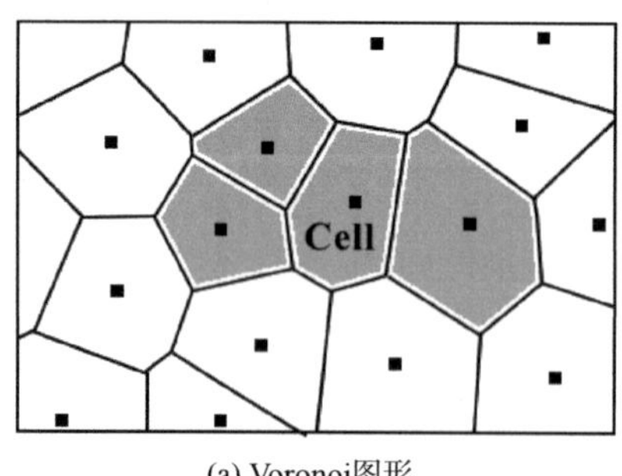

(a) Voronoi图形

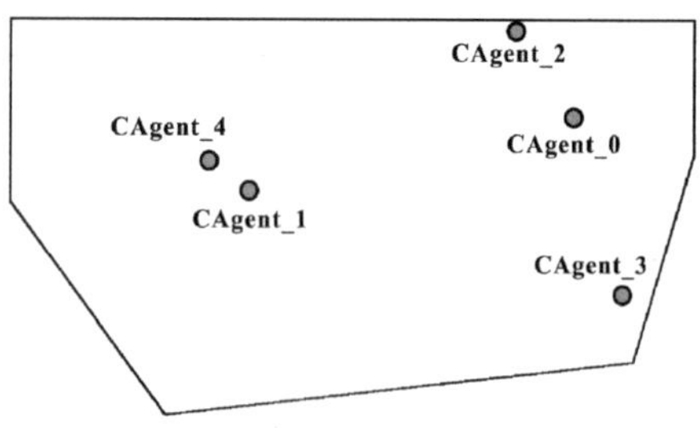

(b) 剖分点智能体的初始位置

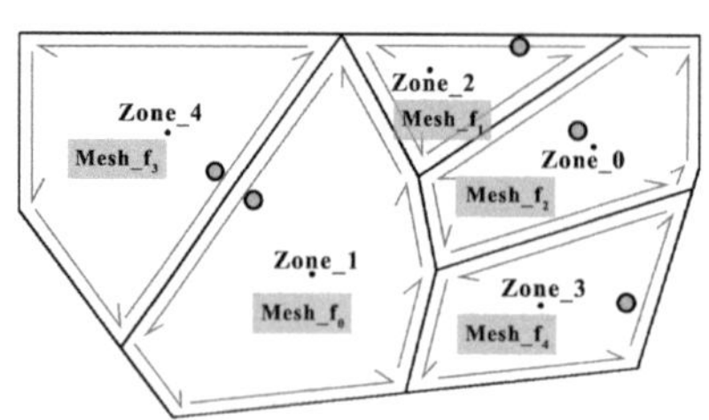

(c) Voronoi剖分,建立网格模型

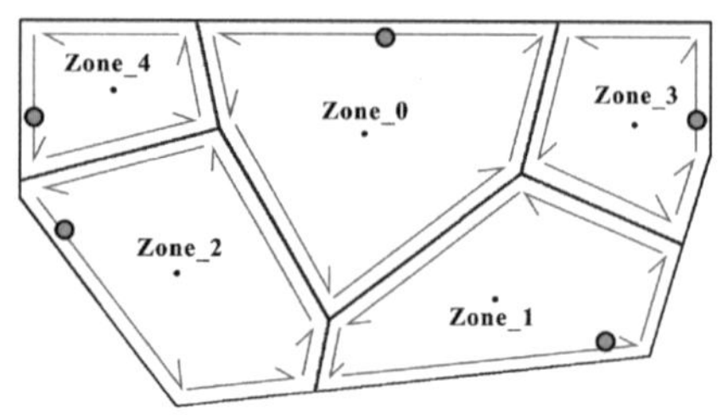

(d) 稳态的多智能体系统

图3 Voronoi部分及区域网格模型（Mesh）的建立

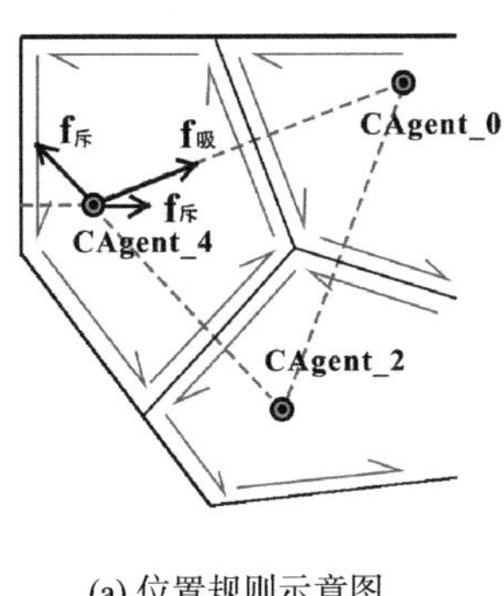

(a) 位置规则示意图

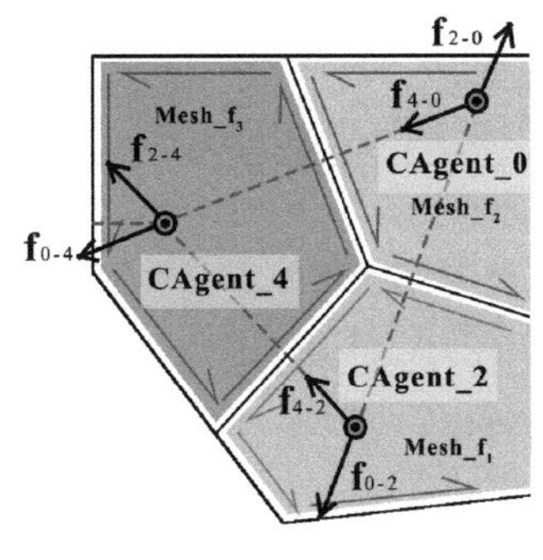

S_1 = CurrentArea

S_2=TargetArea

$\Delta S = S_1 - S_2$

$f_{area}=k \cdot \Delta S$

(b) 面积规则示意图

图 4　区域剖分点智能体现规则示意图

依据景观结构和面积比例，制定智能体在特定条件下的运动和更新规则。由于采用中央环绕型布局，只需建立表示中央区域和周边区域的智能体。

(1) 位置规则：中央区的生成点智能体受场地中心吸引，与边界保持一定距离。周边区的智能体在一定范围内受到中央区吸引，在更小范围内受其排斥，同时与其他生成点及场地边界保持一定距离(图 4a)。

(2) 面积规则：各区的生成点智能体能够访问自身所在面 f 的面积属性、各相邻面及其对应的相邻生成点。对各分区进行面积计算，构建当前面积与目标面积差值的力学模型，并将面积力作用于相邻的分区剖分点智能体上。累加各分区智能体受到的周边分区的作用力，以此进行整体景观分区的面积优化(图 4b)。

多智能体系统完成演化后，确定了各分区在景观平面中的大致位置（图 3d)，作为各区平面深化的基础。

2.3　植物种植与轮廓生成

2.3.1　多智能体属性规则置入

在整体景观分区布局形成后，本文进一步将景观元素抽象为智能体，依据分区功能定位、绿化种植策略和预期苗木类型，确定智能体的种类、规格和数量。景观设计中，植物种类选择、种植位置与设计意图密切相关，并在一定程度上代表了景观结构的空间意义。因此，本章中智能体的设定以植物的类型和属性为基础，赋予其更大的空间含义，通过智能体的组合与演化，得到较为合理的景观元素平面布局。

按照空间位置，定义四类主要的圆形智能体：节点中心植物、节点附属植物、边界型植物和填充型灌木丛（表 2)。各类智能体所代表的具体植物类型、数量、组合关系、目标区域由设计师决定。场地内的植物品类主要包括乔木、灌木和地被灌木，规格以冠幅控制，乔木和灌木的数量以棵数计算，地被灌木则以每平方米的株数计算。通常在确定中上层植物后进行地被灌木的种植，因此本文将地被灌木的智能体类型定义为“填充型灌木丛”，以配合营造林缘空间结构。此外，场地内的公共设施元素，如景观摆件和水体等，也可以抽象为智能体，与植物元素形成组合关系。本文对此不再赘述。

表2　景观元素多智能体类型

智能体类型	种植特征	植物品类	目标区域	植物规格（以冠幅计）	植物数量
节点型中心植物	孤植式 一般趋向于分区的中心分布 结合硬质铺地布置	大乔木	中心区域 周边区域	4m 2.7m	中心区域：2棵 周边区域：各区1棵
节点型附属植物	群植式 附属于中心植物布置 可勾勒出节点形状	小乔木 大灌木	中心区域 周边区域	1.2m 1.0m	中心区域：40棵 周边区域：共50棵
边界型植物	群植式+行列式 多数分布于区域的边界， 少量分布于内部， 可勾勒出区域轮廓	小乔木 小灌木（球）	中心区域 周边区域	0.8m 0.9m 1m 1.1m	中心区域：20棵 周边区域：共150棵
填充型灌木丛	群植式 在其余植物确定后起到 收边、围合、增加层次的作用	地被型 小灌木	周边区域	0.35m 0.5m	共$50m^2$ 25株/m^2

2.3.2　多智能体运动规则置入

程序初始，智能体在场地内随机生成。通过组团集聚、区域轮廓、间距控制等条件的转译，智能体调用各条规则进行动态演化，自下而上达到动态平衡的状态，获得趋近预设目标的景观元素布局。

（1）场地轮廓规则：首先，节点型中心智能体尽量占据场地中的最优位置，通常靠近分区中心，且与边界有较大间距。根据预先节点规划，智能体在初始阶段即明确目标分区，受到其中心点的吸引力，距离越大，吸引力越大；到达目标分区内部后吸引力减小，允许其在分区中心的一定范围内运动，受多样目标力影响，确保节点位置不机械。其次边界型智能体限定在各分区边界以内，受到边界吸引力，在距离阈值内则受到斥力。由于场地已建立Mesh网格，可区分用地分区的内部边界和整体用地边界，并设置不同边界距离，限定区域轮廓。

（2）集聚规则：本研究主要采用组团种植方式，节点型中心智能体定义各组团中心，在其影响范围以内，节点附属智能体受到吸引力；边界型智能体也受到各分区节点智能体的吸引力，并受到周围同类型智能体施加的吸引力。填充型灌木丛受到同类型智能体的吸引力形成组团，并保持一定距离以延伸空间，一般围绕节点展开，形成层次丰富的景观空间。

（3）间距规则：距离规则首先体现在各智能体的间距。节点型中心智能体在场地中一般相隔一定距离孤植分布，受到同类个体的斥力。同理，其他各类智能体在一定范围内也受相互斥力影响而保持间距。节点附属智能体与节点中心智能体的距离往往限定节点大小及轮廓，需调节二者的距离阈值。其次是智能体与场地、分区边界的间距规则，在计算边界力时需先计算智能体圆心与边界多段线的距离，并标记最近点位置，若小于距离阈值，则受到圆心与最近点连线方向上的反向推力。

从生成结果来看，多智能体的自组织

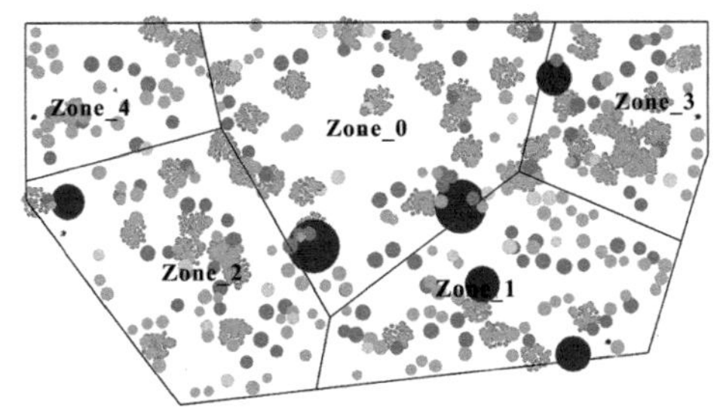

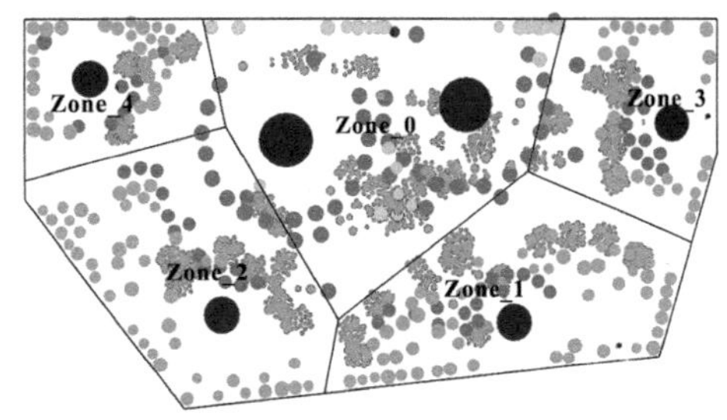

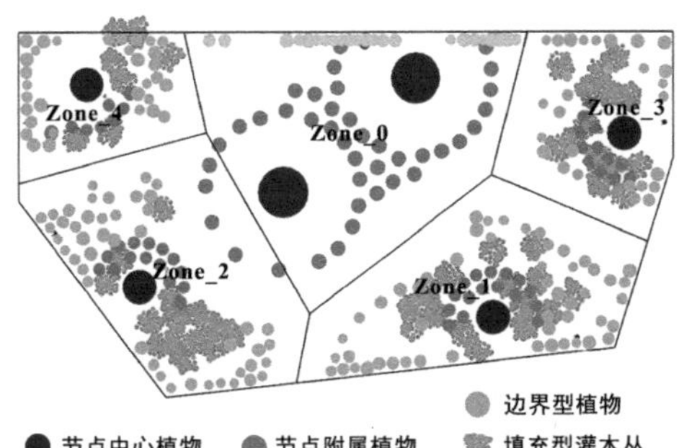

图 5　景观元素多智能体演化过程示意图

程序较好地实现了景观设计策略指导下的植物初步布局（图 5）。中央的休闲广场区域强调休憩活动功能，以开敞空间为主，主景观节点是 2 棵大型孤植乔木，其附属植物群保持较远距离；各周边区域的节点植物组团基本分布在区域内部，与中央区景观节点的布局关系较为均衡；边界型植物和填充型灌木在限定区域位置的同时，形成较连续的开放绿地空间。

2. 3. 3　元球算法生成轮廓

景观元素的基本位置确定之后，需应用元球原理再次对各分区的外轮廓进行限定。根据不同智能体的半径大小（radius）及与空间点的距离（distance），赋予其对周围空间像素点的影响力，影响力计算公式如下：

$$F_{\text{influence}} = \sum_{i=1}^{n} \frac{radius_i^2}{distance_i^2}$$

将各像素点受到的影响力叠加，生成灰度图像，并结合 Blob 特征分析算法判断各区轮廓（图 6）。Blob（团块）是指像素相连通的区域，通过灰度差异，Blob 分析可提取图像中连通阈的形状、数量、方向等特征。本研究基于合理的景观元素布局，判断场地分区平面中灰度值相等的轮廓线，包络出灵活的边界形状，符合自然景观设计的要求。通过调整灰度等值面的数值，设计的可操作性提高。

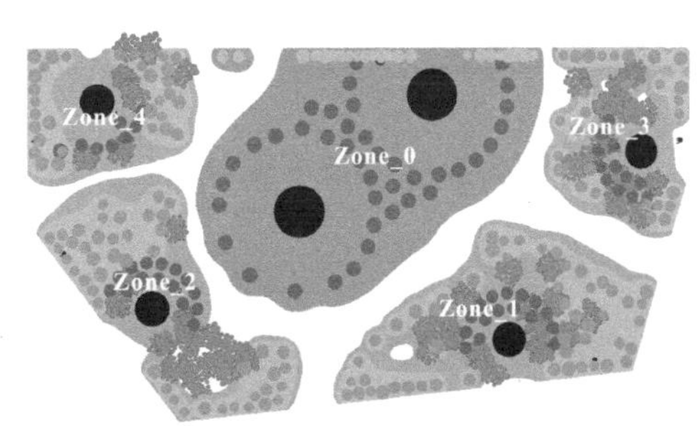

图 6　运用元球原理生成分区外轮廓图

将生成的 Blob 轮廓点按序连接并转化为封闭多边形，计算各团块面积，即分区面积。由于 Blob 分析提取的区域形状与 Voronoi 剖分得到的初始形状不同，面积可能产生偏差，需手动优化景观元素的大小、位置以及分区轮廓，以满足种植面积要求。

图 6 展示了分区之间自然形成的主路径，人为判断其合理性，进一步优化形态和尺度。在此基础上，根据智能体的中心点位置与预先记录的景观元素类型信息，嵌入外部景观模型库中的景观物件平面。手动绘制次路径，完善平面，使得模块分区之间衔接更自然和谐，最终获得包含分区形态与连接关系、景观组团与素材平面信息的整体景观布局（图 7）。

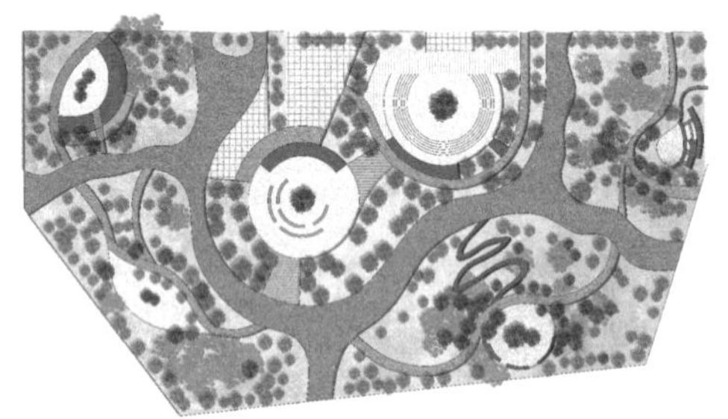

图 7　最终整体景观布局效果图

3　实例运用——景观广场设计案例

广场作为一个景观节点，在细化设计过程中也实现了景观平面的数字化生成逻辑，展示出小节点景观设计的多样性。设计师可根据自身设计需要进行各规格圆形景观要素的预定义，并赋予其实际意义，如铺装、构筑物、植物等元素，不仅在平面上形成丰富且均衡的形态，在空间上也塑造了主次对比、分隔与连通的关系（图 8a）。图 9 展示了其他方案的景观元素组合关系。

在保持各场地要素组合关系的前提下，利用 Blob 分析对其进行要素边界的柔化处理，自动生成场地内部轮廓自然的子区域，并转化为可计算的多边形（图 8b）。进一步检测图形关系，计算缓冲区，生成不规则形态的广场内部铺装定位线，将一定尺寸的砖块沿定位线排布（图 8c、d），对于建造的可控制性和可操作性具有较大的意义，可快速展示生成结果。

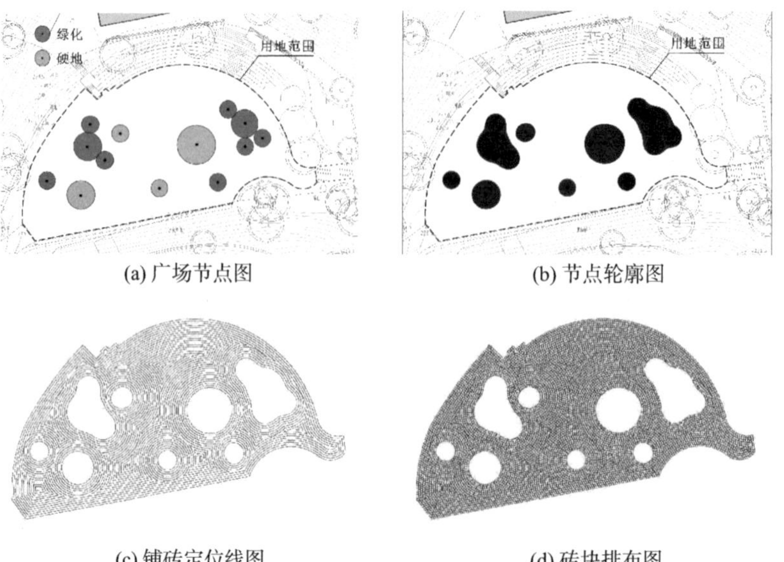

(a) 广场节点图　(b) 节点轮廓图

(c) 铺砖定位线图　(d) 砖块排布图

图 8　景观广场设计

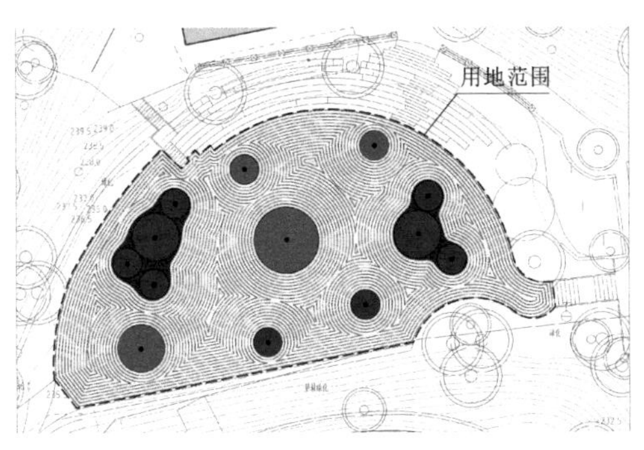

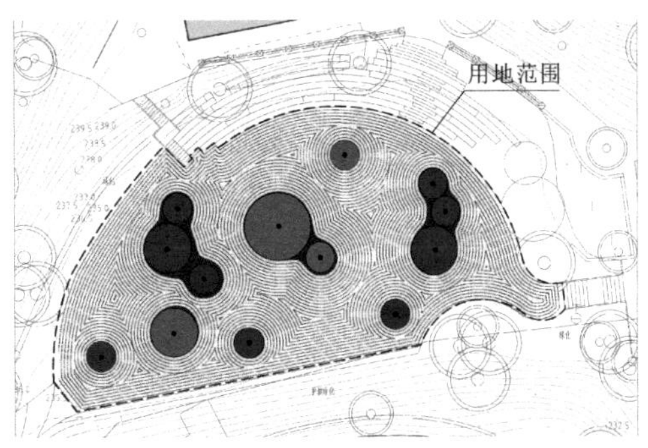

图 9　其他生成结果图

4　结语与展望

本研究针对景观设计中的整体结构、分区形态以及景观元素组合相关的设计问题，借助程序语言构建了一种基于预设景观分区模式、关联各内部景观元素的整体式景观平面生成方法，为景观平面布局设计提供了前期的决策指导，成为后期深化的依据。

本研究有以下不足之处：

（1）此次生成实验是一个简化的景观平面生成模型，仅仅根据场地的大小和形状进行特定的理想化分区，并未考虑地形、周边环境、人的行为；

（2）实验的参数调整和规则制定有待进一步完善，目前仅探索间距、集聚等简单条件，各要素间复杂关系的呈现，受限于算法规则的表达；

（3）此阶段尚未考虑具体的植物种类选型，以及植物的环境适宜度、生长周期、质感色彩等特征；

（4）缺少对生成结果的量化与评估，如景观布局几何形态和空间特征[4]等。未来深化方向可从更深层次的逻辑关系和空间秩序构建出发，综合考虑环境因素；通过引入评估指标，如形状指数、可达性、连通性、公共性与私密性等，对生成结果进行比较和优化；除此之外，还可以建立植物品种信息数据库，研究品类组合关系，输出种植单元的植物选型方案，使景观生成设计更系统和可持续。

参考文献

［1］ 李飚，郭梓峰，季云竹．生成设计思维模型与实现：以“赋值际村”为例［J］．建筑学报，2015（5）：94-98.

［2］ 吴佳倩，李飚．结构性与进程性策略的算法探索：以低层高密度住区生成设计为例［J］．城市建筑，2018（16）：113-116.

［3］ 张佳石，郭梓峰，李飚，等．基于“Gyroid 极小曲面”的“数字链”建造初探［J］．城市建筑，2017（4）：23-25.

［4］ 王敏，宋昊洋．影响碳中和的城市绿地空间特征与精细化管控实施框架［J］．风景园林，2022，29（5）：17-23.

基于稳定扩散模型的高校科研建筑集群平面布局生成式设计研究

Research on Generative Design of Plan Layout of University Research Building Clusters Based on Stable Diffusion Modeling

肖婉凝[1,2]　邓巧明[1,2]　刘宇波[1,2]
1. 华南理工大学建筑学院
2. 亚热带建筑与城市科学全国重点实验室

摘　要：时代需要学科交叉的创新型人才，高校是创新型人才的孵化器。目前传统单一的高校科研建筑集群布局已无法满足跨学科创新研究的需求，促进跨学科交流的科研建筑集群布局设计研究具有重要价值。科研建筑集群具有功能多样与流线复杂等特点，对设计师的经验与全局把控能力要求较高。基于 Stable Diffusion 稳定扩散模型，探索高效率、低成本的高校科研建筑集群的功能布局生成设计方法。实验将国内外排名前列的新型研究型高校首层平面布局方案作为训练集开展 LoRA 模型训练，运用 Stable Diffusion 稳定扩散模型控制性生成科研建筑集群布局，在方案阶段为设计师提供多样化的设计思路。

关键词：科研建筑集群；稳定扩散模型；布局设计；生成式设计

1　研究背景

知识经济时代，科研创新作为国家百年变局的关键，是引领社会高质量发展的重要驱动力。习近平总书记呼吁加强新兴以及交叉学科建设，建立高水平大学以强化国家战略科技力量[1]。因传统单一学科已无法紧跟时代发展的步伐，国内外研究型大学争做跨学科创新的先行者，例如美国麻省理工学院的“AI+”智能计划、斯坦福大学建设 Bio-X 实验室、北京大学成立前沿交叉学科研究院[2]，研究型高校中跨学科交流合作的需求日益增加。科研建筑作为科研人员产出创新成果的空间载体，其功能布局也对跨学科创新具有影响。

人工智能时代，大语言模型的诞生与迅速发展为建筑设计带来更多可能。目前已有一些学者开始探索 AIGC 生成式技术在建筑设计中的应用，以稳定扩散模型为基础进行建筑平立面、透视图等效果图的生成，为设计师提供丰富的灵感[3]。虽然 AIGC 生成技术的随机性为建筑方案设计带来更多灵感，但是因缺乏对技术图纸中复杂元素的语义理解，目前介入这类成果产出的可能性较小。普洛恩尼斯等人（Ploennigs，2023）提出了一种在平面图中编码这些语义的新方法，探索住宅建筑的功能平面布局生成规律，并取得较好成效[4]。

国家自然科学基金项目（51978268）；广东省自然科学基金项目（2023A1515010758）。

本文以高校科研建筑集群的平面布局为研究对象，将平面图按照不同功能进行语义编码，以开源大模型作为底模训练 LoRA 微调模型，结合 Stable Diffusion 稳定扩散模型进行布局生成式设计。

2 促进跨学科交流与创新的高校科研建筑集群布局特点

跨学科组织模式的兴起以美国为源头，20 世纪后在国际上广泛持续发展[5]。目前，我国高校也正在进行跨学科组织的学科化改造，其主要特点是打破院系的限制，实现人才交叉集中培养的目标。在建筑空间层面，其表现为形成不同学科空间的集合，建立跨学科的科研集群。跨学科集群化的科研建筑中，科研空间与促进交流的公共空间成为科研人员日常活动的中心[6]。故空间布局上，提高功能交叉复合性，特别是注重共享交流空间设计，以及增加空间连接度等，都能有效打破院系之间的物理界限，促进跨学科交流与创新。

2.1 功能交叉复合

在注重团队协作和共享交流的时代，独立分散、功能单一的科研建筑已无法适应时代需求，故功能交叉复合是高校科研建筑集群化的核心特征[7]。

以美国麻省理工学院（Massachusetts Institute of Technology，简称 MIT）为例，其是开展跨学科创新研究的研究型高校典范。工程师约翰·弗里曼（John R. Freeman）在为 MIT 剑桥校区设计新校园方案时撰写的“7 号研究报告”中强调平面的灵活适应性以及功能布局的集中度[8]。其联系东西校区的无尽长廊以串联空间的手法增加了各学科人员与信息交互的机会[9]（图 1）。在建筑群功能布局上，其科研楼集办公、实验、会议、休闲、教学等多功能于一体，以总体连续分布的科研办公和实验为主，其中穿插分布会议休闲等共享交流空间，为科研活动、学术信息提供丰富的空间载体（图 2）。连续的空间联系和多元的功能设置，都为 MIT 高效率的创新科研成果产出奠定了良好基础。

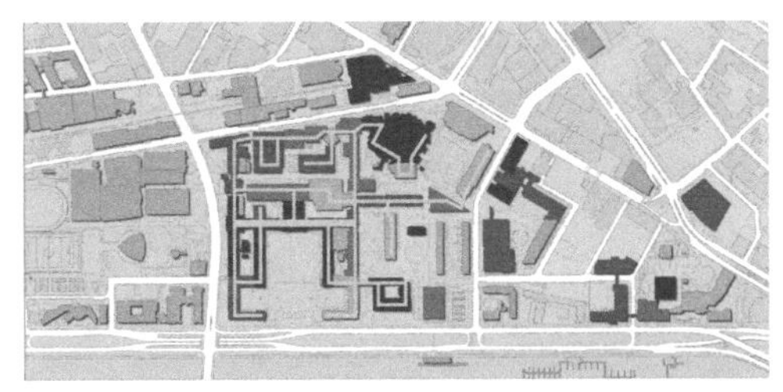

图 1 MIT 剑桥校区的新校园方案及无尽长廊
图片来源：参考文献［9］。

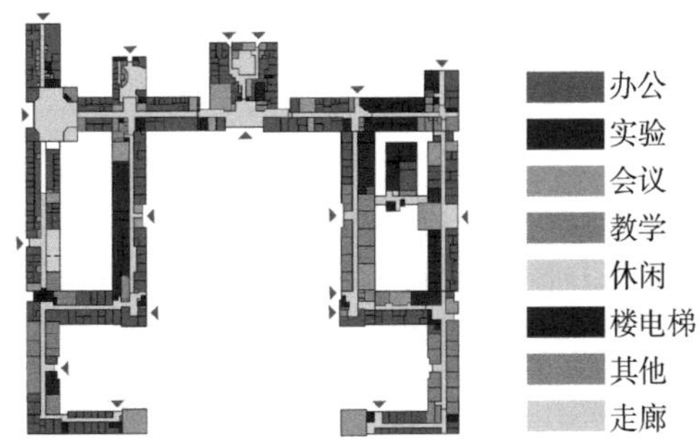

图 2 MIT 剑桥校区 1-8 号、10 号楼科研群平面布局

2.2 空间连接度高

空间连接度高有利于促进人在空间中的交流。比尔·希利尔（Bill Hillier）证明空间连接度与沟通频率的相关性，它们将影响人在空间中的运动模式，对人的协同互动有促进作用。克里斯汀·塞勒（Kerstin Sailer）也通过研究验证空间关系对交流互动的影响[9]。

以洛桑联邦理工学院的劳力士学习中心（Rolex learning center）为例，其为一个根茎式结构空间，各功能通过网络状流线连接空间，具有高度连接性（图 3）。不同的行进方式能主导不同的功能空间使用方式[10]，使得功能复合的空间具有更多灵活性，为促进跨学科的交流合作与创新提供无限可能。

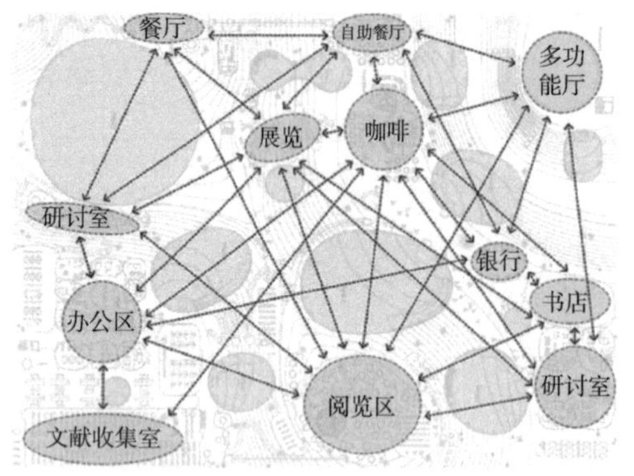

图3　劳力士学习中心根茎式结构空间分析图
图片来源：参考文献［10］。

3　LoRA模型训练与测试

实验基于国内外排名前列、注重跨学科交流与创新的新型研究型高校的科研建筑群案例调研开展，旨在通过训练LoRA微调模型，在Stable Diffusion平台的控制网络（ControlNet）下自动生成促进跨学科交流与创新的高校科研平面空间布局。该方法成本低，采用NVIDIA GeForce RTX 4060（8G）的笔记本电脑即可进行高校科研平面布局的LoRA模型训练和测试；效率高，仅5～30s/张的速度即可生成768×768像素的平面布局图像，且可对测试效果优秀的参数进行读取，以便迭代优化。

3.1　训练集制作

训练集包含50张新型研究型高校的科研建筑的平面图，训练集见图4。用10个不同的RGB颜色来标注平面图中的功能区域与要素，训练集中的平面图语义编码方式见表1。

图4　50个训练集

表1　训练集平面图语义编码表

RGB颜色图例	功能	RGB颜色编号	标签
	墙体	0，0，0	q
	实验	0，0，255	sy
	办公	255，0，0	bg
	会议	0，255，255	hy
	楼电梯	67，67，67	ldt
	后勤	170，170，170	hq
	走廊	229，229，229	zl
	休闲	255，255，0	xx
	教学	0，255，0	jx
	入口	255，0，255	rk

3.2　模型训练

LoRA模型训练使用LoRA-scriptsv1.8.5 版本的训练器，采用专家模式调节参数。训练选择开源模型 chilloutmix_ NiPrunedFp16Fix 作为底模，训练图片分辨率为 768×768，训练时长为 14h29min，具体训练参数详见表 2。

表 2　LoRA 模型训练核心参数

参数类型	取值
max_ train_ epochs	30
train_ batch_ size	1
unet_ lr	0.0001
text_ encoder_ lr	0.00001
lr_ scheduler	constant
optimizer_ type	AdamW8bit

3.3　模型测试

LoRA 模型测试在笔记本电脑本地配置 Stable Diffusion 2.8.3 版本。基于不同的参数设置，支持一次性生成 1～8 张 768×768 像素图像，能够较为快速便捷地进行多方案比对。

模型测试的目的，首先是基于大模型底模的 LoRA 模型对图像生成的微调效果进行评估，并结合提示词和控制网络进行控制变量对比分析，证明使用 LoRA 模型比直接使用大模型底模生成平面布局图像的效果更好。其次，筛选损失值（Loss）低于 0.01 的不同训练轮数（Epoch）的 LoRA 模型进行对比测试，选出表现最佳、最稳定的 LoRA 模型及与其适配性较高的底模开展后续实验。测试结果可见，LoRA 模型、提示词、控制网络三者结合生成的布局图像质量最高，LoRA 模型决定布局图像是否生成，提示词保证布局图像生成的清晰度和质量，而控制网络对生成的布局形态进行控制引导，三者缺一不可。

4　布局生成：以华南理工大学五山校区南区科研地块为例

4.1　研究对象选取

研究选取华南理工大学五山校区南区的科研地块进行科研建筑群布局生成设计实验，场地建筑现状布局与周边概况如图 5。场地北侧是包含广东省光电工程技术研究开发中心、创业教育学院等科研建筑的小型科研区域；南侧有道明游泳馆和部分学生宿舍区；东侧是集中科研区域，分布着众多科研学院楼，包括食品学院、麟鸿楼等；西侧主要为师生宿舍区，以及一个南区饭堂。场地内部建筑以一字型和 L 型为主，南北向布局，相互间联系较弱，故此地块作为设计研究对象具有一定的价值和意义。

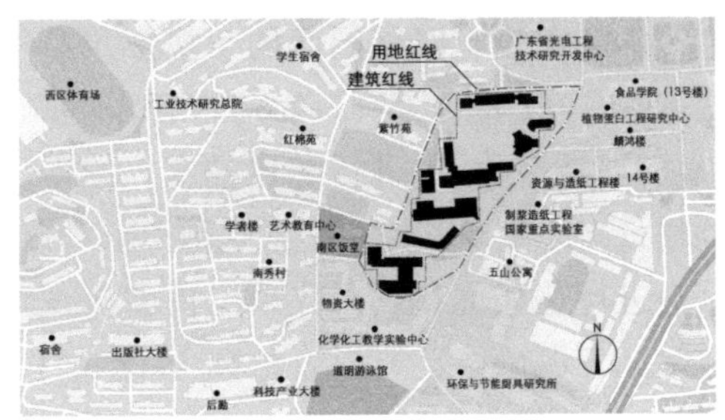

图 5　华南理工大学五山校区南区的科研地块周边概况

4.2　实验过程记录

实验通过输入不同的控制网络图像和正反向提示词，对科研布局生成的 LoRA 模型进行控制。实验目标是生成具有空间连续、功能复合特点的跨学科科研建筑群，并以南北朝向为主。输入正向提示词主要包括两类：首先是训练集语义编码的各功能标签（q，sy，bg，hy，ldt，hq，zl，xx，jx，rk），其次是维持画面清晰、线条流畅的词组（background is white and clean, straight lines）。输入反向提示词（Negative

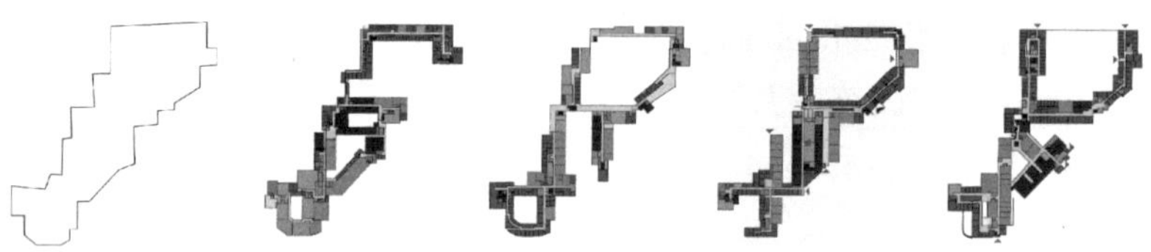

图 6　第一次实验的输入图像（左）和输出图像（右）

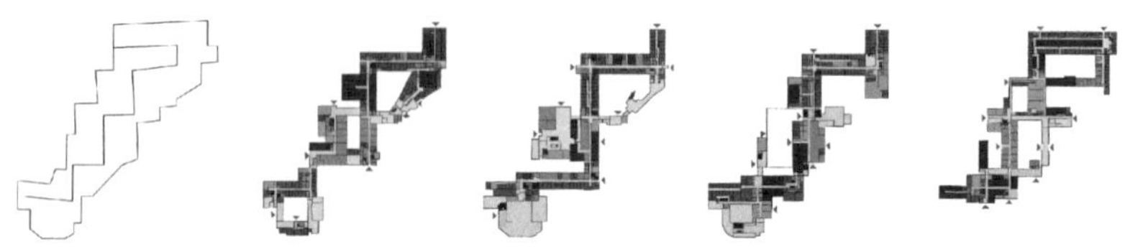

图 7　第二次实验的输入图像（左）和输出图像（右）

prompt）的用途是防止画面出现不需要的混乱元素，提升图像生成的质量，反向提示词结合一些提示词插件来设置。由于模型对不同的控制网络图像的生成效果有一定差异，故每次实验都先将随机种子（Seed）调整为-1 进行随机抽卡，抽卡得到质量高的生成图像后，再提取 PNG 图像信息进行迭代优化。研究采用模型测试环节筛选表现较稳定的训练轮数为 18 的 LoRA 模型开展优化设计实验。

4.2.1　第一次实验：仅输入建筑红线

第一次实验通过控制网络输入建筑红线边界轮廓图像，通过随机抽卡生成的布局图像见图 6。因受建筑红线轮廓限制较大，东西向功能空间过多，庭院封闭且面积过大，布局结构不佳。此外，生成的方案中休闲和缓冲空间不足，入口标注欠缺且不够合理。

4.2.2　第二次实验：输入建筑红线和多段线引导

基于第一次实验的不足，第二次实验输入控制网络图像时，在建筑红线的基础上增加多段线的引导，通过随机抽卡生成的布局图像见图 7。在加入线段的引导后，建筑布局的结构和尺度更加合理，以实验、办公教学为主的科研楼属性明确，且会议、休闲等共享交流空间较为平均地分布在建筑群各个部分。但因基地形态南北长、东西短，本次实验仍存在东西向空间过多的问题，需要进一步优化。

4.2.3　第三次实验：输入建筑红线和封闭图形引导

针对第二次实验的朝向问题，第三次实验输入控制网络图像时，在建筑红线的基础上增加东西向封闭图形的引导，并将其线段相对红线加粗。此外，加入描述建筑群主要朝向的词汇（horizontally long, vertically short）辅助控制生成结果，通过随机抽卡生成的布局图像见图 8。在加入东西向封闭图形的引导后，建筑朝向偏向红线引导的问题得到改善，建筑群总体呈现南北向为主的布局方式，也具有空间连续、功能复合的新型研究型高校科研空间特点，最后将随机抽卡质量较好的图像参数进行记录（表 3）。

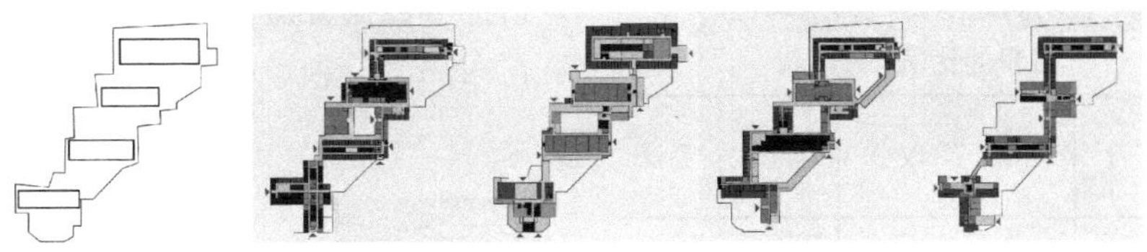

图 8　第三次实验的输入图像（左）和输出图像（右）

表 3　第三次实验质量较好的图像参数

LoRA 权重	ControlNet 权重	采样方法	迭代步数	提示词系数
0.8	0.5	DPM++ 2M SDE	150	30

4.3　实验结果分析

综合三次实验分析，训练得到的 LoRA 模型能够生成符合促进跨学科交流与创新的科研建筑群布局特点的设计方案。正向提示词包含功能标签、图像质量提升以及建筑朝向控制这三类词汇生成的布局图像效果最佳，输入的控制网络图像为建筑红线和封闭图形时生成的布局图像效果最好。

基于第三次实验中生成质量较好的图像参数进行迭代优化，可以生成更多促进跨学科交流与创新的高校科研建筑集群平面布局方案（图 9）。由表 4 可见，生成的布局设计包含各个主要功能，故功能复合程度高。进一步，利用 SPSS 26 对数据作描述性分析（表 5），结果显示科研实验和办公面积占比最大，其次是教学空间，符合科研建筑功能要求，且数据标准差均小于 0.1，可初步评估生成式布局设计的效果较为稳定。

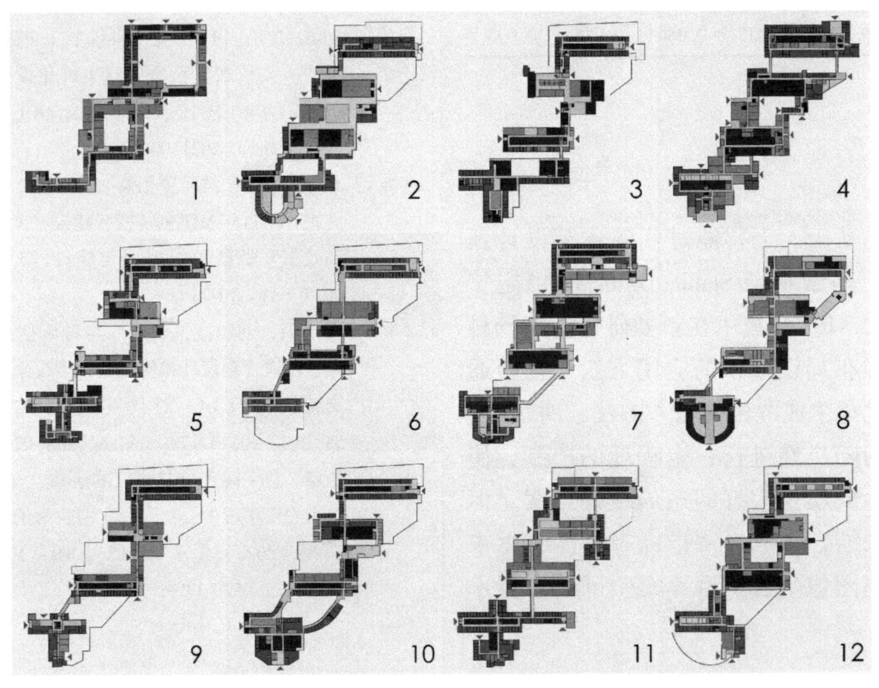

图 9　促进跨学科交流与创新的高校科研建筑集群平面布局方案

表 4　各功能面积占首层建筑面积的比例

图像编号	实验	办公	教学	休闲	会议
1	13.0%	24.7%	30.1%	4.9%	8.1%
2	26.0%	33.6%	4.8%	7.1%	8.4%
3	14.6%	31.4%	24.6%	5.1%	6.5%
4	25.0%	22.0%	17.5%	4.8%	12.5%
5	15.8%	35.3%	5.3%	15.4%	15.6%
6	34.5%	23.5%	7.1%	8.8%	6.9%
7	28.3%	25.3%	13.0%	7.3%	7.6%
8	20.1%	33.5%	3.3%	6.6%	17.0%
9	25.7%	24.3%	22.8%	2.8%	6.6%
10	35.1%	18.3%	9.9%	9.4%	10.5%
11	26.3%	15.9%	13.5%	18.7%	8.6%
12	13.3%	32.9%	16.9%	7.9%	9.8%

表 5　各功能面积占首层建筑面积比例的描述性分析

	实验	办公	教学	休闲	会议
平均值	23.1%	26.7%	14.1%	8.2%	9.8%
标准差	0.078	0.065	0.086	0.046	0.035

5　结语

研究基于人工智能时代的建筑设计新工作流，探索基于 Stable Diffusion 稳定扩散模型的 AI 生成技术在新型研究型高校科研建筑群布局设计中的应用方法。实验通过多次优化生成图像的输入方法，对 AI 生成图像的随机性进行一定程度的控制，使其能够生成质量较好的布局设计方案。但实验并未结合技术经济指标等具体数据来控制布局图像生成。后续实验可结合技术指标等数据分析，进一步完善 AI 生成技术在布局设计领域的应用研究。

参考文献

[1] 习近平系列重要讲话数据库［EB/OL］. http：//jhsjk.people.cn/article/32551583.html，2024-04-28.

[2] 张炜. 研究型大学的学科交叉组织创新与实现路径［J］. 人民论坛·学术前沿，2023（21）：24-31. DOI：10.16619/j.cnki.rmltxsqy.2023.21.003.

[3] Li P，Li B，Li Z. Sketch-to-architecture：generative AI-aided architectural design［J］. arXiv preprint arXiv：2403.20186，2024.

[4] Ploennigs J，Berger M. Diffusion models for computational design at the example of floor plans［J］. arXiv preprint arXiv：2307.02511，2023.

[5] 申超，张帆. 大学跨学科组织的学科化改造：对跨学科组织另类转型战略的个案研究［J］. 现代大学教育，2024，40（2）：102-111，113.

[6] 刘杨，黄有萍，阎波. 跨学科视角下的高校集群化科研建筑空间组织设计研究：以重庆大学理科楼、斯坦福大学克拉克中心和麻省理工学院媒体实验室为例［J］. 华中建筑，2023，41（10）：56-62. DOI：10.13942/j.cnki.hzjz.2023.10.026.

[7] 张浩. 高校教学科研建筑集群化设计策略研究［D］. 华中科技大学，2021. DOI：10.27157/d.cnki.ghzku.2021.000725.

[8] 邓巧明，刘宇波，罗伯特·西姆哈. "7号"研究报告与百年 MIT 剑桥校区建设：工程师视角下高效率大学校园的规划与建设［J］. 建筑师，2019（3）：70-75.

[9] 邓巧明，刘宇波，纪绵. 与科研信息偶遇的校园：浅谈规划设计如何促进大学校园中的跨学科交流合作［J］. 时代建筑，2021（2）：30-35. DOI：10.13717/j.cnki.ta.2021.02.00.

[10] 杨璟. 数字时代公共建筑的流动"城市"空间：以劳力士学习中心和台中歌剧院为例［J］. 建筑学报，2023（1）：10-15. DOI：10.19819/j.cnki.ISSN0529-1399.20230100.

基于空间构形分析的住宅空间生成研究

Research on Residential Space Generation Based on Spatial Configuration Analysis

徐慧琴[1]　郑　炎[1,2]

1. 华南理工大学建筑学院

2. 华南理工大学建筑设计院

摘　要：近五年来，建筑生成设计的相关研究数量呈现爆发式增长，多数研究侧重计算机科学的视角、基于图像数据进行设计的生成。然而，从建筑学视角即空间关系出发的建筑生成设计方法，或许更加贴近建筑学本位的智能设计追求。本研究依据空间构形理论，对住宅内部空间进行抽象化处理，形成包含空间方位、连接关系等信息的拓扑图结构，并在此基础上通过自定义算法确定具体空间布局。再利用 Wallacei 平台生成具体体量。最终，通过主观评价函数筛选出较优方案。本研究验证了基于空间构形分析的生成方法的有效性。这种方法既具备理性的控制机制，又具有动态随机性，反映了建筑设计中的关键特征，是一次有意义的探索。

关键词：空间构形分析；住宅空间；空间生成

目前，在计算、数据分析和机器学习进步的推动下，生成设计获得了强劲的发展，其在建筑领域的出现标志着一个关键转折点——这一转折点汇集了技术革新、强大的计算资源以及设计理念的持续演进，三者交汇碰撞，催生出建筑设计的新纪元。

空间句法作为一种重要的分析工具，通过量化连通性和连接度等指标揭示空间单元间的复杂关系，在城市规划、建筑设计及人类行为研究中被广泛应用。空间句法具有深厚的理论根基，深受比尔·希利尔撰写的经典著作《空间是机器——建筑组构理论》的影响[1]。该著作探讨了空间结构的系统表达框架和界面变化对整体统一性的影响。张愚在《再论空间句法》中进一步发展了这一理论，引入“空间构形”概念，更加贴切地诠释了希利尔的理论[2]。张愚的硕士学位论文《基于可见性的空间及其构形分析》将“可见性”融入构形理论，构建了一个精细的空间形态分析体系，扩宽了空间句法的应用范围[3]。本文中的“构形”概念来源于张愚的著作，用来指代空间中各要素间相互依赖的关系系统，强调空间的整体性和内在联系。

本文的目标是运用空间构形理论，提出一种将住宅空间抽象化表达并生成体量的方法，具体包括两部分：一是空间形态分析，探讨空间理论和住宅构形的抽象提取；二是体量生成算法的研发，包括二维拓扑图解到三维空间体量的转换以及结果的后处理与可视化。

1　建筑学本位的空间生成路径

随着人工智能技术的快速发展，其在建筑设计中的应用日益广泛。生成技术不仅提升了设计效率，还为建筑设计师带来了更多的创新可能性。黄蔚欣和郑豪的研究采用 Pix2PixHD 模型，通过用不同色彩标注房间并自动生成高质量的公寓布局图[4]。保罗·梅雷尔则利用贝叶斯网络学习住宅的平面泡泡图样本，实现了从功能性气泡图到二维平面布局图的一键式转换，进而生成三维模型[5]。这种方法与黄、郑的研究的区别主要在于基础数据形式的不同：前者直接处理平面图数据，而后者先提取平面泡泡图再进行学习和生成。相对而言，泡泡图中的信息更接近建筑中的真实空间关系。

然而以上研究均侧重于图像识别，其神经网络所接收的建筑空间信息并不直接。本研究提出了一种更为精细的策略，构建了一种转换机制，可将平面图转化为能体现三维空间特性的文本，继而利用一种融入三维空间关系考量的正交有向图进行设计的生成与变换[6]，旨在补充现有方法在理解空间构成逻辑方面的不足。这种做法确保了生成的设计源自对空间单元素间复杂关系的理解，而非仅限于视觉特征的模拟，从而得到更能精确反映住宅空间的多维度组合与实际使用特性的三维模型，这种方式与真实的居住空间设计原则更为吻合。

2 基于空间构形的三维住宅方案生成设计方法

2.1 基于空间组构形成空间系统

迪朗在其 1805 年的著作《巴黎理工学院简明建筑学教程》中运用抽象几何图形解析空间并归纳了 72 种建筑类型，这不仅是形态的简化，更是一种深刻的理论反思（图 1）。该方法通过去除非本质细节，将空间研究提升至独立于装饰和风格的层面，展现了空间形态的本质力量及其在塑造建筑特征中的关键作用。因此，为了突显建筑空间构形逻辑，可尝试将空间分解为多个独立实体，并明确其形态与维度。

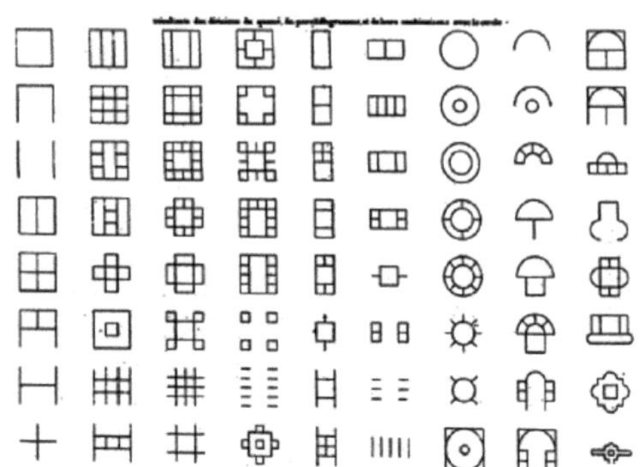

图 1 迪朗的 72 种建筑类型

图片来源：巴黎理工学院简明建筑学教程.

基于分解得到的空间单元应为矩形形态，因为矩形平面形式在建筑设计中普遍存在。分析其原因，首先，矩形平面能够在常规营造技术下实现成本效益与实用性的最优组合。其次，考虑到人类在生理活动及视觉感知上的固有特征，其所偏好的空间感受模式能被矩形空间有效地满足和体现。矩形平面形态能完全且高效地利用空间，避免死角，确保每一平方米都服务于既定功能。在剖面上，矩形空间与人类活动模式的契合度同样也最高，能最大化地适应不同的功能空间和人的行为习惯，进而提升空间使用的便捷性和舒适度。

对于矩形空间单元的连接方式，可归纳为邻接、相交与嵌套（图 2）。邻接指通过表面（如门或开口）相连；相交则会由两个空间的重叠动作生成两个空间共有的“交接体”；嵌套指一个空间位于另一个内部。这些关系定义了空间单元的拓扑关系分类体系：

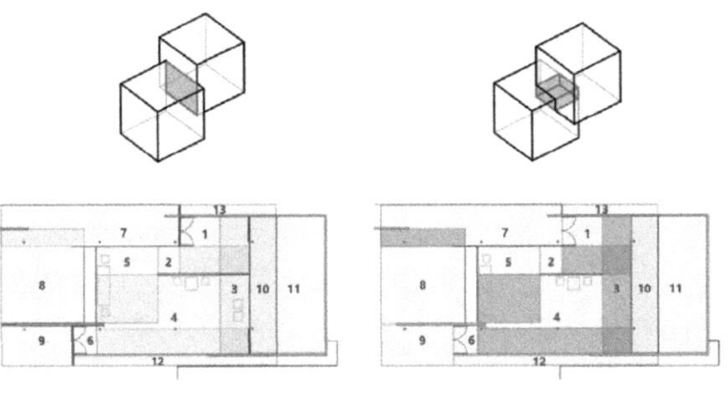

图 2　三种连接关系

图片来源：参考文献［6］。

不相邻：两空间无直接接触，其在任何方向上的最小距离大于零；相邻：仅在一个界面紧邻，包括上下相邻与左右相邻；相交：空间部分重叠，分为上下相交与侧面相交；包含（嵌套）：一个空间完全包含另一个。

此分类体系简化了空间单元相对位置的评估，系统化地判断空间关系，提升了分析效率和深度。在此基础上，可使用空间图表示住宅中的空间构形（图 3），图的顶点表示空间单元，边表示拓扑关系（相邻、相交、包含）。进一步地，三维正交有向图桥接了拓扑结构与实际空间位置，通过赋予空间图中边的方向性（“南”“北”“东”“西”“上”“下”），作为确定三维空间位置的依据，可以由平面构形转变为三维构形。

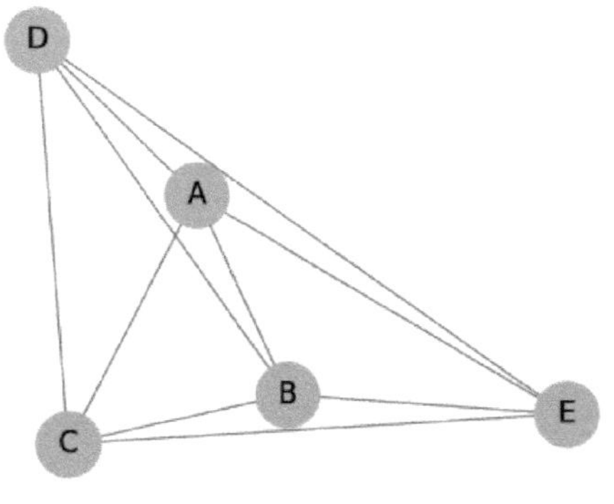

图 3　空间图

表 1　主要空间尺寸范围表

空间功能（及代号）	空间尺寸范围设置/m		
	面宽范围	进深范围	净高范围
LivingRoom（a）	3. 9～4. 5	4. 5～6. 3	3. 3～5. 1
BedRoom（b）	2. 1～3. 6	3. 0～4. 5	2. 4～3. 6
Kitchen（c）	1. 8～2. 4	2. 1～3. 3	2. 7～3. 3
DiningRoom（d）	1. 8～3. 6	1. 8～3. 6	3. 3～4. 5
BathRoom（e）	1. 2～2. 4	1. 5～2. 7	2. 4～3. 6
Storage（f）	1. 2～4. 5	1. 2～4. 5	2. 1～3. 6
Entry（g）	1. 2～4. 5	1. 2～4. 5	3. 3～5. 1
Garage（h）	3. 0～6. 9	3. 0～6. 9	3. 3～6. 0
Garden（j）	3. 0～6. 9	3. 0～6. 9	—
Outdoor（o）	1. 2～4. 5	1. 2～4. 5	3. 3～5. 1

2. 2　基于遗传算法生成体量

以空间拓扑图为基础可得到三维正交有向图。例如，图 3 所示的空间图可以转换得到如图 4 中不同构形的多个三维正交有向图。每个图代表了一种空间单元的分布方式，也即动态空间构形的一个时空切片。

由三维正交有向图可以得到各空间单元的位置坐标。由于对体块进行动态优化的解空间巨大，所以借助遗传算法来实现空间单元的生成。在 Grasshopper 的 Wallacei 组件中，可以为各个立方体中心输入不同的长、宽、高以生成立方体（图 5），并结合使用几个关键组件来动态地为每个立方体指定尺寸。再指定适应度指标，并设置种群大小和种群数量等参数，实现多目标的几何约束优化任务，最终得到平衡几个指标的体块组合最优解。

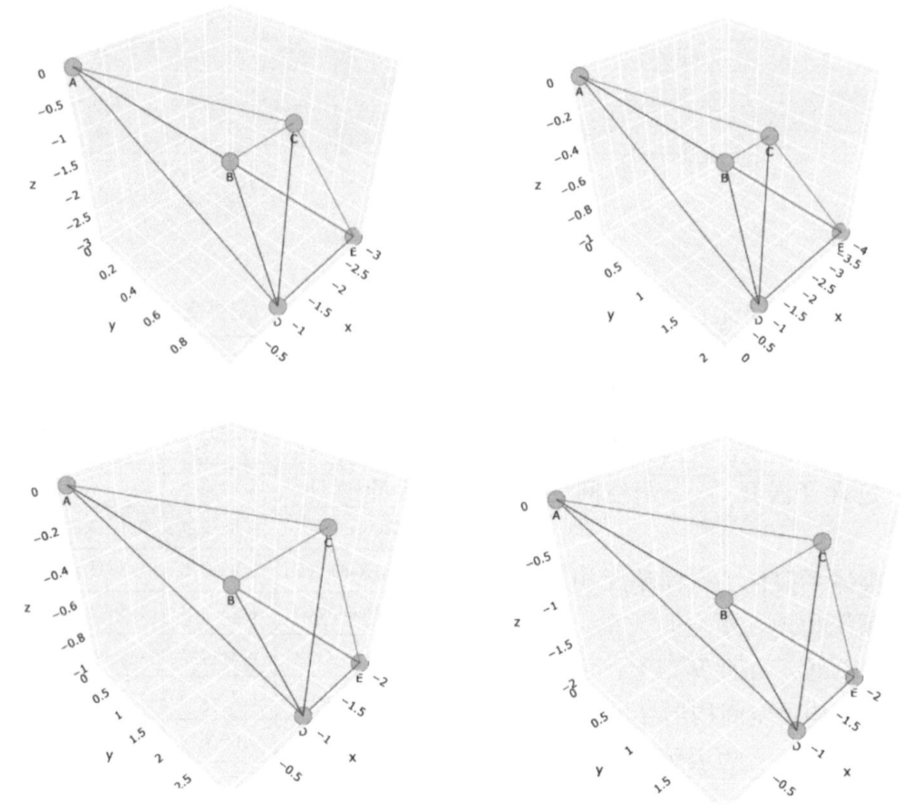

图4　根据空间图生成的三维正交有向图

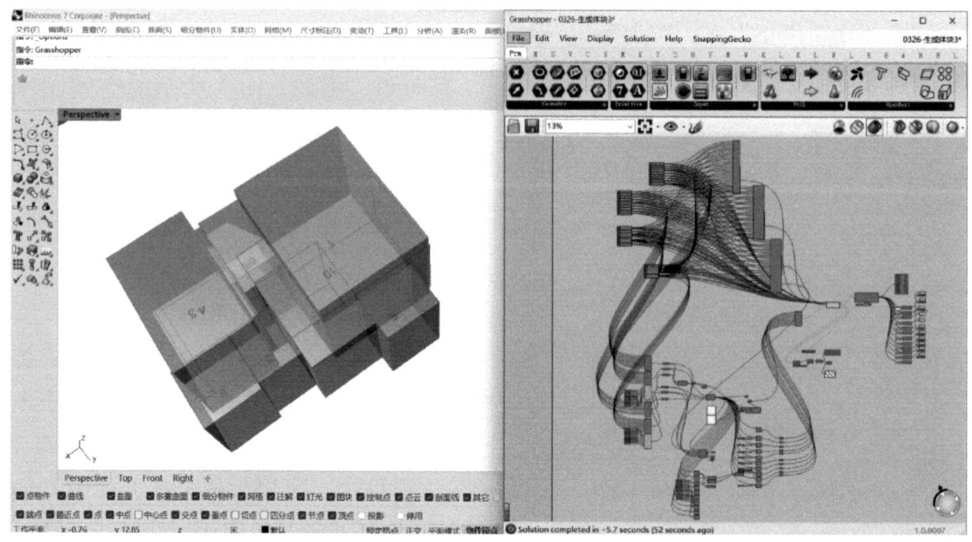

图5　在Grasshopper使用Wallacei组件初步生成的体块组合

2.3 生成结果评价方法

2.3.1 客观适应度指标

用于体量生成过程中遗传算法的适应度指标。

（1）空间尺寸原则

为了确保平面规划的灵活性与适应性，本研究采用一组变动区间（表1）作为生成设计的尺寸辅助。区间数据设置300mm为间距。当空间单元尺寸偏离此预设区间时，相应的评价下调。

（2）建筑面积原则

目标建筑面积为90m^2，偏差越大，评价越低。

2.3.2 主观评价指标

用于生成结果的方案优选参考。

评价函数可以表示为：

$$E(x) = \sum w_i E_i(x)$$

其中x为待评估构形，E_i为约束条件，w_i为对应权重。约束条件包括多重相交空间、不合理的包含空间与功能复合空间、基本功能合理性、权重与方向正确率等。

（1）多重相交空间

评估并最小化多重相交空间面积。

（2）不合理的包含空间与功能复合空间

住宅空间中的公共空间与私密空间界限清晰，两类空间不适合出现完全不合理的包含关系或功能复合，个数越少表现越好。

（3）基本功能合理性

确保满足关键布局原则（入口连接客厅、卧室通过公共区域可达、餐厨及餐起相连）。

（4）权重与方位正确率

确保符合构形信息中的权重（连接关系）和方位数值。

3 体量生成方法的应用与检验

首先，从给定住宅构形中提取出连接信息（用边的权重来表示）以及方位信息，再进行三维正交有向图的生成，这一步是为了得到实体模型生成过程中各空间在三维坐标系中的中心点坐标，以作为实现三维体量生成的基础数据（本实验验证的住宅构形对应的空间大致为：住宅中入口位于前部，直通客厅，客厅东侧设餐厅，餐厅北侧为开放式厨房，客厅西侧通过走廊连接三间南侧卧室，主卧设独立卫生间，客厅附近还有一个共用卫生间，存储室位于厨房旁）。这一过程有多个解的可能，目前控制自定义算法生成4个三维正交有向图（图6），并得到4种空间中心点的空间坐标。

将四种空间节点的空间坐标作为基因型，将建筑的基本条件参数、边的权重和方向信息作为遗传算法寻找解的适应度指标，输入Wallacei平台进行三维体量的生成，该

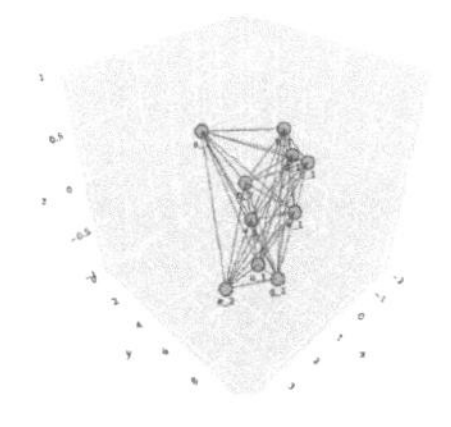
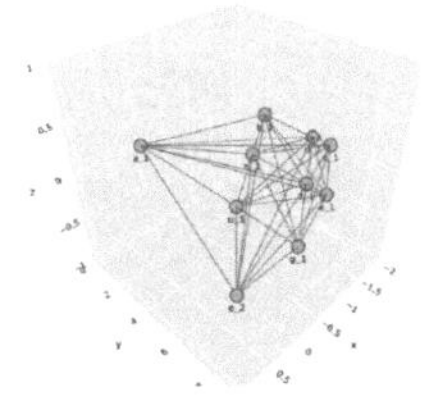
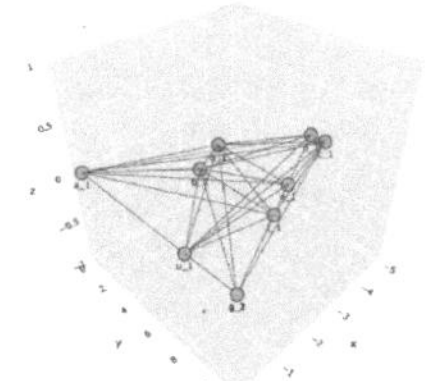
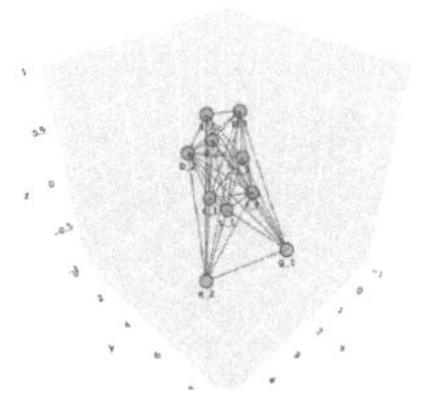

图6 三维正交有向图

过程以自动化的方式重复执行直到规定的迭代次数结束。最终生成一系列住宅体量以供生成后的比较筛选，其中，以方案 1 坐标为基因型生成并导出的 Pluto 解共 50 个（图 7），经过自定义算法处理的面模型见图 8。随后根据其他三个三维正交有向图继续完成三轮方案生成，以得到 200 个 Pluto 解用于最后的主观评价筛选与评估（图 8）。

图 7　第一轮遗传算法迭代生成的 50 个 Pluto 解

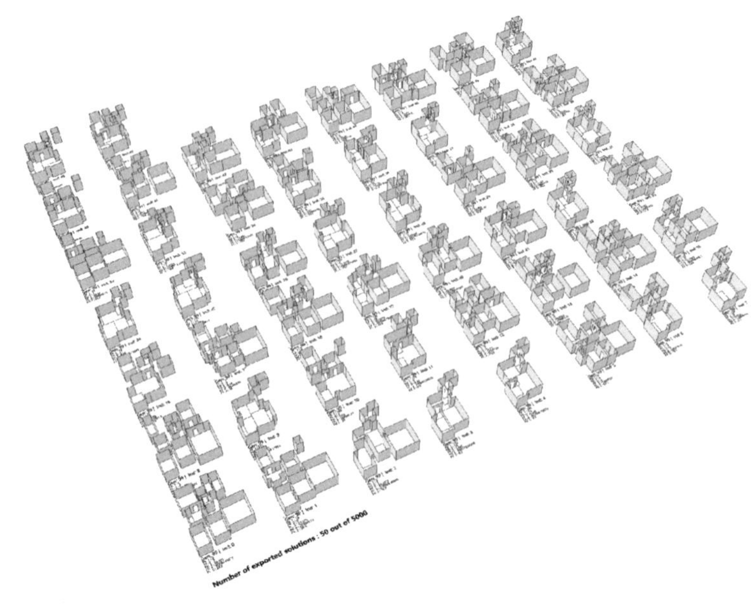

图 8　第一轮自定义算法后处理得到的面模型

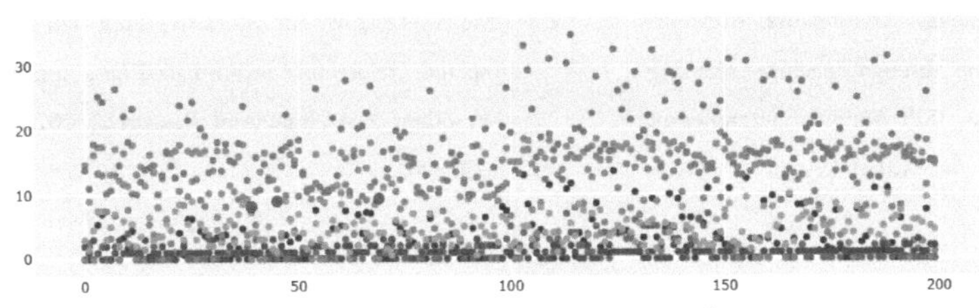

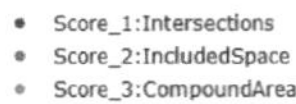

图 9　主观评价结果散点图

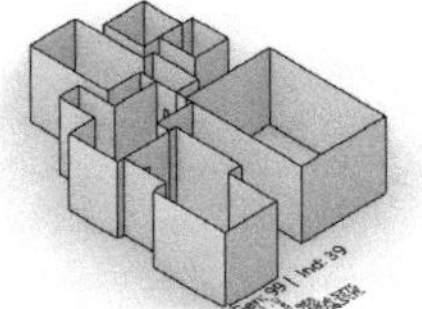
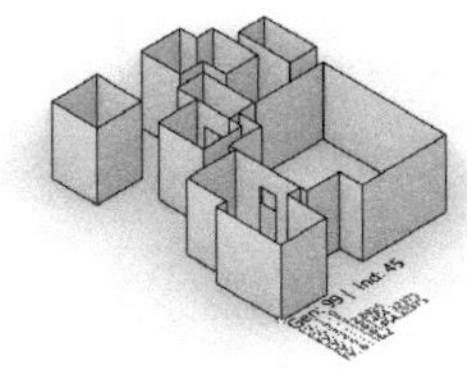
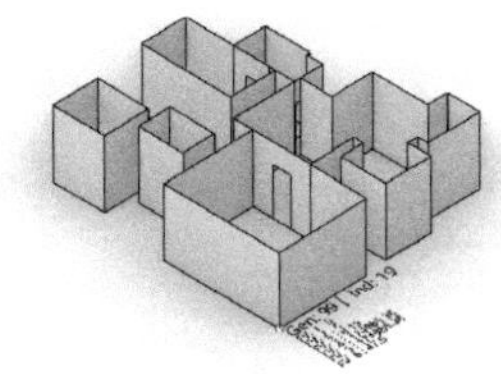

图 10　最终优选方案

根据上文规定的构形主观评价函数，可以对四次可视化生成过程得到的共计 200 个方案进行评估，得到的结果如图 9 所示。

由图可知，编号为 39、45 和 19 的三项结果是 200 项结果中综合表现最佳的（图 10），因此将这三项结果对应的方案模型作为方案比选结果。

4　结论

目前，建筑生成设计领域的研究大多集中于住宅平面布局的生成，并通常采用多层平面垂直叠加的方法来构建多层住宅空间。这种方法有效降低了算法复杂度，缩减了解决方案的空间，但却未能充分应对空间的复杂性问题。

本研究则通过进行基于空间构形的生成实验，建立三维住宅空间生成的新路径。在丰富生成结果多样性的同时，该方法能控制解空间的规模，确保生成工具依然具备高效性，即在较短时间内产出大量设计选项。

此外，该空间生成探索是基于对体量的操作与变换，这与普通设计者在考虑住宅空间设计时的直观思维模式相契合。所开发的程序工具不仅能够促进设计者对空间品质与趣味性的探索兴趣，还能在设计过程中发挥更切实有效的辅助功能，增强设计者参与度和设计的实用价值。

参考文献

[1]　Hillier, Bill. Space is the machine: a configurational theory of architecture [M]. Space Syntax, 2007.

[2]　张愚，王建国．再论“空间句法”［J］．建筑师，2004（3）：33-44.

[3]　张愚．基于可见性的空间及其构形分析［D］．东南大学，2005.

[4]　Paul Merrell, Eric Schkufza, Vladlen Koltun. Computer-generated residential building layouts [M]. SIGGRAPH ASIA '10: ACM SIGGRAPH Asia 2010 papers, December 2010, Article No. 181, Pages

1-12.

[5] Huang, Weixin, Hao Zheng. Architectural drawings recognition and generation through machine learning [A] //Proceedings of the 38th Annual Conference of the Association for Computer Aided Design in Architecture. Mexico City, Mexico, 2018.

[6] Xie X, Ding W. An interactive approach for generating spatial architecture layout based on graph theory [J]. Frontiers of Architectural Research, 2023, 12 (4): 630-650.

人本视角下基于自采集街景图像的景观性街道步行性评估方法

——以南昌市为例

Walkability Evaluation Method of Landscape Streets Based on Self-collected Street View Images from Human Perspective: A case Study of Nanchang City

郭　超[1]　李韵琴[1]　张嘉新[1]

1. 南昌大学建筑与设计学院

摘　要：本研究为进行人本视角下景观性街道步行性的评估，提出了一种利用移动式全景相机自主采集街景图像的方法，并基于计算机视觉技术智能化评估景观性街道的步行性，同时分析影响景观街道步行性的关键要素。研究得到以下结论：(1) 自采集的街景图像更接近真实的人本视角，具有较好的时效性、空间覆盖度与颗粒度，可以作为传统街景服务数据的有益补充。(2) 在五类景观性街道步行性评价中，滨水休闲绿道因水景和合理绿化步行性最好，都市景观绿道因景观同质化严重，步行性较一般，历史人文绿道和社区生活绿道因靠近生活区、建筑和车辆较多，成为步行性最差的两类街道。(3) 根据Grad-CAM（梯度加权类激活映射）解释性技术，揭示水景、绿视率和围合度是影响景观性街道步行性的三项主要因素。

关键词：人本视角；自采集街景图像；街道步行性；景观性街道；深度学习

景观性街道是城市街道的重要组成部分之一，其通常是游客及其他行人频繁接触的城市空间。景观性街道的规划发展有助于推动人们绿色出行的健康生活方式，提升人们步行体验。景观性街道的步行性关系着城市的形象和行人的步行视觉品质。因此，景观性街道步行性的量化评价研究在理论和城市街道规划的实践中均具有重要意义。

1　相关研究综述

1.1　景观性街道步行性的测度方法

街道作为重要的公共领域，其品质和活力的表现通常是城市建成环境的重要基石[1]。街道步行性作为街道空间品质主要内容之一，其评价方法基本分为主观感知和客观评价两种。以往的主观感知属于定性研究的范畴，常集中于问卷调查、访谈统计和社交媒体评价等。例如，Gehl[2] 等利用PLPS调研方法进行了沿街立面的质量测度，此种评价方式主要依赖于评价者的个人经验和主观判断，缺乏科学支持。近十年来，街景图像的兴起为街道研究提供了丰富的数据支持。学者们以此为基础通过人工智能以及计算机视觉技术等从多种客观视角对街道品质进行评估，已经从多方面证明将街景图片与机器学习结合进行街道品质的测度研究具有可行性。例如，龙瀛[3] 等通过手机信令、街景等数据，测度了包括街道绿化、城市道路可步行性的多种品质水平；叶宇[4] 等基于街景图像数据，运用机器学习算法以及神经网络算法训练评价模型，研究人本尺度下的街道空间的品质测度方法。本文将采用街景图像与深度学习结合的方法进行景观性街道步行性的测度评估。

1.2 景观性街道的街景图像获集技术

以往研究街景图像的基础数据主要来自 Cityscapes 数据集、谷歌地图街景等，此类街景图像是利用装有 GPS 定位系统、IMU 惯导系统和多个相机的特殊车辆，自动或人工控制进行图像采集。采用该方法获取的街景图像在时效性、空间覆盖度和颗粒度方面均存在不足。在时间维度上通常是某一时刻的旧图像，更新频率低，存在滞后性[5]；在空间维度上，街景图像覆盖不全，信息存在差异，且多来源数据难以统一。在此基础上，王新宇[6] 提出了一种新的数据获取方式——移动感知系统，通过搭载传感器的移动设备（如汽车、自行车、船等），快速收集城市环境数据。此种系统可快速获取数据，且能根据载体的不同，采集不同空间尺度的数据。但随着人本主义的兴起，研究的内容更关注人的视角及感知，上述的街景图像获取方法，其视角与行人视角存在较大差异，难以真实反映人的视觉感知，且地块内部的步行街及其他步行空间仍无法获取到街景图像。因此对于小范围或特定区域的街景图像采集，可以采用搭建移动式全景相机自主采集街景数据[7]。这种自采集街景图像的方法，在景观性街道此类特定场景下具有很高的应用价值。

2 研究设计

2.1 研究框架

本文以自采街景图像为数据源，研究人本视角下景观性街道步行性评估。构建街景图像街道步行性的多维度评估指标体系，通过移动式全景相机和真实的多维度步行性感知评分，制作基于人本视角的街道步行性评估训练子集和测试集。基于 DenseNet 神经网络架构的图像分类技术构建景观性街道步行性的评估模型，并通过梯度加权类激活映射（Grad-CAM）技术对关键街景要素进行可视化分析[8]。研究框架如图 1 所示。

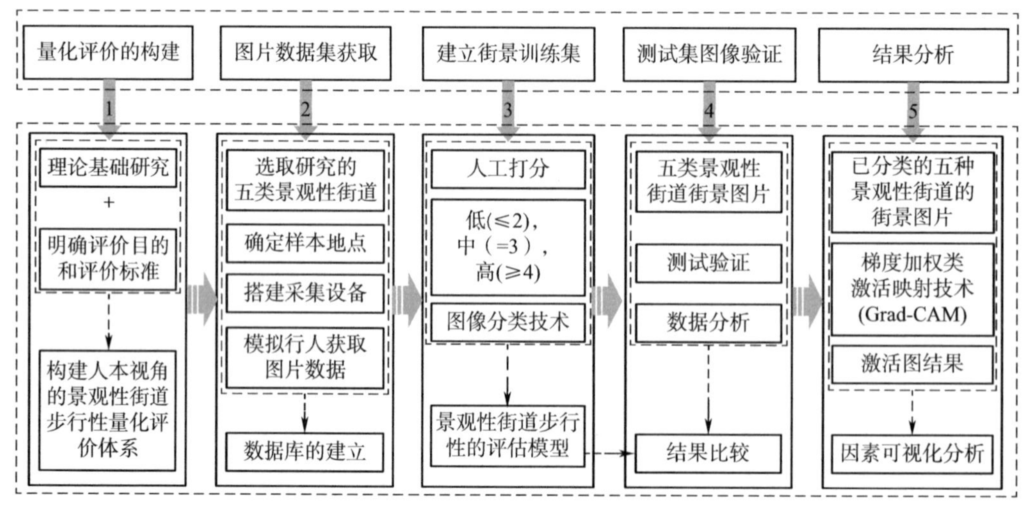

图 1 研究框架

图2　人工打分评价参考样表

2.2　评价指标体系

针对景观性街道的特点，从人本视角出发构建街景图像街道步行性的评估指标体系。根据选取的五类景观性街道分析，以绿视率、围合度、天空开敞度、视觉多样性、设施情况作为人工打分的感知依据对街道步行性进行整体满意度打分，打分评价参考样本如图2所示。

2.3　研究区域

本次研究选取的是南昌市四个城区范围内的景观性街道，图3展示的为研究范围及采样点。2020年南昌市发布《彰显省会担当，唱响“南昌品牌”城市建管十大提升行动方案》，以市辖区中心城区等为规划范围，进行南昌市城区绿地、邮票绿地布局建设。现南昌规划构架了“九横九纵八环”的城市绿道网络体系，形成了分级分类完善的绿道系统。因此，南昌市城区景观性街道丰富多样，且较完善，是具有典型性和代表性的研究案例。根据南昌市绿道与邮票绿地建设及规划公示数据，将以社区生活绿道、滨水休闲绿道、滨江观光绿道、历史人文绿道、都市景观绿道等五类景观性街道的14个绿道和公园作为主要研究对象。

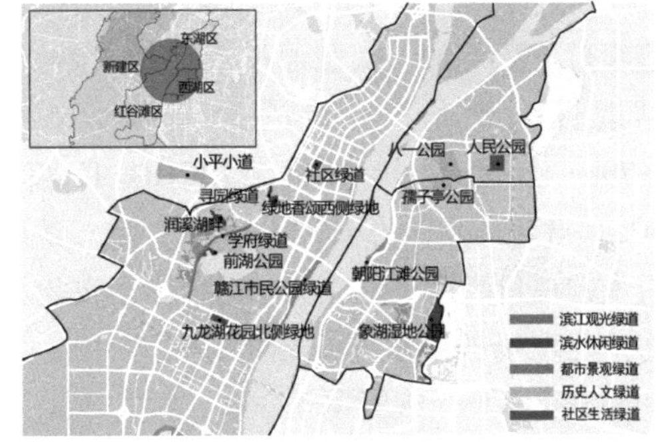

图3　研究区位

2.4　数据采集与预处理

2.4.1　数据收集

此次研究的景观性街道为南昌市区人行绿道和公园内部区域非机动车可达道路，以往的街景图像缺乏此类区域数据。为使研究更接近真实的行人视角且有时效性，故使用自采集收集街景图像的方法。图4为自采集街景图片工作视角示意图。

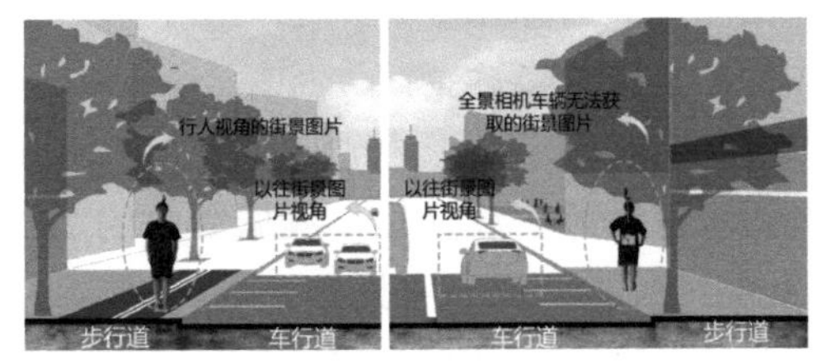

图4　自采集街景图片工作视角示意图

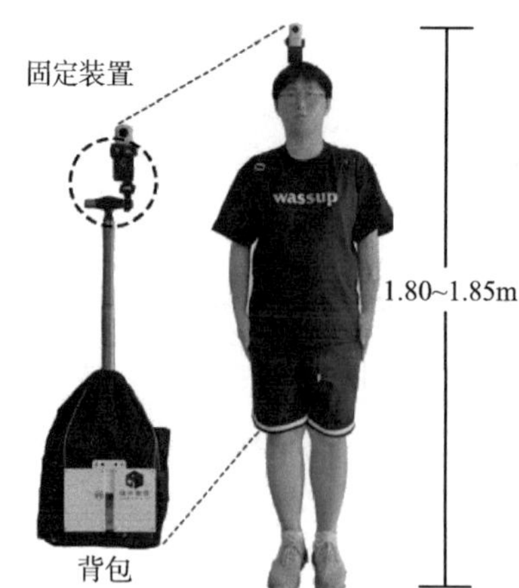

项目	规格
格式	全景图片 JPEG
大小	5376×2688
拍摄高度	1.80~1.85m
拍摄距离	10m
采集区域	南昌市红谷滩区、东湖区、西湖区、新建区

图 5　采集装置示意及图片规格

人对景观街道中的步行体验感知是在缓慢步行下获得的。实验通过模拟行人路线，贴近行人视角。实验员身高为 1.65～1.70m，穿戴全景相机（RICHO THETA SC2）背包后高度为 1.80～185m，与大多数行人的视角高度一致。实验过程中，实验员将前往现场按照事先规划的路线以 10m 为间隔进行采样，视野覆盖 360°，照片数据带地理坐标信息。为保持采集数据的稳定性和一致性，拍摄的过程中保持拍摄距离和视角的稳定，避免在节假日及人流大的时段拍摄。采集装置及图片规格如图 5 所示。

街景图像的采集工作于 2024 年 6 月中旬至 2024 年 7 月上旬的 9：00～18：00 时段进行，共采集了来自 15 个绿道和公园的 2766 张图片。

2.4.2　数据处理

经过数据清洗后共获得 1800 张作为街景图片研究的原始数据。根据图片属性样本分类后获得 5 类景观性街道各 350 张，组成共 1750 张街景图片的基于人本视角的街道步行性评估数据集，数据集中的 90%（1600 张）为训练子集，10%（150 张）为测试子集。邀请 6 名志愿者（年龄相仿的男女各 3 名）对数据集进行人工打分。为更加精准地进行模型训练，在数据集中，根据每个图像分数的得分波段进行转换，标记为 L（≤2）、M（3）、H（≥4）。

2.5　基于 DCNN 的深度学习方法

2.5.1　密度卷积神经网络——DenseNet

DenseNet 是一种深度卷积神经网络，每一层都直接连接到后续的每一层，即第 *n* 层的输入是前面所有层输出的拼接结果，它能减缓梯度消失，增强数据特征，极大减少参数的数量，在图像分类中具有优异的性能。本文正是基于 DenseNet 神经网络架构的图像分类技术构建景观性街道步行性的评估模型。图 6 为构建的评估模型流程示意图。

2.5.2　可解释的深度学习模型——Grad-CAM

基于街景图片的景观性街道步行性的评估模型虽然能很好地进行景观性街道步行性预测，但深度学习的模型内部工作机制和决策过程难以理解。为解决这一“黑箱”问题，采用了梯度加权类激活映射（Grad-CAM）技术，利用训练模型的分层和提取特征来确定评估模型的透明度，作为模型结果的可视化解释方法。Grad-CAM 能将梯度信息与特征映射结合进行梯度加

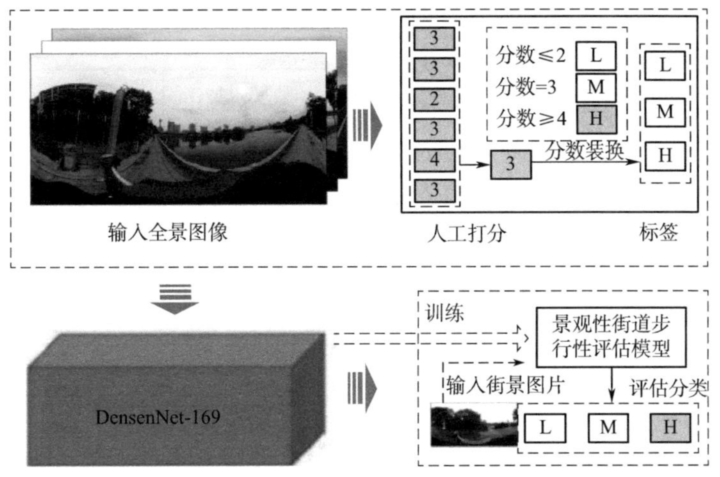

图 6　评估模型构建流程示意图

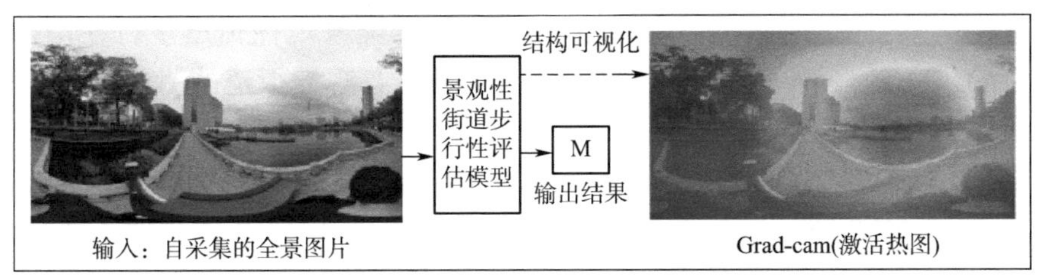

图 7　Grad-CAM 工作流程

权，给定输入的街景图像样本，在训练的景观性街道步行性的评估模型基础之上，Grad-CAM 将首先计算目标类相对于最后一层每个特征图的梯度，并进行全局平均，得到每个特征图中的重要性权重，然后根据重要性权重计算特征图的加权激活，得到一个梯度加权激活图，可用于定位输入样本中特定分类的最重要决定区域。如图 7 是使用 Grad-CAM 对模型结果进行可解释深度学习的工作流程。在输出的激活热图中，颜色偏暖的叠加图是重要的识别区域。本文通过此技术，将对景观性街道步行性的关键街景要素进行可视化分析。

3　实验结果

3.1　景观性街道步行性的评估模型

根据表 1 中五类景观性街道的平均得分可知，五类景观性街道的步行性差异较大。其中滨水休闲绿道的步行性得分最高，达到 3.157，步行性体验最佳；滨江观光绿道得分次之，分数为 3.128；都市景观绿道步行性得分一般，分数为 3.117；而社区生活绿道和历史人文得分均未超过 3，是步行性体验最差的两类，分别为 2.883 和 2.833。

3.2　景观性街道步行性评估模型的精确度

基于自采集街景数据集的景观性街道步行性的评估模型分类结果展示如表 2。如果经过训练的景观性街道步行性的评估模型对自采集的街景图像的预测与标记的类型一致，就认为是正确的分类，反之，则认为分类不正确。该模型对景观性街道步行性评价感知的总体准确率为 80.24%，对 H 区的模型评价分类效果最好达到 96%，对于 L 区，模型分类的准确率也较高，在75%以上，但在M区仅仅为68%。考虑到数据集的多样性和复杂性，这仍是可以接受的精确度。

图8为训练的景观性街道步行性的评估模型的归一化混淆矩阵。矩阵的值表示一个类别被模型正确分类到另一个类别的百分比。一般来说，混淆矩阵根据模型的性能表示一对类别的相似程度。通过图8可以注意到M分区的街景图像容易被错误地分到L分区，因为这两个类别在视觉上感知彼此相似。

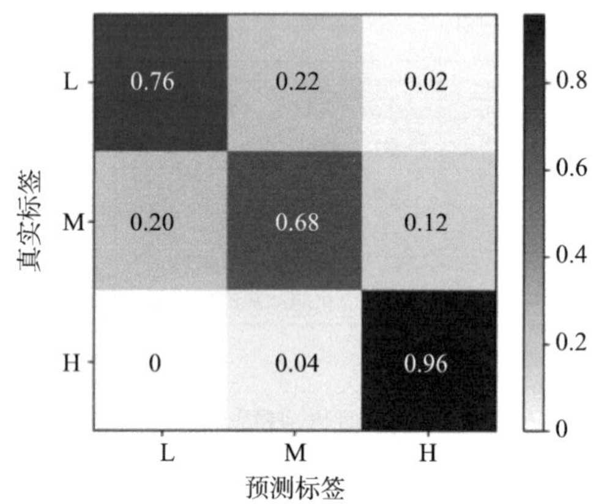

图8　评估模型的归一化混淆矩阵

表1　五类景观性街道分类统计及步行性平均得分

	滨江观光	滨水休闲	都市景观	历史人文	社区生活
L	85	60	41	87	134
M	138	155	209	157	151
H	127	135	100	107	65
平均分	3.128	3.157	3.117	2.833	2.883

表2　评估模型分类结果

类型	精确率	召回率	F1分数	模型准确率
L	0.76	0.81	0.78	80.74%
M	0.68	0.72	0.70	
H	0.96	0.82	0.88	

表3　五类景观性街道的模型准确度

	滨江观光	滨水休闲	都市景观	历史人文	社区生活
L	0.75	0.70	0.60	0.90	0.80
M	0.65	0.70	0.80	0.80	0.60
H	0.85	0.95	0.90	0.95	0.90
平均	0.75	0.78	0.76	0.88	0.76

3.3　基于评估模型的五类景观性街道步行性准确度比较

获得基于自采集街景数据集的景观性街道步行性的评估模型后，测试该评估模型在五类景观性街道步行性中的精确度，将五类景观性街道的测试子集分别输入评估模型中，结果如表3所示。研究发现，训练后的评估模型对历史人文绿道的准确度达到了88%，说明训练的评估模型对历史人文绿道的学习效果最好，而其他四类的准确度均在76%左右。且对于L、M、H三个分区的准确度表现为H分区的准确度最高，而L分区的准确度最低，这与模型训练结果表现一致。

3.4　可解释深度学习 Grad-CAM 结果

图9展示的是Grad-CAM生成的激活图，突出显示了显著影响得分的图像区域。H分区图像中激活的区域包括植物、水和道路以及部分天空和设施，M分区则主要为天空、植物、道路，L分区激活的区域主要集中在植物、建筑立面、店招、地面和车辆等。通过比较分析，植物和水均对景观性街道步行性有着显著的积极作用，但车辆、建筑对景观性街道步行性有着负面影响。特别要注意的是植物在三个分区均得到了激活，可见植物虽然对街道步行性起着积极作用，但合适的植物比例才是提高景观性街道步行性的关键因素。此外，在H、M区道路成为影响得分的重要

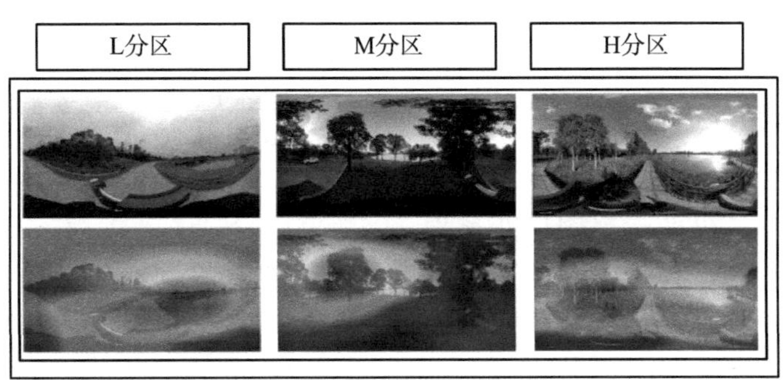

图 9　Grad-cam 激活图结果示意图

因素，但在 L 分区，大片地面也被激活，意味着较空旷的场地将降低景观性街道的步行性，这可能与行人的安全感和舒适度降低有关。

通过横向综合比较五类景观性街道步行性得分和 Grad-CAM 生成的激活图可知，滨水休闲和滨江观光绿道，由于水景区域多，所以与其他三个绿道相比步行性得分高，而滨江观光沿江两岸植物较少，但滨水休闲绿道由于绿化植物等经过精心规划，常具有合适的比例，因此其步行性最好。而都市景观绿道虽然植物较多，但景观的同质化严重，视域场景的多样性低，导致其步行愉悦性和舒适度低，故步行性得分一般。而历史人文绿道和社区生活绿道常靠近生活性街道，故周围建筑和车辆较多，这两项因素对街道步行性有着负面影响，故而这两类景观性街道步行性得分在五类中最低。

4　总结与讨论

本次研究以南昌市区作为主要研究区域，提出了一种利用移动式全景相机自主采集街景图像的方法，并基于计算机视觉技术智能化评估景观性街道的步行性，建构了一种景观性街道步行性的评估模型，同时分析影响景观街道的步行性关键要素。主要结论如下：

（1）自采集的街景图像更接近真实的人本视角，具有较好的时效性、空间覆盖度与颗粒度，可以作为传统街景服务数据的有益补充。

（2）建构的景观性街道步行性的评估模型经过多次的训练达到了较可观的 80.24%的准确度，可针对基于街景图片的景观性街道步行性进行较准确的分类评价。且对历史人文类绿道的街景图片分类评价效果最好，准确度为 88%。其他四类相差不大，均在 76%左右。

（3）滨水休闲绿道因水景和合理绿化步行性得分最高，步行体验最好；都市景观绿道因景观同质化严重，得分一般；历史人文绿道和社区生活绿道因靠近生活区，建筑和车辆较多，得分最低，步行体验最差。

（4）通过比较多维度的评估结果发现，水景和适当的植物比例是提高景观性街道步行性的关键，而建筑和车辆则对其有负面影响，即水景、绿视率和围合度是影响景观性街道步行性的三个主要因素。此外，丰富的视域场景也可以显著提升步行体验。

本文研究存在以下局限性：

（1）自采集街景图片的覆盖区域和场景有限，无法全面反映所有类型的街景，且采集效率低，数据集规模有限。

（2）使用的全景图片为二维平面图像，存在畸变问题，可能导致图像元素识别和分析偏差。

（3）训练的评估模型尚未经过实地验证，其有效性未被证明。

本文仅为初步探索，未来工作将扩展地理范围和街景类型，确保数据集的多样性和代表性，引入三维重建技术减少畸变，并通过实地验证评估模型的准确性，进行深入研究。

参考文献

[1] 公丕欣，黄骁然，黄辰宇．社区生活圈街道活力测度与可步行性关联度研究［C］//全国高等学校建筑类专业教学指导委员会，建筑学专业教学指导分委员会，建筑数字技术教学工作委员会．数智赋能：2022全国建筑院系建筑数字技术教学与研究学术研讨会论文集．武汉：华中科技大学出版社，2022：5.

[2] GEHL Jan. Life between buildings: using public space [M]. New York: Van Nostrand Reinhold, 1987.

[3] 龙瀛．街道城市主义新数据环境下城市研究与规划设计的新思路［J］．时代建筑，2016（2）：128-132.

[4] 叶宇，张昭希，张啸虎，等．人本尺度的街道空间品质测度：结合街景数据和新分析技术的大规模、高精度评价框架［J］．国际城市规划，2019，34（1）：18-27.

[5] 黄竞雄，梁嘉祺，杨盟盛，等．基于街景图像的旅游地街道空间视觉品质评价方法［J］．地球信息科学报，2024，26（2）：352-366.

[6] 王新宇，李彦，李伟健，等．城市更新视角下的公共空间品质评估方法：基于移动感知技术的探索［J］．国际城市规划，2024，39（1）：21-22.

[7] 张春明，蔡欣君，车震宇．自采集街景数据下历史街区空间品质量化研究［J］．南方建筑：1-12［2024-05-09］.

[8] Yunqin L, Nobuyoshi Y, Tomohiro F. Measuring visual walkability perception using panoramic street view images, virtual reality, and deep learning [J]. Sustainable Cities and Society, 2022: 86.

数字时代下生成式算法设计在建筑领域应用的探索

The Exploration on the Application of Generative Algorithm Design in the Field of Architecture

曾旭东[1] 张子航[1]

1. 重庆大学建筑城规学院

摘　要：生成式算法建筑设计，是设计领域继计算机辅助设计后的新的革命。本文从运算性设计发展历程切入，介绍了生成式算法设计的发展情况。之后，主要从技术路线分类与主要应用手段两方面介绍生成式算法设计在国内的应用现状，主要包括基于CAD的参数化生成设计、基于形状文法的生成式设计、基于对抗式生成网络的生成设计，分别从定义、原理进行了论述与对比。在实例部分，笔者通过介绍一个竞赛方案的设计思路与操作流程，展示了生成式设计的实际应用。

关键词：生成式设计；建筑设计；算法

1　从计算机辅助设计到运算性设计

1.1　运算性设计的发展

运算性设计（Computational Design）在过去几十年深刻地影响了建筑行业的发展，极大地提升了建筑设计和建造的效率。随着智能算法技术的不断发展和成熟，生成式算法设计无疑将成为一种新的建筑设计模式。

自从计算机辅助设计（Computational Aided Design，CAD）兴起以来，众多学者就开始利用计算机强大的算力，因其具有高效、快捷、方便修改、方便储存等特点，因此迅速取代了图板、针管笔等工具，使设计工具变为了数字化文件。在此期间运算性设计也逐渐演化出各种术语，如参数化设计（Parametric Design）、算法设计、生成式设计（Generative Design）等，这些术语的背后反映了不同的设计过程和思考。但CAD仅仅是在规划流程的后端替换了徒手绘图的方式，因此它只是计算机辅助制图。

在CAD的基础上，又有了迭代和增量性的变化，文件变成了模型，从二维到三维。但这种升级实际上也只是CAD绘图工具的一个高维度版本。直到建筑信息模型（BIM）的运用，才实现了从模型到可扩展数据库的发展，不同的数据集被合并形成一个复杂的互动网络。它提供了更多的协作，使设计师能够更好地管理一个具有复杂性的项目。设计师们使用这些工具，提升了设计作品的精确度。

2024重庆大学研究生教改项目（cquyjg240304）；重庆大学2023-2024年研究生课程优质资源立项建设-51。

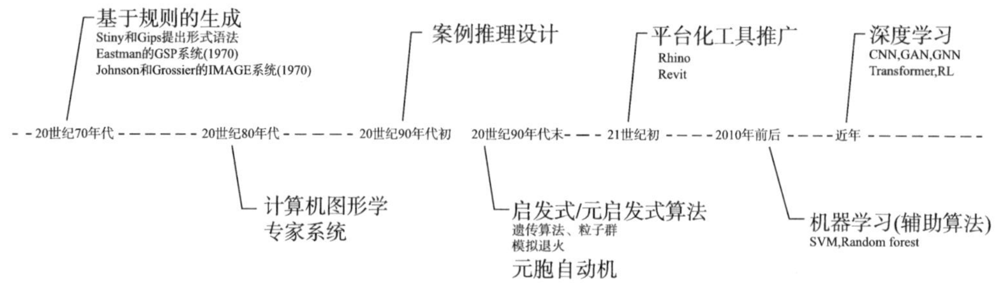

图1　建筑生成式设计主要算法历史发展时间线

图片来源：参考文献［2］。

参数化设计和算法生成设计的崛起一方面是由于计算机运算能力的提升，另一方面则是人工智能技术的发展。它使数字分析和数字构建之间得到连接，数字分析得到的信息，可作为参数来影响、控制空间和形式逻辑，而且还可以实现动态控制生成。此外，相比人脑，图形化程序或代码的运算更加理性也更加客观。它的优势在于可以处理数量级巨大的数据，并对参数的变化快速地作出响应，同时产生多种结果。

数字时代的设计是更具有科学性和逻辑性的设计，其设计的理论和方法更注重理性分析和科学归纳。数字时代的设计方法试图创造的是一个新的逻辑体系，是各种系统和元素在一个多元交互网络中运动所形成的逻辑体系。

1.2　生成式算法设计的定义

算法设计是一种设计师通过编写程序来构建明确规则、解决特定类型问题的设计过程。生成式设计是一种通过定义规则来衍生出大量设计方案的设计过程，相比算法设计，生成式设计的生成结果与程序之间常常存在不可回溯性，如元胞自动机、遗传算法等[1]。而算法设计常常可以通过阅读程序预测输出结果，常用于自动化设计。以上这些术语之间并没有严格界限，不同的术语强调的是计算性设计在设计过程中的不同侧重点，本质上，这些设计过程都是一种“设计师通过计算性思维构建规则从而输出设计方案”的模式。

生成式设计的早期方法探索主要集中在空间布置问题（space layout problem）、形式语法（shape grammar）、案例推理设计（case-based design，CBD）和进化算法（evolutionary algorithm）等方面。图1对生成式设计方法的历史发展时间线进行了简要梳理。

2　生成式设计技术路线分类

从生成式设计介入实际设计工作的深度来看，可以分为两种。一种是基于规则的算法，通过制定的设计规则转换成计算机程序辅助设计工作，强调的是工具性；另一种是基于数据的算法，计算机通过大量的训练，学习现有设计从而生成成熟的、专业的设计方案，强调的是生物性[3]。

2.1　基于规则的算法

基于规则的算法包括遗传算法、粒子群算法等启发式算法。其核心在于构建评价函数，对生成结果进行量化评价，并将评价结果作为奖励，引导算法向着高奖励方向进行探索，直到达到设定目标。这种方法更具灵活性，对于模式化较弱的建筑空间布局问题更具适用性但亦存在局限。基于规则的算法需要解决的核心问题是搜索空间同泛化能力之间的矛盾。即使普通的住宅户型，其组合可能性也在10^{50}左右。如何让算法逐渐收敛到理想的位置是具有挑战性的，因此需要通过合理的搜索方式以及评价规则的设计，在压缩搜索空间的同时保证模型的泛化能力[4]。

2.2 基于数据的算法

基于数据的算法包括机器学习、深度学习、案例推理系统等。这些算法主要从案例数据中获取知识。如机器学习和深度学习通过对大量案例数据进行编码、提取特征，建立输入条件与输出结果之间的函数映射。案例推理系统则将案例中的概念、方案和结构等进行拆解表达，构建案例库。这类方法容易受到数据数量和质量的双重制约。首先，基于数据的算法依赖大量案例数据，而对于建筑行业而言，案例总量有限且较难收集。其次，建筑设计的价值在于通过合理的空间组织回应场地环境、使用功能、业主需求等限制，这一过程具有特异性和创造性特点。基于数据的算法不擅长针对特异性的问题进行逻辑演绎和再创造，这导致该方法只擅于对案例数据的模仿，却难以超越案例。

3 生成式设计主要应用手段

目前国内外对于生成式设计较为前沿和成熟的技术研究，主要分为基于CAD的参数化生成式设计、基于形状文法的生成式设计、基于对抗式生成网络的生成式设计以及其他类生成式设计研究如L系统等。基于本文目前研究重点以参数化设计及形状文法研究为主[3]。

3.1 基于CAD的参数化生成式设计

基于CAD的参数化生成式设计，参数化设计需要设计人员及工程师对设计对象的功能、结构、制造有相对成熟的理解，并从中找到约束关系，形成一系列的参数序集并将其程序化，再通过具体参数的修改对设计结果进行干预而自动生成新的设计。参数化本身是约束满足而产生新形态。对于参数化模型的种类和对比，主要分为约束模型、历史模型和特征模型三类。约束模型由当前对象和作用于当前对象的参数集构成。当前对象属于众多解决方案的一种。再通过数值计算、符号计算、规则和图的单一方法或组合方法对解决方案进行求解。

参数化的设计元素在设计领域中具体可以拆分为点与向量的参数化、多边形网格的参数化、曲面曲率参数化及渐变干扰体系。通过这些参数的调整和干预可以对视觉构成、产品物理形态进行调整和修改。参数化在设计领域广泛用于产品造型、变形和装配调整中。

3.2 基于形状文法的生成式设计

形状文法（Shape Grammar，SG）最初由George Stiny和James Gips提出并应用于绘画与雕塑创作，基于形状文法的生成式设计，是一种以形状运算为主的设计方法，通过构建规则产生新的形状集合[5]。根据作者（Stiny&Gips）的定义，形状文法是由S（Shape，形状的穷集合）、L（Label，标记的穷集合）、R（Rules，规则的穷集合）、I（Initial，初始形态）构成的四元集合，即SG=（S，L，R，I）。其在实际运用中的关系为，I初始形态被L标记定位通过R规则生成S形状集，S形状集再通过R规则生成新的图形集合SG。形状文法推演的基本规则为置换、增删、缩放、旋转、

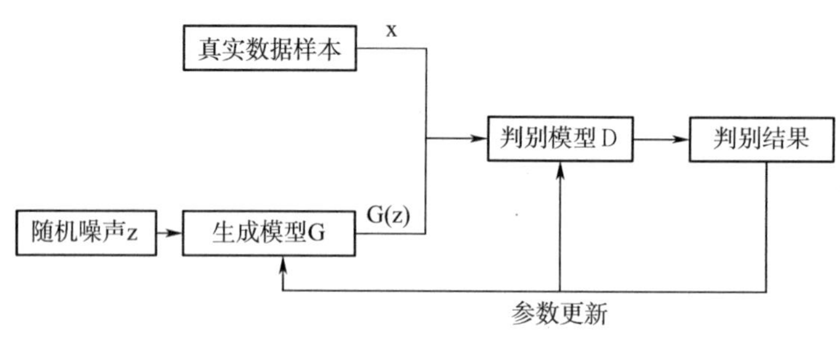

图2　GAN模型结构
图片来源：参考文献［7］。

复制、镜像和平移（错切）[6]。同时形状文法也可以根据设计师的描述生成描述规则，例如套叠、四方连续等。具体需要根据设计师的实际绘图和定义确定。

3.3　基于对抗式生成网络的生成式设计

生成对抗式神经网络（Generative Adversarial Networks，GAN）基本思想来源于博弈论，它由两组多层级映射函数相互博弈，通过无监督学习生成对抗网络。GAN模型由生成器（generator）与判别器（discriminator）两部分组成。Goodfellow将其比喻为警察与制造假钞的罪犯之间相互对抗的关系：生成器最大程度生成虚假样本，好比罪犯尽可能地使假钞仿真以蒙骗警察；判别器判断其是否为真实样本，好比警察不断更新侦破技术来识破假钞（图2）。目前，GAN集中应用于图像处理领域、语音处理领域以及自然语言处理领域，并衍生出了一系列变形，总结情况如表1所示。

表1　主流GAN模型总结整理　来源：作者改绘自参考文献［8］

名称	原理	应用场景
cGAN	在原始GAN生成器与判别器的输入中加入额外信息，把无监督的GAN变成有监督的模型	利用给定标签生成特定图像
DCGAN	将CNN和GAN相结合	可以在分辨率更高的图像、更深的生成模型上稳定地训练
WGAN	引入Wasserstein距离，重新定义模型的相似度衡量指标	基本解决模式崩溃问题与训练不稳定问题
StyleGAN	引入非线性映射网络，控制潜在空间矢量提取耦合的特征信息	一定程度实现属性分离，进行风格混合
Pix2pix	利用cGAN结构，用U-net作为生成器	图像转换、图像边缘检测
CycleGAN	将GAN与对偶学习相结合，由一对镜像的GAN网络构成	图像转换
InfoGAN	将GAN与信息理论进行有效结合	模型学习到有价值的可解释性特征

生成对抗式神经网络常用于城市设计之中，通过图像的不同表达方式可以实现不同倾向的城市信息提取，利用GAN可以实现主要包括航拍影像与电子地图的相互转化、照片转化成街景图的语义分割图、历史地图转化为卫星影像等多样的图像转换[7]。

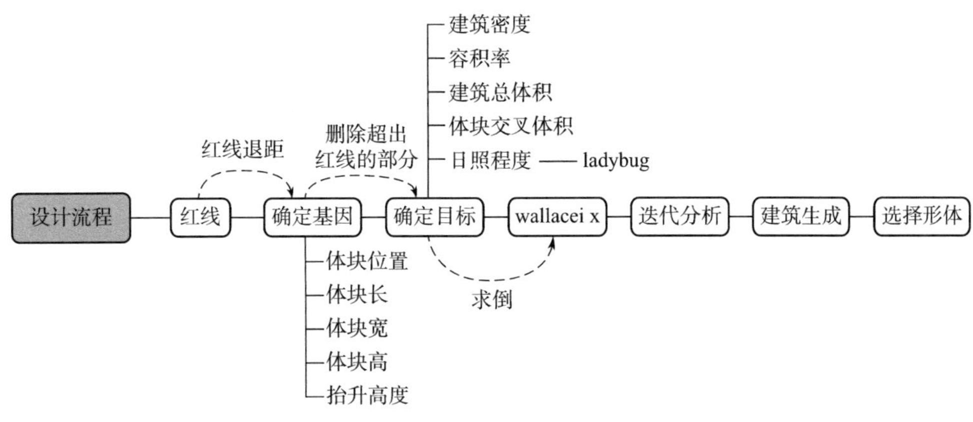

图3　功能体块设计生成流程

4　生成式设计的实际应用

下面，笔者以“武夷山国家公园一号风景道国际设计创意大赛”竞赛方案设计——游客驿站为例，对生成式算法设计在建筑设计中的应用进行论述。

4.1　项目概况

竞赛旨在基于设计方对武夷山当地的自然资源与文化背景的剖析之下，提出契合的设计主题，并围绕主题进行满足地区周围的文化、旅游与交通等功能的场地与建筑设计。设计团队着眼于场地的文化意识形态，结合当地气象、山脉脉势与雨水径流走向，从建筑功能、体块造型与流动表皮等多方面呼应场地，运用算法设计与生成艺术的手法模拟建筑与场地整体的自然生成过程，最终形成可不断优化的可持续性设计整体（图3）。

场地位于武夷山市红星村镇红星村月亮湾附近，本节点为进入武夷山国家公园的入口门户，且此节点预计于未来建设换乘公共交通设施，因此需考虑交通功能，以及作为入口门户的形象设计。

4.2　设计思路

基于场地亲水、拥有山林资源的特征，设计团队提出从功能体块与体型特点出发，顺应山脉雨水径流的毛细纹理形成自然造型的设计理念。

在设计初期，设计团队收集与分析场地数据，利用 Blender 插件进行地貌数字勘测与分析，通过遗传算法生成建筑功能体块，廊桥和结构连接，再根据选择后的建筑体块，以“径流”为概念作为表皮，将其包裹在其中，生成最后的建筑形体。

在功能体块的生成中，主要使用遗传算法（Genetic Algorithm，GA）。其最早由美国的 John Holland 于 20 世纪 70 年代提出，该算法是根据大自然中生物体进化规律而设计提出的。遗传算法是模拟达尔文生物进化论的自然选择和遗传学机理的生物进化过程的计算模型，通过模拟自然进化过程搜索最优解的方法，显著的优点是多目标优化。在表皮生成中，设计场地位于山谷之中，两侧为山丘，建设用地形态呈细长状，场地的长轴方向与溪水相交。通过人工模拟出山谷中雨水径流对建筑功能体块的冲刷，从而生成包络功能体块、具有自然水流形态的建筑表皮（图4）。其中，“雨水径流”的实质是一组数量极其庞大的点云，径流的运动实质是点在外部作用下彼此之间的相互作用与运动。

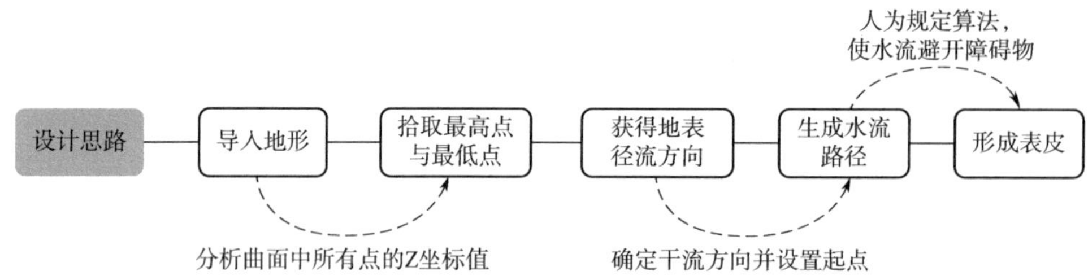

图4　功能体块设计生成流程

4.3　表皮生成

首先置入场地地形。该地形的实质是由 UV 坐标轴构成的一个空间曲面，空间曲面经过微分，可视作由无数个矩形组成。每个矩形的顶点在 *UV* 坐标系中都有其坐标位置，用（u，v）表示，此位置为该点的相对位置。

其次需要模拟出场地内雨水径流的主要方向。“水往低处走”，因此需要分别筛选出空间曲面上的最高点与最低点。规定径流分别由最高点流向最低点，同时施加限制条件：两点之间距离不能过远，以保证模拟结果符合基本物理规律。通过该步骤即可获得雨水径流中干流与支流的方向。在干流上选取一定数量的控制点，将控制点与干流起点依次相连，即可获得干流基本方向（图5）。

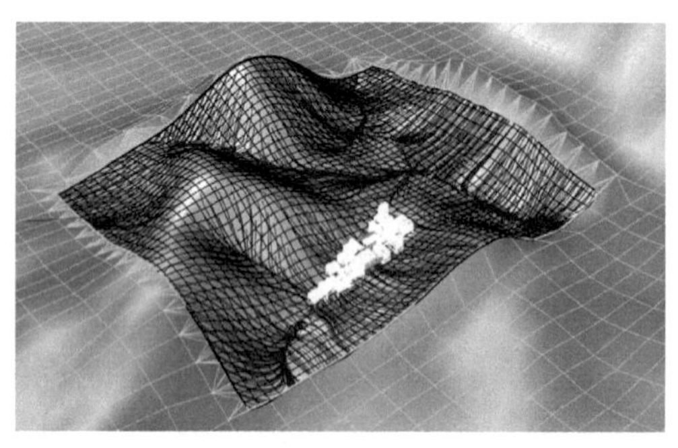

图5　功能体块设计生成流程

在干流起点作该点切线方向的垂面，作为干流的“源头”。在该面上拾取适当数量的点，这一组点将沿着上一步所得到的干流基本方向运动，每个点在下个时刻都会运动到新的位置，从而生成新的点。将不同时刻的每一组点依次进行连接，便得到了一组路径，每一条路径都可以视作径流中的一条水流。

通过人为规定模拟水流对体块的冲击，即：模拟得出水流遇到障碍物分流，即原路径偏转的效果。在点行进的过程中，前期生成的一个个功能体块被定义为水流中的“障碍物”。要使水流绕开障碍物，首先要拾取原水流路径与障碍物的第一个交点，以此交点的切线方向作垂面，该垂面与障碍物取交集获得截面。随机作该截面的外接不规则圆，在该圆的轮廓上取一点，使得该点与原水流路径中的点距离最短，两点连线成为路径点经过障碍物干扰后的运动方向。同时对该点施加一定约束力，使其在一定范围内进行偏移。由此便生成了一组包络所有功能体块的水流路径作为外表皮的控制线（图6）。

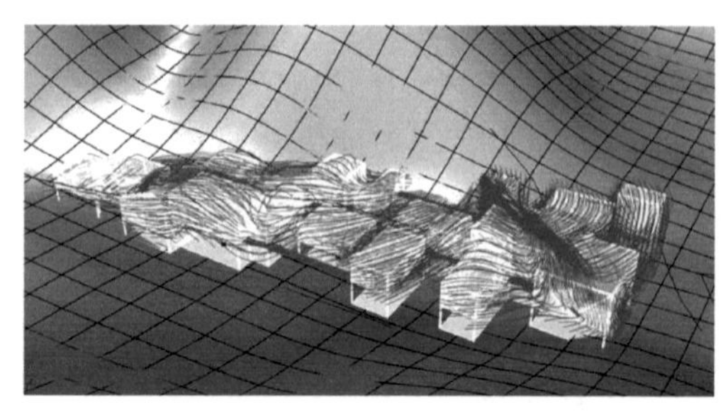

图6　功能体块设计生成流程

5 结语

生成式算法设计不仅是一种独特的创造性设计手段，同时也参与了设计思维的创新过程。从最初的 CAD 模型，发展到算法生成模型，技术的进步推动了传统纸质媒体到计算机媒体设计思维的转变，设计的主导概念从传统的类型学思维演变为数字化的拓扑设计思维。计算机技术、物联网以及建造技术的发展将彻底打破传统类型学思维，将建筑设计推向一个融合建筑师、建造者以及使用者的开放系统新范式。建筑师应该持积极态度拥抱新技术，积极探索，勇于尝试，打破传统设计思维局限，拓展建筑设计的视野。

参考文献

[1] 蒲宏宇，刘宇波．元胞自动机与多智能体系统在生成式建筑设计中的应用回顾［J］．建筑技术开发，2021，48（5）：23-28.

[2] 闫树睿，刘念雄．建筑生成式设计算法发展历史及适用性分析［C］//全国高等学校建筑类专业教学指导委员会，建筑学专业教学指导分委员会，建筑数字技术教学工作委员会．数智赋能：2022 全国建筑院系建筑数字技术教学与研究学术研讨会论文集．武汉：华中科技大学出版社，2022：5.

[3] 黎泉．传统门窗数字化采集与生成式设计研究［D］．湖南大学，2022.

[4] 刘昊，金承协，杨颖．建筑生成式设计的程序语言及其有机性研究［J］．城市建筑，2023，20（5）：182-186.

[5] 胡广梿．分形镶嵌的参数化建筑形态设计［J］．洛阳理工学院学报（自然科学版），2023，33（3）：40-45.

[6] 龚敏锋，杨律磊，王慧．生成式参数化设计在自由曲面空间结构中的应用［J］．建筑结构，2022，52（20）：38-44，21.

[7] 张炜，宋晓萌，王港．生成式对抗神经网络在城市设计中的应用前景［C］//中国城市规划学会．人民城市，规划赋能——2022 中国城市规划年会论文集（05 城市规划新技术应用）．华中农业大学，2023：13.

[8] 曾旭东，陈诗逸，杨韵仪．生成对抗式神经网络在建筑设计领域应用浅析［C］//全国高等学校建筑类专业教学指导委员会建筑学专业教学指导分委员会建筑数字技术教学工作委员会，中国建筑学会建筑师分会，DADA 数字建筑设计专业委员会．智筑未来——2021 年全国建筑院系建筑数字技术教学与研究学术研讨会论文集．武汉：华中科技大学出版社，2021：7.

未来建筑设计初探：AIGC 驱动下的建筑智能化生成

A Preliminary Study on Future Architectural Design: Intelligent Building Generation Driven by AIGC

张　宇[1]　郑高飞[1]　董　丽[1]
1. 大连理工大学

摘　要：随着神经网络技术的快速发展，快速迭代的人工智能技术不仅重塑了我们对数据处理和信息生成的理解，也为建筑设计领域带来了前所未有的创新和机遇。在数字经济时代背景下，本文通过文献回顾、实证调研和软件模拟，详细分析了 AIGC 技术推动建筑设计智能化生成的内在逻辑，展示了 AIGC 技术在建筑领域的先进应用和发展趋势，以及如何帮助设计师通过智能算法快速生成设计方案，改变当代建筑设计的逻辑和流程。但是，尽管 AIGC 技术在建筑方案阶段中展现出巨大的潜力和优势，但在统筹建筑全局设计建造方面仍有巨大的挑战和难题。本文通过对 AIGC 技术在建筑生成设计中的应用、影响和不足的全面探讨，旨在为未来建筑设计的创新发展提供新的视角和思考。
关键词：AIGC；人工智能；建筑生成式设计；未来建筑

1　研究背景

近几十年来，人工智能（AI）持续成为公众关注的焦点。通过神经网络、生成扩散模型和大型预训练模型等技术，人工智能生成内容（AIGC）展现了强大的生产力和效率，同时具备个性化定制和跨模态融合的特征。数字技术的快速发展，尤其是基于神经网络原理的 ChatGPT 模型等新兴技术的涌现，推动了数字经济的崛起，开启了全球数字时代的新纪元。[1]

习近平总书记明确指出，人工智能是新一轮科技革命和产业变革的重要驱动力，对我国抓住机遇至关重要。在数字技术崛起的时代，人工智能生成内容（AIGC）技术的发展和人工智能与艺术的融合为建筑设计带来了新的机遇和创新动力，建筑领域更需要不断创新，充分利用技术推动建筑设计向智能化、可持续和创新方向发展。

2　AIGC 技术与创造性设计

2.1　AIGC 的技术变革

关于 AIGC 的技术变革可以从两个方面展开：一个是内容生成方面，一是人机交互方面。

在内容生成方面，AIGC 是 UGC 的新型内容创造模式。UGC 是在 Web2.0 时代兴起的内容创作方式，其产生的促成因素主要有网络用户数量的快速增长，网络用户对信息资源的需求增长以及网络信息技术的快速发展。[2] 而 AIGC 是在 Web3.0 时代发展的产物。由于人工智能技术的快速发展、移动互联网的产生及应用以及用户对各方面资源需求的再度膨胀，传统的生产方式受限于人类的创造能力，内容的生成速度和质量无法满足逐渐庞大的客户需求量。[3] 但是 AIGC 凭借其强大的内容模型生产效率无法代替的迭代速度、更低的成本，大大释放了作者的想象力和创造力，持续保持着内容生成的高速增长。

在人机交互方面，AIGC 的演进有着比较完整的历史。在 20 世纪 50 年代，使用计算机自动生成的想法就已经出现了。早期的生成内容侧重让计算机生成照片和音频来模仿人类的劳动力，但是技术受限，其生成内容远达不到人类的生产能力。[4] 后来，发明者通过关键字扫描和重组完成交互任务，完成了更加逼真的人机交互效果，但是仍然需要人来主导其交互过程和结果。[5] 直到 21 世纪，AIGC 从实验性向实用性逐渐转变。2007 年，纽约大学人工智能研究员 G. Ross 装配的人工智能系统通过对公路旅行中的所见所闻进行记录和感知，撰写出世界上第一步完全由人工智能创作的小说《The Road》。[6] 2012 年，微软公开展示了一个全自动同声传译系统，借助深度神经网络 DNN 可以通过语音识别、语言翻译、语音合成等技术自动将英文演讲者的内容转化成中文。在深度学习算法、图形处理单元（GPU）、张量处理器（TPU）和训练数据规模等取得重大发展后，AIGC 在人机交互方面的角色发生变更，由工具转变为决策者和生成者，具备了强大的知识创造能力和生成主动性。

2.2 AIGC 技术机制

目前，社会对于 AIGC 的概念分为广义和狭义两种。广义上，AIGC 指“像人类一样具备生成创造能力的 AI 技术”；狭义上，AIGC 是指“利用 AI 自动生成内容的生产方式”。学术界和业界更倾向于技术视角，认为 AIGC 是算法运行的结果。生成算法、预训练模型和多模态技术的发展促进了 AIGC 的进步。早期的生成算法模型逐渐被流模型、扩散模型等新模型取代，提高了 AIGC 的创造能力。预训练模型的出现降低了 AIGC 的训练成本和使用门槛，并增强了其在真实消费场景中的应用。多模态技术则进一步提升了 AIGC 在语言文本、图像、音视频等多模态生成处理上的通用性和灵活性。

2.3 AIGC 的建筑生成设计

2.3.1 AIGC 技术的建筑生成设计应用

现在主流的 AIGC 是通过神经网络学习训练的，这种训练能让 AI 学会识别概念图片，掌握概念理论之间的联系。对于识图能力，2012 年亚历克斯 · 克里热夫斯基发布了一个能够识别图像中出现的物体，并对图像进行正确分类的模型——AIex-Net。识别图像物体也就意味着 AIGC 拥有“读图能力”。在识图能力的基础上，2018 年，哈佛大学研究员斯坦尼斯拉斯 · 夏尤发表了一个人工智能算法，该模型能够根据给定的平面轮廓布置不同风格的平面图(曼哈顿公寓式、维多利亚郊区住宅式、排屋式和巴洛克式)。这些平面图的生成图质量很难让人区分出自 AI 还是人类。虽然 AIGC 有生成建筑平面的能力，但是这种生成方式与人类设计的逻辑不同。对于 AIGC 的平面生成逻辑来说，AIGC 更多的是对被投喂的平面进行模仿和随机化的组合，其生成的平面图不会像人一样从考虑一个设计的平面流线、功能排布和空间联系出发。对最近市面上最流行的 Stable Diffusion 和 Midjourney 等 AI 出图软件来说，距离生成真正可使用的设计图还有一定的距离。

但是在初期的在概念设计阶段，AIGC

犀牛白模

Fabric渲染效果图

SD渲染效果图

图1　AI渲染效果图模型

能够为设计师提供大量可供参考和建议的概念生成图和意向图。通过输入背景和概念信息（对于某一设计项目的基本信息，建筑师对方案的设计和建筑师与客户之间的交流碰撞等），AIGC结合我们输入的关键词，从已有的资料库中总结、分析和输出设计主体所需求的成果。在概念传递上，AIGC已经能够做到成熟的建筑效果图程度，并且能够满足大多数业主和甲方的需求。AIGC有控制性地生成概念效果图，是目前应用最广泛的AI技术领域。AIGC强大的学习能力，能够保留我们提供的模型的形态关系、结构或者门窗位置等，在草图模型的基础上添加材质、光影、背景、植物、配景和人物等细节。例如，以Stable Diffusion软件来说，斯坦福大学博士研究生张吕敏（Lumin Zhang）等人发布的插件ControlNet大大提升了内容生成的可控性和类型化，实现了草图转化成成熟的建筑效果图的功能。[7]

笔者以Fabric和Stable Diffusion两种AI生成软件进行测试，设计一个乡村里的文化中心，要求建筑的体量是一个中型建筑，与乡村的特征相融合等，通过简单的描述就可以获得数张与描述相匹配的建筑生成图，通过对关键词进行多次修改和润色，选择比较满意的生成图。此外还可以利用“图生图”技术，通过对建筑的草图或者模型体块进行AI渲染来转换成成熟的概念图（图1）。

2.3.2　AIGC技术的建筑生成设计流程

AIGC在作为一种更加智能化的辅助工具，大幅度提升设计师工作效率的同时，也模糊了设计师与计算机辅助之间的边界。[8] AIGC的设计流程包括以下四个步骤：①总体规划设计目标；②建立初期的设计生成草模；③AIGC的设计输出；④反复试错和调整。相较于传统的建筑设计，设计师的工作内容从传统的全过程参与转变到对AIGC生成内容的评估和决策。在初

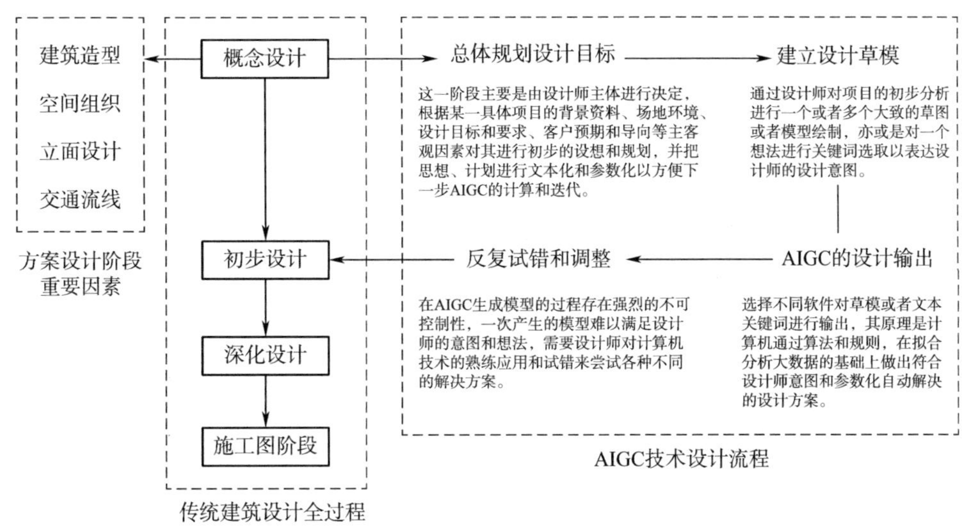

图 2　设计过程对比

期的概念方案设计阶段，不断地对 AIGC 产出的内容进行修改和调整，引导算法完成设计项目的最终解决方案，满足设计师心理的预期（图 2）。

2.4　AIGC 技术下建筑空间意向的生成方法

在初期的建筑方案设计阶段，目前 AIGC 技术生成建筑方案的方法有两种：通过语言文字描述关键词，输入相关设计生图软件，得到模型方案效果图；或是设计师自主设计模型草图（概念草图）交给 AIGC 以生成细节丰富的效果图。下面笔者就此分别采取这两种方法，通过不同的 AI 出图软件对 AIGC 生图技术进行模拟和演练，生成某一具体建筑设计模型。

2.4.1　基于语言文字的生成模式

该途径下，笔者根据相应的生成算法向 ChatGPT 输入目标建筑题目“海边别墅”，可以得到一系列提示语关键词，对自主生成的关键词进行主观修改以符合生图软件要求的关键词样式。要注意的是，对于部分软件，需要把 prompt 关键词转换成英文模式进行输入和生成。

笔者对 Midjourney（图 3）和 Stable Diffusion（图 4）两种 AI 生图软件进行绘制，采用相同的 Prompt 关键词进行控制，并对获得的图片进行迭代，已取得较好的图像效果。AIGC 数据库庞大且混杂，仅用语言文字控制生成的二维图像有较大的不可控性，其产生的图像结果难以一次或少数几次达到使用者的内心预期，需要多次调整 Prompt 参数等修改图片结果。

2.4.2　基于模型图片的生成模式

该模式下通过 Rhino 体块模型生成有一定建筑体量信息要素的模型效果图，通过输入相同的 Prompt 关键词信息和初始犀牛模型草图进行算法计算。此模块下笔者实验的 AIGC 软件包括 Fabrie 和 Stable Diffusion 软件。图 5 为初始犀牛模型草图要素，图 6 为 Fabrie 软件生成的模型效果图，图 7 是 Stable Diffusion 生成的效果图。

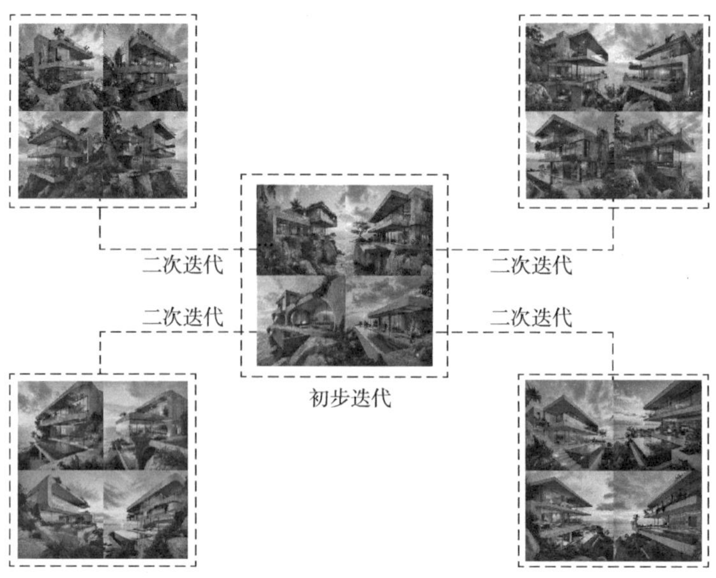

图 3 Midjourney 效果图

图 4 Stable Diffusion 效果图

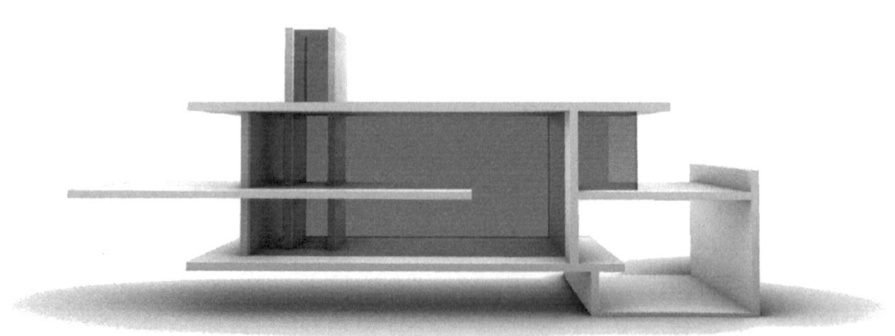

图 5 犀牛模型草图要素

图 6　Fabrie 软件生成的模型效果图

图 7　Stable Diffusion 生成的效果图

利用模型草图输入所生成的效果图相比起文字输入有更大的可操控性，受到模型信息要素的约束，软件生成的效果图体量更加接近设计师的预期想法。并且输入的信息渠道也较为多元，可以通过修改三维体量模型图片以及 Prompt 关键词等进行多次修改。但是，此途径也只是生成设计师难以二次编辑的效果图二维图片，没有三维要素进行匹配。所以在后面的深入设计阶段依旧需要设计师主体通过二维反三维的方式进行相应的设计施工图绘制等工作。

3　AIGC 在建筑设计中的问题与挑战

随着 AIGC 技术的普及应用，AIGC 面临的问题和挑战也越发明显。就目前而言，技术能力不足是制约 AIGC 在建筑设计领域应用渗透的关键因素。

第一，技术成熟度不足导致 AIGC 无法准确理解人类意图，难以在建筑细节、构造和平面空间生成等方面满足设计师预期，影响其在商业设计中的直接应用。第二，AIGC 内容真实性难以保证，因训练数据中掺杂大量不可信信息，可能生成虚假内容，增加设计风险。第三，AIGC 高度依赖高质量数据，而数据获取和处理成本高昂，导致算法开发和应用受到限制。

总的来说，技术可行性仍然是 AIGC 领域面临的一个最为关键的挑战，需要在硬件、算法、数据库、可扩展性等多个方面进行优化，以保证新技术能够成熟应用于建筑设计的各个领域以及施工阶段的产业化发展。

4 结语

AIGC 作为新型生产方式，被广泛应用于设计行业，展现了巨大的发展潜力，然而目前处于技术发展初期，AIGC 生成的建筑设计意象仍停留在草图概念阶段，且生成过程缺乏可解释性。虽然目前在三维生成研究方面存在可控性较差的问题，但在前期设计中的意象收集和概念启迪方面已成为设计师的重要工具。随着技术的不断发展，AIGC 在建筑领域的智能化转型将提高模型精度，使生成的图像和 3D 模型越来越精确，为建筑师提供更灵活、高效的设计工具。综上所述，AIGC 在设计行业的应用前景广阔，尽管面临一系列挑战，但通过不断的技术创新和完善监管措施，AIGC 将成为推动设计行业智能化和创新的关键工具。

参考文献

[1] 杨敏然，张新兴，陶荣湘．现状与趋势：国内人工智能生成内容（AIGC）研究透视［J/OL］. 图书馆理论与实践：1-14.

[2] Tripathi M. Use of Web2. 0 tools by academic libraries ［C］// International association of technological libraries association conference. Leuven：IATUL，2010：1-13.

[3] 张健，王雨心，袁哲．AIGC 赋能传统文化传承设计方法与实践：以山西省永乐宫数字化展示中心方案设计为例［J/OL］. 设计，2023，36（17）：30-33.

[4] Floridi L. AI as agency without intelligence：on Chat GPT，large language models，and other generative models［J］. Philosophy and Technology，2023，36（15）：1-7.

[5] Iller L. Composing with computers：a progress report［J］. Computer music journal，1981，5（4）：7-21.

[6] Ouyang L，Wu J，Jiang X，et al. Training language models to follow instructions with human feedback［J］. Ar Xiv preprint arXiv：2203，02155，2022.

[7] 刘德明，张睿南．基于 A I 技术的大跨建筑“找形”方法探讨［J］. 城市建筑，2018（8）：10-14.

[8] 孙澄．面向未来的计算性设计［J］. 当代建筑，2022（6）：5，4.

自然通风条件下高层建筑羽毛球馆立面优化设计研究

Research on Optimization Design of Badminton Court Facades in High-rise Buildings under Natural Ventilation Conditions

吕　瑶[1,2]　周若兰[1,2]　林瀚坤[3]　肖毅强[1,2]

1. 华南理工大学建筑学院
2. 亚热带建筑科学国家重点实验室
3. 广东工业大学建筑与城市规划学院

摘　要：近年来，高层建筑内的体育场馆不断涌现，其自然通风设计也得到了普遍关注。本研究基于广州市某高层建筑改造项目的11楼羽毛球馆自然通风条件下的环境舒适性和运动需求，在Fluent仿真平台设计模拟对比实验。实验共设置了六种工况，在夏季、冬季典型日的边界条件下进行模拟验证。其中，具体模拟参数与工况为开窗方向、开窗数量与开窗位置。进一步协同Grasshopper软件进行热舒适（PMV）指标计算，对该高层羽毛球馆的环境进行综合评估。经过分析和优化，得出了在不同季节适用于该高层羽毛球馆的自然通风优化策略。在确保场馆自然通风均匀性和满足运动风速要求的基础上，保障了室内舒适度，以期为自然通风条件下高层建筑体育场馆立面设计策略提供参考。

关键词：高层建筑；羽毛球馆；自然通风；数值模拟；立面优化

1　引言

随着城市化进程的加速和居民生活水平的提升，体育健身活动在日常生活中的地位日益突显，导致对中小型体育馆的建设需求持续攀升。[1] 为了满足这一需求，并有效利用城市土地资源，近年来高层建筑内的体育场馆不断涌现。目前，随着节能降耗意识的增强，高层建筑自然通风设计得到了普遍的关注与研究。[2] 但针对羽毛球馆等对风环境要求较高的场所，其设计仍存在一定挑战。[3] 因此，基于高层羽毛球馆内的环境舒适性和运动需求，对其自然通风进行优化设计的探索具有重要意义。本研究针对广州市某高层建筑改造项目设计中采用的手法，在Fluent仿真平台设计模拟对比实验，以RNG k-ε 湍流模型进行室内流场耦合计算。[4] 通过不同季节条件下各工况的模拟对比结果，进一步协同Grasshopper软件进行热舒适（PMV）指标计算，对该项目11层羽毛球馆的室内风环境进行综合评估。经过分析和优化，本研究得出了在不同季节适用于该高层羽毛球馆的自然通风优化策略，在确保场馆自然通风均匀性和满足运动风速要求的基础上，保障了室内舒适度。研究成果对高层建筑中的体育场馆建设，综合提升场馆室内自然通风效果及舒适度等方面具有一定的借鉴意义，可以为自然通风条件下高层建筑体育场馆立面设计策略提供参考。

2 研究方法

2.1 工况设置

模拟重点关注百叶对运动区域的气流影响。防雨百叶参数以 GREENHECK ®防雨百叶 EHH-401 为参考（图 1）。对产品提供风速与压降数值进行拟合，可得二阶压降等式：

$$P = 1.876V_a^2 - 0.167V_a$$

其中，P 为压降，V_a 为风速。

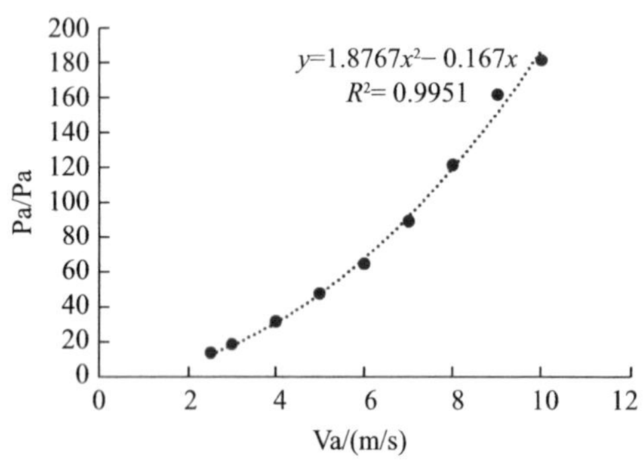

图 1 防雨百叶压降与风速拟合

在 ANSYS Fluent 16.0 ®软件中，百叶采用多孔介质进行设置，多孔介质压降等式如下：

$$P = -\left(\frac{\mu}{\alpha}V_a + C_2\frac{1}{2}\rho V_a^2\right)\Delta m$$

其中，μ 为空气层流的黏滞系数（1.785410^{-5}Pa·s），α 为介质渗透系数，C_2 为压降系数，ρ 为介质密度（空气密度 1.225kg/m^3），Δm 为介质厚度（0.1m）。

因此，根据以上拟合式可得：

$$1.8767 = C_2\frac{1}{2}\rho\Delta m$$

$$0.167 = \frac{\mu}{\alpha}\Delta m$$

计算可得 C_2 为 30.64，α 为 1.06892E-05，参数设置于多孔介质定义并进行计算。在 Fluent 中转化为对 Inlet 与 Outlet 的损耗率。

同时，针对该项目自然通风条件下的立面优化设计，模拟设置 6 种工况（图 2）。

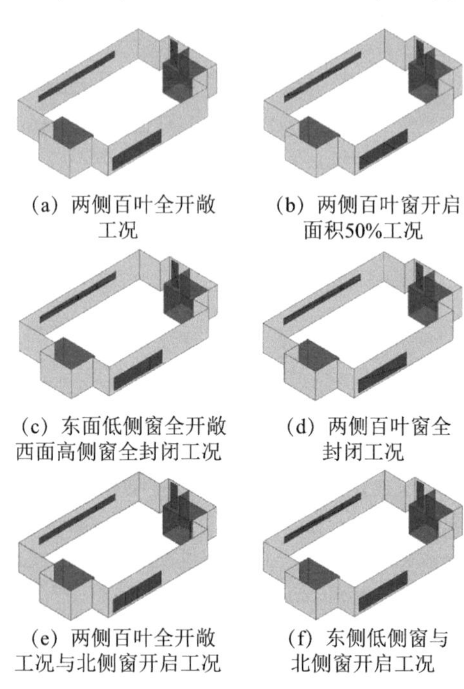

图 2 模型工况搭建示意图

2.2 边界条件

本研究各季节典型日边界条件的参数设置基于《民用建筑供暖通风与空气调节设计规范》GB 50736—2012，表 1 为进行模拟计算时使用边界条件。

表 1 各季节典型日的边界条件

季节	风速/(m/s)	风向/(°)	室外温度/℃
夏季	2.70	67.5	31.8
冬季	2.30	292.5	13.6

注：风向逆时针为正，正东为 0°，正北为 90°，正西为 180°，正南为 270°。

2.3 模拟流程

本研究通过 Fluent 在夏季、冬季两个典型季节边界条件下，模拟对比该项目场地的自然通风环境受不同开窗方向、开窗数量与开窗位置组合搭配的六种工况影响，得出场馆内风环境情况。室内风环境评价依据为《体育建筑设计规范》JGJ 31—2003中有关室外风环境的条目要求：羽毛球、乒乓球场地内风速小于0.5m/s（建议值），对立面的自然通风设计进行评估。并进一步联动Grasshopper对各工况的热舒适（PMV）指标进行计算，实现对项目场地自然通风条件下风环境与热舒适的协同优化探索（图3）。

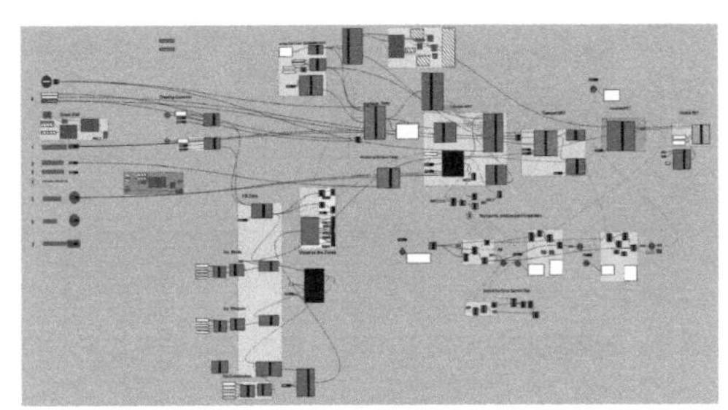

图3　Grasshopper联动PMV计算过程

3　模拟结果

本研究对比讨论在冬夏两个典型季节的六种工况设定下的室内风环境，并与相应条件下的室内温度及热舒适指标进行耦合分析，模拟结果如下。

3.1　夏季工况

3.1.1　风环境模拟

由夏季工况场馆内1.5m高风速云图（图4a）可知：在A、B、E三种通风工况下，场地内部平均风速与最大风速相差均较小，风速分布在0～1m/s。相较于A、B、E工况，C、F工况风速明显较低，D工况室内接近无风状态。图4b中6.0m高的室内风环境分布与1.5m高的室内风环境情况相似，其中A、E工况室内风环境较均匀。A、B、E工况东北区域存在小区域风影区，风速较小。同时，夏季工况场馆剖面风速云图（图4c）表明：A、B、E工况均形成了自东向西的有效通风风路，室内风均匀度较好。C、F工况低处存在较低的通风风速，D工况室内基本处于无风状态。

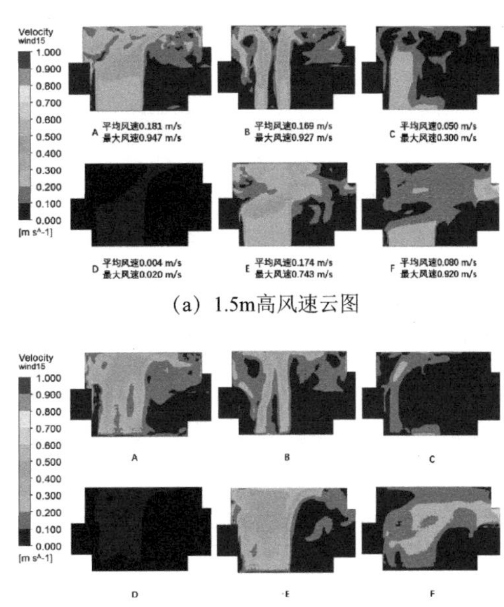

（a）1.5m高风速云图

（b）6.0m高风速云图

（c）剖面风速云图

图4　夏季场馆内风环境模拟结果

3.1.2　热环境及PMV模拟计算

对夏季工况场馆1.5m高热环境进行模拟计算可知（图8），D工况内部空气温度远高于其他工况；A、B、C、E工况在通风风路上温度明显降低，在风影区存在明显温度过高情况；A、C工况平均温度较低，工况之间整体差异较小。

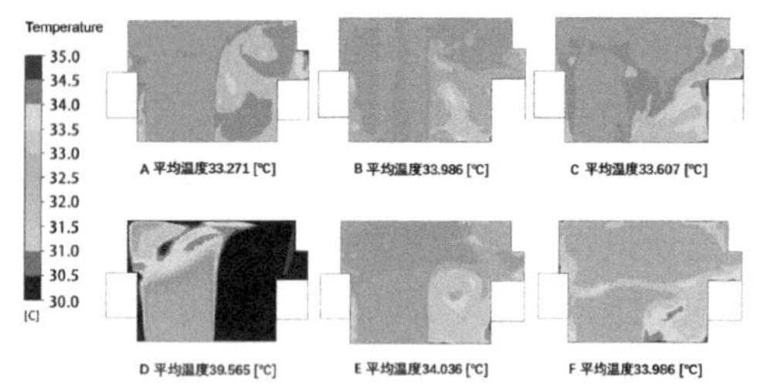

图5 夏季场馆内1.5m高温度云图

进行热舒适PMV指标计算得出，A、B、F三种工况舒适时长接近，但主要舒适区间分布在0～6时与20～24时，白天使用期间场馆室内仍然过热。C工况的舒适时长相较A、B明显更低，D、E工况基本无舒适的使用时间（图6）。

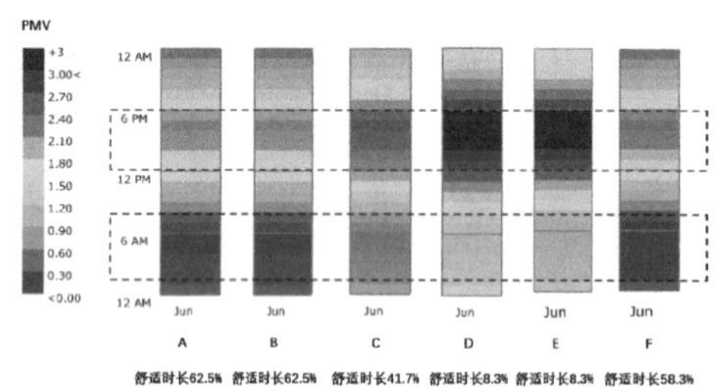

图6 夏季场馆内PMV舒适分布图

注：以6月21日0时至6月21日24时作为室内PMV舒适模拟日，其中以-1至1作为舒适区间，统计全天舒适时长，其中穿着系数设置为0.5met。

3.2 冬季工况

3.2.1 风环境模拟

A、B、C三种通风工况在冬季典型日条件下内部平均风速与最大风速相差均较小，风速分布在0～0.3m/s，E、F北侧进风口风速过大，其中E整体风速较大。相较其他工况，D工况室内接近于无风状态。6.0m（图7b）的室内风环境风速分布相较1.5m（图7a）明显减弱，但E、F工况仍存在风速较大的情况。在图7c场馆剖面风速云图中，A、B、E、F工况均形成了自东向西的有效通风风路，室内风均匀度较高。D工况室内仍为接近无风状态。

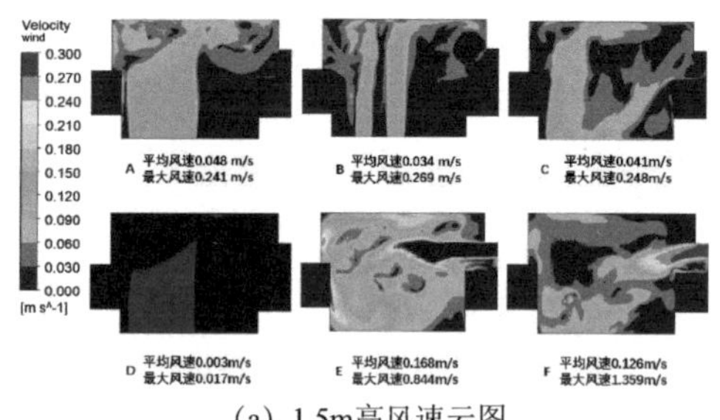

(a) 1.5m高风速云图

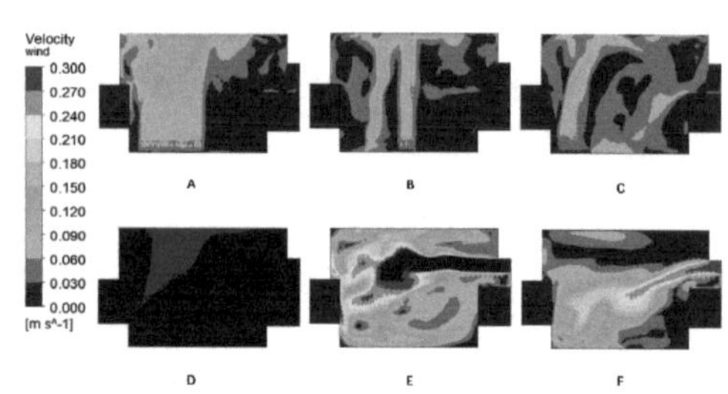

(b) 6.0m高风速云图

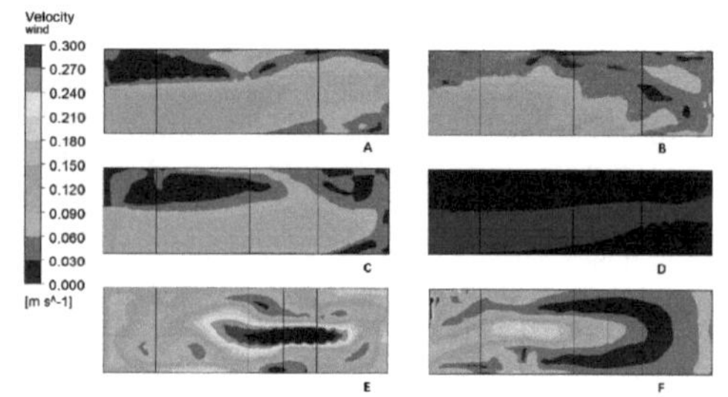

(c) 剖面风速云图

图7 冬季场馆内风环境模拟结果

3.2.2 热环境及PMV模拟计算

由冬季工况场馆1.5m高的模拟计算（图8）可知：在A、B、C三种通风工况下，场馆内部空气温度差别不大。而E、F工况温度较低，风通路区域温度明显降低。D工况场馆内部温度较其他工况高约2.5℃，尤其是东北区域风影区温度较高。

由冬季典型日边界参数条件下的场馆内PMV舒适分布图（图9）得出，A、B、C三种工况舒适时长均为50%，舒适时长主要分布在10~22时。D工况舒适时长稍长于其他工况，而E、F工况下，舒适时长明显低于其他使用工况。

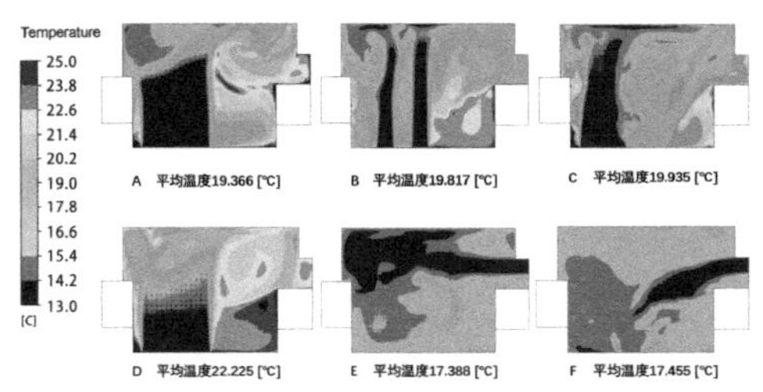

图 8　冬季场馆内 1.5m 高温度云图

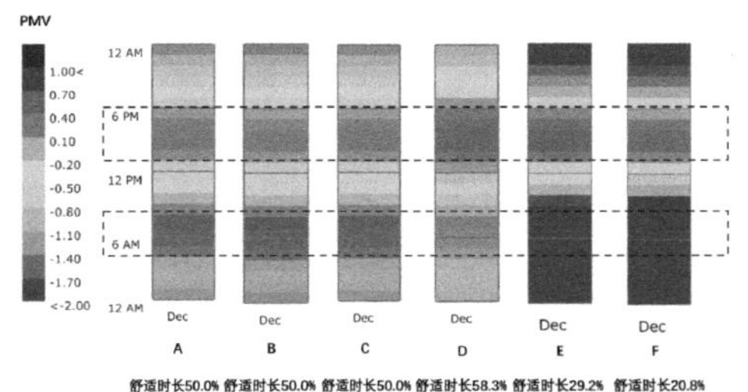

图 9　冬季场馆内 PMV 舒适分布图

注：以 12 月 21 日 0 时至 12 月 21 日 24 时作为室内 PMV 舒适模拟日，其中以-1 至 1 作为舒适区间，统计全天舒适时长，其中穿着系数设置为 1.5met。

4　结论与建议

通过对夏季和冬季典型日边界条件下各工况风热环境的模拟对比分析，同时依据《体育建筑设计规范》JGJ 31—2003 中有关室内风速的要求，对本项目 11 楼羽毛球馆自然通风条件下场馆内风热环境进行综合评估，就该项目的立面设计提出如下建议：在夏季典型日工况下，A、B、E 工况均形成了自东向西的有效通风风路，室内风均匀度较好，A、B、E 工况下舒适度时长较高，E 工况下整体风场均匀度较高；在场馆部分使用的情况下，可采用 B 工况，部分位置保持低风速状态，不影响正常使用；在冬季典型日工况下，A、B、E、F 工况均形成了自东向西的有效通风风路，室内风均匀度较高。六种工况的舒适度时长接近，为保持更长时间的正常使用，可以采用 D 工况。

综合分析各工况结果，在不同季节前提下，两侧百叶全开敞、开启面积 50% 以及两侧百叶全开敞与北侧窗开启工况都能形成比较均匀的通风风路，但都存在进出风口场馆部分区域风速过大的情况。因此建议在冬季采用封闭工况，在夏季优先使用非进出风口场地配合，并采用两侧百叶全开敞、开启面积 50% 以及两侧百叶全开敞与北侧窗开启三种工况，或在临近进出风口场地采用临时挡风板避免影响正常使用。

5　结语

本研究选取两个典型季节边界条件，设置不同立面工况设定，对高层建筑羽毛球馆风环境和热舒适进行耦合分析。研究方法与模拟流程可以结合不同气候区特点，基于环境舒适性和运动需求，为高层建筑体育场馆自然通风条件下立面设计优化提供思路与参考。

参考文献

[1]　宋梦梅．基于自然通风的南方中小型体育馆运动大厅剖面设计策略研究［D］．东南大学，2022.

[2]　宋宇辉，曲冠华，原野，等．高层办公建筑风环境性能优化设计研究与实践［J］．建筑节能，2020，48（10）：39-45.

[3]　侯叶，孙一民．我国体育建筑屋顶采光通风策略演变研究［J］．西部人居环境学刊，2019，34（2）：20-28.

[4]　卫军，黄滢．体育中心馆风压分布的数值模拟［J］．华中科技大学学报（自然科学版），2006（7）：100-103.

三、智慧城市规划设计与研究

基于三维高斯溅射与深度学习的城市街区三维风貌生成与更新方法

A Method of Generating Three-dimensional Landscape of Urban Blocks Based on Gaussian Splatting and Deep Learning

冯以恒[1]　徐宇飞[1]　李　力[1*]
1. 东南大学建筑学院

摘　要：街区风貌的修复与更新是城市更新中的一项重要工作。当下，随着城市更新向着高质量更新发展，城市建筑风貌更新设计更加强调与场地的环境与文脉相融合，也对城市建筑风貌更新设计方法提出了更高的要求。本文提出了一种三维城市街区建筑风貌模型生成与编辑方法。研究基于三维高斯溅射的三维重建技术，提供照片级的、可漫游的三维建筑风貌模型表示方法，实现了三维层面的建筑风貌模型的生成与编辑。本研究具有以下创新点：将传统的二维风貌图像拓展到三维风貌模型；实现人机交互式更新；建立照片级真实场景模型，利于设计人员进行前期风貌验证。同时，当前方法也存在以下问题：模型生成依赖相似优秀案例训练集；生成风貌结果无法达到高精度，仅能作为整体城市片区设计前期风貌参考。

关键词：三维高斯溅射；深度学习；城市更新

城市街区风貌设计作为城市设计工作的关键内容之一，如何快速高效地生成与展现是项目推进中至关重要的环节。同时，人工智能技术在各个领域的应用不断扩展，通过大数据分析、机器学习、神经网络等技术，人工智能正在改变传统的城市设计方法。本文将从城市更新视角出发，将机器学习应用到城市风貌设计流程中，实现三维空间下的城市风貌编辑与更新。

1　研究背景与意义

城市街区的风貌直接关系到城市文化、历史传承以及居民生活质量。当前的城市发展面临从数量扩张向质量提升转变的新阶段。随着城市化进程的深入，传统的城市风貌在快速现代化的推动下逐渐受到挑战，许多具有历史文化价值的建筑和街区不断消失。因此，如何在城市发展的同时保护和传承城市街区的风貌具有重要意义。

同时，以人机互动为基础的第四代数字化城市设计范式，强调将数字化融入城市设计全流程[1]。这种新的设计方法利用数字孪生、主成分分析等先进技术处理城市数据，不仅能够更精准地分析和保护城市风貌，还能在设计的各个阶段实现数据、分析和维护的一体化。

然而，当前的城市风貌设计流程仍然存在许多问题，例如，传统城市建筑风貌表示方法一般为三维体块或二维意向图片，无法完全体现建筑风貌的全部内涵，以及建成后的真实场景；再如传统的城市建筑风貌设计过程中，往往后期才能得到带有风貌信息的场地渲染图，不利于设计师的前期设计决策。

因此，研究如何将实景三维模型有效融入城市更新与设计，开发相应的生成和编辑技术，对于提升城市更新的质量和维护城市风貌具有重要意义。

2 国内外研究现状

2.1 数字化城市街区生成相关成果

当前学界在数字化城市街区生成领域已取得一系列成果。在二维方面，唐芃在2019年利用数据挖掘和机器学习技术开发了生成设计工具，用于传统建筑聚落的历史风貌保护[2]。李力在2021年的研究中探究了大数据在城市更新中的三种应用，包括数据循证、案例检索及学习式生成，并对比了其在不同应用场景的效果[3]。

在三维生成方面，Sidewalk Labs 的 Delve 产品采用生成算法进行城市三维肌理设计，辅助决策过程。Carlos 等（2012）提出了基于蒙特卡洛算法的逆向城市建模设计系统，通过调整参数生成 3D 模型[4]。唐芃等 2021 年在宜兴丁蜀古南街的实践中，通过建立“数据收集-特征提取-生成设计”的闭环数字链，应用数字技术于历史风貌的保护与更新[5]。这些研究不仅展示了算法工具在二维与三维肌理生成中的应用，也为本研究提供了宝贵的方法和思路。

2.2 三维重建与生成相关成果

三维重建技术方面，目前主流研究方向包括倾斜摄影和神经辐射场（NeRF）等。倾斜摄影技术实现了快速、自动化的三维建模，但其离散性和不可微分性限制了其与神经网络的结合。Mildenhall 等人在2021 年提出的 NeRF 技术采用基于神经网络的 3D 表示方法，通过深度学习生成逼真的三维模型[6]，但其计算成本高且不易交互编辑。两种方案虽然都能表达城市三维模型，但其不易于编辑与训练等问题，导致其不适用于快速的城市更新模型方案生成验证。

Kerbl 等人在 2023 年提出的 3D Gaussian Splatting[7] 方法结合了以上两种技术的优点。该方法既保持了高斯的可微分性，又维持了像点云一样的显式表示，使其不仅适合利用机器学习框架进行优化，而且易于进行模型编辑和交互（图 1）。

除了根据现实场景重建三维模型，也能依靠二维扩散模型等方法，基于二维图像生成三维模型。学界对此研究主要分为以下两类：第一类通过二维扩散模型蒸馏三维模型，以 Ben Poole 在 2023 年提出的 DreamFusion 为代表，通过三维蒸馏将文字

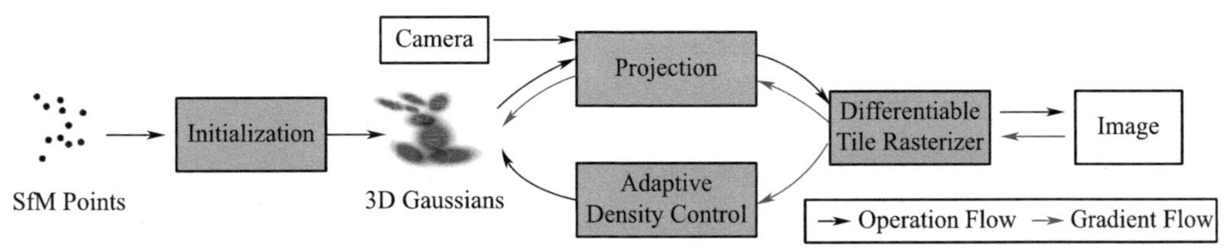

图 1　3D Gaussian Splatting 训练原理

图片来源：参考文献［7］。

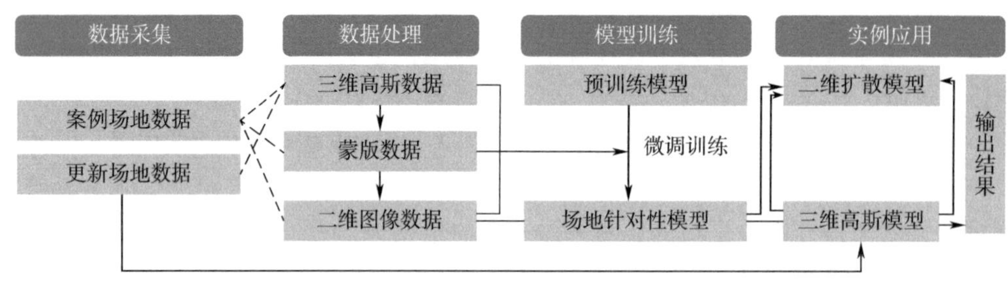

图 2　研究框架

描述转换为三维模型[8]；第二类侧重在二维图像生成端实现多视角一致性，以此生成 3D 模型。本文对实景建筑风貌的生成与修改采用第一类方法，将二维生成过程与三维生成过程融合，从而达到多视角一致性效果。

2.3　总结

综合上述研究，当前数字化城市建筑生成相关工作，聚焦于二维肌理与三维体块生成，能够以照片级三维形式表达城市风貌的研究成果较少。而对于基于神经网络的三维模型生成方法，目前已有一些早期探索，但大多集中在人像等领域，生成建筑与城市模型方面的应用暂时缺位。

因此，本研究尝试将基于神经网络的三维模型生成应用到城市设计领域，将城市街区风貌设计由原先的二维图像与简单三维体块拓展到照片级三维模型。

3　研究内容与方法

3.1　研究框架

本研究包含数据收集、数据处理、模型训练和实例应用四个阶段（图 2）。数据收集阶段获取目标场地与参考案例数据；数据处理阶段对数据进行处理，形成针对二维模型和三维模型的特有数据集；模型训练阶段主要基于预训练模型，对参考案例进行学习；实例应用阶段应用训练好的模型对目标场地进行城市更新。

3.2　技术路线

方案整体采用二维扩散模型与三维高斯模型融合的蒸馏生成方法，即将二维与三维的生成过程相互交叉实现融合，各自结果作为对方的输入，从而借助二维扩散模型的图像生成能力，实现三维模型的生成。下文将详细阐述具体的技术步骤。

3.2.1　三维数据采集与处理

模型训练与生成需要两种类型的数据：三维高斯数据和二维图像数据，其中三维高斯数据作为生成二维数据集的前置数据，需要先行收集和处理。

首先对要进行城市更新的场地进行信息采集，通过无人机环绕拍摄的方式获取场地照片，并使用运动恢复结构（Structure from Motion，SfM）方法，从一组 2D 图像中估计出 3D 点云。将三维点云转化为高斯椭球数据，从三维点云数据而不是全随机噪声开始训练可以加速后续三维高斯模型的生成速度。

除了需要城市更新的场地，有参考价值的优秀学习案例场地相关信息数据也将进行上述同样的采集和整理。

3.2.2　训练三维高斯模型

这一步中，本文使用原始的 3D Gaussian

图 3　三维高斯模型重建过程，以罗马为例

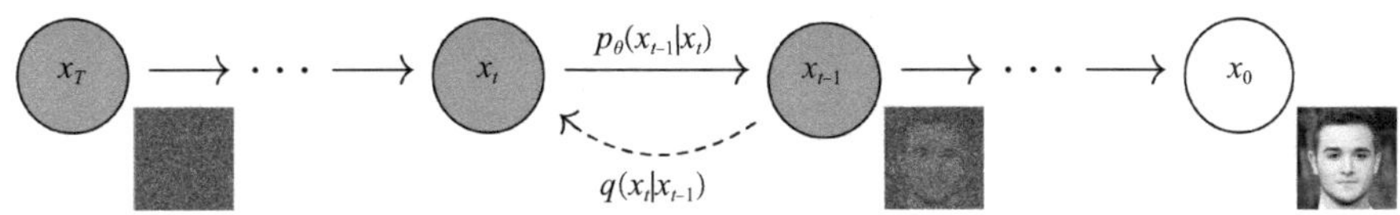

图 4　DDMP 模型生成原理
图片来源：参考文献［9］。

Splatting 方法进行场景模型三维重建工作。该方法仅用一层神经网络优化高斯球参数。训练过程包括使用光栅化渲染器基于高斯椭球参数渲染二维图像，并通过可微分的光栅化过程计算 loss，通过反向传播和优化器调整参数。原始方法中还会根据情况对当前相关三维高斯数据进行致密化及修剪，由此得到场地的三维高斯模型（图 3）。

本研究中，要进行城市更新的场地与参考案例场地均需进行三维高斯场景生成工作。

3.2.3　扩散模型数据集生成

在获取三维高斯模型数据集后，对于需要学习的案例场景，用户需要手动在场地上划定可被学习的范围。接着，程序在可学习范围内随机生成蒙版三维包围盒，并对于每一个随机包围盒，以其为中心随机环绕生成摄像机。首先对具有原始色彩的三维高斯进行光栅化操作，即得到了 Ground Truth 图像，接着将在包围盒内部的高斯椭球置为白色，包围盒外部的高斯椭球置为黑色，再次执行三维高斯光栅化操作，即得到了黑白的 mask 图像。

3.2.4　扩散模型训练

本文采用基于扩散去噪概率模型 DDPM（Denoising Diffusion Probabilistic Model）的图像生成方法[9]。DDMP 是一种无条件图像生成扩散模型，其不依赖于给定的条件或标签来生成图像，而是学习从训练数据集中捕获整体图像分布，并能够生成多样的、高质量的图像（图 4）。

本文中，我们在已经预训练 DDMP 模型上进行微调训练。使用参考案例场地的数据集，训练 DDMP 模型生成具有参考案例场地特征的结果。

3.2.5　蒙版图像织补

对于给定蒙版内部的图像织补生成，本文采用 Andreas Lugmayr 等人在 2022 年提出的方法[10]，使用已训练好的无条件扩散模型（DDPM）作为基础，实现由蒙版控制的指定区域图像重绘。

所用生成方法在反向扩散过程中，对已知区域和未知区域采用不同的采样策略。对于已知区域，直接从原始图像采样并加噪声；对于未知区域，则使用 DDPM 模型预测并采样。在每一步反向扩散中，将已知区域和未知区域的采样结果结合，形成新的中间图像（图 5）。

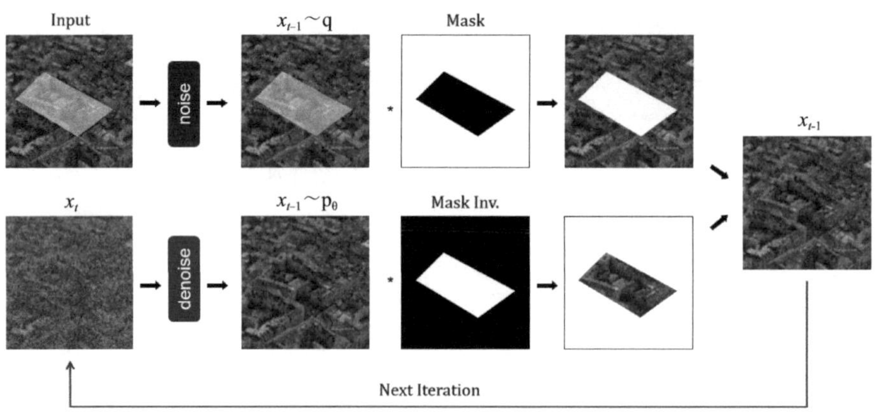

图 5　蒙版图像织补过程

本研究将上述模型生成过程进行拆解，将其加入三维高斯模型生成过程，形成二维与三维交互迭代的渐进式三维生成方法。

3.2.6　三维模型生成

模型生成过程需要将二维扩散模型参数冻结，训练三维高斯模型参数。生成过程如图 6 所示，主要分为以下步骤：

（1）初始化：在目标场地中的待更新建筑区域移除现有的三维高斯数据，新建一个盒体作为高斯椭球的生成点，并在其上随机分布默认灰色高斯椭球。同时，设置一个环绕摄像机对象，随机确定初始观察角度。

（2）三维高斯到二维扩散模型：利用 OpenGL 将包围盒渲染成蒙版图片（包围盒白色，背景黑色），并使用三维高斯光栅化渲染器从相同角度渲染出初始化后的三维高斯图像。

（3）二维扩散模型到三维高斯：将上一步的渲染图与蒙版图传入二维扩散模型，根据当前的噪波水平进行降噪处理。

（4）梯度更新：将降噪后的图像与当前现状图像比对，计算损失函数，并通过反向传播更新三维高斯模型参数。

（5）迭代更新：重复步骤 2~4。

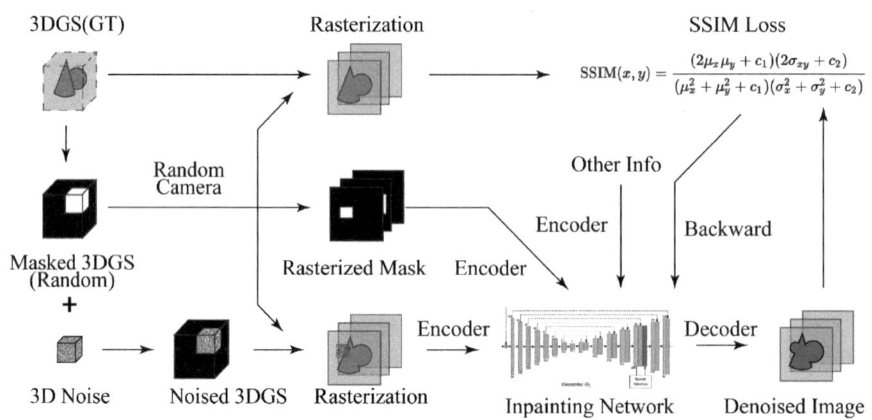

图 6　三维模型生成原理

上述过程阐述了一般情况下的完整重建过程，在进行非完全拆除式的城市更新改造项目时，可以选择性地保留部分原建筑信息。例如，如果仅需更新外表面材质，可以将相关部分的高斯球颜色调整为中性灰，并适当降低蒙版噪波量，以便在更新中保留一定程度的原建筑特征。

4 案例应用

4.1 场地概况

本研究选择香港深水埗片区作为实验场地，主要基于两个方面的考虑：

从城市更新角度来看，该地区正面临重建与风貌保护的双重挑战。深水埗拥有大量需要更新的旧楼群，同时也保留了众多具有历史价值的建筑，特别是占全港四分之一的“战前唐楼”。如何在大型重建工作中妥善处理这些历史建筑，成为一个亟待解决的问题。

从数据与模型训练的角度来看，香港地区拥有公开完善的建筑三维模型数据，便于快速获取大量相关数据集，有利于研究的快速验证。此外，深水埗地区建筑风格一致，周边植被遮挡较少，具有较高的可学习性。

综合以上两方面因素考虑，本文采用香港深水埗地区作为实验场地（图7、图8）。

图7 深水埗重建研究范围楼龄图

图8 深水埗街景图

图片来源：https：//thecollectivehk.com/深水埗重建.

4.2 准备数据集

首先，使用 Google Earth Studio 获取香港深水埗地区的三维模型照片数据。随后，利用 COLMAP 从这些图像中重建点云，并将这些点云数据用作三维高斯模型的输入。对每个场景进行 3000 ~ 7000 个 epoch 的学习。

完成三维高斯模型数据集获取后，划定场地内的学习范围，并在此范围内随机生成蒙版三维包围盒。对于每个包围盒，随机设置摄像机位置并进行以下操作：首先进行光栅化以获取具有原始色彩的 ground truth 图像；然后修改包围盒内的高斯椭球为白色，外部为黑色，再次光栅化以生成黑白的 mask 图像。

4.3 扩散模型微调训练

基于上述得到的图像和蒙版训练集数据，加载 places300000 预训练模型，在此基础上训练 DDPM 模型。将训练后的模型载入 Inpainting 模型，生成与参考案例类似且融合场地肌理的二维图像（图9）。

4.4 三维模型生成

（1）初始化：将目标场地中一处在建体育馆三维高斯数据移除，在原有场地处，新建一个盒体作为新的高斯椭球的出生点，在其上随机分布默认灰色高斯椭球。新建

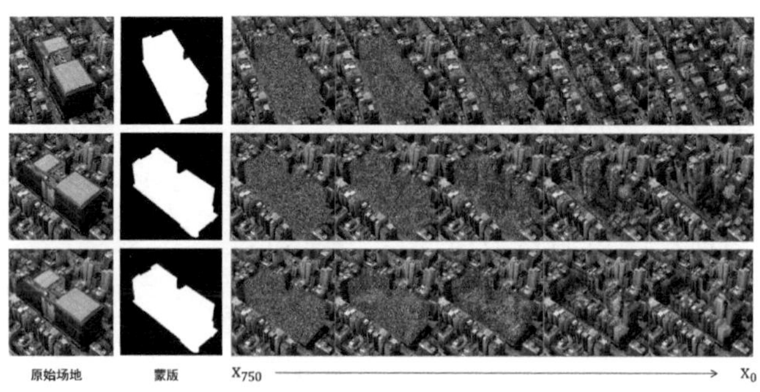

图9　使用二维扩散模型进行场地织补

一个环绕摄像机对象，随机一个角度作为初始角度。

（2）三维高斯模型到二维扩散模型：将包围盒作为蒙版，使用 OpenGL 渲染画面，包围盒为白色，背景为黑色，生成蒙版图片。使用三维高斯光栅化渲染器渲染同一角度的初始化后的三维高斯图像。

（3）二维扩散模型到三维高斯模型：将（2）中得到的渲染图与蒙版传入二维扩散模型，根据当前 t 值决定噪波的添加量，使用模型进行降噪处理。

（4）梯度更新：将（3）中降噪后的图像传入三维高斯模型，作为目标图像，与当前现状图像计算损失函数。再反向传播更新高斯模型。

（5）重复（2）、（3）、（4）步操作。其中，进行完步骤 2 和 3 后，步骤 4 可以重复执行多次，以减少二维扩散模型的调用次数，加快模型生成速度。单次循环中步骤 4 重复次数越多，模型学习速度越快，但与之相应的，模型容易出现多视角不匹配、无法收敛等问题。在实际使用中，步骤 4 除了采样当前状态下的二维扩散模型，也可以向前追溯采样之前的多步结果，以保证多视角一致性并加速训练速度。步骤 4 的采样次数和向前采样次数与模型学习率、先前的二维扩散模型生成结果、当前学习进度等多重因素相关（图 10）。

最终成果表明，本文所述从二维与三维数据交叉融合生成的方法能够生成符合场地与参考案例风貌的三维模型，初步实现了三维城市风貌的生成与织补（图 11）。

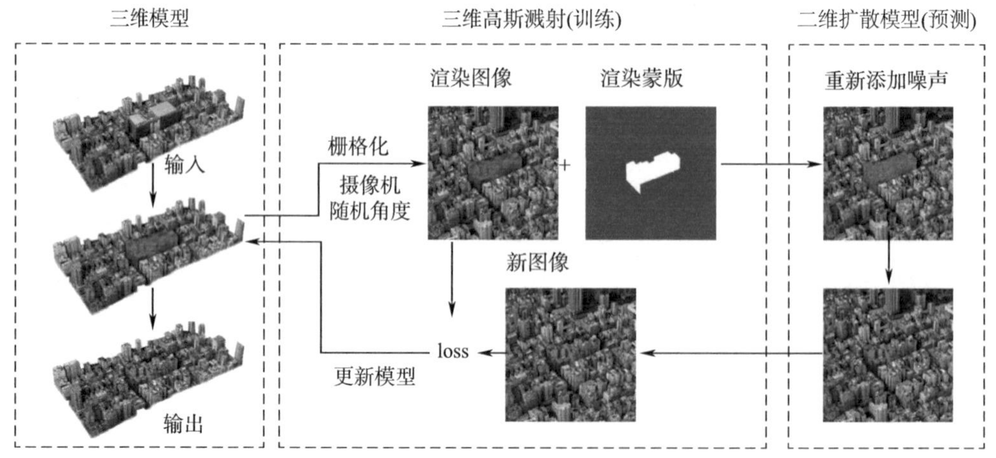

图 10　目标场地三维模型生成过程解析

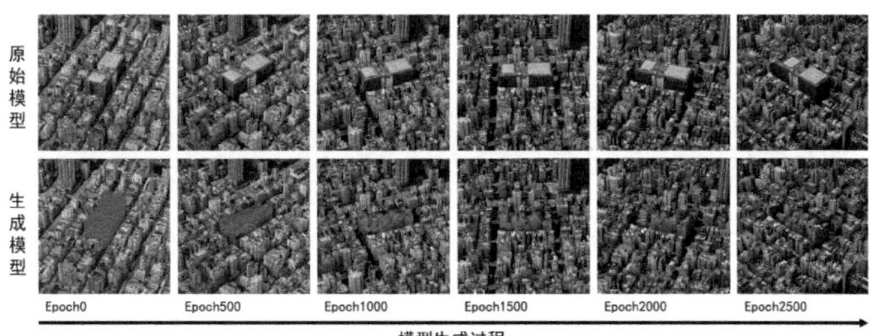

图 11 目标场地三维模型生成过程与结果

5 总结

本研究基于二维扩散模型与三维高斯溅射方法，构建了一种创新的三维空间城市街区风貌更新织补方法。该方法突破了传统的二维图像或三维体块风貌设计的局限性，通过建立照片级的城市三维场景，使设计人员能在真实的场地环境下更直观地进行设计。同时，本研究基于神经网络，学习优秀场地风貌，并结合场地周边环境，自动生成建筑风貌模型，实现了城市风貌的科学织补。

然而，本研究也存在一些不足之处。当前方案缺乏精细的语义控制，模型生成结果主要依赖于训练案例与周边场地，难以实现人为精确把控。此外，受限于模型生成速度要求，输出内容精度较低，难以满足高精细度设计需求。同时，三维高斯模型输出与现有工作流的对接也存在挑战，需要进一步处理才能与传统建筑设计软件兼容。未来，通过引入三维语义分割模型和 ControlNet 等技术，有望实现更精细的语义控制；通过提高图像分辨率和优化模型结构，可以提升输出精度。综合来看，本研究为城市街区风貌的更新织补提供了一种新颖的视角和技术路径，为未来城市规划和设计实践提供了参考和启示。

参考文献

[1] 王建国. 基于人机互动的数字化城市设计：城市设计第四代范型刍议［J］. 国际城市规划，2018，33（1）：1-6. B.

[2] 唐芃，李鸿渐，王笑，等. 基于机器学习的传统建筑聚落历史风貌保护生成设计方法：以罗马 Termini 火车站周边地块城市更新设计为例［J］. 建筑师，2019（1）：100-105.

[3] 李力，张婧，瓦希德·穆萨维，等. 大数据驱动的城市更新设计方法初探［J］. 新建筑，2021（2）：37-41.

[4] Vanegas A C，Garcia-Dorado I，Aliaga G D，et al. Inverse design of urban procedural models［J］. ACM Transactions on Graphics（TOG），2012，31（6）：1-11.

[5] 唐芃，王笑，华好. 解码历史：宜兴丁蜀古南街历史风貌保护与更新中的数字技术与实践［J］. 建筑学报，2021（5）：24-30.

[6] Mildenhall，Ben，et al. NeRF：representing scenes as neural radiance fields for view synthesis［J］. Communications of the ACM，2021，65（1）：99-106.

[7] Kerbl，Bernhard. 3D Gaussian splatting for real-time radiance field rendering［J］. ACM Transactions on Graphics，2023，42（4）：139-1.

[8] Poole，Ben. Dreamfusion：Text-to-3d using 2d diffusion［EB/OL］. arXiv：2209. 14988. https：//arxiv. org/abs/2209. 14988.

[9] Ho Jonathan，Ajay Jain，Pieter Abbeel. Denoising diffusion probabilistic models［J］. Advances in Neural Information Processing Systems，2020，33：6840- 6851.

[10] Lugmayr，Andreas. Repaint：inpainting using denoising diffusion probabilistic models［C］. Proceedings of the IEEE/CVF conference on computer vision and pattern recognition，2022：11461-11471.

基于规则算法的城市街区生成设计方法研究

Urban Block Generation Based on Rule-Based Methods

张　鉴[1]　李翰林[2]　许　蓁[1]
1. 天津大学建筑学院
2. 中国建筑西南设计研究院有限公司郑勇工作室

摘　要：在数字智能时代背景下，街区设计方法逐渐由传统模式向智能化转型。随着现代社会对空间品质需求的日益提升，街区设计需要处理更多维度和更高精度的复杂需求。现有的街区生成方法在结果多样性和对参数的动态响应方面尚有提升空间。为应对以上挑战，本研究依据城市特征和规范制定街区形态生成规则，使用元胞自动机和多智能体算法建立街区自动化生成设计流程，并以空间感知优化为目标，建立街区形态的多目标优化模型。研究结果表明，该方法不仅能有效解决街区生成中的复杂约束问题，还能对多种参数进行动态响应，成功生成多样化的街区形态。本研究提供了一种新颖的城市街区自动化设计流程，为计算性街区设计提供了新路径和视角。
关键词：街区形态；生成设计；元胞自动机；多智能体；空间感知

1　引言

城市作为复杂系统，其形态受到地理位置、环境条件和政策法规等多种因素的影响和制约，呈现出多元的形态表征。街区作为城市的基本单元，其形态直接影响着城市空间的功能布局、交通流线、居住舒适性以及能源效率。随着现代社会对空间品质要求的提升，街区设计需要处理更多维度和更高精度的复杂需求。传统的街区设计方法通常依赖于线性规划流程，往往需要建筑师投入大量时间进行设计的优化与调整，在自动化及效率方面存在不足。

生成设计方法通过应用计算机技术和算法自动化地生成符合预期的方案，为街区设计提供了技术支持[1,2]。近年来，有关街区生成设计的研究不断涌现，为处理涉及多重因素复杂问题的方法提供了新的可能[3,4]。基于规则的算法，例如元胞自动机[5]、多智能体系统[6]、形状语法[7]以及L系统[8]等，已被广泛研究并应用于街区形态的生成，不断探索基于规则方法的优势和潜力。例如，李飚等学者基于多智能体算法自动生成际村的地块肌理[9]，Beirão等学者基于形状语法开发了城市设计工具CityMaker[10]，孙澄宇等人则探讨了基于案例的街区自适应生成方法[11]。目前，基于规则的方法正逐步朝着算法优化和约束条件精细化的方向发展，但在生成结果多样性、约束求解效率和对城市多元参数的动态响应方面仍有待进一步优化。

基于此，本文提出了一种基于规则算法的城市街区形态生成方法。研究基于街区形态特征定义规则，使用元胞自动机和多智能体系统生成街区形态及布局，最后通过多目标优化算法建立街区优化模型，以实现街区的精确模拟和多参数动态响应，从而更科学、更精细地营造城市街区空间。

2 基于规则算法的街区生成设计方法

2.1 街区形态自动生成流程

研究采用 Grasshopper 及 Python 工具，构建了基于规则算法的街区形态自动生成流程（图 1），流程共分为三部分：首先，研究根据城市建筑特征制定规则，基于元胞自动机探讨了多参数控制下的建筑平面布局生成方法，为后续场地布局阶段提供了丰富的建筑平面数据库。其次，研究基于多智能体算法建立街区代理模型，探索场地的合理布局方法，旨在高效解决场地布局的复杂约束问题。最后，以空间感知为导向，建立街区形态的多目标优化模型，并通过实验验证了该模型的有效性。本研究旨在依据多元参数生成具体的街区形态，在设计初期为城市设计师提供高效的街区生成与决策工具。

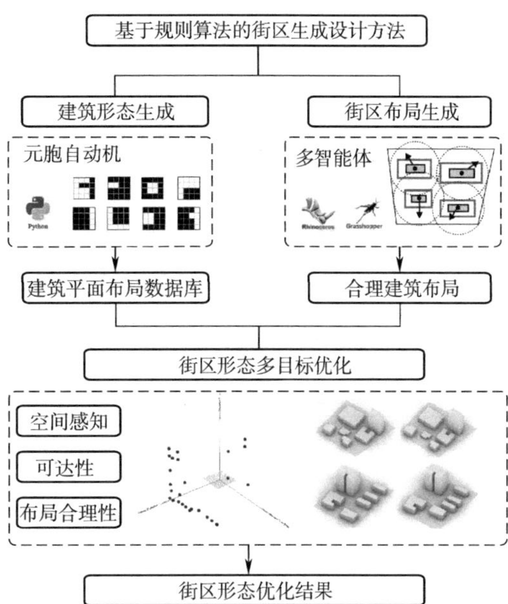

图 1 基于规则算法的街区形态自动生成流程

2.2 建筑生成实验

研究基于元胞自动机探索多样灵活的建筑平面形式。作为离散的动态系统，元胞自动机具有描述与生成复杂系统的潜力，非常适用于模拟复杂多样的城市建筑形态。通过制定规则，研究进一步探讨了该算法处理多种参数的适应能力。研究使用建筑长宽、形状指数、存活率三种关键指标控制建筑布局的迭代和生长，并用二维数组来记录细胞的存活状态。生成流程如图 2 所示，主要分为五部分。

（1）用户需求输入：用户根据需求输入建筑的长宽范围、柱网间距和形状指数。

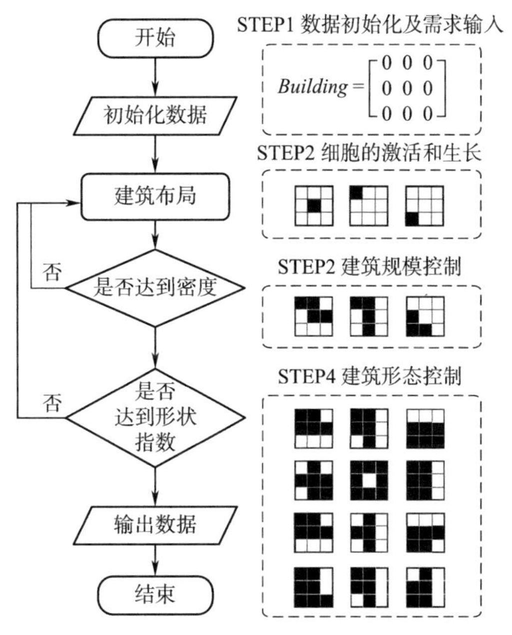

图 2 建筑平面生成程序

形状指数 *SI* 用于衡量建筑的规整程度，*SI* 越小则表示建筑越规整。*SI* 的计算方法如下：

$$SI=\frac{P}{A}$$

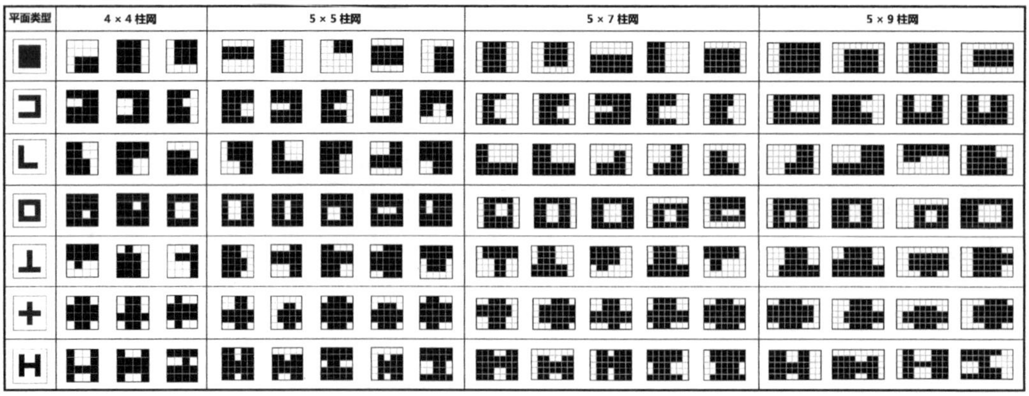

图3 不同建筑规模下的建筑形态生成结果

其中，A 为建筑面积，P 为与建筑等面积正方形的周长。

(2) 网格系统设置：根据用户输入的建筑尺寸范围及柱网间距，将平面划分为基于柱网尺寸的网格系统。

(3) 细胞的激活和生长：在网格系统中随机选取一个元胞进行激活，并随机选取其邻域元胞进行生长，模拟建筑形态的生长过程。

(4) 建筑规模控制：迭代激活网格系统中的细胞，直到达到目标存活率。存活率指存活细胞数量占所有细胞数量的百分比，反映了建筑在网格系统内的实际占用情况和密集程度。用户可以根据需求设定存活率的取值范围，以确定建筑的大致形态。

(5) 建筑形态控制：在达到目标密度后，通过激活边界上相对孤立的死细胞，调整建筑的形态使形状指数降低至目标值，实现建筑形态优化。

通过以上步骤，研究在不同的建筑规模下成功地生成了符合城市建筑特征的多样化建筑平面（图3），进一步验证了元胞自动机生成复杂结果的能力。此外，研究进行了不同建筑功能分类下的建筑生成实验，依据不同功能的建筑形态特征设定各参数取值。生成结果表明，本方法可以根据参数调整有效地生成符合不同功能类型建筑特征的布局（图4），体现了本方法对于不同参数的适应性，该结果可以作为建筑平面数据库，用于后续场地布局生成模拟。

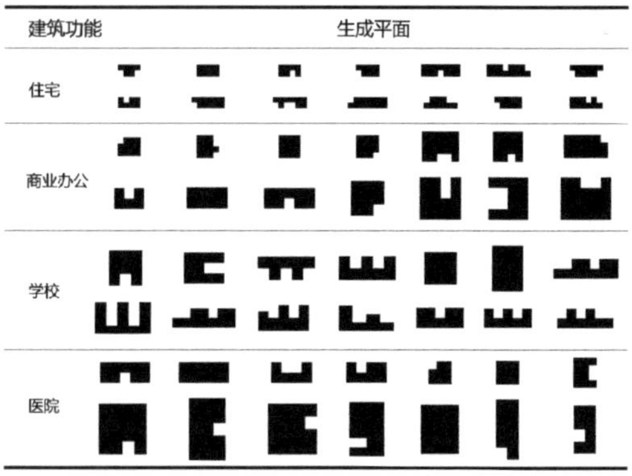

图4 不同功能类型的建筑形态生成结果

2.3 场地布局生成实验

场地布局问题是一种典型的密集排布问题，涉及在有限的空间中高效、合理地布局多个建筑，同时需要满足建筑规范、边界要求等复杂的约束条件。传统基于规则的场地排布方法往往通过制定多种规则实现场地的合理排布，但往往受限于规则本身固有的局限性，常由于搜索空间庞大而导致效率低下。因此，找到一种高效处理复杂约束并进行场地布局的方法至关重要。

研究提出了一种基于多智能体的场地排布方法，通过智能体之间的动态交互解决场地的复杂约束问题，从而有效提升求解效率。研究的具体流程如图 5 所示，主要分为四个阶段。

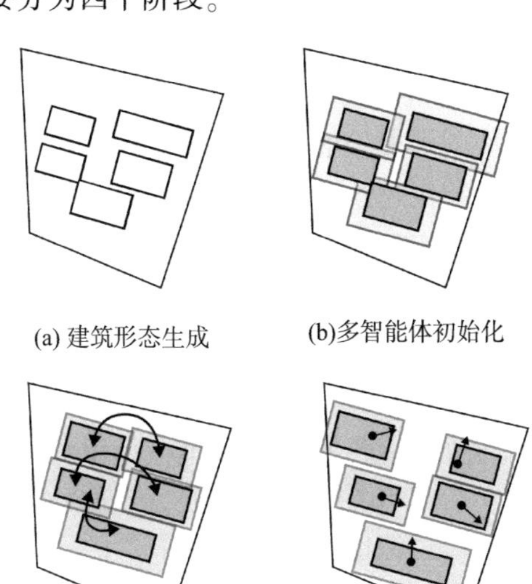

(a) 建筑形态生成　(b)多智能体初始化

(c)多智能体位置优化　(d)多智能体碰撞模拟

图 5　基于多智能体的场地布局优化流程

2.3.1　建筑形态生成

研究首先将建筑密度和容积率作为基本参数输入程序，并根据需求从建筑平面数据库中选取适合的建筑平面放置到场地中，直至满足预设的场地密度。随后，根据目标容积率为每栋建筑分配合适的高度，并据此将建筑分为多层和高层两类，至此完成建筑形态的生成及街区形态的初始化布局。

2.3.2　多智能体设定

完成初步布局后，研究将系统优化建筑间的空间关系，确保各建筑间的间距满足规范且位于场地内部。根据规范中对于多层和高层的间距要求，将建筑轮廓向外偏移适当距离，依据偏移后的轮廓建立建筑的智能体代理模型，从而将建筑间距问题转化为智能体间重叠面积最小化的问题。

2.3.3　建筑位置优化

考虑到建筑的初始位置是随机确定的，在智能体进行碰撞和移动之前，研究首先优化建筑的初始排布位置，避免由于建筑相对位置固定而导致的局部最优的问题。具体做法为将智能体的位置进行两两交换，每次交换前都会计算交换后智能体间的重叠面积，若面积减小则执行交换，否则保持现有位置不变。

2.3.4　多智能体碰撞模拟

研究采用 Grasshopper 进行多智能体的碰撞模拟，将每个建筑设为包含信息并可以自我更新的多智能体，并为智能体设定了以下四种力（图 6），具体如下：

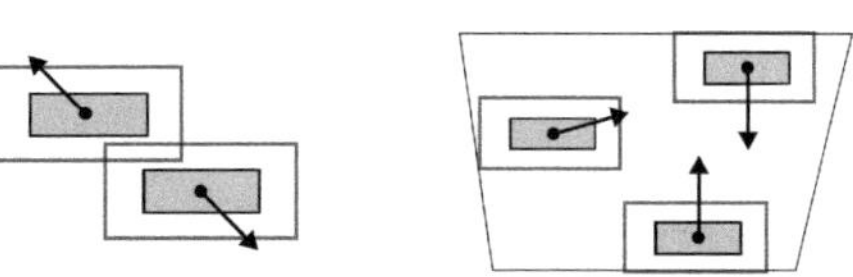

(a)智能体之间的斥力　(b)智能体与场地边界的斥力

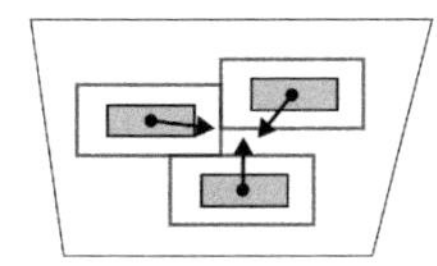

(c)智能体间的吸引力　(d)智能体与地面的摩擦力

图 6　多智能体力的设置

（1）智能体之间的斥力：当两个智能体碰撞时，它们将受到相互的斥力作用，导致它们朝各自相反方向移动，从而确保建筑间满足间距要求。

（2）智能体与场地边界的斥力：当智能体接触到场地边界时，它们会受到来自边界的斥力，智能体受力后将向场地内部移动，从而确保所有建筑都位于场地内。

（3）智能体间的吸引力：为智能体设置吸引力，受到吸引作用的智能体将在场地内集中排布，以促进场地的集约利用。当设置吸引力较大时，可以实现建筑在场地中的紧密排布，从而有效解决规划中的强排问题。

（4）智能体与地面的摩擦力：为场地和智能体设置适当的摩擦力，该设置可以减缓建筑在运动过程中的速度，有助于系统快速达到力学平衡状态。

通过以上力的设置，智能体将在多种力的作用下碰撞和移动，系统平衡时则为该场地布局的可行解。为了验证该方法的有效性，研究针对不同建筑形态和场地边界进行了多次实验，图7展示了部分生成结果，可以看出本方法成功实现了对于不同规模、不同形态建筑的合理布局，展示了该方法对不同场地条件的良好适应性。

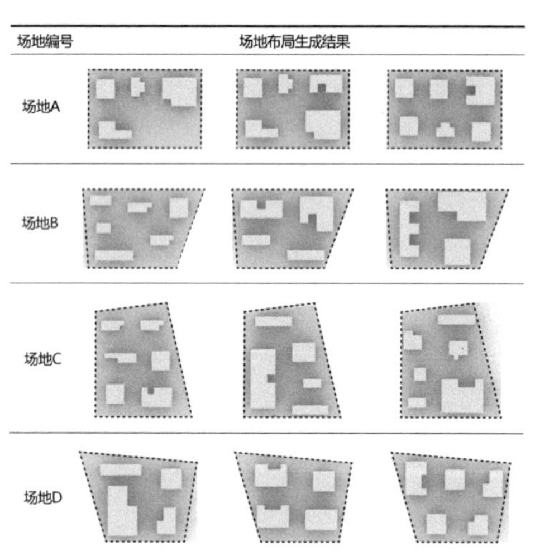

图7　场地布局生成结果

2.4　场地布局优化模型建立

在实现合理场地布局之后，研究使用多目标优化方法建立街区优化模型（图8）。研究选取商业街区作为研究对象，并将空间感知和场地布局合理性作为优化目标。依据空间句法理论，将空间感知分为可达性和视域面积两部分。而场地布局合理性则由建筑间距、建筑退界距离进行衡量。在优化过程中，建筑在预定的范围内进行动态调整，系统将自动探索并确定最优的街区形态。

本研究中，街区可达性使用全局总深度值 D 进行计算。首先将建筑和街区入口抽象为节点，并使用 Delaunay 三角剖分方法建立街区的图模型（图9），据此计算街区的全局总深度。D 是所有节点的平均深度值之和，平均深度值是指从某一节点到图中所有其他节点最小转换次数的平均值。D 的计算方式如下：

$$D = \sum_{S \in V} \left(\frac{1}{|V| - 1} \right) \sum_{v \in V, v \neq s} d(s, v)$$

其中，$|V|$ 表示图中节点的总数，$d(s,v)$ 表示从起点 s 到节点 v 最小转换次数的节点数。对于商业街区而言，平均深度值越小，意味着越高的街区可达性和渗透性，有助于促进人流的聚集和活动，从而提升商业街区的吸引力和活力。

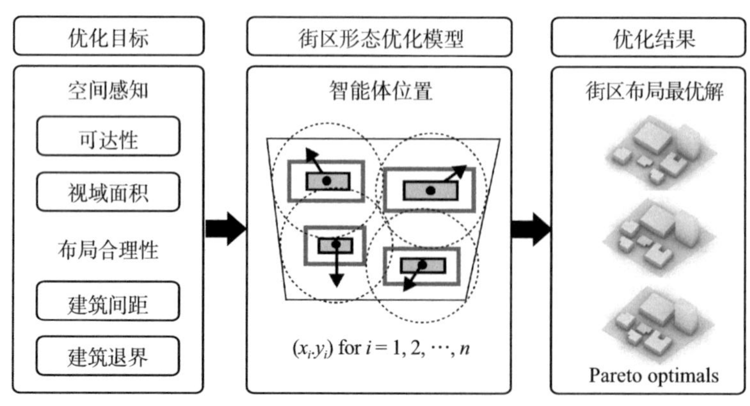

图8　街区多目标优化模型

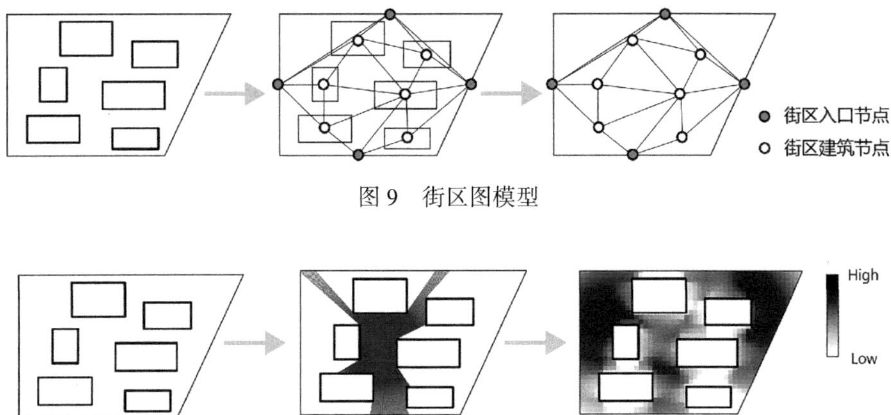

图 9　街区图模型

图 10　街区视域面积分析

此外，本研究依据空间句法理论中的视域面积来衡量街区的整体开阔程度（图 10），优化目标设定为场地视域面积最大化。此外，由于在建筑移动过程中，可能会导致建筑间距不满足规范的情况，同时建筑需要满足一定场地退界距离，因此使用建筑间距和退界距离来衡量场地布局的合理性。

最后，研究通过在两个商业地块进行实验，设定种群规模为 5000，迭代次数为 100 次，程序成功输出了最优的街区形态（图 11）。由结果可知，在视域面积和场地间距的共同作用下，优化结果倾向于将建筑分散布置，并且形成了一定的开放空间。同时，在建筑退界目标的驱动作用下，所有建筑均优化至场地退界内部。此外，受可达性因素的驱动，建筑布局朝着空间关系简化的方向发展，实验结果验证了该优化模型的有效性。

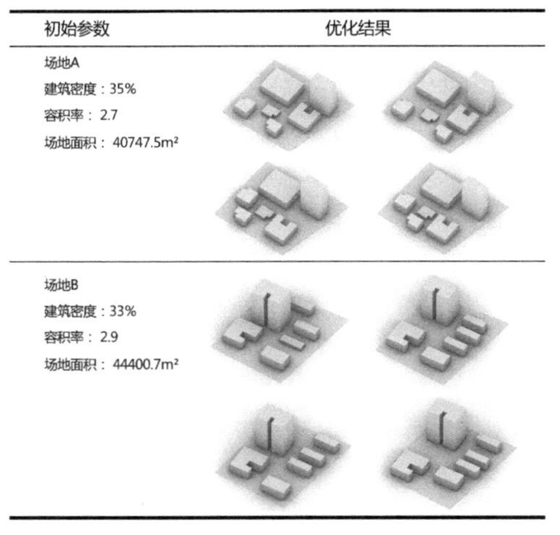

图 11　商业地块街区形态优化结果

3　结论

随着人工智能技术和复杂理论科学的进步，运用计算机技术辅助城市街区设计逐渐成为未来城市设计发展的重要趋势。研究提出了一种基于元胞自动机和多智能体系统的街区形态生成设计方法，进一步探索了将规则算法用于街区形态生成设计中的潜力。通过充分利用元胞自动机生成多样化结果的优势，以及多智能体系统自下而上的自组织特性，研究成功实现了城市街区复杂约束的动态求解，实验证明本方法对于不同的设计参数均产生了高效响应。通过多目标优化过程，研究进一步探索了空间感知和场地排布最优的街区形态，从而为设计师在项目初期提供有价值的决策支持。研究建立的街区生成设计流程有效兼顾了街区中的多元参数和设计目标，探索出更多的街区设计可能性。

研究为街区形态设计提供了一种新颖的数字化生成与优化工具。未来的研究预期引入更多的参数变量，以实现对街区形态更为精准的调节与控制，从而满足更加广泛的设计需求。此外，未来研究考虑纳入日照、风环境等更多优化目标，进一步探索多元目标驱动下的城市街区形态生成设计方法。

参考文献

[1] Caetano I, Santos L, Leitão A. Computational design in architecture: defining parametric, generative, and algorithmic design [J]. Frontiers of Architectural Research, 2020, 9 (2): 287-300.

[2] Weber R E, Mueller C, Reinhart C. Automated floorplan generation in architectural design: a review of methods and applications [J]. Automation in Construction, 2022, 140: 104385.

[3] Jiang F, Ma J, Webster C J, et al. Generative urban design: a systematic review on problem formulation, design generation, and decision-making [J]. Progress in Planning, 2023: 100795.

[4] Zhang X, Wang X, Du S, et al. A systematic review of urban form generation and optimization for performance-driven urban design [J]. Building and Environment, 2024, 253: 111269.

[5] Anonymous. Cellular automata: bridge between building variability and urban form control [C/OL] // 2018 symposium on simulation for architecture and urban design. Society for Modeling and Simulation International (SCS), 2018. Delft, Netherlands.

[6] 郭梓峰，李飚．建筑生成设计的随机与约束：以多智能体地块优化为例 [J]. 西部人居环境学刊，2014，29 (6)：13-16.

[7] Wang Y, Crompton A, Agkathidis A. The Hutong neighbourhood grammar: a procedural modelling approach to unravel the rationale of historical Beijing urban Structure [J]. Frontiers of Architectural Research, 2023, 12 (3): 458-476.

[8] Lechner T, Watson B, Ren P, et al. Procedural modeling of land use in cities [J]. 2004.

[9] 李飚，郭梓峰，季云竹．生成设计思维模型与实现：以“赋值际村”为例 [J]. 建筑学报，2015 (5)：94-98.

[10] Beirão J. CityMaker: designing grammars for urban design [J]. A+BE: Architecture and the Built Environment, 2012 (2).

[11] 孙澄宇，罗启明，涂鹏，等．街坊尺度下建筑群体三维体量的自动生成方法初探 [J]. 城市建筑，2016 (1)：114-117.

基于街景图像的城市街道活力感知与评价

Vitality Perception and Evaluation for Urban Streets Based on SVIs

张翊宁[1]　李舒阳[2,3]　章　璇[1,3]　孙澄宇[4]　孙　良[5]　韩昊英[1,6]

1. 浙江大学建筑工程学院
2. 新加坡国立大学设计与工程学院
3. 苏黎世联邦理工学院新加坡研究中心
4. 同济大学建筑与城市规划学院
5. 中国矿业大学建筑与设计学院
6. 澳门城市大学创新设计学院

摘　要：城市活力是衡量城市生活繁荣的重要指标，研究和评估城市街道活力有助于精细化的城市治理与更新。但是居民对城市街道活力的主观感知与实际活力存在一些差异，这种差异可能影响城市规划政策和设计策略。本研究以上海为例，通过街景图像多模态感知实验收集了活力感知数据，并基于百度 LBS 数据测算了街道活力作为比较基准，进而对比分析了活力感知与实际活力的差异。研究表明，上海城市街道的感知活力值与活力测算值存在一定差异，主要体现在五角场、田林、上海南站、大场街道等区域，需要提出针对性的设计导则与设计策略。城市街道的地理空间要素和视觉要素的语义信息及属性会显著影响街道活力主观感知，后续研究应该关注此处。

关键词：城市活力；街景图像；活力感知；活力测算；多模态感知

1　引言

随着城市化迈入存量更新为主的时代，城市活力作为城市生活繁荣和民生的重要指标，受到了政府和管理部门、规划设计方、业主及开发商等的共同关注。然而，衡量和评估城市活力并非易事。目前，被普遍认可的城市活力测算方法主要基于记录人的空间行为的 Location-based Service（LBS）数据[1]，或地理空间 GIS 数据[2]。亦有一些研究将社会经济等数据引入城市活力测算[2]。但是，活力测算的诸多方式在学术界并未达成一致[2]，且上述测算方式忽略了城市居民的活力感知这一重要因素，容易陷入数据驱动的“统计陷阱”，进而推导出错误的结论。

习近平总书记于 2019 年在上海表达了“人民城市人民建，人民城市为人民”的治理理念，城市空间的营造需要满足居民的使用需求和感知需求。对于同一城市空间，居民的活力感知与活力测算结果之间存在差异[1,3]。已有的活力感知研究大部分受限于调研范围和样本数量，普适性仍需提高[1,3]。新城市科学强调的“海量、高密、高频”数据和主动城市感知技术，促使研究聚焦于更广泛的城市个体的行为与感知[4,5]。因此，借助新兴技术开展大规模的建成环境感知研究，对于优化提升城市面貌与活力、营造以人为本的城市空间具有重要意义。

研究以上海市外环内城市街道为例，通

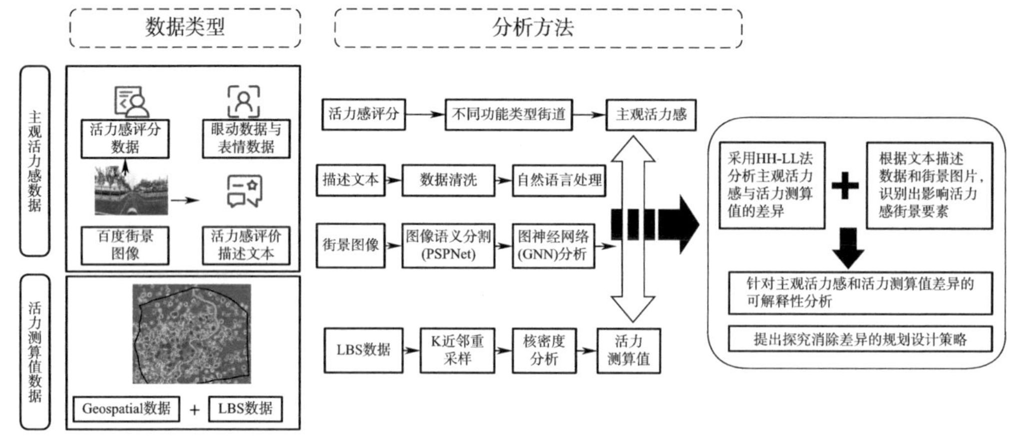

图1　研究框架

过对比感知活力值与活力测算值，定位了两者之间差异较大的街道和区域，并进一步解析造成差异的原因。研究采用百度LBS数据作原始数据，通过数据处理和计算得到了活力测算值，以代表城市空间的客观活力。研究通过街景图像感知实验，收集了135名被试者的1120条活力感知数据，以代表城市空间的主观活力。研究将主观与客观、实证与感知的数据进行整合和对比，引入了HH-LL分析模式[5]和图神经网络（GNN）[5]辅助街景图像分析，以更全面、深入地理解城市街道的活力（图1）。

2　文献综述

城市活力是评估城市质量的重要指标之一。Jacobs[5]认为城市活力受到与社会和经济活动相关的人口密集的高度影响。段义孚[6]强调了人类的活动和感知对于场所（Place）的重要意义。Lynch[7]则考虑了城市空间形态对于活力的影响，激发了学者从建成空间环境的角度对活力开展研究。Montgomery[8]和Whyte[9]也从空间尺度方面建立了理解城市活力的方法。Katz[10]总结出影响活力的因素，如街道的尺度、功能的混合度、建筑的密度等。Gehl[11]分析了人的行为活动与建成环境特征属性之间的联系，认为活力的评价应当综合考虑环境、行为、心理这三个方面的要素。这些研究明确了城市活力的定义与影响要素，指出了城市活力研究应该关注建成环境数据、行为活动数据和心理感知数据。

技术的发展催生了海量的多源城市数据，极大地推动了城市空间活力研究。已有研究多集中于探究建成环境要素和社会经济活动如何影响城市活力，因此活力测算主要依赖于GIS数据、POI数据、手机信令数据、社交媒体数据等。较为主流的活力测算方式大致可分为三类。第一类将人类活动数据作为活力测算依据[1]，该方法也是以最直观的访问地点人数作为活力值。第二类将建成空间环境数据作为活力测算依据，主要采用如POI数据[2]、建筑、蓝绿设施、绿植与绿化、路网数据[2]等综合计算以表征城市空间活力。第三类活力测算方式将人类活动数据与建成环境数据结合，构建了若干二级指标和不同权重分配的活力测算框架[12]。上述研究都侧重于建成环境数据和行为活动数据，较少有研究关注与城市活力相关的心理感知数据。

一些研究表明城市空间的属性与公众的主观感知存在差异，这一差异也体现在城市活力方面。街景图像（Street View Images，SVIs）以城市居民的角度，对城市物质空间进行描述，被广泛地应用于感知研究[3]。同时，街景图像也可以表达有关城市功能、社会经济和人类活动等隐性的不可视信息。Zhang 等人[3]的研究表明，城市居民对于一些街区的安全感知和报告犯罪率之间存在“感知偏差”。Zhang 等人[4]的研究讨论了建筑功能分布的感知偏差，采用三种方法：客观数据映射、主观感知分析、感知偏差评估，来澄清城市空间感知研究中的偏见。Wu 等人[1]的研究聚焦于城市区域中活力测算和主观感知的差异，以及日间和夜间活力的差异，探讨了影响城市活力的关键因素。建成环境的呈现效果与居民主观活力感知之间的偏差不仅普遍存在，而且与城市规划和设计策略的初衷有一定差距。因此，迫切需要进一步深入研究居民对城市活力的主观感知，特别是探讨活力感知与活力测算之间差异的成因和机制，以确保规划和设计策略能够符合预期、更好地满足居民需求。

3 数据收集与准备

3.1 研究区域与研究样本

研究选取上海市外环以内的中心城区作为研究范围，在该范围内均匀选取了210个街景图像采样点。根据街道主要承载的功能，划分了8种街道类型，包括：低密度住宅街道、高密度住宅街道、传统工业街道、新型工业街道、商业街道、商务办公街道、历史文化街道、混合功能街道。

基于百度街景图像数据库采样收录的上海2019年街景图像，仔细检查筛选了8种类型街道的街景图像。为确保街景图像的质量具有相对可比性，设置了一些筛选标准，包括拍摄季节、曝光度、建筑和树木投射的阴影等。研究所选用的街景图像为2019年5月至9月拍摄，且规避了中午和傍晚两个时间段，图像中绿植状况良好，图像曝光正常、色彩均衡。考虑到360°街景图像的视角畸变，我们选取了正前方和左右两侧的图像组成270°视角的街景图像作为刺激材料（图2）。

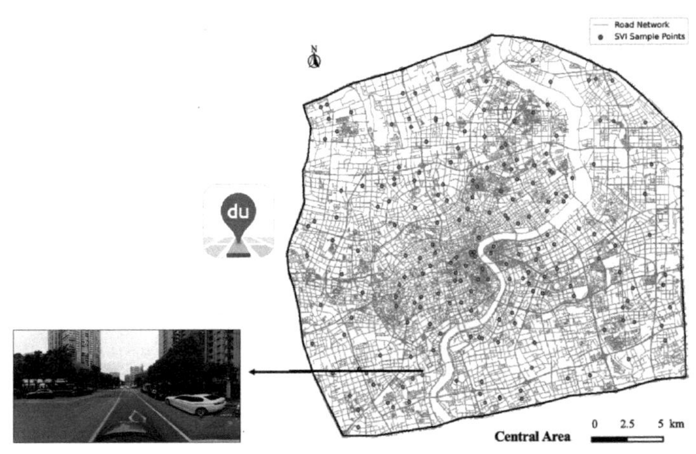

图2 百度街景图像采样点

3.2 街景图像活力感知实验

研究邀请了135名志愿者参与街景图像活力感知实验。这些受试者都受过良好教育，具有正常视力（或矫正后正常视力）和感知能力。被试年龄分布于17岁至45岁，其中男性和女性的数量几乎相等。每位被试对至少8张街景图像进行了评价，每张街景图像也至少被5名及以上的被试评价。

研究通过感知实验采集了被试对于街景图像的评分、口头报告、面部表情、眼动轨迹等数据作为活力感知评价的多模态数据集。这套多模态数据采集系统由多个设备组成：显示器用以呈现街景图像，语音设备用于自动播报提问的问题和记录被试的口头描述，相机记录了被试在观察时的表情变化，眼动仪记录了被试观察过程中的注视轨迹等。对于每张街景图像，被试会被提问两个问题，首先需要为图像中街道的活力感打分，之后需要口头描述活力感打分的原因。活力感打分采用里克特五分量表：强烈不同意、不同意、中立、同意和强烈同意，分别对应1分至5分。多模态感知数据为后续的对比分析提供更为丰富、翔实的信息，有助于深入探究活力感知的影响机制。

3.3 活力感知数据处理

被试对于街景图像的活力感知评分被平均化处理，进而得到每个街景图像采样点的主观活力感数值。我们按照街道类型整理了主观活力感评分的平均分（表1），混合功能街道和住宅街道的活力感平均分高于工业街道，商业街道和商务办公街道的活力感平均分高于住宅街道。历史文化街道的活力感平均分最高，但是该类型街道占比较低，不具备典型性，因此不作更深入的讨论。

表1 活力感评分

街道类型	活力感平均分（5分制）
传统工业街道	1.47
新型工业街道	2.30
混合功能街道	2.65
低密度住宅街道	2.37
高密度住宅街道	2.59
历史文化街道	3.72
商务办公街道	2.80
商业街道	3.46
总平均分	2.64

被试陈述活力感打分原因的描述性语句会被转录为文本信息。文本数据经过清洗和筛选后减少了错别字词和无效表述，然后提取文本信息中的关键词，并采用语言情感倾向的分析方法，以构建活力感要素分析和评价框架。此外，面部表情数据采用了OpenFace算法分析，重点关注激活度（Arousal）和愉悦度（Valence），眼动仪数据的分析主要聚焦于注视轨迹、关注时长、兴趣区域（图3）。

图3 活力感评分可视化

3.4 基于百度LBS数据的活力测算

研究以城市居民的行为活动数据作为活力值的测算依据。我们采用了百度LBS数据作为原始数据，提取了街景图像对应时间段（2019年5月至9月）的平均访问地点人数。对于住宅街道，我们统计了工作日晚上 10 点至次日上午 8 点之间的人数；对于商务办公街道和工业街道，我们统计了工作日上午 10 点至下午 5 点之间的人数；对于商业街道，我们统计了非工作日上午 10 点至晚上 8 点之间的人数。

我们采用核密度分析法处理 LBS 数据，对城市活力进行测算量化与可视化。我们以采样点 15m 半径范围设定缓冲区，并统计该区域的访问人数总和，作为该采样点的活力测算值。然后，用 k 近邻法确定了每个点的生效半径，进行重采样，最后作核密度分析，将百度 LBS 数据呈现为热力分布图（图 4）。总体呈现的城市活力特征符合上海城市功能布局与社会经济报告的数据，活力值较高的地区多数位于静安区、黄浦区、徐汇区、普陀区。

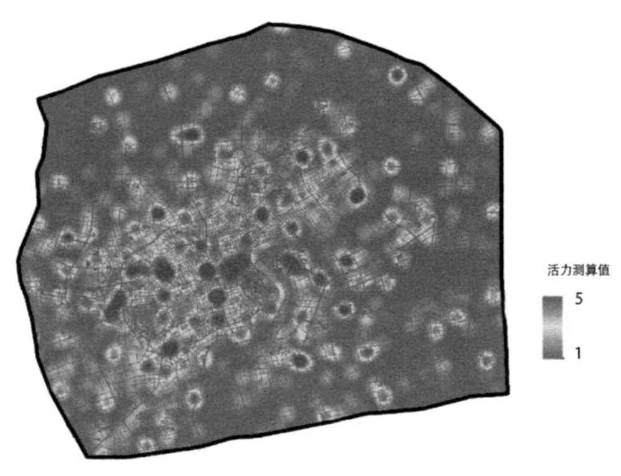

图 4　活力测算值可视化

4　对比分析与讨论

4.1　感知活力值与活力测算值的差异概述

研究选取的 210 个采样点的活力感平均分约为 2.64 分。活力感评分较高的采样点基本分布在上海核心商业区域，活力感评分较低的采样点主要分布在中环和外环之间的住宅区和工业区。大部分的采样点活力感平均分处于 2.07～3.46 分之间。研究重点关注住宅街道、工业街道、商业街道和混合功能街道，这些街道在采样点总数占比约 80%。

通过比较多模态街景图像感知实验得到的感知活力值和百度 LBS 数据处理后得到的活力测算值，我们发现感知活力值和活力测算值之间存在一些差异（图 5）。活力测算值呈现明显的聚集效应，而感知活力值分布更为均匀一些。混合功能街道的感知活力值要明显高于住宅街道，但是前者的活力测算值与住宅街道的活力测算值非常接近。对于工业街道，感知活力值与活力测算值没有明显差异。

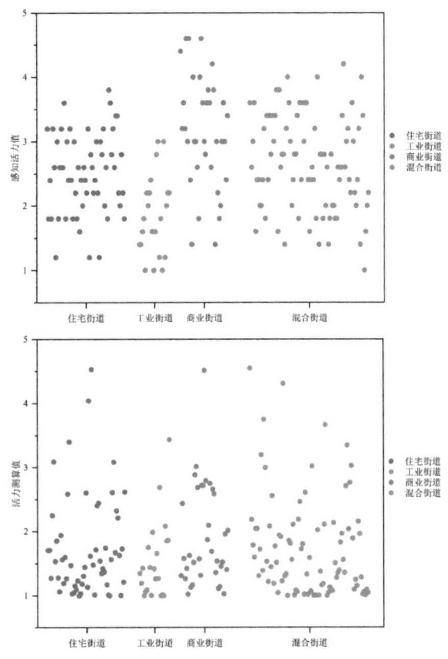

图 5　感知活力值与活力测算值的对比

4.2　HH-LL 模式分析

为了揭示感知活力值与活力测算值的差异性，研究采用 HH-LL 分析模式，对上述采样点的异质性进行评估。HH-LL 分析模式将同一样本的两类数据作比较，进而可以把样本划分为四类。假设 P 为感知活力值，A 为活力测算值，P_m 和 A_m 分别为这两个指标的中位数。那么，对于任意一个样本，其分类可以表示为：

$$\begin{cases} \text{HH}(P \geqslant P_m \text{ and } A \geqslant A_m) \\ \text{HL}(P \geqslant P_m \text{ and } A < A_m) \\ \text{LH}(P < P_m \text{ and } A \geqslant A_m) \\ \text{LL}(P < P_m \text{ and } A < A_m) \end{cases}$$

HH（High-High）表示感知活力值和活力测算值都较高；HL（High-Low）表示感知活力值高，但活力测算值低；LH（Low-High）表示感知活力值低，但活力测算值高，LL（Low-Low）表示感知活力值与活力测算值均低。

将 HH-LL 分析结果可视化（图 6），可以看出 HH 类型街道主要分布在黄浦江以西区域，以商业街道和混合功能街道为主，感知活力值与活力测算值大致匹配并均较好。而 LL 类型街道则主要是一些工业街道和低密度住宅街道。活力感知值与活力测算值有较大差异的采样点主要分布在五角场、田林、上海南站、大场街道等区域。HL 类型街道以混合功能街道为主，LH 类型街道以高密度住宅街道为主，大多分布在中环路以外的区域和浦东新区。

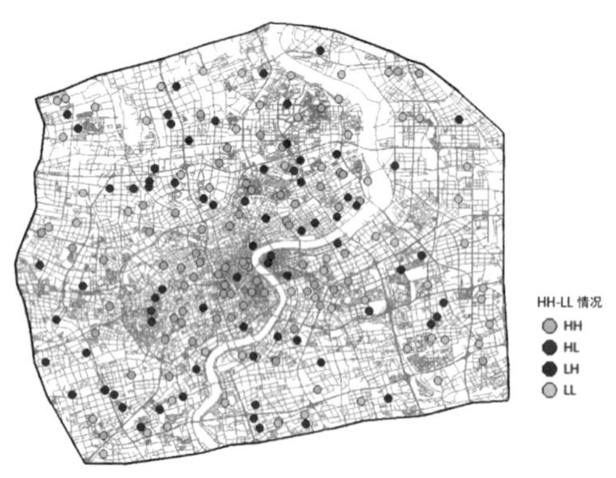

图 6　街道活力 HH-LL 情况

4.3　街道活力感知影响机制探究

针对 HL 和 LH 两类街道，我们将图像语义分割算法和图神经网络结合，探究主观活力感和活力测算值差异的诱因（图 7）。基于 PSPNet 算法的街景图像语义识别与分割，可以将图像中的建成环境要素提取和分类，进而使用图神经网络对建成环境要素作节点聚类分析和图相似度分析，总结同一类型街道的共性。

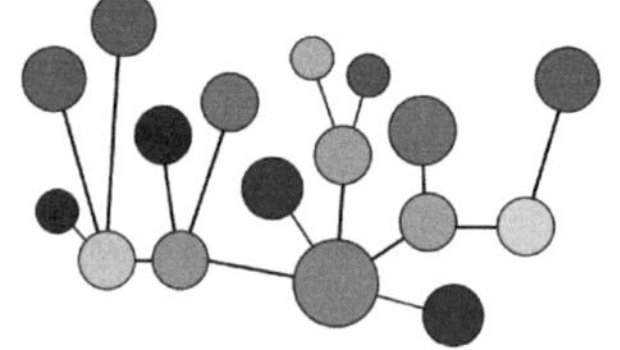

图 7　街景图像语义分割与图神经网络分析

在活力测算值都较低的情况下，HL 与 LL 类型街景图像的共性在于建筑类型大多是住宅，并且道路的绿化和整洁度较高。造成两者感知活力值差距的原因可能在于街景图像中行人和车辆的数量，及视野内建筑的密度。67 号采样点“原平路”的活力感原因文本描述，提到了“行人与非机动车让这个街道看起来很热闹”，与街景图像图相似度分析的结果一致（图 8）。

活力测算值都较高的情况下，HH 与 LH 类型的差异在于建筑类型、绿化率和基础设施完善度。HH 的街景图像中呈现了住宅与商业或商务办公的功能组合，商店会给人“烟火气”，植被的数量多也会让人觉得街道更具活力感。LH 的街景图像构成表明，仅商业类建筑和办公类建筑并不会让人感觉有活力（图 9），活力感并不能简单地用人流量或者人数表示。

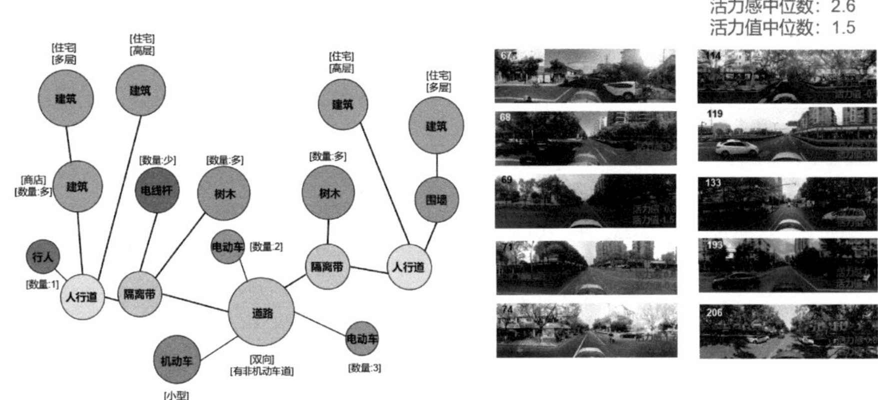

图 8　HL 类型街景图像图相似度分析

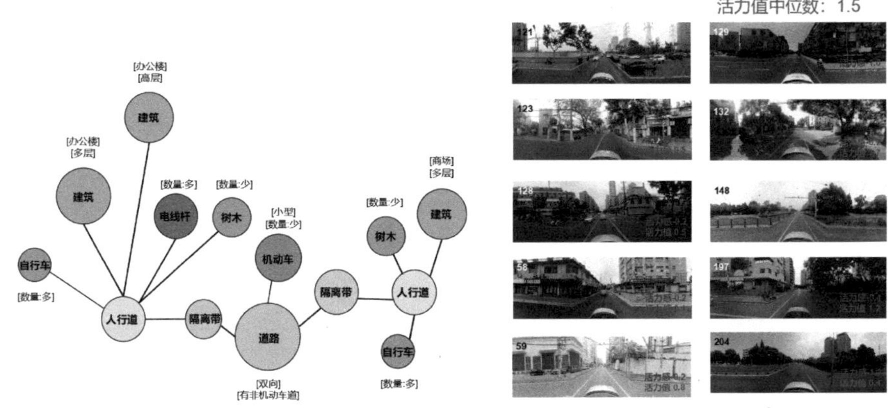

图 9　LH 类型街景图像图相似度分析

5　结论

研究揭示了公众对城市街道的活力感知与活力测算之间的差异，并探讨了这些差异的成因。通过对上海市中心城区的 210 个街道采样点的街景图像多模态感知实验，研究讨论了影响街道活力感知的因素。街景图像的视觉丰富度，图像中建筑的类型、数量、密度等语义信息会显著影响活力感知。研究强调了活力评价应该关注活力感知，避免单纯依赖建成环境数据和可能造成的偏差。探究活力感知的影响机制，可以指明规划设计蓝图与实际建成效果之间的差距，从而更具有针对性地提出优化更新措施，提升城市空间品质，实现“人民城市为人民”的目标。

致谢

本研究由苏黎世联邦理工学院新加坡研究中心未来城市实验室“The Sea-City Interface”项目资助。本研究中所采用的百度 LBS 数据由同济大学建筑与城市规划学院建成环境技术中心提供。

参考文献

[1] Wu C, Ye Y, Gao F, et al. Using street view images to examine the association between human perceptions of locale and urban vitality in Shenzhen, China [J]. Sustainable Cities and Society, 2023, 88: 104291.

[2] Ye Y, Li D, Liu X. How block density and typology affect urban vitality: an exploratory analysis in Shenzhen, China [J]. Urban Geography, Routledge, 2018, 39 (4): 631-652.

[3] Zhang F, Fan Z, Kang Y, et al. "Perception bias": Deciphering a mismatch between urban crime and perception of safety [J]. Landscape and Urban Planning, 2021, 207: 104003.

[4] Zhang F, Zhou B, Liu L, et al. Measuring human perceptions of a large-scale urban region using machine learning [J]. Landscape and Urban Planning, 2018, 180: 148-160.

[5] Litscher M F. Eckardt. Jane Jacobs: the death and life of great american cities [M]. Wiesbaden: Springer Fachmedien Wiesbaden, 2017.

[6] Tuan Y F. Space and place: the perspective of experience [J]. Leonardo, 1978, 68 (3).

[7] Lynch K. Good city form [M]. MIT press, 1984.

[8] Montgomery J. Making a city: urbanity, vitality and urban design [J]. Journal of Urban Design, Routledge, 1998, 3 (1): 93-116.

[9] Whyte W H. The social life of small urban spaces [M]. 1980.

[10] Katz P. The new urbanism: toward an architecture of community [A]. Choice Reviews Online, 1994, 31 (9): 31-4741.

[11] Gehl J. Livet mellem husene: udeaktiviteter og udemiljøer [A]. 1987.

[12] 郝新华，龙瀛，石淼. 北京街道活力：测度、影响因素与规划设计启示 [J]. 上海城市规划，2016 (3): 37-45.

基于迭代算法的城市路网结构生成方法研究

Research On Urban Road Network Structure Generation Method Based on Iterative Algorithm

曹斯文[1] 沈苏怡[1] 童滋雨[1]

1. 南京大学建筑与城市规划学院

摘　要：城市路网作为城市形态的骨架，不管是自然生长的有机路网还是人工规划的规则路网，主干道、次干道和街巷等不同等级道路相互连接，在不同尺度上呈现出自相似的特征。对空间问题的数学转译在数字技术的加持下催生出更加多样化的设计形态。本研究旨在通过对城市典型路网模式的特征分析，探索一种基于迭代算法的未来城市路网结构。通过提取路网密度、交叉口类型和数量作为关键特征指标，并利用递归和L-system等迭代算法，基于Processing编程平台生成兼具有机路网和规划路网特征的特殊路网结构。生成结果不仅探索了未来城市路网的发展可能性，也进一步探索了基于迭代算法的生成设计，体现了其在城市设计中的应用潜力。

关键词：迭代算法；路网结构；L-system；Processing

1　引言

城市路网复杂多样，既有自然演化的有机路网，也有人工规划的规则路网。虽然路网类型多样，但在结构组织上却存在一致性，即在不同的空间层次上呈现出明显的自相似特征。Marshall[1]将现代大都市的路网结构和叶片脉络类比，强调两者在脉络分级和构建连续网络上的相似特征。Alastair Morrison[1]将这一特性定义为动脉性（Arteriality）。Marshall认为“动脉性”是路网结构的一个关键属性，对于空间组织和层次建构非常重要。在任一路网结构中，层次分配如图1所示：从动脉A开始，向下分级生成一系列子网络，共同构成一张嵌套的动脉网。对于每一个子网络而言，最高层级的道路一定从属于一个连续系统，而较低层级的道路更倾向于形成单独的子网络。每一个子网络都有属于这个层级的“子动脉”。这样的脉状网络适应于不同规模的城市空间范围。

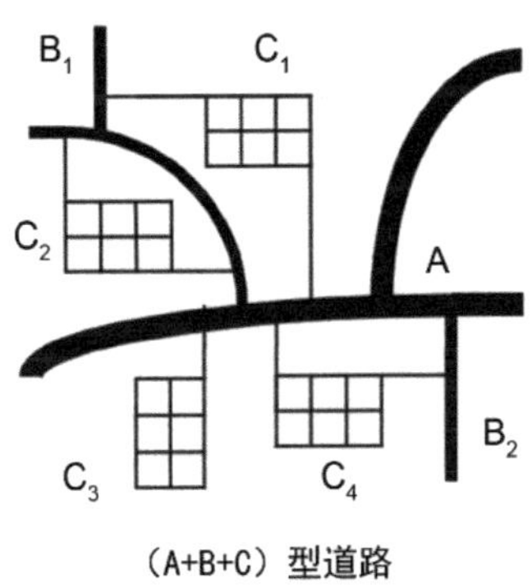

图1　城市路网分级

图片来源：参考文献［1］。

城市路网在层次结构上的自相似性特征，为我们利用迭代算法探索路网生成提供了依据。目前城市规划路网中，过于均质的网格式结构缺乏多样性和灵活性，难以体现出不同区域的特色，且对地形变化、自然景观、历史文化等要素的适应性较差。而从历史老城区向外延伸的自然有机型路网，由于布局的自发性和不规则性，道路复杂且路线不直观，交通不便，易迷路，总体缺乏规划性和秩序感。本文的研究意图并不在于模拟生成真实的城市路网，而是探索一种介于有机路网和规划路网之间的未来路网模式。通过对城市典型路网模式的分析，提取关键特征和参数指标[2]，借助递归算法和L系统的迭代算法，基于Processing平台生成一种兼具有机路网和规划路网特征的特殊路网结构，既有自然有机路网的随机性，又有现代规划路网的秩序感，为未来城市路网的规划提供一种可能性。

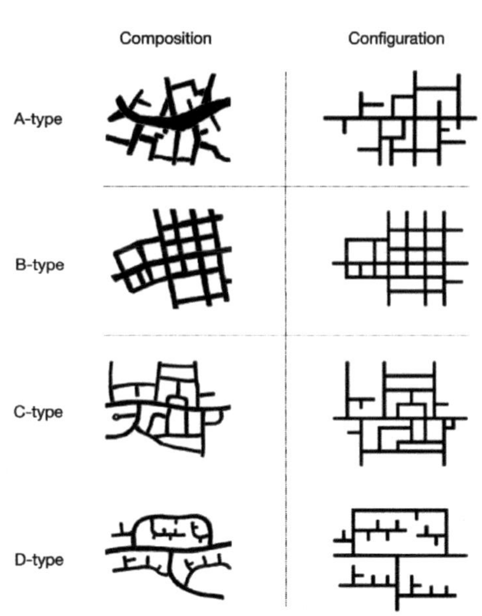

图2　路网布局和拓扑结构
图片来源：参考文献［1］。

2　路网类型及特征描述

Marshall[1]提出了A、B、C、D四种在城市扩张过程中出现的典型路网模式（图2）。A型路网从核心出发，朝着不同方向延展，象征城市或聚落从历史核心向外发展。路线不规则，向各个方向延伸，路网分布不均匀。道路宽度不一，弯曲变化，且多为短路。B型路网具有网格特征，是城市向外扩张的典型模式。道路是规则的、正交的、宽度一致的直线形道路，且路网分布均质。地块形状规则，面积相近或存在倍数关系。C型路网整体还是呈放射状向外延伸，但布局又具有格网特征。不规则道路和规则道路混合，宽度基本一致，路网分布相对均质。地块形状不规则，但面积相近或存在倍数关系。D型是蜿蜒生长式路网，直线形道路和曲线型道路混合，道路分支多为尽端路，形态上类似河流或树的分支。

不考虑道路的几何形状，仅仅从拓扑结构的角度观察路网的交叉口类型和布局走向，可以得出以下特征：A型路网：分叉式布局，呈现由中心向外扩展的趋势，T形交叉口和X形交叉口混合，存在尽端路，连通性中等；B型路网：网格式布局，都是X形交叉口，具有高连通性；C型路网：兼具网格和分叉布局的特征，T形交叉口和X形交叉口混合，存在尽端路，连通性中等；D型路网：呈现分叉式布局，都是T形交叉口，存在大量尽端路，连通性低。

3　递归算法和L系统

Marshall所描述的路网结构的“动脉化”在数学上可以解释为“分形”特征，即局部和整体在不同尺度上存在相似性[3]。

分形可以通过迭代过程生成，例如递

归算法。递归运算是将前一次计算结果代入方程进行下一次运算，从而实现反馈迭代。递归算法在生成分形图形时，通过重复应用简单的几何变换来创建复杂的形态。生成的图形相对有序、规律性强。因此，递归算法更适合用来模拟经过严格规划的、秩序感强的路网模式，例如上述四种类型中的 B 型路网。

与递归算法一样，L 系统（L-system）同样利用了递归和自相似的概念，但在生成复杂图形时有着不同的实现方式。L 系统是一种基于字符串重写的系统，用于模拟植物的生长[4]。L 系统通过一组递归规则（生成规则）和初始字符串（起始轴）生成复杂图形。每个生成规则定义了如何替换字符串中的符号，逐步构建出更复杂的形态。L 系统能够生成纵横交错的植物根系结构，这与现代大都市的路网结构非常相似。L 系统非常适合用于模拟生成具有分叉特征的路网类型，如上述类型中的 A 型和 D 型路网。

通过对 A、B、C、D 四种典型路网的拓扑结构分析，结合递归算法和 L 系统的特征，研究计划利用递归算法模拟均质而有序的方格网式路网，通过规则设定增加路网的随机性；利用 L 系统模拟从中心向外生长的自由式路网结构，通过改变参数和生成规则增加路网的秩序性，以期获得兼具人工规划路网与自然生长路网形态特征的新型路网模式。

研究基于交互式的可视化编程软件 Processing 开发生成程序，它是基于 Java 语言的创意编程软件，支持将抽象的数据转化为直观的二维图形，为建筑学专业提供了一种方便、快捷的算法生形工具。

4 基于递归算法的路网生成模拟

本研究的第一部分是利用递归算法对矩形进行分割，模拟街区地块不断划分的过程，通过对地块的不断细分生成 T 形和 X 形交叉口并存的路网模式。

该递归算法的程序流程如图 3 所示，首先初始化一个覆盖整个画布大小的矩形对象，并在每帧调用 draw 函数绘制当前的矩形和分割线。在每次分割过程中，随机选择一个矩形并根据随机比例进行水平和垂直分割，生成新的矩形和分割线。同时，对分割线进行对齐调整，并根据面积和距离条件移除矩形。整个过程在达到最大迭代次数或无可分割矩形时停止。

我们设置了以下参数来控制路网形态：最小矩形面积（minArea）控制被移除矩形的面积，防止在代码运行初期面积过大的矩形被移除；移除距离阈值（removalDistanceThreshold）控制被移除矩形之间的距离，防止被移除的矩形相邻而形成更大的灰色填充区域；对齐距离阈值（alignmentThreshold）这一参数，用于检查两条平行分割线之间的直线距离是否小于 alignmentThreshold，若小于该值，则将两条分割线对齐。程序对水平分割线和垂直分割线分别进行判断，新生成的分割线需要遍历先前已经生成的分割线来进行比较；最大迭代次数（maxIterations）在 draw 函数中控制矩形分割次数及路网密度。

生成结果如图 4 所示，图中白色矩形表示未开发地块，分割线为城市路网，整体结果呈现的是一个具有异质性和密度不均匀性的路网结构，T 形和 X 形交叉口较多。

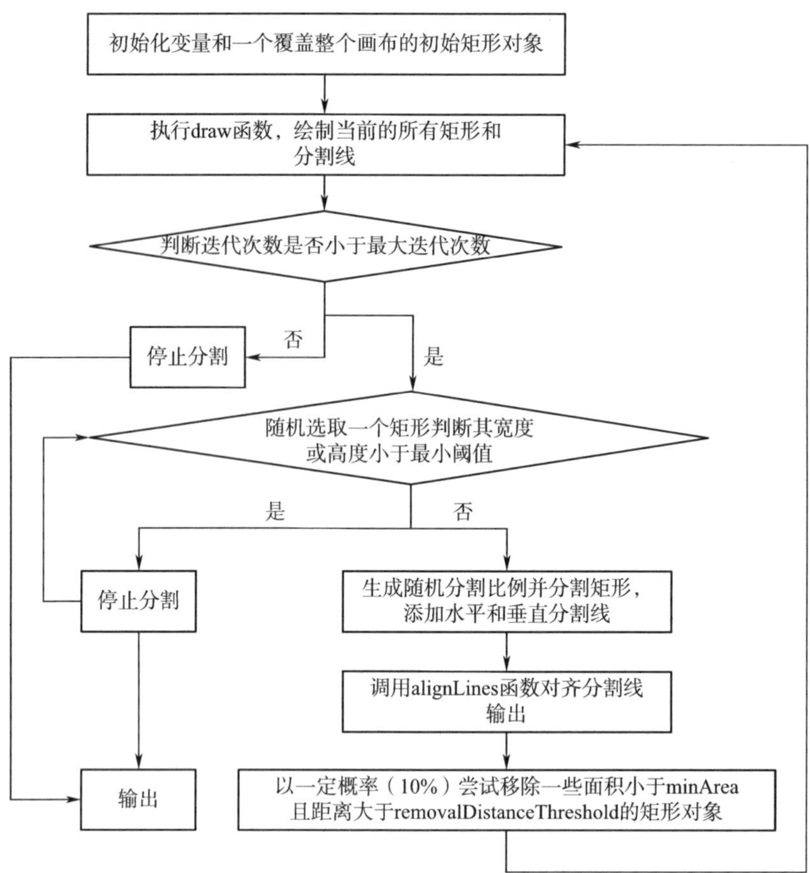

图 3　递归算法程序流程

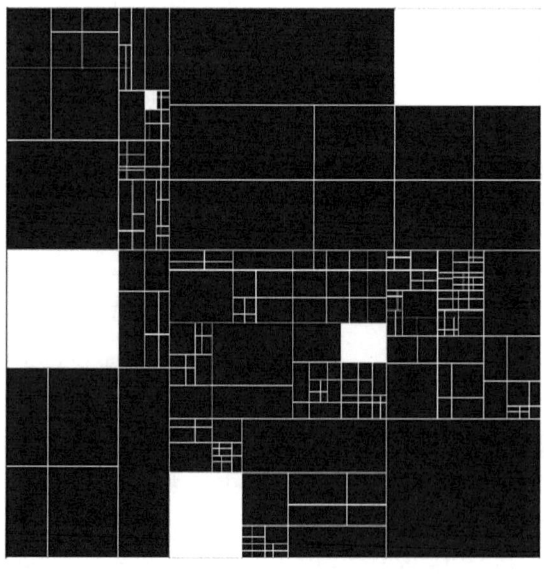

图 4　递归算法生成结果

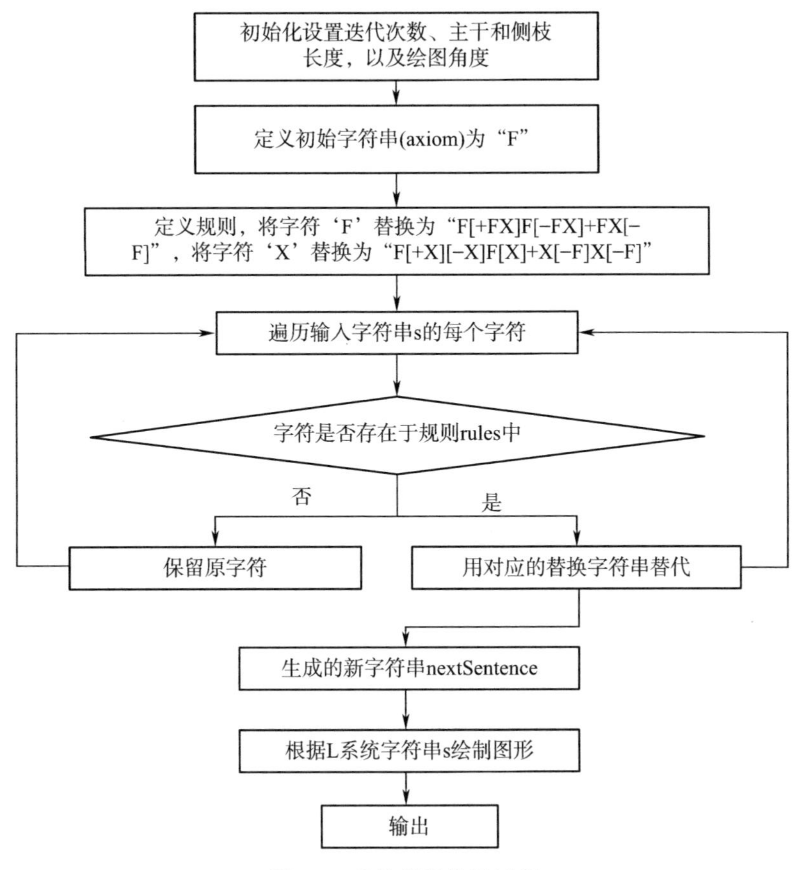

图 5　L 系统代码执行过程

5　基于 L 系统的路网生成模拟

研究的另一部分是利用 L 系统模拟城市路网结构的生成。程序流程如图 5 所示。L 系统的核心是“字符串替换”，通过定义初始字符串和重写规则，经过多次迭代将字符替换为更复杂的结构，最终根据生成的字符串绘制图案，从而生成城市路网结构。

L 系统生成的植物形态分枝结构具有明显的主次结构，我们参照这种分枝形态在程序中设置了两种初始字符串，分别为“F”和“X”，用于“主路”和“支路”的生成。重写规则如下：

```
rules.put('F',"F[+FX]F[-FX]+FX[-F]");
rules.put('X',"F[+X][-X]F[X]+X[-F]X[-F]");
```

此外 L 系统需要将字符串中的符号转译为“道路”长度和方向，因此代码中需要设置不同的参数来控制“道路”的几何特征，控制参数如表 1 所示。

代码生成的路网结构（图 6）表现出一种由中心向外生长式的路网形态，中心部分较为密集，多为连通度较高的格网式路网，向外扩展时分支逐渐稀疏，分支末端多为“尽端路”。整体路网结构介于人工规划的网格式路网和自然生长的有机路网之间，既有人工路网的规则性，又有自然路网的分支复杂性和随机性。

表 1　路网控制参数

参数	含义
主干路长度（mainLength）	定义主干路的长度（长度要比支路长）
支路长度（sideLength）	定义支路的长度
道路旋转角度（angle）	控制道路每次旋转的角度大小（以度为单位），影响了路网的方向和形态，代码中取 90°
迭代次数（generations）	影响路网的复杂程度

迭代次数为1

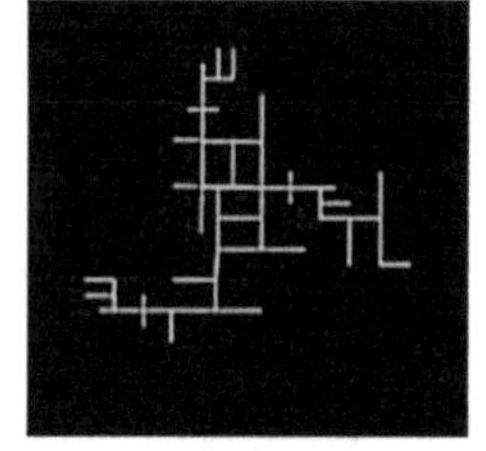

迭代次数为2

迭代次数为3

图 6　不同迭代次数的生成结果

6　两种算法成果比较

两种算法虽然都是模拟生成介于自然路网和网格式路网之间的特殊路网结构，但因算法规则逻辑存在差异，代码运行生成的路网结构也存在差异性。图 4 和图 6 两种结果相比，递归分割生成的路网具有较强的规则性，每个矩形不断被分割成更小的矩形，区域的边界明确，既有 B 型路网的网格特征，又有 C 型路网的路网密度随机性，路网层级较为明显，路网密度不均匀，T 形交叉口和 X 形交叉口混合，连通度中等。L 系统生成的路网表现出更自然的生长模式，类似于植物的分枝结构，路网密度从中心向外逐渐稀疏，但整体密度较为均匀；T 形交叉口和 X 形交叉口混合，既有 A 型路网由中心向外扩张的布局特征，又有 D 型路网类似树枝分叉、边缘多为尽端路的特征。

从两组代码运行结果中分别选取尺度相似的切片（图 7a、c）进行定量分析：

两切片对比，递归算法路网密度（b）要高于 L 系统路网密度（d）。递归算法路网切片（a）中交叉口数量为 38 个，T 形交叉口数量为 23 个，X 形交叉口数量为 15 个，无尽端路。L 系统路网切片（c）中交叉口数量为 14 个，T 形交叉口数量为 10 个，X 形交叉口数量为 3 个，尽端路数量为 8 个。通过对路网切片的定量分析，可发现在该范围内的路网连通性方面，递归算法生成的路网优于 L 系统路网。

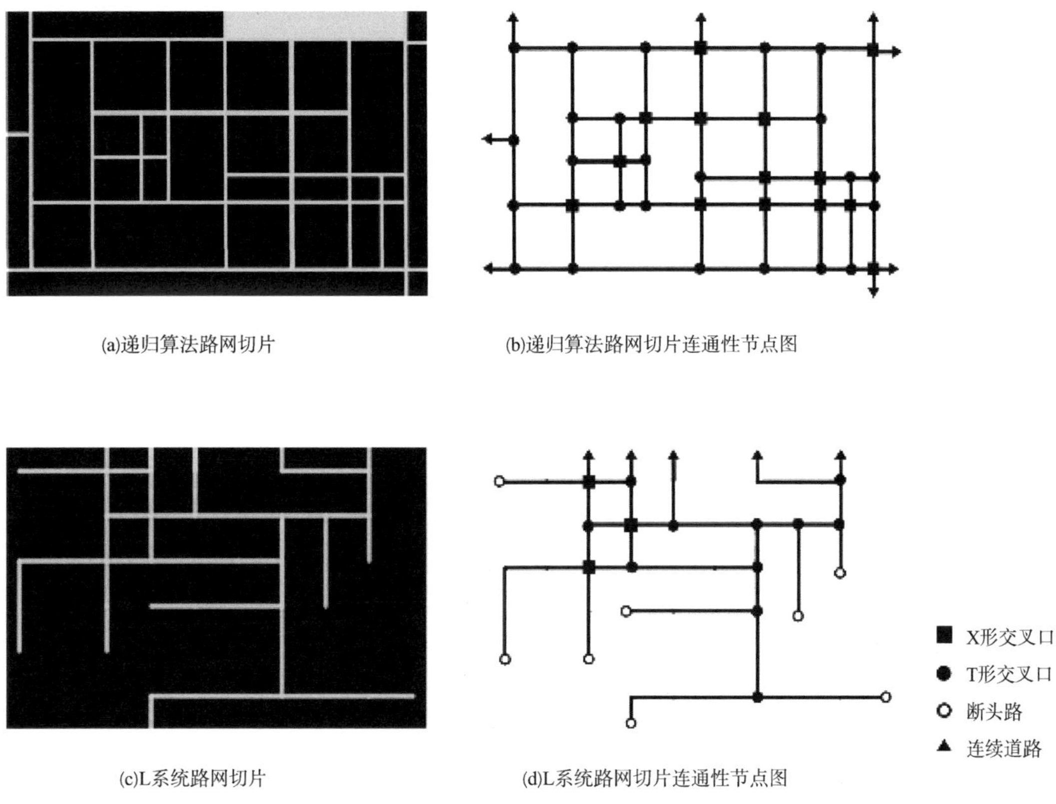

图 7　路网切片及连通性分析

7　结语

本研究通过对城市典型路网模式的分析，提取关键特征和参数指标，借助递归算法和 L 系统的迭代算法，基于 Processing 平台生成一种兼具有机路网和规划路网特征的特殊路网结构，既有自然有机路网的随机性，又有现代规划路网的秩序感。递归算法通过不断分割矩形街区，生成了具有异质性和密度不均匀性的网格式路网模式。L 系统则模拟了由中心向外生长的、密度较为均匀的路网形态。通过这两种迭代算法的比较，展示了不同算法在模拟城市路网方面的特性和优势。

通过这两组研究，我们不仅验证了迭代算法在模拟生成城市路网结构中的有效性，还展示了其在城市设计领域的应用前景。两种算法虽然基于不同的规则原理，但均能在一定程度上平衡人工规划路网与自然生长路网的形态特征，为城市路网的设计提供独特的思路和方法。

参考文献

［1］ Stephen Marshall. Streets and Patterns［M］. London：Spon Press，2005：61～66.

[2] 张琪岩. 基于规则和张量场的街区肌理与空间布局生成方法探索［D］. 南京：东南大学，2021. DOI：10. 27014/d. cnki. gdnau. 2021. 002952.

[3] 王登云. 微热环境下城市街区空间形态优化研究［D］. 南京：东南大学，2022. DOI：10. 27014/d. cnki. gdnau. 2022. 003680.

[4] 刘瑜萍. 基于条件约束下的L系统城市道路网生成研究［D］. 武汉：武汉大学，2018.

基于功能代理点的网格划分与城市过程化生成

Grid Division Based on Functional Agent Points and Procedural Generation of Cities

朱建皓[1] 李 飚[1]

1. 东南大学建筑学院

摘 要：在城市功能分区中，路网和建筑是划分城市的几个重要因素。本文借助代理点的仿真系统，通过各个点对环境的互相影响作用扩展模型，生成一个由代理点与行为组成的智能系统。这些代理点和行为通过它们对环境的影响而相互作用，来描述城市生成过程各要素之间的互相影响。同时系统具有可扩展性，多个代理点通过规则的组合与交叉影响使得模型复杂度提高，更接近于真实的城市形态。本文借助广度优先算法（BFS）与多智能体交互方式实现全面综合的布局效果，后续通过将产生的类型点实例化生成城市模型，实现空间的三维效果。

关键词：过程化生成；广度优先算法；城市布局

1 引言

城市过程化生成是一种利用计算机算法自动生成城市结构和布局的方法。近年来，随着计算机图形学和人工智能技术的迅猛发展，城市过程化生成在游戏开发、虚拟现实和城市规划等领域得到了广泛应用。在这些应用中，广度优先搜索算法（Breadth-First Search，BFS）因其简单有效的特性，被广泛用于解决城市生成中的各种问题。

本研究着重于城市环境下功能类型点的分布与优化，基于对图形的划分与功能布局和节点搜索，在 IntelliJ IDEA 平台中使用 Java 编程语言构建了一个基于广度优先搜索的布局系统。

广度优先搜索算法是一种图搜索算法，用于遍历或搜索图的节点。它从一个起始节点开始，依次访问其所有邻接节点，然后再访问这些邻接节点的邻接节点，以此类推，直到找到目标节点或遍历完整个图。由于广度优先搜索算法以层次遍历的方式进行，因此它特别适合用于无权图中的最短路径搜索。

在城市过程化生成中，城市路网结构可以用 Mesh 图形来表示，各个节点代表路网中的交叉点。广度优先搜索算法在这种结构中的应用，能够高效确定各个功能点的最优分布位置。通过将广度优先搜索算法运用于 Mesh 构成的路网结构中，实现城市生成过程中的路径优化和功能点布局。

在已有的研究中，城市的划分与重新生成往往借助众多仿生学的算法。Gabriel Dias Fernandes 等引用启发式优化算法——

国家自然科学基金面上项目（52378008）。

空间殖民化算法（SCA），过程化生成城市路网[1]；Parish 和 Müller 基于 L-System 提出了名为“城市引擎”的系统，通过考虑水系和人口密度等约束条件，生成方格、放射和分支三种道路模式[2]；李飚、郭梓峰、季云竹“赋值际村”的设计实践，通过对地块构建多智能体，模拟出徽州村落布局的地块网络[3]等。但由于较为单一的约束与更自由的发展空间使得结果往往与城市发展的形态有所偏离，这其中不仅是条件的约束也存在算法本身的一些限制，因此本研究集中于更丰富、更全面、更具可视性的生成研究。

2 生成设计方法

2.1 网格划分

场地的确定是研究中的先决条件，场地的轮廓经由 Rhino 平台构建并导入，通过在轮廓内撒下若干随机采样点对基地进行 Voronoi 初步划分。为了保证单个场地的规整性，使用 CatmullClark 方法进行四边形剖分细化（图 1、图 2），其步骤包括计算面点和边点，调整顶点位置，并重新连接生成新的网格。通过递归细分多边形网格，对其内部网格边界及其点分布进行调整优化，得到较为均匀规整的网格。网格中的每个节点是单元的顶点，节点之间通过单元的边相连，形成一个由四边形构成的网格结构。

由于广度优先搜索算法（BFS）通过网格关系来进行查找搜索，因此需要对网格中所有点进行提取，构建一套具有相互连接关系的系统。在通过半边网格结构构建的网格中，这一任务得以实现。具体而言，提取每个顶点及其具有连接属性的相邻点，构建一个类，用于查询节点与其相邻节点的关系，同时也是赋予节点发展方向的重要依据。

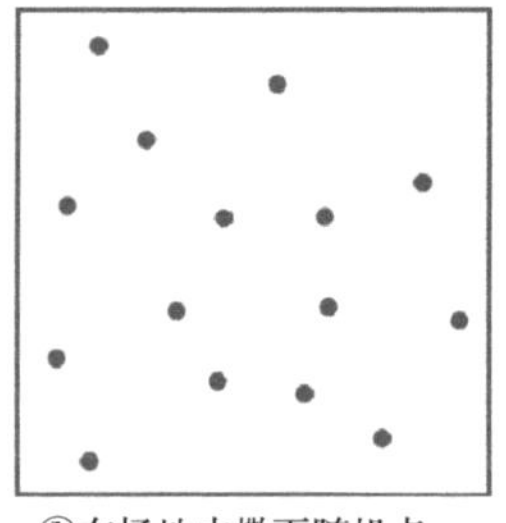

①在场地内撒下随机点，作为Voronoi图的基础

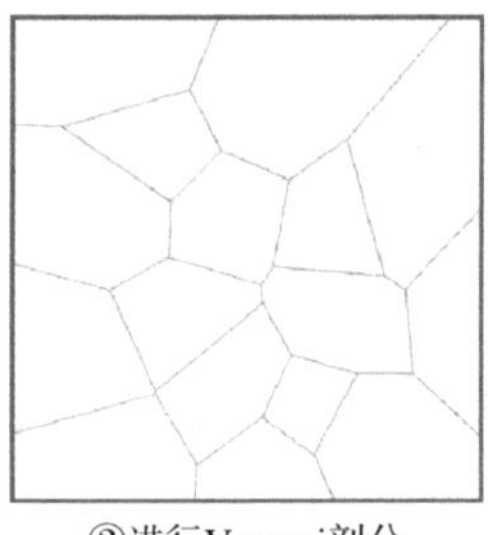

②进行Voronoi剖分

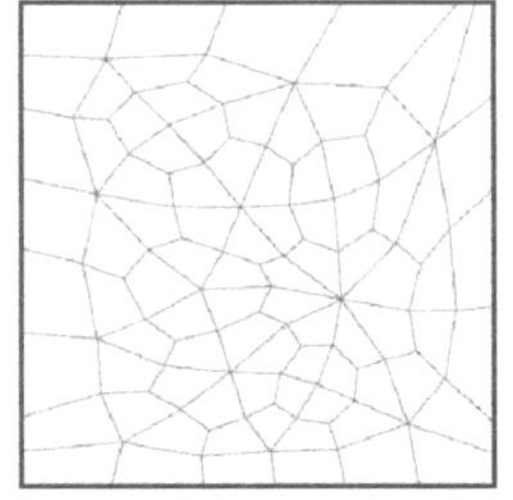

③对每个Mesh单元进行CatmullClark算法优化

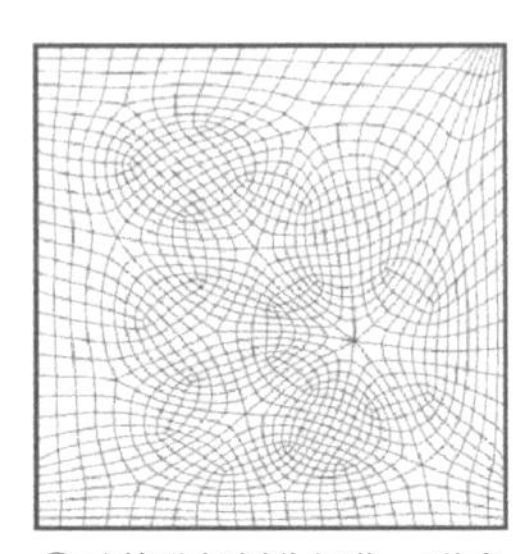

④对其进行剖分细化，形成由四边形构成的网格结构

图 1 场地剖分

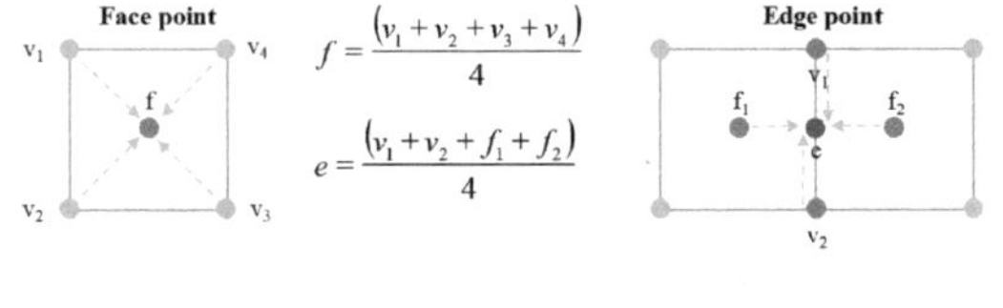

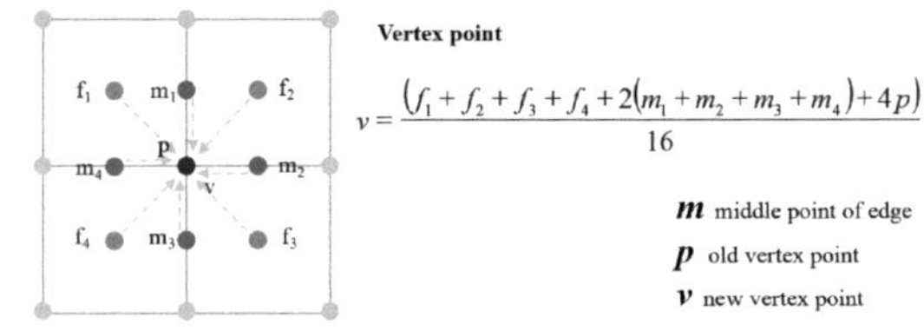

图 2 CatmullClark 算法原理

2.2 BFS 算法原理与代理点构建

2.2.1 BFS 算法原理

广度优先算法实现了跟踪回溯搜索路径，为了有效地进行搜索，每个节点被定义为包含以下信息：节点本身的信息、父节点以及追溯深度。通过这些定义，BFS 能够在广度上进行全方向搜索，并在找到

符合要求的路径后进行回溯。特别地，对于不同的功能代理点，设定不同的目标达成要求与判断条件，从而实现对不同功能点或建筑类型的区分，以不同类型点与功能点的特征去设定不同的发展方向。以表1中FindNearestRoad为例，BFS算法中有三个集合，分别为存储待处理的节点、跟踪待处理节点的位置与跟踪已处理节点的位置，通过对待处理节点的不断迭代，直到满足周边环境（Neighbor）条件、达到目标（Goal）条件时，进行路径回溯，得到下一步的发展方向（如图3）。不同的目标点对应不同的具体查询方式，以此控制场地生成结果。

表1　BFS算法实现

Search	GoalReached	Neighbor
FindNearestRoad	ROAD	! = BUILDING
FindViaRoads	GOAL	ROAD
FindGoal	GOAL	! = BUILDING
FindNearestDevelopment	BUILDING	null
FindNearestBarrier	BARRIER	null

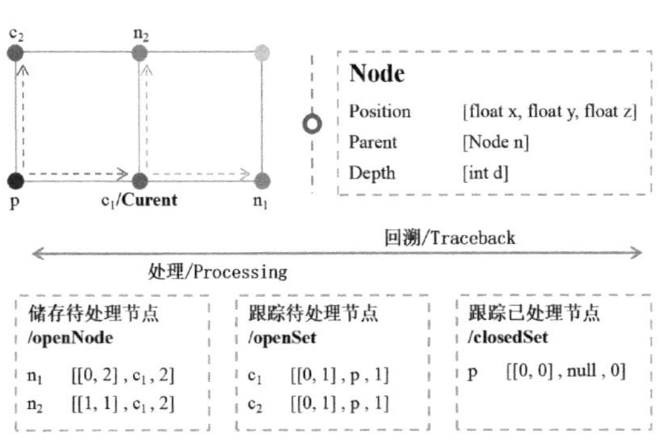

图3　BFS算法原理

2.2.2　功能代理点与其规则

本研究中构建了三种不同功能的代理点，分别代表城市布局的三大要素：道路、建筑以及次级道路地块。这三种代理点之间遵循不同的规则，相互约束与发展。例如：

（1）道路代理点：道路选择点在非功能网格点上移动，筛选出当前点到最近现有道路的不经过其他功能点的合理路径，在筛选过程中考虑周边道路过于密集或建筑过于靠近的状况，同时需要满足发展点在建筑的影响范围内移动。

（2）建筑代理点：考虑到建筑选址的交通便利性与密集度，建筑的起始点应在已有的道路路径上，其选择需要满足周边道路发展潜在地块的数量，同时对新添加的建筑部分进行路径规划，以确保新添加的部分足够远离其他建筑和道路，并且保持搜索点在建筑影响范围内运行。

（3）次级道路代理点：这些地块的选择基于已有道路的模式，优化一部分过于冗长的道路，形成次级道路的新连接方式，同时也要判断具体建筑与现有道路的距离，需要既靠近现有基础设施，又具备一定的独立性，以便未来的发展和规划。

2.3　类型与整合

2.3.1　类型构建

建筑类型在城市中的布局是实现更丰富的生成研究的关键。程序化生成期望能对不同类型的建筑进行合理布置，而广度优先算法在路径搜索中的应用为建筑布局提供了重要依据。在本实验中设置了多种类型的建筑，包括住宅、商业、办公和公共建筑等，如表2所示，每种类型的建筑有不同的服务半径与形态样式，并需控制与道路的距离，以实现合理的空间分布和功能协调。

在场地能够进行程序化生成之前，为

表 2　功能类型点

TYPE	EMPTY	BUILDING	COMMERCIAL	DWELLING	BUSSINESS
类型	空类型点	公共建筑	商业	住宅	办公
服务半径/m		500	300	50	100
面积/m^2		1000	600	100	400

了模拟场地原有状况，需要对场地进行预处理。在图形界面上对网格点设置了可互动操作，允许用户增加或删减各类型的功能点，以此可以在生成过程开始前，先行布置原有场地的功能点，并将它们纳入场地条件之中。这种预处理不仅有助于保留场地的原有特征，还能提高生成模型对现有场地的适用。

2.3.2　多边形的优化与整合

在为场地中的网格点赋予属性后，需要进行第一步优化，即将由点组成的各类型要素优化为网格中的线与面。首先处理的是道路，道路由多条子道路构成，子道路由一组具有连接关系的点集组成，因此只需要将这些点以线段连接，并对重复部分进行合并删减，即可得到完整的道路的形态。

对于建筑部分，处理方式有所不同。如图 4 所示，由于建筑基地是由点围成的多边形，而图形中的结果是带有标识的点

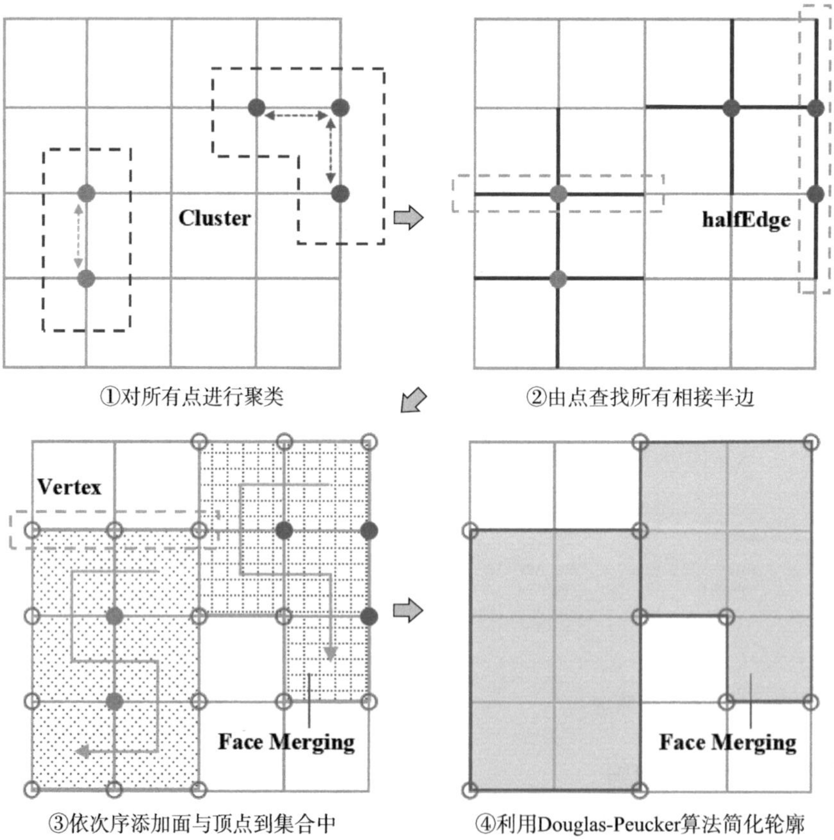

①对所有点进行聚类　②由点查找所有相接半边

③依次序添加面与顶点到集合中　④利用Douglas-Peucker算法简化轮廓

图 4　多边形优化与整合过程

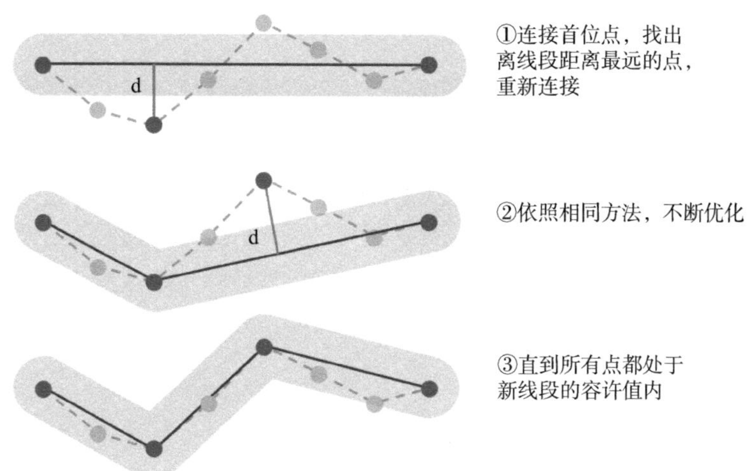

图 5　Douglas-Peucker 算法优化多边形

集，先需要查找所有相同类型点之间的连接关系，得到每个建筑地块对应的点集。通过构建一个邻接表，并使用深度优先搜索（DFS）找到所有的连通关系，将具有连通关系的点放入同一个集合中，依照这个方法可以得到构成所有同一或不同类型地块的点集。随后对于单一地块，将点依次进行扩展，找出所有与点连接的半边，再由半边找出相邻的面，遍历所有的点，将面添加入集合中，并删减重复的元素，进行面的合并。在合并的过程中所有外边上的点都会被保留，需要对边上影响较小的点进行删减，在这之中利用了 Douglas-Peucker 算法（图 5），它保证在一定精度下，简化线段的绘制过程。例如，如果两个点之间的中间点距直线的距离超过某个特定值，则该点会被保留，若距离过小则会被删除优化。经过这一过程后，得到边数较少且更为简洁的建筑基地地块。

2.4　实例化

在场地布局经由算法确定下来后，为了使得过程化生成结果更具可视化效果，需要经历实例化过程，这一过程分为两部分处理：建筑的实例化和道路及场地的优化。

首先，建筑的实例化通过 SIMForms 平台的建筑生成部分代码实现。通过对不同类型建筑的参数化建模，只需在外置接口处输入给定的场地红线、退让距离、容积率和层高这几个参数，便可以在场地上置入相应类型建筑（图 6）。每次结果具有一定的随机性，以此丰富建筑的形态。在地块的区分上，在前一步地块整合与优化过程中会继承多边形内的点的类型，作为多边形地块内建筑类型的依据。不同类型的建筑会对应不同的样式，从而丰富城市形态。

其次是对于道路和场地的实例化生成与优化。首先是将道路与建筑地块提取出来，经由图形学处理的方法进行扩展，使得道路由线转化为具有宽度的面，建筑周边向外扩展形成安全距离区域，将这些场地要素排除掉，便成为场地中绿地的分布区域。绿地在实例化的过程中会进行一定高度的抬升，以突出道路在场地中的存在感，也模拟了城市道路的原貌。

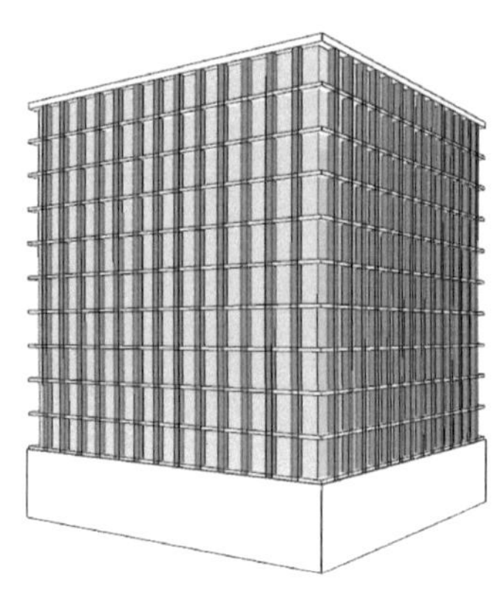

图6　建筑形态生成

3　生成实验与评价

表3所示为应用不同场地形态过程化生成的过程与结果，场地适用了四边形与六边形，不同形态的场地均能生成合适的城市布局。基于产生的结果利用ArchiWeb平台SnapRender功能进行效果深化，通过不断测试筛选得到真实的城市生成结果。

表3　生成结果展示

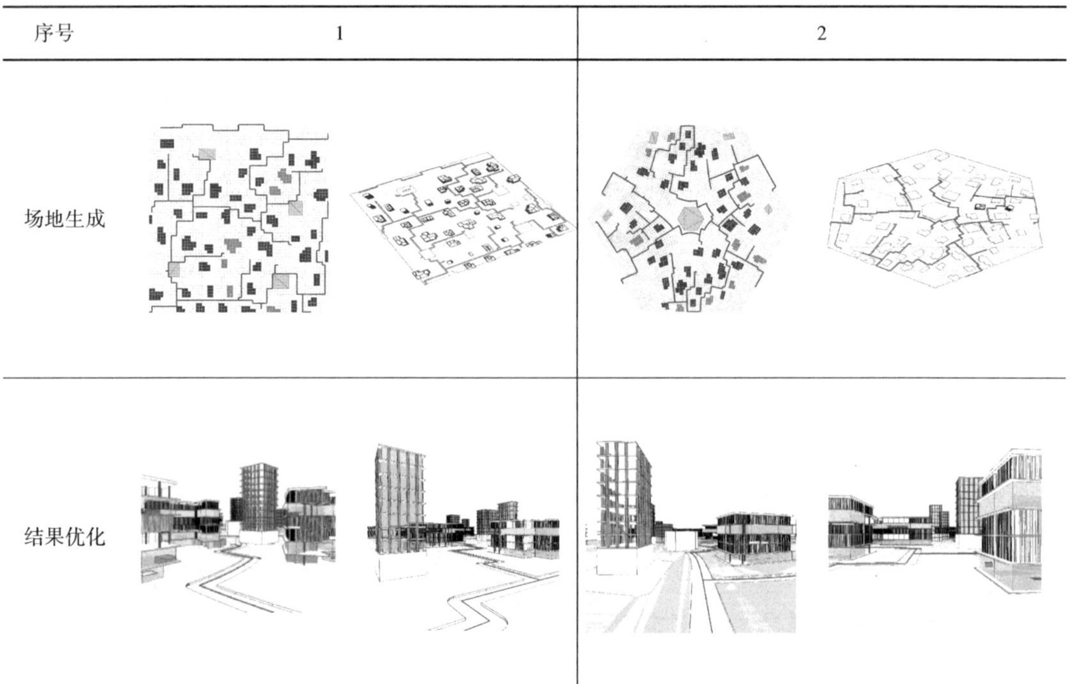

序号	1	2
场地生成		
结果优化		

续表

序号	1		2	
效果展现				
混合度 H	1.2278		1.2405	

作为过程化生成，需要对生成过程设定一个目标值使得它在达到目标要求后停止，再带入城市场地中考虑建筑密度与建筑分布的均匀度。建筑密度是通过将建筑类型点的数量与所有节点数量相除来测算，文中以城市规划中设定的高层为主的核心建成区 25% 作为比较标准。而建筑分布的均匀度则通过将原先的场地等面积地划分成 n 个小块，计算每个小块内包含的建筑功能点数量 q，在建筑密度一定的情况下，如果求得整体数据的方差越小，则代表分布均匀度越好，实验结果则更加出色，其建筑分布均匀度 U 表示为：

$$U = \frac{1}{n}\sum_{i=1}^{n}(q_i - \bar{q})^2$$

其中，$\bar{q}$ 是 q_i 的平均值，U 值越小，均匀度越高。

对于过程化生成的结果，同时制定了一套评价标准。由于实验的出发点在于城市形态的多样性，因此各类型的功能点相对均匀分布是想要达到的理想状态。文中利用香农多样性指数（SHDI）测度来进行结果评价，其中混合度 H 表示为：

$$H = -\sum(P_i)(\ln P_i)$$

其中，P_i 是第 i 个类型的比例。通过这样的测度可以比较每次生成结果的多样性和均匀度。

4 总结

本研究探索了一种城市过程化生成方法，通过广度优先搜索以及多种算法优化完成城市的初步布局，经由实例化方法得到城市形态的初探，为设计方案提供多种可能。

然而以上实验同时具有一定的局限性。由于城市发展的影响指标远远不会局限于实验中给定的几种规则，而是充满了复杂性与多样性，为此需要设置更多的条件求解更优化的布局模式，这也对计算机算力与程序的简洁提出了挑战。同时，也可以结合更多实际数据与智能算法，使过程化生成方法更加贴近实际应用，为城市规划和设计提供更有价值的工具和方法。

参考文献

[1] G Dias Fernandes, A R Fernandes. Space colonization for procedural road generation [M]. 2018 Internation-

al Conference on Graphics and Interaction（ICGI），Lisbon，2018：1-8.

[2] Parish H I Y，Müller P. Procedural modeling of cities [C] //ETH Zürich，Switzerland；Central Pictures，Switzerland，2001.

[3] 李飚，郭梓峰，季云竹．生成设计思维模型与实现：以“赋值际村”为例［J］．建筑学报，2015（5）：94-98.

基于城市通风效率评价的形态学指标比较研究

Comparative Study on Morphological Indicators Based on Evaluating Urban Ventilation Efficiency

李佳颖[1]

1. 南京大学

摘　要：随着城市化发展，城市空气污染、热岛效应等问题也不断涌现。城市微气候相关研究者开始探究城市通风性能与城市形态的关联性，并提出了不同形态指标，如平面面积密度 λ_p、高宽比 *H/W*、天空开阔度 *SVF*、孔隙度 *Po* 等。在理想模型中，这些指标的有效性被证实。然而，这些指标被用于实际城镇的通风关联时，其关联性各不相同。因此，有必要对这些指标进行深入分析，探讨这些指标与城市通风性能的关联性及在不同类型城市形态中的有效性。本研究选取中国南京两个肌理特征完全不同的典型区域作为研究案例：一个复杂的商业区和一个简单的住宅区。在此基础上，探究不同研究案例的不同尺度下 *H/W*、*SVF*、λ_p 和 *Po* 四个指标评价城市通风效率的有效性，揭示这些形态指标在表达城市通风性能方面的使用范围和局限性。

关键词：城市形态；环境绩效；指标；通风效率

1　研究背景

城市形态特征在城市形态研究中一直起着至关重要的作用。随着数字平台和GIS等分析方法的发展，对城市设计的需求更加细化，对城市形态的定量研究应运而生。不同的学者提出了不同的指标来表达不同的城市形态特征。例如，用覆盖率、容积率和平均高度来描述研究区域的建筑密度，用高宽比和空间开放性来表达城市街道和广场的开放性。这些指标可以用来研究城市形态的形成过程、与城市经济、出行率等性能的相关性，也可以作为城市形态政策和城市设计控制的依据。

同时，大气学者已经认识到城市形态在影响物理性能（即太阳能、通风和热性能）方面的关键作用。他们还提出了一系列城市形态指标来研究这种关系，将城市形态与物理性能的功能联系起来。Oke（1981，1988）最早发现天空开阔度（*SVF*）可以反映城市热岛，高宽比（*HWR*）可以反映街谷的流动状况[1]。平面面积密度（λ_p）也是联系通风的常用指标[2]。Adolphe（2001）引用多孔介质理论，提出了包括矿化（*M*）、粗糙度（*Hm*）、孔隙度（*Po*）在内的指标来关联城市空间中的各种物理性能[3]。在所有物理性能方面，日照被认为与城市形态特征具有最明显的相关性，而风和热条件被认为更为复杂。风和热环境通常被认

江苏省研究生科研创新计划（No. KYCX24_ 0298）。

为是不可分割的，但通风的性能是其中的关键因素，也是本次研究的重点。

有趣的是，大气学者提出的城市形态指标往往与城市形态学家提出的形态指标在形态意义上相似。如果这些指标能够有效地关联真实城市中的城市通风性能，它们就可以在控制其他城市性能的同时被用于控制和优化城市通风。事实上，其中一些指标已经被用来研究与城市通风的关联性。然而，这些指标与实际城市通风的相关性与理论相关性并不相同。虽然 Oke（1988）发现 *HWR* 可以表征对称峡谷的流动模式[1]，但 Li、You、Peng and Ding（2024）发现，实际城市肌理中，即使研究的空间是由等高和等长建筑组成的规则街道峡谷，但超过 60% 的空间的气流模式与其 *HWR* 不相关[4]。此外，不同形态特征的研究对象也会导致相同指标与通风性能之间存在不同程度的关联。例如，Yang、Qian & Lau（2013）分析了上海高层居住区的 *SVF* 与平均速度比（*WVR*）的相关性，得出 R^2 值为 0.62[5]。但 Li、You 和 Ding（2022）集中研究了城市中心的城市形态，发现 *SVF* 与 *WVR* 同样相关的 R^2 值仅为 0.277，显著低于前者[6]。此外，不同研究的研究单元和研究规模的不同也会影响形态特征与通气性能的相关性[7]。最常用的方法之一是使用不同大小的网格将城市区域划分为研究单元。其中，100m 和 200m 是常见的网格尺寸。

综上所述，以往的研究也发现，这些指标在表达城市的物理性质时并不准确，特别是在评估城镇通风有效性时，其准确性取决于环境条件和被评估研究案例的形态特征。因此，有必要对这些指标进行深入分析，探讨这些指标与城市通风性能及使用工况的相关机制。本研究以中国南京两个典型区域为研究案例，分别以 λ_p、*Hm*、*M*、*Po*、*HWR* 和 *SVF* 等形态指标对城市通风效率的评价和利用条件进行研究。本研究确立了这些形态指标在表达城市通风性能方面的使用范围，也指出了其局限性。

2 研究方法

2.1 研究案例选择和研究单元的获取

为了探讨真实城市中不同肌理下与城市通风性能相关的不同形态指标的有效性，有必要寻找具有不同形态特征的代表性研究区域。丁沃沃团队将中国城市肌理分为匀质和非匀质肌理。匀质肌理一般是指由体积、形态、高度相近的建筑物均匀排列而成的肌理，主要分布在城市住区中。非匀质肌理是由不同体量、形态、高度的建筑不规则排列而成，主要分布在城市商业中心、文体建筑区域、交通枢纽以及风景名胜区等。因此，我们以南京市两个具有代表性的区域作为研究区域。河西居住区为典型的匀质肌理，新街口商业中心区为典型的非匀质肌理（图 1）。

本研究采用最常用的 200m×200m 和 100m×100m 网格分别划分河西和新街口两个研究区。划分得到的研究单元编号如图 1 所示，其中，200m 边长网格的编号为案例 L-yx，100m 边长网格的编号为 S-yx。

2.2 研究单元的获取

2.3 形态指标选择与计算

本研究选取了与通风性能相关的四种常见形态学指标：矿化度 *M*、孔隙度 *Po*、天空开阔度 *SVF* 和高宽比 *HWR*。考虑到传统的仅一个方向的高宽比可能会丢失其他方向的几何信息，因此本研究设置八个方向的高宽比（八个主要风向高宽比）的平均量作为本研究的 *HWR*_ 8。具体计算方法如表 1。

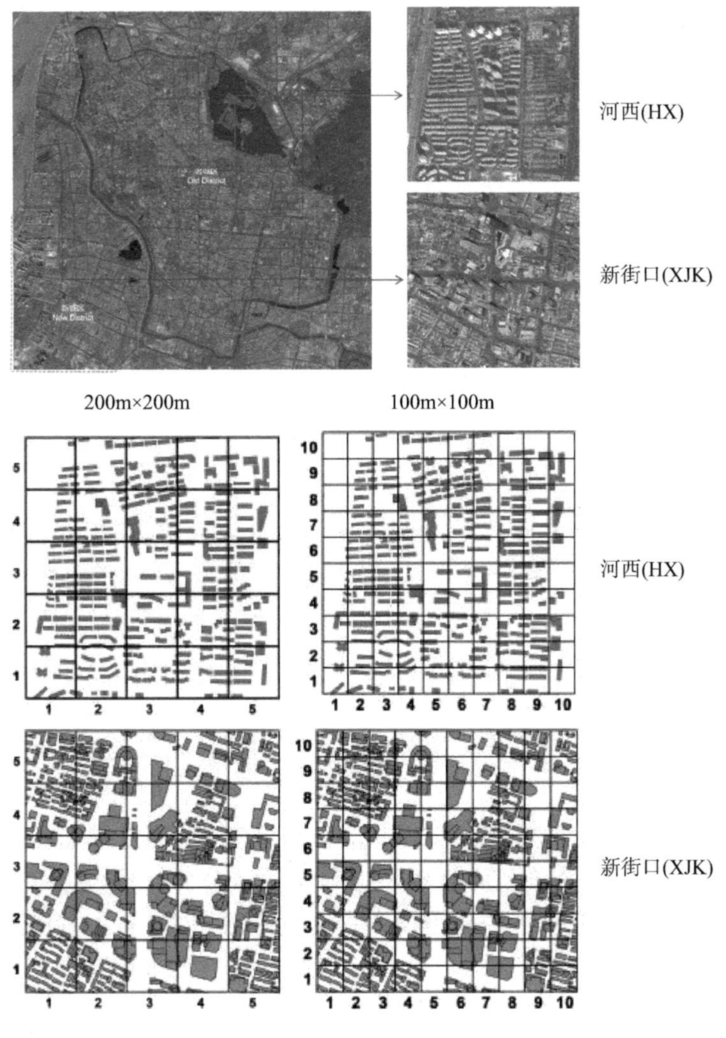

图 1　研究案例选择和研究单元获取

表 1　形态指标计算方法

形态指标	计算公式	计算图示
矿化度 M	$M=\dfrac{S_{\_space}}{S_{\_space}+\sum S_{\_build}}$	Space Area ($S_{\_space}$) Building Area ($S_{\_build}$)
孔隙度 P_o	$P_o=\dfrac{Vol_{\_space}}{Vol_{\_space}+\sum Vol_{\_build}}$	Space Area ($S_{\_space}$) Building Volume ($Vol_{\_build}$)

续表

形态指标	计算公式	计算图示
天空开阔度 *SVF*	$SVF_{\_single}=\frac{S_{\_sky}}{S_{\_single}}$	The area of the sky projected onto the view sphere; The surface area of the view sphere from the measurement point
八向高宽比 *HWR*_ 8	$HWR\_\ 8=\frac{\sum_{i=1}^{8} HWR\_\ i}{8}$	Height of vertical wind direction interface; Width between vertical wind direction interfaces; Test Point; Height of parallel wind direction interface; Width between parallel wind direction interfaces

2.4 CFD 仿真模拟与通风指标计算

为预测研究区风环境，采用 CFD（Computational Fluid Dynamics）仿真模拟方法，模拟研究区南（S）风向下行人高度（$h=2$m）处的风场。参考风速为 2.8m/s。

我们选择广泛使用的平均空气龄 $<\tau p>$ 来评价通风效率。本研究将 $<\tau p>$ 是人行高度范围内的空气龄。该区域的 $<\tau p>$ 值越高，表明该区域的通风效率越好。

$$<\tau p>=\int_{Vol_{ped}}\tau p\mathrm{d}x\mathrm{d}y/Vol_{ped}$$

$$\tau p=\frac{C}{S}$$

其中 Vol_{ped} 为行人体积，τp 为每个网格的空气龄。

3 研究结果与分析

3.1 形态学指标的结果

理论上，本次研究的四个指标在一定程度上都能反映形态的紧凑程度，切片内越紧凑，*HWR*_8 越大，*M*、P_o 和 *SVF*_ave 越小。

在两个案例的两种网格划分下，四个形态指标基本符合形态学意义（图 2）。河西地区西北角最为开阔，因此这些单元 *HWR*_8 最小，*M*、P_o 和 *SVF* 最大；其次是广场和其他空地，其中 *HWR*_8 比较小，*M*、P_o 和 *SVF*_ave 比较大；最后，在其他建筑更紧凑的区域，*HWR*_8 较大，*M*、P_o 和 *SVF* 较小。新街口的十字路口、广场、主干道相对宽阔，因此该区 *HWR*_8 相对较小，*M*、P_o 和 *SVF*_ave 相对较大；而在四角的旧住宅区，建筑紧凑，*HWR*_8 较大，*M*、P_o 和 *SVF*_ave 较小。

3.2 研究区域的通风结果

通过 CFD 模拟，我们得到了河西和新街口的空气龄，可以看出，河西的开放空间区域和主要道路沿平行风向方向的明显空气龄较低，而民居内的空气龄相对较高。在新街口，最小空气龄也集中在与风向平行或接近平行的道路上，而最大空气龄集中在四角的旧住宅区的切片上。

将两个研究区域划分为 200m×200m 和 100m×100m 网格后，计算各单元的 $<\tau p>$（图 3）。结果表明：河西地区的 $<\tau p>$ 最小分布在西北角及其附近，居住区内相对

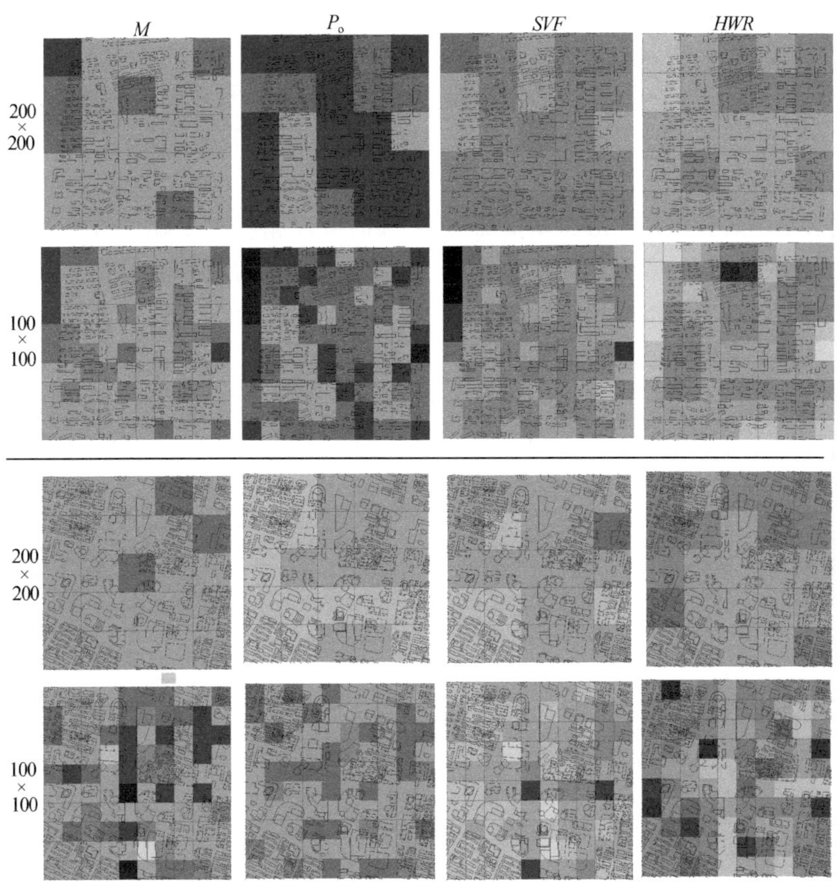

图 2　形态指标计算结果

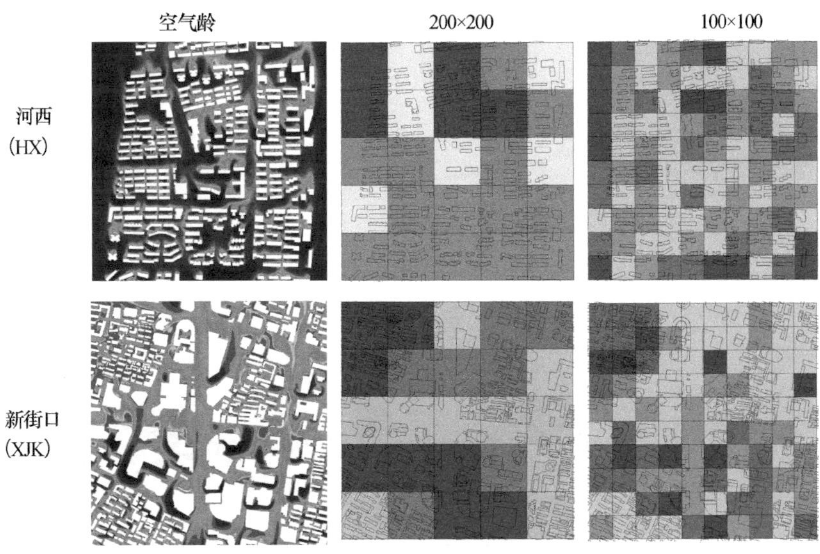

图 3　通风指标指标计算结果

较高;在新街口,与风向平行的道路或高层附近的空气龄<τp>最小,而<τp>最大的则集中在老旧小区单元。<τp>的结果与形态学指标的结果相似,网格大小越大,<τp>值越平均,导致阈值越小。

3.3 不同大小的研究单元的形态学指标与通风性能的相关性

在河西地区,这四项指标均符合理想形态研究的趋势。其中,*SVF* 在两个尺度网格上表现出较强的相关性,HWR_8 次之,而 *M* 和 P_o 相关性较弱。有趣的是,当分辨率为 100 时,这四个指标的相关性最好,而当分辨率为 200 时,相关性最差。在新街口,4 项指标在 200×200 和 100×100 分辨率上无相关性(图 4)。

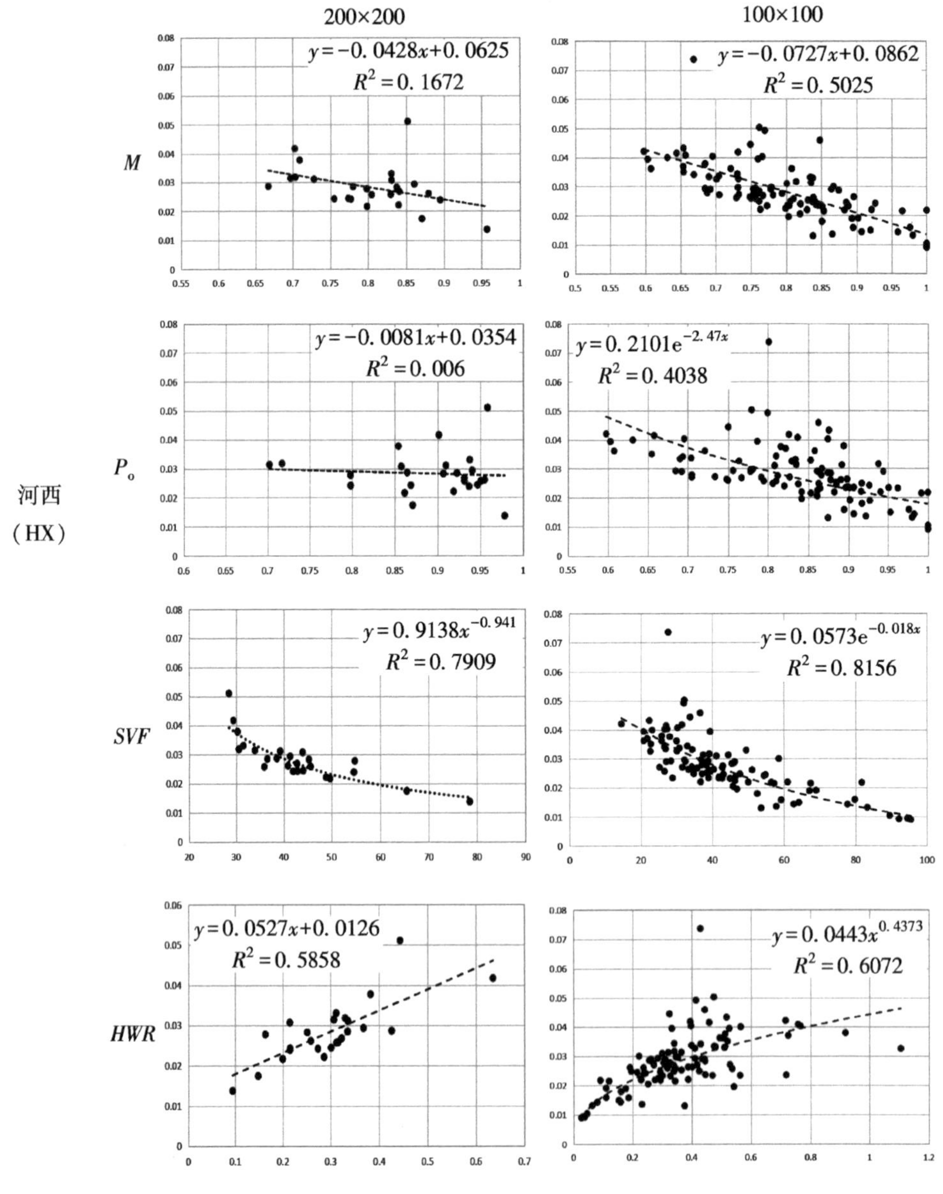

图 4 形态指标与通风性能的关联性

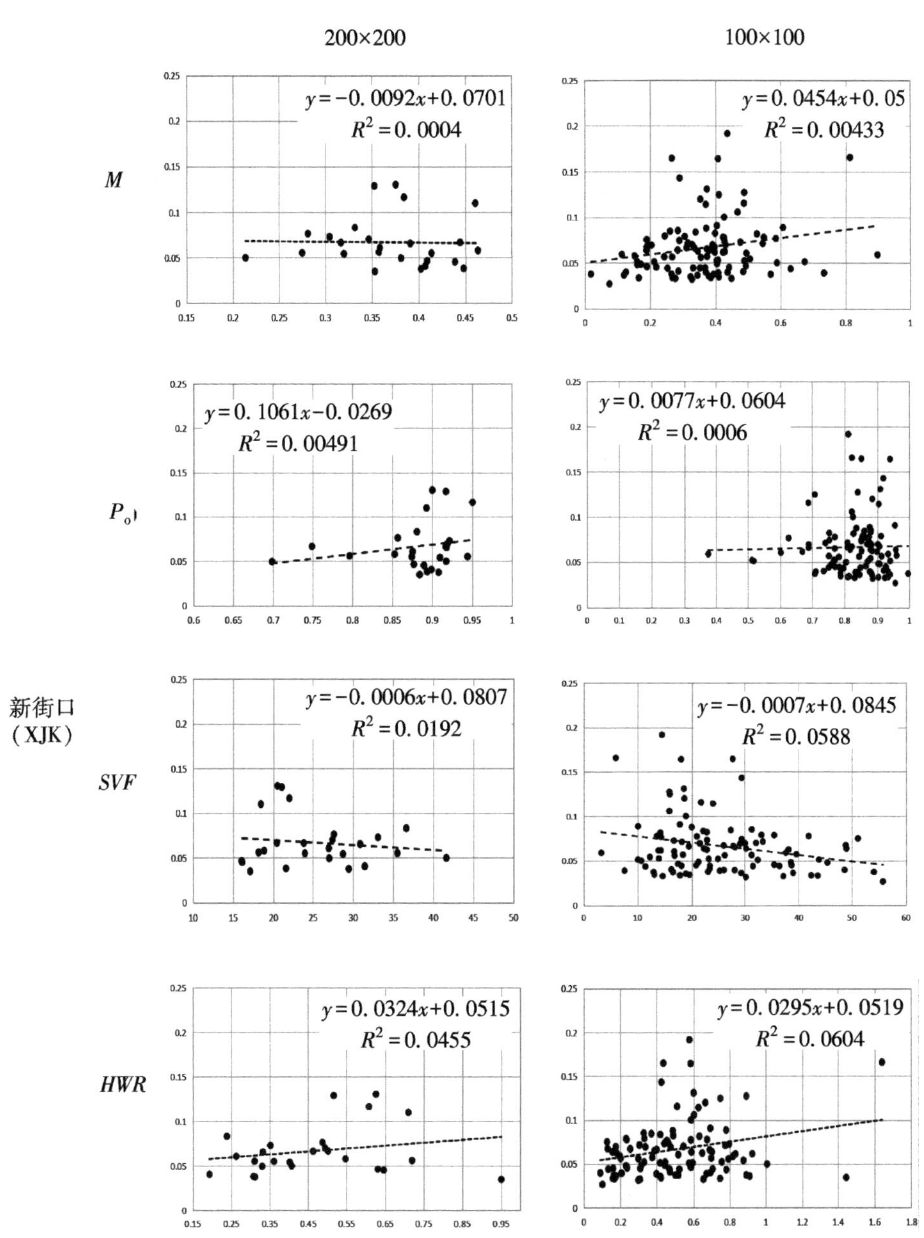

图 4　形态指标与通风性能的关联性（续）

综上述，对于指标来说，*SVF* 和 HWR_8 与<*τp*>的相关性较好；对于网格尺度来说，100m×100m 的网格的关联性最好；对于研究案例来说，匀质的河西片区的关联性好于非匀质的新街口片区。

4　讨论

4.1　不同形态指标的局限性

从 3.4 可以看出，所有指标都不可能

与通风性能完全相关，因此，为了搞清楚不同指标的局限性，我们选择了所有指标关联性最好的河西的100分辨率作为研究对象，来找出各个指标的局限性。

研究发现，由于算法原因，M 和 P_o 都无法识别研究网格之外的形态特征，SVF 和 HWR_8 都可以识别网格外的形态特征。特殊的，四个形态指标都无法识别网格内空间方向，比如具有相似 M 的 H-S-02 和 H-S-73，具有相似 HWR_8 的 H-S-19 和 H-S-7，具有相似 SVF 的 H-S-89 和 H-S-17。P_o 对于具有体量差异的建筑的影响更明显，比如 H-S-29 和 H-S-77（表2）。

表2 形态指标计算方法

局限性	指标	较差通风	较好通风
方向	M	H-S-02	H-S-73
	HWR_2	H-S-19	H-S-7
	SVF	H-S-89	H-S-17
高度	P_o	H-S-29	H-S-77

4.2 不同尺寸网格对相关性的影响

研究发现，河西和新街口的100m×100m网格相关性较好，而200m×200m网格相关性较差，尤其是新街口。有趣的是，在Local Climate Zones（LCZ）研究中，通常使用200~300m的分辨率。因此，有必要进一步研究网格大小不同导致相关性差异的原因。

我们选择以新街口的 SVF 为例，考察两种不同网格对相关性的影响。例如，在200m×200m网格中，X-L-17和X-L-20切片的 M 值比较接近，均在0.45~0.55之间。X-L-20包含许多住宅建筑，建筑面积较小，排列均匀；X-L-17包含面积较大的商业建筑，并集中在道路的一侧。两者有相似的建筑足迹，因此有相似的 M 值。然而，建筑在X-L-20中的布置导致了研究单元内的空间分散，阻碍了单元内的顺畅气流；而在X-L-17中，空间主要集中在与风向平行的街道上，使大量的气流和污染物可以不受阻碍地从主要街道流出。因此，X-L-17 的 SVF 大于 X-L-20。但在100m×100m网格中，X-L-20和X-L-17分别被划分为4个单元。X-L-20内四个研究单元的建筑形式和布置差异不大，因此其 λ_p 值差异不显著。四个单元的 $<\tau p>$ 相似。在X-L-17中，四个单元可以区分包含主要道路的空间和包含较大商业建筑的空间。包含主要道路空间的网格的 λ_p 值明显低于包含较大商业建筑的网格。前者的 $<\tau p>$ 也明显差于后者。因此，可以看出，200m×200m网格容易包含更多的信息，平均形态和通风特征；而100m×100m网格更精确，因此可以避免数值平均导致的不准确相关问题（图5）。

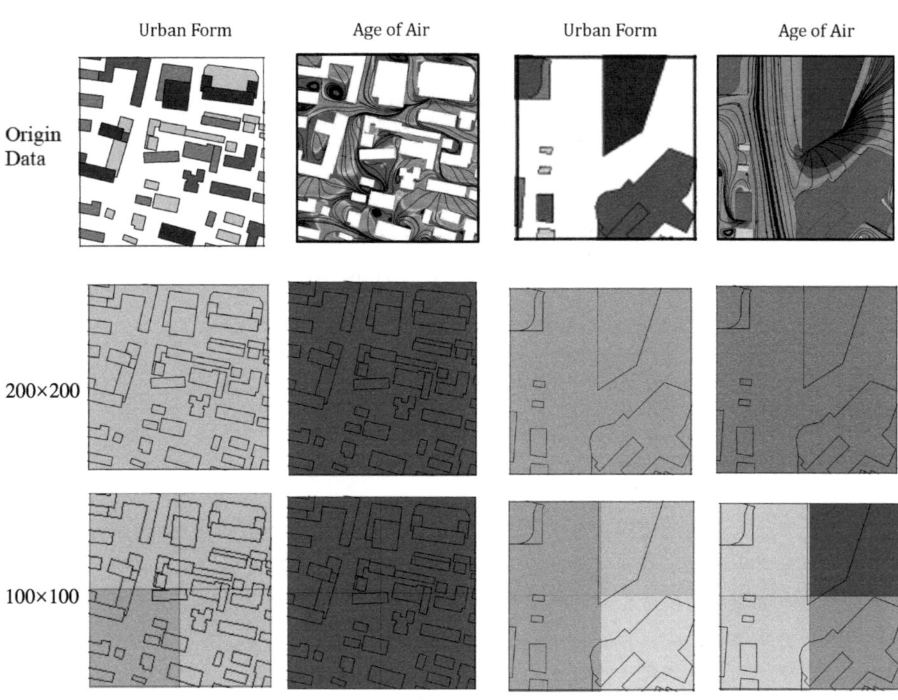

图 5 不同尺寸网格对相关性的影响

5 结论

本研究以南京市河西居住区和新街口商业中心区为研究案例。两个研究案例被划分为两个大小的网格（100m × 100m 和 200m×200m）。基于两种网格尺寸，分别计算了 4 个形态指标（M、P_o、SVF、HWR_8_ave）和通风性能指标（$<\tau p>$）。该研究还详细比较了不同尺寸的网格、形态指标和具有形态特征的案例对通风性能的影响。四个指标都更适合在匀质肌理中适用，其中 100m×100m 的网格是最优的选择。*SVF* 和 *HWR*_8 是最优的形态指标选择。值得注意的是，四个指标都存在其局限性。使用 *SVF* 预测通风性能时，需要考虑空间方向的问题。对于非匀质肌理，或许需要开发其他指标用于关联。

参考文献

[1] TROke. Street design and urban canopy layer climate.

[2] R. Buccolieri. City breathability and its link to pollutant concentration distribution within urban-like geometries, Atmos.

[3] L Adolphe. A simplified model of urban morphology: application to an analysis of the environmental Performance of Cities, Environ. Plan. B Plan.

[4] J Li, W You, Y Peng, W Ding. Exploring the potential of the aspect ratio to predict flow patterns in actual urban spaces for ventilation design by comparing the idealized and actual canyons, Sustain. Cities Soc.

[5] Yang F, Qian, F, & Lau, S, et al. Urban form and density as indicators for summertime outdoor ventilation potential: a case study on high-rise housing in shanghai. Building and Environment, 2013, 70 (1), 122-37. dec.

[6] J Li, W You, W Ding, Exploring urban space quantitative indicators associated with outdoor ventilation potential.

[7] XuZ Gao. Frontal area index: a review of calculation methods and application in the urban environment.

基于数字技术的寒地城市韧性提升策略
——以大连龙王塘滨海小镇城市更新为例

Strategies for Improving the Resilience of Cold Cities Based on Digital Technology: Taking the Urban Renewal of Dalian Longwangtang Coastal Town as an Example

李思莹[1] 孙洪涛[1] 王法祥[1] 李宇彤[1]
1. 沈阳建筑大学建筑与规划学院

摘 要：我国是寒区范围较大的国家，研究如何提高寒地这一特定类型的城市韧性具有重要的意义。寒地城市面临冬季寒冷和城市病的双重挑战，增强寒地城市韧性是寒地城市提升恢复力和适应能力的重要保障，也是寒地城市高质量发展的重要支撑。以大连龙王塘滨海小镇城市更新为例，探寻韧性城市建设的构成与重要影响因素，并在数字技术的快速发展和普及背景下，积极运用数字技术打造寒地韧性城市建设，重视利用数字化手段提升城市管理与服务和城市应急防灾管理水平，以及提升寒地城市空间韧性、基础设施韧性、生态韧性，通过数字技术保障寒地城市恢复力和适应能力，为寒地城市高质量发展提供重要支撑。

关键词：韧性城市；寒地韧性；数字技术；数字化韧性管理

1 引言

近年来，城市面临暴雨、台风、雾霾及公共卫生事件等多重冲击，这些挑战对城市的干扰与影响日益显著。因此，提升城市的预防、抵抗、恢复、适应和转化能力的需求与日俱增。当前，“十四五”规划明确提出了建设韧性城市、提高城市智慧化水平的目标，城市韧性建设已成为国家宏观政策的重要组成部分。结合振兴东北战略和数字化建设的要求，数字化信息整合及数字化模型的运用显得尤为必要。这些手段有助于研究寒地城市的韧性提升策略，从而提升寒地城市的生活舒适性，降低其脆弱性，减少不确定因素对城市造成的损害，保障寒地城市的稳定有序运行。

2 韧性

理论起源即“工程韧性”，其将韧性定义为“保持平衡的能力”，即受到挫折后恢复到原有状态的能力。在20世纪下半叶之前，这种韧性概念的理解方式一直是主导；随后，经过不同领域对韧性概念的演绎，其含义着重于强调韧性系统的两个新兴属性：适应能力与转型能力[1]。

2.1 韧性城市

当韧性这一概念进入城市规划领域时，学者开始关注的点着重于城市面对灾害风险与气候变化时的应对能力。韧性城市被定义为：城市拥有足以容纳、维持现今及未来社会、经济、环境、科技发展所带来压力的能力，基础建设规划在未来仍能发挥必要的功能[2]。随着韧性概念逐渐应用于城市形态要素的具体设计中，韧性概念也逐步走向复杂，韧性城市的定义也变得宽泛模糊。

2.2 寒地韧性城市

寒地城市是分布在北半球一个特殊的城市群体，指因冬季漫长、气候严酷而给城市生活带来不利影响的城市，其1月平均气温在-18℃以下[3]。在我国，寒冷气候区域主要集中在黑龙江、吉林、辽宁及内蒙古自治区的东北部地区，这些城市面临冬季寒冷漫长的特殊气候条件，因而需要建立应对由寒地地理特点引发的多样化城市生活和气候灾害问题的寒地韧性城市。

当寒地城市遭受灾害时，其韧性体现在面对灾害的几个层面，分别对应当城市遭到破坏的前中后三个阶段：遭遇前的预警预防灾害，遭遇中的面对灾害的紧急调节，以及遭遇灾害后的紧急恢复，三个阶段循环往复，开始城市的韧性保持原有状态，在遭到破坏后达到一个不同于破坏前状态的新平衡状态，然后逐渐循环上升，达到更加符合未来发展的状态（图1）。

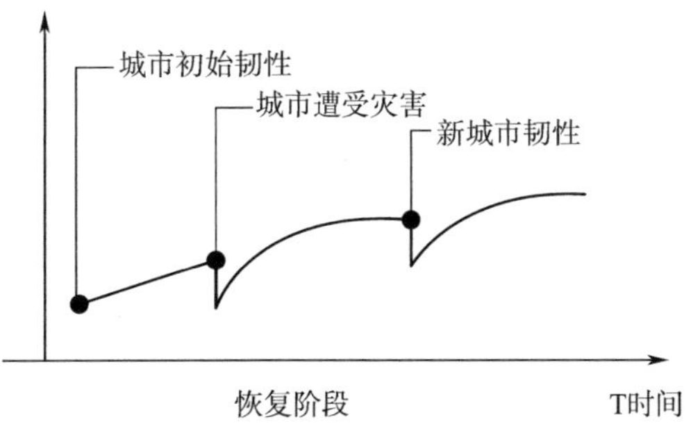

图1 韧性-时间变化

2.2.1 寒地韧性城市研究目标

寒地城市韧性研究的重点相对于其他韧性城市更为明确。寒地城市面临着独特的气候和地理条件，如极端低温、长期冰雪覆盖、冰冻融化周期等。分析这些因素对城市韧性各方面影响的特殊性，由此为出发点，并满足寒地城市其他方面的韧性需求。针对寒地城市特殊性的具体韧性，制定相应的提升措施，保障城市的交通、空间和基础设施的安全稳定运行和居民的生活质量。

2.2.2 寒地韧性城市研究现状

根据调查，各国就寒地城市的生产生活和规划建设问题已有广泛研究，但专门针对寒地城市的韧性研究还比较鲜见[4]。而我国是寒区范围较大的国家，需要深入研究寒地这一特定类型的城市韧性现状问题并形成理论体系。目前国内对寒地韧性的研究仍处于起步阶段（表1），将韧性理念与寒地特征结合的研究正在逐渐增加。

表1 寒地韧性城市研究现状

将韧性理念与寒地特征结合	
李家茜	寒地城市形态与韧性关联度研究
金瑛	结合城市生态韧性“规模-密度-形态”框架为寒地城市规划提供理论支持
孙瑞丰	关注寒地城市中社区韧性提升，提出寒地住区韧性生态修复相关策略
袁青	提升寒地乡村韧性的规划响应路径，以期将韧性提升融入国土空间规划

3 寒地韧性城市构成

建设真正安全可靠的“韧性城市”，需要全面考虑城市的经济韧性、社会韧性、空间韧性、基础设施韧性和生态韧性。在寒地韧性城市的构成中，空间韧性、基础设施韧性和生态韧性这三个方面需要被重视（图2）。这些方面在寒地城市中的重要性更突出，因为它们更多受地理气候条件的影响。且因为它们在设计、使用、维持的过程中地理气候的影响因素占比很大，不同城市属性的城市空间韧性、基础设施

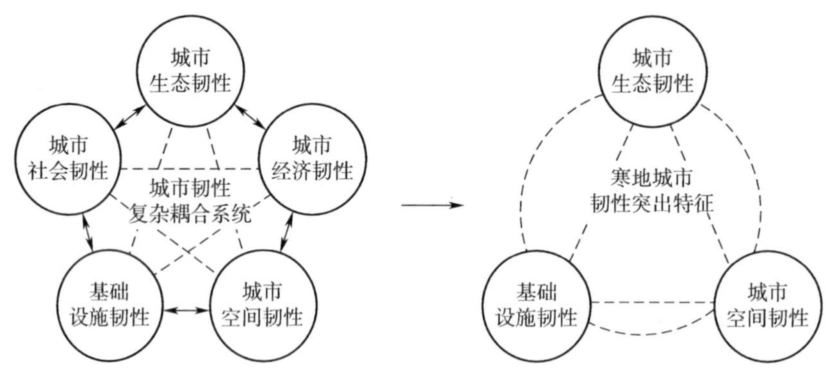

图2　寒地城市韧性构成

韧性和生态韧性差别较大，寒地城市在设施建设与其他城市相比耐候性的特点更明显，寒地城市生态协调稳定的包含因素更多，循环更复杂。所以建设符合地理气候的城市空间和更具有抵抗能力的基础设施是寒地韧性城市的重点研究对象。

3.1　城市空间韧性

寒地城市空间韧性，就是其空间结构和布局应对和适应外部冲击的能力，包括城市规划、建筑设计、交通网络、绿地系统等方面。需要合理布局建筑、街道和公共空间，来保证韧性城市空间在寒地情况下依然能够保持其稳定的运行，减少寒地因素的影响。科学制定城市综合防灾规划，在空间规划布局中适当“留白”，针对寒地城市容易发生的突发事件合理预留避难场地。

3.2　基础设施韧性

寒地基础设施韧性，就是城市基础设施系统的能力和稳定性，包括建筑物、交通网络、水利设施和能源系统等在面对极端天气和自然灾害时能够有效预防、减轻损失并快速恢复正常运行的能力。基础设施是保障城市稳定安全运行的重要基础，是构建韧性城市的决定性基础工程，是城市韧性的关键节点。

3.3　城市生态韧性

寒地城市生态韧性，就是城市及其周围生态系统对外部冲击的响应能力和恢复能力，包括生物多样性的维护和恢复、水资源的有效管理、土壤健康和治理措施等方面。保护物种多样性，推进海绵城市建设，改善土壤质量，可以增强寒地城市生态系统的抗干扰能力，从而支持可持续发展和居民生活质量的提升，满足城市生态韧性的需求。

4　数字技术下的寒地韧性城市建设

4.1　数字技术体系

数字技术在现代社会中扮演着重要角色，通信技术和信息技术等有效推动着各类要素资源的协调与整合。代表性的数字技术包括人工智能、云计算、区块链、大数据、元宇宙和数字孪生等。这些技术的应用使得城市管理体系能够通过大数据和智慧城市的整合，精确迅速地识别和解决关键问题。作为新一轮科技革命的主导技术，数字技术赋予生产力全新的内涵，为实现可持续发展目标提供了强有力的技术支持。

4.2　数字技术寒地韧性城市管理方法的涌现

新兴的数字技术为提升城市韧性提供了现代化和智能化的技术支持。大量数据在城市韧性监管机构汇聚，通过先进的数字技术构架，信息和数据与城市韧性相关的场景紧密相连。数字技术的整合和治理提升了城市韧性相关内容的管理效率。信息传递链条被缩短，使得生活数据可以迅速、准确地传递到城市韧性数字化管理技术平台。这使得城市韧性的治理主体能够实时获取并分析数据，进行模拟和管理，尤其在自动预警等功能的应用下，可以迅速识别和解决关键的城市韧性问题。数字技术的运用不仅提升了行政执行效能，还通过智能化手段替代了传统的机械式人力投入，有效提高了工作效率。此外，数字化沟通和协调成本的降低，使得资源配置更加迅速和灵活，冗余度在此过程中得以提升，进而有助于更好应对危机和风险[5]。

通过现代化的信息手段，例如移动位置服务、城市监控系统以及各部门的实时监控系统采集城市内部包含人员和城市空间两方面的数据，在数据采集之后进行大数据系统的整理整合，将数据中所体现的内容赋能到我们通过数据建立的数字孪生虚拟模型和城市韧性管理体系中，对城市生命体进行实时监测、研判预警，第一时间感知风险动态、提出有效应对策略（图3）；通过数字化历程掌握城市中关于协调韧性的实时信息。

4.3 数字技术提升寒地城市韧性：以大连龙王塘滨海小镇城市更新为例

目前可以利用大数据、智慧城市、遥感与地理信息系统等提升城市韧性。通过

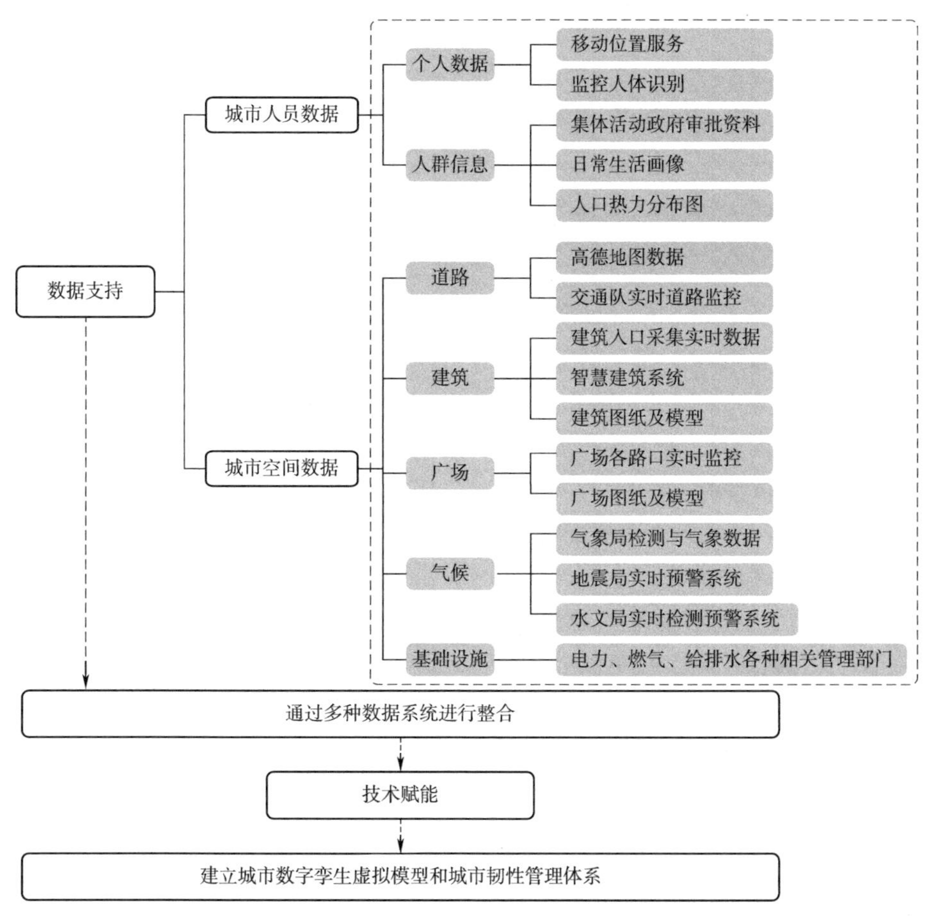

图3 城市数字化监管流程

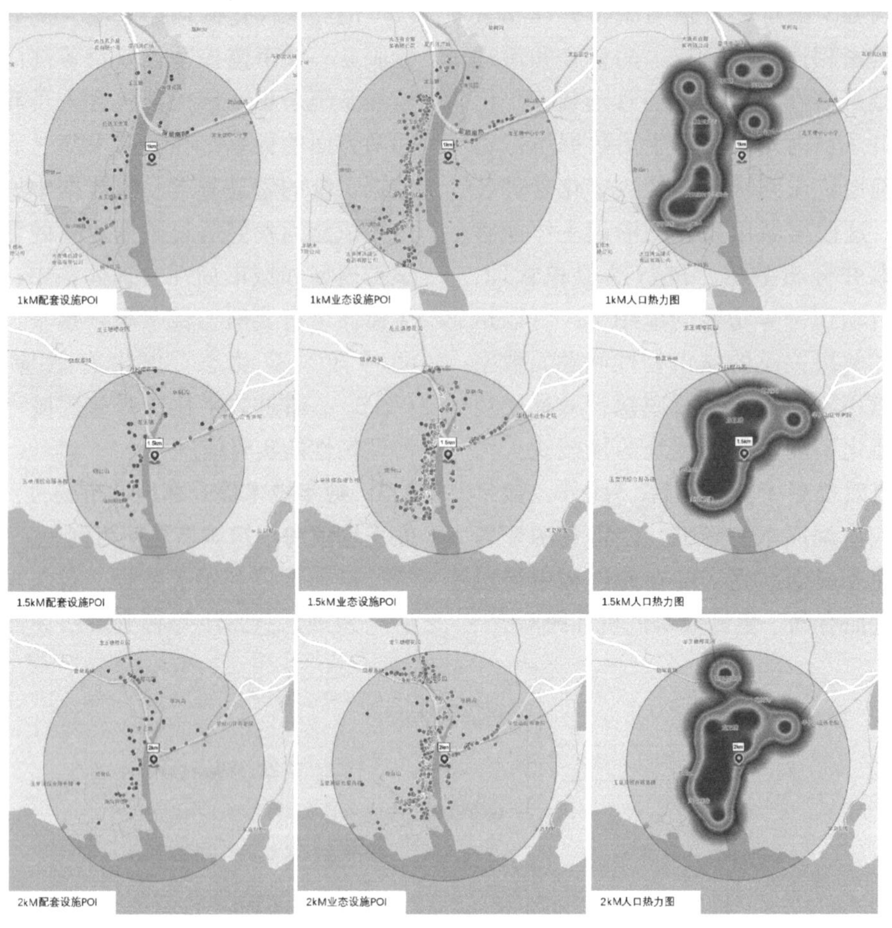

图4　场地1km、1.5km、2km POI分析

数字化手段提升城市韧性，为丰富新时代城市风险治理体系提供了新的思路和方法，也契合新时代提升国家治理体系和治理能力现代化的发展战略要求。

以大连龙王塘滨海小镇城市更新为例，其意在打造沉浸式体验文旅产业园，以提升区域内部的活力，重塑场地内部韧性，通过现代数字化信息技术，收集和处理城市相关数据，分析人群需求特征和建成环境问题，进行城市设计，应用数字孪生技术，建立高度精确的城市孪生模型，由此更好地管理寒地城市空间。

首先，可以通过政府机构、高德地图、其他多方公开数据分析整理得出距离基地范围1km、1.5km、2km的各类设施分布情况，衡量设施供给情况和人口密度及场地活跃度（图4），综合考虑场地周边配套设施、业态、人口密度，判断场地内韧性缺失程度，合理配置相应功能设施，满足人群需求。

然后，通过客流感知大数据和国家统计局公开数据分析整理得出客群客流数据和相应人口数据（年龄分布、性别分布、学历分布、客群行业分布），以基地1.5km为范围整理出居住客群基础画像、到访客群基础画像、办公客群基础画像（图5）判断人群需求，同时借助用地功能识别等查询功能，对场地进行初步认知。

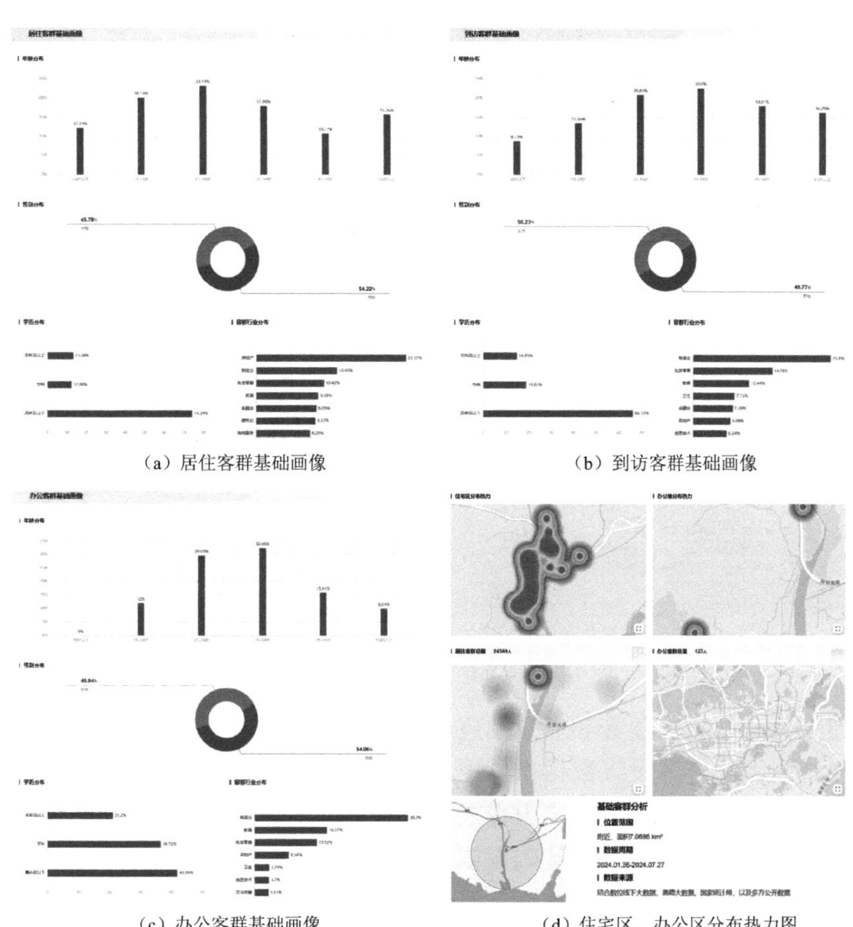

（a）居住客群基础画像　（b）到访客群基础画像

（c）办公客群基础画像　（d）住宅区、办公区分布热力图

图 5　场地 1.5km 客群分析

4.3.1　寒地城市空间韧性的提升

结合数据分析得出策略，场地空间需要激发城市活力，需要打造文化空间节点，串联形成滨海具有观光、消费、住宿能力的活力组团，从而带动龙王塘区域经济发展（图 6a）。首先在进行龙王塘小镇城市更新时通过现代数字化信息技术收集和处理场地相关数据，应用于数字孪生技术中，建立高度精确的城市孪生模型，如模型涵盖信号站、建筑物、标识等多种元素，精确评估和预测城市的空间规划，规划道路、建筑物、广场、紧急避险场地等城市空间，确定城市空间大体布局和活力点的位置，进行城市更新，提高寒地城市空间韧性（图 6b）。其次模拟在城市遭受自然灾害或极端气候变化时，数字孪生技术整合多源数据，及时发现并响应城市中的异常情况，准确判断场地内部的人群和车辆流动，确定疏散路线并导航，为交通导航系统提供精准指引。最后，数字孪生可以通过模拟灾后的城市模型，加强易受灾城市空间的维护，尽量减少下次灾害造成的损失。

4.3.2　寒地城市基础设施韧性的提升

提升寒地城市基础设施韧性可以通过模拟寒地极端天气，预测暴风雪或大雪对交通、能源供应和居民生活的影响，提前制定有效的紧急响应策略和安全疏散路线，参考其可能性确定道路网络的布置（图 7a）。

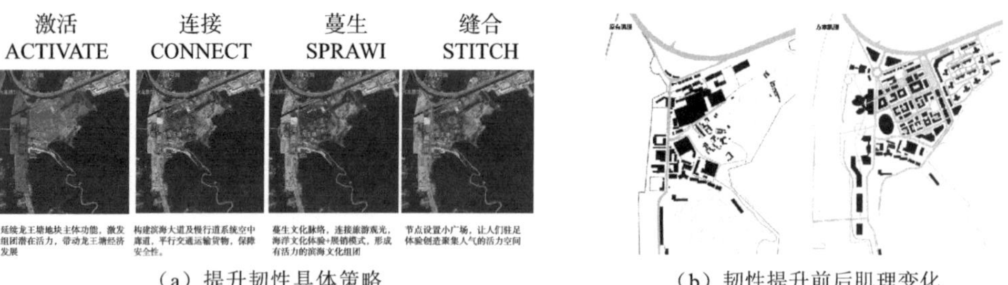

（a）提升韧性具体策略　　（b）韧性提升前后肌理变化

图6　场地空间韧性提升

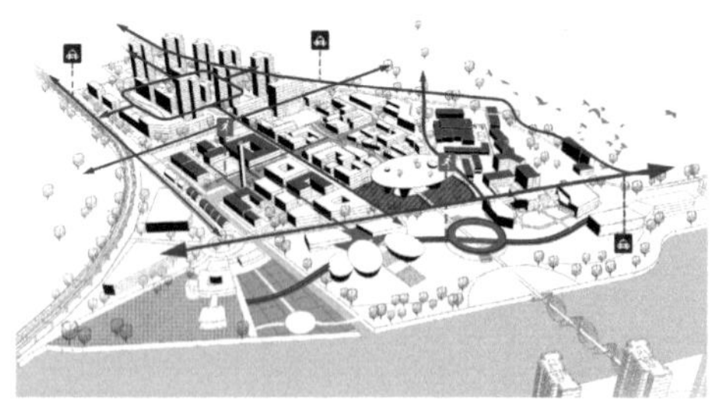

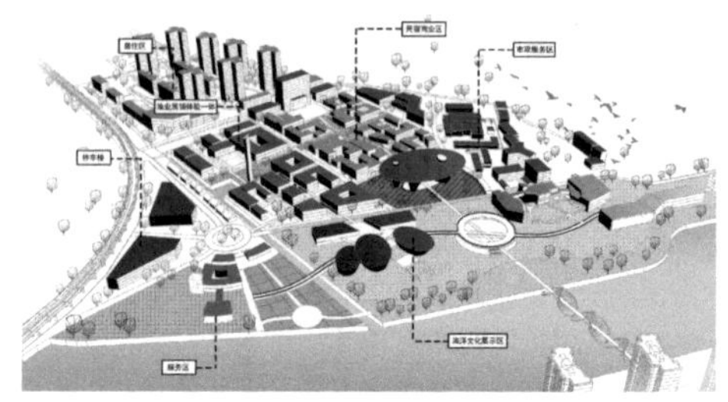

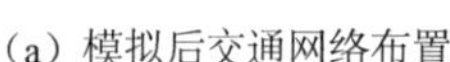

（a）模拟后交通网络布置　　（b）模拟后交通网络布置

图7　场地基础设施韧性提升效果图

同时需要建立健全的灾害预警和应急响应体系，在场地内需要合理设置数据指挥中心（图7b），通过在韧性管理系统中集成的传感器数据，实时监测城市的基础设施如电力供应、供暖系统等的运行状态、道路的结冰情况、管道的温度变化等，提供实时的反馈，以确保基础设施在灾害发生时能够迅速恢复运行。数字孪生技术可利用广泛的数据来源，寒地城市依赖卫星定位，其信号覆盖还不完善，可以通过在城市中设立PTK基站或影像识别整合系统，补充卫星信号覆盖不足的地区。还可以通过数字孪生模型结合设施损坏历史数据，寻找城市基础设施韧性不合理的环节以及薄弱部位进行针对性的改造以及加固，然后再通过模拟来验证改造加固措施的可靠性。最后，由于大连地处寒地，因此必须考虑低温条件对建筑材料和设施设备的影响。建筑需采用耐寒材料、设备预热和隔热措施，确保基础设施在极端低温下的正常运行。

4.3.3　寒地城市生态韧性的提升

针对寒地城市生态系统，建立生态系统韧性模型，收集寒地生态体系多方面数据，可以整合成数字化孪生模型形成实时数据监测。这些模型可以帮助预测气候变化对生态系统的影响，可以模拟寒地环境下生物群落的变化和生态过程的互动，为制定应对策略提供科学依据，也可以通过模拟确定景观节点的位置和良好的景观视线（图8），还可以多维度展示城市景观的特征和动态演变，实现全生命周期的管理和演化。提升寒地生态韧性，可以利用数字孪生平台对新建城市景观进行场景模拟和仿真。通过输入不同的设计要素和场景变量，评估各种设计方案在设计、施工和运维阶段的表现及成本效益，从而选择最佳方案以实现城市生态景观的最大化利益。对于寒地城市生态韧性提升而言，数字孪生技术更具挑战性但也更加重要。通过现有的生态景观问题调查、实地探勘和居民意见征求，得到相应的数据。通过模拟和实时

(a) 模拟后景观节点位置

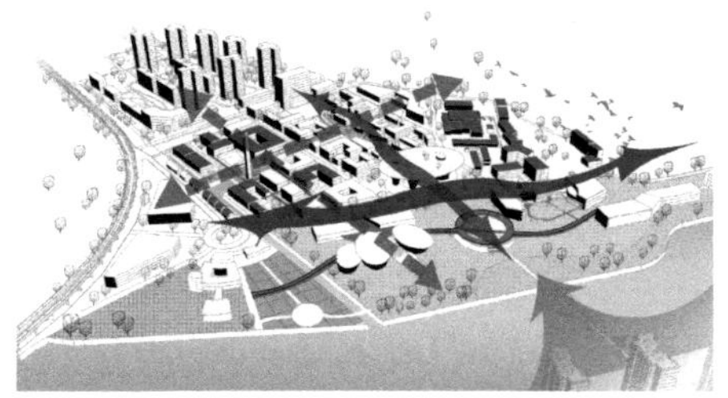
(b) 模拟后景观视线通道

图 8　场地生态韧性提升效果图

监测，及时应对气候变化、自然灾害等外部环境因素对生态的影响，进而提升城市生态韧性和可持续性。

4.4　数字技术寒地韧性城市管理体系建立

由于没有任何一个学科可以全面捕捉城市系统的复杂性和动态性，所以实现韧性城市是需要跨越学科、跨越部门的体制和机制来进行协调发展的[6]。寒地城市韧性管理体系的建立是为了管理城市韧性的各个相关工作，包含基础的韧性数据的对接、孪生城市数字模型管理，而城市模型为韧性管理体系提供了实时监控的手段。建立“监测—评估—反馈”的动态调试机制（图 9），结合韧性城市规划实施中反映出的问题，对相关规划内容进行优化调整。这种机制能够及时感知风险动态并提出有效应对策略。由此循环往复相互依赖，充分发挥数字技术手段机理优势，将数字化思维融入韧性治理的全生命周期，为韧性管理主体实现韧性治理提供能力保障，进而形成整体的寒地城市韧性管理体系。

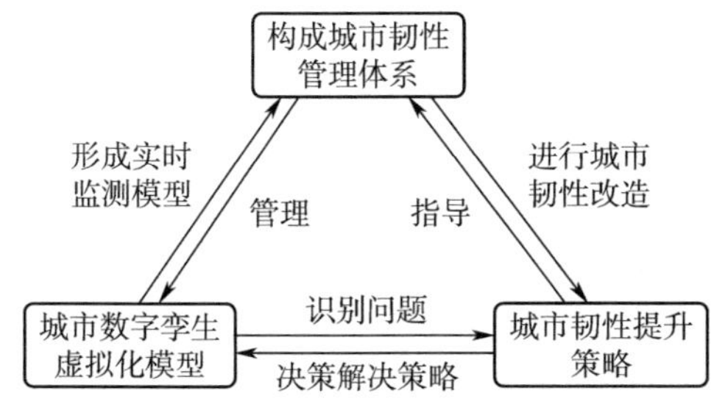

图 9　“监测—评估—反馈”的动态调试机制

5　结语

本文通过对寒地韧性城市的理解和分析，将数字技术与寒地城市韧性相结合，论述了数字化技术作用于寒地韧性城市的途径和方法及过程，并具体提出了对于寒地韧性城市三个关键构成成分，以大连龙王塘城市更新为例探讨数字技术韧性提升策略和数字技术寒地韧性城市管理体系的建立，由此来有效提高城市的自适应能力和整体性能，从而推动韧性城市的建立，为寒地地区城市韧性的可持续发展提供了一些思路，也为其他类似地区推进数字技术韧性建设提供了借鉴和启示。

参考文献

[1] 李家茜，孙洪涛，张巧昀，等．寒地中微观城市形态与城市韧性的关联性研究［J］．城市建筑空间，2023，30（9）：77-78.

[2] 陶思睿，王敏．中国式现代化视域下的韧性城市建设研究［J］．城市发展研究，2023，30（9）：5-8，14.

[3] 孙明阳，赵彦博．寒地城市植物景观视觉设计研究［J］．智能城市，2018，4（24）：21-22.

[4] 金瑛，修春亮．寒区城市的生态韧性及规划策略［J］．上海城市规划，2022（6）：24-31.

[5] 梁正．数字双赋打通韧性城市建设“最后一公里”［J］．人民论坛·学术前沿，2022（Z1）：26-34.

[6] 李依浓，李洋．数字化背景下的韧性城市建设：以德国达姆施塔特为例［J］．城市发展研究，2021，28（7）：65-74.

基于语义分割的城市街道安全感知评价
——以佛罗伦萨弗兰基球场周边街区为例

Assessment of Urban Street Safety Perception Based on Semantic Segmentation: A Case Study of the Surrounding Blocks of Florence Frankie Stadium

李　祎[1]　唐　芃[1]
1. 东南大学建筑学院

摘　要：佛罗伦萨弗兰基球场是知名意甲联赛球场，但其周边街区在非赛季街道活力不足、安全感缺失，需要有针对性的改造措施。本研究以该街区为例，运用语义分割技术对街道给行人的安全感进行量化评估。研究基于 HRNet18 模型和 Cityscapes 数据集，识别街景图像中的多个要素进行语义分割，计算天空可视率、绿视率、可慢行度、服务设施密度、界面围合度和机动化率等六个指标。通过层次分析法确定各指标对街道安全感的影响权重，评估图像点位的安全感水平。最终利用 GIS 可视化结果，并提出具体改造措施，以提升街区的安全感水平。本研究在城市更新中的街区的安全感知问题上进行了探讨，其方法对于改善街道品质和居民生活环境具有意义。

关键词：街道安全感；城市更新；语义分割；HRNet18 模型；层次分析法

1　引言

随着城市化进程的推进，街道作为居民重要的公共空间，其安全性日益受到关注，提升街道安全性也成为城市更新的重要目标。街道安全是一个宽泛的议题，包括交通安全、社会治安等物理层面的安全，同时也包括居民心理上的安全感知。本研究侧重于后者。

弗兰基球场是知名的意甲联赛球场，也是佛罗伦萨足球俱乐部的主场球场。在比赛日，球场周边的人流量较大，需要实施交通管制，且停车困难；而在非比赛日，该区域人流稀少，街区景象萧条。由于街道活力不足以及无法为行人提供足够的安全感，该片区被当地居民视为“危险的区域”，特别是在夜间，这一现象更加明显，历史上甚至曾经有过强盗活动的记录。提升街道的安全感知，从而增强街道活力，是该片区城市更新的重要目标。

城市设计大师扬·盖尔在《人性化的城市》中指出，安全的城市应通过活跃的公共空间、步行和自行车友好的环境、良好的照明和视野以及人性化的建筑设计来实现[1]。这一洞见不仅为我们深入理解城市安全性的多维度提供了宝贵视角，更为我们运用诸如天空可视率、绿视率、机动化率等量化指标评估街道安全感知提供了理论基础。

随着技术的进步，尤其是机器学习的应用，精确高效地量化评估街道环境要素

国家自然科学基金面上项目：数据驱动的历史地段多尺度层级保护与更新方法（52178008）。

成为可能。Nikhil 等通过机器学习对超百万张街景图像进行评分，评估街道视觉安全度[2]。Harvey 等结合 GIS 与深度学习，构建了安全感与绿化、建筑数量及高宽比的回归模型，发现正相关关系[3]。唐婧娴、龙瀛等利用语义分割技术，通过绿视率、街道开敞度等指标，对北京和上海的街道空间进行了品质量化研究[4]。李心雨基于街景图像构建数据集，量化评价街道安全感知与舒适度[5]。

本研究聚焦于行人的安全感知，利用语义分割技术对弗兰基球场周边街景图像进行安全感知评价，进而提出针对性改造策略。

2 研究方法与指标构建

2.1 技术路径概述

研究分为模型选择、数据获取与处理、评价指标构建、改造策略研究四个步骤。首先，通过对比不同语义分割模型的性能，选定最优模型。接着，获取并处理街景图像数据，识别和统计关键要素，构建与街道安全感知相关的评价指标，并采用层次分析法确定各指标权重，评估街道的安全感知水平。最后，通过 GIS 可视化评估结果，提出针对性改造策略。技术路径如图 1 所示。

2.2 模型选择与训练

研究选取 Cityscapes 数据集进行训练，它包含 5000 张欧洲城市街景图像，具有 19 个像素级的视觉类标注，覆盖率高达 97%，其中 8 个类别具有实例级分割[6]。Cityscapes 提供了高质量和详细的标注数据，能够支持精细的图像分析和处理。

不同模型在执行相同任务时的表现存在差异，因此有必要对多个模型进行性能对比，以选择最适合研究的模型。本研究选取了 PSPNet、DeepLabv3 和 HRNet18 三个模型，在 Cityscapes 数据集上各训练 8 万次，对比其平均交并比（mIoU）、平均像素准确度（mAcc）、平均类别准确度（aAcc）三个指标。mIoU 提供了对模型所有类别分割性能的全面评估；mAcc 强调每个类别的准确性；aAcc 则关注整体像素的准确预测。训练结果如表 1 所示。最终选定综合性能较好的 HRNet18 模型进行研究。该模型全称为 FCN_HR18，是结合了全卷积网络（FCN）和高分辨率网络（HRNet）特性的图像分割模型，既具有 FCN 高效训

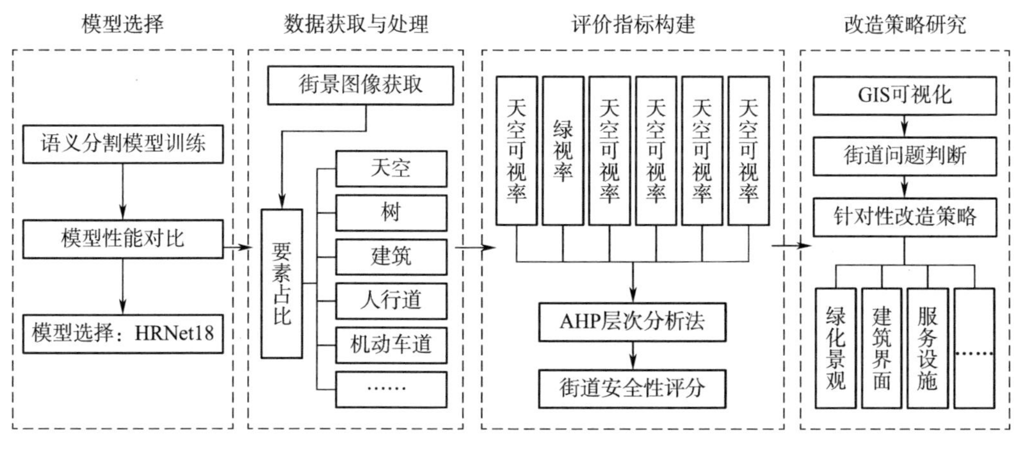

图 1 研究技术路线

练和预测的特性，又借助了 HRNet 的高分辨率特性，显著提高了图像分割的精度和细节保留能力。

表 1 模型训练性能对比

模型	mIoU	mAcc	aAcc
PSPNet	69.59	74.15	93.97
DeepLabv3	59.34	69.74	93.55
HRNet18	69.59	77.31	95.48

2.3 街道安全性评价指标构建

根据扬·盖尔的观点，从公共空间、步行和自行车友好的环境、良好的照明、良好的视野四个角度出发，选取天空可视率、绿视率、可慢行度、服务设施密度、界面围合度和机动化率六个指标，并采用层次分析法（AHP）确定各指标对街道安全感的影响权重。

2.3.1 天空可视率

天空可视率衡量街道中可见天空的比例，受到街道高宽比、树冠大小等因素影响。过低的天空可视率会形成压迫感，影响居民的安全感。本文将天空可视率定义为天空与图像面积之比，计算公式如下：

$$天空可视率=\frac{S_{sky}}{S_{图像}}$$

2.3.2 绿视率

绿视率指行人可见的绿化植被占比。绿化能够改善城市环境，提升居民生活质量。徐磊青等人发现，绿视率与安全感知呈正相关，因为更高的绿视率使得街道氛围更自然亲切[7]。本文中绿视率计算如下：

$$绿视率=\frac{S_{vegetation}}{S_{图像}}$$

2.3.3 可慢行度

可步行度是评价街道空间品质的重要指标，也是衡量安全感知的关键，因为其不仅与居民心理安全感相关，也与交通事故率等物质安全相关。良好的街道可步行度扩展了行人的街道生活，提升了交通效率和出行安全。鉴于研究区域骑行活动的普及性，本文创新性地将可步行度概念拓展为可慢行度，以全面纳入步行和骑行两种非机动化交通方式。其计算公式如下：

$$可慢行度=\frac{S_{sidewalk}+S_{person}+S_{rider}+S_{bicycle}}{S_{图像}}$$

2.3.4 服务设施密度

服务设施密度是街景图像中服务设施（如座椅、路灯）的占比。高密度的服务设施意味着良好的出行环境、良好的照明，为居民提供了出行辅助。计算公式如下：

$$服务设施密度=\frac{S_{pole}+S_{traffic\ light}+S_{traffic\ sign}}{S_{图像}}$$

2.3.5 界面围合度

界面围合度聚焦于街道两侧建筑的高度与密度分布。适度的围合度为行人提供视觉与物理上的庇护，减少空旷无依的暴露感，从而增强街道的安全感，并促进街道的自然监控效应。然而，围合度过低会使街道显得空旷，行人易感到孤独无助，

表 2 安全感知评价指标判断矩阵

评价指标	天空可视率	绿视率	可慢行度	服务设施密度	界面围合度	机动化率
天空可视率	1	2	1/3	4	3	1/3
绿视率	1/2	1	1/3	3	3	1/3
可慢行度	3	3	1	5	4	2
服务设施密度	1/4	1/3	1/5	1	1/2	1/4
界面围合度	1/3	1/3	1/4	2	1	1/4
机动化率	3	3	1/2	4	4	1

加剧对潜在危险的担忧；围合度过高则带来压迫感，限制视野与活动范围，降低行人对紧急情况的应对能力，影响舒适度。因此，界面围合度需要控制在适宜的范围。其计算公式如下：

$$界面围合度=\frac{S_{building}+S_{wall}+S_{fence}}{S_{图像}}$$

2.3.6 机动化率

机动化率是街道中机动车及其车道的占比。高机动化率意味着机动车在街道中占据主导地位。研究表明，机动化率与安全感知呈负相关，即机动化率越高，街道安全感知越低[8]。其计算公式如下：

$$机动化率=\frac{S_{road}+S_{car}+S_{truck}+S_{motorcycle}+S_{bus}}{S_{图像}}$$

2.3.7 层次分析法构建评价模型

层次分析法（AHP）是一种将复杂的多目标决策问题分解为目标、准则和方案层次，并进行定性和定量分析的决策方法。本研究将街道安全感知设定为最高层次的目标，将六个具体指标（天空可视率、绿视率、可慢行度、服务设施密度、界面围合度和机动化率）作为中间层次的准则。

首先，通过专家问卷调查法对各指标进行两两对比，构建判断矩阵（表2）。然后，通过归一化法求解矩阵的特征向量，以确定各个指标的权重向量，计算公式如下：

$$w_i=\frac{\sum_{j=1}^{n}\frac{a_{ij}}{\sum_{k=1}^{n}a_{kj}}}{n}$$

判断矩阵的一致性通过计算一致性比率（*CR*）进行验证，本研究的 *CR* 值为0.0462，满足一致性要求。

由于各个指标的数值差异较大，例如服务设施密度相关的要素（如路灯、指示牌）本身就比其他要素如建筑、道路等小很多，导致一些指标数值过小，即使赋予较高权重，对评分的影响也微乎其微。为了解决这一问题，研究对6个指标进行标准化处理，使它们在未加权的情况下对评分产生相等的影响。标准化公式如下：

$$x'=\frac{x-x_{min}}{x_{max}-x_{max}}$$

通过AHP法得出的权重与安全感知评分的计算如表3所示。

表3 AHP分析结果与安全感知计算

模型	指标	权重 w
街道安全感知评价模型	天空可视率	0.16
	绿视率	0.12
	可慢行度	0.34
	服务设施密度	0.05
	界面围合度	0.07
	机动化率	0.26
安全感知评分 $=\sum_{i=1}^{n}x_i'\cdot w_i$		

通过标准化处理与AHP赋权，科学、系统地确定各指标对街道安全感知的影响，有效识别和量化影响街道安全感知的各个要素，为研究提供可靠的数据支持和决策依据，提升评价的准确性和客观性。

3 实地应用——佛罗伦萨弗兰基球场周边街道安全感知评价

3.1 数据获取与预处理

研究区域涵盖1条城市主干道、1条环形次干道及9条径向支路。通过谷歌地图的街景功能，以每10m为单位进行点位选取，最终共获得290张街景图像数据。在数据预处理阶段，首先对获取的街景图像进行质量检查。部分图像存在过曝或过暗的情况，可能影响后续分析的准确性。

为此，采用 Python 中的 OpenCV 库对图像进行统一处理，以解决色彩差异并增强图像的一致性。具体处理措施包括直方图均衡化和色彩校正，确保所有图像在视觉和数据质量上达到标准。此外，为了适应后续的语义分割和特征提取任务，所有图像被统一调整为 1465px×780px。

3.2 语义分割与安全感知评分

首先，采用 HRNet18 模型对处理后的街景数据进行批量语义分割，对每张图像进行像素级分类，识别出包括道路、人行道、建筑、围栏、机动车、行人等在内的 19 个类别。图 2 展示了生成的语义分割结果示例，能够直观反映街道组成要素的空间分布特征及其各自在图中的占比大小。

随后，统计每一张街景图像中各要素的像素数，并计算其在图像中的占比。这一步为定量分析街道安全感知提供了必要的数据支持。生成的结果以 CSV 文件格式存储，确保数据的可访问性和便捷处理性。根据前文定义的公式，对各个点位进行指标计算及标准化处理，最后结合 AHP 得出的权重，加权计算得出安全感知评分。图 3 展示了 290 个点位的安全感知评分分布情况。

图 2　语义分割结果实例（左：街景图像；右：分割结果）

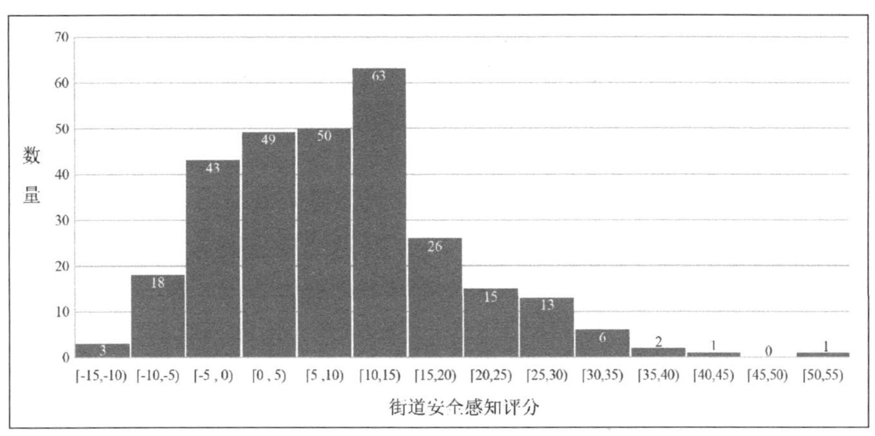

图 3　弗兰基球场周边街道安全感知评分分布图

在弗兰基球场周边街道中，安全感知评分最低为-12.78，最高为50.338，显示出街区内安全感知存在显著差异。评分主要集中在-5至20分之间，其中评分在[10，15）区间的点位数量最多。随着评分的增加，点位数量逐渐减少，超过35分的点位数量更为稀少。这一结果表明，场地中大多数街道的安全感知评分处于中下水平，安全感知较差是城市更新的一大问题。

3.3　结果可视化与街道问题诊断

对290个点位的安全感知评分进行计算后，将结果导入GIS进行可视化，使研究结果更加直观可读，便于识别和诊断街区整体问题与改造重点片区。

可视化结果如图4所示，每一个点都表示一个采集的街景图像的地理位置，颜

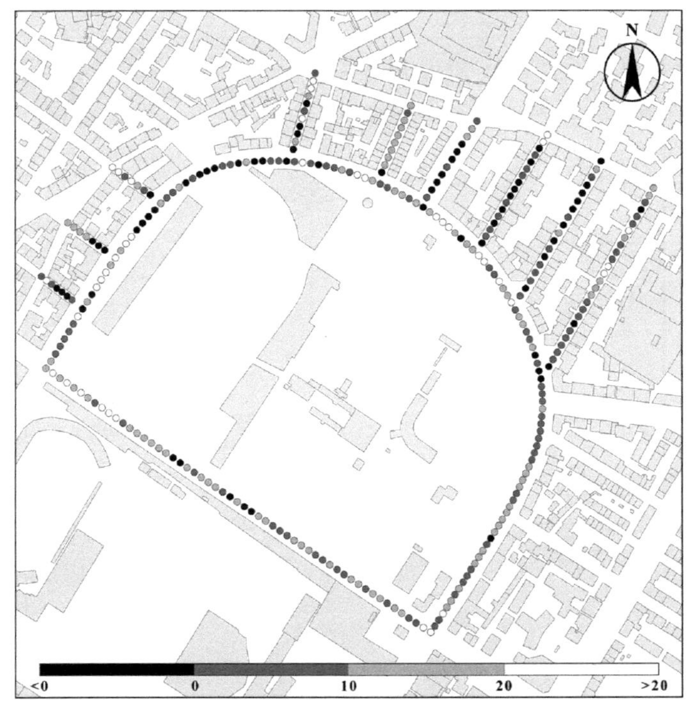

图 4　弗兰基球场周边街道安全感知评分可视化（现状）

色从浅到深代表安全感知评分从高到低。南部和东部为城市主干道，因其具有明确划分的人行道、合理的绿植、密度适宜的路灯指示牌等，使得安全感知评分整体水平较高。而环形道路和街区内径向道路的安全感知评分整体较低，在 GIS 中对评分较低的点位进行指标检查，发现其可慢行度普遍较低，机动化率过高，查找街景图像发现这些点位的人行道过于狭窄，机动车沿街停放侵占人行道现象严重。街区内径向街道的问题较为严重，绿视率、机动化率、天空开敞度、服务设施密度都偏低，而机动化率和界面围合度较高。究其原因，发现径向街道较为狭窄，且两侧均为实墙，使得界面围合度过高而天空的可见范围较小；并且缺少街边绿化，缺乏照明设施。

3.4 针对性改造及安全感知评分检验

针对街区现状存在的问题，研究者制定了系统性的改造措施，重心放在环行路北部及街区内部的径向道路，尤其评分小于 0 的点位需要优先考虑。

首先，重新规划机动车行驶路线，取消狭窄径向道路和球场前环形路的机动车道，改为连接球场和城市的慢行街道，同时可以应对比赛日大量人群涌入的需求。

其次，改善人行道宽度和慢行条件。明确人车分流的路线，并且对机动车停车作集中安排，以确保步行和骑行区域的充足，减少交通冲突。

再次，在街道中增设节点空间，种植绿植以提高绿化率，从而提升视觉舒适度和慢行体验。

最后，街区内办公建筑和底层商店增设玻璃界面，以增加视线穿透，减少由于街道狭窄带来的压迫感。

在实施上述改造措施后，研究者用渲染图进行了同点位、同角度的安全感知评分。图 5 展示了改造后的街道安全感知分析结果。结果表明，街区整体的安全感知水平得到了显著提升。

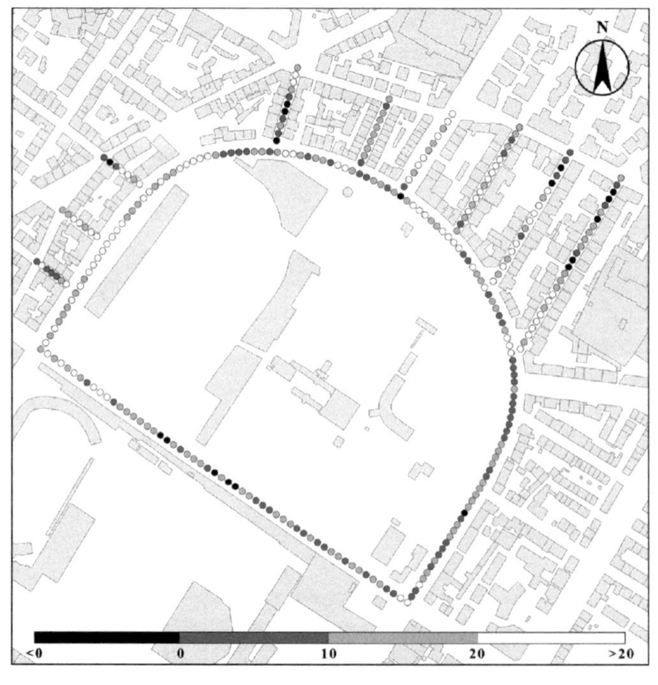

图 5　弗兰基球场周边街道安全感知评分可视化（改造后）

4 总结

本研究通过 HRNet18 模型对街景图像进行语义分割，识别街道要素，计算相关指标，结合 AHP 法得出街道安全感知评分，并提出针对性改造策略。研究发现，合理的人行道与机动车道比例、开放的建筑立面、必要的服务设施和适量的绿植能够提升行人对街道的安全感知。研究成果为街区更新改造提供了实践指导，对提升城市居民生活质量和出行安全感具有重要意义。

尽管取得了一定成果，未来研究应进一步探索多源数据融合和动态数据分析。引入更多城市数据如经济和犯罪率数据，丰富安全感知评价维度，并考虑季节和时间段的环境动态变化，进行更全面的安全感知分析。

参考文献

[1] 扬·盖尔．人性化的城市［M］．欧阳文，徐哲文，译．北京：中国建筑工业出版社，2010.

[2] N Naik, J Philipoom, R Raskar, et al. Streetscore-predicting the perceived safety of one million streetscapes［C］. 2014 IEEE Conference on Computer Vision and Pattern Recognition Workshops, Columbus, OH, USA, 2014：793-799.

[3] Chester Harvey, Lisa Aultman-Hall, Stephanie E, et al. Effects of skeletal streetscape design on perceived safety［J］. Landscape and Urban Planning, 2015, 142：18-28.

[4] 唐婧娴，龙瀛．特大城市中心区街道空间品质的测度：以北京二三环和上海内环为例［J］．规划师，2017，33（2）：68-73.

[5] 李心雨．基于街景图像和机器学习的城市街道安全感知与舒适度研究［D］．兰州：兰州交通大学，2023.

[6] M Cordts, M Omran, S Ramos, et al. The cityscapes dataset for semantic urban scene understanding［D］. Proc. of the IEEE Conference on Computer Vision and Pattern Recognition（CVPR）, 2016.

[7] 徐磊青，江文津，陈筝．公共空间安全感研究：以上海城市街景感知为例［J］．风景园林，2018，25（7）：23-29.

[8] 万传玮，王荣华，孙欣琨．基于街景图片与语义分割技术的徐州市老城区街道安全感知评价研究［J］．农业与技术，2022，42（17）：125-130.

基于图论与嵌入的城市区域要素编码方法研究
——以昆明历史城区范围分析为例

Research on Encoding Method of Urban Regional Elements Based on Graph Theory
——Taking the Analysis of Kunming Urban Historic Areas as an Example

黄支晟[1,2]　吴　楠[1,2]　刘晨蕾[1]　王绍森[2]
1. 华侨大学建筑学院
2. 厦门市建筑遗产保护智能技术重点实验室（厦门大学）

摘　要：城市区域要素的数字编码是构建城市信息模型和数字化城市研究的关键步骤。然而，现有的编码方法主要侧重于分类和识别，难以满足日益复杂的城市分析需求。本文提出了一种基于图论与嵌入的创新城市区域要素编码方法，该方法不仅保留要素的独立特征，还能反映要素间的相互关系。这种编码方法的优势在于其结果可直接被深度学习技术利用，从而根据特定任务目标获取研究对象的嵌入表示。将城市区域要素的直接分析转化为对嵌入的数学分析，能大幅提高解决后续任务的效率。本文中还通过昆明历史城区范围分析的实例，详细阐述了该编码方法的应用价值。这一方法为城市信息模型的构建和复杂城市问题的分析提供了新的思路和工具。

关键词：城市计算；词向量；图神经网络；词嵌入；城市表征

1　研究背景

区域是城市的基本要素，是人们生活工作的场所。为了让计算机帮助研究者对城市区域进行分析，一个重要的步骤是对其进行数字编码。目前智慧城市（Intelligent City）、城市信息模型（City Information Model，CIM）的相关研究主要集中在应用领域，但对较为底层的编码方法关注有限。[1]

在城市计算与城市分析中，主流的对城市要素的编码方式主要服务于城市维护管理，即强调“识别码”和“分类码”功能。以下是一些典型示例：①胡祺等在建立南京市建邺区的智慧城市数据库的过程中，对建筑物实体的编码设计，包含行政区、地理网格、实体类别等信息[2]（图1）。②任远航等提出的城市事件编码由事件类型、时间属性、位置属性、在环境中表现性质、相关人员信息、其他可拓展属性构成城市事件唯一编码标识[3]（图2）。③赵珂从城市地址建构的角度研究的中美日三国的城市地址编码方式（Geocoding）[4]。

这些典型的编码设计都有几个共同的

福建省自然科学基金（2022J01302）；华侨大学高层次人才项目（22BS112）；厦门市建筑遗产保护智能技术集成应用重点实验室开放基金（厦门大学）（IAITAHP2023001）。

特点：①编码建立后就是固定的，难以依据不同任务的需要灵活调整。②编码结果通常难以直接被深度学习等计算机技术利用。③编码各自独立，一般不关注编码对象之间的相互关系。④为兼容可读性，编码长度受限，针对不同任务可能需重新编码。

本研究基于前人的工作，受到图机器学习（Graph Machine Learning）与自然语言处理（Natural Language Processing）中的“词嵌入”技术的启发，提出一种新颖的城市区域要素编码方法。它能指导研究者在城市计算等相关研究中对研究对象进行恰当的编码。编码结果将由反映多元信息的矩阵构成。此编码方法的创新之处在于它引入了图论与嵌入，不仅能保留编码对象自身的特征，还能反映编码对象之间的相互关系。这种编码便于矩阵运算，能适用于神经网络等深度学习模型，也能与其他计算机科学领域相关知识结合进行下游任务。

图 3 展示新编码方法与传统方法的区别，它能作为一种连接前沿计算机科学技术应用的桥梁。

第1段	第2段	第3段	第4段	第5段	第6段
县级以上行政区代码	县级以下行政区代码	地理网格编号	地理实体类别代码	附加码	校验码
××××××	××××××	×××××××××	×××××××××	××××	×

图 1　胡祺等设计的编码规则　图片来源：改绘自参考文献［2］.

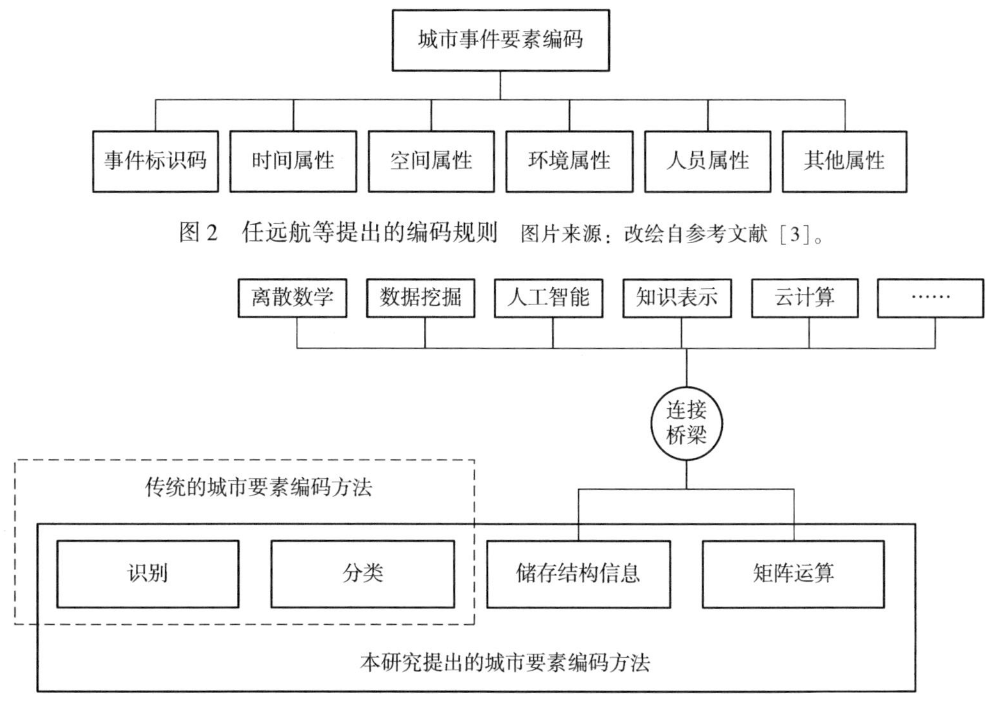

图 2　任远航等提出的编码规则　图片来源：改绘自参考文献［3］。

图 3　本文提出的新编码方法与传统编码方法的比较

2 基础知识

2.1 词向量与词嵌入

在自然语言处理领域（NLP）中，研究对象是字符和单词，它们被表示为一种高维向量，称为“词向量”（Word vector）、“词嵌入”（Word embedding）或“嵌入”（Embedding）。嵌入的基本思想是将原始的离散符号（如单词、实体等）映射到连续的向量空间中，每个符号被表示为一个实数向量。这种从离散空间到连续空间的映射编码了符号间的一些语义和结构信息。[5]

如图4所示，相似概念（如中文“国王”和“女王”及英文“King”和“Queen”）的词向量在空间中接近且指向相似。尽管跨语言，这些词向量的向量差值（$\Delta E_a \approx \Delta E_b$）相近，反映了概念间的共同关系（如性别差异）。

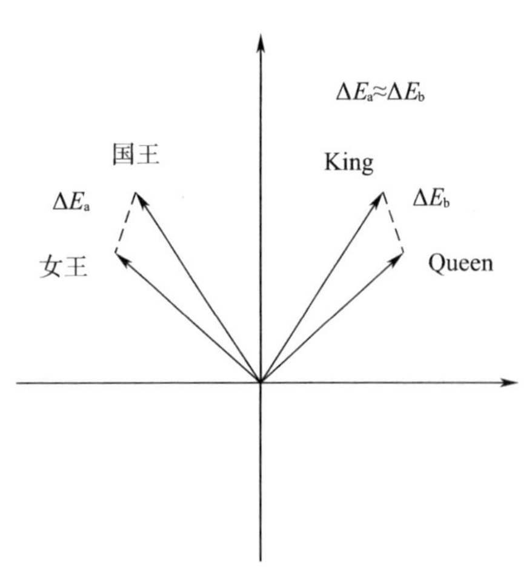

图4 词嵌入可视化

将研究对象转换为高维向量的优势：①赋予相似的研究对象跨越体系进行比较的能力。②赋予研究对象参与数学运算并精确量化结果的能力。

嵌入的本质是一种高效的信息压缩方法，经过时间的检验，它在自然语言处理、推荐算法和数据挖掘等前沿领域发挥了重要作用。在城市规划与城市计算等相关领域的研究中，由于常常需要处理复杂信息并进行决策，嵌入的应用具有很大潜力。

2.2 图论与图神经网络

图论作为一种数学工具，拥有表征复杂结构与抽象结构并将它们转化成数学语言的能力。图（Graph）中的圆点称为“节点”，节点和节点之间的连线称为“边”，节点和边都可以拥有自己的属性。在水利工程与交通工程中，将城市抽象成图是常见的研究方法。[6]

图能映射为矩阵。常用的矩阵形式有邻接矩阵、关联矩阵等。图5是一个简单图的四种矩阵表示法，这个特性使得图论能很好地与深度学习技术结合。图论是建筑学、城市规划链接前沿计算机科学技术的桥梁。

图神经网络（Graph Neural Networks，GNN）是一种专门设计用于在图上进行深度学习的神经网络架构，它能提取和发掘图数据中潜在的特征和模式，满足聚类、预测、生成等图学习任务[7]。在后文介绍的应用实例中，图神经网络被用来从编码中生成嵌入。

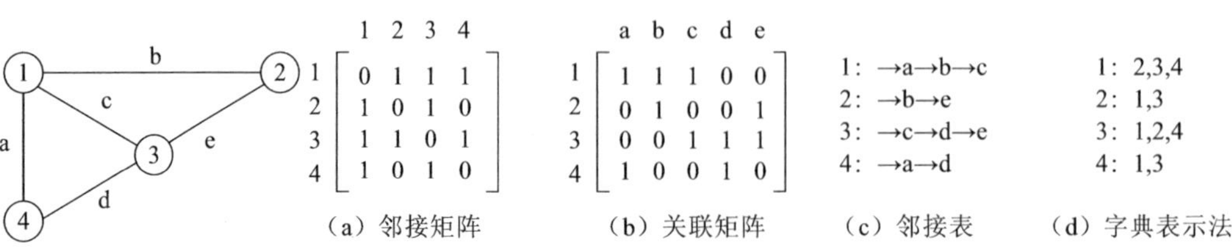

图5 图（Graph）的数学表示法

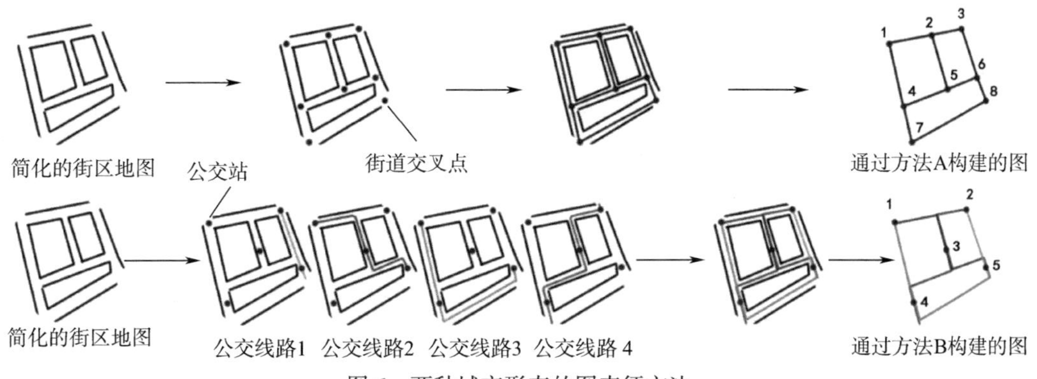

图 6 两种城市形态的图表征方法

3 城市区域要素编码方法的详细阐述

3.1 城市表征法

尝试借助图论对城市结构和城市形态进行数据化表征是编码的第一步。通常可利用图 6 所示的两种图论方法实现：

方法 A：将街道视为边，交叉口视为节点。优点是直观且保留完整空间结构关系，缺点是节点和边数量庞大，且研究者通常难以全面调查整个城区的每个岔口与街道及周边信息。

方法 B：将特殊点（如公交站、桥梁）视为节点，以特定联系（如公交线路、地铁线路、城市水渠）构建边，这样做的优势在于保留主要空间结构信息的同时，可减少节点和边的数量，且所需数据易于获取。

实践中，两种方法结合使用，方法 B 用于表征城市整体空间结构，方法 A 补充特殊区域（如无公交线路街道或无桥梁水系）的数据。这种综合方法既保证了数据的全面性，又提高了分析的效率。

3.2 矩阵型编码

构建的图将拥有数百个节点与数百条边，且两个节点之间的边可能并不只有一条，这种图称为多重图。

从该多重图中可以获得三种不同的矩阵（图 7）：①邻接矩阵 A（$A \in R^{N\times N}$），反映节点间链接关系。②独热编码矩阵 B（$B \in R^{b\times N}$），表示无法直接量化的信息，如行政区、环境状态。③可量化信息特征矩阵 C（$C \in R^{c\times N}$），存储可直接量化的信息，如时间标签、经纬度、周边遗迹数量等（图 7）。

这三个矩阵水平拼接形成总和特征矩阵 H^0：

$$H^0 = [A \mid B \mid C]$$

H^0 的每一行代表一个要素的完整编码，包含了要素间关系、可量化属性和不可量化属性。这种编码方法综合了图结构

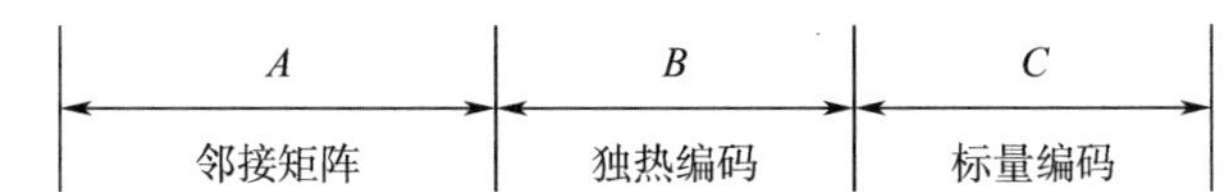

节点 001 [0],[1],[4],[0],[0]…… [5],[0],[1],[0],[0],[0],[0],[1],[3],[9],[1],[6]
节点 002 [1],[0],[6],[1],[3]…… [1],[0],[0],[0],[1],[0],[0],[9],[5],[2],[2],[7]
……
节点 M [4],[6],[0],[1],[2]…… [1],[0],[0],[0],[1],[0],[0],[4],[1],[7],[9],[0]

图 7 编码矩阵总体由三个大部分组成

和多维特征，为城市要素分析提供了丰富的信息基础。

图 8 是一个简化版的城市节点网络编码示例，假设该区域仅包含从节点 1 到节点 4 的链接关系及属性数据，则可据此生成总和特征矩阵 H^0。各子矩阵说明如下：

（1）邻接矩阵 a：表示该多重有向图的链接关系，记录节点间的链路数量。

（2）邻接矩阵 b：表示节点之间的空间距离，采用距离倒数填充以避免出现无穷大符号∞ 。

（3）独热编码矩阵：表示无法直接用数字衡量的属性。

（4）标量编码 a：矩阵表示经纬度信息。

（5）标量编码 b：矩阵表示地名地理属性类别代码，依据国家标准，2353 代表公交站。

（6）标量编码 c 矩阵表示其他的标量信息。

矩阵型编码综合了空间关系、行政属性和地理特征，确保每个样本的维度一致，使用者可以依据任务的需要自由调整子矩阵的顺序或插入其他子矩阵。

3.3 编码与嵌入的关系

改进编码方式是为了更好地构造嵌入。

从信息传递角度看，图作为第一道媒介，可归纳整理城市复杂信息，将其转化为结构化的城市要素编码。编码则作为第二道媒介，既蕴含抽象信息，可作为识别符号，又可组合成矩阵进行复杂运算。嵌入则是第三道媒介，它借助图神经网络从编码中生成，在运算迭代的过程中，节点的空间信息和地理特征等属性数据基于图的拓扑结构重新聚合分配，目标是使得相似节点在高维空间中的嵌入向量趋于一致。

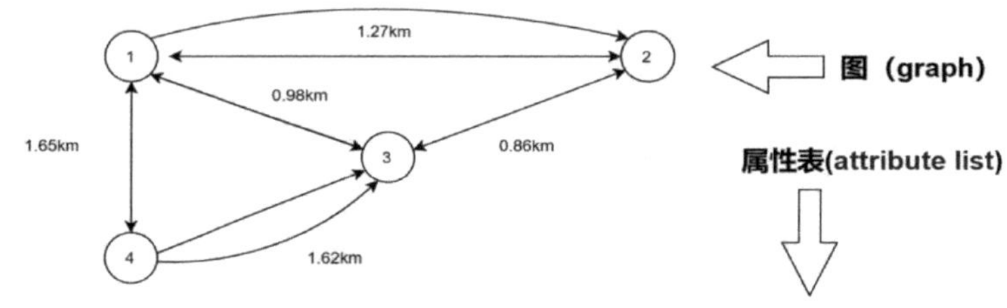

节点名称	经纬度	行政区	地名地理属性类别代码（依据省市的标准）	周边300m内文保单位数量	周边500m内文保单位数量	周边受保护古树的数量
节点1	118.416519．24.629117	鲤城区	2353（公交站）	7	13	3
节点2	118.416351，24.629256	洛江区	2315（渡口）	2	2	2
节点3	118.416111，24.629289	鲤城区	2361（桥梁）	6	15	4
节点4	118.416014，24.629468	南安市	2353（公交站）	0	2	0

生成

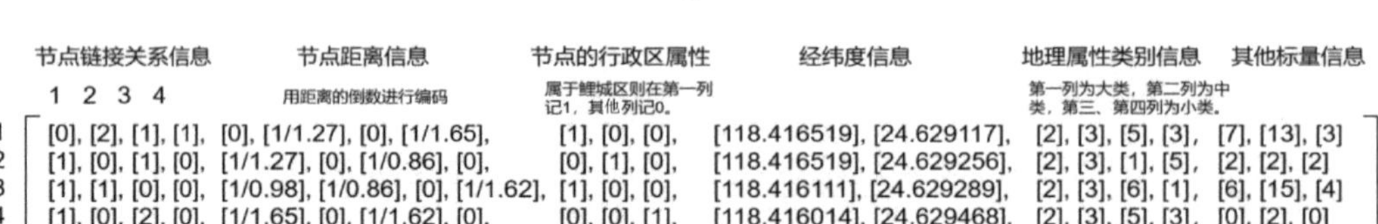

邻接矩阵a　邻接矩阵b　独热编码　标量编码a　标量编码b　标量编码c

编码结果（总和特征矩阵H^0）

图 8　简化版的城市区域要素编码示例

4 应用实例：自动化界定昆明历史城区

历史城市区域要素编码可以进一步应用到各个情景中。本节以自动化界定昆明历史城区范围为例，说明新编码方法具有现实应用前景。

4.1 自动化界定历史城区的必要性

确定历史城区的具体位置往往是历史城区保护的第一步[8]。传统的界定方法主要包括特尔斐法、层次分析法、多因子评估体系等，它们存在依赖事先制定的权重、花费的时间长、判定方法难以在不同城市之间通用等限制。因此，开发可适用大多数城市的自动化或半自动化的快速界定历史城区范围的方法具有重要意义。

作为中国历史文化名城，昆明市的历史城区界线经多次修订，已趋于客观，可作为验证新算法的理想样本。

4.2 实现步骤

4.2.1 构建图并编码

采用上文提及的图方法将城市的区域要素进行编码。借助 Python 中的 NetworkX 库可以从节点链接关系表 CSV 文件与节点属性表 CSV 文件中构建图，并提取邻接矩阵、独热编码矩阵、标量编码矩阵，随后拼接这些矩阵。完整过程可借助编程全自动实现。

表 1 城市节点链接关系表 CSV 文件示例

（来源：实验数据）

前一节点	后一节点	间距/km	所属链接
吉普路中段	王家桥	0.394	昆明公交 1 路
王家桥	观音寺社区	0.534	昆明公交 1 路
观音寺社区	交通学校	0.665	昆明公交 1 路
……			

表 2 城市节点属性表 CSV 文件示例

（来源：实验数据）

节点名称	0.5km 内遗迹数	0.8km 内遗迹数	行政区
建设路	4	15	五华区
府甬道	9	17	五华区
……			

4.2.2 训练图神经网络并获取嵌入

编码完成后即可进行下游任务。新编码方式的优势在于可直接进行矩阵运算，与神经网络技术良好配合，有助于发掘编码对象间的深层城市结构信息。

在本例中，经训练的神经网络为每个节点生成 6 维嵌入，全面概括了节点自身及其邻居信息。图 9 左侧图展示了迭代 500

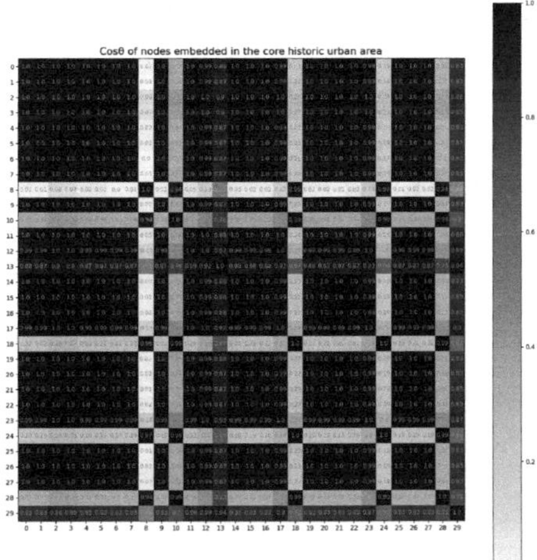

图 9 图嵌入的三维可视化（左），嵌入的 cosθ 相似度热力图（右）

图片来源：实验数据。

表 3　计算结果与官方界线的比较（来源：实验数据）

计算出的历史城区的图节点与图链接	计算机计算出的昆明历史城区界线	昆明官方公布的历史城区界线
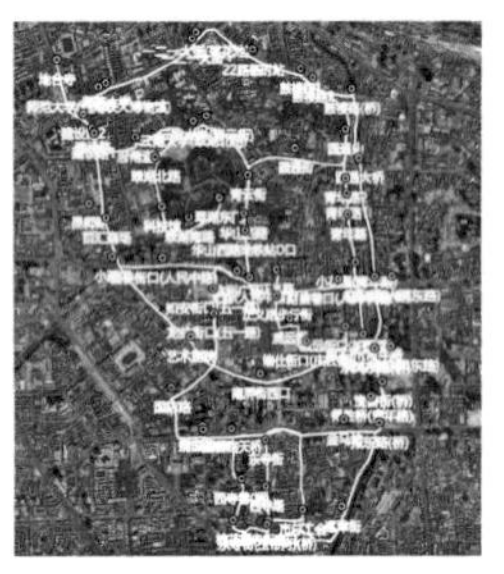		
豪斯多夫距离相似率		97.39%

次后前三维嵌入分布，右侧为嵌入余弦相似度热力图。这些高维嵌入便于进行聚类、线性分割、角度计算和向量模长求取等数学操作。

4.2.3　转译为可视化的图像

获取的原始历史城区节点嵌入都是数字结构，需转译为可视化图像。将判定为历史城区的节点标记于地图并依据图连接，形成的外轮廓即为历史城区界线（表 3）。

计算机判断的范围会受当前城市结构与形态影响，可能包含具有历史潜质的地区，可能与人工判断范围略有差异。该界定方法基于城市自身特征，无需人工设定权重，具有可重复性。通过适当编码，计算机能快速准确地识别历史城区。经实验，该方法能适用不同类型的城市。

5　总结与讨论

本文提出的新编码方法突破了传统方法仅具“识别码”和“分类码”功能的限制，利用图论特性扩展为“识别码”“分类码”“储存结构信息”和“矩阵运算”四大功能。

编码能储存结构信息，意味着每条编码不仅反映自己的特征，也反映全局的特征，多条编码可以组合成有机整体。编码能进行矩阵运算，意味着能更好地与前沿计算机科学技术相结合，简化复杂任务。编码中的子矩阵能自由调整，意味着不需要针对不同的任务重新编码，具有灵活性。图论、编码与嵌入深度绑定，它们的引入和改进是为了更好地优化下游任务的表现（图 10）。

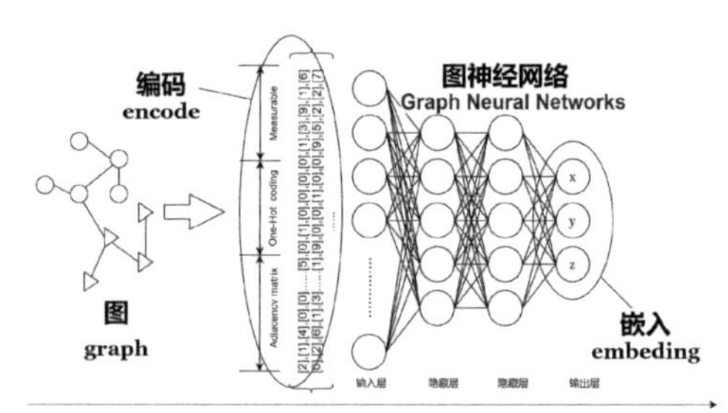

图 10　从图中生成编码再到生成嵌入

图论和嵌入作为可靠技术和前沿思维方式，将计算机科学问题解决思路引入建筑与城市规划领域，有望深度融入智慧城市建设和城市信息模型构建中。这种跨领域的思维创新可能成为未来城市研究与应用的新模式。

参考文献

［1］　徐小龙．智慧城市与城市计算［M］．北京：电子

工业出版社，2022.
[2] 胡祺，朱荷欢，王芙蓉，等. 智慧城市建筑物数据库建设及应用：以南京市建邺区为例［J］. 测绘科学，2018，43（12）：158-164.
[3] 任远航，郭贤，曲腾腾，等. 城市管理部件和事件关联模型设计［J］. 北京测绘，2022，36（4）：406-410.
[4] 赵珂. 城市地址编码与数字城市规划［J］. 国际城市规划，2014，29（4）：95-101.
[5] 曾骏，王子威，于扬，等. 自然语言中的词嵌入方法综述［J］. 计算机科学与探索，2024，18（1）：24-43.
[6] 窦明，石亚欣，于璐，等. 基于图论的城市河网水系连通方案优选：以清漯河许昌段为例［J］. 水利学报，2020，51（6）：664-674.
[7] 吴博，梁循，张树森，等. 图神经网络前沿进展与应用［J］. 计算机学报，2022，45（1）：35-68.
[8] 周俭，田银生，徐里格，等. 历史城区如何破境重圆［J］. 城市规划，2023，47（11）：25-31.

历史文化街区更新改造中的防火组团自动划分方法研究与应用
——以苏州古城32号街坊为例

Research and Application of Automatic Division Method of Fireproof Clusters in Renovation of Historical and Cultural Blocks
——A Case Study of No. 32 Neighborhood of Ancient City of Suzhou

蒙婧睿[1]　吴宁珊[1]　唐　芃[1,2]
1. 东南大学建筑学院
2. 城市与建筑遗产保护教育部重点实验室（东南大学）

摘　要：针对密集型历史文化街区的更新改造，防火组团的划分是防止火势蔓延的有效方法之一，也是消防规范设计的重点问题。在实际项目中，如何在保留历史街区肌理的同时满足现代消防规范成为一个重难点，如果能够充分利用传统民居的墙体作为防火墙系统的一部分，可以避免对原有建筑进行拆改建。本研究以苏州古城32号街坊为例，探讨历史文化街区中实现防火组团自动划分的方法。在获取场地建筑信息、产权单元以及院落范围后，利用A*寻径算法得到符合现代消防规范的最小化增加防火墙长度的防火组团划分方案。本文旨在通过程序算法为密集型历史街区的防火组团划分提供更为高效的方法，在最大限度保护建筑肌理的基础上满足消防规范要求。
关键词：密集型历史文化街区；肌理保护；消防规范；防火组团；A*算法

1　引言

1.1　研究背景

在经济迅速发展的背景下，历史文化街区因其独特的建筑风格、文化氛围和传统工艺等，具有丰富的旅游资源和吸引力，随着人流和商业活动的增加，历史文化街区的火灾风险显著提升，原本设计建造时考虑的防火措施也不再满足现代消防规范，消防设施和应急救援能力存在不足。

在对密集型历史街区进行更新改造设计时，消防工作的重点在于控制火势的蔓延，以保护建筑和居民的生命财产安全。为了有效应对火灾风险，防火组团划分成为一种重要的规划和管理方法。防火组团的划分是指将密集型历史街区划分为若干个相对独立的区域，每个区域内的建筑物和街区布局经过合理设计，以最大限度地减少火势蔓延的可能性。这种划分考虑到建筑之间的距离、建筑材料的防火性能、消防通道的设置以及街区内的消防设施等因素。通过合理划分防火组团，可以使消防部门在火灾发生时更加精确地进行灭火和救援工作，提高灾害应对的效率。同时，防火组团的划分也有助于提高街区居民的火灾安全意识，促进消防设施的正常使用和维护。

在实际项目设计过程中，传统的防火组团划分主要依赖人为设计和主观判断，这种方法不仅效率低下，而且在平衡规范要求与实际需求时存在局限性。此外，由于过分依赖人为判断，这种方法难以提供最优化的设计方案，可能导致建筑改造成本增加，且难以对多个设计方案进行有效比较。

苏州古城 32 号街坊保存了明清时期以来的街巷名称、位置、走向和宽度，拥有丰富的历史文化遗存，其传统的城市布局和肌理基本完整。作为苏州古城传统风貌的重要组成部分和集中展示区域，该街坊不仅是江南文化的重要载体，也是其典型代表之一（图 1、图 2）。然而，该区域目前面临严重的消防隐患，由于建筑密度较大且存在大量木结构建筑，使得消防安全形势极为严峻，此外，现有的防火措施未能符合现代消防规范，进一步加剧了这一问题。这些消防安全隐患严重阻碍了街区的有机更新与活化利用（图 3、图 4）。

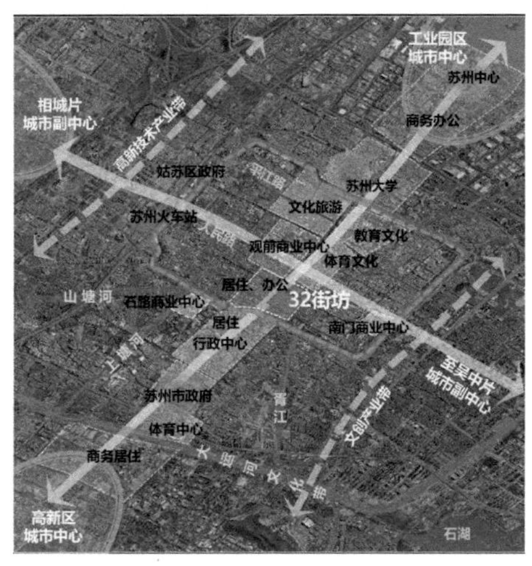

图 1　32 号街坊区位及分析

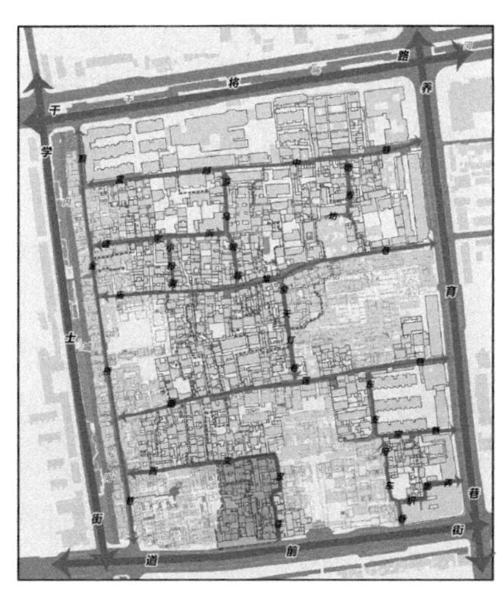

图 2　实验地块区位

图 3　街坊公共空间

图片来源：苏州古城 32 号街坊防火安全保障方案.

图 4　建筑院落现状

图片来源：苏州古城 32 号街坊防火安全保障方案.

1.2　研究内容

本文以苏州古城 32 号街坊为例，研究高密度历史文化街区更新改造中的防火组团划分方法。首先需要对不同的场地信息进行归纳整理，包括建筑轮廓、门窗位置、产权单元轮廓以及院落轮廓。其次利用 A* 算法进行地块的搜寻和划分，算法优先搜寻同一产权单元内的地块，或院落两侧的地块，并将这些地块划分为同一组团，当同一组团的面积达到设定的面积时暂停搜寻，确保每个组团符合消防规范要求。算法继续处理剩余地块并依次进行划分，直到所有地块都被纳入防火组团中。为了提高方案的多样性和可靠性，设置多个随机搜寻起始点，生成多个划分方案，并通过墙体占比体系选择出门窗占比更小的组团划分方案。

本文提出了一种切实可行的高密度历史街区防火组团划分方法，为类似街区的更新改造提供参考和借鉴。

1.3 文献综述

1.3.1 历史文化街区中的防火组团划分策略

盘宇澄在《历史文化街区消防问题研究——以佛山老城为例》中提出防火组团既满足渐进式小单元开发的需求，也有利于单元的独立建造实施，在项目规划实践中防火组团的划分步骤包括：确定建筑分类保护的改造手段与耐火等级，依据规范设置防火分区的位置，灵活设置建筑防火分隔构造，确保组团内建筑的安全疏散和疏散距离，并设置组团内消火栓外置系统。这些措施在有效保护街区历史风貌的同时也可提高消防安全水平[1]。

1.3.2 算法辅助下的历史街区消防体系生成与优化方法

近年来，数字化方法在历史街区消防体系生成与优化中得到了广泛应用，利用算法辅助可以在复杂的街区环境中，实现更加高效和精准的消防规划。胡震宇以特定步长遍历消防回车场地的可能位置，通过设定拆除建筑的分数上限值，筛选出拆除代价小于该值的备选回车场地位置，并通过对 A* 算法进行优化和调整，在消防道路的路径选择过程中更好地考虑建筑拆改的因素。同时运用简单进化算法解决了历史街区消火栓布局选址问题。以格点化后的道路上的所有格点为对象，通过不断优化解空间中的布局方案，在保证覆盖范围的前提下，最小化街区消火栓的数量[2]。陈楷佳运用粒子群算法以及模糊层次分析法对消防站的空间布局模式进行了优化定位选址研究工作，并提出一套优化指标对优化结果进行了评价[3]。尽管数字化工具在消防规划设计中的应用已有初步尝试，但其在实际应用中仍存在局限性，目前的工具并未充分考虑到历史街区内建筑肌理及原有防火墙对防火组团划分的影响，这种忽视可能导致传统风貌的破坏，并增加建筑的拆改建成本。

1.3.3 常见寻径算法的比较分析

在数字技术相关领域中，启发式寻径算法在不同使用场景中进行演化，常用的包括遗传算法、模拟退火算法、Dijkstra 算法及改进后的 A* 算法、蚁群算法等。例如，张言在《大型生活超市火灾疏散路径规划研究》中研究了大型超市发生火灾时疏散路径的合理规划[4]；《皖南古村落火灾逃生路径规划的研究》一文中，作者曹康则将目光聚焦在古村落，探讨了文化丰富而设施相对落后的古村落面对火灾时逃生路径的规划[5]；吴泽华在《基于 GIS 的消防路线规划系统设计》中设计了基于 GIS 的消防路线规划系统，实现消防路线的快速精确设计[6]。综合以上研究可以得出，Dijkstra 算法和 A* 算法在路径规划上的突出优势在于快速得出较为合理的规划路线，在静态道路的路径规划上更加合适，并且 A* 算法相较 Dijkstra 算法而言节点的可拓展性更强，效率更高，能显著减少计算节点数量，提升处理大规模复杂性街区规划问题的效率。基于以上的优势，本研究选择 A* 算法作为防火组团划分的主要算法。

图 5　街坊内建筑现状

图片来源：苏州古城 32 号街坊防火安全保障方案.

图 6　可利用墙体

图片来源：苏州古城 32 号街坊防火安全保障方案.

2　组团划分程序

2.1　场地信息收集与整理

32 号街坊的建筑主要为传统民居，根据《建筑设计防火规范》GB 50016—2014（2018 年版）条例，地块内的建筑被评定为四级耐火等级。该等级允许建筑层数为 2 层，防火组团的最大允许建筑面积为 600m^2，这些规范成为搜寻和划分防火组团的基本约束条件。此外 32 号街坊内的建筑以木结构承重、砖墙围护的硬山建筑为主，外墙普遍为超 350mm 的空斗包檐砖墙，其耐火极限远超 3h，且山墙门窗洞口面积极小，可视为符合消防规范性能的防火墙。部分建筑屋面较高且具有开窗，需改造为防火窗以防延烧。因此在防火组团划分过程中可以充分利用现有的墙体，沿用门窗占比较小的界面作为组团划分边界（图 5、图 6）。

为确保算法的准确性和有效性，对图纸信息进行了详细整理，具体包括：将建筑外墙、门窗、产权单元轮廓和院落轮廓分别划分到不同的图层，这些信息将作为程序的输入条件，为防火组团的划分提供必要的数据支持（图 7、图 8）。

图 7　建筑轮廓信息

图 8　产权单元、院落信息

2.2 A* 算法的应用

在本研究的防火组团划分算法中，采用了一种基于 A* 算法的启发式搜索策略，以实现高效且符合规范的地块划分。在算法中，将地块的中心点作为节点进行处理，在每个起始点，根据评估函数 $f(n)=g(n)+h(n)$，从开放列表中选择具有最低评估值的节点进行扩展。$g(n)$ 表示从起点到当前节点 n 的实际代价，具体包括从起始搜寻地块中心到当前地块中心的实际距离，以及当前组团的累积面积，以确保每个组团的面积不超过 600m²。启发式函数 $h(n)$ 则评估从当前节点到目标节点的最小代价，具体考虑同一产权单元和院落两侧的建筑，这些规则确保了搜索过程中的优先级顺序。在节点扩展与评估过程中，如果邻接节点符合优先级规则且未超出组团面积限制，则将其加入当前组团并继续扩展。优先级规则包括两个方面：一是地块位于同一产权单元内，二是地块位于院落周围。在当前组团的面积达到设定的最大允许建筑面积 600m² 时，暂停扩展并将当前组团标记为已完成。随后，继续处理剩余地块，直至所有地块都被纳入防火组团（图 9）。通过这种结合实际代价和启发式估计的策略，能够高效地进行地块划分，生成符合防火规范的最优防火组团方案。这种方法不仅提高了搜索的效率和精确度，还保证了防火组团划分的合理性和规范性。

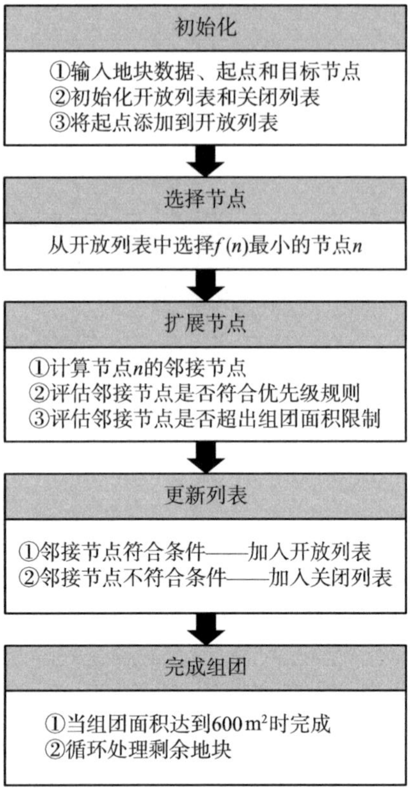

初始化

①输入地块数据、起点和目标节点
②初始化开放列表和关闭列表
③将起点添加到开放列表

选择节点

从开放列表中选择 $f(n)$ 最小的节点 n

扩展节点

①计算节点 n 的邻接节点
②评估邻接节点是否符合优先级规则
③评估邻接节点是否超出组团面积限制

更新列表

①邻接节点符合条件——加入开放列表
②邻接节点不符合条件——加入关闭列表

完成组团

①当组团面积达到600 m²时完成
②循环处理剩余地块

图 9　算法流程图

2.3 多方案生成与优化

为克服单一方案的局限性，本研究引入了多个随机选定的起始点进行搜索，从而生成多种可能的方案，为后续的组团边界评估提供多种方案进行比较判断，有助于在较大范围内优化防火组团的划分效果，确保最终方案在符合防火规范的前提下，达到最佳的分区合理性和效果（图 10）。为了尽量沿用门窗占比较小的界面作为组团划分边界，本研究对多个方案进行了评估。具体而言，在地块搜寻和组团划分的基础上，先计算每个地块内原有门窗的总长度，并统计生成的防火组团边界上的门窗总长度。通过比较这两个长度的比值，选择比值最小的方案，即门窗占比最小的组团边界，能够最大限度地沿用原有的防火墙体系，保留原有建筑的防火功能，同时减少不必要的改造成本（表 1）。

表 1　组团边界门窗占比

方案	方案一	方案二	方案三	方案四
门窗占比	0.60	0.65	0.64	0.62

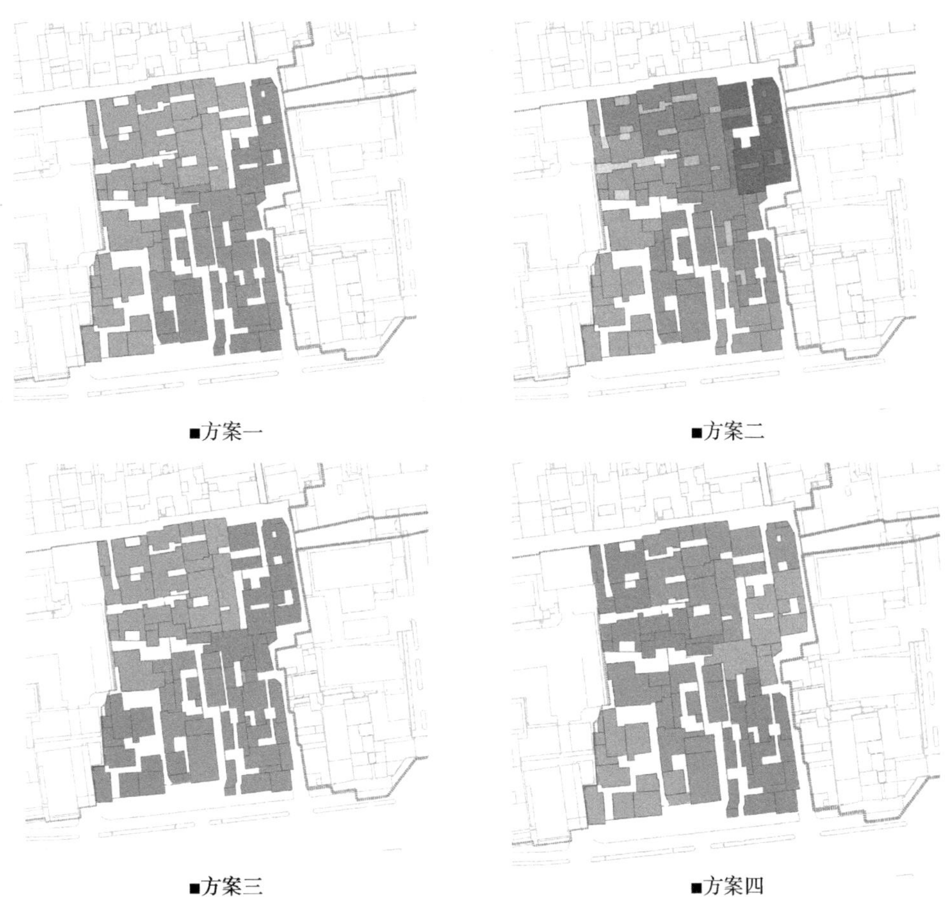

图10 多方案生成结果

3 结果对比与讨论

通过基于规则和启发式搜索的算法运算，四个方案均能有效将组团面积控制在消防规范限制的600m^{2}以下，并基本遵循产权单元和院落格局进行划分。但在优化组团边界上有所不同，方案一和方案四在组团边界方面表现较好，减少了新增防火墙的需求，更符合历史街区保护和更新的实际需求。

依据建筑消防规范，防火组团内建筑防火间距可维持原状，因此防火组团内各建筑之间可不设置防火分隔。当防火组团间未开窗洞口且无外露可燃性屋檐的外墙相对时也无需设置防火分隔，而当防火组团相对外墙无法满足防火分隔要求时，可在建筑一侧采取提升防火分隔的措施，具体措施有：①保护建筑一侧相邻外墙设置传统样式的防火门窗，或在内侧设置防火卷帘或防火窗；②在防火组团间配置移动式高压细水雾阻火隔断装置；③在防火组团间配置移动式高压细水灭火装置；④对保护建筑一侧外露可燃构件采用防火阻燃剂浸泡处理，或采用透明防火涂料（如耐火结构密封胶、防火清漆等）进行喷涂或涂刷处理；⑤相邻外墙檐下或地面位置设置消防水幕喷头或消防喷淋头装置。

4 总结与展望

本研究通过基于 A*算法的启发式搜索策略，实现了对 32 号街坊的防火组团划分，并在最大程度上保留了历史街区的原貌和建筑特色，为未来类似历史街区的保护和更新提供了参考和借鉴，但目前研究还存在着不足，未来可以从以下方面进行扩展和深入：

（1）为适应不同的设计需求，有待引入对不同限制条件的权重调整机制。通过设置权重调整参数，可以灵活地调整各种限制条件的重要性和影响力，从而更好地满足不同项目的特定需求，实现设计方案的个性化和优化。

（2）防火组团的划分还需进一步考虑人员疏散问题，确保人员能够快速、安全地从防火组团疏散到安全区域内。这需要综合考虑建筑布局、疏散路径和安全区域设置等因素，以提升整体安全性。

参考文献

[1] 盘宇澄. 历史文化街区消防问题研究：以佛山老城为例［J］. 建设科技，2021（21）：108-112. DOI：10. 16116/j. cnki. jskj. 2021. 21. 023.

[2] 胡震宇. 高密度历史文化街区更新改造中的消防系统生成设计探索与应用［D］. 东南大学，2021. DOI：10. 27014/d. cnki. gdnau. 2021. 002963.

[3] 陈楷佳. 基于粒子群算法的消防站选址优化研究［D］. 华南理工大学，2018.

[4] 张言. 大型生活超市火灾疏散路径规划研究［D］. 天津理工大学，2018.

[5] 曹康. 皖南古村落火灾逃生路径规划的研究［D］. 安徽建筑大学，2017.

[6] 吴泽华. 基于 GIS 的消防路线规划系统设计［D］. 河北科技大学，2019.

四、智能建造与数字建筑遗产

3D 打印的伞状结构的参数化设计与建造研究

Research on Parametric Design and Construction of Umbrella Structures by 3D Printing

钟冠球[1,2,3]　朱凯耀[1]

1. 华南理工大学建筑学院
2. 亚热带建筑与城市科学全国重点实验室
3. 广州市竖梁社建筑设计有限公司

摘　要：基于我国当下建筑行业的发展现状，大量小规模、定制化项目的涌现将为 3D 打印提供丰富的应用场景。但由于大型打印设备的高成本，在建筑规模上构建 3D 打印结构仍然存在挑战。模块化建造通过工厂预制较小组件和现场组装的方式在建筑领域逐渐展现出其优势。文章以龙江悦龙湖艺术装置“桑围梦影”实践为例，从大型改性塑料 3D 打印技术与模块化建造策略出发，重点围绕从设计、优化到建造的全过程控制，形成了“设计-优化-建造”的一体化方法；通过对装置的拆卸与重建，展示了模块化设计的适应性与灵活性。

关键词：3D 打印；伞状结构；参数化设计；结构优化；建造

1　研究背景

随着我国“十四五”规划纲要的实施，其中对“加速数字化发展，建设数字中国”的战略定位作出了明确规划。在此宏观政策驱动下，数字化设计和智能化施工已然成为推进我国建筑行业转型升级的重要动力与发展趋势之一[1]。由此，3D 打印建筑产业亦迎来了新一轮的发展契机。

3D 打印技术因其高度自动化和小规模批量定制化生产的优势，引入建筑领域后为构建非标准化建筑构件提供了全新的途径，并显著削减了人力与材料资源的损耗[2]。现阶段建筑的 3D 打印模式主要分为原位打印和工厂预制现场装配两种。由于原位打印在建筑领域中的应用还面临着建筑规模大小的限制和大型打印设备成本高昂的双重挑战[3]。因此，以模块化组件为基础在工厂预制，再通过运输到现场进行装配的建筑建造方式将成为未来 3D 打印建筑的主流。设计师将根据其具体需求，对建筑整体进行拆解并打印，进而将多个模块进行组合，构筑出更为复杂的整体建筑形态。

在过去的十几年里，改性塑料模块化 3D 打印建筑的可行性已经通过世界各地的数个案例研究得到了验证（表 1）。2016 年苏朝浩团队在广州国际灯光节上展示的大型 3D 打印作品《蝶变》，运用力学分析与参数化设计方法，实现了高效结构性能的 3D 打印与模块化建造[4]。2018 年威尼斯建筑双年展中国馆的“云市”展亭，采用机器人空间三维打印晶格技术进行模块化预制打印，并优化 3D 打印路径，确保结构稳定性[5]。2019 年谢亿民团队设计的 X-Form 2.0 艺术装置，通过模块化 3D 打印与建造减少了成本，快速完成了建造[6]。2020 年袁烽团队在乌镇设计的云亭结合了结构性能分析和改性塑料打印路径优化，采用工厂预制和

表 1　改性塑料模块化 3D 打印建筑的标志性案例

时间	2016 年	2018 年	2019 年	2020 年	2020 年	2023 年
案例						
	“蝶变”	“云市”	X-Form 2.0	云亭	欢乐谷公园东门	降临
作者	苏朝浩团队	一造科技	谢亿民团队	袁烽团队	袁烽团队	wutopia

现场装配方式，利用机器人定位技术，装配误差极小，提出了一种基于新型材料的“数字孪生”智能化生产模式[7]。同年，袁烽团队设计的南京欢乐谷公园东门是世界上最大的改性塑料 3D 打印结构，通过模块化 3D 打印构建而成[8]。2023 年，wutopia 设计的《降临》利用工业化机械臂使用 ABS 材料打印模块化晶格结构，展示了 3D 打印晶格结构在模块化建造中的潜力，提高了施工速度，降低了成本[9]。

通过研究以上 6 个案例可知，大型 3D 打印改性塑料组件并模块化建造的模式具有广阔的前景。受限于 FDM 打印设备尺寸的限制，无法施行大型建筑的全尺寸 3D 打印，因此模块化建造是最好的解决方案。然而，现有的大型 3D 打印技术在模块化建造中的应用仍有不足之处，比如连接节点应如何处理、无法精准控制打印与安装的误差等。因此，我们也提出了一个通过参数化设计与大型 3D 打印模块化建造来实现大型伞状结构的案例研究。本研究将参数化设计应用于构筑物的形态设计与优化，构建了大型 3D 打印建筑的模块化建造策略，为智能建造新时代的 3D 打印建筑提供了新思路。

2　参数化设计与优化

2.1　灵感来自桑基鱼塘的伞状结构设计

随着 20 世纪钢筋混凝土技艺及悬臂式结构设计理念的演变，伞状结构成为研究热点，并广泛应用（表 2）。自 1929 年首个混凝土伞状结构“牛奶伞”问世以来，该结构有着突飞猛进的发展历程。20 世纪末，随着混凝土薄壳伞形结构的发展出现瓶颈，新型轻量化结构材料如 PVC 涂层聚

表 2　六种典型结构伞的标志性案例

类型	钢筋混凝土结构伞	钢结构伞	轻钢结构伞	膜结构伞	气动结构伞	分支结构伞
出现时间	1929 年	1959 年	1958 年	1971 年	1970 年	1964 年
标志性案例	牛奶伞	都灵工人文化宫	西班牙馆	德国科隆联邦花园展可变式雨伞	大阪世博会“蘑菇气球”	纽约世界博览会 IBM 展馆
作者	方索	奈尔维	科拉莱斯	奥托	沖種郎	埃罗·沙里宁
结构形式	独立式伞状结构	组合式伞状结构	组合式伞状结构	独立式伞状结构	独立式伞状结构	组合式伞状结构

酯膜材、强化胶合木板及轻质钢材的研究受到了关注。奥托作为轻质钢和膜材料应用的先驱，其著作《张力结构：悬索、网格与薄膜结构设计、结构与计算》奠定了他在轻型结构理论领域的地位，并推动了轻量化与数字化方向的发展[10]。现如今，改性塑料在建筑行业的应用逐渐增多，其与伞状结构结合，可构建新的轻质伞状结构，这为伞结构的发展提供了新思路。

本研究在明晰了方案的基本结构后，进而将焦点寄托于建筑整体造型的生成过程，以世界级著名灌溉工程遗产“桑园围”为设计灵感源泉，试图在建筑设计实践中，充分将桑基鱼塘的平面布局与伞状结构单元相结合，旨在映射出桑树林立、水面上倒影引人的场景，重现人行溯鱼池之下的景致。深究其间，悉数排列的透明伞状结构单元既可视作最基本的生命核心细胞，其潜藏的秩序逻辑同样揭示了生命自发生成的内在规则。在满足使用者需求的同时，建筑在周围环境与植被的影响下，被赋予了仿佛具有生命力般持续成长的可持续属性与未来发展潜力。

2.2 设计生成与优化

伞状结构往往只有一层，因此伞与伞之间的排列方式对于伞状结构整体的形态特征有着显著的影响。在实际应用中，伞状结构的空间形态布局主要有并列式、行列式、组团式、自由式等。每种布局方式不仅在视觉效果上有所不同，而且在建筑空间特征上也会有较大的差异。

行列式布局是最常见的、应用最多的平面组合方式。伞状结构的行列式布局一般可将平面轴网形态归纳为三种：矩形轴网、三角形轴网和不规则轴网，如表 3 所示，行列式布局可适用于矩形、圆形、菱形、正六边形和泰森多边形等平面的伞状结构单元。由于成本的限制，该伞状结构的装置设计跨度 $L=4\text{m}$、宽度 $W=3\text{m}$、高度 $H=3\text{m}$。

表 3 行列式伞状结构单元及其平面组合方式研究

	单元类型		
矩形轴网	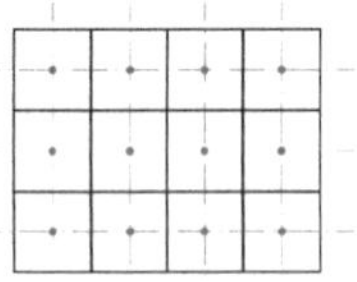 矩形单元	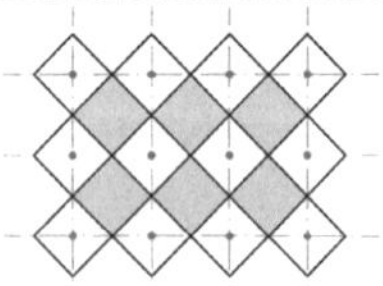 菱形单元	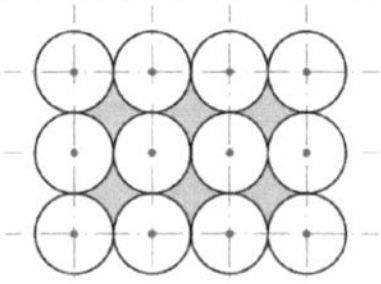 圆形单元
三角形轴网	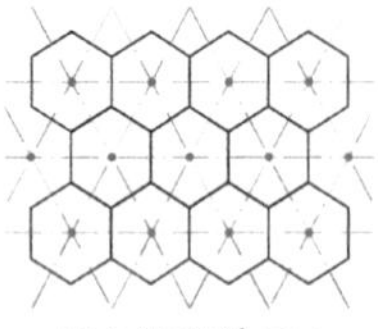 正六边形单元 1	 正六边形单元 2	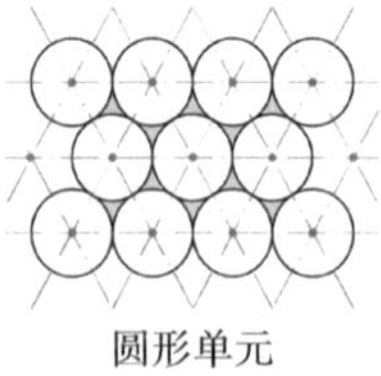 圆形单元
不规则轴网	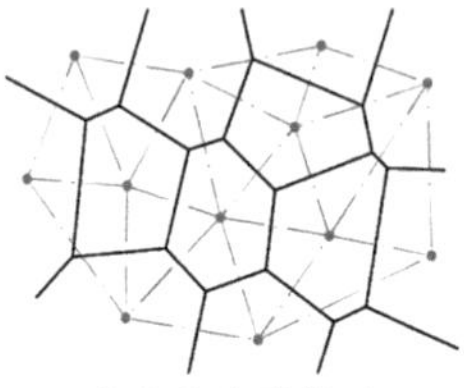 泰森多边形单元	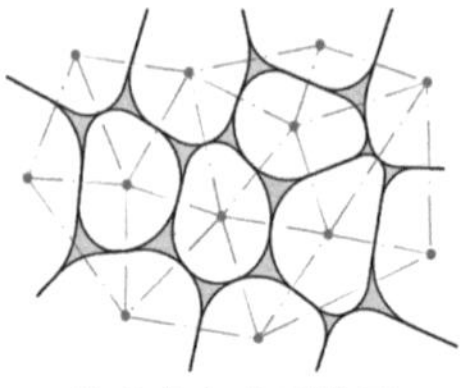 类泰森多边形单元	

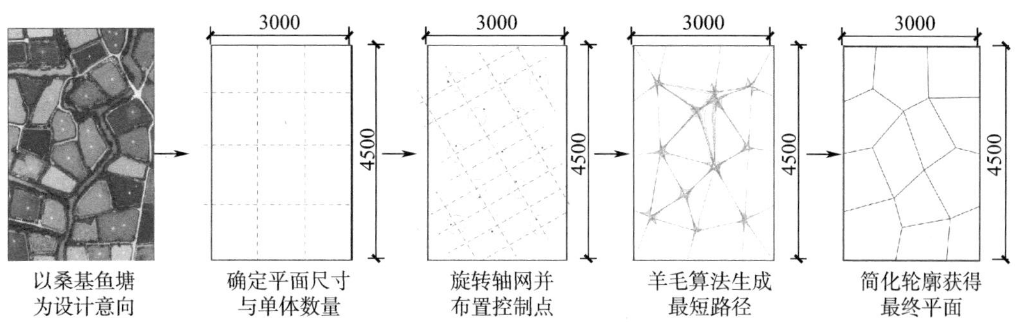

图 1　参数化生成平面流程

首先，为了有更好的结构稳定性与视线穿透性，将矩形轴网进行一定角度的旋转，并借助 Grasshopper 插件 kangaroo2 的羊毛算法，以场地内的柱位作为切入点，提取被控制点，通过对每个点之间的“力”进行模拟变参，实现羊毛算法对于平面分割的优化变形。在此基础上，通过对于路径的提取与优化得到最终的伞状结构单元平面，如图 1 所示。

其次，以一体式直纹曲面伞作为参考，通过羊毛算法生成多边形截面，将其移动到不同高度并变形，最终放样得到兼具流线感与规律性的多伞结构空间，将其作为装置的雏形，并进一步深化设计。

为了确定伞状结构单元的最终形态，使用 Grasshopper 中的 Karamba 3D 插件对伞顶样式进行数值分析，得到主应力分布。PETG 材料的泊松比 $\nu=0.32$，杨氏模量 $E=3\text{GPa}$，屈服强度为 54MPa，密度为 1.29g/cm^3，在柱体底部定义为锚固连接。图 2 比较了 4 个不同伞顶样式在自重荷载下的最大主应力分布。分析结果显示，最大压应力发生在伞顶边缘角落，最大拉应力发生在伞顶直边边缘。增大伞顶接触面积可显著改善最大应力值。从分析结果来看，方案三最佳，但考虑到造型需求，最终选择了方案四。

最后，为了展现 3D 打印技术的定制化与个性化特点，对其中一个伞状单元表皮进行了特殊处理，在不影响模块连接的前提下，在结构表面生成了波纹图案，增加了表皮的凹凸质感。

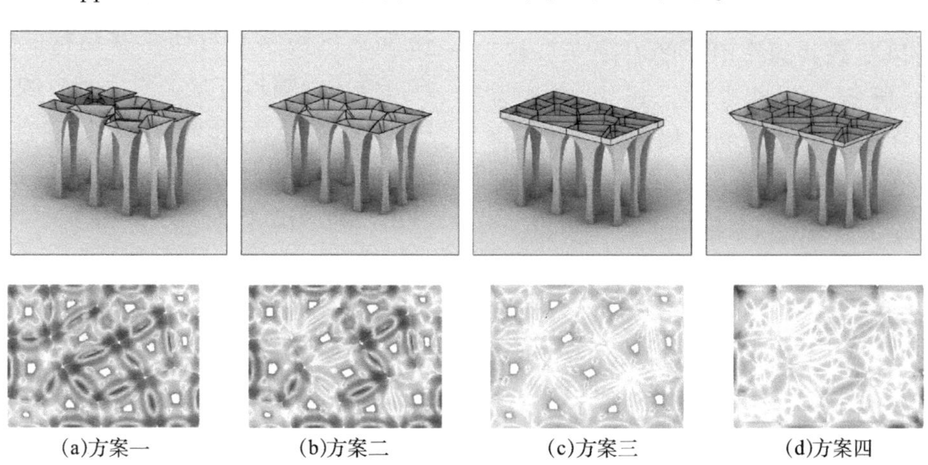

(a)方案一　(b)方案二　(c)方案三　(d)方案四

图 2　同伞顶样式的受力分析图

2.3 伞状结构分析

通过参数化设计确定了结构的最优几何形式后，利用 karama3D 插件进行了静、动荷载作用下结构响应的数字模拟分析。图 3 显示了自重荷载下装置表面的应力分布，证实了该装置在自重的作用下，具有良好的结构性能。为了保证装置的结构稳定性，还要对装置的抗风荷载性能进行分析和评估。模拟的主要目标是证明整个结构在自重和风荷载的共同作用下是可靠的。为保证整个装置的稳定性，伞状单元之间采用刚性连接，因此相邻的单元之间的相互作用被忽略。

本研究采用《工程结构通用规范》GB 55001-2021 的工程结构通用规范进行抗风荷载的分析，垂直于建筑物表面的风荷载标准值，应在基本风压、风压高度变化系数、风荷载体型系数、地形修正系数和风向影响系数乘积的基础上，考虑风荷载脉动的增大效应加以确定。经查表可知，佛山市顺德区的基本风压为 0.3kN/m^2、风压高度变化系数由于场地位于房屋比较稀疏的乡镇而取 1.00、风荷载体型系数为 0.8、地形修正系数与风向影响系数都为 1.0。确定了风荷载标准值后，在构筑物最大迎风面面向进风口的情况下，进行自重与风荷载共同作用下的有限元分析，如图 4 所示。结果表明，最大变形为 14mm，呈现比较优秀的结构性能，最大的应力主要出现在柱脚，达到 49.2MPa，可以通过添加边界约束来抵抗。

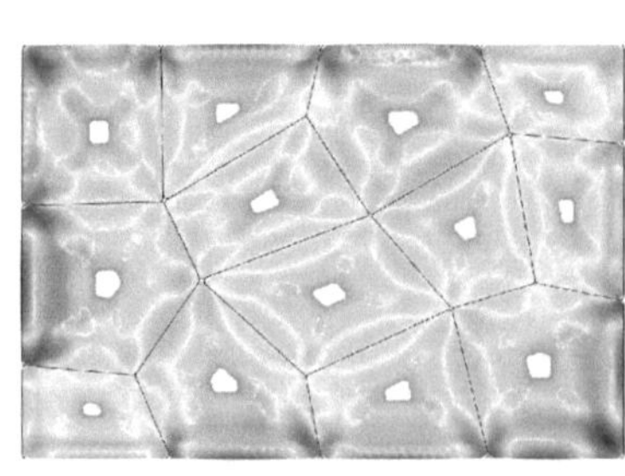

图 3　自重荷载下装置表面的应力分布

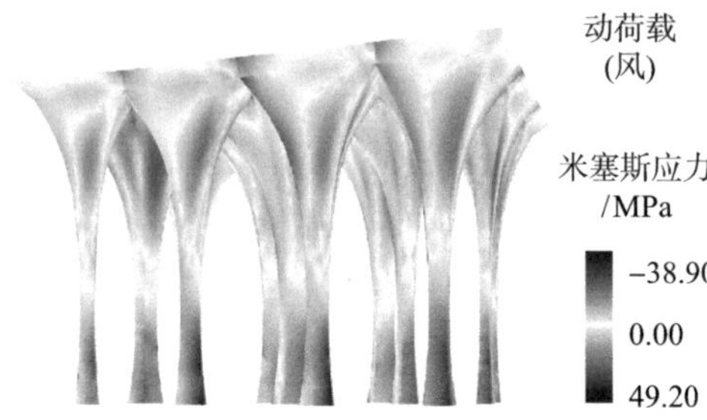

图 4　风荷载作用下装置表面的应力分布

3 制作与安装

3.1 模块化单元的打印

FDM 打印机的打印精度和效率受打印参数、环境因素和喷嘴尺寸等影响，其中打印参数是决定打印形体倾斜度和效率的主要因素。考虑到挤出机性能、打印件结构强度和经济效益，本研究选择了直径 6mm 的喷嘴来打印伞状结构的各个组件。确定喷嘴尺寸后，需要进行倾斜度打印实验（图 5），在试验了不同倾斜角对打印质量的影响后，最终选择 45° 为最小倾斜角，并优化设计。

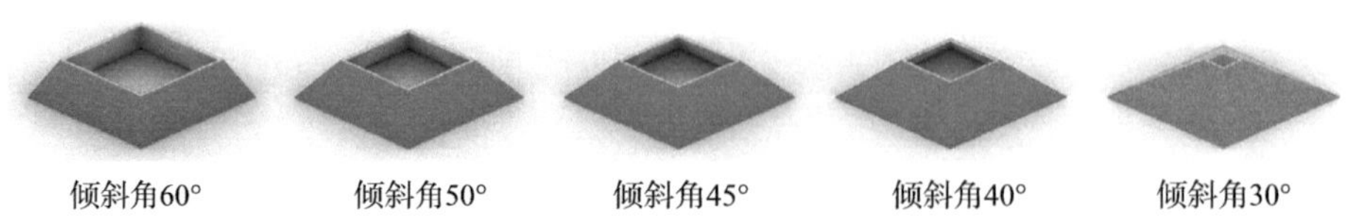

图 5　最小倾斜角实验方案

对于形体变化比较大的几何体来说，常见的切片软件只能改变打印物体的全局打印速度，无法根据打印物体的形体作出打印速度的优化，导致在横截面较小的地方发生坍塌（图 6）或者将耗费大量的时间以极慢的速度去完成打印。针对这个问题，作者提出了一个变速打印的想法，通过改变每一层的打印速度，既能在不需要人工辅助的情况下较为完美地打印出伞状结构的几何形体，又能有较快的打印速度（图 7），发挥 3D 打印建造技术生产速度快、造型个性化的优点。

图 6　普通打印导致的坍塌

图 7　应用变速打印后的效果

3.2　模块化单元的试装

在完成所有 3D 打印构件以及完成基础的浇筑后，我们在实验室进行了试装。整个装配分为 6 个主要步骤，如图 9 所示。这个过程从水泥基础定位开始，然后将基础放到对应的位置上。接下来就是伞状结构单元的组装，并将相邻单元的伞顶边缘连接起来，最终完成灯光的组装。这次试装的成功，充分展示了伞状结构的模块化快速建造。

3.3　现场施工

在实际建造过程中，该装置放置在有坡度的草地上，为了减少土方的开挖量，施工方在需要放地基的位置挖对应尺寸的坑，将基础放入对应的坑位后，调节每个基础的高度，尽量使每个基础的标高相同。

在试装过程中，由于安装伞状结构单元的顺序出现错误，使伞顶部分掉落损坏，需重新打印，因此在后来的试装中采用先连接伞状单元再与基础连接的安装步骤。在现场施工中，我们同样吸取了试装的教训，因此整个装置的模块化建造十分顺利，仅用一天就完成了所有伞状结构单元的安装，并将其连接成一个整体，充分体现了模块化的快速施工优势（图 10）。

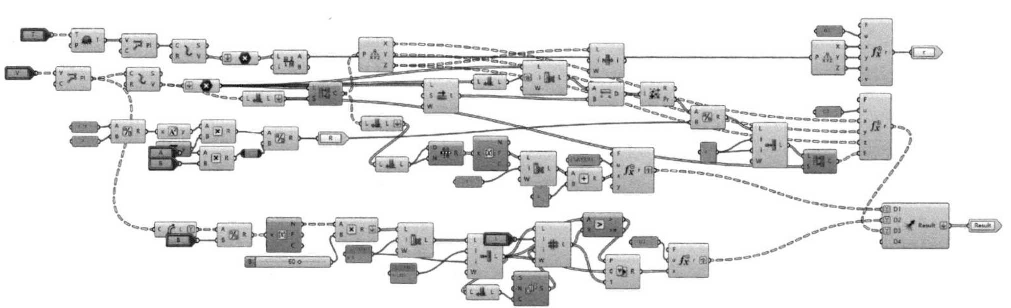

图 8　变速打印电池

图 9　伞状结构装配的主要步骤

（a）放置基础

（b）安装构件

（c）日景

（d）夜景

图 10　现场施工与最终效果

4　结论与展望

数字化与工业化将是未来几年建筑业的主要发展方向，使用参数化设计工具和先进的增材制造技术不仅可以提高施工效率，并可在一定程度上缓解劳动力短缺的问题。3D 打印技术在建筑领域仍有很大的应用空间。本文通过参数化设计方法设计了一个大型伞状结构装置。在参数化设计与结构分析的共同作用下，得到较为合理的建筑形态。考虑到打印机的尺寸限制，设计团队实现了大批量模块化组件的自动化制造与现场模块化建造，展现了参数化设计与模块化建造在实现大型复杂建筑过程中的巨大潜力。未来，类似的模块化建造方法还可以应用于混凝土等常见建筑材料的 3D 打印建筑中，以建造更大、结构更复杂、性能更强的 3D 打印建筑。

相较于现场一体化打印，模块化打印与建造具有不受建筑尺寸限制、造型更加复杂的优势，但应着重设计模块化组件之间的连接方式，以实现更快、更准确的装配。总之，大型 3D 打印技术与模块化建造为建筑师实现复杂、多样的建筑形式提供了一种新的途径。

参考文献

[1] 袁烽，朱蔚然. 数字建筑学的转向：数字孪生与人机协作［J］. 当代建筑，2020（2）：27-32.

[2] 丁烈云，徐捷，覃亚伟. 建筑 3D 打印数字建造技术研究应用综述［J］. 土木工程与管理学报，2015，32（3）：1-10.

[3] 赵夏瑀，徐卫国. 3D 打印建造技术的研究进展及其应用现状［J］. 中外建筑，2021（10）：7-13.

[4] Chaohao Su, Meiqin Yuan, Yi Fan, et al. Parametric design and modular construction of a large additive-manufactured hypar shell structure［J］. Architectural Intelligence, 2023, 2（1）

[5] 袁烽，张立名，陈哲文．从连续到离散：关于 2018 威尼斯建筑双年展中国馆“云市”的建造实验［J］. 时代建筑，2018（5）：76-83.

[6] 鲍鼎文，严鑫．从拓扑优化建筑形态设计到机械臂大型 3D 打印建造技术［J］. 时代建筑，2019（6）：5+4.

[7] 袁烽，张立名，马慧珊．生形、模拟、优化、建造：乌镇“互联网之光”博览中心的人机协作数字建构实践［J］. 建筑学报，2020（8）：5-11.

[8] 袁烽，杨学舟，刘钧广．小规模批量化定制的 3D 打印建筑未来：南京欢乐谷广场东大门实践探索［J］. 中外建筑，2021（10）：14-22.

[9] Zee Leong, Rongsheng Chen, Zijie Xu, et al. Robotic arm three-dimensional printing and modular construction of a meter-scale lattice façade structure［J］. Engineering Structures, 2023, 290: 116368

[10] 张墅阳，王扬．伞状结构发展的历史演进及当代价值：以 20 世纪以来西欧与拉美为例［J］. 南方建筑，2020（6）：22-29.

从二维标准化到三维个性化
——基于参数化生形和混合现实技术的竹构“设计-建造”一体化研究

From 2D Standardization to 3D Personalization: a Study on the Integration of “Design-fabrication” of Bamboo Structures Based on Parametric Formation and Mixed Reality Technology

刘美睿[1]　杨心悦[1]　张　烨[1]
1. 天津大学建筑学院

摘　要：本研究针对建筑设计中预制化与个性化相矛盾和建造效率较低、建造成本较高的问题，提出了从二维标准化构件到三维个性化设计的模拟生形、优化设计方法。设计以竹帘为灵感，基于竹帘平铺时为二维平面，当翻转、卷曲、穿插时又能呈现不同三维立体形态的特质，对竹管构件的不同连接方式进行设计，通过 Grasshopper-Kangaroo2-Excel 工作流，将设计数据转化为实际操作需求，并采用 MR 技术在实地进行实时跟踪定位，实现参数化模型的精确调整与优化，最终在天津大学校园内建造了一个面积约 5.4m^2、高约 3m 的竹构茶庭。研究展示了从二维到三维设计的模拟生形方法，并在实际生产中解决了异形设计运输与施工的难题，为未来建筑领域提供了新的设计与施工模式。

关键词：标准化；三维设计；竹构；参数化生形；混合现实

1　研究背景

随着数字技术不断发展和创新，建筑结构设计开启了数字化转型的时代，以多种结构性能、材料和构造为基础的数字设计找形工具在设计中得到越来越多的应用，使基于结构性能的多样化设计方法与实践成为现实[1]。运用 Rhino、Grasshopper 等数字找形工具能够创造出更复杂多变的独特形态，在建筑设计中满足特定的功能、审美和用户需求，做到根据具体需求和场地条件等进行个性化设计。然而，个性化设计的灵活性可能会增加施工过程的复杂性和成本。以曲面设计为例，目前的异形曲面建造常常依托实体拱、壳结构进行设计，建造过程难以做到规模化、流程式生产，对生产成本和施工建造精度都有较高要求。且复杂曲面结构的运输需要考虑其几何形状和尺寸的特殊性，曲面建造中使用的构件往往尺寸较大，施工场地的局限性也会影响对材料或结构的运输效率，使运输过程变得复杂。相比之下，预制化设计具有标准化和规模化生产的优势，通过在工厂中预先制造各种建筑构件或模块并将其运输到现场进行组装，可以降低建造成本、提高施工效率，并减少施工现场的浪费。但这种标准化建造可能会限制设计的个性化和创意表达，因为在其生产过程中，往往需要遵循特定尺寸、材料和制造工艺，要求设计在预制阶段就考虑到生产运输和实地安装的各种限制和要求。概而论之，预制化追求的是建筑生产的高效、经济和质量控制，而个性化则强调满足用户的独特需求和审美偏好。

在建筑设计流程中，如何实现预制化、标准化与设计成果的艺术性、个性化的平衡与统一，在保证设计独特性的前提下提高施工建造效率、降低生产运输成本，是当下设计建造中亟需解决的关键问题。因此，本次研究型设计旨在探索一种将标准化面域结构直接转化为三维立体的异形设计成果的生形建造方式，以解决在实际生产建造过程中异形设计运输与施工的难题。

2 基于二维向三维转化的设计方法

2.1 数字生形

本研究以竹帘为灵感，基于竹帘平铺时为二维平面，当翻转、卷曲、穿插时又能呈现不同三维立体形态的特质，对基础竹管构件结合捆扎、穿孔的方式进行连接节点设计，探索将标准化面域结构转化为三维立体的异形设计成果的生形建造方式（图1）。

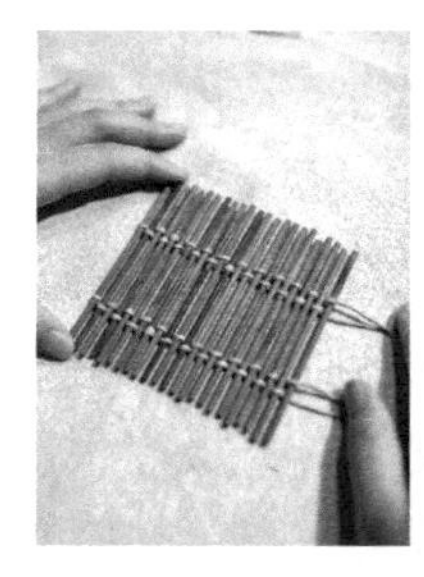

图1 竹帘平铺和立体的不同形态

生形过程中使用以 Rhino 为基础的 Grasshopper 平台与 Kangaroo2 工具，在数字建模环境下通过可视化编程语言进行参数化数字模型的构建。在建模过程中，通过对建模节点的设计和节点之间的数据链接和运算，设计人员能够实时地定义、调控三维模型的各项参数并进行真实受力情况模拟，实现参数化模型的精确调整与优化，并通过 Rhino 工作界面视窗实时呈现电池组程序的运算成果。这样的节点式编程区别于普通程序脚本编程，不需要在编写完成后再执行运算，而可以在数据输入发生变动时由各节点自动识别，并根据新输入的参数再次运算，输出的新结果将通过 Rhino 视窗实时展示。方便快捷的赋值操作与实时动态呈现为后续设计过程中推敲调整方案提供了便利[2]。区别于为保证形态结构坚固稳定的竹帘的普遍连接方式，本研究要求帘式平面构件能够灵活地进行三维空间形态的变化，因此在设计中需要结合形态特点对模型的连接方式进行优化。

2.1.1 参数化体系

本设计以“节奏与韵律”为主题，以直径约 5cm、长 1.6~2.4m 的竹管为基础构件，结合套圈、穿孔的方式进行连接节点设计，得到能够灵活翻转为多种三维螺旋形态的平面帘状结构，再基于 Grasshopper 与 Kangaroo2 平台搭建模拟真实受力情况的参数化模型（图2）。

设计建立了在保证结构合理性情况下，使得空间形态与声音效果相互影响的耦合反馈生形系统。试验发现，调整各帘竹管根数和竹管间连接线的数量能够改变单扇螺旋旋转角度和两扇帘状结构间的穿插关系，从而决定整体空间形态；而竹管粗细、端部竹节的长度和单根竹管旋转角度会影响参与者对竹管口拍手时空气振动气鸣发声的声学互动效果（图3）。

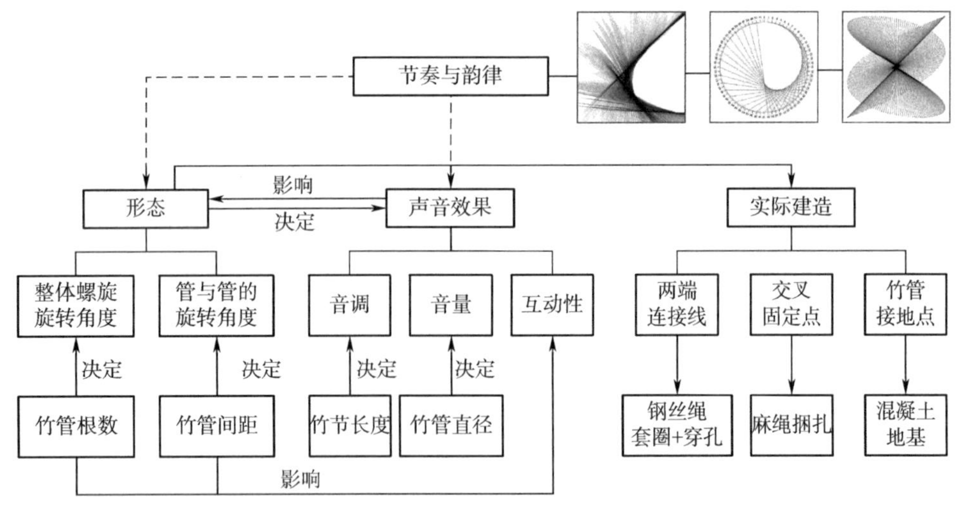

图 2　设计框架图

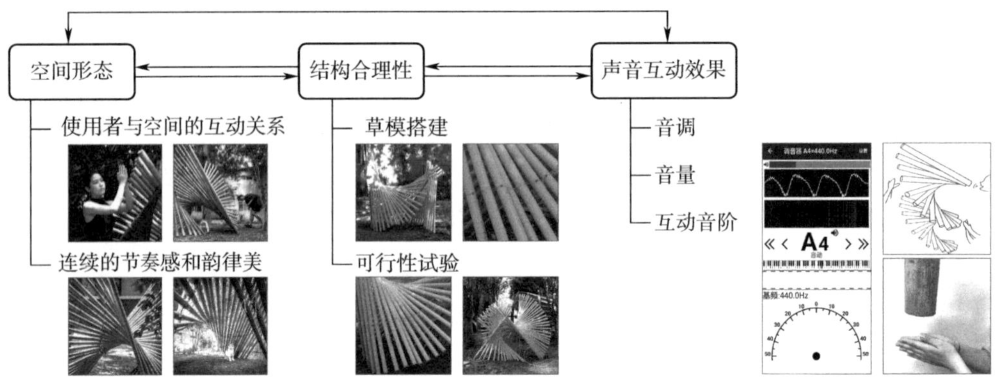

图 3　形态-结构-声音互动耦合反馈系统

2.1.2　形态生成

首先，基于 Grasshopper 与 Kangaroo2 建立四种不同的连接方式模型，横向比较基础构件之间套圈、穿孔、平行连接和八字连接的不同组合方式对组合成的平面帘状结构灵活性和稳定性的影响，并选择综合效果最佳的连接方式。根据生形原理，平面竹帘在三维空间中的形态由绑绳长度，起始、终点杆位置共同决定[3]。因此，设计先在 Grasshopper 中建立第一帘的平面帘模型，再将起始、末尾两根竹竿锚固到特定位置，同时控制相邻两杆的连接线长度，接入 Kangaroo2 运算器得出第一帘形态。再在第一帘生形结果上确定与第二帘穿插的位置和范围，以起始点为球心画出空间范围，取空间球体与地面的交线为第二帘的连接绳锚点范围，由此确定第二帘各杆件经过的点位，再确定其与地面交点，接入 Kangaroo2 运算器运算得到第二帘。由于生形输入参数在计算中会发生变化，与实际建造长度不符，会出现穿模、变形等问题[4]，可以通过对连接线重新进行长度约束、对杆件增加重力约束和碰撞约束的方法迭代运算结果，再次接入 Kangaroo 运算器得到处理后的结果（图 4）。

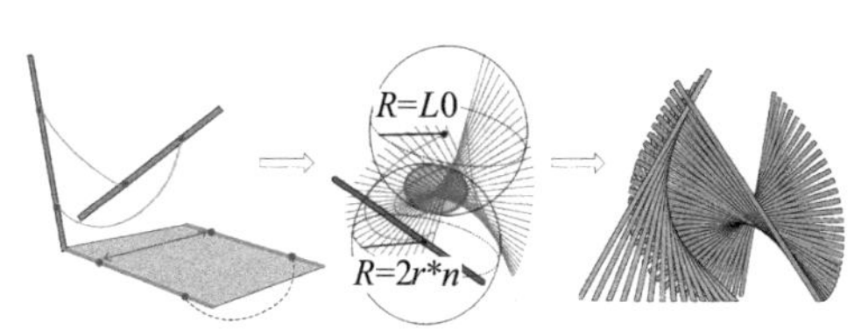

图 4　参数生形过程

2.2　模拟试验

2.2.1　材料试验

经过材料试验，设计优先选择 4~6 年竹龄且接受脱水处理、含水率在 10%~15% 的竹材作为材料。竹子生长过程中先老化后脆化，竹材强度、含水率随之发生变化。对竹材样本分组进行抗压抗拉、防潮防裂的材料性能测试，将修正数据绘制成如图 5 曲线，发现在 3~9 年竹龄范围内，竹材强度均随竹龄的增长存在先增大后减小的趋势，且当竹龄为 5 年时强度达到最大值。试验中偏差数据说明，竹材含水率对其物理强度有较大影响，故对同龄竹材进行顺纹抗压强度测试，发现在含水率不同时，其顺纹抗压强度随含水率的增加单调递减，且当含水率在 0~30% 时变化最明显[5]。

确定竹龄与含水率的理想值后，通过查阅资料、走访市场、运算模拟等方式[6]，选出楠竹、红竹、毛竹三种常用且性价比较高的竹材作为备选材料，分组对三类竹材的抗压抗拉、防潮防裂性能进行试验测试并得到综合计算结果，绘制出性能比较雷达图，发现红竹在场地条件下的综合性能最优，宜选为实际建造材料（图 6）。

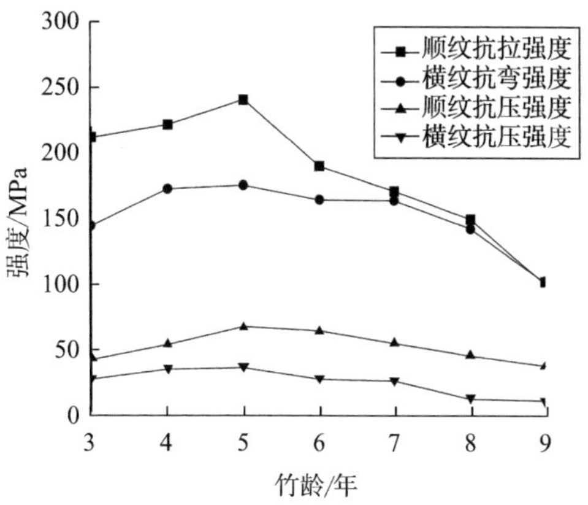

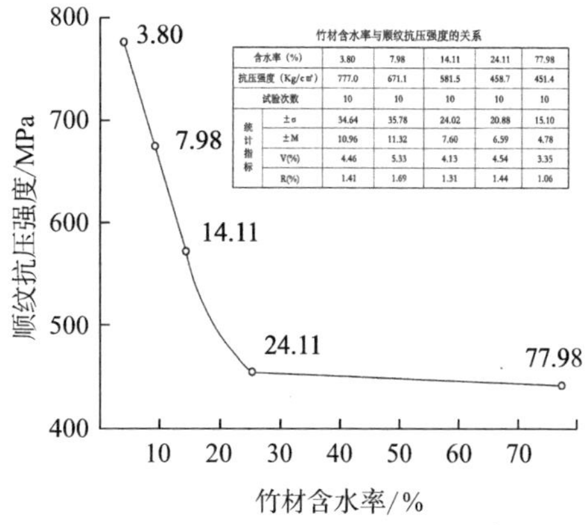

竹材含水率与顺纹抗压强度的关系

含水率（%）		3.80	7.98	14.11	24.11	77.98
抗压强度（Kg/c㎡）		777.0	671.1	581.5	458.7	451.4
试验次数		10	10	10	10	10
统计指标	±σ	34.64	35.78	24.02	20.88	15.10
	±M	10.96	11.32	7.60	6.59	4.78
	V(%)	4.46	5.33	4.13	4.54	3.35
	R(%)	1.41	1.69	1.31	1.44	1.06

图 5　竹龄、含水率对竹材强度的影响试验结果

图片来源：赤水楠竹物理力学性能试验分析.

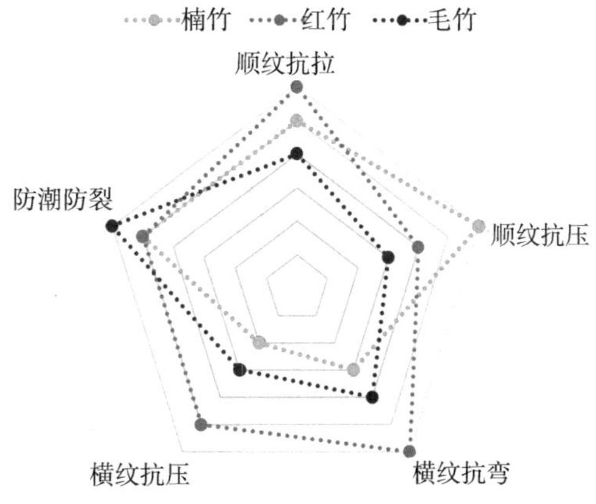

图 6　三类竹材性能的量化比较雷达图

2.2.2　发声试验

在确定项目所用的竹材后，选取不同长度与直径的竹材进行试验，测试不同变量对发声效果的影响，为后续优化设计提供参考。管风琴、手拍式竹管琴和直立式竹琴等参考乐器发声原理与竹管有一定相似性，分别为气鸣发声和敲击发声，其中气鸣又常有拍手鼓气和吹气两种方式，在此基础上对竹管分组进行发声实验，探索竹管的发声条件和声音效果的影响因素[7]。

分别控制竹管直径、端部竹节长度和单根竹管旋转角度，由实验结果发现：三种方式均可行，其中拍手鼓气方式最简单且声音效果最佳；竹管直径越大，音调越低；长度越长，音调越低；竹管直径在5~6cm之间时声音效果较好；在竹管开口向下时声音效果更佳。

3 基于混合现实技术的建造方法

3.1 混合现实技术

混合现实（Mixed Reality）技术将虚拟信息引入至用户的真实环境，为使用者带来现实元素与虚拟内容融合的全新视觉体验，是一种消融了虚拟世界与现实世界边界的技术，其中包括增强现实（AR）和虚拟现实（VR）等，并结合计算机视觉、传感器技术和人工智能等，成功地实现了多学科交叉创新，在娱乐、教育、医疗、设计、制造等多个领域得到愈加广泛的应用[8]。

用户使用过程中，混合现实技术通过传感器获取用户的位置、姿态和视线方向等信息，借助计算机视觉技术识别和现实场景实时追踪，能够实现虚拟物体与现实场景的无缝融合[9]。虚实融合和实时交互的特点使用户能够同时感知到真实环境和虚拟内容，并进行实时互动。这种交互方式能够极大地提升用户体验[10]，当应用在建筑设计建造领域中时，它凭借3D全息图等方式实现高度逼真的虚拟对象展示，使设计师能够直观地查看、修改设计，提高设计工作的效率和精确度[11]。

本设计建模采用Grasshopper-Kangaroo2-Excel工作流，将参数化模型的设计数据输出为连接点位、竹管长度等数据并导入铣床进行操作。实际建造过程中利用MR技术，将基础构件抽象为动态点和矢量力网格，基于Unity-Vuforia平台编写实时跟踪定位程序，对构件形态结构进行可视化处理，实时实地跟踪定位辅助建造。

3.2 小比例模型测试

为试验设计的结构合理性、形态可行性并测试实时跟踪定位程序的运行，在实际建造之前搭建了1∶2.5比例的模型。程序将方案模型的虚拟映射投影到实景场地中，并在手机、iPad等移动端设备上实时显示各构件在空间中所处的拓扑位置，指导实体模型的精确定位。当页面中虚拟映射和现实中实体杆件重合时，即为该构件的正确搭建位置。小模型建造中，通过Fologram for Rhino辅助杆件定位，从第一、二帘穿插处开始，根据Excel数据表和跟踪定位程序的指导，调整实体模型位置与虚拟空间定位重合。在此过程中，发现杆件打孔点之间的角度偏差会导致杆件扭转不自然等问题，实际绳长与计算值的数据偏差也会影响最终形态的呈现。为解决以上问题，在Grasshopper中运用向量计算得到打孔点的角度关系，优化连接点位置，使整体形态流畅自然（图7）。

图7　1∶2.5比例模型照片

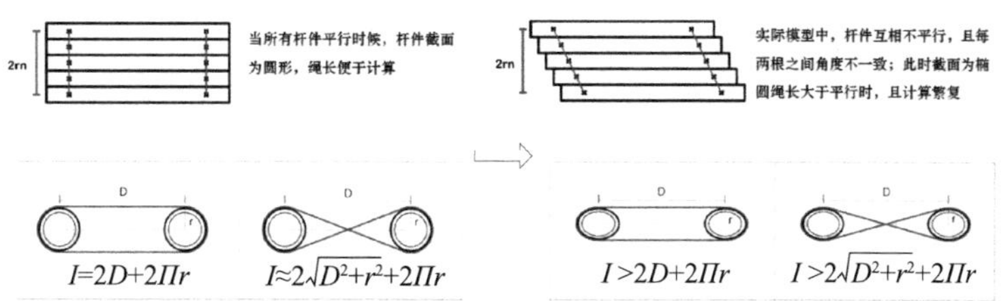

图 8　连接绳长度优化说明

通过小模型测试发现，当平面结构水平放置时，杆件截面为圆形，绳长便于计算；但进行立体扭转后，杆件互相不平行，且每两根之间角度不一致，此时截面为椭圆，所需绳长将大于平行时绳长，计算繁复；且由于杆件实际直径存在偏差，绳长计算值存在误差。为解决这一问题，使用钢丝绳和可调节锁线器，保证抗拉强度的同时，可根据实际搭建情况小幅度调整绳长（图 8）。

4　实践案例 Bamboo Twist Pavilion

基于对二维向三维转化设计方法的研究和以混合现实技术为基础建造方法的实验，天津大学建筑学院数字设计和建造团队于 2024 年春季进行了建造实践。实践场地位于天津大学卫津路校区水利馆一号楼前绿化区域。设计以直径 6cm、长 1.6～2.4m 的竹管杆件为基础构件，结合三种捆扎方式进行连接，形成两个能够灵活螺旋翻转的平面帘状结构，最终在天津大学校园中搭建了占地面积约 5.4m^2、高约 3m、可同时容纳 2 人的休闲茶庭竹构装置。

从设计到建造采用 Grasshopper-Kangaroo2-Excel 工作流，通过 Grasshopper 导出 Excel 数据表，将参数化模型的设计数据输出为连接点位、竹管长度与连接线长度数据并导入铣床进行竹管切割等后续操作。两片帘状结构分别由黄、绿色的红竹制作，其中第一帘结构使用 31 根防腐红竹，长度均为 2.4m，连接点位均位于竹管构件的 60cm 和 160cm 处。第二帘使用 15 根红竹，长度在 175cm 至 252cm 范围内。连接点位于竹管杆件的 95cm 和 159cm 处。第一帘的第 1 至 16 号竹杆与第二帘竹竿相互交叉搭接，形成互相支撑受力的平衡结构。

设计中两帘交叉位置采用麻绳捆扎固定；同一帘中，相邻两竹杆连接点采用金属丝八字捆扎或平行连接的方式，需将捆扎线固定在竹杆上的特定位置。由于同一杆件上下连接线之间存在角度关系，需计算并导出杆件上、下打孔点的角度以精细化竹杆加工打孔操作，最终导出 Excel 格式数据表并导入铣床进行竹管的流程化切割和加工，得到加工制作好的平面竹帘模型（图 9）。

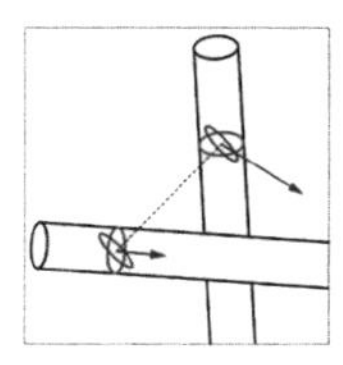
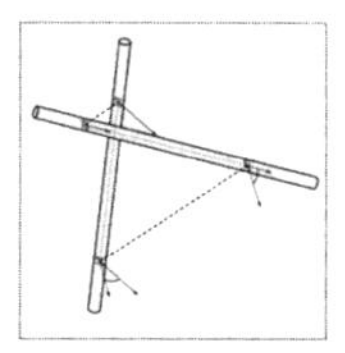
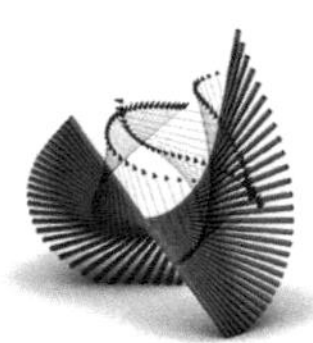

图 9　确认打孔点位示意图

为固定两平面帘状结构形成的三维螺旋形态，设计选取 6 根关键杆作为固定结构。依据设计平面、构件图纸和 Fologram for Rhino 实时跟踪定位程序的指导，按照特定角度焊接预埋件和钢筋，在场地上定位并进行挖掘，再置入混凝土模具，使用膨胀螺栓固定预埋件和钢筋构件并填埋混凝土，形成场地地基；关键杆则通过铆接套入钢筋的方式进行固定并作为起点进行建造，运行跟踪定位程序确定各杆件的空间位置，并在完成后微调各连接线长度优化形态，使整体装置更加连续美观。

为适应人体活动尺度，设计选取了端头高度在 0.5~1.7m 范围内的竹杆用于声音互动。其中，第一帘第 6 至 13 号竹杆上端、第二帘第 9 至 15 号竹杆上端的高度在 1m 至 1.7m 范围内，旨在适用于成人拍手进行声音互动。第一帘第 14 至 24 号竹杆下端高度在 0.5m 至 1.7m 范围内，旨在适用于成人和儿童拍手进行声音互动。竹杆的发声音调均按照音阶顺序分布，形成音阶（图 10、图 11）。

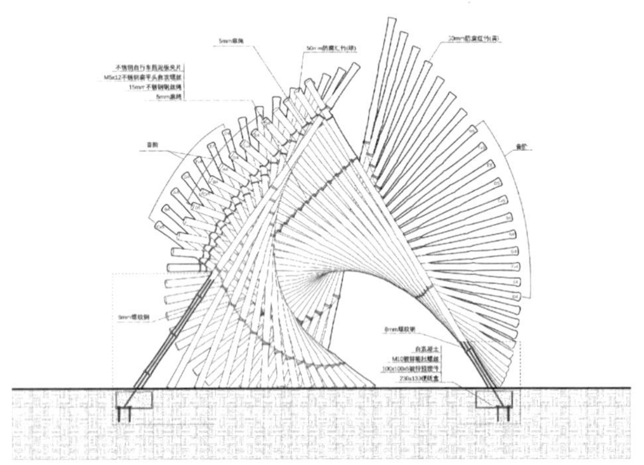

图 10　实际建造结构示意图

图 11　实际建造成果照片

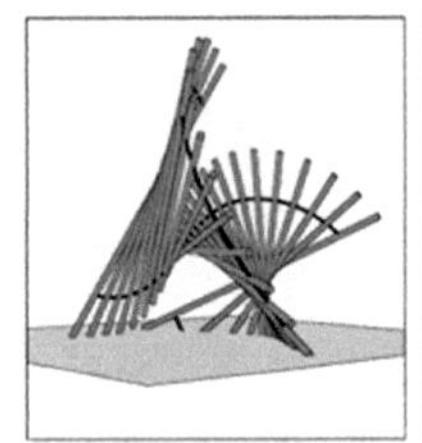

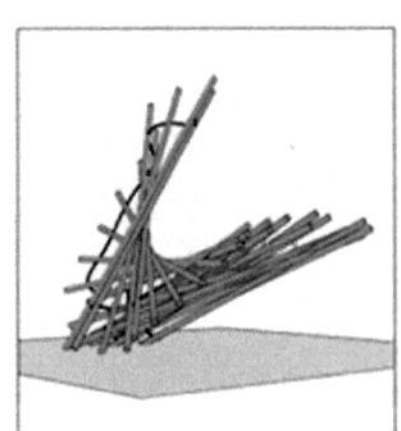

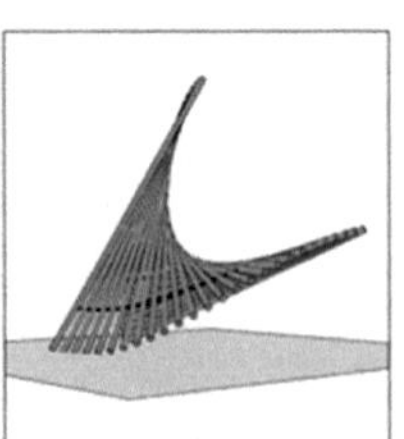

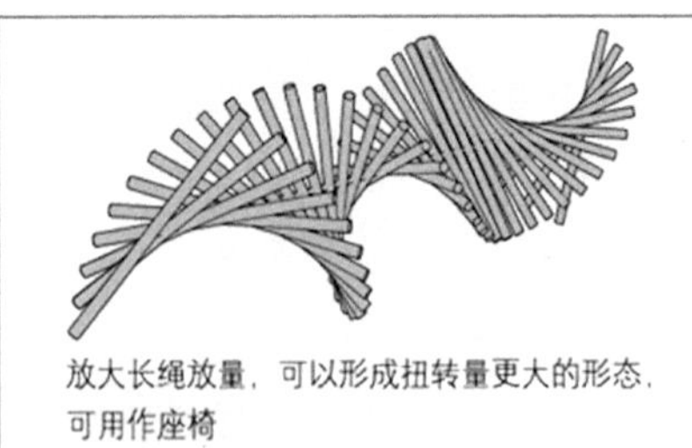

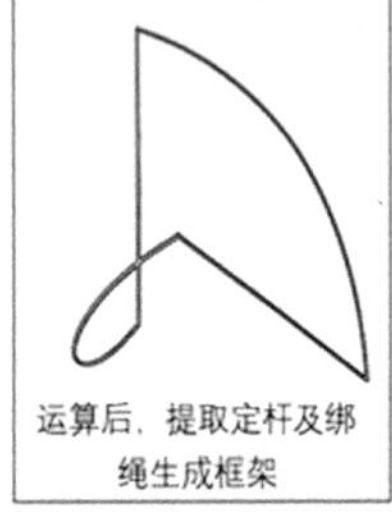

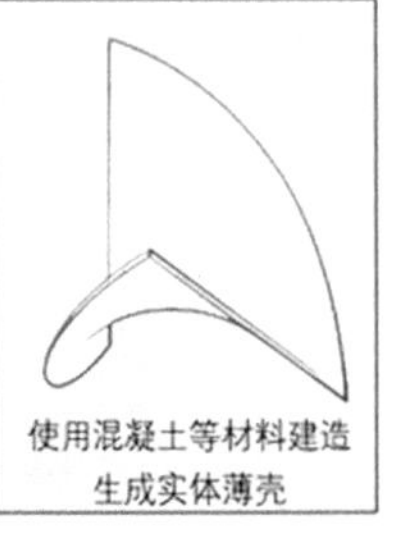

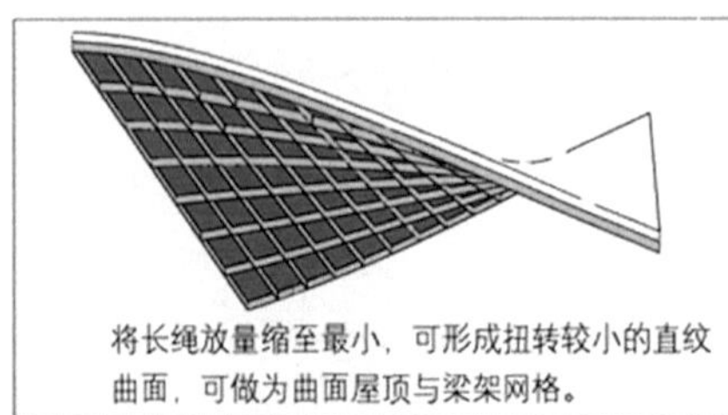

图 12　研究拓展应用

5 总结与探讨

本设计的研究重点在于从二维标准化结构到三维个性化设计的模拟生形、优化设计方法。以本设计方法为原型，可拓展出更多应用可能性。比如，将绑绳换做刚性连接可变换更丰富的形态，增大连接绳放量可形成更大角度扭转，可应用于坡道结构、座椅设计等[12]；缩小连接绳放量形成直纹曲面，可为曲面屋顶骨架或梁架网格的结构生形提供参数化支持[13]。此外，本设计也可以用于曲面参数化生形，提取杆、绳的空间位置生成框架，指导壳体的结构形态。

在实际生产建设中，本设计可指导工厂统一进行预制化生产，再以平面形态进行运输，提高运输实载率，最终在建造场地完成立体形态的建造，通过设计手段在一定程度上解决异形设计运输、施工困难的问题。

参考文献

[1] 袁烽. 数字化结构性能生形研究［J］. 西部人居环境学刊，2014，29（6）：6-12.

[2] 林杨鹏. 基于 Grasshopper 参数化技术的滨水景观规划设计研究［D］. 仲恺农业工程学院，2023.

[3] 徐贝尔. 曲线元素在现代原竹建筑中的应用研究［D］. 哈尔滨工业大学，2018.

[4] 王思宁，韩冬辰. 面向定制装配式建筑的混合现实智能建造：以第三届中国国际太阳能十项全能竞赛作品极光之家为例［J］. 世界建筑，2024（2）：92-97.

[5] 黄培东，刘勇，杨琴. 赤水楠竹物理力学性能试验分析［J］. 科学技术创新，2024（7）：67-71.

[6] Janssen. International standards for bamboo as a structural material［J］. Structural Engineering International, 2005，15（1）：48-48.

[7] 欧阳平方. 贵州雷山苗族芦笙传统制作技艺及其声学性能分析［J］. 文化艺术研究，2014，7（4）：77-87.

[8] Mingyuan D, Liangpeng L, Yilin L, et al. Research on holographic visualization verification platform for construction machinery based on mixed reality technology［J］. Applied Sciences, 2023，13（6）：3692.

[9] 邱钰. 基于混合现实技术的建筑文化遗产空间叙事策略研究［D］. 江南大学，2023.

[10] Khatib M, Khudir A K, Luca D A. Human-robot contactless collaboration with mixed reality interface［J］. Robotics and Computer-Integrated Manufacturing, 2021，67.

[11] Carl G, Chad M, Bonnie L. 3D, virtual, augmented, extended, mixed reality, and extended content forms: the technology and the challenges［J］. Information Services & Use, 2020，40（3）：225-230.

[12] 甘心怡，朱一辛. 生态环保理念下现代竹构建筑设计探析［J］. 城市住宅，2021，28（3）：121-122，125.

[13] 刘波，陈志勇，殷亚方，等. 两项竹材物理力学性质试验方法标准的比较［J］. 木材工业，2008（4）：26-2.

从“建筑结构”到“建筑学中的结构”：数智技术的启示与驱动

From “Building Structure” to “Structures in Architecture”: Insights and Driving Forces of Digital and Intelligent Technologies

孟宪川[1]　陈　雯[1]　钟喜明[2,3]

1. 南京大学建筑与城市规划学院
2. 阿尔托大学建筑学院
3. 空间直觉科技有限公司

摘　要：当前建筑行业面临的危机和智能技术的快速发展对传统“建筑结构”教学带来了挑战与机遇。借助数智技术的启示与助力，本文将专业的建筑结构知识扩展为泛化结构的知识体系——“建筑学中的结构”，旨在激发学生对“建筑结构”课程的兴趣，并帮助他们更好地适应行业变革和未来市场的需求。

关键词：建筑结构；建筑学中的结构；数智技术；泛化结构；知识迁移

传统的“建筑结构”课程侧重于向建筑学专业学生介绍结构工程的基本原理，是建筑学核心知识。然而，当前建筑行业的现状以及数智技术的飞速发展，有必要对这门课程进行一定的调整。本文通过探讨这些变化带来的挑战与机遇，尝试引出“建筑学中的结构”和融入数智技术，抛砖引玉地提供一种探索性参考。

1　“建筑结构”课程的挑战与机遇

建筑行业正处于一个充满挑战的转折点。根据国家统计局 2022 年与 2023 年的相关数据，当前建筑行业面临需求下降、市场萎缩的现状[1]。现状给建筑学专业学生带来了前所未有的职业不确定性。这种不确定性不仅影响了学生对未来的规划，也对建筑教育体系提出了考验，进而使“建筑结构”这一建筑学与土木工程交叉领域对学生的吸引力急剧下降。然而，数智技术的涌现也带来了创新和变革的机遇。计算性设计方法和人工智能技术的迅速发展为建筑学就业开辟了新的前景，无论是《“十四五”数字经济发展规划》为建筑业带来的数字化转型[2]还是新质生产力为建筑业提供的契机[3]，都引发了建筑学专业学生的极大兴趣。将数智技术融入教学不仅能增强学生的实操体验，还能为他们提供形成竞争力的数字化技能。

为应对未来急剧变化的挑战与机遇，“建筑结构”课程的调整需要既确保传统建筑结构知识的传授，又合理地引入适应未来的新兴技术。为此，本研究旨在探讨如何将数智技术有机融入“建筑结构”课程的教学改革，为期望在建筑领域就业的

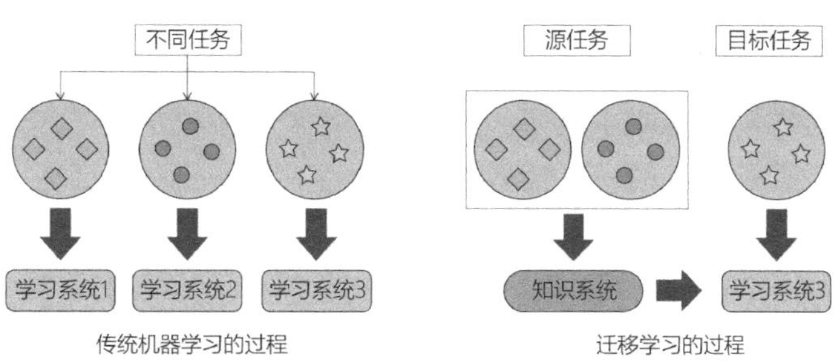

图 1　传统机器学习和迁移学习的差异

图片来源：孟宪川绘制。

学生提供融合当下技术的专业知识，为计划在相关领域就业的学生提供快速适应的能力，为所有同学提供成长型的支持。课程调整的目标立足于传统的建筑结构知识，求索于更广泛的适应能力。

2　迁移学习的启示

在专业知识的基础上发展出适应不确定性的泛化方法并非易事，而数智技术中的“迁移学习”为此提供了启示。迁移学习（Transfer Learning）是机器学习（Machine Learning，ML）的一项重要技术，指将一个模型或算法从一个任务或领域迁移到另一个相关任务或领域，以提高模型性能或效率的技术。它是人工智能（Artificial Intelligence，AI）发展到通用人工智能（Artificial General Intelligence，AGI）的关键步骤。如图 1 所示，传统机器学习针对每个任务进行独立且全新的学习，而迁移学习则侧重于在目标任务训练数据相对稀缺或质量不高时，有效地将先前源任务中累积的基本知识和特征迁移到当前的目标任务中，从而加速学习进程、提高模型泛化能力[4]。

传统机器学习与专业性极强的“建筑结构”教学类似，迁移学习则尝试将原有“建筑结构”的基本特征进行提取与抽象，形成泛化与适应能力更强的“建筑学中的结构”。这种迁移，有利于通过共享知识体系加速学生在新任务或领域的学习过程，降低学习成本，提升对不确定性的适应力。

从“建筑结构”形成“建筑学中的结构”，可共享的知识与特征首先源于建筑学自身。例如，可共享的“结构”可以有：

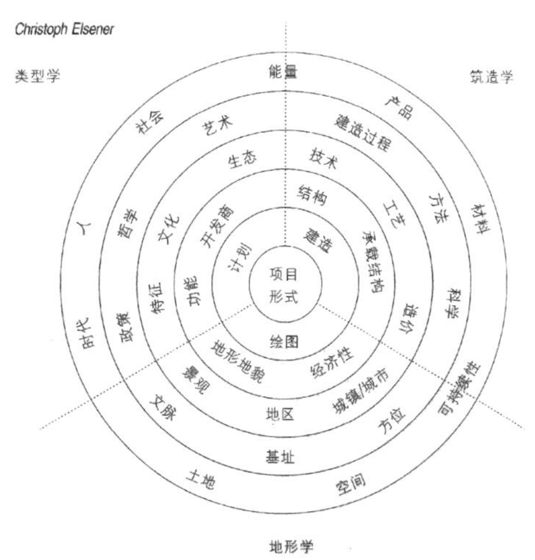

图 2　安德烈 · 德普拉泽斯描述的形式发现或形式发展的过程

图片来源：参考文献［7］。

（1）建筑学的综合性中蕴藏的“结构”种类。结构主义学派能提供一定参考[5,6]，而建筑学本身就是各类要素综合而成的宝藏。如图 2 所示，一个建筑形式的产生所涉及的要素繁多[7]。不同建筑学派，如类型学、建构学、功能主义等，都存在主要的设计要素及稳定的、可被看作“结构”的组织关系。

（2）读图和示图的能力中潜藏的“结构”思维。图解是建筑学中表达概念和复杂系统的重要方式，也是建筑学相对于其他学科的优势之一。如图 3 所示，建筑学学生通常在建筑设计入门的住宅建筑设计中，就会使用功能泡泡图，帮助自己梳理合理的功能布局，这种图解也持续服务于职业实践与考试。此外，表达建筑方案的概念简图或者表达建造系统的爆炸图，均暗藏着一条“结构”清晰的线索，否则图示存在的必要性大打折扣。

（3）计算性设计的算法中呈现的“结构”流程。建筑计算性设计方法是基于设计要素的有效组织与优化，更强调有效的、可复用的“过程”[8]。图 4 呈现了蓬皮杜梅斯中心木屋顶结构的设计与建造过程中数据在各种软件之间的流转路径[9]。同样，诸如优化、自组织等算法所呈现的逻辑，也是具有“结构”特质的计算逻辑。

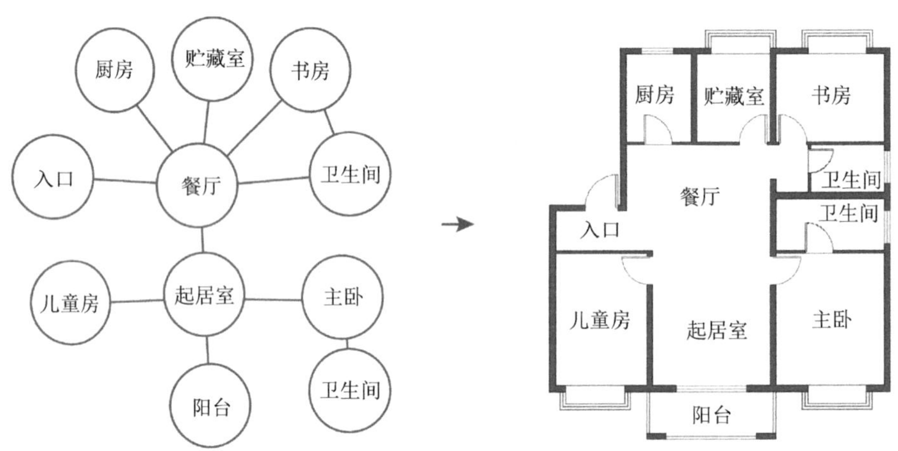

图 3 住宅建筑的功能泡泡图（左）及其潜在的平面图（右）
图片来源：孟宪川绘制。

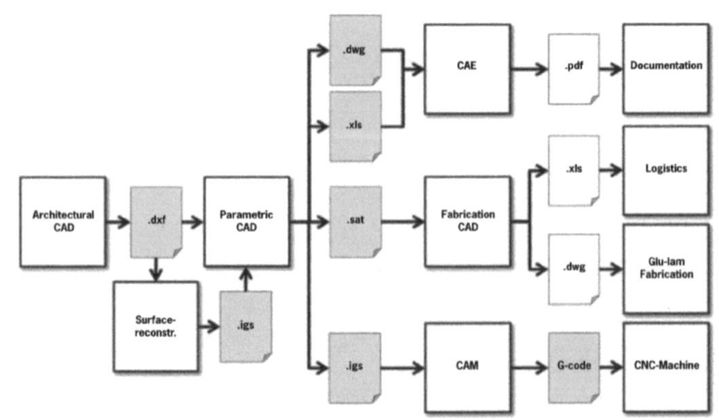

图 4 蓬皮杜梅斯中心木屋顶结构的各种软件程序之间的数据转换流程
图片来源：参考文献［9］。

上述例子只是建筑学中“结构”的冰山一角。另外需要指出的是，将传统建筑结构整合到建筑设计与将结构泛化到新的场景是有区别的。前者注重将传统建筑结构知识紧密融入其他设计要素之中，且有很多丰富和深入的研究成果[10-13]，后者则更强调以相似性为新的场景提供高效、低成本的学习和适应能力。

这些可以被共享的、泛化的“结构”，被用于形成新的“建筑学中的结构”的知识库。这种知识库以传统“建筑结构”为内核，以各机构的培养目标和教师的研究方向为外延，形成针对性的、私有化的培养方案。以南京大学建筑的教案为例，我们的“建筑学中的结构”知识库中，首先将传统建筑结构进一步导向以结构理性辅助建筑设计的“建构”方向；其次基于南京大学综合素质教育的要求强化了思维训练，从而引出“结构化思维”部分；最后，为响应南京大学“AI+”课程发展的需求，我们引入“图神经网络”作为建筑生成式设计的一种重要方法。需要指出的是，我们现有知识库的内容并不完善，仍缺乏系统性，在此仅作为一种投石问路的参考。面对时代的急剧变化，不同机构多样化的“建筑学中的结构”知识库或许能为学生提供非同质化的竞争力。

3 图作为表达泛化结构的方式

有效组织私有知识库的方法应因自有特性而各异。通过观察我们自有知识库，图（Graph）被选做表达泛化结构的基本理论方法。图是一种由顶点和边构成的图形结构，用于描述事物之间的特定关系。其中，顶点表示不同事物，边则表示两个事物之间存在的某种关系。通过图，事物之间的相互作用和联系可以被直观地理解和分析。我们选择图作为理论方法的原因在于：

（1）图是结构简图的基本形式。在力学分析中，将杆件结构的建筑物抽象为结构简图，其本质是将杆件抽象为边，将杆件之间以及其与大地的连接方式抽象为节点，组成结构构件的整体布置，通过计算指定荷载下构件的性能（诸如弯矩、应力或位移）分析结构的可行性与效率（图5）。另一种流行结构分析方法——我们于2011年引介入国内的建筑学用图解静力学，亦是以图论作为理论基础[14]。

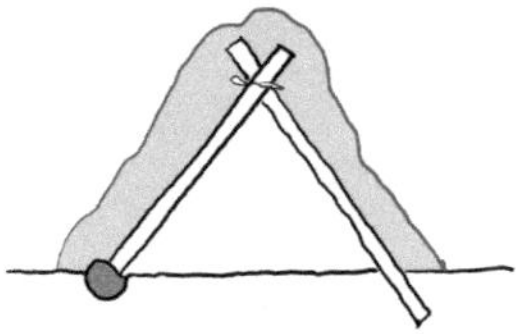

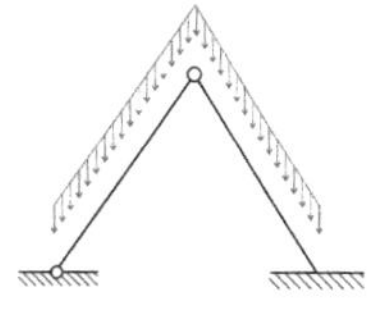

图5　帐篷（左）及其抽象出的结构简图（右）
图片来源：孟宪川绘制。

（2）图是结构化思维的组织方式。作为脑图或思维导图（Mind Map）的子类，结构化思维主要指具备结构化特征的类型。脑图是一种表达核心概念与子概念之间关联方式的图形思维方式。对此，我们强调从初始的模糊认知，到分类与聚类，最后选择合适的结构化思维类型去表达整体组织关系（图6）。

（3）图是图神经网络的基础。图神经网络（Graph Neural Network，GNN）是使用神经网络学习图结构数据，提取和发掘数据中的特征与模式，满足聚类、分类、生成等需求的算法，为理解和训练建筑中指定要素的生成设计方法提供了新的见解（图7）。目前，图神经网络的使用存在较大挑战性，包括数据处理、计算复杂度、可解释性等。其理论基础之一就是图论。

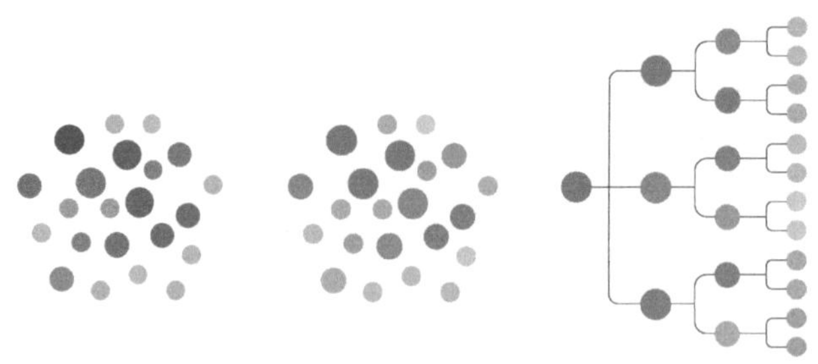

图6 结构化思维示意：混淆的离散知识点（左），标记分类的知识点（中）和结构化脉络的知识点（右）
图片来源：孟宪川绘制。

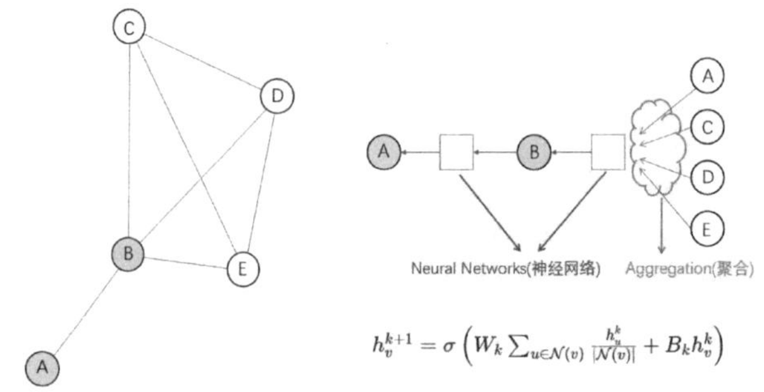

图7 图神经网络的图数据（左）及节点A的卷积方法（右）
图片来源：孟宪川绘制。

（4）图作为大语言模型和其他人工智能模型的桥梁。知识图谱和大语言模型结合的生成式模型，从非结构化文本中提取有意义的结构化数据，提升了大语言模型在空间的推理能力和生成质量。如微软公司的基于图的检索增强生成（Graph RAG），利用图和大语言模型从非结构化文本中提取出以往方法难以获取的、更加全面的结构化数据，从而增强推理能力和可解释性（图8）。

将图论作为解释和操作泛化结构的方法有诸多益处：简化复杂概念——通过将传统建筑结构的受力状态简化、可视化，学生更容易掌握复杂的力学概念；培养结构化思维——通过将看似模糊的内容抽象化、系统化、可视化，学生能更深入地理解全局与局部；引入图神经网络——通过将生成式的图神经网络与建筑学结合，学生能获得新的视角以适应人工智能时代的需求；介绍基于图的增强检索生成——通

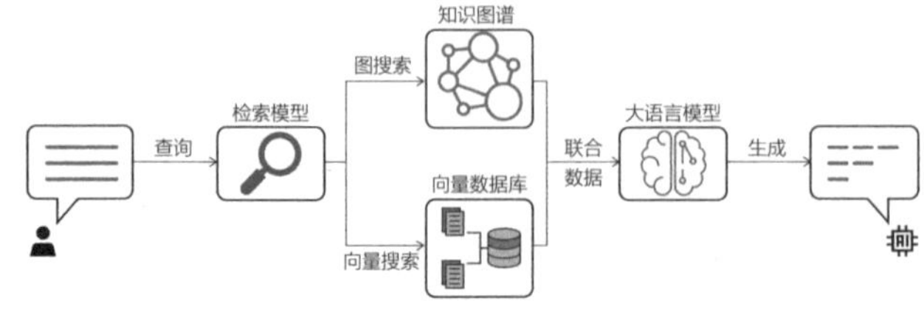

图8 基于图的检索增强生成的概念流程
图片来源：孟宪川绘制。

过将非结构化数据转化为机器学习能理解的结构化数据，帮助学生以全局视角理解建筑学等特殊数据融入人工智能的可行性与潜力。

4 数智技术的驱动

上述美好的构想，如果没有数智技术的驱动力，几乎只能停留于空想。我们现有知识库各部分分别借助了不同的数智技术：

（1）引入基于 Rhinoceros 和 Grasshopper 平台的 Karamba3D，用以提速和增强传统建筑结构教学进度和效果。将实物简化为结构简图并计算杆件弯矩、位移等是传统建筑结构教学部分。Karamba3D 则通过简单的操作，帮助学生理解结构简图的各个组成部分（如杆件、节点、荷载、材料等）、快速呈现分析结果，及其对设计的影响（图 9），既可加速学生的理解又可提高授课效率[15]。同时，Grasshopper 电池组的构建过程则培养了学生的计算性思维。

（2）运用多模态技术丰富学生的结构化思维表达。传统的脑图方法是由人先确定核心概念，再辨析和梳理子概念，建立相互层级与联系。在确定核心与子项的过程中，我们强调的是学生对复杂知识的拆解与组合的能力。然而在学生尚未掌握拆解能力之前、学习新知识的阶段，我们有意地引导学生使用多模态与大语言模型结合的技术，帮助他们快速建立优秀案例的表达框架。图 10 展示了一个作为学习案例的挪威语博物馆竞标文本及其通过多模态智能技术（例如 Mapify）提取和翻译为英文的结构化思维图示。

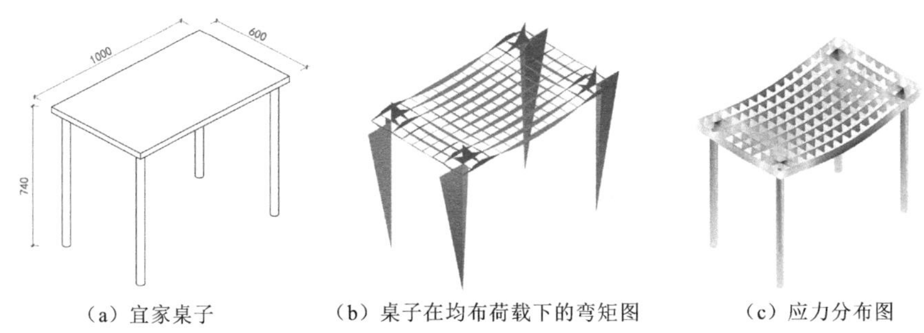

（a）宜家桌子　（b）桌子在均布荷载下的弯矩图　（c）应力分布图

图 9　Karamba3D 作为结构分析工具辅助设计

图片来源：陈雯绘制。

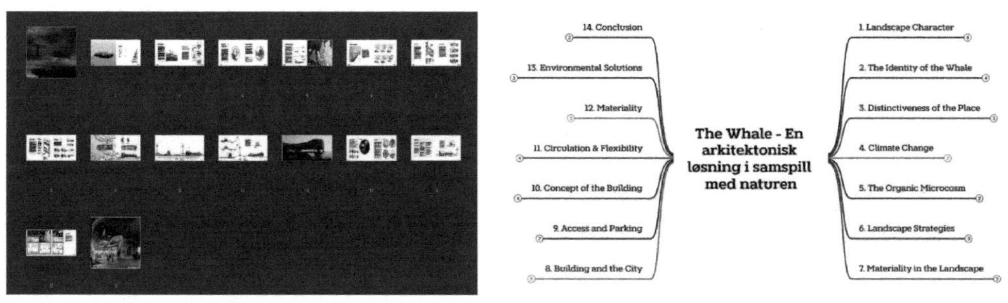

图 10　优秀竞标文本（左）及其通过多模态技术生成的结构化要点（右）

图片来源：孟宪川编辑。

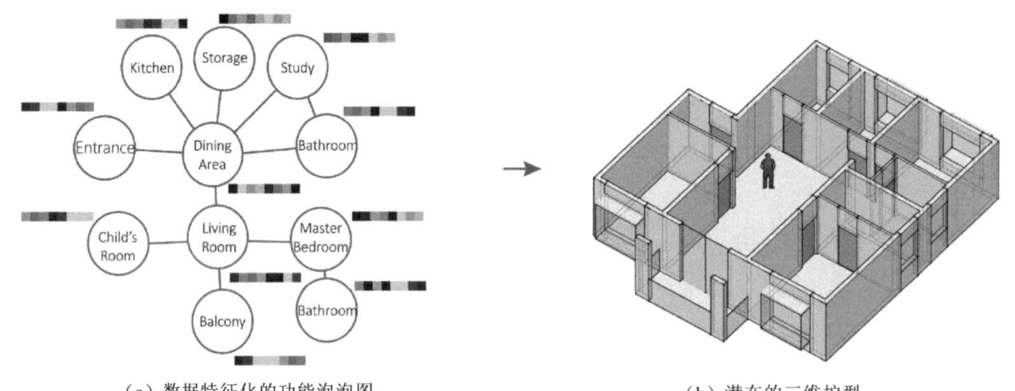

（a）数据特征化的功能泡泡图　　（b）潜在的三维护型

图 11　图神经网络作为生成式设计的重要工具

图片来源：孟宪川绘制。

（3）介绍图神经网络。在建筑学生成式设计方法中，图神经网络是将数据驱动和规则驱动方法相结合的关键工具[16]，为学生提供了一个新的视角以理解建筑学中特定要素的相互关系及其生成方法（图 11）。对于建筑学专业学生而言，还需要理解更多计算机知识（诸如深度学习、神经网络、信息传递等）概念，因此，“建筑学中的结构”的介绍主要是激发学生的好奇心，为以图神经网络为主要工具的高年级设计课程埋下种子。

综上所述，数智技术的引入和融合对于推动“建筑学中的结构”知识库的发展具有重要意义。通过引入 Karamba3D、多模态技术和图神经网络等先进技术，既利于提升教学质量和效率，又能培养学生的计算性方法、结构化思维以及对人工智能的了解，增强他们面对未来的适应力。需要指出的是，Karamba3D 的引入提高了传统建筑结构知识的教学效率，使得该部分内容原本所需的 16 周课时可以被有效压缩，而余下的时间则为泛化结构概念的教学提供了可能。

5 讨论

“建筑结构”课程的调整是适应建筑行业不断变化和数智技术快速发展的实验性探索。通过重新界定“建筑学中的结构”并以数智技术展开教学，既能帮助学生理解传统建筑结构与建筑设计的紧密关系，或者借助泛化结构快速学习和使用新的知识与技术。然而，这种调整也带来了一些挑战。例如，不同培训目标下私有化知识库的建立，对于新技术的接纳与学习，新的课程评价体系的构建，训练高质量人工智能模型所需要的数据类型等。本工作作为引玉之砖，提出基于“知识迁移”的泛化结构框架，尝试为建筑结构教育提供新的、补充的参考。我们力求其既保持传统知识的核心内容，又为学生提供更广阔的视野、方法和数智技术，以期在未来充满不确定性的建筑行业中，可以培养出具备竞争力和多学科交叉的人才。

参考文献

［1］郭刚．从政府工作报告看 2024 年勘察设计行业发展［J］．中国勘察设计，2024，36（5）：49-52.

［2］邓尤东．建筑企业数字化运营“大模型”构想［J］．施工企业管理，2024，40（5）：37-40.

［3］叶浩文，苏衍江．以新质生产力推动建筑业转型发展研究与探索．工程管理学报，2004，38

(3)：1-5.

[4] Pan SJ, Yang Q. A survey on transfer learning [D]. IEEE Transactions on Knowledge and Data Engineering, 2010, 22 (10): 1345-1359.

[5] Oxman R, Oxman R. New structuralism: design, engineering and architectural technologies [J]. Architectural Design, 2010, 80 (4): 14-23.

[6] Qin Y. The influence of structuralism in the field of architecture [J]. Academic Journal of Architecture and Geotechnical Engineering, 2023, 5 (5):23-27.

[7] Deplazes A. Constructing architecture: materials, processes, structures. basel: Birkhauser Verlag AG, 2008. 3.

[8] 孙澄，韩昀松，任惠．面向人工智能的建筑计算性设计研究 [J]. 建筑学报，2018，49 (9)：98-104.

[9] Scott M. Digital workflows in architecture. Basel: Birkhäuser, 2013.

[10] 郭屹民．结构制造：日本当代建筑形态研究 [M]. 上海：同济大学出版社，2016.

[11] 袁烽，柴华，谢亿民．走向数字时代的建筑结构性能化设计 [J]. 建筑学报，2017，48 (11)：1-8.

[12] Muttoni A. The art of structures: introduction to the functioning of structures in architecture [M]. Lausanne: EPFL Press, 2011.

[13] Sandaker BN, Eggen AP, Cruvellier MR. The structural basis of architecture [M]. Milton: Routledge, 2019.

[14] 孟宪川，赵辰．建筑与结构的图形化共识：图解静力学引介 [J]. 建筑师，2011，176 (5)：11-22.

[15] 孟宪川．有限元分析介入建构设计教学的一点思考：以 Karamba3D 为例 [D] //全国高等学校建筑学专业指导委员会建筑数字技术教学工作委员会、中国建筑学会建筑师分会数字建筑设计专业委员会，数字·文化——2017 全国建筑院系建筑数字技术教学研讨会暨 DADA2017 数字建筑国际学术研讨会论文集. 南京，2017：87-93.

[16] Zhong X, Koh I, Fricker P. Building-GNN: exploring a co-design framework for generating controllable 3D building prototypes by graph and recurrent neural networks [D]. International Conference on Education and Research in Computer Aided Architectural Design in Europe, 2023: eCAADe; 2023. 431-440.

非规则自然材料的性能化设计与机器人建造方法研究
——以冥想椅为例

Performance-based Design and Robotic Fabrication Methods for Irregular Natural Materials: A Case Study of the Meditation Chair

江欣城[1] 高天轶[2] 余君望[1] 柴 华[1] 袁 烽[1]
1. 同济大学建筑与城市规划学院
2. 上海自主智能无人系统科学中心

摘 要：木材作为可再生资源，对缓解气候变化与可持续发展至关重要。然而，工程木材加工过程往往伴随高比例的资源浪费及自然特性的丧失。鉴于自然树木所展现出的卓越生物力学特性与高效的材料使用效率，直接以其不规则形态为设计基础，成为追求生态与功能和谐统一的新思路。本研究以冥想椅作为研究原型，融合拓扑优化算法与机器人建造技术，旨在探索不规则天然原木与工程木材相结合的高性能拓扑几何设计和高效机器人制造的有效创新方法，以实现不规则原木在小规模建筑设计应用中的巨大潜力。

关键词：自然材料；原木；拓扑优化；机器人建造；榫卯

1 引言

木材作为具备显著碳封存能力的可再生资源，在全球应对气候变化与推动可持续发展的过程中占据重要地位。然而，传统加工方式在将天然材料转化为工业材料时，往往导致资源浪费与自然特性的减损。鉴于自然树木所展现的高效生物力学特性与材料利用率，直接以其不规则形态为设计灵感，成为探索生态与功能平衡的新方向。但此类设计在形态复杂性、结构性能不确定性与自动化生成工艺方面面临挑战。

本研究在数字设计与智能建造技术的支持下，将结构拓扑优化算法与机器人制造技术相结合，致力于探索不规则天然原木与工程木材融合的高性能拓扑几何设计及高效机器人化制造方法。研究聚焦于计算性设计与机器人建造背景，以冥想椅作为设计与研究原型，深度挖掘不规则天然原木在现代设计领域的应用潜力，推动木结构性能化设计与建造技术的革新与发展。

2 研究背景

2.1 天然原木的数字化设计

天然树杈表现出高效的力学结构，其自然拓扑结构表现出优异的结构强度和材料效率。直接利用天然树杈不仅可以减少

国家重点研发计划“政府间国际科技创新合作 ”项目（2022YFE0141400）；上海市科学技术委员会“科技创新行动计划”社会发展科技攻关项目（21DZ1204500）。

因加工而产生的碳足迹[1]，还可以保留其固有的形状和表面纹理。

数字技术的进步突破了设计与结构计算分离的传统限制。Wood Chip Barn 项目利用树木的自然形状，将低价值的树枝部分转化为复杂而有价值的建筑组件，展示了机器人制造技术在非标准材料方面的潜力[2]。Geno 等人展示了从参数化设计到全原木结构支撑的机器人建造过程，使原木重建全尺寸结构成为可能[3]。Vestartas 等人利用数字化和自动化技术解决了原木不规则横截面、不均匀长度、弯曲等自然特性，这些技术提高了原木资源的利用率，为当地建筑提供了创新的解决方案[4]。

2.2　天然原木的机器人建造

木结构建造方式从传统的手工加工演变为精确、高效、智能的机器人建造。在第十三届数字未来暑期工作营（DigitalFUTURES 2023）中，柴华等人通过协同机器人建造技术，成功地将复杂形状的自然树杈材料应用于原木木塔的建造中，实现了其可持续利用[5]；Wood Chip Barn 项目展示了机器人建造技术在非标准材料预制方面的潜力，利用树木的自然形状，将低价值的树枝部分转化为复杂而有价值的建筑组件[2]。

基于上述先例，数字化设计与机器人建造技术的进步已经彻底改变了木结构建造工艺，推动木构实践向非标准化预制和可持续设计迈进。然而，天然木材与工程木材的深度融合与结合却鲜有人尝试，这一领域的研究尚处于起步阶段，蕴含着巨大的创新潜力和应用价值。

3　研究方法

本研究方法分为三部分，旨在改进不规则原木与工程木材结合的高效拓扑几何设计与机器人智能建造流程（图 1）。

（1）基于结构性能的设计：此阶段首先确定人体与冥想座椅间相互作用所涉及的载荷和约束条件。通过定义冥想坐姿与座椅表面之间的接触关系，采用双向渐进式拓扑优化算法（BESO）进行高性能生形设计，并与原木材料库中的几何分支相匹配，完成初步设计。

（2）材料驱动的节点性能评估：利用有限元分析（FEA）对不同节点进行评估

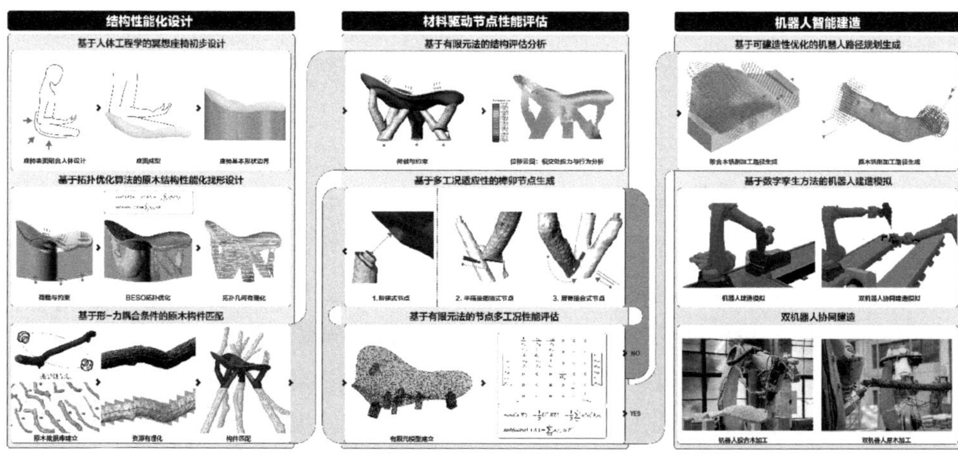

图 1　不规则原木与工程木材结合的高效拓扑几何设计与机器人智能建造流程图

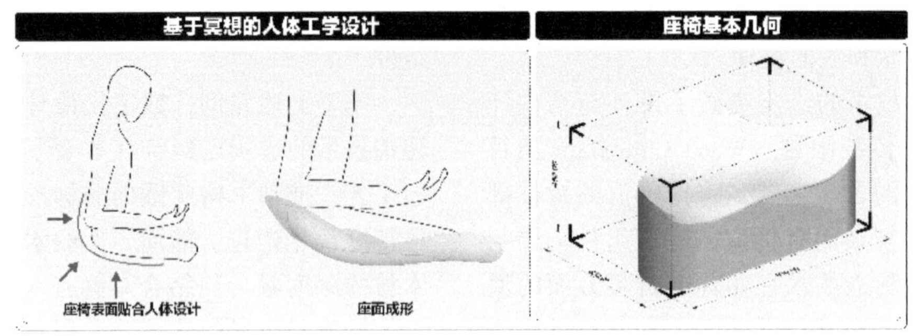

图 2　基于冥想坐姿的人体工程学设计与座椅表面形状

和验证，根据木材的材料特性定义其各向异性属性。确定连接处的接触行为，为施加位移载荷和固定端约束奠定基础。通过分析并比较节点受拉压应力与不同榫卯节点工艺的力学性能特性，匹配合适的节点连接方式。

（3）机器人智能建造：此步骤包括生成机器人加工路径与可建造性优化，利用数字孪生技术模拟加工过程，并优化机器人的轨迹和姿态以实现高效加工。

遵循此方法论，本文将基于天然木材特性的高效结构优势与工程木材的高自由度和高性能特性相结合，旨在探索不规则天然原木与工程木材的高性能拓扑几何设计相结合的精确、高效的机器人制造工作流程。

4　结构性能化设计

冥想椅，是为冥想者提供盘腿坐姿状态下的身体支撑和姿势引导而设计。设计通过抬高冥想者臀部尾椎骨处的骨架，以达到对腰部的承托，并帮助冥想者形成脊柱笔直的身体姿态，进而通过性能化设计方法与机器人智能建造，实现工程木材与天然原木的有机结合。图 2 展示了冥想椅的基本尺寸，其长度、宽度、高度分别为 680mm、970mm 和 220mm。

4.1　非规则原木信息采集与有理化

原木是一种拥有非规则拓扑形态与复杂肌理信息的天然材料。研究采用摄影测量法采集树枝的图片信息以重建三维网格模型并建立树枝材料库。摄影测量法通过环绕构件拍摄其图片，并通过算法生成三维网格模型，在毫米级精度的测量方法中具有高效率和低成本的优势。此外，该方法还能够附带原木表面的纹理贴图，为设计提供真实的视觉还原效果。

非规则原木的有理化是后续进行构件匹配的重要基础。自然原木形态具有极高的复杂性，因此需要对树枝的三维模型进行有理化处理。通过平切切面法切树枝三维网格模型，获得形心主轴的长度、形心主轴的分支夹角、截面拟合最大内切圆的半径，以得到构件长度、构件分叉夹角和构件截面尺寸的主要参数信息。

项目中的原木回收源于香樟树的树梢部分。在城市行道树修剪过程中，一部分直径较小、形状不规则的树枝被遗留在现场或即将被粉碎处理，在取得相关管理人员许可后，随机收集了 23 根原木构件，对每根构件编号处理后，通过上述介绍的信息采集方法和有理化方法重建原木的三维网格模型并建立树枝材料库（图 3），为

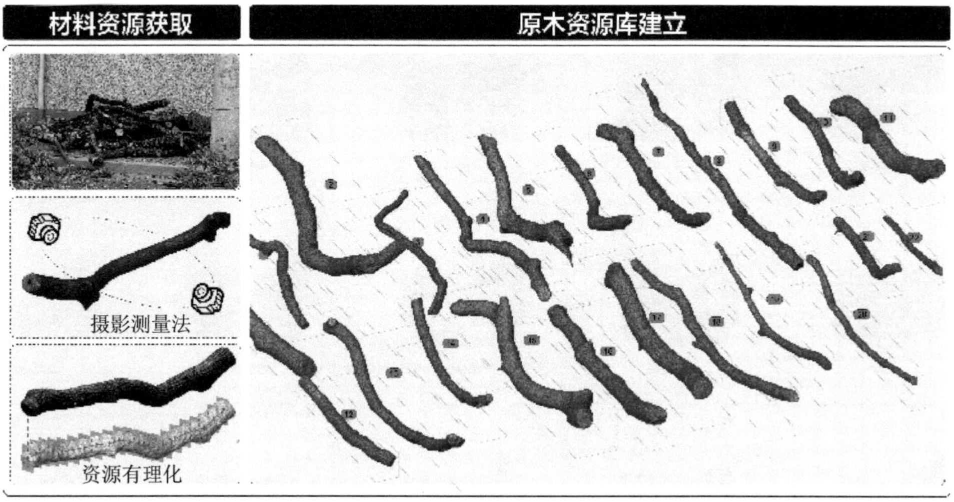

图 3 摄影测量法采集非规则原木的三维信息

后续的设计和加工提供了精确的数据支持。

4.2 拓扑优化找形

本研究采用基于 BESO（双向渐进式优化）拓扑优化算法进行冥想坐具的初始结构找形设计。

该有限元模型共划分为 200642 个网格元素，假定材料的杨氏模量为 800MPa，泊松比为 0.45。将座面部分设置为非设计域，设计域中的目标体积约束控制在 10%，拓扑优化演化比为 1%，滤波半径为网格尺寸的 3 倍，以确保最终能生成相对独立的构件而非连续的实体。在冥想者盘腿正坐时，身体与座面的接触区域主要分布于坐骨结节、双膝盖和腰部这四个区域。对这些接触区域施加平行于曲面法向量的均布荷载，同时将接触区域投影至地面，并设置为固定约束。

图 4 展示了从迭代步骤 1 到迭代步骤 200 的 BESO 双向渐进式拓扑优化过程中的典型步骤，经过 200 次迭代过程，生成最终优化后的拓扑结构。

4.3 基于形力耦合的构件匹配设计

研究通过综合评估原木的主要参数信息与拓扑结构的适配度进行构件匹配设计。首先，根据拓扑结构的截面尺寸与分叉角度筛选适合尺寸的原木构件；其次，以原木构件与拓扑结构的形心主轴相似度为目标，评估两者曲线的空间相似度；最后，如果没有适当分叉角度的原木构件，则通过两根原木构件组合的方式形成分叉结构。最终共匹配 6 根原木构件作为坐具的结构支撑部分（图 5）。

4.4 节点性能化设计

榫卯在连接原木构件和工程木材座面方面起着至关重要的作用。本研究中使用有限元分析评估连接交叉点的抗压性、抗拉拔性，并与适当的榫卯工艺相匹配（图 6）。本节介绍了三种类型的木木节点：梯式节点以其逐层递进的构造设计，有效分散了连接点处的应力集中现象，是受压型节点的良好选择；半搭接插销式节点同时兼顾牢固性与灵活性，半搭接插销式节点能够有效抵抗外部拉力，防止节点松动或脱落；肩榫结合式节点允许在固定一端节点后，通过简单的平移动作即可完成另一端的连接。在平移过程中，肩部的形状

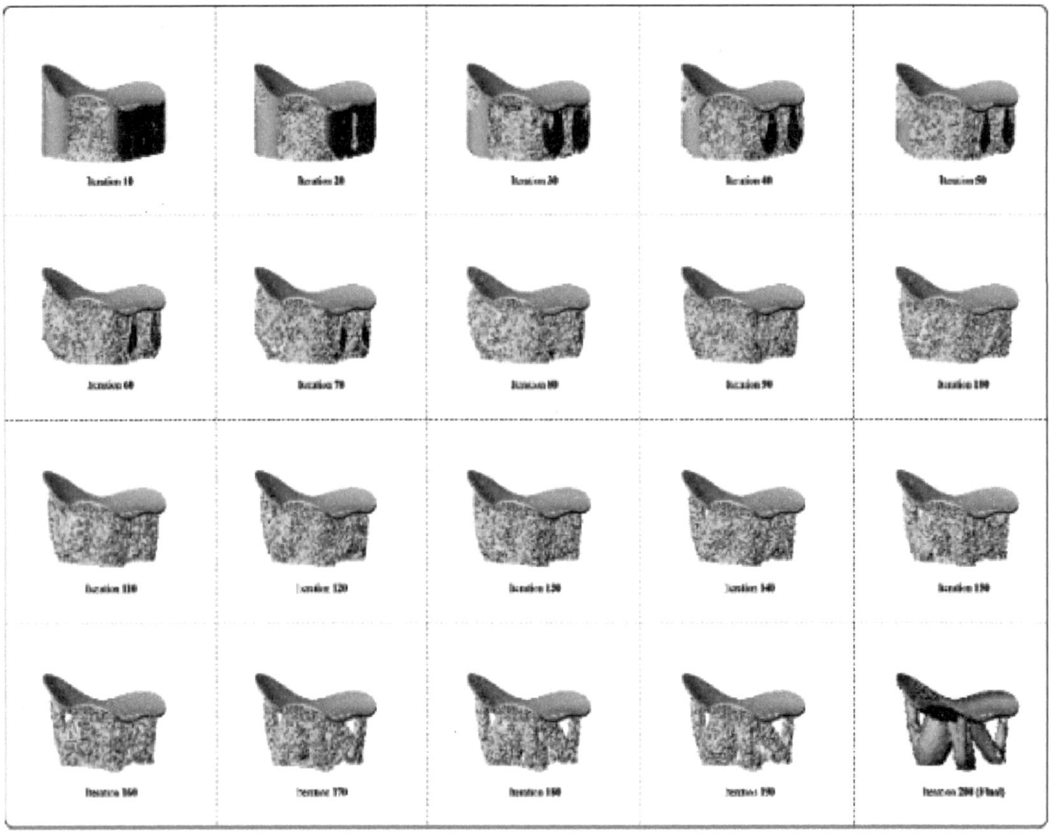

图 4　基于结构性能化设计的拓扑优化找形迭代

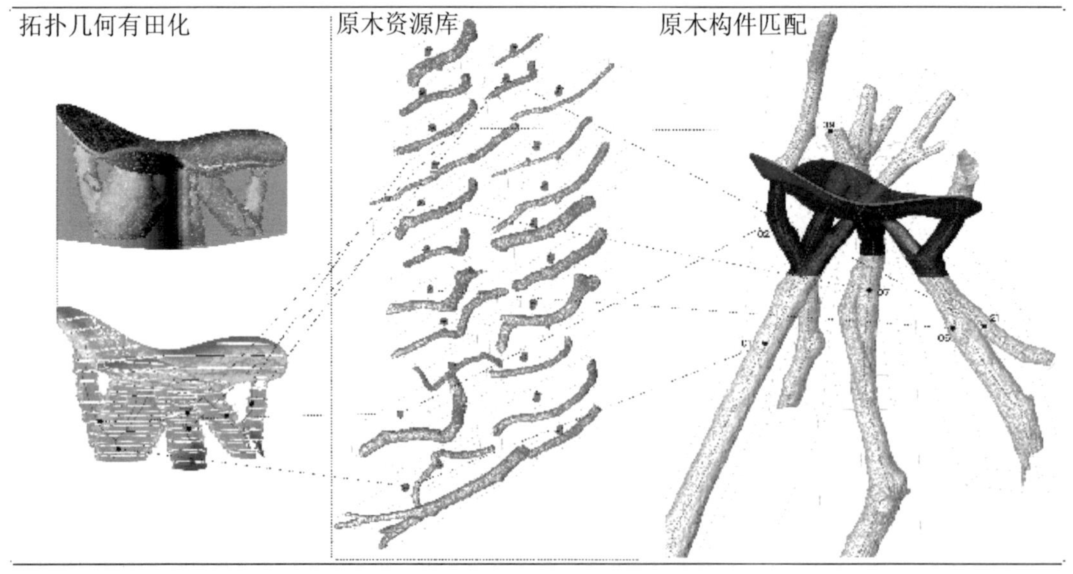

图 5　拓扑结构与非规则原木构件的形力匹配设计

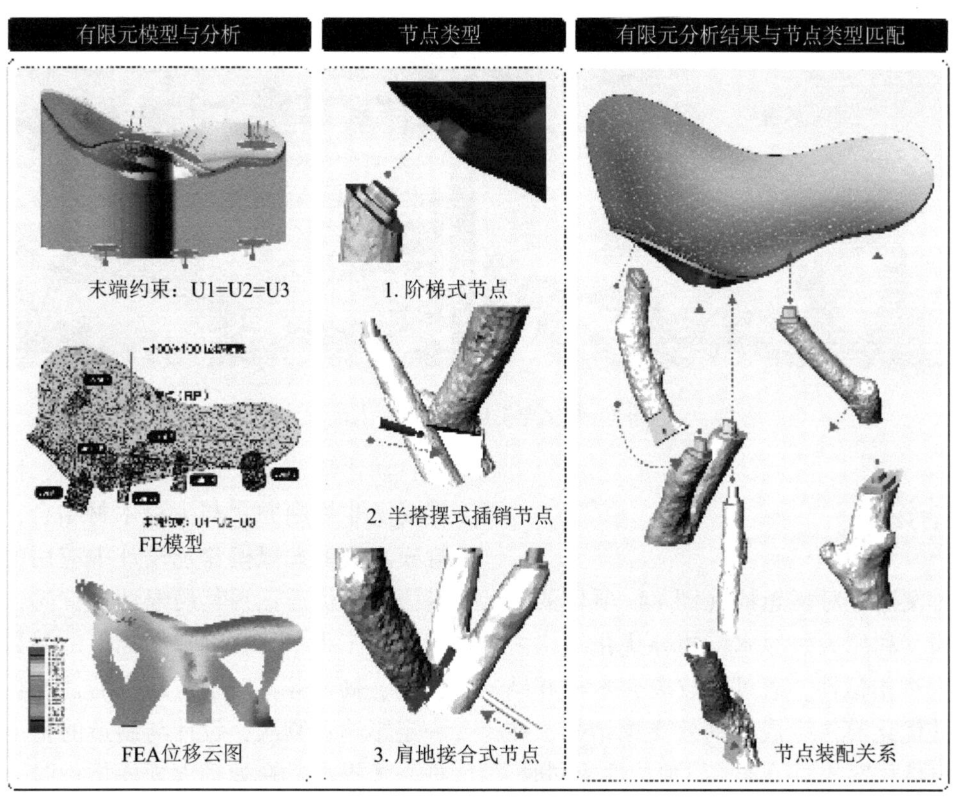

图 6　基于高性能化的榫卯节点设计

和角度会引导节点自动对准并插入，直至达到预定的连接深度。此时，节点间的紧密贴合与相互锁定便完成了整个连接过程，极大地简化了安装流程，提高了施工效率。

5　机器人智能建造

本研究实现了从设计生成到精确建造的高效工作流程。参数化自动规划路径方法基于待加工表面的几何参数及其等高线（图 7）。在表面上生成等高线，并以蛇形方式连接形成连续曲线，通过平分连续曲线可获得路径点，最后根据路径点和加工表面之间的几何关系得到的方向向量控制机器人铣刀（A6 轴）的工作方向。这些参数通过 FU Robot 机器人制造平台进行解析，该平台基于 Grasshopper 开发，专门用于建筑施工领域。该平台适用于各种类型的机器人，并能完成多种工艺的整合[6]，通过此工具进行算法解析后，可以生成 KUKA 机器人可识别的指令。

冥想椅的制造过程中，通过双机器人协同作业的方法，结合自制的可灵活抓取不规则材料的夹持装置，以及配备有多种木材加工工具的机器人末端执行器，其中 50mm 直径粗铣刀用于快速粗铣，16mm 直径球头铣刀用于精铣，18mm 直径平头铣刀用于节点开槽加工，255mm 直径圆锯用于原木快速切割。通过对不规则部件的智能识别与精确定位，成功完成了精细的榫卯节点加工（图 7）。

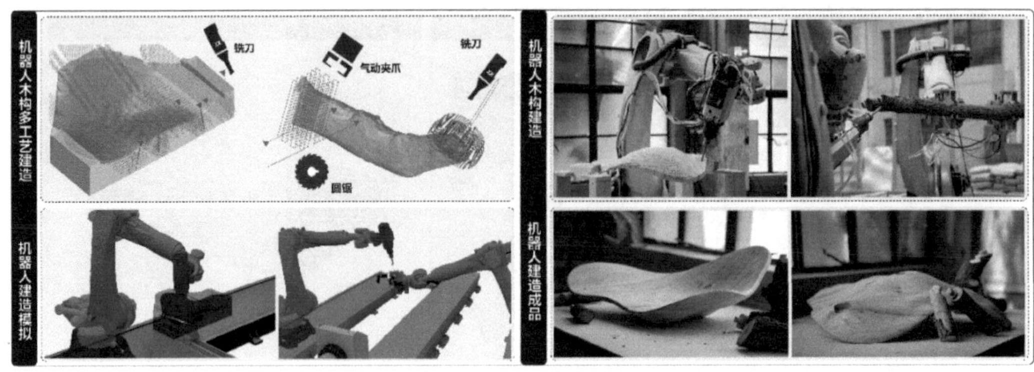

图7　数字孪生模拟与机器人建造

6　结论

本文通过对冥想椅（图8）项目的深入分析，利用天然原木与拓扑优化结构之间的天然相似性，通过回收废弃木材并结合拓扑优化算法生成的高效支撑结构，在保留自然材料的原始质感与独特性的同时，赋予其全新的价值，展现了计算性精确设计在现代设计领域的强大优势。通过有限元分析、拓扑优化等算法，在计算机上模拟榫卯的节点性能和力学行为，实现对设计方案的精确控制和优化；此外，该项目还展示了机器人木构建造技术在非标准构件灵活定制方面的巨大潜力。通过融人体工程学、拓扑优化、天然原木建构及机器人自动化建造于一体的创新方法，该实践展现了非规则原木与工程木材结合，在小规模乃至更大规模建筑设计中应用的无限潜力，但仍需正视其局限性：首先，天然木材与工程木材在物理性能上的差异，如强度、韧性等，对整体结构的性能构成了一定影响；其次，设计与制造的精度仍需进一步提高，在处理大规模构件时，加工误差的累积可能显著影响结构的最终表现。

后续将致力于深化对材料性能的研究，通过技术创新提升设计与制造的精度。同时也将积极推动非规则原木与工程木材结合技术的标准化进程，探索规模化生产的可行性，为未来可持续建筑材料的创新应用开辟新路径。

图8　冥想椅实物图

参考文献

[1] Searchinger T, Peng L, Waite R, et al. Wood is not the climate-friendly building material some claim it to be [EB/OL]. 2023-07-20/2024-05-28. https://www.wri.org/insights/mass-timber-wood-construction-climate-change.

[2] Devadass P, Dailami F, Mollica Z, et al. Robotic fabrication of non-standard material [C] // Proceedings of the 36th Annual Conference of the Association for Computer Aided Design in Architecture (ACADIA), 2016.

[3] Geno J, Goosse J, Van Nimwegen S, et al. Parametric design and robotic fabrication of whole timber reciprocal structures [J]. Automation in Construction, 2022, 138: 104198.

[4] Vestartas P, Weinand Y. Joinery solver for whole timber structures [A] // WCTE 2020, 2020.

[5] 柴华，周鑫杰，袁烽．自然材料建构 材料性能驱动的原木结构设计与机器人建造 [J]. 时代建筑，2023 (6): 132-137.

[6] Lu M, Zhu W R, Yuan P F. Toward a collaborative robotic platform: FUROBOT [M] //P F Yuan, M Xie, N Leach, et al. Architectural intelligence: selected papers from the 1st international conference on computational design and robotic fabrication (CDRF 2019). Singapore: Springer Nature, 2020:87-101.

基于AHP-熵值法的工业遗产改造类文化建筑设计策略研究

Research on the Design Strategy of Industrial Heritage Renovation Cultural Buildings Based on AHP Entropy Method

丁恩选[1]　刘　伟[1]　张志浩[1]　潘晨烨[1]
1. 长安大学建筑学院

摘　要：近年来城市建设转为存量优化，对旧有建筑改造再利用成了城市更新的主要措施之一。工业遗产是遗留下来的旧有建筑类型之一。本文将工业遗产改造类文化建筑设计要素进行量化，系统构建此类建筑的评价体系。层次分析法虽将定量与定性相结合，但其数据获取具有一定的主观性。故本研究引入熵值法，结合主客观要求取两者结果的算术平均值作为评价指标的综合权重，使得计算结果更加客观准确。案例选取西安半坡国际艺术区，经实地调研、问卷发放、软件计算等得出各项权重及分值并对结果进行分析，总结其问题所在。最后，从室外艺术打造、新旧元素和谐、创意功能置入及舒适氛围营造等方面提出工业遗产改造类文化建筑设计策略，以期为此类建筑设计方法提供参考。

关键词：工业遗产改造；文化建筑；AHP层次分析法；熵值法

1　引言

近些年来，我国逐渐步入后工业时代，对旧有建筑改造再利用成为城市更新的主要措施之一。工业遗产有着重要的历史意义和文化价值，应对其进行合理的保护利用，使其重新焕发活力。在国家战略转型中，文化产业的地位逐步提升，文化类建筑逐渐成为文化传播交流的载体，在推动城市发展中起到了重要作用。当下将文化功能与建筑空间相结合已成为工业遗产更新再利用的主流选择之一。工业遗产一般规模庞大且形式多样，文化功能与建筑空间结合良莠不齐，部分建筑出现了“存而不活”的情况。当下关于工业遗产改造类建筑设计的相关研究大多以定性研究为主，较少采用定量方法，在这一背景下，本文采用层次分析法与熵值法结合构建此类建筑的评价体系，通过数字公式及软件进行计算，得出各项权重值。以西安半坡国际艺术区为例，对其各项分值进行计算并总结其存在的问题，继而总结出此类建筑设计策略，以期更好地提升工业遗产改造类文化建筑的活力，为城市建设注入新的动力。

2　研究对象与方法

2.1　研究对象

半坡国际艺术区位于陕西省西安市，

陕西省哲学社会科学研究专项——以塑造公共文化艺术区为导向的陕西工业遗产建筑改造及再生设计研究（2022HZ1661）。

为原纺织城艺术区，处在唐华一印（原西北一印）的旧址上，隶属于纺织城综合发展区。紧邻绕城高速和地铁 1 号线/6 号线，东侧是纺织城西街。半坡国际艺术区中的建筑物与构筑物较多为“苏式”建筑风格，体型巨大，在逐渐发展的过程中与现代建筑相碰撞进而融合。场地内主体建筑时期为 20 世纪 50 年代，高度为两层，顶部开有锯齿形天窗，四个面均设置入口；其他建筑较为零散地分布在场地中的其他位置，部分未利用。

本次研究的对象选取面积最大的锯齿形厂房建筑，对其进行相应分析。厂房建筑及其中的设备构筑物已经不再具备原有的作用，工业时期遗留下来的设备当下作为展览构筑在建筑内部进行展出；建筑为开放的入口空间，与园区主入口广场紧邻（图 1）。内部空间以大开间和大面积天窗为主，通风好且交通便捷；但由于厂房面积较大，内部采光较差。顶部的锯齿形天窗是厂房的特色之一，有利于局部采光、特色空间的设计及工业艺术氛围营造（图 2），当下的功能以商业、教育、展览及创意工作室为主，分布较为零散，没有明确的分区。

2.2 研究方法

层次分析法（Analytic Hierarchy Process）由美国运筹学家托马斯·塞蒂（T. L. Saaty）正式提出。这是一种在处理多目标复杂问题时，融合定性和定量分析来计算并确定决策权重的研究手段。该方法首先将与决策相关的各个要素分为三个不同的层级，分别为目标层、准则层和方案层，从而构成一个逐级递进的层次结构。通过采用定性指标的模糊量化方法，计算出层次的单排序和整体排序，从而构建一个多指标、多

图 1 建筑位置及主入口现况

图 2 建筑内部及锯齿形天窗

方案的优化决策系统方法[1]。

熵值法是通过综合考虑各因素所携带的信息，计算得出一个综合指标的数学方法，熵是系统无序程度的度量。根据各评价指标向决策者传递的信息量确定权重，当评价对象的某项指标值存在较大差异时，熵值较小，说明该项指标包含的有效信息量较大，其权重也应较大；反之，若某项指标值相差较小，熵值较大，说明该指标有效信息量较小，其权重也应较小。熵值法作为一种客观的综合定权法，能真实反映空间活力评价指标所含的信息量[1]。

本文针对工业遗产改造类文化建筑研究，通过 AHP 与熵值法组合计算的方式得出权重，以解决个人主观判断影响量化准确性的问题，进而得出更加合理的工业遗产改造类文化建筑评价方法，为此类建筑提供更具数理化特征的研究方式。

2.3 评价指标构建

工业遗产改造类文化建筑评价指标体系分为三个层次结构。第一层是目标层 A，以工业遗产改造类文化建筑评价为总目标。第二层为准则层 B，根据此类建筑特征划分为 B1 历史价值、B2 外部场地、B3 室内环境、B4 文化艺术、B5 功能需求。第三层是针对各准则层指标细化的方案层 C，共划分为 20 个子指标。由此建立工业遗产改造类文化建筑评价指标体系（图 3）。

2.4 问卷设计

本文中的问卷分为 AHP 专家打分问卷及熵值法问卷两个部分。AHP 问卷邀请行业专家 10 人填写相关问卷，其中教授 3 人、副教授 4 人、高级工程师 3 人，问卷运用 1~9 标度方法将同层次的指标进行两两比较，得出两个比较指标之间相对于上一层次某个准则的重要程度（表 1）。

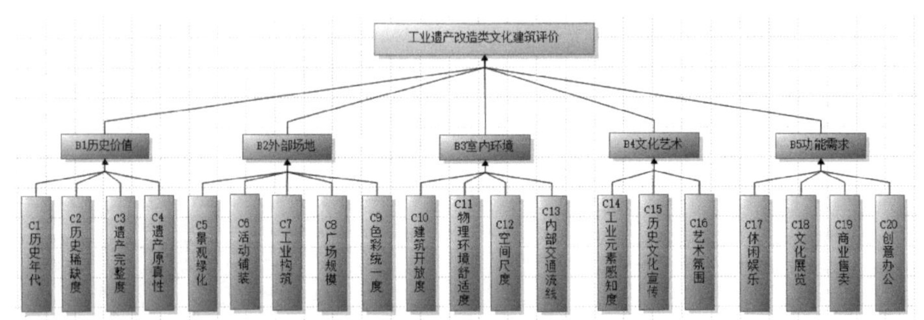

图 3 工业遗产改造类文化建筑评价指标体系

表 1 1~9 标度法

重要性标度	含义
1	表示元素 i 与 j 相比，具有同等重要性
2	表示元素 i 与 j 相比，前者比后者稍重要
3	表示元素 i 与 j 相比，前者比后者明显重要
4	表示元素 i 与 j 相比，前者比后者强烈重要
5	表示元素 i 与 j 相比，前者比后者极端重要
2，4，6，8	表示上述判断的中间值
倒数	若元素 i 与 j 比较为 B，则元素 j 与 i 比较为 $B_{ij}=1/B_{ij}$

熵值法计算中采用里克特五级量表法，即“5、4、3、2、1”，分别对应“非常重要、比较重要、一般重要、比较不重要、非常不重要”，邀请行业专家 32 人进行问卷填写，最后经过计算得出各项权重。

3 数据统计与分析

3.1 AHP-熵值法组合权重

3.1.1 AHP 层次分析法

主观权重值运用 AHP 层次分析法，对指标层因素进行权重计算，AHP 的具体计算过程如下。

首先，构建判断矩阵。判断矩阵用来对某一特定准则下的所有相关指标因素进行逐一对比。本次研究中采用九级量表构建判断矩阵，通过 1～9 的比例标度对各项指标进行分别比较，首先确定该矩阵的最大特征值 λ_{max} 与对应的特征向量 w_i，再对其进行标准化处理，从而获得影响因素的权重，构建判断矩阵 A：

$$A=\begin{Bmatrix} a_{11} & a_{12} & \cdots & a_{1n} \\ a_{21} & a_{22} & \cdots & a_{2n} \\ \vdots & \vdots & \vdots & \vdots \\ a_{x1} & a_{x2} & \cdots & a_{xn} \end{Bmatrix}$$

其次，进行一致性检验。对构造出的判断矩阵作一致性检验：

$$CI=\frac{\lambda_{max}-n}{n-1}$$

$$CR=\frac{CI}{RI}$$

公式中 CI 为一致性指标；λ_{max} 为矩阵最大特征值；n 为矩阵的阶数；CR 为一致性比例；RI 为平均随机一致性指标。当 $CR<0.10$ 时，则判断该矩阵通过一致性检验，否则需要重新对矩阵进行调整[2]。通过计算的结果可得知，判断矩阵的一致性评价满足 CR 值小于 0.1，通过一致性检验，示意计算所得权重具有一致性[3]。

本文将 10 份专家打分数据导入 Yaahp 软件进行计算，并对其进行一致性检验，发现均通过一致性检验，表示问卷具有有效性。将十份问卷的计算结果进行整合并求取其各项平均值作为层次分析法最终权重值 w_1，如表 2 所示。

表 2 C 项层次分析法权重计算

名称	权重	名称	权重
C1 历史年代	0.0296	C11 物理环境舒适度	0.0544
C2 历史稀缺度	0.1073	C12 空间尺度	0.0384
C3 遗产完整度	0.1184	C13 内部交通流线	0.0528
C4 遗产原真性	0.1147	C14 工业元素感知度	0.0646
C5 景观绿化	0.019	C15 历史文化宣传	0.0494
C6 活动铺装	0.012	C16 艺术氛围	0.076
C7 工业构筑	0.031	C17 休闲娱乐	0.0432
C8 广场规模	0.018	C18 文化展览	0.0846
C9 色彩统一度	0.02	C19 商业售卖	0.027
C10 建筑开放度	0.0144	C20 创意办公	0.0252

3.1.2 熵值法

客观权重值运用熵值法，对表 1 中指标说明进行权重计算，熵值法的具体计算过程如下。

首先，建立 n 个样本，m 个评价因素的判断矩阵 $R=(x_{ij})_{nm}$（$i=1, 2, \cdots, m$；$j=1, 2, \cdots, n$）。其次，将判断矩阵归一化处理，得到归一化判断矩阵 $k=(k_{ij})_{nm}$[4]：

$$y_{ij}=\frac{x_{ij}-x_{min}}{x_{max}-x_{min}}$$

公式中 y_{ij} 为矩阵 y 中第 i 行第 j 列的元素；x_{ij} 为第 i 个样本第 j 个评估指标测度值；x_{min} 为同一指标下不同样本中的最小

值；x_{max} 为同一指标下不同样本中的最大值。最后，计算第 j 个指标的熵值和熵权权重[4]：

$$e_j = -\left(\frac{1}{\ln n}\right)\sum_{i=1}^{n} p_{ij}\ln(p_{ij})$$

$$p_{ij} = \frac{y_{ij}}{\sum_{n=1}^{n} y_{ij}}$$

$$w_j = \frac{1 - e_j}{\sum_{j=1}^{m} 1 - e_j}$$

公式中 e_j 为指标的熵值；p_{ij} 为矩阵的第 i 行第 j 列元素所占综合比重；w_j 为指标的熵权权重[4]。由此得出方案层各要素指标在目标中的熵权法权重值 w_2（表 3）。

3.1.3 组合权重

使用 AHP 和熵权法进行组合权重，在一定范围内控制主观随机性，体现综合赋权的公正。这种方法将主客观结合在一起，使评价结果更加真实、科学、可信。本文取二者的平均值作为最终的组合权重 w，以弥补单一赋权带来的不足。组合权重数值如表 4 所示。

由此得出 B 项最终权重如表 5 所示。通过分析可得出对工业遗产改造类文化建筑影响最大的是其本身的历史价值，其次是室内环境；文化艺术与功能需求同等重要，外部场地虽权重较低但在设计时也应予以关注。

表 3　C 项熵值法权重计算

名称	权重	名称	权重
C1 历史年代	0.0154	C11 物理环境舒适度	0.06
C2 历史稀缺度	0.0319	C12 空间尺度	0.085
C3 遗产完整度	0.0363	C13 内部交通流线	0.0525
C4 遗产原真性	0.0264	C14 工业元素感知度	0.0532
C5 景观绿化	0.02	C15 历史文化宣传	0.0722
C6 活动铺装	0.015	C16 艺术氛围	0.0646
C7 工业构筑	0.11	C17 休闲娱乐	0.066
C8 广场规模	0.0175	C18 文化展览	0.082
C9 色彩统一度	0.0875	C19 商业售卖	0.03
C10 建筑开放度	0.0525	C20 创意办公	0.022

表 4　C 项因素 AHP-熵值法组合权重计算

名称	权重	名称	权重
C1 历史年代	0.0225	C11 物理环境舒适度	0.0572
C2 历史稀缺度	0.0696	C12 空间尺度	0.0617
C3 遗产完整度	0.0774	C13 内部交通流线	0.0527
C4 遗产原真性	0.0706	C14 工业元素感知度	0.0589
C5 景观绿化	0.0195	C15 历史文化宣传	0.0608
C6 活动铺装	0.0135	C16 艺术氛围	0.0703
C7 工业构筑	0.0705	C17 休闲娱乐	0.0546
C8 广场规模	0.0178	C18 文化展览	0.0833
C9 色彩统一度	0.0538	C19 商业售卖	0.0285
C10 建筑开放度	0.0335	C20 创意办公	0.0236

表 5　B 项因素 AHP–熵值法组合权重计算

名称	权重
B1 历史价值	0.24
B2 外部场地	0.18
B3 室内环境	0.20
B4 文化艺术	0.19
B5 功能需求	0.19

3.2 半坡艺术区文化建筑各项分值计算与分析

对于半坡艺术区内文化建筑进行问卷设计时采用五量表法（表 6），根据研究对象的特征，将评价尺度设置为 5 级，以 100 为最高分，以 20 为最低分。

表 6　问卷评价尺度设置

评价尺度	很差	差	一般	好	很好
得分	20	40	60	80	100

本次共发放 100 份问卷，有效问卷 96 份，取所有有效问卷各项打分平均值作为最终分值，所得各项分值如表 7 所示。

由计算结果可看出，半坡国际艺术区主体文化建筑历史价值较高，但其功能与文化艺术无法满足游客的观赏需求，应在建筑内增设展览空间，宣传场地工业历史文化，为建筑提供文化活动功能；可适当提高休闲娱乐功能，增设书店、咖啡厅等可供游客互动及休憩功能的空间；丰富商业售卖种类，如半坡主题纪念品售卖功能。由于建筑原为纺织功能，空间较为宽敞且尺度较大，在设计时应对空间进行适宜的划分，如利用锯齿天窗空间形成独特的建筑半开放空间，丰富空间层次；也应注意内部物理空间舒适度，可在天窗开设洞口以满足内部的通风及采光需求。

外部场地的设计中应注意工业氛围的营造，入口广场中有工业时期遗留的火车头、纺织机等景观，可结合工业构筑进行景观及室外活动空间的设计，地面需选择利于人活动的材质。色彩的选取上以工业风格的灰色、红砖色等低饱和色调为主，与周边形成统一的氛围。

表 7　半坡艺术区主体文化建筑各项得分加权计算

名称	得分	名称	得分
A 总分值	54.51	C8 广场规模	1.60
B1 历史价值	14.97	C9 色彩统一度	3.05
B2 外部场地	10.49	C10 建筑开放度	2.23
B3 室内环境	10.87	C11 物理环境舒适度	2.86
B4 文化艺术	9.3	C12 空间尺度	3.50
B5 功能需求	8.88	C13 内部交通流线	2.28
C1 历史年代	1.35	C14 工业元素感知度	3.73
C2 历史稀缺度	3.25	C15 历史文化宣传	1.82
C3 遗产完整度	5.67	C16 艺术氛围	3.75
C4 遗产原真性	4.70	C17 休闲娱乐	2.18
C5 景观绿化	0.98	C18 文化展览	2.50
C6 活动铺装	0.54	C19 商业售卖	2.00
C7 工业构筑	4.23	C20 创意办公	2.20

4 工业遗产改造类文化建筑设计策略

4.1 室外艺术打造

在工业遗产改造类文化建筑项目中，总平面构图的规划尤为关键，需平衡历史文化的保留与现代元素的融入。设计过程需深入挖掘工业遗产的历史文化特色及其在城市肌理中的作用，巧妙利用遗留的构筑物如老厂房、烟囱、铁轨等作为设计元素，对其进行转换，实现新旧交融的和谐之美。建筑外部广场空间的设计，需强化工业遗产与公众互动。如利用废旧机械部件创作的雕塑艺术品、互动光影装置，或是基于工业主题的公共艺术展览，活化场所记忆，为游客提供独特的文化体验。

4.2 新旧元素和谐

建筑的外形设计上，应保留原有的工业痕迹，如暴露的砖石结构、钢铁构架等，重新融入建筑的外观设计中，形成鲜明的工业美学特征。例如，利用旧有的烟囱作为视觉焦点，或是在新建部分采用类似旧厂房的长窗设计，增强建筑的识别度。或是在建筑之间设置有序列感的连廊、步道，引导人们在行走间体验到空间的过渡与历史的层次，丰富游览体验。色彩选择上，倾向于低饱和度且不突兀的色调，与旧有工业设施的锈蚀质感相得益彰，营造出一种沉稳内敛、和谐统一的氛围[5]。

4.3 创意功能置入

在工业遗产改造类文化建筑的内部设计旨在为访客提供一个体验工业历史韵味的多元化场所。规划中需巧妙融合工业遗存的特色与现代设计理念，通过设计不同尺度的空间，为各类活动的举办提供灵活多变的舞台。如利用原有的高耸天花板创建开放式的阅读区，或是在宽敞的车间内设置咖啡厅，保留并展示原有的机械部件作为装饰。不同尺度的空间设计，从私密的讨论角落到容纳多人的公共活动区，满足从个人冥想到集体交流的各种需求。利用原有的大尺度空间，增设如艺术展厅、小型剧场、创意工坊等不同功能，构建一个功能复合的系统，让访客有机会近距离接触和参与多样化的文化活动，促进知识传播、艺术欣赏与创意激发，为工业遗产注入新的生命活力[6]。

4.4 舒适氛围营造

在工业遗产改造为文化建筑的过程中，确保内部空间的舒适度是至关重要的。建筑内部空间的尺度设计应遵循人体工程学原理，确保人在其中的活动自由舒适。如展览区的高度与宽度应考虑展品的尺寸及观众的观赏距离；休息区则应提供足够的私人领域感。物理环境的舒适也十分重要，利用表皮设计改善自然采光，既引入柔和的自然光线，又避免直射光对展品或观众造成伤害，同时也能增强空间氛围，提升展览效果；在改造中，需要采取吸声材料和隔声措施，减少外部噪声干扰，保证室内声音清晰，这对于讲座、演出等文化活动尤为重要；还可以选用低反射率的展示墙面材料减少眩光，设置舒适的座椅和休息区，以及合理安排导视系统。

5 总结

在城市产业结构转型中，大量城市工业建筑因企业搬迁而废弃，若将其大量闲置或拆除必将导致巨大浪费[7]。因此，工业遗产的活化利用成了必然选择。将其改造为文化建筑既可以提高场地活力，又可以为城市文化的发展作出贡献。本文以西安半坡国际艺术区中的工业遗产改造类文化建筑为例，采用 AHP-熵值法建立评价体系，得出其各项分值并分析现况存在的问题，提出相应改造方式，最后从四个方面提出活化提升策略，以期为工业遗产改造类文化建筑的活化设计提供参考[8]。

参考文献

[1] 何文宏，赵乾卉．基于熵权法（AHP）的城市特色文化街区空间活力评价研究：以合肥市为例［J］．吉林艺术学院学报，2024（1）：64-72.

[2] 张羽，骆云中，谢德体，等．基于 AHP 的农业主题公园综合评价：以川东低山丘陵区 17 个农业主题公园为例［J］．西南大学学报（自然科学版），2019，41（5）：96-103.

[3] 岳红岩．基于 AHP 的西咸新区半干旱地区雨水利用效益模糊综合评价［J］．水资源开发与管理，2021（2）：31-40，46.

[4] 曾小康，冯阳，赖文庆，等．基于 AHP-熵权法的城市燃气管道风险评价［J］．中国安全生产科学技术，2021，17（5）：130-135.

[5] 赵浩越．旅游开发下老工业区文创产业植入问题的研究：以西安半坡国际艺术园区为例［J］．城市建筑，2021，18（21）：25-27.

[6] 张驰，范桂芳，墨靖宸，等．城市旧工业建筑再利用策划研究：以包头市东河区为例［J］．城市建筑，2019，16（25）：95-97.

[7] 刘子珺．城市更新背景下的工业建筑遗产活化利用研究［D］．山东工艺美术学院，2022.

[8] 陈晓蕾．文化导向的工业遗产改造研究［D］．南京林业大学，2021.

基于参数化设计与结构性能的异规双曲面壳体生形优化研究

Research on Form-finding Optimization of Irregular Shells Based on Parametric Design and Mechanical Properties

张枢健[1]
1. 山西工程科技职业大学

摘　要：在数字化技术推动下，建筑形态与结构设计间的断裂问题凸显，导致建筑设计易陷入形式主义误区，造成资源浪费。本文采用参数化设计与结构分析协同的方法，探讨建筑形态与力学性能的动态平衡。以异规双曲面壳体为例，提出一套响应形态变化且遵循力学法则的生形优化法；通过优化壳体厚度、几何开洞及腔体构造，构建力与形的协同机制；依据结构性能数据调整壳体厚度，避开应力薄弱区布置几何开洞，并利用腔体构造“补丁”策略以加强局部。该方法实现了壳体结构性能与形态创新的和谐统一，显著提升了结构效能。量化实验验证了其有效性，为复杂异规双曲面壳体的建造提供了坚实理论与实践基础。

关键词：双曲面壳体；参数化设计；结构性能；生形优化

1　引言

随着建筑艺术边界的不断拓展与技术的日新月异，异形非线性建筑以其独特的形态语言与复杂的结构体系，已成为当代建筑领域探索与创新的焦点。这类建筑形态的高度创新性往往伴随着结构性能评估与优化的迫切需求，二者之间的张力日益显著[1]。在此背景下，数字化技术的崛起，正以一股强大的驱动力深刻改变着建筑设计的理念、方法与实践路径，引领建筑数字化进入一个前所未有的繁荣时期。在此背景下，如何通过先进的计算性智能设计策略，实现建筑形态创新与结构性能优化之间的深度融合，成为当前建筑科学亟待解决的关键问题[2]。具体而言，需构建一套能够将结构性能参数内嵌于形态设计过程中的设计方法，促进建筑形态与结构设计的协同进化，打破传统学科界限，实现形态美学与结构理性的高度统一与和谐共生。

壳体结构，作为自然界与工程技术的智慧结晶，其卓越的受力性能与形态美学在建筑领域具有不可估量的价值[3]。本研究聚焦于异规双曲面壳体结构，将其研究范畴从传统的单层结构拓展至双层结构领域，旨在深入探究双层壳体结构在增强稳定性、提升环境适应性方面的潜力与优势。纵向厚度的增加为壳体法向应力的调控提供了新的可能性，不同厚度分布对壳体整体力学性能具有显著影响；双层壳体腔体构造为结构性能的优化提供了丰富的结构层次；双层壳体通过整体结构与内部腔体构造的协同作用，可以实现结构稳定性与刚度的显著提升[4]。

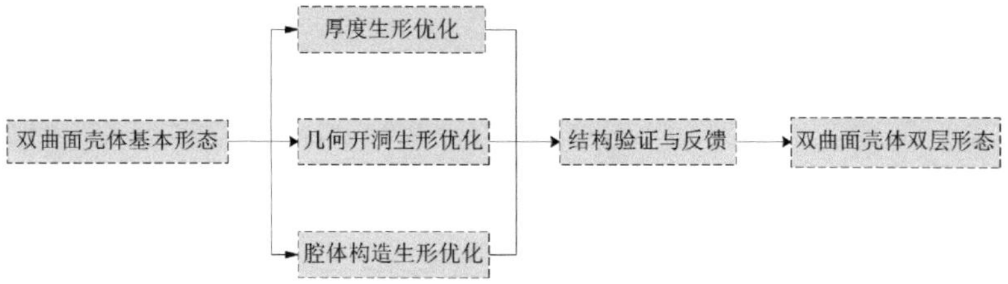

图 1　双曲面壳体生形优化设计策略

2　生形优化设计策略

“双层复合”异规双曲面壳体的生形优化是在单层壳体的形态基础上，借助数字化平台工具，在理性的力学法则约束下，对异规双曲面壳体结构进行精细化优化，以增强其空间适应性与结构稳定性。生形优化过程采用参数化方法与结构分析方法，共同驱动双曲面壳体的生形优化，包括厚度生形优化、几何开洞生形优化及腔体构造生形优化三个方面的设计策略（图 1）。

（1）双曲面壳体的厚度生形优化。壳体在法向量方向上厚度的增加为其提供了新的设计维度，曲面各点应力分布的非均匀性要求材料分配与之相适应，通过有限元结构分析软件获得曲面各点结构性能，对异规双曲面壳体的法向量厚度进行差异化设计，确保厚度变化能够精准响应壳体的力学特性，避免材料浪费并提升结构效率。

（2）双曲面壳体的几何开洞生形优化。基于力学性能分析，识别出结构性能较为优越的区域，并理论上设定这些区域厚度为零，即形成几何开洞。通过结构有限元分析，确定合理开洞的位置与尺寸，确保开洞设计既满足美学需求又符合力学原理，实现几何开洞形态受到壳体力学特性的理性约束。

（3）双曲面壳体腔体构造生形优化。通过设计局部腔体间的构造措施，以“补丁”形式对壳体结构进行局部加强。利用参数化设计与力学分析相结合的方法，在遵循数学算法逻辑的同时，严格遵循力学约束条件[5]。通过将结构性能数据转化为内部构造密度分布、层数分布及聚散分布等多样化形式的变量，生成既符合数学规律又满足力学要求的内部构造形式，从而全面提升壳体的结构性能。

综上所述，异规双曲面壳体的生形优化策略紧密围绕双层壳体的独特特性，以壳体力学性能为基础，将结构数据转化为壳体厚度、几何开洞及腔体构造分布等形态变化的参数。通过参数化设计与力学分析法的协同作用，实现力与形的数字整合与动态调控[5]。在数字化平台上，这一策略不仅建立了力与形之间紧密的对应关系与互动逻辑，还成功地将单层壳体逐步转化为双层复合壳体，显著提升了结构的稳定性与力学性能，实现了形式自由与力学合理的平衡。

3　模拟实验验证

在深化设计双曲面壳体的过程中，要充分融合建筑流线与功能需求的考量。为确保建筑内部空间的流畅性，实验假设在壳体底部设计部分开放边界，以顺应并引导人流与物流的顺畅通行；为满足遮蔽风雨的功能需求，壳体的顶部设计为部分封闭结构，内部空间提供有效的保护。基于

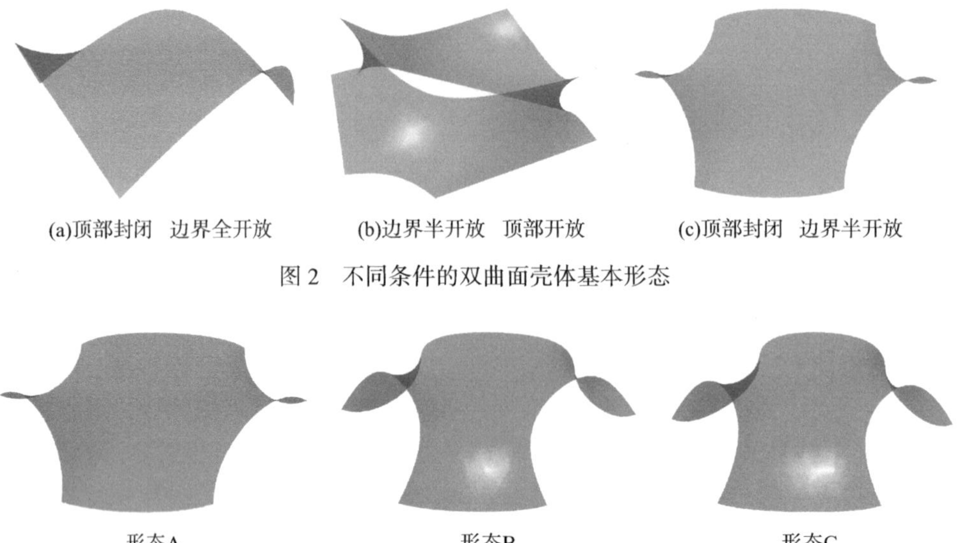

(a)顶部封闭　边界全开放　　(b)边界半开放　顶部开放　　(c)顶部封闭　边界半开放

图 2　不同条件的双曲面壳体基本形态

形态A　　形态B　　形态C

图 3　双曲面壳体的形态微调

上述双重考量，建筑师根据壳体的整体尺寸、部分开放与封边边界大小、位置以及对应部分的高度等进行判断筛选，选定形态 C 作为后续深化设计的基础（图 2、图 3）。

3.1　双曲面壳体厚度的建立与微调

壳体厚度的建立与微调采用参数化建模技术，通过定义双层控制点之间的拓扑关系，实现对壳体结构的精细化调控。进而根据力学性能的计算结果，动态调整各控制点的位置，建立距离参数与力学性能之间的映射关系，使得控制点的移动距离受到各点力学性能的理性约束。

3.1.1　基本形态的力学分析

将基本形态的双曲面薄壳导入结构计算软件 ABAQUS 中，通过设定合理的材料属性、边界条件及荷载工况，获得单层曲面各控制点的应力分布数据，并将其以应力云图的形式可视化呈现。通过有限元软件 Abaqus 将每一个控制点的 *X*、*Y*、*Z* 坐标数值、应力大小导出为 Excel 表格形式。如表 1 所示，详细记录自由曲面上每一个控制点的相关信息，包括其空间位置坐标和应力值。

3.1.2　性能化厚度生形

在 Grasshopper 中建立数据处理电池组，用于接收并分析上述力学分析获得的各控制点的等效应力值及其空间坐标等关键数据，并将其作为 Grasshopper 参数化设计平台的输入，实现结构数据的读取、处

表 1　双曲面壳体控制点结构数据表

Nodel	*X*	*Y*	*Z*	S-Mises
1	52. 3653	35. 1625	4. 31715	2. 50E+06
2	51. 089	36. 3857	4. 33119	1. 94E+06
3	49. 8574	35. 6598	4. 32554	2. 18E+06
…	…	…	…	…

理和映射（图4）。具体而言，将等效应力值作为控制点移动距离的依据，将力学性能数据直接转化为壳体厚度的调整参数，构建数学模型与厚度映射之间的关系。在映射过程中，确保映射关系一致性，即当某控制点所在区域的应力较大时，映射函数会自动增加其对应厚度，以增强该区域的承载能力；相反，当应力较小时，则适当减小厚度调整量，以优化材料使用效率。最终，经过Grasshopper参数化设计平台的处理，得到优化后的壳体厚度分布。从图5可以清晰地看到，壳体的厚度在不同区域呈现出了差异化的变化，这种变化既符合力学性能的需求，又赋予壳体独特的形态美感。

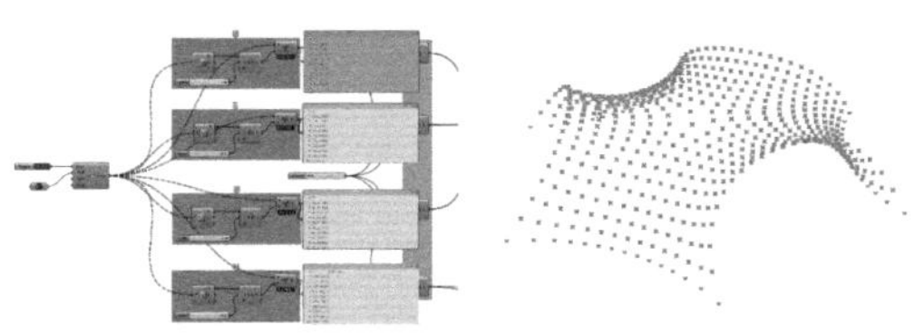

图4 结构数据的导入

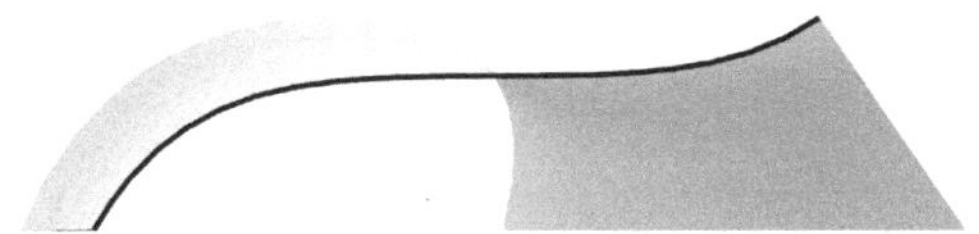

(a) 均质厚度变化形态剖面

(b) 基于力学性能的形态剖面

图5 均匀厚度与性能化厚度生形剖面对比

3.1.3 结构比选与验证

根据设计需求和结构性能要求，调整截面变化，形成不同结构截面的方案进行比选，综合考虑结构的整体刚度、局部应力分布、材料利用效率以及制造成本等，筛选出若干符合基本要求的候选方案[6]。同时，将上述响应数学法则与力学法则生成的壳体导入到结构计算软件中，设定实验材料（厚度、泊松比、弹性模量等）、施加荷载大小、方式、位置等基本条件，与基本形态分析过程中保持一致，通过软件计算，结合等效应力、变形位移值、最大拉应力、压应力等关键结构指标，从多个方案中挑选出性能最优、最符合实际需求的双层壳体厚度设计方案。

从数值关系上（表2），比较10cm均匀厚度、30cm均匀厚度及10～30cm变化厚度的双层壳体等效压应力、拉应力、压应力、变形位移峰值大小，可以得出：性能化生形截面厚度10～30cm变化与30cm均匀厚度双层壳体各峰值相近，远远优于10cm均匀厚度双层壳体，可以得出双层壳体厚度分配响应结构力学法则。

3.2 双曲面壳体几何开洞的建立与微调

3.2.1 双层壳体的力学分析

将获得的厚度变化的壳体结构导入ABAQUS结构计算软件，并对其结构性能进行分析（图6），结果显示，拉应力与压应力在壳体的角部及中部区域显著集中，而等效应力则主要聚焦于角部。基于此，

表2 不同厚度壳体结构数据对比

截面情况	等效应力峰值/Pa	拉应力峰值/Pa	压应力峰值/Pa	变形位移峰值/m
10cm 厚度	7.321×10^7	7.289×10^7	8.447×10^7	0.2590
30cm 厚度	2.865×10^7	2.338×10^7	3.059×10^7	0.1093
10～30cm 变化厚度	2.939×10^7	2.911×10^7	2.833×10^7	0.1101

图 6　双层壳体的应力分析

在开洞位置的选择上，我们采取谨慎策略，力求避开这些高应力区域；若实在无法避免，则通过减小开洞尺寸来减轻对结构的影响。

3.2.2　性能化几何开洞生形

基于力学分析结果，根据应力分布云图，规避应力集中区域，确定既符合力学法则又能最小化对结构性能产生影响的开洞范围（图 7）。随后，选择合理的肌理形式，并通过数学法则将其抽象化，建立参数化模型。筛选适合开洞区域，确定开洞的具体位置和数量，并以各单元距应力中心点的距离作为参数变量，对开洞大小进行微调（图 8）。

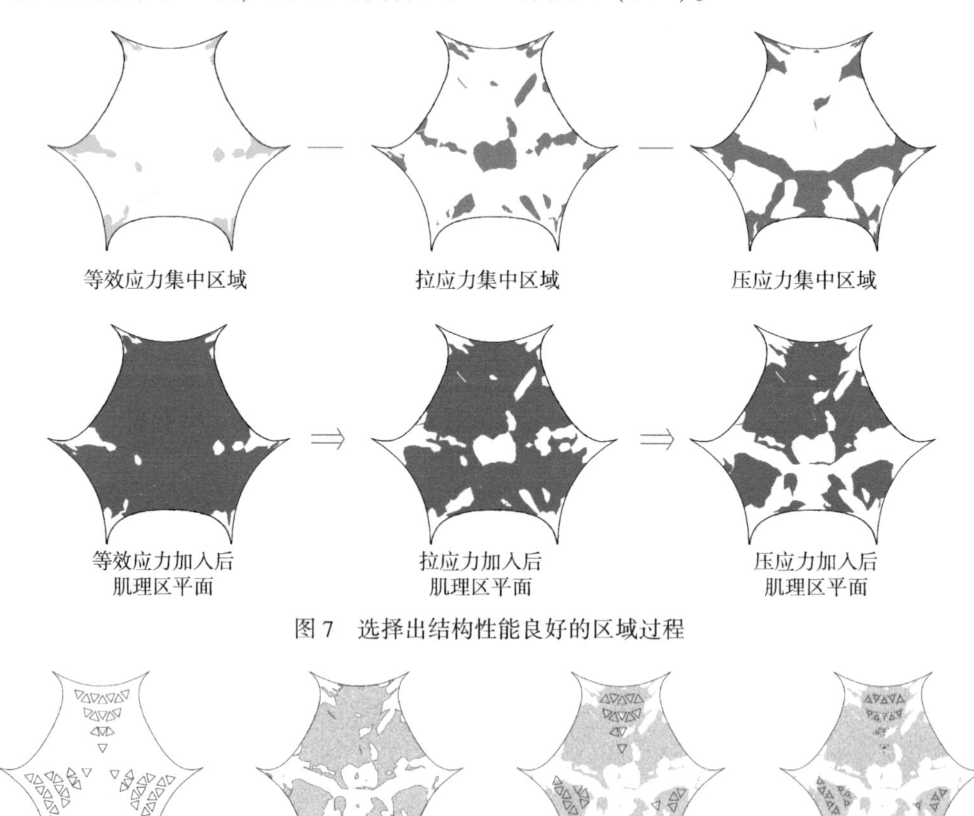

图 7　选择出结构性能良好的区域过程

(a)选择理想开洞区域　(b)确定可开洞轮廓　(c)基于结构微调数量　(d)基于结构微调大小

图 8　肌理微调过程

表3 开洞前后壳体结构数据对比

截面情况	等效应力峰值/Pa	拉应力峰值/Pa	压应力峰值/Pa	变形位移峰值/m
开洞前	2.939×10^7	2.911×10^7	2.833×10^7	0.1101
开洞后	2.561×10^7	2.160×10^7	2.782×10^7	0.1249

3.2.3 结构比选与验证

根据设计需求和结构性能要求，对肌理形式、开洞大小、开洞位置等关键参数进行调整优化，筛选出若干符合基本要求的候选方案，这些方案在保持结构完整性的同时，还要符合建筑设计的需求。同时，为了全面评估开洞对壳体结构性能的影响，将已开洞的双层壳体模型导入结构计算软件，进行深入的对比分析，更侧重关注量化对比开洞前后的应力峰值、力学分布状态以及力流传递路径的变化。基于上述评估结果，对几何开洞的建立生成过程进行及时的反馈与调整，通过优化开洞的位置与大小，更好地平衡设计美学与结构性能之间的关系，确保其既能满足视觉上的需求，又尽可能小地对原始结构性能产生影响。

从数值关系上分析（表3），壳体开洞前后结构性能数据相近，等效应力、拉应力、压应力峰值略有下降，变形位移峰值略有提升，可以得出几何开洞的位置分布和大小及其相应结构背后的力学法则约束：开洞越合理，对结构影响越小。

3.3 双曲面壳体腔体构造的建立与微调

3.3.1 双层形态的力学分析

将壳体结构导入 ABAQUS 结构计算软件，并对其结构性能进行分析（图9），直观地获得壳体的应力分布状态，进而剖析应力集中现象产生的原因。针对应力集中区域，优化整体结构设计：通过调整构造密度、材料分布等方式，实现对应力分布的精准调控与整体性能的显著提升。结果显示，壳体的应力分布基本上呈对称变化，角部及与地面接触位置受力较大，出现应力集中现象，属于结构薄弱需要增强区域，因此应力集中的关键区域引入更高密度的内部构造，分散集中应力，进而显著增强壳体的整体刚度与稳定性。

3.3.2 性能化腔体构造生形

首先，选择合适的构造形式。基于 Grasshopper 平台生成先进的数学生形法则，例如泰森多边形算法，通过点位置和密度分布，生成既多样化又可高度定制化的几何形态，为后续的力学优化提供丰富的设计素材[7]。其次，构建参数化关联机制。实时响应结构性能分析的结果，通过智能调整点的分布密度，来优化构造的布局。在高应力集中区域，通过增加构造的密集度，来增强结构的承载能力；而在应力较低的区域，则适当减少材料用量，以实现材料使用的最优化[8]。最后，腔体构造的精准生成。通过双层壳体腔体对基础构造形式的精准剪切，生成既符合数学逻辑又满足力学性能要求的壳体腔体构造（图10）。

3.3.3 结构比选与验证

根据设计需求和结构性能要求，对腔体构造的密度、位置分布等关键参数进行调整优化，模拟不同密度和位置分布下的结构性能，从而筛选出既能满足设计要求又能最大化结构性能的候选方案。为了全面评估腔体构造对双层壳体结构性能的影响，将壳体模型导入结构计算软件，关注结构薄弱区域的应力峰值、力学分布状态的变化，对潜在的优化空间进行迭代调整。

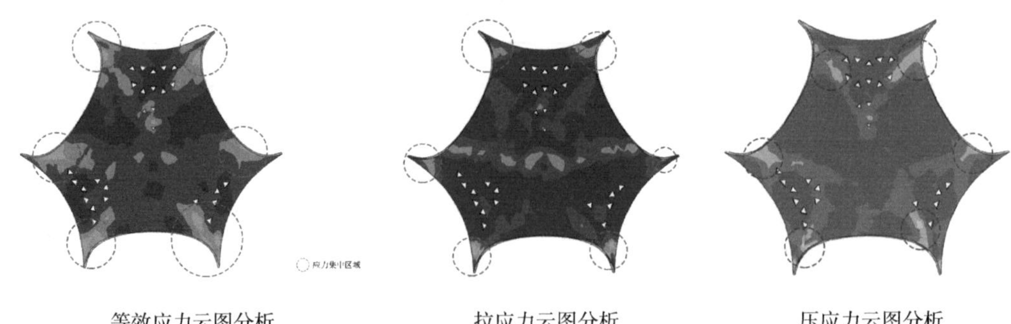

等效应力云图分析　　拉应力云图分析　　压应力云图分析

图 9　应力集中区域分析

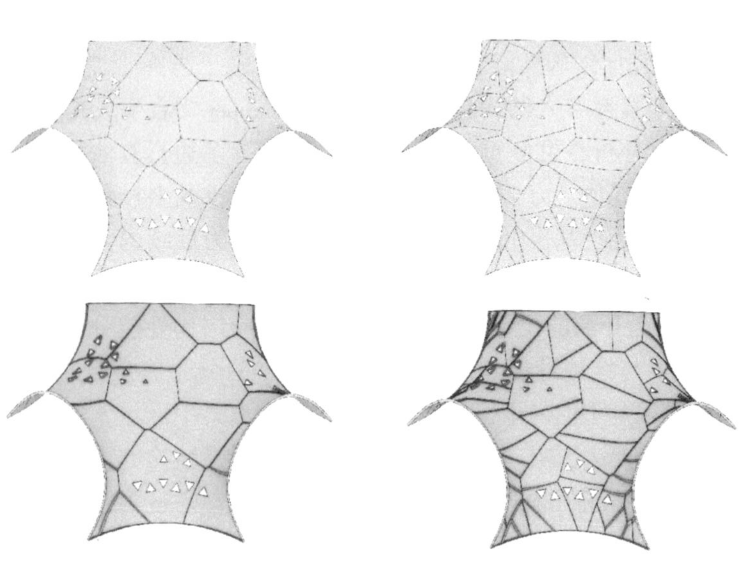

(a) 较疏分布形态　　(b) 性能化生形优化分布形态

图 10　不同疏密腔体构造形式的双层壳体

表 4　有无腔体构造壳体结构数据对比

构造情况	等效应力峰值/Pa	拉应力峰值/Pa	压应力峰值/Pa	变形位移峰值/m
无构造	2.561×10^{7}	2.160×10^{7}	2.782×10^{7}	1.249×10^{-1}
有构造	6.626×10^{6}	6.626×10^{6}	8.401×10^{6}	3.102×10^{-2}

从数值关系上分析（表 4），可以得出：腔体构造对结构力学性能有显著的增强作用。从数值关系对比上看，具有腔体构造的结构等效应力、变形位移、拉应力、压应力峰值显著降低，结构性能明显优于无腔体构造的双层壳体。

4　结语

在传统建筑设计模式中，“结构后合理化”的范式往往限制了设计创新的边界[9]；与现阶段传统结构设计拘泥于单纯结构计算的程序化工作迥然不同，参数化设计与结构分析的协同作业将结构设计从烦琐的数学公式化计算的桎梏中解放出来，在前期阶段，与形态相关联进行创造性的工作，并将影响形式的结构因素介入建筑师形体的推敲过程，可真正实现力与形协同设计[10]。

本研究聚焦于壳体结构，特别是双层复合壳体，通过挖掘壳体厚度、双层腔体等独特优势，在整体厚度布局、几何开洞的全局策略及层间腔体构造的精细调控上，实现了形态生成的优化创新。本研究跨学科地融合了参数化设计方法与结构分析技术，旨在优化壳体的力学性能，为建筑师提供面向“双层复合”异规双曲面壳体的生形优化设计策略[11]。通过量化实验的验证，为复杂异形双曲面壳体的实际建造提供坚实的理论基础与实践路径，展现出设计与结构科学融合的广阔前景。

参考文献

[1] 张冰．建筑与结构整合设计策略研究［D］．南京：东南大学，2015.

[2] 袁烽．数字化结构性能生形研究［J］．西部人居环境学刊，2014，29（6）：6-12.

[3] Sigrid Adriaenssens. Shell structures for architecture［M］. Routledge/Taylor & Francis Group，2014.

[4] 苏朝浩．结构艺术与建筑创作之协同研究［D］．广州：华南理工大学，2010.

[5] 张冰，戴航，孟霞．结构效能与建筑显现［J］．建筑师，2012（6）：41-47.

[6] 张枢健．基于力学性能的极小曲面壳体生形优化设计研究［D］．广州：华南理工大学，2022.

[7] 夏毅．基于混合优化算法的自由曲面结构形态创建［D］．哈尔滨：哈尔滨工业大学，2015.

[8] 孙明宇．适应结构性能的壳体建筑微结构仿生设计［J］．建筑与文化，2020（8）：213-215.

[9] 王倩．从技术到设计［D］．南京：东南大学，2019.

[10] 斋藤公男等．空间结构的发展与展望［M］．北京：中国建筑工业出版社，2006.

[11] 巴尔蒙德．异规［M］．北京：中国建筑工业出版社，2008.

基于街景数据与图像分割的山地历史街巷空间活化研究

Street Comfort Evaluation in Mountainous Cities Based on Street View Data and Image Segmentation

曾旭东[1]　陈　超[1]
1. 重庆大学建筑城规学院

摘　要：随着城市化的快速发展，城市中诸如噪声污染、热岛效应以及车辆拥堵等问题层出不穷，这给以城市街道为代表的城市公共空间的高质量发展带来了极大的阻碍。而由绿景指数衍生而来的视觉指数系统作为城市公共空间的重要评价指标，对于评价城市街道的步行舒适性具有极其重要的意义。本文以重庆典型山地城市街道山城巷为例，利用 OpenstreetMap 获取开源的地图数据进行采样点设置，并借助百度地图爬取采样点街道图像，然后以语义分割技术及 CityScapes 数据集识别街景图像中的建筑、景观、天空等视觉元素，从而计算出各类视觉指数，最后依据统计学方法对所得数据进行量化分析和回归分析验证，最终总结出山地历史街道的空间活化评价体系。

关键词：空间活化；街景图片；视觉指数；图像语义分割

1　引言

城市街道是城市公共空间的重要骨架系统，在城市居民的户外公共生活中发挥着重要作用。而传统城市街巷作为城市街道中具有文化象征意义的重要分支，不仅是激活城市公共空间记忆的催化剂，更是城市非物质文化遗产的关键载体。在新城市技术推动城市化快速发展的今天，如何有效评析传统街巷的场所记忆与街景实体数据的关系，对于精细化改造更新传统街巷、活化城市场所空间记忆有着导向性的意义。

山地城市传统街道由于其天然的高差结构，在街景各视觉要素中有着独特的占比，因而具有典型的研究价值。然而对于山地街道的空间研究往往局限于以场所精神为主体的主观分析，缺乏一定的数据量化下的科学支撑。本文通过选取重庆典型山地历史街巷山城巷为研究对象，利用以科学量化为核心的视觉指数体系，结合主观的行人心理体验，总结各街景视觉要素与场所记忆及步行舒适性的相关性，从而为山地历史街巷的更新活化提供一定的指导。

2　研究方法与实验设计

2.1　研究对象与实验框架

本文的研究对象山城巷位于重庆渝中区老城片区内，是一段极具山地特色的历史街巷（图 1）。其历史起源可追溯至重庆

2024 年重庆大学研究生教改项目（cquyjg240304）；重庆大学 2023-2024 年研究生课程优质资源立项建设-51。

开埠时期，起初因夜间远看其点点灯光似天上星市，故得名“天灯街”，新中国成立后更名为山城巷。山城巷地形起伏不平，特点鲜明。街旁建筑依山而建、顺坡而上，创造出了层次丰富的空间场所。山城巷以其形态优美的人行道、多变舒适的休憩节点以及高差造就的跌落空间，成为重庆山地街巷的典型代表。行人随着台阶及坡道的高差变化，其左侧的江景与壮观的跨江大桥时隐时现，街景的视觉要素富有层次变换，从而给行人带来了怡人的空间体验与独特的场所记忆。

图 1　山城巷现状格局

图片来源：“众绘山城”微信公众号.

研究分以下几个步骤展开（图 2）。首先，利用软件 OpenStreetMap 提取山城巷的路网简易地图数据，并基于此每隔 20m 标记一个街景数据采样点，最终导出所有采样点的经纬度坐标并转存为 .csv 文件。然后，调用百度地图的 API 接口，利用采样点的经纬度坐标，设置采样点的视线方向，最终获取采样点的前后左右四个方向的街景图；考虑到历史街巷的地图数据不全等问题，缺少的采样点采取实地勘察、拍摄结晶图片的方法补充。随后，采用基于已训练好的 CityScapes 数据集进行数据处理及图像分割识别，提取每一个采样点的视觉要素占比，并根据相关计算公式计算各类视觉指数。最后，以场所理论为核心进行问卷设计，获取人本视角下的主观结果，结合语义差分法和相关性分析法对特定街道场景进行空间更新评析，进而得出山城巷街景数据与空间活力间的相关性系数。

2.2　山城巷街道空间记忆视觉元素选取

传统历史街巷有别于现代化的空间街巷，其街景视觉元素更具差异性，且因其独特的地域属性，不同的街景元素能够唤起不同的场所记忆。此外，除了确定场所精神的空间活化核心外，还必须考虑历史街巷的空间环境价值、生活场景价值；因此，山城巷的街道空间记忆视觉元素选取需要从舒适的空间环境、浓厚的生活氛围以及独特的场所记忆三个维度出发，科学地利用街景视觉指数构建空间活化评价体系。

2.2.1　空间环境维度

舒适的空间环境是活化空间的基础，与其相关联的街景元素在所有的街道图像中都占有较大的比重。在山地历史街巷中，与其相关的街景元素需要重点关注的是绿景、天空、公共座椅。绿化在街景图像中的占比与行人的步行舒适度呈强相关，是评价空间舒适度的重要指标；街景图像中天空的占比也是衡量街巷空间舒适度的常规因子。由于山城巷有山地城市独有的高差变化，而公共座椅能显著提升步行的舒适体验，因此此元素也应列入考量范围。

2.2.2　生活氛围维度

体现生活氛围的视觉元素是活力街巷的重要表征组成，也是街景图像中富有场景感的要素。在山城巷的街巷空间中，具体来说，其视觉元素包括了街道本身、允许行人暂留的檐下灰空间、反映热闹度的行人、可以集会的小广场以及街道两旁的装饰，它们共同赋予山城巷以烟火气。

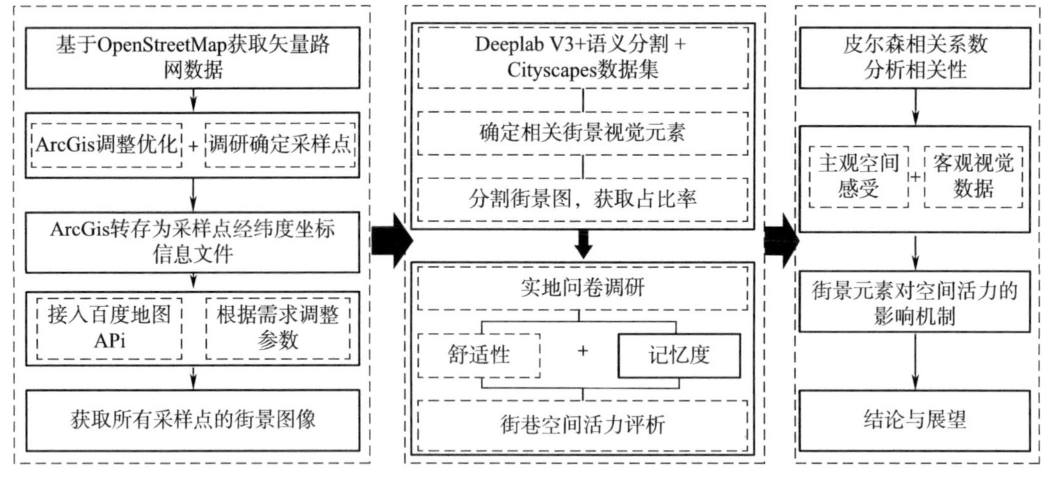

图2　研究框架

2.2.3　场所记忆维度

历史街巷的场所记忆是活化空间的内涵，其相关的各类视觉元素反映着历史文化的遗存。在山城巷的调研中，发现与其有关的视觉元素主要包含台阶、扶墙、古遗迹以及建筑木质立面。此类视觉元素较频繁地出现于山城巷街景图像中，因而需考量之。

3　图像采集与数据处理

3.1　图像采集

首先进行街道采样点的设置。OpenStreetMap是一款免费开源、可编辑的地图数据库软件，基于此可获取山城巷的矢量路网数据，然后导入ArcGIS进行路网的简化修正。考量到山城巷的地理位置及长度，我们利用其编辑及坐标功能生成每隔50m的街道采样点的经纬度数据，并转存为.csv文件。

然后，我们进行图像的爬取收集工作。百度地图允许用户通过不同的API参数获取用户所需的街景图片。利用带有位置信息的.csv文件传入API接口，获取采样点的街景数据。为获取采样点全面的空间体验，通过设置heading参数，每组采样点爬取与街道平行或垂直的前后左右四个方向的街景图片。

最后，考量到百度地图的部分街景数据早于山城巷的改造更新，我们舍弃掉与实际调研采样点街景不同的百度地图所获取的街景图像数据，采用调研拍摄的照片。

3.2　数据处理

在客观量化方面，为获取街景图像中所选取的视觉元素的占比，我们需要计算出其像素在对应图像中的比重，最后计算平均值。传统的方法是使用PhotoShop获取直方图中的各类视觉元素的像素值，此类方法耗时巨大且存在大量重复性工作，只适用于较少的街景图像。本研究使用DeepLabV3+语义分割技术，并利用目前最权威的可以识别19个类别的cityscape训练数据集，来识别图像中的目标视觉元素。DeepLabV3+是一种高效的基于机器学习的深度学习算法，它将所需的标签或类别与图像中的每个像素相关联，并使用cityscape训练数据集对对应元素进行分类量化，识别并统计出图像中一组不同类别的像素（图3）。其中，各类街景视觉元素的指数

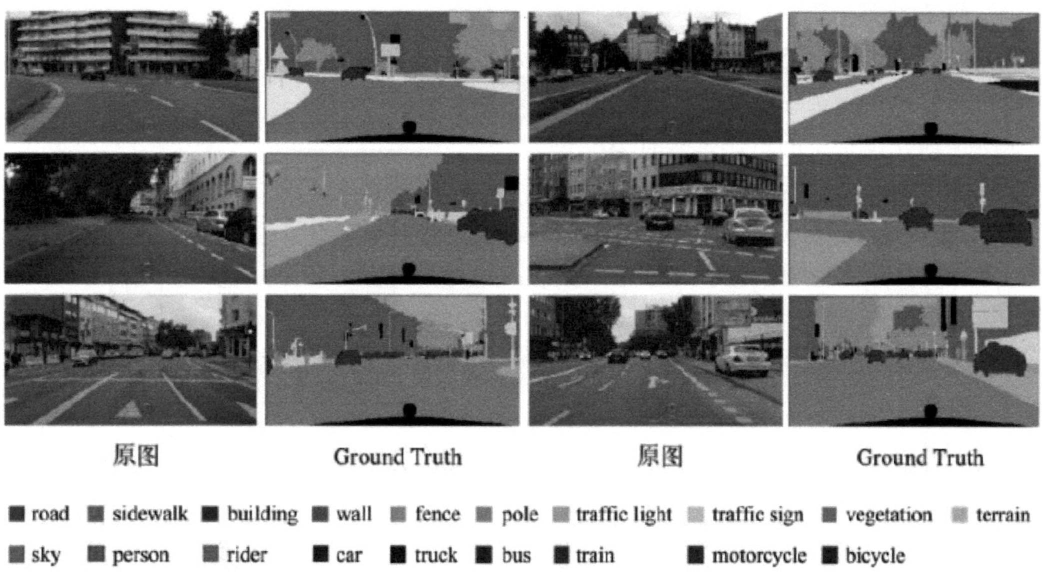

图 3 DeepLabV3+图像语义分割技术

图片来源：参考文献［6］。

计算公式如下：

$$VI = \frac{1}{n}\sum_{i=1}^{n} V_n \{ i \in (1,\ 2,\ \cdots,\ n) \}$$

其中，VI 为视觉指数，V_n 为视觉元素像元占比，n 为样本数。

在主观分析方面，我们选取设计了各类视觉元素在图像占比上有显著差异的十二组街景图像，每组附有统一的有关空间活力的问卷，以此来进行主观性的调研分析。本次共发放了 80 份问卷，其中有效问卷 66 份，问卷有效率 82.5%。随后，我们采取皮尔森相关系数，根据图像中的视觉元素比重和问卷分析结果，计算出各类视觉元素与山城巷空间活力的相关性系数，从而分析出其街景视觉元素如何有效影响山城巷的空间活化。其中，皮尔森相关系数的计算公式如下：

$$r = \frac{\sum_{i=1}^{n}(x_i - \overline{X})(y_i - \overline{Y})}{\sqrt{\sum_{i=1}^{n}(x_i - \overline{X})^2}\sqrt{\sum_{i=1}^{n}(x_i - \overline{Y})^2}}$$

其中 $\overline{X}$、$\overline{Y}$ 代表变量（空间活力指标与视觉元素）平均数。

4 研究结果分析

4.1 山城巷视觉元素量化分析

4.1.1 空间环境视觉元素

山城巷的绿视率整体较好（图 4），由于历史街巷保护的缘故，街道现存树木年代较早且枝叶繁茂，有近 40% 的采样点绿视率大于 60%。而天空可视度在中央路段

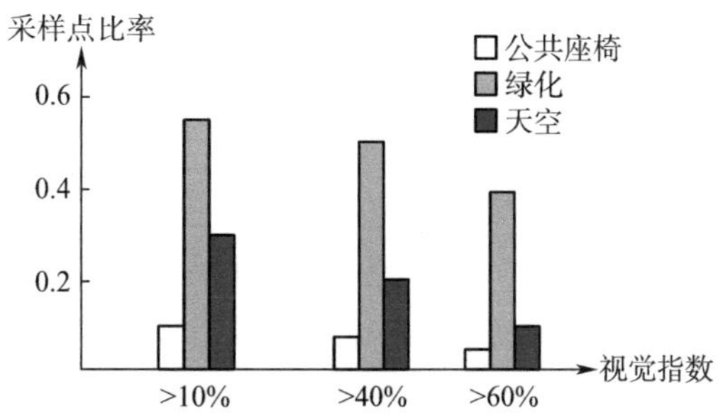

图 4 空间环境视觉指数的采样点比率

中处于较低水平，基本只有20%的采样点大于40%；60%在街巷两端以及吊脚楼栈道处的采样点，天空可视度大于40%。对于公共座椅在街景中的占比，只有20%的采样点大于10%，处于较低水平。

4.1.2 生活氛围视觉元素

总体来说，生活类别的视觉指数在山城巷街景中的比重较高（图5），可能与此街巷已被政府规划定位为“烟火巷”有关。具体来说，街道占比率在所有街景中整体较高，有70%的采样点街道占比率超过了40%；行人率由于与爬取及拍摄街景时段有关，可信性并不高，本次所取的采样点有80%的行人率都大于20%。檐下灰空间及集会小广场在所有采样点图像中的占比率一般，分别只有30%的采样点大于20%、20%的采样点大于40%。街道两旁的装饰占比率较高，有80%的采样点都大于10%。

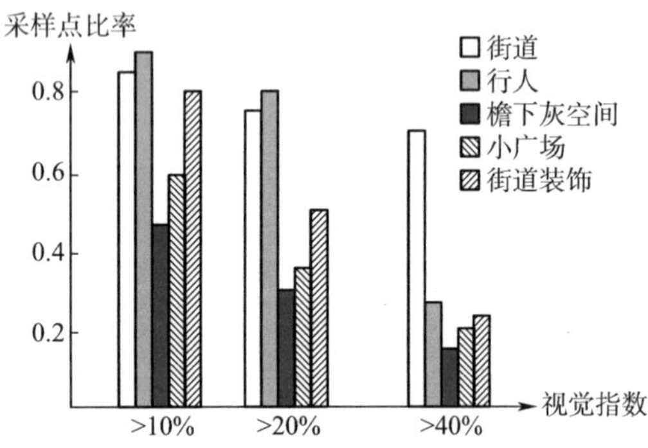

图5 生活氛围视觉指数的采样点比率

4.1.3 场所记忆视觉元素

山城巷关于场所记忆的视觉元素整体较为丰富（图6），这与政府对历史街巷的修缮更新有较大关系。台阶、扶墙的占比率，分别在80%和40%的采样点中大于20%、10%，处于较高水平；建筑木质立面则在60%的采样点中占比率大于30%，充分体现了山城巷的传统风貌区属性；古遗迹由于只在特定的采样点存在，因此总体的占比率一般，只有20%的采样点大于30%。

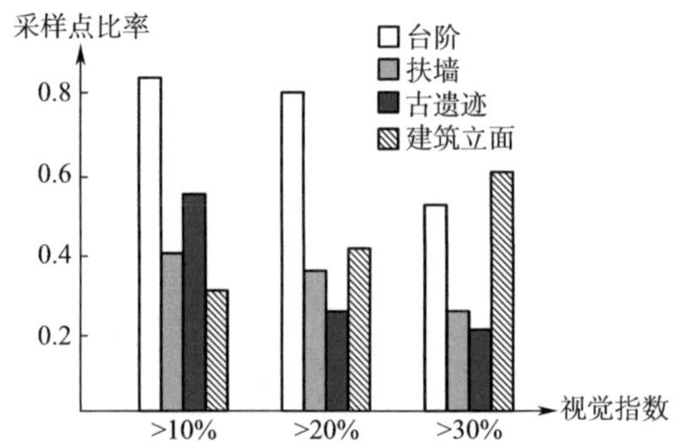

图6 场所记忆视觉指数的采样点比率

4.2 山城巷街巷空间调研分析

山城巷空间活力的调研以问卷收集来获取数据。将获取的66份有效问卷导入统计分析软件SPSS中，计算所得a值（显著性水平）为0.705且P（概率值）小于0.001，表明数据有较高可信度及有效性。

通过问卷分析可以了解到，山城巷的步行者主要为外地游客和本地居民，且中青年的比重较大，大多数步行者对山城巷的空间活力较为满意。

具体来说，在空间维度指标上，绝大部分步行者认为绿化对于他们的步行体验十分重要，天空可视度则不太关注，对于公共座椅，游客和居民都认为其能极大增加街巷步行的舒适度。在生活氛围指标上，游客对于街道宽度和檐下灰空间的需求度比本地居民更大，有沿街摊位的居民对于檐下灰空间的需求更多，而本地居民对于街道两旁装饰和集会广场的需求更大。对于街巷空间的场所记忆，本地居民对于扶墙、古迹以及遗存下的木建筑的空间记忆比游客更加深刻，然而高差导致的台阶对于当地人来说却评价很低，只有偶尔拜访的外地游客于此有新奇的空间体验。

图 7　场地调研现状

4.3　山城巷空间活力综合评析

通过对山城巷视觉元素的量化分析与实地的问卷调研，我们可以构建客观数据与主观评价的相关性，从而更好地判断各类视觉元素对空间活力的影响机制，为山地历史街巷的空间活力提供评价体系（图 8）。在本次总和评价中，我们将街道的空间活力根据各种视觉元素划分为两个维度，分别是舒适性与记忆度，依此两个维度可以将山城巷所有采样点分为四大类：舒适性优且记忆度强，舒适性优但记忆度弱，舒适性差但记忆度强，舒适性差且记忆度弱。

舒适性优且记忆度强：此类采样点所代表的街巷具有较高的空间活力，如仁爱堂、体心堂街等路段。此类路段既有较好的绿化和休息空间，也有代表性的充满烟火气的山城场景或历史遗迹，由此带来了极佳的空间活力。

舒适性优但记忆度差：此类采样点代表的街道适合步行体验，然而缺乏场所记忆，因而空间活力一般。例如广场附近的街道，具有较强的现代化设计却丧失了地域特色，如青石台阶、石质扶墙等，从而使其空间记忆度不高。

舒适性差但记忆度强：此类采样点集中在更新修缮不全的街道，因为过多地保持原状而使得步行体验不佳。例如山城步道处，整条路段维持了原有的山城巷格局，高差大、梯步多且休息转换空间少、绿化虽多但缺少修剪显得杂乱，因而步行舒适性较差，导致其空间活力一般。

舒适性差且记忆度弱：此类采样点代表的街道既没有较好的步行舒适性，也没有较强的空间记忆度，因而带来了较差的空间活力。此类路段大都集中在街巷转弯交叉的地方，往往存在于街道尽头，又或者是新旧建筑设施碰撞交替的地方，导致其改造更新效果不佳，使其空间活力较差。

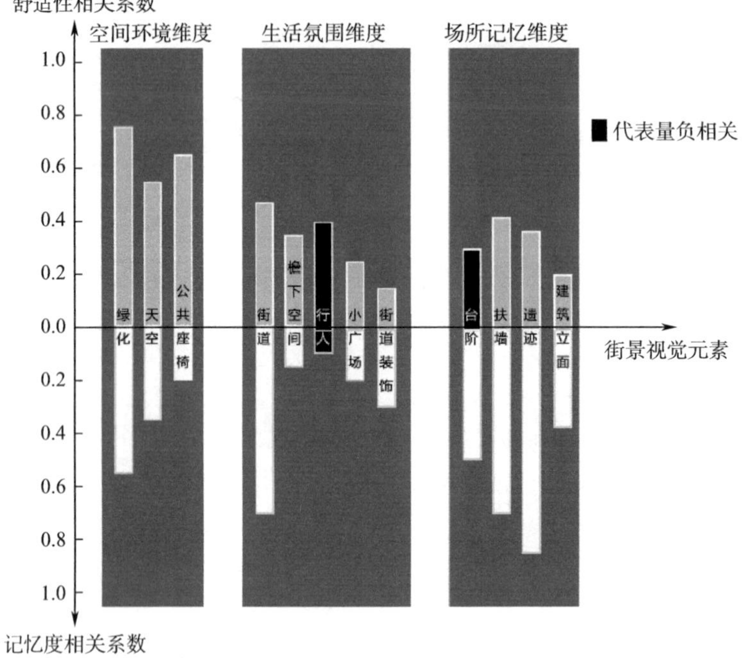

图8　街景元素与空间活力的相关性系数

5　结论与展望

山城巷的自然地形从客观上影响了其步行舒适性，然而在当地居民与环境互动的改造下，其空间记忆不断形成，后在政府规划建设下，其舒适性也得到了较大改善，从而形成了现在独有的地域特色。但总的来说，其部分街巷空间活力仍存在不足。

本研究基于改造后的山城巷进行研究，分析了各类街景视觉元素对于山城巷空间活力的影响，得到了如下结果：在舒适性方面，重视保护效果较好的旧街巷的步行体验，增设更多的休息平台如座椅、小广场，尽可能增加檐下等灰空间，给行人留下更多的缓冲空间，同时整理好绿化资源，极大地活化街巷空间；在记忆度方面，利用好原有街巷的各类材料，结合本地特色进行新空间的营建，避免新旧空间生硬衔接，提升山城巷的空间活力。

受限于对象数据与技术手段，本研究仍存在许多局限。首先是由于山城巷的网红性质，导致其街景图像的选取具有一定的时效性，不同时段人群类别及数量的不同导致问卷调研不具有普遍性；其次，受限于图像语义分割技术，其他的有典型性的视觉元素未选取至研究中，如街道轮廓、路段尺寸等，会存在一定的局限及误差。

参考文献

[1]　蔡诗韵，谭少华．基于图像语义分割的城市绿道服务效能研究［D］//面向高质量发展的空间治理：2021中国城市规划年会论文集（05城市规划

新技术应用)，2021：1079-1091.

［2］ Sun D，Ji X，Gao W，et al. The Relation between green visual index and visual comfort in Qingdao Coastal Streets. Buildings，2023：457.

［3］ 叶宇，张灵珠，颜文涛，等．街道绿化品质的人本视角测度框架：基于百度街景数据和机器学习的大规模分析［J］. 风景园林，2018，25（8）：24-29.

［4］ 童鸣．基于街景语义分割的南京市主城区街道绿化评价［D］. 南京大学，2020.

［5］ 李有鹏．基于街景和 POI 数据的街道空间品质评价［D］. 重庆交通大学，2023.

［6］ 徐辉，祝玉华，甄彤．深度神经网络图像语义分割方法综述［J］. 计算机科学与探索，2021，15（1）：47-59.

基于 CNN 的历史风貌建筑溯源研究
——以天津市五大道地区为例

Using CNN to Trace the Origins of Historical Buildings
——A Case Study on the Five Great Avenues in Tianjin

李健一[1] 秦浩宸[1] 许 蓁[1]
1. 天津大学建筑学院

摘 要：本文基于卷积神经网络（CNN），对天津市和平区五大道地区的历史风貌建筑进行详尽的溯源分析。五大道以其丰富的近代建筑遗存著称，其建筑风貌体现了多元且非纯粹的特征。本文首先通过监督学习方法，构建并训练了多种架构的深度学习模型，比较其在建筑风格识别方面的性能与表现。然后，选择可靠度最高的模型，对该地区建筑图像进行分类，综合模型输出结果，对该地区进行风格溯源分析。结果表明，使用卷积神经网络进行建筑类型的溯源分析是可行且有效的。本研究成果不仅揭示了五大道地区历史风貌建筑诞生时的社会背景，还为建筑风格分类提供了新视角，为历史建筑的研究与修复工作提供了依据。
关键词：卷积神经网络；类型溯源；风格识别；建筑谱系

1 引言

1.1 研究背景

天津市和平区五大道地区承载着丰富的历史文化遗产，其中建筑风格纷繁复杂，独具特色。五大道地区本是一大片沼泽地，仅散落一些简陋民居。1902 年，英租界第三次扩张后将五大道所在区域扩展至英租界之内[1]。在随后的半个世纪里，该地区被大规模开发，其中近代建筑的风格经历了复古思潮、折衷主义、现代建筑运动等的更替，使得该街区汇聚了从古典欧式至近代中西合璧的多种建筑风格，这些建筑汇集在一起，体现了当时西方建筑既维持传统又走向近代多元化阶段的特征[2]。

以相对充足的历史资料作为基础，研究者可以清晰地从历史角度对五大道地区的建筑风貌进行研究。然而，建筑风貌的形成并非线性地叠加，而是历史上许多风格共同驱使形成的多元化结果，研究者往往难以通过确切的标准量化其组成要素及源头。且传统建筑风格识别方法主要依赖于专家经验与手工记录，这种方法虽能提供深入的分析，但效率低下，难以应对大规模数据处理的需求，而且难以对于整片建筑群的风格分布作出定量分析。因此，探索一种高效、自动化的建筑风格识别方法，具有重要的现实意义。

1.2 研究现状

近年来，图像识别领域得益于深度学习技术，特别是卷积神经网络（CNN）的应用，取得了显著进展。卷积神经网络的设计灵感来源于人类和动物大脑中的神经元[3]。通过引入卷积层和池化层，网络能够模拟视觉皮层细胞对视觉特征的提取和处理过程[4]。1998 年，LeCun 等人[5] 首次将 CNN 应用于图像分类任务，提出了 LeNet-5 模型，能够实现手写数字的高精度识别。随后，预训练的 CNN 模型如 VGG、ResNet 等通过迁移学习广泛应用于各种图像识别任务。最近，KAN[6] 在神经网络准确性和可解释性方面作出了创新，成为替代传统架构 MLP 的选择。

本研究利用卷积神经网络（CNN）技术，尝试不同的 CNN 架构，开发一种自动化的建筑风格识别系统，并通过实例应用验证该系统的合理性，在提升识别效率的同时，为历史建筑的保护与研究提供新的技术支持。

2 CNN 模型构建与验证

2.1 数据收集

建筑图像数据集[7] 内包含 25 种风格的建筑，每种风格的图像数量从 300 到 500 张不等，共包含 10113 张图像。该数据集相对全面，但存在分类混淆的情况，例如包豪斯风格和国际风格的建筑图片重叠，这可能影响神经网络的判断结果。因此，本研究对原数据集作出适当修改，首先以 Melvin 等人[8] 提出的建筑风格分类作为关键词，在 Wikimedia 中使用深度优先检索并爬取相关图像。经过手动筛选，去除无关图像和数量不足 300 张的种类，剩余图像加入原数据集。最后，删除数据集中混淆的风格，保留 23 种风格，共计 10564 张图像。

对于五大道地区历史风貌建筑，实验选取了 39 处被批准为全国重点文物保护单位的建筑和 41 处具有代表性的一般保护历史风貌建筑进行现场拍摄。由于建筑存在不同角度风格差异较大的情况，本研究对每一处建筑仅选取一张最能表现其特点的照片作为代表，最终总计获得 80 张照片（图 1），作为建筑溯源的测试集。

图 1　五大道地区颜惠庆旧宅

2.2 分类模型

2.2.1 模型设计与数据预处理

本实验选择了三种不同的深度学习架构进行图像分类任务：LeNet[9] 作为卷积神经网络的早期代表，简洁高效，适用于小型数据集。ResNet[10] 通过引入残差连接，构建了更深层次的网络，有效克服了深度网络训练中的梯度消失问题。DenseNet[11] 则通过密集连接的方式，显著增强了特征的传递与重用，提升了模型性能。在模型设计上，本实验对以上架构进行了部分修改。如图 2 所示，保留它们的特征提取部分，移除原始的分类层，添加自适应平均池化层、dropout 层和新的全连接层，以输出 23 个分类的概率分布，最终选择概率最高的项作为判定结果。

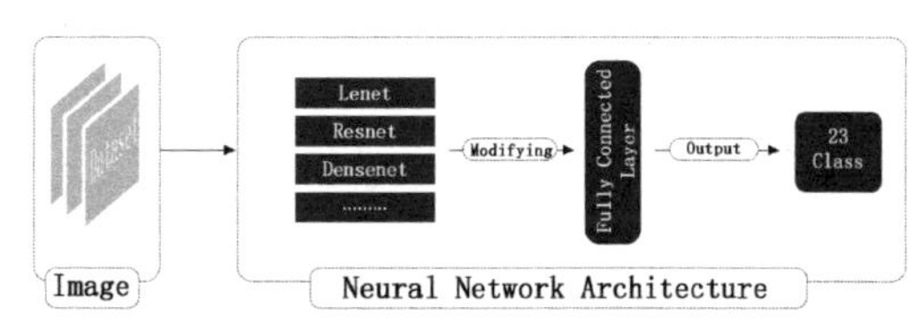

图 2　神经网络架构

为了提升模型的泛化能力和鲁棒性，实验对输入图像进行了预处理[12]。首先，将图像等比例缩放，短边尺寸统一调整为256像素，确保输入的一致性。随后，实验采用随机裁剪技术，从图像中裁剪出224×224像素的区域，增加了数据的多样性，有助于模型学习到不同尺度和位置的特征。此外，实验还引入了随机水平翻转、随机旋转以及颜色抖动等变换，增强模型对图像变化的适应性（图3）。

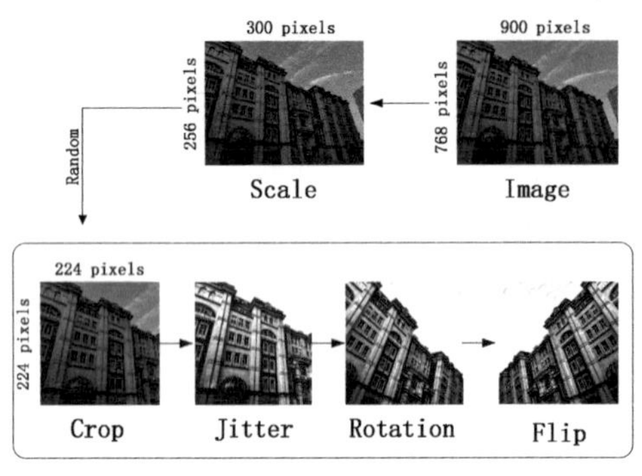

图3　图像增强

2.2.2　分类模型训练

实验将各类图像按照8：2的比例分割成7959张训练集和2605张验证集，分别用于模型的训练和性能评估。在实验过程中，采用不同的优化器，并结合余弦退火策略，通过余弦函数动态调整学习率，比较并选出性能最佳的模型。模型的最终性能以准确率来衡量，即在同一批次中预测正确的样本数与该批次总样本数之比，准确率是一个直观且常用的指标，适用于类别分布均衡的情况（图4）。然而，建筑物一直处于交融变换的历史发展过程中，个别建筑不能简单地用一种风格概括，准确率可能无法全面反映模型的性能。因此，实验引入Top-3准确率作为辅助判别标准，即预测概率最高的前三项中包含正确答案，则视为准确。Top-3准确率在类别众多或相似度较高的情况下特别有用。图5展示的Top-3曲线能够更全面地评估模型的预测能力。

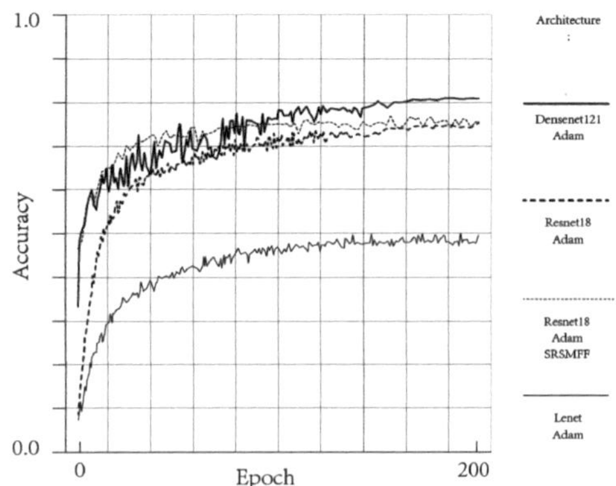

图4　准确率曲线

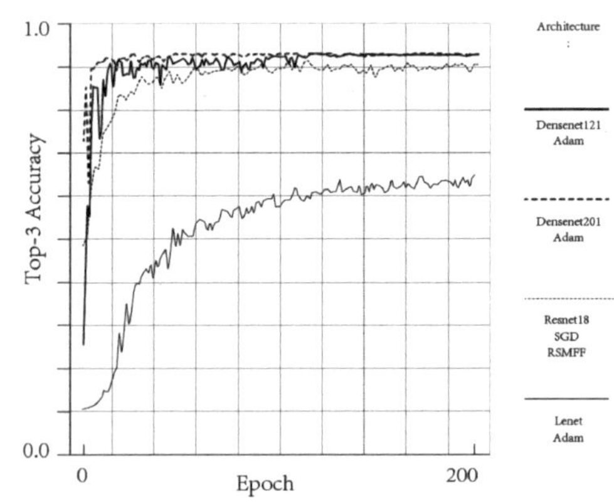

图5　Top-3准确率曲线

表1　模型性能

架构（FT）	优化器	准确率	Top-3准确率
LeNet	Adam	0.50549	0.75097
Densenet-121	Adam	0.81140	0.93366
Densenet-121	Adamw	0.78015	0.92599
Densenet-169	Adam	0.76277	0.93695
Densenet-201	SGD	0.78697	0.93331
ResNet-18	Adam	0.76754	0.92489
ResNet-18（SRSMFF）	Adam	0.77162	0.92567
ResNet-18（SRSMFF）	SGD	0.72995	0.91721
ResNet-50	Adam	0.79300	0.92873
ResNet-50（SRSMFF）	Adam	0.78783	0.93805

根据表1实验结果，在使用DenseNet121模型进行迁移学习时，分类模型的性能达到最优，其准确率为81%，Top-3准确率为93%。在此配置下，优化器选择Adam，

学习率设定为 0.0004，权重衰减系数为 1e-5。相比之下，当以 ResNet 为主要架构进行迁移学习时，无论怎样修改参数，其准确率均未突破 80%。因此，实验最终选择以 DenseNet121 为基础的微调模型，并保存其训练结果。

2.2.3 实验结果讨论

在深度学习领域，现实图像分类已经取得了显著进展。然而，在建筑风格分类这一特定领域，本实验的分类准确率一直难以超越 85%。这可能与数据集的数量、质量以及某些建筑风格的相似性有关。结果表明，尽管神经网络能够有效地对建筑进行分类，但有时也会与实际情况出现偏差。因此，将神经网络与风格特征、空间模式倾向以及研究人员的主观判断等因素相结合，是提升分类准确率的关键。

3 历史溯源

3.1 分类模型结果的解释

本实验将所有输入的向量映射到 23 个特征节点，并在进行交叉熵函数计算时，自动地将 23 个节点的数据进行 Softmax 函数处理（图 6）。具体来说是对每个输出节点的原始得分进行指数运算，然后对这些指数结果进行归一化处理，确保它们的总和为 1。

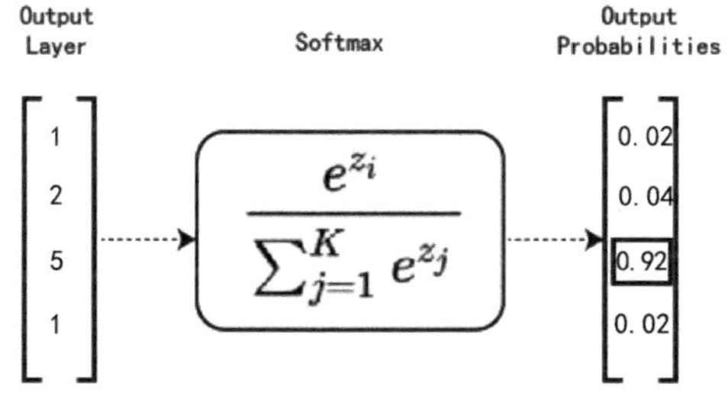

图 6　Softmax 函数

这个过程使得输出结果更具解释性，因为它直接反映了模型对输入样本属于各个类别的置信度。在统计学和概率论中，概率分布是指随机变量可能取值的概率集合，这些概率必须是非负的，并且它们的总和等于 1。分类模型输出的置信度通过 Softmax 函数得到，并符合以上特征。因此，模型输出的是建筑分类的置信度，也是其概率分布。

3.2 溯源结果

将五大道地区的建筑图像数据作为测试集输入判别模型中，得到一系列的概率分布，这些结果反映了模型对每个建筑图像所属风格的判断。图 7 展示了测试集中每栋建筑的概率分布与其对应地理空间的映射关系。接下来，为了验证模型的合理性，实验随机选取三栋建筑（图 8）进行详细分析，图 9 展示了这三栋建筑的概率分布曲线。

李勉之旧宅，建于 20 世纪 20 年代，是五大道唯一的一组德式建筑。模型判别结果显示，其风格为都铎复兴建筑（0.999）。根据结果，可以推测其风格源头——德式风格源自中世纪帝国民间住宅，类似于英国都铎风格，并受到巴洛克和哥特风格影响，这与分类模型的溯源结果相符。徐树强旧居建于 20 世纪 40 年代，模型判别结果显示，该建筑有 99.75% 的概率属于现代主义风格。这一结论与历史事实

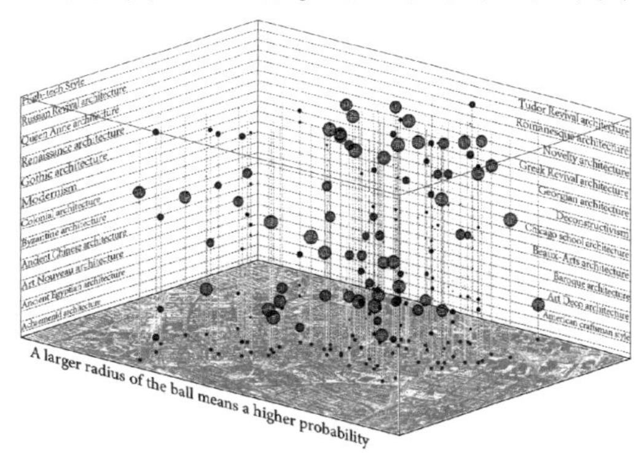

图 7　风格溯源地图

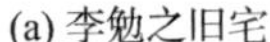
(a) 李勉之旧宅　　(b) 徐树强旧宅　　(c) 高树勋归宅

图 8　建筑照片

图片来源：参考文献［1］。

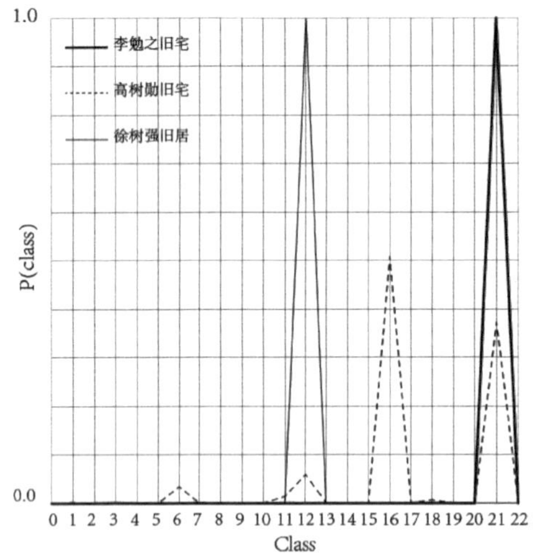

图 9　单体建筑概率分布

相符：20 世纪 30 年代后期，五大道建筑已完全摆脱了古典样式，转为现代主义风格。高树勋旧宅，建于 20 世纪 30 年代，属于英式民居，英式民居在五大道地区民居风格中的建设数量最多。模型判别结果显示，其风格为都铎复兴建筑（0.3727）、文艺复兴建筑（0.5078）、现代主义（0.0597）。虽然模型在其风格上并没有足够的信心，但根据这些结果，我们依旧可以推测其风格源头：该建筑与英国都铎风格相关，并受到文艺复兴时期建筑的影响，同时可能融合了现代主义与中国传统风格，这与历史实际基本相对应。

对上述三个案例的分析，初步验证了分类模型的合理性。接下来，实验将 23 种风格通过时间以及地理相关性建立拓扑关系图，将各个概率作为关系图的节点数据，即圆的半径（图 10），此图为五大道地区历史风貌建筑群所独有，展现其独一无二的特点。最后，实验将所有的概率分布相加，并对结果进行归一化处理，得到一个粗略反映整个地区建筑风格的概率曲线（图 11）。从两张图中可以看到该地区受都铎复兴建筑风格的影响最大，其次是新艺术运动指向的装饰艺术风格、美术学院派和安妮女王风格。同时，现代主义风格和文艺复兴风格也对该地区有所影响。在此基础上，可以进一步分析该地区建筑发展背后的逻辑、历史与建筑风格变迁间的关系，以及历史事件对居民文化观念的影响。当然，更深入的溯源分析还需根据历史资料进行详细系统的研究。

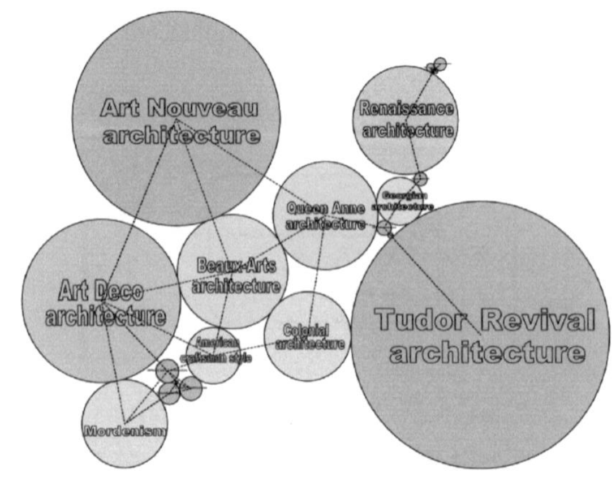

图 10　五大道地区历史风貌建筑风格结构图

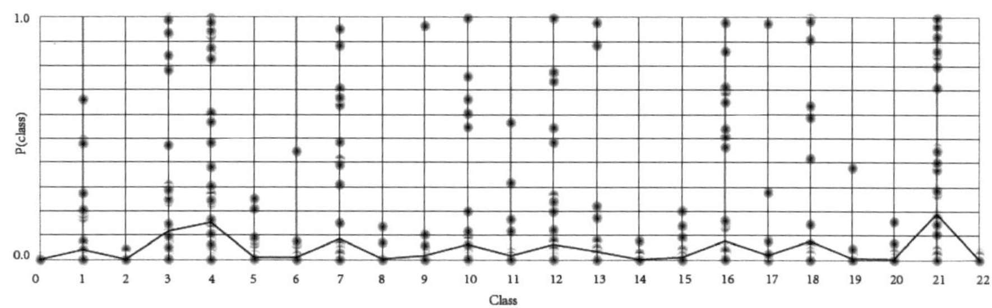

0 : Achaemenid architecture; 1 : American craftsman style; 2 : Ancient Egyptian architecture; 3 : Art Deco architecture; 4 : Art Nouveau architecture; 5 : Baroque architecture; 6 : Ancient Chinese architecture; 7 : Beaux-Arts architecture; 8 : Byzantine architecture; 9 : Chicago school architecture; 10 : Colonial architecture; 11 : Deconstructivism; 12 : Modernism; 13 : Georgian architecture; 14 : Gothic architecture; 15 : Greek Revival architecture; 16 : Renaissance architecture; 17 : Novelty architecture; 18 : Queen Anne architecture; 19 : Romanesque architecture; 20 : Russian Revival architecture; 21 : Tudor Revival architecture; 22 : High-tech Style.

图 11　五大道地区单体建筑溯源散点图及整体区域溯源折线图

4　总结与展望

本次研究基于卷积神经网络，首先通过将五大道地区的建筑图像数据输入分类模型中，得到每个建筑的风格概率分布。随后，视角从单一建筑提升到整个地区，综合所有建筑的概率分布，构建该地区的建筑风格结构关系。这一关系不仅揭示了五大道地区的建筑风格特点，更为其历史风貌的溯源提供了定量参考。然而，分类模型的准确度仍有提升的空间。随着技术的发展和更高质量数据集的使用，可以进一步发展和完善这一分析方法，提升建筑风格识别的精度和广度。此外，这一分析方法可以推广应用于更多的历史文化区域，进行广泛的建筑风格分析和历史溯源研究，为城市规划、文化保护和建筑修复提供科学依据。

参考文献

[1] 郎帅．天津五大道街区新建建筑研究［D］．天津大学，2019.

[2] 李琦．杂陈、共生与融合［D］．天津大学，2011.

[3] Alzubaidi L，Zhang J，Humaidi A J，et al. Review of deep learning：concepts，CNN architectures，challenges，applications，future directions［J］．Big Data，2021，8（1）：53.

[4] Hubel D H，Wiesel T N．Receptive fields，binocular interaction and functional architecture in the cat's visual cortex［J］．Physiol，1962，160（1）：106.

[5] Le Cun Y，Bottou L，Bengio Y，et al. Gradient-based learning applied to document recognition［J］．Proceedings of the IEEE，1998，86（11）：2278-2324.

[6] Liu Ziming，Wang Yue，Vaidya Shishir，et al. Kan：Kolmogorov-Arnold networks［R］．arXiv preprint arXiv，2024：2404. 19756.

[7] Xu Z，Tao D，Zhang Y，et al. Architectural style classification using multinomial latent logistic regression［C］//European Conference on Computer Vision. Springer，Cham，2014：600-615.

[8] Melvin，Jeremy. Isms：understanding architectural styles［M］．New York，NY Universe，2006：159.

[9] Y Lecun，L Bottou，Y Bengio，et al. Gradient-based learning applied to document recognition［J］．Proceedings of the IEEE，1998，86（11）：2278-2324. DOI：10. 1109/5. 726791.

[10] He K，Zhang X，Ren S，et al. Deep residual learning for image recognition［C］// 2016 IEEE Conference on Computer Vision and Pattern Recognition（CVPR）．Las Vegas，NV，USA，2016：770-778. DOI：10. 1109/CVPR. 2016. 90.

[11] Huang G，Liu Z，Van Der Maaten L，et al. Densely connected convolutional networks［C］// 2017 IEEE Conference on Computer Vision and Pattern Recognition（CVPR）．Honolulu，HI，USA，2017：2261-2269. DOI：10. 1109/CVPR. 2017. 243.

[12] Xu Mingle，Yoon Sook，Fuentes Alvaro，et al. A comprehensive survey of image augmentation techniques for deep learning［J］．Pattern Recognition，2023，137：109347.

基于空间网络分析的历史街区公共空间优化策略
——以南京荷花塘历史文化街区为例

The Optimization Strategy for Public Spaces in Historical Districts Based on Spatial Network Analysis

——A Case Study of the Nanjing Hehuatang Historical and Cultural District

田　野[1]　唐　芃[1]
1. 东南大学建筑学院

摘　要：随着中国城镇化进入中后期，居住型历史街区的更新改造成为城市更新的重要课题。这些街区不仅承载着城市的文化和历史，也是居民日常生活和社会交流的重要场所。然而，随着时间的推移和城市发展的不断变迁，许多历史街区的公共空间出现了空间环境品质较低、路网交通不合理、供需关系失衡等种种问题，难以满足现代城市生活需求。本文以南京荷花塘历史文化街区为例，研究探讨空间网络搭建和分析在历史街区公共空间优化中的应用。客观的物理公共空间与主观的群众聚集点往往存在差异。通过算法筛选物理公共空间和实际观察人群聚集点，分别构建物理空间网络和行为空间网络。通过比较这两个网络，全面分析公共空间的现状，对其进行分类，并提出不同的优化策略，以精准筛选更新点，优化公共设施的布局。研究通过对南京荷花塘历史文化街区更新的探讨，为当下的居住型历史街区的更新改造提供可参考的分析方法和设计策略，为有效提升城市建成环境品质和居民生活质量提供技术支持。

关键词：历史街区；公共空间；算法筛选；空间网络分析

1　引言

居住型历史街区不仅保留了城市的文化和历史，还为居民提供了日常生活和社会交往的空间。公共空间是居民生活中至关重要的区域，它不仅是社交和聚集的场所，也对改善社区环境和居民生活质量具有重要作用。然而，随着时间的推移和城市发展的不断变迁，许多历史街区的公共空间出现了空间环境品质较低、路网交通不合理、供需关系失衡等种种问题，难以满足现代城市生活需求。这些问题导致公共空间存在物理环境优越但使用率低的现象，需要通过对居民行为的研究找到最可能解决问题的更新策略。

社会网络分析法（Social Network Analysis，SNA）是一种基于“节点和连线”关系揭示网络内部结构和规律的方法，最早应用于社会学、人类学和心理学等领域[1]。随着这一方法被引入建筑学领域，有学者在城市住区的研究中引入空间网络概念以

国家自然科学基金面上项目：数据驱动的历史地段多尺度层级保护与更新方法（52178008）。

促进居民的交往互动[2]。此外，也有学者用SNA研究空间结构的问题，例如何正强从社会网络、公共空间、公共行为对改造型社区公共空间进行有效性评价[3]。

SNA关注节点的解析，可以研究公共空间单体在整体结构中的特征。然而在道路复杂的历史街区中，道路特征必然会影响公共空间的分析，所以研究结合空间句法，选取空间特征点和兴趣点建立模型的方法，构建本次研究的空间网络模型。

本研究以南京荷花塘历史文化街区为研究对象，通过算法筛选物理公共空间点和实际观察人群聚集点，构建物理空间网络模型和行为空间网络模型。通过这两个网络的比较分析，得到加入居民行为的公共空间现状结论。根据分析结果，提出不同的优化策略，以精准筛选更新点，优化公共设施的布局，提升城市建成环境质量和居民生活品质。

2 研究方法

2.1 研究对象：南京荷花塘历史文化街区

荷花塘历史文化街区位于南京秦淮区双塘街道，东至水斋庵、磨盘街、中山南路一线，南至城墙，西至鸣羊街，北至殷高巷。规划提出的保护原则：一是延续历史功能，坚持传统居住功能主导、避免过度商业化；二是坚持民生设施提升、坚持保护建筑修缮优先、引导传统民居合理保护更新。规划定位为具有南京明清时期典型传统民居特征，以城南历史城区传统居住文化与丝织手工业文化为特色的复合型生活街区。荷花塘作为南京典型的居住型历史街区正在进行一系列更新改造，研究荷花塘的空间网络特征以及物理和行为网络的差异具有一定的代表性。

2.2 研究技术路线

2.2.1 物理空间点与行为空间点的获取

物理公共空间在小核遍历法[4]的基础上，根据研究需求修改算法进行筛选。将研究对象的总平面图进行黑白图像处理（图1），黑色代表建筑空间，白色代表建筑以外的公共空间（为了避免道路的干扰，将道路根据每条路平均宽度删去）。用对应边长1~30m的像素核，依次对街区平面进行像素遍历，识别出所有达到设定面积的白色区域。此时只能识别到各个独立的正方形区域，接下来用各个大小公共空间的叠合图再次识别连通的白色区域。识别每个白色区域的中心点，并输出每个点的像素坐标，转换成地理坐标得到每个点在总图上的位置（图2）。

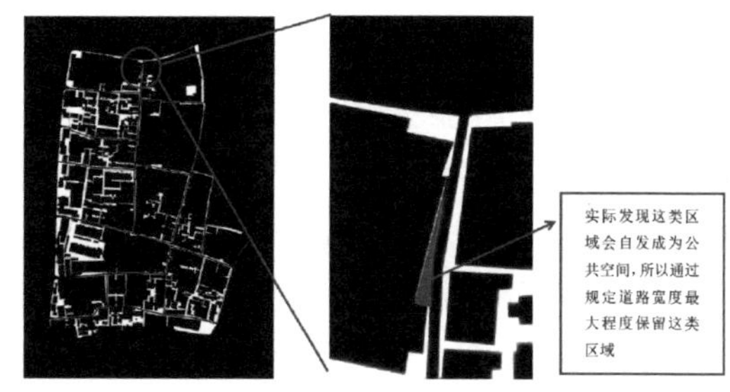

图1　街区总平面图黑白处理

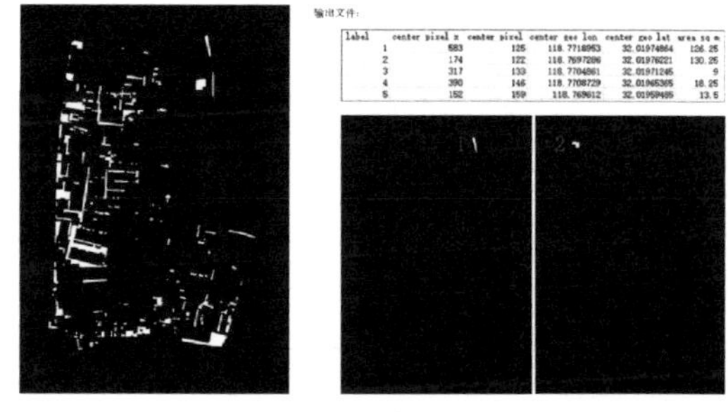

图2　识别白色连通区域得到物理公共空间位置

行为空间点为实地调研得到的人群聚集点，考虑到历史街区中的居民交往比较密切，且公共空间尺度会比较小，研究选定有三人以上聚集停留的地方即标记为人群聚集点。将公共空间点导入 ARCGIS 可视化，删除异常的点数据，最终分别得到物理空间点与行为空间点的落点（图 3）。

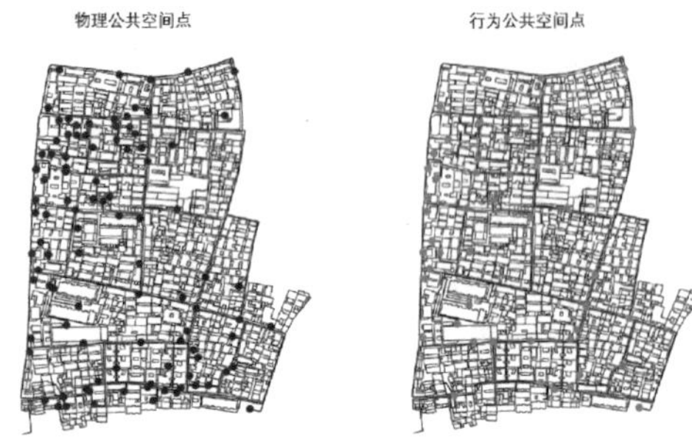

图 3 公共空间点

2.2.2 物理空间网络与行为空间网络的建立

在建立空间网络时，参照宣姝颖[5]的研究，“节点”的选取采用江斌提出的方法，用特征点和兴趣点共同表达空间拓扑关系[6]。

本研究中，兴趣点即为得到的公共空间点，特征点为道路的交接点、转弯点和终止点，它们能影响人的空间行为选择（图 4）。“连线”用来表达“节点”之间的关系，因为村镇社区尺度较小，可以将 1min 步行距离（120m），作为会产生高频交往的距离[7]。若两个公共空间能在 1min 步行距离内可视且可直接连通，不通过其他公共空间，则建立两点之间的“连接”。通过 Python 的 NetworkX 库输入点和线的 geojson 文件，经过计算分别得到物理空间网络与行为空间网络（图 5）。

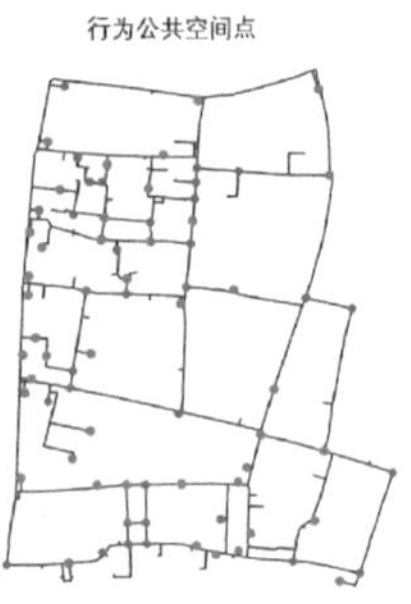

图 4 网络节点图

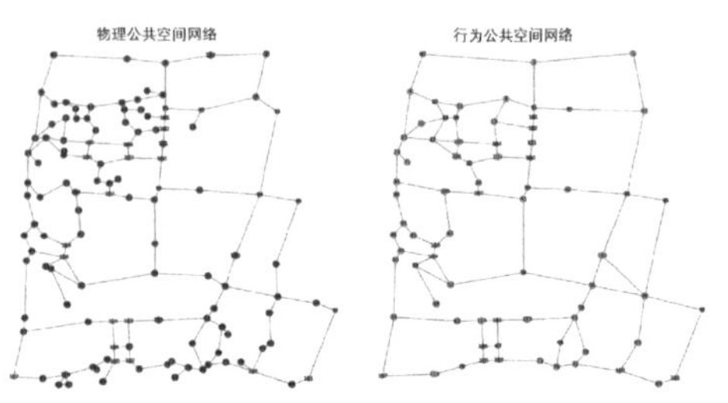

图 5 公共空间网络

2.2.3 基于社会网络分析法的空间网络分析

初步选择 SNA 指标，分别从“整体—片区—单点”的尺度对两个空间网络进行分析（表 1）。街区整体尺度，选取网络密度衡量公共空间的路径连通完备性；片区尺度，以派系分析筛选组团性的公共空间节点，划分公共空间组团；单点尺度，计算点度中心度、中介中心度、离心率和 PageRank 值，综合分析每个点的情况。对两个网络进行指标解析与异同点分析，并基于此提出公共空间的精准优化更新策略。

表 1 SNA 指标选择

指标	指标涵义	实际意义
单点-点度中心度	与节点 i 相连的其他节点的数量，节点的度越高，与其相连的其他节点数量越多	与公共空间点相邻的节点数量
单点-中介中心度	网络中每个节点对的最短路径中，经过节点 i 的数量，表达节点 i 在网络中承担中介的作用，数值高，中介作用强	公共空间点起到的中介作用
单点-离心率	从节点 i 到距其最远的节点距离	公共空间点的边缘程度

续表

指标	指标涵义	实际意义
单点-PageRank 值	基于 PageRank 算法综合计算节点重要性，是其他节点指向该节点的重要性的加权和	综合判断公共空间点在空间网络中的重要性
片区-派系	根据网络中节点的紧密程度进行组团划分，在组团内节点连接紧密，组团与组团之间联系分散	划分街区内部组团
整体-网络密度	各点之间连接的紧密程度	反映街区整体节点连通紧密度

3 数据分析

3.1 指标筛选

对单点尺度的指标进行相关性分析(图 6)，得出点度中心度和 PageRank 值之间高度相关，可以选择一个作为代表。而 PageRank 值通常更具代表性，因为它不仅考虑了节点的度，还考虑了相邻节点的重要性。中介中心度在两个网络中与其他指标有中等相关性，且与离心率有显著的负相关，反映了节点在网络中作为桥梁的重要性。所以最终选择 PageRank 值和中介中心度作为进一步分析节点特征的指标。

3.2 网络分析

3.2.1 网络整体数据分析

对两个网络的数据进行初步对比，从“点”数量来看，行为“点”（76 个）比物理空间“点”（123 个）少了近三分之一，但整体分布情况没有太大变化，主要是物理点分布密集的区域在行为网络中的点减少了。

网络密度用于衡量公共空间之间的连通紧密度，也体现了街区公共空间的可达性，值越高，路网完备度越高。物理空间网络模型和行为空间网络模型的网络密度分别为 0.0199 和 0.0361，表明物理空间网络中公共空间之间的连通紧密度较低、路网完备程度较低，片区中的端头公共空间较多；由居民筛选形成的行为空间网络密度有所提高，意味着居民会选择相对可达性较高的区域作为聚集点，符合人的行为习惯。

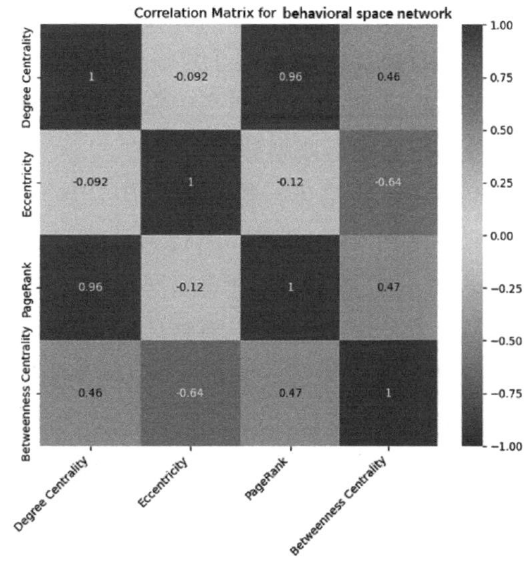

图 6 单点尺度指标的相关性分析

表 2 组团划分

	物理空间网络	行为空间网络
1	[2, 4, 9, 10, 11, 13, 18, 87, 23, 90]	[4, 105, 106, 10, 11, 18, 20, 87, 25, 90, 27]
2	[32, 103, 104, 105, 106, 17, 20, 25, 26, 27, 28, 29, 30, 31]	[32, 99, 100, 36, 103, 104, 40, 42, 107, 54]
3	[1, 3, 7, 21, 53, 120, 122, 91, 92, 93, 94, 95]	[28, 31, 34, 38, 108, 44, 45, 47, 46, 49, 50, 51, 52, 109, 118, 56]
4	[101, 102, 5, 6, 8, 12, 14, 15, 16, 19, 22, 24]	[114, 115, 117, 119, 59, 76, 62]
5	[33, 34, 38, 39, 43, 44, 45, 108, 47, 118]	[66, 67, 68, 71, 72, 78, 112, 113, 116, 123, 61]
6	[35, 36, 37, 99, 100, 40, 41, 42, 107, 121]	[96, 97, 65, 98, 110, 111, 84, 120, 58, 94, 95]
7	[70, 76, 77, 46, 49, 50, 82, 117, 85, 119, 86, 59, 62, 63]	[1, 3, 101, 102, 8, 19, 121, 91, 92, 93]
8	[96, 97, 65, 69, 74, 110, 111, 84, 57, 60]	
9	[64, 66, 68, 72, 73, 80, 89, 123, 61]	
10	[67, 71, 75, 78, 79, 112, 113, 114, 115, 116, 83, 81]	
11	[98, 109, 48, 51, 52, 54, 55, 56, 58, 88]	
模块度	0.7383	0.6848

3.2.2 网络片区分析

使用 NetworkX 库的 Louvain 算法进行派系检测，分别得到两个网络中的组团划分（表 2）。模块度值用于衡量派系划分的质量。模块度值越高，表示网络的派系结构越明显，派系内部的节点之间连接密集，派系之间的连接较少。物理空间网络的模块度为 0.7462，行为空间网络的模块度为 0.6790，表明这两个网络中派系结构较为显著，得到的组团划分是有效的。

可视化组团结果，得到街区中片区的划分结果（图 7）。可以看出行为网络得到的组团片区划分相比物理空间网络更加规整和匀称，片区划分的范围整体较大，可以体现出居民行为对空间的选择性，也说明了居民的日常交往活动的范围是较广的。同时出现了一些空白区域，可以判断出这些区域的可达性存在问题。

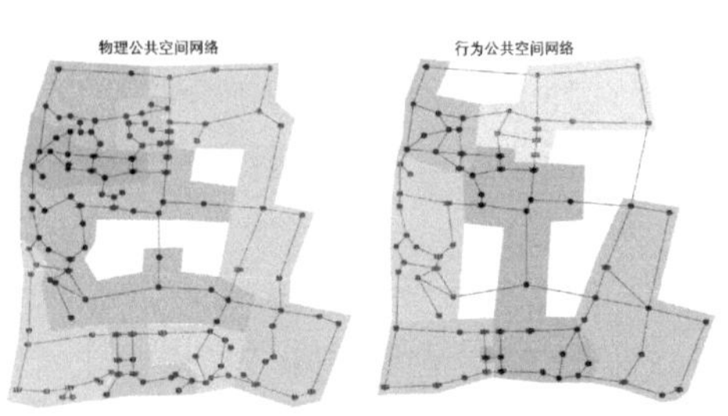

图 7 组团划分

3.2.3 单点数据分析

识别每个组团中 PageRank 值和中介中心度最高的节点，PageRank 值最高说明该节点在网络中有最高的影响力，中介中心度最高说明该节点是组团中连接其他组团最重要的桥接节点（图 8）。

当一个节点在组团中既有最高的 PageRank 值又有最高的中介中心度时，这个节点通常是组团中的核心节点，也是网络整体中关键的连接点。它们在维持网络的

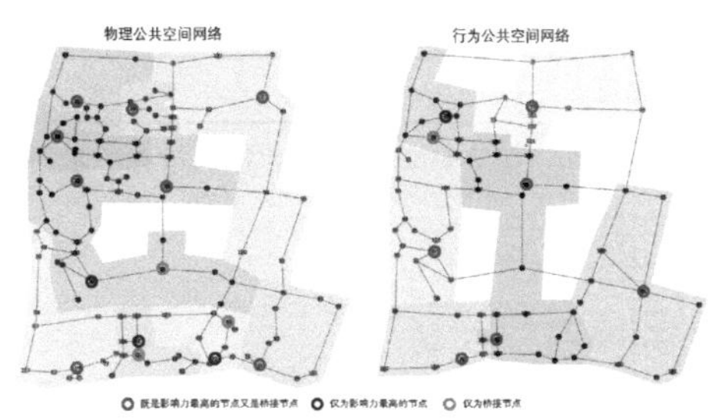

图 8 组团划分

连通性和整体稳定性方面具有重要作用。如果 PageRank 值最高的节点与中介中心度最高的节点不是同一个，那么 PageRank 值最高的节点通常是组团内部的社交枢纽，它在该组团内部非常重要，但对组团之间的联系影响较小；中介中心度最高的节点可能在组团内部的直接连接较少，但它们在组团之间起到了重要的桥梁作用，有重要的网络位置。分析两个网络的关键节点，对识别出的重要节点进行分类（表 3）。

表 3 重要节点分类

特征	节点
a. 两个网络中都最重要	99
b. 行为网络中最重要，物理网络中不重要	91、96、76、109
c. 行为网络中最重要，物理网络中组团内部重要	67
d. 行为网络中组团内部重要，物理网络中不重要	18
e. 行为网络中的重要桥梁，物理网络中不重要	27
f. 物理网络中最重要，行为网络中没有	7、14、26、33
g. 物理网络中最重要，行为网络中不重要	10、110、119
h. 物理网络中组团内部重要，行为网络中不重要	52、72
i. 物理网络中的重要桥梁，行为网络中不重要	54、112、72
j. 物理网络中组团内部重要，行为网络中没有	89

4 公共空间更新策略

4.1 网络整体结构优化

从“点”和“线”切入，提高公共空间的整体网络密度。在物理空间网络中组团划分的空白区域增加节点和路径，使街区公共空间点分布更为均衡，结构更加完善（图 9）。通过设计提升新增公共空间品质，来增大居民聚集的倾向性，并对占据路径的杂物和违建小屋进行整治，以期增加行为网络的连线。

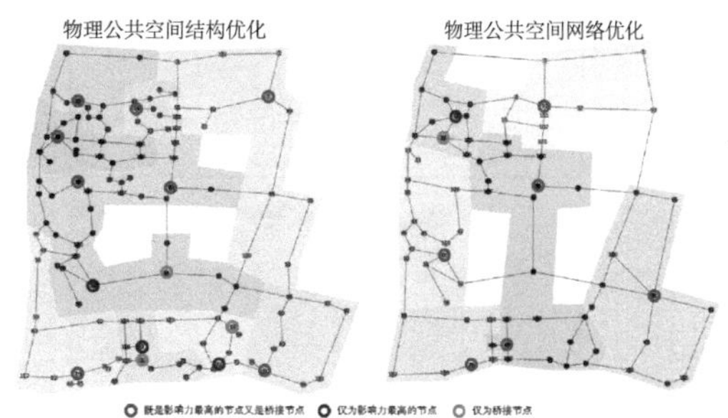

图 9 优化后的物理空间网络结构

再次分析优化后的物理空间网络结构，网络密度为 0.0200，仅略微提高。但组团划分更加规整，且没有出现明显的空白区域，证明节点和路径的增加达到了目的。

4.2 节点分类更新策略

根据节点在两个网络中的特征分类进行更新策略分类，对每个大类给出相应的更新策略（表 4）。

比如节点 99 按照分类可参照 A 类策略，对应实地调研结果，该节点周围为街区内的幼儿园与党群活动中心，可改造周围建筑，置入棋牌等休闲功能，增加室外公共区域，提高居民在附近活动的舒适度（图 10）。

表 4　节点更新策略

分类	更新措施
A（a，c）	优先改善和维护。考虑改造周围的建筑为公共功能，增加社会活动或文化活动，满足居民需求
B（b，d）	加强基础设施建设，如增加座椅、照明和遮阳设施，改善环境以支持更多活动
C（e）	确保相关路径的通畅性和安全性，可以增加指示标识
D（f，g，h，j）	提供特定的功能设施，通过推广和活动引流人群
E（i）	考虑放置基础生活保障设施

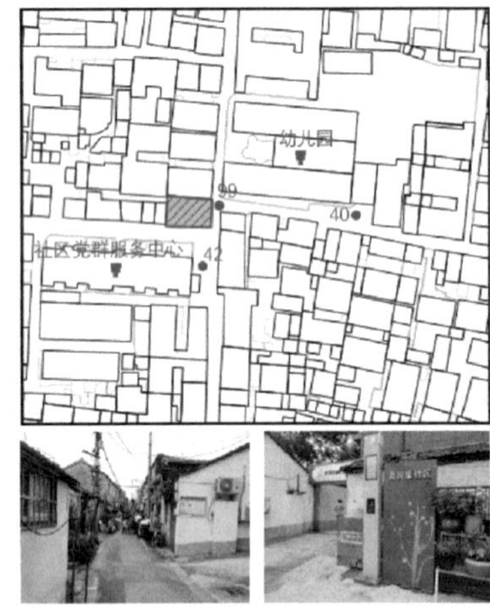

图 10　节点 99 更新改造示意

5　结论与展望

本研究聚焦于居住型历史街区中公共空间的更新改造，以南京荷花塘历史文化街区为研究对象，针对客观的物理公共空间与主观的群众聚集点往往存在差异的现象，分别构建物理空间网络和行为空间网络，优化公共空间识别的算法，得到物理空间点，提升前期数据获取的效率。引入社会网络分析法，使用“整体-片区-单点”的多尺度指标定量分析两个公共空间网络的结构特征及差异。研究对“节点”给予了重点关注，根据重要节点在物理空间网络和行为空间网络中的不同特征进行分类讨论，并给出对应的几类更新策略，期望为当下的居住型历史街区的更新改造提供可参考的分析方法和设计策略，为有效提升城市建成环境品质和居民生活质量提供技术支持。

本研究仍有一些局限性。荷花塘现状的物理空间还未更新改造，存在较多私搭乱建，会影响居民的行为选择。其次，实际的更新设计除了考虑居民的行为，还需要通盘考虑地块未来的总体发展定位。本研究提出的改造策略仅基于网络分析结果。

仅对一个历史街区进行探讨难以得到有说服力的普适性结论，可以在之后的研究中拓展样本数量，还可以对比已经进行了更新改造的街区，找到更有效更普遍的规律。在技术方面，使用的公共空间识别算法无法准确得到檐下空间这类公共空间，需要先手动核对 CAD 数据，之后可以在这一点上进行优化。最后公共空间的大小也属于公共空间的特征，且对空间的使用有较大影响，本次研究未将面积作为属性进行分析，之后可以考虑加入该属性，使空间网络更加完善。

参考文献

[1] 刘军. 社会网络分析导论［M］. 北京：社会科学文献出版社，2004.

[2] 朱海波. 走向融合：城市住区公共空间网络的建构［D］. 华中科技大学城市规划与设计，2006.

[3] 何正强. 社会网络视角下改造型社区公共空间有效性评价研究［D］. 华南理工大学，2014.

[4] 曾婧如. 传统建筑聚落公共空间尺度层级量化研究［D］. 东南大学，2020.

[5] 宣姝颖，唐芃，李力，等. 基于尺度层级分布和居民行为模式的聚落公共空间优化策略：以宜兴市丁蜀镇西望村村落更新为例［C］// 2021 年全国建筑院系建筑数字技术教学与研究学术研讨会暨 DADA 2021 数字建筑学术研讨会. 武汉,2021.

[6] 江斌. GIS 环境下的空间分析和地学视觉化［M］. GIS 环境下的空间分析和地学视觉化，2002.

[7] 徐丹华，龚敏，张子琪. 空间与行为网络匹配下的乡村公共空间优化策略［J］. 建筑学报，2022（S1）：86-90.

基于三维图解静力学的多种材料杆系结构生形优化方法与建造实践

Optimization Method and Construction Practice of Multi-material Truss Structure Based on 3D Graphic Statics

范　凡[1]　刘昕然[1]　王楚云[1]　钟翊嘉[1]　张　烨[1]
1. 天津大学建筑学院

摘　要：三维图解静力学是一种基于空间向量平衡的结构分析与设计方法。目前 Grasshopper 上发布的三维图解静力学生形插件可根据计算出的内力大小与设计者期望的半径值区间生成杆件半径，但无法根据实际建造情况准确量化不同材料在生成实体杆件时存在的差异。在此背景下，本研究使用有限元分析计算插件 Karamba3D 和遗传算法相结合，给生形过程提供可定义的材料参数，深化三维图解静力学在参数化建造中应用的维度，得到可用于建造的合理结构模型。基于上述方法，本研究在天津大学的校园内完成了一个观鸟亭的建造项目，实现了在三维图解静力学生形中对材料变量的添加，完善了由抽象力流到实体杆件的生成逻辑，有助于利用三维图解静力学针对具体材料进行实际设计与建造。

关键词：三维图解静力学；杆系结构生形优化；遗传算法；数字建造

1　引言

图解静力学是一种通过几何运算寻找有效结构形式的方法，其关键特征是结构的形式与相应的力系统之间的几何关系[1]。2013 年，瑞士苏黎世联邦理工学院的马苏德·阿克巴扎德（Masoud Akbarzadeh）在其研究中提出一种从给定力多面体构建空间杆系结构静力平衡的方法，将二维图解静力学扩展到三维问题[2]。在三维图解静力学中，外力的平衡或平衡结构的单个节点由封闭多面体或多面体单元表示，称为“力图”；反映结构中力传递的空间平衡力系为“形图”。“力图”每个面的法线方向对应“形图”中轴向力方向，其面积等于“形图”中力的大小。“力图”与“形图”存在拓扑与几何上的依赖，一个图中的任何变化都会导致另一个图的变化[3]。

目前，Grasshopper 上发布的基于三维图解静力学原理的生形设计插件（Polyframe）实现了自建“力图”输入、“形图”与“力图”双向控制修改、合理结构形式与杆件半径输出的生形工作流[4]，为设计师提供了更多探索结构效率、设计与分析统一性以及建筑经济性的可能性。然而，该过程中杆件半径的生成是较为主观的：控制杆件半径的变量仅为计算得出的内力大小与设计者期望的半径值区间。该过程无法根据实际建造中的材料选择控制杆件半径生成，从而降低了三维图解静力学理论在参数化建造应用中的精确性与合理性。

在此背景下，本研究基于三维图解静力学基本理论与现有生形插件，将有限元分析计算插件 Karamba3D 与遗传算法相结合，为上述生形过程提供可定义的材料参数，深化三维图解静力学针对具体材料在实际建造中的应用维度。基于上述方法，本研究完成了一个观鸟亭的建造项目。在该项目中，选择混凝土与松木两种材料完成了项目上下两部分的实际建造，以此反映不同材料特性在杆件半径与节点类型生成上的差异。

2 多种材料杆系结构半径生成优化

2.1 基于三维图解静力学的初步设计流程

研究首先依托 Grasshopper 上发布的三维图解静力学设计插件 Polyframe 展开，采用现有工作流进行初步设计，并得到后续优化所需的初始参数。

第一步，根据设计者的方案意向，依据三维图解静力学原理设计“力图”；第二步，将前述图形输入设计插件 Polyframe，构建该插件可识别的“力图”格式，计算拓扑“形图”；第三步，通过“力图”与“形图”双向控制修改，确定并输出符合设计要求的合理结构形式与默认杆件半径值（图 1）。此二项将作为后续输入杆件结构优化过程的参数。

在上述流程中，生形插件 Polyframe 可根据计算出的内力比例与设计者期望的半径值区间生成一定粗细的杆件，即设计者确定杆系结构整体的半径最大值和最小值后，内置程序会生成与每根杆件受力大小成正比的半径值，并使生成的半径区间端点趋近于给定区间端点。这种生杆方式看似在力流的基础上产生了杆件，实则是内力相对大小借由杆件形式的可视化，并不具备实际的力学性质与物理意义。因此要想在实际建造中充分应用插件计算出内力的相对大小，需要增加参数来限制杆件半径值的可能性。而材料作为结构力学性能的决定因素之一，其相关参数可以作为重要的控制条件参与到以建造实践为导向的生形优化中。

2.2 基于 Karamba3D 和遗传算法的半径优化

本研究使用有限元分析计算插件 Kara-

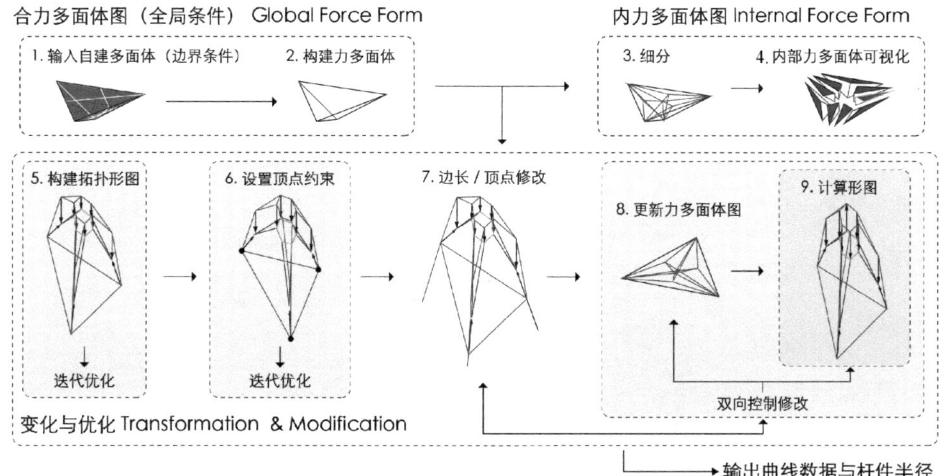

图 1 基于设计插件 Polyframe 的初步设计流程图

mba3D（下文简称 Karamba）结合遗传算法来完成上述优化目标。通过 Polyframe 输入自建"力图"确定符合方案意向的拓扑形后，将曲线数据、Polyframe 输出的默认半径值，以及 Karamba 中定义的材料种类、截面类型输入 Karamba，以设计者定义的半径值区间作为基因组，利用遗传算法求得整个结构的材料利用率在一定范围内最大时的半径值最优解。该项作为输出计算结果，指导后续建造过程。

进行运算之前需区分不同类型的杆件。由 Polyframe 生成的形图包括本身受力的杆件、提供外力的杆件，以及在后续方案设计过程中会额外出现起形式作用的杆件。需要根据杆件的位置与受力情况规定杆件半径的变化范围。由此每产生一个数值 slider，就产生一个用于遗传算法输入的基因组。

通过 Karamba 建立材料参数体系（图2）。除基本工况外，Karamba 中需要定义的材料参数包括：①材料种类，如混凝土；②截面种类，如 O 形、方形、工字形等；③自重荷载，结构的自重是以杆件体积与材料密度为自变量的函数。结果评价指标包括节点位移、变形能量、元件利用率等。其中元件利用率（Utilization of Elements）是整体结构实受应力与应受应力之比，可用于量化结构稳定性。当利用率等于 1 时意味着结构位于垮塌临界点，一般以 0.8 左右为宜。因此选择材料利用率作为遗传算法的适用条件，规定其在 0.6~0.8 范围内达到最大时取杆件半径最优解，完成半径优化。

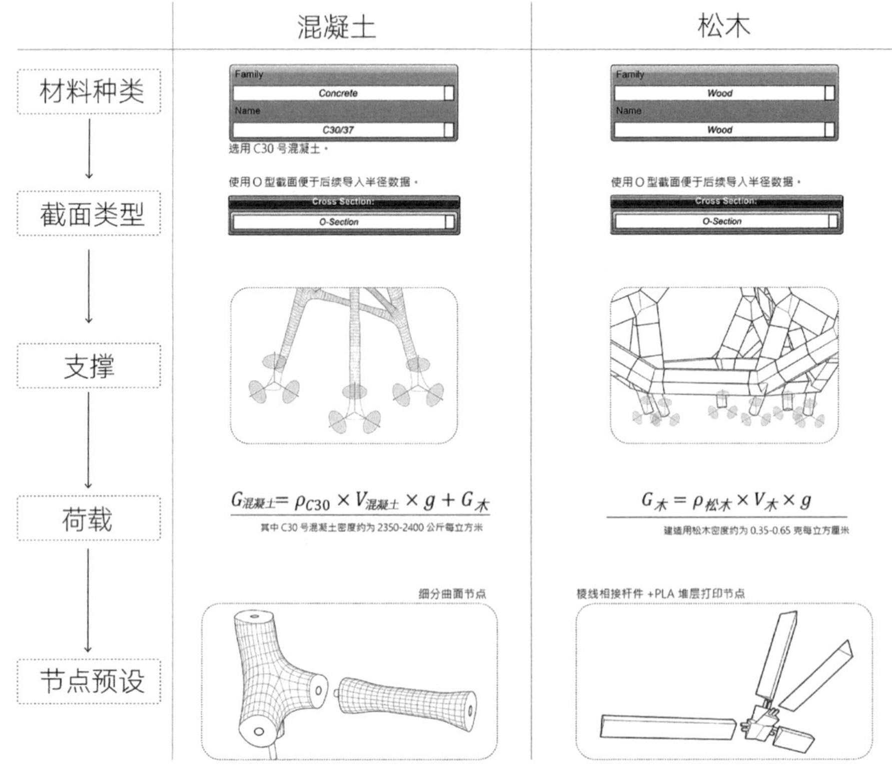

图2　定义材料参数

3 多种材料不等半径杆系结构模型生形——以混凝土与松木材料为例

完成不同材料杆系半径优化后每根杆件与其半径值一一对应：根据杆件类型与受力情况的差异，其半径值不同。但现有设计研究中缺乏对不等半径杆系结构进行生形的手段，这对不等半径杆系结构模型生形，尤其是节点模型生形提出了新的参数化路径要求。

本研究选取混凝土与松木两种代表性建筑材料，分别对杆件与节点的形式作出预设，并提出生形优化路径，以完善现有设计插件仅能根据半径生成抽象杆件的生形逻辑。

3.1 混凝土材料的不等半径杆系结构模型生形

考虑混凝土材料的特点，本研究预设混凝土的杆件结构模型为圆管。不同粗细的杆件以圆滑的方式相接，生成节点。为解决现有的设计插件不能满足设计需求的不等半径节点生形问题，研究采用 Grasshopper 中的 Kangaroo 插件进行生形辅助。

首先，选取与待生形节点相连的线段，在 Rhino 中使用曲面工具 Multipipe 初步生成该节点的基本形态作为初始曲面；其次，提取该曲面上合适密度的裸点作为计算参数；最后，以不等半径的端点面最外曲线为锚定曲线，以裸点云中距端点面最近的点为锚定点，使用 Kangaroo Solver 计算初始曲面、锚定曲线与锚定点，得到该节点的不等半径准确模型（图 3）。该流程通过创新不等半径多管物件的生形方法，实现了由原插件中抽象、无节点的杆件到实际混凝土结构模型的优化生成。

3.2 松木材料的不等半径杆系结构模型生形

本研究预设松木的杆件结构模型为多棱柱。由于线与线接头的每个构件都有独特的力且大小不同，对此，基于其凸包的拓扑结构研究了形成组合不同尺寸木杆件的节点合适形状。首先，根据计算出的半径生成截面圆，并做出内外接线在截面圆上的投影线；其次，连接投影线与截面圆边线的交点，得到形状各异的节点截面；最后，截面内推布尔运算生成节点，截面外推生成相连杆，实现棱线的整体相连（图 4）。

基于对实际加工的考虑，对电池生成的节点进行了一定的归类和化简，产生部分截面相同的杆件。同时，研究了相同截面杆件在三维空间中，不同数量组合的节点生成。

通过半径生成优化与结构模型生形优化，本研究完成了基于三维图解静力学的杆系结构生形优化。该优化流程完善了由抽象“形图”到真实建造所需节点与杆件的模型生成，为后续建造实践提供了数据基础支持。

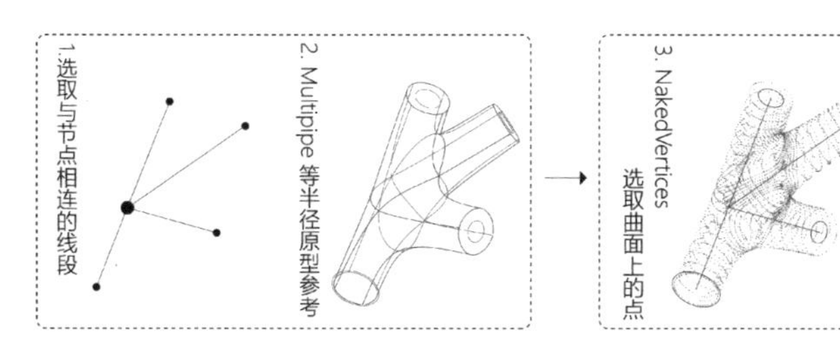

图 3 混凝土结构节点模型生形

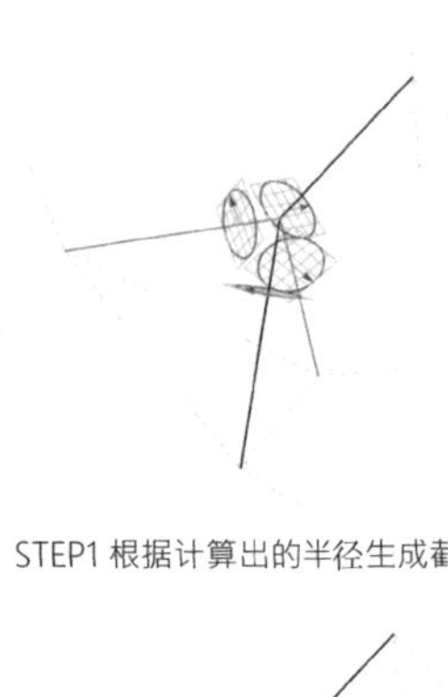

STEP1 根据计算出的半径生成截面圆

STEP2 外接杆在截面圆上的投影线

STEP3 内接杆在截面圆上的投影线

STEP4 投影线相连生成三角形截面

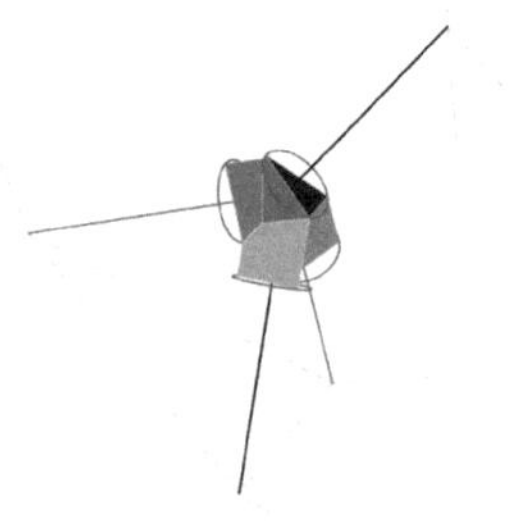

STEP5 截面内推布尔运算生成节点

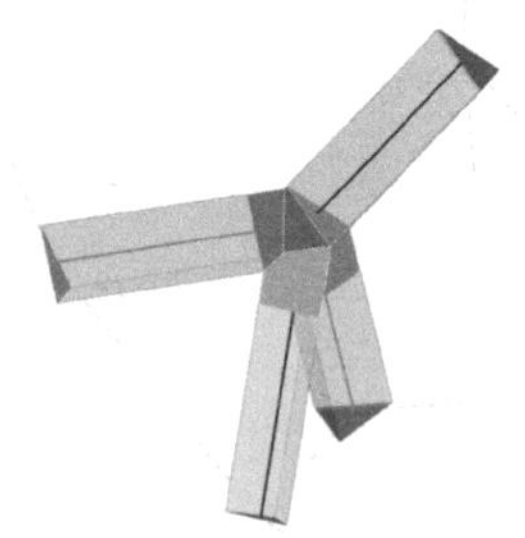

STEP6 截面外挤生成相连杆件

图 4　松木结构节点几何形状推导

4　建造实践

本研究进一步开展了建造实践。基于前述设计与生形优化方法，团队完成了一个观鸟亭项目的实际搭建。

4.1　项目方案设计与生形

项目场地位于校园花园内，自然意趣浓厚，鸟类品种丰富。本研究以此为场地要素，设计建造一个可供人观察鸟类的构筑物。

首先，根据 Polyframe 生形工作流对项目的基本形态进行设计与生成，得到符合设计意向的结构曲线数据与默认杆件半径值（图 5）；其次，为延续前述对材料参数的讨论，使用混凝土与松木两种材料进行实践验证，并使用 Karamba 和遗传算法相结合的半径优化方法得到每根杆件的半径值；最后，基于结构模型生形优化方法，针对方案中的混凝土结构（图 6）与松木结构（图 7）分别进行生形，得到可用于建造的数字模型。

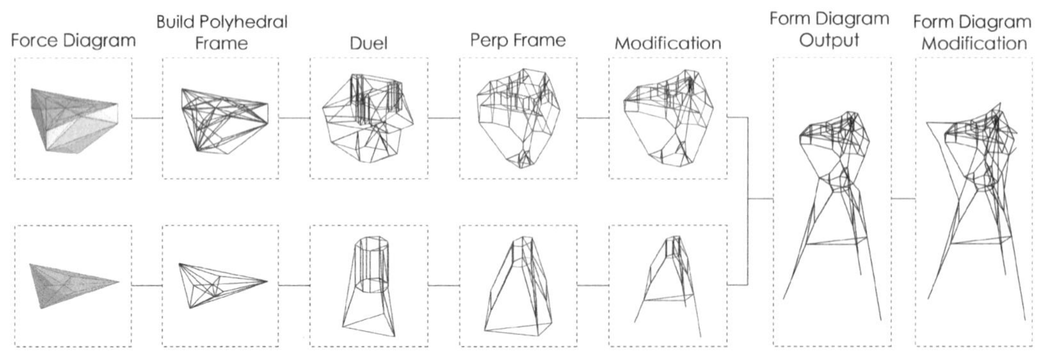

图 5　基于 Polyframe 生形工作流的观鸟亭方案设计

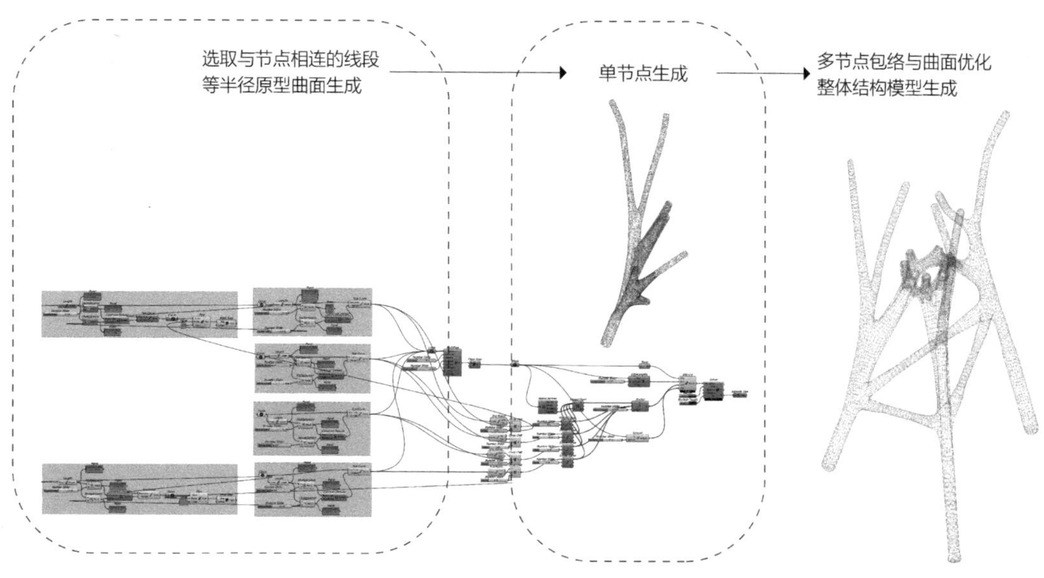

图 6　观鸟亭混凝土结构模型生形

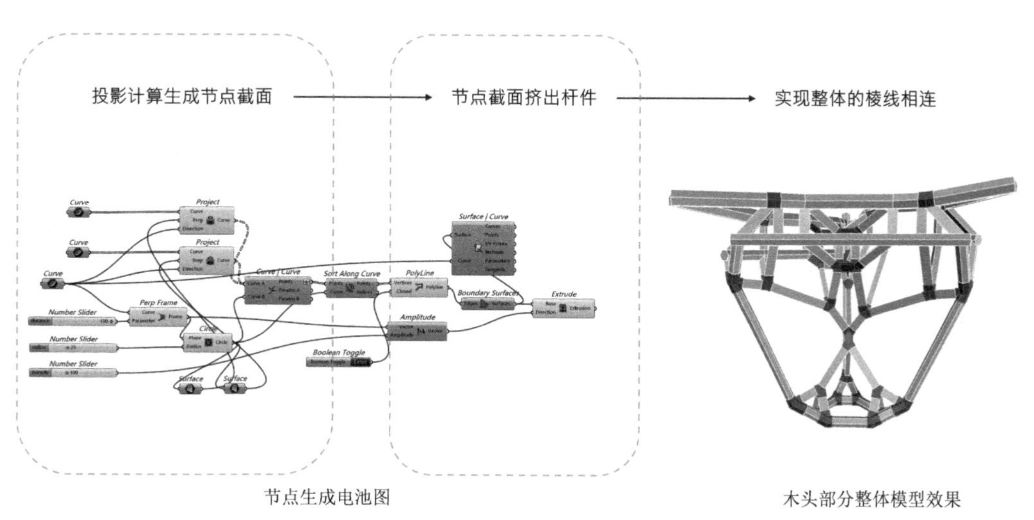

图 7　观鸟亭松木结构模型生形

通过以上设计流程，研究完成了项目方案设计与优化生形，同时以多样化的材料特性回应了方案设计逻辑并适应人鸟的个性化空间需要，达到形式、材料、功能的统一：项目顶部结构采用松木材料，以致密的树形结构给鸟类提供栖息空间；底部结构采用混凝土材料，作为单一受压承重结构同时为人提供停留空间。

4.2　混凝土结构建造

混凝土结构的复杂曲面形态决定了建造重点为浇灌模具的制作。团队首先针对小尺度组件进行了两种模具的实验探索：①依据组件形态，分片 3D 打印正模并组装，浇灌混凝土；②3D 打印组件模种，浇灌硅胶反模，脱模后浇灌混凝土。两种方法均存在关键性问题：前者成品组件很

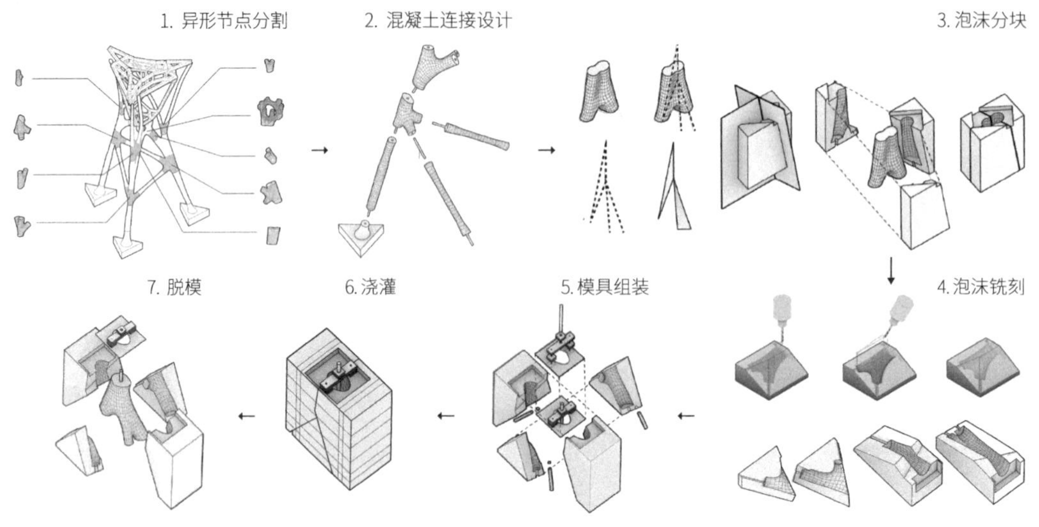

图 8　混凝土组件建造流程

好地还原了数字模型的形态，但成本过于昂贵；后者硅胶反模质地不均，难以晾干，导致成品形态与数字模型出现较大差异，且成本昂贵。

综合实验过程与结果，最终结构建造采用 CNC 五轴铣床铣刻 EPS 泡沫制作反模并浇灌混凝土的方法[5]。该方法具有精度高、成本较低的优点。该过程分为以下步骤：①将完整模型分割为各节点与杆件的小尺度组件；②以灌浇面为基准面生成组件包容块，扩大成为标准尺寸，作为浇灌用泡沫的初始形态；③提取组件数字模型的轴线，分别两两形成平面，以各平面切割包容块；④对组件与切割后的包容块使用布尔运算，得到泡沫反模数字模型；⑤针对每一个泡沫分块编写铣刻路径，使用 CNC 数控铣床依次进行毛坯、粗加工、细加工铣刻，得到实体泡沫分块；⑥对完成的泡沫分块喷涂脱模剂并组装模型，得到各组件的反模；⑦依据 C40 配比，搅拌混凝土并浇灌入各组件反模中；⑧3d 后脱模，脱模后持续 7d 对成品组件表面进行洒水养护；⑨组装预制混凝土组件，并持续洒水养护，达到结构强度（图 8）。

在各混凝土组件凝固时，地基部分同时建造。地基建造过程分为以下步骤：①使用铁管与细绳，于场地进行地基的辅助定位；②挖出深约 30cm 的基坑，初步找平；③浇筑混凝土垫层，利用水平仪二次找平；④在水平混凝土界面上放置脱模后的三块地基组件，待上层混凝土结构组装。

在建造过程中（图 9），由于铣床定位与精度问题，在泡沫铣刻、反模组装过程中出现误差，导致浇筑出的成品混凝土组件形态与数字模型存在差异。为了解决此问题，组件连接部位凸头采用 ϕ20 空心圆钢管、凹头采用 ϕ25 空心 PVC 管。以此，各组件在整体固定组装之前均可在一定范围内移动、转动，以容纳误差。

泡沫铣刻与模具成品

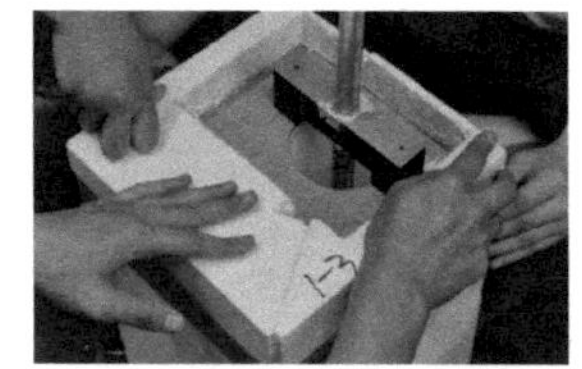

模具组装与浇灌

脱模与节点成品

图 9　混凝土组件建造过程照片

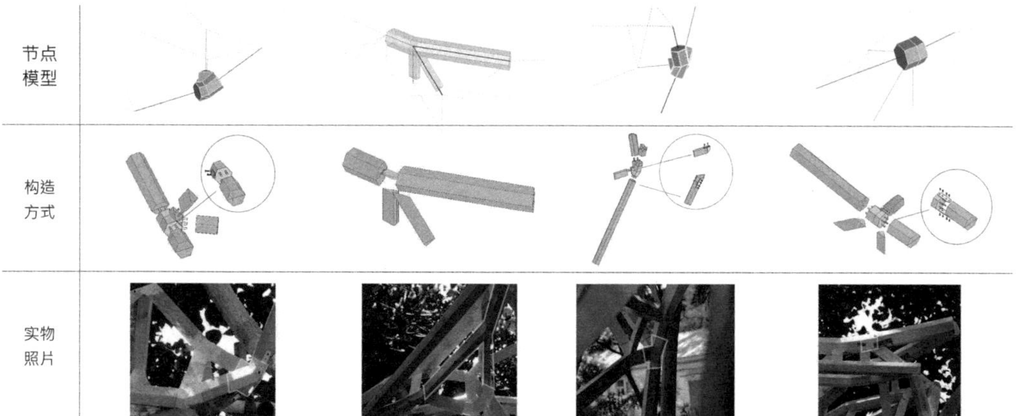

图 10　松木结构代表性节点及实物照片

4.3　松木结构建造

综合价格、重量、加工难度等因素，团队针对松木结构建造共 3D 打印 34 个节点，数字化加工 134 根杆件。

节点采用 PLA 堆层 3D 打印，内部选择网格填充来增加强度，同时设计了榫卯。但实际搭建中发现 3D 打印的节点强度还是存在问题，需用连接件加固。木杆件的数字化建造采用机器加工出相应角度与长度，并在截面钻眼与 3D 打印节点连接。受成本限制，两根在同一水平面的杆件没有打印节点，而是用推拉锯调整两轴角度或编写刀轨程序用 CNC 五轴数控铣床进行加工，并通过开槽插榫的方式两两相连（图 10）。

4.4　整体结构组装

混凝土与松木结构分别建造完成后，组合两部分以完成整体结构搭建。在该部分，难点在于混凝土与松木部分的节点连接。针对该项目，通过三种节点设计完成两部分的连接（图 11）。

第一种，在松木部分的 3D 打印节点设置 2cm 直径圆管预埋入混凝土反模中，与该混凝土组件一同浇灌、凝固。该方式用于混凝土部分受力最为集中的核心部分，以达到最为牢固的连接效果。第二种，设置松木连接件，两端分别与松木节点与混凝土杆件连接。该方式用于松木部分与中部混凝土形态杆的连接，以达到较为自然的连接效果。第三种，使用长螺钉将混凝

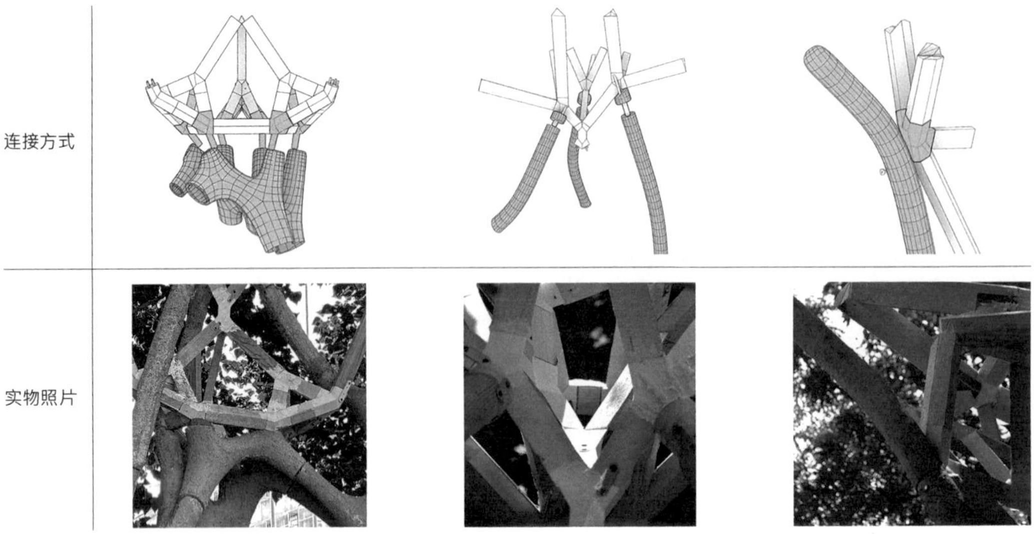

连接方式

实物照片

图 11　混凝土与松木结构连接方式及实物照片

土形态杆与松木节点直接连接。该方式用于顶层松木杆件与外围混凝土形态杆的连接，以容纳累计的系统误差；同时削弱节点的存在，服务于整体形态效果（图 12）。

图 12　观鸟亭成果照片

5　总结

本研究通过结合使用有限元分析计算插件 Karamba 和遗传算法，实现了在使用三维图解静力学生形插件 Polyframe 生杆过程中材料参数的添加，然后针对混凝土与松木两种建筑材料分别提出了杆件与节点模型生形的优化路径，并完成了基于上述讨论的建造实践。本研究实现了基于三维图解静力学以建造实践为导向的杆系结构生形优化，以此深化了三维图解静力学在实际建造中的应用维度。

在这项研究中，仍有可以进一步探讨的地方。首先，可以丰富材料种类的选择。通过在 Karamba 中建立多种材料预设，增加节点类型定义，可以使该优化系统满足更多建造应用需求。其次，可以进一步探讨结构在面对除自重荷载外（如风、雪等荷载与外力）的力学抗性考虑，进一步提高结构体系在多种外力作用下的表现。最后，可以发展更适合于参数化生产的杆系建造流程，探索生产效率的更佳表现。

参考文献

[1] Allen E, Zalewski W. Form and forces: designing efficient, expressive structures [M]. Wiley.

[2] Akbarzadeh M, Mele T, Block P. Equilibrium of spatial structures using 3-D reciprocal diagrams [M]. 2013.

[3] Lee J, Mele T, Block P. Form-finding explorations through geometric transformations and modifications of force polyhedrons [M]. 2016.

[4] Nejur A, Akbarzadeh M. Polyframe, efficient computation for 3D graphic statics [J]. Computer-Aided Design, 2021, 134: 103003.

[5] Masoud A, Mehrad M, Ramtin T, et al. Hedracrete, prefab, funicular, spatial concrete [F]. Association for Computer-Aided Design in Architecture (ACADIA), 2017.

基于 HBIM 的建筑遗产修复分布式通用数据环境研究

Research on a Distributed Common Data Environment for Architectural Heritage Restoration Based on HBIM

董星瑶[1]　邹贻权[1,2]　任志翔[1]　张子怡[3]　刘朝娣[4]

1. 湖北工业大学土木建筑与环境学院
2. 湖北工业大学 BIM 工程研究中心
3. 浙江大学艺术与考古学院
4. 山西晋城煤业集团勘察设计院有限公司

摘　要：本文提出了一种基于分布式通用数据环境（CDE）的历史建筑信息模型（HBIM）协同设计框架，旨在提升建筑遗产修复项目的安全性和协作效率。现有 CDE 系统在处理复杂 HBIM 模型方面存在挑战，且集中化设计存在数据安全风险。利用区块链与星际文件系统（IPFS）结合，开发了分布式 CDE 框架，实现了 HBIM 模型和修复文件的分布式存储与管理。研究集成了 CDE、区块链和 IPFS 技术，构建了安全协同设计逻辑框架；开发了符合 CDE 标准的交易数据模型，并编写了支持数据共享和查询的智能合约。性能评估显示，该框架在网络延迟、吞吐量和存储成本方面表现优异，满足建筑遗产修复需求。结论表明，分布式 CDE 框架提升了数据安全性和协作效率，为建筑遗产保护和修复提供了新技术解决方案。

关键词：建筑遗产修复；区块链；通用数据环境；星际文件系统；历史建筑信息模型

1　引言

国际古迹遗址理事会（ICOMOS）、国际文物保护与修复研究中心（ICCROM）和联合国教科文组织（UNESCO）等机构颁布了一系列宪章和公约，旨在保护建筑遗产，如《威尼斯宪章》强调历史古迹是宝贵的过去见证。如何科学合理地修复和保护建筑遗产是一个亟需解决的问题。历史建筑信息模型（HBIM）作为 BIM 技术在文化遗产保护中的应用，使团队成员能通过共享设计属性和变更进行协作，提高数据管理和协作效率。ISO 19650 标准提出的通用数据环境（CDE）为项目团队提供了集中数据管理平台，但现有 CDE 系统主要针对常规 BIM 设计，未能充分处理复杂的 HBIM 模型，并且多采用中心化设计，容易受到数据安全问题影响。去中心化技术如区块链，可以增强 CDE 的数据安全性和透明度[1]，但其固有的块大小限制使存储大型文件（如 HBIM 模型和 CAD 文件）面临挑战。星际文件系统（IPFS）是一种创新的点对点分布式文件系统，为区块链提供了安全存储和分发大型文件的理想技术补充[2]，通过生成唯一内容标识符（CID）在区块链上分布，用于数据完整性验证和访问控制。本文提出了一个集成区块链和 IPFS 的建筑遗产修复分布式通用数据环境框架，解决基于 HBIM 的安全协同设计中的大文件存储问题。研究目标为：（1）开发区块链-IPFS 集成的建筑遗产修复分布式通用数据环境框架；（2）开发支持该框架的技术组件；（3）评估其性能。

2 文献综述

2.1 基于 HBIM 的协同工作流程

建筑遗产保护和修复需依赖跨学科数据，如历史、诊断和文献资料。历史建筑信息模型（HBIM）将 BIM 技术应用于历史建筑信息管理，提高了数据交换和可访问性。2009 年，Murphy 等人首次引入“HBIM”概念，将其定义为历史建筑数据的参数化对象库[3]。HBIM 现已拓展至历史建筑的全生命周期管理，吸引了众多学者关注其在协同工作流程中的应用。例如，Ziyi Zhang 将 HBIM 定义为“基于数字技术的协作方法”[4]，Jordan-Palomar 等人研究了 HBIM 在多学科参与和数据标准化方面的应用[5]，Nieto-Julian 开发了针对建筑遗产的协作流程[6]。这些研究提高了 HBIM 协作的效率，但流程复杂、版本管理不佳和数据冗余问题仍需进一步优化。

2.2 建筑遗产修复设计通用数据环境

ISO 19650 标准建议采用通用数据环境（CDE）进行 BIM 项目管理。CDE 为项目管理和协作提供结构化框架，适用于建筑遗产修复项目。CDE（图 1）由四个阶段组成：工作进行阶段、共享阶段、发布阶段和归档阶段。工作进行中的数据仅项目团队可访问和编辑。共享阶段的数据经过验证后可共享但不可编辑。发布阶段的数据得到客户授权，可用于施工。归档阶段保存了所有发布和共享的数据日志，提供项目历史记录。CDE 明确了数据状态、文件命名和版本控制，提升了协作效率。

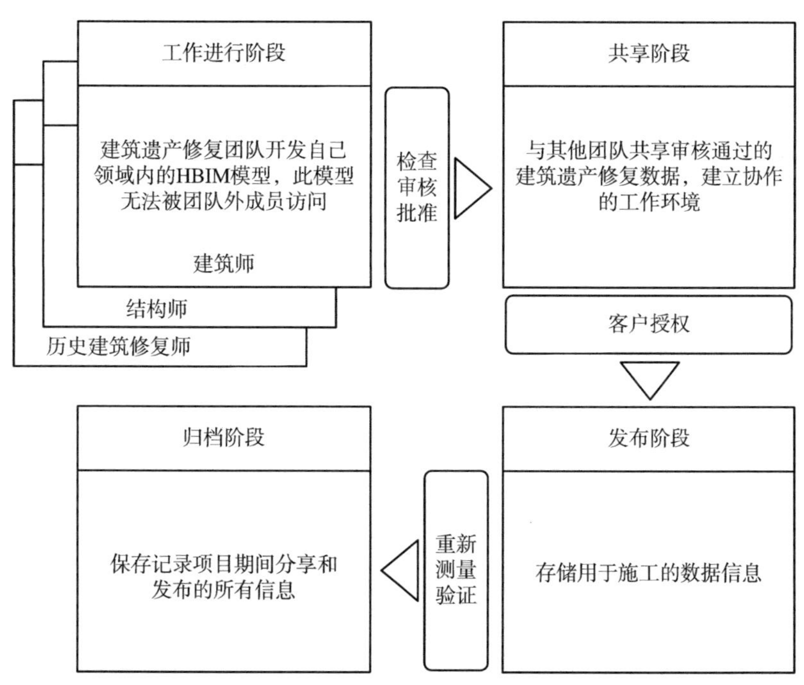

图 1　通用数据环境（CDE）工作流程

Cornelius Preidel 开发的 BIM 集成框架（BIF）使项目成员能实时访问和更新 BIM 模型，提高效率[7]。Stefan Mordue 提出的 CDE 框架优化了信息检查、版本控制和发布流程，增强团队协作。BIM360 和 BIMcloud 等商业 CDE 产品通过聚合模型，帮助设计团队使用最新模型，证明了 CDE 在项目管理中的价值。

尽管 CDE 提高了 BIM 项目的协作效率，但在建筑遗产修复设计中仍面临特定挑战。传统 CDE 模型主要针对标准 BIM 项目，未能充分满足建筑遗产修复的需求。此外，多数 CDE 模型基于云端服务器或集中式数据库，增加了网络安全风险，如数据篡改和访问拒绝[8]。因此，需要开发新的 CDE 模型或增强现有模型的安全性，以确保数据完整性和项目信息安全。

2.3 区块链在建筑行业中的应用

区块链技术因其可溯源性、不可更改性和透明度，在建筑行业得到广泛应用。Wang 等人开发的基于区块链的供应链信息管理框架增加了供应链的可追溯性[9]；Chin-Lin Hsu 等人基于区块链的机器学习促进了 BIM 协作中的知识共享[10]；Tao 等人探索了设计协调和信息保密的区块链框架[11]。尽管区块链在 BIM 设计协作方面已有研究，但在 HBIM 协作设计中的应用较少，主要因为 HBIM 文件体积大，而区块链不适合直接存储大型文件。

结合区块链与星际文件系统（IPFS）的方法，可解决区块链无法直接存储大型文件的问题。IPFS 是一种分布式点对点文件系统，允许大型文件存储而不依赖中心化服务器。通过在 IPFS 中存储大文件，并将内容标识符（CID）上传至区块链网络，不仅可实现大数据的存储、溯源和真实性验证，还可确保数据的安全性和完整性。此方法在医疗数据管理和视频存储领域均有应用。Sun 等人结合区块链和 IPFS 提出了加密方案，实现医疗数据的安全存储和查询[12]；Yu 等人提出的基于区块链和 IPFS 的数字版权管理系统解决了视频、音频等大文件的存储问题[13]。Tao 等人通过区块链与 IPFS 结合，为 BIM 协同设计提供了新解决方案，优化大文件存储路径，确保数据安全和完整性，并带来了新的可能性[14]。

尽管区块链和 IPFS 的结合在建筑行业显示出巨大潜力，但在建筑遗产修复领域的应用研究较少。本文提出了一个建筑遗产修复分布式通用数据环境框架，旨在解决上述问题。

3 建筑遗产修复分布式通用数据环境框架开发

开发建筑遗产修复分布式通用数据环境框架涉及三个关键挑战：首先，必须明确如何将建筑遗产修复的 CDE 与区块链及 IPFS 技术集成，以便构建出一个能够支持安全协作设计流程的逻辑框架；其次，为了支撑建筑遗产修复分布式通用数据环境的功能，必须开发出一套符合 CDE 标准的交易数据模型；最后，需要编写相应的智能合约来支持建筑遗产修复分布式通用数据环境的功能。

这一过程首先涉及集成 CDE、区块链和 IPFS 技术，构建一个能够支持建筑遗产修复的逻辑框架；接着是开发一个符合 CDE 标准的交易数据模型，以记录和管理建筑遗产修复过程中的设计变更数据；最后，编写智能合约，以支持数据的共享和查询，确保数据交互的安全性和透明性。图 2 展示了建筑遗产修复分布式通用数据环境框架开发的方法，详细说明了各步骤

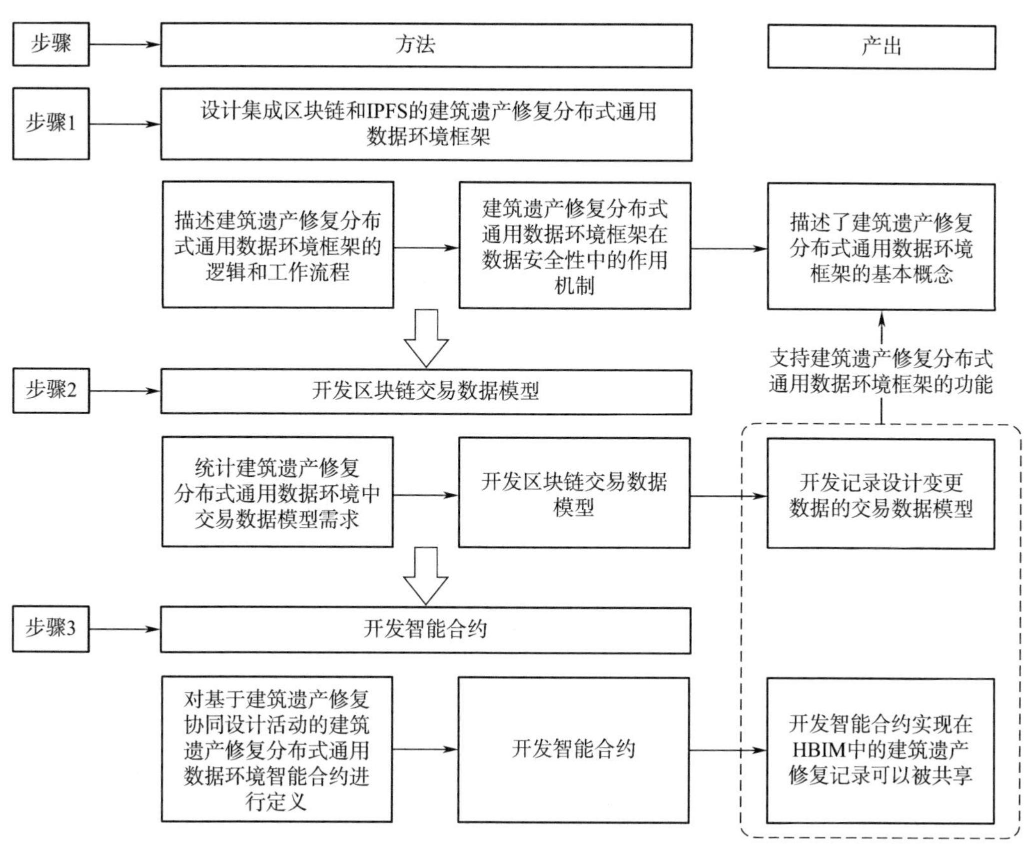

图 2　建筑遗产修复分布式通用数据环境框架开发方法

的实施和集成，旨在创建一个高效、安全且协作友好的环境，以支持复杂的建筑遗产修复项目。

3.1　建筑遗产修复分布式通用数据环境框架

在开发建筑遗产修复分布式通用数据环境的过程中，我们采用了一系列步骤来实现一个高效、安全的协同设计流程。

如图 3 所示，这个流程从上传修复前的相关资料开始，涉及项目团队的关键成员，如建筑师、结构师和历史建筑修复专家。依据前期测量结果和收集的文献资料，使用专业软件工具创建 HBIM 模型、编写结构分析报告及建筑鉴定报告等。获得团队负责人的批准后，项目成员分别将这些文件上传到 IPFS 网络中，促进后续的协作过程。

随后，IPFS 自动为上传的文件生成一个唯一的内容标识符（CID），使得文件在网络中可被索引和检索。项目成员接着利用智能合约，向区块链网络提交一个包含关键协作信息（如文件的 CID、版本号和所有权信息）的特殊交易。这一步确保了文件共享过程的安全性和可靠性，因为区块链的不可变性质保障了数据的真实性。

项目团队成员，如历史建筑修复专家和结构师，可以利用提供的 CID 从 IPFS 网络下载他们所需的资料。一旦下载文件，他们便成为文件的第二提供者，增加了文件在网络中的可用性。这体现了去中心化存储的优势，确保了无论数据存储在网络的哪个节点，项目成员都能轻松访问。

当项目成员，如结构师或客户，需要

提出结构加固建议或设计修改意见时，他们可以通过相同的流程从任何文件提供者处下载所需文件，提出建议后，再次遵循前述步骤上传反馈至 IPFS 并通过区块链记录交易。这个循环流程通过 CID 链接的 IPFS 和区块链网络，形成了支持项目持续协作的分布式共享阶段。

设计阶段完成并获得客户的最终批准后，设计文件的状态会从共享阶段更新为发布阶段，标志着文件正式确认且准备好供项目的下一阶段使用。这不仅体现了一个综合的协作设计流程，也展示了区块链和 IPFS 技术如何联合提供一个安全、可靠的建筑遗产修复项目管理模式。

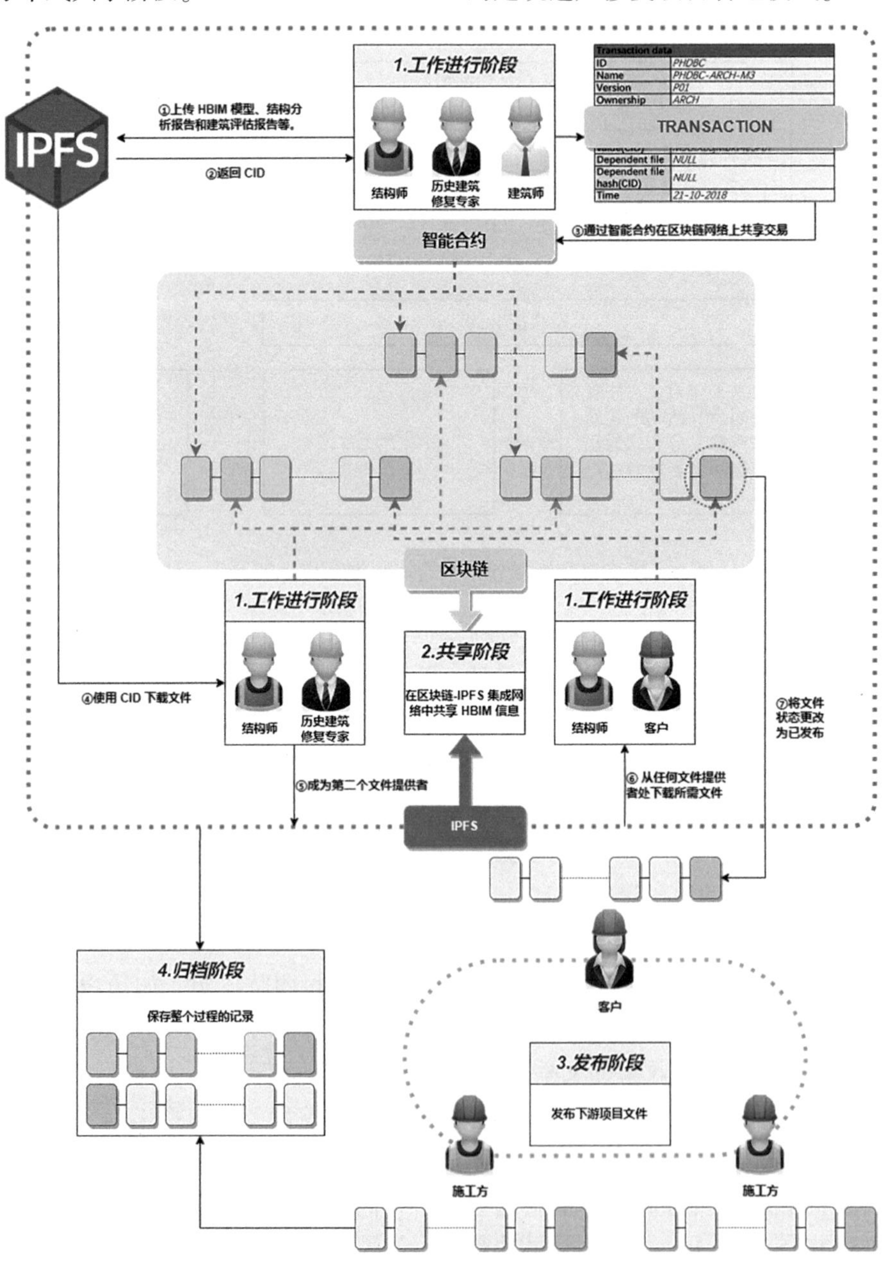

图 3 建筑遗产修复分布式通用数据环境框架

3.2 区块链交易数据模型开发

在开发建筑遗产修复分布式通用数据环境的过程中，区块链交易是共享并记录信息的载体，开发适合数据交换的事务数据模型是关键任务。

本研究提出了基于兼容性、完整性和互操作性三大原则的区块链交易数据模型，并选择私有区块链网络 Hyperledger Fabric 作为平台，因其具备隐私保护、模块化与可扩展性、多语言支持和行业应用优势。Hyperledger Fabric 的私有性和授权机制确保数据安全，模块化设计满足项目需求，多语言支持简化开发。

模型采用键值格式处理交易，例如，当历史建筑修复专家确定需保留的历史构件时，可提交带有文件 ID、名称、版本、CID 等属性的问题请求报告。为确保完整性，交易数据模型需要提供所有必要信息，如关联特定历史构件的报告、BIM 模型版本和从属文件等。为满足互操作性，交易数据采用易于理解和兼容的格式，遵循 ISO 19650 标准进行版本管理和状态定义，保证数据一致性和有效管理。图 4 展示了问题请求报告的信息，其密钥（文件 ID）为 ISU003，值（属性）为名称、版本、CID 等。

ATTRONITES	VALUE
ID	*ISU003*
Name	*PHDBC-ARCH-M3-REQUEST*
Version	*P01*
Ownership	*CONSERVATOR*
From to	*CONSERVATOR to ARCH*
Status code	*S3*
Hash	*QmXnnyLfBMxwRQsccXHnm2rjz9nZ*
value（CID）	*1KdDw4jLjBcDuRu2Qv*
Dependent file	*PHDBC-P01*
Dependent file	*QmTz3r9pX9Nw4zK4X7y5zjYyL2G8*
hash（CID）	*M9GfXbSjMbkv4e5P8T*
Time	*26-10-2018*

图 4　交易数据模型图示

3.3 智能合约的开发

智能合约是一种自动执行协议或合同条款的计算程序，通过软件代码和计算基础设施实现交易自动化，并与分布式账本互动。基于预定规则和条件，智能合约可自动触发操作，如数据更新或广播新交易。图 5 展示了智能合约在建筑修复交易中

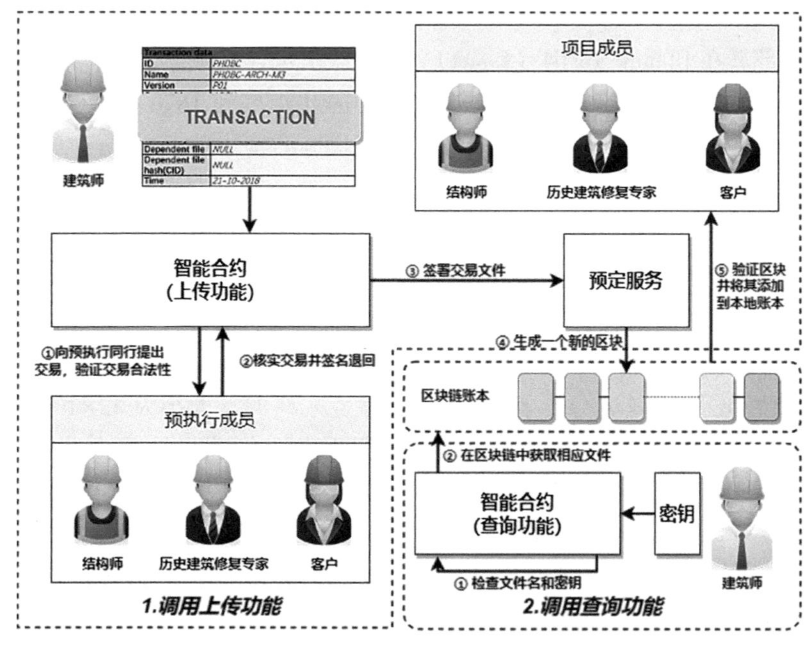

图 5　智能合约工作流程

的应用，当项目成员希望分享修复前的HBIM模型CID时，会利用智能合约的“上传”功能。过程包括：（1）上传请求：项目成员发起请求，智能合约接收并处理；（2）预执行验证：智能合约将交易传送给预执行成员，验证其合法性；（3）签名和确认：通过验证后，成员签署交易并返回智能合约；（4）排序和广播：智能合约将交易发送至排序服务，排序服务收集交易组成区块并广播；（5）验证和记录：其他成员验证区块，将其记录在本地账本中；（6）交易成功通知：智能合约通知发起者确认交易成功。

4 性能评估

为了量化评估建筑遗产修复分布式通用数据环境框架的性能，研究设定了特定的测试条件，以测量网络延迟、吞吐量和存储成本三个主要性能指标。具体条件如下：①开发环境：建筑遗产修复分布式通用数据环境框架基于Hyperledger Fabric v1.4版本开发，并部署在Ubuntu 16.04（Linux）操作系统上。②设计团队模拟：考虑到项目涉及四个设计团队，采用四台虚拟机（或Docker容器）模拟这些团队。每台虚拟机配置了Intel（R）Core（TM）i5-12600H CPU和8GB RAM。③性能测试工具：使用Hyperledger Tape（HT），一种轻量级的基准测试工具，专门测试Hyperledger Fabric区块链的延迟和吞吐量。测试分十轮进行，每轮生成五个区块，每个区块包含十笔交易信息。④存储成本评估：为了估算存储成本，假定一个项目在一天内可以生成500个设计变更事务。遗产修复分布式通用数据环境框架被配置为每秒处理10个事务。

4.1 延迟和吞吐量

在本研究中，我们测量了从向区块链发送请求到收到确认的延迟时间。通过使用HT工具自动调用智能合约，来执行上传和查询交易的操作，以测试延迟时间。根据十轮测试的结果，上传交易的平均延迟时间为156ms，查询交易的平均延迟时间为137ms。这些延迟时间都非常短，处于毫秒级别，因此对性能的影响可以忽略不计（图6）。

在本研究中，我们测量了每秒交易次数和每秒查询次数，以此来评估建筑遗产修复分布式通用数据环境框架处理每秒上传和查询事务的能力。根据图7所示的测试结果，该框架能够每秒平均上传65笔交易，并且每秒平均查询64笔交易。这表明建筑遗产修复分布式通用数据环境框架能够满足绝大多数建筑遗产修复协作设计工作的需求。需要注意的是，延迟和吞吐量的性能可能会因不同的网络配置而异。

4.2 存储成本

在本研究中，我们计算了交易数据的平均大小，得出187字节（表1）。由于每个区块包含10笔交易，单个交易数据的大小因此扩展到1870字节。根据现有研究，区块链结构中的某些元素，如区块头和默克尔树，其大小是基本固定的。图8展示了建筑遗产修复分布式通用数据环境框架中默克尔树的结构，每个节点包含一个固定长度的哈希字符串（32字节）。因此，建筑遗产修复分布式通用数据环境框架中默克尔树的总大小为32×19，即608字节。据此，单个区块的总大小约为2.6千字节（kB），如表2所展示。若每天生成500笔交易，则这些交易会被存储在50个区块中。如果每天产生50个区块，那么每个成员的每日存储成本大约为13kB（表2），这在可接受的范围之内。

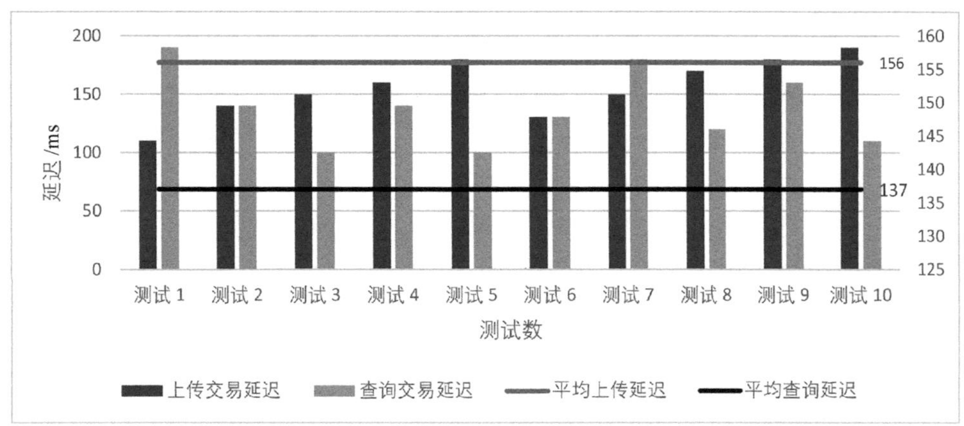

图 6　建筑遗产修复分布式通用数据环境中上传和查询事务的延迟

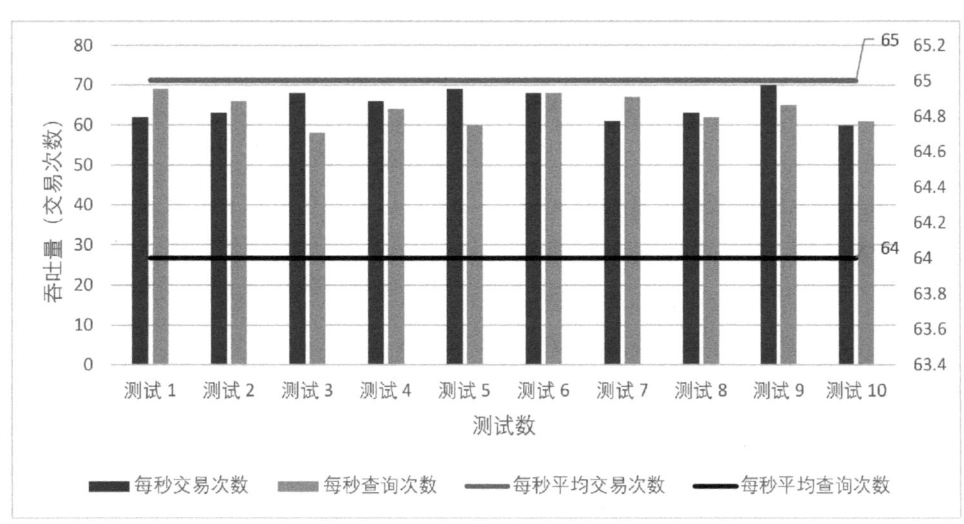

图 7　建筑遗产修复分布式通用数据环境的吞吐量

表 1　交易数据的大小

项目	数据类型	大小（字节）
ID	Varchar	6B
Name	Varchar	22B
Version	Varchar	3B
Ownership	Varchar	6B
From to	Varchar	15B
Status code	Varchar	2B
Hash value	Varchar	64B
Dependent file	Varchar	9B
Dependent file hash	Varchar	50B
Time		10B
	总计	187B

表 2　建筑遗产修复分布式通用数据环境中区块大小

项目	大小（字节）
区块头	
上一区块哈希值	32B
当前区块的哈希值	32B
默克尔根	32B
时间戳	15B
默克尔树哈希值交易数据	608B
设计记录交易	1870B（187×10）
总计	2589B

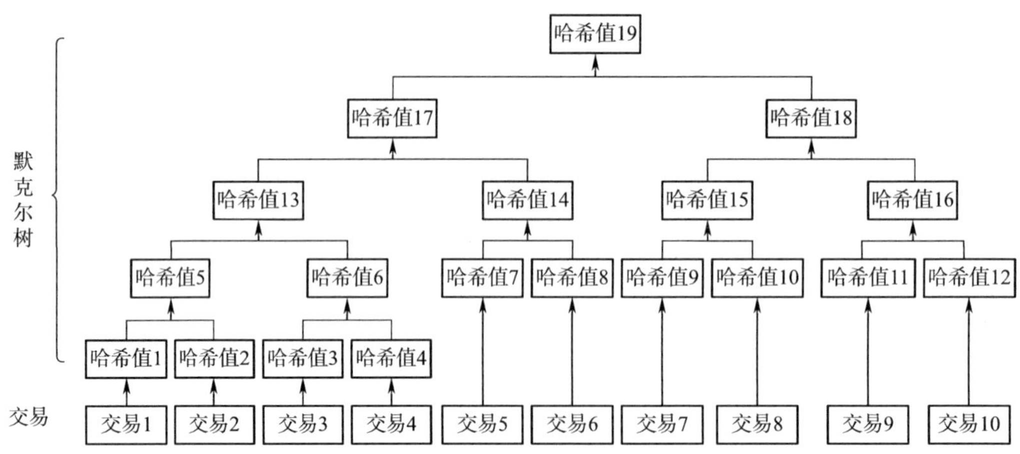

图 8　建筑遗产修复分布式通用数据环境中默克尔树结构

5　结论

本研究通过引入建筑遗产修复分布式通用数据环境框架，展示了一种新颖且高效的建筑遗产修复协作设计方法，融合区块链和 IPFS 技术，解决了数据安全、协作效率和文件管理等关键挑战。研究验证了该框架的可行性和效益，体现其在建筑遗产保护和修复中的巨大潜力。在技术创新方面，该框架确保数据不可篡改和可追溯，提升项目数据安全性和透明度；在协作效率方面，通过跨学科团队无缝协作，实时获取设计文件，优化工作流程；在性能优化方面，IPFS 技术克服传统 CDE 的性能瓶颈，提高大数据量存储和检索效率；在成本效益方面，该框架在网络延迟、数据吞吐量和存储成本上表现出色，具备显著经济效益。未来研究将探讨框架的扩展性和适应性，优化性能和用户体验，以更好地促进全球建筑遗产保护和修复工作。建筑遗产修复分布式通用数据环境框架为该领域带来了全新技术视角和解决方案，具有深远意义和价值。

参考文献

[1] Xingyu T, Kok-Yiu P W, Yuqing X, et al. Smart contract swarm and multi-branch structure for secure and efficient BIM versioning in blockchain-aided common data environment [J]. Computers in Industry, 2023, 149.

[2] 张睿，李言飞，苏雪梅，等．基于区块链和星际文件系统的电子健康档案存储和共享方案探讨[J]．疾病监测，2023，38（11）：1381-1384.

[3] Murphy, Maurice, McGovern, et al. Historic building information modelling (HBIM) [J]. Structural Survey, 2009, 27 (4): 311-327.

[4] Coşgun T N, Çüeng F H, Selçuk A S. A bibliometric analysis on heritage building information modeling (hbim) tools [J]. Planarch-Design and Planning Research, 2021, 5 (2): 61-80.

[5] Antonopoulou S, Bryan P. BIM for heritage: developing a historic building information model [M]. Historic England, 2017.

[6] Enrique J J N, Javier F, Manuel C B, et al. Collaborative workflow in an HBIM project for the restoration and conservation of cultural heritage [J]. International Journal of Architectural Heritage, 2023, 17 (11): 1813-1832.

[7] Preidel C, Borrmann A, Oberender C, et al. Seamless

integration of common data environment access into BIM authoring applications: the BIM integration framework [M] //eWork and eBusiness in Architecture, Engineering and Construction: ECPPM 2016. CRC Press, 2017: 119-128.

[8] 韩雪莹，周清华，吴洋，等. 基于 BIM 公共数据环境的装配式建筑协同设计 [J]. 铁道标准设计，2023，67 (10): 155-162.

[9] Ni Y, Sun B, Wang Y. Blockchain-based BIM digital project management mechanism research [J]. IEEE Access, 2021, 9: 161342-161351.

[10] Hsu C L, Wang J T, Hou H Y. A blockchain-based parametric model library for knowledge sharing in building information modeling collaboration [J]. Journal of Construction Engineering and Management, 2023, 149 (11): 04023107.

[11] Xingyu T, Yuhan L, Kok-Yiu P W, et al. Confidentiality-minded framework for blockchain-based BIM design collaboration [J]. Automation in Construction, 2022, 136.

[12] Jin S, Xiaomin Y, Shangping W, et al. Blockchain-based secure storage and access scheme for electronic medical records in IPFS [J]. IEEE Access, 2020, 81-1.

[13] Yu R, Li Z, Chen Z, et al. Digital rights management system of media convergence center based on ethereum and IPFS [J]. IEICE Transactions on Information and Systems, 2023, 106 (8): 1275-1282.

[14] Xingyu T, Moumita D, Yuhan L, et al. Distributed common data environment using blockchain and Interplanetary file system for secure BIM-based collaborative design [J]. Automation in Construction, 2021, 130.

基于卷积神经网络和无人机图像的闽南传统大厝屋面快速检测

Rapid Detection of Roofs of Dacuo in Southern Fujian Based on Convolutional Neural Networks and UAV Images

邱浩宸[1,2]　张家浩[1,2]　肖　琪[1,2]　卓凌辰[1,2]　田　化[1,2]
1. 华侨大学建筑学院
2. 福建省城乡建筑遗产保护技术重点实验室

摘　要：提供及时准确的建筑病害统计对传统建筑的保护至关重要。本研究提出了一种基于改进的YOLOv8神经网络的方法。选择福建省厦门和泉州市的6个村庄的航拍照片作为数据集，基于无人机倾斜摄影获得的高分辨率正射影像，使用YOLOv8模型进行预测。第一阶段的主要任务是选择区域内具有历史价值的建筑，模型在第一阶段任务中的mAP（平均准确确率）可以达到97.2%。第二阶段使用YOLOv8模型对第一阶段的图像进行分割，检测屋顶可能存在的缺陷，包括坍塌、瓦片缺失、建筑增建和植被侵入。在第二阶段的分割任务中，mAP达到89.4%。这种方法可以有效地提高福建省南部复杂地形和地面条件下历史建筑遗产病害检测的效率。
关键词：卷积神经网络；建筑遗产保护；无人机倾斜摄影；屋面病害检测

1　研究背景

闽南地区常见的民居、寺庙、宗祠等传统大厝建筑形式精美，地方特色显著。建筑主体多为木构架，红色砖作外墙，红色陶土瓦片屋面。屋顶上架燕尾脊，屋面装饰题材极具地方特色[1]（图1）。

图1　典型闽南大厝形式

然而，闽南地区位于东南沿海，历史上常常遭受台风等自然灾害的侵袭，这些灾害对传统大厝构成了严峻的挑战。特别是屋顶结构，由于装饰复杂、造型独特，在极端天气条件下更易受损。因此，快速检测闽南地区传统大厝的屋顶病害，对于保护这些传统建筑遗产具有至关重要的意义。

针对区域范围内或建筑群的建筑病害情况进行普查，传统的人工测绘和调查方法有其局限性，尤其表现在工作效率和准确性上。近年来，无人机技术的快速发展为遗产保护工作带来了全新的方法。德尼勒等研究者，使用无人机结合平面标记实现了对建筑遗产表面裂缝的无接触长期监测[2]。同时无人机技术也与HBIM技术深度结合，参与对建筑遗产的BIM模型重建工作[3]。

近年来，以卷积神经网络为代表的人工智能技术快速发展，为建筑遗产保护提供了全新的工具和方法。邹铮等将卷积神经网络用于北京故宫的屋面组件缺失问题[4]。卷积神经网络在处理苏州园林建筑瓦片表面损伤检测中同样表现出了良好的效率和精度[5]。

但是以上研究中，基于计算机视觉和卷积神经网络的建筑遗产损坏图像处理方法中，仍然是基于人眼视角下的图像数据处理，其检测效率和检测范围仍然受制于人的行动范围。同时，在应用这些技术进行实地的病害问题检测时，难以处理在不同照片中的相同病害。

本研究提出了一种创新的方法，利用卷积神经网络分析一定区域（例如：古村落）的无人机正射影像，有效提高卷积神经网络处理高分辨率历史建筑群的无人机正射影像的能力，实现对闽南传统大厝屋面病害问题的快速检测。本研究包括以下三部分：

（1）基于 YOLOv8 卷积神经网络对传统村落正射投影图像的预测和处理。

（2）分割高分辨率正射投影图像，并对神经网络预测结果分类去重。

（3）基于目标检测结果，基于 YOLOv8-seg 实例分割模型对屋面病害具体问题进行评估。

2 研究方法

2.1 数据准备与处理

2.1.1 无人机正射影像和目标检测数据集

本研究数据来源于厦门和泉州地区不同位置的 6 个村庄。所有照片均由 DJI Phantom 4 RTK 拍摄，这是一款小型四旋翼无人机，配备 1 英寸图像传感器，图像分辨率高达 2000 万像素（5472×3648）。在 DJI Terra 软件的帮助下，这些航拍图像被转换成反映整个村庄的正射影像图。共使用了 2412 张在 50m、100m 高度拍摄的原始航拍照片来构建基准数据集。在这个数据集中，我们将样本标签分为两类：“traditional”和“modern”，其中“traditional”代表可能具有保护价值的传统建筑，“modern”代表现代风格的建筑。为了方便深度学习模型的开发，我们使用图形图像注释工具 LabelImg 对这些航拍照片进行标注，生成适合深度学习的离线基准数据集。为了提高模型鲁棒性，提高模型对不同天气条件下的数据的处理，我们使用 imgaug 库对图像进行数据增强，使用随机的图像数据增强方式，包括添加随机噪声、随机调节图像亮度对比度等方式模拟不同光照情况和天气情况。包括数据增强的图像在内，共有 3412 张图像和 67125 个标注对象。

2.1.2 屋面病害数据集

在这一部分中，我们使用正投影目标检测任务产生的图像预测结果，使用 YOLOv8seg 模型，对具有潜在历史价值的建筑物屋面的残损情况分别进行识别和标注。

在上一步进行测试的图像中，选择被预测为“traditional”标签的图像用于屋面残损识别的基准数据集。共有 753 张屋面图像作为数据集，其中，有 548 张闽南传统大厝的正射投影图像和 205 张倾斜摄影图像（表 1），根据屋面残损情况可分为四种情况。为了在未来进行人工筛选时提高效率，我们同样将屋顶和建筑天井的部分作为标签标注在图像中。

表 1　屋面病害标签

标签	简介	图像	标签数量
屋面坍塌（collapse）	最严重的屋顶损坏类型，建筑物的大部分屋顶已经坍塌，承重梁和木结构框架也已坍塌。		245
瓦片缺损（deficiency）	由于各种原因，屋面瓦片脱落，暴露出屋面的基层或屋顶的木结构框架。		480
植物（plant）	附着在屋面的各类植物和靠近建筑的植物（台风期间可能会倒塌在屋顶）		1800
现代加建（addition）	使用现代建筑材料翻新建筑物的屋顶，如彩色瓦楞钢板、塑料片材和塑料防水布等。		500

2.2　卷积网络结构

YOLOv8 在前代版本的基础上进行了多项改进。其结构如图 2 所示。在 YOLOv8 中，主干部分采用了 C2f 模块，这有助于增强模型的特征提取能力。检测头部使用三个解耦头（Decoupled-head）结构来区分不同尺度的目标。每个头部由分类部分和定位部分组成。分类部分更注重目标的纹理信息，而定位部分更关注目标的边缘信息。这有助于模型更准确地定位和识别目标（图 3）。

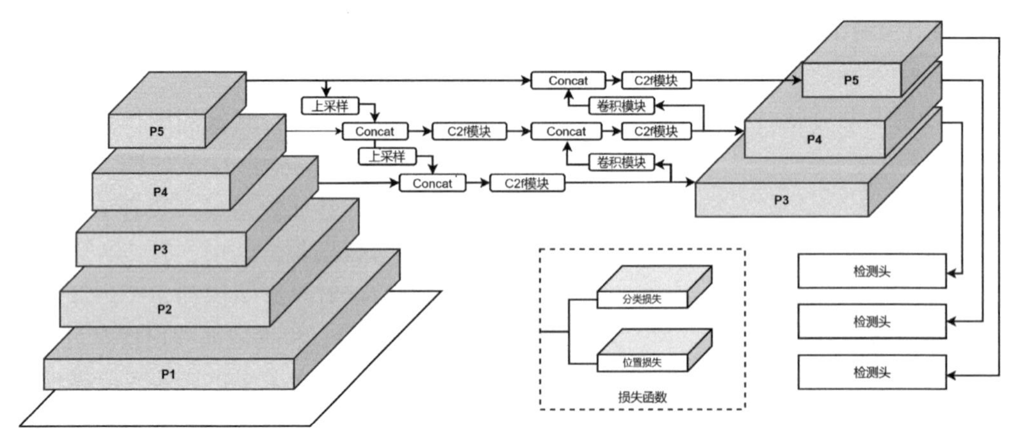

图 2　YOLOv8 卷积神经网络结构图

图 3　数据增强

在本研究中，我们使用 YOLOv8 进行目标检测和实例分割任务。实例分割模型称为 YOLOv8-seg。与目标检测模型相比，seg 模型仅在 YOLO 头部进行了改进，通过在每个解耦头部结构中添加用于实例分割的检测头部。

2.3　模型训练

屋面目标检测和屋面实例分割均是在具有 32 GB RAM、i5-13400F CPU 和 NVIDIA GeForce RTX 4060Ti 16G GPU 配置的高性能计算机上完成的。我们将数据集分为训练集（80%）和验证集（20%）。训练集用于训练模型，验证集用于检验模型的推理精度和速度。

我们采用了 16 的批处理大小进行训练，初始学习率为 0.01，并设置了总共400个训练周期。YOLOv8 模型允许指定的训练观察轮次为 90 次。如果在 90 次训练轮次之后模型的准确度没有提高，训练过程将自动终止。

3　实验过程

3.1　目标检测实验结果

训练过程中的损失曲线如图 4 所示，损失值逐渐减小。在训练和验证阶段，损失值分别收敛至 0.26 和 0.55。

在本研究中，正样本中被准确识别的像素数量以 TP（True Positives）来表示，而负样本中被准确识别的像素数量则以 FN（False Negatives）来表示。同时，负样

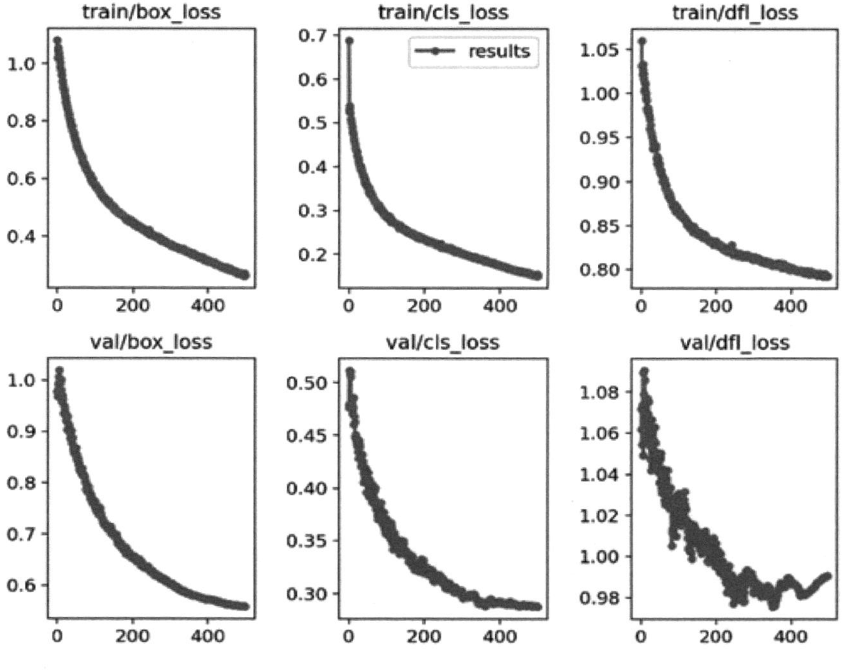

图 4　目标检测训练过程

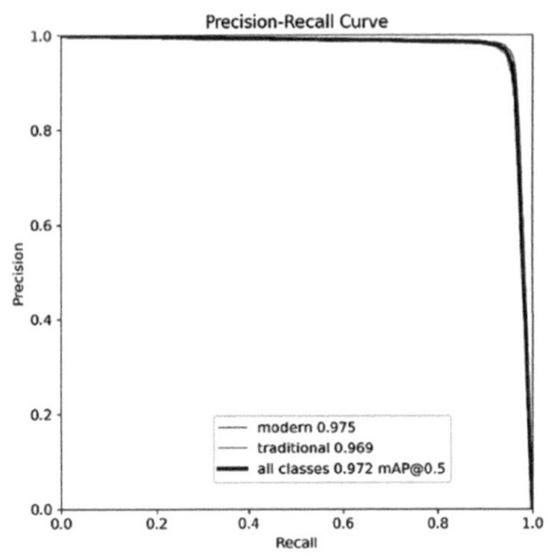

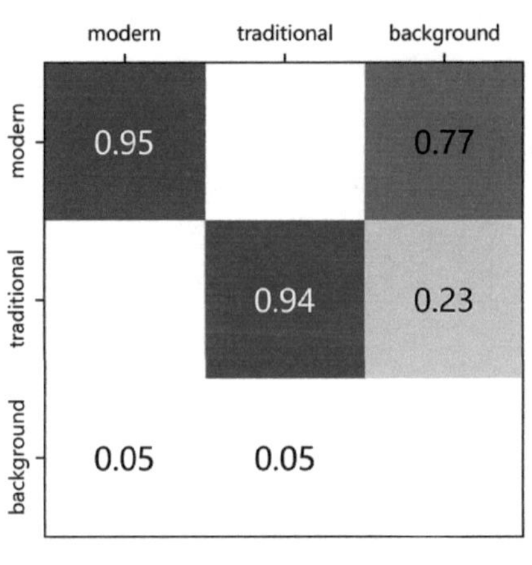

图 5　P-R 曲线和混淆矩阵

本中被错误标记的像素数量用 FP（False Positives）表示，而正样本中被错误标记的像素数量则用 TN（True Negatives）表示。这些关键指标可以通过构建基于像素的混淆矩阵来精确计算。图 5 展示的精确度-召回率曲线显示，随着召回率的提升，精确度值在大约 0.9 的水平上保持稳定。这一现象表明，我们的模型在保持高召回率的同时，也维持了较高的精确度，从而确保了预测结果的高质量。

3.2　目标检测结果后处理

在本项研究中，我们采用了 DJI Terra 无人机，通过空中三角测量和航拍图像，合成了村庄的高分辨率正射影像。这些正射影像的分辨率可达到惊人的 26000×26000 像素，总计约 10 亿像素。然而，在卷积神经网络对图像的处理过程中，将图像分辨率调整至 640×640 像素。这限制了其在高分辨率图像中识别小目标的能力，也难以提取超高分辨率图像中的目标特征（图 6）。

为了克服这一局限并提升检测精度，本研究将原始的高分辨率正射影像（96dpi，分辨率约为 26000×26000 像素）划分为尺寸为 2560×2560 或 5120×5120 像素的正方

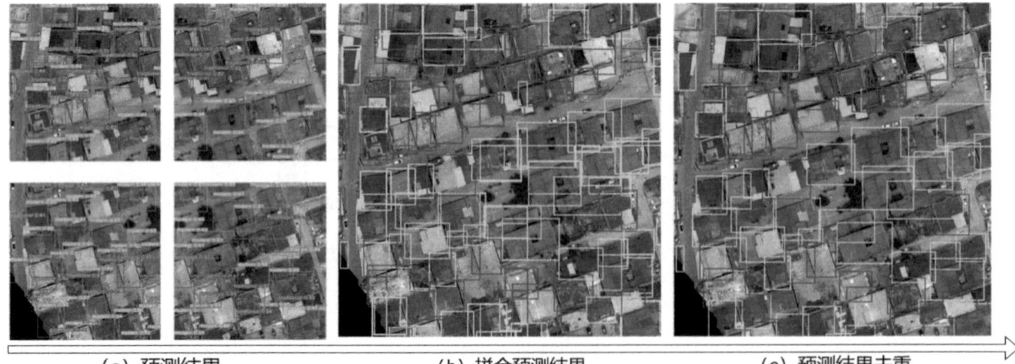

图 6　后处理流程

形图像块。为了保证图像块之间的物体能够被完整识别，我们在相邻图像块之间设置了 512 像素的重叠区域。每个分割图像块在原始正射影像中的左上角像素位置，被用作该图像块文件名的一部分，命名格式为：patch_i_j.jpg，其中 i 和 j 分别代表分割图像块在原始正射影像中左上角的行和列像素坐标。预测过程首先针对每个分割图像块进行，然后将预测结果重新整合，拼接回原始的正射影像中。最终，所有分割图像的预测结果被综合并重新绘制在原始影像上，以获得完整的目标检测结果（图 7）。

图 7　目标检测结果

3.3　预测结果去重

为了确保在预测过程中全面捕捉目标信息，在分割过程中相邻图像之间建立了 512 像素的重叠区域。在图像合并过程中，上述重叠区域将导致重叠检测框的生成。采用非极大值抑制（NMS）方法来消除冗余的检测框。NMS 算法的基本原理是，在检测结果中，单个目标可能有多个重叠的检测框。在这种情况下，选择置信度最高的检测框作为最终结果。特别是，NMS 过程通常包括以下步骤：

（1）对于每个目标，计算其在图像中的检测框和相应的置信度分数。

（2）根据它们的置信度分数对所有检测框进行排序，并选择置信度最高的检测框作为当前目标的最佳检测框。

（3）对于剩余的检测框，计算它们与当前最佳检测框的 IoU（交并比）值。如果 IoU 值大于某个阈值（通常为 0.5），则丢弃该检测框，否则保留它。

（4）重复步骤（2）和（3），直到处理完所有检测框。通过 NMS 算法，可以有效减少重复检测和过度检测的现象，从而提高目标检测的准确性和效率（图 8）。

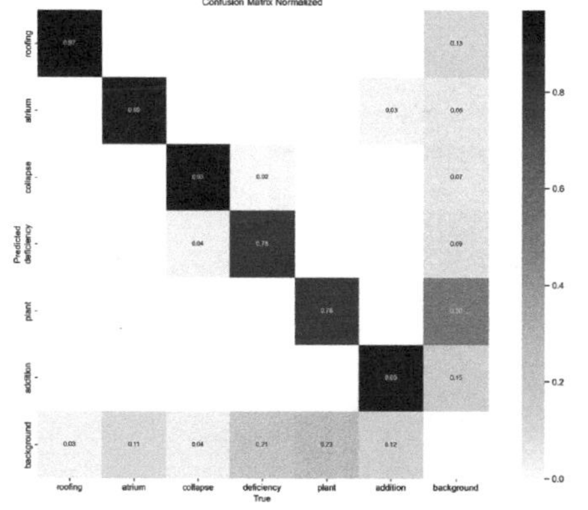

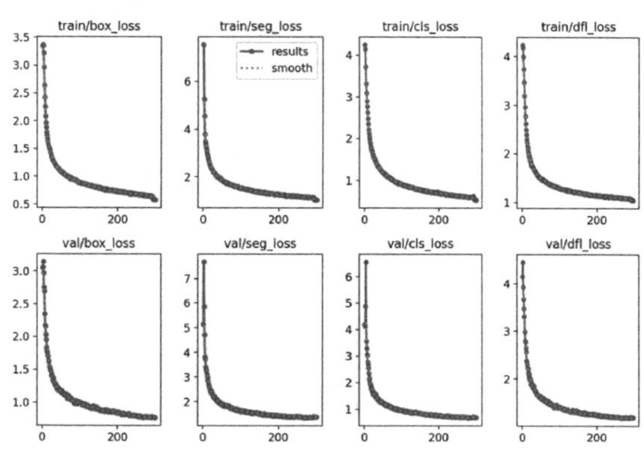

图 8　屋面病害实例分割训练过程和混淆矩阵

在基于正射影像的目标检测任务中，非极大值抑制（NMS）往往无法完全去除所有重复的预测框。在大多数情况下，正射影像中的建筑物不会重叠，并且两座建筑物之间通常有一定的距离。因此，在大多数情况下，由 YOLO 生成的任何两个预测框之间的重叠非常小，这使 NMS 等方法成为合适的解决方案。在这种情况下，保留面积较大的预测框，前提是同一类别的两个对象之间的交集很大（甚至包含彼此）。进行了一系列实验，以确定在 0.5~0.9 之间变化的值对保留效果的影响。目标识别结果与手动计数和分类之间存在 35 个差异。这些差异包括 5 个漏检实例，2 个分类错误实例，以及 28 个将其他对象识别为目标的实例。准确率发现为 95.1%。

3.4　屋面病害实例分割

分析混淆矩阵的结果（图 9）表明，在 YOLOv8-seg 模型训练结果中，对于“屋面坍塌”“瓦片缺损”“植物”和“现代加建”这些类别，其准确度分别达到了 0.93、0.78、0.76 和 0.85。根据训练过程中的损失曲线，模型收敛迅速，并没有发生过拟合的问题。模型在闽南传统大厝屋面病害检测中表现出很好的性能。

4　总结与讨论

总的来说，我们提供了一种全新的方法用于闽南地区传统大厝的屋面病害检测，实现了对屋面病害问题的简单分类。该方法在对病害检测的效率和准确性上均表现出了优秀的性能，有效克服了过去大量依靠人眼视角下的计算机视觉与建筑遗产研究的相关问题，去除了在不同图像中出现的同一目标重复的问题。

目前此种方法仍然存在不少问题：

（1）仍然依赖于大量高质量的建筑物屋面图像数据集，限制了向我国其他地区古建筑病害探测推广的能力。

（2）古建筑屋面部分的病害十分多元，本研究仅仅是对部分典型和简单的病害现象进行了研究。

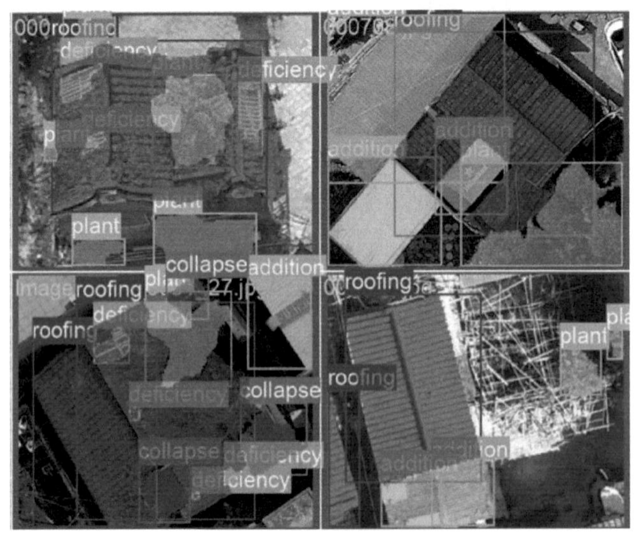

图 9　屋面病害实例分割结果

(3) 古建筑屋面病害判断仍然是一个重要和复杂的问题，只依靠计算机手段可能会对一些特殊的病害类型失效，在未来的研究中，可以尝试融合不同的数据类型进行综合判断。

参考文献

[1] 武超. 闽南沿海地区传统建筑砖瓦作研究 [D]. 华侨大学，2019.

[2] Germanese D, Leone G R, Moroni D, et al. Long-term monitoring of Crack patterns in historic structures using uavs and planar markers: a preliminary study [J]. Journal of Imaging, 2018, 4 (8).

[3] Zhuo L, Zhang J, Hong X. Cultural heritage characteristics and damage analysis based on multidimensional data fusion and HBIM-taking the former residence of HSBC bank in Xiamen, China as an example [J]. Heritage Science, 2024, 12 (1): 128.

[4] Zou Z, Zhao X, Zhao P, et al. CNN-based statistics and location estimation of missing components in routine inspection of historic buildings [J]. Journal of Cultural Heritage, 2019, 38: 221-230.

[5] Yan L, Chen Y, Zheng L, et al. Application of computer vision technology in surface damage detection and analysis of shedthin tiles in China: a case study of the classical gardens of Suzhou [J]. Heritage Science, 2024, 12 (1): 72.

基于智慧城市理念的历史街区旅游活力优化策略研究
——以武汉市昙华林历史街区为例

Research on the Optimization Strategies for the Tourism Vitality of Historical Districts Based on the Concept of Smart Cities: A Case Study of the Tanhualin Historical District in Wuhan

郭文凯[1]　孙　靓[1]　王滥洋[1]
1. 湖北工业大学土木建筑与环境学院

摘　要：智慧城市是数字中国战略的重要载体。在全域数字化转型与全域旅游发展的背景下，历史街区作为承载历史文化的空间，需要智慧化升级，利用数字技术创新消费场景，激发产城融合服务能级与数字活力。然而，当前研究对历史街区旅游智慧化建设的关注度尚显不足，影响其可持续开发与保护。本文以武汉昙华林历史街区为例，采集POI及社交媒体数据，利用ArcGIS等工具从游客视角对旅游活力影响因素进行识别和量化分析。结果显示，现存问题包括基础设施不完善、商业化气息过于浓厚以及同质化严重等问题。本文基于智慧城市理念，探讨了优化旅游活力的智慧化路径，提出了基础设施智能化改造、功能布局的智慧化更新和游客感知的数字化提升等策略，为历史街区的可持续旅游发展提供新视角和方法。

关键词：智慧城市；历史街区；旅游活力；昙华林

1　引言

城市历史街区作为城市文化和地域文明的载体与缩影，联系着城市的过去与将来[1]。它们不仅是城市历史发展的见证，也是旅游资源的重要组成部分。过去40年，城市化和工业化进程的加速使得大量人口涌入城市，城市面貌发生了巨变[2]。随着市场化程度的深入，历史街区稀缺的经济价值凸显，掀起了旅游商业发展的热潮[3]。例如，武汉市昙华林历史街区拥有相对独特的文化特质，具有对游客的吸引力，且街区在旅游发展方面取得的成效相对理想，可以实现对地方经济发展的促进[4]。而良好的旅游活力可以使历史街区呈现持续旺盛的生命力，促进历史街区经济、文化等多方面的发展[5]。现有研究表明，影响历史街区旅游活力的因素主要包括商业化程度、文化资源的保护与利用、基础设施的完善程度以及游客体验[6]。一些历史街区的更新设计策略研究也开始探索智慧化改造，通过智能导览系统、数字展示平台和游客互动应用，以提升游客的参观体验和街区的整体旅游活力[7]。因此，本文以武汉市昙华林历史文化街区为研究对象，通过多源数据的搜集与分析，基于智慧城市理念并从游客的需求偏好出发对昙华林历史文化街区的旅游活力进行量化分析，探寻其不足并提出了针对性优化策略，为将来城市中历史文化街区的更新提供依据和数据支持。

2 研究对象与数据来源

2.1 研究对象

昙华林历史文化街区位于湖北省武汉市武昌区（图1），以昙花命名。街区全长1200m，面积约1.02km²，是湖北省近代史的“活化石”，也是武昌古城的代表性文化标志。昙华林位于城区城墙内，化远山北麓与螃蟹岬南麓之间，建筑风格中西结合，展示了中国近代100多年的历史文化变迁，形成了独特的历史风貌。昙华林街区主街整体呈东西走向，平均宽度在3~5m之间，长度约1200m。抗日战争前，主要由游家巷、正卫街和昙华林三条街道组成；1946年合并为昙华林街。随着城市建设的发展，昙华林逐渐成为武汉的重要区域之一。

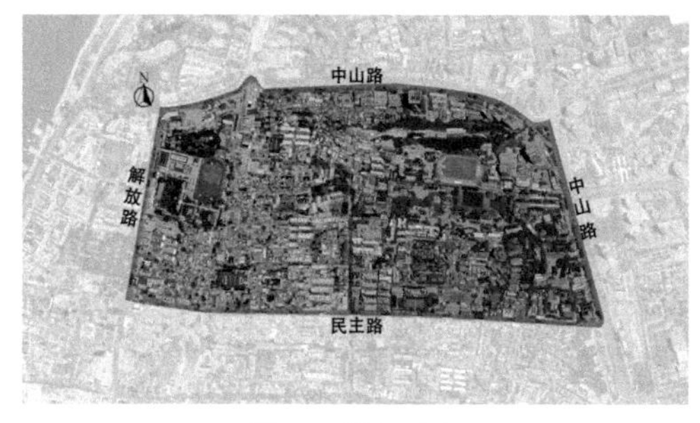

图1 研究对象

2.2 数据来源

本研究的数据来源包括多种类型的开放和采集数据。研究区域的公共交通站点及各类兴趣点（POI）数据通过网络爬虫软件获取，数据时间为2024年5月。POI数据涵盖餐饮、娱乐、购物、住宿及文化等多个类别，提供了分析昙华林历史街区内设施分布及其对游客活动影响的基础数据。路网和街区内主要道路的数据来源于OpenStreetMap，数据时间为2024年6月。此外，本研究还利用网络爬虫软件收集了大众点评平台上2019年1月截至2024年7月近五年的关于昙华林街区的5715条评论数据，这些评论数据反映了游客对街区内各类设施和服务的真实评价与需求。通过文本分析技术，这些评论数据用于识别游客满意度及其建议，进而为提升旅游活力策略的制定提供参考。

3 历史街区现状及旅游活力分析

3.1 公共交通分析

公共交通的可达性是影响游客体验的重要因素。本研究通过ArcGIS软件的缓冲区分析工具，对武汉昙华林历史文化街区的公共交通站点和公共停车场的覆盖范围进行了分析，设定了150m的缓冲区半径（图2）。结果显示，公共交通站点仅覆盖了街区的15％，主要集中在边缘的主干

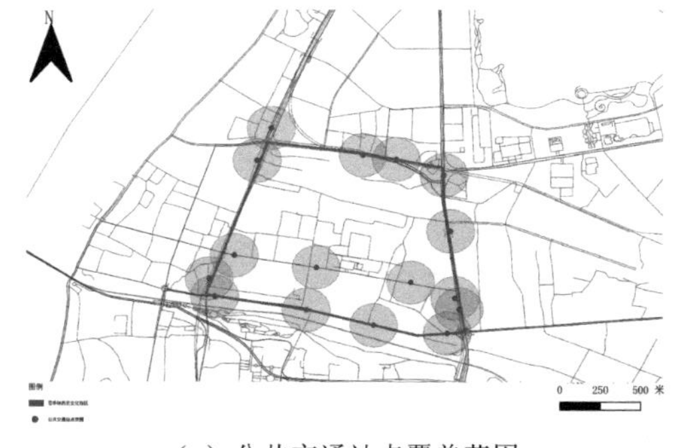

（a）公共交通站点覆盖范围

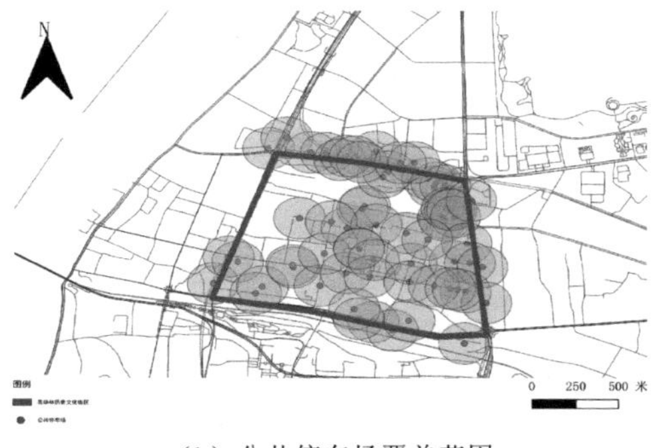

（b）公共停车场覆盖范围

图2 公共交通站点与公共停车场覆盖范围

道路上，内部存在显著的覆盖空白，这种分布可能会限制游客的流动性，降低街区的可达性和整体吸引力。相比之下，公共停车场的覆盖范围较广，达到86%，表明公共交通的布局存在不均。通过对比分析可以看出，当前昙华林历史文化街区的公共交通设施在便利性和可达性上存在明显不足，且该地区道路狭窄，宜鼓励公共交通出行。

3.2 业态分析

兴趣点（Points of Interest，POI）在城市研究中具有重要作用；通过对POI的分析，可以揭示城市空间的功能布局及其对游客和居民的吸引力。POI数据能够反映城市不同区域的商业、服务和文化资源分布情况，对于评估和提升城市活力具有重要意义。

在本研究中，根据游客视角将昙华林历史文化街区的2011条POI数据分为五个主要业态类别（图3），分别是餐饮服务、住宿服务、生活服务、购物服务和风景名胜。各类别POI的分布情况如下：餐饮服务占比最高，为40%，显示出该街区美食资源丰富，对游客具有较强的吸引力；购物服务占比34%，满足了游客和居民的消费需求；住宿服务占比20%，提供了多样化的住宿选择，方便游客长时间停留；生活服务占比4%，包括了日常所需的各类服务设施；风景名胜占比最小，仅为2%。

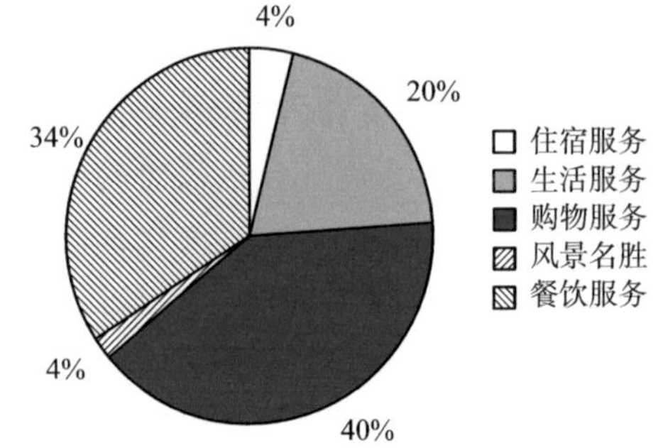

图3 昙华林历史文化街区不同业态占比

3.2.1 业态现状

餐饮服务和购物服务（图4）是街区内的主要功能，二者在街区内的分布较为集中且覆盖范围广。餐饮服务主要分布在街区的中部和南部，形成了一条明显的饮食文化带。购物服务在街区的中部和南部也呈现高密度分布，与餐饮服务形成功能互补，进一步增强了该区域的商业吸引力。

住宿服务分布较为分散，但在街区的中部和南部略显集中（图5）。住宿服务的布局表明能够为游客提供较为便利的住宿选择，提升旅游体验的便利性。

生活服务的POI点位分布相对分散，但在街区的中部和东部有一定的集中。生

（a）餐饮服务类POI分布图

（b）购物服务类POI分布图

图4 餐饮购物类POI分布图

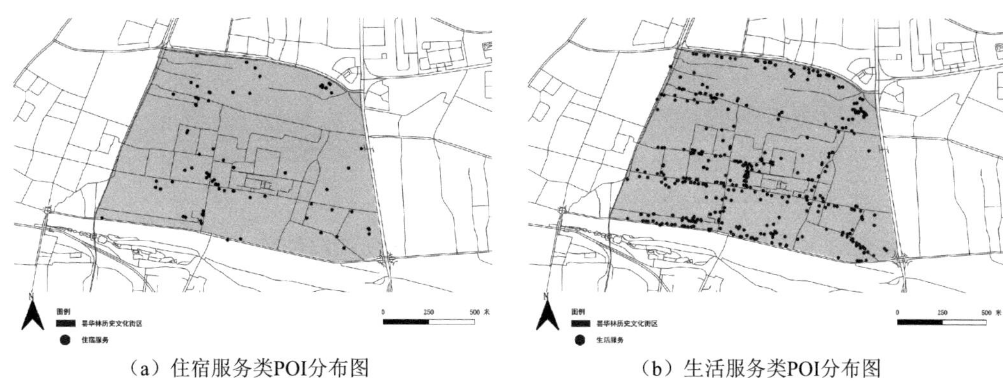

（a）住宿服务类POI分布图　　（b）生活服务类POI分布图

图 5　住宿生活类 POI 分布图

活服务的存在为街区内居民和游客提供了必要的日常生活支持，尽管其密度相对较低，但在功能上起到了补充作用。风景名胜的分布相对较少，主要集中在街区的中部和北部区域。这些景点作为街区的文化和历史标志，尽管数量有限，但对于提升街区的文化旅游吸引力具有重要意义。

3.2.2　功能密度

昙华林历史街区的餐饮服务和购物服务高度集中在街区中部和南部（图 6），形成了主要的商业活动区域，这种功能高密度分布吸引了大量游客和市民，成为街区的核心吸引力。这种功能密度的分布反映了街区内的多功能性，商业和旅游设施的集中为街区带来了活力和人流，而生活服务和文化景点则提供了补充支持。而生活服务和风景名胜的覆盖范围相对较小。

图 6　昙华林历史文化街区 POI 点位分布

3.2.3　小结

本章节通过分析昙华林历史文化街区的兴趣点（POI）数据，展示了该街区的业态分布和功能密度。基于对 2011 条 POI 数据的研究，分析了餐饮服务、住宿服务、生活服务、购物服务和风景名胜五个主要业态类别的分布情况。结果显示，餐饮服务和购物服务是街区的主要功能，主要集中在街区的中部和南部，形成了主要的商业活动区域。两者相互补充，增强了商业吸引力，通过高密度分布吸引了大量游客和市民，成为街区的核心吸引力。住宿服务在中部和南部略显集中，为游客提供了便利的住宿选择，提升了旅游体验的便利性。生活服务和风景名胜的密度较低，仅在中部和东部有集中分布。

3.3　游客感知评价

通过 ROST ContentMining 软件对大众点评网站中近五年关于昙华林历史街区的 5715 条评论进行语义分析，可以观察到游客对该街区的主要评价内容及情绪倾向。通过语义网络分析可以发现，围绕着“昙华林”这一核心关键词，“文艺”“建筑”“打卡”“商业”等词汇与其高度关联（图 7），表明游客对昙华林的关注点主要集中在其文艺氛围和建筑特色上。其中文艺相关的评价占 35%，打卡相关的评价占 29%，建筑相关的评价占19%，网红相关的评价占10%，商业相关的评价占7%。这些数据表明，昙华林的文艺氛围和适合打卡的特点最受游客关注，其次是建筑特色。此外关键词之间的连线密度反映了这些元素在游客评论中的频繁共现关系（图7）。

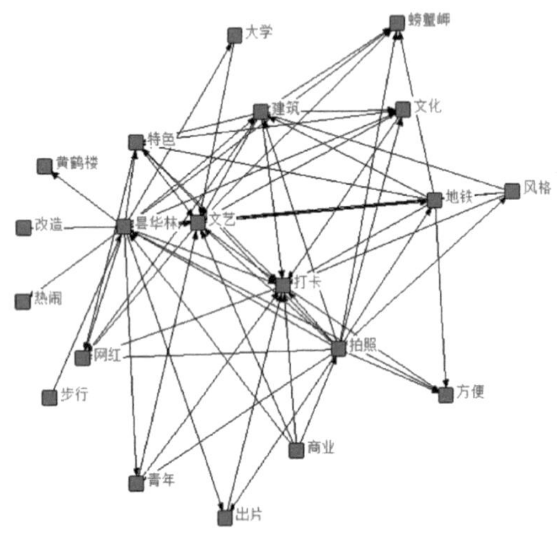

图7　昙华林高频特征词语义网络关系图

而在评论中情绪的分布显示，积极情绪占78%，中性情绪占4%，消极情绪占18%（图8）。这表明，尽管大多数游客对昙华林历史街区的体验是积极的，但仍有一部分游客表达了消极情绪，主要集中在缺少导览、过度商业化以及体验单一等问题，这提示昙华林历史街区仍有较大的改进空间。

综合来看，昙华林历史街区以其独特的文艺氛围和建筑风格吸引了大量游客，并成为热门打卡地点。未来，可通过优化单一的商业元素，丰富游客的旅游体验，进一步提升昙华林历史街区的旅游活力和吸引力，并促进其可持续发展。

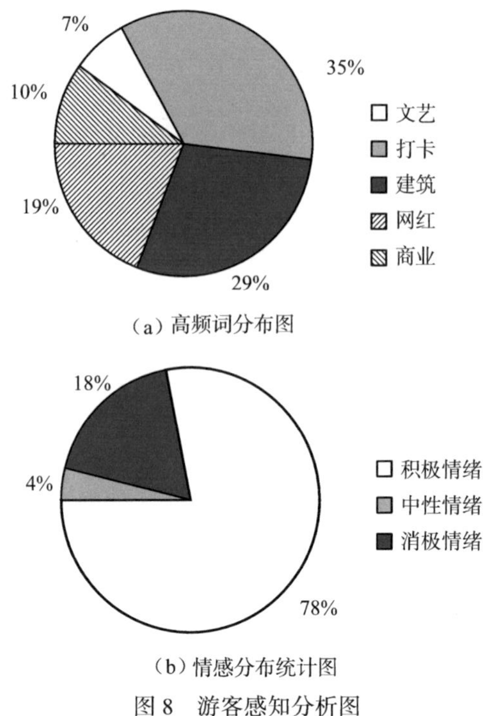

（a）高频词分布图

（b）情感分布统计图

图8　游客感知分析图

4　旅游活力的智慧化提升策略

4.1　基础设施的智能化改造

基于智慧城市理念，通过运用先进的信息技术，将各类数据导入智能交通系统，并通过实时更新公交以及共享单车的信息等方式，提高游客在街区内的出行便利以及出行效率。

结合现有的公共停车场设施建设智能停车管理和智慧照明系统。智能停车系统提供实时停车位信息和预订功能，减少游客寻找停车位的时间，提高停车效率。智慧照明系统通过安装智能路灯，根据环境光线和人流量自动调整亮度，既节能环保又可提升夜间安全性和观光体验。智能路灯可集成Wi-Fi热点和摄像头等多功能设备，提升街区的智能化水平。例如在南京安品街区的改造中，智能化设施如智能路灯和智能垃圾桶的引入，不仅提升了街区的环境质量，还增强了游客的整体体验感[8]。

4.2　功能布局的智慧化更新

通过智能化管理和数字化技术提升街区的商业活力和吸引力，利用大数据技术分析游客的消费习惯和偏好，动态调整街区内商业设施的布局，提供个性化的商业服务。在文化景点和生活服务方面，利用数字技术提升文化景点的展示和生活服务的便捷性。可通过 AR/VR 技术，将历史文化景点进行数字化展示，提供沉浸式的文化体验，增强游客的互动和参与感。可建设多功能综合体，集文化展示、购物、餐饮和休闲娱乐于一体，满足游客多样化需求的同时，进一步提高功能密度以提升街区的旅游活力。

4.3 游客感知的数字化提升

通过数字化手段提升游客的感知和体验，增强街区的旅游活力与吸引力，开发基于位置服务（LBS）的智能导览系统，为游客提供个性化的游览路线推荐和景点介绍。通过手机应用，游客可以获取实时的路线导航、语音导览和景点信息，提升游览效率和体验。在街区内设置互动导览设备，例如智能触摸屏、自助导览终端等，增加游览的趣味性和互动性。建立游客互动平台和智能客服系统，通过社交媒体和评论网站，收集和分析游客的反馈和建议。通过大数据分析，了解游客的需求和偏好，及时调整和优化旅游服务。引入智能客服系统，为游客提供 24 小时在线咨询服务，提升服务质量和响应速度，确保游客在游览过程中获得良好的体验和满意度。还可学习福州三坊七巷，通过数字技术赋能夜间经济，用文化表演、夜市和艺术展览提升游客的感知和体验[9]，继而减少单一商业活动的依赖。

5 结语

本文通过采集 POI 数据和社交媒体评论数据，运用 ArcGIS 等工具，从基础设施、功能密度和游客感知三个方面对武汉市昙华林历史文化街区进行了分析，发现了当前街区在公共交通设施、商业化程度和游客体验等方面的问题，并基于智慧城市理念，提出了一系列增强旅游活力的策略。

然而本研究也存在一些不足。例如，数据收集时间和范围有限，未能全面覆盖街区的动态变化。未来研究建议拓宽数据来源，增加如移动定位数据、游客行为数据等，以全面了解游客需求和行为变化。此外，应加强对游客反馈的实时监测，特别是在节假日等关键时段，以便及时调整和优化管理和服务。通过更多数据支持和综合分析，提出更科学全面的优化策略，并应用于实际的历史文化街区改造中，以提升游客体验，促进街区的可持续发展。

参考文献

［1］ 张芳．地方认同感营造为导向的历史街区保护性更新策略：以苏州山塘街历史街区为例［J］．中国名城，2019（6）：80-87.

［2］ 武欣蕊，戴湘毅．旅游利用下历史街区文化景观符号意义与建构：以北京前门大街为例［J］．中国生态旅游，2023，13（1）：111-127.

［3］ 戴湘毅，朱思嘉，宋予佳，等．居住性历史街区的商业结构及其形成机制：以北锣鼓巷为［J］．城市发展研究，2017，24（7）：94-102.

［4］ 李丹．武汉历史文化街区旅游发展研究：以昙华林为例［D］．广西师范大学，2022：51-52.

［5］ 张敏．历史街区的旅游活力研究：以南京内秦淮河历史风貌区为例［D］．东南大学，2021：16-17.

［6］ 姜乃彬，刘宇轩，李晓旭．基于点评数据的历史街区文化旅游活力评估研究［J］．建筑与文化．2022（1）：236-238.

［7］ 朱玉．城市更新下历史文化街区设计策略研究：以长春新民大街为例［D］．海南大学．2023：38-39.

［8］ 陈希颖，张海燕，吴大江．绿色智慧理念在历史街区中的应用：以南京市安品街区为例［J］．建筑与文化，2023（3）：158-160.

［9］ 姜乃彬，刘宇轩，李晓旭．科技创新何以赋能福州夜间经济高质量发展：基于三坊七巷的案例分析［J］．福建商学院学报．2023（5）：55-61.

数字技术在木结构设计建造一体化中的应用探索

Exploring the Application of Digital Technology in the Design-build Integration of Wood Structures

苗展堂[1] 许明钦[1] 杨玉玺[1] 李 杰[1]
1. 天津大学建筑学院

摘 要：数字技术的飞速发展正在深刻影响着建筑行业。为了拓展其在建筑设计与建造中的应用路径，本文聚焦于数字技术驱动下的木结构建筑设计与建造一体化流程创新，采用邻域热点分析、软件仿真模拟及小比例模型建造等方法，首先通过 Rhino 与 Grasshopper 插件实现数字化生形；然后根据木构件的离散规则设计离散化节点，并精确拆解木构件；随后利用 UG 编程与 CNC 数控加工，确保建造精度与效率；最终融合机器人与重载无人机等智能设备完成高效搭建，展现数字技术与机械设备协同建造的优势。本研究在技术层面提升了木结构建筑的效能，在理念上促进了数字技术在建筑行业中的应用与发展，为木结构建筑向智能化、数字化方向发展提供了有益的参考。

关键词：数字技术；木结构建筑；设计建造一体化；数控加工

数字技术的迅猛发展正以前所未有的方式重塑着各行各业，在建筑行业尤其是建筑设计与建造领域，数字技术带来了革命性的变革[1]。此前的建筑设计师在设计和建造时往往受到各种制约，如材料选择、加工精度和施工方法等。然而，随着计算能力的飞跃以及算法的不断优化，数字技术不仅为建筑设计师提供了更大的创作自由度，也显著提升了建造过程中的精度和效率，给建筑设计与建造的各个阶段带来了巨大的革新。

特别是在木结构建筑领域，数字技术的应用潜力尤为突出[2,3]。木结构建筑因其独特的美学价值和生态可持续性，越来越受到建筑师的青睐。这种建筑形式不仅能够体现自然材料的温暖质感，而且能够通过现代化的设计手法和技术手段实现复杂的建筑形态和功能。然而，传统的木结构建造方式主要依赖于手工技艺，不仅耗时费力，还容易产生人为误差，这些误差不仅会影响建筑的美观性，还可能对结构安全产生潜在影响。面对现代建筑对复杂形态和高精度的要求，传统建造方法更加显得力不从心。为了解决这些问题，本文探索数字技术驱动下的木结构建筑设计与建造一体化流程，通过整合数字化设计工具和智能建造技术，提升木结构建筑的设计灵活性和建造精度。

1 木结构建筑设计中的数字技术

随着数字技术的飞速发展，建筑领域的

天津市普通高等学校本科教学改革与质量建设研究计划项目（B231005618）。

(a)张家口的3D打印农宅
图片来源：徐卫国. 从数字建筑设计到智能建造实践［M］.

(b)浪桥
图片来源：袁烽. 从数字设计到数字工厂［M］.

图 1　3D 打印建造实践案例

数字化转型正在如火如荼地进行[4,5]。数字技术在建筑设计和建造中展现出强大的潜力和应用广度，特别是在数字化制造技术（如3D打印）方面，其应用已经深入建筑领域的各个环节。在混凝土建筑的建造中，3D打印技术实现了高度自动化和精准的施工，成为数字化建筑的代表性技术之一。

清华大学在徐卫国教授的带领下，成功研发了机器人 3D 打印混凝土移动平台和混凝土房屋快速建造体系，并在实际应用中取得了显著成果，如张家口的 3D 打印农宅（图 1a）和深圳的 3D 打印公园[6]。这些项目展示了 3D 打印技术在建筑设计与施工中的全流程数字化应用，大大提高了施工效率和精度。与此同时，同济大学袁烽老师主持的“数字未来”工作营，每年通过参数化设计及智能建造手段探索数字化设计新技术，完成了“机器人陶土打印”“金属打印与纤维编织桥”（图 1b）等创新作品[7,8]。这些项目说明了 3D 打印技术已经实现了从设计到施工的全流程数字化，极大提高了效率和精度，但国内木结构领域的数字化应用尚未达到类似的广泛应用程度。

国际上，许多国家如瑞士、加拿大、日本等拥有丰富的木材资源，这为木结构建筑的发展提供了坚实的基础。随着技术的飞速发展和生态观念的不断提升，木材逐渐成为具有巨大潜力的可持续发展建材。以瑞士为例，其木结构建筑发展迅猛，传统技艺的经验积累与工业化数字化的新兴高效技术相得益彰[9]，位于苏黎世市中心的媒体集团办公楼便是这一趋势的典型代表。该项目通过精准的计算机辅助制造，结合传统木工技术，实现了无需额外材料的木构件连接，展现了高精度的制造和安装技术。坂茂设计的 Swatch 新总部（图 2）是全球最大的木结构建筑之一，这座建筑广泛应用了数字技术，利用数字化设计和精确的数控切割技术，实现了复杂结构形态的高精度控制[10]。Swatch 新总部的建造展示了数字技术在木结构建筑中的巨大潜力，表明木结构建筑领域的数字化应用前景广阔。

在这一背景下，本研究将探讨木结构建筑设计与建造的一体化流程，探索如何利用数字化工具和智能制造技术，搭建出木结构建筑从设计到加工再到建造的一体化流程，展现数字技术与机械设备协同建造的优势。

图2　Swatch 新总部
图片来源：坂茂. 可持续：从对木材潜力的发掘开始比尔斯沃琪和欧米茄工业园区.

2　木结构建筑设计建造一体化

2.1　木结构建筑数字化生形方式

木结构建筑设计的数字化生形逻辑方式已经不同于现代主义的主观逻辑进而转变为客观的逻辑，它融合了传统木工技艺与现代数字技术，为木结构建筑赋予了新的生命力和价值体系。数字技术的介入，不仅提升了木结构建筑的设计和生产效率，还扩展了其形式和美学可能性。本研究将以几何生形、编码生形、力学生形三种数字化生形方式展开介绍（图3）。

2.1.1　基于几何的生成方式

基于几何的生成方式，包括拓扑几何和图形编制、数学模型的生成以及自然几何的转译。拓扑指的是图形在弹性运动中保持不变的性质，利用图形的不变和形体的扭曲、折叠、挤压等操作生成建筑形体。例如建筑师坂茂将梅斯艺术中心的内部功能简化为几个盒子空间，以展览流线将几个盒子穿插（图4a），使用六边形图形统一建筑外边界，在立面上采取一定程度的拓扑变形（图4b）。数学模型的生成通过精确的数学计算，如受力分析和材料优化，来确保结构的稳定性和功能性。莫比乌斯环是建筑师常用的数学模型之一，如哈萨克斯坦国家图书馆和凤凰传媒中心以及竹里的屋顶（图4c）都采用了该模型。自然几何的转译是将自然界中的形态，如树木的分枝结构，转化为建筑设计中的元素，创造出具有自然美感的木结构建筑[11]（图4d）。

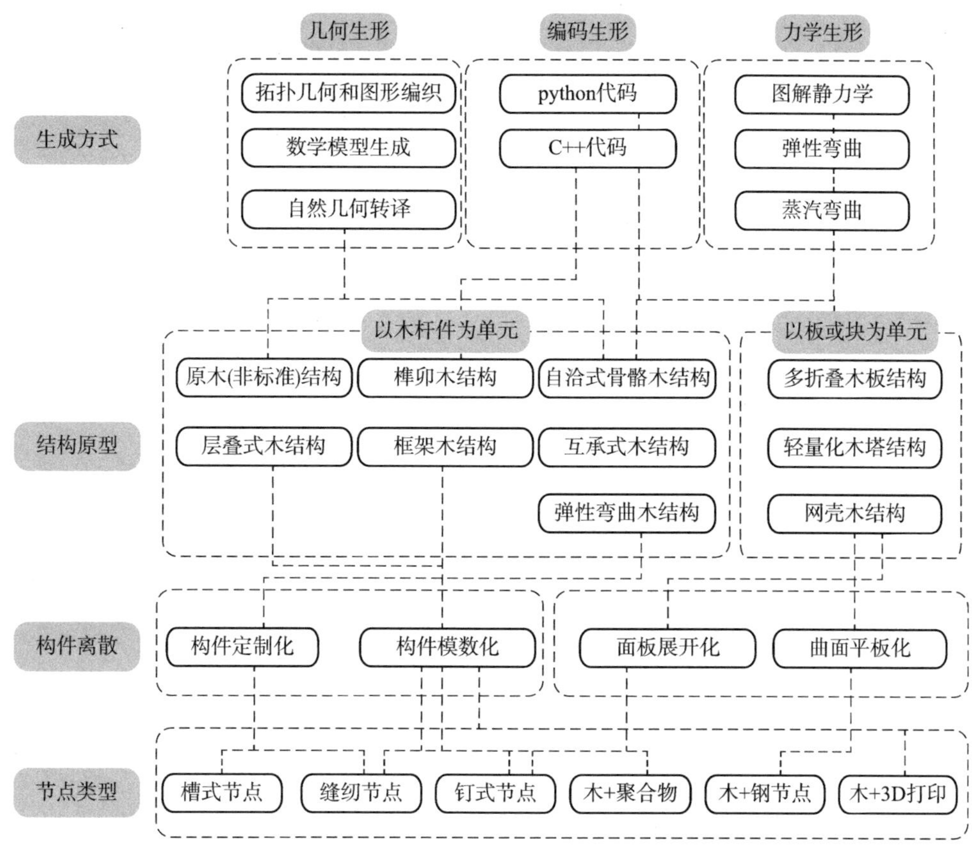

图 3　数字化生形、构件离散和节点类型关系图解

2.1.2　基于编码的生成方式

基于编码的自动生成方式需要借助编程语言如 Python 和 C++，实现木结构建筑的自动化设计。除了标准化木模块建筑（图 4e），定制的非标准化木模块建筑也开发了新的计算设计方法[12]（图 4f），允许设计师通过编写代码，快速生成并修改木结构的几何形态和构造方式（图 4g）。C++则适用于处理更加复杂的数据和运算需求，适合大型木结构的设计和优化。

2.1.3　基于力学的生成方式

基于木材的力学性能生成方式可以充分利用木材的物理特性，如弹性和可塑性。图解静力学通过分析结构受力情况，确保木结构的安全性和稳定性。图解大都是基于正方形的规则网格，几何体是基于给定约束的边界图形，由边界生成的侧推力逐步向上移动，形成鼓起的曲面[13]（图 4h）。RhinoVault 同时具有修改过程中重新定义力参数对应形状和力的矢量方向发生改变的特性，因此会导致局部或者整体力的增加或者减少，增多几何形式变化的多样性（图 4i）。在国内外诸多高校的研究实验中，这些大跨的曲面有使用板块或者砖构结构的，同样也有木结构的[14]（图 4j、图 4k）。弹性弯曲和蒸汽弯曲技术利用木材在特定条件下的可塑性，创建出曲线形和流线型的结构[15]（图 4l）。但是蒸汽弯曲木材过程中木材含水率变化后引起的材料回弹是不可控的，建立弯曲后的反馈机制可以有效应对回弹变化引起的误差。

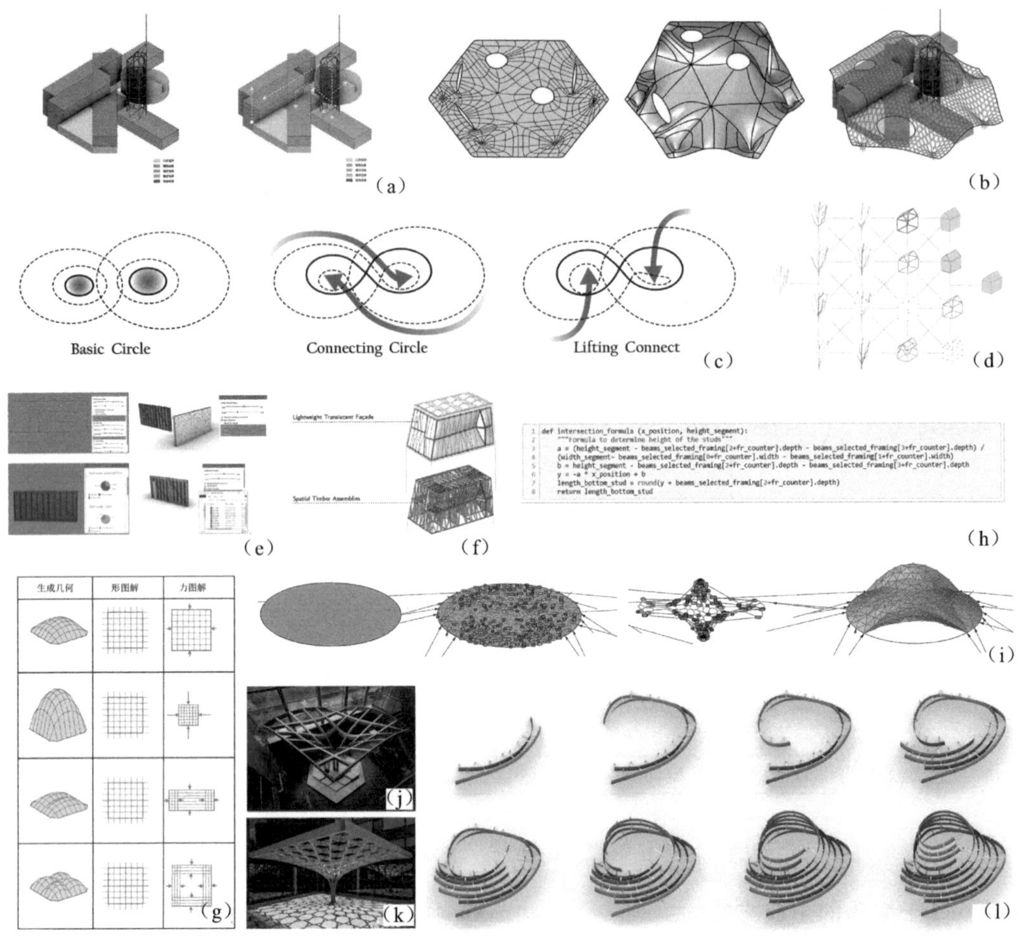

(a) 蓬皮杜梅斯艺术中心功能盒子和内部流线关系图解
(c) 竹里基于莫比乌斯环的几何生成逻辑
(e) 由代码集成的自动化标准木结构模块墙体结构
(g) Python代码计算轻型木结构斜撑交点
(i) 在RhinoVault平台下的基本几何体生成壳体曲面的过程图
(k) 图形投影木壳体结构[14]
(b) 蓬皮杜梅斯艺术中心曲面拓扑过程及曲面内部空间关系图
(d) 树的几何结构转译到传统的坡屋顶结构中[11]
(f) 非标准木结构编码生成模块结构图解和外表面材质图解[12]
(h) 生成几何和形、力图解关系图表[13]
(j) 格网线木壳体[14]
(l) 手工弯曲木材表面模拟[15]

图4 木结构建筑数字化生形方式图解

2.2 木结构建筑构件离散策略

建筑形体设计生成的多样性和结构的复杂性，需要科学的构件离散方式和优化的连接节点类型。木构件的离散不仅需要具备物理、材料和经济属性，还要在此基础上离散出通用的建筑构件。

本研究针将构件的离散划分为两个大类：木杆件结构构件和曲面结构构件[11,16]（图5）。杆构件的离散按照模数化和大量定制化的方法，曲面结构构件的离

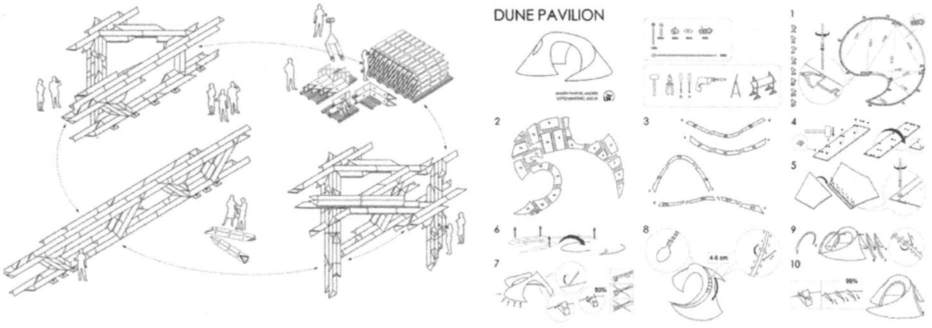

（a）离散构件拆解组装小型建筑结构[16]

（b）Bio-DunePavilion项目的木曲面离散过程[11]

图 5　木杆件结构构件和曲面结构构件离散图解

散按照展平曲面或者几何分形平面面板化。木构件离散后需要相应的节点将其连接起来，这些节点依赖于机器人装配技术、机器人建造以实现工厂化预制。

针对数字技术语境下的构件连接节点，本研究总结出六种主要的节点类型[11,17]：一是传统与现代结合的木结构构件槽（榫卯）连接节点，这种连接方式利用数控加工技术实现高度精确的互锁连接（图 6a）；二是木材与 3D 打印材料的混合连接节点，利用 3D 打印技术实现复杂结构的精准连接（图 6b）；三是木结构构件的柔性连接节点，使用弹性材料增强木材构件之间的柔韧性和耐冲击性（图 6c）；四是木材与聚合物混凝土的混合连接节点，这种节点结合了木材的天然美感与混凝土的强度（图 6d）；五是木纤维板的缝纫连接节点，通过数字化缝纫设备实现柔性和耐久的拼接（图 6e）；六是木材与钢材的混合连接节点，结合了木材的柔和和钢材的坚固，实现了高强度和耐久性的构件连接（图 6f）。这些节点类型的应用不仅提升了建筑的性能，还推动了建筑工业化和智能化的发展。

2.3　木结构建筑数控加工方法

木结构构件的数控加工对于确保结构的稳定性和美观性至关重要。在这一过程中，CNC 数控铣床、机器人木构件铣削工艺等凭借其精确性、高效性和高自动化程度的优势，在这一过程中扮演了不可替代的角色。

以 CNC 数控铣床为例，这类设备可以通过计算机控制实现极高的加工精度。首先，无论是复杂的几何形状还是微小的细节，都能通过精确的刀具路径得到准确的加工；其次，对数控程序进行优化后，还可以同时加工多个工件或执行多道工序；此外，其编程和操作均由计算机控制，不仅减少了人为操作误差，还能快速适应不同的设计和材料需求。因此，CNC 数控铣床通过精确、快速、自动化的加工能力，使得复杂、精密的木结构构件能够更高效、更高质量地生产，为现代木结构设计建造一体化提供了强大的技术支持。

2.4　木结构建筑智能化搭建流程

在现代木结构建筑的建造施工中，融合建造机器人和重载无人机等智能设备，可以极大提升施工效率和精度。机器人能够进行精确的构件加工、装配和连接，如螺栓固定、榫卯接合等。借助计算机辅助设计（CAD）和制造（CAM）技术，机器人可以在施工现场实时调整操作（图 7a）。重载无人机能够承载和运输木梁柱，将这些构件精准定位到指定位置，配合自动定位的设计方法，待木梁柱固定到位后，工人或自动化设备可以迅速安装销栓等固定木梁柱，从而完成精确的定位和固定（图7b）。

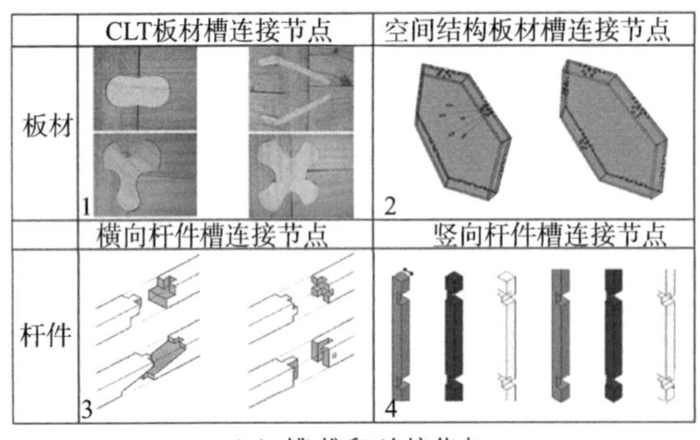

（a）槽(榫卯)连接节点

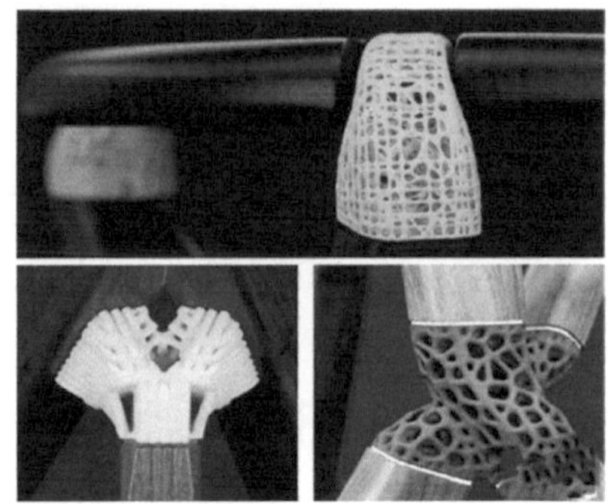

（b）木+3D打印混合节点[11]

（c）柔性连接节点[11]

（d）木+聚合物混凝土混合节点[11]

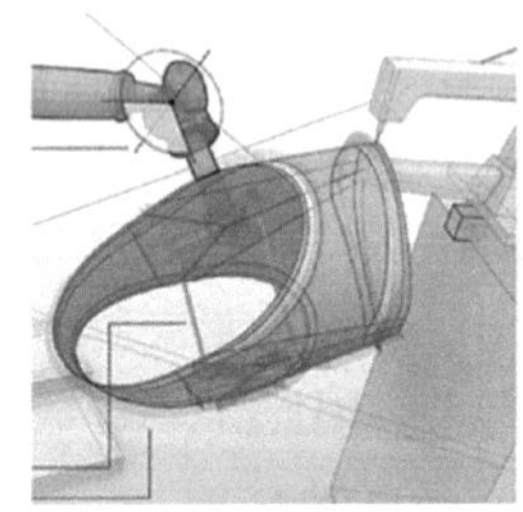
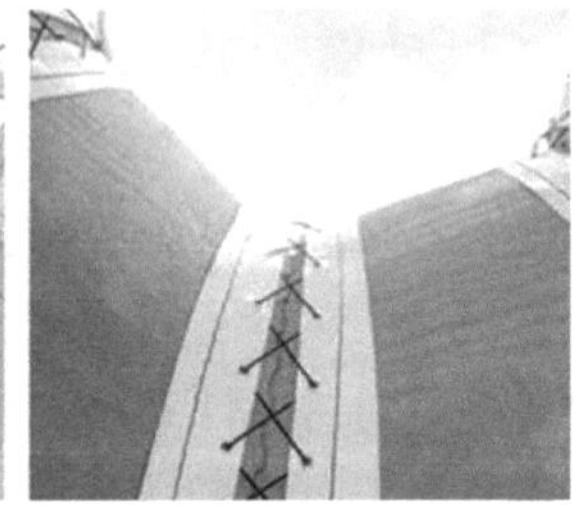

（e）木纤维板缝纫连接节点[17]

（f）木+钢的混合连接节点[17]

图6　数字技术语境下的构件连接节点类型

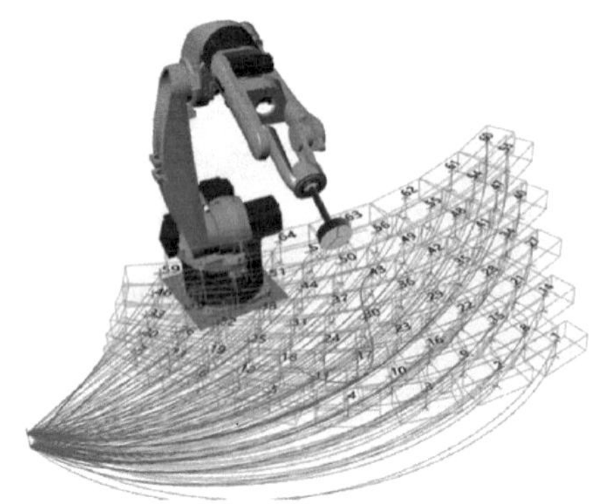

（a）机器人木砖墙夹取模拟

（b）重载无人机辅助建造示意

图7　融合机器人和重载无人机等智能设备的建造图解

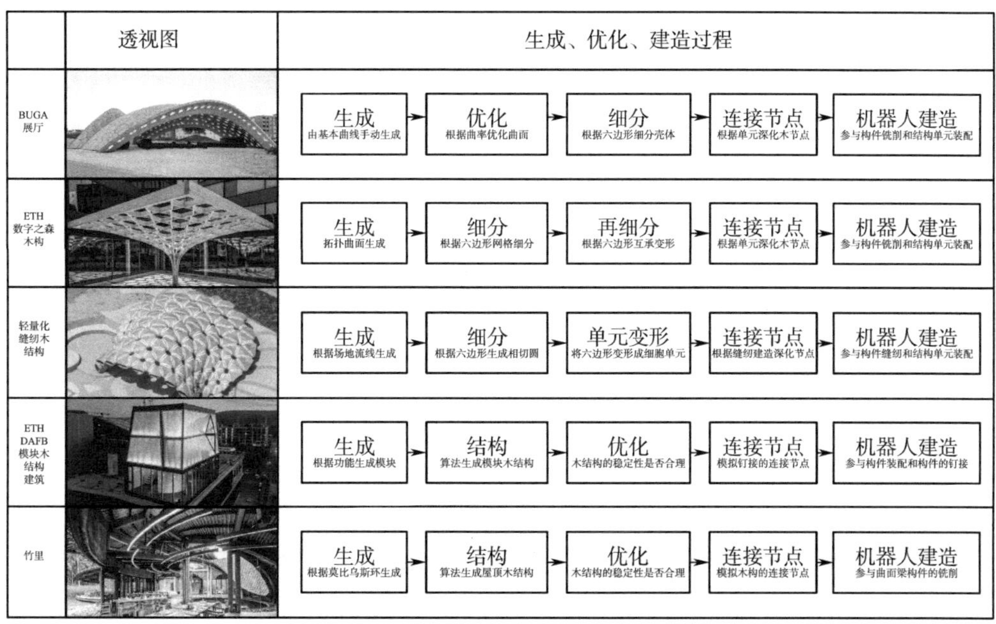

图 8　木结构建筑案例的生成、优化、建造一体化策略比对

这种结合智能设备的施工方式，不仅可以加快施工进度，减少对人工操作的依赖，还可降低施工过程中的风险和误差。机器人和无人机的协同工作，能够处理复杂的施工任务，能在不同的环境和条件下灵活调整操作策略，适应各种设计需求。

3　小比例节点模型建造实践

本研究在小比例节点模型建造实践中，选取了大跨度的网壳空间结构，这种复杂形式非常适合通过数字化技术生成并利用机器人辅助建造。在对比分析五个具有代表性的木结构建筑案例（图 8）的基础上，对比结构生成、节点细化和后续机器人建造的参与度等方面的内容，本研究总结出了适用于机器人建造语境下的木结构建筑设计建造一体化的方式，实现了从生成到建造的全过程协同，并将其应用于本次模拟实验中。

生成设计阶段包括生成建筑功能组团、优化边界曲线、壳体曲面生成、结构生成和节点生成五个步骤：首先通过 Python 代码生成功能组团布局（图 9a），接着进行组团边缘柔化（图 9b），然后生成复杂壳体曲面（图 9c），接着通过图形投影和网格变形生成互承式木结构（图 9d）；之后深入研究节点，在槽式、钉式及混合式连接节点中选取了槽式节点（图 9e）。建造阶段包括平台搭建和建造加工工序两部分，利用 CNC 数控铣床进行精密加工（图 9f），设置布局和机器人数控点位辅助建造（图 9g）。该过程遵循量化、多选项、适应性选择、连续性和可逆性原则，确保设计与建造的无缝衔接，提升建筑的质量和效率，为现代木结构建筑的可能性提供新的视野。

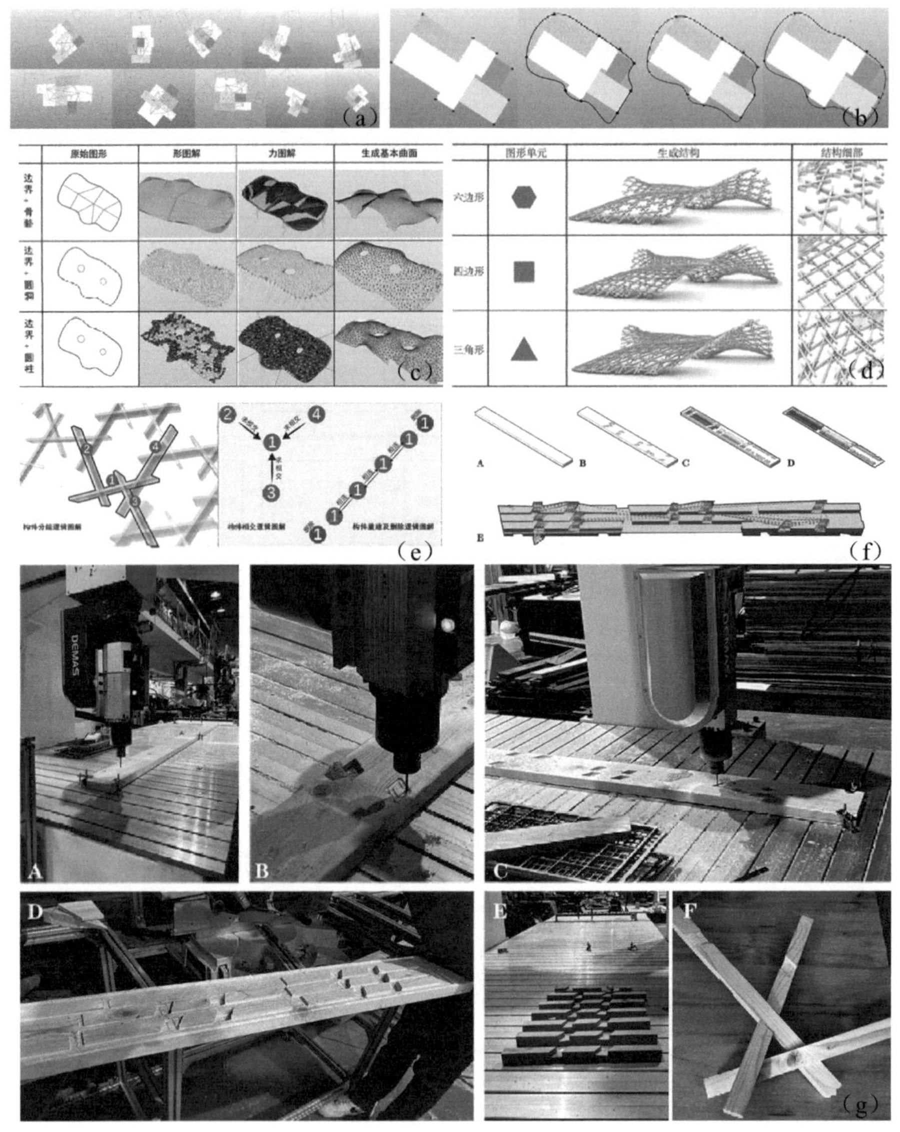

图9 小比例节点模型建造实践流程

4 结语

本研究通过数字技术驱动下木结构建筑设计与建造一体化的流程创新，展示了现代建筑行业的技术进步与应用前景。通过数字化生形、离散化节点设计、精密CNC加工，以及建造机器人与重载无人机的协同建造，提升了木结构建筑的施工精度和效率，也展示了数字技术在建筑领域的广泛应用潜力。本研究成果希望为木结构建筑的智能化、数字化发展拓宽思路，并为相关领域的未来研究和实践提供参考。

参考文献

[1] 刘刚，马智亮，李松阳．基于文献研究的精益建造与数字技术集成综述［J］．同济大学学报（自

然科学版)，2024，52（1）：145-156.

[2] 张烨，陈珂臻，项星玮. 数字孪生范式下因材制宜的木构建造［J］. 建筑学报，2021（S2）：182-188.

[3] 王文慧，吴明．建构视野下木构建筑的新机遇［J］. 建筑与文化，2017（9）：116-117.

[4] 曲忠国，朱松．建筑数字化设计与建造研究综述［J］. 智能建筑与智慧城市，2024（6）：145-147.

[5] 丁烈云，徐捷，覃亚伟．建筑3D打印数字建造技术研究应用综述［J］. 土木工程与管理学报，2015，32（3）：1-10.

[6] 徐卫国．从数字建筑设计到智能建造实践［J］. 建筑技术，2022，53（10）：1418-1420.

[7] 袁烽．从数字设计到数字工厂：2015年DADA“数字未来”暑期工作营系列活动［J］. 世界建筑，2015（9）：118-119，137.

[8] 袁烽，陈哲文，林边，等．从桥到亭：机器人三维打印［J］. 城市建筑，2018（19）：70-73.

[9] 乌多·特尼森，尚晋．瑞士木结构建筑：求索于传统与创新之间［J］. 建筑师，2018（3）:88-94.

[10] 坂茂．可持续：从对木材潜力的发掘开始比尔斯沃琪和欧米茄工业园区［J］. 室内设计与装修，2020（3）：58-62.

[11] Fabio，Bianconi，Marco，et al. Digital wood design innovative techniques of representation in architectural design［M］. Springer，2019.

[12] Ahmadianarashadel. Computational design for cooperative robotic assembly of nonstandard timber frame buildings. ETH Zurich，Doctor of Sciences：2020.

[13] Mattthias，Philippe. Funicular sehll design exploration［J］. Acadia adaptive architecture，2013.

[14] Aleksandraannaapolinarska，Mathiaskuhn. Performance-driven design of a reciprocal frame canopy timber structure of the futuretree［J］. Acaade Performance Based Design，2021，(39)

[15] Jahn G，Wit A J，Pazzi J. Holographic handcraft in large-scale steam-bent timber structures［J］. ACADIA，2019.

[16] Retsin G. Discrete reapprasing the digital in architecture［J］. Architectural Design，2019（258）.

[17] Elsacker E，Søndergaard A，Van Wylick A，et al. Growing living and multifunctional mycelium composites for large-scale formwork applications using robotic abrasive wire-Cutting［J］. Constr Build Mater，2021.

渝西传统合院式民居数字化保护与活化利用研究
——以翰林山庄为例

Research on Digital Preservation and Revitalization of Traditional Courtyard Houses in Western Chongqing: A Case Study of Hanlin Manor

温　泉[1]　张　力[1]
1. 重庆交通大学建筑与城市规划学院

摘　要：翰林山庄作为渝西地区典型的传统合院式民居，具有极高的历史、文化和建筑价值。本研究旨在通过HBIM（Historic Building Information Modeling）技术，对翰林山庄进行全面的数字化保护及活化利用。本研究主要解决多元化信息测绘及融合的问题，通过Trimble RealWorks等软件将三维激光扫描仪、无人机倾斜摄影等所获得的点云数据进行拼接，从而建立精细化的数字模型，为翰林山庄的全生命周期管理提供基础。同时，利用虚拟现实（VR）等技术，开发沉浸式体验项目和在线数据库。研究结果表明，HBIM技术不仅能够实现传统民居的精准数字化重建，还能够提供全生命周期管理方案，利用数字模型开展虚拟展示和在线数据库建设，有助于促进文化遗产的传播与传承。

关键词：传统民居；数字化保护；HBIM；活化利用

引言

随着人们对传统文化的重视和历史建筑保护意识的提升，以及乡村振兴政策的实施后旅游业的复苏，市场对于重庆传统民居数字化保护与活化利用的需求不断增加。重庆也提出了“历史重庆”与“数字重庆”建设，要求加强历史文化保护传承，到2035年全面建成系统完整的保护传承体系。

在传统民居数字化保护过程中使用新的技术及工具，如激光扫描、无人机等，这使得遗产建筑信息数据变得更加多样和复杂。尽管数字化带来了一定的便利，但由于文字报告、CAD图纸、实测照片等数据相互分离，形成了各自独立的信息单元，这导致了“信息孤岛”的产生。这种分散的数据形态不仅降低了工作效率，还妨碍了文化遗产修缮与复原的顺利进行[1]。建筑遗产信息的记录通常呈现从无序到有序的过程，具有多个时态、多样化和复杂性的特征，记录涉及的是三维空间，同时需要考虑时间、材质、成本等多维度信息的叠加，这使得记录工作变得更加复杂[2]。HBIM（Historic Building Information Modeling）的出现为解决这些问题提供了一种全新的途径。HBIM在不同传统民居类型、

重庆交通大学研究生科创项目（2024S0099）。

建造材料、建筑物构造等方面展现了信息管理与存储的优势，从而为建筑遗产的“系统性保护”提供了一个信息化平台[3,4]。

鉴于此，本文以重庆璧山翰林山庄为例，以具有渝西地区传统合院式民居特色的建筑遗产作为研究对象，对实例进行测绘和信息采集，通过 HBIM 的手段（图 1）实现建筑遗产信息的全生命周期管理与信息可视化，为建筑遗产的后续保护和活化利用提供参照依据，同时为渝西地区及其他类似地区传统民居的保护及利用提供参考。

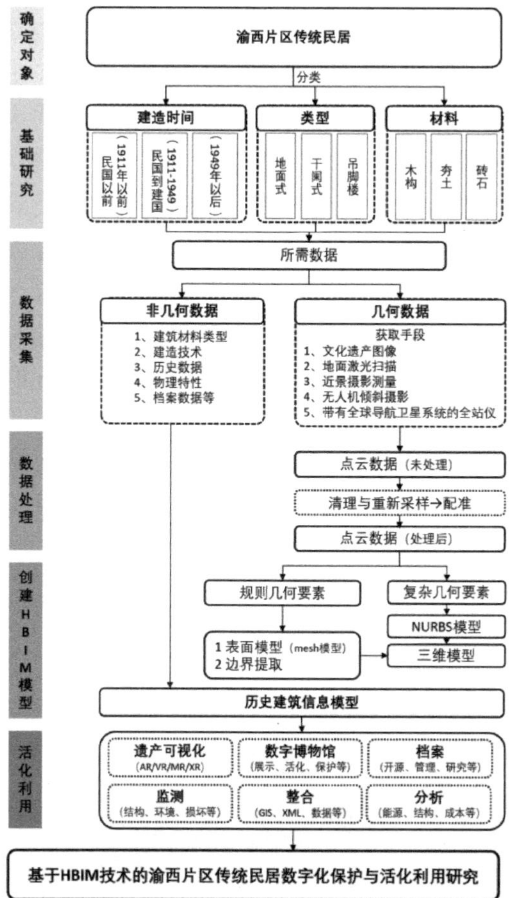

图 1　基于 HBIM 技术的渝西片区传统民居数字化保护与活化利用研究技术路线图

1　翰林山庄历史信息

1.1　案例概况

翰林山庄位于重庆市璧山区来凤镇孙河村五组，占地面积约 8379m²，建筑面积 2188.37m²（图 2）。2023 年 5 月翰林山庄被纳入第一批巴渝乡村传统民居名录。翰林山庄最初为清代翰林王倬所造，原始格局包括一个大三合院，一座小四合院，一处大院坝，一座前花园，一座后花园，两座碉楼，一座绣楼，两道朝门以及周围高约 4m 的夯土围墙。民国时期，翰林山庄成为重庆著名药商黄岐生的宅邸和“天生元”药号的所在地，基本保留了原有格局，仅在小四合院内新增了一座六角攒尖顶凉亭。大三合院两侧厢房进深不一，是因为药号将其改为生产药材的作坊，进深因此大于普通厢房。新中国成立后，翰林山庄收归国有，改办为小学。20 世纪 60 年代，山庄先后作为粮站和敬老院使用，在大三合院前增建了一排房屋，使其变为四合院。2002 年，敬老院因“金融三乱”无法偿还集资款，政府将山庄拍卖以偿付集资款，被当地居民陈德彬购得，并改办为农家乐，期间对山庄内部进行了装修，包括铺设瓷砖地砖和石膏吊顶等。2012 年，

图 2　翰林山庄鸟瞰图

重庆大圆祥集团董事长刘健从陈德彬手中购得山庄，并按照其历史原貌进行修复整治，开办了一座民间博物馆[5]。

1.2 民居类型与结构形式

翰林山庄坐东朝西，背山面水，四周树木苍翠，背靠层峦叠翠的缙云山，正面为清幽静谧的池塘。外朝门前院坝为半圆形，被称为月亮坝。头道朝门位于山庄中轴线西侧约30m处围墙上，呈八字形，仿马头墙样式，两边收分，层层叠落，墙面高约6m，面阔近10m（图3a）。朝门上额题“野庐”二字，为国民政府主席林森题写。内朝门位于山庄左侧，石门上方匾额题“岐轩”二字，采用灰塑题字，青花瓷片嵌面（图3b）。大三合院正房面阔七间，进深5.7m，正房廊道用6根石柱支撑，民国时期石柱被装饰成欧式风格（图3c）。明间堂屋面阔5.3m，进深5.7m，内空高7.1m，为五架梁结构，每根檩子下都附加一根略拱的木梁，称为“背檩”。北侧厢房面阔约27m，进深约18m，前侧绣楼楼高3层，歇山屋顶，三面为夯土墙，一面用花窗、格扇和木板壁做墙；南侧厢房面阔约25m，进深9.5m；三合院坝面积约300m^2。小四合院位于左厢房背面，内有面宽约7m、进深约14m的天井，有厢房2间、六角攒尖顶凉亭一座，亭高两层，三面空透，六边形青砖为柱，是山庄内一处雅致的休闲场所（图3d）。山庄两侧厢房顶端各有一座三层高的碉楼，夯土结构，北侧碉楼为四角攒尖顶，南侧为歇山顶。大三合院前面20世纪60年代新增排屋，为夯土墙上搁置木桁架，其上再铺设檩子、椽子及小青瓦。山庄的外围墙、隔墙、建筑外墙、碉楼、绣楼等均采用厚实的夯土墙，外敷白灰，除主院正厅、廊棚外，其余建筑不设木制梁架，而是将夯土墙向上起山，代替木制梁架，由夯土墙撑起檩条。这种广泛使用厚实夯土墙的做法在晚清至民国年间的璧山地区的大型院落中较为常见，深受闽粤赣客家移民夯土建筑文化的影响，同时也是这一时期璧山地区社会动荡、匪患横行的历史见证。翰林山庄经历清代晚期至民国和新中国成立后的多次增建与改建，融合了多个时期的建筑风格、空间格局及构造方法，具有重要的历史和建筑价值。

综上所述，作为晚清至民国年间渝西地区重要传统合院式民居建筑案例，翰林山庄全面的数字化保护，可以探索近代时期渝西地区民居建筑构造技术及空间格局。同时，对翰林山庄进行活化利用，可以推动其文化价值传播与旅游开发，丰富重庆传统民居保护再利用的途径，对未来重庆

（a）头道朝门　（b）二道朝门

（c）正厅檐柱　（d）六角凉亭

图3　翰林山庄

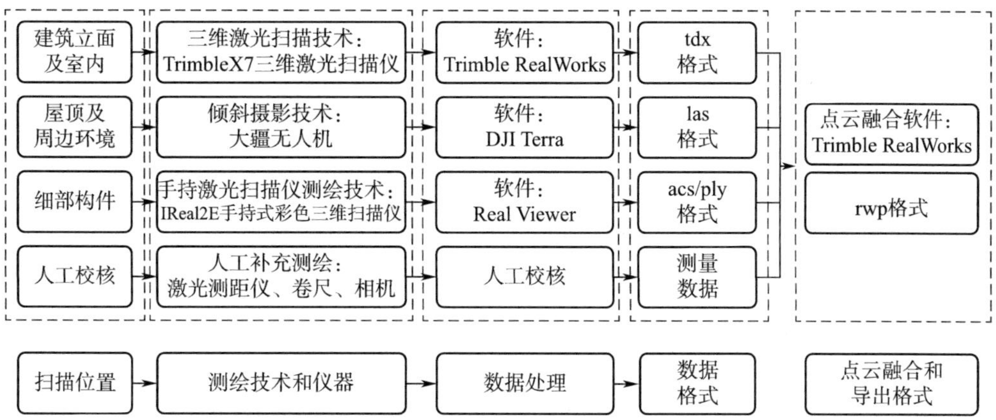

图 4　多元化信息测绘及融合流程图

地区近代建筑遗产研究与保护工作的开展具有借鉴意义。

2　信息采集及数字重现

2.1　信息采集

信息化采集是数字化保护的前提，包括二维信息与三维信息的采集。信息收集后通过不同软件间的格式转化实现信息的一致性，在信息转化过程中要尽可能避免信息缺失，多元化数据融合则是数据采集阶段的关键问题。HBIM 平台多数据交互、转换链接方式便捷与统一、避免平台转换间的信息丢失是目前的研究重点之一[6]，基于 FME 软件的数据处理和保存 IFC（Industry Foundation Class）格式，当需要多个软件协同完成任务时，HBIM 相对完整的保留信息存储和转化功能，上述信息丢失问题有所缓解[4]。

由于翰林山庄建筑稠密、地形多变、建筑构件复杂，单一的信息采集方式难以获得全面的、准确的建筑遗产信息。本研究对该传统民居的信息收集来源于相机拍摄、三维激光扫描仪、无人机倾斜摄影、手持激光扫描仪和人工补充测绘（图 4），分别从构件细部信息、地面信息、高空信息三个方面进行补充。

运用 Trimble X7 激光扫描仪，对翰林山庄进行外立面、室内空间以及庭院的扫描测量、数据收集，内部屋顶结构与外部地形高差变化是地面信息记录的重点。通常每个空间需要多个扫描站点。本次共建立 96 个测站点，每个站点的数据通过 WiFi 传输至 Trimble T10 平板。在 T10 平板上使用 Trimble Perspective 软件，能够自动拼接点云数据，并实时查看扫描和拼接情况（图 5a）。完成各站点的扫描和拼接后，将点云数据传输至 Trimble RealWorks 软件，在电脑端建立测站点云，生成三维点云模型[7]（图 5b）。

对于三维激光扫描仪无法到达的区域，如建筑屋顶等，本次研究采用了无人机进行倾斜摄影测绘。本研究利用 DJI Phantom 4 RTK 无人机，将倾斜摄影获得的图像数据导入 DJI Terra 软件中，在电脑端生成 Mesh 网格模型[11]（图 6）。在 DJI Terra 软件中建立三维模型后，可运用其中的测量工具，对现场无法勘测的位置进行补充测绘，如房屋高度、建筑屋顶宽度以及周边环境等。

(a)Trimble Perspective软件中的点云数据　　(b)Trimble RealWorks软件中的三维点云模型

图 5　翰林山庄扫描情况

图 6　基于无人机倾斜摄影生成的 Mesh 网格模型

2.2　信息模型构建

2.2.1　建立“族”库

建立族模型是构建历史建筑信息模型的基础，信息采集的点云数据，为各构件的建立提供了精确的几何信息[4]。BIM 相关的软件有很多，其中 Autodesk 公司开发的 Revit 软件是应用最广泛的。Revit 软件中的“族”和“族库”为构件和构件库提供了良好的分类和管理功能。考虑到翰林山庄主要建筑存在构件残损、老旧或结构变形的情况，各构件形制各异，难以通过 BIM 模型精确表示，因此，常采用“理想化模型”方法，即利用简要抽象的三维模型表达建筑特征，重点突显建筑的初始状态和原始设计意图[13]。构件的精度并不要求过高，类似的构件可以用同类构件进行表达，建筑和构件的形状变化、残损缺失、位置偏移、颜色脱落等则通过参数信息进行表达[14]。通过 Revit 软件创建的建筑遗产 HBIM 模型相较于传统的三维建筑遗产模型，具备对每个构件族赋予参数信息的能力，为建筑遗产的信息管理提供了重要支持。

在信息化测绘的基础上，根据 Revit 建族的逻辑和类型学分析，对历史建筑的所有构件数量和构件类型进行梳理和分类[15]，族的梳理应遵循以下逻辑：①根据 Revit 中的族类别对历史建筑的构件进行分类。②当历史建筑中的某些“特殊构件”无法定义类别时，归类至“其他构件族”类别中，如柱础、柱头、雀替、垂花、屋脊等。③可将“特殊构件”载入至预设族类别中，形成“嵌套族”后并归类预设族类别中，如：将“柱础”和“檐柱柱头”载入至柱族中，形成“檐柱”族进行分类。④翰林山庄的某些“特殊构件”可采用“内建模型”进行创建，如檩条、踏跺、钱眼等。根据以上逻辑，可以将历史建筑的族库分为：柱、梁、墙体、楼地板、天花板、屋顶、门、窗、其他构件族，共九类（图7）。

(a)正房屋架

(b)厢房屋架

(c)倒座屋架

图7　翰林山庄室内分格

2.2.2　附加信息

用Revit创建的HBIM模型被视为建筑遗产保护和修缮工程的框架索引模型，各个族在其中充当建筑遗产信息的承载者。在HBIM模型创建完成后，各个族在三维模型中添加参数信息，这些族共同附加三种类型的建筑遗产信息：①历史信息，通过属性信息、几何信息和材质参数的方式进行记录；②现状信息，即现状残损信息记录，采用“共享参数”“影子族”、阶段化、标记等方式记录；③修缮信息，包括修缮设计及工程相关信息，采用“共享参数”、阶段化、标记等方式记录。

HBIM可以分阶段、可视化地表达施工过程，并成为照片和文字报告的补充。翰林山庄在初期的建立到如今的整个历史发展阶段，经历了不同时期的新建与改建，根据相关的史料记载，对若干历史阶段进行划分，并通过信息模型的阶段化，实现对生命周期中不同阶段更新、改造的记录，达到对建筑遗产的价值评估。

以翰林山庄为例，将整个信息模型的阶段分为三个时期，对模型进行整体的构建和分阶段展示。清晚期建筑全都采用夯土墙向上起山，由夯土墙撑起檩条。到民国时期随主人及功能的变化，山庄格局发生变化，于小四合院内新增一座六角攒尖顶凉亭，左右厢房也向外延申，正房檐廊石柱被装饰成欧式风格。新中国成立后，在三合院前面修建了一排房屋，采用木桁架的屋架形式。经过多次增建及改建，翰林山庄融合了多个时期的建筑风格、空间格局以及不同时期的构造做法（图7）。HBIM模型附加信息，可以很好地记录和展示建筑格局、风格以及构造做法的变化。HBIM技术将时间的概念引入建筑遗产的保护，有利于通过建筑本体及周边环境的变化反映人为因素与自然因素的影响。另外，整体信息模型结合族库构件，可为建筑遗产的修缮、保护、再利用提供信息和数据支持。

3 全生命周期管理及活化利用

对全生命周期各阶段的数据和信息进行综合管理，是传统民居数字化保护的核心。分析、处理后的决策会反映到数字重现和数字博物馆阶段。利用信息管理与网络技术，可以实现对所有采集数据和信息的整合和管理。

HBIM技术提供多种存储信息数据的方式，以信息为管理对象，其基本几何单元是建筑构件。通过将各类非几何信息植入或链接到相应构件属性，可以建立以三维模型为索引目录的信息管理系统[16]。在类型属性中的标识数据设置文字参数，记录民居的重要信息。根据翰林山庄的价值评估，一方面需要记录房屋建造年代和建筑材料的差异；另一方面，通过文字与图片记载具有文化价值的渝西地区传统民居建筑风貌与建造技艺。随着计算机技术的发展，建筑遗产管理部门建立了相关的建筑遗产数据库，用于存储包括测绘图纸、照片、信息文档等多项数据[17]。信息管理系统数据库最终目标是实现信息公开，并针对不同群体提供有针对性的信息，例如将建筑历史信息面向游客，遗产检测记录面向管理人员，并对信息权限与传输路径进行设置，实现信息共享的统筹，最终实现建筑遗产的全生命周期管理。

活化利用是文化遗产“创造性转化、创新性发展”的时代要求。基于HBIM技术的渝西片区传统民居活化利用路径探索，包括利用HBIM信息模型建立数字博物馆，应用虚拟与网络技术进行遗产可视化展示，以及丰富渝西片区传统民居在线数据库。如今，现有的HBIM与VR技术交互平台包括Fuzor、光辉城市（Mars）、Twinmotion等渲染引擎，以及第三方全景图合成的云台[4]。本研究采用D5渲染器创建VR展示，利用D5渲染器Revit同步插件的优势，实现Revit中构件模型群组、相机视角和材质分类的快速同步。在将数据联动至D5渲染器后，进一步细分调整材质与场景，最终以JPG格式输出16K全景图。随后，将不同场景的全景图导入“炫云”平台，进行漫游浏览（图8、图9）。

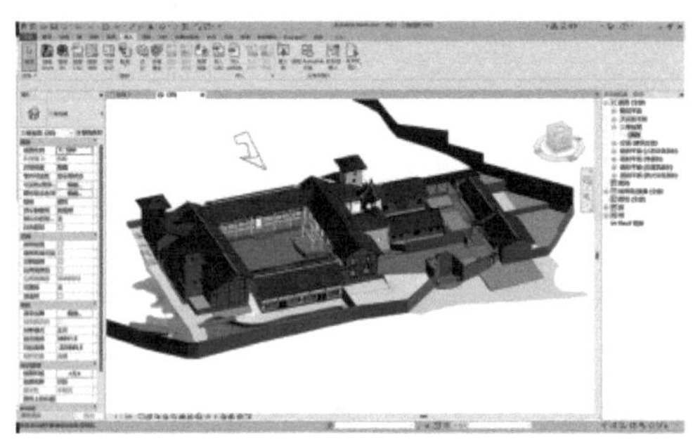

图8 HBIM信息模型

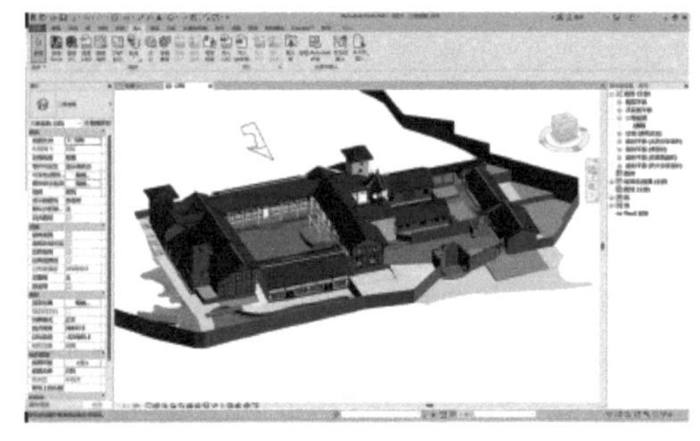

图9 D5渲染场景

4 结语

以翰林山庄为例，通过全面的信息采集，利用HBIM技术构建完整的信息模型，完成了山庄的整体信息模型。对于建筑遗产信息的记录从保护的视角出发，利用HBIM技术的优势作为手段和媒介，以此弥补信息管理方面“信息孤岛”和“信息断流”问题，最终搭建的建筑信息模型具备三维、动态的全生命周期信息管理功能。

本研究主要侧重于三方面：首先是信息采集及数字重现。主要解决多元化信息测绘及融合的问题，通过 Trimble RealWorks 等软件将三维激光扫描仪、无人机倾斜摄影等所获得的点云数据进行拼接，从而建立精细化的数字模型，为翰林山庄的全生命周期管理提供基础。其次，是发挥 HBIM 的优势对记录翰林山庄不同年代的空间演变，对不同年代的建筑风格及建造技术进行研究，作为后续改造、活化利用规划设计与可视化展示的前提基础。研究结果表明，翰林山庄作为渝西地区典型的传统合院式民居，以及其多时代建筑风格的遗存，体现了渝西地区传统民居的发展演变历程，具有重要的建筑价值及历史价值。最后，通过 HBIM 模型结合数字渲染和虚拟复原展示实时效果，实现 VR 可视化的展示，为渝西地区其他传统民居的数字化保护与活化利用提供有益的参考和借鉴，具有重要的理论和实践意义。

参考文献

[1] 吴葱，李珂，李舒静等．从数字化到信息化：信息技术在建筑遗产领域的应用刍议［J］．中国文化遗产，2016（2）：18-24.

[2] 李渊，郭晶．基于 BIM+理念的建筑文化遗产保护研究综述［J］．城市建筑，2021，18（34）：157-161，167.

[3] 张家浩．我国工业遗产信息采集与管理体系建构研究［D］．天津大学，2018.

[4] 张家浩，朱威廉，费迎庆，等．闽南石结构工业建筑遗产信息化展示研究：以泉州安溪凤山茶厂为例［J/OL］．中外建筑，1-16［2024-07-25］.

[5] 何智亚．重庆民居［M］．重庆：重庆出版社，2014：155-161.

[6] 史斌，刘弘涛．BIM 技术在我国传统建筑保护利用中的应用进展与展望［J］．华中建筑，2022，40（2）：16-19.

[7] 杨必胜；梁福逊；黄荣刚．三维激光扫描点云数据处理研究进展、挑战与趋势［J］．测绘学报，2017，46（10）：1509-1516.

[8] Anzalone G, D'Amelio S, Villa B, et al. Tecniche avanzate per il rilevamento e la valorizzazione dei beni culturali. La chiesa rupestre di San Nicolò a Modica（RG）［C］//Atti 15a Conferenza Nazionale ASITA. Asita, 2011：97-106.

[9] Bruno N, Roncella R. A restoration oriented HBIM system for cultural heritage documentation：The case study of Parma Cathedral［J］. The International Archives of the Photogrammetry, Remote Sensing and Spatial Information Sciences, 2018, 42：171-178.

[10] 牛鹏涛；田疆．三维激光扫描与 HBIM 技术在历史建筑数字化建档中的应用探索［J］．档案管理，2022（3）：68-70.

[11] 李哲，周成传奇，闫宇，刘瑜．低空摄影测量及三维数据处理在砖石塔测绘中的实践应用：以天津独乐寺塔为例［J］．中国文化遗产，2016（3）：61-67.

[12] Karachaliou E, Georgiou E, Psaltis D, et al. UAV for mapping historic buildings：from 3D modelling to BIM［J］. The International Archives of the Photogrammetry, Remote Sensing and Spatial Information Sciences, 2019, 42：397-402.

[13] 石越，青木信夫，徐苏斌，吴葱．BIM 技术在历史建筑信息采集中的应用：以黄海化学工业研究社为例［J］．建筑与文化，2014（7）：79-81.

[14] Barontini A, Alarcon C, Sousa H S, et al. Development and demonstration of an HBIM framework for the preventive conservation of cultural heritage［J］. International Journal of Architectural Heritage, 2022, 16（10）：1451-1473.

[15] 李舒静．信息化测绘背景下基于 BIM 技术的建筑遗产信息采集与表达［D］．天津大学，2014：34-51.

[16] 狄雅静，吴葱．建筑遗产全生命周期管理与建筑信息模型研究：以柬埔寨茶胶寺南外门为例［J］．新建筑，2013（4）：109-112.

[17] 常磊．基于 BIM 的大木建筑遗产信息管理平台实现技术研究［D］．北京交通大学，2017.

[18] 刘宛钦，卢漫，党新元．基于数字孪生的建筑遗产保护路径探讨［J］．中国文化遗产，2024（2）：32-42.

自然语言驱动的建造方法

A Natural Language Driven Approach to Intelligent Construction

任志翔[1]　邹贻权[1,2]　董星瑶[1]　支敬涛[1]　马在林[1]

1. 湖北工业大学土木建筑与环境学院

2. 湖北工业大学 BIM 工程研究中心

摘　要：近年来，人工智能（AI）推动了智能建造方法的创新。本文将机器人和自然语言处理（NLP）技术相结合，介绍了通过 GPT 大模型生成的指令代码，用户可以在不需要编程的情况下操作 KUKA 机械臂等设备，进行 3D 打印、激光雕刻等复杂任务，基于自然语言驱动智能构建方法。GPT 模型除了生成执行代码外，还通过 FUROBOT 软件提供建造步骤和建议，以及支持复杂传感器应用的实时控制和数据交互。这种方法提高了操作灵活性和设计过程的可定制性，促进了数字化和物理执行工具的融合，促进了设计创新，促进了跨学科的协作，同时也促进了数字化和物理执行。本文对 NLP 技术在建筑中的应用进行了探讨，并展示了 NLP 技术的潜力，以提高施工效率，减少对编程技能的依赖。

关键词：人工智能；自然语言处理；设计和建造；GPT 模型；建造方法

1　引言

近年来，人工智能（AI）的迅猛发展，在建筑领域引发了一场意义深远的变革。AI 技术在解决多层次的设计问题和优化建筑性能方面得到了广泛应用，从最初的模仿人类思维和学习过程开始，到现在能够快速生成多种设计方案，通过迭代计算和多目标优化，在合理的时间内找到最佳的解决方案[1]。引入机器学习和深度学习技术后，通过数据驱动的方式，建筑设计不再受限于传统的规则和经验，创新设计成为可能。AI 技术对建筑设计效率和智能化水平的显著提升，涵盖诸多方面，包括能源效率的优化、形态的生成、空间的规划，以及恢复和重建。能效优化利用 AI 算法对建筑物的能源使用方式进行分析，提出设计方案，使建筑更具能源效率；形式生成利用技术自动生成创新的建筑形式，如生成对抗网络（GAN）；通过深度学习模型优化室内、室外空间布置，进行空间规划；灾后重建方案的快速生成，利用 AI 技术提高响应速度和效率，进行恢复重建。

自然语言处理（Natural Language Processing，NLP）是语言学、计算机科学和人工智能的交叉领域，旨在对人类语言进行自动处理。NLP 的发展经历了三个阶段：规则为基础的体系，统计推断体系，深度学习方法。现代 NLP 技术通过利用 BERT 和 GPT 等神经网络模型来实现对自然语言的深入理解和加工[2]。在建造 4.0 时代，NLP 被用来驱动执行 3D 打印和激光雕刻等复杂设计和建造任务的物理设备。NLP 通过生成指令代码或设计数据来降低对编程技巧的依赖，使操作的灵活性大大提高。这些技术通过提供灵活且可定制的设计应用程序，支持跨学科协作和复杂的传感器应用，实现了设备的实时控制和数据交互。这一技术的集成在丰富系统功能的同时，也提供了创新设计和建筑领域智能施工的新可能。

可以清晰地看出 AI+NLP 技术在建筑建造领域发挥的作用是协同效应：一方面 AI 在建筑设计中的多种运用，为以 NLP 为基础的智能建造奠定了扎实的基础；另外一方面，NLP 的引入则使得建造过程更具高效性和弹性，两者相互补充、相互促进，在建筑行业的发展中发挥了不可低估的促进作用。因此可以说 AI+NLP 在建筑建造领域的协同效应在不断推进建筑行业的创新与发展，同时也为我们今后的技术发展指明了方向。

2 文献综述

2.1 人工智能与自然语言处理技术的发展

人工智能（AI）技术在过去几十年，尤其是在 NLP（自然语言处理）领域取得了显著的进步。NLP 是 AI 的一个重要分支，旨在实现人类与计算机之间的自然语言互动（Natural Language Professional）[3]。最近几年，基于深度学习的模型（如 BERT、GPT 等）在处理自然语言任务（Natural Language Task）方面表现优异。GPT（Generative，Pre-Trained Transformer）模型是 OpenAI 开发的生成式预训练模型，具有强大的语言生成能力，能够对高质量的自然语言文本进行理解和生成。这些研究提高了智能程度，但使用成本较高，使用门槛太高，普及程度不高。

2.2 机器人与智能建造技术的发展

机器人技术的发展对智能建筑领域的进步起到了巨大的推动作用。库卡（KUKA）机械臂等工业机器人在制造、组装、建造等领域得到了广泛应用。这些机器人的特点是精确度高、效率高，但传统的操作方式往往需要具备限制其应用范围的专业编程技巧。智能施工技术的目标是通过自动化、智能化的手段，提高施工效率和质量，降低对人工作业的依赖程度[5]。建筑领域的机器人应用主要有机械臂操作，自动化施工设备，自主移动机器人等。由于高精度和灵活性，库卡机械臂经常被用于 3D 打印、焊接和组装等复杂的建造任务。在实际建设项目中还应用了其他自动化建造设备，如砖瓦机器人、混凝土打印机和砖瓦自动铺盖机等。通过预先编好的指令，这些设备可以高效、精确地在工地上进行施工作业。

2.3 自然语言驱动的建造应用

近几年的一些实际应用案例显示出了自然语言建造方法的潜力。例如，研究者在 3D 打印复杂的结构中，通过对打印过程进行控制的自然语言生成的指令代码，实现了高精度、高效率的构建。在建筑遗产保护领域，用于指导机器人进行精细修复和重建工作的是自然语言指令。这些实际应用表明了在不同领域广泛应用自然语言驱动建造方法的前景。NLP 技术利用 BERT 和 GPT 等深度学习模型实现对自然语言的理解和生成[4]。这些模型能够对用户输入的自然语言指令进行解析，并将其转化为驱动机械臂执行复杂建造任务的具体操作指令。例如，KUKA 机械臂等设备可以直接通过 GPT 模型生成的指令代码来控制 3D 打印和激光雕刻等操作。机械臂通过自然语言控制的好处是，对使用者的编程技巧要求大大降低，操作起来更直观，也更灵活。

3 自然语言驱动的对话式建造方法

3.1 对话式的建造方法

人工智能（AI）的快速发展与机器人

和自然语言处理（NLP）技术的融合，正在推动创新型智能系统的形成。苏黎世联邦理工学院（ETH）施密特教授曾认为下一个合乎逻辑的步骤是使“计算机创造力”可以进行上下文的关联并且最好能与用户交互[6]。在建筑领域，对话式建造方法通过自然语言交互，使用户能够直接与建筑设备进行“沟通”，从而实现更高效、智能化的设计和建造过程，同时，还可以根据结果反馈来调整需求的描述。这种方法结合了硅基“硬”材料（如机械臂）和“软”材料（如GPT大模型），形成了ChatGPT与建造设备间的映射关系（图1），通过自然语言指令，使机械臂能够在二维或三维空间中执行复杂的建造任务。

传统建筑设计施工过程操作复杂，对编程技能要求较高。对话式构建方法则通过ChatGPT模型生成指令代码，用户可以操作设备进行构建，而不需要掌握编程方面的知识。这在提高操作灵活性的同时，大大降低了技能门槛。ChatGPT模型不仅可以生成执行代码，还可以显示出对设计和建造过程的深刻理解，根据需要提供建造步骤和建议。

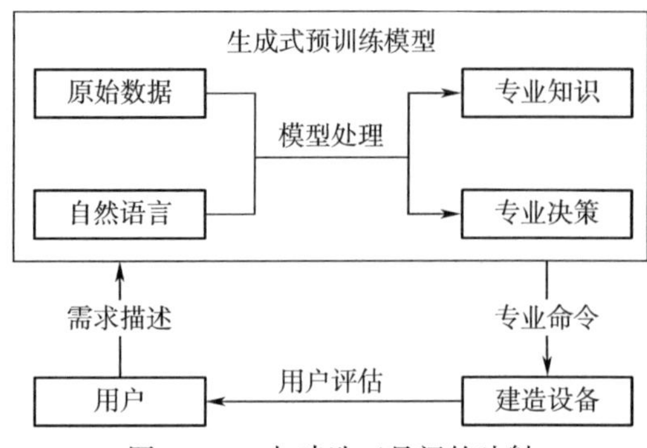

图1　GPT与建造工具间的映射

因此，以自然语言为基础，提出一种对话式的构造法（图2）。该方法通过解析自然语言，将用户的意图和需求提取出来，引入模块化的提示工程（图3）。系统可以为用户提供建设任务的指导和支持，结合

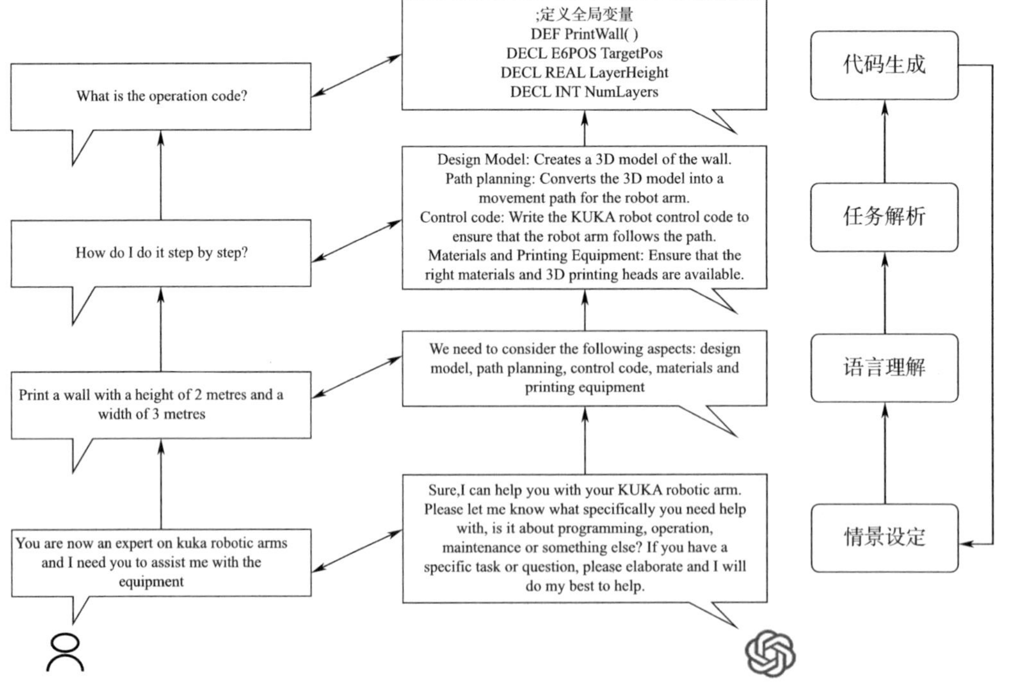

图2　对话式建造方法示意

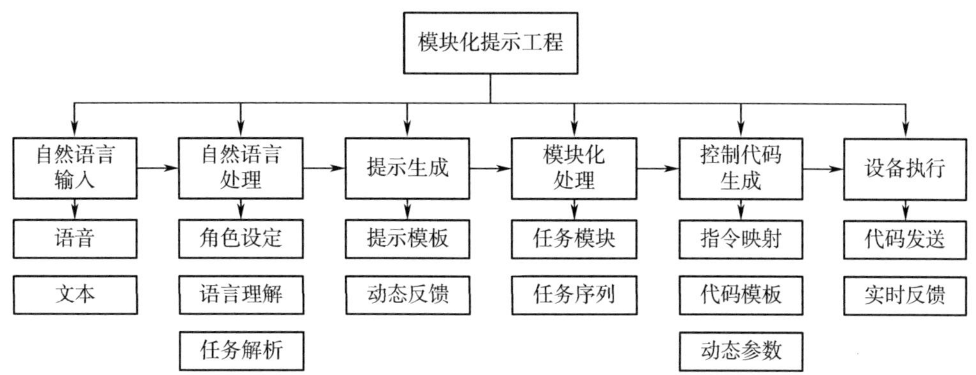

图 3　模块化提示工程框架

大语言模型的庞大数据库和逻辑推理能力。这种方法不仅可以了解并执行使用者的特定指令，而且能够帮助使用者高效地完成各种复杂的建造任务，在建造过程中提供实时的建议和优化方案。这种对话式的施工方式，使操作的便捷性和智能化程度得到了明显的提高，使得施工工艺更具灵活性，效率也更高。

3.2　自然语言指令生成与处理

为了使用户能够通过自然语言与系统交互，本研究探索了一套自然语言指令生成与解析方法。用户输入的自然语言指令将被解析为具体的控制代码，这些代码将驱动机械臂执行相应的建造任务。解析过程包括语言理解、任务解析和代码生成三个步骤。

3.2.1　语言理解

自然语言指令的生成和解析系统首先要通过语言理解来实现。通过使用先进的自然语言处理技术，系统能够准确理解用户输入的自然语言指令。这个过程的核心是利用大的语言模型来进行语言理解，比如 BERT（Bidirectional Encoder Representations from Transform）和 GPT（Generative, Pre-Trained Transformer）。BERT 模型提高了语言理解的准确性[4]，通过预训练和微调，可以理解双向的文本上下文。Devlin 等（2018）在论文中对 BERT 模型的结构和训练方法进行了详细的介绍，展示了 BERT 模型在多项自然语言处理任务中的优异表现。而 GPT 模型则专注于生成式任务，通过大规模的预训和练习语料，可以生成高质量的自然语言文字[7]。由 Radford 等人（2018）提出的 GPT 模型显示了其强大的能力，用于语言生成任务。

在本研究中，我们用 GPT-3.5 车型来做语言理解。使用者输入的自然语言指令，先经过文字预处理，包括去掉停止使用的字、分词及词性标示等，再输入 GPT-3.5 模型，让其明白并解析。模型通过对输入文本的上下文进行分析，提取关键任务和操作参数。比如，用户输入“打印一面墙，2 米高，3 米宽”，系统就会抽取任务种类（打印墙）、操作步骤（图 4）等内容。

3.2.2　任务解析

在语言理解的基础上，任务解析是将用户的意图转化为具体的建造任务参数和步骤。任务解析的核心在于将自然语言中的模糊指令转化为系统能够理解和执行的明确指令。这一过程需要结合具体的建造场景和设备特点。

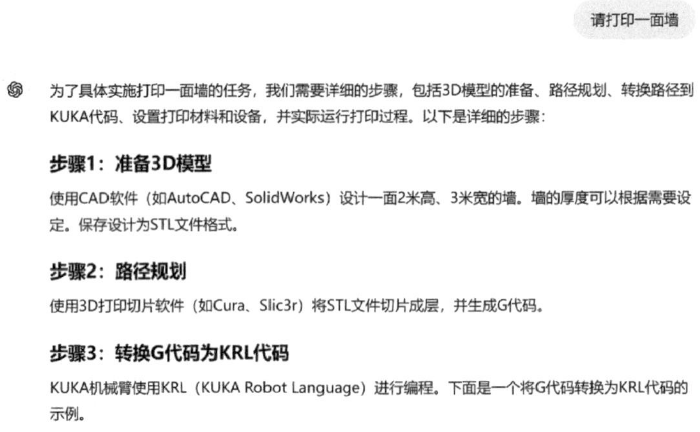

请打印一面墙

为了具体实施打印一面墙的任务，我们需要详细的步骤，包括3D模型的准备、路径规划、转换路径到KUKA代码、设置打印材料和设备，并实际运行打印过程。以下是详细的步骤：

步骤1：准备3D模型

使用CAD软件（如AutoCAD、SolidWorks）设计一面2米高、3米宽的墙。墙的厚度可以根据需要设定。保存设计为STL文件格式。

步骤2：路径规划

使用3D打印切片软件（如Cura、Slic3r）将STL文件切片成层，并生成G代码。

步骤3：转换G代码为KRL代码

KUKA机械臂使用KRL（KUKA Robot Language）进行编程。下面是一个将G代码转换为KRL代码的示例。

图4　语言理解实操示意

任务解析包括以下几个步骤。识别任务：在用户指令中根据语言理解的结果来识别特定的任务种类。例如，不同类型的建造任务，如3D打印、焊接、组装等，都可能涉及用户指令。参数提取：对作业对象、尺寸、材料等任务所需的关键参数进行提取。比如打印墙的任务中，要把高度、宽度、材质种类等参数从墙外提取出来。任务分解：把繁杂的施工任务分解成一系列具体的作业步骤。控制参数和执行顺序需要明确每一步的操作步骤。例如，打印墙的任务可能包括需要精确控制高度和材料供应的多层打印。模块化的提示工程是我们在任务解析过程中引入的。提示工程（TipsEngineering）是通过预定义提示和模板引导系统进行任务解析和执行的一种设计思维。此方法能有效提高制度的坚固性与柔韧性。例如，对于打印墙的任务，在帮助解析用户指令中的关键参数和操作步骤时，系统可以预定一系列的提示和模板。

3.2.3　生成代码

任务解析完成后，系统需要将解析结果转化为具体的控制代码。这些控制代码将用于驱动机械臂等建造设备执行相应的任务。代码生成的核心在于将自然语言解析结果转化为设备能够理解和执行的编程语言或指令集。

代码生成包括以下几个步骤。指令映射，即将任务解析结果映射到具体的设备控制指令。例如，对于KUKA机械臂，控制指令可能包括移动、旋转、打印等具体操作。系统需要根据任务解析结果，生成相应的控制指令集。参数传递，即将任务解析中提取的参数传递到控制指令中。例如：打印墙的任务需要将墙的高度、宽度和材料类型等参数传递到打印指令中。指令序列化，将生成的控制指令序列化为设备能够执行的代码格式。例如，对于KUKA机械臂，控制指令需要转化为KRL（KUKA Robot Language）代码。在代码生成过程中，我们采用了一些优化策略，以确保生成代码的高效性和可靠性。我们使用模板化的代码生成方法，通过预定义的代码模板，快速生成常见任务的控制代码。这种方法不仅提高了代码生成的速度，还减少了代码生成中的错误和不确定性。我们引入动态参数调整机制，根据实际建造过程中的反馈，动态调整控制参数，以确保建造过程的精确性和稳定性。

3.3 实验验证

设计并实施了一系列实验，验证自然语言指令生成和解析系统的有效性。实验包括 3D 打印、焊接和装配等不同类型的建造任务。每个实验包括以下几个步骤。a. 任务设置：设定具体的建设任务和目标。如打印一面墙，2 米高，3 米宽。b. 输入指令：用户将任务指令输入到自然语言中，如“我要把 2 米高、3 米宽的墙打印出来”。c. 系统解析：系统进行语言理解、任务解析和代码生成，生成相应的控制代码和 Grasshopper 电池块名称。d. 执行任务：系统向机械臂发送生成的用于执行特定建造任务的控制代码。e. 成果考核：对建设任务完成情况进行考核，考核指标包括任务完成时间、完成情况的稳定性等（图 5、图 6）。

图 5　指令输入与系统解析示意

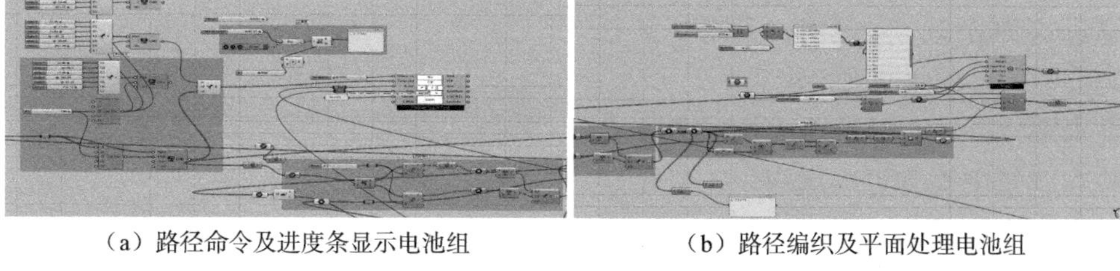

（a）路径命令及进度条显示电池组　　（b）路径编织及平面处理电池组

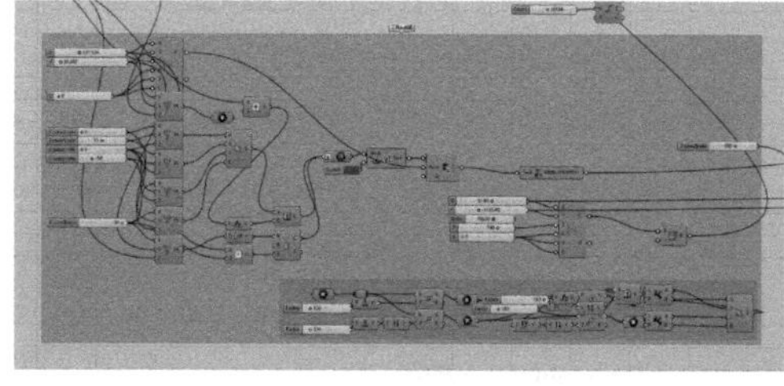

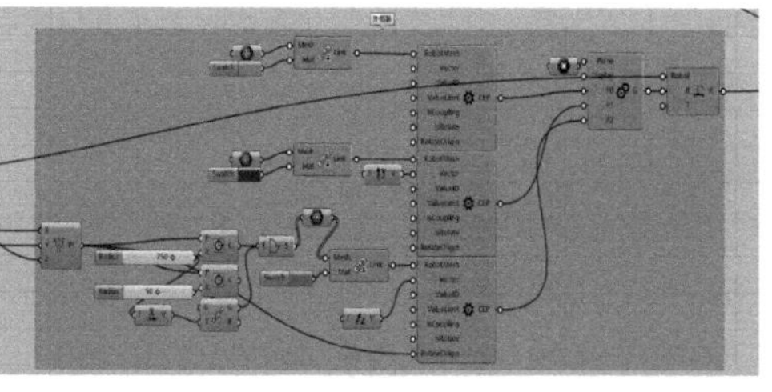

（c）工具头编辑电池组　　（d）外部轴电池组

图 6　ChatGPT 辅助下完成的 Grasshopper 电池组示意

实验结果表明，系统能够准确理解和解析用户的自然语言指令，生成的控制代码能够高效地驱动机械臂执行建造任务（图7）。

图7　机械臂实操示意

4　小结

本文主要介绍一套以自然语言为基础的对话式建造方式，并结合模块化的提示工程和大语言模型的解析与生成能力，实现机械臂等建造设备的智能化控制，通过自然语言指令与用户进行交互，降低对专业编程技能的依赖，提高易用性和普及性。本文通过这种方式，实现用户无需具备专业编程技能即可方便地进行建造。

在未来，自然语言驱动式的建造方式预计将在建筑中得到更广泛应用，但在处理复杂指令和多任务并行时仍需改进，尽管当前系统在语言理解和任务执行方面取得了明显进步。未来研究可以在扩展智能家居、自动化生产线、医疗设备操作等系统应用场景的同时，优化大语言模型的训练方法，提高复杂指令解析能力。此外，为实现更精确的实时控制，可引入高级传感器和反馈机制进一步提升系统的可靠性和施工质量。随着技术的不断进步，未来的系统还能结合手势识别、触摸和虚拟现实等其他交互方式，提供更加丰富的用户体验。智能建筑领域的发展需要与建筑学、机器人学和计算机科学等领域的最新成果相结合，通过跨学科合作来促进系统的创新与进步。自然语言驱动建造方式将通过跨学科的合作，使建筑行业的智能化、自动化水平得到进一步提升，开启智能化建设的新可能。

参考文献

[1] Bölek B, Tutal O, Özbaşaran H. A systematic review on artificial intelligence applications in architecture [J]. Journal of Design for Resilience in Architecture and Planning, 2023, 4 (1): 91-104.

[2] Mozaffari M H, Popov P, Razavialavi S, et al. Review of natural language processing (NLP) and generative AI applications in the era of construction 4.0 [J]. Transforming Construction with Off-site Methods and Technologies, 2024.

[3] Vaswani A, Shazeer N, Parmar N, et al. Attention is all you need: advances in neural information process-

ing systems [J]. Advances in Neural Information Processing Systems, 2017, 30.

[4] Devlin J, Chang M W, Lee K, et al. Bert: Pre-training of deep bidirectional transformers for language understanding [J]. arXiv preprint arXiv, 2018: 1810.04805.

[5] Lim S, Buswell R A, Le T T, et al. Developments in construction-scale additive manufacturing processes [J]. Automation in Construction, 2012, 21: 262-268.

[6] 格哈德·施密特，徐蜀辰，苗彧凡. 人工智能在建筑与城市设计中的第二次机会 [J]. 时代建筑，2018 (1): 32-37.

[7] Radford A, Narasimhan K, Salimans T, et al. Improving language understanding by generative pre-training [J]. 2018.

五、数字建筑教育理论与探索

本科课程应急疏散虚拟仿真实验教学：以“公共建筑安全与防灾设计”课程为例

张彤彤[1]　袁　磊[2]　肖　靖[3]　李　昊[1]

深圳大学亚热带建筑与城市科学全国重点实验室
深圳大学建筑与城市规划学院
深圳市建筑环境优化设计研究重点实验室
1. 深圳大学空间认知与设计虚拟仿真实验室
2. 深圳大学教务处
3. 深圳大学建筑与城市规划学院

摘　要：以VR、AR和交互式可视化为代表的主流虚拟仿真技术以其身临其境的体验感，成为辅助进行火灾相关应急疏散设计课程教学的最佳选择和必然趋势。顺应国家韧性规划发展趋势，深圳大学立足于高密度城市中大型复杂建筑安全问题开设本科生课程“公共建筑安全与防灾设计”，包括理论教学、实践教学与实验教学多个板块，辅助学生通过课程学习了解公共建筑空间特点及火灾蔓延肌理和建筑防火一般内容，结合建筑设计进行综合应用，完善解决方案设计中的防火问题，成为具备建筑师职业素养和道德的实用型人才。

在教学中，针对学生缺乏建筑火灾现场经验，对于火灾场景的还原和想象存在困难，理论与现实脱节，以及对建筑安全设计知其然不知其所以然的学情问题，本课程在实验教学板块增设火灾逃生虚拟仿真实验教学内容，在学习理论知识和实地调研的基础上，依托“光辉城市”虚拟仿真平台，选取学生自己的过往设计作品进行火灾环境的应急疏散仿真实验，让其体验火灾应急疏散环境并识别疏散存在问题的关键区域，从设计层面提出问题，给出优化方案，最后在虚拟仿真平台上进行多次实验，验证并优化设计方案。实验教学使用教学网页进行线上管理，方便师生随时随地共享和交流设计作品。该实验教学尝试摆脱火灾应急疏散实物实验难以进行的困境，激发学生对该课程知识理论的学习兴趣，促进学生在原理层面更有效地理解应急疏散设计。学生普遍反映虚拟仿真教学方法生动形象，有助于正确理解和把控疏散环境。

1　引言

虚拟仿真技术辅助应急疏散设计教学是提升安全认知和逃生设计的必然趋势。当前，以大数据、云计算和虚拟现实技术为代表的新一代信息技术在教育领域得到了广泛的探索与应用，其中，虚拟现实技术通过其“沉浸性”和“交互性”的学习体验，为教育领域的发展带来了新的机遇。虚拟现实VR技术是一种可以创建和体验虚拟世界的计算机仿真系统，通过佩戴如虚拟现实头盔、手柄等设备，用户可沉浸

支持课题：广东省一流课程：公共建筑安全与防灾设计；广东省质量工程项目：“公共建筑安全与防灾设计”应急疏散仿真教研室；深圳大学实验教学改革项目：应急疏散虚拟仿真实验教学改革；深圳大学教学改革项目：本科课程“公共建筑安全设计”应急疏散虚拟仿真实验与实训。

于虚拟的场景或环境中进行人机交互。火灾是生活中常见且危害巨大的灾害，在火灾事故中，由于人们未掌握正确的火场疏散与逃生方法，面对突发状况，往往不能作出正确的反应，难以迅速逃生，这是火灾事故中人员伤亡的一个重要原因。通过开发火灾逃生 VR 系统平台并将其逐步推广至学校、商场等安全教学活动中，提升学生对火灾安全突发状况的应急处理认知意识已成为必然趋势。

建筑安全防灾类课程迫切需要构建火灾逃生虚拟仿真实验课程，这是解决此类课程学生相关知识匮乏、缺乏实践经验等基本学情问题的有效路径。深圳大学本科生课程“公共建筑安全与防灾设计”是一门理论与实践相结合的课程，教学目的是增加建筑学专业学生的灾害安全知识，为设计主干课程教学和专业设计实践提供必要的正向反馈。在传统的“公共建筑安全设计”应急疏散教学中，老师多数基于现行建筑安全疏散设计规范，依托建筑案例的图纸，进行规范条款的逐一解释，以期学生记住相关规范的内容；然而由于多数学生未经历过灾害环境，并不能对其有真实体会，对于安全疏散设计的理解依旧只能归于对规范条款的死记硬背，而对规范背后的逃生机制及其设计原理缺乏认知。采用 VR 技术还原真实的逃生环境并进行反复性的虚拟演练，可消除学生对灾害场景的陌生感，有助于强化理解建筑疏散设计的相关知识要点，并提高火灾的应急处理能力。虚拟现实 VR 技术和“公共建筑安全设计”本科课程结合，可促进数字新技术和教学新理念的协同发展，是实现该课程应急疏散实验与实训的有力支撑，也可顺应建筑相关企业对高校学生能力和素质的更高要求和标准。它不仅可对已建成的项目进行模拟逃生，也可对未建成的建筑前期方案进行疏散演练。学生可拿自己的设计作品进行实验，通过实验发现问题，并反复修改方案、反复实验，达到认识疏散设计原理的目的。虚拟演练实验相较于传统现场演练实验更具有前瞻性、安全性和可操作性，在建筑前期方案的辅助设计层面体现出极大的优越性。

2 思路做法

深圳大学建筑学本科课程“公共建筑安全设计”立足于高密度城市中大型复杂建筑安全问题，是服务于建筑学主干设计的技术基础课程，开设在专业主干设计课程最后一学期，确保学生在已掌握各类公共建筑设计问题和难点的基础上学习该课程主要内容，同时完成该学期主干设计课任务，为其理论与实践提供必要的正向反馈和技术支撑。学生通过学习该课程，主动关注并分析建筑火情，理解建筑安全设计的建筑科学理论意义与社会应用价值，掌握建筑防火原理及原则，并综合应用于建筑设计中，成为具备建筑师职业素养和道德的实用型人才。在教改实施之前，该课程教学存在以下几个难点问题：①对于火灾机理和相关物理知识的要求比较高，很多学生不具备相关知识，导致只知其然不知其所以然；②缺乏建筑火灾现场经验，对于火灾场景的还原和想象存在困难，理论与现实脱节；③缺乏建筑设计实践背景，即便熟知防火设计规范，也难以灵活应用于建筑设计中。基于上述原因，学生往往在课堂上疲于应付防火规范中繁复的条款和指标要求，失去了探求建筑防火设计本质的欲望，也失去了课堂学习的兴趣。此部分内容也成为建筑学生主干设计课中习惯性回避的技术难点。

为解决学生缺乏火场环境及设计实践经验，理论实践相脱节的问题，在既有的教学框架之中置入虚拟仿真疏散实验教学板块，与其他理论与实践教学板块相互印证，是本次教学改革的主要思路。将实验教学融入全过程理论教学中，增设“虚拟仿真疏散实验”教学活动，同时依托深圳大学空间认知与设计虚拟仿真实验室，与虚拟仿真软件开发平台合作，构建并优化适用于火灾场景的虚拟仿真实验平台，为实验课程提供技术支持；学生可通过“虚拟仿真疏散实验”感受建筑火灾环境下人员逃生的心理状态和路径选择，加深对建筑火灾的感知与设计敏感度。

2.1 以现有教学大纲为基础，置入虚拟仿真疏散实验教学板块

（1）优化教学框架

多年以来，本科生课程“公共建筑安全设计”的教学大纲以理论为主，实践为辅，强调理论和实践两个板块相结合。在理论教学板块中，通过建筑防灾概论、公共建筑防火与疏散设计及公共建筑性能化防火设计等专题，逐步引导学生建立安全意识，掌握基础知识，了解前沿理论。在实践教学板块中，采用实地调研的方式，针对某一大型公共建筑现状，介绍总体布局、消防扑救、消防场地及消防车道设置，防火分区划分状况，安全疏散方式、距离、宽度，防排烟设施、报警系统的空间要求、室内外灭火设备的设置以及地下设备用房、屋顶机房等内容，强化对课程内容的回顾，提高对建筑设计与防火设计相关性的认识。

近年来，将VR虚拟体验设备引入“公共建筑安全设计”课程教学中，新增虚拟实验教学板块，以学生为中心，通过案例教学—调研实践—真实场景实验—虚拟仿真实验等系列教学活动，翻转课堂，弱化传统教学中防火规范的绝对权威性，强调以研究为导向，学生自己探寻生活中的建筑火灾隐患，发现问题，积极讨论，并自己确定实验目标，构建实验，反复验证从而得到解决方案。将学生从理论书本及规范条文引导进虚拟实验室，通过虚拟实验完成应急疏散演练，体验驱动，问题导向，从而激发学生对疏散设计关键点的主动性探索，引导学生认识原理，理解规范。在此过程中，鼓励学生将自己同期主干设计课的作品作为实验对象，构建火灾场景，利用虚拟仿真VR技术，弥补学生无法在真实环境中体验火灾烟气对人员疏散的影响，感知并反思，从而提升设计作品，提升学生对本课程及设计课程的兴趣。实验教学板块的置入，改变了传统教学中自上而下单向灌输安全疏散知识与要点的方式，完善了既有教学大纲，可引导学生从第三视角的调研参观转变为第一视角的体验感知，是实践板块的延伸和扩展，教学模式更加多样。教学框架更新前后对比见图1。

（2）构建适用于火场疏散的虚拟仿真平台

构建虚拟仿真平台需要在硬件和软件两方面进行准备。在硬件方面，本实验课程可借助“计算机+头盔”或“手机+虚拟眼镜盒”两套硬件系统完成。计算机可选择配置为：Core i5 7500处理器或更高、16GB内存、1TB硬盘、GeForce GTX 750Ti 2GB或更高；VR端推荐配置：Core i5 7500处理器或更高、16GB内存、1TB硬盘、GeForce

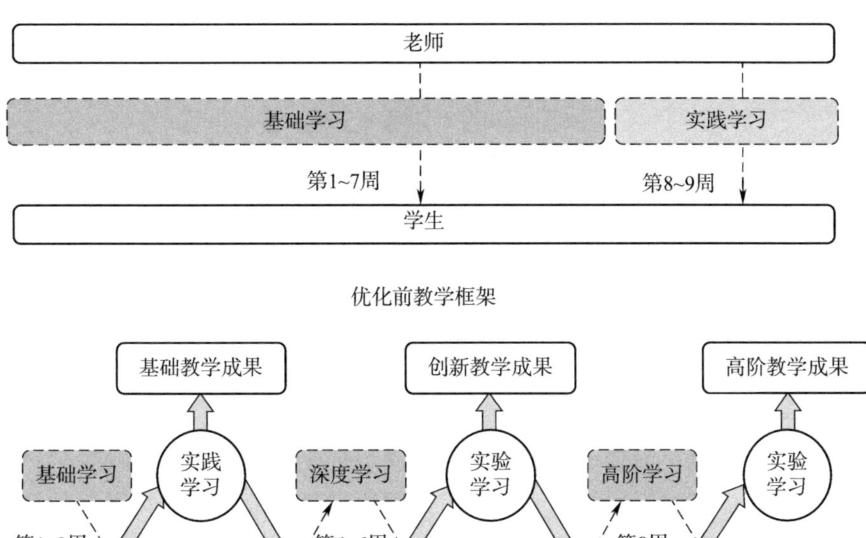

图1　框架更新前后对比

GTX 1060 6GB或更高；头盔，即虚拟现实交互设备，可选择配置为：AMOLED屏幕显示/集成AKG耳机/内置传感器及双摄像头，实现定位/110°广视野效果/单眼分辨率1440×1600/刷新率为90Hz/配备双手柄，支持交互功能；手机可选择配置为：处理器芯片在骁龙625及以上，且运行内存（非机身存储空间）在3GB及以上；VR眼镜盒子可放入手机，实现简单的虚拟现实沉浸式效果。

在软件方面，与“光辉城市”虚拟平台紧密协作，完善现有虚拟仿真疏散实验平台和实验教学管理网站。在虚拟仿真疏散实验平台性能的完善和提升方面，改进后的虚拟现实VR系统Mars2018及建立建筑模型所需的相关软件，Mars2018支持Sketchup、Revit、3DsMax、Maya、Rhino等一系列3D建模软件，3D建筑模型完成之后，导入Mars2018即可获得可编辑虚拟仿真/虚拟现实场景，借助上述可穿戴的虚拟仿真设备即可在虚拟建筑中模拟逃生，虚拟仿真软件界面见图2。在后期的教学反馈过程中，反复进行后台编程，以期增设建筑内部火灾环境，如烟气、火源等，尽可能实现火灾环境与疏散仿真的联动，确保疏散实验的虚拟环境趋近于逼真效果。增强烟气效果的虚拟场景见图3。

图 2　虚拟仿真实验平台

图 3　改善后的场景图（加入了烟气的设置）

2.2　以前期调研为依据，设置虚拟仿真疏散实验目标

根据教学框架，虚拟仿真疏散实验安排在该课程的最后一个阶段，其实验目标需根据前期实地调研实践、实地疏散实验的完成情况，通过学生自主体验建筑火灾疏散设计难点问题后进行设定。在前期实践教学板块中，学生通过对某一典型或者某类公共建筑实例进行消防疏散方面的调研，发现疏散问题，剖析原因，以防火规范为依据，从建筑设计、安全疏散设计二者之间可能产生的矛盾着手，重点阐述与二者密切相关的安全距离、安全出口及疏散宽度等方面内容，以建筑设计为主要目标，着重介绍建筑师必须掌握的有关知识，以有利于全面考虑各工种的配合，最终凝练出针对该建筑的疏散设计关键问题，形成调研报告。此部分实践教学作为实验教学的前期基础，为实验目标的合理提出提供依据。例如某学生通过调研各典型超高层建筑，试图梳理出此类建筑在消防疏散方面的设计难点，并通过查阅文献，试图找出提升安全疏散效率的有效应对策略，同时对疏散楼梯安全门的开启位置提出了质疑和反思，这些可能的优化策略和存疑点都为学生在下一阶段构建虚拟仿真实验奠定了基础，成为制定实验目标的依据。在接下来的虚拟仿真模拟实验板块中，该生在超高层建筑中增设磁力缓降逃生设施，用于判断此种设施是否真的有助于逃生者找寻及便捷使用；同时，学生理解规范中所要求的“避难层同层错位”的真正内涵后，改变了避难层开向楼梯间的防火门的位置，具体作业效果见图 4。

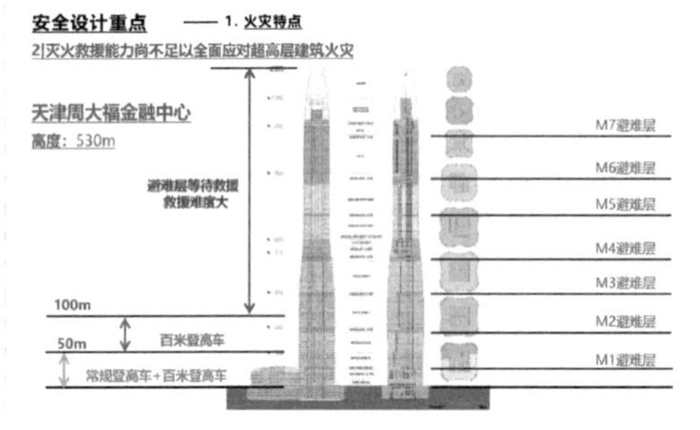

图 4　部分学生作业展示（学生姓名：姚鑫杰）

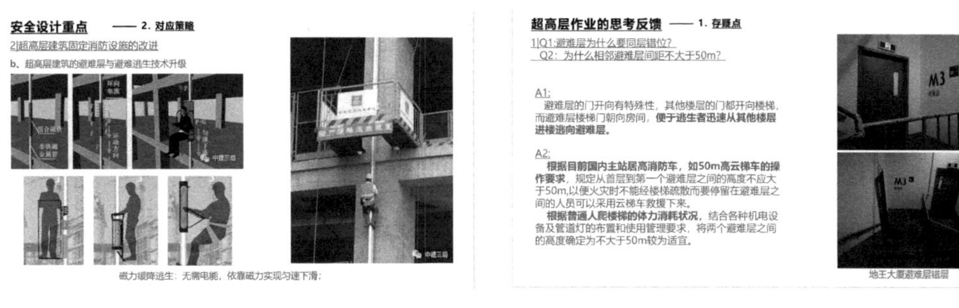

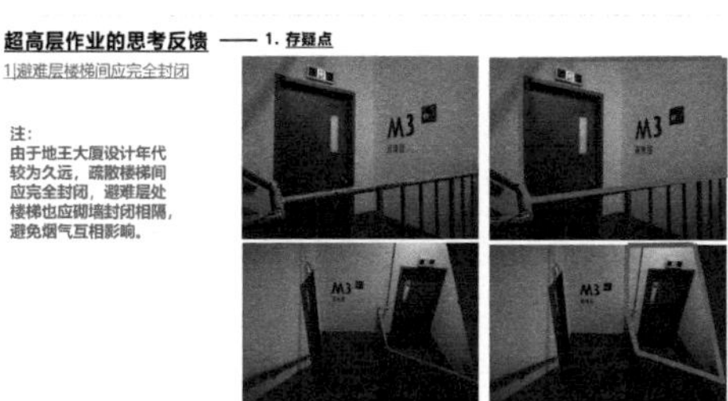

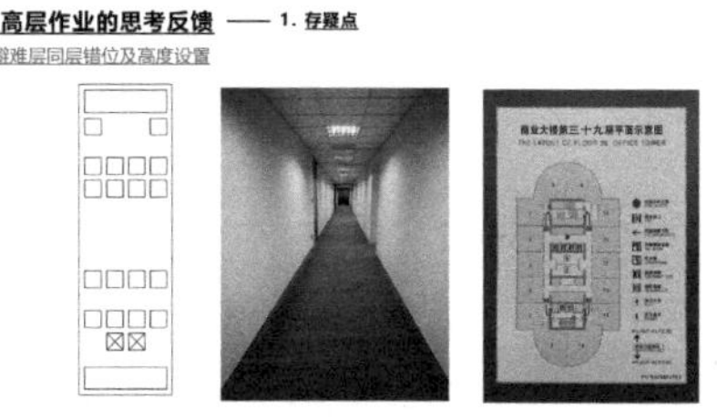

图 4　部分学生作业展示（学生姓名：姚鑫杰）（续）

2.3　以实验报告为导向，构建虚拟仿真实验和实训步骤

通过实验报告，引导学生根据实验报告的内容要求，按步骤完成从假设—实验—发现问题—解决问题—求证的基本实验步骤，初步构建学生的实验研究基本思路。由于虚拟仿真实验具有反复实验的优势，学生可在实验—发现问题—解决问题的过程中反复求证以确保实验结论无限趋近于真实性和有效性。在此基础上，不断完善虚拟疏散实验报告，细化实验和实训步骤。首先，提出公共建筑安全疏散问题并针对问题所在关键空间构建模型。根据“公共建筑安全设计”课程的前 6 周理论课程的学习，学生分组进行公共建筑调研，提出其疏散设计问题，并建立虚拟仿真平台支持的可用模型，由指导老师和实验室助理对其模型的抽象化构建进行检查，准确无误后方进入实验室进行虚拟疏散演练。其次，小组协作参与虚拟疏散演练，并做好实验过程记录。以 3～4 人组成实验小组，小组成员每位同学均需对模型进行虚拟疏散体验，同时，其他同学需通过视野界面配合读取同组成员的疏散路径、疏散时间，识别疏散不利区域，并做好记录。再次，优化设计，反复论证，撰写实验报告。以小组为单位，对虚拟实验的结果进行统计、分析，对疏散不利区域进行优化设计，通过再次的虚拟疏散实验，论证优化设计结果，并撰写实验报告。图 5 为某一学生的实验报告样本展示。

虚拟现实技术打破空间局限、突破次元壁，学生可在不同物理空间中进行逃生演练，并分享逃生场景，实验课教学不再受到场地和时间限制，学生可随时随地在线上平台多次反复演练逃生，多次理解疏散设计方案，论证其合理性。逃生演练实现不再拘泥于形式，而是真实有效地帮助学生理解建筑疏散设计。实验平台本身就对线上操作具有极强的支撑性，可实现线上线下实验教学的无缝切换，教学模式灵活自由。

实验主题：

一段话写明建筑疏散问题，本次实验的意义，及预计的结果

一、建筑疏散问题

1. 火灾荷载大

公共建筑内部装修一般比较豪华，内部结构复杂，涉及的装修装饰材料都比较复杂，尤其是易燃的较多，这导致火灾发生时火灾负荷增加，同时也增加了火势的蔓延程度。此外，部分商业建筑会增加一些内部装饰物，加之商业建筑内通常包含大量的易燃物品，如果遭遇火灾，也会导致火灾负荷的增加，造成难以估计的损失。比如本次实验对象的书店就是内部存储有比较多的书籍等易燃物，火灾荷载比较大；

2. 建筑物面积大、功能复杂，安全疏散组织难度大

公共建筑面积大、范围广，内部结构复杂，功能多，人员密集、客流量大，一旦发生火灾，人们难以迅速逃离，并且人们对这些场所内部逃离出口不熟悉，容易发生混乱。这种建筑物内部空间大，行走路线布置复杂，因此在防火安全疏散设计上也存在一定的难度，比如疏散位置、疏散口面积范围等都难以精确设计；

3.空间结构的潜在风险

公共建筑在空间结构设计时，一般选择的是中庭空间设计，这种设计方式主要为了实现多层空间之间共享的目标，促使建筑物各层之间方便对接，并确保建筑物内部环境之间通畅，更加宽敞。但是这种空间结构形式也会导致各种火灾事故的发生，一旦发生火灾，火势易扩散，且人员不易逃离，烟气毒气等也会加速扩散，这些都会加剧火灾的破坏性，并对灭火救援带来了一定的困难。

二、本次实验的意义

本次实验采用 MARS 软件里的动画呈现效果，VR 技术及穿戴用具来放大沉浸式体验，让参与者在立体 3D 的场景中体验到建筑方案的实际效果，从而更好模拟出疏散时的状况，因而可以更为准确地判断出灾时建筑内部人员逃生会遇到的各种状况以及采取的行动策略，能更有针对性地发现体会疏散过程中存在的问题以及思考相应的改善措施。

三、预计结果

本次实验采用了一位组员的设计课程里的方案——位于深大文山湖旁的两层书店，包含一个主要出口、一个次要出口、一个后勤出口。实验组员移动到建筑内部选择一个比较不利的逃生点，尝试从三个不同的出口逃出。本次逃生实验由不是书店设计者的同学 A 和同学 B 进行，以模拟不熟悉场地的书店游客进行逃生。由于书店内部布局复杂，预计同学 A 和同学 B 将会消耗比较长的的逃生时间，逃生路径也比较曲折，不排除失败的可能性。

实验过程及方法/步骤：

1. ①模型建立（图文）

A. 建立模型墙窗等建筑构件。

B. Purge 清理。清理掉没有使用的材质和图层，减少后续操作。

C. 图层材质。由于导入 Mars 的模型图层材质不能是纯白色，对图层材质进行编辑及重命名。

D. 将单位转换为厘米。在最下方的单位位置，点击鼠标右键，并选择单位设定，将模型单位改为厘米。

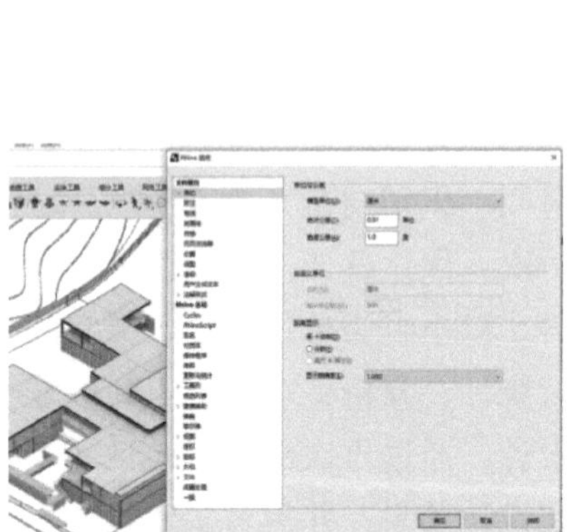

E. 修改正反面。显示反面：在选项菜单里找到视图—显示模式—着色模式，将背面设置改为“全部背面使用单一颜色”，然后把背面颜色改为比较显眼的颜色，如红色，模型中所有的反面都会显示出来。然后选择反面，点击左侧菜单栏中的反转方向，选择反面并回车，反面会被翻转为正面。

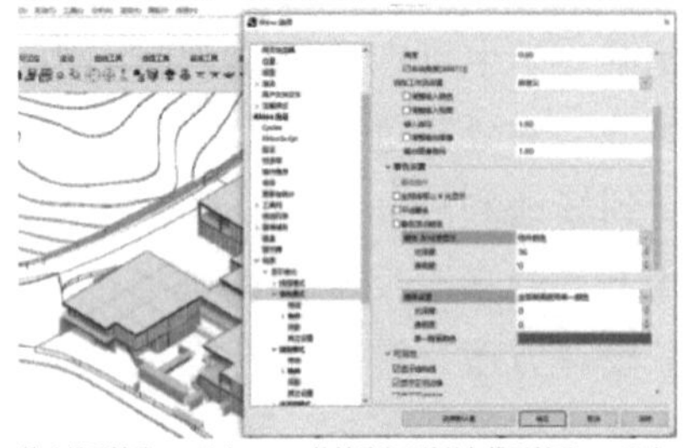

F. 修改模型材质 UV 尺寸。Mars 的材质纹理缩放与模型材质 UV 尺寸一致，所以修改模型材质 UV 后，在 Mars 里材质纹理缩放会更可控，通过以下三个步骤直接统一修改材质 UV。

1）Ctrl+A 全选模型，点击贴图轴，选择“赋予立方体贴图轴”。

2）给模型整体画一个 BoxUV。

3）敲击回车，并把 UV 拼贴改成 5。

② 建筑原型（来源）大三设计课第一学期书店设计模型，由小组成员建模。

2. 虚拟平台软件介绍

Mars 是一款给设计师全面升级 VR 体验、汇报方式的工具，能够将多种 3D 模型一键生成 VR，极速生成效果图、全景图、CG 动画、全景视频、3D 漫游等表现形式。

A. 将模型导入 Mars 后，对材质进行编辑。

B. 在配景——高级——高级功能里，如平滑门 01[交互]，放置场景中后可以通过左下角的缩放菜单调节至需要尺寸；在人视角度中，门可与人互动。

图 5　实验报告的设计（以某一实验报告为例）

C. 虚拟平台体验过程（现场照片）

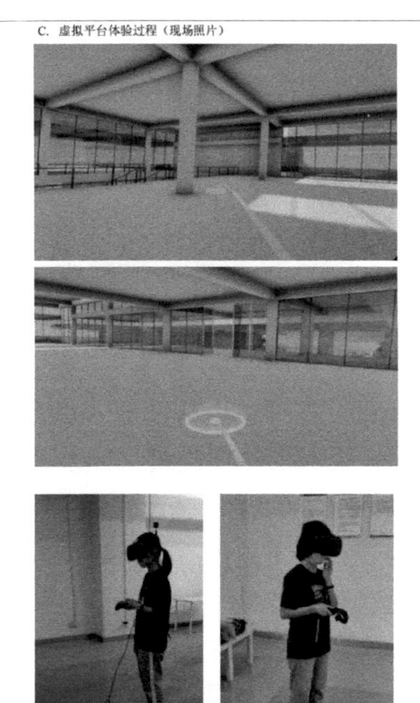

实验结果及收获：

（1） 逃生总时长

本次实验同学 A、B 均选择书店二层的售书区(下图分别为逃生地点的平面示意以及场景视角)进行逃生。同学 A 进行了两次不同路径的逃生，从逃生地点逃到一层室外空旷广场的时间分别为 1 分 19 秒和 1 分 52 秒。同学 B 从逃生地点到一层室外空旷广场的时间为 49 秒。由于同学 B 没有寻找疏散楼梯，直接从空间内的中庭楼梯下至一层，其逃生速度快于同学 A 许多。同学 A 由于对于环境的不熟悉，在寻找疏散楼梯的过程中耗费了许多时间，导致逃生总时长较大。

（2） 逃生路径

同学 A 第一次逃生先是进入报告厅区域寻找，发现通向的是平台，由于短墙的视线遮挡并没有发现该平台一侧有通往一层的楼梯，于是折返回逃生地点，通过区域内另一扇门，进入到半室外平台，沿台阶下平台，发现右前方有疏散楼梯，于是通过疏散楼梯前往一层，下至一层后，沿台地台阶下到场地北侧的空旷室外广场，逃生成功，用时 1 分 19 秒。

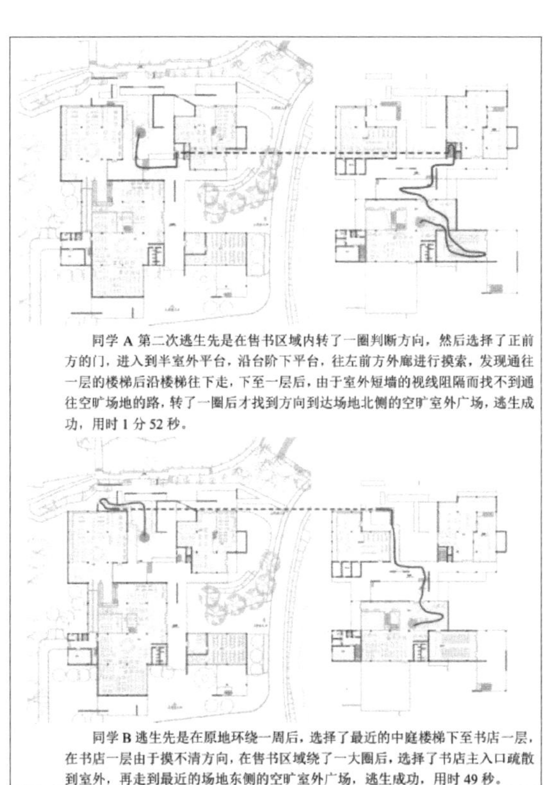

同学 A 第二次逃生先是在售书区域内转了一圈判断方向，然后选择了正前方的门，进入到半室外平台，沿台阶下平台，往左前方外廊进行摸索，发现通往一层的楼梯后沿楼梯往下走，下至一层后，由于室外短墙的视线阻隔而找不到通往空旷场地的路，转了一圈后才找到方向到达场地北侧的空旷室外广场，逃生成功，用时 1 分 52 秒。

同学 B 逃生先是在原地环绕一周后，选择了最近的中庭楼梯下至书店一层，在书店一层由于摸不清方向，在售书区域绕了一大圈后，选择了书店主入口疏散到室外，再走到最近的场地东侧的空旷室外广场，逃生成功，用时 49 秒。

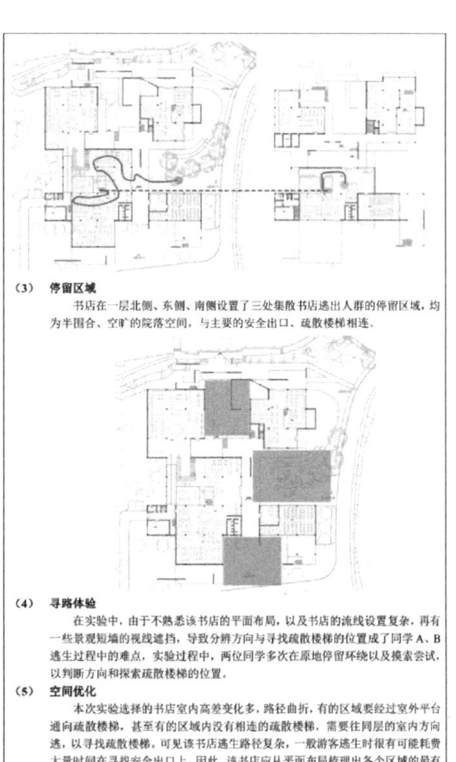

（3） 停留区域

书店在一层北侧、东侧、南侧设置了三处集散书店逃出人群的停留区域，均为半围合、空旷的院落空间，与主要的安全出口、疏散楼梯相连。

（4） 寻路体验

在实验中，由于不熟悉该书店的平面布局，以及书店的流线设置复杂，再有一些景观短墙的视线遮挡，导致分辨方向与寻找疏散楼梯的位置成了同学 A、B 逃生过程中的难点，实验过程中，两位同学多次在原地停留环绕以及摸索尝试，以判断方向和探索疏散楼梯的位置。

（5） 空间优化

本次实验选择的书店室内高差变化多，路径曲折，有的区域要经过室外平台通向疏散楼梯，甚至有的区域内没有相连的疏散楼梯，需要往同层的室内方向逃，以寻找疏散楼梯。可见该书店逃生路径复杂，一般游客逃生时很有可能耗费大量时间在寻找安全出口上，因此，该书店应从平面布局梳理出各个区域的最有逃生线路，并在逃生路径上设置指示标识，保证人员安全。

图 5　实验报告的设计（以某一实验报告为例）（续）

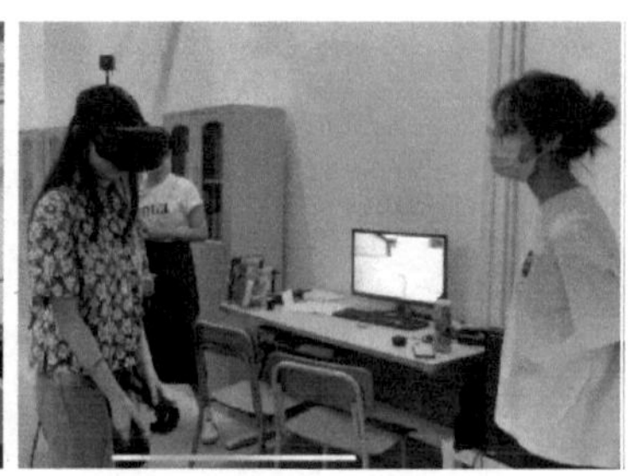

图6　虚拟仿真实验教学现场

3　内容组成

根据“公共建筑安全设计”整体教学目标和内容，新增的虚拟实验课程板块需由以下四个部分的教学内容构成：虚拟仿真实验操作基础训练，公共建筑模拟模型构建及应急疏散体验、疏散危险区域的识别以及疏散设计方案的优化。

（1）虚拟仿真实验操作基础训练

以学生自己设计的建筑方案的室内空间作为虚拟火灾场景，在老师及助理的帮助下完成建筑方案的模型制作，通过佩戴VR一体机头盔，进入虚拟建筑火灾现场，并通过多功能数智讲台进行人员一对多培训，引导学生感知建筑关键区域的疏散条件。虚拟仿真基础操作实训见图6。

（2）公共建筑虚拟模型构建及应急疏散体验

学生通过操作VR手柄，能以720°沉浸视野体验逼真的建筑内部空间重大火灾场景，通过视觉、听觉等特效，学生可感受到身临其境的效果，并尝试学习避灾逃生方法。以某学生的实验报告《影剧院疏散设计虚拟仿真实验》为例，针对剧院观演区座位通往疏散通道的区域狭窄，地面常有起坡、可燃物多等问题进行模型的构建，借助VR设备及Mars软件里的动画，模拟烟气效果，实验参与者能真实模拟在建筑中遇到火灾时逃生的情况，更真实地模拟发生火灾时的逃生情况。实验采用的模型为一位组员的课程设计作品——蛇口影剧院。三位组员（包括设计者）均参与模拟逃生过程。实验中剧院观众尝试从不同出口向外逃生。有两位组员对该建筑并无了解，预计逃生时间较长，但实验中模拟的情况不包含人群的模拟，所以预计逃生的情况会比实际的逃生时间更短。且实验时无法充分代入火场中人的心态，因此与实际逃生面对的问题有所不同，虚拟模型及应急疏散体验过程见图7。

（3）疏散危险区域的识别

学生小组作业，组内成员通过观察同组成员视野界面，记录疏散路径及疏散时长，通过反复实验，在建筑方案图纸中识别寻路困难及疏散拥堵的建筑区域。以某学生的实验报告《影剧院疏散设计虚拟仿真实验》为例，实验者模拟了观众A从室外进入剧场的过程，在台口起火后沿着进入的路线疏散，观演区流线明晰，疏散用时短，疏散路线如图8a所示。实验者模拟了演员B的疏散过程，处于起火台口位置的演员B从侧台逃向疏散楼梯的过程中由于没有疏散指引，进入后台后迷失在南侧的各个房间，最后才发现北侧的疏散梯向上疏散。在到达二层平台后由于视线首先投向西侧所以忽略了东侧向下的大台

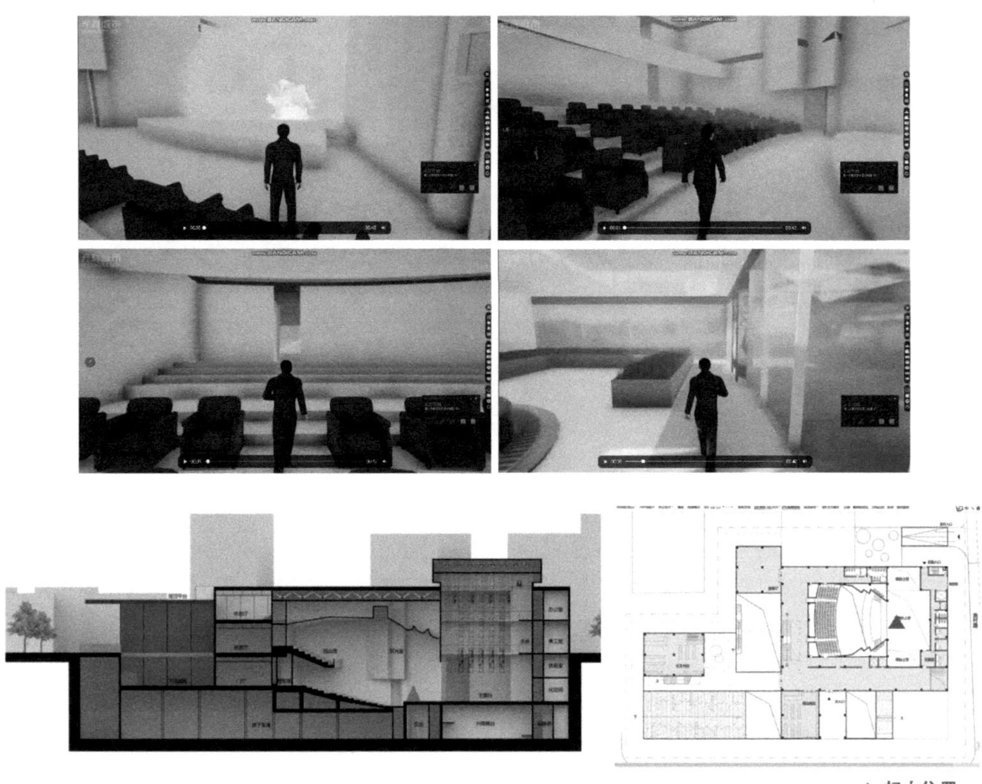

图 7　虚拟模型及应急疏散体验过程图（学生作业节选）

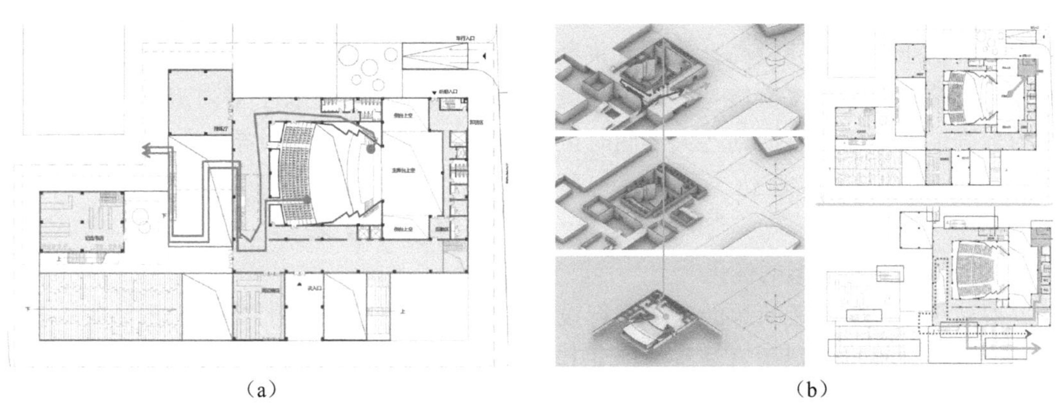

（a）　　（b）

图 8　虚拟模型地构建及体验场景（学生作业节选）

阶，导致先从室内楼梯下到连廊之后又上到大台阶的平台之后再下楼，延长了疏散时间（图 8b）。

观众 A 在疏散时几乎没有停留，极快地沿着观演入场的路线疏散至安全的地面区域，而演员 B 则是首先在首层寻找疏散梯，在后台有较长时间的停留。其次是在到达大平台前厅位置时在向南疏散还是向北疏散的问题上犹豫不决。图 9 展示了演员 B 逃生时犹豫停留的区域。观众 A 从西侧后门疏散时寻路体验极好，直接进入前厅的大空间，而从南北侧门沿坡道抵达前

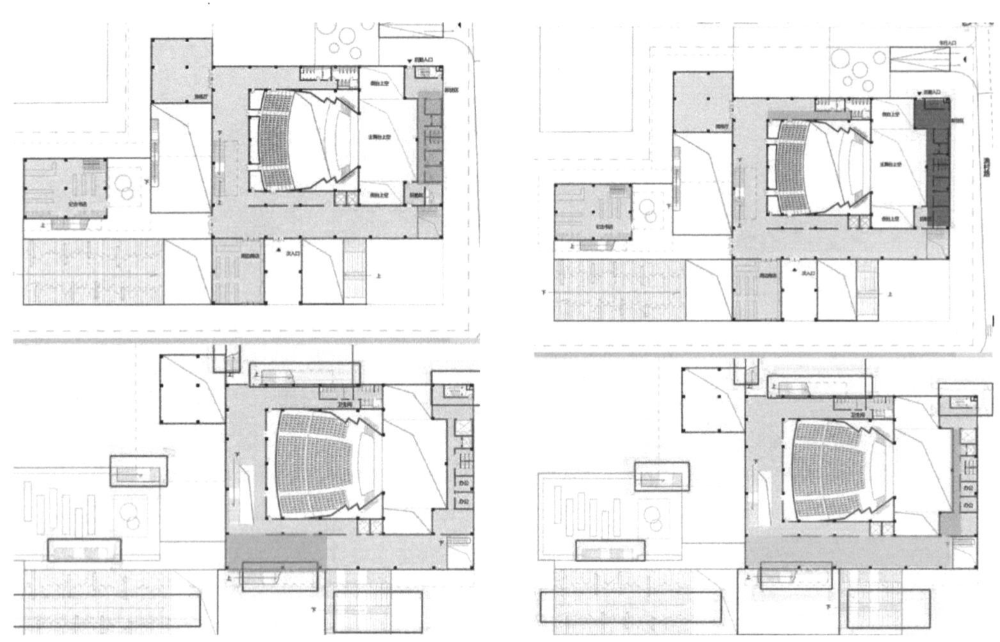

图 9　虚拟模型地构建及体验场景（学生作业节选）

厅；由于坡道空间较窄，所以寻路体验稍差。演员 B 的寻路体验最为糟糕。首先遇到的问题是多次进入南侧的卫生间以及化妆间，难以快速找到疏散梯，出现心理恐慌；其次由于后台空间较高，在沿着狭窄的疏散梯疏散时需要多次转弯，逃生环境具有较强的压迫感，后期到达大空间时虽有犹豫但是由于视线通达，压迫感有所减弱。

（4）疏散设计方案的优化

对建筑内产生疏散问题的区域进行设计优化，再次进行虚拟仿真演练，论证其合理性。以某学生的实验报告《影剧院疏散设计虚拟仿真实验》为例，本次实验的主要优化空间为后台区域的逃生路径。首先，在疏散门附近加入疏散标识形成疏散路径的指引；其次，更改疏散楼梯开门的位置使其更为醒目，容易找寻；再次，疏散楼梯狭窄，即使满足了规范中人流量的规定但是在慌乱中狭窄的封闭空间对逃生者在心理上的压抑感是无法避免的，优化时可以在扩大宽度的同时增加对外的采光，给人以心理上的安全感；最后，三角形所在区域的室外楼梯给南侧出口的门以压迫感，误导逃生者回避南侧逃生区，转而向北寻找出口，延长了室内疏散时间；可转换该楼梯的方向，引导逃生者通向室外。

4　应用效果

为获取精准的课程回访数据，教师对 2023 年上半年参与本课程的 18 位学生进行了问卷调查，数据显示 100% 的学生认为通过本课程的学习，他们更加关注火情讯息，更加注意火灾隐患，对之前的设计有更多反思。调研辅助理解理论知识的学习，89% 的学生认为对建筑设计有帮助，虚拟仿真疏散实验可以辅助认识设计作品存在的问题。数据分析见图 10。

虚拟现实技术已广泛应用于建筑设计

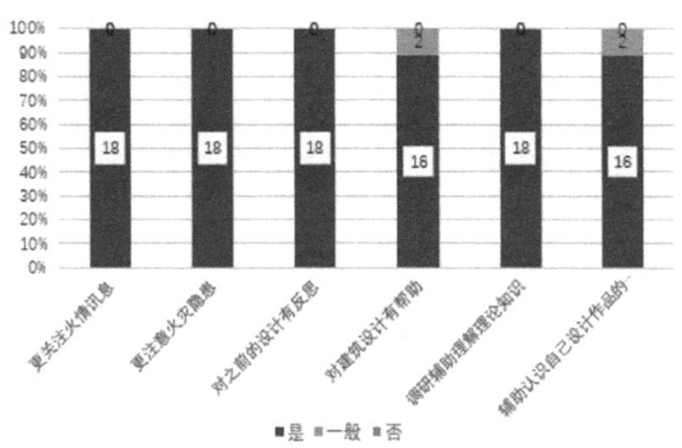

图 10　课程回访调研数据分析

领域，然而大部分用于结果展示，很少真正融入教学过程。本系统轻结果、重过程，借助实验平台真正让虚拟现实技术融入建筑学的教学过程，促进学生学习进步。

（1）有效将实验教学、理论教学有机结合并辅助设计类课程的优化

本实验项目针对建筑设计课程的痛点和难点，以某一疏散设计问题为出发点，结合课程内容有针对性地设计实验过程，使得实验真正能够提升课程学习效果，改变建筑实验难以指导建筑设计的情况，用实验结论引导学生掌握做设计的科学方法，提高设计类学生在设计课、理论课和实验课上的积极性。此外，针对设计作品难以交流体验的问题，建立了作业交流评价平台，实现了学生作品上传、学生作品互相看、教师打分等功能，促进学生之间的学习交流，提高课程打分的科学性。

（2）虚拟仿真实验教学的线上管理实现了师生交流学习的最大化

教师、学生和校外用户通过网站都能访问本实验项目，可以体验系统中所有的典型建筑虚拟仿真模型；学生作品已建成数据库，通过手机扫码或 PC 端下载都可方便获得，方便互相学习，避免文件的线下传递；对项目使用的虚拟仿真软件进行了封装，无需验证即可使用，解决了软件获取困难的问题；建立了虚拟仿真的可穿戴硬件线上预约平台（整合在学院的内部网，不在本平台的网站），供学生预约使用，解决了硬件获取困难的问题。

（3）实验教学板块激发了学生对知识理论的学习动力

学生普遍反映虚拟仿真教学方法生动形象，有助于对疏散环境的正确理解和把控，大大提高了他们的学习兴趣和积极性。学生可以通过多次体验，充分掌握典型案例疏散空间的尺度、界面、材质等诸多细节。教师也认为该虚拟仿真实验以更直观、更高效的方式取代了语言、图片等间接教学方式，大大提升了教学效果。

参考文献

［1］　孙宏根，有效推进中小学装备工作的新举措：以南京市为例［J］. 实验教学与仪器，2019（1）：15.

［2］　张玉霞，刘艳辉，张志刚. 信息技术视域下基于 VR 的线上线下混合式教学模式的实践研究［J］. 邯郸学院学报，2020（12）：20.

［3］　方芳. 浅谈科普信息化建设在湖南省科技馆中的实现途径及未来发展［C］//中国科普理论与实践探索——第二十三届全国科普理论研讨会论文集，2016：15.

［4］　张玉霞，刘艳辉，张志刚. 信息技术视域下基于 VR 的线上线下混合式教学模式的实践研究［J］. 邯郸学院学报，2020（12）：20.

［5］　张庆顺，马跃峰，魏宏杨. 重庆大学建筑学专业“建筑减灾防灾”课程教学改革及实践研究［J］. 室内设计，2012（8）：30.

传统营造视角下数字化测绘与机械臂建造教学实践探索

Exploration of Teaching Practice in Point Digital Surveying and Mapping and Robotic Arm Construction: A Traditional Construction Perspective

邹　涵[1]　李傲强[1]　柴杰龙[1]
1. 湖北工业大学土木建筑与环境学院

摘　要：在传统建筑学本科教育中，学生多通过理论课程了解中国传统建筑，鲜少触及营造技术与建造实践。本文旨在于历史建筑考察与测绘课程中融入数字化测绘与机械臂建造技术，通过理论教学、案例分析与实践操作，增强学生技能与认知。数字化测绘可精准获取古建筑点云数据，为修复保护提供科学依据；机械臂建造则可作为一种有别于传统按图施工的技术介入实际建造。教学实践包含软件学习、设备操作、综合实践，循序渐进，逐步深入。本文为培育复合型人才、传统营造技艺的传承与发展开辟了新路径，同时针对存在问题提出改进建议，持续优化教学体系。

关键词：建筑测绘；机械臂建造；传统营造；建筑史教学改革

1　课程建设

1.1　概况

历史建筑考察与测绘课程立足湖北工业大学建筑学专业，起源于2014年组建的“建筑历史与理论”教研团队并进行相关授课，经过10多年的建设，团队师生取得了丰厚的成果（图1）。在传统的教学模式中，学生通常接受中国建筑史纲、外国建筑史纲等理论课程教学，而测绘这样的实践教学则不被重视，以至于学生的综合素质无法全面发展。这有悖于建筑学培养高素质创新应用型人才的教学理念。因此，在实践教学中提出将数字化测绘与机械臂建造这两项前沿技术引入教学探索实践，旨在让学生将理论课程的知识运用到实践操作中，全面培养学生的综合素养。

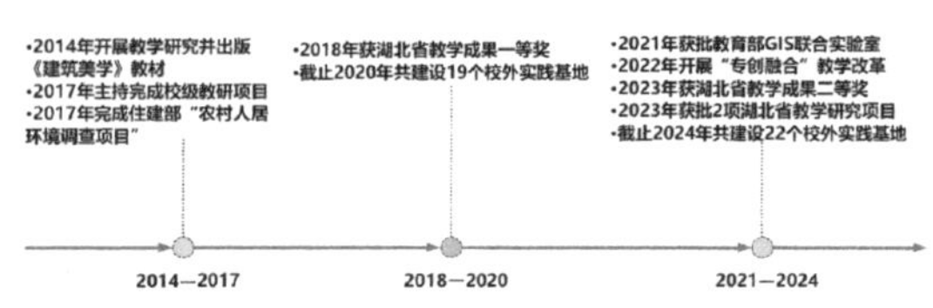

图1　课程建设历程

1.2　重点解决问题

课程着力于引导学生从理论学习向实践运用转化，实现认知历史空间、保护历史建筑、传承荆楚文化逐层进阶，重点解决以下问题：

（1）理论课程与感知体验脱离的问题[1]

当前的教学模式中，理论教学与实践教学往往存在脱节现象，学生缺乏对建筑的洞察力，缺乏尺度感和形式敏感度，以及空间认知、审美与表达能力。

建筑学“专创融合”第二课堂与学生创新能力培养研究（校2022029）。

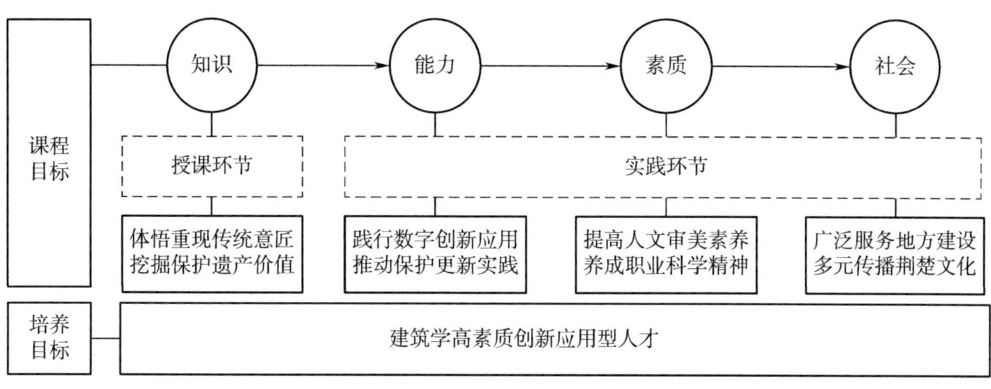

图 2　课程目标

（2）技术应用与创新能力不足的问题[2]

学生在历史建筑保护与更新领域，缺乏建筑调研、测绘和数据分析方面的技术应用技能，课程力图解决复杂系统问题和实践创新能力不足的问题。

（3）文化认知与传承意识薄弱的问题[3]

学生缺乏对湖北荆楚地域性传统文化的认知，传承与传播优秀建筑文化的意识薄弱。

1.3　课程目标

根据国家全面复兴传统文化战略，结合湖北工业大学绿色发展为主导的学科发展方向，本课程围绕建筑学“厚基础、强实践、重创新”的人才培养目标，设置了以下 4 个课程目标（图 2）：

（1）体悟重现传统意匠，挖掘保护遗产价值（知识）

提升空间形态认知的知识，熟悉历史建筑结构、节点构造等方面的知识，熟悉历史建筑遗产价值评价方法；实地调研建筑形制、构造结构、艺术特色等传统营造意匠，开展社会调查并宣传和推动建筑保护工作；掌握数据采集、数据整理与分析、建设数据库的方法。

（2）践行数字创新应用，推动保护更新实践（能力）

具备建筑数字化建模的能力；具备沟通、分析、评价的能力；掌握历史建筑保护更新设计的方法，具备历史建筑的数字化设计和数字化创新应用的能力，及文化传播策划与数字化文创设计的能力。

（3）提高人文审美素养，养成职业科学精神（素质）

理解历史建筑的保护更新意义，提高人文和美学素养，具备团结协作、吃苦耐劳的精神；具备项目策划与理实融通的能力。

（4）广泛服务地方建设，多元传播荆楚文化（社会）

理解荆楚地域性建筑的保护更新意义，具备服务地方建设的意识，提升理论结合实践的能力；具备弘扬荆楚文化的意识，提升文化多元传播的能力。

1.4　教学内容

美好生活作为中国式现代化的核心价值目标，其全面性和综合性体现在德行与效用的并重、物质与精神文明的和谐以及个人与国家发展的统一。这一目标的实现内在地呼唤实践智慧的培育[1]。教学从三维度推进课程思政，知识层面通专融合，技能层面一专多能，精神层面弘扬工匠精神，培养大国工匠，建设美丽中国（图 3）。

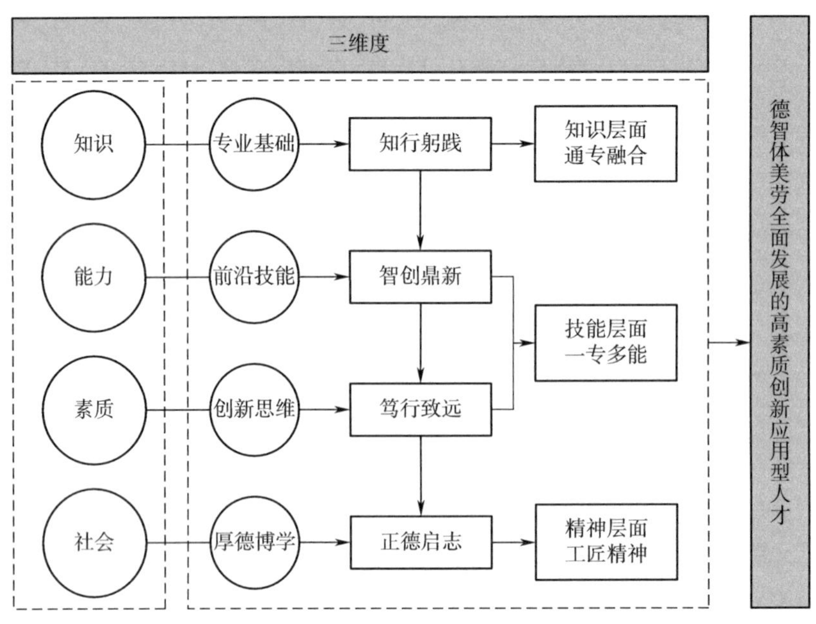

图3　三维推进课程思政

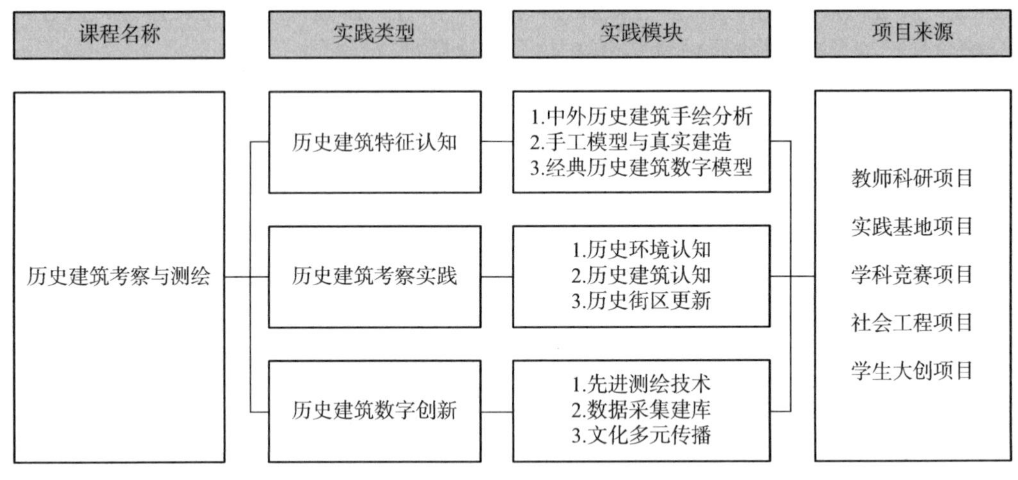

图4　课程内容

历史建筑考察与测绘开展历史建筑数字创新实践（图4），包括先进测绘技术、数据采集建库和文化多元传播三个版块（图5、图6）。

图5　武汉县华林测绘

1.5　教学模式

1.5.1　“五级进阶”式课程实施路径

实践能力的提高发展是一个渐进的过程，因此大学培养计划中的实践教学也应分阶段、分层次逐步深化[5]。本课程以学

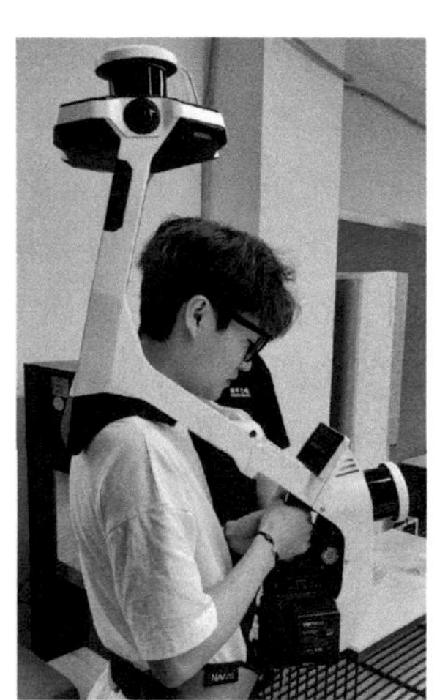

图 6　先进测绘教学

生为中心，在“知行躬践、智创鼎新、笃行致远、正德启志”教学理念的引导下，从“专业基础、前沿技能、创新思维、厚德博学”四个维度，采用“知行合一、融会贯通”“师生互动教学、开放式教学、启发式教学”的教学方法，围绕学生“理论梳理讨论、调研整理评价、创新思维挑战、成果制作展示”4 个核心技能需求，实现理论与实践的融合共进。采用“理论知识传授、实地实践教学、选题申报组队、开展实践活动、成果提质推广”的“五级进阶”式课程实施路径（图 7）。

第一阶段在课堂实施理论教学环节；第二阶段到实地开展示范教学；第三阶段，根据项目来源（如教师科研项目、实践基地项目、学科竞赛项目、社会工程项目、学生大创项目等）申报组队；第四阶段，学生分组开展实践活动，教师分组指导；第五阶段，成果提质推广：邀请当地政府工作人员或企业导师参与成果评审，强化成果反馈评价；以微信推文、新闻报道等形式广泛宣传实践成效，服务地方发展；参加学科竞赛、设计双年展等重要赛事和大型活动；参与“大学生创新创业”等活动，持续优化实践成果。

1.5.2　课程资源建设及应用

（1）线上教学资源

已建成超星学习通线上理论课程 1 门教学资源，应用中国慕课线上虚拟仿真测绘实验 1 门，建设优秀案例和往届优秀作品等内容的课程资源库，已供 200 余学生选用。

（2）“校—地—企”线下实践基地教学资源

在 4 个国家级和省级专业学会指导下，依托土木工程与建筑国家级实验教学示范中心，并建成武汉、黄石、黄冈等 15 处企业实践基地和 6 处地方实践基地，供每期学生驻地实践，累计开展了 40 余次实地调研；完成了 20 余项历史建筑调查及设计实践工作。

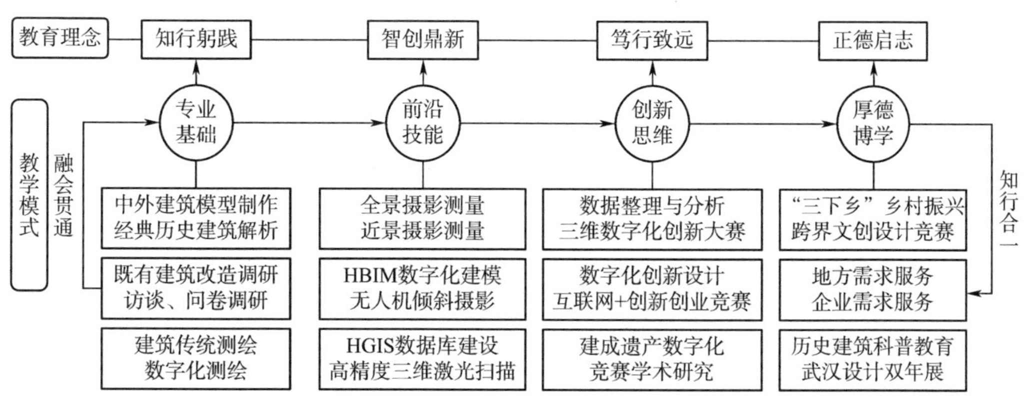

图 7　实践教学模式

(3)“通专融合”教学团队

采用多方协同育人模式，形成了由双师型和工程型的专业教师团队、专业型的校外专家团队、创业型的创业导师团队和社会型的地方企业导师组成的师资队伍(图8)，校内教师5人，校外教师7人。

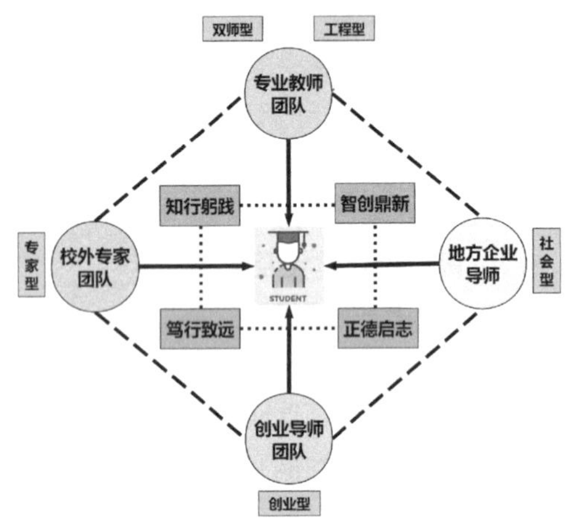

图8 协同育人模式

2 特色创新

本课程围绕历史建筑保护与更新，形成了“一目标、两挑战、三维度、四创新、五特色”的课程特色（图9）。

一个人才培养目标明确，强调思专深度融合。学生走出教室，走进历史建筑，磨炼意志，增长才干，培养大国工匠情怀。

两个挑战贯穿，实现理论与实践的融合共进。数字化技术的习得与应用挑战，鉴赏、评价、交流、分析、创新、设计、研发、策划等融通能力挑战。

在三个不同维度中，体现四个创新：(1) 实践途径多样，多校联动、校企合作、校地合作；(2) 育人方式多样，包括环境育人、身教育人、激励育人和启发育人；(3) 评价体系多元，建立多元化评价、过程性评价、反馈改进机制和自评反思机制；(4) 成果形式多样。

教学改革体现五个特色：跨学科融合、引前沿技术、拓创新思维、育综合素养、扬地域特色。

3 教学实践案例

学生团队在教师的指导下利用点云技术测绘武当山南岩宫两仪殿格门构件后进行数字化处理（图10），再分析构件特征并进行再创造设计。然后以改良后的榫卯三榀梁为结构单元母题，结合功能、空间、美学等需求，运用机械臂建造技术，建造

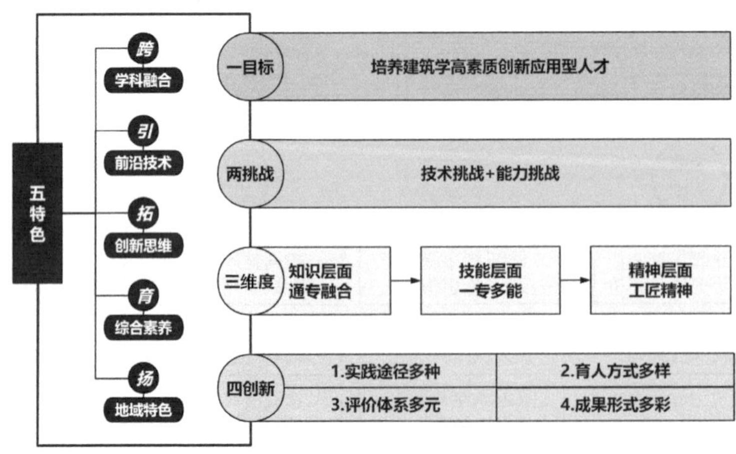

图9 实践课程框架

了一套具有互承受力结构的构筑物（图 11），实现了用数字化建造取代传统人工营造的方法，是数字化技术引入建筑学教学的实践成果。首先，点云测绘技术和机械臂的引入，体现了跨学科融合和引入前沿技术的特色与挑战，学生学习了如何应用点云技术和机械臂技术；其次，对建筑窗花进行二次创作的过程，拓展了学生的创新思维；再次，通过实体模型建造，充分锻炼学生的动手能力；最后，通过数字媒体创作的形式对作品进行宣传，弘扬荆楚建筑地域特色。此教学实践案例的成果充分证明了这一套教学模式的可行性和创新性。

图 10　数字化测绘模型

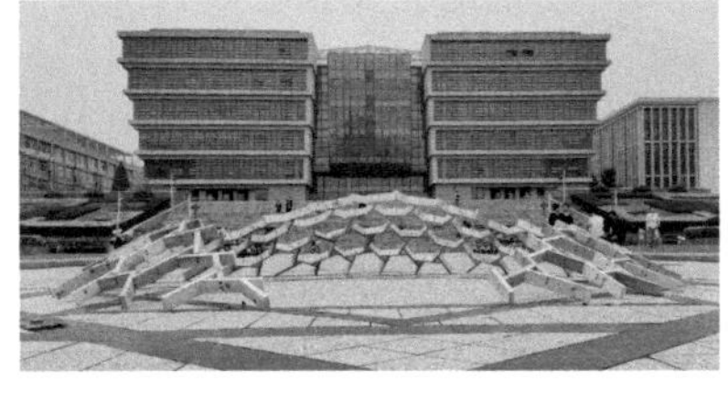

图 11　机械臂木构建造

4　课程改革成效与总结反思

课程有效调动了学生学习积极性，团队教师获得学生和学校的高度评价。经过长期努力，该课程不仅助力团队成功申请多项国家级、省部级科研及产学研项目，并促成横向合作。学生科研成果显著，发表多篇论文。

教学改革使教学内容更加丰富、教学方法更加多样、实践环节更加完善，教学质量和效果显著提升。课程团队围绕历史建筑保护与更新主题，深耕教学，服务企业与地方，实践过程得到学生和地方企业的广泛好评。

数字化测绘技术和机械臂建造技术的引入给传统的建筑学教学带来了技术革新，但在教学实践的过程中发现一些客观存在的问题：（1）社会发展的变化可能导致课程内容与实际社会需求存在一定脱节；（2）实践教学的时间和内容不够，需加强实践教学与理论教学的有机结合；（3）缺少健全的课程评估和反馈机制，不能及时发现和解决课程存在的问题。针对以上问题，本文也提出了可行的改进措施：（1）加强与企业、地方政府等社会各界的合作，以社会热点问题为导向，拓展实践课程内容，促进校企合作深度融合，确保人才培养与社会需求更加契合；（2）进一步完善课程内容和教学方法，强化实践教学环节，注重学生实践能力和创新意识的培养；通过线上、线下、混合等多种教学途径，提高实践课程难度，激发学生的学习兴趣和动力；（3）打造区域性实践教学平台，整合校内外资源，为学生提供更多实践机会和资源支持，促进实践教学成果的转化和应用。

参考文献

［1］　陈小虎，杨祥．新型应用型本科院校发展的 14 个基本问题［J］．中国大学教学，2013（1）：17-22.

［2］　李培根，许晓东，陈国松．我国本科工程教育实践教学问题与原因探析［J］．高等工程教育研究，2012（3）：1-6.

［3］　陈步云．高校实践育人机制研究［D］．东北师范大学，2017.

［4］　王晓莉．指向美好生活的道德教育转向：实践智慧的视角［J］．教育科学研究，2024（7）：83-89.

［5］　郑春龙，邵红艳．以创新实践能力培养为目标的高校实践教学体系的构建与实施［J］．中国高教研究，2007（4）：85-86.

传统文化与智能生成：探索人机共生的建筑设计教育

Traditional Culture and Intelligent Generation: An Inquiry into Human-Machine Symbiosis in Architectural Design Pedagogy

陈虹屹[1]

1. 重庆人文科技学院

摘　要：本研究旨在深入探讨传统文化与智能生成技术在建筑设计教育中的融合路径，提出一种基于人机共生理念的创新教育模式。在建筑科学的宏观视野下，本研究重新评估建筑设计实践中的主客体关系，倡导将人类、自然、技术和社会视为统一且相互关联的整体。为实现这一目标，本研究构建了智能生成设计平台和沉浸式学习环境，旨在让学生深刻理解传统文化，培养创新设计能力及综合素养。课程重点在于培养学生对中国本土建筑哲学的理解，注重可持续建造，并鼓励将传统自然观念融入现代设计。具体而言，本研究选定了"观物取象""观诗筑境"以及"观遗承韵"三个课程主题，分别探讨传统纹样转化、诗歌意境融入景观设计以及非遗背景下的建筑智能生成设计。

关键词：传统文化；智能生成；人机共生；建筑设计教育

1　引言

自1956年麦卡锡等人提出AI概念以来，尤其是随着机器学习与深度学习的飞跃[1]，AI已成为科技变革的引擎。在建筑领域，AI技术通过智能化设计平台、自动化施工机器人及BIM技术，重塑了设计、施工与管理的格局[2]。面对全球化与技术快速发展的挑战，建筑设计教育需平衡传统文化与智能生成技术的融合，这是当前极为紧迫的议题[3]。当前，深度学习模型的成熟与AI技术的广泛应用，在CUMINCAD国际学术会议如CAAD Futures（2023）、Digital FUTURES（2024）及CAADRIA（2023）中备受瞩目。特别是GANs与参数化设计技术，正引领建筑设计向智能化转型：加速设计流程，拓宽创意边界，同时促使教育探索人机共生模式。基于人机共生理念的教育创新，将人类、自然、技术与传统文化融为一体，推动建筑学知识体系更新。AI赋能设计思维带来启发、定制与增强设计的新方向，而人机共生实践则促进技术与人文融合，提升建筑作品的文化与艺术价值[4]。此模式不仅可让学生传承传统文化，还可增强学生现代建筑设计实践与技术能力。面对AI技术的持续进步，建筑学教育需灵活调整，确保学生掌握前沿知识与技能。

重庆市教育科学"十四五"规划项目：共生理论视角下新工科现代化思维教育创新策略与实践研究（K23YG2180454）。

2 基于人机共生理念的建筑设计课程

2.1 建筑课程教学框架设计

在迅猛发展的智能时代，我们深刻洞察到，人工智能的飞速发展，尤其是深度学习与生成设计技术的突破，为建筑教育领域带来了革命性的变革机遇。基于此，我们创新性地构建了融合数字化技术与人文化理念的教学框架，旨在培养人机共生的建筑设计人才。此框架以数字化革新为核心，融合参数化建筑、节能环境模拟等基础技术，并引入 GANs、Stable Diffusion 等前沿技术，激发学生的深度分析与创新能力。针对不同学习阶段的学生，我们定制了一套完整的课程体系，内容从基础理论延伸至高级应用，全面覆盖了 BIM 平台、数字化建造、绿色建筑节能等关键技术领域。这些技术的融入，极大地提升了设计效率，并加深了学生对行业变革的适应与理解。此外，课程还提供全面的软件教学支持，包括 Rhino、Grasshopper、Revit、Design Builder、GIS 等数字化设计软件，以及编程语言的培训，这些为学生提供了坚实的技术基础。教学框架进一步强化了智能交互与文化哲学的结合，激励学生深入探索建筑文化与哲学的内涵，鼓励他们走进乡村，亲身体验并感受广义的非物质文化遗产，实现历史与现代的有机融合。通过多模态机器学习技术的应用，我们实现了自然语言处理和图像识别的实时反馈，为学生的设计工作提供了即时的建议与深入的分析，以期在智能时代浪潮中，培养出能够适应未来挑战的创新型建筑人才（图 1）。

通过建筑学概论、参数化设计、绿色建筑与节能等课程的精心教学，我们不仅

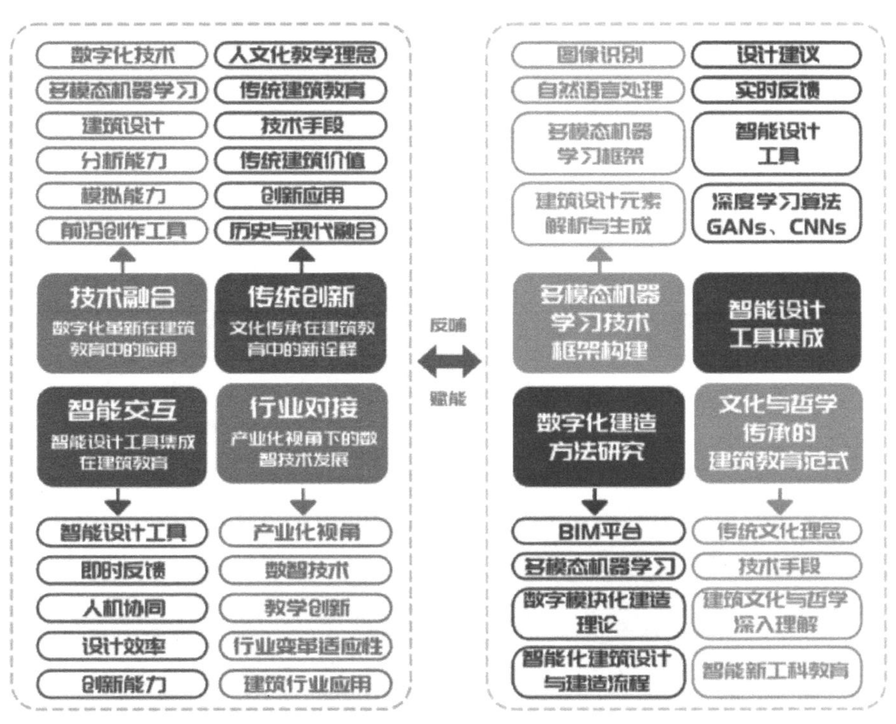

图 1　建筑教学框架设计

传授专业知识，更着重培养学生将传统文化与智能技术相结合的能力。在博物馆建筑设计课程中，我们鼓励学生自主选择研究课题，通过深入调研、设计探索与成果汇报，主动塑造、定义个人的研究方向(图2)。同时，通过组织由行业专家（包括企业代表、政府官员及资深设计师）参与的现场评审与指导活动，我们构建了一个教学、科研与实践融为一体的数字化教育生态系统，为培养具有传统文化底蕴与智能生成能力的未来建筑师奠定了坚实基础。

2.2 课程主题的确定与教学内容的组织

本课程聚焦于生成式AI技术，特别是深度学习与生成设计工具，旨在激发建筑学教育的创新与实践能力。目标是培养全球化视野下的学生，融合传统美学与现代设计，创作出时代感与文化底蕴并存的建筑作品。核心策略有三：一是转变教育模式，从教师主导转向学生中心，增强自主学习与参与；二是运用深度学习的教学策略与生成设计技术，激发学生的创新思维与批判性思维，应对复杂设计挑战；三是在建筑设计中深入融合传统文化，通过“观物取象”“观诗筑境”“观遗承韵”三大主题，展示机器学习在传承文化、提升技能及创新传统元素方面的应用（图3）。

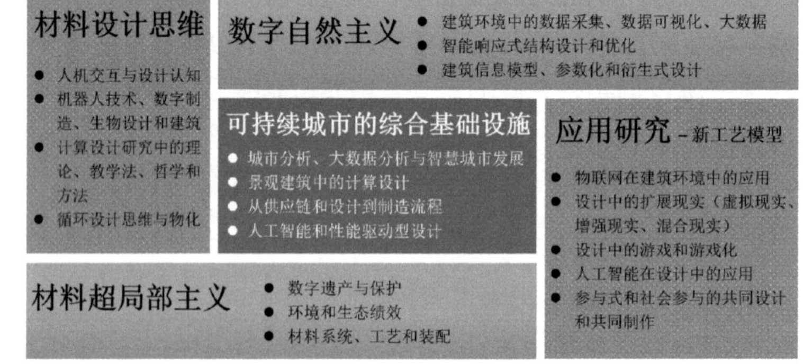

图2 博物馆建筑设计课程选题

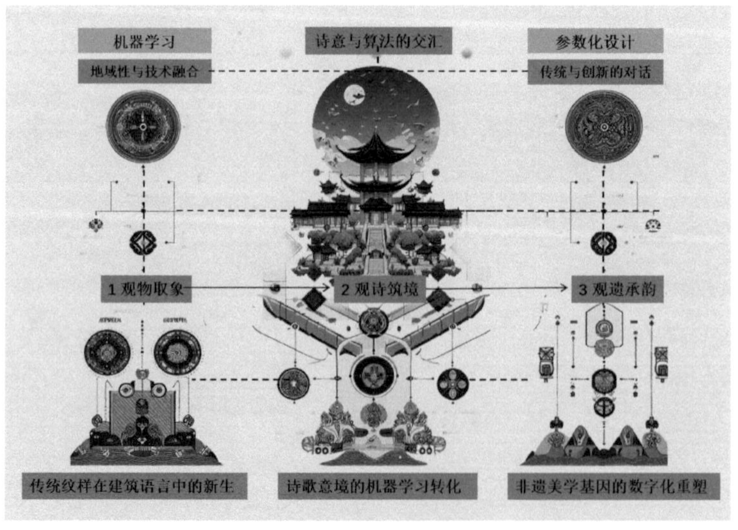

图3 课程主题的确定

“观物取象”：本主题关注如何使用机器学习和参数化设计技术将传统模式转化为现代建筑元素。这种方法受到《易经》等儒家经典的启发，将对自然和周围环境的观察与现代技术方法相结合，创造新的建筑语言。

“观诗筑境”：此课程结合诗词歌赋的意境美，利用 AI 辅助设计工具，探索建筑空间与文学情感的融合。学生将学习如何运用生成设计技术，将诗词中的意境转化为建筑空间的语言，创造出富有文化底蕴与情感共鸣的建筑作品。

“观遗承韵”：本课程设计旨在通过融合数字技术与机器学习，对广义的非遗空间进行创新性诠释，并结合生态能耗模拟技术，确保乡村建筑在保留文化遗产精髓的同时，实现生态友好与节能高效的双重目标，培养学生在传承与创新、可持续发展方面的综合能力。

3 实践案例的展示与分析

3.1 “观物取象”：传统纹样的建筑新生

本课程融合传统美学与现代建筑教育，聚焦西南少数民族传统纹样的研究与应用。通过深入分析纹样的形状、线条与质感，结合数学量化方法，揭示其内在的美学规律与数学逻辑。学生将学习如何运用 Stable Diffusion，高效训练机器学习模型，精准捕捉纹样特征，如对称性、几何构成等，并转化为可设计的参数。

3.1.1 量化分析与模型训练

此外，我们的课程项目采用了 Stable Diffusion 的 LoRA（Low-Rank Adaptation）技术，这是一种高效的参数适应技术，用于训练和微调纹样的规则和色彩。LoRA 技术通过在预训练模型中引入低秩矩阵，显著减少了模型训练所需的参数数量，并加快了模型的收敛速度。这一技术的运用使我们的机器学习模型能够更加高效地学习并理解从传统纹样中提取的形状文法规则，包括对纹样的复杂特征如重复性、对称性和图案变化的深入理解。通过深度学习算法的训练，学生能够体验到如何在保持计算效率的同时，准确地捕捉和应用纹样的核心特征。

3.1.2 参数化建模中的传统纹样重生

Grasshopper 作为一款基于 Rhino 3D 的参数化建模插件，在实践中发挥了关键作用。首先，我们将机器学习得到的纹样规则转换成 Grasshopper 可以识别的参数和数据，这些规则包括形状的大小、比例、重复模式和对称性等。接着，在 Grasshopper 的可视化编程环境中，利用这些参数构建基础几何形状，通过调整参数控制形状的变化，从而生成不同的设计方案（图 4）。

3.1.3 LoRA 技术赋能色彩学习

在色彩模型的训练中，LoRA 技术同样发挥了重要作用。通过对不同民族色彩模型的深入学习，我们的模型能够准确地捕捉到各种色彩组合和搭配的规律。这些通过机器学习得到的色彩模型被应用于参数化设计中，使得最终的设计作品不仅在形式上丰富多样，而且在色彩上和谐统一，展现了深厚的文化和审美价值（图 5）。

通过整合 Stable Diffusion 和机器学习算法，我们的项目在形状文法的创新应用和纹样设计上取得了显著成效。我们定义了一套基本规则，采用参数化设计方法，开发出既遵循设计原则又展现创新性的建筑方案。这种方法特别适用于装饰设计，它允许设计师输入基础图案或花纹，然后通过参数化手段创造出多样化且细节丰富的设计方案。这种技术的应用不仅提高了

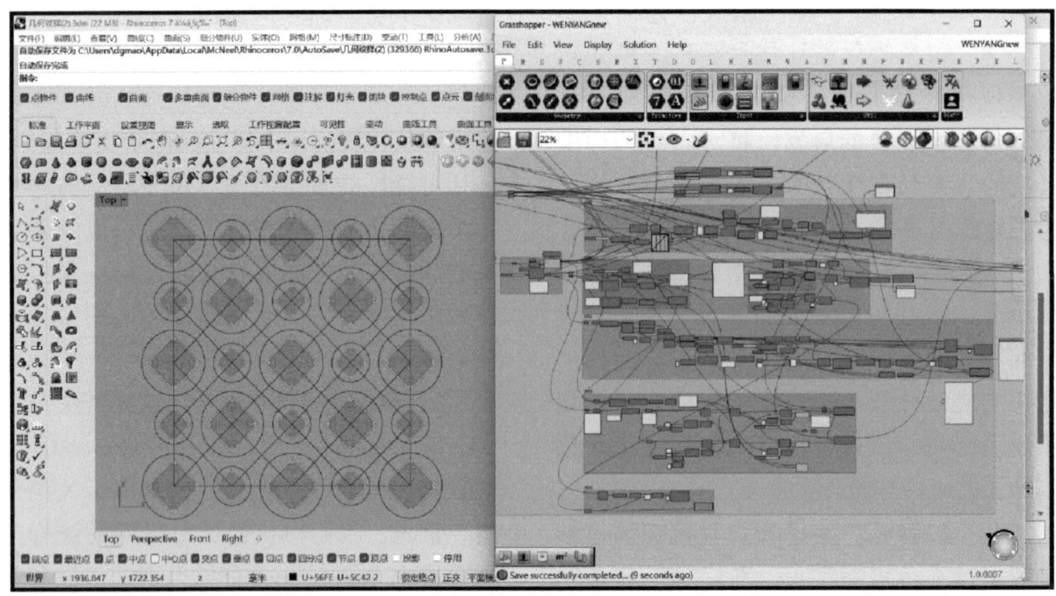

图4 参数化建模中的传统纹样重生

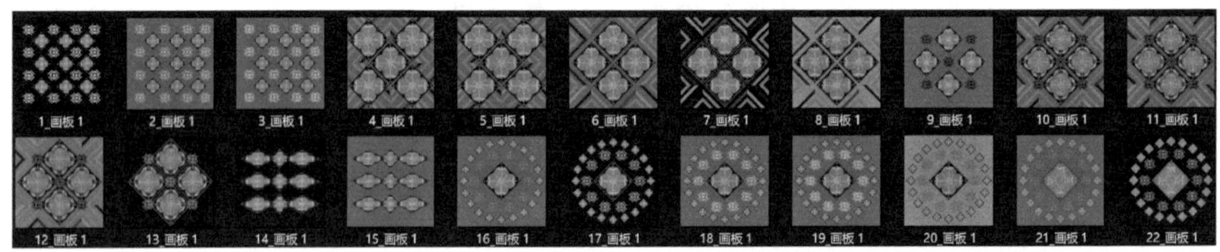

图5 基于 LoRA 的纹样色彩机器学习结果

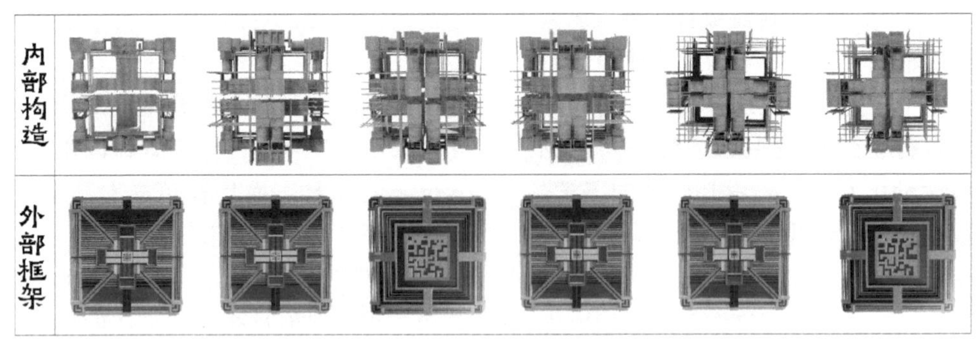

图6 基于苗族纹样的再创作（图片来源：学生作业）

设计效率，还增强了设计的多样性和创新性，为瓷砖、墙面图案和建筑装饰等提供了广泛的设计可能性（图6）。

3.2 “观诗筑境”：诗歌意境的机器学转化

在本课程设计中，我们旨在引导学生掌握如何将多模态机器学习技术应用于宋代园林设计，通过一系列教学步骤，包括理论学习、数据收集与整合、模型训练、设计实践、评估与反思，以及案例研究，学生将深入理解宋代园林的审美特征，并

涧	mountain stream	山烟	Smoke in the mountains	双峰	Bimodal	木	wood
花	Flower	芝英	Ganoderma lucidum	杉萝	Cedar	溪	creek
草	Grass	泉石	Fountain stone	灵泉	Spiritual Spring	岸	shore
倒影	inverted image	青松	Cyan pine	宿客	Hosts	柳	willow
风	wind	履	walk on	雨	rain	湾	bay
笙	Wind instrument	林	forest	古台	platform	云缨	Cloud Ornament
荒烟	Smoke wildness	云霞	rosy clouds	深坞	Deep Dock	岩树	Rock Tree
群峰	Peaks	雾	fog	寒泉	Cold Springs	青苔	moss
云	cloud	苍崖	cliffs	回	Reentrant	山月	Mountain Moon
桂丛	Osmanthus bushes	石乳	stalactite	半	half	水池	pool
桂树	Laurel	古坛	Ancient altar	岭	ridge	风雷	Wind and thunder
月	month	千峰	Chimores	绿岩	greenstone	高穹	sky
露	dew	落照	sunset	玉洞	Jade Cave	河	river
光	light	岩	rock	壁	wall	兰若	temple
石径	Stone paths	石门	Stone Gate	幽石	Dark stone	禅庭	Zen Garden

图 7　关于诗歌意象的文本描述集（图片来源：学生作业）

运用现代技术手段，创造出既符合传统美学又具有创新性的园林设计方案。

3.2.1　理论学习

宋代园林设计理论是中国古代园林艺术的重要一环，蕴含着丰富的历史与文化。教学首要任务是让学生了解其历史背景——文化昌盛时期，园林设计映射社会风貌，兼收并蓄前代艺术精髓。通过历史梳理，学生能洞察园林背后的社会、政治、经济、文化动因。接着，分析宋代园林特色元素：灵动水景、仿自然山水假山及雅致亭台，这些不仅艺术独特，更是意境营造的关键。深入学习宋代园林设计，旨在让学生全面把握其历史脉络、文化内涵与审美追求，掌握设计精髓与应用之道。

3.2.2　数据收集与整合

为了生成具有宋代园林特色的景观设计，有必要构建一个包括文本描述、图像数据和宋代诗歌本质的多模式数据集。该过程包括几个步骤：

（1）文本描述集：我们收集了宋代园林文献，包括历史文献、苏轼、欧阳修等文人诗歌和游记（图 7）。这些文本详细描述了花园的布局、植物排列和相关的情感体验，可供深入了解宋代花园的具体结构和活动。

（2）影像资料收集：我们从《中国历代园林全集》和《南宋园林史》中收集了 200 幅宋代园林画，作为传统园林设计的重要参考。

（3）宋代诗歌的融合：诗歌中的描述性词语往往充满隐喻和象征意义，反映了文人的艺术偏好和情感表达。我们分析了收集的诗歌和游记记录，提取了 12 种类型的建筑和景观，以及 60 种典型的描绘自然景观和花园美学的诗歌意象。这些与相应的园林描述和图像数据相结合，可以全面了解宋代园林景观（图 11）。

3.2.3　模型训练

在模型训练中，我们利用这些数据集来训练 StyleGAN 生成高质量的园林设计图像，并使用 LoRA 技术对这些图像进行微调，以融入宋代诗歌中的意境和情感。通过调整 StyleGAN 和 LoRA 的参数，学生学习了如何精确控制图像的生成过程，从而创造出既符合宋代审美又具有现代创新元素的园林设计。

3.2.4　学生设计实践案例：司马光的独乐园设计

在本课程的实践环节中，学生专注于宋代名臣司马光的独乐园，采用 StyleGAN 和

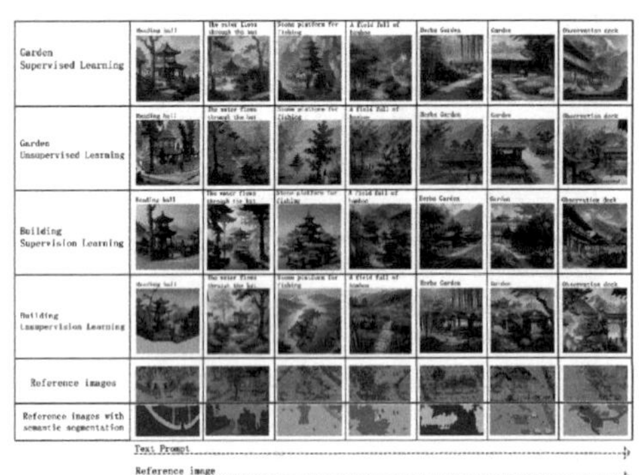

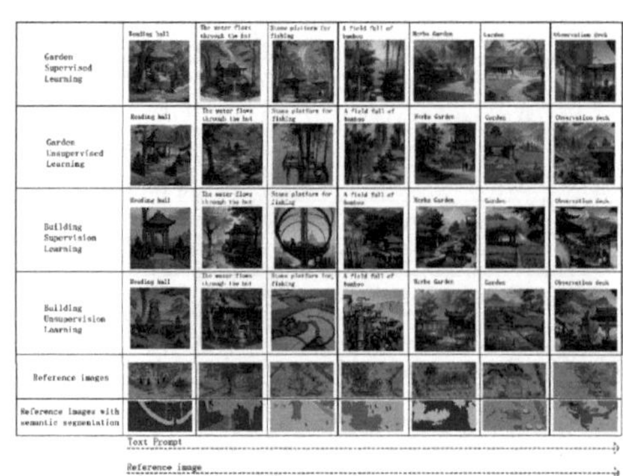

无监督学习　有监督学习　　　　　模型微调

图8　SYTLEGAN图片机器学习结果（图片来源：学生作业）

LoRA技术进行深入的设计探索。StyleGAN是一种基于生成对抗网络的先进图像合成技术，以其能够生成高分辨率、逼真的图像而著称。在训练过程中，学生细致调整StyleGAN的网络参数，确保生成的图像不仅在视觉上吸引人，而且在风格上与宋代园林设计相契合。通过这种方式，学生创建了高质量的园林设计原型图像，为独乐园的基础景观奠定了基础。随后，利用LoRA技术，学生进一步将宋代园林的美学特征与现代设计原则相结合，探索风格融合与创新的可能。在此过程中，学生不断实验和调整，力求在保持宋代审美特色的同时，满足现代审美的需求，创造出具有时代内涵的园林设计作品（图8）。

3.3　"观遗承韵"：非遗美学的数字化重塑

本课程实践"观遗承韵"旨在通过融合数字技术与机器学习，对广义的非遗空间进行创新性诠释，特别是传统建筑中的文化元素——蝙蝠纹样，结合生态和能耗模拟技术，探索如何在乡村建筑设计中既保留文化遗产的精髓，又实现生态友好与节能高效的双重目标。

3.3.1　非遗元素的数字化采集与分析

课程的田野调查明确了调查目标、区域、对象及工具。学生分组负责不同区域的传统建筑调研、记录，图片经过筛选和后期处理，包括去噪、色彩校正和特征提取后进行分类、标注和存储。图像根据图案的具体形状被分为不同的类别，如倒置型、折叠型、展翅型、对角线飞行型、滑翔型和振翅型等。通过图片预处理操作，构建了一个高质量的蝙蝠图案图像数据库，为课程研究和机器学习训练提供了数据基础（图9）。

3.3.2　机器学习驱动的纹样创新设计

我们运用生成对抗网络（GAN）框架结合潜在扩散模型优化图像生成。通过Grasshooper平台的Rooster算法实现了对蝙蝠图案图像中线条形状的特征提取，为GAN训练提供基础。在GAN模型的构建与训练阶段，我们采用256×256像素高质量图像训练，确保细节丰富。为了进一步提升图像质量，我们引入了稳定扩散模型去噪增强特征，提升图像清晰度。结合文本到图像技术和Control Net，通过输入描述性文本或指定设计参数，引导模型生成符合特定要求的关于立面构件和结构构件的蝙蝠图案图像。

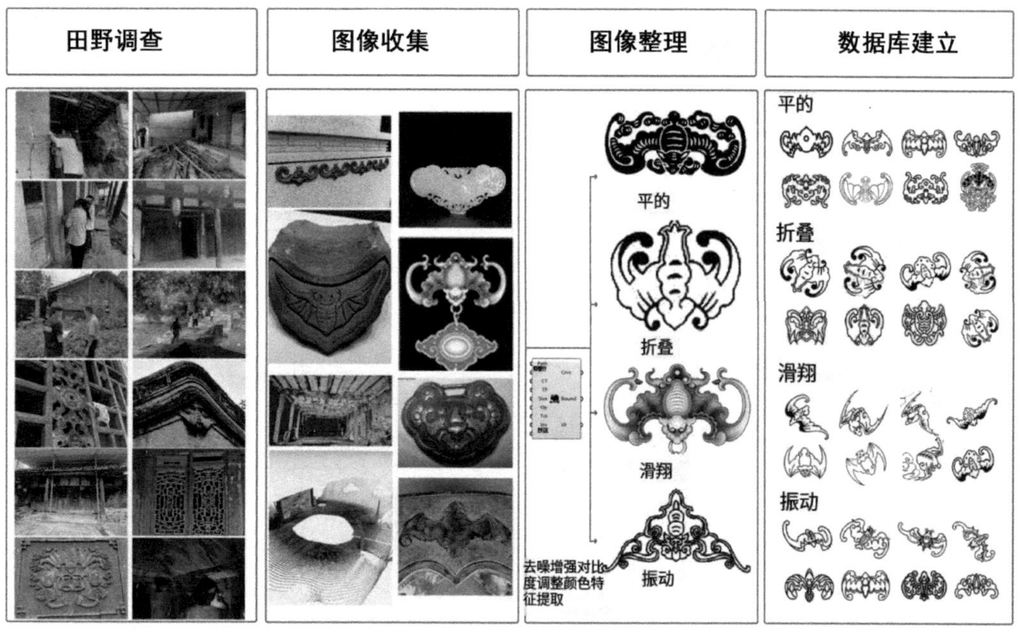

图9　数据库创建流程

3.3.3　纹样的3D参数化建筑重建

为了将设计变体实际应用于建筑项目，我们构建了一套参数化模型，利用数学函数和算法将二维设计转换为三维建筑元素。通过Ice Ray代码框架实现，开发出两种关键的几何单元：适用于建筑立面的图案单元和用于结构支撑的实用单元。我们对Ice Ray代码框架进行了创新性修改，以适应建筑设计的需求。这些修改使得传统纹样不仅作为装饰性元素，而且能够转化为具有结构功能的建筑组件。通过参数化方法，我们实现了设计过程的自动化，同时保持了设计的多样性和创新性。参数化模型的使用极大地提高了设计效率，允许快速迭代和修改，以适应不同的建筑要求和环境条件（图10）。

3.3.4　生态能耗模拟与性能预测

在乡村非遗设计的背景下关注生成的蝙蝠纹样对采光、通风等生态性能的影响，我们利用Ladybug等环境模拟工具，对由机器学习生成的立面构件和结构构件所构成的建筑设计方案进行精细的采光分析与能耗模拟，通过设定合理的使用场景进行预测。同时，为了提升预测效率，我们集成卷积神经网络（CNN）技术，通过训练模型来快速学习设计方案图像与能耗、采光性能间的复杂映射关系，实现性能预测的快速精准（图11）。

3.3.5　多目标优化与设计迭代

在获得生态能耗模拟结果的基础上，我们将非遗文化传承的目标融入多目标遗传算法，对设计方案进行迭代优化，旨在同时实现非遗元素的视觉表现力最大化、满足生态能耗和日照满足率。通过多目标遗传算法对设计方案进行迭代优化，确保在提升建筑生态性能的同时，保持并增强蝙蝠纹样的艺术效果和文化内涵。我们期望能够生成一系列既传承非遗文化精髓，又实现生态节能目标的优秀设计方案。

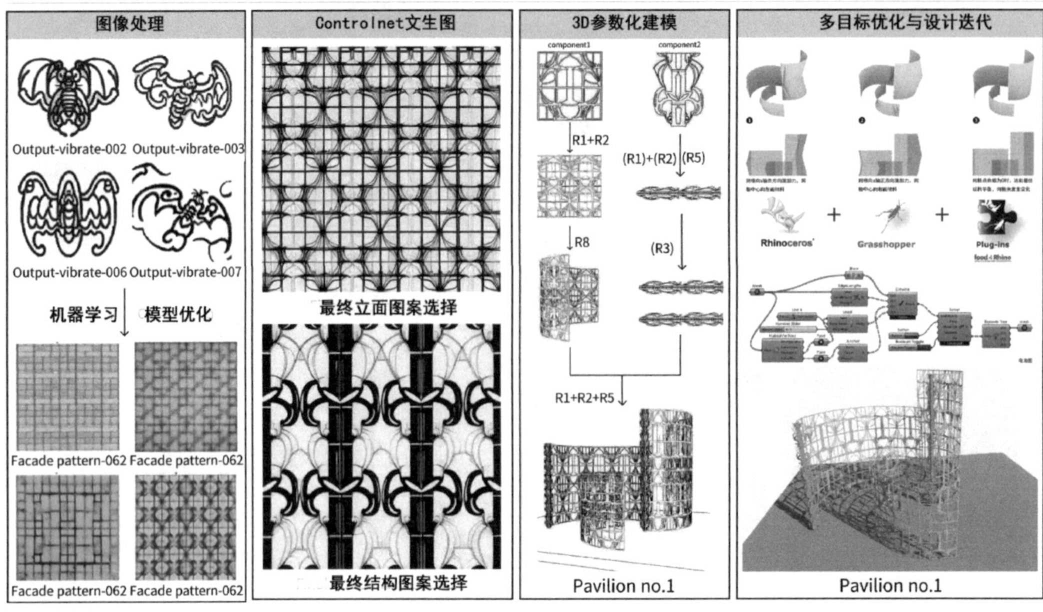

图 10 数据库创建流程

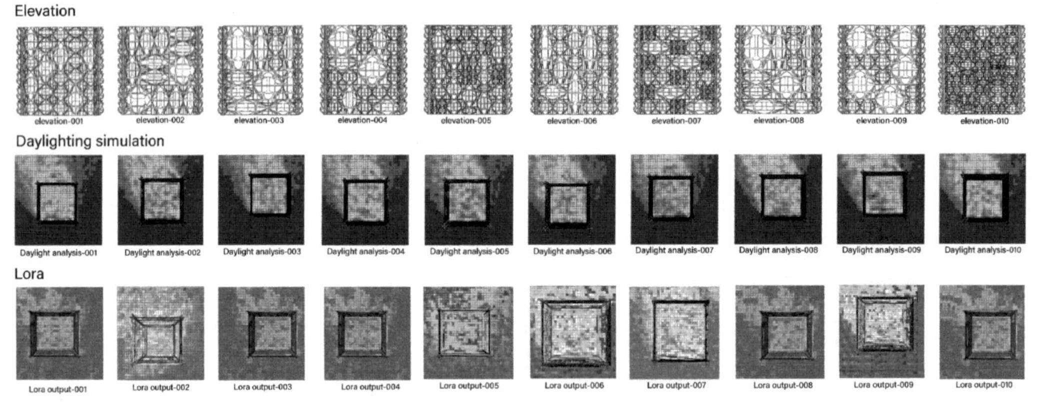

图 11 生态能耗模拟与性能预测（图片来源：学生作业）

4 总结

我们的教育模式以设计科学思维为核心，将 AI 与新兴技术融于建筑设计教学。这是对经典设计的现代化革新，非简单复制或否定。该模式打破传统界限，融入人机混合设计，推动物质到数字、单一到多元的转变。通过 AI 与算法建筑，重新定义人机协作，让学生在虚实交织中采用新协作模式。此创新提升教育质量，为学生搭建传统文化与智能生成融合的平台，助力他们在新时代结合物理属性与数字化手段，创造适应时代需求且富含文化底蕴的建筑作品。此举回应时代挑战，为建筑学科未来发展开辟了新空间。

参考文献

[1] Brock D C. Licklider and the Road to Acp ARPA [J]. IEEE Annals of the History of Computing, 2016, 38 (3): 58-76.

[2] Rhee J, Veloso M. AI in Architectural Design [D]. CAADRIA 2021 Proceedings, 2021: 23-33.

[3] 同上。

[4] 袁烽，孙童悦. 数字包豪斯同济建筑的建构教育与实践探索. 时代建筑，2022 (3): 40-49.

Exploration of Immersion Teaching Mode: Experiment of Virtual Reality in the Course of Architecture Construction

Biyu Huang[1] Wende Chen[2]

1. School of Architecture Science and Civil Engineering, Xiamen Institute of Technology
2. School of Civil Engineering and Architecture, Xiamen University of Technology

Abstract: The purpose of this paper is to explore the immersion teaching mode by Virtual Reality in the course of architecture construction. Traditional teaching methods of architecture courses have the following problems: ①insufficient experience of space, ②insufficient experience of reality, ③insufficient experience of involvement. Through the establishment of the VR lab, it not only upgrades teaching hardware and software, but more importantly, it explores an immersion teaching model. This model is not only an extension of traditional teaching, but also reflects the tendency of teaching for the future: ①Embodied learning environment, ②Interactive teacher-student relationship, ③Open space-time structure, ④Virtualized teaching resources, ⑤Diversified deployment methods. The actual case shows that students can directly observe more hidden knowledge through the VR lab. The results of Igroup Presence Questionnaire show that on a 7-point Likert scale test with a score of −3 to 3, the overall score for Involvement was −0.24, the overall score for Reality was 0.36, and the overall score for Space was 0.40, which are based on 52 valid samples. Research results show that VR technology effectively enhances students' experience of Space & Reality, however, the experience of Involvement was not satisfactory, suggesting that it did not live up to the students' expectations.

Keywords: Virtual Reality; Immersion teaching; Course of architecture construction.

1 Statement of Problem

Traditional architecture courses rely on planar expressions and model expressions to narrate spatial stories, but they cannot make people face the presence phenomenon. Especially for the slightly abstract courses of architectural construction, Learners rely on presence phenomena to promote learning efficiency, however, the real environment does not lie in the classroom. After all, the classroom is not a construction site, many things cannot be displayed accurately, and the real construction site will encounter access restrictions and construction hazards. Architects need virtual construction sites. From this point of view, immersion teaching based on VR technology is a feasible solution. It may solve the three problems of traditional teaching: ①insufficient experience of space, ②insufficient experience of reality, ③insufficient experience of involvement. In order to effectively establish a VR lab, we must understand the theoretical framework of immersion teaching.

2 Conceptual Connotation and Extension

Immersion learning conforms to the theory of embodied cognition. The embodied cognition theory is rooted in two important discourses, namely, Maurice Merleau-Ponty's physical phenomenology and the biological viewpoints of G. Bateson and F. J. Varela. Maurice Merleau-Ponty proposed in his book "Phenomenology of Perception" that the body is not an object, it is a natural subject, "I am my body"[1]. He has always placed the body in a specific time, space and environment, and believes that the coexistence of the body and the world is an important means of contacting the world. Varela and others emphasized two points: First, cognition depends on the types of experiences, which are derived from the body with various sensory motor abilities; second, these sensory motor abilities themselves are rooted in a broader in the context of biology, psychology and culture[2].

2.1 Conceptual Connotation

The term "immersion" originally meant a state in which an object was wrapped in all directions when entering a liquid[3]. As early as 1975, Mihaly Csikszentmihalyi, professor of the University of Chicago described that people are completely attracted to and involved in the situation in activities, filtering out all irrelevant perceptions, and entering a state of immersion[4]. In book "Universal Principles of Design", William Lidwell interprets "immersion" as "flow" and believes that "immersion experience" refers to the state of focusing on something continuously, so as to reach a state of ecstasy[5].

E. Brown and P. Cairns divided the immersion experience into three levels according to the immersion intensity of video games, from the shallower to the deeper: initial participation, full concentration, and complete immersion[6]. At the last level, the player will be completely immersed in the game, so as to achieve a state of selflessness. Whether it is "immersion" or "immersion experience", it emphasizes contextuality and embodiedness.

Immersion Teaching is a specific application of immersion theory in the field of education. It originated in Canada in the 1960s. It originated from a teaching model that uses the target language as the teaching language[7]. Some scholars have made a new definition of immersive teaching: "The immersion teaching model refers to the skillful use of a variety of teaching methods by educators in the teaching process to stimulate learners' interest in learning and enable them to enter an immersive experience of the learning state, thereby improving the level and effectiveness of teaching[8]".

2.2 Conceptual Extension

Immersive teaching refers to the support of intelligent technology, based on immersion theory, driven by embodied cognition, and aims to improve the quality of learning and teaching effects, and promote the overall physical and mental development of learners; It is a new teaching form based on the understanding of the essence of teaching, through the integration and innovation of teaching elements. Relying on the theoretical support of embodied cognition and the support of intelligent technology.

Base on this, we can interpret immersion teaching from four aspects: organizational form, material form, spatial form and method form. ①Organizational form: The teaching organization is more flexible and open, with a variety of mixed organization forms such as exploration, experience, projectization, and gamification, and breaks through the limitations of the traditional teaching class teaching system. ②Material form: The performance is that the implementation of teaching activities depends on technical support, which mainly includes physical and mental-oriented teaching design schemes, visual teaching resources, a teaching environment integrating virtual and reality, and evaluation tools based on process performance. ③Spatial form: Immersion teaching is inseparable from integration of real teaching space and virtual teaching space. ④Method form: Immersion teaching attaches importance to the participation of teachers and students, emphasizes the importance of sensory experience and physical experience, and uses a variety of teaching methods flexibly.

3 An Immersion Teaching

3.1 Framework

Research shows that students have a stronger presence and motivation in the immersive environment constructed by various intelligent technologies, and their learning immersion directly affects the learning results[9]. with VR technology, the teaching time-space structure of immersion teaching is dynamic and open. with VR technology, architecture construction course gain method innovation. Man-Machine collaboration is mainly embodied in the teaching design and feedback evaluation of teachers involved in intelligent technology, and the learning process of students.

3.2 A Lab of Virtual Reality

The lab is led by the School of Architecture Science and Civil Engineering, Xiamen Institute of Technology. We started the construction of the VR lab from scratch in August 2017, and it was initially completed in August 2019 " Architecture Construction " course was finally selected into the "2020 Provincial First-class Undergraduate Course List" in Fujian Province, China. " Architecture Construction" is a compulsory course for the third grade of architecture. Since August 2019, there have been five sessions of students studying architecture construction through this lab.

We have built the dedicated VR lab with an area of 216m^2. The hardware equipment of the VR lab mainly consists of the following: ①Large curved Led screen with an area of 20.96m^2, quantity is 1; ② Head mounted display, quantity is 6; ③3D Active Stereo Glasses, quantity is 100; ④Integrated server, quantity is 1; ⑤Professional Graphic Workstation, quantity is 6; ⑥Graphic Workstation for Students, quantity is 74. See Figure 1.

Figure 1 360-degree panoramic view of the VR lab, image source: VR operation screen recording

3.3 Operation Process in VR Lab

Students can directly observe more hidden knowledge through the VR lab. In the VR lab, students can simulate the on-site operation of architecture construction step by step according to the experimental instructions, familiarize themselves with the process, and finally write an experimental report.

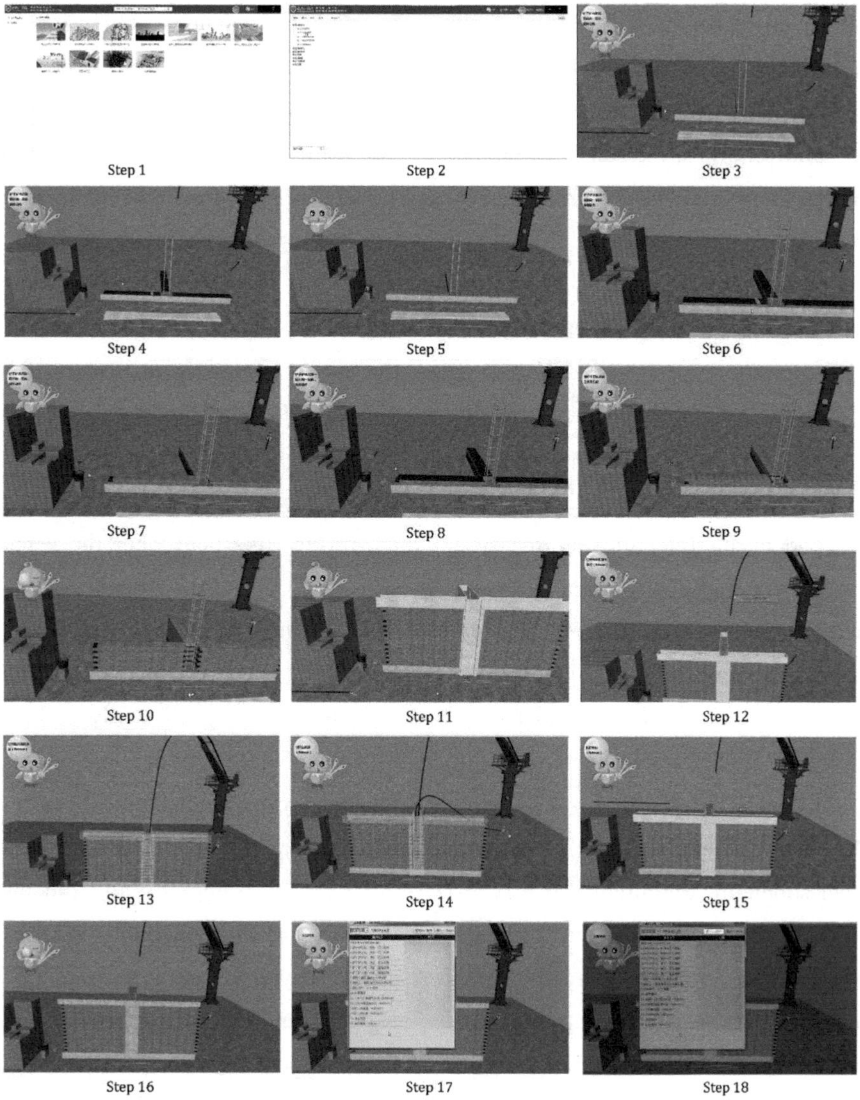

Step 1 Step 2 Step 3

Step 4 Step 5 Step 6

Step 7 Step 8 Step 9

Step 10 Step 11 Step 12

Step 13 Step 14 Step 15

Step 16 Step 17 Step 18

Figure 2 18 steps to simulate the construction of a tie column, image source: VR operation screen recording

Each student can realize the complete operation process through the following 12 steps: ①Log in to the VR platform to learn the animation of node construction; ②Open the corresponding catalog scene; ③Choose a design target; ④Select the main body of the construction node; ⑤Select the material of the construction layer; ⑥Select the construction tool; ⑦Choose construction method; ⑧Select the order of construction layers; ⑨Construction operation; ⑩Repeat steps 5 to 9 until all structural layers have been constructed; ⑪Check the operation records, check the operation steps, and confirm the results; ⑫Submit the experiment report and end the experiment. See Figure 2.

4 Igroup Presence Questionnaire

To accurately measure the students' on-site experience, Igroup Presence Questionnaire was selected for the study. there have been some self-reported questionnaires to measure the immersive experience of users. Among them, Igroup Presence Questionnaire, the immersion measurement compiled by Schubert is very excellent, because the conceptual framework is clear, the test is convenient, and the questions are concise. It is widely used and has good reliability and validity[9]. Igroup Presence Questionnaire was originally in German and has now been translated into English, Dutch and Japanese. Among them, the English version of IPQ is widely used to measure immersion in virtual reality [10]. Xi Wang et al (2019) translated the questionnaire into Chinese and conducted research on its reliability and validity. Research shows that its reliability and validity are very reasonable [11]. Jiahui Liang et al (2021) revised the Chinese version of the questionnaire. Research shows that its reliability is excellent, and its validity needs to be improved [12].

Our research used the Chinese questionnaire revised by Jiahui Liang et al. In order to make it suitable for the scene in the VR lab, we have fine-tuned the questionnaire. The questionnaire contains 15 items, the first 13 items use a 7-point Likert scale with a minimum value of −3 and a maximum value of 3. The 14th question is about the choice of the student's gender, and the 15th question is for the students to write down their student numbers. The structure of this questionnaire consists of 3 parts: 1, 7, 10, 13 are used to test the experience of Involvement, 2, 5, 6, 11 are used to test the experience of Realism, and 3, 4, 8, 9, 12 are used to test the experience of Space. Among them, 2, 10, and 12 are reverse questions. For the complete questionnaire, please see Appendix B.

4.1 Demographic Characteristics of the Sample

In the end, the study yielded 52 valid samples. 67 students from Xiamen Institute of Technology's Architecture Department Class of 2021 participated in the questionnaire. In the 52 valid samples, all students were 20 or 21 years old, including 31 boys and 21 girls. They are all ordinary young Chinese college students. Research uses Tencent Questionnaire to distribute questionnaires: teachers distribute QR codes in the class's WeChat group to invite students to answer.

Table 1 Reliability analysis of questionnaire

Item	Scale Mean if item deleted	Scale Variance if item deleted	Corrected Item-Total correlation	Cronbach's Alpha after item deletion
1	2. 63	105. 374	-. 119	. 818
2	2. 25	94. 505	. 215	. 786
3	2. 35	86. 388	. 553	. 752
4	2. 02	85. 235	. 579	. 749
5	2. 13	88. 942	. 538	. 755
6	1. 62	87. 810	. 641	. 748
7	2. 79	93. 307	. 313	. 775
8	1. 90	84. 010	. 697	. 739
9	1. 83	82. 773	. 715	. 736
10	3. 83	108. 224	-. 210	. 818
11	2. 81	83. 021	. 585	. 747
12	2. 69	91. 237	. 353	. 772
13	1. 85	82. 878	. 686	. 738

4. 2 Reliability and Validity

Data analysis was performed using IBM SPSS Statistics 19. The Cronbach's Alpha of the 13 items of the questionnaire is 0. 780, indicating good reliability. Table 1 shows the Item-Total Statistics. All terms have Cronbach's Alpha after item deletion greater than 0. 7, indicating excellent reliability for each term. For the detailed calculation process, please refer to Appendix C.

KMO and Bartlett's test show that, Kaiser-Meyer-Olkin Measure of sampling adequacy is 0. 801, and the Sig. is 0. 000, it shows that these 13 items are suitable for factor analysis. Table 2 presents the results of the factor analysis. The absolute value of factor loading for each item is greater than 0. 500. The complete procedure is shown in Appendix D.

Table 2 Validity: Factor matrix

Item	Factor		
	1	2	3
13. My attention is completely attracted by the virtual world. (Inv 4)	. 800		
9. I feel that I exist in the virtual space. (Sp 4)	. 799		
8. I feel that virtual space surrounds me. (Sp 3)	. 789		
6. How realistic is the VR course experience? (Re 3)	. 776		
11. The virtual world is indeed more real than the real world. (Re 4)	. 704		
4. I feel like I am in a virtual space. (Sp 2)	. 699		
5. How much does the VR course experience match the really world experience? (Re 2)	. 669		
3. I feel that I am acting in a virtual space, rather than acting outside the virtual space. (Sp 1)	. 618		
1. I can perceive the surrounding real environment very clearly, such as tables, chairs, benches and other people. (Inv 1)		. 868	
2. The experience of VR course is very real. (Re 1)		-. 724	
12. I just perceive some pictures. (Sp 5)			. 689
10. I still pay attention to the real external environment. (Inv 3)			. 551
7. I did not perceive the real surroundings at all. (Inv 2)			-. 508

4.3 Results of the Questionnaire

The results of the study show that on a 7-point Likert scale test with a score of −3 to 3, the overall score for Involvement was −0.24, the overall score for Reality was 0.36, and the overall score for Space was 0.40. The above statistics are based on 52 valid samples. The questionnaire of this study mainly refers to the 13-item Igroup Presence Questionnaire revised by Jiahui Liang et al. Table 3 clearly shows the average score for each item, as well as the overall score for the three dimensions of Involvement, Reality, and Space. See Appendix E for complete data.

Table 3 Scores of Igroup Presence Questionnaire

Dimension	Item	Average Score	Overall Score
Involvement	1	−0.08	−0.22
	7	−0.23	
	10	−1.27	
	13	0.71	
Reality	2	0.31	0.36
	5	0.42	
	6	0.94	
	11	−0.25	
Space	3	0.21	0.40
	4	0.54	
	8	0.65	
	9	0.73	
	12	−0.13	

5 Conclusion

In this issue, we have opened a new teaching mode of Architecture Construction course. This model relies on immersion teaching in the VR lab. Through the establishment of the VR lab, it not only upgrades teaching hardware and software, but more importantly, it explores an immersion teaching model. This model is not only an extension of traditional teaching, but also reflects the tendency of teaching for the future: ①Embodied learning environment, ②Interactive teacher-student relationship, ③Open space-time structure, ④Virtualized teaching resources, ⑤Diversified deployment methods.

We believe that students view the VR Lab with high expectations, and the VR Lab does not quite meet their expectations, which is the reason for the low overall score for the 3 experiences. It can be seen from Table 3 that the total score of involvement is −0.22, which indicates that without wearing a helmet and only relying on the large screen, the participants have a poor experience of involvement, and even negative scores. Considering the current popularity of immersive video games and movies, we don't think VR Labs really have an advantage in this area. It can be seen from Table 3 that the total score of reality is 0.36, and the total score of space is 0.40, which indicates that students have relatively positive evaluations on these two aspects.

参考文献

Reference:

[1] Maurice Merleau-Ponty. Phenomenology of Perception [M]. Beijing: The Commercial Press, 2016, 257

[2] F Varela, E Thompson, E Rosch. The Embodied Mind: Cognitive Science and Human Experience [M]. Hangzhou: Zhejiang University Press, 2010: 139

[3] Ruyi Xu, Weidong Chen, Sisi Zheng. et al. Integra-

tion of environment and body: the connotation construction, realization mechanism and educational application of immersive experience: Also discuss the new form of AI + Immersive Learning [J]. Journal of Distance Education, 2021: 262, 28-40.

[4] Mihaly Csikszentmihalyi. Flow: the psychology of optimal experience [M]. Beijing: CITIC Press Group 2021: 65-71.

[5] William Lidwell. Universal Principles of Design [M]. Shenyang: Liaoning Science and Technology Publishing House, 2018: 106.

[6] Emily Brown, Paul Cairns. A grounded investigation of game immersion [J]. Extended Abstracts of the 2004 Conference on Human Factors in Computing Systems, 2004.

[7] Aoshuang Jiang. Thoughts on Chinese immersion program in the United States [J]. Journal of Research on Education for Ethnic Minorities, 2017 (28): 95-100.

[8] Lu Yu, Chaofei Zhou. On the mode andpractice of immersion teaching in Chinese higher education [J]. Henan Social Sciences, 2012 (20): 78-80.

[9] Kenneth Frampton. Studies in tectonic culture-the poetics of construction in nineteenth and Twentieth Century architecture [M]. Beijing: China Architecture & Building Press, 2020: 33.

[10] Thomas Schubert, Frank Friedmann, Holger Regenbrecht. The experience of presence: factor analytic insights. Presence: Teleoperators and Virtual Environments, 2001 (10): 266-281.

[11] Maximino Bessa, Miguel Melo, et al. The effects of body position on reflexive motor acts and the sense of presence in virtual environments [J]. Computers & Graphics, 2018 (71): 35-41.

[12] Jiahui Liang, Xiaoxiao Ke, Yamin Wang. Application and revision of Chinese version Igroup Presence Questionnaire [J]. Chinese Journal of Ergonomics, 2021 (27): 39-44.

借鉴中外合作办学推动建筑表现类课程数字化教学改革

Teaching Digitalization Reform Plan of Architectural Course Fundamentals of Representation for Chinese-foreign Cooperative Education Project

宋　丽[1]　张硕英[1]　王　欣[2]

1. 西安交通大学土木工程系
2. 西安拾亩玖筑建筑规划信息技术有限责任公司

摘　要：随着建筑行业国际交流日益频繁，国际化人才需求不断扩大。西安交通大学与意大利米兰理工大学合作办学的建筑学专业建筑表现基础课程是基于 Rhino 软件应用的建筑数字化表达入门课程，采用外教主讲、中方教师跟课模式。本文在简要介绍该课程的基础上，将其与我国建筑学专业培养体系中的几门相关课程进行了对比研究，分析了两方建筑表现类课程在育人理念、教学内容、教学方法等方面的特点。最终结合跟课实践总结，对我国建筑学专业的建筑表现类课程在引入低年级软件教学、经典案例结合教学、国际化课程借鉴等方面的教学改革提出了建议。

关键词：中外合作办学；建筑数字化；课程改革方案；建筑表现基础

根据国务院办公厅印发的《关于促进建筑业持续健康发展的指导意见》《教育信息化 2.0 行动计划》及《“十四五”规划》纲领性文件，各行业包括建筑业要大力发展的方向包括 BIM、5G、工业互联网、人工智能、云计算、区块链、物联网、大数据中心等，应形成一系列的智慧应用，同时向绿色化、工业化、信息化三化融合的方向发展。近年来数字技术在建筑业的应用不断深入[1]。随着虚拟仿真、大数据、人工智能等前沿技术的蓬勃兴起，数字化社会的新形态要求高等教育抓住先机，利用数字赋能教学[2,3]，发展新质生产力。本文通过对中外合作办学建筑表现基础课程教学的研究，探讨了外方课程在育人理念、教学内容、教学方法等方面的特色，并结合教改实践对我国建筑学专业在相关课程数字化改革方面提出建议。

1　研究背景

随着我国经济发展，外资进入我国设计行业，很多境外设计事务所、设计公司在我国生根发芽，越来越多的西方建筑师积极参与我国的建筑设计实践，主持和参与了大量的工程项目，各国建筑学会交流互动也日趋频繁，在取得优异成绩的同时，也加强了学术层面及行业层面的交流互通。与此同时，我国本土成长起来的建筑师也日益频繁地走出国门，走上国际舞台，在国际设计实践领域大放异

西安交通大学 2022 年本科教学改革研究项目（中外合作办学专项）（22ZW07Z）。

彩。以上均说明了企业端、实践端在国际化的人才互动、互通、互连方面日益紧密。

当前建筑设计岗位需要具有国际视野的实用性人才，如能在大学本科教育阶段通过中外联合办学，培养多面观的建筑学学子，通过其5年的专业基础教育，达到中西方建筑理论的初步融会贯通，将有助于在未来工作岗位上以不同的视角去面对每一项设计任务，可以完成双语设计及交流沟通任务，补给较为紧缺的涉外设计岗位需求，通过设计院的设计实践可以更加高效地走出国门，开拓海外设计市场，同时也可以为来华设企的境外设计公司源源不断地输送经过双语培训的建筑学毕业生，提高建筑学专业就业率并为设计企业创造更多的价值。

在上述国际化行业交流日益频繁的背景下，具备国际化视野的建筑学专业人才的需求量也日益增加。西方建筑学学科起步早，体系完善，沉淀内容多，联合办学有助于加强学科互通、学位互认、优势互补，促进国际优势学科的交流与融合。联合办学培养出的建筑师可以更加迅速地融入国际一体化的设计氛围之中，在未来的人力资源市场具有显著的吸引力。对数字建筑教学落实较早、经验丰富的世界名校教学案例的分析可以发现，与传统教学相比，数字设计教育一方面能就方法、知识等与建筑有所交流，另一方面课程能与历史、科技、设计与专业沟通。数字化的工具应用在建筑思考、设计、构筑的过程中，已经成为相关设计领域的基本工作形态[4]。

西安交通大学与意大利米兰理工大学联合创办建筑学专业（简称“西米建筑学”）并于2022年首批招生。在其五年制培养体系中，共有专业类（含专业基础类、专业选修课、设计类课程、集中实践课程）课程63门，按照教学模式分为外方教师主讲的课程（29门）、中方教师主讲的课程（34门）两大类。根据双方前期协商，为保证教学质量，外方教师主讲的课程（本项目称为引进课程）必须采用“跟课”模式，即外方教师主讲，中方老师或研究生助教随堂上课、协助主讲老师完成教学任务，课程设置和教学中注重建筑数字化教育。这些课程为我们推动国内建筑学专业教育改革提供了丰富的资源和参照系。

2 西米建筑表现基础课程简介

高校在建筑人才培养中应聚焦行业热点、关注建筑行业需求痛点，解决行业技术难点，适时调整课程体系，提高建筑设计课教学中行业先进理念和前沿技术的入课水平，强化课程与社会需求的紧密联系，进而提升人才培养质量。应通过持续培养具有数字化禀赋的新型人才，及时为企业补充数量可观的数字化从业者，显著降低企业招聘成本、培训成本、管理成本、研发成本等，帮助建筑企业提高市场竞争力，为其创造潜在价值，也为实现建筑业全要素数字化转型、升级、再造提供有力支持。

2.1 本课程培养目标

本课程对建筑学专业毕业要求的支撑，主要体现在以下知识、能力、思维和素养等方面：

（1）建筑设计过程与方法：熟悉建筑设计从前期策划、方案设计到施工图设计及工程实施等各阶段的工作内容、要求及其相互关系；在调查研究基础上，掌握拟定设计目标和设计要求的方法；能够应用建筑设计原理进行建筑方案设计，能综合分析影响建筑方案的各种因素；熟悉在设计过程中各专业协作的工作方法，具有综合和协调的能力。

（2）建筑设计表达：掌握建筑设计手工表达方式，如徒手画、模型制作等，选用恰当的方式与手段表达设计意图和设计成果；掌握计算机辅助建筑设计（CAAD）的相关知识，能够使用专业软件完成设计图绘制、设计文件编制、设计过程分析、建筑形态表达等。

（3）建筑与行为：熟悉环境心理学的基本知识，对建筑环境是否适合于人的行为有一定的辨识与判断能力；能够收集并分析有关人们需求与行为的资料，并体现在建筑设计中。

2.2 教学内容

西米建筑学2022级专业课程建筑表现基础是大一第一学期课程——建筑学学科认知基础课，是建筑学专业的启蒙课程。课程总学时64个，其中理论授课32学时、软件教学32学时。课程教学内容如表1。

表1 西米建筑学建筑表现基础教学内容

序号	教学内容
1	入门讲座：从视觉思维到建筑制图 工作内容构成—参考书目—案例研究介绍—草图本
2	小组工作介绍、小组组建、首次随机徒手画
3	讲座：视觉思维的语言学基础
4	斯图加特 Weissenhof 实验区案例研究介绍
5	讲座：绘图规则和建筑表示工具—测量和测量工具
6	建筑与城市徒手画
7	讲座：画法几何基础、正交投影—1
8	按比例绘制图纸：平面图、剖面图和立面图—1
9	讲座：画法几何基础、正交投影—2
10	按比例绘制图纸：平面图、剖面图和立面图—2
11	讲座：画法几何基础、轴测图—1
12	三维绘图：轴测图—1
13	讲座：画法几何基础、轴测图—2
14	三维绘图：轴测图—2
15	三维绘图：轴测图—3
16	讲座：画法透视图基础—1
17	重点训练：透视练习—1
18	重点训练：透视练习—2
19	讲座：画法透视图基础—2
20	讲座：画法透视图基础—3
21	讲座：建筑传播与数字表现
22	用于建筑表现、练习和实践的数字工具
23	用于建筑表现、练习和实践的数字工具
24	讲座：物理和数字模型
25	物理和数字建模：工具、技术和练习
26	物理和数字建模：工具、技术和练习

2.3 教学组织

本课程每周安排6学时连续授课，其中外方教授主讲建筑表现基础的课程内容3学时，外方助教根据授课进度前三周布置、辅导和讲解学生的建筑技法徒手训练作业。从第四周开始根据外方主讲教授的授课进度，外方助教选取经典建筑案例（图1），讲解这些经典建筑案例产生的背景、建筑设计理念，并进行建筑数字化训练，指导学生用 Rhino 软件进行三维实体建模。

2.4 数字化教学

本课程选用建筑行业广泛使用的 Rhino 软件进行建筑数字化教学。Rhino 软件是一款具有特殊使用价值的高级建模软件，配合专业插件可以快速做出曲面的建筑造型，渲染效果卓越。

课程初期对于外方教师一开始就讲解如何利用 Rhino 软件进行复杂建筑建模，中方跟课教师还是心存疑虑的。但是随着教学进度不断推进，实际教学效果比预期的要好得多。学生们在软件学习方面具有很强的优势，能够很快熟悉 Rhino 软件的主要功能，并在应用软件完成作业的过程中表现出了很高的热情，很快达到了教学要求。学生通过 Rhino 软件学习和实践，在课程结束时已能够熟练使用 Rhino 软件丰富的建模工具（包括绘制线条、曲线、表面、立体等基本图形，以及修剪、拉伸、旋转、倾斜等编辑工具）快速而精确地创建复杂的三维模型。并能够利用内置的渲染引擎，通过设置材质、光源、环境等参数实现逼真的渲染效果，方便进行模型展示和设计调整。

a. 作业1

b.作业4

图 1 建筑数字化训练作业

2.5 课程考核

平时成绩占 39%，期末大作业占 61%。平时成绩根据课后作业和期末大作业都有两次提交机会。平时成绩按随堂练习完成质量、课后作业完成质量打分，期末大作业按照综合完成度打分。

3 中外课程对比分析

与意大利米兰理工大学建筑学专业将建筑数字化融入建筑设计的教学过程相比较，国内大学传统的建筑学专业虽然早已开设了与数字技术相关的课程，但对建筑设计教学并没有产生直接影响，数字技术与数字建筑观长久地处于分置状态，不利于建筑学专业教学与设计的深度融合。

与国内建筑学专业在大二或大三开设计算机辅助建筑设计不同，外方在大一第一学期的建筑表现基础课程中即开始了建筑数字化教学环节。

对照国内建筑学本科教育培养体系，外方的建筑表现基础课程在大一开设，国内与之相关的建筑制图和建筑表现技法在大一开设，计算机辅助建筑设计在大二开设。外方与中方的课程在内容上是部分重叠、融合的，是“理论学习+手绘图+计算机绘图”的“高效速成班”。在教学资源方面，外方没有提供专门的教材，只有 4 部参考书（英文电子版），但是实际教学过程从未使用过。中方传统开设的 3 门相关课程虽然有教材，但是由于教材内容与外方课程的内容关联关系不清晰，直接提供给学生无法起到很好的辅助作用。该课程作为新生第一学期课程，学生没有先修基础，普遍反映学习难度大。

4 建筑表现类课程教学改革建议

通过上述对西米建筑学专业建筑表现基础的课程介绍以及对我国建筑学培养体

系中相关课程的对比研究，结合笔者在跟课过程中的教学实践总结，对我国建筑学表现类课程教学改革提出如下建议：

（1）通过对中外合作办学中建筑学专业数字化设计教学体系和教学模式，特别是在一年级建筑表现类课程中引入 Rhino 软件教学效果的分析，验证了在一年级即引入数字化教学的必要性和可行性。教学实践表明在一年级采用这种“理论+软件”的授课模式比把理论和软件学习分开分别放到一、二，甚至一、三年级教学效果要好得多。一方面互联网时代学生已经有很强的计算机应用基础，互联网时代网络上有丰富的学习资源、学生对软件的自学能力很强，很善于自行获取。另一方面现代教学要求学生尽快掌握软件使用，让软件帮助和促进学生学习设计，这就对早学软件提出了要求。同时学生完成的作业质量和课程考核结果表明，课程初期预判学生压力太大、学不会等问题没有出现。

（2）本校在建筑表现基础实践环节 Rhino 软件实操教学中引入经典建筑案例的教学效果表明，在建筑学专业教学中引入实际经典建筑案例，不但可夯实学生的建筑理论知识，加深学生对建筑审美的感知力，而且可让学生从入学之初即能感受到建筑设计大师的思想熏陶，分辨什么是优秀的设计和非平庸的、不出错的设计。

（3）对于中外合作办学教育资源的引进和建设，应结合国内大量的中外合作办学，开展广泛的调研，主动了解国外建筑学课程的教学过程，开展对比研究，紧跟建筑学国际培养前沿，在此基础上结合本校师资和学生条件进行相应的改革。

（4）建筑学专业应运用数字化技术改造传统课堂的教学模式和技术方法，在充分培养建筑学专业学生的数字化思维、锻炼其面向时代的创新能力的同时，全面提升国内高校教师利用数字化知识与技术的教学能力、实践能力和服务社会意识。依托经典建筑案例体验实际设计场景，在学习过程中发现实际工程问题，借此教会学生结合实际工程案例进行思考，形成理性分析的思维方式。

（5）在课程教学过程中，要注重以评促建，通过课程考核督促学生积极主动地完成课程全部教学内容。本课程的平时成绩按随堂练习完成质量、课后作业完成质量打分确定。本课程每周都有课堂检查、作业点评、常见问题和错误讲解。每堂课都会预留随堂学习交流时间，对于理论课和软件学习内容，外方助教和中方跟课教师都会随堂手把手教，做到循序渐进，这种有问题现场解决的高效教学模式提高了学习效率，培养了学生对建筑学专业的兴趣，增强了学生的专业自信。

5 结语

本文介绍了“西米建筑学”专业外方课程建筑表现基础，对比了我国建筑学专业培养体系中的几门相关课程，认为为了紧跟数字化教育改革前沿，我国可以在建筑学一年级的建筑表现基础课程中引入软件学习并结合建筑大师的经典案例布置作业，有效提高学生数字化设计能力。同时，要积极推动中外合作办学高校之间的交流，紧跟国际化人才培养前沿，借鉴外方课程积极开展教学改革研究与实践。

参考文献

[1] 周小寒，陈敏云，俞丹．建筑业数字化转型背景下工程管理应用型人才培养模式改革研究［J］.

工程管理学报，2024，38（3）：153-158.
[2] 陈斯亮，蒲文娟，李琛．基于“数字赋能教学”理念的建筑学专业校企协同育人机制及路径［J］．西部素质教育，2023，9（7）：22-25.
[3] 项星玮．以建立教学体系为导向的数字化建筑设计教学研究［D］．浙江大学，2018.
[4] 杨正瑞．英美四校建筑数字化教学比较研究［D］．湖南大学，2022.

建筑设计教学中的 AI 技术应用与设计伦理思考

Application of AI Technology in Architectural Design Teaching and Design Ethics Reflection

王凯徽[1]　朱启东[1]　高林芳[1]　杨　坤[2]　康　瑾[2]　孙其然[2]　陈宇飞[2]　王　雷[2]

1. 山西工程科技职业大学
2. 山西省建筑设计研究院有限公司

摘　要：本文通过梳理生成式 AI 训练的方法和设计工作流模式，分析在设计教学中缓解和克服生成式 AI 实现过程中的一些挑战，包括可控、效率和"觉知"，进而探索教育和生活的本质，思考人机协作的设计伦理。

关键词：人工智能；建筑设计教学；设计伦理；建筑语汇

1　引言

人们总是会依赖经过往的经验、方法和模式来探索学习新的理论与知识，在 AI 浪潮下的高校教师们也同样如此。建筑设计技艺的颠覆，传统设计伦理的挑战，生成式 AI 的探索，建筑语汇的智能化表达，无一不对我们的教学思路和设计工作流提出新的要求。

2　生成式 AI 训练和设计工作流探索

2.1　AI 使用中的识别关键变量和约束条件

在建筑设计教学中，识别关键变量和约束条件是培养学生设计思维的基础。通过将复杂的设计问题分解成更小的、可管理的部分，教师可以引导学生逐步理解设计过程中的各个环节。这种方法不仅有助于学生掌握设计的基本技能，还能培养他们解决问题的能力。

传统的设计教学往往侧重于理论和实践的结合，但随着 AI 技术的发展，教学方法也在不断创新。利用 AI 技术，教师可以更有效地识别和分析设计问题中的关键变量，如环境因素、社会需求、经济成本等。通过数据驱动的方法，AI 可以帮助学生理解这些变量之间的相互关系和影响。

此外，AI 技术还可以辅助学生在设计过程中进行模拟和预测。例如，通过机器学习算法，学生可以预测不同设计方案对环境和社会的影响，从而做出更合理的决策。教师还可以引导学生思考如何在设计中平衡各种约束条件，如成本、时间、资源等。通过案例分析和小组讨论，学生可以学习如何在有限的条件下实现最优设计。这种训练有助于培养学生的创新思维和批判性思维，使他们能够在未来的职业生涯中更好地应对各种设计挑战。

AI 浪潮下的建筑设计技术与教学思路探索（KJ202305）。

2.2 设计语汇的提炼

设计语汇是建筑设计中不可或缺的元素，它不仅体现了设计师的创意和审美，还反映了地域文化和社会价值观。在AI技术的帮助下，设计语汇的提炼变得更加高效和精准。通过深度学习和数据分析，AI可以识别和提取地域化设计语汇的关键特征和人文关怀重点。

利用Python技术爬取地域化关键特征和人文关怀重点，AI可以构建一个丰富的设计语汇库。这个库不仅包含了传统的设计元素，如形状、颜色、材料等，还融入了现代设计的理念，如可持续性、智能化、个性化等。通过AI算法，这些设计元素可以被重新组合和优化，生成符合当地文化特色和审美要求的语汇词库符号。这种方法不仅提高了设计语汇的创新性和多样性，还增强了其适应性和灵活性。学生通过与AI的互动学习，根据不同的设计需求和文化背景，选择合适的设计语汇。这种训练有助于培养学生的跨文化设计能力，使他们能够在全球化背景下更好地理解和尊重不同文化。

同时，AI技术还可以辅助学生进行设计语汇的创新。通过学习算法，AI可以发现设计元素之间的新组合和新关系，从而生成独特的设计语汇。这种方法不仅可激发学生的创造力，还可提高设计的原创性和艺术性。

2.3 专有模型的记忆认知构建

在建筑设计教学中，专有模型的记忆认知构建是一个重要的环节。通过为AI引入类似人类记忆的书签，模型能够快速回忆并基于之前的交互构建更精细的响应。这种方法使AI能够像一位专注的私人助理或者适应性的学习平台，随着时间深化理解，从而更好地辅助设计教育和实践。在本校校企合作教学案例中，企业教师团队讲解和演示方案的构思和生成过程，如图1所示。

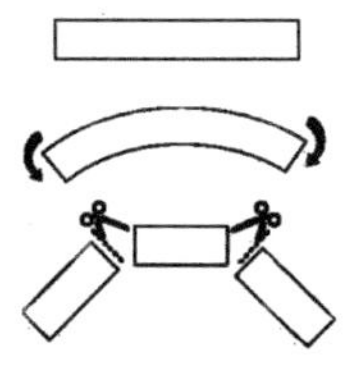
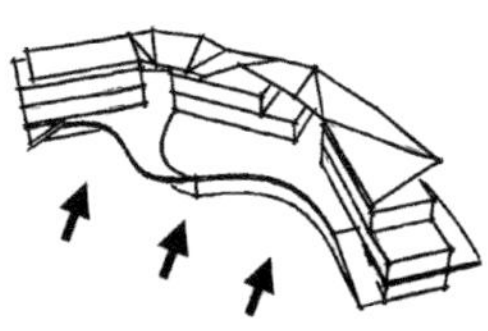

（a）从设计理念到基础模型

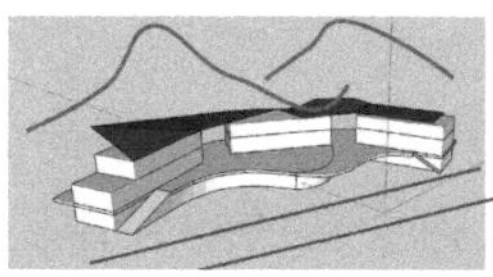

（b）建立体块模型并生成概念图

（c）使用局部重绘功能对前景进行修改

（d）用同一建筑语汇多角度生成概念图

图1 方案构思和生成

图片来源：本校校企合作教学案例。

这种记忆认知的方法可以通过总结、存储关键的事件以及讨论发展成一个矢量数据库。这种数据库不仅包含了设计过程中的关键信息，如设计理念、设计方法、设计结果等，还记录了设计过程中的决策和思考。通过这种方式，AI可以更深入地理解设计过程，从而提供更有针对性的建议和指导。

在教学过程中，教师可以利用这种记忆认知的方法，引导学生回顾和反思他们的设计过程。通过分析设计过程中的关键事件和决策，学生可以更好地理解设计的本质和价值。这种方法不仅提高了学生的自我反思能力，还增强了他们的设计思维和批判性思维。

此外，这种记忆认知的方法还可以应用于设计实践。通过分析和总结设计过程中的成功经验和失败教训，设计师可以不断优化和改进他们的设计方法。这种方法不仅提高了设计的效率和质量，还增强了设计的创新性和适应性。

2.4 虚拟现实的知觉体验

虚拟现实技术在建筑设计教学中的应用，为学生提供了一种全新的知觉体验。通过将设计模型接入 VR、3D 打印等设备，学生可以在虚拟及现实的环境碰撞中对设计方案进行实时的模拟、演示和亲身体验。这种方法不仅提高了设计的互动性和实践性，还增强了学生对设计过程的理解和感受。

在虚拟现实环境中，学生可以直观地观察和分析设计方案的空间关系和视觉效果。通过 VR 设备，他们可以进入设计模型的内部，从不同的角度和尺度感受设计的细节和氛围。这种方法不仅提高了学生的空间感知能力，还增强了他们的设计表达能力。

同时，虚拟现实技术还可以辅助学生进行设计决策。通过模拟不同的设计方案，学生可以预测和评估设计的效果和影响。这种方法不仅提高了设计的科学性和系统性，还增强了设计的创新性和可行性。

此外，虚拟现实技术还可以应用于设计教育的评估和反馈。通过记录和分析学生在虚拟现实环境中的行为和反应，教师可以更准确地评估他们的设计能力和理解程度。

2.5 差异深度感受的意义

在建筑设计中，比例、尺度和设计语言是影响设计效果的重要因素。通过深入感受和分析这些因素带来的差异，学生可以更好地理解设计的本质和价值。在 AI 技术的帮助下，这种感受和分析变得更加系统和科学。利用 AI 技术，学生可以对不同比例和尺度的设计方案进行比较和分析。通过机器学习算法，AI 可以帮助学生识别和理解不同比例和尺度对设计效果的影响。这种方法不仅提高了学生的设计分析能力，还增强了他们的设计决策能力。

同时，AI 技术还可以辅助学生进行设计语言的创新。通过深度学习和数据分析，AI 可以发现设计语言之间的新组合和新关系，从而生成独特的设计语言。这种方法不仅激发了学生的创造力，还提高了设计的原创性和艺术性。在教学过程中，教师可以引导学生思考如何根据不同的设计需求和文化背景，选择合适的设计语言。通过案例分析和小组讨论，学生可以学习如何在设计中平衡比例、尺度和设计语言的关系，从而实现最优设计。这种方法不仅提高了学生的创新思维和批判性思维，还增强了他们的跨文化设计能力。

此外，教师还可以引导学生思考设计语言在高度凝练下的代表意义。通过深入分析和讨论，学生可以更好地理解设计语言的文化和社会价值。这种方法不仅提高了学生的设计伦理意识，还增强了他们的社会责任感。

3 设计伦理的挑战与新生

在建筑设计领域，人工智能技术的引入引发了人机协作的伦理问题。随着 AI 在设计决策过程中的参与度增加，如何界定人类设计师与 AI 的职责和界限，成为教育者和设计师必须面对的问题。AI 的参与不仅改变了设计过程，还可能影响设计的结果和价值。

首先，AI在设计过程中的透明度和可解释性是一个重要的伦理问题。设计师和教育者需要确保AI的设计决策过程是透明的，能够被人类理解和接受。这不仅涉及技术层面的问题，还涉及伦理和法律层面的问题。通过教育和培训，学生需要学会如何理解和评估AI的设计决策，确保其符合设计伦理和社会责任。

其次，AI在设计过程中的隐私保护也是一个重要的伦理问题。在收集和分析设计数据时，AI需要尊重和保护用户的隐私。教育者和设计师需要引导学生思考如何在设计中平衡创新和隐私保护的关系，确保设计既符合技术要求，又不侵犯用户的隐私权。

此外，AI在设计过程中的知识产权问题也是一个重要的伦理问题。随着AI技术的发展，AI生成的设计作品的版权归属问题日益突出。教育者和设计师需要引导学生思考如何在设计中平衡创新和知识产权保护的关系，确保设计既符合技术要求，又不侵犯他人的知识产权。在教学过程中，教育者可以通过案例分析和小组讨论，引导学生深入探讨这些问题。通过这种方式，学生可以更好地理解人机协作的伦理问题，培养他们的伦理意识和社会责任感。

3.1 设计教育的适应性变革

随着人工智能技术的发展，设计教育也在经历着适应性变革。传统的设计教育模式需要适应新的技术环境，培养学生在未来职业生涯中所需的技能和能力。AI技术在设计教育中的应用，不仅改变了教学内容和方法，还影响了学生的学习方式和体验。首先，AI技术可以帮助教育者更有效地进行课程设置和教学设计。通过数据分析和机器学习，教育者可以了解学生的学习需求和特点，从而设计更符合学生需求的课程和教学方法。其次，AI技术可以辅助教育者进行个性化教学和评估。通过智能推荐系统和学习分析工具，教育者可以根据学生的学习进度和能力，提供个性化的学习资源和指导（图2）。

图2　本校学生团队使用AI辅助设计作品
图片来源：本校学生设计作品。

此外，AI技术还可以促进学生的自主学习和创新。通过与AI的互动学习，学生可以更深入地理解设计过程和方法，培养创新思维和批判性思维。在教学过程中，教育者可以通过案例分析和小组讨论，引导学生思考如何在设计教育中应用AI技术，提高设计能力和创新能力。

3.2 跨学科融合的创新路径

在建筑设计领域，跨学科融合已经成为一种重要的创新路径。通过将建筑设计与人工智能、数据科学等其他学科相结合，设计师和教育者可以解决更复杂和多样化的设计问题。AI技术在跨学科团队中的应用，不仅提高了设计的创新性和可行性，还增强了设计的科学性和系统性。跨学科团队可以利用AI技术进行数据驱动的设计。通过收集和分析大量的设计数据，团队可以发现设计问题的新视角和新方法。

其次，跨学科团队可以利用AI技术进行协作和沟通。通过智能推荐系统和协作工具，团队成员可以更有效地分享和讨论设计想法和方案。

此外，跨学科团队可以利用AI技术进行设计评估和优化。通过机器学习算法和模拟工具，团队可以预测和评估设计的效果和影响。

在教学过程中，教育者可以通过案例分析和小组讨论，引导学生思考如何在跨学科团队中应用AI技术，提高设计能力和创新能力。

3.3 设计伦理的未来发展

随着人工智能技术的发展，设计伦理也在不断演变。未来的设计伦理不仅需要考虑技术的发展，还需要考虑社会的变化和人类的需求。AI技术在设计伦理中的应用，不仅影响了设计的过程和结果，还影响了设计的价值和意义。

首先，未来的设计伦理需要考虑AI技术对人类社会的影响。随着AI在设计过程中的参与度增加，设计师和教育者需要思考如何确保AI的设计决策符合伦理和社会责任。这不仅涉及技术层面的问题，还涉及伦理和法律层面的问题。其次，未来的设计伦理需要考虑AI技术对人类行为的影响。随着AI在设计过程中的应用，设计师和教育者需要思考如何确保AI的设计决策不侵犯人类的自由和权利。此外，未来的设计伦理需要考虑AI技术对人类文化的影响。随着AI在设计过程中的应用，设计师和教育者需要思考如何确保AI的设计决策尊重和保护人类的文化和价值观。

在教学过程中，教育者可以通过案例分析和小组讨论，引导学生思考未来的设计伦理问题。通过这种方式，学生可以更好地理解设计伦理的未来发展，培养伦理意识和社会责任感。

4 结语与展望

随着人工智能技术的发展，建筑设计教育和实践正在经历着深刻的变革。AI技术不仅改变了设计的过程和方法，还影响了设计的结果和价值。通过深入探讨AI技术在建筑设计教学中的应用，我们可以更好地理解其对设计教育和实践的影响。

首先，AI技术在设计教育中的应用，增强了教学的个性化和针对性特点。通过与AI的互动学习，学生可以更深入地理解设计过程和方法，培养创新思维和批判性思维。其次，AI技术在设计实践中的应用，提高了设计的科学性和系统性，增强了设计的创新性和可行性。通过数据驱动的设计和智能推荐系统，设计师可以更有效地解决设计问题，提高效果和质量。此外，AI技术引发了深刻的伦理问题和讨论。设计师和教育者需要思考如何在设计中平衡技术的发展和社会的需求，确保设计既符合技术要求，又符合伦理和社会责任。

展望未来，AI技术在建筑设计教育和实践中的应用将继续发展和深化。教育者和设计师需要不断探索和创新，利用AI技术提高设计教育和实践的效果和价值。通过这种方式，我们可以培养更多具有创新能力和伦理意识的设计师，推动建筑设计领域的发展和进步。

参考文献

[1] 陈雷，张伶伶，陈子墨，等．基于图像生成式人工智能的“人—机—人”建筑设计教学模式研究［J］．建筑师，2024（6）．

[2] 闵嘉剑，于博柔，张昕．生成式人工智能时代的设计教学探索：以清华大学“AI 生成式影像”课程为例［J］．建筑学报，2023（10）．

[3] 袁潮，郑豪．生成式人工智能影响下的建筑设计新模式［J］．建筑学报，2023（10）．

[4] Kee T，Kuys B，King R. Generative artificial intelligence to enhance architecture education to develop digital literacy and holistic competency［J］. Journal of Artificial Intelligence in Architecture，2024，3（1）：24-41.

[5] Kieslich K，Keller B，Starke C. Artificial intelligence ethics by design. Evaluating public perception on the importance of ethical design principles of artificial intelligence［J］. Big Data & Society，2022，9（1）.

基于数字技术应用的城市设计全过程教学探索与实践

Exploration and Practice of the Whole Process Teaching of Urban Design Based on the Application of Digital Technology

黄海静[1,2]　孙　玥[1]　刘　夫[1]　张缤月[1]

1. 重庆大学建筑城规学院 重庆 400030
2. 山地城镇建设与新技术教育部重点实验室 重庆 400030

摘　要：数字技术的快速迭代推动建筑行业的数字化转型升级。面对系统复杂的城市设计及更新改造问题，除依靠主观逻辑分析外，利用多元大数据、信息模型、参数化生成、AI 设计等数字技术辅助客观事实分析，可为城市设计科学决策提供依据。本文以重庆大学城市设计课程为例，构建基于数字技术的教学体系框架，以全过程教学为切入点，结合学生实践方案，探讨数字技术在前期调研阶段的信息采集与数据分析、初步设计阶段的意向生成与算法驱动、方案深化阶段的参数调控及模拟优化、成果表达阶段的可视化呈现及场景交互 4 个教学环节中的应用，探索数字技术介入的城市设计教学模式，为提升学生数字化思维和创新实践能力提供路径。

关键词：数字技术；城市设计；全过程教学；实践路径

1　数字化背景下的城市设计教学要求

随着城市化水平提升，我国城市发展在经历外部扩张为主的空间增长向增量扩能转为存量优化后，进入存量提质改造和增量结构调整并重的新时代。建成环境的有机更新、人居环境的品质提升成为城市建设主方向，并面临着更多矛盾和挑战；城市设计从单一层面空间拓展到复杂多元空间，表现出全尺度化、精细化、人本化、经验量化趋势[1]。与此同时，快速发展的 5G、VR、AI、元宇宙等数字科技给人们的生产生活与城市空间利用带来新机遇。在国家“十四五”规划与“数字中国建设整体布局规划”中，城市数字化转型和智慧城市的概念被提出并深化。

城市设计理念和方法受时代技术发展和社会价值体系的影响，在经历了第一代以视觉有序、几何控制为原则的传统城市设计范型，第二代以功能效率、技术美学为原则的现代主义城市设计范型，第三代以自然共生、可持续性为原则的绿色城市设计范型之后，目前处于第四代数字化城市设计范型[2,3]。在此背景下，各高校积极利用大数据集成、参数化、机器学习、模拟算法等数字技术开展城市设计教学探

重庆市研究生教育教学改革研究重点项目（yjg222001），重庆市高等教育改革研究（教育教学数字化转型专项）项目（234003）。

索[4]，指导学生利用 Mars-VR 进行虚拟空间感知以优化城市设计，或将环境性能控制参数输入 Rhino 模型生成城市空间形态，或利用 urbanXtool、Grasshopper 等参数化工具辅助城市分析、方案设计及评估决策[5]，等等。

然而，数字化城市设计教学除了要提高学生不同设计阶段的数字技术应用能力，更重要的是培养学生数字化设计的整体思维，掌握从基础调研、意向生成、方案设计到成果反馈的全过程数字化设计方法，让数字技术成为梳理城市空间要素信息、掌握城市空间构成规律、明确城市空间更新意向、制定城市空间设计导则的有效依据，助力学生合理设计和科学决策[6]。针对于此，重庆大学结合城市设计课程，以城市设计阶段目标任务为基础，构建基于数字技术的全过程教学体系；以城市问题为导向，引导学生自主探索结合数字技术的城市设计思维与方法。

2 基于数字技术的全过程教学体系

城市设计在信息收集与分析、设计范畴与内容、成果深度与表达各方面，较单体建筑设计对学生的要求更高。为培养学生系统性的数字化城市设计能力，基于数字技术与课程教学四个阶段环节的适配性分析，建立“数字采集—数字设计—数字优化—数字表达”的城市设计全过程教学体系是前提（图 1）。

（1）前期调研阶段：信息采集与数据分析

调研与分析是城市设计的基础。要求学生通过实地调研、问卷调查对城市片区空间关系、交通组织、功能业态、存量建筑、植被景观、人群需求等进行数据采集和信息梳理，获取城市发展愿景、未来发展定位、公共设施布点及街道人群热力图等，掌握城市空间结构与物理环境现状，

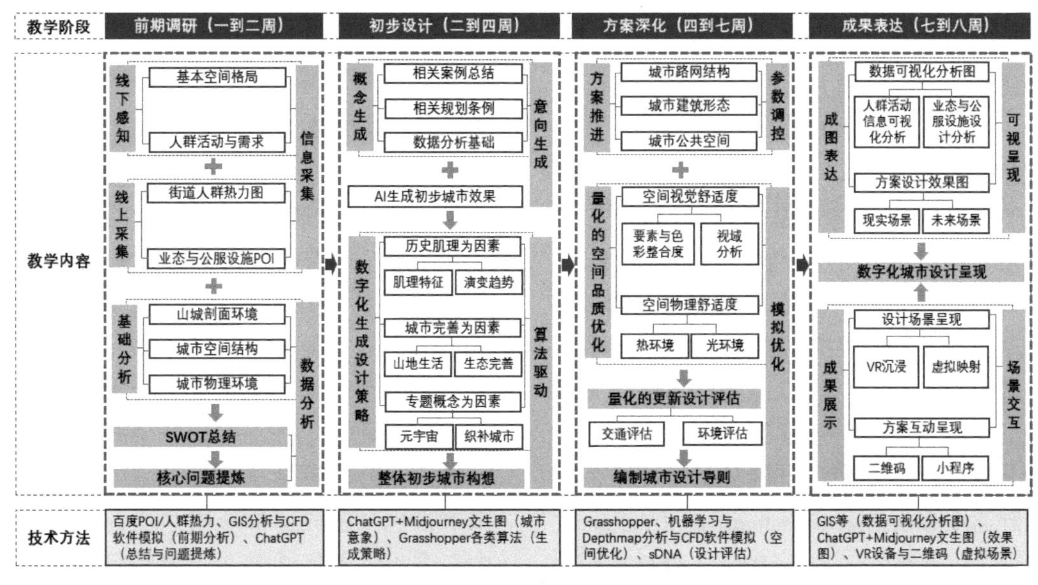

图 1 基于数字技术的城市设计全过程教学体系框架

汇总并提炼核心城市问题。

针对该阶段任务，指导学生使用GIS采样、CFD模拟、POI检索、空间句法等数字技术进行信息采集与数据分析，结合ChatGPT进行问题归纳与总结。基于高效的大数据与算法分析，可快捷获取大量城市信息。

（2）初步设计阶段：意向生成与算法驱动

方案初步意向是城市设计的关键，要求学生在案例总结、规划条例梳理以及已有数据分析的基础上，挖掘城市片区发展潜力并聚焦关键问题，生成主导性设计概念。利用AI限定关键词、ChatGPT、Midjourney等数字工具辅助设计意向生成和直观效果预测。

同时，结合数字分析及算法驱动引导学生提出针对不同主题的解决策略。如针对城市发展主题展开空间肌理构成与演变趋势数字分析；针对环境优化主题展开蚁群算法、黏菌算法、羊毛算法与气候模拟分析；针对文化激活主题展开元宇宙、城市织补的机制解析等。然后基于分析结果提出城市设计策略，驱动城市形态生成，形成城市设计初步方案。

（3）方案深化阶段：参数调控与模拟优化

方案深化及优化是城市设计的核心，要求学生将城市的路网结构、建筑形态、公共空间等要素以参数的形式转化为数字模型，通过参数调控完成方案推进。同时，以城市空间品质与环境性能作为量化调整标准，比如在空间视觉舒适度方面进行视域分析、色彩要素整合度分析，在空间物理舒适度方面借助Grasshopper、Depthmap、机器学习等算法模拟、sDNA、CFD模拟进行环境性能分析等，辅助方案优化。

在后续的模拟方案结果反馈中，以城市形态、交通、环境等要素为评估依据，可比对各类方案优缺点并锁定最优解，完成对城市设计导则的编制。

（4）成果表达阶段：可视化呈现与场景交互

图文表达与展示是城市设计的结果，要求学生全面、系统、直观、清晰地展现方案设计的逻辑与成果。如，利用数据可视化分析图表达城市形态、空间结构生成逻辑和过程，反馈城市更新前后的人群行为信息、业态与设施分布信息、建筑拆改留信息等；利用AIGC等软件赋能图纸生成，以方案的现实场景与未来场景为基点，呈现城市设计演变的可能性等。

在成果展示环节，利用VR沉浸体验与虚拟映射技术实现场景交互与可视呈现，提高评图老师对方案的理解，也增加互动性与趣味性。或利用二维码、小程序等提高成果展示的覆盖度，便于更广泛地收集不同参与者的评价反馈，促进教学交流。

3 数字技术介入的城市设计教学实践

本次城市设计以“基于重庆较场口CBD片区品质提升计划的存量型城市设计”为题，开展为期八周的研究性设计教学。

场地选址重庆市渝中区较场口CBD片区。渝中是重庆“母城”，是承载过去、传承历史的重要区域。近年来，重庆针对存量城市发展提出城市提升行动计划，要求渝中区统筹生产、生活、生态三大空间布局，全力建设品质城区。渝中据此确定未来目标：建成西部金融中心、国际消费中心城市、国际知名文化旅游目的地、数字产业新高地的主承载区。

课题要求以重庆市中心区“一核四

区”总体规划和重庆市城市更新提升“十四五”行动计划为指导，以“存量优化为主，适当兼顾发展增量”为目标，在既有城市建成环境条件下，结合数字技术应用，研究存量型城市品质提升策略和数字化设计方法。为此，教学组12个同学分为4个设计小组，以问题为导向确定设计研究主题，并据此制定数字技术介入的设计框架，包括：共生组—ChatGPT+羊毛算法、元宇宙组—元宇宙+黏菌寻路、风廊组—CFD模拟+城市生态、触媒组—AI场景生成+城市演化，通过协同设计完成全过程教学实践。

3.1 数字采集：基于协同与共生理念的多元城市设计

在调研阶段，共生组基于地块各城市空间节点人流量和场地信息数据采集与分析确立城市核心问题，即不同人群的需求冲突、老城与新城的发展冲突、日常与节假日的功能冲突；结合ChatGPT询问分析，初步形成平面串联、廊道引导、模块植入三大策略（图2）。

在城市不同人群步行需求引导下，根据前期采集的数据利用羊毛算法组织路径生成，综合考虑人流活动、空间节点和菌丝网络覆盖情况，对建筑布置、交通体系和空间格局等进行整体设计；基于设计目标和约束条件进行多次迭代和模拟，逐步优化建筑形态、空间尺度，合理串联廊道布置，并在节点精准置入可变的城市空间智能模块，确保满足新、旧城市协同发展和不同人群、时段活动需求，达成多元化城市设计目标（图3）。

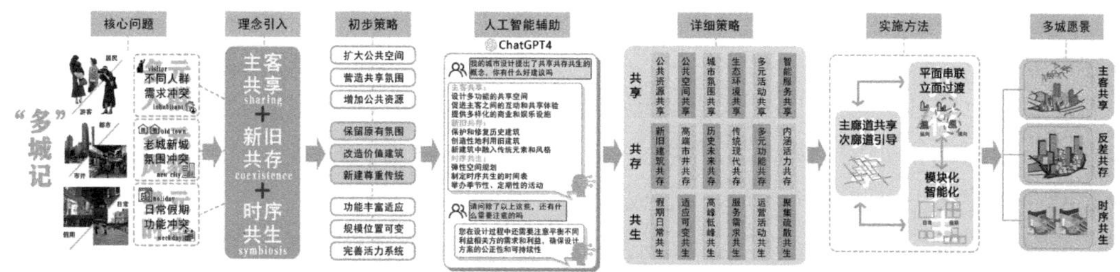

图2　基于AIGC的问题导向策略　图片来源：学生方案。

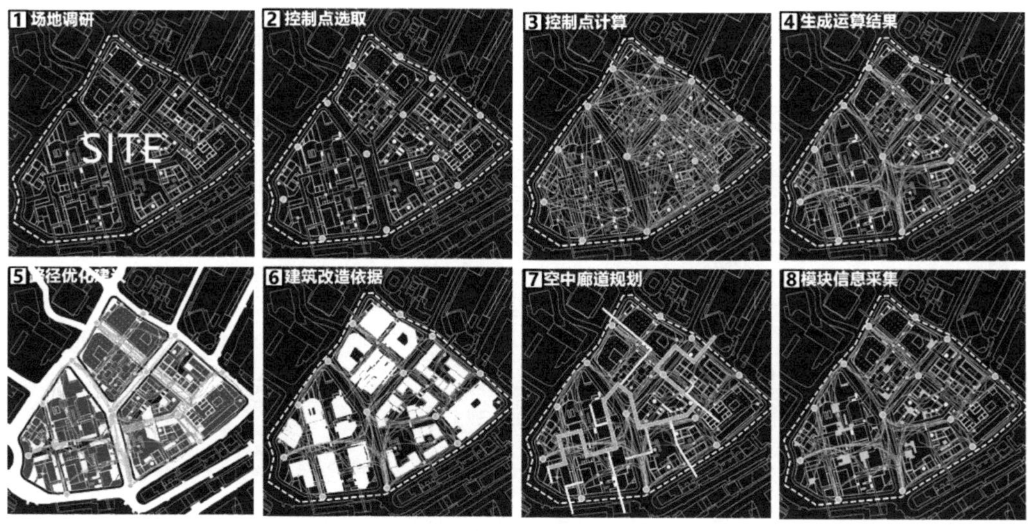

图3　算法辅助空间设计优化　图片来源：学生方案。

共生组着重于数字采集，依托数据信息和AIGC训练提供策略方案，利用参数算法和规则设定辅助空间设计，结合数字技术调控模块单元变化，经过迭代优化得到符合设计目标的城市设计方案（图4）。

图4　多元城市设计最终效果
图片来源：学生方案。

3.2　数字设计：基于元宇宙场景意向的智慧城市设计

元宇宙组关注到较场口片区历史记忆和生活场景逐渐消弭的问题，结合数字技术提出“元宇宙”未来城市理念，形成城市场景智慧呈现、人群活动智能交互的数字化设计意向（图5）。

方案将较场口环形节点作为空间与信息集散地，通过黏菌算法组织城市路网结构与元宇宙网络结构。城市以“交通环”为原点形成放射性空间格局，组织以重庆“长街短巷”为特征的步行系统；元宇宙以“时空环”构建城市阳台，作为数据处理中心展示场地的过去、现在与未来。同时通过VR、AR、三维扫描、数字孪生等技术，经城市传感器收集温度、湿度、空气质量等城市信息，对人群活动进行感应识别和人数时空统计，并将信息传送至“时空环”处理整合，再通过传感器投射，完成城市历史场景重现、现状动态调控和未来发展预测（图6）。

在创建城市步行路径和元宇宙信息路径时，以Rhino与Grasshopper搭建的地面和空中路网为基础，利用黏菌算法进行路径优化以契合场地原生街巷特点。同时将城市空间分为两个立体层：上层为数据信息采集层，通过垂直建筑传感器采集城市物理环境数据；下层为行为活动感知层，通过街巷空间传感器感知城市活动信息。两层数据信息流集到“时空环”进行AI处理与学习，应用于未来的智慧城市管理（图7）。

3.3　数字优化：基于CFD风环境模拟的生态城市设计

风廊组聚焦城市热环境问题，基于环境性能模拟和计算性设计技术进行城市设计和方案优化（图8）。采用立体步行系统、文化景观带与城市通风廊道相结合的

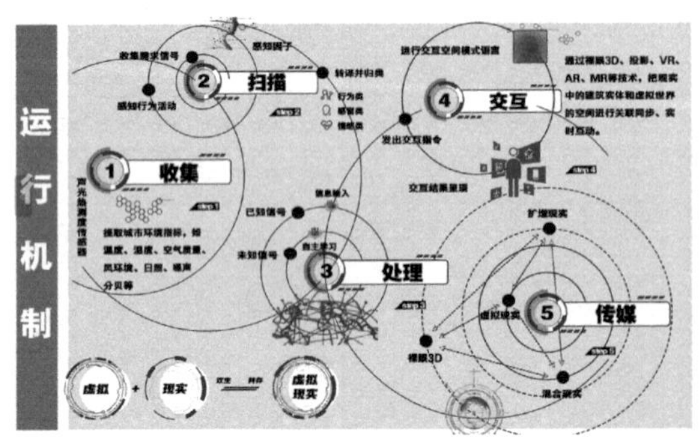

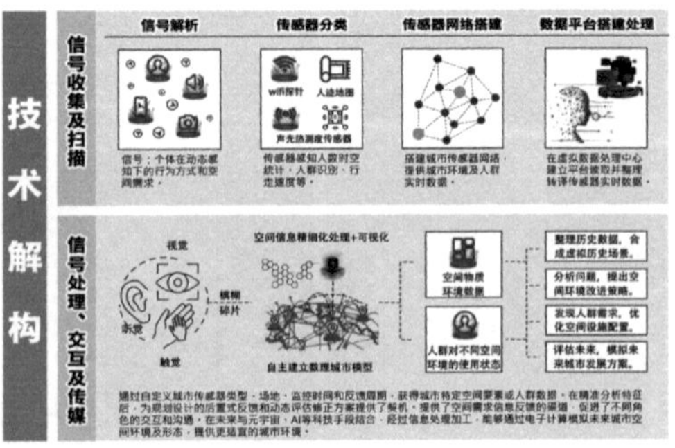

图5　元宇宙智慧城市运行机制与技术解构
图片来源：学生方案。

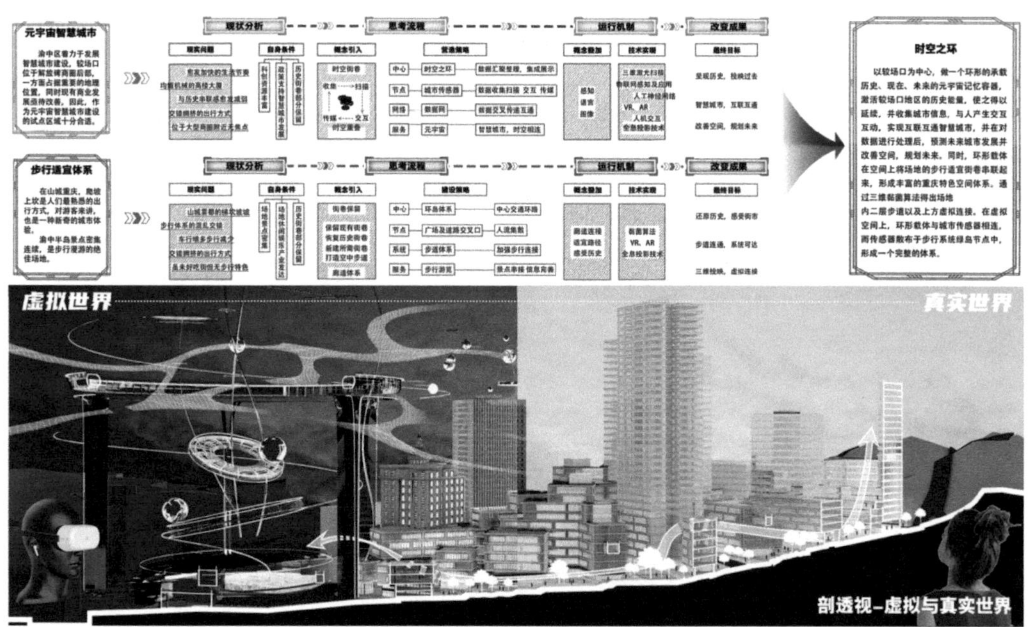

图 6　元宇宙生成逻辑与城市场景意向

图片来源：学生方案。

图 7　智慧城市设计最终效果

图片来源：学生方案。

策略，组织城市形态与空间布局，既增加场地文化景点的可达性和地块商业点的联通性，也改善整个较场口片区的热岛效应。

方案在调研分析城市区域环境要素及特征基础上，利用江风和地块西南侧城市绿地作为风源，结合建筑布置、交通组织、场地绿化进行风廊设计；将街道高宽比、街道朝向、植被覆盖率等参数作为城市形态调节依据，利用 CFD 软件进行城市风环境模拟分析和方案优化，并验证生成的城市空间环境的性能效果。同时，在风廊中设置下沉广场，组织外部公共空间，结合导风装置、光导装置、雨水收集器、太阳能光伏板等增强原有地下商场、公共空间的采光与通风，促进城市片区生态环境与微气候的有效调节（图 9）。

3.4　数字表达：基于 AI 演化动态更新的触媒城市设计

触媒组着眼于城市空间及其生活场景的发展演变，将城市设计视作一个复杂综合、动态生长的过程，以触媒理论为设计依据，借助 AI 生成预演城市发展。利用 Stable Diffusion（SD）的关键词解析与权重调整，获取城市样貌的多种可能，对随机生成场景进行对比，使用 SD 的局部重绘功能，引导 AI 生成与设计思维的同步推演，在此过程中获取城市动态发展的方向指引（图 10）。

方案从城市动态更新出发，以原城市空间关系、典型场景要素作为图示语言进

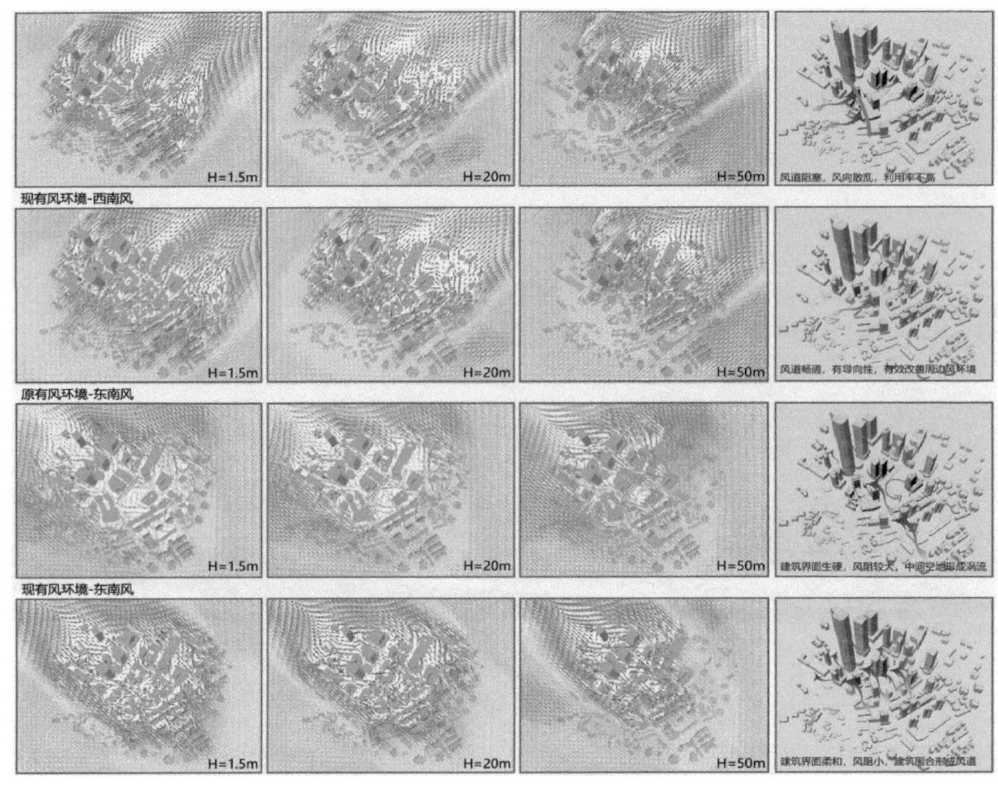

图 8　场地风环境模拟优化　图片来源：学生方案。

图 9　生态城市设计最终效果
图片来源：学生方案。

行数据化推演；从 AI 推演的街道尺度、建筑体量、场景表现中选取符合设计主题的城市意向作为原型（触媒点）；结合原型进行城市形态的数字建模和拟态生成，并从诸多模拟方案中筛选出契合设计目标的城市空间形态。AI 演化技术提供了直观的城市风貌展示和场景体验，但仍需设计者把控主要方向并落实细节，进而完成整体城市设计（图 11）。

4　结语

在科技快速发展且城市化进程加快的今天，数字技术的应用将会为传统的设计领域带来新的范式架构，涌现诸多涵盖实时化与个人化的空间设计可能。

以数字化为驱动，驱动从文字到图片、从图形到图像、从图像到场景……重庆大学积极探索基于数字技术应用的城市设计全过程教学的方法及路径（图 12）。各个实践成果虽然目标导向不同，技术利用多样，成果表达多元，但都切实提高了学生的数字化整体思维、创新意识与技术能力。

图 10　AI 辅助城市动态演化过程
图片来源：学生方案。

图 11　触媒城市设计最终效果
图片来源：学生方案。

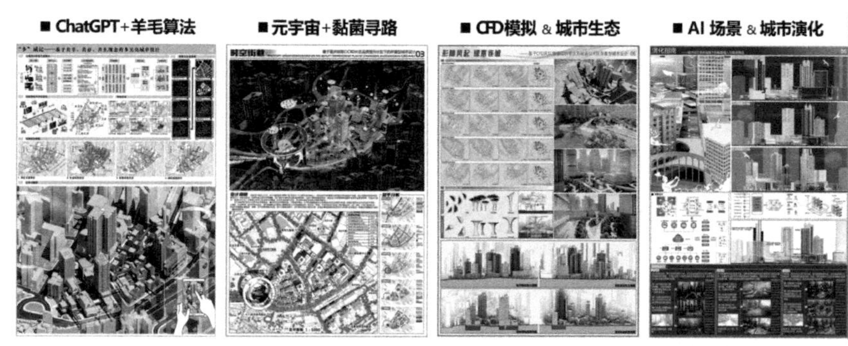

图 12　城市设计成果总览
图片来源：学生方案。

参考文献

[1] 王建国，杨俊宴. 应对城市核心价值的数字化城市设计方法研究：以广州总体城市设计为例［J］. 城市规划学刊，2021（4）：10-17.

[2] 王建国. 从理性规划的视角看城市设计发展的四代范型［J］. 城市规划，2018，42（1）：9-19，73.

[3] 王建国. 21 世纪初中国城市设计发展再探［J］. 城市规划学刊，2012（1）：1-8.

[4] 叶宇. 新城市科学背景下的城市设计新可能［J］. 西部人居环境学刊，2019，34（1）：13-21.

[5] 王浩锋，杨滔，朱文健. UrbanXTools 协同式城市设计工作坊教学实验［J］. 城市设计，2022（6）：50-63.

[6] 杨俊宴，高源，雒建利. 城市设计教学体系中的培养重点与方法研究[J]. 城市规划，2011，35(8)：55-59.

空间句法在建筑设计课程评价中的运用
——以建筑初步课程为例

The Application of Space Syntax in the Evaluation of Architectural Design Courses: A Case Study of the Preliminary Architecture

樊卉钰[1]　李雪琪[1]　倪伟桥[2]
1. 文华学院城市建设工程学部
2. 华中科技大学建筑与城市规划学院

摘　要：评估学生在建筑初步课程中的作业表现是课程教学研究的关键议题。传统的评价方法面临着多重挑战，包括评价结果受教师个人偏好的影响、反馈内容的抽象性高，以及与实际建筑空间对应关系模糊不清等问题，这导致学生对于反馈的理解不理想，进而使学生知识汲取、反思、提升效率低。随着数字技术的快速发展，许多建筑行业相关的理论、技术、软件趋于成熟，为建筑设计课程评价提供了更丰富的路径。本文旨在探索将空间句法理论应用于建筑初步课程的评价体系中，探讨使建筑设计课程评价与反馈客观化、可视化、直观化、多元化的可能性。

关键词：建筑初步；教学评价；空间句法

随着数字技术的发展，建筑理论、技术和软件日趋成熟，为建筑设计课程的评估提供了多样化的路径。本文以建筑初步课程为例，探讨将空间句法理论应用于评估体系的可行性，以使评价更加客观、可视化和直观化，从而提升学生对反馈的理解和应用能力。

1　建筑初步课程训练体系及问题

1.1　建筑初步课程训练体系

中国建筑学教育始于20世纪20年代，采用巴黎美术学院的布扎模式，侧重专业技能的培养。现代教学理念，如包豪斯学派的发展，结合艺术与设计的方法也逐渐被引入。香港中文大学建筑学系的建构工作室提出了一种名为“空间、建构和设计”的基础教学方法，该方法有效提升了教学的阶段性、连贯性以及理解性。通过将复杂的建构问题分解为一系列连续的单一练习，学生可以逐步掌握所需技能。这些练习遵循“观察—要素—材料—建造”的步骤，每一步都聚焦于不同的教学重点，帮助学生建立起全面的知识体系和深入的理解。[1,2]

我校的建筑初步课程基于此发展，包含“要素—尺度—环境”三个训练模块，涵盖从空间建构基本要素到街区环境的整体处理。本文旨在基于此训练体系，探讨课程评价的有效方法。

1.2　建筑初步课程评价体系的问题

建筑初步课程旨在引导刚跨过高考门槛、对建筑学几乎无先验知识的新生进入专业学习。面对建筑学的多元性，学生初入门时难以快速建立对该学科的基本认识。传统学习任务虽提供明确目标，但在培养设计感知方面作用有限，而新的训练体系虽促进了空间感和设计理解的提升，其抽象性也可能造成困惑。此外，学生对“设计”这一综合性创作过程感到陌生，并且缺乏独立思考和理性分析的能力，使得对设计的理解和实践显得尤为困难。许多学生对自主学习、探索和反思的意识不足，往往以完成作业和获得高分为主要目标，忽视了设计实践中的深入思考。

针对这一教学情境，华中科技大学已实施的建筑初步课程评价体系虽在增强课程趣味性、提升学生学习积极性等方面取得了积极反馈，但也暴露出几个评价方面的问题。

（1）教师偏好对评价的影响

建筑初步课程主要采用基于成果的教学（OBE）理念进行多维度评价，包括设计过程、方案汇报及成果模型/图纸的评价。尽管评价维度全面，但评价过程大多依赖教师个人的偏好和感受，缺乏客观的量化标准，这可能导致学生对评价标准的误解，并可能迎合不同教师的偏好而忽视真正的设计思考。[3,4]

（2）学生对于评价结果的实际感知不明确

当前的课题设置相对抽象，许多学生反映难以将教师的评价具体应用于实际设计中，仅能对建筑空间形成模糊的“积极空间”或“消极空间”的感知，缺乏对具体优劣和专业问题对应关系的清晰理解。这种评价和反馈机制虽然对于建立基础认知有所帮助，但在更高层次的复杂认知、技能培养上显得不足，需要更加直观和量化的反馈方式，以便学生能够清晰理解并深入反思自己的设计。

（3）小组合作中个人贡献度难以评定

建筑学强调团队合作，而在小组合作项目中评估每个成员的具体贡献度是一个挑战。目前主要依赖教师的观察或组内互评来判定，这可能导致评价的公平性不足，并可能引发团队内部的矛盾和误解。因此，迫切需要一种更加理性和可视化的评价机制，以公正准确地评估每个成员的贡献。

2　空间句法在建筑初步课程评价中的初探

2.1　空间句法引入建筑初步课程评价的意义与价值

空间句法（Space Syntax）是由比尔·希列尔（Bill Hillier）等于20世纪70年代在剑桥大学创立的理论，基于几何拓扑学，研究空间与使用者活动之间的关系，量化并可视化地揭示空间逻辑和规则。[5] 近年来，空间句法因其量化优势和直观的数据展示在建筑设计领域广泛应用，但在大学本科建筑设计课程中的应用尚不足。

将空间句法引入建筑初步课程评价，不仅创新且具实际价值。但对于初学者，理解其深层意义和算法过程极具挑战性，因此课程将其作为教师评价工具，通过句法分析结果帮助学生更深入地理解和优化设计，增强课程评价的准确性和公平性。

2.2　课程评价标准设定

基于课程评价现有的问题，我们有必要对建筑初步课程的评价体系进行进一步的细化和完善。保持当前的评价体系框架不变，即包括过程评价、设计成果评价、图纸与表现评价以及设计汇报评价，这个结构已经相当全面地覆盖了课程的培养目标。尤其是设计成果评价部分，它是学生最为关注并反馈最多的环节，但同时也是误解和疑惑出现最频繁的领域，需要更精细化的评分标准。

当前建筑初步课程的设计任务特点是连续性，即通过一系列的课题逐步在同一设计项目上添加建筑设计的关注点，这些课题依次关注空间与材料、尺度与功能、背景与联系。因此，最终的设计成果能够全面反映课程的核心关注点，并在成果评价中占据主导地位。根据课程的目标，设计成果的评价可以聚焦几个关键层面：场所精神、空间联系、空间感知、空间体验。

场所精神：关注的是对空间氛围的诠释，目标是在感知和精神层面与空间场所产生共鸣，激发归属感和认同感。评价标准包括学生是否能通过对建筑空间的适当调整及合理的场地设计和功能设置，为街区营造出独特的氛围，确保设计和谐地融入整体环境。

空间联系：主要考查空间的交通流线联系，包括建筑间的相互连接以及外部公共空间的整合。重点在于评估学生能否通过设计策略，实现建筑之间的有机联系和外部空间与城市街道、街区内各建筑之间的互动。

空间感知：评价学生对设计空间的感官体验，检验学生是否能通过细致的设计，如视线引导、材料和颜色选择以及虚实关系处理，为使用者创造积极的空间感受。这一维度强调学生将自身置于使用者角度，全面感知并评价街区内设计的空间结构和氛围。

空间体验：侧重于使用者在空间内的体验，特别关注学生如何组织空间界面（包括形状、颜色、质感及其相互关系）以及如何设计界面在流线上的交替效果，旨在通过空间游历带给使用者丰富而积极的体验，体现设计空间的积极特质。

通过这种方法，评价标准不仅聚焦于设计的具体成果，也强调了设计过程中的思考和创造性解决问题的能力，为建筑初步课程提供了一套更为全面和细致的评价框架。

2.3 空间句法核心原则与课程评价标准的关系

空间句法理论提供了一种独特的视角，用于理解和分析空间组织，这与建筑初步课程中对学生抽象空间设计成果的评价密切相关。该理论基于三大核心原则：

（1）空间作为实现社会经济文化目标的媒介：空间句法认为，空间是人类活动的直接参与者，通过轴线、凸空间、等视域三种基本空间形态，与人的活动方式相对应，强调人与空间的相互作用，这与课程强调的空间感知能力培养和从用户视角评估设计的空间体验紧密相连。

（2）从人的视角理解空间结构：空间句法强调通过连续的感知体验来理解空间，这种以人为本的视角与课程的目标——培养学生对空间感知的能力并引导其从用户角度评估设计的空间体验——自然契合。

（3）空间之间相互连接的重要性：空间句法中，一个空间的价值在于其与其他空间的连接，强调空间网络中各部分的相互依赖和整体性，这与课程传达的场所精神和空间联系概念相契合。[5,6]

空间句法的量化和可视化方法为建筑初步课程中理解和评价抽象空间设计提供了理论支持。它强调的空间感知、体验及空间之间的相互联系，与课程的教学目标和评价标准具有高度一致性（图1）。

图1　空间句法核心原则与课程评价标准关系

3 空间句法在建筑初步课程评价中的实施策略

3.1 空间句法符式选择

在空间句法的应用中，基本的分析工具包括凸空间（Convex Map）、轴线图（Axial Map）、线段模型（Segment Map）以及视域分析（Visibility Analysis）。凸空间分析便于将建筑空间转换为可计算的模型，通过平面图有效探索空间关系。轴线图通过空间内的直线关系进行分析，但因其局限性近年来使用较少。线段模型作为轴线图的发展，考虑元素间的角度关系，适用于更广泛的空间尺度分析，包括街道和城市空间。视域分析则将空间结构细分为网格，通过可视化描绘空间视野关系，是研究空间认知的常用方法。[6]

鉴于建筑初步课程主要关注中、微尺度的空间分析，且强调空间感知，因此选择凸空间和视域分析作为评价工具是合适的。这两种分析方法能够有效地展示学生设计的空间结构和视线通达性，帮助学生更好地理解和优化其设计方案。

3.2 空间句法变量的选择

空间句法主要关注连接值、控制值、深度值、整合度和可理解度五个关键变量。连接值反映空间节点与其他节点的连接程度，表现空间元素的交流和连通性。较高的连接值意味着区域与周围区域的流线和视线关系紧密，有助于展示设计在整体空间组织中的融合。控制值表示空间元素对周围元素的影响程度，尽管与课程的直接相关性不大，但对理解空间功能和需求有重要作用。深度值表示从一个元素到其他元素的最短拓扑距离，反映空间的可达性，较低的深度值意味着更好的通达性和互联性。整合度衡量一个元素与其他元素的整体连接程度，反映空间在整个系统中的中心性。整合度，特别是视觉整合度，能够反馈设计的整体逻辑、空间布局的合理性以及场地规划的有效性。可理解度是描述局部集成度与整体集成度之间相关度的变量，衡量局部空间结构是否有助于建立对整个空间系统理解的程度。可理解度越高的空间，其局部中心性能越能融入全局空间结构之中。

可以看出，整合度适合作为评估学生团队作品的一个重要指标，因为它能够从局部和整体两个层面反映出场所精神和空间联系的核心内容。而视线整合度和可理解度则为评估空间感知与空间体验提供了重要依据。结合这些具体的量化指标和教师的专业评价，能够帮助学生更深入地理解课程的关注点，并明确他们的设计在何种程度上满足了这些评价标准。

3.3 基于凸空间的实施策略

（1）课程作品的凸空间转译

首先将各层平面使用凸空间的识别方法进行分割，转译为全部由凸空间组成的形式，并保证各空间相对位置未发生改变。首层空间的转译较为特殊，由于空间句法将整个街区当成一个整体进行计算，并且需要结果反馈各个空间之间的联系程度，因此在首层转译时应将整个街区内的首层室内、室外空间均进行凸空间的转译（图2）。

（2）空间连接关系的设定

在建立基础模型后，需要手动定义空间间的连接关系，即在模型中标出可互相抵达的空间元素之间的连接。如果设计模型在不同标高上与其他建筑相连，还需要在模型中添加垂直连接，即将街区内所有建筑各层平面展开并视为一个整体。由于

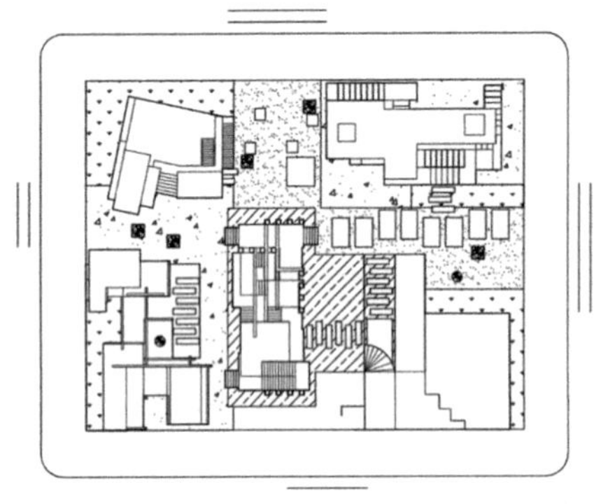

图 2 课程作品的凸空间转译
图片来源：学生作业（上），作者自绘（下）。

空间句法模型为拓扑结构，主要关注空间之间的联系，因此只需要在垂直交通处添加空间连接即可（图 3）。

通过这种方法，可以确保所有水平和垂直方向的空间关系得到准确反映，为进一步的空间分析和评价提供全面的数据支持。

3.4 基于视域分析的实施策略

（1）课程作品的图底关系转译

建筑初步课程的成果通常关注抽象空间的组织，如开放空间、半开放空间、私密空间的布局以及彼此之间的联系，而不涉及具体的功能流线。

视域分析仅针对首层空间进行分析。在空间句法视域计算中，“图”被视作视线遮挡物，相当于建筑内部空间，这些对应于私密空间、内向性空间以及由杆件等形成的不可达空间，不作为计算结果的一

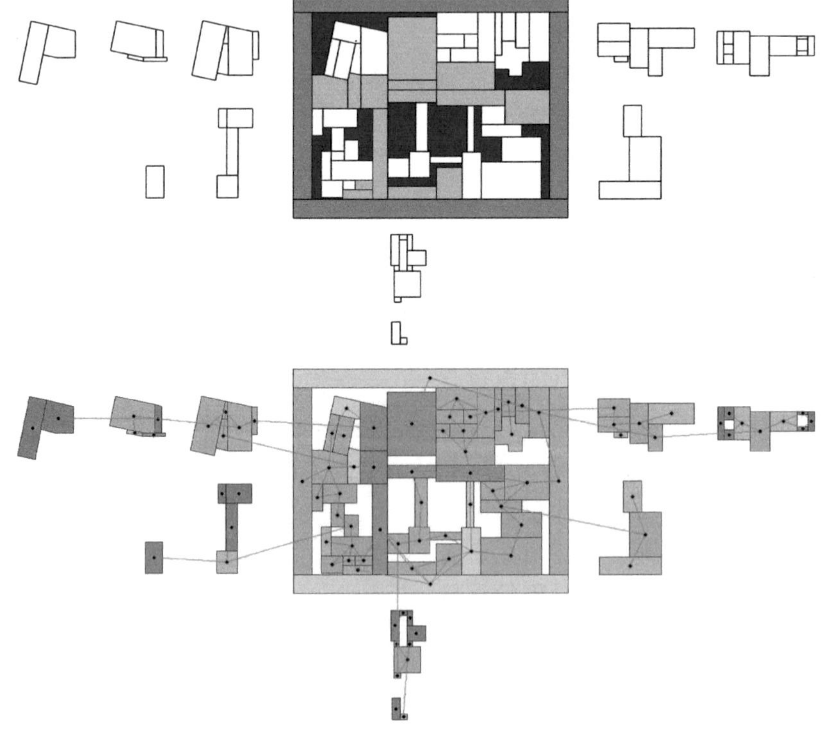

图 3 空间连接关系的设定

部分。“底”则是开放空间和半开放空间，包括广场、道路、灰空间等，此类区域是视域计算的重点。因此在视域分析中，基于视线高度 1.2m 是否有遮挡物来建模，将有遮挡的空间或完全封闭的空间视为“图”，而可视、通透的空间如门口或开放区域视为“底”，从而全面反映街区内空间的虚实关系和连接性。

（2）视域分析网格建立与计算

在准备好计算底图后，将区分好的“图”与“底”计算模型导入 Depthmap 进行计算。需要将空间结构细分为合适尺度的网格，然后选中网格覆盖“底”部分作为计算区域，开始进行计算（图 4）。

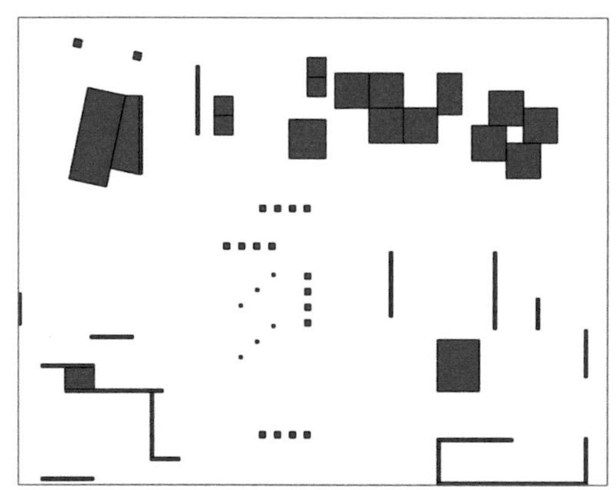

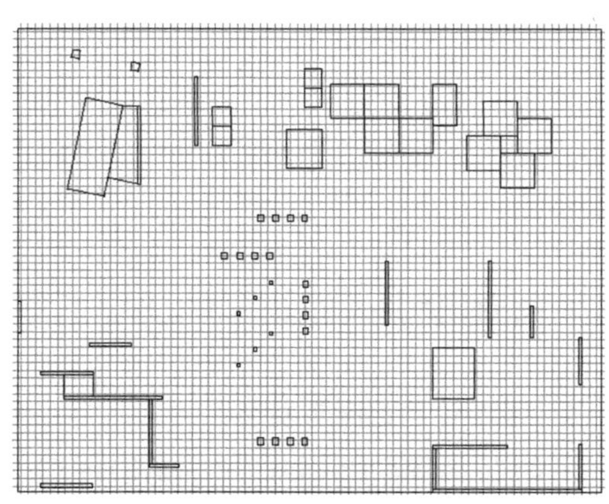

图 4　视域分析图底关系转译与网格建立

3.5　建模计算及结果反馈

在完成建模和计算之后，应对观测到的变量进行分析，并将结果通过可视化形式呈现给学生，简明解释其含义。通过结合设计的感性评价，分析街区设计的空间布局和氛围的合理性。同时，与学生的主观感受进行对比，帮助学生识别设计的优势和不足，促进对潜在优化方向的思考。

4　结语

空间句法在建筑初步课程评价中的引入是一项重要的课程改革。通过这种量化和可视化的分析方法，评价变得更加客观，克服了传统主观判断的局限。这不仅提高了学生对反馈的理解和接受程度，还帮助学生直观地理解设计空间与现实空间之间的关系，增强他们的空间感知和体验。可视化分析结果提供了新的视角，可激发学生的创新思维和设计灵感。

参考文献

[1]　顾大庆. 空间、建构和设计：建构作为一种设计的工作方法［J］. 建筑师，2006（1）：13-21.

[2]　顾大庆，柏庭卫. 空间、建构与设计：第一版［M］. 北京：中国建筑工业出版社，2011.

[3]　柏春，寇楚天，李玲，等. 从绘图工具盒开始：四元教学设计模式视角下的一个建筑初步课题训练［M］//2022 中国高等学校建筑教育学术研讨会论文集. 北京：中国建筑工业出版社，2022：57-61.

[4]　秦媛媛. 启蒙阶段建筑设计分析性思维培养的混合式教学模式及实践探索［M］//2022 中国高等学校建筑教育学术研讨会论文集. 北京：中国建筑工业出版社，2022：97-102.

[5]　杨滔，盛强，刘宁. 无之以为用：论空间句法在商业建筑设计中的应用［J］. 世界建筑，2015，4（18）：118-122.

[6]　杨滔. 空间组构［J］. 北京规划建设，2008（2）：101-108.

数智化背景下人机关系反思：以戈登·帕斯克学派为例探索建筑领域控制论历史与教学实践

Reflection on the Human-machine Relationship: Taking the Paskian School as an Example to Explore the History and Teaching Practice of Cybernetics in the Field of Architecture

刘宇波[1,2]　陈　宁[1]　叶苗扬[3]　邓巧明[1]
1. 华南理工大学建筑学院
2. 亚热带建筑与城市科学全国重点实验室
3. 卡耐基梅隆大学建筑学院，宾夕法尼亚　匹兹堡

摘　要：本文以建筑学领域控制论发展与教学实践为研究对象，通过文献回顾与案例分析，梳理控制论学者帕斯克的主要理论、实践、教学以及帕斯克学派延续至今的教学实践活动，同时总结控制论反馈机制框架并在案例中诠释，旨在解读控制论在建筑学中的应用，启发当前数智化建筑教育。帕斯克曾身处计算机技术革命与建筑设计交叉的前沿，他提出对话理论并探讨控制论与建筑学的关联，构建新的建筑元语言，其理论具备足够的通用性，能够有效应对技术变革，拓展建筑领域对智能技术与人机关系的思考。

关键词：控制论；戈登·帕斯克；对话理论；技术反思；教育实践

随着智能技术的迅猛发展，建筑行业正在经历前所未有的变革。数字技术的快速发展推动建筑设计创新和效率提升的同时，技术驱动的进步也带来了技术至上的风险。当前国内的建筑教育在技术应用方面开设了相关课程和研究，并积极跟进智能技术的最新发展，但对人机关系的探讨仍需进一步提升和完善。

控制论作为一门研究系统、自适应和通信过程的科学，是人工智能的重要源头，为理解和优化人机关系提供了关键的理论基础，其应用与发展已成为理解和设计复杂系统的关键工具。控制论学者戈登·帕斯克是将控制论引入建筑学的关键人物，其理论和教学至今仍有广泛的影响，尤其在国外，建筑领域的控制论研究和教学实践相当深入。本文将梳理控制论的历史沿革、帕斯克学派的核心理论、实践与教学，同时总结控制论反馈机制框架，并结合案例解析，建立对建筑学中控制论应用的理解，旨在为当前数智化建筑教育提供启示与借鉴。

1　控制论引入建筑学的历史背景

1.1　控制论的起源与发展

20 世纪 30 年代起，科学家们开始关注信息度量和反馈机理；1946 年梅西会议召开，不同领域的学者在一起开始思考不同学科的联系；1948 年，维纳发表的著作

ACTUALITÉS SCIENTIFIQUES ET INDUSTRIELLES
1053
CYBERNETICS
OR
CONTROL AND COMMUNICATION
IN THE ANIMAL AND THE MACHINE
NORBERT WIENER
PARIS
HERMANN & Cie, EDITEURS
THE TECHNOLOGY PRESS
JOHN WILEY & Sons, Inc.

图1 维纳与《控制论（或关于在动物和机器中控制和通信的科学)》

图片来源：控制论（或关于在动物和机器中控制和通信的科学）

《控制论（或关于在动物和机器中控制和通信的科学)》标志着控制论的正式提出（图1)，维纳也因此被认为是信息时代之父和控制论之父，开辟了信息时代之路[1]。

控制论来自希腊文 kybernetics，原意为掌舵者，不同于技术科学领域的控制理论，控制论是一个跨学科的学科群，提供新的系统观点和方法来观察世界。[2] 其理论源于“二战”期间维纳对对空火炮自动控制系统的研究，他通过预测飞机轨迹并设计火炮控制系统，使火炮能具备自动化能力，迅速响应雷达目标并击落敌机，控制论随后在其书中提出。本文将控制论反馈机制总结为环境等因素变化后，信息被接收并传入控制器，控制器通过设定的反馈机制，调用反馈系统，实现对环境变化的响应与交互。

《控制论》出版后迅速引发广泛关注并带来广泛影响，催生了生物控制论、经济控制论等交叉学科。直到20世纪下半叶，控制论与导航、电子、战争、控制理论联系紧密，并在20世纪50年代进入设计领域（图2)。[3]

1.2 控制论学家戈登·帕斯克与建筑学的联系

20世纪50年代，维纳的控制论在英国的影响达至巅峰，戈登·帕斯克在维纳访问剑桥期间曾担任其助理，受其影响，帕斯克在后续的研究与实践中不断深化控制论，成为杰出的控制论学家，并将控制论引入建筑学中。他从剑桥毕业后合伙创办了系统研究公司，设计研发过多种互动装置，如1953年的声音驱动交互灯光装置音乐色彩和1968年的运动的对话。

帕斯克初次接触建筑学领域源于1963年的欢乐宫项目，并由此展开将控制论引入建筑学的探索。他不仅在建筑杂志上发表关于建筑学与控制论关系的论文，还担任建筑联盟学院（Architectural Association School of Architecture，后文简称AA）的课程顾问、布鲁内尔大学的教师，带领学生进行控制论研究和实践。[4]

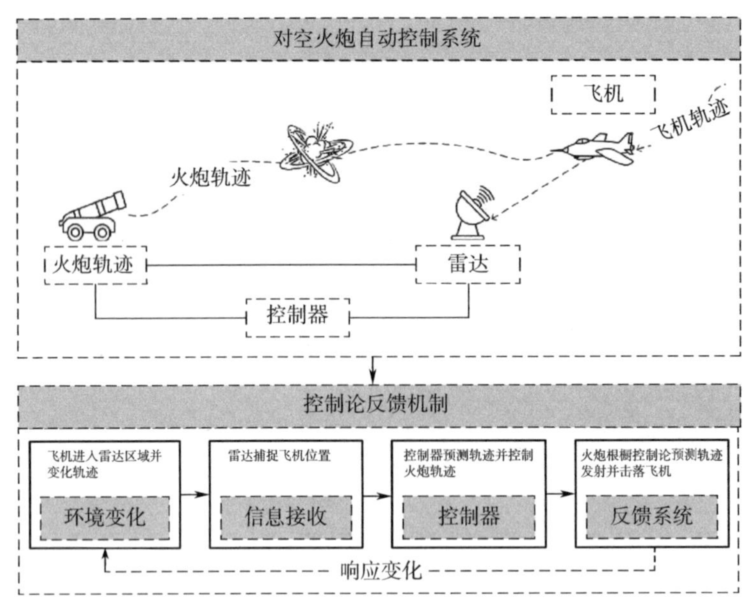

图 2　对空火炮自动控制系统与控制论反馈机制图示

帕斯克与建筑学的联系体现在多个方面：参与建筑项目和竞赛，探讨控制论与建筑学的关系并发表文章，参与一些建筑学院的教学活动。通过这些活动，帕斯克与建筑学保持终身联系。

1.3　延续至今的帕斯克控制论学派

帕斯克一直对建筑学保有浓厚的兴趣，多次与普莱斯等人合作，并在 AA 和布鲁内尔大学教授控制论思想，其不少学生后来成了优秀的建筑师或控制论学者，如伯纳德·斯科特、拉努夫·格兰维尔和保罗·潘加罗等——他们随后在卡耐基梅隆大学等不同院校中继续做研究和教学，不断发展帕斯克的控制论理论，传授其思想，扩大了控制论的影响力。借由其合作者、学生及其学生的学生等，帕斯克在建筑学领域留下了一个持续发展的复杂关系网络。学者由此提出帕斯克控制论学派的观点[4]。时至今日，仍有许多学者受帕斯克控制论思想的影响，控制论理论不断仍在迸发新的生命力。[5]

2　帕斯克的控制论实践、理论及其在建筑学领域的教学

2.1　帕斯克基于控制论的实践与成果

2.1.1　音乐色彩

帕斯克在系统研究公司设计研发过多种互动装置，其中一个项目是 1953 年的音乐色彩。这是一个声音驱动的交互灯光装置，灯光没有预设模式，显示效果完全取决于表演者钢琴演奏的节奏和旋律的变化。

帕斯克在剑桥时开始构思音乐色彩，其最初目的是通过研究机器能否习得声音和视觉模式之间的联结，进而研究人的认知模式。音乐色彩的反馈过程是通过演奏者演奏乐器将变化的声音输入滤波器，滤波器接收声音并解析其特征，之后自适应阈值装置会根据声音特征控制灯光的响应模式，给以反馈：若表演者在相同范围的音高演奏时间过长，机器认为“无聊”将降低响应，若音乐变化丰富则积极

环境变化	信息接收	控制器反应	反馈系统
演奏者演奏音乐、输入不同声音	Musicolor中滤波器解释听觉输入，解析声音特征	若表演者在相同范围的音高中演奏时间过长或富有变化时，自适应阈值装置控制灯光不同的响应模式	演奏者输入的音高单调则机器响应能力下降；音乐变化丰富则机器积极响应，实现机器与演奏者之间的交互学习

响应变化

（a）音乐色彩控制论反馈机制

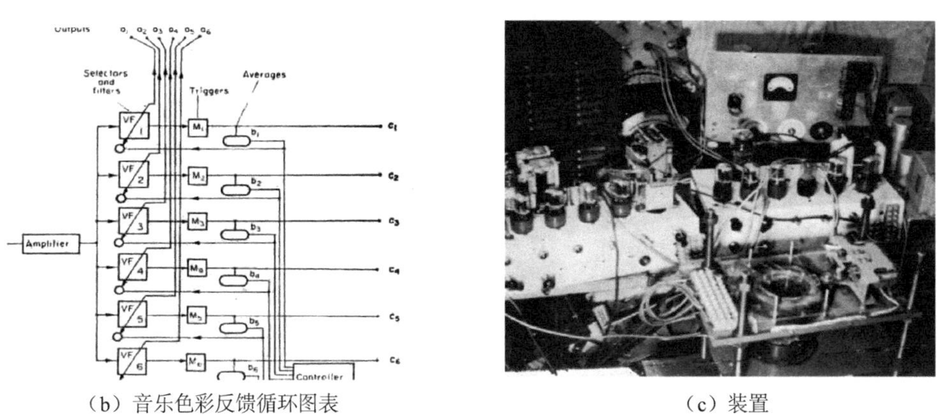

（b）音乐色彩反馈循环图表　　（c）装置

图 3　音乐色彩控制论反馈

图片来源：The conception of a shape and the evolution of a design.

The Cybernetic Relevance of Architecture：An Essay on Gordon Pask's Evolving Discourse on Architecture.

响应。演奏者通过机器不同的响应及时调整自己的演奏，由此实现机器与演奏者之间的交互。[6]

这个装置设计是帕斯克在建筑和设计领域推广其控制论想法的最早实例之一，意义深远。之后他也尝试设计其他装置，如运动的对话，在实践中不断深化对控制论的理解，并在之后总结提炼出对话理论等内容。

2.1.2　欢乐宫

1963 年，帕斯克应普莱斯邀请担任欢乐宫项目的控制论专家，这标志着他在建筑学领域探索控制论应用的开始。

欢乐宫挑战了传统建筑的定义，更像是一个社会互动机器的框架——通过算法和逻辑实现由使用者定义的自组织性。控制论在其中发挥了重要作用。欢乐宫控制论委员会通过社会调研列举多种使用者可能的活动，并进行数学模型编译，根据行为习惯和活动种类编写控制建筑的算法程序（图 4）。

最终欢乐宫实现了如下反馈：当使用者进入欢乐宫时，电子传感器和响应终端收集不同使用者的偏好兴趣和对空间尺度、电子设备、声光环境的需求及其行动产生的原始数据，而后数据由电脑编译、创建总体用户趋势，并设置调整空间的参数和环境调节标准，可移动墙体和走廊等建筑空间被重置和调整，以反馈和适应使用形式和功能变化，形成符合使用者要求的空间。[7]

此外，欢乐宫最富预见之处是引入了“机器学习”的概念，通过不断累积使用参数，不断自我改善，借助先前的使用痕迹描绘未来的使用模式，使得建筑能够不断优化，满足使用者的需求。

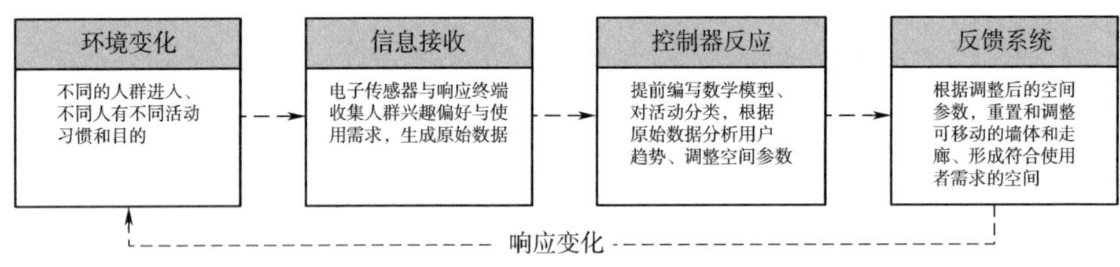

（a）欢乐宫控制论反馈机制

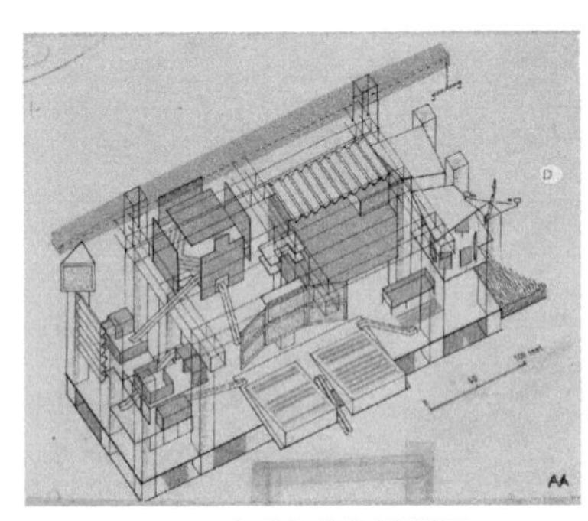

（b）欢乐宫内部轴测图

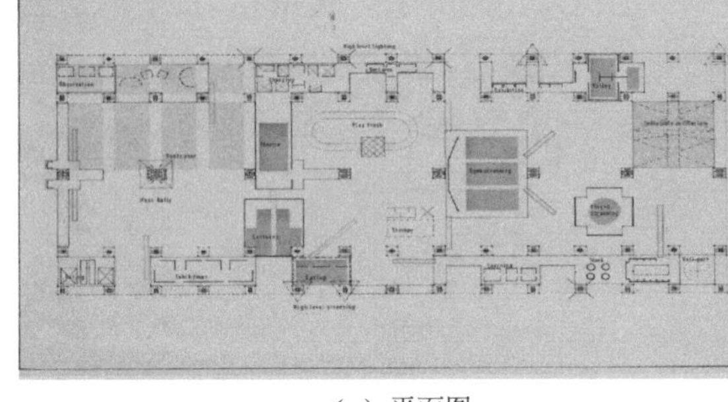

（c）平面图

图4　欢乐宫控制论反馈
图片来源：图a作者自绘，图b、c塞德里克·普莱斯基金会
图片编号：DR1995：0188：124和DR1995：0188：198.

2.1.3　川崎竞赛项目

在欢乐宫项目之后，1986年帕斯克和普莱斯参与日本川崎市的先进信息城市国际概念设计竞赛。帕斯克在智能网络上提出科技树的理念，通过散布在城市中的科技树收集市民的信息与反馈，构建信息网络，使建筑空间随着信息反馈而动态变化调整，吊桥的位置或墙壁和百叶窗可以调整以反馈需求，建筑不仅为居民提供社交场所，也提供特定活动需要的隔离。[4]

虽然从技术角度看，欢乐宫在川崎项目构想时已然过时，而如今看来川崎项目的技术配置也显落伍，但是两个项目背后的人机关系模型并未过时，它们均建立了建筑物与使用者之间的互动反馈机制，强调建筑环境作为人类和非人类实体系统的一部分，向使用者学习，与之互动并创造新情境。

2.2　帕斯克的对话理论及对控制论与建筑学关系的理解

帕斯克最重要的理论之一是对话理论——描述任意类型的实体间互动的本质。这种对话结构涉及至少两个参与者，一个参与者向另一参与者展示其对某个主题的理解。随后，第二个参与者通过前者的演示，建立对其演示的理解，并呈现给第一个参与者。之后，第一个参与者对第二个参与者的理解作出理解，从而比较其最初的理解与通过第二个参与者的理解产生的新理解。如果这两种理解足够接近，第一个参与者则可以相信第二个参与者对其理解的有效性，至少在操作层面上与其最初的理解相似。[8]

从欢乐宫和川崎项目可以看出对话理论框架具备弹性和通用性，能适应不同技术背景与变革。这也启示当下的数字化建筑教育，技术永远在不断更新，我们除了关注技术本身，也应关注人机互动模式的学习和探索。

帕斯克对于建筑学与控制论关系的理解呈现从早期阶段将建筑学视为控制论的一个应用领域到后期将二者视为共存领域的变化。[5]

在1969年发表的《控制论的建筑关联性》中，帕斯克认为控制论与建筑学有着天然的紧密关联性，建筑师是天然的系统设计师，通过设计空间的组织系统，影响使用者的决策、运动、交往等行为。他认为随着19世纪新技术出现，火车站等新型建筑的设计问题无法仅通过传统规则解决，建筑师需要设计出“可开发、交流和控制的组织系统”，建筑应具备预测性，可以随着环境和居民行为的变化而发展，形成自适应建筑系统。因此，他主张将控制论作为一种通用的统一理论，将其置于建筑之上，并将建筑视为控制论的一个应用领域。[8]

在后期，随着理解的深入，帕斯克将建筑学和控制论置于建构主义认识论的领域，不再将建筑视为控制论的应用领域，而是意识到建筑学和控制论是互补的，它们拥有相同的认识论，是共存的领域。[5]

帕斯克关于建筑学与控制论的关系探讨涵盖多个方面：设计师与被设计的系统、环境与居民、城市规划与城市，其中不变的核心是控制者与被控制的对象。

2.3 帕斯克在建筑学领域的教学活动

帕斯克参与的欢乐宫项目虽未建成，但是他与建筑领域保持了密切联系。他受邀指导AA的设计小组，并在布鲁内尔大学带领控制论博士生，不少曾在AA受其指导的学生追随他到布鲁内尔大学深造。

他在AA的活动，包含开展“混乱与秩序”等系列讲座，邀请不同学科的学者进行演讲，在建筑学院传播控制论思想；指导学生的通识论文；受弗雷泽等人邀请，在设计单元担任指导老师，指导了通用结构（Universal Constructor）等设计。[4]

此外，他在布鲁内尔大学控制论系带领的12名博士生中有8位是建筑师，6位来自AA。例如，拉努夫·格兰维尔从AA毕业后，跟随帕斯克在布鲁内尔大学学习，旨在研究将建筑和语言领域与系统方法结合，同时还在AA提供一门名为“控制论和建筑”的研讨会课程，不断扩大控制论的影响；保罗·潘加罗跟随帕斯克攻读博士学位，在其指导下开发一个名为Thoughtsticker的程序，这一基于对话理论和蕴涵网格的系统能向用户学习并调整响应，随后他在斯坦福大学、卡耐基梅隆大学等学校教授控制论相关课程，同时担任美国控制论协会的主席，积极推广控制论。

帕斯克在建筑领域的教学活动与合作项目使他的思想传播给更多学者，形成帕斯克学派，不断影响后来的学者。

3 国内外基于控制论的建筑学教学实践

3.1 国外基于控制论的建筑学教学活动

国外一些高校开设了控制论相关课程，并与帕斯克控制论学派有一定联系。

英国布莱顿大学的本·斯威廷是格兰维尔的学生，在AA担任研究助理，研究设计学科如何在复杂的系统环境中发挥作用；德国柏林工业大学的莉兹·沃纳，曾受格兰维尔和保罗的控制论设计指导，创立跨学科研究实验室CyPhyLab，遵循控制论原理和方法，研究建筑与城市设计中的

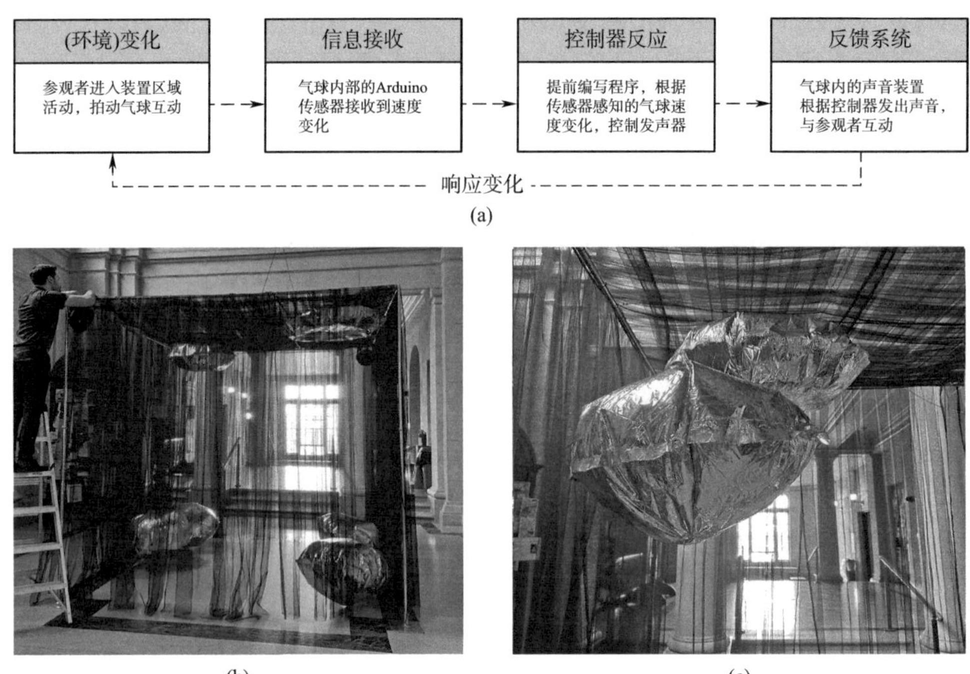

图5　卡耐基梅隆大学控制论课程成果反馈机制及装置展览

系统，旨在建立将生物和数字与物理材料及智能体相联的物联网；伦敦大学学院互动建筑实验室也进行了控制论的研究和实践，2021年Scarlett Chen等人设计的Hyper Familiar，是针对特定场地的增强现实体验，提供一种可控制的新颖性，促使人们在现实和抽象之间探索、发现和解释周边环境。

卡耐基梅隆大学的保罗·潘加罗教授在建筑学院开设控制论相关课程，以2023年与恩萨尔·泰米泽尔联合讲授的“机器智能，控制论，设计”课程为例，课程关注控制论与人机交互在建筑和设计中的应用，与今天的人工智能进行对比，要求设计一个回应建筑和设计学科需求的装置（图5）。

课程从历史和理论、当代和实用两个总体维度增进学生对控制论的认识，强调控制论在建筑设计与机器智能研究中的历史作用，展示控制论方法在当前机器智能领域的意义，并利用当代计算技术进行探索。课程前期通过研讨会展开阅读和讨论，研究建筑与控制论的历史；后期进行设计实践，对安迪·沃霍尔的《银云》进行控制论再想象，设计具体的装置，当参观者与气球装置互动时，气球内置的传感器接收速度变化、控制发声器发声，实现与参观者的互动。

3.2　国内基于控制论的建筑学教学活动

目前国内建筑领域基于控制论的教学活动主要包含西交利物浦大学、南方科技大学以及华南理工大学建筑学院数字化专门方向的课程。西交利物浦大学的克劳迪娅·韦斯特曼教授曾师从控制论学家罗伊·阿斯科特，课题涉及生态学、艺术与建筑设计；中国深圳南方科技大学的费道闻教授拥有控制论研究背景，课题涉及设计中的行动与理解、动态系统教育工具、小型计算机等。

华南理工大学建筑学院数字化专门方向在最新课程中将控制论理论融入中国建筑的语境，结合老龄化社会的现实，在设计中体现人机合作与环境的对话。在欢乐宫的启发下，先计算性生成整体的空间、路径和交通系统，再结合控制论，通过老年人不同活动倾向的选择，调整长者护理模块的具体模式、可移动机舱的位置，调用虚拟对话游戏系统，反馈老年人需求，最终构建出适应环境变化可进行反馈和自我优化的共同进化社区（图6、图7）。

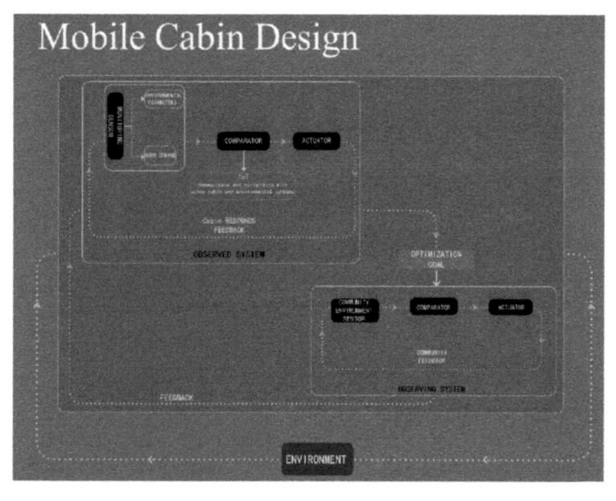

图6　舱体调节机制

图片来源：华南理工大学建筑学院数字化专门方向课程。

图7　共同进化社区外部效果图

图片来源：华南理工大学建筑学院数字化专门方向课程。

4　控制论对当前数智化建筑教育的启发

控制论自被帕斯克引入建筑学后，对建筑设计产生了深远影响，控制论强调人机互动、跨学科整合和自适应系统，为数智化建筑教育提供了重要启发。

4.1　重新思考人工智能等技术与设计的关系

控制论强调人机互动和反馈循环，这与当下人工智能系统的运作机制高度契合。在设计过程中，人工智能技术不仅是工具，更是设计反馈的一部分。我们应该探讨如何通过人工智能技术，使建筑师能够实时获得反馈，优化方案，使设计过程更加动态，不再是孤立的创作，而是包含多方反馈的系统。

4.2　关注自适应系统与响应式建筑设计

控制论强调系统的自适应性和交互性，这在现代建筑设计中表现为响应式建筑和自适应建筑，建筑能根据环境变化和使用者需求进行实时调整，提供更舒适和高效的使用体验。例如，智能建筑通过传感器和自动控制系统调节室内温度、光照和空气质量，以适应不同的使用场景和天气条件。这种设计不仅提升了用户体验，也与控制论的人机互动和反馈循环的核心理念不谋而合。

4.3　培养跨学科知识整合能力和系统思维

控制论倡导系统思维和跨学科整合，这对于现代建筑教育尤为重要。在数智化建筑教育中，学生不仅需要掌握建筑学的传统知识，还要理解计算机科学、信息论、工程学等相关领域，培养跨学科知识整合能力和系统思维，从多个角度审视设计问题，理解建筑作为复杂系统的本质，考虑功能、环境和使用者需求等多方面因素。

未来，我们需要进一步研究控制论在建筑领域的应用，特别是在教育实践中的具体操作和效果评估。通过引入对话理论等控制论的理论框架和教学，可以有效提升建筑专业学生的创新能力和应对复杂技术环境的能力。同时，我们应积极探索和借鉴国外经验，关注技术变革背后的人机关系模型及二阶控制论等，加强理论与实践的结合，以应对未来建筑设计与技术创新带来的挑战。

参考文献

[1] (美) 康韦，西格尔曼. 维纳传：信息时代的隐秘英雄 [M]. 北京：中信出版集团股份有限公司，2021.

[2] 维纳. 控制论：或关于在动物和机器中控制和通信的科学 [M]. 北京：北京大学出版社，2007.

[3] Werner L C. Gordon Pask and the origins of design cybernetics [M]. Springer International Publishing, 2019.

[4] Temizel E. Reclaiming machine intelligence: the paskian school of architectural cybernetics [J]. 2022.

[5] Temizel E. The Cybernetic Relevance of Architecture: An Essay on Gordon Pask's Evolving Discourse on Architecture [J]. 2020.

[6] Pask G, Jones J C, Thornley D G. The conception of a shape and the evolution of a design [C] //Conference on design methods. 1962: 153-167.

[7] Mathews S. The Fun Palace: Cedric Price's experiment in architecture and technology [J]. Technoetic Arts, 2005, 3 (2): 73-92.

[8] Pask G. The architectural relevance of cybernetics [J]. 1969.

职业本科建筑设计教学中人工智能辅助构建设计任务书研究

A Study on Artificial Intelligence-Assisted Assignment Construction in Vocational Undergraduate Architectural Design Education

朱启东[1]　王凯徽[1]

1. 山西工程科技职业大学

摘　要：本研究探讨了人工智能（AI）技术在职业本科建筑设计教学中的应用，特别是AI辅助构建设计任务书的方法和效果。文章分析了AI技术在辅助任务书编写与背景扩展、地形图环境要素深化以及多元主体信息生成中的具体应用，并通过真实教学案例，展示了AI技术在提高设计任务书编写质量和效率方面的潜力。将AI技术引入建筑设计教学，可以提高设计方案的科学性和合理性，帮助学生建立为特定对象服务的意识，进一步推动建筑设计教学的科学化和高效化发展。

关键词：人工智能；教学模式创新；任务书构建；地形图细化；多元主体生成

1　引言

职业本科教育以就业为导向，侧重技能培养、知识应用和专业实践，培养在专业和专门技术上受到高水平训练的高层次工程实践型人才，在教学中强调提升技能的深度而非理论的广度。在职业本科建筑设计教学中，设计任务书依然是教学过程中的核心文件之一。设计任务书明确规定了设计项目的目标、要求和限制条件，是指导学生进行设计活动、评估学生设计能力的重要依据。一个高质量的设计任务书不仅能帮助学生更好地理解设计任务和要求，还能激发学生的创造力和探索精神，提高设计质量。

然而，传统意义的建筑设计任务书在制定过程存在诸多问题，包括依赖教师个人经验、仅记录拟建建筑的基本信息和空间需求、缺少必要的设计背景信息、缺少对设计场地的直观展示、缺少多元化的使用者信息等。因此，学生在设计过程中缺少分析和解读建筑场地以及客户（或使用者）需求的动力与依据，这造成了学生更关注视觉创意而非设计逻辑、重视设计成果而非生成过程等问题，对建筑教育的整体性和系统性带来消极影响。

近年来，人工智能（AI）技术在建筑设计领域的应用逐渐增多，展示出了强大的应用潜力。AI技术不仅能够处理大量复杂的数据，还能在较短时间内提供大量可供选择的方案。本研究旨在探讨人工智能辅助构建设计任务书的方法，通过分析现有的AI技术应用案例，研究其在任务书构建过程中的具体表现和优势，希望能够为职业本科建筑设计教学提供一种新的思路

AI浪潮下的建筑设计技术与教学思路探索（KJ202305）。

和方法，推动AI技术在教学中的应用，进一步提高教学质量和效率。

2 AI辅助任务书编写与背景扩展

2.1 AI在任务书编写中的应用

当前，为了体现教学设计项目的真实性，往往将设计项目选址于学校周边，便于学生现场调研和观察，但是，学校周边的地形、场地、环境等往往相对单一，缺少环境特色和设计难度。因此，在高年级建筑设计教学中往往需要使用虚拟设计任务书。将AI技术，尤其是以GPT为代表的大语言模型（Large Language Models，后文简称LLM），应用于设计任务书的编写中辅助背景扩展，可以显著提高任务书的编写质量和效率。在任务书编写过程中主要将AI技术应用于以下几个方面：

（1）生成任务书初稿。使用大模型直接自动生成多个任务书初稿，大幅减少教师的工作量，提高编写效率。

（2）细化设计要求。将生成的多份任务书初稿投喂给大模型，要求大模型进行对比与评价，选择具有深化潜力的任务书初稿进行细化，并提供更加精确和详细的设计要求。

（3）拓展背景信息。使用大模型扩展、丰富备选项目场地的地理、气候、环境、历史等背景信息。

（4）迭代与完善。将初步编写完成的任务书再次投喂给LLM进行迭代，不断提高设计任务书的科学性和合理性。

2.2 AI辅助扩展设计背景

设计背景是设计任务书中不可缺少的一部分。设计背景不仅包括项目所在地的历史和环境信息，还包括当前的法律法规及技术标准等信息。详细完善的设计背景在设计教学中具有非常重要的作用。首先，设计背景能够让学生更好地理解项目的实际情况，增强设计的现实感和可行性；其次，丰富的背景信息能够帮助学生全面考虑各种因素，提高设计的整体质量；再次，详细的背景信息能够为设计提供科学的依据，帮助学生作出合理的决策；最后，背景信息中的周边建筑和场地历史资料能够启发学生的设计思路，激发创造力。因此，完善和扩展设计任务书中背景部分就显得尤为重要。

与传统编写方式相比，LLM可以在短时间内生成大量高质量的文本，极大提升编写效率。LLM具有深度学习能力，能够快速吸收和处理大量的文本数据，从而生成准确、丰富且具有逻辑性的设计背景描述。LLM可以访问广泛的在线资源，整合不同来源的信息，提供比传统方式更加全面和深入的设计背景。LLM在生成文本时具有相当强的发散性和创造性，能够引入新颖的编写思路。通过改变提示词，GPT可以根据教学需求和学生特点，生成特定的背景信息，满足不同层次和方向的教学目标。同时，LLM生成的文本易于修改和迭代，可以根据反馈快速调整内容，以适应教学的需要。

2.3 AI辅助设计课程任务书编写流程

在某职业本科低年级建筑设计课程中，确定“社区图书馆”作为设计项目，教师团队利用AI技术编写设计任务书。具体的步骤如下：

步骤一：生成项目概况

首先为ChatGPT、Kimi、文心一言等LLM赋予“建筑设计教师”的身份，并输入项目的基本信息（如建设规模、地理信息、环境信息、设计理念等）和成果要求，自动生成任务书的项目概况部分。这一步骤确保了任务书的基本信息完整和准确。

步骤二：设计要求细化

将以往收集、使用的任务书以及部分设计案例描述等内容投喂给 LLM，结合线上资源，进一步生成建筑功能、空间布局、材料选择、结构形式、能源利用等方面的设计具体要求。经过对比，选择具有深化潜力的任务书初稿进行细化。

步骤三：背景信息完善

利用 Python 等网络爬虫技术，自动搜集项目设定区域的气候条件、地理环境、历史背景、遗迹保护要求等。由 LLM 进行分析和整理，生成详细、完善的背景信息。同时，爬取类似项目案例的设计方案、施工过程、使用效果，由大语言模型提取出对本项目有参考价值的信息，整合到任务书的背景信息中。这些背景信息将作为设计与教学的重要依据。

步骤四：任务书初稿整合

将任务书框架和前期生成信息投喂 LLM，由 AI 对任务书进行整合优化，生成任务书初稿。初稿生成后，教师对其进行审核和修改，形成最终版本。不同教师分别独立生成相同项目的任务书，经过比较、讨论，选择更加完善的任务书作为教学之用。

2.4 教学效果与反思

通过 AI 技术辅助编写设计任务书，不仅可提高编写效率，还可显著增强任务书的精确度和背景信息的丰富性。学生在设计学习中，能够更全面地理解设计任务，提高分析、解决问题的能力。但是，任务书背景部分较长的文本也对学生的阅读、理解能力提出更高要求。低年级学生需要在教师带领下，一步步分析任务书背景所提及背景信息所隐含的设计要点和考察目标。此外，AI 辅助生成任务书虽然信息丰富，但无法代替学生现场调研的真实感受。

3 AI 辅助地形图环境要素深化

地形图是建筑设计任务书的重要组成部分。地形图提供的地理信息和环境要素展示了项目场地的地理位置、地形特征和周边环境，帮助设计师全面了解场地情况，确保设计方案的合理性和可行性。通过地形图，设计师可以准确评估场地特色和优缺点，在规划建筑布局时，充分利用场地特点，优化空间利用，为设计方案选择提供科学依据。但是，传统地形图较为抽象，难以直观反映场地特色，低年级学生往往忽视其中的关键信息和重要元素，造成设计思路偏差。

3.1 AI 技术在地形图处理中的应用

传统的地形图通常为小比例场地图纸，反映地形高差、交通流线、设计范围、环境要素等方面，缺少对环境细节，如植被、水体、现有建筑物等的具象反映。这些细节的缺失，往往导致学生在设计过程中无法全面考虑环境因素等问题。AI 技术，尤其是 Stable Diffusion（SD）等图像生成工具，可以快速补充和完善地形图中的细节要素，生成更加精致和直观的地形图。

利用 AI 技术可以补充地形图中缺少的环境细节要素，如植被、水体、建筑物等，提供更加全面的环境信息。通过简单建模及 SD 工具，可以生成分辨率高、细节丰富的立体地形图，提升地形图的直观性和可读性。同时，SD 可以对地形图进行图像优化和美化处理，使地形图更具视觉吸引力和使用价值，进一步引导学生绘制各种分析图。

3.2 辅助地形图处理流程

同样以“社区图书馆”设计项目为例，教师团队利用 AI 辅助绘制地形图，原始地形图如图 1 所示。

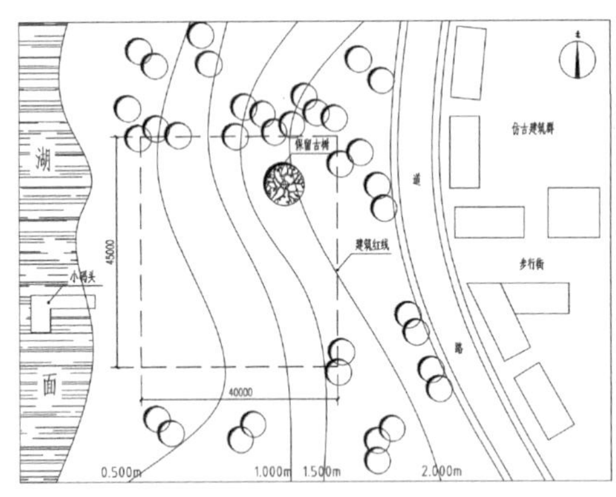

图 1　原始地形图

步骤一：数据拆解

教师团队首先按照项目场地的基础地形数据建立简单的地形模型，体现基本地形特征和场地元素。之后将模型导出为鸟瞰视角的线框图（图 2）。

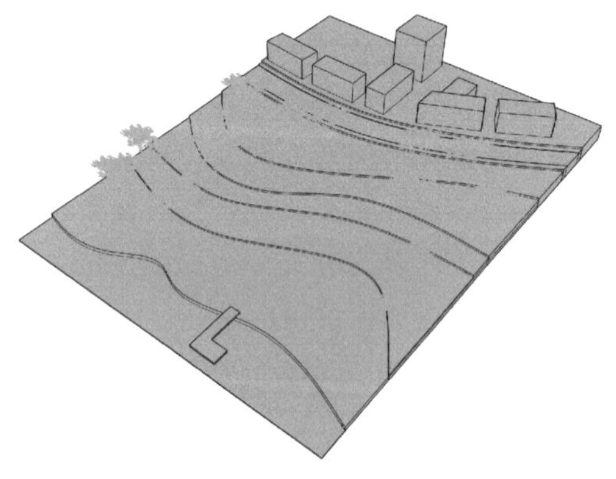

图 2　由原始地形图构建线框模型

步骤二：细节要素填充

在 PS 中按照语义分割模板对线框图进行颜色填充，特定颜色对应特定元素类别，补充植被、水体、现有建筑物等细节要素（图 3）。同时，从设计任务书的文本中提取关键词，丰富对地形地貌、场地环境特色等的细节描述。

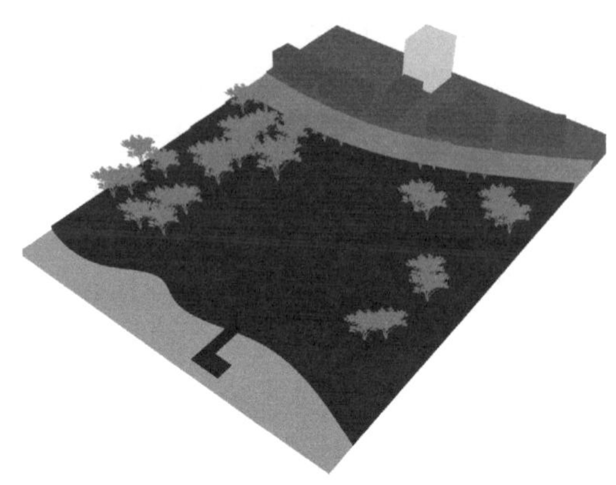

图 3　按照语义分割模板进行填色

步骤三：地形图生成与筛选

将语义分割图导入 Stable Diffusion 中，同时输入描述性关键词，由 AI 生成生成高分辨率、细节丰富的地形效果图（图 4）。虽然采用语义分割和关键词可共同控制生成变量，但 SD 在生成中仍会有不可预测的成分，因此，需要同时生成大量图片，比较并筛选合适的作为地形效果图使用。

图 4　在 SD 中生成地形效果图

3.3 教学效果与反思

采用 Stable Diffusion 生成的地形图可以显著提升精致度和直观性，使地形图更具视觉吸引力和可读性。在进行设计教学时，学生普遍反映地形图与地形效果图配合能够显著提升对场地信息的识别与判断能力，提高设计方案的合理性。但是，SD的生成效果受大模型、LoRA模型等资源的品质影响较大，对某些特定要素的表现相对较差，例如，建筑常用大模型多为现代建筑，如图纸中的保留古建筑难以充分呈现。

4 AI辅助多元化主体信息生成

建筑设计是一种创造性活动。在设计中，主体信息包括使用者（业主）的信息和环境信息等，即使是相同的设计背景、功能需求、用地条件等，面对不同主体，设计方案往往也会有较大的差异。

在任务书中生成并模拟多元主体信息对建筑设计教学具有重要意义。首先，学生小组通过分析和满足不同主体的需求，根据不同用户的需求和喜好进行个性化设计，有助于提升项目真实性。其次，多元主体为设计提供了丰富的元素，能够提升不同学生小组设计的差异性。最后，设计师可以通过进一步挖掘主体的信息，探索新的设计思路和方法，提出更合理、更有效的设计方案，推动设计创新。

4.1 AI技术在生成多元主体中的应用

在设计中引入具体的主体信息，可以帮助学生建立点对点的服务意识，提供个性化的设计方案，提升设计的针对性和用户体验。利用AI技术，特别是LLM，可以在生成多元主体中发挥重要作用。利用LLM可以快速生成多种具体的业主信息，如职业、家庭环境、爱好等方面，例如，一个热爱烹饪的艺术家，一个从事远程工作的专业人士等。学生小组根据所选业主的背景信息，进一步发掘建筑使用细节需求，进而应用于设计之中。LLM同样可以生成详细的环境信息，如不同的村落文化、周边建筑细节等的描述，为设计提供丰富的背景资料。学生小组通过分析所属环境的文化特点、建筑风格、生态环境等信息，选择合适的材料、结构、形式等，使设计融入当地环境。

4.2 教学效果与反思

在某乡村民宿设计项目中，教师团队使用LLM，生成多个业主及场地的信息，并进行组合。学生分组后，按小组选择不同的主体信息，实现在相近的建筑功能和用地状况条件下的差异性设计。学生小组通过深入的用户需求分析，使设计方案更加贴合用户需求，适应多样化的环境条件，提升了农村民宿的使用价值和用户满意度，如图5所示。

但是，由于任务书中只有主体信息，具体的设计需求还需学生小组进行挖掘，信息挖掘工作依赖于设计者的社会经验和生活经验，学生往往难以独立挖掘出有深度的需求信息并很好地融入设计之中。因此，在教学实践中教师团队对学生的辅导需要更加细致和具有针对性。

图5　不同主体下乡村民宿学生设计作品
图片来源：本校学生设计。

5　结语

AI技术在职业本科建筑设计教学中的应用，不仅是对当前教学模式的有益补充，更是适应未来智能化建筑行业发展趋势的必要举措。在设计任务书编写过程中引入AI技术可以显著提高编写质量和效率，创新构建课程体系，形成差异化教学模式，进而提升学生的设计能力和创新意识，增强他们在未来建筑行业中的竞争力。

然而，本研究也存在一定的局限性。首先，每个小组使用的任务书存在差异，导致评分标准难以统一，这对教学评价提出了挑战。其次，AI技术的便捷性可能导致一些学生依赖AI快速生成结果，弱化了他们的过程思考和基本功训练，这需要在教学中进行平衡。此外，AI技术的引入对教师的能力提出了更高的要求，需要定期对教师进行相关的培训。

参考文献

［1］　张长锐. 基于职业适应性的建筑教育研究［D］. 天津：天津大学，2016.

［2］　Pan Y，Zhang L. Roles of artificial intelligence in construction engineering and management：a critical review and future trends［J］. Automation in Construction，2021，122：103517.

［3］　Ceylan S. Artificial intelligence in architecture：an educational perspective［C］//CSEDU（1），2021：100-107.

［4］　Kee T，Kuys B，King R. Generative artificial intelligence to enhance architecture education to develop digital literacy and holistic competency［J］. Journal of Artificial Intelligence in Architecture，2024，3（1）：24-41.

［5］　李嘉颖，赵虹云，吴佳昱，等. 基于AI辅助建筑设计技术的乡村小型建筑设计的讨论与探索：以Stable Diffusion为例［C］//2023全国建筑院系建筑数字技术教学与研究学术研讨会论文集. 湖南大学建筑与规划学院，2023：4.